魚介類の微生物感染症の治療と予防

青木宙　編

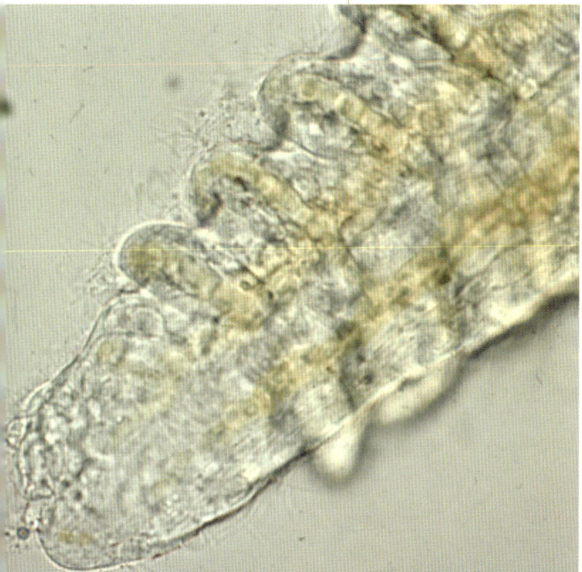

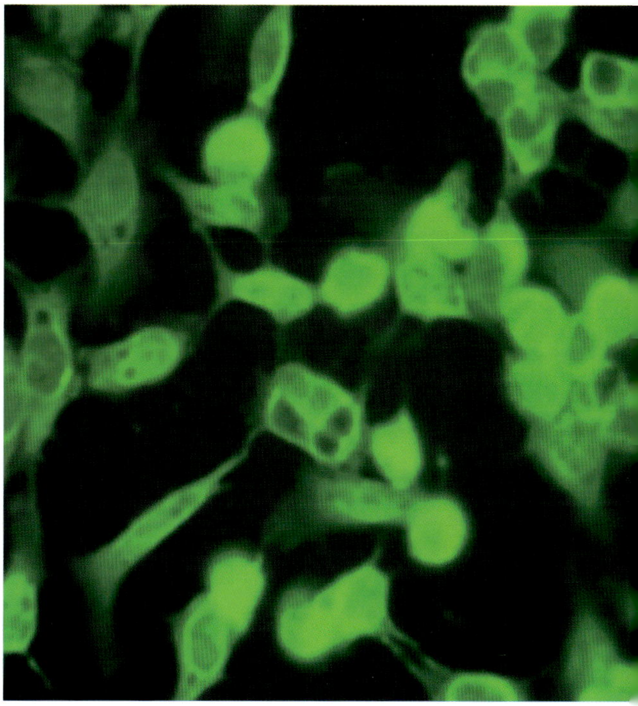

Diagnosis, treatment and prevention
of pathogenic microorganisms
of fish and shellfish

恒星社厚生閣

図 1-1　せっそう病　アマゴ　体表の膨隆患部
（酒井正博博士原図）

図 1-2　非定型エロモナス症　キンギョ
体表の潰瘍
（飯田貴次博士原図）

図 1-3　細菌性出血性腹水症　アユ
血液を含む腹水貯留
（山本　淳博士原図）

（A）

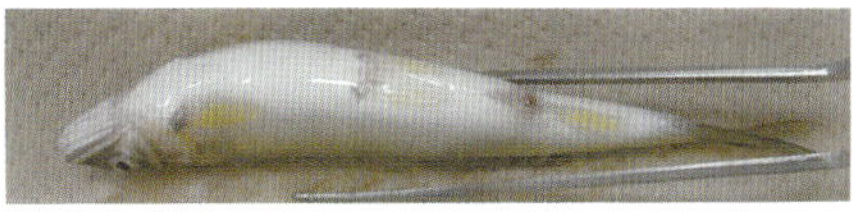

（B）

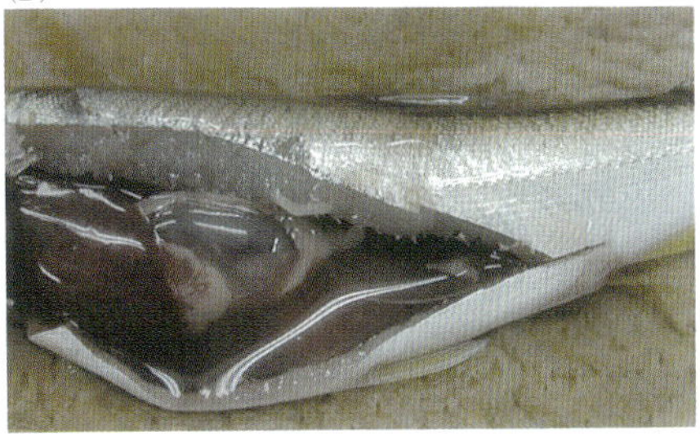

図 1-4　エドワジエラ敗血症　アユ
（A）腹部膨満と肛門部の発赤
（B）腹水貯留
（Sakai, *et al.*,　2008）

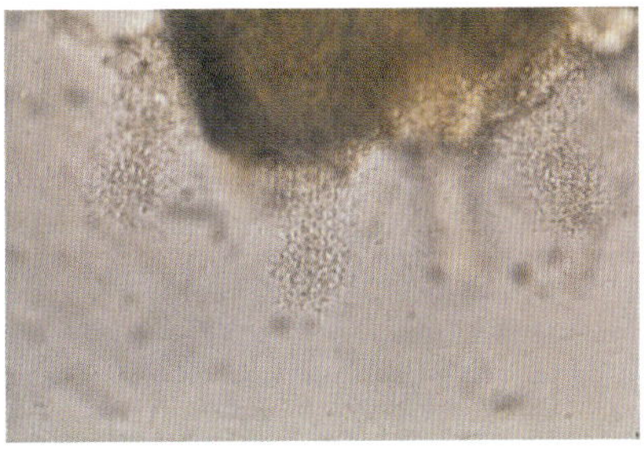

図 1-5　カラムナリス病　ドジョウ
柱状に集合した菌
（若林，2004）

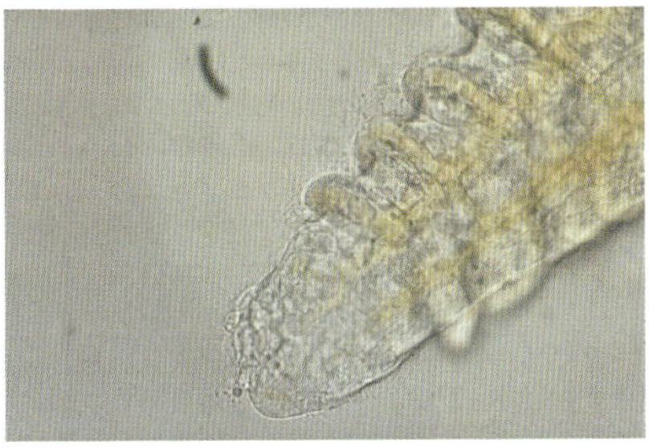

図 1-6　細菌性鰓病　ニジマス
鰓表面に付着した菌
（山本　淳博士原図）

図 1-7　細菌性冷水病　ヤマメ
尾柄部の欠損
（山本　淳博士原図）

図 1-8　細菌性腎臓病　ギンザケ
腎臓の白斑状の塊
（酒井正博博士原図）

（A）

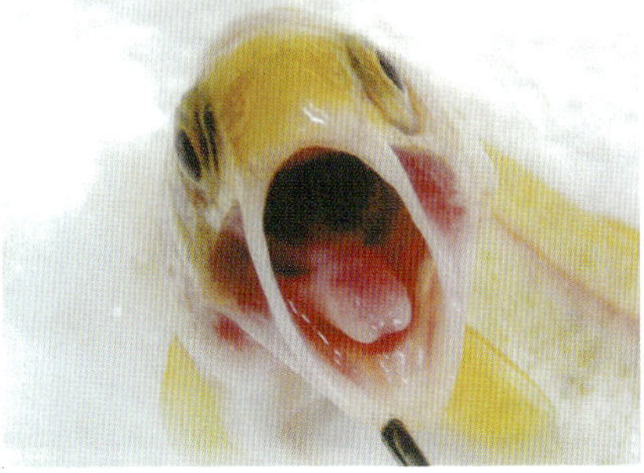

（B）

図 1-9　レッドマウス病　ニジマス　（A）口腔内の出血，（B）下顎周辺の出血
（坂井貴光博士原図）

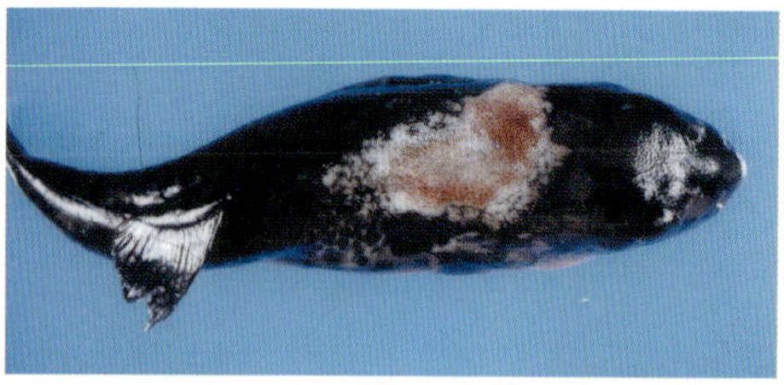

図 1-12　ビブリオ病に冒されたトラフグの体表に生じた潰瘍
（高橋幸則博士原図）

図 1-11　ビブリオ病に冒されたブリの体表に生じた潰瘍　（宮崎照雄博士原図）

図 1-13　ビブリオ病に冒されたマダイの体表に生じた潰瘍　（宮崎照雄博士原図）

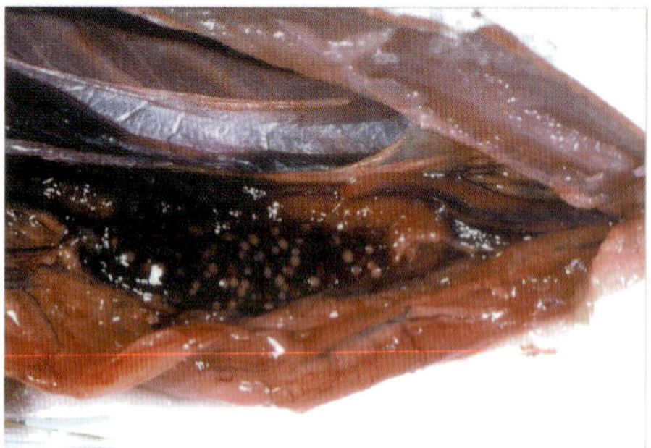

図 1-15　類結節症に冒されたブリの脾臓にみられる小白点　（福田穣博士原図）

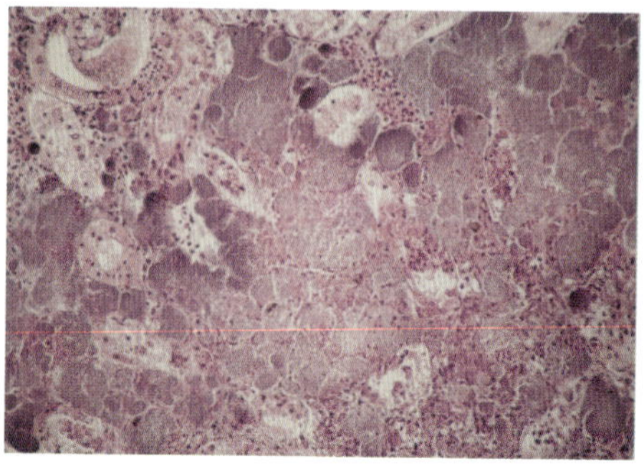

図 1-16　類結節症に冒されたブリの腎臓内に形成された菌集落　（宮崎照雄博士原図）

図 1-17　エドワジエラ症に冒されたヒラメにみられる脱腸症状　（高橋幸則博士原図）

図 1-18　エドワジエラ症に冒されたマダイの頭部に生じた膿瘍　（福田穣博士原図）

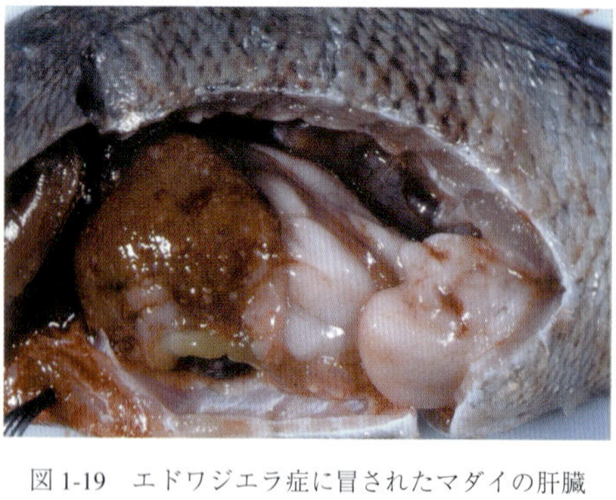

図 1-19　エドワジエラ症に冒されたマダイの肝臓にみられる白点　（福田穣博士原図）

図 1-20　滑走細菌症に冒されたマダイ稚魚にみられる尾鰭のスレと欠損　（宮崎照雄博士原図）

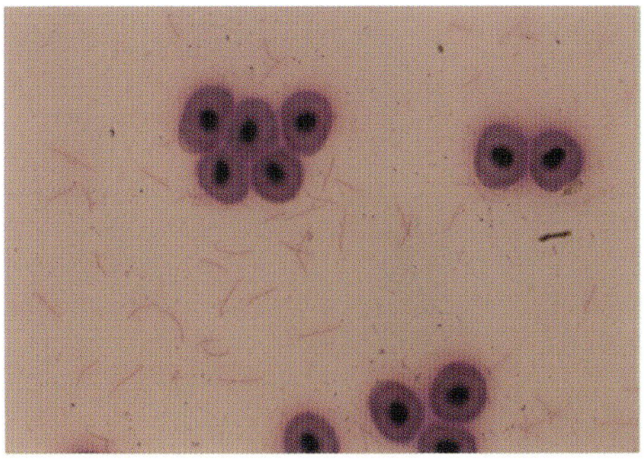

図 1-21　細菌性溶血性黄疸に冒されたブリの血液中にみられる長桿菌　（福田穣博士原図）

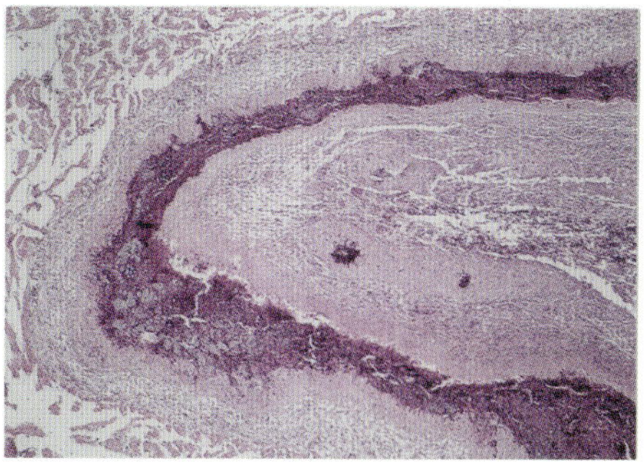

図 1-24　レンサ球菌症に冒されたブリの心臓外膜に形成された肉芽腫（宮崎照雄博士原図）

図 1-23　レンサ球菌症に冒されたブリにみられる眼球の突出（福田穣博士原図）

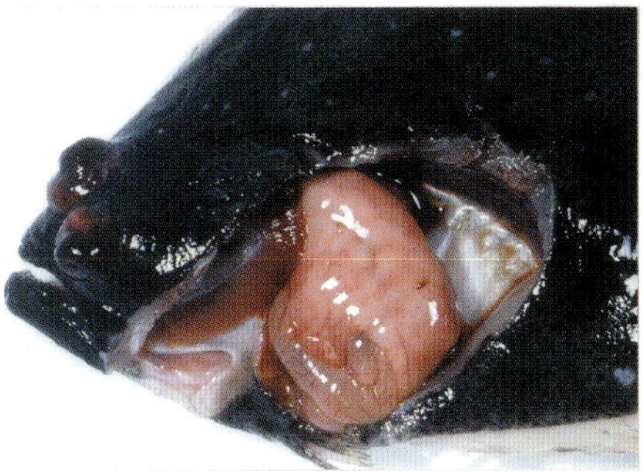

図 1-25　レンサ球菌症に冒されたヒラメにみられる眼球の突出　（福田穣博士原図）

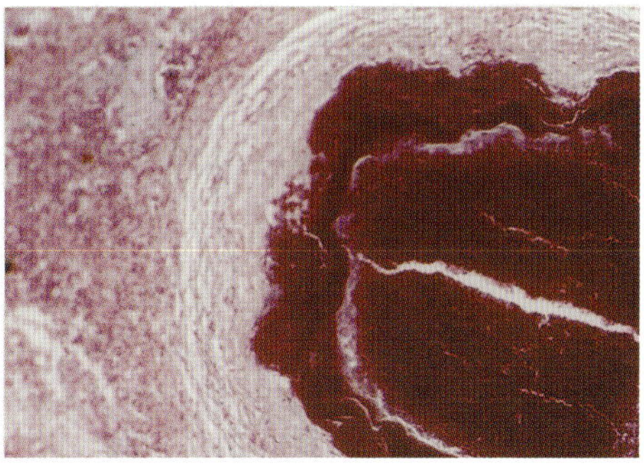

図 1-26　ノカルジア症に冒されたブリの脾臓に形成された肉芽腫（宮崎照雄博士原図）

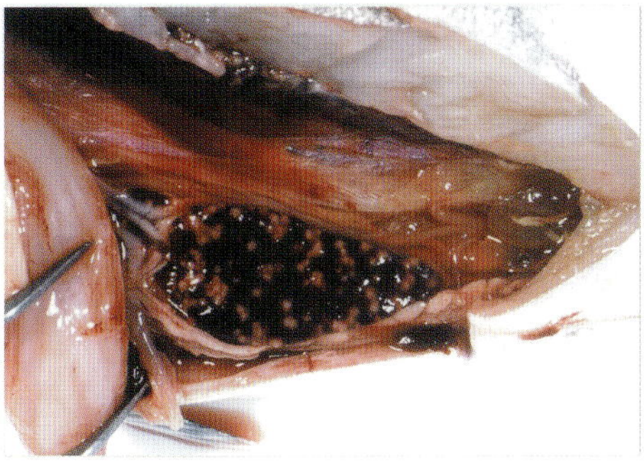

図 1-27　ミコバクテリウム症に冒されたブリの脾臓に形成された結節　（福田穣博士原図）

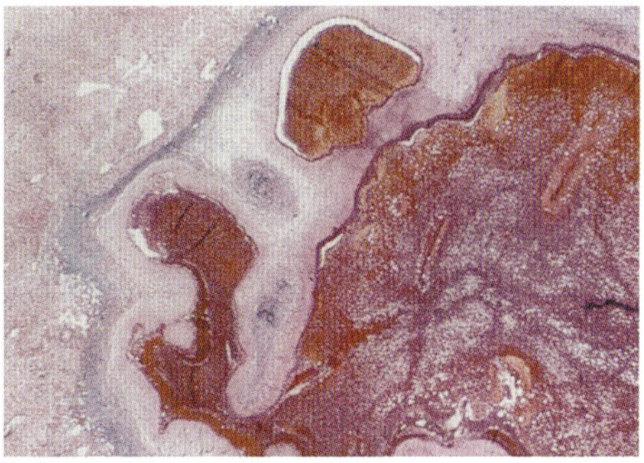

図 1-28　ミコバクテリウム症に冒されたブリの肝臓に形成された肉芽腫　（宮崎照雄博士原図）

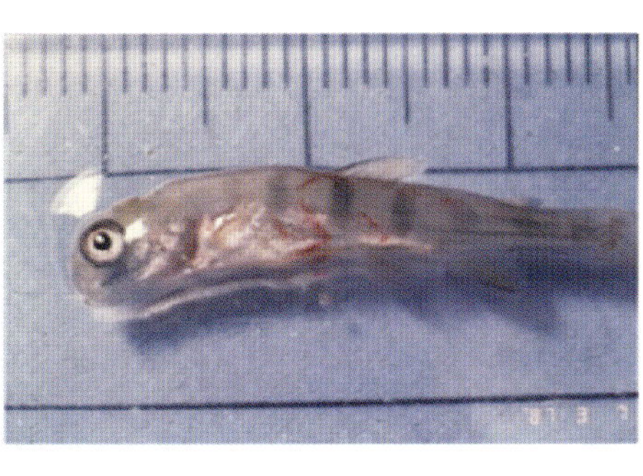

図 2-5　躯幹筋に見られるV字状出血

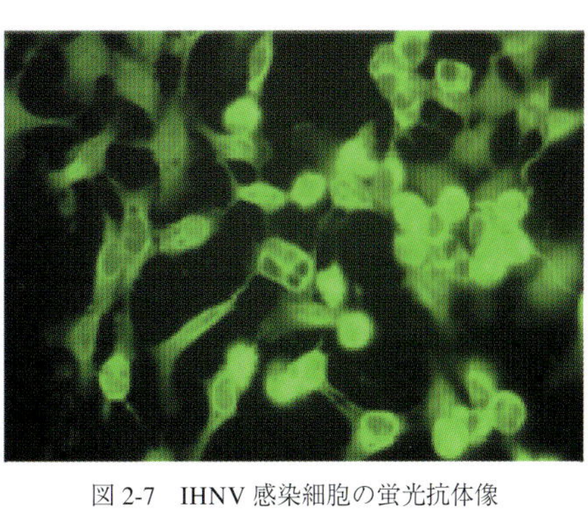

図 2-7　IHNV 感染細胞の蛍光抗体像

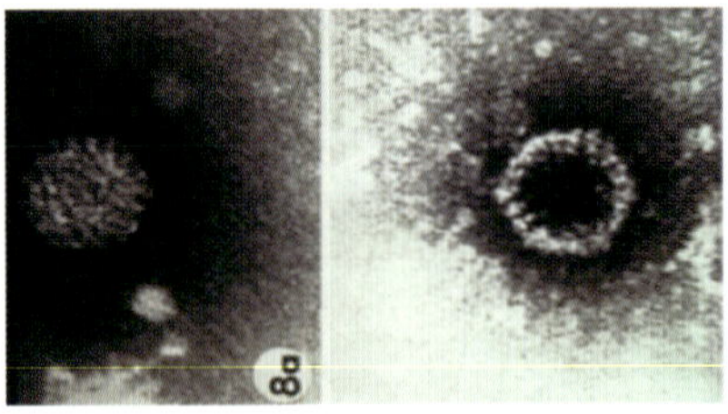

図 2-8　IPNV のネガティブ染色像
（佐野徳夫博士原図）

図 2-10　IPN 罹患ニジマス
（佐野徳夫博士原図）

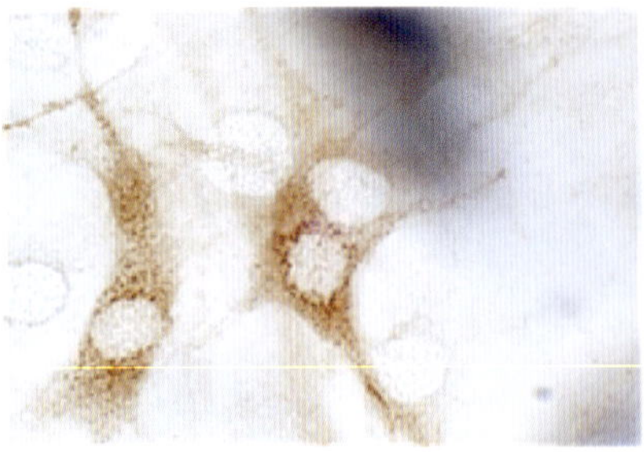

図 2-11　IPNV 感染 RTG-2 細胞の酵素抗体染色像

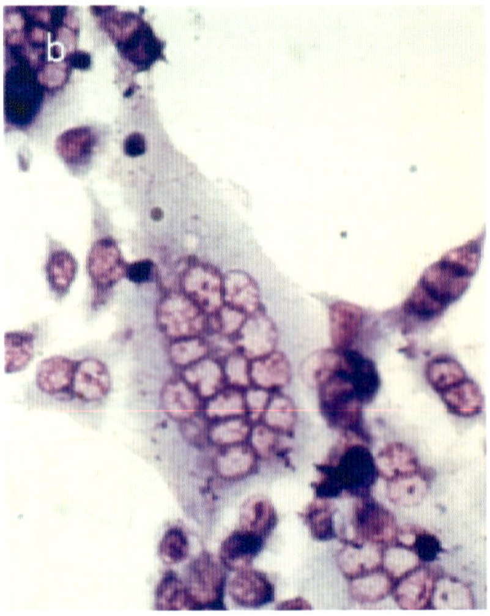

図 2-15　CHSE-214 細胞に見られた CPE
（メイ－グリュルンワルド染色）

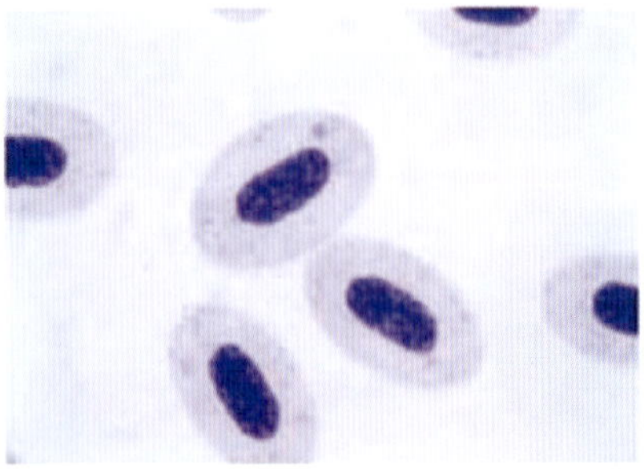

図 2-17　病魚の赤血球のギムザ染色像

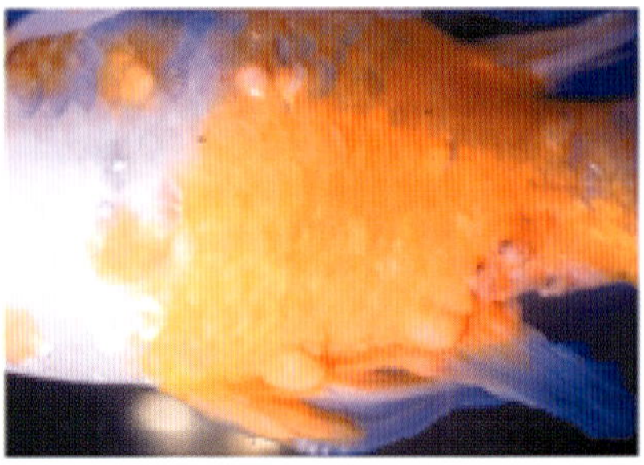

図 2-20　ニシキゴイに見られた上皮腫

図 2-22　KHV 病魚の体表
（R.Hedrick 博士原図）

図 2-26　IPNV 感染 RTG-2 細胞の酵素抗体染色像　（田中　真博士原図）

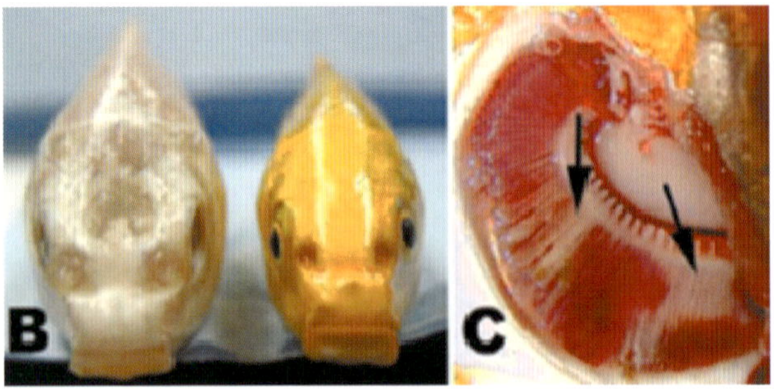

図 2-23　眼球陥没，鰓の壊死が見られる
（R.Hedrick 博士原図）

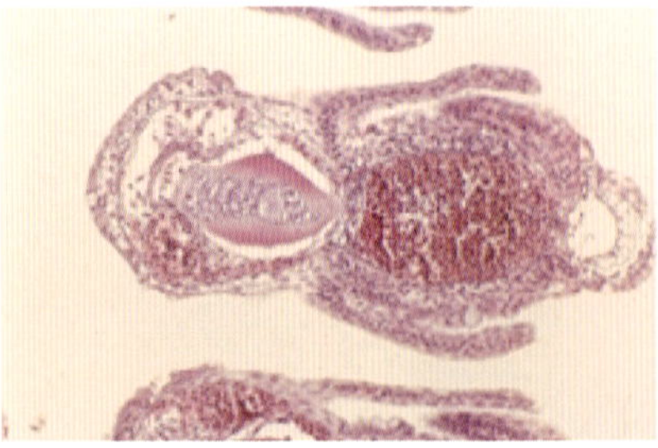

図 2-27　CHSE-214 細胞に見られた CPE
（メイ－グリュルンワルド染色）
（田中　真博士原図）

図 2-32　鰭に見られた LC 細胞

図 2-33　外観醜悪となったヒラメ病魚

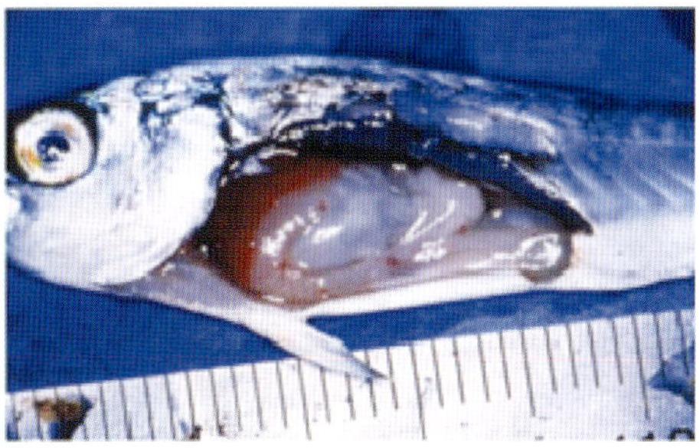

図 2-35　病魚の解剖像
（反町　稔博士原図）

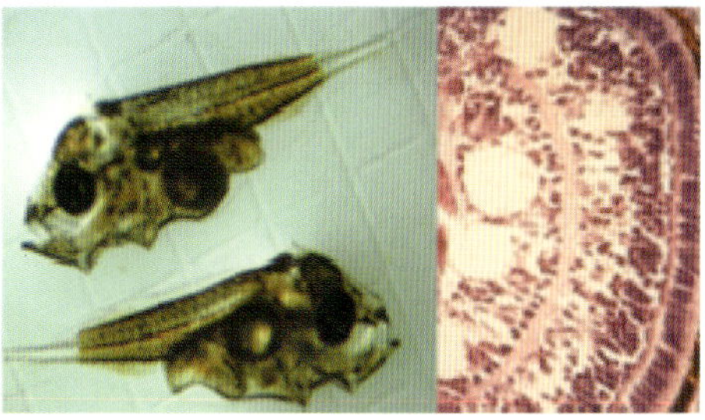

図 2-36　シマアジ病魚と眼神経
（西澤豊彦博士原図）

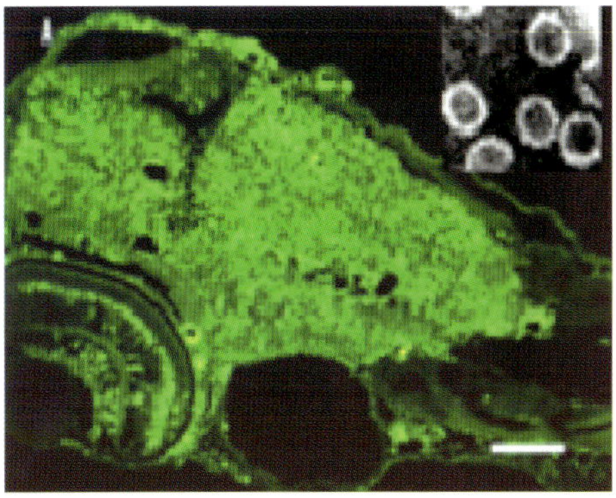

図 2-37　シマアジ病魚の脳の蛍光抗体染色像と SJNNV　（西澤豊彦博士原図）

図 2-39　表皮の増生が見られるヒラメ病魚

図 2-43　HIRRV 人工感染ヒラメ病魚

図 2-45　ヒラメ病魚
（西澤豊彦博士原図）

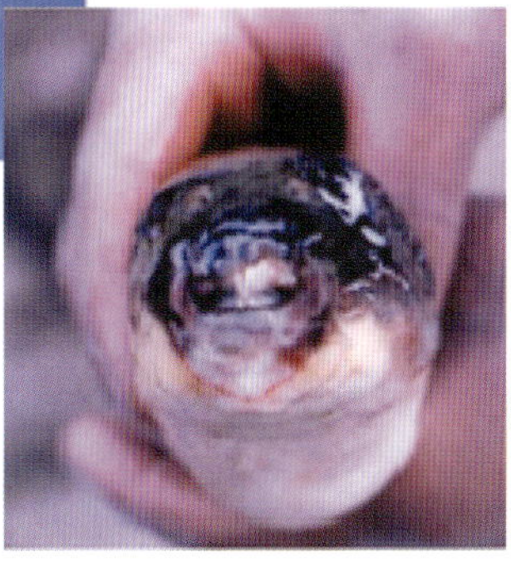

図 2-46　口白症罹病トラフグ
（井上　潔博士原図）

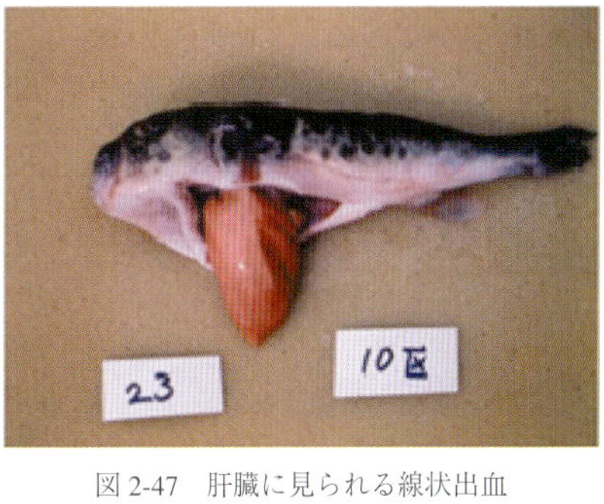

図 2-47　肝臓に見られる線状出血
（井上　潔博士原図）

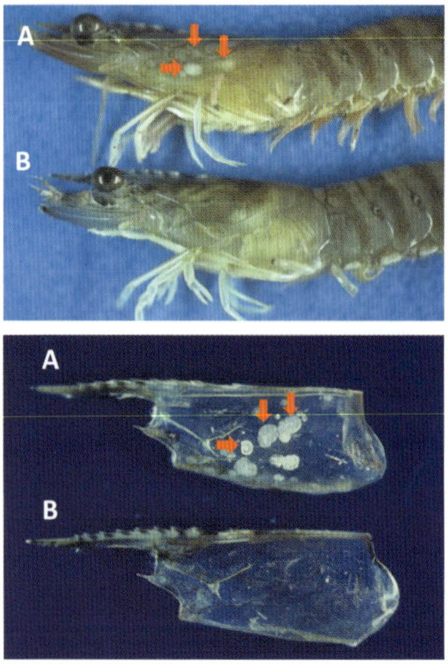

図 2-48　（上）（A）WSSV に感染したクルマエビの外骨格の白点．赤い矢印は白点を示す．（B）正常エビの外骨格．（下）WSSV に感染したクルマエビの頭胸部の外骨格．（A）外骨格の白点．赤い矢印は白点を示す（B）正常エビの外骨格．

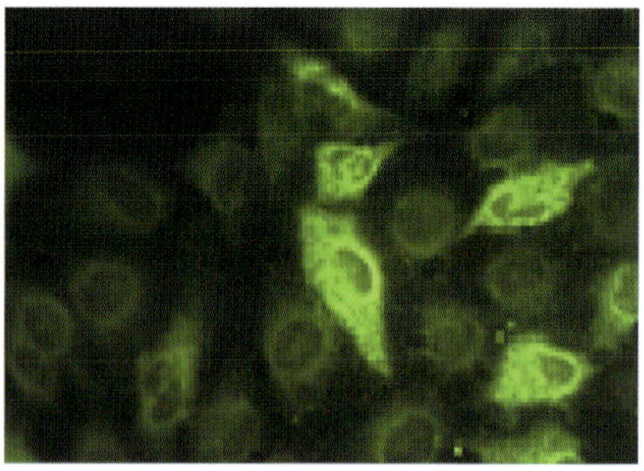

図 2-50　IPNV 感染 CHSE-214 細胞の蛍光抗体染色像

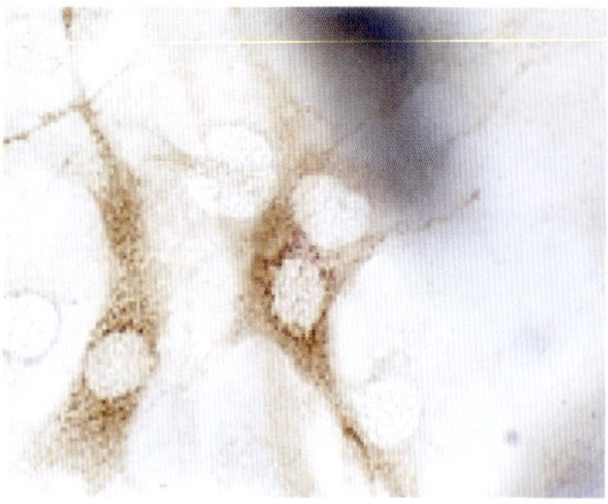

図 2-52　IPNV 感染 CHSE-214 細胞の酵素抗体染色像

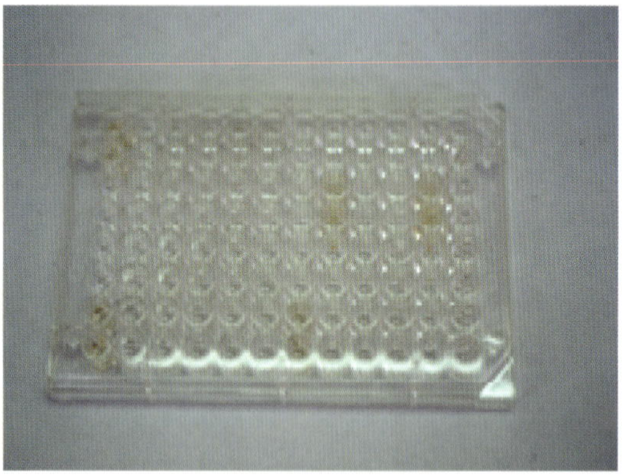

図 2-55　ELISA プレートでの発色

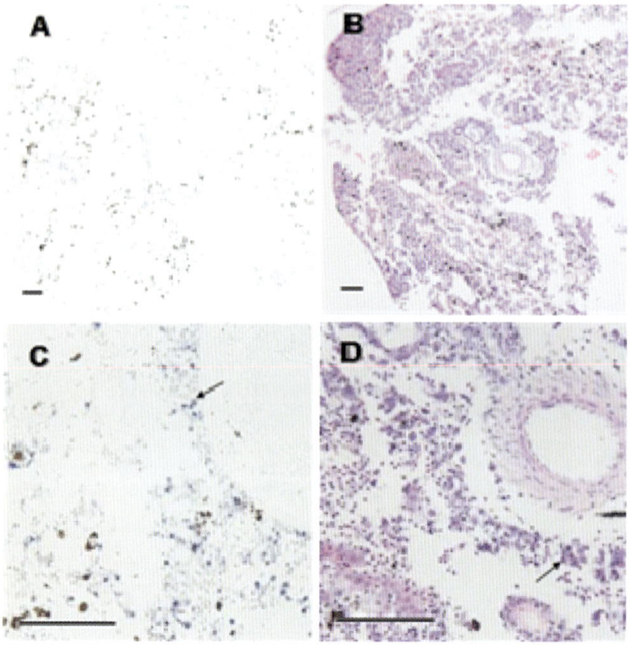

図 2-60　OMV 感染ニジマスの頭腎部におけるウイルス増殖像

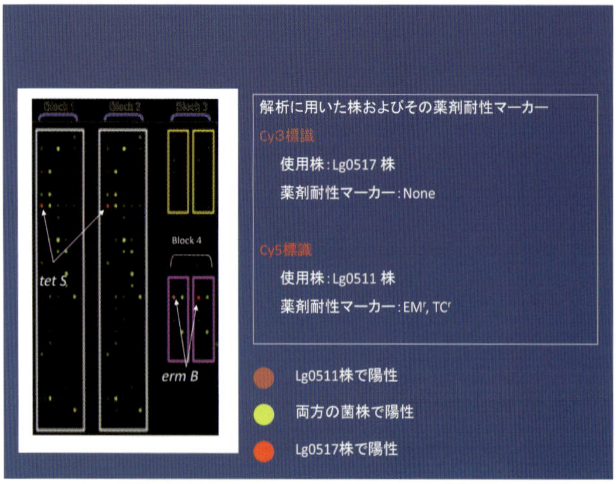

図 3-16　マイクロアレイを用いた *Lactococcus garvieae* からの薬剤耐性遺伝子の検出例

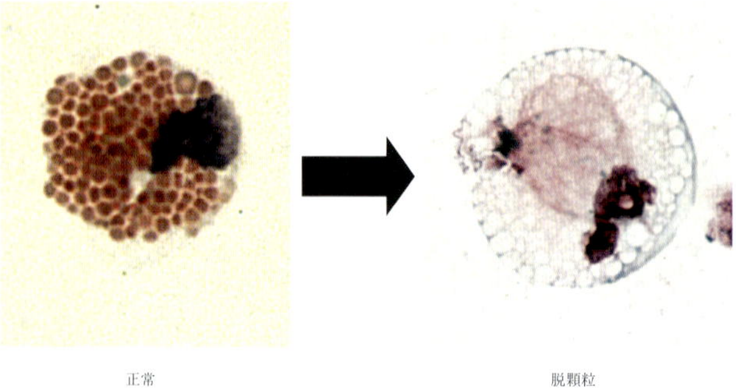

図 4-5　テラピア肥満細胞（組織常在性好酸性顆粒球）

まえがき

本書は，魚介類のウイルスおよび細菌感染症，診断法，水産用抗菌剤，治療法，ワクチンによる予防，水産用医薬品の投与法，消毒法などの最新情報を総括的に網羅し，魚介類の治療と予防を多角的に紹介したものである。

また現在，微生物感染症の治療と予防法が多様化，分散化したため，それぞれの分野の第一線で活躍されてきた研究者の方々に分担執筆をお願いし，できる限り最新の情報を取り入れるよう配慮した。

本書は，特に，分子遺伝学手法を用いた最先端の研究や手法を各章で取り上げ，基礎を学ぶ学生から専門分野で活躍する研究者，現場での対応を行っている指導者にまで幅広く参考にしてもらえるように企画した。

本書が読者の参考になるとともに，魚病学の発展に寄与し，さらに，養殖業および関連産業の発展に貢献できれば幸いである。

最近の科学の発展には目覚ましいものがあり，本書で紹介した研究手法も日進月歩で進化している。今後，さらに洗練された革新的な方法が考案されてくる可能性があり，多くの方々の忌憚のないご指摘を寄せて頂くことにより，新たな企画を元に，改訂版が刊行されることを願っている。

本書の企画にさいして，東京理科大学薬学部教授であった小原康治先生には，多くのご助言を頂いた。また，本書の一部執筆をお願いしていたが，その執筆を完成されずに急逝された。誠に残念であるが，記して先生のご冥福をお祈りする。

最後に本書の作成にあたってお忙しい中を執筆頂いた方々に厚く感謝するとともに，本書の出版にあたって大変お世話になった恒星社厚生閣の小浴正博氏に厚くお礼申し上げる。

2013 年 7 月

青木　宙

執筆者一覧（50音順）

※青木　宙　1944年生，東京大学大学院農学系研究科博士課程修了，早稲田大学先端科学・健康医療融合研究機構（ASMeW）客員教授．

飯田貴次　1954年生，東京大学大学院農学系研究科修士課程修了，（独）水産総合研究センター増養殖研究所所長．

伊丹利明　1954年生，高知大学大学院農学研究科修士課程修了，宮崎大学農学部教授．

上野隆二　1943年生，九州大学大学院農学研究科博士課程修了，三重大学名誉教授．

遠藤俊夫　1946年生，東京大学農学部水産学科卒．

乙竹　充　1960年生，東京大学大学院農学系研究科修士課程修了，（独）水産総合研究センター中央水産研究所水産遺伝子解析センター長．

笠井久会　1977年生，北海道大学大学院水産科学研究科博士課程修了，北海道大学大学院水産科学研究院准教授．

近藤昌和　1968年生，九州大学大学院農学研究科博士課程中退，（独）水産大学校生物生産学科准教授．

酒井正博　1959年生，東京大学大学院農学系研究科博士課程中退，宮崎大学農学部教授．

高橋幸則　1946年生，高知大学大学院農学研究科修士課程修了，（独）水産大学校生物生産学科特任教授．

中西照幸　1949年生，北海道大学大学院水産学研究科博士課程単位修得後退学，日本大学生物資源科学部教授．

引間順一　1971年生，東京水産大学大学院水産学研究科博士後期課程修了，宮崎大学農学部准教授．

廣野育生　1965年生，鹿児島大学大学院連合農学研究科博士課程修了，東京海洋大学大学院海洋科学技術研究科教授．

舞田正志　1961年生，東京水産大学大学院水産学研究科修士課程修了，東京海洋大学大学院海洋科学技術研究科教授．

吉水　守　1948年生，北海道大学大学院水産学研究科博士課程修了，北海道大学名誉教授．

※編者

魚介類の微生物感染症の治療と予防　目次

魚介類の微生物感染症の治療と予防　正誤表　下記お詫びし訂正いたします

頁	誤	正
口絵　図2-26	IPNV感染RTG-2細胞の酵素抗体染色像	病魚の鰓弁
口絵　図2-27	CHSE-214細胞に見られたCPE	鬱血が見られる鰓弁中心静脈洞
p110　図2-13	OMVのヌクレオカプシッドCPE	OMVのヌクレオカプシッド
p122　図2-29	鰓上皮細胞に見られたPaPV粒子	鰓薄板の癒合および鰓弁の棍棒化
p125　図2-34	病魚肝臓に見られたTYAV粒子	病魚肝臓に見られたYTAV粒子
p101　表2-4	球形科・多核巨細胞	球形化・多核巨細胞

第1章　魚介類の細菌感染症と診断法

§1. 淡水魚の細菌感染症と診断法

わが国における内水面養殖生産量は，昭和50年代から1992年までは9万トン台であったが，その後，徐々に減少し，2008年では4万トンまで落ち込んでいる．内水面養殖で生産量が一番多いのがウナギ *Anguilla japonica* であり，2008年は2.1万トンであった．次いでニジマス *Oncorhynchus mykiss*（6,800トン），アユ *Plecoglossus altivelis*（5,900トン），コイ *Cyprinus carpio*（3,000トン）と続く．最盛期と比べウナギは1/2程に，ニジマスは1/3程に，アユは1/2程に減少している．コイにおいては，昭和50年代に2万トンの生産をあげていたが，コイヘルペスウイルス病が発生した2003年以降に急激に生産量が低下した．

淡水魚の細菌感染症では，まずはマス類のせっそう病（*Aeromonas salmonicida* 感染）やウナギのビブリオ病（*Vibrio anguillarum* 感染）がヨーロッパで研究された．日本においては，ウナギの鰭赤病（*Aeromonas hydrophila* 感染）やカラムナリス病（*Flavobacterium columnare* 感染），マス類やアユのビブリオ病（*Vibrio anguillarum* 感染，*V. ordalii* 感染）を中心に研究が進んだ．

多くの病原体は，もともと日本に存在していたと考えられるが，細菌性腎臓病（*Renibacterium salmoninarum* 感染），細菌性冷水病（*Flavobacterium psychrophilum* 感染）やエドワジエラ敗血症（*Edwardsiella ictaluri* 感染）のように，病原体が海外から持ち込まれたと考えられている感染症もある．現在まで日本での存在が認められていない細菌感染症で，日本に侵入すれば多大な被害を出す恐れがある感染症もいくつかあり，これら日本未侵入感染症の新たな侵入を防ぐことが重要となっている．

また，細菌感染症はその多くが養殖場での発生で問題となっているが，アユの細菌性冷水病のように天然資源への影響が懸念されている感染症もある．

持続的養殖生産確保法の特定疾病に指定されているレッドマウス病（*Yersinia ruckeri* 感染）を加え，日本における淡水魚の主要な細菌感染症を一覧にして表1-1に示し，以下に各感染症の症状，原因および診断法について解説する．

表 1-1　日本における淡水魚の主な細菌性疾病

病　名	病原体	病気の地理的分布	主な宿主範囲（淡水魚）
淡水魚のビブリオ病	*Vibrio anguillaum*	世界的	ほぼすべての淡水魚
	V. ordalii	世界的	サケ科魚，アユ
	V. vulnificus	日本，ヨーロッパ，中国，台湾，東南アジア	ウナギ，テラピア
	V. chorelae non-01	日本，オーストラリア	アユ，キンギョ
せっそう病	*Aeromonas salmonicida*	世界的	サケ科魚
非定型エロモナス症（コイ科魚の穴あき病，ウナギの頭部潰瘍病）	非定型 *Aeromonas salmonicida*	世界的	コイ，フナ，キンギョ，ウナギ，その他多くの淡水魚
運動性エロモナス症（立鱗病，まつかさ病，鰭赤病，赤斑病）	*Aeromonas hydrophila*	世界的	ほぼすべての淡水魚
赤点病	*Pseudomonas anguilliseptica*	日本，台湾，ヨーロッパ	ウナギ，ヨーロッパウナギ，アユ，ニジマス，コレゴヌス
細菌性出血性腹水症	*Pseudomonas plecoglossicida*	日本	アユ，ペヘレイ
パラコロ病	*Edwardsiella tarda*	日本，台湾	ウナギ
エドワジエラ症	*Edwardsiella tarda*	世界的	キンギョ，コイ，マスノスケ，テラピア，アメリカナマズ，オオクチバス，ニジマス，ドジョウ
エドワジエラ敗血症	*Edwardsiella ictaluri*	北米，オーストラリア，タイ，インドネシア，ベトナム，日本	ナマズ類，ダニオ，グリーンナイフフィッシュ，ミノーの一種，ニジマス，アユ，ブルーテラピア，マスノスケ
カラムナリス病（鰓ぐされ病，尾ぐされ病）	*Flavobacterium calumnare*	世界的	ほぼすべての淡水魚
細菌性鰓病	*Flavobacterium branchiophilum*	日本，北米，ヨーロッパ，韓国（おそらく世界的）	サケ科魚，アユ，シートフィッシュ，シルバーカープ
細菌性冷水病（尾柄病）	*Flavobacterium psychrophilum*	北米，ヨーロッパ，日本，チリ，オーストラリア，韓国	サケ科魚，アユ，その他多くの淡水魚
淡水魚のレンサ球菌症	*Streptococcus iniae*	世界的	ニジマス，アマゴ，ギンザケ，アユ，テラピア（おそらくほとんどの淡水魚）
細菌性腎臓病	*Renibacterium salmoninarum*	北米，南米，ヨーロッパ，日本	サケ科魚，アユ
レッドマウス病*	*Yersinia ruckeri*	北米，南米，ヨーロッパ，オーストラリア，南アフリカ	サケ科魚，アメリカナマズ，キンギョ，コレゴヌス，オオクチバス，ファッドヘッドミノー

*，レッドマウス病は日本では未発生．持続的養殖生産確保法の特定疾病に指定されている．

1・1　淡水魚のビブリオ病

1）病原体

ビブリオ病はビブリオ属細菌による感染症の一般名であり，淡水魚のビブリオ病では，その病原菌として日本では *Vibrio anguillarum*, *V. ordalii*, *V. vulnificus*, *V. cholerae* non-01 が報告されている．ビブリオの一般的な性状として，グラム陰性，単極毛による運動性短桿菌，通性嫌気性で糖を発酵的に分解するがブドウ糖からのガスは産生しない．チトクロームオキシダーゼおよびカタラーゼ陽性．O/129 に対して感受性をもつが，*V. anguillarum* では感受性のない株の分離も報告されており注意を要する（室賀ら, 1979）．通常の分離培地で発育可能であるが，*V. ordalii* は他と比べて発育が遅く，普通寒天培地では 24 時間の培養では極微小なコロニーが形成されるだけである．至適塩分濃度が 1% を超えることから，培地の塩分濃度を 1% に高めた方が発育がよい．至適発育温度は *V. anguillarum* は 25℃，*V. ordalii* は 20〜25℃，*V. vulnificus* および *V. cholerae* non-01 は 35℃前後である．ビブリオ属細菌の選択培地である TCBS 寒天（Thiosulfate-citrate-bile salts-sucrose agar）培地では，*V. anguillarum* と *V. cholerae* non-01 は黄色のコロニーを形成し，*V. vulnificus* は青緑色のコロニーを形成する．*V. ordalii* は発育が遅く，TCBS 寒天培地はこの菌の分離には適さない．*V. anguillarum* の血清型は複数あるが，一般に淡水魚から分離される *V. anguillarum* は J-O-1 型が多く，*V. ordalii* は *V. anguillarum* J-O-1 型株と共通の抗原を有する．なお，*V. anguillarum* は Listonella 属に分類されていたが，最近，Vibrio 属に戻すことが再提案されている（Thompson *et al.*, 2011）．

2）地理的分布

V. anguillaum 感染症は世界的に報告されている．*V. ordalii* は主にサケ科魚から分離され，サケ科魚が養殖されている地域に広く分布している．*V. vulnificus* および *V. chorelae* non-01 そのものは広く世界に分布するが，魚介類の感染症としては，前者は日本以外にもヨーロッパ，中国，台湾や東南アジアで報告されており，後者は日本およびオーストラリア（Reddacliff *et al.*, 1993）で報告されている．

3）宿主範囲

V. anguillarum の宿主範囲は非常に広く，海産魚，淡水魚を問わず多くの魚種から分離されており，おそらくすべての魚種が感受性を有すると考えられる．アユは他の魚種と比べて，*V. anguillarum* に対する感受性が格段に高く，*V. anguillarum* はアユに対して偏性病原体と考えられる．*V. ordalii* に対してはサケ科魚が感受性を有している．サケ科魚以外には，アユとクロソイ *Sebastes schlegeli* での感染症が報告されている．*V. vulnificus* ではウナギ，テラピア *Oreochromis niloticus* およびコバンアジ *Trachinotus ovatus* での感染症が報告されている他，東南アジアでは養殖エビの病原体としても報告されている．*V. chorelae* non-01 ではアユ（日本）およびキンギョ *Carassius auratus auratus*（オーストラリア）が感受性を有する．

4）特徴的な症状

これといった特徴的な症状はなく，細菌感染症の一般的な症状を示す．ウナギの *V. vulnificus* 感染では皮膚の腫脹が特徴的である.

5）診断法

本病の診断は，疫学調査，臨床検査および剖検などによって推定し，血清学的手法，細菌の生物学的・生化学的性状検査および分子生物学的手法による病原体の同定によって確定する.

【5-1】推定診断

①疫学的特徴

V. anguillarum 感染症の発生は，季節，水温，魚の大きさの関連は低い．*V. vulnificus* 感染症は *V. anguillarum* 感染症より高い水温（20℃以上）で発生する．この両者とも塩分を含む養殖場で発生しやすい．*V. ordalii* 感染症は水温 10℃以上になる春から秋にかけて，魚体の大きさに関わらず発生する．アユの *V. chorelae* non-01 感染症は 22℃以上の高水温で，河川で発生する.

②症状

外見的には体表，鰭，口，鰓蓋，肛門周辺に発赤・出血がみられ，体表に潰瘍を形成する．アユでは体表の潰瘍形成はほとんどないが，出血が顕著である．ニジマスでは眼球突出がみられる．解剖すると，脾臓や腎臓の腫大，内臓や腹膜の出血も認められる．ウナギの *V. vulnificus* 感染では皮膚の腫脹がみられる．しかし，これらは他の細菌感染症にもみられ，症状だけで判断することは難しい.

③塗抹標本観察による細菌検査

内臓患部の懸滴標本で運動性短桿菌を確認する，または内臓患部の塗抹染色標本で短桿菌を確認する．他の細菌との区別はできない.

【5-2】準確定診断

①細菌検査

普通寒天培地またはトリプトソーヤ寒天（Tryptose Agar）培地（特に *V. ordalii* の場合）（塩分濃度を 1～2%）を用いて，腎臓・肝臓から細菌分離をし，20～25℃で培養する．1 日後（*V. ordalii* の場合は 2 日）に 0.5～1 mm の灰白色，透明感のあるコロニーを形成する．選択培地の TCBS 寒天（Thiosulfate-citrate-bile salts-sucrose agar）培地では *V. anguillarum* と *V. cholerae* non-01 は黄色のコロニーを形成し，*V. vulnificus* は青緑色のコロニーを形成する.

②塗抹標本を用いた血清学的手法による迅速診断

抗血清を利用し，内臓の塗抹標本を用いた蛍光抗体法または酵素抗体法により反応する菌体を確認する．念のため *V. anguillarum* には 3 つの血清型 J-O-1～3 を用意する．*V. ordalii* は前記の血清型のうち J-O-1 が利用できる．*V. vulnificus* および *V. cholerae* non-01 はそれぞれ個別の抗血清を準備する.

【5-3】確定診断（以下の少なくとも 1 つの方法により確定する）

①分離菌の生物学的・生化学的性状検査による同定

分離菌を用いてビブリオ属の性状を確認するとともに，表 1-2 の生化学的性状を調べ，種を同定する.

②分離菌を用いた血清学的検査

分離菌を用いて，スライド凝集反応または蛍光抗体法が陽性となることを確認する.

表1-2　*Vibrio anguillarum*, *V. ordalii*, *V. vulnificus*, *V. cholerae* non-01 の性状比較

項　目	*V. anguillarum*	*V. ordalii*	*V. vulnificus*	*V. cholerae* non-01
MR	−	−	+	+弱
VP	+	−	−	+
インドール	±	−	−	+
アルギニン分解	+	−	−	−
リジン脱炭酸	−	−	+	+
オルニチン脱炭酸	−	−	+	+
ショ糖（酸産生）	+	+	−	+

③分子生物学的診断

分離菌を用いて，DNA をターゲットとし，種特異的プライマーによる PCR を行い，想定されるサイズの増副産物を確認する．PCR の条件については，一例として次の論文を参照のこと：*V. anguillarum* は Xiao *et al.*（2009），*V. vulnificus* は Arias *et al.*（1995），*V. cholerae* non-01 は Chow *et al.*（2001）．今のところ *V. ordalii* 検出用特異的 PCR の報告はない．

PCR では，内臓患部から病原体を直接検出できるが，推定診断および準確定診断でビブリオ病であることを確認することが必要である．

1・2　せっそう病

1）病原体

せっそう病の病原体は *Aeromonas salmonicida* であるが，当初，せっそう病はサケ科魚だけに発生する病気と認識されていた．しかし，*A. salmonicida* が他の淡水魚の病魚からも分離されるようになり，さらに病原体の *A. salmonicida* が亜種に細分類されるようになり，せっそう病の範囲が曖昧になってきた．そこで，ここではせっそう病をサケ科魚に発生した *A. salmonicida* 感染症として限定的に扱う．なお，*A. salmonicida* の亜種である *A. salmonicida* subsp. *salmonicida* を定型とし，その他の *A. salmonicida* 亜種を非定型としている．非定型には，サケ科魚からも分離される subsp. *achromogenes*，subsp. *masoucida* と subsp. *smithia*（Austin *et al.*, 1989），サケ科魚以外の淡水魚から分離される subsp. *nova*（Belland and Trust, 1988），河川水から分離された subsp. *pectinolytica*（Pavan *et al.*, 2000），これらのどれにも含まれないその他の非定型がある．なお，subsp. *masoucida* は日本でのみ分離報告されており，subsp. *achromogenes* と合わせて1つの亜種にすべきとの提案もある（Belland and Trust, 1988）．*A. salmonicida* の一般的な性状は，グラム陰性通性嫌気性短桿菌で，チトクロームオキシダーゼおよびカタラーゼ陽性．通常の培養では鞭毛をもたず運動性はないが，30～37℃で培養するとわずかではあるが運動性を示す菌体が認められ，極毛を発現することが報告されている（McIntosh and Austin, 1991）．自己凝集性をもつ場合が多く，R 型コロニーを作る．subsp. *salmonicida* は水溶性褐色色素を産生するが，その他のせっそう病病原体では産生しない．菌の分離，培養にはトリプトソーヤ寒天培地，ブレインハートインヒュージョン（Brain Heart Infusion, BHI）寒天培地が使われる．培養にはフルンクローシス（Furunculosis）培地も利用されるが，病魚からの分離には必ずしも適していない（Bernoth and Artz, 1989）．Coomassie Brilliant Blue を 0.01％含むトリプトソーヤ寒天培地では紺青色のコロニーを作ることから，選択培地として利用できる（Markwardt *et al.*, 1989）．発育可能温度は 6～34℃，至適温度は 20～25℃で，塩分濃度がまったくの 0％では発

育しない．亜種特異的な抗原をもつものの，共通抗原があり，血清型は均一と考えられている．

2）地理的分布

せっそう病が最初に記載されたのはドイツでブラウントラウト *salmo trutta* に発生したもので，その後，サケ科魚が飼育されている世界各地から報告があり，本感染症は世界的に分布している．日本においても，1920 年代から存在が知られていた．

3）宿主範囲

サケ科魚はすべてせっそう病に感染すると考えられる．しかし，ニジマスは感受性が低く，あまり問題とはならないが，アマゴ（ビワマス）*Oncorhynchus masou ishikawae*，ヒメマス *Oncorhynchus nerka*，ヤマメ *Oncorhynchus masou masou*，ブラウントラウトなどは感受性が高い．*A. salmonicida* そのものは多くの淡水魚，海産魚から分離されている．

4）特徴的な症状

病名の由来にもなっている躯幹に生じる膨隆患部が特徴的である．しかし，この特徴的な症状は亜急性型ではよく認められるが，急性型，慢性型，潜伏型では認められないことが多い（図 1·1　カラー口絵）．

5）診断法

本病の診断は，疫学調査，臨床検査および剖検などによって推定し，血清学的手法，細菌の生物学的・生化学的性状検査および分子生物学的手法による病原体の同定によって確定する．

【5-1】推定診断

①疫学的特徴

水温の上昇する春から秋にかけて，魚体の大きさに関わらず発生する．湧水を使用する場合には周年発生する．水温の急激な上昇や水質の悪化などのストレスが保菌魚の発症を促す．

②症状

本病に特徴的な膨隆患部が躯幹に生じる．急性の場合には膨隆患部はみられず，筋肉内の出血斑のみが認められる．腸管の炎症が激しく，内部に血液の混じった粘液物を認めることが多い．特徴的な膨隆患部が形成される場合には，それに基づいて診断しても誤りは少ないが，症状が特徴的でない場合には，他の細菌感染症との区別は難しい．

③塗抹標本による細菌検査

体表や内臓の患部の懸滴標本で非運動性短桿菌を確認する，または患部の塗抹染色標本で短桿菌を確認する．他の細菌との区別はできない．

【5-2】準確定診断

①細菌検査

普通寒天培地またはトリプトソーヤ寒天培地を用いて，膨隆患部または腎臓・肝臓から細菌分離をし，20〜25℃で培養する．灰白色，半透明のコロニーを形成し，subsp. *salmonicida* の場合には 2〜3 日後に褐色色素を産生することから培地が褐変する．CBB（Coomasie brilliant blue）培地では紺青色のコロニーを作る.

②塗抹標本を用いた血清学的手法による迅速診断

抗血清を利用し，患部または内臓の塗抹標本を用いた蛍光抗体法または酵素抗体法により反応する菌体を確認する.

【5-3】確定診断（以下の少なくとも 1 つの方法により確定する）

①分離菌の生物学的・生化学的性状検査による同定

分離菌を用いて生化学的性状を調べ，*A. salmonicida* に該当することを確認する.

②分離菌を用いた血清学的検査

分離菌を用いて，血清学的検査で確認することができるが，本菌は自己凝集性をもつ場合が多いことから，分離菌を血清学的に同定するためには，通常のスライド凝集反応では判定しにくく，そのため，菌体の抽出液を用いた共同凝集反応（木村・吉水，1983）などの工夫をする必要がある.

③分子生物学的診断

分離菌を用いて，DNA をターゲットとし，種特異的プライマーによる PCR を行い，想定されるサイズの増副産物を確認する．PCR の条件については，一例として次の論文を参照のこと：Gustafson *et al.*（1992）.

PCR では，内臓患部から病原体を直接検出できるが，推定診断および準確定診断でせっそう病であることを確認することが必要である.

1・3　非定型エロモナス症（コイ科魚の穴あき病・ウナギの頭部潰瘍病）

1）病原体

サケ科魚以外での非定型 *Aeromonas salmonicida* 感染症で，日本の淡水魚では穴あき病（キンギョ，フナ *Carassius* spp.，コイ）と頭部潰瘍病（ウナギ）が該当する．病原体に関して，詳しくはせっそう病の項を参照のこと．チトクロームオキシダーゼ陰性株（加来ら, 1999），カタラーゼ陰性株（加来ら, 1999；的山ら, 1999）の分離の報告もある.

2）地理的分布

淡水魚の非定型エロモナス症は世界的に報告されている．穴あき病は世界的に，頭部潰瘍病は日本でのみ発生が知られている.

3）宿主範囲

多くの淡水魚が非定型 *A. salmonicida* に感受性をもつ．穴あき病はキンギョ，フナ，コイで発生し，頭部潰瘍病は特にウナギに発生した病気に対して名付けられたものであり，その意味ではウナギのみの報告である．なお，ヨーロッパで紅斑性皮膚炎（carp erythrodermatitis）と呼ばれているコイの疾病も非定型 *A. salmonicida* 感染症である.

4）特徴的な症状

穴あき病では，病名が示すように体表に潰瘍が形成される．通常は 1 カ所であるが，最近になって数カ所に潰瘍が形成されるケースも報告されるようになり（加来ら, 1999；的山ら, 1999），これまでの穴あき病とは原因菌の非定型 *A. salmonicida* の性状が少々異なることもあり，“新穴あき病”と呼ばれている．頭部潰瘍病では，病名の通りに吻および下顎を含む頭部での発赤，膨隆，潰瘍が特徴的である（大塚ら, 1984）（図 1-2　カラー口絵）．

5）診断法

本病の診断は，疫学調査，臨床検査および剖検などによって推定し，血清学的手法，細菌の生物学的・生化学的性状検査および分子生物学的手法による病原体の同定によって確定する．

【5-1】推定診断

①疫学的特徴

穴あき病は春および秋の水温変化が大きいときに発生する．春での発生では水温が上昇するに伴って自然治癒する．夏に発生することは少ない．“新穴あき病”では水温を上げても治癒しない．頭部潰瘍病は低水温期に発生する．加温しているハウス式養鰻池では発生することはない．

②症状

穴あき病の初期の症状は鱗が数枚発赤する程度であるが，病状が進行すると潰瘍となる．穴あき病では潰瘍患部は通常 1 カ所であるが，“新穴あき病”では潰瘍患部が複数形成され，躯幹部以外にも鰭，鰭基部，口唇部，鰓蓋に形成される場合がある．頭部潰瘍病では，口唇部を含む頭部に膨隆あるいは潰瘍患部が形成される．穴あき病および“新穴あき病”では内臓での肉眼的異常は認められない．頭部潰瘍病では肝臓のうっ血，胃水の貯留，腹膜の出血が認められる場合があるが，軽度である．

特徴的な外部症状を呈することから，それらに基づいて診断しても誤りは少ない．

③塗抹標本による細菌検査

せっそう病の項を参照．

【5-2】準確定診断

せっそう病の項を参照．

【5-3】確定診断

せっそう病の項を参照．

1・4 運動性エロモナス症（立鱗病，まつかさ病，鰭赤病，赤班病）

1）病原体

Aeromonas salmonicida は通常は運動性を示さないのに対して，その他の Aeromonas 属細菌は運動性をもつことから，総称として運動性エロモナスと呼ばれている．運動性エルモナスは当初 *A. punctata*，*A. liquefaciens* および *A. hydrophila* の 3 種とされたが，その後，*A. hydrophila* の 3 亜種と *A. punctata* の 2 亜種に再分類され，さらに，*A. hydrophila*，*A. caviae* および *A. sobria* に整理された．最近では 16S rRNA の配列などの DNA 解析により，次々と新種が報告されており，List of Prokaryotic names with Standing in Nomenclature（http://www.bacterio.cict.fr/）には *A. salmonicida* も含めて Aeromonas 属細菌が 30 種記載されている．ちなみに，*A. hydrophila* には 5 つの亜種

(*anaerogenes*, *dhakensis*, *hydrophila*, *proteolytica*, *ranae*) が設けられている．しかし，このリストには同一の種と思われるものも記載されているなど，Aeromonas 属の種は確定しているものではない．病魚から分離されたものには，*A. hydrophila* 以外にも *A. allosaccharophila* (Martinez-Murcia *et al.*, 1992) や *A. encheleia* (Esteve *et al.*, 1995) なども含まれている．運動性エロモナス症は運動性エロモナスによる感染症であるが，Aeromonas 属細菌の分類には問題点も残されていること，さらに，多くの病魚から分離されるのが *A. hydrophila* subsp. *hydrophila* であることから，ここでは *A. hydrophila* を代表として紹介する．*A. hydrophila* はグラム陰性，単極毛による運動性通性嫌気性短桿菌．チトクロームオキシダーゼおよびカタラーゼ陽性．ブドウ糖を発酵的に分解し，ガスを産生する．O/129 に対する感受性はない．普通寒天培地やトリプトソーヤ寒天培地でよく発育し，分離・培養は難しくない．Aeromonas 属の選択培地であるリムラー・ショット (Rimler-shotts) 寒天培地では黄色のコロニーを作る．発育可能温度は 5～40℃ (至適は 28℃前後)，発育可能塩分濃度は 0～4% (至適は 0.5%)．血清型は多型を示す．食中毒菌に指定されているので注意を要する．

2) 地理的分布

広く世界に分布し，淡水や淡水魚の腸内から分離される．

3) 宿主範囲

すべての淡水魚が感受性を有すると考えられる．

4) 特徴的な症状

これまで使われてきた病名からもわかるように，外部症状としては立鱗，鰭・体表・肛門の発赤や出血，内部症状としては腸炎が特徴的であるが，これらは他のグラム陰性菌の感染症でもみられることがあり，本病特有の症状は乏しい．

5) 診断法

本病の診断は，疫学調査，臨床検査および剖検などによって推定し，細菌の生物学的・生化学的性状検査および分子生物学的手法による病原体の同定によって確定する．原因菌の血清型が多型であるため，血清学的手法は利用できない．

【5-1】推定診断

①疫学的特徴

魚の大きさに関係なく発生し，水温の変化が大きい春と秋に発生しやすい．本菌は淡水域や淡水魚の腸内に常在する菌であり，水温の急激な変化などのストレスにより，外部から経口的に取り込まれたか，または元々腸内に存在した強い病原性を有する菌株が腸内で増殖して発病に至ると考えられる．

②症状

立鱗，鰭・体表・肛門の発赤や出血，腸炎がみられるが，これらは他のグラム陰性菌の感染症でもみられ，本病特有の症状は乏しく，症状だけで診断することは困難である．

③塗抹標本による細菌検査

内臓患部の懸滴標本で運動性短桿菌を確認する，または内臓患部の塗抹染色標本で短桿菌を確認する．他の細菌との区別はできない．

【5-2】準確定診断

①細菌検査

普通寒天培地またはトリプトソーヤ寒天培地を用いて，内臓患部から細菌分離をする．25℃で24時間培養すると，半透明，灰白色で光沢のあるコロニーを形成する．リムラー・ショット寒天培地では黄色のコロニーを作る．

【5-3】確定診断（以下の少なくとも1つの方法により確定する）

①分離菌の生物学的・生化学的性状検査による同定

分離菌を用いて生化学的性状を調べ，*A. hydrophila* に該当することを確認する．

②分子生物学的診断

分離菌を用いて，DNAをターゲットとし，種特異的プライマーによるPCRを行い，想定されるサイズの増副産物を確認する．PCRの条件については，一例として次の論文を参照のこと：Pollard *et al.*（1990）．

PCRでは，内臓患部から病原体を直接検出できるが，推定診断および準確定診断で運動性エロモナス症であることを確認することが必要である．

1・5 赤点病

1）病原体

病原体の *Pseudomonas anguillicepitca* はグラム陰性好気性短桿菌．極毛により運動性を示すがかなり弱い．チトクロームオキシダーゼおよびカタラーゼ陽性．病原性に関与すると考えられる莢膜を有する．発育可能温度は5～30℃で至適発育温度は15～20℃．また，発育塩分濃度は0.1～4％，塩分を含まない培地では発育しない．培地にMg（$MgCl_2$ を0.1％）を添加すると発育が改善されるが，基本的に発育は悪い．血清型は基本的には1つであるが，莢膜（K抗原）を有する株と消失した株では見かけ上の血清型は異なる．遺伝子のRAPD解析により，大きくウナギ由来株とその他魚種由来株の2つに分けられる（Lopes-Romalde *et al.*, 2003）．また，アユ由来株はウナギに対する病原性は低く，逆にウナギ由来株はアユに対する病原性が低く，宿主特異性が認められる（中井ら, 1985）．

2）地理的分布

1970年代に日本のウナギから初めて分離された．その後，台湾およびヨーロッパでの発生が報告され，現在のところこの3地域に限られている．

3）宿主範囲

これまで感染症が報告されている淡水魚はウナギ，ヨーロッパウナギ *Anguilla anguilla*，アユ（海産種苗），ニジマス，コレゴヌス *Coregonus* sp. である．ウナギは感受性が高く，ヨーロッパウナギの感受性は低い．ヨーロッパウナギが本菌の本来の宿主ではないかと思われている．実験的には，コイ，フナ，キンギョ，ドジョウ *Misgurnus anguillicaudatus*，ブルーギル *Lepomis macrochirus* に病原性が認められたが，ニジマス，アマゴ，ヒメマス，イワナ *Salvelinus leucomaenis* ではわずかな病変が認められる程度であった．近年，日本およびヨーロッパで海産魚からの分離報告が相次いでいる（Kusuda *et al*., 1995；Lopes-Romalde *et al*., 2003）．

4）特徴的な症状

ウナギでは病名が示すとおり皮膚全体，特に下顎から腹部に点状出血が認められる．点状出血は腹膜にも認められる．

5）診断法

本病の診断は，疫学調査，臨床検査および剖検などによって推定し，血清学的手法，細菌の生物学的・生化学的性状検査および分子生物学的手法による病原体の同定によって確定する．

【5-1】推定診断

①疫学的特徴

本菌の特徴から，本病は塩分を含まず（0.1％以下），水温が 26～27℃を超える池では発生しない．ウナギでは水温が 10℃を超える春先に発生し始め，水温が 20℃以下になる秋に再び発生する．絶えず水温が 28℃を超えているハウス式養鰻池では発生しない．

アユでは海産種苗での発生であり，池に導入される前に既に感染していたと考えられることから，塩分濃度が低い池でも発生することに注意を要する．

②症状

ウナギでは，特徴的に，皮膚全体，特に下顎から腹部に点状出血が認められる．肝臓のうっ血，脾臓の萎縮，腸管や胃の発赤，腹膜の点状出血も認められるが，内臓の病変による他の細菌性疾病との区別は困難である．ヨーロッパウナギでの症状は乏しい．アユでも体側や腹部などに出血点や出血斑がみられるが，ビブリオ病や真菌性肉芽腫症との区別は難しい．

ウナギの場合には，外観の特徴的な症状から判断しても誤りは少ない．

③塗抹標本による細菌検査

内臓患部の懸滴標本で一部が運動性を示す短桿菌を確認する，または内臓患部の塗抹染色標本で短桿菌を確認する．他の細菌との区別はできない．

【5-2】準確定診断

①細菌検査

普通寒天培地またはトリプトソーヤ寒天培地を用いて，内蔵患部から細菌分離をし，20℃で培養すると 2～3 日で 1 mm 程度の粘稠性で光沢と透明感のあるコロニーを形成する．培地に $MgCl_2$ を 0.1％添加すると発育が改善される．

②塗抹標本を用いた血清学的手法による迅速診断

抗血清を利用し，内臓の塗抹標本を用いた蛍光抗体法または酵素抗体法により反応する菌体を確認する．

本菌は共通抗原を有することから，血清学的な診断が可能であるが，分離菌は莢膜を有することから，莢膜保有株で作製した抗血清を利用する必要がある．

【5-3】確定診断（以下の少なくとも 1 つの方法により確定する）

①分離菌の生物学的・生化学的性状検査による同定

分離菌を用いて生化学的性状を調べ，*P. anguilliceptica* に該当することを確認する．

②分離菌を用いた血清学的検査

分離菌を用いて，スライド凝集反応または蛍光抗体法が陽性となることを確認する．

③分子生物学的診断

分離菌を用いて，DNA をターゲットとし，種特異的プライマーによる PCR を行い，想定されるサイズの増副産物を確認する．PCR の条件については，一例として次の論文を参照のこと：Blanco *et al.*(2002).

PCR では，内臓患部から病原体を直接検出できるが，推定診断および準確定診断で赤点病であることを確認することが必要である．

1・6　細菌性出血性腹水症

1）病原体

Pseudomonas plecoglossicida による感染症で，病原体はグラム陰性好気性短桿菌．運動性は報告によって異なり，運動性を示す菌株は複極毛を有するが，陰性株は鞭毛をもたない．同一病魚から分離された場合でもこのような菌株が混在するが，原因は不明である．チトクロームオキシダーゼおよびカタラーゼ陽性，発育温度は 10～30℃，塩分濃度は 0～5％，普通寒天培地を利用して比較的簡単に分離できる．分離当初から多くの薬剤に対して耐性を示す傾向にある（中津川・飯田, 1996；若林ら, 1996）．褐色色素を産生する菌株も分離されている（Park *et al.*, 2000）．性状が若干異なる菌株を含め，菌株間には血清学的な差はみられない．

2）地理的分布

現在までのところ，日本からのみ報告されている．

3）宿主範囲

自然発病では現在までのところアユおよびペヘレイ *Odontesthes bonariensis*（相澤・相川，1996）から報告されている．実験的にはヒラメおよびマダイに病原性を有する（中津川・飯田，1996）．

4）特徴的な症状

病名が示すように，血液を含む大量の腹水の貯留が特徴的である（図 1-3　カラー口絵）．

5）診断法

本病の診断は，疫学調査，臨床検査および剖検などによって推定し，血清学的手法，細菌の生物学的・生化学的性状検査および分子生物学的手法による病原体の同定によって確定する．

【5-1】推定診断

①疫学的特徴

稚魚から出荷サイズの魚まで発生する．冷水病と合併することが多く，細菌性冷水病対策として加温や投薬をすると本病が顕在化する．5月下旬から7月上旬の水温15〜20℃で発生する．

②症状

肛門の拡張・出血，鰓の褪色，下顎の発赤，胸鰭および腹鰭基部の発赤，内臓全般の褪色，脾臓の腫大，腎臓の腫脹がみられる．血液を含む大量の腹水の貯留が認められる．

血液を含む大量の腹水の貯留が特徴的ではあるが，エドワジエラ敗血症でも血液混じりの腹水が認められことが多く，また，事例によっては腹水がみられないこともあり，症状だけで診断することは避けるべきである．

③塗抹標本による細菌検査

内臓患部や腹水の塗抹染色標本で短桿菌を確認する．他の細菌との区別はできない．

【5-2】準確定診断

①細菌検査

普通寒天培地を用いて，内蔵患部または腹水から細菌分離をする．25℃で24〜48時間培養すると，透明感のない灰白色のコロニーを形成する．褐色色素を産生する株も報告されていることから，*A. salmonicida* と間違わないように気を付ける必要がある．

②塗抹標本を用いた血清学的手法による迅速診断

抗血清を利用し，内臓または腹水の塗抹標本を用いた蛍光抗体法または酵素抗体法により反応する菌体を確認する．

【5-3】確定診断（以下の少なくとも1つの方法により確定する）

①分離菌の生物学的・生化学的性状検査による同定

分離菌を用いて生化学的性状を調べ，*P. plecoglossicida* に該当することを確認する．

②分離菌を用いた血清学的検査

分離菌を用いて，スライド凝集反応または蛍光抗体法が陽性となることを確認する．

③分子生物学的診断

分離菌を用いて，DNAをターゲットとし，種特異的プライマーによるPCRを行い，想定されるサイズの増副産物を確認する．PCRの条件については，一例として次の論文を参照のこと：Sukenda and Wakabayashi（2000）．

PCRでは，内臓患部から病原体を直接検出できるが，推定診断および準確定診断で細菌性出血性腹水症であることを確認することが必要である．

1・7　パラコロ病

1）病原体

病原体の *Edwardsiella tarda* は腸内細菌科に属するグラム陰性，周毛による運動性を示す短桿菌．ヒラメを除く海産魚から分離される *E. tarda* は運動性を示さない．TSI（Triple Sugar Iron）培地で硫化水素を産生する．インドール産生性は陽性．白糖を分解しない．発育可能温度は15〜42℃で，至適温度は約31℃．塩分濃度は0〜4％で発育し，至適塩分濃度は0.5〜1％．SS（*Salmonella-Shigella*）寒天培地，DHL（Desoxycholate-Hydrogen sulfide-lactose）寒天培地，XLD（Xylose Lysine deoxycholate）寒天培地の選択培地では，中心部が黒色で周辺が透明な比較的小さなコロニーを形成する．血清型は多型であるが，O 抗原による解析では，パラコロ病から分離される *E. tarda* はほぼ 1 つの血清型に入る．本菌はヒトに対しての病原性が報告されているので注意を要する．

2）地理的分布

本菌は世界的に分布しているが，ウナギの病気としては日本および台湾で報告されている．

3）宿主範囲

本病の病名はウナギでの *E. tarda* 感染症に対して付けられた名前であり，その意味ではパラコロ病の宿主範囲はウナギのみとなる．*E. tarda* そのものは多くの淡水魚，海産魚（海産魚における項を参照）が宿主となりうる．

4）特徴的な症状

外部症状としては肛門周辺の発赤，拡大突出，前腹部の発赤腫脹が特徴的である．標的となる組織は肝臓と腎臓で，膿瘍や潰瘍が多数形成され，開口部から特徴的な強い悪臭を放つ膿汁が流れ出ていることがある．

5）診断法

本病の診断は，疫学調査，臨床検査および剖検などによって推定し，血清学的手法，細菌の生物学的・生化学的性状検査および分子生物学的手法による病原体の同定によって確定する．

【5-1】推定診断

①疫学的特徴

露地池では高水温期である夏を中心に春から秋にかけて発生し，ハウス式養鰻池では周年発生する．餌付け直後のシラスウナギから成鰻に至るまで罹病する．

②症状

肛門周辺の発赤，拡大突出，前腹部の発赤腫脹がみられる．肝臓あるいは腎臓で膿瘍や潰瘍が多数形成され，開口部から特徴的な強い悪臭を放つ膿汁が流れ出ていることがある．

上記の特徴的な症状に基づいて診断しても誤りは少ない．

③塗抹標本による細菌検査

内臓患部の懸滴標本で運動性短桿菌を確認する，または内臓患部の塗抹染色標本で短桿菌を確認する．他の細菌との区別はできない．

【5-2】準確定診断

①細菌検査

トリプトソーヤ寒天培地を用いて，内臓患部から細菌分離をし，25℃で培養する．48〜72 時間で灰白色，透明感のないコロニーを形成する．SS 寒天培地などの選択培地では中心部が黒色で周辺部が透明なコロニーを作る．

②塗抹標本を用いた血清学的手法による迅速診断

ウナギ病魚から分離された菌株を抗原として作製された抗血清を利用し，患部または内臓の塗抹標本を用いた蛍光抗体法または酵素抗体法により反応する菌体を確認する．

【5-3】確定診断（以下の少なくとも1つの方法により確定する）

①分離菌の生物学的・生化学的性状検査による同定

分離菌を用いて生化学的性状を調べ，*E. tarda* に該当することを確認する．

②分離菌を用いた血清学的検査

ウナギ病魚から分離された菌株を抗原として作製された抗血清を利用し，分離菌を用いてスライド凝集反応または蛍光抗体法が陽性となることを確認する．

③分子生物学的診断

分離菌を用いて，DNA をターゲットとし，種特異的プライマーによる PCR を行い，想定されるサイズの増副産物を確認する．PCR の条件については，一例として次の論文を参照のこと：Sakai *et al.*（2009）．

PCR では，内臓患部から病原体を直接検出できるが，推定診断および準確定診断でパラコロ病であることを確認することが必要である．

1・8　エドワジエラ症

1）病原体

ウナギのパラコロ病と同じ *E. tarda* による感染症であり，ウナギ以外の魚の感染症をエドワジエラ症と呼称している．*E. tarda* の特徴については，ウナギのパラコロ病の項を参照のこと．

2）地理的分布

世界中に分布する．

3）宿主範囲

ウナギ以外で自然感染が報告された淡水魚はキンギョ，コイ，マスノスケ *Oncorhynchus tshawytscha*，テラピア，アメリカナマズ *Ictalurus punctatus*，オオクチバス *Micropterus salmoides* であるが，実験的にはニジマスやドジョウにも感受性があり，多くの淡水魚が宿主となるものと考えられる．テラピア養殖では問題となっている．

4）特徴的な症状

テラピアでは腎臓，脾臓に白色の小さな固まりができることが特徴的である．アメリカナマズで急性の場合には，筋肉内の膿瘍患部の形成とガスの充満が特徴的である．最終的には敗血症に進行する．

5）診断法

本病の診断は，疫学調査，臨床検査および剖検などによって推定し，血清学的手法，細菌の生物学的・生化学的性状検査および分子生物学的手法による病原体の同定によって確定する．

エドワジエラ症では，病魚から分離される菌株の血清型は1つの型が多数を占めるものの，他の血清型も分離されることから，血清学的診断にのみ頼るのは危険である．

【5-1】推定診断

①疫学的特徴

水温の高い夏場を中心に，魚の大きさに関係なく発生する．温泉水の利用や加温飼育では周年発生する可能性がある．

②症状

体表の出血，潰瘍の形成，腸炎，腹水の貯留が一般的で，テラピアでは内臓の小白点形成が特徴的である．アメリカナマズで急性の場合には，筋肉内の膿瘍患部の形成とガスの充満が特徴的である．

③塗抹標本による細菌検査

パラコロ病の項を参照．

【5-2】準確定診断

パラコロ病の項を参照．

【5-3】確定診断

パラコロ病の項を参照．

1・9　エドワジエラ敗血症

1）病原体

病原体は *Edwardsiella ictaluri* であり，腸内細菌科に属するグラム陰性運動性通性嫌気性短桿菌．アユ由来株の運動性は微弱であり，顕微鏡下では観察できず，SIM（Sulfide-Indole-Motility）培地で確認できる．硫化水素を産生せず（アユ由来株は培養時間の経過とともに SIM 培地でわずかに陽性となる），インドールを産生しない．白糖を分解しない．発育可能温度は 10～34℃（至適は 30℃），発育可能塩分濃度は 0～1.5％で，2％では発育しない．少なくとも 2 つの血清型があるが（日本分離株は単一の血清型に入る），共通抗原も認められる．日本へは東南アジアから持ち込まれたと考えられている．

2）地理的分布

米国のアメリカナマズの感染症として初めて報告され，その後，オーストラリア，タイ，インドネシア，ベトナムでの分離報告がある．日本では，2007 年夏に河川のアユ病魚から分離され，日本にも侵入したことが確認された（Sakai *et al*., 2008）．

3）宿主範囲

ナマズ類での発症が多く報告されており，特にその中でもアメリカナマズの感受性が一番高く，稚魚から成魚まで発生し大きな被害を出している．タイではウォーキングキャットフィッシュ *Clarias batrachus*，インドネシアとベトナムではストライプトキャットフィッシュ *Pangasius hypophthalmus* での発生が報告されている．その他，ダニオ *Danio devario*，グリーンナイフフィッシュ *Eigemmania virescens*，ミノーの一種 *Puntius conchonius*，ニジマスでの感染の報告がある．感染実験はブルーテラピア *Oreochromis aureus* やマスノスケも感受性を有する．日本においては今のところアユでの発生のみ報告されているが，ナマズ *Silurus asotus* での発症の情報もある．

4）特徴的な症状

アメリカナマズにおける特徴的な症状は，頭部，特に目の間の部分の潰瘍（hole-in-head と呼ばれる）である．ダニオでは典型的な症状はみられない．アユにおいても特徴的な症状に乏しく，血液の混じった腹水の貯留が共通した症状といえる（図 1-4　カラー口絵）．

5）診断法

本病の診断は，疫学調査，臨床検査および剖検などによって推定し，血清学的手法，細菌の生物学的・生化学的性状検査および分子生物学的手法による病原体の同定によって確定する．

【5-1】推定診断

①疫学的特徴

アユの場合，夏期の高水温期（20℃以上）に発生する．アメリカナマズにおいても，春から秋にかけての水温が 20～28℃で発生し，この温度範囲を外れると死亡が止まる．

②症状

アユの場合には，顕著な外部症状に乏しく，血液の混じった腹水の貯留が認められる場合が多い．体表および肛門の発赤，腹部膨満，眼球突出が認められることがある．アメリカナマズの場合，頭部（特に目の間の部分）の潰瘍が特徴的である．その他，旋回遊泳，外部症状として口吻部･体側･腹面・鰓の出血，眼球突出がみられ，内部症状として腎臓の腫脹，内臓・腹膜・筋肉組織の点状出血や腹水貯留がある．

③塗抹標本による細菌検査

内臓患部の塗抹染色標本で短桿菌を確認する．他の細菌との区別はできない．

【5-2】準確定診断

①細菌検査

トリプトソーヤ寒天培地を用いて，内臓患部または腹水から細菌分離をする．25℃で 48 時間培養すると，粘着性のない半透明の白色コロニーを形成する．硫化水素が産生されないか，産生されてもわずかであることから，選択培地として *E. tarda* 分離に用いられる SS 寒天培地などは有用ではない．

②塗抹標本を用いた血清学的手法による迅速診断

抗血清を利用し，内臓の塗抹標本を用いた蛍光抗体法または酵素抗体法により反応する菌体を確認する．

【5-3】確定診断（以下の少なくとも 1 つの方法により確定する）

①分離菌の生物学的・生化学的性状検査による同定

分離菌を用いて生化学的性状を調べ，*E. ictaluri* に該当することを確認する．

②分離菌を用いた血清学的検査

分離菌を用いて，スライド凝集反応または蛍光抗体法が陽性となることを確認する．

③分子生物学的診断

分離菌を用いて，DNA をターゲットとし，種特異的プライマーによる PCR を行い，想定されるサイズの増副産物を確認する．PCR の条件については，一例として次の論文を参照のこと：Sakai *et al.*（2009）．

PCRでは，患部から病原体を直接検出できるが，推定診断および準確定診断でエドワジエラ敗血症であることを確認することが必要である．

1・10 カラムナリス病（鰓ぐされ病，尾ぐされ病）

1）病原体

病原体は *Flavobacterium columnare*（以前の種名は *Flexibacter columnaris* または *Cytophaga columnaris*）であり，グラム陰性好気性長桿菌．チトクロームオシキダーゼおよびカタラーゼ陽性，ゼラチンとカゼインを分解するが，デンプンは分解しない．硫化水素を産生．発育可能温度は5～35℃（至適は28℃前後），塩分濃度0～0.5％でよく発育する．種名の由来が示すように，鰓や鰭などの患部の上で円柱状をした菌の集落を形成する．貧栄養性細菌であるため，分離，培養にはサイトファーガ（Cytophaga）寒天培地またはTY（Trypton-Yeast Extract）寒天培地を使用する．これらの培地上で本菌は活発な滑走運動をし，辺縁が樹根状をした扁平な特徴的コロニーを作る．平板上でも，静置培養した液体倍地中でも膜状の集落を形成する．血清型については詳しく検討されていないが，少なくとも共通抗原は有すると考えられている．

2）地理的分布

1920年代に米国で報告されたのが最初であるが，その後世界各地で報告されている．日本では1960年代にドジョウやウナギの病魚から本菌が分離されたが，それ以前からニジマスなどで病気の存在は知られていた．

3）宿主範囲

多くの淡水魚での病気が報告されており，淡水魚であればすべての魚種が感染すると考えられる．病原体の発育温度の特性から温水魚を中心とした病気であるが，夏季などの水温の高い時期には冷水魚でも発症する．

4）特徴的な症状

主な感染部位は口吻部，鰓，鰭，体表であり，感染初期は黄白色の小斑点が観察され，病状が進行するに伴い，患部の壊死，崩壊，欠損することが特徴的である．通常，内臓諸器官の病変は認められない．

5）診断法

本病の診断は，疫学調査，臨床検査および剖検などによって推定し，血清学的手法，細菌の生物学的・生化学的性状検査および分子生物学的手法による病原体の同定によって確定する．

【5-1】推定診断

①疫学的特徴

冷水病，温水魚を問わず，15℃以下ではほとんど発生せず，20℃を超えると病勢が激化する．

②症状

感染部位は鰓，体表，口吻部，尾柄部，鰭であり，わずかな傷から感染するものと考えられる．感染初期は黄白色の小斑点が観察され，病状が進行するに伴い，患部の壊死，崩壊，欠損へと進む（患部の形成部位により，「鰓ぐされ」，「口ぐされ」，「尾ぐされ」，「鰭ぐされ」と呼ばれる）．病気の末期では内臓から菌が分離されることがあるが，通常，内臓諸器官の病変は認められない．

特徴的な症状で診断しても間違うことは少ない．

③塗抹標本による細菌検査

体表患部，鰭や鰓の懸滴標本で，菌が円柱状の集落を形成することを確認する，または患部の塗抹染色標本で長桿菌を確認する．種名の由来となっている円柱状の集落を確認することで診断することが可能である．塗抹染色標本では他のFlavobacterium属細菌との区別はできない（図1-5　カラー口絵）．

【5-2】準確定診断

①細菌検査

サイトファーガ寒天培地を用いて，体表，鰭または鰓患部を塗抹し25℃で培養する．病状が進行した病魚の場合には内臓からも分離を試みる．24時間の培養では明確ではないが，48～72時間培養すると辺縁が樹根状で，培地に膜状に密着している淡黄色の扁平なコロニーを形成する．20％ KOHを滴下するとコロニーの色は褐色に変化する．また，コンゴーレッド液を滴下すると色素を吸着してコロニーの辺縁が赤くなる．体表患部などの雑菌の混入を避けるため，分離材料のホモジネートを10倍段階希釈し，各希釈を平板に接種するなどの工夫をするとよい．

分離培地上での特徴的なコロニーの形状などによって診断しても間違いは少ない．

②塗抹標本を用いた血清学的手法による迅速診断

抗血清を利用し，患部の塗抹標本を用いた蛍光抗体法または酵素抗体法により反応する菌体を確認する．

【5-3】確定診断（以下の少なくとも1つの方法により確定する）

①分離菌の生物学的・生化学的性状検査による同定

分離菌を用いて生化学的性状を調べ，*F. columnare*に該当することを確認する．

②分離菌を用いた血清学的検査

分離菌を用いて，血清学的検査で確認することができるが，分離された菌は平板上でも液体培地中でも膜状の形態を示し，緩衝液中で均一な菌液を作ることが困難であることから，通常のスライド凝集反応では判定しにくく，そのため，菌体の抽出液を用いた共同凝集反応（木村・吉水，1983）などの工夫をする必要がある．

③分子生物学的診断

分離菌を用いて，DNAをターゲットとし，種特異的プライマーによるPCRを行い，想定されるサイズの増副産物を確認する．PCRの条件については，一例として次の論文を参照のこと：Toyama *et al.*（1996）．

PCRでは患部から病原体を直接検出できるが，推定診断および準確定診断でカラムナリス病であることを確認することが必要である．

1・11　細菌性鰓病

1）病原体

Flavobacterium branchiophilum による感染症．病原体はグラム陰性好気性非運動性長桿菌．チトクロームオシキダーゼおよびカタラーゼは陽性，ブドウ糖を分解し酸を産生．ゼラチン，カゼインおよびデンプンを分解する．硫化水素非産生．貧栄養性細菌であるため分離にはサイトファーガ寒天培地またはTY寒天培地が利用される．これらの培地上で18℃，5日間の培養によって淡黄色，円形の微小コロニーを形成する．血清学的性状では，共通抗原を有するものの2つの血清型があり，日本株と外国株とに分けられる．発育可能温度は10〜25℃（至適は18℃前後）で，塩分を0.1％以上含む培地では発育しない．

2）地理的分布

鰓が棍棒化する病気は1920年代から米国で報告されているが，*F. branchiophilum* は日本で最初に分離され，細菌性鰓病の原因菌として報告された．その後，本菌による感染症は日本に加え，米国，ヨーロッパ，韓国で報告されており，おそらく世界的に分布していると思われる．

3）宿主範囲

サケ科魚での感染症が主体であるが，日本ではアユから分離されており（城, 2006），ヨーロッパ（ハンガリー）では冬季にシートフィッシュ *Silurus glanis* およびシルバーカープ *Hypophthalmichthys molitrix* の病魚からの分離が報告されている（Farkas, 1985）．

4）特徴的な症状

大量死を伴う発生は稚魚が主であり，外部症状に乏しい．病魚は力なく泳ぎ，鰓蓋を開いたままの場合が多い．鰓弁の肥厚と粘液の異常分泌が特徴的である．本菌が感染するとまずは鰓の上皮細胞が増生し，次に鰓薄板が癒着し，ついには鰓弁が棍棒化する．しかし，本菌は鰓の表面を覆うだけで，組織中に侵入することはないため，内臓諸器官の病変は認められない．

5）診断法

本病の診断は，疫学調査，臨床検査および剖検などによって推定し，血清学的手法，細菌の生物学的・生化学的性状検査および分子生物学的手法による病原体の同定によって確定する．

【5-1】推定診断

①疫学的特徴

大量死を伴う発生は稚魚が主である．ニジマスやアユでは水温が14〜18℃となる春先から夏にかけて発生し，在来マスやサケでは水温が低い1〜2月によく発生する．過密，過剰給餌，溶存酸素の低下などが感染・発病を助長することが知られている．

②症状

まず食欲が低下し，力なく泳ぎ，鰓蓋を開いて排水口付近に流されて死亡する．鰓弁の肥厚と粘液の異常分泌が観察される．病気の進行に伴い鰓薄板の癒着，鰓弁の棍棒化がみられる．体表や内臓諸器官には異常は認められない.

③塗抹標本による細菌検査

鰓の生標本の顕微鏡観察により，鰓薄板の癒着による鰓弁の棍棒化と鰓表面の長桿菌を確認する．あるいは鰓の塗抹染色標本により長桿菌を確認する．この場合，初期病魚では棍棒化が認められず，末期病魚では長桿菌ではなく，かわりに短桿菌が観察されることがあるので注意を要する．塗抹染色標本では他の Flavobacterium 属細菌との区別はできない（図 1-6　カラー口絵）.

【5-2】準確定診断

①細菌検査

サイトファーガ寒天培地を用いて，鰓患部を塗抹し 18～20℃で培養する．5日間の培養で 0.5～1 mm の淡黄色で正円形のコロニーを形成する．*F. columnare* のような樹根状の辺縁にはならない．本菌の発育には日数を要することから雑菌の混入が避けられず，通常の方法では純粋に分離することは困難である．鰓のホモジネートを 10 倍段階希釈し，各希釈を平板に接種するなどの工夫が必要である.

②塗抹標本を用いた血清学的手法による迅速診断

抗血清を利用し，鰓の塗抹標本を用いた蛍光抗体法または酵素抗体法により反応する菌体を確認する.

【5-3】確定診断（以下の少なくとも 1 つの方法により確定する）

①分離菌の生物学的・生化学的性状検査による同定

分離菌を用いて生化学的性状を調べ，*F. branchiophilum* に該当することを確認する.

分離には時間を要することから迅速性には欠ける（以下の確定診断法も同様である）.

②分離菌を用いた血清学的検査

分離菌を用いて，スライド凝集反応または蛍光抗体法が陽性となることを確認する.

③分子生物学的診断

分離菌を用いて，DNA をターゲットとし，種特異的プライマーによる PCR を行い，想定されるサイズの増副産物を確認する．PCR の条件については，一例として次の論文を参照のこと：Toyama *et al.*(1996).

PCR では鰓から病原体を直接検出できるが，推定診断および準確定診断で細菌性鰓病であることを確認することが必要である.

1・12 細菌性冷水病（尾柄病）

1）病原体

Flavobacterium psychrophilum（以前の種名は *Cytophaga psychrophila* または *Flexibacter psychrophilus*）による感染症である．病原体はグラム陰性好気性長桿菌．チトクロームオシキダーゼおよびカタラーゼともに弱陽性．ゼラチンとカゼインを分解するが，デンプンは分解せず，糖を利用しない．硫化水素非産生．発育可能温度は 3～23℃（至適は 15℃前後），30℃では発育せず，多くの菌株は 25℃でも発育しない．至適塩分濃度は 0%で，2%では発育しない．貧栄養性細菌であるため分離にはサイトファーガ寒天培地または TY 寒天培地が利用される．本菌は滑走運動が極めて弱い

ため，18℃，5日間の培養ではわずかに不規則な波状の辺縁をもつ黄色のコロニーを形成するが，円形のコロニーも混在する．平板による分離は発育が遅いことから困難な場合があるが，平板に牛胎児血清を5%程度加えることにより発育の改善がみられる．患部からの菌分離では雑菌の繁殖を抑えるために抗生物質を含む培地が考案されている（Kumagai *et al.*, 2004）．*F. psychrophilum* は共通抗原を有するが，日本の淡水魚から分離される株では，3つの血清型（O-1，O-2，O-3）に分けられ，ギンザケ由来株はO-1型に，ニジマス由来株はO-3型に集中し，O-2型の菌株はアユ由来株のみである（Izumi and Wakabayashi, 1999）．ロタマーゼ遺伝子の制限酵素断片長多型解析により，アユ由来株とその他由来株とに分けることができる（吉浦ら, 2006）．ニジマスでは受精時に卵内に本菌が侵入することが明らかになっている（Kumagai and Nawata, 2010）．アユ由来株は他の淡水魚への病原性が低く，宿主特異性が認められる．海外からの侵入種と考えられている．

2）地理的分布

1940年代に北米で最初に分離され，それ以後，ヨーロッパ，日本，チリ，オーストラリア，韓国において分離されている．

3）宿主範囲

おそらくサケ科魚のすべてが感受性を有すると考えられる．特にギンザケの感受性が高い．日本では本病がギンザケ *Oncorhynchus kisutch*，ニジマス，アユに発生しており，特にアユでは天然河川でも発生し大きな問題となっている（若林ら, 1991；Wakabayashi *et al*., 1994；Iida and Mizokami, 1996；網田ら, 2000）．また，天然河川に生息するオイカワ *Zacco platypus* での発病も報告されており（Iida and Mizokami，1996），さらに複数の淡水魚から菌が分離されている（網田ら, 2000）．

4）特徴的な症状

サケ科魚では，尾柄病と呼ばれているように患部が尾柄部に形成されることが多く，尾柄部のび爛，潰瘍，欠損が特徴的である．アユの場合では，鰓や内臓の貧血，体側や尾柄部の潰瘍（いわゆる穴あき），下顎の出血や欠損が特徴的である（図1-7　カラー口絵）．

5）診断法

本病の診断は，疫学調査，臨床検査および剖検などによって推定し，血清学的手法，細菌の生物学的・生化学的性状検査および分子生物学的手法による病原体の同定によって確定する．

【5-1】推定診断

①疫学的特徴

サケ科魚では，育成魚でもみられるが，多くは稚魚期に発生する．10℃前後の低水温で流行し（「冷水病」の名の由来である），日本のギンザケでは主に1～4月に発生する．アユではすべての発育段階で発生する．水温10～22℃で発生がみられるが，その中心は16～20℃である．天然河川での発生は5～10月にみられるが，6～7月での発生がもっとも多い．

②症状

サケ科魚では，尾柄病と呼ばれているように患部が尾柄部に形成されることが多く，び爛や潰瘍が認められる．その後，体表へと患部が拡大していく．内臓から菌が分離されることはあるが，内臓諸器官の病変は認められない．ヨーロッパで発生が知られているニジマス仔魚症候群では例外的に内臓に病変がみられる．アユの場合では，鰓や内臓の貧血，体側や尾部に潰瘍症状（いわゆる穴あき）を示すものが多い．この他，下顎の出血や潰瘍，筋肉や腹腔内の出血がみられる．やはり，内臓の顕著な病変は認められない．

③塗抹標本による細菌検査

体表患部や鰓の懸滴標本で長桿菌を確認する，または体表患部や鰓の塗抹染色標本により長桿菌を確認する．塗抹染色標本では他のFlavobacterium属細菌との区別はできない．

【5-2】準確定診断

①細菌検査

サイトファーガ寒天培地を用いて，体表または鰓患部を塗抹し15℃で培養する．病状が進行した病魚の場合には内臓からも分離を試みる．5日間の培養でわずかに不規則な波状の辺縁をもつ黄色のコロニーを形成するが，円形のコロニーも混在する．*F. columnare*のような樹根状の辺縁にはならない．本菌の発育には日数を要することから雑菌の混入が避けられず，通常の方法では純粋に分離することは困難である．体表や鰓患部のホモジネートを10倍段階希釈し，各希釈を平板に接種する方法や，培地に抗生物質を加えるなどの工夫が必要である．

②塗抹標本を用いた血清学的手法による迅速診断

抗血清を利用し，体表患部や鰓の塗抹標本を用いた蛍光抗体法または酵素抗体法により反応する菌体を確認する．

【5-3】確定診断（以下の少なくとも1つの方法により確定する）

①分離菌の生物学的・生化学的性状検査による同定

分離菌を用いて生化学的性状を調べ，*F. psychrophilum*に該当することを確認する．

分離には時間を要することから迅速性には欠ける（以下の確定診断法も同様である）．

②分離菌を用いた血清学的検査

分離菌を用いて，スライド凝集反応または蛍光抗体法が陽性となることを確認する．

③分子生物学的診断

分離菌を用いて，DNAをターゲットとし，種特異的プライマーによるPCRを行い，想定されるサイズの増副産物を確認する．PCRの条件については，一例として次の論文を参照のこと：吉浦ら（2006）．

PCRでは体表患部や鰓から病原体を直接検出できるが，推定診断および準確定診断で細菌性冷水病であることを確認することが必要である．

1・13　淡水魚のレンサ球菌症

1）病原体

病原体は*Streptococcus iniae*である．病原体の特徴としては，グラム陽性，非運動性，連鎖状の球菌で通常は2連または4連であるが，液体培地ではそれ以上になる場合もある．チトクロームオキシダーゼおよびカタラーゼはともに陰性で，β溶血性を示す．普通寒天培地では発育が悪く，通常はトッド・ヒューイット（Todd-Hewitt）培地またはハートインフュージョン（Heart Infusion）培地を利用する．ハートインフュージョン寒天培地を基礎培地として，オキソリン酸（5 mg/*l*）と酢酸タリウム（1 g/*l*）または硫酸コリスチン（10 mg/*l*）を加えた選択培地が考案されている（Nguyen and Kanai, 1998）．ブリ *Seriola quinqueradiata* のレンサ球菌症（ラクトコッカス症）の原因菌 *Lactococcus garvieae* の分離に用いられる EF 寒天培地では発育しない．発育可能温度は 15～37℃（至適は 30℃前後），塩分濃度は 0～4％（至適は 0％）．分離菌は厚い莢膜をもつため，コロニーは粘稠性を示し，不規則な形を示すが，継代培養により莢膜を消失する場合があり，その場合には粘稠性のない円形のコロニーを形成する．両者が混在する場合もある．ヒトの病原菌として疑われている．

2）地理的分布

米国，イスラエル，日本，台湾，バーレーン，オーストラリアなどでの感染症の報告があり，おそらく世界中に分布していると思われる．

3）宿主範囲

日本ではニジマス，アマゴ，ギンザケ，アユ，テラピアからの分離が報告されている．海産魚の病魚からも分離されており，特にヒラメでの被害が大きい．ほとんどすべての魚種が感受性を有すると考えられる．最初の報告は病イルカからの分離である．

4）特徴的な症状

出血を伴った眼球突出，鰓蓋の出血が特徴的である．しばしば血液の混じった腹水の貯留が認められる．

5）診断法

本病の診断は，疫学調査，臨床検査および剖検などによって推定し，血清学的手法，細菌の生物学的・生化学的性状検査および分子生物学的手法による病原体の同定によって確定する．

【5-1】推定診断

①疫学的特徴

アユでは 8 月から 10 月にかけての高水温期に発生している．ギンザケでは淡水から海水への馴致時に大量死を引き起こすことがあり，水温は 11～14℃で発生している．

②症状

外観的には，出血を伴った眼球突出，鰓蓋の出血，肛門の拡張・発赤，腹部の点状出血がみられる．血液の混じった腹水の貯留，腹腔内壁の出血，腸炎が認められる．しかし，これらは他の細菌感染症にもみられ，症状だけで判断することは難しい．

③塗抹標本による細菌検査

内臓患部の塗抹染色標本で 2 連または 4 連の連鎖した球菌を確認する．慣れないと桿菌と間違えることがあるので注意をする．グラム染色が陽性であることを確認すれば，より確実である．他のレンサ球菌との区別はできない．

【5-2】準確定診断

①細菌検査

トッド・ヒューイット寒天培地を用いて，内臓患部から細菌分離をし，25℃で培養する．48時間後に不透明で淡黄色の粘稠性コロニーを形成する．選択培地（Nguyen and Kanai, 1998）も利用できる．

②塗抹標本を用いた血清学的手法による迅速診断

抗血清を利用し，内臓の塗抹標本を用いた蛍光抗体法または酵素抗体法により反応する菌体を確認する．しかし，本菌とブリの病原体 *Lactococcus garvieae* は，それぞれの抗血清に対して交差反応を示すことから注意を要する．

【5-3】確定診断（以下の少なくとも1つの方法により確定する）

①分離菌の生物学的・生化学的性状検査による同定

分離菌を用いて生化学的性状を調べ，*S. iniae* に該当することを確認する．

②分離菌を用いた血清学的検査

分離菌を用いて，スライド凝集反応または蛍光抗体法が陽性となることを確認する．しかし，本菌とブリの病原体 *L. garvieae* は，それぞれの抗血清に対して交差反応を示すことから注意を要する．

③分子生物学的診断

分離菌を用いて，DNA をターゲットとし，種特異的プライマーによる PCR を行い，想定されるサイズの増副産物を確認する．PCR の条件については，一例として次の論文を参照のこと：Zlotkin *et al.*（1998b）．

PCR では内蔵患部から病原体を直接検出できるが，推定診断および準確定診断でレンサ球菌症であることを確認することが必要である．

1・14　細菌性腎臓病

1）病原体

Renibacterium salmoninarum による感染症である．病原体はグラム陽性非運動性好気性桿菌．チトクロームオキシダーゼ陰性，カタラーゼ陽性，糖からの酸の産生はない．芽胞を形成せず，莢膜をもたない非抗酸性菌で，多くの場合双桿状を示す．培養が困難で，現在利用されている KDM-2（Kidney Disease Medium 2）培地においても，至適発育温度（15〜18℃）で少なくとも2週間を要する．*R. salmoninarum* の培養上清液を培地に加えることにより，増殖の改善がみられるとの報告がある（Matsui *et al.*, 2009）．雑菌の含まれるようなサンプル（河川水や糞）のため，選択培地として SKDM 培地（Selective Kidney Disease Medium）が考案されている．血清学的には少なくとも1つの共通抗原をもち，均一である．卵内に感染することから垂直感染する．日本には海外から持ち込まれたと考えられている．

2）地理的分布

1930年代にスコットランドおよび米国で発見されたが，現在では南北アメリカ，ヨーロッパ，日本に分布している．

3）宿主範囲

サケ科魚はすべて感受性を有すると考えられる．*Salmo* 属よりも *Oncorhynchus* 属の感受性が高い．日本ではアユでの発生が報告されており，近くで飼育されていたヤマメから感染したと考えられている（Nagai and Iida, 2002）．

4）特徴的な症状

内部症状に特徴があり，腎臓に白色の瘤または結節のような塊が認められる．このような塊は腎臓以外の臓器にもみられる．肝臓は褪色し，極度の貧血状態を呈する（図 1-8　カラー口絵）．

5）診断法

本病の診断は，疫学調査，臨床検査および剖検などによって推定し，血清学的手法，細菌の生物学的・生化学的性状検査および分子生物学的手法による病原体の同定によって確定する．

【5-1】推定診断

①疫学的特徴

水温が 10℃前後となる春先や秋口に多発する．慢性的な全身感染症で，長期にわたって死亡が続き，最終的に大きな被害をもたらす．本病の発生と水の硬度との間には関係があり，軟水で発生しやすい．

②症状

外部症状に乏しく，腹部の膨満（腹水の貯留），鰭基部の充血や皮下のミミズバレが時に見られ，まれに眼球突出が観察される．腎臓（特に後腎）に白点あるいは白斑状の塊が複数個観察されるのが特徴的である．このような塊は腎臓以外の臓器にもみられる．肝臓は褪色し，極度の貧血状態を呈する．

特徴的な内部症状により診断しても間違うことは少ないが，同様の症状を呈する病気に原生動物（以前は真菌に分類されていた）の感染症であるイクチオホヌス症があるので，腎臓患部の塗抹標本を作製し，細菌の存在を確認すれば診断の信頼性は高くなる．

③塗抹標本による細菌検査

内臓患部の塗抹染色標本で短桿菌を確認する．双桿状を呈する場合がある．グラム染色が陽性であることを確認すれば，より確実である．他のグラム陽性短桿菌との区別はできない．

【5-2】準確定診断

①細菌検査

KDM-2 培地を用いて，内臓患部から細菌分離をし，15℃で培養する．20 日間程度で乳白色，光沢のあるコロニーを形成する．分離にはかなりの長時間を要することから迅速性はない．

②塗抹標本を用いた血清学的手法による迅速診断

抗血清を利用し，内臓の塗抹標本を用いた蛍光抗体法または酵素抗体法により反応する菌体を確認する．

③抗体測定による診断

病気の進行がゆっくりであるため，原因菌に対する魚の抗体を検出することで診断が可能である．抗体検出 ELISA により病魚血清中の抗 *R. salmoninarum* 抗体を検出する（松井ら, 2010）．

【5-3】確定診断（以下の少なくとも1つの方法により確定する）

①分離菌の生物学的・生化学的性状検査による同定

分離菌を用いて生化学的性状を調べ，*R. salmoninarum* に該当することを確認する．

分離にはかなりの長時間を要することから迅速性はない（以下の確定診断法も同様である）

②分離菌を用いた血清学的検査

分離菌を用いて，スライド凝集反応または蛍光抗体法が陽性となることを確認する．

③分子生物学的診断

分離菌を用いて，DNA をターゲットとし，種特異的プライマーによる PCR を行い，想定されるサイズの増副産物を確認する．PCR の条件については，一例として次の論文を参照のこと：奥田ら（2008）．

PCR では，内臓患部から病原体を直接検出できるが，推定診断および準確定診断で細菌性腎臓病であることを確認することが必要である．

1・15　レッドマウス病

1）病原体

病原体は *Yersinia ruckeri* で，グラム陰性，周毛による運動性，通性嫌気性短桿菌．腸内細菌科に属する．非運動性の株も分離されている．硫化水素およびインドールは非産生．塩分濃度は 0～3％で発育．*Y. ruckeri* は性状の違いによる biotype（運動性・リパーゼともに陽性の biotype 1，ともに陰性の biotype 2），血清型［耐熱性の O 抗原による型分け（serotype）やホルマリン死菌による型分け（serovar）］，外膜タンパク質組成型で，いくつかのタイプに分けられている（例えば，Davies, 1991）．分離用の選択培地が考案されたが，いろいろなタイプの *Y. ruckeri* が分離されるようになり，選択培地としての有用性は低くなった（坂井ら, 2006）．通常，菌の分離にはトリプトソーヤ寒天培地を用いて 20～25℃で 24～48 時間培養する．

2）地理的分布

当初は米国北西部の風土病的であったが，その後，南北アメリカ，ヨーロッパ，オーストラリア，南アフリカに広まった．多くはサケ科魚の卵の移動によって広がったと考えられているが，餌や鑑賞のために輸入されたファッドヘッドミノー *Pimephales promelas* などにより広がったとの指摘もある．日本には未侵入の感染症であり，日本への侵入が一番懸念される病気である．侵入した場合，ニジマス養殖へ与える影響はかなり大きいと考えられることから，持続的養殖生産確保法により特定疾病に指定されている．

3）宿主範囲

サケ科魚のすべてが感受性を有すると考えられる．在来のサケ科魚に対する病原性も確認されている．成魚よりも幼稚魚での発生が多い．その他，アメリカナマズ，キンギョ，コレゴヌス *Coregonus* spp.，オオクチバス，ファッドヘッドミノーなどからも菌が分離されている．ターボット *Scophthalmus maximus*，シーバス *Dicentrarchus labrax* やヨーロッパヘダイなどの海産魚からも分離されている．水鳥や哺乳類が保菌しているとの報告もある（Stevenson and Daly, 1982；Willumsen, 1989）．

4）特徴的な症状

病名が示すように，口腔内，口吻部，下顎が発赤･出血し，肛門からの黄色の排泄物がみられる（図1-9　カラー口絵）．剖検では，腹水の貯留，腸管後部の出血，脾臓の肥大が特徴的である．

5）診断法

本病の診断は，疫学調査，臨床検査および剖検などによって推定し，血清学的手法，細菌の生物学的・生化学的性状検査および分子生物学的手法による病原体の同定によって確定する．

【5-1】推定診断

①疫学的特徴

水温が13℃以上で，多くは18℃前後で発生し，10℃以下になると治まる．ニジマスでの発生および被害が大きく，7.5 cm くらいに成長したニジマスでもっとも発生しやすい．急性型，亜急性型および慢性型に分けられる．急性型は水温上昇期に発生し，死亡率が50～70％に達し，亜急性型は水温下降期に流行し，死亡率は10～50％，慢性型では死亡率は10％程度であるが，成魚や親魚に発生しやすい．感染耐過魚はキャリアとなり，過密飼育，低溶存酸素，ハンドリングなどのストレスが発症を助長する．

②症状

遊泳が緩慢となり，体色黒化，眼球突出がみられる．病名の元となった口腔内，口吻部，下顎の発赤・出血が認められ，肛門からの黄色の排泄物がみられ，剖検では，腹水の貯留，腸管後部の出血，脾臓の肥大が認められる．特徴的な症状で診断できるが，他の一般的な細菌性敗血症の症状との差も明確ではなく，さらに特徴的な症状を示さない場合もあることから，症状だけによる診断は危険である．

③塗抹標本による細菌検査

内臓患部の懸滴標本で運動性短桿菌を確認する，または内臓患部の塗抹染色標本で短桿菌を確認する．他の細菌との区別はできない．

【5-2】準確定診断

①細菌検査

トリプトソーヤ寒天培地を用いて，内臓から細菌分離をし，25℃で培養する．48 時間後に 2～3 mm の乳白色，半透明，光沢のあるコロニーを形成する．

②塗抹標本を用いた血清学的手法による迅速診断

抗血清を利用し，内臓の塗抹標本を用いた蛍光抗体法または酵素抗体法により反応する菌体を確認する．

【5-3】確定診断（以下の少なくとも 1 つの方法により確定する）

①分離菌の生物学的・生化学的性状検査による同定

分離菌を用いて生化学的性状を調べ，*Y. ruckeri* に該当することを確認する．

②分離菌を用いた血清学的検査

分離菌を用いて，スライド凝集反応または蛍光抗体法が陽性となることを確認する．

③分子生物学的診断

分離菌を用いて，DNAをターゲットとし，種特異的プライマーによるPCRを行い，想定されるサイズの増副産物を確認する．PCRの条件については，一例として次の論文を参照のこと：坂井ら（2006）．

PCRでは内蔵患部から病原体を直接検出できるが，推定診断および準確定診断でレッドマウス病であることを確認することが必要である．（飯田貴次）

§2. 海産魚の細菌感染症と診断法

わが国における海産魚の養殖生産量は，ブリ類（ブリ，*Seriola quinqueradiata*；カンパチ，*S. dumerili*；ヒラマサ，*S. lalandi*）がおよそ14万トンと，もっとも多く，次いでマダイ *Pagrus major* が7万トン，ギンザケ *Oncorhynchus kisutch* が1.5万トンおよびヒラメ *Paralichthys olivaceus* が4,000トンであり，海産全魚種の合計生産量は，およそ25万トンである（農林水産省統計部，2012）．このうち，マダイとヒラメは，1990年代になってから生産量が増加し，近年においてはブリ類の中でもカンパチの生産量が著しく増大している．

海産魚の細菌感染症は，このような海面養殖漁業の発展とともに，その種類と発生頻度が増加し，長年にわたって大きな経済的被害をもたらしている．ブリ類においては，養殖が本格化しはじめた1960年代からビブリオ病，ノカルジア症および類結節症が流行しはじめ，さらに1970年代には，*Lactococcus garvieae* によるレンサ球菌症が発生した．本病は当歳魚のみならず，1，2年魚にも周年にわたって発生するために，魚病被害の中でももっとも経済的損害の大きな疾病として，1990年代の末まで問題となった．2000年代になると，1990年代の後半に開発されたブリレンサ球菌症の不活化ワクチンが普及したことによって，本病による被害は減少し，魚病の発生状況が一変した．現状において，比較的高い頻度で発生するブリ類の疾病としては，類結節症，ノカルジア症，ミコバクテリウム症，ビブリオ病，細菌性溶血性黄疸および *Streptococcus dysgalactiae* による新型のレンサ球菌症とワクチン未接種の養殖場におけるレンサ球菌症があげられる．

一方，マダイにおいては，養殖が本格化しはじめた1970年代からビブリオ病が，また1980年代にはエドワジエラ症が発生しはじめ，最近ではこれらの疾病に加えて，滑走細菌症の発生が比較的多い．また，1980年代にはヒラメ養殖が急激に発展し，それに伴ってエドワジエラ症と *S. iniae* に起因するレンサ球菌症による被害が大きかったが，2005年にレンサ球菌症の不活化ワクチンが市販されたことによって，最近ではエドワジエラ症と *S. parauberis* による新型のレンサ球菌症が多発している．

このような，海産魚の主要な細菌感染症を一覧にして表1-3に示し，以下に各種感染症の症状，原因および診断法について解説する．

表 1-3 海産魚の

病 名	原 因 菌
ビブリオ病	*Vibrio anguillarum*
	V. parahaemolyticus
	V. alginolyticus
	V. ordalii
	Vibrio sp.（海産魚の潰瘍病原因菌）
低水温期のビブリオ病	*Vibrio* sp.（マダイの低水温期ビブリオ病原因菌）
類結節症	*Photobacterium damselae* subsp. *piscicida*（*Pasteurella piscicida*）
パスツレラ症	*Photobacterium damselae* subsp. *piscicida*
エドワジエラ症	*Edwardsiella tarda*
	非定型 *E. tarda*（非運動性）
滑走細菌症	*Tenacibaculum maritimum*
細菌性溶血性黄疸	未同定の長桿菌
レンサ球菌症	*Lactococcus garvieae*
	（*Enterococcus seriolicida*）
	Streptococcus iniae
	Streptococcus dysgalactiae
	Streptococcus parauberis
ノカルジア症	*Nocardia seriolae*
ミコバクテリウム症	*Mycobacterium* sp.
海産魚の皮膚潰瘍病	*Photobacterium damselae* subsp. *damselae*（*Vibrio damsela*）

2・1 海産魚のビブリオ病

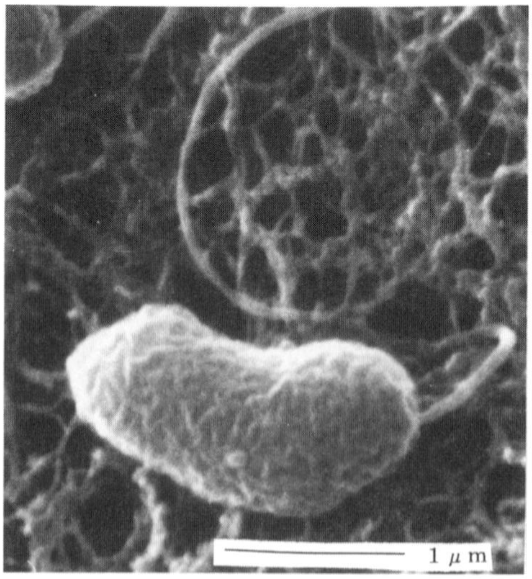

図 1-10 *Vibrio anguillarum* の電子顕微鏡像

本病はビブリオ属の *Vibrio anguillarum* とその類縁の *V. parahaemolyticus*, *V. alginolyticus*, *V. ordalii*, *Vibrio* sp.（海産魚の潰瘍病原因菌）および *Vibrio* sp.（マダイの低水温期ビブリオ病原因菌）によって引き起こされる疾病の総称である．これらの原因菌の共通性状は，通性嫌気性のグラム陰性短桿菌で，湾曲しているものが多い（図 1-10）．大きさは，通常 0.5～0.8×1.0～2.0 μm 程度で，ほとんどが端在性の単鞭毛を有し，活発に運動する．発育至適温度，塩分濃度および pH は，それぞれ 25～30℃，1～3％，7～8 である．普通寒天培地で 25℃，24 時間培養すると，表面が円滑で，やや隆起した灰白色の円形のコロニーを形成するが，*V. ordalii* の発育はやや悪く，*V. alginolyticus* のみは寒天培地上で遊走発育する．チトクロームオキシダーゼ，カタラーゼおよび硝酸塩還元性はいずれも陽性で，グルコースを酸化的および発酵的条件下においても分解するが，ガスを産生しない．Vibriostatic agent 0/129 に感受性を有し，DNA の G＋C 含量は 42～47 mol％である（室

細菌感染症

症　状	宿主範囲
体表の潰瘍，各鰭の出血とび爛	ブリ・カンパチ・マダイ・ヒラメなど
	ブリ・カンパチ・マアジ・トラフグなど
	ブリ・トラフグなど
	クロソイ
	ブリ・マアジ・トラフグなど
体表のスレ様白斑，潰瘍，旋回，狂奔	マダイ（ブリ・カンパチ）
脾臓・腎臓の小白点	ブリ・カンパチ
体色の黒化，肝臓の褪色	シマアジ・マダイ・クロダイ・ヒラメなど
腹部膨満（腹水貯留），脱腸，肝臓・腎臓の膿瘍	ヒラメ
頭部・体側部・尾柄部の発赤・膿瘍	マダイ・チダイ・ブリ
吻端・体表・尾鰭の白変・び爛・潰瘍	ブリ・マダイ・ヒラメ・トラフグなど
口唇部・眼窩・腹部の体色黄変	ブリ
眼球突出，頭部・上下顎の発赤，鰓蓋内側発赤，心外膜白濁	ブリ・カンパチ・ヒラマサなど
眼球突出，頭部・上下顎の発赤，鰓蓋内側発赤，腹水貯留，脾臓・腎臓腫大	ヒラメ・イシダイ・カッワハギなど
ブリでは狂奔・変形・脳炎	ブリ
尾柄部・尾鰭基部の膿瘍・壊死	ブリ・カンパチ
鰭の発赤・出血，筋肉の出血，鰓ぐされ・欠損	ヒラメ・ターボット
体表膨隆（膿瘍），口唇部赤変，脾臓・腎臓の粟粒状結節	ブリ・カンパチ・ヒラマサ・ヒラメなど
腹部膨満（腹水貯留），肛門の発赤・開口，脾・腎・肝臓の粟粒状結節	ブリ・カンパチ・シマアジ
体表の潰瘍，鰭の発赤・出血	ブリ・damselfish

賀, 1994；室賀, 2004）.

これらの細菌は，通常海水中に常在しており，魚類に対する病原性はさほど強いものではないが，移動，網替えおよび過密飼育によってストレスを受けた魚や網ズレによる傷口から感染することが多い.

1）ブリのビブリオ病

(1) 病原体

ブリのビブリオ病の原因となる細菌は *V. anguillarum*, *V. parahaemolyticus*, *V. alginolyticus*, *Vibrio* sp.（海産魚の潰瘍病原因菌）および *Vibrio* sp.（マダイの低水温期ビブリオ病原因菌）などである．これらの原因菌の鑑別性状を表1-4に示した．ブリのビブリオ病のうち，夏季にモジャコや幼魚に発生する疾病のほとんどが *V. anguillarum* によるものである．本菌の発育温度は10〜35℃で，40℃では発育しない．発育塩分濃度は0.5〜6ないし7%で，8%では発育しない．VP反応，ゼラチン分解性，硝酸塩還元性，アルギニン分解性およびショ糖分解性がいずれも陽性で，リジン脱炭酸性は陰性である．DNAのG+C含量は44〜46mol%である（室賀，1994）．BTBティポール寒天培地（Bromothymol blue teepol ager）上では，やや黄緑がかったコロニーを形成する．また，本菌の血清型は多型でJ-0-1〜8型（またはA〜I型）が知られているが，夏季にブリの稚魚や幼魚に発生するビブリオ病の原因となる株のほとんどがJ-0-3（C）型である（絵面ら, 1980；Kitao *et al.*, 1983；Tajima *et al.*, 1985）．また，ブリの主として成魚がまれに *V. parahaemolyticus* や *V. alginolyticus* に感染することがある．*V. parahaemolyticus* のほとんどの株は表1-4に示した性状を示すが，ブリか

表1-4　海産魚のビブリオ病原因菌の鑑別性状

性状＼菌種	*Vibrio anguillarum*	*Vibrio parahaemolyticus*	*Vibrio alginolyticus*	*Vibrio ordalii*	*Vibrio* sp.（海産魚潰瘍病原因菌）	*Vibrio* sp.（マダイの低水温期ビブリオ病原因菌）
寒天培地上の遊走	−	−	+	−	−	−
35℃での発育	+	+	+	−	+	
40℃での発育	−	+	+	−		−
8% NaClでの発育	−	+	+	−	−	−
ブドウ糖からのガス産生	−	−	−	−	−	−
VP反応	+	−	+	−	−	−
ゼラチン分解	+	+	+	+	+	+
硝酸塩還元	+	+	+	+	+	+
アルギニン分解	+	−	−	−	−	+
リジン脱炭酸	−	+	+	−	+	−
ショ糖分解	+	−	+	+	−	−
DNA G+C mol %	44〜46	46〜47	46〜47	43〜44		

ら分離される株はNaClの7%または8%存在下で発育できないものが多い．BTBティポール寒天培地上では，中心部が緑青色の円形コロニーを形成する（畑井ら, 1975）．*V. alginolyticus*は，寒天培地上での遊走発育性，VP反応およびショ糖分解性陽性などの性質が*V. parahaemolyticus*と異なる．BTBティポール寒天培地上では，黄緑がかった黄色コロニーを形成する．また，楠田（1965）が海産魚の潰瘍病原因菌として報告した*Vibrio* sp.は，VP反応およびショ糖分解性がいずれも陰性でアルギニンを分解せず，リジン脱炭酸性を示すことなどから，*V. anguillarum*との類似性は乏しいが，*V. parahaemolyticus*に近い細菌である．そのほか，マダイの低水温期ビブリオ病の原因菌として知られている*Vibrio* sp.が11月から2月ごろの低水温期のブリに疾病を引き起こすことがある．本菌は，40℃および8% NaCl存在下で発育しない．これらの海産魚の潰瘍病原因菌と低水温期のビブリオ病原因菌は，BTBティポール寒天培地上において，いずれも緑青色の円形コロニーを形成する．また，ブリからの報告例はないが，クロソイ*Sebastes schlegelii*から*V. ordalii*が分離されている（室賀ら, 1986）．本菌は，35℃での発育性，VP反応，アルギニン分解性などの性状が*V. anguillarum*と異なる（表1-4）．DNAのG＋C含量は，43〜44%である．BTBティポール寒天培地上の発育は著しく悪いが，黄色コロニーを形成する．また，*V. anguillarum* J-0-1型株と耐熱性および易熱性の共通抗原を有し，本抗血清に凝集する（室賀, 2004）．そのほか，ブリの稚魚から*V. damsela*として報告された細菌が分離されたことがあるが（坂田・松浦, 1988），本菌は，のちにPhotobacterium属に改められ，現在は*P. damselae* subsp. *damselae*と呼ばれている（Smith *et al*., 1991；Truper and de'Clari, 1997）．本菌はグルコースからガスを産生し，ゼラチンを分解しない点がビブリオ属細菌の性状と大きく異なり，BTBティポール寒天培地上では，緑青色の円形コロニーを形成する．

(2) 地理的分布

魚類に病原性を示すビブリオ属細菌は世界の海洋環境中に常在することから，本病はブリだけでなく，世界の多くの海産魚と一部の淡水魚に認められる．

(3) 宿主範囲

*V. anguillarum*による感染が知られている魚種は，ブリ，カンパチ，マダイ，ヒラメ，トラフグ*Takifugu rubripes*，ボラ*Mugil cephalus cephalus*などの海産魚のほか，淡水魚ではアユ*Plecoglossus altivelis altivelis*，ニジマス*Oncorhynchus mykiss*，アマゴ（ビワマス）*Oncorhynchus masou isnikawae*,

ウナギ *Anguilla japonica* などである．*V. parahaemolyticus* はブリ，カンパチ，マアジ *Trachurus japonicus*，マサバ *Scomber japonicus*，トラフグ，カワハギ *Stephnolepis cirrhifer* などに，また *V. alginolyticus* はブリ，マサバ，イシガキダイ *Oplegnathus punctatus*，トラフグ，カワハギなどに疾病を引き起こす．海産魚の潰瘍病原因菌 *Vibrio* sp. による感染が知られている魚種は，ブリ，マアジ，マサバ，イシダイ *Oplegnathus fasciatus*，キュウセン *Halichoeres poecilopterus*，ササノハベラ *Pseudolabrus japonicus*，シロギス *Sillago japonica*，トラフグおよびアユであり，マダイの低水温期ビブリオ病の原因菌 *Vibrio* sp. に罹病する魚種は，マダイ，ブリおよびカンパチである．そのほか *V. ordalii* による感染が確認されている魚種は，クロソイ，アユ，ニジマス，アマゴおよびヤマメである．

(4) 特徴的性状

本病は，モジャコ採捕直後から高水温期に至る 5～7 月頃の稚魚と 9～10 月頃の幼魚に発生することが多い．稚魚では症状が急性に経過して死に至るために顕著な症状を示さないことが多いが，体色が黒化して，スレまたはスレが進行してできた小さな潰瘍がみられたり（城ら，1979），痩せて白色粘液便を引きながら水面を力なく遊泳する．幼魚および成魚では，初期に体表や鰭に出血とび爛性の白斑がみられ，やがて吻端部・頭部および軀幹部などに出血と潰瘍が認められ，その面積がしだいに広がって筋肉が露出したものもみられる（図 1-11　カラー口絵）．また，眼球の突出や白濁および眼球内の出血が認められるほか，肛門が発赤，開口しているものもみられる（楠田，1965；木村，1968；江草，1978；室賀，1994）．低水温期に発生するビブリオ病の場合においても，体表の出血と潰瘍が特徴的であるが，症状の進行が緩慢である．

剖検では腸管の発赤が著しいほか，腹膜，肝臓，脾臓，腎臓，胃および幽門垂などに点状および斑状の出血がみられる．肝臓はうっ血し，暗褐色を呈するとともに脾臓の腫脹が認められる（楠田，1965；木村，1968）．

病理組織学的には，筋繊維の結合組織に浸潤性の出血および融解が観察され，腸管における粘膜上皮細胞の脱落，崩壊，固有層の細胞浸潤など，著しいカタール性炎が認められる．肝臓では水腫様変性や壊死がみられ，腎臓では体腎部の貧血性腫脹，細尿管上皮細胞の水腫様変性および崩壊が認められる（木村，1968；江草，1978；江草ら，1979）．

また，カンパチ，トラフグ，その他の海産魚が *V. anguillarum* および *V. parahaemolyticus* などのビブリオ属細菌に感染した場合においても，上記と類似の症状がみられる（図 1-12　カラー口絵）．そのほか，クロソイ稚魚の *V. ordalii* 感染症においては，頭部に白濁した膨隆患部が形成され，頭部全体が腫脹するほか，軀幹部の膨隆患部の形成，尾部の出血，尾鰭の欠損がみられる（室賀ら，1986）．

(5) 診断法

本病の診断は，疫学調査，臨床検査および剖検などによって推定し，スライド凝集反応，蛍光抗体法，細菌の生物学的・生化学的性状検査および分子生物学的手法による病原菌の同定によって確定する．

【5-1】推定診断

①疫学調査

a.　本病は稚魚から成魚まで発生するが，特にモジャコから越年後の幼魚までが罹病しやすい．

b.　流行時期は5〜7月（特に採捕後のモジャコ）と9〜10月である．11〜2月の低水温期に発生することがある．

c.　移動後，網替え後およびはだむし駆除後などに発生しやすい．

②臨床検査

a.　一般的には摂餌不良と体色の黒化が認められる．

b.　群れから離れ，水面近くを緩慢に遊泳する．

c.　稚魚では特徴的性状を示さないことも多いが，痩せて白色の粘液便を引きながら力なく遊泳する個体もみられる．

d.　稚魚にはスレまたは，それから進展した小さな潰瘍が認められる．

e.　幼魚や成魚には表皮や鰭の出血とび爛および吻端部，頭部，躯幹部の潰瘍がみられる．

f.　幼魚や成魚には眼球の白濁および眼球内の出血が認められる．

③剖検

a.　腹膜，肝臓，脾臓，腎臓，胃，幽門垂，腸管などに点状および斑状の出血が認められる．

b.　腸管の発赤が著しく，腸管内に血液を含む粘液物がみられる．

c.　肝臓および脾臓のうっ血と腫脹が認められる．

④塗抹標本観察による細菌検査

a.　病魚の血液，脾臓，腎臓およびその他の患部を塗抹し，直接検鏡して活発に運動する短桿菌を確認する．

b. 同様にして塗抹標本を作製し，グラム染色を施してグラム陰性短桿菌を確認するか，またはギムザ染色を施して短桿菌の存在を確認する．

このように，①から④までの一連の検査を行うことによって，推定診断が可能である．

【5-2】準確定診断

①細菌検査

BHI寒天培地（普通寒天培地）で25℃，24時間培養すると正円形，辺縁円滑，中央がやや隆起する灰白色のやや透明感あるコロニーを形成する．また，*V. alginolyticus* と *V. parahaemolyticus* のごく一部の株が，これらの培地上で遊走発育する．

②選択培地による細菌検査

推定診断によって本病が疑われる場合には，選択培地としてのBTBティポール寒天培地を用いる．本培地で25℃，24〜48時間培養すると，ショ糖を分解する *V. anguillarum* と *V. alginolyticus* は黄色の，またショ糖を分解しない *V. parahaemolyticus*，*Vibrio* sp.（海産魚の潰瘍病原因菌）および *Vibrio* sp.（低水温期のビブリオ病原因菌）は緑青色のコロニーを形成する．本培地上での *V. ordalii* の発育は著しく悪いが，黄色のコロニーを形成する．

③スライド凝集反応による簡易診断

あらかじめ，*V. anguillarum* のJ-0-1〜3型や *Vibrio* sp.（海産魚の潰瘍病原因菌）などに対する抗血清および *V. parahaemolyticus*（腸炎ビブリオ）のK抗原診断用血清を準備しておき，これらの抗血清をスライドグラス上に滴下したのち，純粋培養した被検菌を均一に混ぜ，菌の凝集の有無を調べる．また，*V. ordalii* は *V. anguillarum* のJ-0-1型の抗血清に凝集するので，生化学的性状（VP反応，アルギニン分解性）検査を行って確認する．

【5-3】確定診断

①蛍光抗体法による迅速診断

腎臓，脾臓，肝臓などの患部の塗抹標本を作製し，あらかじめ準備しておいた抗 *V. anguillarum* 家兎血清（血清型 J-0-3，J-0-1，J-0-2 など）を用い，蛍光抗体法によって蛍光を発する菌体を確認する（楠田・河原，1987）．

②簡易鑑別法によるビブリオ属細菌の同定

被検菌の主要性状を調べ，グラム陰性，運動性の短桿菌，チトクロームオキシダーゼ陽性，OF 試験によってグルコースを発酵的に分解(F)し，vibriostatic agent 0/129 に感受性を有することを確認する．

③生物学的および生化学的性状検査による同定

さらに，被検菌の菌種を知る必要がある場合には，表 1-4 に示した生物学的および生化学的性状を調べ，それらの性状が *V. anguillarum* などと一致することを確認する．また，API20E を用いた簡便法がある（Grisez *et al*., 1991）．

④分子生物学的迅速診断

既知のビブリオ属魚病細菌とのマイクロプレートハイブリダイゼーション（DNA プローブに非放射性物質を使用）による DNA － DNA 相同性試験を実施し同定する（小林ら，1994）．また，コロニーハイブリダイゼーション法（Aoki *et al*., 1989）やリボソーム RNA 遺伝子解析による方法（Valle *et al*., 1990）およびメンブレンフィルターと DNA プローブを組み合わせた方法（Powell and Loutit，1994）などがある．

2）マダイのビブリオ病

（1）病原体

マダイのビブリオ病は高水温期と低水温期に発生し，それぞれ高水温期のビブリオ病および低水温期のビブリオ病と呼ばれている．前者は水温が 20℃以上のとき，主として稚魚に発生する．原因となる細菌は *V. anguillarum* であることが多いが，まれに *V. parahaemolyticus* および *V. alginolyticus* が分離されることがある．これらの細菌の特徴については，すでに前項において述べた．後者は晩秋から冬季にかけての低水温期に，主として 100 g 前後の幼魚に発生することが多い．原因となる細菌は未同定の *Vibrio* sp. である．本菌は 40℃および 8％ NaCl 存在下で発育せず，VP 反応，ショ糖分解性およびリジン脱炭酸性が陰性であり，アルギニンを分解する（表 1-4），（安永・山元，1977）．BTB ティポール寒天培地上では，緑青色の円形コロニーを形成する．

（2）地理的分布および宿主範囲

高水温期のビブリオ病の原因となる *V. anguillarum*，*V. parahaemolyticus* および *V. alginolyticus* の地理的分布と宿主範囲については，前項において述べた．低水温期のビブリオ病の原因となる *Vibrio* sp. は，海洋環境中に常在していると考えられているが詳細は不明である．本菌による感染が確認されている魚種は，マダイ，ブリおよびカンパチである．

（3）特徴的症状

高水温期のビブリオ病は，水温が 20℃以上の時，稚魚に発生することが多く，まれに幼魚および成魚にもみられる（安永，1972）．稚魚では初期に鰭の発赤や欠損，体表のスレ，脱鱗，発赤がみられ，やがて潰瘍が形成される．稚魚期のビブリオ病は，滑走細菌が混合感染していることが多い．幼魚や成魚では，体表の発赤，眼球の白濁や突出および眼球内の出血がみられる．剖検では，腸管の発赤，肝臓，腎臓および脾臓などに点状出血が認められる．低水温期のビブリオ病は11月から2月頃にかけて50～200 g程度の幼魚に発生することが多い．病魚は食欲不振となり，群れから離れて水面近くを緩慢に遊泳する．病状が進行すると，旋回や狂奔行動をとりながら死亡する．発病の初期には，体表にスレ様の白斑が生じ，ついで発赤や脱鱗が起こり，やがて潰瘍が形成される（図1-13　カラー口絵）．また，体表の白濁，腹部の発赤，眼球の白濁および突出などの症状も認められる．剖検では，内臓諸器官の褪色，脆弱化および腸管の発赤がみられる．この時期に発生するビブリオ病も滑走細菌症との合併症であることが多い（江草ら，1979）．

（4）診断法

本病の診断は，疫学調査，臨床検査および剖検などによって推定し，スライド凝集反応，蛍光抗体法，細菌の生物学的・生化学的性状検査および分子生物学的手法による病原菌の同定によって確定する．

【4-1】推定診断

①疫学調査

a. 本病は20℃以上の高水温期と，晩秋から冬季にかけての低水温期に発生する．
b. 高水温期には，主として稚魚に発生するが，まれに幼魚および成魚に発生することがある．
c. 低水温期には，主として100 g前後の幼魚に発生することが多い．
d. 高水温期の稚魚および低水温期の幼魚に発生する場合には，滑走細菌との合併症であることが多い．

②臨床検査

a. 高水温期の稚魚では，鰭の発赤や欠損，体表のスレ，脱鱗，発赤がみられ，病状が進行すると潰瘍が形成される．
b. 高水温期の幼魚や成魚では，体表の発赤，眼球の白濁と突出および眼球内の出血がみられる．
c. 低水温期の場合には，旋回や狂奔行動をとり，体表のスレ様の白斑，発赤，脱鱗，潰瘍がみられるほか，眼球の白濁や突出が認められる．

③剖検

a. 高水温期の場合には，腸管の発赤，肝臓，脾臓および腎臓などに点状出血がみられる．
b. 低水温期の場合には，内臓諸器官の褪色，脆弱化および腸管の発赤がみられる．

④塗抹標本観察による細菌検査

a. ブリのビブリオ病と同様に，腎臓などの患部をスライドグラスに塗抹し，直接検鏡して運動性短桿菌を確認する．
b. 本病は滑走細菌と混合感染していることが多く，またエドワジエラ症と類似しているので，上記の方法によって運動性の短桿菌を必ず確認する必要がある．

このように，①から④までの一連の検査を行うことによって，推定診断が可能となる．

【4-2】準確定および確定診断

ブリのビブリオ病の項に記載した準確定および確定診断法に準じて行う．

2・2　ブリの類結節症

1）病原体

ブリ類結節症の原因となる細菌は，長年にわたって *Pasteurella piscicida* とされてきたが（Jansen and Surgalla, 1968；楠田・山岡, 1972），*Photobacterium damselae* subsp. *piscicida* に改名され（Gauthier *et al.*, 1995），現在 *P. damselae* subsp. *piscicida* と呼ばれている．本菌の主要な性状を表1-5に示した．本菌は通性嫌気性，非抗酸性，芽胞非形成およびグラム陰性の短桿菌で，通常の大きさは0.6～1.2×0.8～2.6 μm であるが，培養条件によって球状や長桿状のものもみられるなど，多形性を示す（図1-14）．鞭毛をもたず非運動性であり，新鮮分離株は両極濃染性を示す．普通寒天培地での発育は著しく悪いが，BHI寒天培地では良好な発育を示し，25℃で24時間培養すると，正円形で，微小な露滴状の透明なコロニーを形成する．発育可能温度は17～32℃，発育至適温度は23～28℃，発育可能塩分濃度は0.5～4.0%，発育至適塩分濃度は2.0～3.0%，発育可能pHは6.5～8.8，発育至適pHは7.5～8.0である．カタラーゼおよびチトクロームオキシダーゼは陽性，グルコースを発酵的に分解するがガスを産生しない．VP反応は弱陽性，MR試験および2，3-ブタジオール脱水素酵素は陽性，硫化水素およびインドール産生性は陰性，硝酸塩還元性，リジン脱炭酸性およびゼラチン加水分解性は陰性である．グルコース，フラクトース，ガラクトースおよびマンノースを分解する．vibriostatic agent 0/129に感受性を有する（Simidu and Egusa, 1972；楠田・山岡, 1972；Koike *et*

表1-5　*Photobacterium damselae* subsp. *piscicida* の主要性状（木村・北尾（1971）；Simidu and Egusa（1972）；楠田・山岡（1972）；Koike *et al.*（1975））

形態	短桿状
両極濃染性	+
運動性	−
カタラーゼ	+
チトクロームオキシダーゼ	+
OF試験	F（発酵）
Vibriostatic agent 0/129 感受性	+
VP反応	d*
MR試験	+
2,3-ブタンジオール脱水素酵素	+
硫化水素産生	−
インドール産生	−
硝酸塩還元	−
ゼラチン分解	−
アルギニン脱炭酸	+
リジン脱炭酸	−
オルニチン脱炭酸	−
グルコースからのガス産生	−
糖分解性　フラクトース	+
ガラクトース	+
マンノース	+
アラビノース	−
ラムノース	−
デンプン	−

*d　論文によって異なる（木村・北尾（1971）－；Simidu and Egusa（1972）±；楠田・山岡（1972）±；Koike *et al.*（1975）+

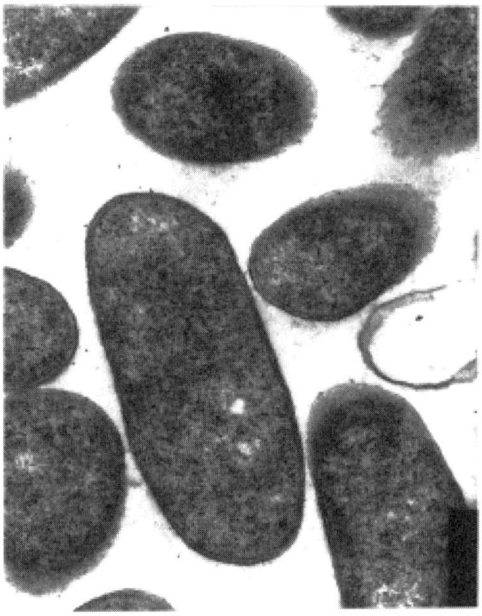

図1-14　*Photobacterium damselae* subsp. *piscicida* の電子顕微鏡像　（青木　宙博士原図）×38,000

al., 1975）．また，わが国のブリ由来株は血清型が単一であるが，米国のwhite perch由来株とは一部の抗原に相違がみられる（川合, 1993）．

2）地理的分布

国内では，ブリ養殖が行われている西日本を中心とした地域でみられる．世界的には，アメリカ東岸のホワイトパーチwhite perch（*Roccus americanus*）やストライプドバスstriped bass（*Morone saxatilis*）（Snieszko *et al.*, 1964），メキシコ湾の沿岸域で養殖されていたstriped bass（Hawke *et al.*, 1987）およびスペインの養殖ヨーロッパヘダイ*Sparus aurata*（Toranzo *et al.*, 1991）が罹病した．また，韓国の沿岸域で養殖されていたブリの稚魚に発生が確認されているほか，台湾の淡水域で養殖中のタイワンドジョウ*Channa maculate*（Tung *et al.*, 1985）にも認められている．

3）宿主範囲

発病が確認されている魚種は，ブリ，カンパチ，シマアジ*Pseudocaranx dentex*，マダイ，ヒラメ，クロダイ*Acanthopagrus schlegelii*，メジナ*Girella punctata*，ウマヅラハギ*Thamnacomus modestus*，white perch，striped bass，ヨーロッパヘダイ，タイワンドジョウなどであり，保菌魚として本病の原因菌が分離された魚種はヒラマサ，スズキ*Lateolabrax japonicus*，イシダイ，イシガキダイ，キチヌ*Acanthopagrus latus*，フエフキダイ*Lethrinus haematopterus*，クロソイである．また，マアジは感染することが実験的に確かめられている．ブリ類以外の魚種には，後述の結節様の病変が認められないことから，類結節症とはいわず，パスツレラ症と呼ばれている．

4）特徴的症状

本病は水温が20℃以上になった6〜7月の梅雨期に当歳魚を中心に発生する．水温が27℃を超えると発生が少なくなるが，25℃以下になる9〜10月頃に再び小規模な発生がみられる．まれに，越年魚以上のブリに発生することもある．病魚は摂餌不良となって群れを離れ，生簀の底に静止して，そのまま死亡する．外観的には顕著な症状はみられないが，体色の黒化や脱鱗のあとが青黒い斑点として認められることもある（楠田・山岡, 1972；窪田ら, 1970a）．

剖検では脾臓および腎臓に1 mm以下から数mmの乳白色ないしは灰白色の白点が認められる（図1-15　カラー口絵）．病気の進行が急激な場合には白点がみられないこともある．一般に，脾臓および腎臓が腫脹している（窪田ら, 1970a）．

病理組織学的には，脾臓や腎臓の組織内および貪食細胞内に病原菌の集落が観察される．また，病原菌の集落の周囲に線維組織が発達してできた結節や類上皮に囲まれた菌集落が認められる（図1-16　カラー口絵）．しかし，病原菌が増殖した組織においても，実質細胞には著しい異常は認められない（窪田ら, 1970a, b）．

5）診断法

本病の診断は，疫学調査，臨床検査および剖検などによって推定し，スライド凝集反応，蛍光抗体法，細菌の生物学的・生化学的性状検査および分子生物学的手法による病原菌の同定によって確定する．

【5-1】推定診断

①疫学調査

a. 本病は稚魚から成魚まで発生するが，とくに当歳魚を中心に罹病する．

b. 水温が20～25℃で，多量の降雨により海水の比重が低下する梅雨期に多発する．

c. 水温が25℃以下に低下しはじめる9～10月にも発生する．

d. 7～8月にはレンサ球菌症と，また9～10月にはミコバクテリウム症との合併症が多い．

②臨床検査

a. 摂餌不良となって群れから離れ，生簀の底に静止して，そのまま死亡する．

b. 体色黒化，脱鱗および，その跡が青黒い斑点として認められることもある．

c. 外観的な症状はほとんどみられない．

③剖検

a. 脾臓と腎臓に1mm以下から数mmの乳白色または灰白色の白点が認められる．

b. 脾臓や腎臓の腫脹がみられる．

c. 肝臓や心臓に白点が認められることは少ない．

d. 病状の進行が急激な場合は，白点が認められない．

④塗抹染色標本による細菌検査

白点が形成された脾臓，腎臓や血液をスライドグラス上に塗抹したのち，ギムザ染色あるいは単染色を施して両極濃染性の短桿菌を確認する．

このように，①から④までの一連の検査を行うことによって，推定診断が可能である．

【5-2】準確定診断

①細菌検査

食塩を2％含むBHI寒天培地で25℃，24時間培養し，正円形，微小な露滴状で透明な粘稠性のあるコロニーを確認する．

②スライド凝集反応による簡易診断

あらかじめ，ホルマリン死菌を抗原とした家兎抗血清を準備しておき，この抗血清をスライドグラス上に滴下したのち，純粋培養した被検菌を均一に混ぜ，菌の凝集の有無を確認する．

【5-3】確定診断

①蛍光抗体法による迅速診断

脾臓および腎臓の塗抹標本を作製し，あらかじめ準備しておいた抗 *Photobacterium damselae* subsp. *piscicida* 家兎血清を用い，蛍光抗体法によって蛍光を発する菌体を確認する（Kawahara *et al*., 1989；楠田・河原，1987）．

②簡易鑑別法による属レベルの同定

被検菌の主要性状を調べ，グラム陰性，両極濃染性，非運動性の短桿菌，カタラーゼ陽性，チトクロームオキシダーゼ陽性，OF試験によってグルコースを発酵的に分解(F)し，vibriostatic agent 0/129に感受性を有することを確認する．

③生物学的および生化学的性状検査による同定

被検菌について，表1-5に示した生物学的および生化学的性状を調べ，それらの性状が *Photobacterium damselae* subsp. *piscicida* と一致することを確認する．

④分子生物学的迅速診断

Photobacterium damselae subsp. *piscicida* がもつ DNA の塩基配列によって作製したプライマーを用い，分離菌の DNA を鋳型として PCR を行うか，またはホモジナイズした病魚の腎臓や脾臓から病原菌の DNA を抽出し，PCR を行って当該菌の DNA を検出する（Aoki *et al*., 1997）.

2・3　ヒラメのエドワジエラ症

1）病原体

ヒラメのエドワジエラ症の原因となる細菌は *Edwardsiella tarda* である（安永ら, 1982）．本菌は，通性嫌気性のグラム陰性短桿菌で，通常の大きさは 0.6×2.0 μm 程度である．周鞭毛を有し活発に運動する．普通寒天培地にも発育するが，BHI 寒天培地やトリプトソーヤ寒天培地での発育がよりすぐれている．BHI 寒天培地で 30℃, 48 時間培養すると，直径が 1～2 mm の正円形，光沢のあるクリーム色のコロニーを形成する．SS 寒天培地や DHL 寒天培地では中心部が黒色で周辺部が透明のコロニーを形成する．発育可能温度は 10～44℃，発育至適温度は 30℃，発育可能塩分濃度は 0～4％，発育至適塩分濃度は 0～0.5％，発育可能 pH は 3～10，発育至適 pH は 7 である．

安永ら（1982）および中津川（1983b）による本菌の主要な生化学的性状を表 1-6 に示した．カタラーゼ陽性で，チトクロームオキシダーゼは陰性である．グルコースを発酵的に分解し，ガスを産生

表 1-6　ヒラメ，マダイおよびウナギ由来 *Edwadsiella tarda* の主要性状

性　状	ヒラメ由来株*1	マダイ由来株*2	ウナギ由来株*3
鞭毛	+（周毛）	—	+（周毛）
運動性	+	—	+
カタラーゼ	+	+	+
チトクロームオキシダーゼ	—	—	—
OF 試験	F（醗酵）	F（醗酵）	F（醗酵）
VP 反応	—	—	—
MR 試験	+	+	+
インドール産生	+	+	+
硫化水素産生	+	+	+
ウレアーゼ	—	—	—
クエン酸（クリステンゼン）	+ *1·1　−(3/4) *1·2	+	+
ゼラチン液化	—	—	—
オルニチン脱炭酸	+	+	+
リジン脱炭酸	+	+	+
アルギニン脱炭酸	—	—	—
有機酸の利用（K-P）			
クエン酸	—	+	(+)
酒石酸	+ *1·1　— *1·2	—	—
粘液酸	—	—	—
糖からの酸産生			
グルコース	+G	+G	+G
アラビノース	—	+G	—
フラクトース	+G	+G	+
マルトース	+G	+G	+
グリセロール	+G *1·1　(+) *1·2	(+) *4	(+)
マンニット	—	+G	—
マンノース	— *1·1　+G *1·2	+G	+

*1　1·1 安永ら（1982），1·2 中津川（1983b），*2　安永ら（1982），
*3　Wakabayashi and Egusa（1973），*4　(+) 弱陽性

する．硫化水素産生性，インドール産生性およびMR試験は，いずれも陽性である．VP反応，ウレアーゼ，*β*-ガラクトシダーゼはすべて陰性である．フラクトース，マルトースを分解し，ガスを産生するなどの性状を有する．これらの性状は，パラコロ病のウナギから分離される*E. tarda*のそれと，ほとんどが一致する．また，ヒラメ病魚由来の*E. tarda*の血清型は1つではないかと考えられており，その血清型はウナギ由来の病原株が属するA型に一致する（Mamnur Rashid *et al*., 1994）．

2）地理的分布

国内では，ヒラメ養殖が行われている全ての地域で発生が確認されている．世界的には，アメリカで養殖されているアメリカナマズ *Ictalurus punctatus*（Meyer and Bullock, 1973）や野生のオオクチバス largemouth bass（*Micropterus salmoides*）（White *et al*., 1973）で，またヨーロッパで養殖されているターボット *Scophthahnus maximus* や韓国の養殖ヒラメにおいて発生が認められている．

3）宿主範囲

発病が確認されている魚種は，ヒラメ，マコガレイ *Pleuronectes yokohamae*，ボラ，ウナギ，テラピア *Oreochromis niloticus*，アメリカナマズ，コイ，largemouth bass などである．また，キンギョ，ドジョウおよびブリが感受性を有することが実験的に確かめられている．そのほか，マダイ，チダイ *Evynnis japonica*，ブリにおいて，運動性のない非定型 *E. tarda* による感染症が知られている．

4）特徴的性状

本病は水温が20℃以上になった6～9月の高水温期に発生しやすい．大きさが数cmの稚魚から成魚まで発病する．病魚は摂餌および行動ともに緩慢となる．体色が黒化し，腹部がしだいに膨満して発赤した腸が肛門から突出する（図1-17　カラー口絵）．眼球の突出，白濁および眼球周囲の膿瘍が認められるほか，口腔内に胃が押し出されているものもみられる．しかし，病状が急激に進行した場合には，これらの症状がみられないことがある（金井，1993）．

剖検では，血液を含む腹水が貯留し，肥大した肝臓に出血と膿瘍が認められる．脾臓と腎臓が腫脹し，腎臓にも膿瘍がみられる．一般に，肝臓，脾臓および腎臓が脆弱化しているほか，腸管の発赤が観察される（中津川，1983b）．

病理組織学的には，肝臓に線維細胞で囲まれた多数の膿瘍が認められる．腎臓にも膿瘍が形成されており，膿瘍内には病原菌を取り込んだ貪食細胞がみられる．また，腎臓では細網内皮系細胞の増殖および造血組織の浮腫と萎縮が観察される（金井，1993）．

5）診断法

本病の診断は，疫学調査，臨床検査および剖検などによって推定し，スライド凝集反応，蛍光抗体法，細菌の生物学的・生化学的性状検査および分子生物学的手法による病原菌の同定によって確定する．

【5-1】推定診断

①疫学調査

a.　本病は大きさが数cmの稚魚から成魚まで罹病する．

b.　水温が 20℃を超える 6〜9 月の高水温期に発生しやすい.

c.　底に多くの有機物が蓄積している環境下で発生しやすい.

②臨床検査

a.　体色が黒化して，摂餌および行動ともに緩慢となる.

b.　腹部の膨満と発赤した腸の突出（脱腸）がみられる.

c.　眼球の突出，白濁および眼球周囲の膿瘍が認められる.

③剖検

a.　血液を含む濁った腹水の貯留が認められる.

b.　肝臓，脾臓，腎臓が肥大し，脆弱化している.

c.　肝臓および腎臓に膿瘍が形成され，白い点として認められる.

d.　肝臓の出血と腸管の発赤がみられる.

④塗抹標本観察による細菌検査

a.　病魚の血液，腹水，肝臓，腎臓およびその他の患部をスライドグラスに塗抹し，直接検鏡して運動性短桿菌を確認する.

b.　同様にして塗抹標本を作製し，グラム染色を施してグラム陰性短桿菌を確認するか，またはギムザ染色を施して短桿菌を確認する.

このように①から④までの一連の検査を行うことによって，推定診断が可能である.

【5-2】準確定診断

①細菌検査

食塩の濃度が 0.5％の BHI 寒天培地で 25〜30℃，24〜48 時間培養すると，直径が 1〜2 mm の正円形，光沢のあるクリーム色のコロニーを形成する.

②選択培地による細菌検査

推定診断によって本病が疑われる場合には, SS 寒天培地や DHL 寒天培地などの選択培地を用い，中心部が黒色で周辺が透明の比較的小さなコロニーを確認する.

③スライド凝集反応による簡易診断

あらかじめ準備しておいた抗血清をスライドグラス上に滴下したのち，純粋培養した被検菌を均一に混ぜ，菌の凝集の有無を確認する.

【5-3】確定診断

①蛍光抗体法による迅速診断

肝臓や腎臓などの塗抹標本を作製し，あらかじめ準備しておいた抗 *E. tarda* 家兎血清を用い，蛍光抗体法によって蛍光を発する菌体を確認する.

②簡易鑑別法による属レベルの同定

被検菌の主要性状を調べ，グラム陰性，運動性の短桿菌，チトクロームオキシダーゼ陰性，TSI 培地において斜面部が赤変，高層部黄変，硫化水素陽性および LIM（Lysine Indole Motility）培地においてリジン脱炭酸陽性，インドール陽性であることを確認する.

③生物学的および生化学的性状検査による同定

被検菌について，表 1-6 に示した生物学的および生化学的性状を調べ，それらの性状が *E. tarda* と一致することを確認する.

④分子生物学的迅速診断

Edwardsiella tarda がもつ DNA の塩基配列によって作製したプライマーを用いた PCR 法および LAMP 法（loop-mediated isothermal amplification 法）によって，当該菌の遺伝子を検出する（Savan *et al*., 2004）．また，16SrDNA の PCR–RFLP（restriction fragment length polymorphysm ）解析によって，ヒラメ由来の定型 *E. tarda* とマダイ由来の非定型株の遺伝子型を分けることができる（ Yamada and Wakabayashi，1998）．

2・4　マダイのエドワジエラ症

1）病原体

マダイのエドワジエラ症の原因となる細菌は，非定型の *Edwardsiella tarda* である．安永ら（1982）がマダイから分離した本菌の主要性状を表1-6に示した．本菌は運動性がないこと，およびアラビノース，マンニットなどの糖を分解し，酸を産生する点などがヒラメやウナギ由来の *E. tarda* と異なるが，それ以外の性状はほとんど一致する．また，楠田ら（1977）がエドワジエラ症のチダイから分離した株は，酒石酸の利用性（k－p）およびアラビノース分解性がいずれも弱陽性である点がマダイ由来株の性状と異なる．マダイ由来の非定型 *E. tarda* の血清型は，定型株のそれと一致する（Andrea *et al*., 1988）．

2）地理的分布

非定型の *E. tarda* によるエドワジエラ症は，国内においてはマダイ，チダイ，ブリの養殖が行われている全ての地域で発生が確認されている．

3）宿主範囲

発病が確認されている魚種は，マダイ，チダイおよびブリである．実験的にはヒラメにも病原性を示す（Matsuyama *et al*., 2005）．

4）特徴的症状

本病は水温が20℃以上の6～10月に発生しやすく，とくに夏季の高水温期に多発する．稚魚よりも2～3年魚が罹病しやすい傾向がみられる．病魚は群れから離れ，生簀周辺の表層を緩慢に遊泳する．頭部，体側部，尾柄部などにび爛や発赤がみられ，それらの部位に膿瘍が形成される（図1-18　カラー口絵）．また，眼球，腹部および臀鰭基部にも発赤が認められる．剖検では，脾臓をはじめ肝臓や腎臓に小さな白点がみられる（図1-19　カラー口絵），（安永ら，1982）．

5）診断法

本病の診断は，疫学調査，臨床検査および剖検などによって推定し，スライド凝集反応，蛍光抗体法，細菌の生物学的・生化学的性状検査および分子生物学的手法による病原菌の同定によって確定する．

【5-1】推定診断

①疫学調査

a. 本病は稚魚に発生することは少なく，2，3 年魚が罹病しやすい．

b. 水温が 20℃以上の 6～10 月に発生しやすく，とくに夏季の高水温期に多発する．

c. いったん発生すると，死亡が長期間続き，累積死亡率が高い．

②臨床検査

a. 病魚は群れから離れ，生簀周辺の表層を緩慢に遊泳する．

b. 頭部，体側部，尾柄部などに発赤や膿瘍が認められる．

c. 眼球，腹部，臀鰭基部などにも発赤がみられる．

③剖検

脾臓をはじめ，肝臓，腎臓に多数の小白点が認められる．

④塗抹標本観察による細菌検査

a. 病魚の脾臓や腎臓などの患部をスライドグラスに塗抹し，直接検鏡して非運動性の短桿菌を確認する．

b. 同様にして塗抹標本を作製し，グラム染色を施してグラム陰性短桿菌を確認するか，またはギムザ染色を施して短桿菌を確認する．

このように，①から④までの一連の検査を行うことによって，推定診断が可能である．

【5-2】準確定診断

①細菌検査

食塩の濃度が 0.5％の BHI 寒天培地で 25～30℃，24～48 時間培養すると，直径が 1～2 mm の正円形で光沢のあるクリーム色のコロニーを形成する．

②選択培地による細菌検査

推定診断によって本病が疑われる場合には，SS 寒天培地や DHL 寒天培地などの選択培地を用い，中心部が黒色で周辺部が透明の比較的小さなコロニーを確認する．

③スライド凝集反応による簡易診断

あらかじめ準備しておいた抗血清をスライドグラス上に滴下したのち，純粋培養した被検菌を均一に混ぜ，菌の凝集の有無を確認する．

【5-3】確定診断

①蛍光抗体法による迅速診断

脾臓や腎臓などの塗抹標本を作製し，あらかじめ準備しておいた抗 *E. tarda* 家兎血清を用い，蛍光抗体法によって蛍光を発する菌体を確認する．

②簡易鑑別法による属レベルの同定

被検菌の主要性状を調べ，グラム陰性，非運動性短桿菌，チトクロームオキシダーゼ陰性，OF 試験によってグルコースを発酵的に分解するなどの性質を確認する．

③生物学的および生化学的性状検査による同定

被検菌について，表 1-6 に示した生物学的および生化学的性状を調べ，それらの性状が非定型 *E. tarda* と一致することを確認する．

④分子生物学的迅速診断

ヒラメのエドワジエラ症の項に記載した方法に準じて行う．

2・5　海産魚の滑走細菌症

1）病原体

ブリ，マダイ，ヒラメ，トラフグおよびその他の海産魚の滑走細菌症の原因となる細菌は，長年にわたり *Flexibacter maritimus* とされてきたが（Wakabayashi *et al.*, 1986），Flexibacter 属および既存の属とは分類学的に異なっていることが指摘され（Bernardet *et al.*, 1996），新たに Tenacibaculum 属を設けて，*T. maritimum* とすることが提案された（Suzuki *et al.*, 2001）．本菌はグラム陰性の長桿菌で，病魚の患部にみられる菌体の大きさは，0.3～0.5×2～30 μm である．鞭毛をもたないが滑走によって運動する．海水サイトファーガ寒天培地または TCY 寒天培地（Tryptone, Casamino acids, Yeast extract）で培養すると，表面が粗で辺縁が樹根状の扁平な淡黄色コロニーを形成する．カタラーゼおよびチトクロームオキシダーゼは陽性でグルコースを分解しない．ゼラチン液化性，カゼイン液化性および硝酸塩還元性は，いずれも陽性である．また，トリプチリン分解性およびチロシン分解性が陽性で，硫化水素産生性が陰性である点が淡水魚由来の *Flavobacterium columnare* の性状と異なる（増村・若林, 1977：若林, 1994）．

2）地理的分布

国内では，ブリ，マダイおよびヒラメなどの海産魚を養殖している全ての地域でみられる．世界的には，アメリカのメイン州で海水飼育していたギンザケ（Sawyer, 1976）や，その他の国の海水飼育中のサケ科魚類に発生している．

3）宿主範囲

発病が確認されている魚種は，ブリ，カンパチ，スズキ，マダイ，クロダイ，イシダイ，チダイ，ヒラメ，トラフグ，クロソイ，ヤイトハタ *Epinephelus malabaricus* および海水飼育中のサケ科魚類などである．

4）特徴的症状

ブリでは 6～8 月頃のモジャコ期に発生することが多いほか，晩秋から冬季にかけて幼魚や成魚が罹病する場合がある．稚魚では吻端，体表および鰭などが白く変色し，吻端や鰭にび爛および潰瘍がみられる．冬季に発生した場合は，体表や鰭の先端にスレ様の軽度の潰瘍が，また鰓蓋，躯幹部，腹部および尾柄部の皮膚にび爛や潰瘍が認められる（宮崎ら, 1975）．

マダイでは 6～8 月までの水温上昇期に体長 5 cm 以下の稚魚に発生することが多いほか，晩秋から冬季にかけて当歳魚または越年魚が罹病する．5 cm 以下の稚魚では吻端がび爛し，白色または黄白色に変色するなど，いわゆる「口ぐされ」症状を呈する．少し大きな個体では，口吻部周辺から鰓蓋にかけて発赤がみられる．また，尾柄部から尾鰭にかけて白く変色し，尾鰭が欠損するなどの，いわゆる「尾ぐされ」症状を呈するものも認められる（図 1-20　カラー口絵），（増村・若林, 1977）．

ヒラメでは，3 月から 7 月にかけて体長 10 cm 以下の稚魚や幼魚に発生することが多い．換水率が低く，過密に飼育されている水槽で多発する傾向がみられる．初期には体表の一部が白く変色してスレ様のび欄がみられ，やがて鰭のび爛，欠損，体表のび爛および潰瘍が認められる（若林, 1994）．

トラフグでは，初夏から夏の高水温期に稚魚が罹病することが多い．初期には体表や鰭が白く変色したり，び爛がみられる．やがて，体表の潰瘍，尾鰭の欠損，口ぐされ，尾ぐされおよび鰓ぐされ症状を呈するようになる．剖検では，どの魚種も特別な異常は認められない．病理組織学的には，上皮下の真皮組織において細菌の増殖と壊死が観察される．

5）診断法

本病の診断は，疫学調査，臨床検査および直接検鏡による細菌検査によって推定し，病原菌の同定などによって確定する．

【5-1】推定診断

①疫学調査

a. ブリおよびマダイでは，初夏から夏にかけて稚魚に発生することが多い．晩秋から冬季に当歳魚または越年魚が罹病することがある．

b. ヒラメでは，春から夏にかけて体長3～10cm程度の稚魚および幼魚に発生することが多い．また換水率が低く，過密飼育の水槽で発生しやすい．1日の死亡尾数はさほど多くはないが，長期間にわたって死亡が続くことから経済的被害が大きい．

c. トラフグでは，初夏から夏の高水温期に稚魚が罹病することが多い．また，過密飼育によって噛み合いが盛んな生簀での発生が多い．

②臨床検査

a. 病魚は群れから離れ，表層を緩慢に遊泳する．陸上水槽のヒラメでは，水流に流されるものが多い．

b. 吻端，体表，尾鰭などが白く変色し，び爛および潰瘍がみられる．

c. 尾鰭の欠損，口ぐされ，尾ぐされおよび鰓ぐされ症状を呈する．

③剖検

ブリの稚魚に鰓の褪色（貧血）が認められることもあるが，すべての魚種において，特徴的な症状に乏しい．

④塗抹標本観察による細菌検査

a. 吻端や鰭などの患部をスライドグラスに塗抹し，直接検鏡して屈曲および滑走運動をする長桿菌を確認する．

b. 同様にして塗抹標本を作製し，ギムザ染色かメチレンブルー染色を施して長桿菌を確認する．

このように，①から④までの一連の検査を行うことによって．推定診断が可能である．

【5-2】準確定診断

①細菌検査

海水サイトファーガ寒天培地またはTCY寒天培地で培養し，表面が粗で辺縁が樹根状の扁平な淡黄色コロニーを確認する．

【5-3】確定診断

①簡易鑑別法による属レベルの同定

被検菌の主要性状を調べ，屈曲および滑走運動を行うグラム陰性の長桿菌で，かつチトクロームオキシダーゼが陽性であることを確認する．

②生物学的および生化学的性状検査による同定

被検菌について，すでに述べた生物学的および生化学的性状を調べ，それらの性状が *Tenacibaculum maritimum* と一致することを確認する．

③分子生物学的迅速診断

16SrRNA 遺伝子を標的とした PCR 法によって *T. maritimum* の遺伝子を検出する（Toyama *et al.*, 1996；Bader and Shotts, 1998）．この Bader and Shotts 法の反応時間を 40 分に短縮した改良法として，20S と 1500R とのユニバーサルプライマーセットを用いた迅速診断法がある（Cepeda *et al.*, 2003）．

2・6　ブリの細菌性溶血性黄疸

1）病原体

ブリの細菌性溶血性黄疸の原因となる細菌は，未同定の長桿菌である（反町ら，1993）．病魚の血液をスライドグラスにとり，生理食塩水で希釈して検鏡すると，大きさが約 0.3 × 4.0〜6.0μm で，ゆるやかに運動する細菌が観察される（図 1-21　カラー口絵）．本菌は，牛胎児血清（FBS）を 10%加えた L-15 培地およびイーグル MEM 培地（Eagle's minimal essential medium）で培養が可能である．FBS を加えた L-15 培地における発育可能温度は 20〜26℃，発育至適温度は 23〜26℃，発育可能塩分濃度は 0.8〜4.0%，発育至適塩分濃度は 1.6〜2.0%，発育可能 pH は 6.5〜8.0，発育至適 pH は 7.0〜7.5 である．（Iida and Sorimachi，1994）．

2）地理的分布

国内では，ブリ養殖が行われている全ての地域で発生が確認されている．

3）宿主範囲

発病が確認されている魚種はブリのみである．

4）特徴的症状

1 年を通じてみられるが，水温が 20℃以上になると発生しやすく，とくに 8〜9 月に多発する．幼魚および成魚ともに罹病するが 2 年魚以上の大型魚に発生することが多い．病魚は群れから離れ水面近くを緩慢に遊泳する．通常は白色を呈しているはずの口唇，眼窩および腹部などが黄変するほか，背部体色が黒化する．剖検では鰓の褪色，脾臓の肥大と脆弱化，肝臓と腎臓の肥大が特徴的である．また，筋肉および腹壁の黄変が認められる（反町ら，1993）．病理組織学的には，肝細胞の混濁腫脹と崩壊，脾細胞の壊死および腎臓の尿細管上皮細胞の融解などが観察される（前野ら，1995）．

5）診断法

本病の診断は疫学調査，臨床検査および剖検などによって推定し，病原菌の分離・培養によって，ゆるやかに運動する長桿菌を確認することによって，ほぼ確定できる．

【5-1】推定診断

①疫学調査

a.　本病は水温が20℃以上になると発生しやすく，とくに8～9月頃に多発する．

b.　幼魚から成魚まで罹病するが，2年魚以上の大型魚に発生しやすい．

②臨床検査

a.　病魚は群れから離れ，水面近くを緩慢に遊泳する．

b.　口唇，眼窩および腹部などが黄色を呈する．

③剖検

a.　鰓の褪色がみられる．

b.　脾臓の著しい肥大と脆弱化が認められる．

c.　肝臓および腎臓が肥大している．

d.　筋肉および腹壁の黄色化が認められる．

④塗抹標本観察による細菌検査

a.　病魚の血液をスライドグラスにとり，生理食塩水で希釈して位相差または暗視野によって検鏡し，ゆるやかに運動する長桿菌を観察する．

b.　病魚の血液の塗抹標本を作製し，ギムザ染色またはメチレンブルー染色を施して，大きさが4.0～6.0 μmの長桿菌を確認する．

このように，①から④までの一連の検査を行うことによって，推定診断が可能である．

【5-2】準確定診断

①細菌検査（病原菌の分離・培養）

FBSを10％に加えたL-15培地に病魚の血液を無菌的に接種して培養する．増殖した細菌を直接検鏡して，ゆるやかに運動する長桿菌を確認する．

②血液性状検査

本病の診断をより確かなものにするために，下記に示した特徴的な血液性状の変化を調べることが望ましい．

a.　病魚のヘマトクリット値を測定し，その値が10～20％，あるいはそれ以下の低い値であることを確認する．

b.　体色黄変の原因である血漿総ビリルビンの量を調べ，1mg/dl以上の高い値であることを確認する．

2・7　ブリのレンサ球菌症

1）病原体

ブリのレンサ球菌症の原因となる細菌には，従来魚類に病原性を有するStreptococcus属のα，βおよびγ溶血型と呼ばれていた細菌が含まれるが，ブリの疾病のほとんどはα溶血型に起因するものである．α溶血型の*Streptococcus* sp.は，1991年にEnterococcus属の新種として*E. seriolicida*と称されていたが（Kusuda *et al.*, 1991），現在は*Lactococcus garvieae*の種名が与えられている（Eldar *et al.*, 1996）．原因菌がLactococcus属に同定されたことから，本病は乳酸球菌症と呼ぶのが妥当と思われるが，現在もレンサ球菌症の病名が広く用いられている．また，従来*Streptococcus* sp.のβ

溶血型と呼ばれていた細菌が，時折ブリにも疾病を引き起こすが，本菌は Pier と Madin（1976）がアマゾンの淡水イルカのレンサ球菌症の原因菌として報告した *S. iniae* に同定されている．そのほか，ブリの病魚からまれに，*S. equisimilis*（β溶血型）および *Streptococcus* sp. のγ溶血型の細菌が分離されることがある．また，最近ブリやカンパチの病魚からランスフィールドの血清型の C 群に属するレンサ球菌が分離され，*S. dysgalactiae* に同定された（Nomoto *et al*., 2004）．

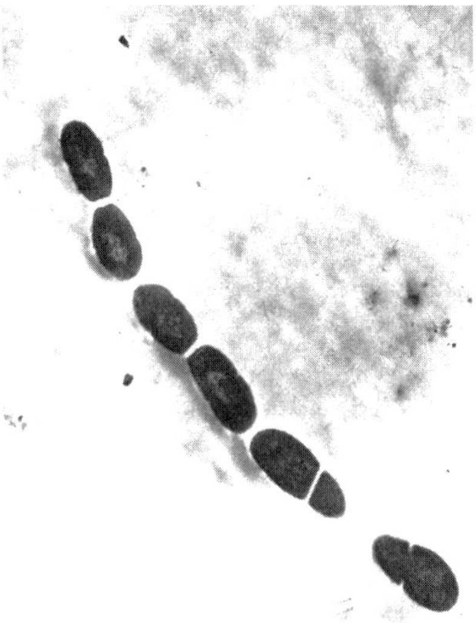

図 1-22　*Lactococcus garvieae* の電子顕微鏡像　× 15,000　（青木　宙博士原図）

L. garvieae を含むこれらの細菌は，次のような共通性状を有する．通性嫌気性，非抗酸性のグラム陽性球菌で，芽胞を形成しない．複数の卵形の菌が連鎖状に配列し，運動性はない（図 1-22）．普通寒天培地での発育は著しく悪いが，BHI 寒天培地によく発育し，25℃で 24 時間培養すると直径 0.5 mm 以下の正円形で微小な乳白色のコロニーを形成する．カタラーゼおよびチトクロームオキシダーゼは陰性でグルコースを発酵的に分解するがガスを発生しない．インドール産生性，硫化水素産生性および硝酸塩還元性は，いずれも陰性である．

L. garvieae は，通常の大きさが 0.7 × 1.4 μm で，BHI 寒天培地以外にもブドウ糖添加 HI 寒天培地，血液寒天培地および小川培地などによく発育する．発育可能温度は 10〜45℃，発育至適温度は 20〜37℃，発育可能塩分濃度は 0〜7％，発育至適塩分濃度は 0％，発育可能 pH は 3.5〜10.0，発育至適 pH は 7.6 前後である（楠田ら, 1976）．本菌とその類縁細菌の生物学的および生化学的性状を比較して表 1-7 に示した．

ブリ由来の *S. iniae* は，通常の大きさが 0.6〜0.8 μm で，BHI 寒天培地によって 25℃，24〜48 時間培養すると乳白色の小さなコロニーを形成するが，*L. garvieae* とくらべて発育が遅く，連鎖状に連なる菌の数が多い．発育可能温度は 10〜39℃，発育至適温度は 29〜31℃，発育可能塩分濃度は 0〜5％，発育至適塩分濃度は 0％である．45℃，pH9.6，0.1％メチレンブルーミルク，40％胆汁などの培養条件下で発育せず，VP 反応がいずれも陰性である点が *L. garvieae* の性状と異なる（佐古, 1993）．

S. equisimilis は，通常の大きさが 0.6〜1.0 μm で，BHI 寒天培地によって 30℃，24 時間培養すると直径 0.2 mm 程度の小さなコロニーを形成する．また，*S. iniae* と同様に，血液寒天培地にβ溶血環を形成する．発育至適温度は 30℃，発育至適塩分濃度は 0.5％，発育至適 pH は 7.0 前後である（見奈美ら，1979）．本菌の生物学的および生化学的性状は，*S. iniae* のそれと一致する点が多いが，アルギニン脱炭酸性，ラクトース分解性およびグリセロール分解性などが異なる．

γ溶血型の *Streptococcus* sp. を 1％に食塩を加えた BHI 寒天培地で 30℃，24 時間培養すると，白色の粘着性に富むコロニーを形成する．発育可能温度は 18〜38℃，発育至適温度は 31℃，発育可能塩分濃度は 0〜5％，発育至適塩分濃度は 1％である．10 および 40％胆汁に発育せず，アルギニン加水分解性とトレハロース分解性がいずれも陰性であることなど，多くの性状が *L. garvieae*，*S. iniae*，*S. equisimilis* のそれと異なる（飯田ら, 1986）．

表 1-7　ブリから分離された *Lactococcus garvieae* と類縁細菌の鑑別性状

性　状	*Lactococcus garvieae*＊1	*Streptococcus iniae*			*Streptococcus equisimilis*＊5	*Streptococcus dysgalactiae*＊6	*Streptococcus parauberis*＊7
溶血型	α	β＊2	β＊3	β＊4	β	α	α
発育性							
10℃	+	(+)＊8	−	+	−	−	+
45℃	+	−	−	−	−	−	−
pH 9.6	+	−	−		−	−	+
0.1％メチレンブルーミルク	+	−	−	−	−		−
10％胆汁	+	+	+	−	+		+
40％胆汁	+	−	−	−	−	−	+
MR 試験	+	+	d＊9				+
VP 反応	+	−	−				−
デンプン加水分解	−	+	+	+	+	−	−
アルギニン加水分解	+	+	+		+	d＊9	+
エスクリン加水分解	+	+	+	+	+	−	+
オルニチン脱炭酸	−	−	−		−		−
ラクトース分解	−	−	−		+	−	d＊9
デンプン分解	−	+	+				−
トレハロース分解	+	+	+	+	+	+	+
ソルビトール分解	+	−	−	−	−	−	+

＊1　ブリ由来株（楠田ら, 1976），＊2　ブリ由来株（佐古，1993），＊3　ヒラメ由来株（中津川，1983a），
＊4　淡水イルカ由来株（Pier and Madin，1976），＊5　ブリ由来株（見奈美ら, 1979），
＊6　カンパチ由来株（Nomoto *et al.*, 2004），＊7　ヒラメ由来株（金井ら, 2009），
＊8（+）弱酸性，＊9　d 菌株によって異なる．

病魚由来の *S. dysgalactiae* は，72 時間までの培養では α 溶血性を示すが，それ以上の培養時間では β 溶血性を示す．25，37℃では発育するが，10，45℃，pH9.6，40％胆汁加などの培養条件下では発育せず，VP 反応およびエスクリン加水分解性が陰性である（Nomoto *et al.*, 2004）．

2）地理的分布

L. garvieae によるレンサ球菌症は，ブリ養殖が盛んな西日本を中心とした地域でみられる．また，ブリ以外にも全国各地で養殖されているカンパチ，ヒラマサ，マアジなどにも発生している．*S. iniae* によるレンサ球菌症は，全国のブリ，ヒラメ，イシダイなどの海産魚と，アユ，ニジマス，アマゴなどの淡水魚に発生が確認されている．*S. equisimilis* によるレンサ球菌症は和歌山県のブリに，また，*Streptococcus* sp. の γ 溶血型による疾病は静岡県のブリに発生したことが報告されているが，全国的な規模で流行したことはない．*S. dysgalactiae* によるレンサ球菌症は，西日本各地で養殖されているブリおよびカンパチに発生している．

世界的には，*L. garvieae* によるレンサ球菌症が韓国のブリに発生している．また，*Streptococcus* sp. の非溶血型に起因する疾病が，アメリカの淡水魚 golden shiner（*Notemigonus crysoleucas*）（Robinson and Meyer, 1966）や sea catfish（*Anius feris*）（Wilkinson *et al.*, 1973）などで確認されている．

3）宿主範囲

L. garvieae による疾病は，ブリ，カンパチ，ヒラマサ，マアジ，メジナ，アイゴ *Siganus fuscescens*，ウマズラハギ，ヒラメ，ウナギ，ナイルテラピアなどで確認されており，チダイにも感

染することが実験的に確かめられている．そのほか，本菌の保菌が確認されている魚種は，マダイ，イシダイ，メバル *Sebastes inermis*，マサバ，カサゴ *Sebastiscus marmoratus*，カワハギ，ヤマトカマス *Sphyraena japonica*，コチ *Platycephalus indicus*，トラギス *Parapercis pulchella* などである．*S. iniae* によって発病が確認されている魚種は，ブリ，マアジ，イシダイ，ヒラメ，スズキ，メジナ，カワハギ，ウスバハギ *Aluterus monoceros*，アイゴ，クロソイ，ギンザケ，ニジマス，アマゴ，アユ，ナイルテラピアなどで確認されており，マサバおよびカゴカキダイにも感染することが実験的に確かめられている．*S. equisimilis* および *Streptococcus* sp. のγ溶血型による疾病はブリに，また，*S. dysgalactiae* によるそれは，ブリおよびカンパチにおいて確認されている．

4）特徴的性状

前述の *L. garvieae* や *S. iniae* などが原因となっているブリのレンサ球菌症は，稚魚から成魚まで年間を通じて発生するが，6～10月頃までの高水温期の被害が大きい．病魚は体色が黒化し摂餌不良となって群れから離れ表層近くを緩慢に遊泳する．外観的には，眼球の突出，白濁および出血，各鰭の発赤と出血，尾柄部の潰瘍と膿瘍が特徴的である（図1-23　カラー口絵），（楠田ら, 1976）．また，表層近くを狂奔遊泳する個体も認められる．これらの病魚は体色が黒く，鼻腔の内および周辺の発赤と膿瘍，口腔内の膿瘍がみられるほか，まれに変形したものが認められる．このような個体からは *S. iniae* が分離されることが比較的多い．また，*S. dysgalactiae* に感染したブリおよびカンパチの病魚には，尾柄部から尾鰭基部にかけて，膿瘍と壊死が認められる．

剖検では，鰓蓋内側の発赤と膿瘍，心外膜の白濁，肥厚，脳の発赤，腹膜，肝臓および幽門垂の出血，腸の発赤が観察される（宮崎, 1982）．

病理組織学的には，鰓蓋内側や尾柄部などに細菌の侵襲による化膿性炎および肉芽腫性炎がみられるほか，心臓の心外膜に細菌の集落と壊死細胞を囲んで発達した肉芽腫が認められる（図1-24　カラー口絵）（宮崎, 1982）．

5）診断法

本病の診断は，疫学調査，臨床検査および剖検などによって推定し，スライド凝集反応，蛍光抗体法，細菌の生物学的・生化学的性状検査および分子生物学的手法による病原菌の同定によって確定する．

【5-1】推定診断

①疫学調査

a. 年間を通じて発生するが，6～10月頃の高水温期に発生しやすい．
b. 稚魚から成魚まで罹病する．
c. 1日当たりの死亡尾数は類結節症ほど多くないが，死亡が長期間続くので累積死亡率が高い．
d. 7～8月には類結節症との合併症が多い．
e. 溶存酸素量の少ない環境および過食飼育において発生率が高い傾向がみられる．

②臨床検査

a. 一般的には，眼球の突出，白濁および出血，各鰭の発赤と出血，尾柄部の潰瘍と膿瘍が観察される．

b. 狂奔遊泳する個体では，上記の一般的症状が認められることは少ないが，鼻腔周辺および鼻腔内の発赤と膿瘍，口腔内の膿瘍がみられるほか，変形したものが認められる．

c. *S. dysgalactiae* に起因する本症の病魚には，尾柄部から尾鰭基部にかけての膿瘍および壊死が観察されるが，眼球の突出や鰓蓋内側の発赤が認められないことが多い．

③剖検

a. 一般的には，鰓蓋内側の発赤と膿瘍，心外膜の白濁と肥厚，腹膜，肝臓および幽門垂の出血，腸の発赤などがみられる．

b. 狂奔遊泳する個体および変形魚では，上記の症状が認められることは少ないが，脳の発赤が特徴的である．

④塗抹染色標本による細菌検査

病魚の脳，腎臓および膿瘍形成患部などをスライドグラスに塗抹し，グラム染色を施してグラム陽性の連鎖状球菌を確認する．

このように①から④までの一連の検査を行うことによって，推定診断が可能である．

【5-2】準確定診断

①細菌検査

食塩を 0.5％含む BHI 寒天培地で 25～30℃，24～48 時間培養し，直径が 0.5 mm 以下の正円形で乳白色のコロニーを確認後, グラム染色を行ってグラム陽性の連鎖状球菌であることを確認する．BHI 寒天培地に 5%となるようにグルコースを添加すると，さらに発育がよくなる．また，血液寒天培地を用いて分離菌を画線培養し，集落の周囲の透明な溶血環（β 溶血性），集落の至近に形成された緑色の狭い溶血環（α 溶血性）および非溶血性（γ 溶血性）などの溶血型を確認する．*S. dysgalactiae* による感染が疑われる場合は，クーマシー・ブリリアント・ブルー（CBB）を含む寒天培地を用いて培養後，深青色のコロニーを確認する．

②スライド凝集反応による簡易診断

あらかじめ準備しておいた *L. garvieae*，*S. iniae* および *S. dysgalactiae* などの抗血清をスライドグラス上に滴下したのち，純粋培養した被検菌を均一に混ぜ，菌の凝集の有無を確認する．

【5-3】確定診断

①蛍光抗体法による迅速診断

脳，腎臓および *S. dysgalactiae* 感染症の場合は，とくに尾柄患部などの塗抹標本を作製し，あらかじめ準備しておいた *L. garvieae*，*S. iniae* および *S. dysgalactiae* などの抗血清を用い，蛍光抗体法によって蛍光を発する菌体を確認する（河原・楠田, 1987）．

②簡易鑑別法による属レベルの同定

被検菌の主要性状を調べ，グラム陽性，非運動性の連鎖状球菌で，カタラーゼおよびチトクロームオキシダーゼがいずれも陰性であることを確認する．

③生物学的および生化学的性状検査による同定

被検菌について，前述の基本的性状および表 1-7 に示した性状を調べ，それらの性状が *L. garvieae*，*S. iniae* または *S. dysgalactiae* などの性状と一致することを確認する．

④分子生物学的迅速診断

L. garvieae については，本菌がもつジヒドロプロテイン酸シンターゼ遺伝子を標的とした PCR

法（Aoki *et al*., 2000），*S. dysgalactiae* においては，16S-23SrDNA の ITS 領域を標的とした PCR 法（Nomoto *et al*., 2004）によって，当該菌の遺伝子を検出する．

2・8　ヒラメのレンサ球菌症

1）病原体

ヒラメのレンサ球菌症の原因となる細菌としては，従来β溶血型の *S. iniae* が主であったが（中津川, 1983a），2000 年代に入ってからはα溶血性を示す *S. parauberis* の分離頻度が高まっている（金井ら, 2009）．そのほか，*L. garvieae* が原因となることがあるが（Baeck *et al*., 2006），問題にはなっていない．ヒラメ由来の *S. iniae* は，10，45℃，pH9.6 および 40％胆汁などの条件下では発育しないのに対し，*S. parauberis* は 10℃，pH9.6 および 40％胆汁の条件下で発育する（表 1-7）．また，*S. parauberis* には 2 つの血清型が存在し（金井ら, 2009），そのうちⅠ型はラクトースを分解しないのに対し，Ⅱ型はそれを分解する．

2）地理的分布

S. iniae および *S. parauberis* 感染症は，ヒラメが養殖されている全国各地でみられる．また，*S. iniae* による疾病は，全国の海産魚および淡水魚の養殖場で確認されている．世界的には，アマゾンの淡水イルカから分離されたことからも明らかなように，*S. iniae* による疾病は世界に分布しているものと思われる．*S. parauberis* はウシの乳房炎の原因菌として知られた細菌（Williams and Collins, 1990）で，魚類ではヨーロッパで養殖されているターボット（Toranzo *et al*., 1994）や韓国の養殖ヒラメ（Baeck *et al*., 2006）において，それによる疾病が発生している．

3）宿主範囲

S. iniae による疾病が確認されている魚種は，ヒラメ，イシダイ，スズキ，アイゴ，メジナ，カワハギ，マアジ，ブリ，クロソイ，ギンザケ，アユ，ニジマス，アマゴ，ナイルティラピアなどである．*S. parauberis* による疾病は，ヒラメおよびターボットにおいて確認されている．

4）特徴的症状

S. iniae による疾病は，6～10 月頃の高水温期を中心に発生する．病魚は摂餌不良となって水面近くを緩慢に遊泳する．体色の黒化，眼球の突出，白濁および充血がみられるほか，頭部や上下顎の発赤，鰓蓋部や鰓蓋部内側の発赤などが観察される（図 1-25　カラー口絵）（中津川, 1983a）．剖検では，透明な腹水の貯留，脾臓・腎臓の腫大，肝臓のうっ血および腸管の発赤などが認められる（中津川, 1983a）．

S. parauberis による疾病は，年間を通じて発生するが，とくに 9～11 月頃発生しやすい．体表の潰瘍，発赤および鰭の発赤，出血がみられるほか，鰓の壊死が観察される（金井ら，2009）．剖検では，腎臓・脾臓の腫大，肝臓のうっ血および背鰭基部付近を中心とした筋肉の出血が認められる．

病理組織学的には，うっ血を伴う脳髄膜炎，視蓋顆粒層の壊死および心外膜炎などが認められる（森ら, 2010）．

5）診断法

本病の診断は，疫学調査，臨床検査および剖検などによって推定し，スライド凝集反応，蛍光抗体法，細菌の生物学的・生化学的性状検査および分子生物学的手法による病原菌の同定によって確定する．

【5-1】推定診断

①疫学調査

a. *S. iniae* による疾病は，6〜10 月頃の高水温期に，また *S. parauberis* によるそれは，9〜11 月頃発生しやすい．

b. *S. iniae* 感染症には稚魚から成魚までが，また *S. parauberis* によるそれには，100g 以上の個体が罹病しやすい傾向がみられる．

c. 過食および過密飼育において発生しやすい．

②臨床検査

a. 摂餌不良となって水面近くを緩慢に遊泳する．

b. *S. iniae* 感染症では体色の黒化，眼球の突出，白濁および充血，鰓蓋部内側の発赤がみられる．

c. *S. parauberis* 感染症では，体表の潰瘍，鰭の発赤および出血，鰓ぐされ，鰓の欠損がみられる．

③剖検

a. 透明な腹水の貯留がみられる．

b. 肝臓のうっ血，腸管の発赤，脾臓・腎臓の腫大が認められる．

c. そのほか，*S. parauberis* 感染症では，筋肉の出血が認められる．

④塗抹染色標本による細菌検査

病魚の腎臓およびその他の患部をスライドグラスに塗抹し，グラム染色を施してグラム陽性の連鎖状球菌を確認する．

このように①から④までの一連の検査を行うことによって，推定診断が可能である．

【5-2】準確定診断

①細菌検査

食塩を 0.5％含む BHI 寒天培地で 25〜30℃，24〜48 時間培養し，直径が 0.3 mm 程度の乳白色で粘性の低い微小なコロニーを確認する．

②スライド凝集反応による簡易診断

あらかじめ準備しておいた *S. iniae* および *S. parauberis* Ⅰ，Ⅱ型の抗血清をスライドグラス上に滴下したのち，純粋培養した被検菌を均一に混ぜ，菌の凝集の有無を確認する．

【5-3】確定診断

①蛍光抗体法による迅速診断

腎臓およびその他の患部の塗抹標本を作製し，あらかじめ準備しておいた *S. iniae* の抗血清を用い，蛍光抗体法によって蛍光を発する菌体を確認する（河原・楠田, 1987）．

②簡易鑑別法による属レベルの同定

被検菌の主要性状を調べ，グラム陽性，非運動性の連鎖状球菌で，カタラーゼおよびチトクロームオキシダーゼがいずれも陰性であることを確認する．

③生物学的および生化学的性状検査による同定

被検菌について，前述の基本的性状および表 1-7 に示した性状を調べ，それらの性状が *S. iniae* および *S. parauberis* と一致することを確認する．

④分子生物学的迅速診断

S. iniae については，*lct O* を，*S. parauberis* では 23SrRNA を標的とした PCR 法によって，当該菌の遺伝子を検出する（Mata *et al.*，2004a）．

2・9　ブリのノカルジア症

1）病原体

ブリのノカルジア症の原因となる細菌は，長年にわたって *Nocardia kampachi*（狩谷ら, 1968）と呼ばれていたが，現在では *N. seriolae* の種名が与えられている（Kudo *et al.*, 1988）．狩谷ら（1968）および楠田・滝（1973）による本菌の主要な性状を表 1-8 に示した．本菌はグラム陽性，好気性，弱抗酸性および非運動性の糸状菌である．分枝性の微細な気中菌糸をつくるが，気中胞子はつくらない．菌体の幅は 0.5〜1.0 μm で，長さは病巣の部位や培養時間によって様々である．通常，病巣内の菌や古い培養菌では分枝した糸状菌として観察されるが，新しい培養菌や鰓結節内の菌は長桿状または球状などの多形性を示す．固形培地では 1％小川培地，ベネット（Bennett）寒天培地，デンプン加寒天培地, HI 寒天培地, トリプトソーヤ寒天培地ではよく発育するが, 普通寒天培地およびサブロー（Sabouraud）培地での発育は悪い．液体培地では，デュボス（Dubos）培地，キルヒナー（Kirchner）培地および普通ブイヨン（Bouillon）培地などに発育する．小川培地で 25℃，4〜5 日間培養すると，小さなコロニーが現れ，約 2 週間で淡黄色から橙黄色に変わるイボ状に隆起した固いコロニーを形成

表 1-8　*Nocarrdia seriolae* の主要性状（楠田・滝．1973）

グラム鑑別	+
形態	糸状菌（多形性）
気中菌糸形成	+
抗酸性	（+）（弱抗酸性）
芽胞形成	−
運動性	−
30℃発育性	+
35℃発育性	−
カタラーゼ	+
チトクロームオキシダーゼ	−
OF 試験	O（酸化）
カゼイン分解	−
キサンチン分解	−
ヒポキサンチン分解	+（HI 寒天培地）
チロシン分解	（+）
チロシンからのメラニン産生	+
尿素分解	−
デンプン加水分解	+
ゼラチン液化	−
硫化水素産生	+
インドール産生	−
硝酸塩還元	（+）

（+）弱陽性

する．コロニーは，発育初期には表面が平滑で円形であるが，成長するにつれて表面にシワが生じ，周縁が鋸歯状になる．発育可能温度は 12～32℃，発育至適温度は 25～28℃，発育可能塩分濃度は 0～4%，発育至適塩分濃度は 0～1%，発育可能 pH は 5.0～8.5，発育至適 pH は 6.5～7.0 である．

また，本菌はカタラーゼ陽性，チトクロームオキシダーゼ陰性で，グルコースを酸化的に分解する．カゼインおよびキサンチンを分解せず，ヒポキサンチンとチロシンを分解し，チロシンからメラニンを産生する．また，尿素を分解せず，デンプンを加水分解するなどの性質を示す．

2）地理的分布

国内では，ブリ養殖が行われている全ての地域で発生が確認されている．外国では，*N. asteroides* によるニジマスのノカルジア症の発生が報告されているが（Snieszko *et al.*, 1964），*N. seriolae* による疾病の発生は知られていない．

3）宿主範囲

発病が確認されている魚種は，ブリ，カンパチ，ヒラマサ，シマアジ，ヒラメ，カワハギ，ウマヅラハギ，ニジマスおよびネオンテトラ *Hyphessobrycon innesi* などである．また，マダイ，キンギョ，コイが，*N. seriolae* に感受性を有することが実験的に確かめられている．

4）特徴的症状

本病の発生は水温が上昇する 7 月頃に始まり翌年の 2 月頃までみられるが，9～11 月に最も発生しやすい．成魚が罹病することが多いが，幼魚にも発生する．本病の症状は，膿瘍型（軀幹結節型）と鰓結節型とに分けられる．病魚は体色が黒化して痩せ，水面近くを緩慢に遊泳する．膿瘍型では，軀幹部の皮下または真皮下に膿瘍や結節が形成されるため，体表に数 mm から数 cm の膨隆患部ができる．これらの患部が破れて，潰瘍を形成することもある．また，軀幹部にこのような病巣が形成されず，口唇部や吻端が赤色を呈する個体（口紅型）もみられる（窪田ら，1968）．

剖検では脾臓および腎臓が肥大し，比較的硬い粟粒状の白色の結節がみられる．結節の大きさは 1～3 mm 程度で，同じ臓器であっても大小様々なものが観察される．また，心臓，鰾，肝臓などにも結節がみられることがある．一方，鰓結節型の病魚には，体表や内臓に特徴的な症状がみられないことが多く，鰓が褪色し，鰓弁基部から鰓弓にかけて，あるいは鰓弁全体に数 mm から 1 cm 程度の乳白色の結節が認められる（楠田ら，1974）．

病理組織学的には，真皮下層に包囊された結節と，その中心部の乾酪化がみられる．皮下組織に脂肪層と接して形成される結節や，筋隔に形成される結節の多くは無包囊性で，それらの結節は発達して膿瘍となる．脾臓および腎臓では，多数の結節病巣の辺縁部に類上皮細胞が現れて肉芽腫が形成され，その内部は凝固壊死から乾酪化している（図 1-26　カラー口絵）．鰓結節型の病魚では，鰓弁の結合組織に細菌の増殖と鰓弁に大きな結節が認められる（窪田ら，1968；江草ら，1979）．

5）診断法

本病の診断は，疫学調査，臨床検査および剖検などによって推定し，蛍光抗体法および病原菌の分離・同定によって確定する．

【5-1】推定診断

①疫学調査

a. 本病は 7 月頃から翌年の 2 月頃まで発生するが，9～11 月頃に最も発生しやすい．鰓結節型は 11～2 月の低水温期に発生することが多い．

b. 成魚が罹病することが多いほか，幼魚にも発生する．

②臨床検査

a. 体色が黒化して痩せ，水面近くを緩慢に遊泳する．

b. 膿瘍型の病魚では，軀幹部の皮下または真皮下に膿瘍や結節が形成されるために，体表に数 mm から数 cm の膨隆患部がみられ，潰瘍を形成することもある．膨隆部をメスで切開すると，バター様の膿が流出する．

c. 口唇部および吻端が赤色を呈する病魚が観察される．このような症状は，ブリよりもカンパチに多くみられる．

③剖検

a. 脾臓および腎臓が肥大し，粟粒状の結節が認められる．

b. この白色の結節は心臓，鰾および肝臓にもみられることがある．

c. 鰓結節型の病魚では鰓の褪色と鰓の結節が認められ，内臓の結節はみられないことが多い．

④塗抹染色標本による細菌検査

膿汁や脾臓，腎臓および鰓などの患部の塗抹標本を作製して，チール・ネルゼン染色により，淡赤色に染まる弱抗酸性の分枝状菌または糸状菌を確認するか，グラム染色やメチレンブルー染色によって上記の形をした細菌を確認する．なお，鰓の結節内の菌は長桿状あるいは球状であることが多い．

このように，①から④までの一連の検査を行うことによって，推定診断が可能である．

【5-2】準確定診断

①細菌検査（分離・培養）

1％小川培地で，25℃，4 日以上培養し，イボ状の硬い集落を確認する．

②簡易鑑別法による同定

被検菌の主要性状を調べ，グラム陽性，弱抗酸性の分枝状菌または糸状菌でカタラーゼ陽性，チトクロームオキシダーゼ陰性，グルコースを酸化的に分解することを確認する．

③生化学的性状などの検査による同定

被検菌について，表 1-8 に示した生物学的ならびに生化学的性状を調べ，それらの性状が *N. seriolae* と一致することを確認する．

【5-3】確定診断

①蛍光抗体法による迅速診断

脾臓，腎臓およびその他の患部の塗末標本を作製し，あらかじめ準備しておいた *N. seriolae* の抗血清を用い，蛍光抗体法によって蛍光を発する菌体を確認する（楠田・河原，1987）．

②簡易鑑別法による同定

被検菌の主要性状を調べ，グラム陽性，弱抗酸性の分枝状菌または糸状菌で，カタラーゼ陽性，チトクロームオキシダーゼ陰性，グルコースを酸化的に分解することを確認する．

③生物学的および生化学的性状検査による同定

被検菌について，表 1-8 に示した生物学的ならびに生化学的性状を調べ，それらの性状が *N. seriolae* と一致することを確認する．

2・10　ブリのミコバクテリウム症

1）病原体

ブリのミコバクテリウム症の原因菌は，*Mycobacterium* sp. である．楠田ら（1987）による本菌の主要性状と類縁細菌との鑑別性状を表 1-9 に示した．本菌はグラム陽性，好気性，抗酸性および非運動性の短桿菌である．気中菌糸，分断菌糸および芽胞を形成しない．菌体の大きさは，通常 0.3〜0.4 ×0.8〜1.5 μm である．固形培地では，1％および 3％小川培地，レーヴェンシュタイン・イェンゼン（Levenshtein Jensen）培地に発育するが，BHI 寒天培地，普通寒天培地には発育しない．液体培地ではキルヒナー培地およびデュボス培地に発育する．

1％小川培地によって 25℃で培養すると，初代分離培養ではコロニーを形成するまでに 2 週間以上を必要とするが，継代を重ねるにしたがって 6 日間程度でコロニーが確認できるようになる．そのコロニーは，最初直径 0.5 mm 以下の円形でクリーム色を呈しているが，やがて黄白色で湿潤性の表面が波状のコロニーへと変わる．3 週間以上を経過すると，濃黄色で表面が乾燥した粒状の菌塊が集合した形状となる．デュボス液体培地によって 25℃で振盪培養すると，3 日後に直径 0.1 mm 程度の白い菌塊が認められ，2 週間後には菌塊の直径が 1 mm 程度に発育し，培地表面にそれらの菌塊が無数に浮遊する．発育可能温度は 15〜33℃，発育至適温度は 28℃前後，発育可能および至適塩分濃度は 0〜2％，発育可能 pH は 5〜7，発育至適 pH は 7 付近である（楠田ら, 1987）．

表 1-9　*Mycobacterium* sp. の主要性状と類縁細菌の鑑別性状

性　状	*Mycobacterium* sp.（ブリ由来株）	*M. marinum*	*M. tuberculosis*
グラム鑑別	＋	＋	＋
形　態	短桿菌	短桿菌	短桿菌
芽胞形成	−	−	−
気中菌糸形成	−	−	−
抗酸性	＋	＋	＋
運動性	−	−	−
25℃での発育	＋	＋	−
33℃での発育	＋	＋	−
37℃での発育	−	＋	＋
40℃での発育	−	−	＋
5％食塩存在下での発育	−	−	−
マッコンキー寒天培地での発育	−	−	−
色素産生	＋	＋	−
鉄の取り込み	−	−	−
カタラーゼ（発育適温）	＋	＋	＋
カタラーゼ（68℃）	−	−	−
チトクロームオキシダーゼ	−	−	−
硝酸塩還元	−	−	＋
ナイアシン産生	＋	−	＋
Tween 80 加水分解（5 日後）	−	d	d

d：菌株によって異なる

また，本菌はカタラーゼ陽性，チトクロームオキシダーゼ陰性で，色素およびナイアシンを産生する．Tween 80の加水分解性は，5日間の培養では陰性，10日間では陽性である．耐熱カタラーゼ(68℃)，鉄の取り込みおよび硝酸塩還元性は陰性である．炭水化物からの酸産生性については，グルコース，ラムノース，イノシットおよびグリセリンに対して，一部の菌株が弱陽性を示すが，そのほかの炭水化物では陰性である．

最近，本症の症状を呈して死亡する養殖ブリから，各種性状および16S rRNAの塩基配列から作成した系統樹によって*M. marinum*に同定される細菌が分離された．本菌は37℃で発育し，Tween 80の加水分解性（5日間培養）が陽性である（Weerakuhun *et al.*, 2007）．

そのほか，*Mycobacterium* sp.は海産熱帯魚などから分離された*M. marinum*とは，37℃での発育性やナイアシン産生性が，またヒトの結核の原因菌である*M. tuberculosis*とは，37℃および40℃での発育性，色素産生性，硝酸塩還元性などの性質が異なる（楠田, 1993）．

2）地理的分布

国内では，ブリ養殖が行われている全ての地域で発生が確認されている．外国では，*Mycobacterium* sp.による疾病は報告されていない．*M. marinum*による疾病は，鹿児島県の養殖ブリにおいて，発生が確認されている．

3）宿主範囲

発病が確認されている魚種は，ブリ，カンパチおよびシマアジである．

4）特徴的症状

本病の発生は水温が上昇する7月頃に始まり翌年の2月頃までみられるが，9〜11月頃に最も発生しやすい．1年魚以上の成魚が罹病することが多いが，幼魚にも発生する．成魚における病気の進行は緩慢であることが多く，体色が黒化して水面近くをふらふらと遊泳する．外観的には腹部が著しく膨満し，肛門が発赤して大きく開口する．腹部が黄味を帯びている個体もみられる．幼魚，とくにシマアジの場合には病気の進行が早く，症状がほとんど現れないまま死亡する（楠田, 1993）．*M. marinum*に感染した養殖ブリにおいては，腹部膨満，皮膚，口唇部，下顎，鰓蓋の出血および皮下の肉芽腫などが認められる（Weerakuhun *et al.*, 2007）．

剖検では，腹腔内に血液の混じった腹水が貯留し，腹壁や内臓諸器官が血糊でおおわれる．脾臓と腎臓が腫大し，脾臓，腎臓および肝臓に粟粒状の結節が無数に認められる（図1-27　カラー口絵）．また，各臓器が広範囲に癒着しているほか，肝臓にうっ血や出血がみられることがある（楠田, 1993）．*M. marinum*に感染した養殖ブリにおいては，腎臓，脾臓，肝臓，心臓および鰓に白色の結節がみられるほか，腎臓，脾臓の腫大が認められる（Weerakuhun *et al.*, 2007）．

病理組織学的には，脾臓，腎臓および肝臓などに多くの結節が認められる．若い結節では細菌を類上皮が囲み，その外側を線維芽細胞の層がとり囲んでおり，大小様々な肉芽腫が形成されている（図1-28　カラー口絵）．古い結節では細菌が消失し，中心部が乾酪壊死を起こしている．*M. marinum*に感染した養殖ブリにおいても，脾臓，腎臓および肝臓に肉芽腫が認められる（Weerakuhun *et al.*, 2007）．

5）診断法

本病の診断は，疫学調査，臨床検査および剖検などによって推定し，病原菌の分離・同定によって確定する．

【5-1】推定診断

①疫学調査

a. 本病は7月頃から翌年の2月頃まで発生するが，9～11月頃の水温下降期に最も発生しやすい．

b. 1年魚以上の成魚が罹病することが多いほか，幼魚にも発生する．

c. 本病単独の病気の場合の死亡率はさほど高くないが，レンサ球菌症，ノカルジア症，類結節症などとの合併症では被害が大きい．

②臨床検査

a. 体色が黒化して，水面近くをふらふらと遊泳する．

b. 病状が進行すると腹部が膨満し，肛門が発赤して開口する．

c. 腹部の体色が黄味を帯びる．

d. *M. marinum* による疾病では，皮膚，口唇部，下顎，鰓蓋の出血および皮下の肉芽腫が認められる．

③剖検

a. 腹腔内に血液の混じった腹水が貯留し，腹壁や内臓諸器官が血糊でおおわれる．

b. 脾臓と腎臓が腫大し，脾臓，腎臓，肝臓に粟粒状の結節が無数に認められる．

c. 各臓器の癒着がみられる．

④塗末染色標本による細菌検査

脾臓や腎臓などの患部の塗末標本を作製し，チール・ネルゼン染色を施して，赤く染まった短桿菌を確認する．また，同様にして作製した塗末標本にグラム染色を施し，グラム陽性の無芽胞短桿菌を確認する．

このように①から④までの一連の検査を行うことによって，推定診断が可能である．

【5-2】準確定診断

①細菌検査（分離・培養）

1％または3％小川培地を用いて，結節が認められる脾臓や腎臓から直接菌分離を行う．25℃で2週間以上培養し，直径0.5 mm以下のクリーム色の円形コロニーを確認する．

【5-3】確定診断

①蛍光抗体法による迅速診断

脾臓や腎臓などの塗末標本を作製し，あらかじめ準備しておいた抗血清を用い，蛍光を発する菌体を確認する．

②簡易鑑別法による同定

被検菌の主要性状を調べ，グラム陽性，強抗酸性，非運動性，分枝状の菌糸を作らない無芽胞の短桿菌を確認する．

③生物学的および生化学的性状検査による同定

被検菌について，表1-9に示した生物学的ならびに生化学的性状を調べ，それらの性状が

Mycobacterium sp. と一致することを確認する．また，*Mycobacterium* sp. と *M. marinum* とは，37℃での発育性およびTween 80の加水分解性（5日間培養）によって区別する．（高橋幸則）

§3. 甲殻類の細菌感染症と診断法

甲殻類のうち，わが国において種苗生産技術が確立している種はクルマエビ *Marusupenaeus japonicus*，ヨシエビ *Metapenaeus ensis*，クマエビ *Penaeus semisulcatus*，コウライエビ *Fenneropenaeus chinensis*，トヤマエビ *Pandalus hypsinotus*，イセエビ *Panulirus japonicus*，ガザミ *Portunus trituberculatus*，アサヒガニ *Ranina ranina*，ハナサキガニ *Paralithodes brevipes* など多種に及ぶが，本格的に養殖がなされている種はクルマエビのみであり，問題となる疾病の発生もこの種に多い．

わが国におけるクルマエビの養殖漁業は，1959年に種苗から養成までの一貫生産技術が確立して以来，著しい発展を遂げた．年間の生産量は，養殖が開始されてまもなくの1970年代前半に1,000トン未満であったものが，1970年代後半に1,000トンを超え，1982年に2,000トン，さらに1988年には3,000トンにも達した．しかし，生産量の増加に伴って，1980年代からはビブリオ病が，また1990年代にはクルマエビ類の急性ウイルス血症が発生し，大きな被害をもたらしたために，現在の生産量は1,634トンとなっている（農林水産省統計部, 2012）．

クルマエビに発生する細菌性疾病は，*Vibrio penaeicida* によるビブリオ病と，最近鹿児島県下の養殖クルマエビに大量死をもたらした *V. nigripulchritudo* に起因する疾病のほか，*V. parahaemolyticus*, *V. alginolyticus*，*V. anguillarum* およびそれらの類縁菌などの不特定多数のVibrio属細菌によるビブリオ病とに大別されるが，*V. penaeicida* による疾病の発生が多く，被害も大きい．

3・1　*Vibrio penaeicida* によるクルマエビのビブリオ病

1）病原体

クルマエビのビブリオ病の原因となる細菌は複数のVibrio属細菌であるが，他の菌種に比べて著しく病原性が強く，産業上大きな被害をもたらしている細菌は，*Vibrio penaeicida* である．本菌による疾病は，1980年頃から西日本各地の養殖場で発生し，原因不明の新しい病気として問題にされていたが，1985年に高橋らによってVibrio属の新種の細菌が原因であることが明らかにされ，その後この菌はIshimaruら（1995）によって *V. penaeicida* と命名された．本菌は通性嫌気性およびグラム陰性の短桿菌で，通常の大きさは0.8～1.0×1.0～3.0μmであり，端在性の単鞭毛を有し（図1-29），活発に運動する（高橋ら，1985）．ゾーベル（Sobel）2216E培地，普通寒天培地を50％海水で調製した半海水培地および2％ NaCl加のBHI寒天培地によく発育する．また，SS寒天，マッコンキー（MacConkey）寒天およびアロンソン（Aronson）寒天培地上には発育しないが, BTBティポール寒天培地上には発育する．半海水培地などで25℃，24時間培養すると，直径0.5 mm程度の白色でやや透明度を欠く円形のコロニーを形成する．発育可能温度は10～30℃，発育至適温度は20～26℃，発育可能塩分濃度は1～4または5％，発育至適塩分濃度は1.5～3％，発育可能pHは6～10,

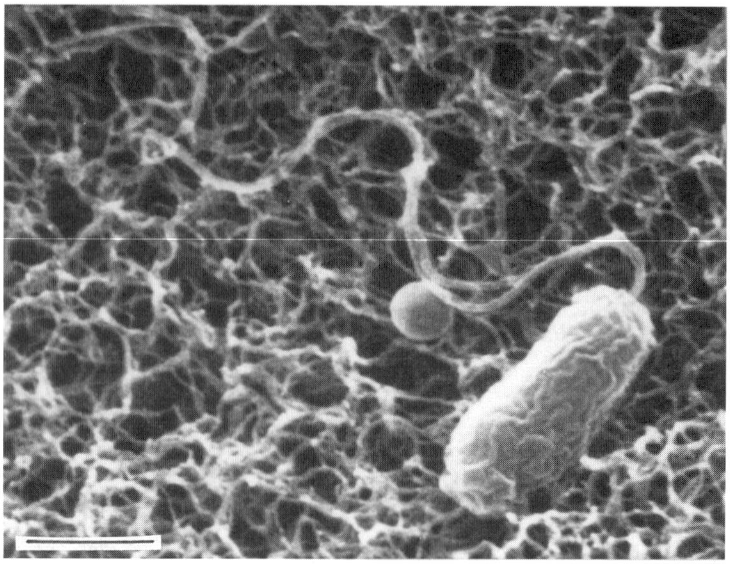

図 1-29　*Vibrio penaeicida* の電子顕微鏡像
（スケールバー＝1.0μm）

発育至適 pH は 7.0〜8.5 である（高橋ら, 1985）.

本菌の主要性状を表 1-10 に示した．本菌はカタラーゼおよびチトクロームオキシダーゼ陽性で，グルコースを発酵的に分解するがガスを産生しない．Vibriostatic agent 0/129 に感受性を有する．β-ガラクトシダーゼ，アミラーゼ，ゼラチナーゼ，リパーゼはいずれも陽性であるが，VP 反応，硫化水素産生性，リジン，アルギニンおよびオルニチン脱炭酸性は陰性である．また，セロビオース，デキストリン，フルクトース，マルトース，マンノースおよびトレハロースを分解し酸を産生する（高橋ら，1985；Ishimaru *et al*., 1995）．そのほか，食塩を 5％加えた培地での発育性，ガラクトース，グリセロール，およびサッカロースからの酸の産生性については，高橋ら（1985）と Ishimaru ら（1995）が報告した性状に差異がみられる．本菌がもつ DNA の G+C 含量は，46.2〜47.0 mol％である（Ishimaru *et al*., 1995）.

また，*V. penaeicida* には部分的に異なる抗原を有する株も存在するが，すべての株の大部分が共通の易熱性および耐熱性抗原で構成されていることから，血清型は 1 つと考えてさしつかえない．

2）地理的分布

国内ではクルマエビの養殖が行われている西日本を中心とした地域でみられる．世界的には，ニューカレドニアの養殖ブルーシュリンプ *Litopenaeus stylirostris* に *V. penaeicida* による大量死（Syndrome 93）が発生している（Costa *et al*., 1998；Saulnier *et al*., 2000）.

3）宿主範囲

発病が確認されている種は，クルマエビ，ブルーシュリンプおよびガザミである．

表 1-10　*Vibrio penaeicida* の主要性状

性　状	高橋ら（1985）	Ishimaru *et al.*,（1995）
4℃での発育	−	−
10℃での発育	（+）*	
30℃での発育	+	+
35℃での発育	−	−
0.5% NaCl での発育	−	−
1.0% NaCl での発育	+	+
3.0% NaCl での発育	+	+
4.0% NaCl での発育	−（57.1）**	
5.0% NaCl での発育	−	+
オキシターゼ	+	+
カタラーゼ	+	+
OF テスト	F（発酵）	F（発酵）
グルコースからのガス産生	−	−（50）**
インドール	+	−
VP 反応	−	−
MR テスト	+	
硝酸塩還元	+（86）**	+
硫化水素産生	−	−
β- ガラクトシターゼ	+	+
アルギナーゼ	−	−（83）**
アミラーゼ	+	+（83）**
ゼラチナーゼ	+	+
リパーゼ	+	+
リジン脱炭酸	−	−
アルギニン脱炭酸	−	−
オルニチン脱炭酸	−	−
糖からの酸産生		
アドニット	−	−
アラビノース	−	−
セロビオース	+	+
デキストリン	+	+
ズルシット	−	−
フルクトース	+	+
ガラクトース	+	−
グルコース	+	+
グリセロール	+	−
グリコーゲン	+	+（50）**
イノシット	−	−
ラクトース	+	+（50）**
マルトース	+	+
マンニット	−	−
マンノース	+	+
サッカロース	+	−
トレハロース	+	+
キシロース	−	−

*（+）弱陽性　　**（　）内の数字は，陰性率または陽性率（%）

4）特徴的症状

本病は水温が 18〜29℃の 6〜11 月に発生するが，とくに 20〜26℃の 9〜11 月に多発する傾向がみられる．罹病するエビの大きさは，10 g 以上の成エビであることが多いが，5 g 以下のエビに発生することもめずらしくない．

健康なエビは，昼間に潜砂する習性をもつが，病エビは潜砂することができず，砂上に出て元気なく静止しており，やがて死亡する．外観的には第 6 腹節下部の筋肉と，まれに第 3 から第 6 腹節に

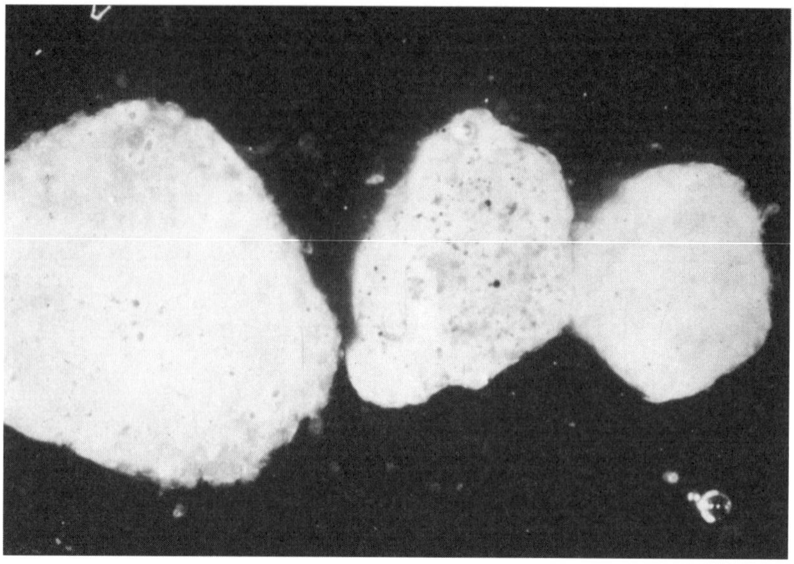

図 1-30　ビブリオ病に冒されたクルマエビのリンパ様器官にみられる黒褐色の斑点

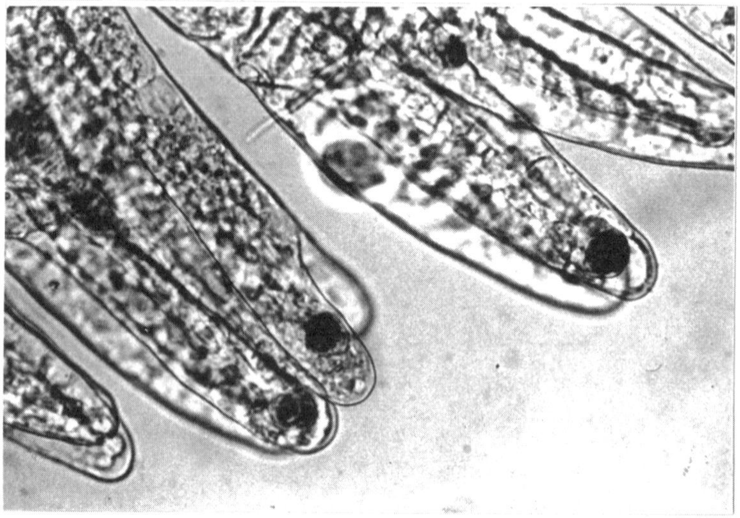

図 1-31　ビブリオ病に冒されたクルマエビの鰓にみられる黒褐色の斑点

及ぶ筋肉の白濁がみられることがあるが，外観からは異常がみられない個体も多い．剖検では，中腸腺の前端に位置する左右 1 対のリンパ様器官に小さな黒褐色点がみられる（図 1-30）．このリンパ様器官は，クルマエビ属のエビ類がもつ異物捕捉器官で，体重が 20g 程度の健康なエビの場合，直径が約 2 mm の球形で透明な柔らかい器官であるが，*V. penaeicida* に感染すると，その大きさが約 2～3 倍に肥大するとともに，白濁して硬くなる．また，鰓糸にも小さな黒褐色の斑点が形成される（図 1-31），（高橋ら, 1985；Takahashi *et al.*, 1998；桃山・室賀, 2005）．

病理組織学的には，リンパ様器官における鞘（sheath）組織の腫脹，細胞の壊死および壊死細胞の

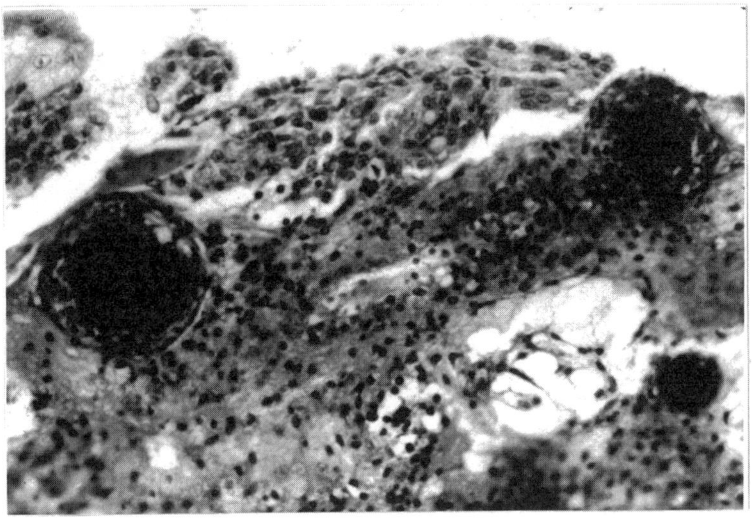

図1-32　ビブリオ病に冒されたクルマエビのリンパ様器官組織内に形成されたメラニン担血球の集中による黒点

周辺に著しい細菌の増殖像が観察される．また，壊死した鞘組織内の各所には，直径が小さいもので10μm，大きいものでは，100μmを超える結節様構造物が認められる．結節様物の中心には細菌集落があり，それを囲んで厚いメラニン沈着層が存在し，その外側を偏平化した血球が層をなして取り囲んでいる．また，メラニン沈着層が著しく厚い一方，外側の血球の層が薄くて，ほとんどメラニン塊のようにみられるものも観察される（図1-32）．その他の組織では，心筋，鰓，筋肉，中腸腺および生殖腺などにも，細菌の集落を取り囲むメラニン担血球の集中による黒点形成がみられる．また，心臓内腔，太い血管の内腔，種々の器官の血洞内および腹節筋の筋線維間などに細菌が観察される（江草ら，1988）．

5）診断法

本病の診断は，疫学調査，臨床検査および剖検などによって推定し，スライド凝集反応，蛍光抗体法，細菌の生物学的・生化学的性状検査および分子生物学的手法による病原菌の同定によって確定する．

【5-1】推定診断

①疫学調査

a.　本病は稚エビから成エビまで発生するが，10 g以上の成エビの被害が大きい．

b.　水温が18～29℃の時に発生し，とくに水温が20～26℃で多発する．

c.　養殖池における砂泥のCOD値が高く，酸化還元電位の低い環境下で発生しやすい．

d.　水温20℃以上の高水温期に急性ウイルス血症との合併症が多い．

②臨床検査

a.　昼間においても潜砂することができず，砂上に出て静止している．

b.　第6腹節下部の筋肉と，まれに第3から第6腹節に及ぶ筋肉の白濁がみられることがある．

c. 外観的な症状はほとんど認められない個体も多い.

③剖検

a. 中腸腺の前端に位置するリンパ様器官に黒褐色の小さな斑点が認められるとともに，この器官が2〜3倍に肥大し，白濁して硬くなる.

b. 鰓にも黒褐色の小さな斑点が観察される.

④塗抹標本の観察による細菌検査

a. 病エビの心臓の血液およびリンパ様器官をスライドグラスに塗抹し直接検鏡して活発に運動する短桿菌を確認する.

b. 同様にして塗抹標本を作製し，グラム染色を施してグラム陰性短桿菌を確認するか，またはギムザ染色を施して短桿菌の存在を確認する.

このように，①から④までの一連の検査を行うことによって，推定診断が可能である.

【5-2】準確定診断

①細菌検査

細菌の分離部位を心臓（血液）およびリンパ様器官とし，普通寒天培地を50％海水で調製した半海水培地か，またはゾーベル2216E培地で25℃，24時間培養すると，直径0.5 mm程度の，白色でやや透明度を欠く円形コロニーを形成する（*V. anguillarum* よりもやや発育が遅く，白い）.

②スライド凝集反応による簡易診断

表1 − 11　クルマエビの病エビから分離されるVibrio属細菌の鑑別性状

菌種 / 性状	*V. penaeicida*		*V. nigripulchritudo*	*V. panahaemolyticus*	*V. alginolyticus*	*V. anguillarum*	Marinevibrio群		
	＊1	＊2	＊3	＊4	＊5	＊6	＊7	＊8	＊9
寒天培地上の遊走	−	−	−	+	+	−	−	−	−
黒色色素産生性	−	−	+	−	−	−	−	−	−
4℃での発育	−	−	−	−	−	−	−	−	−
30℃での発育	+	+	+	+	+	+	+	+	+
35℃での発育	−	−	−	+	+	+	+	+	+
40℃での発育	−	−	−	+	+	−	+	+	+
0.5% NaClでの発育	−	−	−	+	+	+	+	−	+
5% NaClでの発育	−	＊＊ +(50)	+	+	+	+	+	+	+
6% NaClでの発育	−	−	+	+	−	−	−	−	−
8% NaClでの発育	−	−	−	+	+	−	−	−	−
VP反応	−	−	−	−	+	+	−	−	−
硝酸塩還元	+(86)	+		+	+	+	+	+	+
インドール産生	+	+(50)	+	+	+	+	+	+	+
アルギナーゼ	−	−(83)	−	−	−	+	−	−	−
アミラーゼ	+	+(83)		+	+	+	+	+	+
キサンチン溶解	+			−	−	−	−	−	−
リジン脱炭酸	−	−	−	+	+	−	+	+	+
オルニチン脱炭酸	−	−	−	+	−	−	+	+	+
糖からの酸産生：									
ショ糖	+	−	−	−	+	+	−	−	−
乳糖	+	+(50)		−	−	−	−	−	(+)
セロビオース	+	+		+	+	+	+	+	+
マンニット	−	−	−	+	+	+	+	+	+

＊1 高橋ら（1985），＊2 Ishimaru *et al.*,（1995），＊3 Sakai *et al.*（2007），＊4 *V. parahaemolyticus*127-71株,
＊5 *V. alginolyticus*15-71株，＊6 *V. anguillarum* NCMB6株，＊7 坂崎（1967）Marinevibrio6330-43株,
＊8 安永・山元（1978）P7-4株，＊9 高橋ら（1984）AO-1株,
＊＊（　）内の数字は陽性または陰性率（%）.

あらかじめ，*V. penaeicida* のホルマリン死菌を抗原とした家兎抗血清を準備しておき，この抗血清をスライドグラス上に滴下したのち，純粋培養した被検菌を均一に混ぜ，菌の凝集の有無を確認する．

【5-3】確定診断

①蛍光抗体法による迅速診断

リンパ様器官の塗抹標本を作製し，あらかじめ準備しておいた抗 *V. penaeicida* 家兎血清を用い，蛍光抗体法によって蛍光を発する菌体を確認する．

②簡易鑑別法による同定

被検菌の主要性状を調べ，グラム陰性，運動性の短桿菌，チトクロムオキシダーゼ陽性，OF 試験によってグルコースを発酵的に分解(F)し，ガスを産生しないこと，Vibriostatic agent 0/129 に感受性を有し，35℃で発育できず，マンニットから酸を産生しないことを確認する．

③生物学的および生化学的性状検査による同定

さらに，被検菌の菌種を確実に同定するためには，表 1-11 に示した生物学的および生化学的性状を調べ，その性状が *V. penaeicida* と一致することを確認する．

④分子生物学的迅速診断

本菌がもつ 16SrRNA の一部を標的とした RT-PCR 法によって，当該菌の遺伝子を検出する（Genmoto *et al.*, 1996）．

3・2　*Vibrio nigripulchritudo* によるビブリオ病

1）病原体

2005 年の夏に鹿児島県下の養殖場において，クルマエビの大量死が発生し，*Vibrio nigripulchritudo* が原因であることが明らかにされた（Sakai *et al.*, 2007）．*V. nigripulchritudo* は，ニューカレドニアのブルーシュリンプに発生した summer syndorome の原因菌とされており，高水温期の養殖エビ類に大量死をもたらしている（Goarant *et al.*, 2006）．

本菌は，大きさが 0.5～1.0×2.0～3.0 μm の短桿菌で，端在性の単鞭毛を有し，活発に運動する．2% NaCl 加の BHI 寒天培地やマリンアガー（Marine agar）2216 培地などによく発育し，25℃で培養すると最初は白色のコロニーを形成し，3 日後にはコロニーの中央に黒色色素が認められる．発育可能な温度および塩分濃度は，それぞれ 20～30℃，2～6％である．オキシダーゼ陽性で，vibriostatic agent 0/129 に感受性を有する．β-ガラクトシダーゼ，ゼラチナーゼ，クエン酸塩利用性，インドール産生性は陽性であるが，アルギニン加水分解性，リジンおよびオルニチン脱炭酸性，VP 反応，硫化水素産生性は陰性である（表 1-11）（Sakai *et al.*, 2007）．

2）地理的分布

国内では，鹿児島県でのみ発生が報告されており（Sakai *et al.*, 2007），世界的にはニューカレドニアでの発生が確認されている（Goarant *et al.*, 2006）．

3）宿主範囲

発病が確認されている種は，クルマエビおよびブルーシュリンプである．

4）特徴的症状

本病は高水温の夏季に発生する．病エビは，動作が緩慢となり，横転遊泳する．検鏡すると，鰓に小さな褐色点が認められる．病理組織学的には，心臓，結合組織，血管および血洞内に細菌が認められ，心臓や鰓には直径が20μm程度の結節様構造物が観察される．また，リンパ様器官細胞の核濃縮や核崩壊が認められる（Sakai *et al.*, 2007）．

5）診断法

本病の診断は，疫学調査，臨床検査および剖検などによって推定し，スライド凝集反応，蛍光抗体法，細菌の生物学的・生化学的性状検査および分子生物学的手法による病原菌の同定によって確定する．

【5-1】推定診断

①疫学調査

a.　本病は稚エビから成エビまで発生するが，10g 以上の成エビの被害が大きい．

b.　水温が 20～30℃で発生し，とくに水温が 27℃以上の時に大量死をもたらす．

②臨床検査

a.　動作が緩慢となり，横転遊泳する個体がみられる．

b.　*V. penaeicida* 感染症とは異なり，第 6 腹節筋肉の白濁が認められない．

③剖検

a.　検鏡によって，鰓に褐色の小さな斑点が観察される．

④塗抹標本観察による細菌検査

a.　病エビの心臓の血液およびリンパ様器官をスライドグラスに塗沫し，直接検鏡して活発に運動する短桿菌を確認する．

b.　同様にして塗沫標本を作製し，グラム染色を施してグラム陰性短桿菌を確認する．

このように，①から④までの一連の検査を行うことによって，推定診断が可能である．

【5-2】準確定診断

①細菌検査

細菌の分離部位を心臓（血液）およびリンパ様器官とし，2% NaCl 加の BHI 寒天培地または Marine agar 2216 培地で 25℃，3 日間培養すると，1 日後に白色の円形コロニーを形成し，3 日後にはコロニーの中央に黒色色素が認められる．

②スライド凝集反応による簡易診断

あらかじめ，*V. nigripulchritudo* のホルマリン死菌を抗原とした家兎抗血清を準備しておき，この抗血清をスライドグラス上に滴下したのち，純粋培養した被検菌を均一に混ぜ，菌の凝集の有無を確認する．

【5-3】確定診断

①蛍光抗体法による迅速診断

リンパ様器官の塗沫標本を作製し，あらかじめ準備しておいた抗 *V. nigripulchritudo* 家兎抗血清を用い，蛍光抗体法によって蛍光を発する菌体を確認する．

②簡易鑑別法による同定

被検菌の主要性状を調べ，培養3日後のコロニーの中央に黒色色素が認められること，グラム陰性，運動性の短桿菌，オキシダーゼ陽性，OF試験によってグルコースを発酵的に分解(F)し，ガスを産生しないこと，vibriostatic agent 0/129に感受性を有し，35℃では発育できず，6% NaCl加培地で発育することを確認する．

③生物学的および生化学的性状検査による同定

さらに，被検菌の菌種を確実に同定するためには，表1-11に示した生物学的および生化学的性状を調べ，その性状が *V. nigripulchritudo* と一致することを確認する．

④分子生物学的迅速診断

本菌がもつ16SrDNAを標的としたPCR法によって，当該菌の遺伝子を検出する（Sakai *et al.*, 2007）．

3・3 その他のVibrio属細菌によるビブリオ病

1）病原体

前述の *V. penaeicida* によるビブリオ病が発生し始めるよりもかなり古くから，クルマエビの稚エビや成エビの疾病にVibrio属細菌が関与していることが知られていたが，原因となる細菌は特定の菌種ではなく，複数の種が分離されることが多かった（江草, 1994；上田, 1975；上田・北上, 1977；山本ら, 1977）．病気のクルマエビから分離されたことのある菌種は，*V. parahaemolyticus, V. alginolyticus, V. anguillarum* および坂崎（1967）の分類によるMarine vibrio biotype 6330-63に近縁の種である（高橋ら, 1984；上田, 1975；上田・北上, 1977；山本ら, 1977；安永・山元, 1978）．外国においても，クルマエビ類のホワイトレッグシュリンプ（*Litopenaeus vannamei*）などの病エビから，*V. alginolyticus* や *V. anguillarum* が分離されている（Lightner, 1975）．これらの菌種と *V. penaeicida* および *V. nigripulchritudo* の性状を比較して表1-11に示した．*V. parahaemolyticus, V. alginolyticus* および *V. anguillarum* の3菌種の性状については，前節の海産魚のビブリオ病の項において述べたので参照されたい．このうち，*V. anguillarum* は魚類の病原菌としては重要であるが，クルマエビから分離されることは少なく（上田・北上, 1977），*V. parahaemolyticus, V. alginolyticus* およびMarine vibrio群として表1-11に示した細菌の分離頻度が高い．Marine vibrio群とは，坂崎（1967）によって病原性好塩菌の3型とされていた菌のうち，Marine vibrio，biotype6330-63と呼ばれていた細菌と，その類縁種であり，種名は与えられていない．Marine vibrio群の特徴は，VP反応，アルギニン加水分解性，ショ糖からの酸産生性がいずれも陰性で，リジン脱炭酸性が陽性であるなど *V. parahaemolyticus* に類似した生化学的性状を示すものの，遊走発育をせず，食塩が8%の培地に発育しないことである．*V. penaeicida* および *V. nigripulchritudo* とは，35℃以上の温度での発育性，リジンとオルニチンの脱炭酸性およびマンニットからの酸産生性など，多くの性状が異なる．また，これらの細菌以外にも，東南アジアを中心とした養殖エビの種苗生産過程においては，発光性細菌の *V. harveyi* による疾病が問題になっているほか，世界のエビ類には種々のVibrio属細菌が関与した病気が発生している（Karunasagar *et al*., 1988；Lavilla-Pitogo and de la Peña, 1988；高橋ら, 1991；Zheng, 1986；Lightner, 1996；桃山・室賀, 2005）.

2）地理的分布

国内では，クルマエビの種苗生産および養殖が行われている全国各地でみられる．世界の養殖エビ類にも，*V. alginolyticus* や *V. anguillarum* などによるビブリオ病の発生が知られている．

3）宿主範囲

発病が確認されている種は，クルマエビ，ウシエビ *Penaeus monodon*，コウライエビ，ホワイトレッグシュリンプ，ブルーシュリンプおよび種苗生産過程の多くの甲殻類である．

4）特徴的症状

本病の発生は，水温が16℃以上の春から秋にみられ，とくに6〜9月の高水温期に発生しやすい．ポストラーバ期の稚仔エビから成エビまで罹病するが，5g以下の小さいエビほど罹りやすい．

ポストラーバ期の病エビは行動，摂餌ともに不活発で，中腸腺が白濁してみえる．若いエビおよび成エビは，昼間においても潜砂せずに元気なく砂上に静止しており，筋肉が白濁してみえることがある．剖検では，*V. penaeicida* によるビブリオ病とは異なり，リンパ様器官や鰓系に黒褐色点が認められることがほとんどない．また，リンパ様器官が白濁し，硬化することが少なく，やや肥大し融解ぎみであることが多い．

病理組織学的には，ポストラーバ期の病エビの場合，中腸腺が白濁するなど，外観がバキュロウイルス性中腸腺壊死症（baculoviral mid-gut gland necrosis，BMN）に酷似しているが，中腸腺の押しつぶし染色標本を暗視野で検鏡すると，BMNでは中腸腺上皮細胞の核が肥大（10〜30μm）し，内部が無構造な白色物体としてみえるのに対し，本病の場合は中腸腺上皮細胞の核濃縮が特徴的である．また，中腸腺の内腔や間質に菌集落が認められる（桃山, 1983；桃山, 1992；高橋ら, 1984）.

5）診断法

本病の診断は，疫学調査，臨床検査および剖検などによって推定し，細菌検査，病原菌の同定によって確定する．

【5-1】推定診断

①疫学調査

a. 本病はポストラーバ期の稚仔エビから成エビまで発生するが，5g以下の小さなエビほど罹りやすい．
b. 水温が16℃以上の春から秋に発生し，とくに6〜9月の高水温期に発生しやすい．
c. 酸素欠乏，水質および底質環境の悪化など，エビの生体防御上の機能を著しく衰えさせる要因が存在するときに発生しやすい．

②臨床検査

a. ポストラーバ期の病エビは，行動，摂餌ともに不活発で，中腸腺が白濁してみえ，肉眼的にはBMNの症状に酷似している．

b. 若いエビおよび成エビは，昼間においても潜砂せずに静止しており，筋肉が白濁してみえることがある．

c. 若いエビおよび成エビには，肉眼的症状がほとんど認められないものが多い．

③剖検および病理組織学的所見

a. ポストラーバ期の病エビについて，中腸腺の押しつぶし染色標本を暗視野で検鏡する．BMNでは中腸腺上皮細胞の核の肥大および無構造化が認められるのに対して，本病ではこれらの病変がみられない．病理組織学的には，中腸腺上皮細胞の核濃縮が特徴的である．

b. *V. penaeicida* に感染したエビにみられるようなリンパ様器官や鰓糸の黒褐色点が認められない．

c. リンパ様器官が白濁したり硬くなることはなく，やや肥大して融解ぎみであることが多い．

④塗抹標本観察による細菌検査

a. ポストラーバなどの稚仔エビの場合は，滅菌海水中で十分にエビを洗浄し，滅菌海水を盛ったスライドグラス上で，白濁している中腸腺を滅菌針で穿刺し，流出した液を別のスライドグラスに塗抹後，検鏡して活発に運動する短桿菌を確認する．

b. ある程度大きくなったエビの場合には，心臓の血液およびリンパ様器官をスライドグラスに塗抹し，直接検鏡して活発に運動する短桿菌を確認する．

c. 上記a，bと同様にして塗抹標本を作製し，グラム染色を施してグラム陰性短桿菌の存在を確認する．

このように，①から④までの一連の検査を行うことによって，推定診断が可能である．

【5-2】準確定診断

①細菌検査

ポストラーバなどの稚仔エビの場合は前述の④a，と同様にして中腸腺から，またある程度大きくなったエビの場合は心臓の血液およびリンパ様器官から菌を分離し，食塩を2%にした普通寒天培地で25℃，24時間培養すると正円形，辺縁円滑，中央がやや隆起した灰白色のコロニーを形成する．また，*V. alginolyticus* と *V. parahaemolyticus* の一部の株が，培地上で遊走発育する．

②選択培地による細菌検査

推定診断によって本病が疑われる場合には，選択培地としてのBTBティポール寒天培地を用いる．本培地で，24～48時間培養すると，ショ糖を分解する *V. alginolyticus* と *V. anguillarum* は黄色の，またショ糖を分解しない *V. parahaemolyticus* とMarine vibrio群の細菌は緑青色のコロニーを形成する．

【5-3】確定診断

①簡易鑑別法によるビブリオ属細菌の同定

被検菌の主要性状を調べ，グラム陰性，運動性の短桿菌，チトクロームオキシダーゼ陽性，OF試験によってグルコースを発酵的に分解（F）し，vibriostatic agent 0/129に感受性を有することを確認する．

②生物学的および生化学的性状検査による同定

さらに，被検菌の菌種を知る必要がある場合には，表1-11に示した生物学的および生化学的性状を調べ，それらの性状が *V. parahaemolyticus* などと一致することを確認する．（高橋幸則）

§4. 細菌感染症の分子診断

4・1 概　説

養殖魚介類の細菌性感染症による被害は甚大で，的確な防御および治療対策が必須である．従来，魚介類の細菌感染症の原因菌の分類・同定には，その細菌の形態，生化学的性状あるいは抗血清を用いた免疫学的手法が用いられてきた．また，その菌がもつ核酸，菌体物質および菌が産生する物質を比較する分類法も行われてきた．しかし，何れの方法も煩雑で時間を要するため，迅速な同定法が求められている．

近年，分子生物学の目覚ましい発展により，標的細菌の特定遺伝子を検出することが可能となった．細菌の種類によって異なる形態や生化学性状およびそれを構成する成分の特徴は，その細菌のもつ遺伝子によって規定されている．菌種によって特徴的な遺伝子を検出することによって，特定の菌種を迅速且つ正確に分類することができるようになってきた．本節では，以下にあげるような分子生物学的手法を用いた代表的な4つの検出・同定方法について述べる．最初に，標的の細菌にのみ存在する特定の塩基配列をプローブとして未知の供試体（標的DNA）とハイブリダイゼーションを行う方法，プローブハイブリダイゼーション法について紹介する．第2に最も広く使用されている方法であるポリメラーゼ連鎖反応（Polymerase Chain Reaction，PCR）法，次いでPCR法よりも特異性が高く，検出感度に優れたLoop-Mediated Isothermal Amplification（LAMP）法について述べ，最後に簡易DNAチップを用いた細菌の検出・判別法を紹介する．

4・2 プローブハイブリダイゼーション法

1）プローブハイブリダイゼーション法の概要

本診断法の基本原理は，相補性のある一本鎖DNAどうしが二本鎖になるハイブリダイゼーションという性質を利用した方法で，放射性同位原素や蛍光物質などで標識されたプローブDNAが，そのプローブの塩基配列（既知の配列）と相同性のある配列に特異的に結合することで菌の同定あるいは検出を行う．このハイブリダイゼーションを利用した診断法には，細菌の染色体DNAを直接用いたDNA-DNAハイブリダイゼーション法がある．魚病細菌である*Vibrio ordalii*において，同種の異なる株間での染色体DNAの相同性が83～100%を示したことで，同種であることが判別されたが，58～69%の相同性を示す*V. anguillarum*とは異なる菌種として区別された（Schiewe *et al*., 1981）．また，*Aeromonas salmonicida* subsp. *smithia*は，この方法により*A. salmonicida*の他のsubspeciesとは区別され，分類されている（Austin *et al*., 1989）．しかし，このDNA-DNAハイブリダイゼーション法は菌種間の相同性を求めるのには向いているが，手法が複雑なため広く普及しなかった．この問題を改善するために開発されたものが，種特異的なDNA断片を見付け，この断片をプローブとして用いたハイブリダイゼーション法による検出・同定法である．この手法が開発されたことで，全体的な実験手順が簡素化された．

2）ハイブリダイゼーションの方法と種類

ハイブリダイゼーションの方法は，標識していない標的DNAをニトロセルロース膜あるいはナイロン膜上に焼き付けて固定し（あるいは，アルカリを用いて固定することも可能），標識されたDNAプローブをハイブリダイゼーション溶液中で反応させ，洗浄後にX線フィルムに感光することで，放射性同位原素あるいは蛍光物質標識されたプローブのハイブリットを検出する．この方法により，プローブDNAと標識DNAの間に相補性（相同性）があるか否かで細菌種の同定ができるようになった（青木, 1990, 1991）．

プローブを用いたハイブリダイゼーション法には3種類の方法がある（青木, 1991）．1つ目は，寒天平板培地上に生育した細菌のコロニーを直接ニトロセルロース膜あるいはナイロン膜上へ移行させ（または，ニトロセルロース膜あるいはナイロン膜を寒天平板培地上にのせ，コロニーを直接膜上で生育させる），細菌をアルカリで溶解し，変性した標的DNAを膜上に固定させたものをハイブリダイゼーションに用いる方法で，これをコロニーハイブリダイゼーション法（colony hybridization）と呼ぶ（Grunstein and Hogness, 1975；Hanahan and Meselson, 1980）．

2つ目は，アルカリなどで変性させた標的DNAをニトロセルロース膜あるいはナイロン膜上に直接スポットして固定し，プローブDNAと反応させる方法をドットブロットハイブリダイゼーション法（dot blot hybridization）がある（Bergmans and Gaastra, 1988）．ドットブロットハイブリダイゼーション法は通常，ブロッティング用のデバイス（器具）を用いて標的DNAを膜上にスポットするが，スポットされる核酸の形状が円形（ドット形状）をしているものをドットブロット（Dot-blot），そして細長いスロット形状をしたものをスロットブロット（Slot-blot）という．

3つ目の方法として，染色体DNAを制限酵素で消化後，アガロースゲル電気泳動によってDNA断片を分離し，展開されたゲル中のDNAをニトロセルロース膜あるいはナイロン膜上に移行さ，固定したDNAとプローブDNAをハイブリダイゼーションさせる方法：サザーンブロットハイブリダイゼーション法（Southern blot hybridization）がある（Southern, 1975）．この方法の名前は開発者であるエドウィン・サザン博士（Edwin M. Southern）の名字が由来となっている．

3）プローブの標識法

プローブの標識には，検出感度が高いとされる西洋ワサビペルオキシダーゼ（HRP），ビオチン（biotin），ジゴキシゲニン（DIG）あるいは放射性同位体元素（α-^{32}Pなど）などが用いられている．中でもHRPで標識されたプローブをECL（増強化学発光）試薬を用いて発光させる方法や，放射性同位原素標識プローブを用いて放射線を検出する方法がよく使用されており，ハイブリダイゼーション後にX線フィルムに感光させることで特定遺伝子を検出する（Sambrook *et al.*, 1987）．

また，上述の標識をプローブに *in vitro* で標識する方法には，ランダムプライム法，ニックトランスレーション法，および末端標識法などがある．ランダムプライム法は，二本鎖DNAであるプローブを95℃以上の温度で処理して変性させ，氷中で急冷することで一本鎖化する．次いで，ランダム配列をもつオリゴDNAをプライマーとして一本鎖化したDNAにアニールさせ，3'→5'エキソヌクレアーゼ活性（誤って合成された塩基を3'から5'方向に向かって削るように分解する活性）を除去したKlenow Fragmentを用いて，この一本鎖DNAに対する相補鎖を，標識ヌクレオチドをランダムに取り込ませながら合成する．

ニックトランスレーション法は，DNase I を用いて二本鎖 DNA にニックを入れ，DNA ポリメラーゼ I による修復反応を利用して標識ヌクレオチドを取り込ませる．

末端標識法には 5' 末端標識法と 3' 末端標識法があり，前者は，脱リン酸化した二本鎖 DNA の 5' 末端を，T4 polynucleotide kinasew 用いて標識 γ-ATP で標識する．また後者は，Terminal deoxynucleotidyl transferase による伸長反応を利用して二本鎖 DNA およびオリゴ DNA の 3' 末端に標識ヌクレオチドを取り込ませることでプローブを標識する．これらのプローブをハイブリダイゼーションさせる際は，上述のように通常熱処理後に急冷して一本鎖化したものを用いる（Sambrook *et al.*, 1987）．

4）プローブハイブリダイゼーション法を用いた細菌遺伝子の検出

これらの方法に用いる DNA プローブを調整する際に，特定の細菌種を同定・検出したい場合には，標的の細菌種に特異的な塩基配列をもつプローブを調整することが重要である．ヒトの病原菌や食中毒細菌の検出においては，これまでに種々の病原性に関与する遺伝子などがプローブとして用いられてきた．また，リボソーム RNA（rRNA）や細菌が保有するプラスミド（plasmid）もプローブとして使用されている（Tenover FC, 1989；Hazen and Jiménez, 1988）．

各種の魚類病原細菌の同定や検出用に開発されたプローブ診断法を，表 1-12 に列記した．プローブ DNA には，細菌の染色体 DNA から無作為にクローン化した特異的 DNA 断片（ランダムクローニング），既知の特異的遺伝子を元に作成した合成オリゴヌクレオチド，PCR によりクローン化した既知の特定遺伝子の DNA 断片，さらに，細菌固有のプラスミド DNA が使用されている．また，Boehringer Mannheim より商品化された大腸菌 *Escherichia coli* 由来の 16S および 23S rRNA 遺伝子プローブも用いられており，これを用いて *V. anguillarum* を検出している（Pedersen and Larsen, 1993；Pedersen *et al*., 1994；Skov *et al.*, 1995）．

ランダムクローニングにより得られたプローブ断片が，その細菌に特有の遺伝子であるかどうかを検出する．方法の利点は新規の塩基配列を染色体 DNA から探索するため，遺伝子情報が少ない新規病原細菌からプローブを開発する方法に適している（青木, 1991）．これまでにランダムクローニングの方法を用いて，類結節症の原因菌 *Photobacterium damselae* subsp. *piscicida*（旧名 *Pasteurella piscicida*）（Zhao and Aoki, 1989），細菌性腎臓病（BKD）の *Renibacterium salmoninarum*（León *et al*., 1994；Hariharan *et al*., 1995），せっそう病の *A. salmonicida*（Hiney *et al*., 1992），レッドマウス病の *Yersinia ruckeri*（Gibello *et al*., 1999）およびビブリオ病の *V. anguillarum* 血清型 A（Aoki *et al*., 1989）からこれらの細菌に特有のプローブを検出している．

ランダムクローニング以外の方法では，予め遺伝子の塩基配列が種特異的な配列であることがわかっている必要がある．これまでにリボソーム RNA（16S あるいは 23S）遺伝子（あるいはその周辺に存在する特定配列）が最も多くプローブとして用いられてきた．例えば, 16S rDNA 遺伝子をプローブとして用いた *Mycobacterium* spp. の検出（Pedersen and Larsen, 1993）や，16S rRNA 遺伝子をコードした 30 塩基の合成オリゴヌクレオチドをプローブとして用いた *R. salmoninarum* の特異的な検出が報告されている（Mattsson *et al*., 1993）．また，rRNA 遺伝子の他に，*P. damselae* subsp. *piscicida* 固有のプラスミド pZP1（Zhao and Aoki, 1992）や *p57* 主要表面抗原タンパク質遺伝子（Miriam *et al*., 1997）をプローブとして有用であることが明らかにされている．

表 1-12　プローブ診断法によって検出された魚類病原細菌に関する報告

プローブ診断法の種類	プローブ DNA の調整方法	プローブの塩基配列あるいは遺伝子名	同定された魚病細菌名	文献
コロニーハイブリダイゼーション法	プラスミド	pZP I（全プラスミド DNA：5.1 kb）	*Pasteurella piscicida**	Zhao and Aoki（1992）
	ランダムクローニング	染色体 DNA 断片：692 bp	*P. piscicida**	Zhao and Aoki（1989）
	ランダムクローニング	染色体 DNA 断片：562 bp	*Vibrio anguillarum*（血清型 A）	Aoki *et al.*（1989）
	合成オリゴヌクレオチド	5S rRNA 遺伝子の一部：（5' → 3'）GCTGTTGTGTTTCACTT	*V. anguillarum*，*V. ordalii*	Ito *et al.*（1995）
ドットブロットハイブリダイゼーション法	ランダムクローニング	染色体 DNA 断片：692 bp	*P. piscicida**	Zhao and Aoki（1989）
	合成オリゴヌクレオチド	16S rRNA 遺伝子：5'TGGGGGACATTCCACGTTCTCCGCGCCGTA3'	*Renibacterium salmoninarum*	Mattsson *et al.*（1993）
	ランダムクローニング	染色体 DNA 断片：pMAM29（149 bp），pMAM46（73 bp），pMAM77（154 bp）	*R. salmoninarum*	León *et al.*（1994）
	ランダムクローニング	染色体 DNA 断片：pRS47/BamHI（pUC19 クローン：5.1 kb）	*R. salmoninarum*	Hariharan *et al.*（1995）
（Slot blot hybridization）	合成オリゴヌクレオチド	16S rRNA-V6 領域：5'GGAATCCTGTAGAGATACGG3'	*Aeromonas salmonicida*	Barry *et al.*（1990）
（Slot blot hybridization）	ランダムクローニング	染色体 DNA，AS15（lgt11 ファージクローン：455 bp）（GenBank Acc. No. X64214：未同定遺伝子）	*A. salmonicida*	Hiney *et al.*（1992）
（Slot blot hybridization）	合成オリゴヌクレオチド	16S rRNA 遺伝子：5'GCTAGCCAACTCTCTTTCCA3'	*A. salmonicida*	O'Brien *et al.*（1994）
（Slot blot hybridization）	ランダムクローニング	16S rRNA：575 bp（GenBank Acc. No. X75275）	*Yersinia ruckeri*	Gibello *et al.*（1999）
（Reverse cross-blot hybridization）	PCR による特定遺伝子のクローニング	16S rDNA 遺伝子，pMyc5a：5'GGGCCCATCCCACACCGC3'	*Mycobacterium* spp.	Kox *et al.*（1997）；Puttinaowarat *et al.*（2002）
（Reverse cross-blot hybridization）	PCR による特定遺伝子のクローニング	16S rDNA 遺伝子，pMar2：5'CGGGATTCATGTCCTGTGGT3'	*M. marinum*	Kox *et al.*（1997）；Puttinaowarat *et al.*（2002）
サザーンブロットハイブリダイゼーション法	ランダムクローニング	染色体 DNA 断片：692 bp	*P. piscicida**	Zhao and Aoki（1989）
	商品化されたプローブ（Boehringer Mannheim）	大腸菌 *Escherichia coli* 由来の 16S および 23S rRNA 遺伝子	*V. anguillarum*	Pedersen and Larsen（1993）
	商品化されたプローブ（Boehringer Mannheim）	大腸菌 *E. coli* 由来の 16S および 23S rRNA 遺伝子	*V. anguillarum*（血清型 O1）	Pedersen *et al.*（1994）
	商品化されたプローブ（Boehringer Mannheim）	大腸菌 *E. coli* 由来の 16S および 23S rRNA 遺伝子	*V. anguillarum*	Skov *et al.*（1995）
（Probe-PCR アッセイ）	PCR による特定遺伝子のクローニング	p57 主要表面抗原タンパク質遺伝子：149 bp	*R. salmoninarum*	Miriam *et al.*（1997）

* *Photobacterium damselae* subsp. *piscicida* の旧名

4・3　PCR法を用いた診断

1）PCR法について

Polymerase chain reaction（PCR：ポリメラーゼ連鎖反応）法は，1987年，キャリー・マリス博士（Kary B. Mullis）（Mullis and Faloona, 1987）により，高温でも効率よく働く好熱細菌（*Thermus aquaticus*）由来のDNAポリメラーゼ（Taq DNAポリメラーゼ）の特性を利用して開発された技術で，*in vitro*でDNAを増幅ができることより，多くの分野において遺伝子の検出法として用いられている（Saiki *et al.*, 1988）．この功績によりマリス博士は1993年にノーベル化学賞を受賞している．

PCR法の原理は，DNA鎖の特定領域のみを複製・増幅させる反応を繰り返し行うことで，同じ塩基配列をもつDNA断片を指数関数的に増幅させ，短時間のうちに多量の特定DNA断片を増やすことができる．鋳型DNAの増やしたい断片の両端と相補的な配列であるプライマーと呼ばれるオリゴヌクレオチドを合成する．PCR反応は，①高温による鋳型二本鎖DNA（相補鎖）の解離（変性），②過剰に存在するプライマーとの鋳型一本鎖DNAとのハイブリッド結合（アニーリング），③Taq DNAポリメラーゼによる新たなDNA鎖の合成の3つのステップからなる．これらのステップを25～35回程度繰り返すことで，2つのプライマーによって挟まれた特定領域を2の25乗（2^{25}）倍から2の35乗（2^{35}）倍に増幅させることができる（図1-33）．

2）PCR法を用いた魚類病原細菌の検出

このPCR法は，プローブ診断法に比べて簡便，迅速，且つ精度が高いことから，病原細菌の特定遺伝子の検出にも広く用いられており，現在では魚介類病原細菌の分類同定あるいは検出方法の主流となっている．今日までに，特異的なプライマーを用いてPCR法により検出可能になった魚類病原細菌は，*Edwardsiella ictaluri*，*E. tarda*（エドワジエラ症），*Tenacibaculum maritimum*（滑走細菌症），

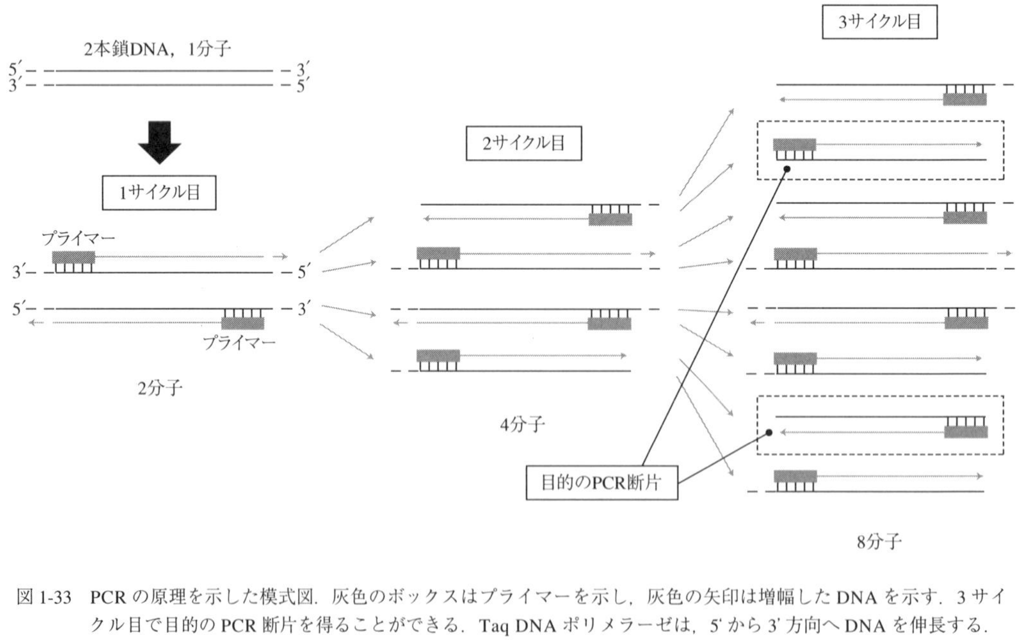

図1-33　PCRの原理を示した模式図．灰色のボックスはプライマーを示し，灰色の矢印は増幅したDNAを示す．3サイクル目で目的のPCR断片を得ることができる．Taq DNAポリメラーゼは，5'から3'方向へDNAを伸長する．

表 1-13　魚類病原細菌の検出に用いられた PCR プライマー配列

病　名	原因菌名	標的遺伝子	プライマーの配列（F: forward/R: reverse）	PCR 産物（bp）	参考文献
エドワジエラ症	*Edwardsiella ictaluri*	IVS-IRS 遺伝子間の領域	F:5'TTAAAGTCGAGTTGGCTTAGGG3', R:5'TACGCTTTCCTCAGTGAGTGTC3'	2,000	William and Lawrence（2010）
	E. tarda	Eta1（種特異的 DNA 断片）	F:5'AGTTCAGCGCCCAGTCATA3', R:5'CGCCAGATCCGCTGCCCGT3'	580	Aoki and Hirono（1995）
滑走細菌症	*Tenacibaculum maritimum*（旧名 *Flexibacter maritimus*）	16S rRNA 遺伝子	F:5'AATGGCATCGTTTTAAA3', R:5'CGCTCCTACTTGCGTAG3'	1073	Toyama *et al.*（1996）
		16S rRNA 遺伝子	F:5'TGTAGCTTGCTACAGATGA3', R:5'AAATACCTACTCGTAGGTACG3'	400	Bader and Shotts（1998）；Cepeda *et al.*（2003）
		16S rRNA 遺伝子	F:5'AATGGCATCGTTTTAAA3', R:5'CGCTCCTACTTGCGTAG3', F(nested): 5'AGAGTTTGATCCTGGCTCAG3', R(nested）:5'AAGGAGGTGATCCAGCCGCA3'	1088	Avendaño-Herrera *et al.*（2004）
カラムナリス症	*Flavobacterium columnare*	16S rRNA 遺伝子	F:5'GCCCAGAGAAATTTGGAT3', R:5'TGCGATTACTAGCGAATCC3'	1,193	Bader *et al.*（2003）
		16S rRNA 遺伝子	F:5'CAGTGGTGAAATCTGGT3', R:5'GCTCCTACTTGCGTAGT3'	679	Darwish *et al.*（2004）
		16S-23S rRNA 遺伝子間の ISR 領域	F:5'TGCGGCTGGATCACCTCCTTTCTAGAGACA3', R:5'TAATYRCTAAAGATGTTCTTTCTACTTGTTTG3'	450~550	Welker *et al.*（2005）
細菌性腎臓病	*Renibacterium salmoninarum*	16S rRNA 遺伝子	F:5'TGGATACGACCTATCACCGCA3', R:5'GCAAGTACCCTCAACAACCACA3'	312	Magnússon *et al.*（1994）
		p57 主要表面抗原タンパク質遺伝子	F:5'CAAGGTGAAGGGAATTCTTCCACT3', R:5'GACGGCAATGTCCGTTCCCGGTTT3'	501	Brown *et al.*（1994）
		p57 主要表面抗原タンパク質遺伝子	F:5'GCGCGGATCCAAAATAAAAAAAATTTTAGCGCTG3', R:5'GCGCGGATCCTTGGCAGGACCATCTTTGT3'	376	McIntosh *et al.*（1996）
		p57 主要表面抗原タンパク質遺伝子	F:5'CGCAGGAGGACCAGTTGCAG3', R:5'GGAGACTTGCGATGCGCCGA3'	349	Miriam *et al.*（1997）
		p57 主要表面抗原タンパク質遺伝子	F:5'CGCAGGAGGACCAGTTGCAG3', R:5'TCCGTTCCCGGTTTGTCTCC3'	372	Miriam *et al.*（1997）
		16S-S23 rDNA ITS 遺伝子	F:5'CCGTCCAAGTCACGAAAGTTGGTA3', R:5'ATCGCAGATTCCCACGTCCTTCTT3'	751	Grayson *et al.*（1999）
		16S-S23 rDNA ITS 遺伝子	F:5'CCGTCCAAGTCACGAAAGTTGGTA3', R:5'GTGGGTACTGAGATGTTTCAGTTC3'	895	Grayson *et al.*（1999）
細菌性溶血性黄疸	未同定	16S rDNA 遺伝子	F:5'AGCACTTATGTATAGGTGTA3', R:5'GTATAAAACGCCAAACATAT3'	387	三井 *et al.*（2004）
赤点病	*Pseudomonas anguilliseptica*	16S rRNA 遺伝子	F:5'GACCTCGCCATTA3', R:5'CTCAGCAGTTTTGAAAG3'	439	Blanco *et al.*（2002）
せっそう病	*Aeromonas salmonicida*	*vapA* 遺伝子	F:5'GGCTGATCTCTTCATCCTCACCC3', R:5'CAGAGTGAAATCTACCAGCGGTGC3'	421	Gustafson *et al.*（1992）；（1993）
		16S rRNA 遺伝子	F:5'CGTTGGATATGGCTCTTCCT3', R:5'CTCAAAACGGCTGCGTACCA3'	423	O'Brien *et al.*（1994）
	A. salmonicida subsp. *salmonicida*	染色体中の種特異的な領域（RAPD 産物）	F:5'AGCCTCCACGCGCTCACAGC3', R:5'AAGAGGCCCCATAGTGTGGG3'	512	Miyata *et al.*（1996）

表 1-13　続き（2）

病　名	原因菌名	標的遺伝子	プライマーの配列（F: forward/R: reverse）	PCR 産物（bp）	参考文献
ノカルジア症	*Nocardia seriolae*	16S rRNA 遺伝子	F:5'ACTCACAGCTCAACTGTGG3', R:5'ACCGACCACAAGGGGG3'	432	Miyoshi and Suzuki（2003）
ビブリオ病	*Vibrio anguillarum*	Hemolysin 遺伝子	F:5'ACCGATGCCATCGCTCAAGA3', R:5'GGATATTGACCGAAGAGTCA3'	490	Hirono *et al.*（1996）
		rpoS 遺伝子	F:5'AGACCAAGAGATCATGGATT3', R:5'AGTTGTTCGTATCTGGGATG3'	689	Kim *et al.*（2008）
		empA 遺伝子	F:5'CAGGCTCGCAGTATTGTGC3', R:5'CGTCACCAGAATTCGCATC3'	439	Xiao *et al.*（2009）
		toxR 遺伝子	F:5'ACACCACCAACGAGCCTGA3', R:5'TTGTCTCTTCGGGTTGCGA3'	93	Crisafi *et al.*（2011）
		16S rDNA 遺伝子	F:5'CCACGCCGTAACGATGTCTA3', R:5'CCAGGCGGTCTACTTAACGCGT3'	81	Crisafi *et al.*（2011）
	V. trachuri	染色体中の種特異的な領域	F:5'TGCGCTGACGTGTCTGAATT3', R:5'TGACGAACAGTAGCGACGAA3'	417	Iwamoto *et al.*（1995）
	V. vulunificu	Cytotoxin-hemolysin 遺伝子	F:5'CCGGCGGTACAGGTTGGCGC3', R:5'CGCCACCCACTTTCGGGCC3'	519	Hill *et al.*（1991）
		23S rRNA 遺伝子	F:5'CCACTGGCATAAGCCAG3', R:5'CTACCCAATGTTCATAGAA3'	978	Arias *et al.*（1995）
		Cytolysin-hemolysin 遺伝子	F:5'CGCCGCTCACTGGGGCAGTGGCTG3', R:5'GCGGGTGGTTCGGTTAACGGCTGG3'	1416	Coleman *et al.*（1996）
ミコバクテリア症	*Mycobacterium* spp., *Mycobacterium marinum*	16S rDNA 遺伝子	F:5'GRGRTACTCGAGTGGCGAAC3', F:5'GGCCGGCTACCCGTCGT3'	208	Kox *et al.*（1995）;（1997）; Puttinaowarat *et al.*（2002）
類結節症	*Photobacterium damselae* subsp. *piscicida*（旧名 *Pasteurella piscicida*）	染色体中の種特異的な領域	F:5'GTAGCTCTTGTGGAGTAATGCT3', R:5'CATTCGTAGTGCTTACTGCCCA3'	629	Aoki *et al.*（1995）
		pZP1 プラスミド由来の DNA 断片	F;5'GCCCCCATTCCAGTCACACA3', R:5'TCCCTAAGCACACCGACAGG3'	484	Aoki *et al.*（1997）
		16S rRNA 遺伝子	F:5'CGAGCGGCAGCGACTTAACT3', R:5'GATTACCAGGGTATCTAATC3'	～750	松岡 *et al.*（1997）
冷水病	*F. psychrophilum*（旧名 *Cytophaga psychrophila*）	16S rRNA 遺伝子	F:5'CGATCCTACTTGCGTAG3', R:5'GTTGGCATCAACACACT3'	1073	Toyama *et al.*（1994）
		16S rRNA 遺伝子	F:5'GTTAGTTGGCATCAACAC3', R:5'TCGATCCTACTTGCGTAG3'		Urdaci *et al.*（1998）
レッドマウス病	*Yersinia ruckeri*	未同定遺伝子（RAPD-PCR 産物）	F:5'TCACGAATCAGGCTGTTACC3', R:5'TTCTGCCTGTGCCAATGTTGG3'	512	Argenton *et al.*（1996）
		16S rRNA 遺伝子	F:5'GCGAGGAGGAAGGGTTAAGTG3', R:5'GAAGGCACCAAGGCATCTCTG3'	575	Gibello *et al.*（1999）
		glnA グルタミン合成遺伝子	F:5'TCCAGCACCAAATACGAAGG3', R:5'ACATGGCAGAACGCAGATC3', Probe: 5'CGCGATCAAGGCGGTTACTTCCCGGTTCCCGATCGCG3'（Real-time PCR）	ND	Keeling *et al.*（2012）

表1-13　続き（3）

病　名	原因菌名	標的遺伝子	プライマーの配列（F: forward/R: reverse）	PCR産物（bp）	参考文献
レンサ球菌症	*Lactococcus garvieae*	16S rDNA遺伝子	F:5'CATAACAATGAGAATCGC3', R:5'GCACCCTCGCGGGTTG3'	1,100	Zlotkin *et al.*（1998a）；Hussein and Hatai（2006）
		Dihydropteroate合成酵素遺伝子	F:5'CATTTTACGATGGCGCAG3', R:5'CGTCGTGTTGCTGCAACA3'	709	Aoki *et al.*（2000）
		16S-23S rRNA遺伝子間のITS領域	F:5'ACTTTATTCAGTTTTGAGGGGTCT3', R:5'TTTAAAAGAATTCGCAGCTTTACA3'	290	Dang *et al.*（2012）
	Streptococcus iniae	16S rDNA遺伝子	F:5'CTAGAGTACACATGTACTNAAG3', R:5'GGATTTTCCACTCCCATTAC3'	300	Zlotkin *et al.*（1998b）
		16S-23S rRNA遺伝子間のITS領域	F:5'GGAAAGAGACGCAGTGTCAAAACAC3', R:5'CTTACCTTAGCCCCAGTCTAAGGAC3'	373	Berridge *et al.*（1998）
		Lactate oxidase（*lctO*）遺伝子	F:5'AAGGGGAAATCGCAAGTGCC3', R:5'ATATCTGATTGGGCCGTCTAA3'	870	Mata *et al.*（2004a）；Hussein and Hatai（2006）
		16S-23S rRNA遺伝子間のITS領域	F:5'GAAAATAGGAAAGAGACGCAGTGTC3', R:5'CCTTATTTCCAGTCTTTCGACCTTC3'	377	Zhou *et al.*（2011）
		16S rDNA遺伝子	F:5'CTAGAGTACACATGTACTIAAG3', R:5'GGATTTTCCACTCCCATTAC3'	300	Roach *et al.*（2006）
	S. dysgalactiae	16S-23S rRNA遺伝子間のITS領域	F:5'TGGAACACGTTAGGGTCG3', R:5'CTTTTACTAGTATATCTTAACTA3'	270	Forsman *et al.*（1997）
	S. dysgalactiae subsp. dysgalactiae	16S-23S rRNA遺伝子間のITS領域	F:5'TGGAACACGTTAGGGTCG3', R:5'CTTAACTAGAAAAACTCTTGATTATTC3'	259	Hassan *et al.*（2003）；Hussein and Hatai（2006）
	S. agalactiae	16S-23S rRNA遺伝子間のITS領域	F:5'GGAAACCTGCCATTGCG3', R:5'TAACTTAACCTTATTAACCTAG3'	280	Forsman *et al.*（1997）
	S. parauberis	23S rRNA遺伝子	F:5'TTTCGTCTGAGGCAATGTTG3', R:5'GCTTCATATATCGCTATACT3'	718	Mata *et al.*（2004b）
	S. difficilis	16S-23S rRNA遺伝子間のITS領域	F:5'AGGAAACCTGCCATTTGCG3', R:5'CAATCTATTTCTAGATCGTGG3'	192	Mata *et al.*（2004b）

Flavobacterium columnare（カラムナリス症），*R. salmoninarum*（細菌性腎臓病），細菌性溶血性黄疸の原因菌（菌種は未定），*Pseudomonas anguilliseptica*（赤点病），*A. salmonicida*（せっそう病），*Nocardia seriolae*（ノカルジア症），*V. anguillarum*, *V. trachuri*, *V. vulunificu*（ビブリオ病），*Mycobacterium marinum*（ミコバクテリア症），*P. damselae* subsp. *piscicida*（類結節症），*F. psychrophilum*（冷水病），*Y. ruckeri*（レッドマウス病），*Lactococcus garvieae*, *Streptococcus iniae*, *S. dysgalactiae*, *S. agalactiae*, *S. parauberis*, *S. difficilis*（レンサ球菌症）である（表1-13）．

3）PCR診断法に用いられる標的遺伝子

PCR法による魚類病原細菌の検出には，標的遺伝子として16Sおよび23SなどのrRNA（あるいはrDNA）遺伝子，あるいはその関連遺伝子（16S-23S rRNA遺伝子間のISR領域，ITS遺伝子など）が多く用いられてきた．その他の標的遺伝子としては，*R. salmoninarum* 由来の *p57* 主要表面抗原タンパク質遺伝子（Brown *et al.*, 1994；McIntosh *et al.*, 1996；Miriam *et al.*, 1997），*A. salmonicida* 由来の表層構造タンパク質 *vapA* 遺伝子（Gustafson *et al.*, 1992），*Y. ruckeri* 由来のグルタミン合成酵素 *glnA* 遺伝子（Keeling *et al.*, 2012），*L. garvieae* 由来のジヒドロプテロイン酸合成酵素（Dihydropteroate）遺伝子（Aoki *et al.*, 2000），*S. iniae* 由来のLactate oxidase（*lctO*）遺伝子（Mataら, 2004a；Hussein and Hatai, 2006）が用いられている．また，Vibrio属の病原細菌種では，Hemolysin遺伝子（Hirono *et al.*, 1996），*rpoS* 遺伝子（Kim *et al.*, 2008），*empA* 遺伝子（Xiao *et al.*, 2009），*toxR* 遺伝子（Crisafi *et al.*, 2011），Cytotoxin-hemolysin遺伝子（Hill *et al.*, 1991；Coleman *et al.*, 1996）などの病原性に関与する遺伝子を標的としてPCR検出法が確立されている．さらに，病原細菌固有プラスミドpZP1由来の特定領域を標的とした例（Aoki *et al.*, 1997）や，RAPD（Random Amplification of Polymorphic DNA）–PCR法あるいはランダムクローニング法によって得られた種特異的な染色体DNA中に存在する領域を標的にしている例もある（Aoki and Hirono, 1995；Miyata *et al.*, 1996；Iwamoto *et al.*, 1995；Aoki *et al.*, 1995；Argenton *et al.*, 1996）．

このようにPCR法を用いた病原細菌の検出および診断は，非常に多岐にわたっており，その有効性を物語っている．特定の病原因子が特定されている場合，PCR法を用いた魚病診断は，その簡便性，迅速性，および正確性から非常に優れた方法であると考えられている．

4・4 LAMP法を用いた診断

Loop-mediated Isothermal Amplification（LAMP）法は，2000年に開発された新しいDNAの増幅方法である（Notomi *et al.*, 2000）．本法は，まず標的遺伝子の6つの領域に対して4種類のプライマーを設定する．それぞれのプライマーは，F1P：F2c領域と相補的な配列であるF2領域を3' 末端側にもち，5' 末端側にF1c領域と同じ配列をもつようにする．また，F3：F3c領域と相補的な配列であるF3領域をもつようにする．次いで，B1P：B2c領域と相補的な配列であるB2領域を3' 末端側にもち，5' 末端側にB1c領域と同じ配列をもつようにする．さらに，B3：B3c領域と相補的な配列であるB3領域をもつようにする（図1-34）．次に，F1Pプライマーで鎖置換型DNAポリメラーゼを作用させ（図1-35-1），F1PのF2領域の3' 末端を起点とした鋳型DNAを相補的なDNA鎖を合成させる．次に，F3プライマーをアニールさせ（図1-35-2），図1-35-3のようなDNA鎖を合成させる．同様に，BIP

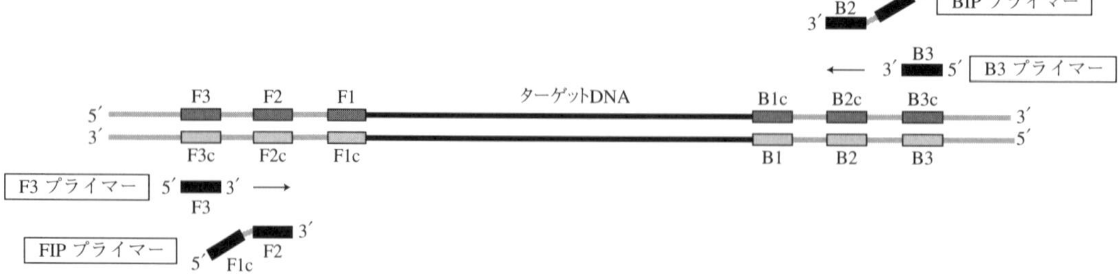

図1-34 LAMP法でのプライマーの位置

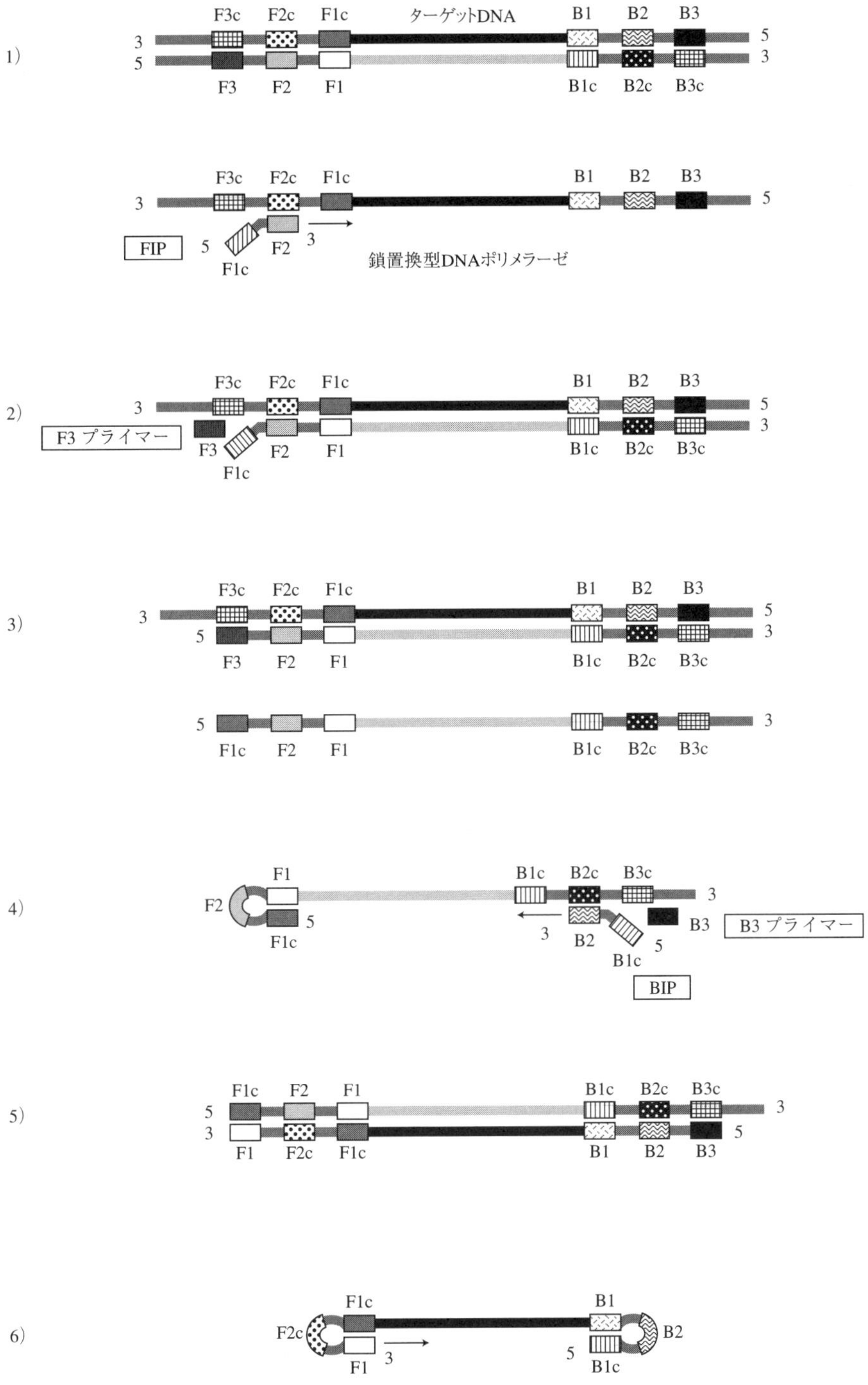

図 1-35　LAMP 法の原理（栄研化学株式会社 HP-LAMP 法の原理引用）

プライマーとB3プライマーをアニールさせて（図1-35-4），最終的に図1-35-5のような鎖を合成させる．この鎖は，F1cとF1およびB1cとB1が相補的な塩基配列を示すので，図1-35-6のように両端がループを形成してダンベル構造を形成する．このダンベル構造のDNAに，F1PやB1Pがアニーリングして鎖置換反応を行い，一定温度で様々な長さのDNAを増幅する．増幅したDNAを図1-36に示したが，様々な長さのDNAが合成される．このLAMP法は，これまでのPCR法と違って，①等温でDNAの増幅が可能であるためにサーマルサイクラーを必要としない．②4種類のプライマーを用いるためにPCR法に比べて特異性に優れている．③DNAの増幅効率が高い（15分から1時間

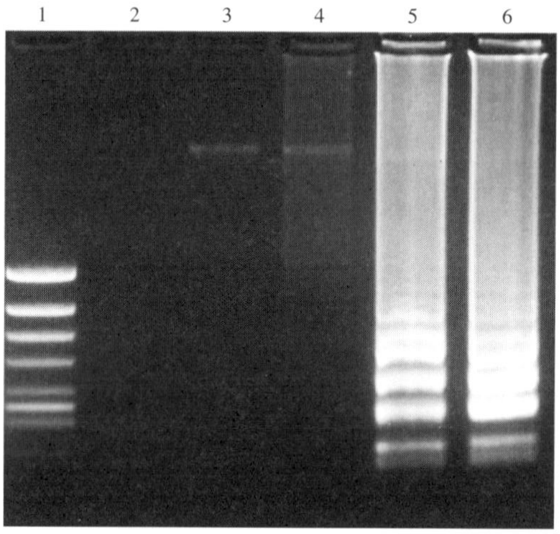

図1-36　LAMP法の結果
レーン5や6のように，増幅されたバンドはラダーとなる．

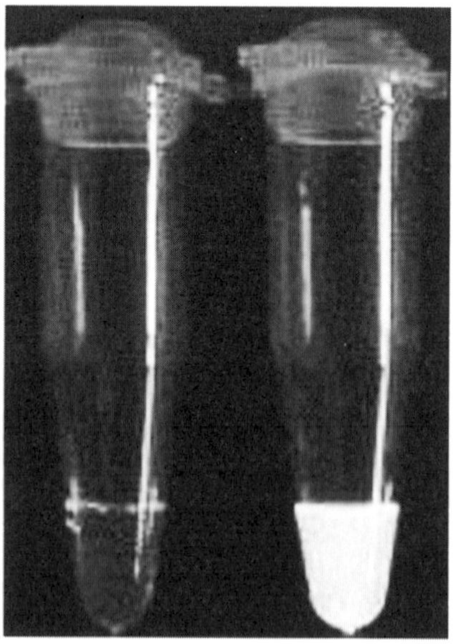

図1-37　ピロリン酸マグネシュウムを加えることにより白濁・白沈

で10^9から10倍に増幅する）．④反応終了後，電気泳動を使わずに肉眼で結果を確認することができる（ピロリン酸マグネシュウムを加えることにより白濁・白沈で目視，図1-37）という利点がある．本法は，ウイルス性や細菌性の疾病の診断にすでに応用されている（Savan *et al.*, 2005）．魚病診断への応用についても，white spot syndrome virus（WSSV）（Kono *et al.*, 2004），koi herpesvirus（KHV）（Gunimaladevi *et al.*, 2004），*E. tarda*（Savan *et al.*, 2004）などの疾病に診断法にいち早く導入された．Kono ら（2004）は，WSSV の診断において，LAMP 法は，反応後45分で遺伝子の増幅を行うことができ PCR 法に比べて約10倍の感度をもつことを報告している．LAMP 法を用いた KHV の診断についても，同様な結果が得られている（Gunimaladevi *et al.*, 2004）．LAMP 法は，DNA を増幅する方法であるので，RNA ウイルスの診断には，RNA を一旦，逆転写酵素で DNA を複製させ，その後 LAMP 法を行う必要がある．しかし，この弱点を解消する逆転写反応と遺伝子増幅反応を同時に行う RT-RAMP 法が開発されている．Gunimaladevi ら（2005）は，この RT-RAMP 法を用いて，RNA ウイルスである IPNV の診断法を開発し，63から65℃で，45から60分の反応で遺伝子の増幅が可能となり，nested-PCR 法に比べて約10倍の感度をもつことを明らかにしている．これまでに，報告された代表的な LAMP 法による魚介類病原微生物の検出に関する論文を表1-14に示した．

表1-14　これまでに報告された代表的な LAMP 法を用いた研究

病原体名	方法	参考文献
細菌		
Edwardsiella ictaluri	LAMP	Yeh *et al.*（2005）
E. tarda	LAMP	Savan *et al.*（2004）
Flavobacterium columnare	LAMP	Yeh *et al.*（2006）
F. psychrophilum	qLAMP	Fujiwara-Nagata and Eguchi（2009）
Francisella piscicida	LAMP	Caipang *et al.*（2010）
Lactococcus garvieae	LAMP	原口（2003）
Mycobacterium sp.	LAMP	Ponpompisit *et al.*（2009）
Nocardia seriolae	LAMP	Itano *et al.*（2006）
Photobacterium damselae subsp. *piscicida*	LAMP	原口（2003）
Renibacterium salmoninarum	LAMP	Gahlawat *et al.*（2009）
Streptococcus iniae	LAMP	Han *et al.*（2011）
Vibrio anguillarum	LAMP	Hongwei *et al.*（2010）
V. nigripulchritudo	qLAMP	Fall *et al.*（2011）
Yersinia ruckeri	LAMP	Saleh *et al.*（2008）
ウイルス		
IHHNV	qLAMP	Sudhakaran *et al.*（2008）
IHNV	RT-LAMP	Gunimaladevi *et al.*（2005）
IPNV	RT-LAMP	Soliman *et al.*（2009）
Iridovirus	LAMP	Caipang *et al.*（2004）
KHV	LAMP	Gunimaladevi *et al.*（2004）
NNV	RT-LAMP	Sung and Lu（2009）
SVCV	RT-LAMP	Shivappa *et al.*（2008）
VHSV	RT-LAMP	Soliman and El-Matbouli（2006）
WSSV	LAMP	Kono *et al.*（2004）
WSSV	qLAMP	Mekata *et al.*（2009a）
YHV	LAMP	Mekata *et al.*（2006）
YHV	qLAMP	Mekata *et al.*（2009b）
寄生虫		
Clonorchis sinensis	LAMP	Cai *et al.*（2010）
Nucleospora salmonis	LAMP	Sakai *et al.*（2009）
Myxobolus cerebralis	LAMP	El-Matbouli and Soliman（2005a）
Tetracapsuloides bryosalmonae	LAMP	El-Matbouli and Soliman（2005b）

PCR法は，リアルタイムPCR装置によって増幅したDNAを定量することができるが，このLAMP法もピロリン酸マグネシウムの白濁をリアルタイム濁度測定装置によって定量することが可能である．この方法は，ラベルをしたプライマーを用いる必要がないので，リアルタイムPCR法よりははるかに経済的である．Mekataら（2009a）は，リアルタイムLAMP法を用いてエビ類の重要なウイルス疾病であるWSSVの検出を試みた結果，10^2コピー（約0.35 fg/μl）までの濃度のウイルスDNAの検出が可能であったことを報告している．同様な結果は，本法を用いたエビのウイルス病であるIHHNV，YHVおよびTSV診断法においても報告されている（Mekataら, 2009b；Sudhakaranら, 2010）．このように，LAMP法は，PCR法に比べてサーマルサイクラーを必要とせず，迅速で簡便であり，特異性も高いので，今後，LAMP法による魚介類の疾病診断が水産養殖の現場で用いられるものと思われる．

4・5　オリゴDNAアレイチップを用いた細菌感染症の診断

昨今の養殖業の発展に伴う養殖対象魚の増加から疾病が頻発且つ多様化してきたことを受け，病原菌種診断の迅速性を高めるために一度に多くの解析ができる網羅的な診断法の開発が求められている．PCR法やLAMP法は，非常に便利ではあるが病原菌1種類に対して1セットのプライマーを作製する必要があるため，一度に多くの病原体を検出するのには不向きである．近年，水産増養殖研究所のグループによって，既知病原体に対する迅速・高度診断用の魚病診断DNAチップが開発された．魚類病原細菌用のDNAチップには16Sチップおよびビブリオチップの2種類が作製され，これにより数十種類の魚類病原細菌に対する診断が1回の解析で可能になった（Matsuyama *et al.*, 2006）．

DNAチップの診断法の原理は，ドットブロットハイブリダイゼーション法とほぼ一緒で，切手とほぼ同じサイズのナイロン膜上に魚類病原菌由来の合成オリゴヌクレオチド断片をスポットしたものをDNAチップとし，病魚の組織から抽出したDNAを標識したものをハイブリダイゼーションさせることで，感染細菌種を判別する（図2-60）．また，作製したDNAチップは判別に使用するまで長期保存が可能である．16Sチップには，35種類の魚類病原菌由来の16SリボソームRNA（rRNA）遺伝子の特定領域が用いられている．病原細菌の中でビブリオ科の細菌種は多く，16S rRNA遺伝子では必ずしも判別ができない場合があり，より精度を上げるために16S rRNAと23S rRNA遺伝子間にあるスペーサー領域（ITS領域）の種特異的な配列を用いてビブリオチップが構築された（Matsuyama *et al.*, 2006）．実際にこれらのDNAチップにより，病魚の組織から直接抽出したDNAを用い魚病診断がされており，感染クロダイの脾臓DNAを用いて*P. damselae* subsp. *damselae*を判別している（中西ら, 2008）．

4・6　まとめ

本章で示した分子生物学的手法を用いた魚類病原細菌の診断法には，それぞれに利点や欠点があるため，診断の目的や用途によって使い分ける必要があると考えられる．養殖現場では，さらに迅速で，安価且つ簡便な手法が求められている一方で，研究室内においては，詳細な研究が求められるために診断の精度且つ利便性を向上させる必要がある．また，これらの診断法は，分子生物学の発展に伴って技術革新が行われてきた．今後，診断の目的や用途に応じた開発が推進されることが望まれる．

（酒井正博・引間順一・廣野育生・青木　宙）

文　献

A

相澤　康・相川英明（1996）：ペヘレイのシュードモナス症，魚病ズームアップ 215，養殖，33（14）（通巻 415），p31.

網田健次郎・星野正邦・本間智晴・若林久嗣（2000）：河川における *Flavobacterium psychrophilum* の分布調査．魚病研究，35，193-197.

Andrea, B. C., K. Kanai and K. Yoshikoshi（1998）：Serological characterization of atypical strains of *Edwardsiella tarda* isolated from sea breams, *Fish Pathol.*, 33, 265-274.

青木　宙（1990）：DNA プローブによる魚類病原菌の検出，バイオインダストリー，7, 12-19.

青木　宙（1991）：プローブ DNA を用いたハイブリダイゼーション法による海洋細菌の同定．海洋微生物とバイオテクノロジー（清水　潮編）．技報堂出版．pp. 38-49.

Aoki, T., I. Hirono, T. De Castro and T. Kitao（1989）：Rapid identification of *Vibrio anguillarum* by colony hybridization, *J. Appl. Ichthyol.*, 5, 67-73.

Aoki, T. and I. Hirono（1995）：Detection of the fish-pathogenic bacteria *Edwardsiella tarda* by polymerase chain reaction, *Proceedings of the international symposium on biotechnology applications in aquaculture*, 10, 135-146.

Aoki, T., I. Hirono and A. Hayashi（1995）：The fish-pathogenic bacterium *Pasteurella piscicida* detected by the polymerase chain reaction（PCR）. In Desease in asian aquaculture II. M. Shariff, J. R. Arthur and R. P. Subasinghe（eds.）. Fish Health Section, Asian Fisheries Society, Manila. pp. 347-353.

Aoki, T., D. Ikeda, T. Katagiri and I. Hirono（1997）：Rapid detection of the fish-pathogenic bacterium *Pasteurella piscicida* by polymerase chain reaction-targetting nucleotide sequences of the species-specific plasmid pZP1, *Fish Pathol.*, 32, 143-151.

Aoki, T., C.-I. Park, H. Yamashita and I.Hirono（2000）：Species-specific polymerase chain reaction primers for *Lactococcus garvieae*, *J. Fish Dis.*, 23, 1-6.

Argenton, F., S. De Mas, C. Malocco, L. Dalla Valle, G. Giorgetti and L. Colombo（1996）：Use of random DNA amplification to generate specific molecular probes for hybridization tests and PCR-based diagnosis of *Yersinia ruckeri*, *Dis. Aquat. Org.*, 24, 121-127.

Arias, C. R., E. Garay and R. Aznar（1995）：Nested PCR method for rapid and sensitive detection of *Vibrio vulnificus* in fish, sediments and water, *Appl. Environ. Microbiol.*, 61, 3476-3478.

Austin, D. A., D. McIntosh and B. Austin（1989）：Taxonomy of fish associated *Aeromonas* spp., with the description of *Aeromonas salmonicida* subsp. *smithia*, subsp. nov, *Syst. Appl. Microbiol.*, 11, 277-290.

Avendaño-Herrera R., B. Magariños, A. E. Toranzo, R. Beaz and J. L. Romalde（2004）：Species-specific polymerase chain reaction primer sets for the diagnosis of *Tenacibaculum maritimum* infection, *Dis. Aquat. Organ.*, 62, 75-83.

B

Bader, J. A. and E. B. Shotts（1998）：Identification of *Flavobacterium* and *Flexibacter* species by species-specific polymerase chain reaction primers to the 16S ribosomal RNA gene, *J. Aquat. Anim. Health*, 10：311-319.

Bader, J. A., C. A. Shoemaker and P. H. Klesius（2003）：Rapid detection of columnaris disease in channel catfish（*Ictalurus punctatus*）with a new species-specific 16-S rRNA gene-based PCR primer for *Flavobacterium columnare*, *J. Microbiol. Methods.*, 52, 209-220.

Baeck, G. W., J. H. Kim, D. K. Gomez and S. C. Park（2006）：Isolation and characterization of *Streptococcus* sp. from diseased flounder（*Paralichthys olivaceus*）in Jeju Island, *J. Vet. Sci.*, 7, 53-58.

Barry, T., R. Powell and F. Gannon（1990）：A general method to generate DNA probes for microorganisms, *Biotechnol.*, 8, 233-236.

Belland, R. J. and T. J. Trust（1988）：DNA：DNA reassosiction analysis of *Aeromonas salmonicida*, *J. Gen. Microbiol.*, 134, 307-315.

Bergmans H. E. N. and W. Gaastra（1988）：Dot-blot Hybridization method. Method in Molecular Biology, 4, pp.385-399. In New Nucleic Acid Techniques（ed. by J. M. Walker）Humana press, Clifton, New Jersey.

Bernoth, E-M. and G. Artz（1989）：Presence of *Aeromonas salmonicida* in fish tissue may be overlooked by sole reliance on furunculosis-agar, *Bull. Eur. Ass. Fish Pathol.*, 9, 5-6.

Bernardet, J.-F., P. segers, M. Vancanneyt, F. Berthe, K. Kersters and P. Vandamme（1996）：Cutting a gordian knot：Emended classification and description of the genus *Flavobacterium*, emended description of the family *Flavobacteriaceae*, and proposal of *Flavobacterium hydatis* nom. nov.（Basonym, *Cytophaga aquatilis* Strohl and Tait 1978）, *Int. J. Syst. Bacteriol.*, 46, 128-148.

Berridge, B. R., J. D. Fuller, J. de Azavedo, D. E. Low, H. Bercovier and P. F. Frelier（1998）：Development of specific nested oligonucleotide PCR primers for the *Streptococcus iniae* 16S-23S ribosomal DNA intergenic spacer, *J. Clin. Microbiol.*, 36, 2778-2781.

Blanco, M. M., A. Gibello, A. I. Vela, M. A. Moreno, L. Doominguez and J. F. Fernandez-Garayzabal（2002）：PCR detection and PFGE DNA macrorestriction analyses of clinical isolates of *Pseudomonas anguilliseptica* from winter disease outbreaks in sea bream *Sparus aurata*, *Dis. Aquat. Org.*, 50, 19-27.

Brown, L. L., G. K. Iwama, T. P. T. Evelyn, W. S. Nelson and R. P. Levine (1994) : Use of the polymerase chain reaction (PCR) to detect DNA *from Renibacterium salmoninarum* within individual salmonid eggs, *Dis. Aquat. Org.*, 18, 165-171.

C

Cai, X. Q., M. J. Xu, Y. H. Wang, D. Y. Qiu, G. X. Liu, A. Lin, J. D. Tang, R. L. Zhang and X. Q. Zhu (2010) : Sensitive and rapid detection of *Clonorhis sinensis* infection in fish by loop-mediated isothermal amplification (LAMP), *Parasitol. Res.*, 106, 1378-1383.

Caipang, C. M., I. Haraguchi, T. Ohira, I. Hirono and T. Aoki (2004) : Rapid detection of a fish iridovirus using loop-mediated isothermal amplification (LAMP), *J. Virol. Methods*, 121, 155-161.

Caipang, C. M. A., A. Kulkarni, M. F. Brinchmann, K. Korsnes and V. Kiron (2010) : Detection of *Francisella piscicida* in Atlantic cod (*Gadus morhua* L) by the loop-mediated isothermal amplification (LAMP) reaction, *Vet. J.*, 184, 357-361.

Cepeda, C., S. García-Márquez and Y. Santos (2003) : Detection of *Flexibacter maritimus* in fish tissue using nested PCR amplification, *J. Fish Dis.*, 26, 65-70.

Chow, K. H., T. K. Ng, K. Y. Yuen and W. C. Yam (2001) : Detection of RTX toxin gene in *Vibrio cholerae* by PCR, *J. Clin. Microbiol.*, 37, 2594-2597

Coleman, S. S., D. M. Melanson, E. G. Biosca and J. D. Oliver (1996) : Detection of *Vibrio vulnificus* biotypes 1 and 2 in eels and oysters by PCR amplification, *Appl. Environ. Microbiol.*, 62, 1378-1382.

Costa , R., I. Mermoud , S. Koblavi , B. Morlet, P. Hafner, F. Berthe, M. Le Groumellec and P. Grimont (1998) : Isolation and characterization of bacteria associated with a *Penaeus stylirostris* desease (syndrome93) in New Caledonia, *Aquaculture*, 164, 297-309.

Crisafi, F., R. Denaro, M. Genovese, S. Cappello, M. Mancuso and L. Genovese (2011) : Comparison of *16SrDNA* and *toxR* genes as targets for detection of *Vibrio anguillarum* in *Dicentrarchus labrax* kidney and liver, *Res. Microbiol.*, 162, 223-230.

D

Dang, H. T., H. K. Park, S. C. Myung and W. Kim (2012) : Development of a novel PCR assay based on the 16S-23S rRNA internal transcribed spacer region for the detection of *Lactococcus garvieae*, *J. Fish. Dis.*, 35, 481-487.

Darwish, A. M., A. A. Ismaiel, J. C. Newton and J. Tang (2004) : Identification of *Flavobacterium columnare* by a species-specific polymerase chain reaction and renaming of ATCC43622 strain to *Flavobacterium johnsoniae*, *Mol. Cell. Probes*, 18, 421-427.

Davies, R. L. (1991) : Clonal analysis of *Yersinia ruckeri* based on biotypes, serotypes and outer membrane protein-types, *J. Fish Dis.*, 14, 221-228.

E

江草周三 (1978) : 魚の感染症. 恒星社厚生閣. pp. 97-245.

江草周三(1994) : クルマエビの疾病. 改訂増補魚病学 (感染症・寄生虫病編) (江草周三編). 恒星社厚生閣. pp.363-389.

江草周三・窪田三朗・宮崎照雄 (1979) : 魚の病理組織学. 東京大学出版会. pp. 66-122.

江草周三・高橋幸則・伊丹利明・桃山和雄 (1988) : クルマエビのビブリオ病の病理組織学的研究, 魚病研究, 23, 59-65.

Esteve, C., M. C. Gutierrez and A. Ventosa (1995) : *Aeromonas encheleia* sp. nov., isolated from Europiean eels, *Int. J. Syst. Bacteriol.*, 45, 462-466.

Elder, A., C. Ghittino, L. Asanta, E. Bozetta, M. Goria, M. Prearo and H. Bercovier (1996) : *Enterococcus seriolicida* is a junior synonym of *Lactococcus garvieae*, a causative agent of septicemia and meningaencephalitis in fish, *Current Microbiol.*, 32, 85-88.

El-Matbouli, M. and H. Soliman (2005a) : Development of a rapid assay for the diagnosis of *Myxobolus cerebralis* in fish and oligochaetes using loop-mediated isothermal amplification, *J. Fish Dis.*, 28, 549-557.

El-Matbouli, M. and H. Soliman (2005b) : Rapid diagnosis of *Tetracapsuloides bryosalmonae*, the causative agent of proliferative kidney disease (PKD) in salmonid fish by a novel DNA amplification method, loop-mediated isothermal amplification (LAMP), *Parasitol. Res.*, 96, 277-284.

絵面良男・田島研一・吉永　守・木村橋久 (1980) : 魚類 *Vibrio* 属細菌の分類ならびに血清学的検討, 魚病研究, 14, 167-179.

F

Fall, J., G. Chakraborty, T. Kono, M. Mekata, T. Itami and M. Sakai (2011) : Real-time loop-mediated isothermal amplification method for the detection of *Vibrio nigripulchritudo* in shrimp, *Fish. Sci.*, 77, 129-134.

Farkas, J. (1985) : Filamentous *Flavobacterium* sp. isolated from fish with gill diseases in cold water, *Aquaculture*, 44, 1-10.

Forsman, P., A. Tilsala-Timisjärvi and T. Alatossava (1997) : Identification of staphylococcal and streptococcal causes of bovine mastitis using 16S-23S rRNA spacer regions. *Microbiol.*, 143, 3491-3500.

Fujiwara-Nagata, E. and M. Eguchi (2009) : Development and evaluation of a loop-mediated isothermal amplification assay for rapid and simple detection of *Flavobacterium psychrophilum*, *J. Fish Dis.*, 32, 873-881.

G

Gahlawat, S. K., A. E. Ellis and B. Collet (2009) : A sensitive loop-mediated isothermal amplification (LAMP) method for detection of *Renibacterium salmoninarum*, causative agent of bacterial kidney disease in salmonids, *J. Fish Dis.*, 32, 491-497.

Gauthier, G., B. Lafay, R. Ruimy, V. Breittmayer, J. L. Nicolas, M. Gauthier and R. Christen (1995): Small-subunit rRNA sequences and whole DNA relatendness concur for the reassignment of *Pasteurella piscicid*a (Snieszko *et al.*) Janssen and Surgalla to the Genus *Photobacterium* as *Photobacterium damsela* subsp. *piscicida* comb. nov, *Int. J. Syst. Bacteiol.*, 45, 139-144.

Genmoto, K., T. Nishizawa, T. Nakai and K. Muroga (1996): 16SrRNA targeted RT-PCR for the detection of *Vibrio penaeicida*, the pathogen of cultured kuruma prawn *Penaeus japonicus*, *Dis. Aquat. Org.*, 24, 185-189.

Gibello, A., M. M. Blanco, M. A. Moreno, M. T. Cutuli, A. Domenech, L. Domínguez and J. F. Fernández-Garayzábal (1999): Development of a PCR assay for detection of *Yersinia ruckeri* in tissues of inoculated and naturally infected trout, *Appl. Environ. Microbiol.*, 65, 346-350.

Goarant, C., D. Ansquer, J. Herlin, D. Domalain, F. lmbert and S.D. Decker (2006): "Summer Syndrome" in *Litopenaeus stylirostris* in New Caledonia: Pathology and epidemiology of the etiological agent, *Vibrio nigripulchritudo*, *Aquaculture*, 253, 105-113.

Grayson, T. H., L. F. Cooper, F. A. Atienzar, M. R. Knowles and M. L. Gilpin (1999): Molecular differentiation of *Renibacterium salmoninarum* isolates from worldwide locations, *Appl. Environ. Microbiol.*, 65, 961-968.

Grisez, L., R. Ceusters and F. Ollevier (1991): The use of API 20E for the indentification of *Vibrio anguillarum* and *V. ordalii*, *J. Fish Dis.*, 14, 359-365.

Grunstein, M. and D. S. Hogness (1975): Colony hybridization: a method for the isolation of cloned DNAs that contain a specific gene, *Proc. Natl. Acad. Sci. U S A*, 72, 3961-3965.

Gunimaladevi, I., T. Kono, M. N. Venugopal and M. Sakai (2004): Detection of koi herpesvirus in common carp, *Cyprinus carpio* L., by loop-mediated isothermal amplification, *J. Fish Dis.*, 27, 583-589.

Gunimaladevi, I., T. Kono, S. E. Lapatra and M. Sakai (2005): A loop mediated isothermal amplification (LAMP) method for detection of infectious hematopoietic necrosis virus (IHNV) in rainbow trout (*Oncorhynchus mykiss*), *Arch. Virol.*, 150, 899-909.

Gustafson, C. E., C. J. Thomas and T. J. Trust (1992): Detection of *Aeromonas salmonicida* from fish by using polymerase chain reaction amplification of the virulence surface array protein gene, *Appl. Environ. Microbiol.*, 58, 3816-3825.

Gustafson, C. E., R. A. Alm and T. J. Trust (1993): Effect of heat denaturation of target DNA on the PCR amplification, *Gene*, 123, 241-244.

H

Hanahan, D. and M. Meselson (1980): Plasmid screening at high colony density, *Gene*, 10, 63-67.

Han, H.-J., S.-J. Jung, M.-J. Oh and D.-H. Kim (2011): Rapid and sensitive detection of *Streptococcus iniae* by loop-mediated isothermal amplification (LAMP), *J. Fish. Dis.*, 34, 395-398.

原口郁美（2003）：LAMP 法による魚類病原細菌 *Photobacterium damselae* subspecies *piscicida* および *Lactococcus garvieae* ならびにマダイイリドウイルスの迅速検出法について，東京水産大学水産学部資源育成学科．修士論文．

Hariharan, H., B. Qian, B. Despres, F. S. Kibenge, S. B. Heaney and D. J. Rainnie (1995): Development of a specific biotinylated DNA probe for the detection of *Renibacterium salmoninarum*, *Can. J. Vet. Res.*, 59, 306-310.

Hassan, A. A., I. U. Khan and C. Lammler (2003): Identification of *Streptococcus dysgalactiae* strains of Lancefield's group C, G and L by polymerase chain reaction, *J. Vet. Med. B*, 50, 161-165.

畑井喜司雄・岩崎義人・江草周三（1975）：養殖ハマチより分離した腸炎ビブリオについて，魚病研究，10，31-37.

Hawke, J.P., S.M. Plakas, R.V. Minton, R.M. McPheason, T.G. Sniden and A.M.Guarino (1987): Fish pasteurellosis of cultured striped bass (*Morone saxatilis*) in coastal Alabama, *Aquaculture*, 65, 193-204.

Hazen, T. C. and L. Jiménez (1988): Enumeration and identification of bacteria from environmental samples using nucleic acid probes, *Microbiol. Sci.*, 5, 340-343.

Hill, W. E., S. P. Keasler, M. W. Trucksess, P. Feng, C. A. Kaysner and K. A. Lampel (1991): Polymerase chain reaction identification of *Vibrio vulnificus* in artificially contaminated oysters, *Appl. Environ. Microbiol.*, 57, 707-711.

Hiney, M., M. T. Dawson, D. M. Heery, P. R. Smith, F. Gannon and R. Powell (1992): DNA probe for *Aeromonas salmonicida*, *Appl. Environ. Microbiol.*, 58, 1039-1042.

Hirono, I., T. Masuda and T. Aoki (1996): Cloning and detection of the hemolysin gene of *Vibrio anguillarum*, *Microb. Pathog.*, 21, 173-182.

Hongwei, G., L. I. Fuhuna, Z. Xiaojun, W. Bing and X. Jinhai (2010): Rapid, sensitive detection of *Vibrio anguillarum* using loop-mediated isothermal amplification, *Chinese J. Ocean. Limol.*, 28, 62-66.

Hussein, M. M. A. and K. Hatai (2006): Multiplex PCR for detection of *Lactococcus garvieae*, *Streptococcus iniae* and *S. dysgalactiae* in cultured yellowtail, *Aqua. Sci.*, 54, 269-274.

I

Iida, T. and M. Sorimachi (1994): Cultural characteristics of the *bacterium* causing jaundice of yellowtail, *Seriola quinqueradiata*, *Fish Pathol.*, 29, 25-28.

Iida, Y. and A. Mizokami (1996): Outbreaks of coldwater disease in wild ayu and pale chub, *Fish Pathol.*, 31, 157-164.

飯田貴次・古川清・酒井正博・若林久嗣（1986）：脊椎変形ブリの脳から分離された非溶血性連鎖球菌，魚病研究，21，33-38.

Ishimaru, K., M. Akagawa-Matushita and K. Muroga（1995）：*Vibrio penaeicida* sp. nov., a pathogen of kuruma prawns（*Penaeus japonicus*）, *Int. J. Syst. Bacteriol.*, 45, 134-138.

Itano, T., H. Kawakami, T. Kono and M. Sakai（2006）：Detection of fish nocardiosis by loop-mediated isothermal amplification, *J. App. Microbiol.*, 100, 1381-1387.

Ito, H., H. Ito, I. Uchida, T. Sekizaki and N. Terakado（1995）：A specific oligonucleotide probe based on 5S rRNA sequences for identification of *Vibrio anguillarum* and *Vibrio ordalii*, *Vet. Microbiol.*, 43, 167-171.

Iwamoto, Y., Y. Suzuki, A. Kurita, Y. Watanabe, T. Shimizu, H. Ohgami and Y. Yanagihara（1995）：Rapid and sensitive PCR detection of *Vibrio trachuri* pathogenic to Japanese horse mackerel（*Trachurus japonicus*）. *Microbiol, Immunol.*, 39, 1003-1006.

Izumi, S. and H. Wakabayashi（1999）：Further study on serotyping of *Flavobacterium psychrophilum*, *Fish Pathol.*, 34, 89-90.

J

Janssen, W.A. and M.J. Surgalla（1968）：Morphology, physiology, and serology of a *Pasteurella* species pathogenic for white perch（*Roccus americanus*）, *J. Bacteriol.*, 96, 1606-1610.

城　泰彦（2006）：アユ細菌性鰓病．新魚病図鑑（畑井喜司雄，小川和夫監修）．緑書房．p.57.

城 泰彦・大西圭二・室賀清邦（1979）：養殖ハマチから分離された *Vibrio anguillarum*，魚病研究，14, 43-47.

K

金井欣也（1993）：ヒラメのエドワジエラ症．疾病診断マニュアル（室賀清邦編）．日本水産資源保護協会．pp.113-117.

金井欣也・山田美幸・孟 飛・高橋一郎・長野康三・川上秀昌・山下亜純・松岡　学・福田　穣・三吉泰之・高見生雄・中野平二・平江多積・首藤公宏・本間利雄（2009）：わが国の養殖ヒラメから分離された *Streptococcus parauberis* の血清型，魚病研究，44，33-39.

加来佳子・山田義行・若林久嗣（1999）：最近流行している穴あき病様疾病のコイから分離された非定型 *Aeromonas salmonicida* の性状，魚病研究，34，155-162.

狩谷貞二・窪田三朗・中村恵江・吉良桂子（1968）：養殖ハマチ・カンパチにおけるノカルジア症について－Ⅰ．細菌学的研究，魚病研究，3，16-23.

Karunasagar, I., S.K.Otta and I. Karunasagar（1988）：Disease problems affecting cultured penaeid shrimp in India, *Fish Pathol.*, 33, 413-419.

河原栄二郎・楠田理一（1987）：直接蛍光抗体法による α および β 型溶血性 *Streptococcus* spp. の識別．魚病研究，22，77-82.

Kawahara, E., K. Kawai and R. Kusuda（1989）：Invation of *Pasteurella piscicida* in tissues of experimentally infected yellowtail *Seriola quinqueradiata, Nippon Suisan Gakkaishi*, 55, 499-501.

川合研児（1993）：ブリの類結節症．疾病診断マニュアル（室賀清邦編）．日本水産資源保護協会．pp. 86-90.

Keeling, S. E., C. Johnston, R. Wallis, C.L. Brosnahan, N. Gudkovs and W. L. McDonald（2012）：Development and validation of real-time PCR for the detection of *Yersinia ruckeri*, *J. Fish Dis.*, 35, 119-125.

Kim, D. G., J. Y. Bae, G. E. Hong, M. K. Min, J. K. Kim and I. S. Kong（2008）：Application of the *rpoS* gene for the detection of *Vibrio anguillarum* in flounder and prawn by polymerase chain reaction, *J. Fish Dis.*, 31, 639-647.

木村正雄（1968）：海産養殖魚とくにブリの疾病に関する基礎的研究，宮崎大学農学部研究時報，15，81-175.

木村正雄・北尾忠利（1971）：類結節症の原因菌について，魚病研究，6，8-14.

木村喬久・吉水　守（1983）：特異的抗体感作 staphylococci を用いた coagglutination test のセッソウ病迅速診断への応用，魚病研究，17，259-262.

Kitao, T., T. Aoki, M. Fukudome, K. Kawano, Y. Wada and Y. Mizuno（1983）：Serotyping of *Vibrio anguillarum* isolated from diseased freshwater fish in Japan, *J. Fish Dis.*, 6, 175-181.

小林秀樹・両角徹雄・浅輪珠恵・三宅正仁・三谷賢二・伊藤伸宣・反町　稔（1994）：*Vibrio anguillarum* の選択鑑別培地による分離および分子生物学的迅速同定の確立，魚病研，29，113-120.

Koike, Y., A. Kuwahara and H. Fujiwara（1975）：Characterization of "*Pasteurella piscicida*" isolated from white perch and cultivated yellowtail, *Jap. J. Microbiol* ., 19, 241-247.

Kono, T., R. Savan, M. Sakai and T. Itami（2004）：Detection of white spot syndrome virus in shrimp by loop-mediated isothermal amplification, *J. Virol. Methods.*, 115, 59-65.

Kox, L. F., J. van Leeuwen, S. Knijper, H. M. Jansen and A. H. Kolk（1995）：PCR assay based on DNA coding for 16S rRNA for detection and identification of mycobacteria in clinical samples, *J. Clin. Microbiol.*, 33, 3225-3233.

Kox, L. F., H. M. Jansen, S. Kuijper and A. H. Kolk（1997）：Multiplex PCR assay for immediate identification of the infecting species in patients with mycobacterial disease, *J.Clin. Microbiol.*, 35, 1492-1498.

Kumagai, A. and A. Nawata（2010）：Mode of the intra-ovum infection of *Flavobacterium psychrophilum* in salmonid eggs, *Fish Pathol.*, 45, 31-36.

Kumagai, A., C. Nakayasu and N. Oseko（2004）：Effect of tobramycin supplementation to medium on isolation of *Flavobacterium psychrophilum* from ayu *Plecoglossus altivelis*, *Fish Pathol.*, 39, 75-78.

窪田三朗・狩谷貞二・中村恵江・吉良桂子（1968）：養殖ハマチ・カンパチにおけるノカルジア症について－Ⅱ．病理組織学的研究，魚病研究，3，24-33.

窪田三朗・木村正雄・江草周三（1970a）：養殖ブリ稚魚の細

菌性類結節症の研究－Ⅰ．病徴学及び病理組織学，魚病研究，4，111-118.

窪田三朗・木村正雄・江草周三（1970 b）：養殖ブリ稚魚の細菌性類結節症の研究－Ⅱ．結節形成の機構，魚病研究，5，31-34.

Kudo, T., K. Hatai and A. Seino（1988）：*Nocardia seriolae* sp. nov. causing nocardiosis of cultured fish, *Int. J. Syst. Bacteriol.*, 38, 173-178.

Kusuda, R., K. Kawai, F. Salati, C.R. Banner and J.L. Fryer（1991）：*Enterococcus seriolicida* sp. nov., a fish pathogen, *Int. J. Syst. Bacteriol.*, 41, 406-409.

Kusuda, R., N. Dohata, Y. Fukuda and K. Kawai（1995）：*Pseudomonas anguilliseptica* infection of striped jack, *Fish Pathol.*, 30, 121-122.

楠田理一（1965）：海産魚の潰瘍病に関する研究，京都府水試業績 25 号，1-116.

楠田理一（1993）：ブリのミコバクテリウム症．疾病診断マニュアル（室賀清邦編）．日本水産資源保護協会，pp.103-107.

楠田理一・山岡政興（1972）：養殖ハマチの細菌性類結節症に関する研究－Ⅰ．形態学的ならびに生化学的性状による種の同定，日水誌，38，1325-1332.

楠田理一・滝　秀雄（1973）：養殖ハマチのノカルディア症に関する研究－Ⅰ．病原菌の形態学的ならびに生化学的性状について，日水誌，39，937-943.

楠田理一・河原栄二郎（1987）：直接および間接蛍光抗体法によるブリ主要病原細菌の識別，日水誌，53，889-894.

楠田理一・川合研児・豊島利雄・小松　功（1976）：養殖ハマチから分離された新魚病細菌について，日水誌，42，1345-1352.

楠田理一・伊丹利明・宗清正広・中島博士（1977）：養殖チダイから分離された病原性 *Edwardsiella* の性状について，日水誌，43，129-134.

楠田理一・川上宏一・川合研児（1987）：養殖ブリから分離された魚類病原性 *Mycobacterium* について，日水誌，53，1797-1804.

L

Lavilla-Pitogo,C.R. and L.D. de la Peña（1998）：Bacterial desease in shrimp（*Penaeus monodon*）culture in the Philippins, *Fish Pathol.*, 33, 405-411.

León, G., M. A. Martínes, J. P. Etchegaray, M. I. Vera, J. Figueroa and M. Krauskopf（1994）：Specific DNA probes for the identification of the fish pathogen, *Renibacterium salmoninarum*, *World J. Microbiol. Biotech.*, 10, 149-153.

Lightner, D.V.（1975）：Some potentially serious disease problems in the culuture of penaeid shrimp in North America. Proc. U.S.-Japan Natural Resources Program, Symposium on Aquaculture Diseases. Tokyo, pp.75-97.

Lightner,D.V.（1996）：A handbook of pathology and diagnostic procedures for diseases of penaeid shrimp. World Aquaculture Society, Baton Rouge, Louisiana, USA.

Lopes-Romalde, S., B. Magarios, S. Nunez, A. E. Toranzo and J. L. Romalde（2003）：Phenotypic and genetic characterization of *Pseudomonas anguilliseptica* strains isolated from fish, *J. Aquat. Anim. Health*, 15, 39-47.

M

前野幸男・中島員洋・反町　稔・乾　靖夫（1995）：養殖ブリ黄疸の病態生理，魚病研究，30，7-14.

Magnússon, H. B., O. H. Fridjónsson, O. S. Andrésson, E. Benediktsdóttir, S. Gudmundsdóttir and V. Andrésdóttir（1994）：*Renibacterium salmoninarum*, the causative agent of bacterial kidney disease in salmonid fish, detected by nested reverse transcription-PCR of 16S rRNA sequences, *Appl. Environ. Microbiol.*, 60, 4580-4583.

Mamnur Rashid, M., T. Mushiake, T. Nakai and K. Muroga（1994）：A serological study on *Edwardsiella tarda* strains isolated from deseased Japanese flounder（*Paralichthys olivaceus*）, *Fish Pathol.*, 29, 277.

Markwardt, N. M., Y. M. Gocha and G. W. Klontz（1989）：A new application for coomassie brilliant blue agar：detection of *Aeromonas salmonicida* in clinical samples, *Dis. Aquat. Org.*, 6, 231-233.

Maritinez-Murcia, A. J., C. Esteve, E. Garay and M. D. Collins（1992）：*Aeromonas allosaccharophila* sp. nov., a new mesophilic member of the genus *Aeromonas*, *FEMS Microbiol. Lett.*, 91, 199-206.

増村和彦・若林久嗣（1977）：人工生産マダイ，クロダイ稚魚の滑走細菌感染症，魚病研究，12，171-177.

Mata, A. I., M. M. Blanco, L. Domínguez, J. F. Fernández-Garayzábal and A. Gibello（2004a）：Development of a PCR assay for *Streptococcus iniae* based on the lactate oxidase（*lctO*）gene with potential diagnostic value, *Vet. Microbiol.*, 101, 109-116.

Mata, A. I., A. Gibello, A. Casamayor, M. M. Blanco, L. Domínguez and J. F. Fernández-Garayzábal（2004b）：Multiplex PCR assay for detection of bacterial pathogens associated with warm-water Streptococcosis in fish, *Appl. Environ. Microbiol.*, 70, 3183-3187.

的山央人・星野正邦・細谷久信（1999）：ニシキゴイの"新穴あき病"病魚から分離された非定型 *Aeromonas salmonicida* の病原性，魚病研究，34，189-193.

Matsui, T., T. Nishizawa and M. Yoshimizu（2009）：Modification of KDM-2 with culture-spent medium for isolation of *Renibacterium salmoninarum*, *Fish Pathol.*, 44, 139-144.

松井崇憲・大迫典久・西澤豊彦・吉水　守（2010）：*Renibacterium salmoninarum* の表在抗原 p57 を ELISA 用抗原とした抗体検出，魚病研究，45，80-83.

松岡　学・廣瀬恵子・惣明睦枝・西澤豊彦・室賀清邦（1997）：RT-PCR によるブリからの *Photobacterium damsela* の検出，*J. Fac. Appl. Biol. Sci., Hiroshima University*. 36, 139-146.

Matsuyama, T., T. Kamaishi, N. Ooseko, K. Kurohara and T. Iida（2005）：Pathogenicity of motile and non-motile *Edwardsiella tarda* to some marine fish, *Fish Pathol.*, 40, 133-135.

Matsuyama, T., T. Kamaishi and N. Oseko (2006)：Rapid discrimination of fish pathogenic Vibrio and Photobacterium Species by Oligonucleotide DNA array, *Fish Pathol*. 41, 105-112.

Mattsson, J. G., H. Gersdorf, E. Jansson, T. Hongslo, U. B. Göbel and K. E. Johansson (1993)：Rapid identification of *Renibacterium salmoninarum* using an oligonucleotide probe complementary to 16S rRNA, *Mol. Cell. Probes*, 7, 25-33.

McIntosh, D. and B. Austin (1991)：Atypical characteristics of the salmonid pathogen *Aeromonas salmonicida*, *J. Gen. Microbiol.*, 137, 1341-1343.

McIntosh, D., P. G. Meaden and B. Austin (1996)：A simplified PCR-based method for the detection of *Renibacterium salmoninarum* utilizing preparations of rainbow trout (*Oncorhynchus mykiss*, Walbaum) lymphocytes, *Appl. Environ. Microbiol.*, 62, 3929-3932.

Mekata, T., T. Kono, R. Savan, M. Sakai, J. Kasornchandra, T. Yoshida and T. Itami (2006)：Detection of yellow head virus in shrimp by loop-mediated isothermal amplification (LAMP), *J. Virol. Methods*, 135, 151-156.

Mekata, T., R. Sudhakaran, T. Kono, K. Supamattaya, N. T. Linh, M. Sakai and T. Itami (2009a)：Real-time quantitative loop-mediated isothermal amplification as a simple method for detecting white spot syndrome virus, *Lett. Appli. Microbiol.*, 48, 25-32.

Mekata, T., R. Sudhakaran, T. Kono, K. Utaynapun, K. Supamattaya, Y. Suzuki, M. Sakai and T. Itami (2009b)：Real-time reverse transcriptase loop-mediated isothermal amplification method for rapid detection of yellow head virus in shrimp, *J. Virol. Methods*, 162, 81-87.

Meyer, F.P. and G.L. Bullock (1973)：*Edwardsiella tarda*, a new pathogen of channel catfish (*Ictalurus punctatus*), *Appl. Microbiol.*, 25, 155-156.

見奈美輝彦・中村正夫・池田弥生・尾崎久雄（1979）：養殖ハマチから分離されたβ溶血レンサ球菌，魚病研究，14，33-38.

Miriam, A., S. G. Griffiths, J. E. Lovely and W. H. Lynch (1997)：PCR and probe-PCR assays to monitor broodstock Atlantic salmon (*Salmo salar* L.) ovarian fluid and kidney tissue for presence of DNA of the fish pathogen *Renibacterium salmoninarum*, *J. Clin. Microbiol.*, 35, 1322-1326.

三井清加・飯田貴次・吉田照豊・廣野育生・青木　宙（2004）：PCRによるブリ細菌性溶血性黄疸原因菌の検出，魚病研究，39，43-45.

Miyata, M., V. Inglis and T. Aoki (1996)：Rapid identification of *Aeromonas salmonicida* subspecies *salmonicida* by the polymerase chain reaction, *Aquaculture*, 141, 13-24.

宮崎照雄（1982）：連鎖球菌症の病理学的研究―病魚の病理組織像，魚病研究，17，39-47.

宮崎照雄・窪田三朗・江草周三（1975）：ハマチの滑走細菌性潰瘍病の病理組織学的研究，魚病研究，10，69-74.

Miyoshi, Y. and S. Suzuki (2003)：A PCR method to detect *Nocardia seriolae* in fish samples. *Fish Pathol.*, 38, 93-97.

桃山和夫（1983）：クルマエビのバキュロウイルス性中腸腺壊死症に関する研究－Ⅲ．仮診断法，魚病研究，17，293-268.

桃山和夫（1992）：クルマエビの病気．魚類防疫技術書シリーズⅩ　クルマエビの病気（日本水産資源保護協会編）．日本水産資源保護協会，pp.28-38.

桃山和夫・室賀清邦（2005）：日本の養殖クルマエビにおける病害問題，魚病研究，40，1-14.

森　京子・福田　穣・東郷有紗・三吉泰之・延東　真（2010）：ヒラメの *Streptococcus parauberis* 実験感染における接種部位の検討．魚病研究，45，37-42.

Mullis, K. B. and F. A. Faloona (1987)：Specific synthesis of DNA *in vitro* via a polymerase-catalyzel chain reaction, *Methods enzymol.*, 155, 335-350.

室賀清邦（1994）：ビブリオ病．改訂増補魚病学（感染症・寄生虫病編）（江草周三編）．恒星社厚生閣．pp.72-82.

室賀清邦（2004）：ビブリオ病．魚介類の感染症・寄生虫病（江草周三監，若林久嗣・室賀清邦編）．恒星社厚生閣．pp.158-169.

室賀清邦・米山　昇・城　泰彦（1979）：アユから分離された Vibriostatic agent 非感受性 *Vibrio anguillaum*．魚病研究，13，159-162.

室賀清邦・城泰彦・増村和彦（1986）：アユおよびクロソイ病魚から分離された *Vibrio ordalii*，魚病研究，21，239-243.

N

Nagai, T. and Y. Iida (2002)：Occurrence of bacterial kidney disease in cultured ayu, *Fish Pathol.*, 37, 77-81.

中井敏博・花田　博・室賀清邦（1985）：養殖アユに発生した *Pseudomonas anguilliseptica* 感染症，魚病研究，20，481-484.

中西雅幸・釜石　隆・桐生郁也・傍島直樹（2008）：クロダイ稚魚から分離された *Photobacterium damselae* subsp. *damselae*．京都府立海洋センター研究報告，30，55-62.

中津川俊雄（1983a）：養殖ヒラメの連鎖球菌症について，魚病研究，17, 39-47.

中津川俊雄（1983b）：ヒラメ幼魚から分離された *Edwardsiella tarda*．魚病研究，18，99-101.

中津川俊雄・飯田悦左（1996）：アユ病魚から分離された *Pseudomonas* sp.，魚病研究，31，221-227.

Nguyen, H. T. and K. Kanai (1998)：Selective agars for the isolation of *Streptococcus iniae* from Japanese flounder, *Paralichthys olvaceus*, and its cultural environment, *J. Appl. Microbiol.*, 86, 769-776.

Nomoto, R., L. I. Munasinghe, D-H. Jin, Y. Shimahara, H. Yasuda, A. Nakamura, N. Misawa, T. Itami and T. Yoshida (2004)：Lancefield group C *Streptococcus dysgalactiae* infection responsible for fish mortalities in Japan, *J. Fish Dis.*, 27, 679-686.

農林水産省大臣官房統計部（2012）：平成22年漁業・養殖業生産統計年報．pp. 136-140.

Notomi, T., H. Okayama, H. Masubuchi, T. Yonekawa, K. Watanabe, N. Amino and T. Hase（2000）：Loop-mediated isothermal amplification of DNA, *Nucleic Acids Res.*, 28, E63.

O

O'Brien, D., J. Mooney, D. Ryan, E. Powell, M. Hiney, P. R. Smith and R. Powell（1994）：Detection of *Aeromonas salmonicida*, causal agent of furunculosis in salmonid fish, from the tank effluent of hatchery-reared Atlantic salmon smolts, *Appl. Environ. Microbiol.*, 60, 3874-3877.

奥田律子・西澤豊彦・吉水　守（2008）：細菌性腎臓病原因菌 *Renibacterium salmoninarum* の検出における PCR の限界．魚病研究，43，29-33.

大塚弘之・中井敏博・室賀清邦・城　泰彦（1984）：ウナギ病魚から分離された非定型 *Aeromonas salmonicida*，魚病研究，19，101-107.

P

Park, S. C., I. Shimamura, H. Hagihira and T. Nakai（2000）：A brown pigment-producing strain of *Pseudomonas plecoglossicida* isolated from ayu with hemorrhagic acites. *Fish Pathol.*, 35, 91-92.

Pavan, M. E., S. L. Abbott, J. Zorzopulos and J. M Janda（2000）：*Aeromonas salmonicida* subsp. *pectinolytica* subsp. nov., a new pectinase-positive subspecies isolated from a heavily polluted river, *Int. J. Syst. Evol. Microbiol.*, 50, 1119-1124.

Pedersen, K. and J. L. Larsen（1993）：rRNA gene restriction patterns of *Vibrio anguillarum* serogroup O1, *Dis. Aquat. Org.*, 16, 121-126.

Pedersen, K., G. Ceschia and J. L. Larsen（1994）：Ribotypes of *Vibrio anguillarum* O1 from Italy and Greece, *Current Microbiol.*, 28, 97-99.

Pier, G.B. and S.H. Madin（1976）：*Streptcoccus iniae* sp. nov., a beta-hemolytic *Streptococcus* isolated from an Amazon freshwater dolphin, *Inia geoffrensis*, *Int. J. Syst. Bacteriol.*, 26, 545-533.

Pollard, D. R., W. M. Johnson, H. Lior, S. D. Tyler and K. R. Rozze（1990）：Detection of the aerolysin gene in *Aeromonas hydrophila* by the polymerase chain reaction, *J. Clin. Microbiol.*, 28, 2477-2781.

Ponpompisit, A., N. Areechon, T. Kono, Y. Kitao, M. Sakai, T. Katagiri and M. Endo（2009）：Detection by mycobacteriosis in guppy, *Poecilla reticulate*, by loop-mediated isothermal amplification method, *Bull. Eur. Ass. Fish Pathol.*, 29, 3-9.

Powell, J. L. and M. W. Loutit（1994）：The detection of the pathogen *Vibrio anguillarum* in water and fish using a species specific DNA probe combined with membrane filtration, *Microbial Ecol.*, 28, 375-383.

Puttinaowarat, S., K. D. Thompson, A. Kolk and A. Adams（2002）：Identification of *Mycobacterium* spp. Isolated from snakehead, *Channa striata*（Fowler）, and Siamese fighting fish, *Betta splendens*（Regan）, using polymerase chain reaction-reverse cross blot hybridization（PCR-RCBH）, *J. Fish Dis.*, 25, 235-243.

R

Reddacliff, G. L., M. Hornitsky, J. Carson, R. Petersenand and R. Zelski（1993）：Mortalities of goldfish, *Carassium auratus*（L.）, associated with *Vibrio cholerae*（non-1）, *J. Fish Dis.*, 16, 517-520.

Roach, J. C., P. N. Levett and M. C. Lavoie（2006）：Identification of *Streptococcus iniae* by commercial bacterial identification systems. *J. Microbiol. Methods*, 67, 20-26.

Robinson, J. and F. Meyer（1966）：Streptcoccal fish pathogen, *J. Bacteriol.*, 92, 512.

S

Saiki, R. K., D. H. Gelfand, S. Stoffel, S. J. Scharf, R. Higuchi, G. T. Horn, K. B. Mullis and H. A. Erlich（1988）：Primer-directed enzymatic amplification of DNA with a thermostable DNA polymerase, *Science*, 239, 487-491.

Sakai, M., D. V. Baxa, T. Kurobe, T. Kono, R. Shivappa and R. P. Hedrick（2009）：Detection of *Nucleospora salmonis* in cutthroat trout（*Oncorhynchus clarki*）and rainbow trout（*Oncorhynchus mykiss*）by loop-mediated isothermal amplification, *Aquaculture*, 288, 27-31.

Sakai, T., T. Hirae, K. Yuasa, T. Kamaishi, T. Matsuyama, S. Miwa, N. Oseko and T. Iida（2007）：Mass mortality of cultured kuruma prawn *Penaeus japonicus* caused by *Vibrio nigripulchritudo*. *Fish Pathol.*, 42, 141-147.

Sakai, T., T. Kamaishi, M. Sano, K. Tensha, T. Arima, Y. Iida, T. Nagai, T. Nakai and T. Iida（2008）：Outbreaks of *Edwardsiella ictarluri* infection in ayu *Plecoglossus altivelis* in Japanese rivers, *Fish Pathol.*, 43, 152-157.

Sakai, T., K. Yuasa, M. Sano and T. Iida（2009）：Identification of *Edwardsiella ictaluri* and *E. tarda* by spesies-specific polymerase chain reaction targeted to the upstream region of the fimbrial gene, *J. Aquat. Anim. Health*, 21, 124-132.

坂井貴光・大迫典久・飯田貴次（2006）：レッドマウス病原因菌の簡易迅速検出法について，魚病研究，41，127-130.

坂田泰造・松浦　衛（1988）：疾病ブリ稚魚から分離した *Vibrio damsela* 菌株について，水産増殖，36，103-106.

坂崎利一（1967）：腸炎ビブリオとその類似細菌（藤野恒三郎・福見秀雄編）．納谷書店，pp.83-115.

佐古　浩（1993）：海水魚および淡水魚から分離された β 溶血性連鎖球菌の性状ならびに病原性，水産増殖，41，387-395.

Saleh, M., H. Soliman and M. El-Matbouli（2008）：Loop-mediated isothermal amplification as an emerging technology for detection of *Yersinia ruckeri* the causative agent of enteric red mouth disease in fish, *BMC Vet. Res.*, 4, 1-10.

Sambrook, J., E. F. Fritsch and T. Mniatis（1987）：Molecular cloning：A laboratory manual（2nd ed.）, Cold Spring Harbor Laboratory Press, New York, U.S.A.

Saulnier, D., J.C. Avarre, G. Lemoullac, D. Ansquer, P. Levy and V. Vonau (2000): Rapid and sensitive PCR detection of *Vibrio penaeicida*, the putative etiological agent of syndrome 93 in New Caledonia, *Dis. Aquat. Org*., 40, 109-115.

Savan, R., A. Igarashi, S. Matsuoka and M. Sakai (2004): Sensitive and rapid detection of edwardsiellosis in fish by a loop-mediated isothermal amplification method, *Appl. Environ. Microbiol*., 70, 621-624.

Savan, R., T. Kono, T. Itami and M. Sakai (2005): Loop mediated isothermal amplification (LAMP): An emerging technology for detection of fish and shellfish pathogens, *J. Fish. Dis*., 28, 573-581.

Sawyer, E.S. (1976): An outbreak of myxobacterial disease in cohosalmon (*Oncorhynchus kisutch*) reared in a marine estuary. *J. Wildl. Dis*., 12, 575-578.

Schiewe, M. H., T. J. Trust and J. H. Crosa (1981): *Vibrio ordalii* sp. nov.: a causative agent of vibriosis in fish, *Current Microbiol*., 6, 343-348.

Shivappa, R. B., R. Savan, T. Kono, M. Sakai, E. Emmenegger, G. Kurath and J. F. Levine (2008): Detection of spring viraemia of carp virus (SVCV) by loop-mediated isothermal amplification (LAMP) in koi carp, *Cyprinus carpio* L, *J. Fish Dis*., 31, 249-258.

Simidu,U. and S. Egusa (1972): A reexamination of the fish-pathogenic bacterium that had been reported as a *Pasteurella* species, *Bull. Jap. Soc. Sci. Fish*., 38, 803-812.

Skov, M. N., K. Pedersen and J. L. Larsen (1995): Comparison of pulsed-field gel electrophoresis, ribotyping, and plasmid profiling for typing of *Vibrio anguillarum* serovar O1, *Appl. Environ. Microbiol*., 61, 1540-1545.

Smith, S. K., D. C. Sutton, J. A. Fuerst and J. L. Reichelt (1991): Evaluation of *Listonella damsela* (Love *et al.*) MacDonell and Colwell to the genus *Photobacterium* as *Photobacterium damsela* comb. nov. with an emended description, *Int. J. Syst. Bacteriol*., 41, 529-534.

Snieszko, S.F., G.L. Bullock, E. Hollis and J.G. Boone (1964): *Pasteurella* sp. from an epizootic of white perch (*Roccus americanus*) in Chesapeake Bay tidewater areas, *J. Bacteriol*., 88, 1814.

Soliman, H. and M. El-Matbouli (2006): Reverse transcription loop-mediated isothermal amplification (RT-LAMP) for rapid detection of viral hemorrhagic septicaemia virus (VHS), *Vet. Microbiol*., 114, 205-213.

Soliman, H., P. J. Midtlyng and M. El-Matbouli (2009): Sensitive and rapid detection of infectious pancreatic necrosis virus by reverse transcription loop mediated isothermal amplification, *J. Viol. Methods*, 158, 77-83.

反町　稔・前野幸男・中島員洋・井上　潔・乾　靖夫 (1993): 養殖ブリ "黄疸症" の原因, 魚病研究, 28, 119-124.

Southern, E. M. (1975): Detection of specific sequences among DNA fragments separated by gel electrophoresis, *J. Mol. Biol*., 98, 503-508.

Stevenson, R. M. W. and J. D. Daly (1982): Biochemical and serological characteristics of Ontario isolates of *Yersinia ruckeri*, *Can. J. Fish. Aquat. Sci.*, 39, 870-876

Sudhakaran, R., T. Mekata, T. Kono, K. Supamattaya, N. T. H. Linh, M. Sakai and T. Itami (2008): Rapid detection and quantification of infectious hypodermal and hematopoietic necrosis virus (IHHNV) by real-time loop-mediated isothermal amplification, *Fish Pathol*., 43, 170-173.

Sudhakaran, R., T. Mekata, M. Inada, S. Okugawa, T. Kono, K. Supamattaya, T. Yoshida, M. Sakai and T. Itami (2010): Development of rapid, simple and sensitive real-time reverse transcriptase loop-mediated isothermal amplification method (RT-RAMP) to detect viral diseases (PRDV, YHV, IHHNV and TSV) of penaeid shrimp, *Asian Fish. Sci*., 23, 561-575.

Sukenda and H. Wakabayashi (2000): Tissue distribution of *Pseudomonas plecoglossicida* in experimentally infected ayu *Plecoglossis altivelis* studied by real-time quantitative PCR, *Fish Pathol*., 35, 223-228.

Sung, C.-H. and J.-K. Lu (2009): Reverse transcription loop mediated isothermal amplification for rapid and sensitive detection of nervous necrosis virus in groupers, *J. Virol. Methods*, 159, 206-210.

Suzuki, M., Y. Nakagawa, S. Harayama and S. Yamamoto (2001): Phylogenetic analysis and taxonomic study of marine *Cytophaga*-like bacteria: proposal for *Tenacibaculum* gen. nov. with *Tenacibaculum maritimum* comb. nov. and *Tenacibaculum ovolyticum* comb. nov., and description of *Tenacibaculum mesophilum* sp. nov. and *Tenacibaculum amylolyticum* sp. nov, *Int. J. Syst. Evol. Microbiol.*, 51, 1639-1652.

T

Tajima, K., Y. Ezura and T. Kimura (1985): Studies on the taxonomy and serology of causative organisms of fish vibriosis, *Fish Pathol*., 20, 131-142.

Takahashi, Y., T., Itami, M. Maeda and M. Kondo (1998): Bacterial and viraldiseses of kuruma shirimp (*Penaeus japonicus*) in Japan, *Fish Pathol*., 33, 357-364.

高橋幸則・名古屋博之・桃山和夫 (1984): クルマエビ稚仔から分離された *Vibrio* 属細菌の病原性ならびに性状, 水産大学校研究報告, 32, 23-31.

高橋幸則・下山泰正・桃山和夫 (1985): 養殖クルマエビから分離された *Vibrio* 属細菌の病原性ならびに性状, 日水誌, 51, 721-730.

高橋幸則・闇　愚・伊丹利明 (1991): クルマエビから分離された色素産生性 *Vibrio* の病原性ならびに性状, 水産大学校研究報告, 39, 109-118.

Tenover, F. C. (1989): DNA probes for infectious diseases, CRC Press, Inc. Boca Raton, Florida. pp. 1-286.

Thompson, F. L., C. C. Thompson, G. M. Dias, H. Naka, C. Dubay and J. H. Crosa (2011): The genus *Listonella* MaDonell and Colwell 1986 is a later heterotypic synonym of the genus *Vibrio* Pacini 1854 (Approved List 1980) – A taxonomic opinion, *Int. J. Syst. Evol. Microbiol.*, 61, 3023-3027.

Toranzo, A. E., S. Barreiro, J. F. Casal, A. Figueras, B. Magarinos and J. L. Barja（1991）：Pasturellosis in cultured gilthead seabream（*Sparus aurata*）– first report in Spain, *Aquaculture,* 99, 1-15.

Toranzo, A. E., S. Devesa, P. Heinen, A. Riaza, S. Núñez and J. L. Barja（1994）：Streptococcosis in cultured turbot caused by an *Enterococcus* – like bacterium, *Bull. Eur. Ass. Fish Pathol.*, 14, 19-23.

Toyama, T., K. Kita-Tsukamoto and H. Wakabayashi（1994）：Identification of *Cytophaga psychrophila* by PCR targeted 16S ribosomal RNA, *Fish Pathol.*, 29, 271-275.

Toyama, T., K. Kita-Tsukamoto and H. Wakabayashi（1996）：Identification of *Flexibacter maritimus*, *Flavobacterium branchiophilum* and *Cytophaga columnaris* by PCR targeted 16S ribosomal DNA, *Fish Pathol.*, 31, 25-31.

Truper, H, G. and L. de'Clair（1997）：Taxonomic note：Necessary correction of specific epithets formed as substantives（nouns）' in apposition ', *Int. J. Syst. Bact.*, 47, 908-909.

Tung, M.C., S.C. Tsai, L.F. Ho., S.T. Huang and C. Chen（1985）：An acute septicemic infection of Pasteurella organism in pond – cultured formosa snakehead fish（*Channa Maculate* Lacepede）in Taiwan, *Fish Pathol.*, 20, 143-148.

U

上田忠男（1975）：クルマエビのビブリオ感染症．鹿児島県水試事業報告書（昭和48年度），44-54.

上田忠男・北上一男（1977）：養殖クルマエビから分離された病原菌について．鹿児島県水試事業報告書（昭和50年度），24-30.

Urdaci, M. C., C. Chakroun, D. Faure and J. F. Bernardet（1998）：Development of a polymerase chain reaction assay for identification and detection of the fish pathogen *Flavobacterium psychrophilum*, *Res. Microbiol.*, 149, 519-30.

V

Valle, O., M. Dorsch, R. Wiikand and E. Stackebrandt（1990）：Nucleotide sequence of the 16S rRNA from *Vibrio anguillarum, Syst. Appl. Microbiol.*, 13, 257.

W

若林久嗣（1994）：タイ類，ブリ，ヒラメの滑走細菌症．改訂増補魚病学（感染症・寄生虫病篇）（江草周三編）．恒星社厚生閣．pp. 129-131.

若林久嗣（2004）：カラムナリス病（Columnaris disease）．魚介類の感染症・寄生虫病（江草周三監修，若林久嗣・室賀清邦編）．恒星社厚生閣．pp. 173-177.

Wakabayashi, H. and S. Egusa（1973）：*Edwardsiella tarda*（*Paracolo- bactrum anguillimortiferum*）associated with pond – cultured eel disease, *Bull. Jap. Soc. Sci.*, 39, 931-936.

Wakabayashi, H., M. Hikida and K. Masumura（1986）：*Flexibacter maritimus* sp. nov., a pathogen of marine fishes, *Int, J. Syst. Bacteriol.*, 39, 213-216.

Wakabayashi, H., T. Toyama and T. Iida（1994）：A study on serotyping of *Cytophaga psychrophila* isolated from fishes in Japan, *Fish Pathol.*, 29, 101-104.

若林久嗣・堀内三津幸・文谷俊雄・星合原一（1991）：日本で発生したギンザケ稚魚の冷水病，魚病研究，26，211-212.

若林久嗣・沢田健蔵・二宮浩司・西森栄太（1996）：シュードモナス属細菌によるアユの細菌性出血性腹水病，魚病研究，31，239-240.

Weerakhun, S., N. Aoki, O. Kurata, K. Hatai, H. Nibe and T. Hirae（2007）：*Mycobacterium marinum* infection in cultured yellowtail *Seriola quinqueradiata* in Japan, *Fish Pathol.*, 42, 79-84.

Welker, T. L., C. A. Shoemaker, C. R. Arias and P. H. Klesius（2005）：Transmission and detection of *Flavobacterium columnare* in channel catfish *Ictalurus punctatus*, *Dis. Aquat. Organ.*, 63, 129-138.

White, F.H., C.F. Simpson and L.E. Williams（1973）：Isolation of *Edwardsiella tarda* from aquatic animal species and surface waters in Florida, *J. Wildl. Dis.*, 9, 204-208.

Wilkinson, H.W., L.G. Thacker and R.R. Facklam（1973）：Nonhemolytic group B streptococci of human, bovine, and ichthyic origin, *Infect. Immunity*, 7, 496-498.

Willumsen, B.（1989）：Birds and wild fish as potential vectors of *Yesinia ruckeri*, *J. Fish Dis.*, 12, 275-277.

Williams, A. M. and M. D. Collins（1990）：Molecular taxonomic studies on *Streptococcus uberis* type Ⅰ and Ⅱ. Discription of *Streptococcus parauberis* sp. nov, *J. Appl. Bacteriol.*, 68, 485-490.

Williams, M. L. and M. L. Lawrence（2010）：Verification of an *Edwardsiella ictaluri*-specific diagnostic PCR, *Lett. Appl. Microbiol.*, 50, 153-157.

X

Xiao, P., Z. L. Mo, Y. X. Mao, C. L. Wang, Y. X. Zou and J. Li（2009）：Detection of *Vibrio anguillarum* by PCR amplification of the *empA* gene, *J. Fish Dis.*, 32, 293-296.

Y

Yamada, Y. and H. Wakabayashi（1998）：Enzyme electorophoresis, catalase test and PCR-RFLP analysis for the typing of *Edwardsiella tarda*, *Fish Pathol.*, 33, 1-5.

山本博敬・北上哲夫・山元宣征・安永統男（1977）：クルマエビ種苗生産時に発生した中腸腺白濁症について，長崎県水試研究報告，3，10-15.

安永統男（1972）：スレに起因する種苗用マダイの細菌性疾病の一原因菌と薬浴の効果，魚病研究，7，67-71.

安永統男・山元宣征（1977）：1997年冬期養殖マダイのいわゆるビブリオ病から分離された菌株の性状，魚病研究，12，209-214.

安永統男・山元宣征（1978）：1997年産クルマエビ種苗のいわゆる中腸腺白濁症から分離した菌株の性状，長崎県水試研究報告，4，71-76.

安永統男・小川七朗・畑井喜司雄（1982）：数種の海産養殖魚から分離された病原性 *Edwardsiella* の性状について，長崎県水試研究報告，8，57-65.

Yeh, H.-Y., C. A. Shoemaker and P. H. Klesius（2005）：Evaluation of a loop-mediated isothermal amplification method for rapid detection of channel catfish *Ictalurus punctatus* important bacterial pathogen *Edwardsiella ictaluri*, *J. Microbiol. Methods*, 63, 36-44.

Yeh, H. Y., C. A. Shoemaker and P. H. Klesius（2006）：Sensitive and rapid detection of *Flavobacterium columnare* in channel catfish *Ictalurus punctatus* by a loop-mediated isothermal amplification, *J. App. Microbiol.*, 100, 919-925.

吉浦康寿・釜石　隆・中易千早・乙竹　充（2006）：Peptidyl-prolyl cis-trans isomerase C 遺伝子を標的とした PCR による *Flavobacterium psychrophilum* の判別と遺伝子型，魚病研究，41，67-71.

Z

Zhao, J. and T. Aoki（1989）：A specific DNA hybridization probe for detection of *Pasteurella piscicida*, *Dis. Aquat. Org.*, 7, 203-210.

Zhao, J. and T. Aoki（1992）：Plasmid profile analysis of *Pasteurella piscicida* and use of a plasmid DNA probe to identify the species, *J. Aquat. Anim. Health*, 4, 198-202.

Zheng,G.（1986）：Identification and pathogenicity of *Vibrio cholerae*（non-01）isolated from disesed penaeid shrimp, *J. Fish. China*., 10, 195-203.

Zhou, S. M., Y. Fan, X. Q. Zhu, M. Q. Xie and A. X. Li（2011）：Rapid identification of *Streptococcus iniae* by specific PCR assay utilizing genetic markers in ITS rDNA, *J. Fish Dis.*, 34, 265-271.

Zlotkin, A., A. Eldar, C. Ghittino and H. Bercovier（1998a）：Identification of *Lactococcus garvieae* by PCR, *J. Clin. Microbiol.*, 36, 983-985.

Zlotkin, A., H. Hershko and A. Eldar（1998b）：Possible transmission of *Streptococcus iniae* from wild fish to cultured marine fish, *Appl. Environ. Microbiol.*, 64, 4065-4067.

第2章　魚介類のウイルス病と診断法

§1. 魚類ウイルスとその培養法および検査準備

魚類の種類は24,618種（Nelson, 1994）と報告され，日本の沿岸には約3,300種類が生息している．そのうち食用魚は500種程度であり，増養殖の対象にされているのはさらにその1/10程度である．しかし，宿主となる魚類の数に比べると発見されている魚類ウイルスの数は極めて少なく（吉水, 1996），これは，魚類ウイルスの研究が増養殖魚，漁獲魚あるいは観賞魚の病気もしくは皮膚などの異常の原因究明とその防除・防疫対策など，産業的な疾病対策に重点が置かれてきたためと考えられる．魚介類の種苗の生産・放流を中心とする栽培漁業や沿岸域での養殖が盛んになるにつれ，魚を人為環境下で管理することが多くなり，一度病原体が侵入すれば病気が発生しやすい環境が形成されている（Muroga, 2001）．なかでもウイルスによる病気は被害が大きく，その対策確立が急務であり，水産関係のウイルス研究者の労力の大半はこちらに注がれてきた（Kimura and Yoshimizu, 1991）．

魚介類のウイルスの種類は，今のところヒトや家畜に比べればかなり少なく，これは前述のように，魚介類のウイルス研究が産業的に被害の大きい病気の原因ウイルスを対象に行われてきたことと，魚類・甲殻類のウイルスで人や家畜に病原性を有するウイルスが分離されていないことにより，医学・獣医学領域の研究者の関心を引かなかったためと考えられる．増養殖対象魚介類がより広範囲になれば，今後も未知のウイルスによる病気が発生する可能性があり，水産業の発展のためにも，増養殖の対象となり得る魚種のウイルス保有状況調査を行うことと，現在実施されている防疫対策に加え，より効果的なウイルス病対策を検討しておく必要がある（吉水・笠井, 2005）．

魚類は水中に生息し，陸上に暮らすヒトや家畜とは生活環境が大きく異なり，ウイルスの侵入門戸も異なる．変温動物であるため実験動物としては扱いにくいように思われるが，適切な管理をすればマウスやラットよりも容易であり，多数の同腹飼育群が得られる利点がある．ニジマス *Oncorhynchus mykiss* を中心に実験動物としての系群の確立やクローンの樹立が進み，また魚類の培養細胞もすでに数多く樹立されている．温血動物由来細胞と異なり，宿主の生息温度に近い温度で培養しなければならないが，発育温度域が広く管理もしやすいなど多くの利点を有している．ウイルスの科が同じであれば，抗ウイルス物質の作用は同一であり，ヒトや家畜に重篤な危害を及ぼすウイルスに対する抗ウイルス物質の検索など，利用が広がっている．さらに，魚類ウイルスと他の脊椎動物のウイルスを比較することで，ウイルスの進化の過程も明らかになってくると考えられる．

1・1 魚類のウイルス病研究の歴史

コイ *Cyprinus carpio* のポックス（pox）やカレイ類のリンホシスチス病（lymphocystis disease, LCD）は，外観症状が特徴的で慢性的に経過することから広く人々の目に留まり，古くは18世紀に記載をみることができる．しかし，病原体としてのウイルスの研究が始まったのは1950年代になってからである（Wolf, 1988；若林・室賀, 2004；小川・室賀, 2008）．まず，米国東部およびカナダのカワマス *Salvelinus fontinalis* およびニジマスの伝染性膵臓壊死症（infectious pancreatic necrosis, IPN）が，濾過性の病原体によることが明らかになった．しかし，当時は魚類の培養細胞がなく，ニジマスの尾鰭を用いた初代培養細胞により，1960年に初めて魚類ウイルスが分離された．同時期，米国西部のベニザケ *Oncorhynchus merka* ならびにマスノスケ *Oncorhynchus tschawytscha* に認められた風土病様の病気も，濾過性の病原体によることが明らかになった．1960年代に入り，ニジマスの生殖腺組織由来細胞 RTG-2 およびマスノスケの胚由来細胞 CHSE-214 が樹立され（Wolf and Quimby, 1962; Fryer *et al.*,1965），IPN ウイルス（IPNV）をはじめ上記のベニザケおよびマスノスケからウイルスが分離された．このベニザケおよびマスノスケからのウイルスは，伝染性造血器壊死症ウイルス（infectious hematopoietic necrosis virus, IHNV）と名付けられ，IPNV および IHNV の分離が魚類ウイルスおよびウイルス病研究の始まりとなった．以来，次々と魚類由来株化細胞が樹立され，1995年の Fryer and Lannan（1994）の総説には34科74種から樹立された137株の魚類由来培養細胞が記載されている．これと並行して魚類のウイルス病の研究も進み，原因が不明であったサケ科魚類のエグドベト病やコイの伝染性腹水症（正確にはその一部）がウイルス病であることが明らかとなり，ウイルス性出血性敗血症（viral haemorrhagic septicemia, VHS）およびコイ春ウイルス血症（spring viremia of carp, SVC）なる名称が提案され，原因ウイルスも分離された（Wolf, 1988）．

このような経緯から，魚類のウイルス病および原因ウイルスの研究は，まず，北米，欧州および日本で産業的に被害の大きいサケ科魚類およびコイ科魚類が研究の対象となった．近年になって種々の魚類，甲殻類，貝類が増養殖の対象になり，海産魚，エビ類および一部の貝類の病気が大きな問題になっている．表2-1および表2-2に産業的に重要なウイルス病の原因ウイルスを示した．

魚類に致死性の病気を引き起こすウイルスのうち分離培養が可能なものによる病気として，北米・欧州・日本のサケ科魚類の IHN および IPN，日本のサケ科魚ヘルペスウイルス病（*Oncorhynchus masou* virus disease, OMVD）およびウイルス性旋回病（viral whirling disease, VWD），欧州のニジマスの VHS，伝染性サケ貧血症（infectious salmon anemia, ISA）および SVC，オーストラリアの redfin perch（*Perca fluviatilis*）やニジマスの流行性造血器壊死症（enzootic hematopoietic necrosis, EHN），米国のアメリカナマズ *Ictalurus punctatus* のウイルス病（chanel catfish viral disease, CCVD）およびシロチョウザメ *Acipenser transmontanus* のイリドウイルス病，ニホンウナギ *Anguilla japonica* のウイルス性血管内皮壊死症，コイヘルペスウイルス病（koi herpes virus disease, KHVD）などがある．さらに海産魚のウイルス病としてはブリ *Seriola quinqueradiata* やヒラメ *Paralichthys olivaceus* のウイルス性腹水症，海産魚のラブドウイルス病，マダイ *Pagrus major* など多くの海産魚のイリドウイルス病，ウイルス性神経壊死症（viral nervous necrosis, VNN）などが知られている（Kimura and Yoshimizu, 1991）．

これらウイルスが分離されている病気に加えて，原因ウイルスの分離･培養には成功していないが，

表2-1　魚類の主なDNAウイルス

ウイルス科	ウイルス名	宿主	文献
イリドウイルス	リンホシスチス病ウイルス（LCDV）*	海産魚・淡水魚（142種）	Wolf *et.al*., 1962
	ウイルス性赤血球壊死症ウイルス（VENV）*	海産魚（21種）	Appy *et.al*., 1976
	ニホンウナギイリドウイルス（ICDV）*	ニホンウナギ	反町・江草, 1982
	マダイイリドウイルス（RSIV）	マダイ他多くの海産魚	井上ら, 1992
	シロチョウザメイリドウイルス（WSIV）	シロチョウザメ	Hedrick *et.al*., 1990
ヘルペスウイルス	サケ科魚ヘルペスウイルス *Oncorhynchus masou virus*（OMV）	太平洋サケ（Pacific salmon）	Kimura *et.al*., 1981
	コイヘルペスウイルス（*Herpesvirus cyprinid*；CyHV-1）	コイ	Sano *et.al*., 1985
	キンギョ造血器壊死症ウイルス（GHV; CyHV-2）*	キンギョ	Jung and Miyazaki, 1995
	コイヘルペスウイルス（KHV; CyHV-3）	コイ	Hedrick *et.al*., 2000
	ウナギヘルペスウイルス（HVA; AngHV-1）	ウナギ	Sano *et.al*., 1990
	ヒラメヘルペスウイルス（FHV）*	ヒラメ	Iida *et.al*., 1989
	アメリカナマズヘルペスウイルス（CCV; IcHV-1）	アメリカナマズ（channel cat fish）	Fijan *et.al*., 1970
	イワシヘルペスウイルス（PHV）*	イワシ（pilchard）	Hyatt *et.al*., 1997
ポックスウイルス	コイ浮腫症ウイルス（CEV）*	コイ	Ono *et.al*., 1986
	アユポックスウイルス	アユ	Wada *et.al*., 2008
不明	トラフグ口白症ウイルス*	トラフグ	井上ら, 1986
	ニホンウナギ血管内皮増殖ウイルス（JEECV）	ニホンウナギ	小野ら, 2007

*：電子顕微鏡で観察されかつ病原性が確認されているもの

ウイルス粒子が病患部組織などに電子顕微鏡によって観察され，感染試験によりウイルスが原因であることが確認されている病気もある．古くから知られているものとしては，種々の海産魚・淡水魚のLCD（近年ヨーロッパヘダイ *Sparus aurata* やヒラメのLCDVは分離が可能になった），サケ科魚類のウイルス性赤血球壊死症（viral erythrocytic necrosis，VEN），赤血球封入体症候群（erythrocyte inclusion body syndrome，EIBS），コイの浮腫症やキンギョのヘルペスウイルス病（造血器壊死症），アユの異形細胞性鰓病，ヒラメのウイルス性表皮増生症，トラフグ *Takifugu rubripes* の口白症などがある．

日本では栽培漁業の進展に伴い，各地の栽培漁業センターあるいは種苗生産施設で人工種苗が生産されるにつれ，多くの魚種で新しいウイルス病の被害が報告されるようになり，特にシマアジ *Pseudocaranx dentex*，キジハタ *Epinephelus akaara*，ヒラメ，トラフグ，マツカワ *Verasper moseri* などの海産仔稚魚に見られるウイルス性神経壊死症およびヒラメ，キツネメバル *Sebastes vulpes* などのウイルス性表皮増生症は，一時各地で壊滅的な打撃を与え，種苗生産時におけるウイルス病対策の重要性を提示した（吉水・笠井, 2005）．外国では，北欧のタイセイヨウサケ *Salmo salar* およびブ

表2-2　魚類の主なRNAウイルス

ウイルス科	ウイルス名	宿主	文献
アクアビルナウイルス	伝染性膵臓壊死症ウイルス（IPNV）	サケ科魚類13種，淡水魚11種，海産魚11種	Wolf *et.al.*, 1960
	ウイルス性腹水症ウイルス（YTAV）	ブリ	反町・原，1985
ラブドウイルス	ウイルス性出血性敗血症ウイルス（VHSV）	ニジマス	Jensen, 1963
	伝染性造血器壊死症ウイルス（IHNV）	ベニザケ，ニジマス	Amend *et.al.*, 1969
	コイ春ウイルス血症ウイルス（SVCV）	コイ	Fijan *et.al.*, 1971
	Rhabdovirus anguilla（EVA, EVEX）	アメリカウナギ，ヨーロッパウナギ	Sano 1976, Sano *et.al.*, 1997
	ヒラメラブドウイルス（HIRRV）	ヒラメ	Kimura *et.al.*, 1986
レオウイルス	サケレオウイルス（CSV）	サケ，サクラマス	Winton *et.al.*, 1981
レトロウイルス	ウイルス性旋回病ウイルス	ギンザケ	Oh *et.al.*, 1995
オルソミクソウイルス	伝染性サケ貧血症ウイルス（ISAV）	タイセイヨウサケ	Dannevig *et.al.*, 1995
ノダウイルス	魚類ノダウイルス	シマアジ他14種	Mori *et.al.*, 1991
トガウイルス？	赤血球封入体症候群ウイルス*	ギンザケ	Holt and Rohovec, 1984

*：電子顕微鏡で観察されかつ病原性が確認されているもの

ラウントラウト *Salmo trutta* の潰瘍性皮膚壊死症，欧米のパイク類のリンパ肉腫などもウイルスが関与している疾病とされている．

また魚類の腫瘍の中には，上記のサケ科魚類のヘルペスウイルスやコイのヘルペスウイルスによる腫瘍，パイクやウオールアイの肉腫の他，ウイルスが原因と考えられるものがいくつか知られている．なかでもサケ科魚類の口部基底細胞上皮ガンと錦鯉の上皮腫は，その原因ウイルスが分離され，実験的に腫瘍誘発が証明されている（Yoshimizu and Kasai, 2011）．

本節では，まず魚類ウイルス病およびその研究の歴史を紹介し，次いで魚類培養細胞の作成法および魚類ウイルスの分離に使用されている細胞を紹介するとともに，魚類ウイルス病診断の流れについて紹介する．そのあと1･2ではわが国で飼育されている魚類に見られる代表的なウイルス病について，サケ・マス類，淡水の温水魚および海産魚に分け，病気の概要，病原体，症状，疫学，診断法について紹介し，1・3では血清学的診断法を1・4では分子生物学的手法による診断法を紹介する．最後に1・5ではワクチン投与が可能になるまでの期間の防疫対策について記した．

1・2　魚類培養細胞

魚類のウイルス病研究の基礎として，原因ウイルスの分離・同定，性状検査などに宿主由来の培養細胞が不可欠である（Yoshimizu *et.al.*, 1988）．ここでは世界的に広く使用されているRTG-2，CHSE-214，EPCおよびFHM細胞を含め，比較的性状が安定している代表的な魚類由来培養細胞の好適培養条件，魚類ウイルス感受性および細胞の保存法を示した（吉水，1997）（表2-3）．

魚類培養細胞はEagleの最小必須培地（MEM）を基礎培地に，炭酸緩衝液を使用して CO_2 インキュ

表 2-3　代表的な魚類由来培養細胞のウイルス感受性

細胞名	起源と性質				培養温度(℃)	ウイルス感受性[*2]
	魚種	組織	細胞形態	培地[*1]		
ASK	タイセイヨウサケ	腎臓	上皮	MEM	20	IP IH IS
SE	サケ	胚	繊維芽	MEM	20	IP IH HR EA EX SV PF CC CS OM
CHSE-214	マスノスケ	胚	上皮	MEM	20	IP IH SV CS OM HS IS
KO-6	ヒメマス	卵巣	上皮	MEM	20	IP IH EX PF CS OM HS
YNK	サクラマス	腎臓	繊維芽	MEM	20	IP IH HR EA EX PF CS
RTG-2	ニジマス	卵巣	繊維芽	MEM	20	IP IH HR EA PF OM HS
RTH-149	ニジマス	肝腫	上皮	MEMh	20	IP IH HR EA EX PF CS OM HS
STE-137	スチールヘッドトラウト	胚	繊維芽	MEM	20	IP IH HR SV EA EX PF CS OM HS
BB	ブラウンブルヘッド	尾柄	繊維芽	MEM	30	IP IH HR CC
BF-2	ブルーギル	鰭	繊維芽	MEM	30	IP IH HR SV EA EX PF LC
CCO	アメリカナマズ	卵巣	上皮	L-15	30	SV EX PF CC
EK-1	ウナギ	腎臓	繊維芽	MEMh	30	IP IH HR EA EX PF CC CS
EPC	コイ	上皮腫	上皮	MEM	30	IP IH HR SV EA EX PF CS
EPG	キンギョ	上皮腫	上皮	L-15	30	IH HR SV EA EX PF
FHM	ファットヘッドミノー	尾柄	上皮	L-15	30	IP IH HR SV EA EX PF
JEEC	ニホンウナギ	血管内皮	繊維芽	H-EB2	25	EC
SHH	キノボリウオ	心臓	上皮	MEM	25	IP IH HR SV EA EX PF
SSN-1	キノボリウオ	胚	繊維芽	L-15	25	NN
GF	イサキ	鰭	繊維芽	L-15	25	Ip IH HR RS
GSE	コノシロ	胚	上皮	MEM	25	IP IH HR PF RS
HINAE	ヒラメ	胚	繊維芽	L-15	25	IP IH HR LC
JSKG	シマアジ	卵巣	上皮	L-15	25	IP IH HR SV EA EX PF CC CS
PAS	カンパチ	胚	上皮	L-15	25	IP IH SV EA EX PF CC CS
SBK	マダイ	腎臓	繊維芽	MEM	25	IP IH HR PF
SBK-2	シーバス	腎臓	繊維芽	L-15	25	IP IH HR
SF-2	チカ	鰭	繊維芽	L-15	20	IP IH HR
KRE	クエ	胚	上皮	MEM	25	IP SV EA EX PF CC RS
AF-29	アユ	鰭	繊維芽	L-15	20	IP IH HR PF CS
WF-1	ワカサギ	鰭	繊維芽	MEM	20	IH HR SV EA EX PF
WSF	チョウザメ	鰭	上皮	L-15	20	IP IH HR

[*1]：L-15；10% FBS 加 Leibovitz
MEM；10% FBS 加 Minimun Essential Medium（Tris 緩衝液）
MEMh；10% FBS 加 Minimun Essential Medium（Hepes 緩衝液）
[*2]：IP；IPNV, IH;IHNV, HR；HIRRV, SV；SVCV, EA；EVA, EX；EVEX, PF；PFRV, CS；CSV, CC；CCV, OM；OMV, HS；*Herpesvirus salmonis*, IS；ISA, RS；RSIV, LC；LCDV, NN；VNN, EC；JEECV.

ベーターを用いて培養した場合と Tris および HEPES 緩衝液を用いた場合，さらに Leibovitz の L-15 培地あるいは 199 培地を用いた場合があり，いずれの細胞もよく増殖し，海産魚由来細胞を含め，食塩濃度 0.116～0.171 M で増殖可能である．至適発育温度はサケ・マス類由来細胞が 15～20℃，他の温水魚由来細胞は 20～30℃である．染色体は 2n のものが大部分である．ヒトおよび家畜の細胞培養には CO_2 インキュベーターが広く用いられているが，魚類細胞の多くは培養温度が低く，冷却装置を備えたインキュベーターが必要となる．低温 CO_2 インキュベーターは特注品であり，高価となることから，L-15 培地あるいは MEM-Tris 培地が広く用いられ，プレートにはシールを貼ることが一般的である（吉水ら, 2000）.

細胞を凍結する場合，FBS あるいは MEM_{10}Tris に DMSO，グリセリンあるいはレバンを 10％の割合に加え，凍結時の温度勾配を 0.3～1.0℃ /min とし，0℃から－60℃ あるいは－80℃ までこの条件で下げ，その後液体窒素中に保存する方法が推奨されている．この温度条件は発泡スチロール製の断熱ボックスを使用しても得られ，この方法により，細胞は現在のところ 10 年以上，生存率 85％

以上で保存されている（吉水, 1986, 1990）.

なお，甲殻類のエビ・カニ類や軟体動物の貝類由来の株化細胞はほとんどなく，血リンパの初代培養細胞が利用できるのみであり，これら水生無脊椎動物のウイルス病研究に大きな障害となっている．比較的簡単で成功率の高い魚類培養細胞の作成法を図 2-1 に，出来上がったサケ胚由来上皮細胞を図 2-2 に，ホタテガイの血リンパ初代培養細胞（小坂・吉水, 1995）を図 2-3 に示した．

ウイルスの分離には，本来宿主由来細胞を使用すべきであるが，魚類ウイルスは広い細胞感受性スペクトルを有する．特に，ビルナウイルスとラブドウイルスは多くの細胞で増殖する．表 2-4 に，現在，わが国で問題となっているウイルス病の検査に用いられている細胞の一覧と CPE 形態を示した．ウイルス感受性が高く，ウイルス産生量が多い細胞でも，検査の際に毒性の影響を受けやすい細胞は，もう一度継代しなければならず，ウイルス感受性に大きな差がなければ，消化酵素や生体毒性に強い細胞を用いるべきである．たとえば FHM 細胞や EPC 細胞は IHN ウイルスを増やすには適しているが，稚魚ホモジナイズ液や卵巣腔液を接種すると細胞毒性（Cyto Toxic Effect，CTE）を示すことが多く，毒性に強い CHSE-214 細胞がよく用いられている．

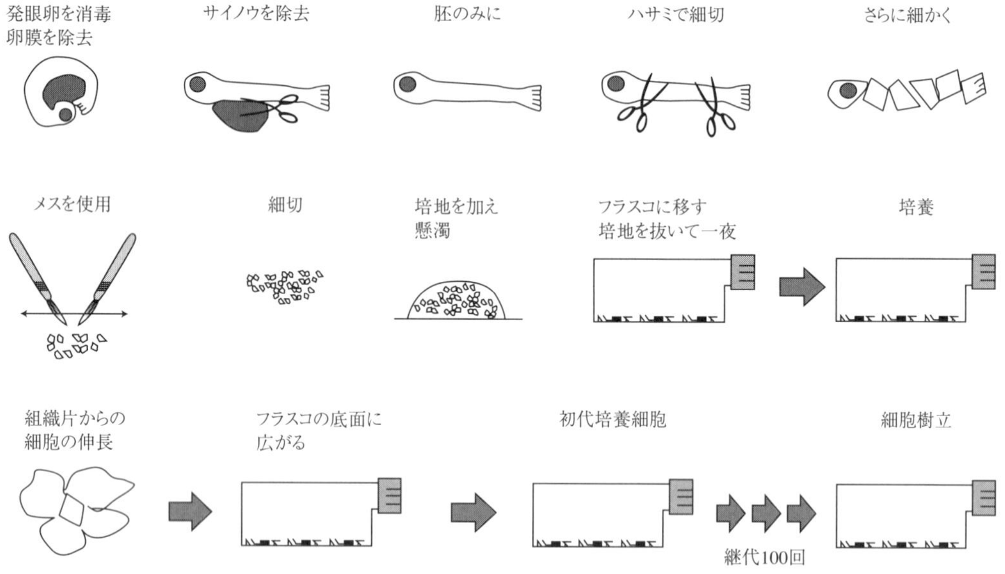

図 2-1　直播き法による初代培養細胞の作出法

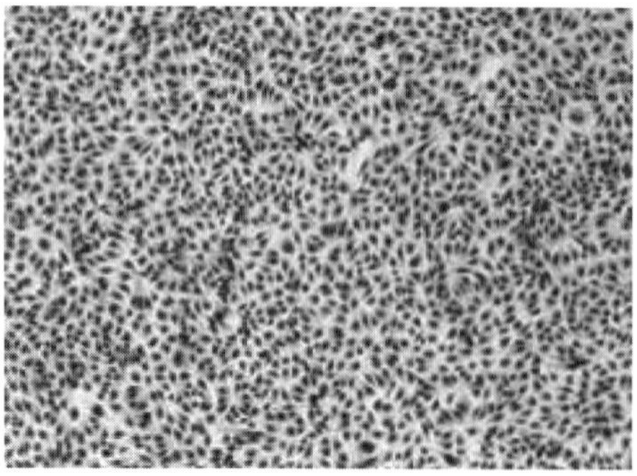

図 2-2　出来上がったサケ胚由来初代培養細胞

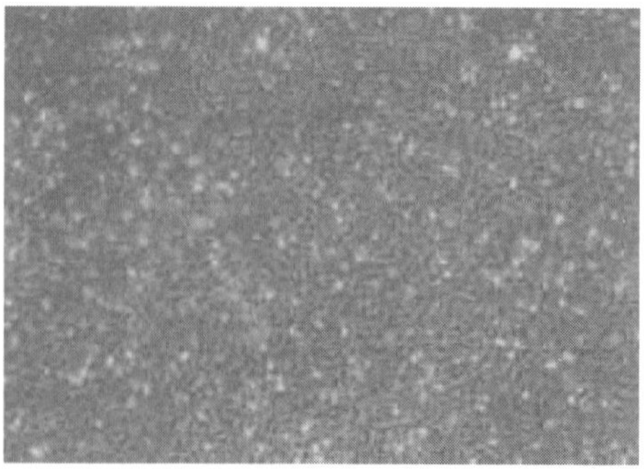

図 2-3　ホタテ貝の血球初代培養細胞

表 2-4　魚類ウイルスの分離に用いられている細胞

病　　名	細 胞 名	CPE
伝染性造血器壊死症（IHN）	CHSE-214	球形化
伝染性膵臓壊死症（IPN）	RTG-2	フィラメント化・核濃縮
サケ科魚ヘルペスウイルス病（OMVD）	RTG-2	球形科・多核巨細胞
ウイルス性旋回病（VWD）	CHSE-214	球形化
サケレオウイルス感染症（CSVD）	CHSE-214	多核融合
コイの上皮腫	FHM	球形化
コイヘルペスウイルス病	KF-1	球形化
ウナギのウイルス性血管内皮壊死症	JEEC	核の肥大と空胞化
ヒラメリンホシスチス病	HINAE	球形化・巨大化
ウイルス性腹水症	CHSE-214	フィラメント化・核濃縮
シマアジのウイルス性神経壊死症	SSN-1	スリム化
ヒラメラブドウイルス病	RTG-2	球形化
マダイイリドウイルス病	GF	球形化
ヒラメのウイルス性出血性敗血症	CHSE-214	球形化

1・3　診断の流れ

魚類のウイルス病の診断を行う場合，診断者自らが養魚池を訪ね，まず養魚家あるいは養魚担当者から，飼育環境，飼育密度，種苗の由来，餌料，発症経過，症状，死亡率などを詳しく聞き，飼育状況を把握する必要がある．感染症が疑われた場合は，組織標本と病原体の分離および検出用標本を自ら採材するのが基本である．病魚の患部あるいは腎臓などからウイルスを分離し，性状検査および中和試験を実施して同定を行うのが一般的な手法である．しかし，ウイルス病は病状の進行が早く，逆にウイルスの分離・同定に時間がかかるため，より迅速で正確な診断法の開発が要求されている．さらに EIBS やウイルス性表皮増生症，リンホシスチス病のように，未だ原因ウイルスの分離・培養ができないものがあり，免疫学的手法を用いたウイルス特異タンパク質（抗原）の検出法やウイルス特異遺伝子を検出する方法が診断に用いられている．一方既往症の診断を行うには，血清中に存在する病原ウイルスに対する抗体を対応するウイルス抗原を用いて検出する方法などが用いられる．診断マニュアルとしては水産庁が監修した『疾病診断』シリーズ，若林久嗣編『基本マニュアル』（1992），室賀清邦編『疾病診断マニュアル』（1992），OIE『Sixth edition of Manual of diagnostic test for aquatic animals』（2009, 2010）の他，小川和夫・室賀清邦編『改訂・魚病学概論』（2008）にも紹介されている．

・問診（聞き取り：魚はものを言わない）
・症状：外観所見・剖検所見
・病理所見
・原因ウイルスの分離・株の保存
　　培養できないものや時間がかかるもの→迅速診断を実施
　　標的臓器でのウイルス量の把握
・病態生理学に基づくマーカー検出
　　以上を総合的に判断して決定

1・4　電子顕微鏡によるウイルス粒子の観察

ウイルスの分離・培養が不可能であるが，患部磨砕濾液を接種すると同じ症状が観察され，コッホの原則を満たし，ウイルス病が疑われる場合，病理組織学的に特定された病変部の超薄切片を作成してウイルス粒子を観察する．分離ウイルスの場合，形態観察はウイルスの分類に必須である．組織内のウイルスの同定は免疫電顕や患部組織を用いた蛍光抗体法あるいは酵素抗体法など，免疫学的手法を用いる（後述）．

1・5　ウイルス分離用供試材料

ウイルスの標的臓器（後述）を用いる．仔魚の場合は全魚体を，稚魚以降は一般的に腎臓，脾臓，脳が用いられる．肝臓および消化管を用いる場合は毒性に注意が必要である．魚類の場合，ウイルスを保有していると成熟期に卵巣腔液中に出現するため，採卵親魚では卵巣腔液（体腔液）を検査する．上記の感受性の高い培養細胞を選択して用いる．

1・6　供試材料の運搬・保存

供試材料は 5℃で保存する．輸送時も 0～5℃（クール便）を使用する．氷温は好ましくなく，冷凍は可能とされているウイルス以外は使用しない．凍結保存は超低温槽（－80℃）あるいは液体窒素容器（－196℃）を使用する．

1・7　検査個体数

通常個体別が望ましい．統計的に 95％信頼が必要な場合のサンプル数は 60 個体を検査する．98％信頼の場合は 150 個体となる．やむなくプールする場合は 5 尾程度に抑える．24 well 組織培養用プレートを使用する場合は 1 検体 2well 使用で 10 検体の検査が可能になる．

1・8　試料の接種および細胞変性効果（CPE）の観察

供試材料を Hanks' balanced salt solution（HBSS）でホモジナイズ後，濾過（一般に 0.45 μm）除菌し培養細胞に接種する．ウイルスによっては濾過効率が悪く，IHNV で 90～99％，ヘルペスウイルスでは 99％以上が濾過膜に捕捉されてしまう．そのため抗生物質（Anti Ink; ペニシリン 1,000 IU，ストレプトマイシン 1,000 μg，マイコスタチン 800 U/ml HBSS など）で 1 晩処理後，接種する方法も採られている．細胞数は開放系（プレート）で 2.0×10^5 cells/ml，閉鎖系で 1.5×10^5 cells/ml を目安とする．細胞量は 24 well プレートで 1 ml，98 well プレートで 100 μl，試料の接種量は 24 well プレートで 100 μl，98 well プレートで 50 μl が一般的である．接種翌日細胞を観察し，毒性の有無をチェックする．

魚の生息温度以下の温度で 1～2 週間培養し，その間 CPE 発現の有無を観察する．ウイルスの科により特有の CPE を示す.

1・9　ウイルスの同定

一般的には中和試験による. $TCID_{50}$ 法とプラーク法があり, $TCID_{50}$ 法では 100 $TCID_{50}$/well に調製したウイルス液の感染性が阻止されるかどうかを試験する. プラーク法では 100 PFU/well のウイルスが中和されるかどうかを試験する. 使用する抗血清には上記ウイルス量の半数を中和できる最大希釈倍数が記載されている (ND_{50}). 診断用抗血清は市販されていないので, (社)日本水産資源保護協会から配布される診断用抗血清を利用するか, 各研究者から分与を受けたものを使用する. 分離ウイルスの同定には, 後述の血清学的手法および遺伝子検出法を用いる.　(吉水　守)

§2. サケ科魚類のウイルス病と診断法

わが国のサケ科魚類で知られているウイルス病は伝染性造血器壊死症 (IHN), 伝染性膵臓壊死症 (IPN), サケ科魚ヘルペスウイルス病 (OMVD), 赤血球封入体症候群 (EIBS), ウイルス性旋回病 (VWD), サケレオウイルス感染症 (CSVD), ウイルス性赤血球壊死症 (VEN) の 7 種類である. これらのうち, ウイルス性赤血球壊死症とサケレオウイルス感染症は産業的に問題となるほどの被害を与えていないが, その他の 5 種類はそれぞれの魚種にしばしば被害をもたらしている. これら 5 種のうち IPN, IHN, EIBS は米国から伝播したと考えられているものである. 日本では発生例はないが, 外国でよく知られている病気にウイルス性出血性敗血症 (VHS) と伝染性サケ貧血症 (ISA) がある.

2・1　サケ科魚類の伝染性造血器壊死症 (Infectious Hematopoietic Necrosis, IHN)

アメリカ西海岸のベニサケの風土病的な病気であったが, ニジマスに伝播し, 米国全土に広まった. わが国へはアラスカからベニサケ卵とともに北海道に侵入した. 汚染卵を介した感染を防止するために, 発眼期に卵を消毒 (ポピドンヨード剤, 有効ヨード 50 ppm, 15 分間浸漬) 後, ウイルスに汚染されていない用水で飼育することおよび隔離飼育により感染防御が可能となっている. 池や用具はサラシ粉あるいは塩素剤で, 手などは逆性石鹸液で消毒する. 組替えGタンパク質を用いたワクチンが報告されているが, まだ実用化には至っていない. DNA ワクチンが有効でありカナダで使用されている.

1) 病原体

原因ウイルス infectious hematopoietic necrosis virus (IHNV) はラブドウイルス科 Novirhabdovirus 属に分類される. 直径約 80 nm, 長さ 160〜180 nm のエンベロープを有する砲弾型のウイルスである (図 2-4). 一本鎖の RNA と L, G, N, M1, M2 の 5 種の構造タンパク質と non-virion タンパク質からなる. CHSE-214 や RTG-2, EPC, FHM 細胞に細胞の球形化と核の光学密度が増す CPE を形成し, 感染細胞はブドウの房状に変化した後, 器壁から脱落する. 培養細胞での増殖適温は13〜18℃で，血清型は均一である．

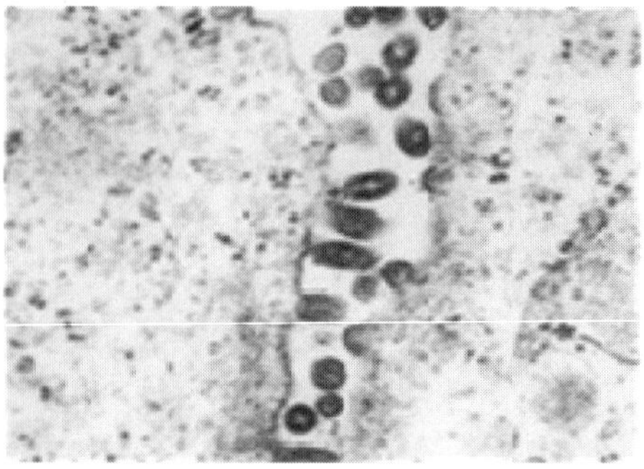
図2-4　RTG-2細胞に見られたIHNV

2）地理的分布

上記のように，古くは北米西海岸のベニザケ，マスノスケの病気であったが，ニジマスにも発生し米国各地にひろまり，日本，台湾，韓国さらにヨーロッパ各地へと伝播していった．日本へは1970年にアラスカ産ベニサケ卵とともに侵入し，1974年以降，ニジマスをはじめヤマメ *Oncorhynchus masou masou*，アマゴ（ビワマス）*Oncorhynchus masou ishikawae* などの稚魚に被害を与えている．

3）宿主範囲

ベニザケ，マスノスケ，ニジマス，ヒメマス *Oncorhynchus nerka*，ヤマメ，アマゴが感染する．

4）特徴的症状

体色黒化，眼球突出，体側あるいは鰭基部の出血を呈する．体側の出血は筋繊維に沿ってV字状を呈することが多い．最近は大型魚も感染発症する例が見られる．大型魚では腸間膜や内臓脂肪組織に点状出血が見られる．

5）診断法

IHNの診断は症状や解剖所見からおおよその見当はつくものの正確とは言えない．病名のとおり造血器に壊死が見られるので病理組織学的所見は必須である．確定診断のためにはウイルスの分離・同定を行う必要があり，それにはCHSE-214細胞を用いた分離を行い，CPEを確認後，後述の抗血清を用いた中和試験あるいはRT-PCRを行う．現在はIPNVやOMVといった他のウイルスとの混合感染が見られるので注意を要する．

【5-1】推定診断

①疫学調査

本病はさい嚢吸収直後から餌付けに入った4週齢の被害が大きい．10℃前後で死亡率は70〜80％に達する．加齢とともに死亡率は低下し，3 g程度に達すると死亡数は減少する．しかし，最近は大型魚（10 g以上）の発症例が増加し，時に成魚や親魚の死亡例も見られる．

②症状

稚魚が突然死に始める．活動が鈍くなって流れに向かって浮かぶようになる．その後，流れとともにふらふらと泳ぎ，横転し，ときどき激しく泳ぐがやがて死亡する．腹部は腹水貯留によって膨張し，眼球は突出する．貧血症状を呈し，鰓の褪色が著しい．胸鰭基部や肛門付近の躯幹筋に高頻度でV字状の出血が起こる（図2-5　カラー口絵）．

③剖検

卵黄をもった仔魚では臍嚢に出血があり，漿液で膨張している．浮上稚魚は肝臓と腎臓の退色がみられる．大型魚では腹腔壁にしばしば出血点が見られる．脾臓と幽門垂周辺の脂肪組織，腹膜，脳や心臓を囲む膜などにも出血点が発生する．腸が内出血を起こしていることもある．なお，本病を耐過した魚は脊椎湾曲や内臓癒着を起こすことがある．

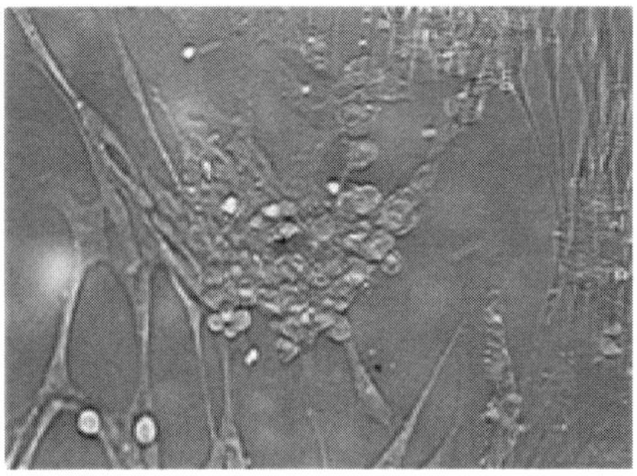

図2-6　RTG-2細胞に見られるIHNVのCPE

【5-2】準確定診断

①ウイルス検査

CHSE-214細胞を24 wellプレートの各wellに1 ml播き，15℃で2日間培養しておく．病魚の腎臓あるいは仔魚の場合は魚体全体を10倍量のHank'BSSでホモジナイズし，0.45 μmのフィルターで濾過し，濾液を100 μlずつ2 wellに接種する．15℃で培養し，細胞の球形化および一部凝集を特徴とするCPEの発現を確認する（図2-6）．CPEが現れたら培養液200 μlを2分し，片方はそのまま細胞に接種し，もう一方は60℃で30分加温後細胞に接種する．無処理の培養液を接種した細胞に同じCPEが現れるのを確認する．この流れはウイルス病検査の基本であり，病原体で異なるのは供試細胞と臓器および培養温度である．

②血清学的検査

腎臓の存在する部分を輪切りにし，スライドグラスにスタンプする．アセトンで固定後，抗IHNVモノクローナル抗体あるいはウサギ血清を用いた蛍光抗体法を行い，ウイルス抗原の所在と蛍光を観察する．方法は後述の免疫学的診断法を参照．共同凝集反応，酵素抗体法，ELISA法を用いてもよい．

【5-3】確定診断

①中和試験

CHSE-214細胞を96 wellプレートに100 μl播き15℃で2日間培養しておく．約100 $TCID_{50}$あるいは100 PFU/mlに相当する分離ウイルス液と所定濃度に希釈した抗IHNVウサギ血清を混合し，15℃で30分間反応させる．ウイルス液と反応液の感染価を求め，CPEの発現が見られなくなるか，2桁の差が見られることを確認する．

②血清学的検査

スライドチャンバーにCHSE-214細胞を培養し，分離ウイルスを接種後15℃で2～4日培養する．CPEの発現を確認してからでもよい．アセトンで固定し，抗IHNVモノクローナル抗体あるいはウサギ血清を用いた蛍光抗体法を行い，ウイルス抗原の所在と蛍光を観察する（図2-7　カラー口絵）．

③RT-PCR検査

分離ウイルスあるいは検査を急ぐ場合はCPEが現れた細胞からRNAを抽出し，表2-5に示したIHNV検出用プライマーセットを用い，逆転写反応後，PCR反応を行い，PCR産物の確認を行う．後述のIPNV特異遺伝子との同時検出PCR法も開発されている（Yoshinaka *et al.*, 1997, 1998）．

④病理組織学的検査

腎臓切片のH&E染色を行い，前腎部造血組織や脾臓の壊死と腸管の粘膜固有層の顆粒細胞の壊死を観察する．

表 2-5　魚類のウイルス病

ウイルス名		プライマー
IHNV	上流プライマー	5'-TTCGCAGATCCCAACAACAA-3'
	下流プライマー	5'-CTTGGTGAGCTTCTGTCCA-3'
	*上流プライマー	5'-TCATTGCAGAGACGGTCCAT-3'
	*下流プライマー	5'-TGGTTGAACAGTCCCACCAT-3'
IPNV	*上流プライマー	5'-CCAACTGGGTTTGACAAGCC-3'
	*下流プライマー	5'-GTCTCATTGACGGGTTCGGC-3'
OMV	*上流プライマー	5'-GTACCGAAACTCCCGAGTC-3'
	*下流プライマー	5'-AACTTGAACTACTCCGGGG-3'
VHSV	*上流プライマー	5'-ATGGAATGGAACACTTTTTTTC-3'
	*下流プライマー	5'-TGTGATCATGGGTCCTGGTGTTTTTT-3'
NNV	*上流プライマー	5'-CGTGTCAGTCATGTGTCGCT-3'
	*下流プライマー	5'-CGAGTCAACACGGGTGAAGA-3'
RSIV	*上流プライマー	5'-CACGTGTTGGCTTTCTTCGC-3'
	*下流プライマー	5'-GAGCATCAAGCAGGCGATCT-3'
HIRRV	1: 上流プライマー	5'-AAACATATGTCTGATAACGAAGGAGAACAGTTCTT-3'
	下流プライマー	5'-GCTGAATTCTACCTCATGGTCTTCTTGA-3'
	2: 上流プライマー	5'-AAACATATGTCTCTCTTCAAGCG-AAC-3'
	下流プライマー	5'-GCTAAGCTTGGGGAGTCATTGTGACTATT-3'
ACGDV	上流プライマー	5'-CGATATCATATCTGTGATCG-3'
	下流プライマー	5'-AATGTTGATGTGTCCAGGAT-3'
EVNEV	A 上流プライマー	5'-GACGGTCCTAAACATGAACGGTGAAATGTC-3'
	A 下流プライマー	5'-GGTATTTTGTACTCATTCATAGTGGCAATC-3'
	B 上流プライマー	5'-TGGGTGACCCCGAAGGGGCACTGTACG-3'
	B 下流プライマー	5'-TATGTATAAACAGATTACGTGGCATACCTG-3'
	C 上流プライマー	5'-TGCGCCCAGGCTTACCCTGTGCTCGATGTC-3'
	C 下流プライマー	5'-CGGGCAGACGCAGACAACGCACTGCTGAAC-3'
LCDV	上流プライマー	5'-YTGGTTCAGTAAATTACCRG-3'
	下流プライマー	5'-GTAATCCATACTTGHACRTC-3'
CyHV-1	上流プライマー	5'-GGCTATCACGCTGAAAGA GG -3'
	下流プライマー	5'-CGGAGATAAAGCTGCCTACG -3'
KHV	*上流プライマー	5'-GACACCACATCTGCAAGGAG-3'
	*下流プライマー	5'-GACACATGTTACAATGGTCGC-3'
	上流プライマー	5'-GACGACGCCGGAGACTTGTG-3'
	下流プライマー	5'-CACAAGTTCAGTCTGTTCCTCAAC-3'
EIBSV	上流プライマー	5'-CAAGTATGTCAGGGTCGGTCC-3'
	下流プライマー	5'-CTGGTTGGTGAGCATCTTGAG-3'
MBV	上流プライマー	5'-AGAGATCACTGACTTCACAAGTGAC-3'
（YTAV）	下流プライマー	5' TGTGCACCACAGGAAAGATGACTC-3'
		Nest 5'-CAACACTCTTCCCCATG-3'
		Nest 5'-AGAACCTCCCAGTGTCT-3'

*：OIE 推奨の PCR 検査用プライマーセット

診断用 PCR プライマー一覧

	PCR 条件	文　献
逆転写反応	50℃ 20 分	Arakawa *et.al.*, 1990
PCR 反応	95℃ 30 秒　40℃ 30 秒　72℃ 2 分	
サイクル	25 サイクル	
逆転写反応	43℃ 20 分　50℃ 30 分	Gilmore and Leong, 1988
PCR 反応	94℃ 30 秒　45℃ 30 秒　72℃ 60 秒	
サイクル	40 サイクル	
逆転写反応	45℃ 30 分	Gonzales *et.al.*, 1994
PCR 反応	94℃ 30 秒 44 度 30 秒 72℃ 60 秒	
サイクル	30 サイクル	
PCR 反応	94℃ 30 秒 56 度 30 秒 72℃ 30 秒	Aso *et.al.*, 2001
サイクル	30 サイクル	
逆転写反応	42℃ 60 分	Miller *et.al.*, 1998
PCR 反応	95℃ 30 秒 52℃ 40 秒 72℃ 40 秒	
サイクル	40 サイクル	
逆転写反応	42℃ 30 分	Nishizawa *et.al.*, 1994
PCR 反応	95℃ 40 秒 55℃ 40 秒 72℃ 40 秒	
サイクル	25 サイクル	
		Oshima *et.al.*, 1998
PCR 反応	94℃ 30 秒 58 度 60 秒 72℃ 90 秒	
サイクル	30 サイクル	
逆転写反応		Nishizawa *et.al.*, 1997
PCR 反応	95℃ 1 分 50℃ 1 分 72℃ 60 秒	
サイクル	30 サイクル	
PCR 反応	95℃ 15 秒 57℃ 30 秒 72℃ 30 秒	Wada S. (2011).
サイクル	35 サイクル	
PCR 反応	95℃ 30 秒 65℃ 30 秒 72℃ 60 秒	Mizutani, *et.al.*, 2011
サイクル	70 サイクル	
PCR 反応	95℃ 60 秒 54℃ 60 秒 72℃ 60 秒	Kitamura,*et.al.*, 2006
サイクル	35 サイクル	
PCR 反応	94℃ 60 秒 60℃ 60 秒 72℃ 60 秒	Ito, N. (personal comunication)
サイクル	30 サイクル	
PCR 反応	94℃ 30 秒　63℃ 30 秒　72℃ 30 秒	Yuasa, *et.al.*, 2005
サイクル	40 サイクル	
PCR 反応	94℃ 60 秒　68℃ 60 秒　72℃ 30 秒	Oren, *et.al.*, 2002
サイクル	39 サイクル	
逆転写反応	60℃ 30 分	岡田 龍（私信）
PCR 反応	94℃ 60 秒　55℃ 90 秒　72℃ 30 秒	
サイクル	40 サイクル	
逆転写反応	37℃ 60 分	Suzuki, S. *et.al.*, 1997
PCR 反応	95℃ 60 秒 48℃ 60 秒 72℃ 60 秒	
サイクル	30 サイクル	
PCR 反応	95℃ 60 秒 48℃ 60 秒 72℃ 60 秒	
サイクル	30 サイクル	

2・2　サケ科魚類の伝染性膵臓壊死症（Infectious Pancreatic Necrosis, IPN）

アメリカ東海岸のカワマスに見られた病気であるが，カナダおよび欧州各国に分布し，北半球のサケ科魚類に共通する病気である．膵臓が壊死し，ショック状態で旋回遊泳する．肛門に糞ようのものを引く個体が見られる．対策はIHNと同様．ただし卵消毒の効果はIHNVに比べ低い．ノルウェーでは冷水性ビブリオ病ワクチンに組換えVP2タンパク質，ISAV，せっそう病菌，冷水病菌を混合した5種混合ワクチンを使用している．

1）病原体

原因ウイルスinfectious pancreatic necrosis virus（IPNV）はビルナウイルス科Aquabirnavirus属に分類され，ウイルス粒子は正20面体，エンベロープをもたず，大きさは60 nm前後である（図2-8　カラー口絵）．二本鎖RNAを有し，3種の構造タンパク（VP1～3）からなる．RTG-2細胞に核濃縮とフィラメント状変化を特徴とするCPEを形成する（図2-9）．血清型は多型．サケ科魚類以外の種々の魚種および数種の海産魚，貝類および甲殻類からも類似のウイルスが分離されている．

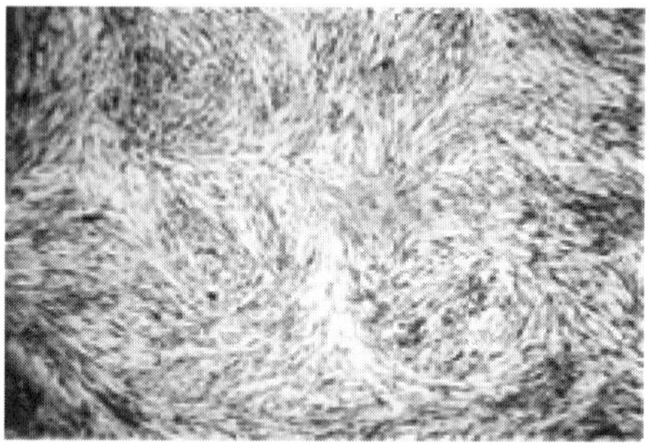

図2-9　IPNVを接種したRTG-2細胞に見られるCPE

2）地理的分布

上述のように，米国，カナダおよび欧州各国に分布し，北半球のサケ科魚類に共通する病気である．日本では1964年頃からニジマス稚魚に発生し全国的に十数年間被害を及ぼしたが，その後は鎮静化に向かい，現在ではウイルスは分離されるが大きな産業的被害は見られていない．

3）宿主範囲

ニジマス，カワマス，タイセイヨウサケ，コレゴヌス *Coregonus lavaretus maraena*.

4）特徴的症状

膵臓壊死に伴うショック状態から旋回遊泳する．肛門に糞ようのものを引く個体が見られる．消化管に乳白色の粘液がたまり，腹部膨満が見られる．

5）診断法

IPNの診断も症状や解剖所見からおおよその見当はつくものの正確とは言えない．病理組織学的にかなり正確に診断し得るが，実用的見地からは手数を要する．確定診断のためにはウイルスの分離・同定を行う必要があり，それにはRTG-2細胞を用いた分離・培養を行い，CPEを確認後，抗血清を用いた中和試験かRT-PCRを行う．本病は最近，ニジマスのIPNVに対する感受性の低下と弱毒株の増加により鎮静化に向かっているが，現在でも時に強毒ウイルスが分離されている．将来再び本病の流行を招かないためには，防疫体制の整備による病原体の封じ込めや耐病性育種による根本的な防疫対策を立てる必要がある．

【5-1】推定診断

①疫学調査

主として体重1g以下，8週齢までの稚魚が侵される．さい嚢吸収直後から餌付けに入った4週齢の被害が大きい．12～13℃では感染後3～5日で発症し，日間2～3%の死亡率で累積死亡率は50～100%となる．水温9℃以下では発病が少ない．加齢とともに死亡率は低下する．

②症状

稚魚が突然きりもみ状に遊泳し力尽きて流される．腹部は膨満し，時に糞を引く．

③剖検

幽門垂に白くなった部分が認められることがある（図2-10　カラー口絵）．腸が内出血を起こしていることもある．卵黄をもった仔魚では臍嚢に出血があり，漿液で膨張している．肝臓の部分壊死，粘膜剥離性胃腸炎，腎臓造血組織と尿細管の壊死，体側筋肉繊維の硝子変性や断裂などもみられる．

【5-2】準確定診断

①ウイルス検査

IHNと同様であるがRTG-2細胞を用いた方が細胞の変化が大きくCPEの観察が容易である．15～20℃で培養し，核濃縮と細胞のフィラメント化を特徴とするCPEを確認する．

②血清学的検査

幽門垂の存在する部分を輪切りにし，スライドグラスにスタンプする．アセトンで固定後，抗IPNVモノクローナル抗体あるいはウサギ血清を用いた蛍光抗体法を行い，ウイルス抗原の所在と蛍光を観察する．方法は後術の免疫学的診断法を参照．共同凝集反応，酵素抗体法，ELISA法を用いてもよい．ウイルス量が多いのでゲル内沈降反応も利用できる．

【5-3】確定診断

①中和試験

IHNVと同様に行う．細胞はRTG-2細胞を用いる．抗血清は抗IPNVウサギ血清を用いる．

②血清学的検査

IHNVと同様スライドチャンバーにRTG-2細胞を培養し，分離ウイルスを接種後20℃で2～3日培養する．アセトンで固定し，抗IPNVモノクローナル抗体あるいはウサギ血清を用いた蛍光抗体法を行い，ウイルス抗原の所在と蛍光を観察する．酵素抗体法を用いてもよい（図2-11　カラー口絵）．

③RT-PCR検査

分離ウイルスあるいは検査を急ぐ場合はCPEが現れた細胞からRNAを抽出し，表2-5に示したIPNV検出用プライマーセットを用い，RT-PCR反応を行う．

④病理組織学的検査

病理組織学的には膵臓の腺房およびランゲルハンス氏島細胞の壊死・破壊が特徴的である．

2・3 サケ科魚ヘルペスウイルス病（*Oncorhynchus masou* Virus Disease, OMVD）

原因ウイルスが分離された当初は稚魚の病気であったが，1980年代後半から稚魚から成魚まで感染・発病し死亡する．肝炎と体表の潰瘍形成あるいは口部を中心にみられる腫瘍形成を特徴とする．ただし，ニジマスでは腫瘍は認められていない．成魚が発病することから産業的被害が大きい．

1）病原体

原因ウイルス *Oncorhynchus masou* virus（OMV）はアロヘルペスウイルス科に属すDNAウイルスである．直径約220〜240 nmのエンベロープを有し，カプシドは直径約100〜110 nm前後の正20面である（図2-12,13）．腫瘍原性を有することからoncogenicな *Oncorhynchus masou* から分離されたウイルスということで名付けられた．DNAポリメラーゼの至適温度は20℃と低く，発育温度は10〜15℃である．サケ科魚類由来細胞に10〜15℃で5〜7日後に多核巨細胞形成を特徴とするCPEを形成する（図2-14, 15 カラー口絵）．抗ヘルペスウイルス剤で増殖が阻害される．米国で最初にニジマスから分離された *H. salmonis* をsalmonid herpesvirus 1（SaHV-1），わが国でヒメマス，サクラマス，ギンザケ *Oncorhynchus kisutsh*，ニジマスから分離されたNerka Virus in Towada Lake Akita and Aomori Prefecture（NeVTA），OMV，Yamame Tumor Virus（YTV），*Oncorhynchus kisutch* virus（OKV），Coho Salmon Tumor Virus（COTV & CSTV），Coho Salmon Herpesvirus（CHV），Rainbow Trout Kidney Virus（RKV），Rainbow Trout Herpesvirus（RHV）は血清学的に同一とされ，SaHV-2として分類されている．

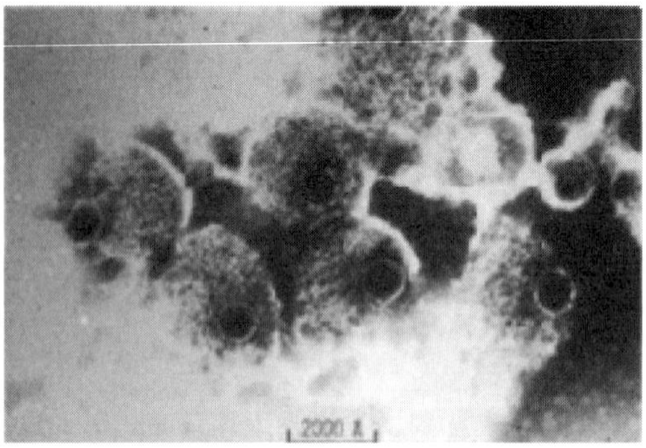

図2-12 SaHV-2 NeVTA株（佐野徳夫博士提供）

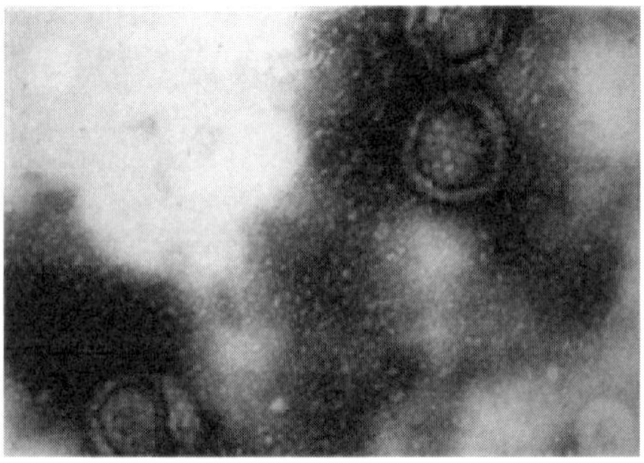

図2-13 OMVのヌクレオカプシッドCPE

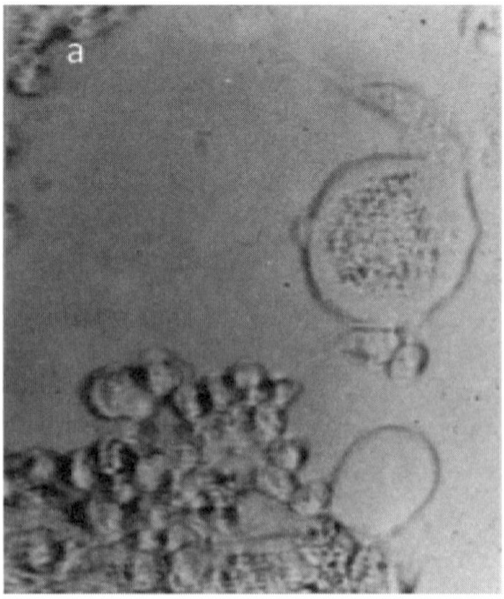

図2-14 RTG-2細胞に見られたCPE（生検観察）

2）地理的分布

1978年の発見当時は，サクラマスが飼育されていたところに存在した．10年後，ギンザケに感染しギンザケの飼育地に見られるようになり，ギンザケとニジマスが混養されていたためか5年後にニジマスにも発症が見らた．防疫対策が効を奏し，サクラマスおよびギンザケでは見られなくなったが，ニジマス主産地で産業被害が見られ問題となっている．大型魚が死亡するため，被害が大きい．

3）宿主範囲

ヒメマス，サケ *Oncorhynchus keta*，サクラマス，ギンザケ，ニジマス．

4）特徴的症状

活動が鈍くなり，流れとともにふらふらと泳ぎ死亡する．貧血症状を呈し，鰓の褪色が著しい．成魚では肝臓に壊死が見られ，体表に潰瘍が形成される場合と感染耐過後，顎を中心に頭部に腫瘍が見られる場合がある．ギンザケでは両者が，ニジマスでは前者，サクラマスでは後者が多い．実験的には稚魚に眼球突出や腹部点状出血が見られ，感染耐過魚には顎の周囲，鰓蓋，体表，尾部，腎臓などに腫瘍が誘発される．1カ月齢では腎臓および頭部の上皮細胞に壊死が，3カ月齢になると標的臓器は肝臓に移り肝臓に顕著な壊死が観察される．腫瘍発現率は35～60％で病理組織学的に基底細胞上皮癌と診断される．

5）診断法

ウイルスの分離と特異抗血清による中和試験，蛍光抗体法および酵素抗体法などの血清学的診断法，あるいはDNAプローブを用いたウイルスDNAの検出法が用いられている．腫瘍からのウイルス分離は腫瘍組織の初代培養細胞とRTG-2細胞とのco-cultureを行う．サケ科魚類以外の細胞は感受性を示さない．ギンザケおよびニジマスでは出荷サイズの魚が死亡するため被害が大きい．ギンザケでは海水移行時に蛍光抗体法で検査し，ウイルス保有群の早期発見に努め，感染魚の由来する孵化場および淡水養殖池の消毒を実施する．

【5-1】推定診断

①疫学調査

本病はさい嚢吸収直後から5カ月齢の稚魚が死亡する．死亡率は70～80％に達する．ギンザケおよびニジマスでは水温が10℃を下回る頃から発症が見られ，ギンザケでは肝臓の変化と皮膚の潰瘍あるいは口部に腫瘍が見られる．ニジマスは肝臓の病変以外無症状の個体が多い．

②症状

活動が鈍くなり，流れとともにふらふらと泳ぎ死亡する．貧血症状を呈し，鰓の褪色が著しい．

③剖検

稚魚から成魚に至る魚に，肝臓に白斑状変化が見られる．他の臓器には肉眼的変化はほとんど見られない．なお，本病を耐過した魚は口部を中心に腫瘍が見られる．部位別では口部，鰓蓋下，尾部，腎臓の順になる．

【5-2】準確定診断

①ウイルス検査

IHNVおよびIPNVと同様に，CHSE-214細胞あるいはRTG-2細胞に接種し，15℃で培養する．OMVの場合，ウイルスのサイズが大きくエンベロープをもつため，0.45 μmのフィルターの通過性が悪く大部分トラップされてしまう．そのため，抗生物質液添加HBSS（前述）でホモジナイズし，

1晩反応後翌日に細胞に接種する．15℃で培養し，細胞の球形化および多核巨細胞を特徴とするCPEを確認する．CPEが現れたら培養液を0.45 μmのフィルターで濾過し，細胞に接種する．

②血清学的検査

腎臓をスライドグラスにスタンプし，アセトンで固定後，抗OMVウサギ血清を用いた蛍光抗体法を行う．ウイルス抗原の所在と蛍光を観察する．方法は後述の免疫学的診断法を参照．酵素抗体法，ELISA法を用いてもよい．

【5-3】確定診断

①中和試験

IHNVおよびIPNV同様，分離ウイルス液と所定濃度に希釈した抗OMVウサギ血清を混合し，15℃で30分反応させる．ウイルスが中和されるのを確認する．

②血清学的検査

IHNVと同様スライドチャンバーにRTG-2細胞を培養し，分離ウイルスを接種後20℃で3〜5日培養する．アセトンで固定し，抗OMVウサギ血清を用いた蛍光抗体法を行い，ウイルス抗原の所在と蛍光を観察する．

③ PCR検査

分離ウイルスあるいは検査を急ぐ場合はCPEが現れた細胞からDNAを抽出し，表2-5に示したOMVおよび*H. salmonis*同時検出用プライマーセットを用い，PCR反応を行う．

④病理組織学的検査

肝臓では肝実質細胞の広範な壊死が特徴的である．1カ月齢では腎臓，顎，頬，尾柄に壊死がみられる．感染耐過魚の口部，鰓蓋，尾部に見られる腫瘍は乳頭腫様であるが起源は基底細胞癌である．

2・4　赤血球封入体症候群（Erythrocytic Inclusion Body Syndrome，EIBS）

1982年に米国ワシントン州のマスノスケから発見され，コロンビア川流域のマスノスケとギンザケの病気であった．日本では1986年に海面養殖ギンザケに大発生し，以来淡水域を含め大きな被害が出ている．ギンザケ主要生産県で発病が確認されたが，現在は，宮城県と岩手県で発症が見られている．ギンザケ種卵の多くを輸入に頼っているので，搬入時は卵の徹底した消毒が重要である．淡水養魚場では出荷後，池干しや消毒剤での池の消毒を徹底する．EIBSを根絶するためにはウイルスフリー種苗を一気に導入しなければならないが，当面は可能なところからウイルスフリー種苗に置き換える．ワクチンの開発が望まれている．

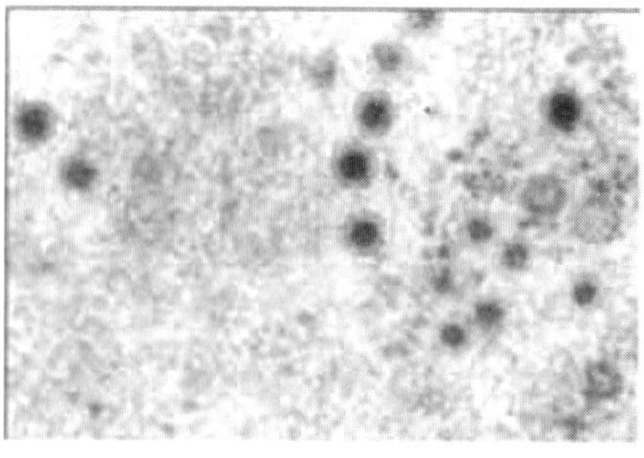

図2-16　病魚の赤血球に見られたEIBSV粒子
（岡本信明博士提供）

1）病原体

原因ウイルスerythrocytic inclusion body syndrome virus（EIBSV）は直径約75 nmのエンベロープを有するRNAウイルスで，既存の魚類培養細胞による分離・

培養は成功していない．トガウイルスあるいはレオウイルスではないかと考えられているが，分類学的位置は確定されていない（図2-16）．低水温の淡水および海水中で長時間安定である．

2）地理的分布

岩手県および宮城県のギンザケ飼育地．

3）宿主範囲

マスノスケとギンザケであるが，わが国ではギンザケに見られる．タイセイヨウサケも感受性を有する．実験的にはニジマス，ヤマメ，サケも感染するが死亡例はない．

4）特徴的症状

激しい貧血による鰓の褪色と肝臓の黄変を主な症状とする．食欲が減少し長期間成長が停滞する．淡水飼育では細菌病の冷水病を併発することが多く，体側や背部表皮の剥離，尾部の欠落・欠損などが見られ，軽度の貧血状態で大量死する．感染魚は水温16℃以上で速やかに回復し，強い免疫を獲得する．実験的には8カ月間免疫力が維持された．

5）診断法

特徴的症状の貧血症状と赤血球の細胞質に出現する特徴的な封入体の検出により推定診断が可能である．封入体は直径1μm 前後の球形で，ギムザ染色で淡青色，アクリジンオレンジ染色で赤燈色を呈する（図2-17　カラー口絵）．このような血液像から推定可能であるが正確な診断はPCRによるウイルス特異遺伝子の検出と電顕観察によらなければならない．感染後期の重症魚や瀕死魚では封入体が検出されないので，軽症の魚を検査する．冷水病との合併症も多く見られる．

【5-1】推定診断

①疫学調査

本病は水温が15℃以下の養魚場で発生する．5月以降5g以上の稚魚で発生し，とくにヤマセの低温期に大量に死亡することがある．海面養殖移行後は冬期の低水温に体重に関係なく（300 g～2 kg）発生する．

②症状

外観症状はなく，鰓や腎臓などの褪色が顕著である．肝臓は黄変し黄疸症状を呈する．心臓からの出血や飲水による胃の膨満も認められる．冷水病を併発することが多い．EIBSVは幼若赤血球中で増殖し，成長の早い魚ほど症状が重篤となる．

③剖検

肝臓は黄変し黄疸症状を呈する．心臓からの出血や飲水による胃の膨満も認められる．

【5-2】準確定診断

①血液検査

ヘマトクリット値を求める．ヘマトクリット値は20を下回り，貧血状態であることが確認できる．赤血球のギムザ染色を行い，細胞質に出現する特徴的な封入体の観察を行う．封入体は直径1μm 前後の球形で，ギムザ染色で淡青色，アクリジンオレンジ染色で赤燈色を呈する．

【5-3】確定診断

①電子顕微鏡観察

ギムザ染色で封入体が認められた場合，血球を固定し，セミ超薄切片および超薄切片を作成し，封入体内に存在するウイルス粒子の観察を行う．エンベロープを有する直径約 75 nm の球形ウイルス粒子が観察され，内部には約 35 nm のヌクレオカプシッドが見られる．

② RT-PCR 検査

封入体を有する血球からRNAを抽出し，表2-5 に示したEIBSV 検出用プライマーセットを用い，逆転写反応後，PCR 反応を行う．

2・5　ウイルス性旋回病（Viral Whirling Disease，VWD）

1992 年に，わが国のギンザケ，サクラマス，ニジマスなどに見られた病気であり，北日本のサケ科魚類に広く蔓延していた．本ウイルスの単独感染では被害は少ないものの，他の病原体，例えば IHN ウイルスやEIBS ウイルスと混合感染すると死亡率が高くなる．

1）病原体

原因ウイルスはレトロウイルス科に属し，成熟粒子は 75～85 nm の正 20 面体，カプシドは 50～65 nm である（図 2-18）．一本鎖 RNA を有し，少なくとも 11 本の構造タンパク質が検出される．CHSE-214 細胞にやや角張った球形化を特徴とする CPE を形成する．至適増殖温度は 15℃である．一部の感染細胞は CPE 形成後，修復して持続感染細胞になる．本ウイルスはニワトリのレトロウイルスに近いが，分類学的位置は未定である．

2）地理的分布

わが国で報告されたウイルス病である．北は北海道から東北各県，新潟県まで北日本に広く分布していた．

3）宿主範囲

ギンザケが最も一般的であるが，ベニサケ，ニジマス，イワナ *Salvelinus leucomaenis*，アユ

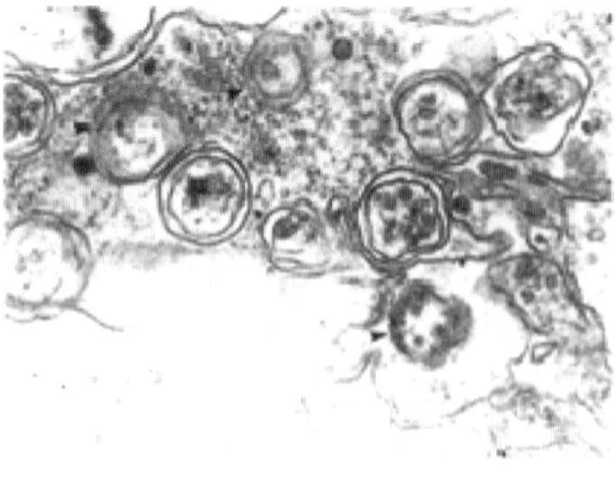

図 2-18　病魚神経軸索中に見られる WDV

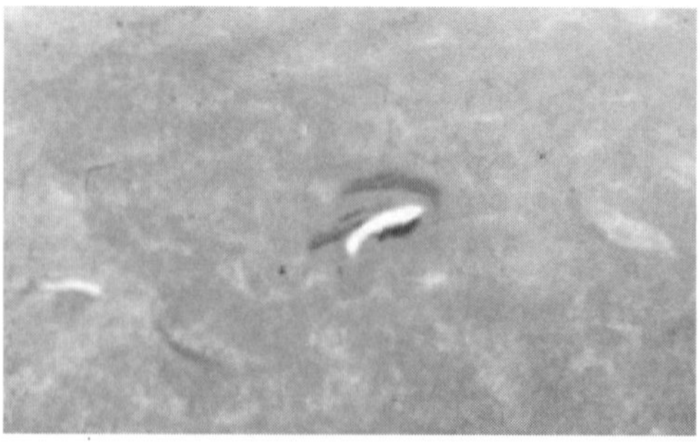

図 2-19　旋回遊泳するギンザケ病魚

Plecoglossus altivelis も感染発症する.

4）特徴的症状

稚魚は回転しながら旋回遊泳する（図 2-19）. 発生は一般に散発的で，病魚は養魚池 1 面につき 1 尾から数尾程度みられる. 成魚や親魚では壁面あるいは池底に横たわる. 通常外観症状はなく，解剖しても異常はみられない.

5）診断法

遊泳状況からおおよその見当はつくものの正確とは言えない. 確定診断のためにはウイルスの分離・同定を行う必要があり，CHSE-214 細胞を用いた分離・培養を行う. CPE を確認後，後述の抗血清を用いた中和試験か蛍光抗体法を行う. IHNV や冷水病の混合感染が見られるので注意を要する.

【5-1】推定診断

①疫学調査

主にギンザケの飼育池で発症が見られる. 初夏に回転しながら旋回遊泳する稚魚が存在すると，約 20％の魚が感染している. 成魚では壁面あるいは池底に横たわる. 網などで刺激すると泳ぎだす.

②症状

稚魚が回転しながら旋回遊泳あるいは木の葉が沈むような遊泳をする. 顕著な外観症状は特にない.

③剖検

特徴的な変化は認められないが，大型魚では時に脊椎骨異常がみられる.

【5-2】準確定診断

①ウイルス検査

太い注射針（19 G）を用い病魚の脳あるいは脳室液を採取し，CHSE-214 細胞に接種する. 球形の細胞がやや角張った形の CPE を形成する. 感染細胞にはウイルス抗原を含む多数の顆粒が観察される. 脳組織のスタンプ標本を用いた蛍光抗体法も用いられる. 感染細胞は一度 CPE を発現後，持続感染細胞になるため注意が必要である.

②血清学的検査

腎臓の存在する部分を輪切りにし，スライドグラスにスタンプする. アセトンで固定後，抗 WDV（旋回病ウイルス）ウサギ血清を用いた蛍光抗体法を行い，ウイルス抗原の所在と蛍光を観察する. 方法は後述の免疫学的診断法を参照.

【5-3】確定診断

①中和試験

CHSE-214 細胞を準備し，分離ウイルス液と所定濃度に希釈した抗 WDV ウサギ血清を混合し，15℃で 30 分間反応させる. ウイルス液と反応液の感染価を求め，ウイルスが中和されるのを確認する.

②病理組織学的検査

腎臓の壊死と，脳血管の肥大，神経細胞の壊死，特に神経軸索の壊死が特徴的で，これが旋回・回転遊泳の原因と考えられる.

（吉水　守）

§3. 温水魚のウイルス病と診断法

温水魚のウイルス病としてはコイの上皮腫，キンギョのヘルペスウイルス病（造血器壊死症），コイヘルペスウイルス病，コイ浮腫症，ウナギのウイルス性血管内皮壊死症，アユの異形細胞性鰓病が報告されている．このうち産業的に問題になっているのはコイの上皮腫，コイヘルペスウイルス病，コイ浮腫症，ウナギのウイルス性血管内皮壊死症，アユの異形細胞性鰓病である．実験室で飼育中のコイからコロナウイルスが分離され，分離ウイルスの接種により発病が確認された例があるが，養殖ゴイからは分離されていない．ウナギからは eel virus（EV）, eel virus from America（EVA）, eel virus from Europe（EVEX）などが分離され，さらにヘルペスウイルス，ピコルナウイルスなど種々のウイルスが電子顕微鏡観察で報告されている．その中で病魚から分離され，その接種によって病気が再現されたのは出荷前の立場のウナギのヘルペスウイルス病やラブドウイルス病のみである．加温養鰻が主流となった現在，養鰻場で問題となっているウイルス病は上記のウイルス性血管内皮壊死症である．

3・1 コイのヘルペスウイルス性乳頭腫（欧州のポックス）（Herpesviral Papiloma of Carp/Carp Pox）

コイの頭部，尾部，鰭に表皮細胞の腫瘍性増生が起こり，白色の隆起が形成される病気（図 2-20 カラー口絵）で，欧州では古くからポックスと呼ばれている．日本でも錦鯉（コイ）の鰭あるいは尾部に見られ，1981 年に新潟県下の錦鯉の鰭に発生した腫瘍組織から原因ヘルペスウイルスが分離された．

1）病原体

欧州のポックスでは腫瘍組織の細胞内にヘルペスウイルス様粒子が電子顕微鏡によって観察され，それが原因とされている．しかし未だに分離されていない．わが国の錦鯉から FHM 細胞を用いてウイルスが分離され Carp Herpesvirus（CHV）と名付けられたが，現在は Cyprinid Herpesvirus I（CyHV-1）と呼ばれている．腹腔内接種により体表の腫瘍形成が確認される．ウイルス粒子は円形ないし楕円形のエンベロープを有し，直径 190±27 nm，ヌクレオカプシッドは 113±9 nm 厚さ 7nm の膜構造をもつ（図 2-21）．CyHV-1 は 10～25℃で増殖するが 30℃では増殖しない．

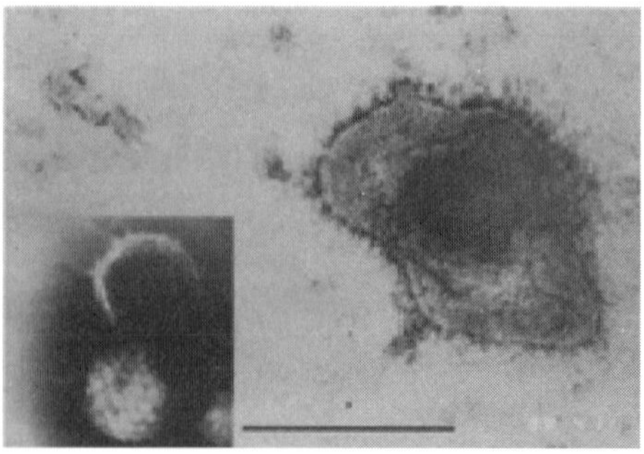

図 2-21 CyHV-1 のウイルス粒子（福田潁男博士提供）

2）地理的分布

わが国で錦鯉を養殖あるいは飼育している地域．ヨーロッパ，イスラエル，北米，韓国，中国でも発生しているが，病原体の異同は未確定．

3）宿主範囲

コイ．

4）特徴的症状

頭部，尾部，鰭の表皮に上皮細胞の増殖による乳白色の隆起が現れる（図 2-20）．厚みは 1～2mm 程度，鰭では鰭条に沿った形でやや広い腫瘍が形成され，基底細胞層の配列が不規則になっている．ポックスは欧州に広く分布し，高い罹病率で発生する．CyHV-1 はコイ稚魚に病原性を有し，実験感染では肝炎を起こし死亡率は 2 週齢のコイで 65～95％，4 週齢のアサギで 20％であった．CyHV-1 感染耐過生残魚には 5～6 カ月後に腫瘍が観察されはじめ，腫瘍の発現率は 55～60％になる．治療法は知られていない．病魚の駆除や隔離が必要である．

5）診断法

病歴や症状，解剖所見，FHM 細胞に見られる CPE 形態などにより推定診断が可能．分離ウイルスの中和試験が不可欠である．ポックスのようにウイルスの分離ができない場合，電子顕微鏡による観察が必要になる．

【5-1】推定診断

①疫学調査

本病は 1 歳以上の魚で発症例が多く，越冬池への移動のための取り上げ時に見られることが多い．水温が 20℃を下回る秋から春に見られる．表皮増生による死亡はほとんどなく，初夏から夏にかけての水温上昇期に増生組織が退行・脱落し，治癒することが多い．

②特徴的症状

遊泳魚の体表に白色斑が観察される．エピスティリス寄生と区別する必要がある．病魚を取り上げ白色部位の触診を行う．コリコリした感触を確認する．

③剖検

本症は良性腫瘍であり内臓諸器官などの病変や転移も認められていない．

【5-2】準確定診断

①ウイルス検査

FHM 細胞を準備し，病魚の腎臓ホモジナイズ濾液を接種する．20℃で培養し，細胞の球形化を特徴とする CPE を確認する．

【5-3】確定診断

①中和試験

分離ウイルス液と抗 CyHV-1 ウサギ血清を混合し，20℃で 30 分反応させる．ウイルスが中和されるのを確認する．

②血清学的検査

スライドチャンバーに FHM 細胞を培養し，分離ウイルスを接種後 20℃で 3～5 日培養する．アセトンで固定し，抗 CyHV-1 ウサギ血清を用いた蛍光抗体法を行い，ウイルス抗原の所在と蛍光を観察する．

③ PCR 検査

分離ウイルスあるいは検査を急ぐ場合はCPEが現れた細胞からDNAを抽出し，表2-5に示したCyHV-1検出用プライマーセットを用い，PCR反応を行う．

④病理組織学的検査

表皮細胞の増生およびそれらの中への結合組織の陥入が見られ，乳頭腫様の様相を呈する．色素細胞をもたず概ね白色である．正常な基底層は消失し，粘液細胞が著しく減少している．

3・2　コイヘルペスウイルス病（Koi Herpesvirus Disease，KHVD）

コイヘルペスウイルス病（Koi Herpesvirus Disease，KHVD）は，感染力が強く，死亡率の極めて高いコイ（ニシキゴイ *Cyprinus carpio* およびマゴイ *Cyprinus carpio*）に特有の病気である．1998年にイスラエルおよびアメリカでニシキゴイの大量死があり，新しいウイルスが病魚から分離され，KHVがこの病気の原因であることが実験的に証明された．欧米ではニシキゴイをkoiと呼ぶためにKHVと命名された．その後，インドネシア，ヨーロッパでもKHVによるコイの大量死が発生している．わが国におけるKHVDは2003年11月，茨城県霞ヶ浦において初めて発生が確認され，その後全都道府県でKHVに感染したコイが確認されている．

1）病原体

原因ウイルス Koi Herpesvirus（KHV）はヘルペスウイルス科に属し，ヌクレオカプシッドは正20面体構造で直径100〜110 nm，成熟粒子はエンベロープをもち，直径170〜230 nmの大きさを示す．

2）発生地域

1998年にイスラエルで最初にKHVDが発生してから，アメリカ，ドイツ，オランダ，ベルギー，イギリス，インドネシア，台湾など世界各地に広がった．日本でも2003年にコイの主産地である茨城県霞ヶ浦でKHVDが確認されて以来，全国各地に広がり，現在では全都府県で確認されている．

3）宿主範囲

マゴイおよびニシキゴイに限られ，フナやキンギョは感染しない．

4）特徴的症状

マゴイおよびニシキゴイは幼魚から成魚まで感染し，死亡率は80〜90%と非常に高い．水温18〜25℃で発病し，潜伏期間は温度によって多少異なるが2〜3週間程度である．目立った外部症状は少なく，感染した魚は餌をあまり食べなくなり，動きが緩慢で比較的浅い場所をあえぐように遊泳する傾向がある．また，表皮の退色や剥離，過剰な粘液分泌物を伴う鰓の退色や鰓腐れ，眼球陥入などが見られる（図2-22，23　カラー口絵）．組織学的には，鰓上皮で過形成や壊死，肝臓，脾臓および腎臓に壊死が観察される．剖検すると，肝臓や腎臓に点状出血が認められることがある．

5）診断法

KHVDの診断は，疫学調査および病魚の臨床検査を行い，次にウイルス分離とPCRによるKHV

特異遺伝子の検出を行う．培養細胞を用いたウイルス分離も重要であるが，細胞のウイルス感受性が低いために，分離できない場合もあり，PCR 検査の結果で診断することが多い．KHV の全ゲノム解析（Aoki *et al.*, 2007）結果から構築された上記 CyHV-1 および CyHV-2 と交差反応を示さない抗原を基に作成されたモノクローナル抗体を用いた抗原検出が可能である（Aoki *et al.*, 2011）．本病は，持続的養殖生産確保法（平成 11 年法律第 51 号）における特定疾病に指定され，発生した場合は同法に基づくまん延防止措置（移動制限，焼却など）の対象となる．

【5-1】推定診断

①疫学調査

KHV は水温 18～25℃で活発に活動するようになるが，10℃以下の低温および 30℃以上の高温ではウイルスの活動がほとんど認められない．

②症状

目立った外部症状は少なく，感染した魚は餌をあまり食べなくなり，動きが緩慢で比較的浅い場所をあえぐように遊泳する傾向がある．また，表皮の退色や剥離，過剰な粘液分泌物を伴う鰓の退色や鰓腐れ，眼球陥入などが見られる．鰓弁の中心部が血液の貯溜によってすじ状に赤く見える．胸鰭や腹びれにも出血が認められる．

③剖検

肝臓や腎臓に点状出血が認められることがある．

【5-2】準確定診断

①ウイルス検査

コイ鰓由来株化細胞（KF-1）あるいはコイ脳由来株化細胞（CCB）を準備し，発症コイの腎臓あるいは鰓ホモジナイズ濾液を接種する．KHV に感染した KF-1 細胞は，細胞融合と重度の細胞内空砲を形成し, CCB 細胞は多核巨細胞を形成する．KHV の KF-1 細胞での増殖温度は 15～25℃で，至適温度は 20℃である．

【5-3】確定診断

①中和試験

分離ウイルス液と抗 KHV ウサギ血清を混合し，20℃で 30 分反応させる．KF-1 細胞に接種し，ウイルスが中和されるのを確認する．

②血清学的検査

スライドチャンバーに KF-1 細胞を培養し，分離ウイルスを接種後 20℃で 3～5 日培養する．アセトンで固定し，抗 KHV ウサギ血清を用いた蛍光抗体法を行い，ウイルス抗原の所在と蛍光を観察する．

③ PCR 検査

CPE の認められた細胞あるいは病魚の鰓もしくは腎臓細胞から DNA を抽出し，表 2-5 に示した KHV 検出用プライマーセットを用い，PCR 反応を行い，産物を確認する．ランプ法のキットも市販されている．

④病理組織学的検査

組織学的には，鰓上皮で過形成や壊死，肝臓，脾臓および腎臓に壊死が観察される．モノクローナル抗体を用いた組織切片の蛍光抗体法で蛍光の観察と所在部位の確認を行う．

3･3　ウナギのウイルス性血管内皮壊死症（鰓うっ血症）（Viral Endothelial Cell Necrosis, VECNE）

各地の加温ハウス養鰻場で 1980 年代半ばから問題となりはじめた病気で，鰓弁の中心部や肝臓などに著しいうっ血を特徴とする．ウイルス感染により血管内皮が壊死することからウイルス性血管内皮壊死症（Viral Endothelial Cell Necrosis VECNE）と命名された（井上ら, 1994）．

1）病原体

ウナギの血管内皮細胞が樹立され（図 2-24），原因ウイルスが分離された（小野ら, 2007）．当初，アデノウイルスではないかと考えられていたが，新種の DNA ウイルスで，直径約 75 nm の正 20 面体をなす．Japanese Eel Endothelial Cells Infecting Virus（JEECV）と呼ばれている（Mizutani *et.al.*, 2011）．鰓弁内の血管内皮細胞や壁柱細胞および肝類動脈内皮細胞の肥大した核内に認められる（図 2-25）．

2）地理的分布

本州中部から四国・九州の養鰻場．

3）宿主範囲

ニホンウナギ．

4）特徴的症状

この病気は，最初，多くの鰓弁の中心部が血液の貯溜によってすじ状に赤く見えることから気付かれる（図 2-26　カラー口絵）．これは鰓弁中心静脈洞に多量の血液が溜まっているためで，病名はそれに因む（図 2-27　カラー口絵）．しかし，本病の本質的病変は体各所の出血にあり，胸鰭，腹鰭，肝臓や腎臓の内臓表面，腹腔内脂肪組織，腹腔内などに出血が認められる．これらの出血は血管内皮細胞の病変によるものと考えられるが, 鰓弁中心静脈洞うっ血のメカニズムはわかっていない．なお，これらの病変は鰓や肝臓の磨砕濾過物をウナギの腹腔内に注射することにより，また分離ウイルスを注射することにより再現される．

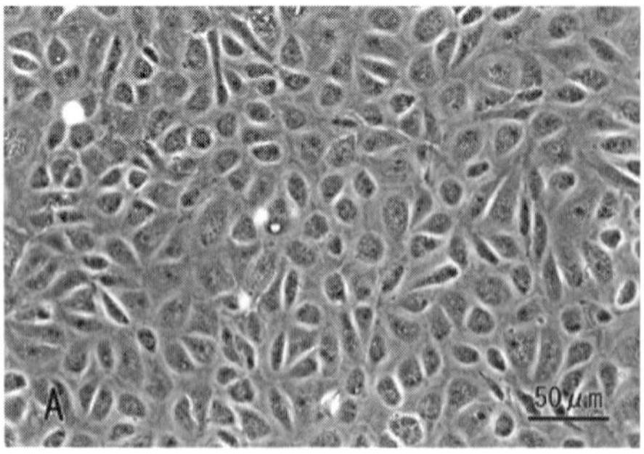

図 2-24　ウナギの血管内皮細胞（小野真一博士提供）

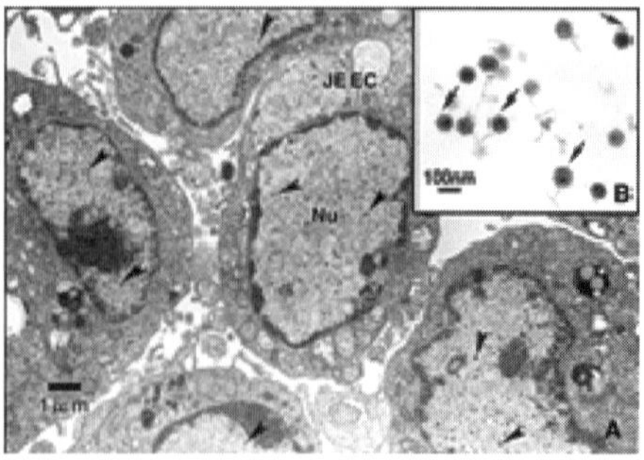

図 2-25　病魚鰓弁の壁柱細胞に見られた JEALV 粒子（矢印）（小野真一博士提供）

5）診断法

正確な診断はウイルス分離とPCR，および病理組織学的観察によらなければならないが，上記の諸症状から推定診断は可能である．

【5-1】推定診断

①疫学調査

水温20～35℃の広い水温域で感染・発症し，28～31℃で死亡率が高くなる．35℃では低水温とともに死亡率は低下する．

②症状

鰓弁の中心部が血液の貯溜によってすじ状に赤く見える．胸鰭や腹びれにも出血が認められる．

③剖検

体の各所に出血が見られ，肝臓や腎臓の内臓表面，腹腔内脂肪組織，腹腔内などに出血が認められる．

【5-2】準確定診断

①ウイルス検査

ウナギの血管内皮細胞（JEEC）を用い，病魚の鰓弁ホモジナイズ液を0.45 μmのフィルターで濾過し，濾液を接種する．25℃ 5% CO_2 下で培養し，細胞の核の肥大と空胞化を特徴とするCPEを確認する．

【5-3】確定診断

①中和試験

分離ウイルス液と抗JEECVウサギ血清を混合し，20℃で30分反応させる．ウイルスが中和されるのを確認する．

② PCR検査

CPEの認められた細胞あるいは病魚の鰓組織からDNAを抽出し，表2-5に示したJEECV検出用プライマーセットを用い，PCR反応を行い，産物を確認する．

③病理組織学的検査

鰓弁中心静脈洞への血液の充満とそれによる中心静脈洞の拡張を観察する．

3・4　アユの異形細胞性鰓病（Atypical Cellular Gill Disease, ACGD）

異形細胞性鰓炎はアユの鰓上皮細胞にアユポックスウイルスが感染し，大型の異形細胞が形成される病気で，鰓薄板の癒合や鰓弁の棍棒化によって鰓表面積が減少し，呼吸機能が低下する病気である．発病魚は呼吸不全により，摂餌不良や緩慢遊泳など，酸欠状態で見られる症状を示す．細菌性鰓病との混合感染も見られ対処に注意を要する．

1）病原体

原因ウイルスはポックルイウルス科に属すアユポックスウイルス（*Plecoglossus altivelis* poxvirus, PaPV）であり，鰓の上皮細胞にみられる（図2-28）．

2）地理的分布

アユ養殖場のある関東地方から九州に至る地域.

3）宿主範囲

アユ.

4）特徴的症状

体表が黒化し，鮫肌状になっている．鰓上皮細胞にウイルス感染による大型の異形細胞が形成され，鰓薄板の癒合や鰓弁の棍棒化によって鰓表面積が減少し，呼吸機能低下を示す．鰓は腫脹し，充血している．肝臓はうっ血して赤黒く見える.

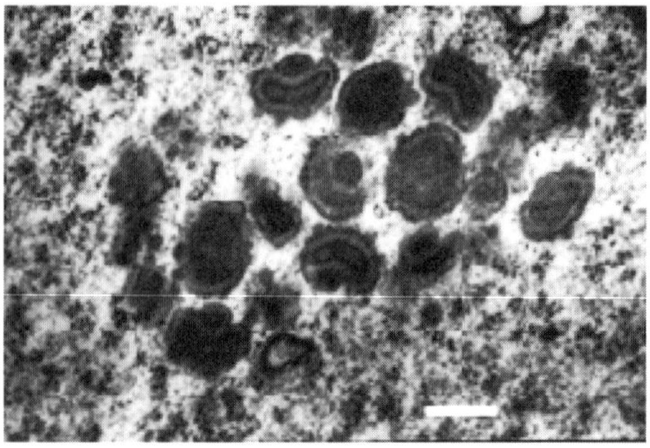

図2-28　鰓上皮細胞に見られたPaPV粒子（和田新平博士提供）

5）診断法

病魚を観察後，鰓を切り出しウエットマウント標本を観察する．細菌性鰓病との混合感染の可能性を判断する．次いでディフクイック染色を行い，異形細胞の確認を行う．PCRによるPaPV特異遺伝子の検出を行う.

【5-1】推定診断

①疫学調査

4月から8月にかけて発生が見られ，発症時の水温は16～28℃，特に17～20℃で多発する．魚体重は3～150 gと幅広く，飼育密度も0.4～7 Kg/m^{2}と相関はない．累積死亡率は0.1～100％であるが，10％程度が多い.

②症状

鰓上皮細胞にウイルス感染による大型の異形細胞が形成され，鰓薄板の癒合や鰓弁の棍棒化が見られる（図2-29）.

③剖検

肝臓はうっ血して赤黒く見える.

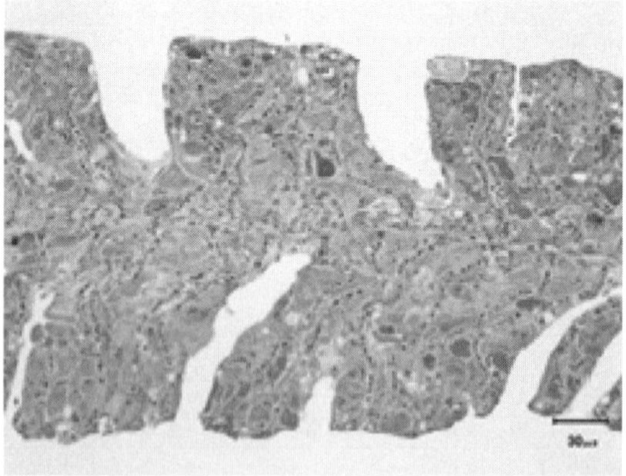

図2-29　鰓上皮細胞に見られたPaPV粒子（和田新平博士提供）

【5-2】準確定診断

①ウエットマウント標本

上記症状および疫学調査結果を総合し，鰓を切り出しウエットマウント標本を作成して，細菌性鰓病との区別あるいは混合感染の可能性を判断する.

【5-3】確定診断

①ディフクイック染色

ディフクイック染色を行い，異形細胞の確認を行う.

② PCR検査

異形細胞の観察された鰓からDNAを抽出し，表2-5に示したPaPV検出用プライマーセットを用い，PCR反応を行い，産物を確認する.

③病理組織学的検査

鰓のH&E染色を行い，異形細胞の出現と鰓薄板の癒合を確認する.　（吉水　守）

§4. 海産魚のウイルス病と診断法

海産魚のウイルス病は1980年代に入り，種苗生産技術の開発および各種海産魚種の養殖が行われるようになり，種苗生産施設ではリンホシスチス病に加え，ブリのウイルス性腹水症，シマアジのウイルス性神経壊死症，ヒラメのウイルス性表皮増生症が，養殖場ではギンザケの赤血球封入体症候群，ギンザケのOMVD，ブリのウイルス性腹水症，ヒラメのラブドウイルス病，マダイイリドウイルス病，トラフグの口白症，ヒラメのウイルス性出血性敗血症などが相次いで発生するようになった．種苗生産施設のウイルス病は健康親魚の選別と用水の殺菌により制御可能となっているが，養殖魚はワクチン投与以外，有効な対策がない現状にある．ここではリンホシスチス病，ウイルス性腹水症，ウイルス性神経壊死症，ウイルス性表皮増生症，ヒラメラブドウイルス病およびマダイイリドウイルス病について紹介し，ヒラメのウイルス性出血性敗血症およびトラフグの口白症に関しては概略のみ紹介する.

4・1　リンホシスチス病（Lymphocystis Disease，LCD）

リンホシスチス病（Lymphocystis disease, LCD）は古くから世界中の淡水魚や海産魚で知られているウイルス病で，日本では，北海道から九州までの各地の養殖魚で報告されている．皮膚に小水疱様のものが散財的に，あるいは集団をなして形成される病気で，口部にできた場合を除き病魚は死亡することはない．しかし，醜悪な外観となり，商品価値はなくなる．この水疱様のものは皮膚結合織細胞がウイルスの感染を受けて巨大化したもので，リンホシスチス細胞と呼ばれている．本病は1900年代には原因が胞子虫類であろうとされ *Lymphocystis johnstonei* なる名前が与えられた．しかし，本病には伝染性があること，皮膚の腫瘍様物の構成単位はウイルス感染によって肥大した皮膚結合組

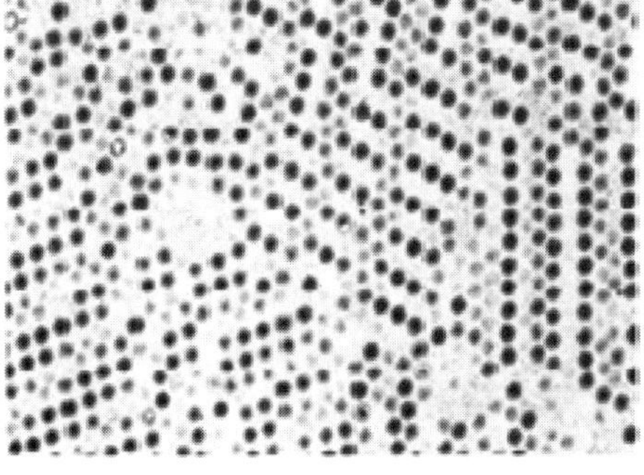

図2-30　LC細胞内に見られるLCDV

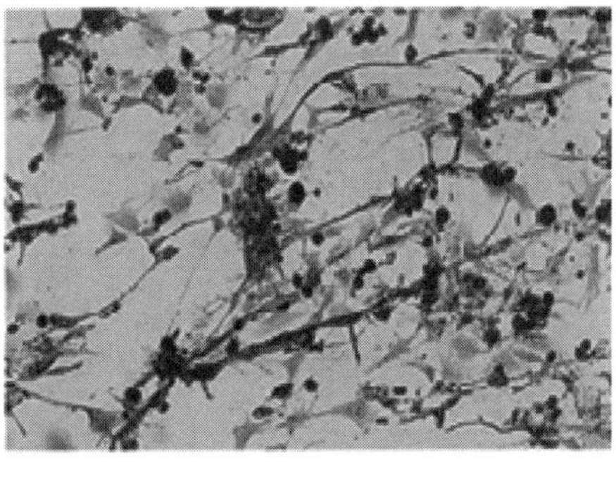

図2-31　LCDV接種HINAE細胞に見られたCPE

織細胞であることが報告されて，ウイルス病であるとの認識で一致した.

1）病原体

原因ウイルス Lymphocystis Disease Virus（LCDV）はイリドウイルス科 Lymphocystisvirus 属に属するDNA ウイルスで，ウイルス粒子の大きさは宿主により大きく異なり，約 100～250 nm の正 20 面体である．エーテルおよびグリセリンに感受性を示す．DNA 塩基配列は 1997 年にその全容が明らかにされ，構成タンパク質は宿主によって違いが見られるものの，少なくとも 33 のポリペプチドから構成されている．Wolf（1962）によるブルーギル *Lepomis macrochirus* の LCDV の分離後，約 30 年間リンホシスチスウイルス分離の報告はされなかったが，1999 年にわが国のヒラメの LCDV が HINAE 細胞（笠井・吉水, 2001b）を用いて，地中海マダイ gilt-head sea bream の LCDV が SAF-1 細胞で分離された.

2）地理的分布

本病は主として欧州と南北アメリカの沿岸や内陸の魚について報告されていたが，わが国はじめアフリカやオーストラリアからも報告され，全世界に広く分布するものと考えられる．野生魚に見られる病気であったが，水族館などで飼育されている魚でも発生することが知られている.

3）宿主範囲

わが国では養殖ヒラメ，スズキ *Lateolabrax japonicus*，ブリ，マダイ，クロソイ *Sebastes schlegelii* で報告され，ヒラメでは養殖場の位置する海域の天然魚にも見られ，ウイルスは同一であったと報告されている.

4）特徴的症状

鰭や皮膚に水疱様または粟粒様異物が散在的にあるいは集塊をなして形成される（リンホシスチス細胞：大きなものは 500 μm にも達する)．本病による死亡率はごく低いが，罹病魚は外観が醜悪であるため商品価値を失う．上記の外観的症状から診断が可能である．感染経路は明らかではないが，放置しておけば自然に治癒する場合が多い.

5）診断法

本病特有の症状である鰭や皮膚に見られる水疱様または粟粒様異物（リンホシスチス細胞，LC 細胞）（図 2-32　カラー口絵）から，容易に診断できる．本病による死亡率は低いが，罹病魚は外観が醜悪であるため商品価値を失う（図 2-33　カラー口絵)．感染経路は明らかではないが，放置しておけば自然に治癒する場合が多い.

【5-1】推定診断

①疫学調査

本病は水温上昇期に鰭や皮膚に水疱様または粟粒様異物が形成され始める（図 2-32)．重なったり接触する機会も多い養殖魚，特にヒラメでの被害が大きい．口部に LC 細胞が形成され摂食が困難となった場合以外の死亡率は低い．症状は水温上昇期を経過して 3 カ月目あたりから徐々に改善され，秋には多くが脱落する．

②症状

初夏に躯幹，頭部，鰭，さらには眼など体表のいたるところに小さな水疱様または粟粒様異物が散在的に，あるいは多数が集団をなして現れる（図2-33　カラー口絵）．

③剖検

症状はほとんどが体表に見られるが，時に内臓にLC細胞が形成されることがある．

【5-2】準確定診断

①ウイルス検査

上記ブルーギル，ヨーロッパヘダイ，日本のヒラメは，それぞれBF-2, SAF-1およびHINAE細胞を用いて分離が可能．いずれも表面を消毒したLC細胞ホモジナイズ液を接種し，20℃で5日程度培養すると巨大化した細胞が見られるようになる．感染細胞の核および細胞全体に巨大化が起こっている．

【5-3】確定診断

①中和試験

一般的な方法に従い，分離ウイルス液と所定濃度に希釈した抗LCDVウサギ血清を混合し，20℃で30分反応させる．ウイルス液と反応液の感染価を求め，中和されるのを確認する．

② PCR検査

ヒラメのLCDVの場合は，CPEが現れた細胞あるいはLC細胞からRNAを抽出し，表2-5に示したJF-LCDV検出用プライマーセットを用い，PCR反応を行う．

③病理組織学的検査

この水疱様のものは巨大化した皮膚結合組織細胞で，その大きさは100μmから500μmに達する．

4・2　ウイルス性腹水症（Viral Ascites）

本病は1980年頃から西日本の種苗生産場のブリ稚魚10g以下で発生した．天然採捕したモジャコでも発生するようになり，体重約20gのブリ幼魚に起こる．水温が17～22℃になる春に発生し，時に大きな被害を与えている．

1）病原体

原因ウイルス（yellowtail ascites virus, YTAV）は直径約65nmでエンベロープをもたず，2分節の二本鎖RNAを有し，ビルナウイルス科Aquabirunavirusu属に分類されている（図2-34）．CHSE-214細胞やRTG-2細胞などで増殖し，増殖適温は20～30℃である．本ウイルスはIPNVの血清型Spに類似する．Marine birnavirus（MBV）とも呼ばれている．

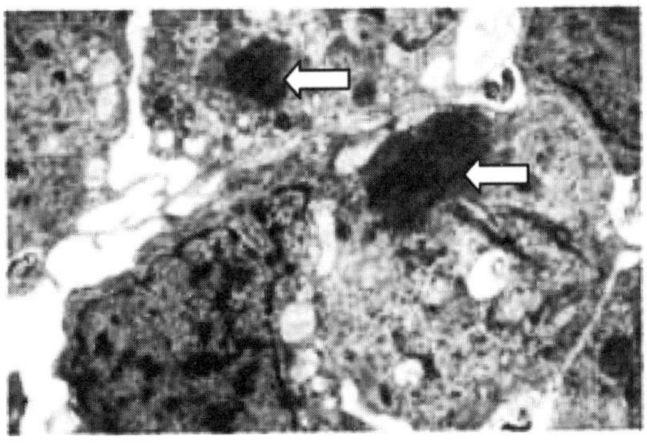

図2-34　病魚肝臓に見られたTYAV粒子（矢印）
（反町　稔博士提供）

2）地理的分布

わが国南西部のブリ養殖海域.

3）宿主範囲

ブリおよびヒラメ.

4）特徴的症状

病魚は腹水貯留によって腹部が膨張する（図 2-35　カラー口絵）. 囲心腔と腹腔内に黄赤色の腹水が貯留し，生簀網の底に沈下して死亡する. 病理組織学的には膵臓，肝臓の壊死を特徴とする. 養成中のブリ親魚からウイルスが検出されることから，これらの養成魚あるいは天然魚がウイルスの感染源となっている可能性が考えられるが, 有効な防除対策は確立されていない. 養殖中のヒラメ稚魚（体重 1～2.4 g）にも，腹水の貯留または頭部の出血を特徴とする病気が発生し，病魚から YTAV に同定されるウイルスが分離されている.

5）診断法

体色や腹水の貯留からおおよその見当はつくものの正確とは言えない. 病理組織学的に膵臓と肝臓の壊死を確認すればよいが，実用的見地からは手数を要する. 確定診断のためにはウイルスの分離・同定を行う必要があり，それには CHSE-214 細胞を用いた分離・培養を行い，CPE を確認後，抗血清を用いた中和試験か RT-PCR を行う.

【5-1】推定診断

①疫学調査

本病は流れ藻についてくるモジャコを捕獲後，生簀に収容して餌付け中に発生することが多い. 5 月から 7 月にかけての水温 17～22℃の頃に発生し，ときに大きな被害をもたらす. 水温が上昇し魚が成長するにつれて終息する.

②症状

腹水が貯留した稚魚が生簀網底面に沈下し死に始める. 高齢魚は外観症状を示さないが，血液と卵表面にウイルスが見られる.

③剖検

解剖すると血液の混じった赤色の腹水を腹腔内に貯留している.

【5-2】準確定診断

①ウイルス検査

常法どおり CHSE-214 細胞を準備し，病魚の肝臓ホモジナイズ液あるいは腹水を 0.45 μm のフィルターで濾過し接種する. 15℃で培養し，細胞のフィラメント化および核濃縮を特徴とする CPE を確認する.

②血清学的検査

肝臓を輪切りにし，スライドグラスにスタンプする. アセトンで固定後，抗 YTAV ウサギ血清を用いた蛍光抗体法を行い，ウイルス抗原の所在と蛍光を観察する. 方法は後述の免疫学的診断法を参照. ゲル内沈降反応，共同凝集反応，酵素抗体法，ELISA 法を用いてもよい.

【5-3】確定診断

①中和試験

常法に従い CHSE-214 細胞を用いた中和試験を行う．

② RT-PCR 検査

分離ウイルスあるいは急ぐ場合は CPE が現れた細胞から RNA を抽出し，表 2-5 に示した YTAV（MBV）検出用プライマーセット（Suzuki *et al*., 1997）を用い，逆転写反応後，PCR 反応を行う．

③病理組織学的検査

病理組織学的には膵臓，肝臓の壊死を特徴とする．

4・3　ウイルス性神経壊死症（Viral Nervous Necrosis，VNN）

本病は 1980 年代後半から種苗生産過程の海産仔稚魚にみられるようになった極めて致死性の高い病気で（図 2-36　カラー口絵），長崎県下のイシダイ *Oplegnathus fasciatus*，キジハタ，シマアジなど数種の種苗生産対象魚種に発生した．また，その後，東南アジア，オーストラリア，ヨーロッパ，北米でも同様の病気（encephalitis または encephalomyelitis と呼ばれることがある）が報告され，罹病魚種は 8 科 16 種に及んでいる．産卵親魚の生殖巣からウイルスが高率に検出され，本病の主要感染源がそれらの親魚であることが明らかになり，抗体検査による事前選別や RT-PCR 法によるウイルス検査に基づいて NNV フリーの親魚を選別・産卵させることにより，本病による被害の軽減が確認されている．

1）病原体

本病の原因ウイルス（striped jack nervous necrosis virus, SJ-NNV）は，シマアジ，バラマンディ *Lates calcarifer* およびヨーロッパスズキ *Dicentrarchus labrax* の各病魚から精製され，その性状が明らかにされた．本ウイルスは球形で（直径 25～30 nm）エンベロープをもたず，分子量約 42 kDa の外皮タンパク質を有する．また核酸としてプラスセンスの 2 分節一本鎖 RNA をもつことから，昆虫ウイルスとして知られているノダウイルス科に同定された．その後，ストライプドスネークヘッド *Ophicephalus striatus* の胚由来 SSN-1 細胞で増殖が確認され，分離培養が可能になっている．

2）地理的分布

本病は最初，長崎県下のイシダイ，キジハタ，シマアジなどで発見されたが，その後，東南アジア諸国，オーストラリア，地中海沿岸，ノルウェー，北アメリカでも確認され，広く世界的に分布している．

3）宿主範囲

わが国のイシダイ，キジハタ，シマアジ，マツカワ，トラフグを始め，ハタ類で確認され，外国でもオーストラリア・タヒチのバラマンディ，フランスのヨーロッパスズキ，ノルウェーのターボット *Scophthalmus maximus* などで報告が相次ぎ，現在までに確認されている罹病魚種は 8 科 16 種におよんでいる．

4）特徴的症状

病魚は表層を力無く遊泳し，特に稚魚では旋回・回転しながら沈下するといった異常行動を示す．通常は病的兆候が認められてから1〜2 週間で全滅状態となる．外観上顕著な病変は認められないが，組織学的には中枢神経組織や網膜組織に神経細胞の壊死・崩壊による大型の空胞形成がみられる．それらの細胞の細胞質および細胞外に球形で小型のウイルス粒子が高密度に存在する（図 2-37　カラー口絵）．

5）診断法

家兎血清を用いた蛍光抗体法や ELISA 法による抗原検出，および RT-PCR 反応によるウイルス核酸の検出技術が用いられている．

【5-1】推定診断

①疫学調査

孵化直後の仔魚の活力がなく突然全数死亡状態となる．

②症状

仔魚では特徴的症状の観察は困難．稚魚では旋回・回転しながら沈下する．

③剖検

肉眼的に特に異常は見られない．成長が進むにつれ脳の発赤などが見られる個体も出現する．

【5-2】準確定診断

①ウイルス検査

SSN-1 細胞を準備し，病魚ホモジナイズ液を 0.45 μm のフィルターで濾過し，接種する．CPE が現れたら再度 SSN-1 細胞に接種して CPE であることを確認する．

②清学的検査

脳を輪切りにし，スライドグラスにスタンプする．アセトンで固定後，抗 NNV ウサギ血清を用いた蛍光抗体法を行い，ウイルス抗原の所在と蛍光を観察する．方法は後述の免疫学的診断法を参照．

【5-3】確定診断

①中和試験

SSN-1 細胞を用い，分離ウイルスと抗 NNV ウサギ血清を混合し，中和の有無を観察する．

② RT-PCR 検査

分離ウイルスあるいは CPE が現れた細胞から RNA を抽出し，表 2-5 に示した NNV 検出用プライマーセットを用い，RT-PCR 反応を行う．

③病理組織学的検査

中枢神経組織や網膜組織に神経細胞の壊死・崩壊による大型の空胞形成がみられる．それらの細胞の細胞質および細胞外に球形で小型のウイルス粒子が高密度に存在する．

4・4　ウイルス性表皮増生症（Viral Epidermal Hyperplasia）

1985 年頃から西日本を中心に各地のヒラメ種苗生産場で発生し始めた病気で，その後数年間は大きな被害をもたらしたが，最近では発生頻度は減少傾向にある．キツネメバルおよびマツカワにおける症例も確認されているが，発生頻度および死亡率からみて本病はヒラメ仔魚に特有の疾病と考えられている．

1）病原体

原因ウイルスは病魚の表皮細胞の核および細胞質に多数存在する．核内の構築中の粒子はエンベロープをもたず，細胞質内の粒子はエンベロープを有する（直径 190〜230 nm）（図 2-38）．培養細胞によるウイルス分離は成功していないが，病魚の磨砕濾液を用いた感染実験により本病はウイルス感染症であることが確認された．また同様の感染実験によりエーテル，pH 3，および 50℃・30 分の処理によりその感染性が失われることから，flounder herpesvirus（FHV）と呼ばれている．

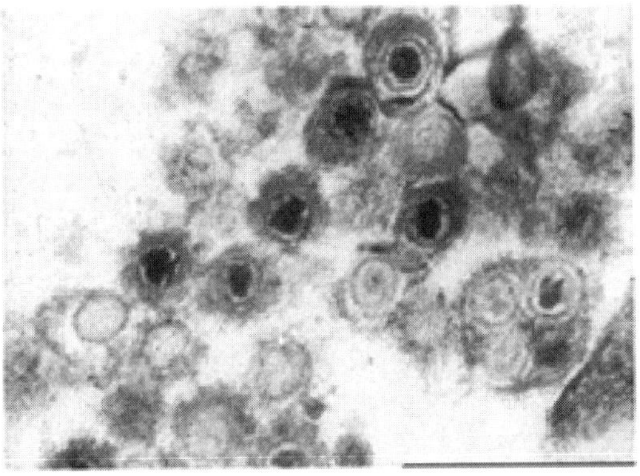

図 2-38　鰭の増生細胞中の JFHV 粒子

2）地理的分布

瀬戸内海および西日本のヒラメおよび東北地方のキツネメバル，北海道のマツカワで報告がある．

3）宿主範囲

ヒラメの病気である．報告例としてはマツカワおよびキツネメバルがある．

4）特徴的症状

発病は孵化後 10 日から 25 日齢，全長 7〜10 mm の仔魚に発生し，しばしば全滅状態となる．肉眼的には鰭および体表が白濁し（図 2-39　カラー口絵），顕微鏡下ではそれらの表面に無数の球形細胞が観察される．組織学的には表皮細胞の増生を特徴とし，表皮以外の組織には顕著な変化は認められない．

5）診断法

本病の簡易診断は表皮細胞の増生を確認することによって行われるが，確定診断には鰭そのものあるいは鰭の組織切片を用いた蛍光抗体法が有効である．感染源が不明であるため，有効な防除法は現在知られていない．高酸素下での飼育が有効である．

【5-1】推定診断

①疫学調査

発病は孵化後 10 日から 25 日齢，全長 7〜10 mm の仔魚にほぼ限定される．飼育水温 18〜20℃で，病気の進行が早い場合は1週間，遅ければ3週間でしばしば全滅状態となる．また一度，本病が発生するとその年の種苗生産期間中発生を繰り返し，より小さいサイズで発生するようになる．

②症状

鰭および体表が白濁し，それらの表面に無数の球形細胞が観察される．

③剖検

特に異常は認められない．

【5-2】準確定診断

①血清学的検査

表皮増生の認められる鰭の一部あるいは組織切片を用い，抗 FHV ウサギ血清を用いた蛍光抗体法を行う．増生した球形細胞が蛍光を発する．

【5-3】確定診断

①病理組織学的検査

鰭の増生部分の組織切片を作製し，表皮細胞の増生像を確認する．増生細胞の超薄切片を作製し，Flounder Herpesvirus 粒子の存在を確認する．

4・5　マダイイリドウイルス病（Red Seabream Iridoviral Disease, RSIVD）

本病は 1990 年の夏から秋にかけて愛媛県下の養殖マダイ 0 年および 1 年魚に初めて発生し，翌 1991 年には西日本各地のマダイ養殖場で大規模な発生がみられた．また，1991 年以降はマダイのみならずブリ，カンパチ *Seriola dumerili*，スズキなど数魚種でも発生し，1995 年までに 20 種類もの魚種で報告され，現在は 30 種を超えている．

1）病原体

原因ウイルス（Red Sea Bream Iridovirus, RSIV）は正 20 面体でエンベロープをもたない直径 200～240 nm の DNA ウイルスで，中心部に直径約 120 nm のコアが認められる（図 2-40）．主にその形態学的特徴からイリドウイルス科 Megarocytivirus 属に分類されている．GF や BF-2，KRE-3 など数種の細胞で細胞の球形化を特徴とする CPE が発現するが，感染力価が低く経代が困難である．本ウイルスの増殖適温は 20～25℃で，酸（pH 3）や有機溶媒に感受性を示す．

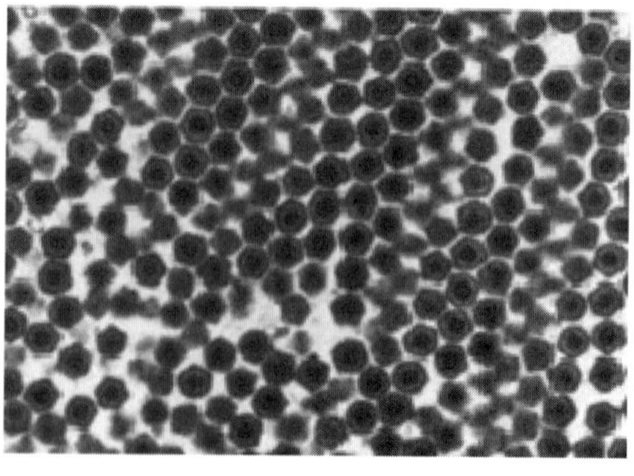

図 2-40　RSIV 粒子（井上　潔博士提供）

2）地理的分布

本病は新しいウイルス病と考えられ，当時の種苗の輸入先である香港やタイにも同様のウイルス病が知られている．本病あるいは類似の病気は韓国，中国，台湾，シンガポールでも報告されている．

3）宿主範囲

1990年の初発事例からわが国ではマダイ，スズキ，ブリ，カンパチ，シマアジ，イシダイ，イシガキダイ *Oplegnathus punctatus* を始め30種以上の魚種で報告されている．

4）特徴的症状

病魚は皮膚の黒化あるいは退色や体表の出血，鰓および囲心腔内の出血，内臓諸器官の褪色，脾臓の腫大を特徴とする．病理組織学的には，細胞質が塩基性色素で均質に濃染あるいは顆粒状に染まる大型で類円形を呈する細胞（異形肥大細胞，図2-41）が脾臓，心臓，腎臓，肝臓，鰓に多数観察される．それらの異形肥大細胞の細胞質に結晶配列をしたウイルス粒子が観察される．

5）診断法

迅速診断には脾臓スタンプのギムザ染色による異形肥大細胞の確認，あるいはモノクローナル抗体を用いた蛍光抗体法が有効である．感染源・感染経路が不明であるため有効な防除対策はとられていない．本病はマダイという比較的長い養殖の歴史を有する魚種に突如として発生し，しかも極めて強い伝染性を示すことから，疫学的な確証は乏しいものの，原因ウイルスは外国産種苗とともに日本に侵入した疑いがある．年により発生頻度あるいは被害量に変動はあるものの，その後も発生し続けており原因ウイルスは養殖環境中に定着したものと考えられる．

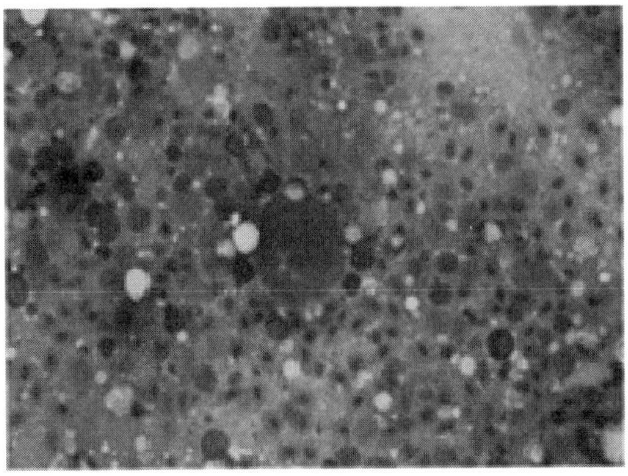

図2-41　脾臓に見られた異形肥大細胞
（井上　潔博士提供）

【5-1】推定診断

①疫学調査

5月下旬から11月にかけ，水温が20℃以上で発生が見られ，25℃以上では発生の頻度や被害率が高くなる．特に類結節症やレンサ球菌症との混合感染が多く，このような場合には深刻な被害がでる．

②症状

体色が黒化または褪色が見られ，鰓に黒褐色から黒色の顆粒が観察される．

③剖検

解剖すると内臓は貧血のために褪色し，脾臓が腫大する場合が多い．脾臓のスタンプ標本をギムザ染色すると肥大・球形化した異形肥大細胞が観察される．

【5-2】準確定診断

①ウイルス検査

GF細胞を24 well細胞に1 ml播き，15℃で2日間培養しておく．病魚の腎臓あるいは仔魚の場合は魚体全体を10倍量のHank'BSSでホモジナイズし，0.45 μmのフィルターで濾過し，濾液を100 μlずつ2 wellに接種する．20℃で培養し，細胞の球形化を特徴とするCPEを確認する．

【5-3】確定診断

①中和試験

GF細胞を96 wellプレートに播き20℃で2日間培養しておく．分離ウイルス液と所定濃度に希釈した抗RSNVウサギ血清を混合し，20℃で30分反応させる．100 $TCID_{50}$あるいは100 PFUのウイルスが完全に中和されるのを確認する．

②血清学検査

異形肥大細胞を含むスタンプ標本を，抗RSIVモノクローナル抗体を用いた蛍光抗体法に供し，異形肥大細胞に特異蛍光を観察する．

③ PCR検査

分離ウイルスあるいは急ぐ場合はCPEが現れた細胞からDNAを抽出し，表2-5に示したRSIV検出用プライマーセットを用いPCR反応を行う．

④病理組織学的検査

脾臓，腎臓，心臓，肝臓に細胞質が塩基性色素で均質に濃染あるいは顆粒状に染まる大型で類円形を呈する細胞（異形肥大細胞）が多数観察される．それらの異形肥大細胞の細胞質に結晶配列をしたウイルス粒子が観察される．

4・6　ヒラメのラブドウイルス病（Hirame Rhabdoviral Disease，HIRRVD）

本病はヒラメのラブドウイルス感染症として最初に報告されたが，その後原因ウイルスは海産魚のクロダイ *Acanthopagrus schlegelii*，メバル *Sebastes inermis* からも分離され，感染実験では数種の海産魚をはじめサケ科魚類の一部にも病原性を示すことが明らかとなっている．

1）病原体

原因ウイルスはラブドウイルス科Novirhabdovirus属のウイルスで，最初にヒラメから分離されたことにちなみ *Rhabdovirus olivaceus*（Hirame Rhabdovirus，HIRRV）と命名された．RTG-2細胞で細胞の球形化を特徴とするCPEを形成し，電子顕微鏡による観察では80×160～180 nmの砲弾型を呈している（図2-42）．血清学的には株間で均一であり，他の魚類病原ラブドウイルスIHNV, VHSV, SVCV, PFRV, EVA, EVXなどとは明らかに区別される．5種の構造タンパクとno-birionタンパク質を有しているが，IHNVやVHSVと異なる．HIRRVの全塩基配列は11,034 bpである．

図2-42　RTG-2細胞内のHIRRV

2）地理的分布

1984年に兵庫県下で初めて分離されたが，調査が進むにつれてその分布域が広まり，現在までに北海道，三重，香川，岡山県で 本病の発生が報告されている．北海道での発生例は種苗とともに持ち込まれたものと考えられている．種苗生産時の稚魚にも発生が見られ，クロダイや韓国から輸入されたメバル稚魚の病魚からも分離されている．韓国でも1998年にヒラメから本ウイルスが分離されている．

3）宿主範囲

最初に発症が見られたヒラメの他，アユ，クロダイやメバル稚魚からも分離されている．

4）特徴的症状

体表や鰭の充出血，腹部膨満，生殖腺のうっ血，筋肉内出血などを主徴とする（図2-43 カラー口絵）．病理学的には，筋肉内血管の鬱血，造血組織の壊死が特徴的である．

5）診断法

診断に際しては，ウイルス分離および特異抗血清を用いた中和試験を行う必要がある．感染細胞を用いた蛍光抗体法や酵素抗体法の利用も可能である．RT-PCR も開発されている．飼育水温を18℃以上に保つことが有効な本病対策である．ワクチンに関しては，養成魚では注射法によるワクチン投与が有望であり，現在，組換えGタンパク質を用いたワクチンが検討され有効との報告があり，DNA ワクチンも開発されている．

【5-1】推定診断

①疫学調査

水温2〜15℃の低温期に発生する．罹病魚の体重は100〜700 g，累積死亡率は数％から高い場合90％を超える．水温が18℃まで上昇すると自然終息する．試験では飼育水温が10℃のときに死亡率が最も高く，20℃では全く死亡魚は認められない．

②症状

体表や鰭の充出血，腹部膨満，生殖腺のうっ血，筋肉内出血を主徴とする．

③剖検

生殖腺の充血と筋肉内出血が見られる．

【5-2】準確定診断

①ウイルス検査

FHM, EPCRTG-2 細胞は高い感受性を示すが，CHSE-214 は CPE を示さない．FHM などの培養細胞を用いて15℃で培養すると2日目頃より細胞全体に球形化を伴う CPE が現れ始める．最高増殖量は FHM および EPC 細胞で $10^{9.3\text{-}9.8}$ $TCID_{50}$/ml に達する．

②血清学的検査

ウイルス感染価が高いので，IPNV 同様各種の血清学的診断法を利用できる．方法は後述の免疫学的診断法を参照．ゲル内沈降反応，共同凝集反応，酵素抗体法，蛍光抗体法，ELISA 法を用いてもよい．

【5-3】確定診断

①中和試験

分離ウイルスと抗 HIRRV ウサギ血清を反応させた後，FHM 細胞に接種し，中和の有無を確認する．

②蛍光抗体法

細胞培養用チャンバーに FHM 細胞を培養し，分離ウイルスを接種後，細胞を固定し，抗 HIRRV ウサギ血清を用いた間接蛍光抗体法により特異蛍光を観察する．

③ RT-PCR 検査

分離ウイルスあるいは CPE が現れた細胞から RNA を抽出し，表 2-5 に示した HIRRV 検出用プライマーセットを用い，RT-PCR 反応を行う．

④病理組織学的検査

腎臓の間質，特に造血組織に顕著な壊死が観察され，脾臓でも実質細胞の壊死が広範囲に観察される．生殖腺では間質内と輸精管輸卵管を取り巻く結合組織に激しい出血が認められ，腸管にも粘膜固有層に出血が観察され細胞変性を引き起こしている．筋肉内には筋繊維間の毛細血管にうっ血や出血が観察される．

4・7　ヒラメの VHS（Viral Hemoragic Septiemia，VHS）

1990 年代になって世界各地の海産魚から VHSV が分離されるようになっていたが，わが国には VHS はないとされてきた．秋卵を用いたヒラメの冬期飼育が普及した 1996 年頃から香川県下のヒラメにラブドウイルスが原因と考えられる病気が見られはじめ，2～3 年後から発生地域，発生件数が拡大し，香川，大分，愛媛，広島，岡山，山口の各県に及ぶようになった．2000 年にこのウイルスが VHSV と同定され，日本にも VHSV が存在することが明らかになった．時折しも持続的養殖確保法（養殖新法）が制定され，サケ科魚類の VHS が特定疾病に指定された．ヒラメの VHS は宿主がヒラメであったため，現在，新疾病として対処されている．

1）病原体

原因ウイルスはラブドウイルス科 Novirhabdovirus 属のウイルスで，IHNV, HIRRV と同属である．CHSE-214, RTG-2 細胞で細胞の球形化を特徴とする CPE を形成し，電子顕微鏡による観察では 80×160～180 nm の砲弾型を呈している（図 2-44）．分離ウイルスの遺伝子型は 1996 年分離株が欧州タイプ，1997 年以降は北米タイプである．

図 2-44　RTG-2 細胞内の VHSV
（J.R. Winton 博士提供）

2）地理的分布

瀬戸内海沿岸と小浜湾のヒラメからウイルスが分離されているが，各地のヒラメを始め海産魚から分離されても不思議ではない．韓国でもヒラメから分離されている．

3）宿主範囲

ヒラメ，コオナゴ *Ammodytes personatus*，ターボット，タラ．

4）特徴的症状

本病は海面および陸上養殖ヒラメに見られ，病魚には体色黒化，腹部膨満，肝臓・脾臓の肥大，肝臓の褪色が認められる．発生時期は 12 月から 5 月の水温 15℃ 以下の低水温期であり，水温上昇とともに自然終息する．罹病魚は 1～1,000 g，累積死亡率は数％～90％に及ぶ．

5）診断法

分離ウイルスは中和試験，蛍光抗体法，ウエスタンブロット法および RT-PCR 法により VHSV と同定される．日本近海の天然魚の調査では，ヒラメおよび西日本のコオナゴから本ウイルスが分離されているが，症状は認められていない．本ウイルスは前述のヒラメラブドウイルス（HIRRV）と同属のウイルスであり，ヒラメに見られる症状や発生状況も極めてよく似ている．抗血清を用いた血清学的試験および RT-PCR 法により HIRRV 感染症との区別が必要である．HIRRV 感染症はヒラメの冬期飼育が普及する以前に発生した病気であり，当時，親魚管理をはじめ採卵誘発のための低温処理をなるべく短くし，以後 18℃ 以上で飼育することで発症を防ぎ，わが国から産業被害がなくなった．世界でも他に例のないウイルス病防除の成功例である．ヒラメの VHS もこの事例を参考にすべきである．

【5-1】推定診断

①疫学調査

水温 2～15℃の低温期に発生する．罹病魚の体重は 1～1,000 g，累積死亡率は数％から高い場合 90％を超える．水温が 18℃まで上昇すると自然終息する．

②症状

筋肉内出血を主徴とする（図 2-45　カラー口絵）．

③剖検

腹腔壁にしばしば出血点が見られる．内臓脂肪組織，腹膜にも出血点が発生する．

【5-2】準確定診断

①ウイルス検査

FHM, EPC, RTG-2，CHSE-214 細胞が高い感受性を示す．FHM などの培養細胞を用いて 15℃で培養すると 2 日目頃より細胞全体に球形化を伴う CPE が現れ始める．

②血清学的検査

IHNV, HIRRV 同様，各種の血清学的診断法を利用できる．

【5-3】確定診断

①中和試験

FHM 細胞を用い，分離ウイルスと抗 VHSV ウサギ血清を反応させ，中和試験を行う．

② RT-PCR 検査

分離ウイルスあるいは CPE が現れた細胞から RNA を抽出し，表 2-5 に示した VHSV 検出用プライマーセットを用い，RT-PCR 反応を行う．

③病理組織学的検査

腎臓の間質，特に造血組織に顕著な壊死が観察され，脾臓でも実質細胞の壊死が広範囲に観察される．

4・8　トラフグの口白症

本病が出現したのはトラフグ養殖が長崎県下その他の九州の幾つかの地域で盛んになり始めた1981年頃である．以後，年とともに発生地域は四国，中国，山陰，近畿の全養殖地域に広がり，その被害は大きい．

1）病原体

本病は最初，原因不明の病気として報告されたが（畑井ら，1983），その報告には病魚の肝臓の磨砕濾液の接種で病気が再現されたことから，原因としてウイルス感染が疑われると述べられている．次いでウイルスの分離培養が試みられ，既存の多くの魚類由来株化細胞では成功しなかったが，トラフグ生殖腺由来初代培養細胞（PFG）を用いることによって成功し，細胞の円形化，密集化などのCPEが明らかにされた．さらに培養ウイルスを用いての再現実験にも成功してウイルス原因説はほぼ確実なものとなった（井上ら, 1986；Inouye *et al*., 1992）．病原体は直径約30 nm，正20面体，エンベロープ，また突起などの附属構造物をもたないDNAウイルスで，増殖の場は延髄，脊髄の神経細胞，口吻部皮膚上皮細胞その他の感受性細胞の細胞質内である．有機溶剤と酸に対する感受性をもち，50℃では不安定であるが，37℃では安定である．これらの形態，性質のすべてが一致する既知のウイルス（科）は見当たらず，分類学上の位置は未定である．

2）地理的分布

当初 九州の養殖場で見られたが，中国，四国，近畿の養殖場にまで蔓延している．

3）宿主範囲

トラフグが主であるがクサフグ *Takifugu niphobles* とヒガンフグ *Takifugu pardalis* も弱い感受性を示す．

4）特徴的症状

病魚の症状はきわめて特異で狂奔，噛合いなどの異常行動を示し，口唇部皮膚に激しい潰瘍が生じ，上･下顎の歯板，さらに上唇，下唇が露出し，水中にいる病魚の口吻部が白く見える（図2-46　カラー口絵）．夏期を主とする高温期の病気で，0年魚，1年魚とも同様に侵される．感染は主に噛合いによる接触感染であるが，水を介する水平感染も起こりうる．感染魚の主なウイルス増殖の場は口唇部皮膚の上皮細胞と考えられるが，重要な感染部位は上記の神経細胞で，それらの変性は著しく，神経機能に障害をきたし，異常行動の原因となるが，同時に諸器官の生理機能の低下，失調をもたらし，それが極度に進んだとき死因となると考えられる．

5）診断法

現在もトラフグの生殖腺由来細胞は樹立されていないため，培養法によるウイルス検査は難しい．ウイルスの遺伝子情報が乏しい現状を考慮すると，発症時期，その症状である罹病魚が示す噛み合い行動および体色の黒化，口唇部に形成される潰瘍患部などの外観症状によって本症の発生を推定する．高見ら（2007）は罹病魚の脳にのみ存在する口白症関連タンパク質（kuchishirosho associated proteins: KAPs，分子量 100～120 k）を特定し，この KAPs を用いた血清学的診断法を開発した．現状では，発症時期，病魚の症状および本血清学的診断結果を総合して診断するのが最良と考えられ，瀕死魚の脳の組織標本によって，脳神経細胞の変性壊死を確認すると同時に脳の磨細濾液を健康なトラフグの皮下に接種して本症の再現を確認する．

【5-1】推定診断

①疫学調査

本症は 3 月を除くほぼ周年発生するが，特に高水温期（6～10 月）に発生が増加する．水温 24～25℃に発生し，28℃で一度終息後，再度 24～25℃となる秋に広まる．0 歳魚が最も多く，次いで 1 歳魚，2 歳魚の順となる．

②症状

噛み合い行動および体色の黒化，口唇部に形成される潰瘍患部が主な症状である（図 2-46）．

③剖検

病魚の肝臓に線状の鬱血痕（図 2-47　カラー口絵）が見られる．

【5-2】（準）確定診断

①血清学的検査

トラフグの脳組織に存在する KAPs を口白症感染耐過トラフグの血清を用いて検出する．

②抗体検査

KAPs を抗原とした ELISA を行い，感染魚に存在する KAPs に対する抗体を検出する．

【5-3】確定診断

①病理組織学的検査

瀕死魚の脳の組織標本によって，脳神経細胞の変性壊死を確認するとともに脳組織に存在するウイルス粒子を観察する．

（吉水　守）

§5.　甲殻類のウイルス病と診断法

ウイルスが原因と思われる甲殻類の病気を表 2-6 に示した．世界における主たる養殖対象甲殻類は，クルマエビ *Marsupenaeus japonicus*，ウシエビ *Penaeus monodon*，バナメイエビ（慣用名，*Litopenaeus vannamei*）があげられる．クルマエビ類の養殖は発展途上国の重要な輸出産品となっており，その生産量の増加は目覚しい．これに伴って，ウイルス病の発生も多く報告されている．OIE（国際獣疫事務局，2012）がリストアップしている 10 種の甲殻類重要疾病のなかでウイルス病は 8 種類を占めることから，ウイルス病が世界のエビ類の養殖に大きな被害をもたらしていることがわかる．しかし，日本ではクルマエビのみが養殖されていることと，海外からの種苗などの導入が厳しく制限されていることから，現在大きな被害をもたらしているウイルス病は white spot syndrome（WSS，クルマエビ急性ウイルス血症）のみである．日本で報告されているバキュロウイルス性中腸腺壊死症（BMN）は防疫対策の確立により発生しなくなり，モノドン型バキュロウイルス感染症（MBV 病）は過去に試験的に飼育されたウシエビでの 1 例だけである．

分子生物学的な手法を用いた解析によって，病原ウイルスの詳細は明らかにされつつある（Flegel, 2006; Sánchez-Martínez *et al.*, 2007；Lightner, 2011）．これらの原因ウイルスを培養できるエビ類由来の継代培養細胞は樹立されていない．しかし，後述するイエローヘッドウイルス（Gangnonngiw *et al.*, 2010）や淡水産のオニテナガエビの white tail disease 原因ウイルス（Sudhakaran *et al.*, 2007b）では，昆虫細胞でのウイルスの増殖が確認されている．

5・1 バキュロウイルス性中腸腺壊死症（Baculoviral Mid-gut gland Necrosis, BMN）

1971 年山口県下のクルマエビ種苗生産施設で最初に発生したが，1980 年代中頃に受精卵の洗浄技術が確立されて以来発生数は激減した．現在では本症による被害はほとんど問題になっていない．

1）病原体

ウイルスは包埋体（occlusion body）を形成せず，エンベロープを有する．ビリオンおよびヌクレオカプシドの平均的な大きさはそれぞれ 310×72 nm および 250×36 nm でありバキュロウイルス科に分類されており，BMNV と略称される（Sano *et al.*, 1981）．

2）地理的分布と宿主範囲

日本のクルマエビから報告されている．

表 2-6 エビ類の

病　名	原因ウイルス	
	ウイルス名	分類学的位置
日本で報告されている病気		
バキュロウイルス性中腸腺壊死症	BMNV	バキュロウイルス科
クルマエビ急性ウイルス血症	PRDV, WSSV（WSDV）	ニマウイルス科
モノドン型バキュロウイルス感染症	MBV（日本では過去に 1 例のみ）	バキュロウイルス科
海外で報告されている病気		
バキュロウイルス・ペナエイ感染症	BP	バキュロウイルス科
イエローヘッド病	YHV（GAV）	ロニウイルス科
タウラ症候群	TSV	*Dicistroviridae*
伝染性皮下・造血器壊死症	IHHNV	パルボウイルス科
hepatopancreatic parvovirus 病	HPV	パルボウイルス科
infectious myonecrosis	IMNV	Totiviridae
Mourilyan virus 病	MoV	Bunyaviridae
white tail disease	MrNV+XSV	ノダウイルス科 0 extra small virus

BMNV＝baculoviral mid-gut gland necrosis virus, PRDV=penaeid rod-shaped DNA virus, WSDV=white spot disease baculovirus (=spherical baculovirus), BP=*Baculovirus penaei* (=tetrahedral baculovirus), YHV=yellow head virus, hypodermal and hematopoietic necrosis virus, HPV=hepatopancreatic parvovirus, IMNV= infectious myonecrosis virus, XSV=extra small virus

3）特徴的症状

本病はゾエア期から後期幼生（PL）のPL20程度までの幼生から稚エビ期に発生する．感染末期には中腸腺は白濁・軟化するために以前は中腸腺白濁症と呼ばれた（桃山, 1981）．通常体長9 mm以下の幼生に発生し，死亡率は90％を超えることが多い．標的器官は中腸腺と腸で，本ウイルスは細胞核内で増殖して，核の肥大と無構造化を起こす．

4）診断法

日常的診断は生鮮中腸腺の暗視野顕微鏡観察法により行われる．すなわち，白濁した生鮮中腸腺をスライドガラス上でウエットマウントとし，暗視野観察を行う．本法ではウイルス感染核は，形成されたビリオンによる乱反射によって，輪郭明瞭で内部構造一様な白色の物体として輝いて観察される（桃山, 1983）．

5・2　White Spot Syndrome（クルマエビ急性ウイルス血症, Penaeid Acute Viremia）

1993年に，中国産のクルマエビ種苗を導入した地域に初めて発生し（Takahashi *et al*., 1994, 1998；中野ら，1994；Momoyama *et al*., 1997），翌年には西日本各地の養殖場に拡がり，クルマエビ産業に多大な損害を与えた．通常，死亡率は80～90％に達する．天然クルマエビからも原因ウイルス（WSSV；penaeid rod-shaped DNA virus，PRDV）が検出され，その病原性も確認されている（Meada *et al*., 1998）．本病は1996年までにはアジア全体に拡がり，さらには中近東，地中海海域，北アメリカから中南米へと汚染地域が拡大し，世界的に大きな被害を与えた（Lightner, 1996a；Vlak *et al*., 2005）．この病気は国際的にはwhite spot disease（WSD；OIE, 2010）あるいはwhite spot syndrome（WSS, Vlak *et al*., 2005）と呼ばれており，原因ウイルスはWSSVと称されることが

ウイルス病

主な感受性動物		
種　類	罹病発育段階	標的器官
クルマエビ類	幼生	中腸腺
クルマエビ類	稚エビ～成体	皮下・造血器，リンパ様組織
クルマエビ類	幼生～稚エビ	中腸腺
クルマエビ類	幼生～稚エビ	中腸腺
クルマエビ類	稚エビ～成体	血球，鰓
クルマエビ類	稚エビ～成体	クチクラ上皮
クルマエビ類	稚エビ～成体	皮下・造血器
クルマエビ類	稚エビ～成体	中腸腺
クルマエビ類	稚エビ～成体	筋肉
クルマエビ類	成体	リンパ様組織
オニテナガエビ	稚エビ～幼若	筋肉

virus, WSSV=white spot syndrome virus, MBV=*Penaeus monodon*-type
GAV=gill-associated virus, TSV=Taura syndrome virus, IHHNV=infectious
MoV=Mourilyan virus, MrNV=*Macrobrachium rosenbergii* nodavirus,

多い．本節でも一般的に多用されているWSSあるいはWSSVを用いる．

1）病原体

原因ウイルスは分子生物学的解析結果から，新設されたニマウイルス科（*Nimaviridae*）のウイスポウイルス属（*Whispovirus*）に分類された（Vlak *et al*., 2005, Mayo *et al*., 2002）．本ウイルスは包埋体を形成せず，ビリオンの直径は120〜150 nmで長さが270〜290 nm，ヌクレオカプシドが直径65〜70 nmで長さが300〜350 nmのエンベロープを有する桿状のウイルスである（Vlak *et al*., 2005）．鞭毛様の突起物をもち，6つの主要なタンパクVP664，VP28, VP26, VP24, VP19およびVP15を有する（Leu *et al*., 2005；Tsai *et al*., 2006；Xie *et al*., 2006）．核酸は約300 kbのdsDNAからなる（van Hulten *et al*., 2001；Yang *et al*., 2001）．GenBankで3つのWSSVのDNAの全塩基配列が公開されている（タイ国由来：AF369029, 台湾由来：AF440570，中国由来：AF332093）．

2）地理的分布

中国，台湾，日本，韓国，東南アジア，南アジア，インド大陸，地中海地方，中近東，南北アメリカ大陸に分布している．

3）宿主範囲

養殖対象のクルマエビ類のエビはもちろん，海産，汽水産および淡水産のエビ類，カニ類，ザリガニを含む十脚目甲殻類は宿主となる．80種を超える甲殻類からウイルスが検出されている．

4）特徴的症状

本ウイルスに罹患したエビの外骨格には白点や白斑の形成（図2-48　カラー口絵）や，体色の赤変化が認められる．このような白斑は，頭胸部の甲殻を皮下組織から剥がして，実体顕微鏡や肉眼で容易に観察できる．しかし，白斑は細菌よって形成される場合も報告されている（Wang *et al*., 2000）ので，白斑のみによる診断は避けるべきである．病理組織学的には感染エビの中・外胚葉起源の組織（上皮細胞層，結合組織，リンパ様器官，造血器，触覚腺）において，細胞の核の肥大化と無構造化が見られる．とくに，胃の上皮層や鰓弁を染色して顕微鏡で観察すると，核の肥大がよく観察されるので，簡易な検査部位として適している（Alday de Graindorge and Flegel, 1999）．

5）診断法

親エビから孵化稚仔への感染と養殖池内での感染がウイルス伝播の大きな要因となっている．そこで，産卵後の親エビをPCR検査に供して，ウイルスの有無を確認することは，この親から孵化した幼生のウイルス感染の可能性を探る上で，重要である．PLを養殖池に導入するときは必ずPCR検査によってウイルスフリーであることを確認する必要がある．養殖期間中は，死エビをできるだけ取り上げて，共食いによるウイルスの拡散を防止する必要がある．さらに，定期的にエビを取り上げて，PCRなどによるウイルス検査の実施が望まれる．

【推定診断】

①疫学調査

本ウイルスに感染すると，クルマエビは昼間に砂上に出現し，養殖池の周辺をフラフラと泳ぎ，急激に食欲が低下する．PL15〜20で野外の養殖池へ入れした場合，早ければ，7〜10日で発症することもある．水温は20℃以上になると感染の可能性は高まる．

②症状

外骨格の白斑や体色が全体に赤くなる．しかし，上述の理由により，白斑の形成や体色の赤色化だけで，本病と診断しないこと．

③剖検

症状の進行度合いによって，リンパ様器官の腫脹あるいは委縮がみられる．重症個体では，暗視野顕微鏡観察法による血リンパ中のウイルス粒子の検出と，胃の上皮層や鰓における肥大・無構造化したウイルス感染核を検出できる．また，胃の上皮層や鰓弁を染色して顕微鏡で観察すると，核の肥大がよく観察されるので，簡易な検査部位として適している（Alday de Graindorge and Flegel, 1999）．

【確定診断】

① PCR検査

表2-7にOIE推奨のPCR検査用プライマーセットを示す（OIE, 2012；Lo *et al*., 1997）．1st step PCRでは，94℃で4分，55℃で1分，72℃で2分を1サイクルののち，94℃で1分，55℃で1分，72℃で2分を39サイクル，最後に72℃で5分の伸長反応を行う．次に，2nd step PCR用のプライマーを用いて，1st step PCRと同じプロトコールでPCRを行う．

表2-7　OIEで推奨されているWSSV検出用nested PCRのプライマー

プライマー	反　応	サイズ	配　列
146F1	1st step PCR	1447 bp	5'-ACT-ACT-AAC-TTC-AGC-CTA-TCTAG-3'
146R1			5'-TAA-TGC-GGG-TGT-AAT-GTT-CTT-ACG-A-3'
146F2	2nd step PCR	941 bp	5'-GTA-ACTGCC-CCT-TCC-ATC-TCC-A-3'
146R2			5'-TAC-GGC-AGC-TGC-TGC-ACC-TTG-T-3'

これ以外にも，後述するようにTaqMan probeを用いたリアルタイムPCR（Durand and Lightner, 2002；Durand *et al*., 2003；Powell *et al*., 2006）やLAMP法（loop-mediated isothermal amplification assay)（Kono *et al*., 2004；Mekata *et al*., 2009）も用いることができる．

②塩基配列の決定

とくに，新しい宿主や新たな地域での症例では，上記PCR産物の塩基配列を調べて，既報のWSSVのものと一致することを確認する必要がある．最近では，本ウイルスの遺伝情報と類似の配列がエビの遺伝子から得られていることから，このようなエビ遺伝子を増幅してPCR陽性と判定する可能性が考えられる．そこで，いくつかの異なるプライマーによる遺伝子増幅ならびにPCR増幅産物の塩基配列の決定などを実施して，慎重な診断が望まれる．

③病理組織学的検査

感染エビの上皮細胞層，リンパ様器官，造血器，触覚腺などをHE染色すると，細胞の核の肥大化と無構造化ならびにCowdry Aタイプの封入体が見られる．

【各種診断法とその詳細】

分子生物学的診断法として，遺伝子を増幅して検出するためのPCR法が多く報告されている（Hossain *et al*., 2004；Kiatpathomchai *et al*., 2001；Lo *et al*., 1996a, b；Takahashi *et al*., 1996；Tang and Lightner, 2000；Tsai *et al*., 2002；Vaseeharan *et al*., 2003）．OIEで推奨されているnested PCRのプライマーは表2-7の通りである（OIE, 2010；Lo *et al*., 1997）．

さらに，nested PCRとdot-blot hybridizationを組み合わせて，DNA量にして10 fg（30コピー）の検出を可能にした（Yang *et al*., 2001）．WSSVとmonodon baculovirus（MBV）を同時に検出できるPCRや（Natividad *et al*., 2006），タウラ症候群ウイルス（TSV）などのRNAウイルスとWSSVとの2種類のウイルス（Tsai *et al*., 2002），さらには，WSSV，TSVおよび伝染性皮下造血器壊死症ウイルス（IHHNV）の3種類を同時に検出することも可能となっている（Xie *et al*., 2007）．これら3種に加えて，イエローヘッド病ウイルス（YHV），hepatopancreatic parvovirus（HPV）およびMBVの合計6種類を同時に検出できることも報告されている（Khawsak *et al*., 2008）．また，WSSVとIHHNVとの同時検出が可能なミニアレイ システムも開発された（Quéré *et al*., 2002）．これらの方法はWSSVと他のウイルスとの混合感染を明らかにする上で，重要な検出方法である（Umesha *et al*., 2006）．

ウイルスを半定量的に検出するために，1つのセンスプライマーと3つのアンチセンスプライマーを用いて，ウイルス粒子が2×10^4個以上の場合は，PCR産物のバンドが3本，2×10^3程度の場合は2本，$2\times10^{1\sim2}$程度の場合は1本となるように工夫されたPCRもある．これによって，どの程度の感染度合いかを簡易に知ることができるので，現場の養殖業者にとっては有益である（Kiatpathomchai *et al*., 2001）．

ウイルスを定量的に検出する方法としてリアルタイムPCRが確立されている．WSSVに適用された例としては，DurandとLightner（2002）やDurandら（2003），Powellら（2006）がTaqMan probeを用いてWSSVを定量的に測定した例が報告されている．Sritunyalucksanaら（2006）がリアルタイムPCRと従来のPCRとの感度を比較した結果，リアルタイムPCRは1反応当たり5コピーを検出できたのに対して，one-step PCRでは1,000コピー，nested PCRでは50～1,000コピーとなり，リアルタイムPCRの検出感度の高さが証明された．SYBR Greenを用いたリアルタイムPCRも検討され，検出限界はWSSVのDNA量として0.1 pgであるとした（Dhar *et al*., 2001; Yuan *et al*., 2007）．

稚エビを野外池に放養する場合は，事前にPCRによるWSSVのチェックが推奨されている（Thakur *et al*., 2002）．タイでは100ウイルス粒子以下でも検出できるnested PCRを用いて，300尾の稚エビからDNAを抽出して，1反応当たり全DNA量が約150 ngとなるように調整して用いる方法が薦められている．この方法を用いると偽陰性は出にくいとされている（Flegel, 2006）．

WSSV検出のためのLAMP法については，Konoら（2004）によって開発された．LAMP法は，PCR法のように3段階の精密な温度管理の必要はなく，65℃の一定の温度で1時間以内に検出が可能となる．その感度はWSSVのDNA量にして1 fgであるとされた．これは，従来検出感度が高いとされてきたnested PCRの10 fgより10倍感度が高い．さらに，2組のプライマーで標的遺伝子の6か所を認識することから，標的ウイルスに対する特異性も高い（Savan *et al*., 2005）．報告された2組のプライマーに加えて，1組のloop primerを追加することによって，検出時間が15～30分に短縮される．HeとXu（2011）はWSSVとIHHNVを同時に検出できるマルチプレックスLAMP法を開発した．LAMP法と免疫クロマトグラフィーを併用して，電気泳動による検出のステップを省略したLAMP-LFD法（chromatographic lateral flow dipstick）も開発された（Jaroenram *et al.*, 2009）．LAMP反応で生成されるピロリン酸マグネシウム（不溶性）の濁度を測定することでウイルス量を定量することが可能であることから，定量的にウイルスを検出する方法も考案された．Mekataら（2009a）は，この原理を用いて，WSSVを検出するための定量LAMP法を開発し，100 copies/μlまで検出可能であるとした．

抗体を用いた免疫学的検出法も検討されている．まず，Okumuraら（2004）はWSSVに対するポリクローナル抗体を作製して，これを高密度ラテックスビーズに吸着させて，逆受身ラテックス凝集反応系を確立した．本法では，WSSV感染エビ胃の上皮からウイルスが検出されたが，血リンパや鰓からの試料では検出できなかったとしている．Sathishら（2004）はWSSVの18 kDaタンパクに対するポリクローナル抗体を作製して，これをFITC標識ビーズやラテックスビーズに本抗体を吸着させて，抗体吸着ビーズの凝集性を，筋肉や頭部の抽出液を用いて反応性を観察した．その結果，約20分の反応時間で，PCRの結果とほぼ一致した．

WSSVのエンベロープを構成する28 kDaタンパク（VP28）のリコンビナントタンパクに対するポリクローナルを用いたdot blot法が，簡便で特異性も高いことから，診断に有効であることを示した（van Hulten et. al., 2001；Yi *et al*. 2004; Yoganandhan *et al*., 2004）．

Liuら（2002）はリコンビナントVP28タンパクに対するモノクローナル抗体（MAb）を作製して，サンドイッチELISA法を確立した．その結果，本法では400 pgの精製WSSVタンパクを検出でき，リコンビナントVP28では20 pgまで検出できた．この検出限界はPCR法とほぼ同等とした．これらのMAbは地理的に異なるWSSV株を認識することや海産のエビ類と淡水のザリガニ類から分離されたWSSVを識別することはできなかった（Poulos *et al*., 2001）．WSSVのVP28だけを認識するMAbと，VP28とVP18の両方を認識するMAbを作製して，immunodot法を開発した．その検出限界を調べたところ，ウイルスタンパクにして約400～500 pgであるとし，これは通常のPCRとほぼ同等の感度であった．しかし，3時間で検出できることから，野外試験キットへの応用が可能とした（Anil *et al*., 2002）．Daiら（2003）はphage display法によってWSSVに対する抗体を作製したところ，WSSVタンパクとして25 ngで検出できたとしている．Wangら（2006）は金コロイドで標識したWSSVに対する2種類のMAbを用いて，ドットブロット法による検出方法を開発し，現場でのウイルス検出に有用であるとした．Chaivisuthangkuraら（2010b）は，VP19とVP28に対するMAbを用いることによって，WSSVの検出感度を向上させることができるとした．

抗体を用いた上記以外の方法としては，免疫クロマトグラフィーを用いた方法がある（http://www.enbiotec.co.jp/ja/；http://www.shrimpbiotec.com; Takahashi *et al*., 2003; Powell *et al*., 2006; Cheng *et al*., 2007）．この方法はモノクローナル抗体あるいはポリクローナル抗体を用いて，サンドイッチ法によって抗原・抗体結合産物を濾紙上で検出するものである．具体的には，エビの遊泳脚から調整した被検液を抗体を含む濾紙上に展開し，被検液中のWSSV抗原が固定化された抗体と結合して，金コロイドで可視化することによって検出するものである．Powellら（2006）はリアルタイムPCRとTakahashiら（2003）の免疫クロマトグラフィーについて感度の比較を行ったところ，人為感染の初期段階（ウイルス接種後1～8時間）では，リアルタイムPCRは100％の検出率であったのに対して，免疫クロマトグラフィーによる検出はできなかった．しかし，免疫クロマトグラフィーでは，感染後12時間以降では検出可能となり，24時間では100％検出できたことから，急性のウイルス感染でもエビに症状や死亡が顕在化する前に検出可能であること，さらに養殖現場で20分以内に結果が得られることから，迅速で簡易な方法として，本疾病の蔓延防止には有効な手段であるとした．Cheng ら（2007）は WSSV の VP19 と 28 の fusion タンパクに対するポリクローナル抗体を用いた免疫クロマトグラフィーを開発し，その有用性を PCR 法と同等であることを示した．

WSSV は経水感染が重要な要因となるので，水中の極めて低濃度の WSSV を直接検出する方法が考案された．Samanman ら（2011）は，WSSV に感染したウシエビから VP26 を認識する white spot binding protein（WSB）と glutathione-S-transferase との融合タンパクを作製して，電極に固定化した．ウイルス粒子が WSB と結合することによって生じる電位差を検知して，ウイルスを検出するもので，検出感度は 1 copy/μl であるとした．今後，現場での有用性が期待される．さらに，Suzuki ら（2011）は，鉄コロイド吸着法と泡沫分離法を併用して，WSSV を飼育水から200倍以上に濃縮することに成功し，PCR による濃縮液からの WSSV の検出が可能であることを示した．

5・3　伝染性皮下造血器壊死症（Infectious Hypodermal and Hematopoietic Necrosis）

本ウイルスによる疾病は，1980年代初期にアメリカでブルーシュリンプ *Litopenaeus stylirostris* とバナメイエビ *L. vannamei* に発生したが，ブルーシュリンプの稚エビや幼若エビに大量死をもたらした（Lightner *et al.*, 1983; Lightner, 1996）．バナメイエビはある程度の抵抗性を示すが，感染エビは発育不全を示し，額角の矮小化や変形が見られる（Brock and Main, 1994; Kalagayan *et al.*, 1991）．これにより，商品価値が低下するため，経済的な損失は大きい（Carpenter and Brock, 1992）．東南アジアの既存種であるウシエビにはほとんど病原性は示さない（Chayaburakul *et al.*, 2005）が，成長不良やこれに起因する生産量の低下が報告されている（Primavera and Quinitio, 2000）．日本での本疾病発生の報告はなく，「持続的養殖生産確保法」で特定疾病に指定されている．

1）病原体

IHHN 原因ウイルス（IHHNV）は，エンベロープをもたない正20面体の小型ウイルス（直径22～23 nm）で，4.1 kb の一本鎖 DNA をもち（Lightner *et al.*, 1983; Bonami and Lightner, 1991；Bonami *et al.*, 1990; Lightner, 1996; Rai *et al.*, 2011）パルボウイルス科（*Parvoviridae*）のブレビデンソウイルス属（*Brevidensovirus*）に分類されている．種名は *Pst*DNV（*Penaeus stylirostris densovirus*）とされている．

2）地理的分布

本ウイルスはペルーからメキシコの太平洋側とハワイ島，グアム島，フランス領ポリネシアとニューカレドニアで報告されている，さらに，バナメイエビの養殖が東南アジアで広まるに伴って，東アジア，東南アジアおよび中近東にも拡大した．2008年にはオーストラリアからも IHHNV の報告がある．

3）宿主範囲

主要養殖対象種であるブルーシュリンプ，バナメイエビおよびウシエビに感染し，これら以外にもほとんどのクルマエビ類が感染すると考えられる．

4）特徴的症状

罹病した稚エビ（とくにブルーシュリンプ）は，食欲を失い，池底から水面へゆっくりと移動し，その後横転して，死亡する．白斑ないしはまだら模様の外観を呈し，その後瀕死のエビでは全身が青みを帯びる．IHHN の病理組織学的所見は，外・中胚葉性の組織の感染細胞の核内に Cowdry タイプ A の封入体が見られる．（Lightner, 1996a；Alday de Graindorge and Flegel, 1999）．このような封入体の画像をデジタル処理することによって，IHHNV 感染を調べようとする試みも報告されている（Alvarez-Borrego and Chavez-Sanchez, 2001）．

5）診断法

アフリカ産とオーストラリア産のウシエビ遺伝子には，IHHNV の遺伝子配列とホモロジーが 86 および 92％と類似した部分があることがわかり，これによって IHHNV に罹患していないウシエビも陽性を示すことがわかった（Tang and Lightner, 2006）．そこで，このような反応をなくし，真に IHHNV だけを検出できるプライマーが開発されている（Tang, *et al*., 2007）ので，これらの地域のウシエビを検査するためには注意を要する．また，これら以外の地域のエビ類についてもエビの遺伝子上に IHHNV の類似の遺伝子配列が存在することも考えられるので，IHHNV の検出には複数のプライマーセットを用いた PCR や生物検定ならびに病理組織検査などを併用することが重要である．

【推定診断】

①疫学調査

ブルーシュリンプとバナメイエビでは症状が異なる．ブルーシュリンプの稚エビでは急速に病状が進行して，大量死亡をもたらす．このようなエビでは，急激な食欲の低下と，水槽表面にゆっくりと上がってきて，動きが緩慢となり，回転しながら水槽の底に沈んでいく行動を繰り返す．バナメイエビでは，大量死はみられないが,，同じ水槽や池でも大きさが著しく異なり，小さい個体が出現する．

②症状

ブルーシュリンプでは，表皮に黄褐色の斑点がみられる．重症個体では，全体に青みがかることもある．バナメイエビでは額角の矮小化や変形，外皮の変形がみられる．

③剖検

特徴的な内部所見はない．

表 2-8　OIE で推奨されている IHHNV 検出のための PCR プライマー

プライマー	サイズ	配　列
389F	389 bp	5'-CGG-AAC-ACA-ACC-CGA-CTT-TA-3'
389R		5'-GGC-CAA-GAC-CAA-AAT-ACG-AA-3'
77012F	356 bp	5'-ATC-GGT-GCA-CTA-CTC-GGA-3'
77353R		5'-TCG-TAC-TGG-CTG-TTC-ATC-3'
392F	392 bp	5'-GGG-CGA-ACC-AGA-ATC-ACT-TA-3'
392R		5'-ATC-CGG-AGG-AAT-CTG-ATG-TG-3'

④ PCR 検査

OIE で推奨されているプライマーは表 2-8 の通りである（Tang, *et al.*, 2007；OIE, 2010）．この中で，389F/R のプライマーセットは初期の診断に用いられる．389F/R の PCR 反応は，まず 94℃で 5 分の後，94℃で 30 秒，60℃で 30 秒，72℃で 30 秒を 35 回繰り返して，最後に 72℃で 7 分間伸長反応を行う．

【確定診断】

① PCR 検査

確定診断としては，表 2-8 の 77012F/77353R あるいは 392F/R のセットを用いる．77012F/77353R の PCR 反応では，95℃で 5 分反応させた後，95℃で 30 秒，55℃で 30 秒，72℃で 1 分を 35 回繰り返して，最後に 72℃で 7 分の伸長反応を行う．392F/R の PCR 反応では，94℃で 4 分で反応後，94℃で 30 秒，55℃で 30 秒，72℃で 1 分を 35 回繰り返したのちに，最後に 72℃で 7 分の伸長反応を行う．

②塩基配列の決定

必要に応じて，PCR 産物の塩基配列を決定する．

③病理組織学的検査

HE 染色によって，外胚葉由来組織（前腸および後腸の上皮，神経索，神経節など）や中胚葉由来組織（造血器，アンテナ腺，卵巣，リンパ様器官など）の細胞にクロマチンの核縁辺部への偏在と核の肥大がみられる．このような核内にはエオシン好性の Cowdry A タイプの封入体がみられる．

【各種診断法とその詳細】

TaqMan プローブを用いたリアルタイム PCR（Tang and Lightner, 2001；Yue *et al.*, 2006）や SYBR Green を用いたリアルタイム PCR（Dhar *et al.*, 2001）が開発されている．

IHHNV の検出には等温条件下での反応で，検出できる LAMP 法（Sun *et al.*, 2006）が開発されており，64℃で 1 時間の反応で検出できる．反応限界は 5～500 コピーとされ，従来の PCR より 100 倍程度感度が高い．マルチプレックス LAMP（He and Xu, 2011）や LAMP 産物を濾紙上で検出する方法である LAMP-LFD（Arunrut *et al.*, 2011）並びに定量 LAMP 法（Sudhakaran *et al.*, 2008b）による検出も報告されている．Teng ら（2006b）は ramification amplification assay を用いて IHHNV の検出について報告している．本法では，環状のプローブ（C-probe）と鎖置換型 DNA ポリメラーゼを用いて，1 時間程度で，LAMP 法同様に等温条件下で反応させることができ，感度は PCR と同等としている．

5・4 イエローヘッド病（Yellow Head Disease）

本ウイルスは 1990 年にタイで発生したと考えられるが（Flegel, 2006），1993 年にそのウイルスの存在が明らかとなった．当初はバキュロウイルスと考えられていた（Boonyaratpalin *et al.*, 1993; Chantanachookin *et al.*, 1993）．しかし，その後一本鎖（positive sense）の RNA ウイルスであることが明らかにされた（Wongteerasupaya *et al.*, 1995）．日本での本疾病発生の報告はなく，「持続的養殖生産確保法」で特定疾病に指定されている．

1）病原体

原因ウイルス（yellow head virus，YHV）は，約26 kbの一本鎖RNA（positive sense）をもち，エンベロープをもつウイルスで，ロニウイルス科（*Roniviridae*）のオカウイルス属（*Okavirus*）に分類されている（Walker *et al*., 2005; Mayo, 2002）．成熟したウイルスの大きさは150～200×40～60 nmであるが，感染細胞の細胞質中にnucleocapsid precursorが見られ，大きさは15×80～450 nmとフィラメント状の形状を呈する．これが出芽によってエンベロープを得る．YHVは中国や台湾などの東南アジア各国とメキシコのバナメイエビ（Sanches-Barajas *et al*., 2009）からも分離された．これに近縁なウイルスとしてgill-associated virus（GAV）（Spann *et al*., 1997）とlymphoid organ virus（LOV）（Spann *et al*., 1995）があげられる．GAVとLOVはアミノ酸レベルで100％（DNA配列で95％）の相同性を示したことから，同じウイルスと考えられている．一方，GAVとYHVはアミノ酸レベルで96％，DNA配列で85％の相同性を示したことから，同属の異なるタイプ（genotype）とされた（Walker *et al*., 2001；Walker *et al*., 2002；Cowley *et al*., 1999；Panyim *et al*., 1999）．genotypeはYHV（genotype 1）とGAV（genotype 2）の他にも，genotype 3～6が知られており，これらは東アフリカ，アジアおよびオーストラリアで健康なウシエビから報告されている．genotype 3～6はエビに対して病原性は認められていない（Soowannayan *et al*., 2003；Walker *et al*., 2002; Walker *et al*., 2005）．GAV（genotype2）は実験感染で，クルマエビに病原性があることが報告されている（Spann *et al*., 2000）．

2）地理的分布

YHV（genotype 1）は中国，台湾，インド，インドネシア，マレーシア，フィリピン，スリランカ，タイ，ベトナムに分布が確認されている．一方，GAVと他のYHV genotype（genotype 3～6）はオーストラリア，インド，インドネシア，マレーシア，モザンビーク，フィリピン，タイ，ベトナム，メキシコに確認されている．

3）宿主範囲

ウシエビとバナメイエビでは，病気の発生が報告されている．自然感染は，クルマエビ，テンジククルマエビ *Fenneropenaeus merguiensis*，ブルーシュリンプ，ホワイトシュリンプ *L. setiferus*，ヨシエビ *Metapenaeus ensis*，テナガエビ類 *Palaemon styliferus*，オキアミ類 *Euphausia superba* において報告されている．これら以外にも，人為感染によって，他のクルマエビ類やテナガエビ類も感受性を示すことが報告されている．

4）特徴的症状

ウシエビにおける本病気の特徴は，頭胸部が黄色化し，鰓も黄色あるいは褐色を呈し，瀕死エビの体色は全体に退色する．病理組織学的には，鰓におけるＨＥ染色下での塩基性封入体の形成が顕著である（Flegel *et al*., 1997a; 1997b）．また，リンパ様器官，造血器，上皮組織および血球に壊死がみられ，同様の封入体が観察される（Lightner, 1996a）．

5）診断法

YHV（genotype 1）はクルマエビに対する病原性が強い（未発表）．しかし，現在のところ，本ウイルス病の発生は日本では報告されていない．本病が日本に伝播するとクルマエビ養殖に大きな被害が予想されるので，徹底した防疫対策が必要である．

①疫学調査

急激な食欲の増進と突然の食欲低下が特徴的にみられる．瀕死のエビは池の端に集まり，水面近くを泳ぐ．

②症状

エビの体全体が退色し，頭胸部の黄色化がみられる．

③剖検

肝膵臓の黄色化が見られる．このように黄色化した肝膵臓は健常なエビのそれと比較して柔らかい．鰓の固定・染色標本では，多くの塩基性の封入体が細胞質にみられる．封入体は球形で無構造である．血リンパの塗抹標本を診断に用いる場合，感染が疑われる池のエビで，外見上症状のみられないエビを検査する必要がある．症状の現れているエビはすでに感染が進行して，血球数が極端に低下しており，検査には適当ではない．固定液の入った注射器に血液を採取し，混合したのち，塗抹標本を作製して，HE 染色を施す．核崩壊や核濃縮を起こした血球が多くみられる．

④ PCR 検査

初期の診断としては，表 2-9 のプライマーが用いられる．逆転写反応として，144R プライマーを用いて 42℃で 15 分反応させた後，熱処理で酵素を不活化し，cDNA を合成する．94℃で 30 秒，58℃で 30 秒，72℃で 30 秒を 40 回繰り返し，最後に 72℃で 10 分間伸長反応を行う．

【確定診断】

① PCR 検査 1

OIE で推奨されているプライマーを表 2-10 に示す．これらは nested PCR 用のプライマーで，YHV と GAV を区別することができる．逆転写反応として，GY5 プライマーを用いて 42℃で 1 時間反応させた後，熱処理で酵素を不活化し，cDNA を合成する．次に，1st step PCR には，GY1/GY4 のプライマーを用いて 95℃で 30 秒，66℃で 30 秒，72℃で 45 秒を 35 回繰り返し，最後に 72℃で 7 分の伸長反応を行う．2nd step PCR には，GY2/Y3/G6 のプライマーを用い，上記と同じプロトコールを実施する．1st step PCR の結果としては，YHV と GAV はいずれも 794 bp の PCR 産物を形成する．2nd step PCR の結果は，YHV は 277 bp の産物を，GAV は 406 bp の産物をそれぞれ形成する．

② PCR 検査 2

genotype 1～6 を区別して検出できる nested PCR に用いるプライマーを表 2-11 に示す．まず，6 塩基ランダムプライマーで 25℃で 5 分，42℃で 55 分反応させた後，熱処理で酵素を不活化し，cDNA を合成する．1st step PCR には，YC-F1ab/YC-R1ab のプライマープールを用い，95℃で 1 分反応させた後，95℃で 30 秒，60℃で 30 秒，72℃で 40 秒を 35 回繰り返し，72℃で 7 分の伸長反応を行う．次に，2nd step PCR には，YC-F2ab/YC-R2ab のプライマープールを用いて，95℃で 1 分反応させた後，95℃で 30 秒，60℃で 30 秒，72℃で 30 秒を 35 回繰り返し，72℃で 7 分の伸長反応を行う．1st step PCR では 358 bp の，2nd step PCR では 146 bp の PCR 産物が得られれば，

表2-9　OIEで推奨されているYHV検出用PCRプライマー

プライマー	サイズ	配　列
10F	135 bp	5'-CCG-CTA-ATT-TCA-AAA-ACT-ACG-3'
144R		5'-AAG-GTG-TTA-TGT-CGA-GGA-AGT-3'

表2-10　OIEで推奨されているYHVとGAV検出用nested PCRプライマー

プライマー	反応	サイズ	配　列
GY5	cDNA合成用		5'-GAG-CTG-GAA-TTC-AGT-GAG-AGA-ACA-3'
GY1	1st step PCR	794 bp	5'-GAC-ATC-ACT-CCA-GAC-AAC-ATC-TG-3'
GY4			5'-GTG-AAG-TCC-ATG-TGT-GTG-AGA-CG-3'
GY2	2nd step PCR	277 bp（YHV） 406 bp（GAV）	5'-CAT-CTG-TCC-AGA-AGG-CGT-CTA-TGA-3'
Y3			5'-ACG-CTC-TGT-GAC-AAG-CAT-GAA-GTT-3'
G6			5'-GTA-GTA-GAG-ACG-AGT-GAC-ACC-TAT-3'

表2-11　OIEで推奨されている6種のYHV genotype検出用nested PCRプライマー

プライマー	反応	サイズ	配　列
YC-F1ab pool	1st step PCR	358 bp	5'-ATC-GTC-GTC-AGC-TAC-CGC-AAT-ACT-GC-3' 5'-ATC-GTC-GTC-AGY-TAY-CGT-AAC-ACC-GC-3'
YC-R1ab pool			5'-TCT-TCR-CGT-GTG-AAC-ACY-TTC-TTR-GC-3' 5'-TCT-GCG-TGG-GTG-AAC-ACC-TTC-TTG-GC-3'
YC-F2ab pool	2nd step PCR	146 bp	5'-CGC-TTC-CAA-TGT-ATC-TGY-ATG-CAC-CA-3' 5'-CGC-TTY-CAR-TGT-ATC-TGC-ATG-CAC-CA-3'
YC-R2ab pool			5'-RTC-DGT-GTA-CAT-GTT-TGA-GAG-TTT-GTT-3' 5'-GTC-AGT-GTA-CAT-ATT-GGA-GAG-TTT-RTT-3'

縮重プライマーの塩基コード：R（AG），Y（CT），M（AC），K（GT），S（GC），W（AT），H（ACT），B（GCT），V（AGC），D（AGT），N（AGCT）．

genotype1～6のいずれかのウイルスが検出されたことを意味する．どのgenotypeに属するかは，PCR産物の塩基配列を明らかにして，既往の配列と比較する．

③塩基配列の決定

必要に応じて，PCR産物の塩基配列を決定する．

④病理組織学的検査

外胚葉あるいは中胚葉由来の組織のHE染色によって，均一に濃染された塩基性の細胞質内封入体が多くみられる．封入体は球形で2μm以下である．リンパ様器官，胃の上皮層および鰓が検査部位として適している．

【各種診断法とその詳細】

YHVを検出するためのRT-PCR法はWongteerasupayaら（1997）によって当初開発された．このRT-PCRはタイ産のウシエビから分離されたYHVの遺伝子を元にして作られ，検出限界はYHVの精製RNA0.01 pgとした．一方，オーストラリアのウシエビから分離されたGAVの遺伝子配列を基にして，RT-nested PCRが開発され，検出限界は感染エビから抽出した全RNAとして10 fgであるとした（Cowley *et al.*, 2000）．これら2種類のウイルスを識別できるmultiplex RT-nested PCRも開発されている（Cowley *et al.*, 2004）．6種類のgenotypeを検出できるリアルタイムPCR用プライマー（縮重プライマー）も設計されている（Wijegoonawardane *et al.*, 2010）．OIE（2010）の推奨プライマーには表 2-9～2-11 に示すように 3 種類のプロトコールがある.

一般に，RNA は RNase によって，すばやく分解されて RT-PCR に適さないサンプルとなるので，その保存方法が大切である．そこで，特殊な濾紙に YHV に罹病したエビの血リンパを吸着させたところ，室温で 2 カ月以上も安定して検出されたとした．このことから，YHV の長期間の保存にはこのような濾紙が適していると結論した（Kiatpathomchai *et al.*, 2004）．しかし，YHV に罹患したエビの血リンパ中の YHV の RNA は 4 あるいは 25℃の保存で 3～5 日間はほとんど低下しないとする報告もある（Ma, *et al.*, 2008）．また，定量的に遺伝子を増幅する方法として，リアルタイム RT-PCR も開発され，SYBR Green を用いて 1 コピーまで検出できたとした（Dhar *et al.*, 2002）．定量 LAMP 法による検出も報告されており，従来の RT-nested PCR より 10 倍程度感度が高いことが報告されている（Mekata *et al.*, 2009b）.

Sithigorngul ら（2007）は，免疫クロマトグラフィーの手法を用いて，YHV の p20 に対する抗体を用いて，YHV と GAV の両方を検出するキットを開発した．このキットの検出限界は通常の RT-PCR（one step RT-PCR）より 500 倍検出感度は低いが，ドットブロット法よりは高いとしている．また，特別な機材がなくとも約 15 分で結果がわかることから，養殖現場での使用が期待されている．ウイルスのエンベロープタンパクである gp116 に対するリコンビナント抗体も作製され，その特異性と感度の高さ（精製 YHV としてドットブロットでは 9 ng，間接 ELISA 法では 45 ng）が確認されている（Intorasoot *et al.*, 2007）．また，YHV と GAV を識別できる MAb も開発されているので，抗体レベルでの両者の区別も可能である（Soowannayan *et al.*, 2002, 2003）.

一般に，エビの病原ウイルスは昆虫などの継代細胞で培養できないとされてきたが，Gangnonngiw ら（2010a）はヒトスジシマカ由来の C6/36 細胞で継代が可能であることを見出した．ウシエビに対する病原性は継代初期（5 代目）には維持されるが，その後消失することも明らかとなった.

5・5 タウラ症候群（Taura Syndrome）

本症は 1992 年にエクアドルのタウラ川河口のバナメイエビ養殖場で発生して，甚大な被害を出した．その後，北米・中南米に伝播し，さらにはバナメイエビがアジア地域に導入されるとほぼ同時期に台湾，タイなどにも伝播し，現在ではアジア各国に広がっている（Tu *et al.*, 1999；Nielsen *et al.*, 2005；Lien *et al.*, 2002）．アジアでの本症の発生は台湾で 1998 年から 1999 年にかけて起こった．これらの病気の発生はエクアドル（Tu *et al.*, 1999）あるいはメキシコ（Robles-Sikisaka *et al.*, 2002）から移入した稚エビや親エビから感染したものと考えられている．さらに，タイでは 2003 年に最初の発生が確認され，これらはアメリカ大陸あるいは中国や台湾などから稚エビや親エビが輸入されたからであろうと結論している．日本での本疾病発生の報告はなく，「持続的養殖生産確保法」で特定疾病に指定されている.

1）病原体

本症の原因ウイルス（TSV）は，ジシストロウイルス科（*Dicistroviridae*）に分類され，クリパウイルス属（*Cripavirus*）（cricket paralysis virus）に近いとされている（Christian *et al.*, 2005; Mayo, 2005）．TSV はエンベロープをもたない，直径 32 nm の正 20 面体であり，10.2 kb の一本鎖 RNA (positive sense) をもつ．TSV のカプシドタンパクをコードする遺伝子 (CP2) の配列を元に，アメリカ大陸と東南アジア各国の TSV 株を比較した結果，アメリカ大陸（アメリカ，メキシコ，エクアドル，コロンビア，ホンジュラス)，ベリーズ，東南アジアおよびベネズエラの4つの大きなグループに分けられた（Tang and Lightner, 2005；Côté *et al*., 2008).

2）地理的分布

ハワイと北アメリカ大陸並びにメキシコからペルーにかけての中南米地域，大西洋，カリブ海およびメキシコ湾岸に分布している．東南アジアでは，台湾，中国，タイ，マレーシアおよびインドネシアに分布している．

3）宿主範囲

主たる宿主はバナメイエビとブルーシュリンプであるが，今までに報告された自然感染が見つかったエビ類あるいは人為感染に成功したエビ類は，クルマエビ，ウシエビ，ヨシエビ，コウライエビ *Fenneropenaeus chinensis*，ホワイトシュリンプ，*L. schmitti*, *Farfantepenaeus aztecus*, および *F. duorarum* である．

東南アジアでは元来ウシエビが主要な養殖対象エビとして多く生産されてきたが，バナメイエビが移入されて以来，その生産は下火になった．しかし，ウシエビは東南アジアの固有種であるので，バナメイエビの移入に伴う TSV の感染拡大は，ウシエビに対しても脅威となる．現在のところ TSV の人為感染実験では，ウシエビはバナメイエビより感受性が低いとされている．しかし，タイでのウシエビ養殖場では 38.33％のエビで TSV が検出され，低溶存酸素条件（3.25mg/*l*）下で飼育すると，ウシエビの死亡率も上昇することが明らかにされている（Ruangsri *et al*., 2007)．このことから，ウシエビは TSV に対する感受性は低いものの，環境条件の悪化によって死亡の原因となることも考えられるので，養殖管理上の注意が必要である．

4）特徴的症状

本病は急性感染の場合，尾扇の赤変化と赤変部分に壊死が見られ，脱皮中に死亡する個体が多く見られる．しかし，死亡しなかった個体は，回復期に入り，この時に急性期に壊死した部分が，黒点（メラニン）となって残る．黒点をもつエビはその後の脱皮で死亡する危険性は高い．生残したエビは黒点も消失して，見た目は健常なエビとなる．しかし，このような回復したエビはウイルスの感染源となるので，PCR などの分子生物学的な手法を用いたウイルスの確認が必要である．

5）診断法

本ウイルス病は，急性期，移行期および慢性期の3つの感染期がみられる．前2者は肉眼的に観察できる症状があるので，比較的推定診断を下しやすいが，慢性期には症状がない．このため，感染経験がある飼育群には常に PCR などによる経過観察が必要である．

【推定診断】

①疫学調査

病勢が急性に推移した場合，エビは酸素欠乏となり，養殖池の周辺部や水面に集まる．

②症状

急性期の感染エビは全体に薄赤く変色し，腹肢と尾扇が赤色化する．尾肢や腹肢の末端のクチクラ上皮に壊死がみられる．このようなエビは殻が柔らかく，空胃である．移行期のエビには体表にメラニン沈着による黒点がみられる．

③剖検

鰓や付属肢のクチクラ上皮を，生標本として顕微鏡の位相差あるいは低光量で観察すると，多くの球状の物質がみられる．これらは，核濃縮や核崩壊，あるいは壊死細胞の細胞質残渣である．

④ PCR 検査

OIE で推奨されているプライマーは表 2-12 の通りである．9992F/9195R プライマーの PCR 反応では，60℃で 30 分反応させた後，熱処理で酵素を不活化し，cDNA を合成後，94℃で 45 秒，60℃で 45 秒（アニーリングと伸長反応）を 40 回繰り返し，最後に 60℃で 7 分伸長反応を行う．

【確定診断】

① PCR 検査

OIE で推奨されているリアルタイム PCR 用プライマーと TaqMan プローブは表 2-13 の通りである．TSV1004F/TSV1075R プライマーの PCR 反応では，48℃で 30 分反応させて cDNA を合成し，95℃で 10 分加熱後，95℃で 15 秒，60℃で 1 分（アニーリングと伸長反応）を 40 回繰り返す．

②塩基配列の決定

前述と同様に，必要に応じて PCR 産物の塩基配列を決定する．とくに，新たな地域での発生や新たな宿主から検出した場合には，不可欠である．

③病理組織学的検査

体表，付属肢，鰓，胃，後腸，食道および胃のクチクラ上皮細胞に多巣性の壊死がみられる．

【各種診断法とその詳細】

TSV の分子生物学的検出法としては，*in situ* hybridization 用のプローブが Mari ら（1998）によって，さらに RT-PCR 用のプライマーが Nunan ら（1998）によって当初開発された．その後，SYBR Green（Mouillesseaux, *et al.*, 2003）や TaqMan プローブ（Tang, *et al.*, 2004）を用いたリアルタイム RT-PCR 法が開発され，後者では検出限界は 100 コピーであった（Nunan *et al.*, 2004）．Navarro ら（2009）によって，より感度のよいプライマーが設計された．検出限界は 20 コピーとなり，この新しいプライマーは 4 つの異なるグループすべてを検出できる．

表 2-12　OIE で推奨されている TSV 検出用 PCR プライマー

プライマー	サイズ	配　列
9992F	231 bp	5'-AAG-TAG-ACA-GCC-GCG-CTT-3'
9195R		5'-TCA-ATG-AGA-GCT-TGG-TCC-3'

表 2-13　OIE で推奨されている TSV 検出用リアルタイム PCR プライマー

プライマー	サイズ	配　列
TSV1004F	72 bp	5'-TTG-GGC-ACC-AAA-CGA-CAT-T-3'
TSV1075R		5'-GGG-AGC-TTA-AACTGG-ACA-CAC-TGT-3'
TSV-P1（FAM/TAMRA）		5'-CAG-CAC-TGA-CGC-ACA-ATA-TTC-GAG-CAT- C- 3'

RNAを特異的に増幅するNASBA（Nucleic Acid Sequence-Based Amplification）を用いて，TSVを検出した例も報告されている（Teng *et al*., 2006a）．本法の特徴は比較的低温（41℃）の等温条件下で反応させて，特異的に増幅させることができる．RT-LAMP法による検出も報告されている（Teng *et al*., 2007; Kiatpathomchai *et al*., 2007）．Tengら（2007）はRT-LAMPの増幅産物を用いて，dot-blot hybridization（RT-LAMP-DBH）を行ったところ，従来の寒天ゲルで検出するnested RT-PCR法（RT-nPCR-AGE）とほぼ同様の検出感度であると報告している．これらの方法をTSV感染バナメイエビを用いて比較したところ，RT-nPCR-AGEの検出率が高かった． Kiatpathomchaiら（2007）もRT-LAMPは通常のPCRよりは10倍感度が高いが，ネスティッドRT-PCR法よりは感度は低いとした．さらに，Kiatpathomchaiら（2008）はRT-LAMP法による増幅産物を濾紙上で検出するRT-LAMP-LFD法の有用性について報告した．いずれの著者もRT-LAMP法は，簡便で迅速であり，サーマルサイクラーを必要としない点で，実用性が高いとしている．
抗体を用いた検出方法としては，Chaivisuthangkuraら（2006, 2010a）がTSVのカプシドタンパクであるVP1とVP3のリコンビナントタンパクを作製して，これらに対するポリクローナル抗体を作製した．その結果，いずれの抗体も特異的にリコンビナントタンパクを認識し，罹病エビからのTSVの検出にも可能であるとした．また，同時にリコンビナントVP3に対するモノクローナル抗体を作製して，TSVの検出が報告されている（Lougyant *et al*., 2008）．

5・6 Infectious Myonecrosis

本ウイルス病は2002年にブラジルの北東部で養殖バナメイエビにおいて発生した（Lightner *et al*., 2004）．2006年初頭から，インドネシアのバナメイエビ養殖場から本病に類似した疾病の発生が報告されたので，詳細を調べた（Senapin *et al*., 2007）．その結果，既報のブラジル産バナメイエビ由来のinfectious myonecrosis virus（IMNV）と塩基配列で99.6％の相同性をもつことが明らかとなった．このことから，すでにアジア地域にもブラジルで発生したウイルスとほぼ同様のウイルスが持ち込まれていることが明らかとなった．

本疾病の症状と類似した症状を示すウイルス病として，Tangら（2007）は*Nodavirus*（*Pv*NV）の感染症を報告している．本病は2004年に南アメリカのベリーズの養殖バナメイエビに発生した．外観症状は筋肉の壊死による白色化で，病理組織学的には，筋線維，リンパ様器官および結合組織の細胞の細胞質に塩基性封入体がみられる．人為感染実験の結果から，ウイルスは筋肉，結合組織，リンパ様器官および心臓と鰓の血球から検出され，本ウイルスはバナメイエビとウシエビにも感染することが明らかとなった．今後，IMNVと*Pv*NVの現場での識別とアジア地域における両ウイルスの拡散の防止が重要である．

1）病原体

原因ウイルスinfectious myonecrosis virus（IMNV）はエンベロープをもたない20面体の球形である．二本鎖RNAウイルスでその直径は40 nmである．ゲノムサイズは7.56 kbでトチウイルス科（*Totiviridae*）のジアルジアウイルス属（*Giardiavirus*）に近いとされているが，新たな科である可能性も残されている（Poulos *et al*., 2006）．

2）地理的分布

ブラジルとインドネシアから本疾病の発生例が報告されている．

3）宿主範囲

主要な宿主はバナメイエビであるが，ブルーシュリンプとウシエビにも実験的に感染が成立する．

4）特徴的症状

本病の特徴的な症状は，尾部に近い腹節や尾扇に顕著な壊死病巣が見られる．筋肉は白色ないし不透明な外観を呈する．筋肉の感染部位は線維化と血球の浸潤を伴う凝固壊死が見られる．核周囲の細胞質に塩基性に染まった封入体が見られる．本病の進行はゆっくりで，養殖期間を通じて継続し，最終の水揚げ時には累積死亡率は70％に及ぶ．

精製した原因ウイルスをバナメイエビ，*L. stylirostris* およびウシエビの幼若エビに注射したところ，バナメイエビでは注射後6日で，*L. stylirostris* では13日で全ての個体に筋肉が白濁する症状が認められたが，ウシエビではその体色のために観察ができなかった．バナメイエビでは4週間の観察期間中20％が死亡したが，*L. stylirostris* およびウシエビでは死亡は認められなかった．これらの結果から，バナメイエビがウイルスに対して最も感受性が高いことが示された．しかし，いずれの3種類のエビも *in situ* hybridization の結果，筋肉，リンパ様器官，後腸および肝膵臓ならびに心臓の貪食細胞にウイルスの存在が確認された（Tang *et al*., 2005）．

5）診断法

本ウイルス病は *Pv*NV の感染症と外見上は酷似しているので，必ずPCR検査を実施する必要がある．急激な温度変化，塩分濃度変化，投網による捕獲などでストレスがかかった場合に，大量に死亡する．すなわち，エビがウイルスを保有していても，ストレスがかかるまでは健常エビと同様に摂餌しているが，ストレスを受けると急激に発症して，死亡すると考えられる．このような死エビの胃には餌が充満している．

【推定診断】

①疫学調査

稚エビから成エビまで感染する．とくに，大きなストレスがかかった直後であるかどうかが重要な点である．エビの動きは緩慢となり，フラフラと泳ぐ，あるいは池底で動かなくなる．発症したエビは瀕死となり，死亡率は急激に高くなり，数日続く．

②症状

尾部に近い腹節や尾扇の筋肉が白濁化して，壊死する．

③剖検

リンパ様器官は通常の大きさの3～4倍に腫脹する．白濁した筋肉やリンパ様器官を染色あるいは無染色の標本で観察すると，筋肉の断片化やリンパ様器官での球状構造物（spheroid）の集積がみられる．

【確定診断】

① PCR検査

表2-14　OIE で推奨されている IMNV 検出用プライマー（2-step RT-PCR）

プライマー	反　応	サイズ	配　列
4587F	1st step PCR	328 bp	5'- CGA-CGC-TGC-TAA-CCA-TAC-AA -3'
4914R			5'- ACT-CGG-CTG-TTC-GAT-CAA-GT -3'
4725 NF	2nd step PCR	139 bp	5'- GGC-ACA-TGC-TCA-GAG-ACA -3'
4863 NR			5'- AGC-GCT-GAG-TCC-AGT-CTT-G -3'

表2-14 に OIE（2012）で推奨されている PCR 用プライマーを示す．まず，4587F/4914R を用いて，60℃で 30 分反応させ，95℃で 2 分熱処理して，cDNA を作製する．95℃で 45 秒，60℃で 45 秒を 39 回繰り返して，最後に 60℃で 7 分の伸長反応を行う．2nd step PCR として，4725 NF/4863 NR を用いて，95℃で 2 分を 1 回，その後 95℃で 30 秒，65℃で 30 秒，72℃で 30 秒を 39 回繰り返して，最後に 72℃で 2 分の伸長反応を行う．

②塩基配列の決定

前述同様，必要に応じて PCR 産物の塩基配列を決定する．

③病理組織学的検査

白濁して壊死した筋肉では，線維化と血球の浸潤を伴う凝固壊死がみられる．核周囲の細胞質に塩基性に染まった封入体がみられる．リンパ様器官では球形構造物（spheroid）の集積が見られる．また，この球形構造物は鰓，心臓，アンテナ腺の細管や神経索の付近にもみられる．

【各種診断法とその詳細】

in situ hybridization 用のプローブが Tang ら（2005）によって開発された．その後，全塩基配列も明らかにされ，RT-PCR および nested RT-PCR 用のプライマーも開発された（Poulos and Lightner, 2006）．検出限界は前者では 100 コピー，後者では 10 コピーであった．

TaqMan プローブを用いたリアルタイム RT-PCR を開発し，10^2～10^8 コピーまで標準曲線は定量性の高い直線性を示し，検出限界は 10 copies/μl RNA とした（Andrade *et al.*, 2007）．Andrade and Lightner（2009）は RT-LAMP 法と nucleic acid lateral flow を組み合わせた検出方法について報告し，前出の TaqMan プローブを用いたリアルタイム RT-PCR が 100 倍程度検出感度が優れているとした．

Borsa ら（2011）は本ウイルスのリコンビナント major capsid protein に対するモノクロナル抗体を作製して，その有用性を示した．

インドネシアで 2006 年に発生した本疾病の原因ウイルスを既存の nested RT-PCR で検査したところ，弱陽性反応がみられた．そこで，ウイルスの RNA 依存性 RNA ポリメラーゼ遺伝子をターゲットとしてプライマーを改良したところ，より高い検出感度と再現性が得られた（Senapin *et al.*, 2006）．今後，アジア地域における本疾病原因ウイルスの検出には，Senapin ら（2006）の設計したプライマーを併用することが推奨される．さらに，本疾病の拡散を防除するためには，前述の PvNV の拡散防止も含めて，より多くの症例を集めて，的確な診断手法の確立が望まれる．

5・7　White Tail Disease

本疾病は淡水産のオニテナガエビ *Macrobrachium rosenbergii* の後期幼生に発生する死亡率の高い疾病である（Sri Widada *et al.*, 2003; Sahul Hameed *et al.*, 2004）．1995 年にカリブ海東部のフランス領グアドループ（Guadeloupe）で，続いてマルティニーク（Martinique）（Arcier *et al.*, 1999）で発生した．その後，1992 年から台湾でも同様のウイルス病が発生していることが報告され（Tung *et al.*, 1999），本ウイルス病と確認された（Hsieh *et al.*, 2006, Wang *et al.*, 2007，Wang *et al.*, 2008）．中国（Qian *et al.*, 2003），インド（Sahul Hameed *et al.*, 2004a, Shekhar *et al.*, 2006, Sudhakaran *et al.*, 2008a），タイ（Yoganandhan *et al.*, 2006）およびオーストラリア（Owens *et al.*, 2009）でも発生が報告されており，東南アジア諸国での大規模な発生が危惧されている（Bonami and Widada, 2011）．本疾病は，親エビの卵巣からも検出されていることから，経卵感染の可能性が濃厚であるので，ウイルスフリーの親エビの選抜が必要であり，そのための検査部位としては腹肢が適当であると報告されている（Sahul Hameed *et al.*, 2004b，Yoganandhan *et al.*, 2006, Sudhakaran *et al.*, 2007a）．

1）病原体

本病の原因ウイルスは *M. rosenbergii Nodavirus*（MrNV）（Romestand and Bonami, 2003）と extra small virus（XSV）（Qian *et al.*, 2003）の 2 種類のウイルスが関与していると報告されている．MrNV は直径 26～27 nm のエンベロープをもたない正 20 面体で，2.9 kb（RNA1）と 1.26 kb（RNA2）から成る一本鎖 RNA をもつ．本ウイルスはノダウイルスに分類されたが，既報のアルファあるいはベータノダウイルスとは異なるとされている（Bonami *et al.*, 2005；Wang *et al.*, 2008）．XSV は，直径 15 nm の正 20 面体で約 0.9 kb の直鎖型の一本鎖 RNA をもつ（Bonami *et al.*, 2005）．これら 2 種のウイルスの相互作用については明らかではないが，XSV が MrNV のサテライトウイルスであろうと考えられている．これらのウイルスをヒトスジシマカ由来の C6/36 細胞に接種したところ，ウイルスの培養に成功し，培養したウイルスの *M. rosenbergii* に対する病原性も確認された（Sudhakaran *et al.*, 2007b）ので，今後の研究の進展が期待される．

2）地理的分布

フランス領西インド諸島，中国，インド，台湾，タイ，オーストラリアに分布する．

3）宿主範囲

現在知られている宿主はオニテナガエビだけである．

4）特徴的症状

本病の主な症状は，不活発な動作，筋肉の白濁，尾節と尾肢の変形である．PL2～3 の成長段階で主に腹部の筋肉がやや白みがかった色調を呈しはじめ，その後の 2～3 日でより白い色調が明確になり，この段階で 90％程度の死亡率となることもある．最初に症状が見られて 5 日程度で死亡率が最大となる．病理組織学的変化では，腹部筋肉の結合組織や食細胞の細胞質内に好塩基性の包埋体が見られる．大きさは，1μm 未満から 40μm と幅広い．筋繊維の壊死と中等度の水腫ならびに筋細胞間に大きな間隙がみられる（Arcier *et al.*, 1999，Hsieh *et al.*, 2006）．

5）診断法

本ウイルス感染症は，2 種類のウイルスが関与するので，適切にこれらのウイルスを検出する必要がある.

【推定診断】

①疫学調査

PLの時期が最も感受性が高い．体色が不透明になり，白色化がみられて5日で死亡率が最も高くなる．脱皮殻が通常のものと異なり，雲母状の形状を示す．摂餌と遊泳能力の低下がみられる.

②症状

体色，特に腹部の不透明化と白色化がみられる．初めは第2～3腹節から不透明化がみられ，その後，前後へ不透明化が拡大する．重篤な個体では，尾節や尾肢が変形する.

③剖検

生標本を用いた簡易な診断法についての報告はない.

【準確定診断】

①ウイルス検査

ヒトスジシマカ由来のC6/36細胞でのウイルスの増殖は確認されている．本ウイルスを感染させた細胞では，顕著なCPEはみられないが，7,000倍で観察すると多くの空胞がみられる.

【確定診断】

① PCR検査

OIEの推奨しているプライマー（2012）を，表2-15には*Mr*NV検出用を，表2-16にはXSV検出用をそれぞれ示す．まず，*Mr*NV検出では，1st step用のプライマーを用いて，52℃で30分の反応，95℃で2分の熱処理を行ってcDNAを作製し，94℃で40秒，55℃で40秒，68℃で1分を30回繰り返し，最後に68℃で10分の伸長反応を行う．XSV検出には1st step用のプライマーを用いて，上記と同じ条件でRT-PCRを行う．2nd step PCRでは，先のPCR産物と2nd-step用のプライマーを用いて，95℃で10分の熱処理の後，94℃で1分，55℃で1分，72℃で1分を30回繰り返し，最後に72℃ で5分の伸長反応を行う．XSV検出には2nd step用のプライマーを用いて，上記と同じ条件でPCRを行う.

②塩基配列の決定

前述のとおり，必要に応じて確認のため，PCR産物の塩基配列を決定する.

表2-15　OIEで推奨されている*Mr*NV検出用PCRプライマー（nested RT-PCR）

プライマー	反　応	サイズ	配　列
*Mr*NV Forward	1st step PCR	425 bp	5'-GCG-TTA-TAG-ATG-GCA-CAA-GG-3'
*Mr*NV Reverse			5'-AGC-TGT-GAA-ACT-TCC-ACT-GG-3'
*Mr*NV Forward	2nd step PCR	205 bp	5'-GAT-GAC-CCC-AAC-GTT-ATC-CT-3'
*Mr*NV Reverse			5'-GTG-TAG-TCA-CTT-GCA-AGA-GG-3'

表2-16　OIEで推奨されているXSV検出用PCRプライマー（nested RT-PCR）

プライマー	反　応	サイズ	配　列
XSV Forward	1st step PCR	546 bp	5'-CGC-GGA-TCC-GAT-GAA-TAA-GCG-CAT-TAA-TAA-3'
XSV Reverse			5'-CCG-GAA-TTC-CGT-TAC-TGT-TCG-GAG-TCC-CAA-3'
XSV Forward	2nd step PCR	236 bp	5'-ACA-TTG-GCG-GTT-GGG-TCA-TA-3'
XSV Reverse			5'-GTG-CCT-GTT-GCT-GAA-ATA-CC-3

③病理組織学的検査

腹部筋肉の重度の壊死と筋組織の溶解がみられる．感染した筋肉には特徴的な大きな楕円形あるいは不定形の塩基性細胞内封入体がみられる．

【各種診断法とその詳細】

精製したMrNV粒子からポリクローナル抗体を作製し，これを用いてサンドイッチELISAを開発した（Romestand and Bonami 2003）．同様に，モノクローナル抗体を用いたtriple antibody sandwich enzyme-linked immunosorbent assay（TAS-ELISA）を開発したところ，*Mr*NVで0.98 ngが検出限界であったと報告されている（Qian *et al*., 2006）．*Mr*NVとXSVの遺伝子レベルでの検出については，Widadaら（2003, 2004）がdot-blot hybridization法とRT-PCR法で検出に成功し，*Mr*NVの検出限界はウイルスRNA量にして約7 fgと8 pg，XSVのRNA量にして各々2.5 pgと5 fgであるとした．*in situ* hybridization法で横紋筋に陽性反応を確認し，ウイルスの感染を示した（Widada *et al*., 2003）．また，インドで初めて報告されたWTDの検出では，*Mr*NV検出のための新たなRT-PCR用のプライマーが開発され（Sahul Hameed *et al*., 2004a），Widadaら（2003）のプライマーより100倍程度検出感度に優れているとした（全RNA量で0.25 fg）．表2-19と2-20に，OIEが推奨するnested RT-PCR（nRT-PCR）用のプライマーの塩基配列を示す．

本ウイルス病は2つのウイルスが関与しているので，これらのウイルスを同時に検出する方法（multiplex RT-PCR）が必要である．そこで，Yoganandhanら（2005）はmultiplex RT-PCRを開発し，検出感度は全RNA量で25 fgであった．これをさらに改良して，感度は全RNA量で1 fgまで向上した（Tripathy *et al*., 2006）．RT-LAMP法も確立されており，検出感度はMrNVとXSVのいずれも，RT-PCRと比較すると，前者では約10倍高く，後者ではほぼ同様の感度であった．しかし，後者にloop primerを追加した場合，感度が10,000倍程度上昇した（Pillai *et al*., 2006; Puthawibool *et al*., 2010, Haridas *et al*., 2010）．TaqManプローブを用いたリアルタイムRT-PCRも開発され，いずれのウイルスに対しても50コピー以上あれば定量的に検出できるが，検出限界は10コピー以下であるとした（Zhang *et al*., 2006）．

このように，WTDにもリアルタイムRT-PCRなど高感度検出法が確立されたので，今後垂直感染を予防するためにWTDVフリー親エビの選抜方法の確立とWTD感染におけるMrNVとXSVの動態について検討する必要がある．

本ウイルス感染症は淡水産のオニテナガエビに発症するが，養殖対象魚種として重要なクルマエビ類や他の甲殻類からは報告されていない．海外では，ウシエビやバナメイエビを淡水に近い低塩分で飼育する場合がある．このような環境条件で飼育されたクルマエビ類に対する本ウイルスの病原性は明らかではない．そこで，現状ではこれらのクルマエビ類とオニテナガエビとの淡水域における混合養殖や二毛作（同じ養殖池で異なる種類のエビを交互に養殖）は避けるべきである．

5・8 モノドン型バキュロウイルス感染症（Spherical Baculovirosis）

1980年代中ごろに台湾のウシエビ養殖で大きな被害を出した原因ウイルス（Lin, 1989）として，また1990年にタイで発見されたウイルス（Fegan *et al*., 1991）として当初注目を浴びた．しかし，その後ウシエビの場合，環境条件が良好であれば，大量死亡の原因とならないことがわかった（Fegan *et al.*, 1991, Liao *et al.*, 1992）．近年，本ウイルスの感染によって養殖ウシエビに成長阻害がみとめられた（Flegel *et al.*, 2004）ことから，卵やノープリウスを清浄海水での洗浄や感染群の廃棄によって，ウイルス感染を未然に防止することが薦められている．タイでは，野生のオニテナガエビ（*M. rosenbergii*）からも本ウイルスが検出されている（Gangnonngiw *et al.*, 2010）．「持続的養殖生産確保法」で特定疾病に指定されている．

1）病原体

原因ウイルスはエンベロープをもち，大きさが 75±4×324±33 nm で二本鎖 DNA をもつウイルスである．国際ウイルス分類委員会では，*Penaeus monodon* nucleopolyhedrovirus（*Pemo*NPV）と命名されている（Fauquet *et al.*, 2005）．

2）地理的分布

中国，台湾，フィリピン，インドネシアをはじめとする東アジアおよび東南アジア一帯ならびにオーストラリアに分布している．さらに，インド，中近東，東アフリカおよび北アメリカからも検出された報告がある．

3）宿主範囲

主たる宿主はウシエビであるが，テンジククルマエビ *F. merguiensis* など東南アジアに分布するクルマエビ類およびオニテナガエビにも感染する．

4）特徴的症状

本病の特徴はウシエビ稚エビの肝膵臓の押しつぶし標本に，特徴的な多核体のウイルス包埋体が肥大した核に存在し，マラカイトグリーンで染まる．このような多核体は感染エビの糞からも認められ，水平感染の可能性が示された．肝膵臓が主たる感染部位と考えられている．

5）診断法

本ウイルスは東南アジアには広く分布しているため，感染経験のある孵化場や養殖池が多い．このような孵化場から PL を購入する場合は，中腸の白濁の有無並びに糞や肝膵臓からの包埋体の検出により，常に感染の有無を検査する必要がある．

【推定診断】

①疫学調査

ウシエビのゾエア，ミシスおよび初期 PL 期に高い死亡がみられる．本ウイルスに感染経験のある地域では，50～100％の幼若エビや成エビに感染がみられるが，この成長段階のエビでは死亡はみられない．

②症状

稚エビではほとんど症状がない．摂餌活動が減少し，やや動きが緩慢になる程度である．ゾエア～初期 PL 期の重篤個体では，中腸の白濁がみられる．

③剖検

肝膵臓や糞の押しつぶし標本を生標本として，位相差顕微鏡で観察すると球形の包埋体（0.1～20μm）がみられる．包埋体はマラカイトグリーンで染色できる．

【確定診断】

① PCR 検査

OIE（2012；Belcher and Young：1998）の推奨する nested PCR 用プライマーを表 2-17 に示す．なお，肝膵臓や糞から DNA を抽出する場合，温フェノール法（65℃，2 時間）で抽出すると PCR 阻害物質の影響がなくなる．先ず，1st step PCR では，MBV1.4F/MBV1.4R を用いて，96℃で 5 分加熱処理後，94℃で 30 秒，65℃で 30 秒，72℃で 60 秒を 40 回繰り返したのち，最後に 72℃で 7 分間伸長反応を行う．2nd step PCR では，MBV1.4NF/ MBV1.4NR を用いて，96℃で 5 分熱処理後，94℃で 30 秒，60℃で 30 秒，72℃で 60 秒を 35 回繰り返し，最後に 72℃で 7 分間の伸長反応を行う．

表 2-17　OIE で推奨されている *Pemo*NPV 検出用 nested PCR のプライマー

プライマー	反　応	サイズ	配　列
MBV1.4F	1st step PCR	533 bp	5'-CGA- TTC-CAT-ATC-GGC-CGA-ATA-3'
MBV1.4R			5'-TTG-GCA-TGC-ACT-CCC-TGA-GAT-3'
MBV1.4NF	2nd step PCR	361 bp	5'-TCC-AAT-CGC-GTC-TGC-GAT-ACT-3'
MBV1.4NR			5'-CGC-TAA-TGG-GGC-ACA-AGT-CTC-3'

②塩基配列の決定

確認の必要がある場合は，PCR 産物の塩基配列を決定して，既往の配列と比較する．

③病理組織学的検査

本ウイルス感染に特徴的な球状の包埋体は肝膵臓，胃の上皮細胞や内腔にみられる．肝膵臓の細胞は顕著に肥大した核をもち，核内にはエオシン好性の包埋体がみられる．このような核のクロマチンは減少し，縁辺に局在する．

【各種診断法とその詳細】

確定診断には，PCR 法が用いられているが，その後改良され（Lu *et al*., 1993；Chang *et al*., 1993）るとともに，dot-blot hybridization 法や *in situ* hybridization 法も開発された．しかし，これら台湾で開発されたプライマーは縮重プライマーで昆虫のバキュロウイルスの polyhedrin 遺伝子の高度に保存された部分をターゲットとして用いていたので，混在している他のバキュロウイルスを検出した可能性も残されている．また，タイやオーストラリアの MBV とは反応しないことから，再度プライマーが検討された．その結果，nested PCR 用のプライマーが開発され，MBV の DNA にして 0.01 fg まで検出可能となった（Belcher and Young, 1998）．このプライマーは糞からも検出可能で，さらに PCR 産物を ELISA 法で可視化して検出することも可能となった．本病が世界的に広がっている事実から，これらのウイルスを検出できるプライマーの開発が行われた．その結果，台湾，マレーシア，ハワイ，フィリピンなど異なる国から採材された MBV サンプルを同時に検出できるプライマーが開発され，検出限界は 100 コピーであった（Surachetpong *et al*., 2005）．MBV は他のウイルス病を発症する誘引となったり，成長不全の原因になるとも考えられている（Chayaburakul *et al*., 2004, Flegel *et al*., 2004）ので，これらのウイルスとの同時検出法（multiplex PCR）について多く報告されている．WSSV との同時検出 PCR や WSSV や MBV を含む 6 種類のウイルスの同時検出法など

表 2-18　MBV と HPV を同時検出できるリアルタイム PCR 用プライマーと TaqMan プローブ
（Tang and Lightner, 2011）

プライマー	サイズ	配　列	Fluorophore/ Quencher
MBV-F	134bp	5'-CTA-CCA-TAA-GCT-AGC-ATA-CGT-CCT-TTT-3'	6-JOE/BHQ-1
MBV-R		5'-AAA-GGT-CAG-CAA-AAA-ACA-CTC-AATT-3'	
MBV-P1		5'-ACC-CTC-TAC-CGA-TAT-GGT-ATC-AAT-GTC-TGG-AGTT-3'	
HPVth-F	81bp	5'-CGC-GGC-TAC-GAG-AAG-ATA-CTT-CA-3'	6-FAM/BHQ-1
HPVth-R		5'-CGA-CGA-AGG-CGA-TGT-CTT-CTG-3'	
HPVth-P1		5'-ACG-ACA-ACA-AAC-AAC-TAT-GGG-AGG-ACC-TAG-GAC-3'	

が報告されている（Natividad *et al*., 2006, Khawsak *et al*., 2008）．Tang and Lightner（2011）は MBV と HPV を同時に検出できるリアルタイム PCR を開発し，1 反応当たり 1〜1×10^8 コピーのウイルスを検出できるとした（表 2-18）．Chaivisuthangkura ら（2009）によって LAMP 法も開発され，検出感度は 1 反応当たり 150 コピーであるとした．

免疫学的手法による検出法としては，ウイルス封入体に対するポリクローナル抗体（Hsu *et al*., 2000）を作製して，ELISA 法による検出も可能となった．さらに，精製 polyhedrin タンパクに対するモノクローナル抗体（Boonsanongchokying *et al*., 2006）を用いた場合，免疫ドットブロット法で精製タンパク量にして 0.2 μg/ml まで検出可能であった．

5・9　Hepatopancreatic Parvovirus 病（Hepatopancreatic Parvovirus Disease）

HPV は最初シンガポールで報告され（Chong and Loh, 1984），その後, Lightner and Redman（1985）によって，詳細な研究が行われた．当初，本ウイルスに感染したエビの死亡率は高い（Lightner and Redman, 1985；Flegel *et al*., 1995）とされてきた．しかし，最近タイのウシエビ養殖で HPV が感染しているエビには小型化する（＝成長しない）傾向が統計学的に明らかにされた（Flegel *et al*., 2004；Flegel *et al*., 1999）．これによると HPV に感染したエビは成長が遅く，HPV 非感染エビでは体長 9 cm であった養殖池では，感染エビでは約 6 cm（約 5 g）であった．これは，MBV 非感染エビと感染エビで，各々 10 cm と 9 cm であったことと比較すると，明らかに HPV の感染による成長阻害がエビ養殖に大きな経済的被害を与えることがわかる．

本ウイルスの感染経路は，垂直感染と水平感染のいずれもが報告されている．コウライエビ（Lightner, 1996）とウシエビ（Manivannan *et al*., 2002；Umesha *et al*., 2003）では，孵化場での感染が確認されることから，垂直感染が疑われている．しかし，タイのウシエビ養殖では，野外の養成池へ入れた後に本ウイルスの感染が認められることから，水平感染が疑われている．共食いによる水平感染は感染拡大の重要な要因である（Catap *et al*., 2003）．また，天然のエビ類にも HPV が広く分布することが明らかとなっている（Manjanaik *et al*., 2005）．

1）病原体

病原ウイルスは直径 22〜24 nm の二十面体の小型の一本鎖 DNA ウイルスであり，エンベロープをもたない．パルボウイルス科（*Parvoviridae*）のデンソウイルス群（Densovirus）に分類されている．

本ウイルスはインド洋・西太平洋海域が起源とされているが，その後アメリカ大陸の野生種のクルマエビ類からも検出され（Lightner, 1996a），現在では日本を除く世界中のエビ類から検出されている．アジアでは，韓国のコウライエビからのウイルス群（Bonami *et al*., 1995a）とタイのウシエビから報告された群（Sukhumsirichart，1999）の少なくとも 2 つのウイルス群がある．これらの大きな違いは，全塩基配列で約 1 kb の差である．ウシエビ HPV については全塩基配列が明らかとなり，*P. monodon* densovirus（*Pm*DNV）を提唱している（Sukhumsirichart *et al*., 2006）．また，オーストラリアの *P. merguiensis* からも HPV（*Pmerg*DNV）が分離され，その部分塩基配列は，既報のインド産クマエビ HPV やタイ産ウシエビ HPV（= *Pm*DNV）より韓国産コウライエビ HPV と近縁であるとした（La Fauce *et al*., 2007）．

2）地理的分布

韓国，中国など東アジアと東南アジア各国，オーストラリア，ニューカレドニア，クエート，イスラエル，マダガスカルおよびタンザニアに分布している．

3）宿主範囲

主たる宿主はウシエビとコウライエビであるが，バナメイエビ，クマエビ（*Penaeus semisulcatus*），テンジククルマエビ，クルマエビからも検出される．

4）症状

本病には特徴的な症状は乏しいが，罹病エビは食欲不振や不活発となる．病理組織学的には中腸腺の細管上皮細胞の核が肥大し，好塩基性の封入体が見られる．また，隣接した中腸細胞の核にも同様の封入体が見られる（Lightner, 1996a）．

5）診断法

本ウイルスは地域あるいは宿主によって，その塩基配列が異なることから，PCR を実施するときは，どのプライマーを使用するかを検討する必要がある．初動診断では，生標本による封入体の検索が有効な診断方法となる．

【推定診断】

①疫学調査

インドでは孵化場での本疾病の発生が報告されている．しかし，タイでは野外の中間育成池へエビを移した時に発生が報告されている．このように地域によって，発生時期が異なる．罹病エビは食欲不振を示し，水面近くを遊泳する．

②症状

外観症状はほとんどない．重篤感染個体では，肝膵臓が白色化し，委縮する．上述したように，本ウイルス病に感染したエビは成長が止まり，ほとんど商品価値を失う．

③剖検

肝膵臓の塗抹標本を 2.8％の NaCl 溶液で作成した 10％ホルマリン液で固定したのち，乾燥して HE 染色を施す．肥大化した核と封入体が容易に確認できる．

表2-19　HPV検出用PCRプライマー

プライマー	サイズ	配　列
H441F	411 bp	5'-ACA-CTC-AGC-CTC-TAC-CTT-GT-3″
H441R		5'-GCA-TTA-CAA-GAG-CCA-AGC-AG-3″

【確定診断】

①PCR検査

HPV検出用のプライマーを表2-19に示した（Phromjai *et al*., 2002）．PCR反応は，これらのプライマーを用いて，95℃で5分加熱処理後，95℃で1分，60℃で1分，72℃で1分を40回繰り返したのち，72℃で7分の伸長反応を行う．本プライマーはウシエビ由来のHPVの検出に適している．しかし，コウライエビ由来のHPV（HPVchin）の検出（Pantoja and Lightner, 2000）には次の項目を参照.

②塩基配列の決定

必要に応じて，確認のためにPCR産物の塩基配列を決定する．

③病理組織学的検査

肝膵臓の細管上皮細胞の核が肥大化し，その中には好塩基性の封入体がみられる．このような像は，いずれの種類のエビにも共通してみられる．

【各種診断法とその詳細】

当初，本病の診断には，病理組織学的検査を行っていたが，より迅速な方法として，肝膵臓のスタンプ標本をギムザ染色して封入体を検出する方法が開発された（Lightner *et al*., 1993）．その後，分子生物学的手法として，HPVの部分塩基配列から *in situ* hybridization 法が開発されて，HPVの中腸腺での局在が明らかにされた．しかし，ウイルス検出に中腸腺を用いるとエビを殺さないといけないので，エビを殺さない方法として，糞からHPVをPCR法によって検出する方法が考案された．開発されたプライマーでは，300ウイルス粒子まで検出できるとした（Pantoja and Lightner, 2000）.

ウシエビHPVから当初開発されたPCR用プライマーは1 fgの精製HPV DNAまで検出できたが，その後ELISA法と組み合わせたPCR-ELISA法によってその感度を0.01 fgまで向上することができた（Sukhumsirichart *et al*., 2002）.

コウライエビのHPVの遺伝子配列から作製されたプライマーを用いて，ウシエビのHPVに対するPCRを行ったところ，PCR産物は732 bpと，コウライエビのHPV PCR産物の350 bpとは大きく異なった．また，コウライエビのHPVから作られた *in situ* hybridization の反応はウシエビHPVに対して弱い（Phromjai *et al*., 2001; Phromjai *et al*., 2002）．そこで，新たにウシエビHPVに特異的に反応するプライマーと *in situ* hybridization のプローブを作製したところ，精製ウシエビHPV DNAを1 fgまで検出でき，糞からも検出可能であった（Phromjai *et al*., 2002）．さらに，multiplex RT-PCRでも検出が可能となっている（Khawsak *et al*., 2008）．HPVは黄海域，台湾，韓国，タイ，マダガスカル，ニューカレドニアおよびタンザニアの7地域から分離されているので，これらのすべてのウイルス株を検出できるリアルタイムPCRが開発され，検出感度はプラスミドDNAにして1コピーであるとした（Yan *et al*., 2010）．TangとLightner（2011）はHPVをMBVと同時に検出できるリアルタイムPCRを開発した．Nimitphakら（2008）はLAMP-LFD法を開発して，その有用性を示した.

HPV の 54 kDa タンパクに対するモノクローナル抗体も作出され，特異性も確認されたことから，今後の免疫学的検出法の確立が期待される（Rukpratanporn *et al*., 2005）．

5・10　Mourilyan Virus 病（Mourilyan Virus Disease）

本ウイルスはオーストラリアのウシエビの GAV を検索中に検出され，GAV 粒子とともに観察されるが，病気との関連性は明らかではない（Cowley *et al*., 2005a,b）．本ウイルスはマレーシアやタイのウシエビでの感染も見られる（Flegel, 2006）．その後，オーストラリアの露地池で飼育されている親クルマエビからも高頻度に検出され，野外の飼育池でクルマエビが徐々に死亡する原因ではないかと考えられている（Sellars *et al*., 2006）．

1）病原体

エンベロープをもつウイルスで，大きさは 85 nm の球形あるいは 85 × 100 nm の卵形とされている．ウイルスは ssRNA ウイルスで，ブニヤウイルス科（*Bunyaviridae*）に属すると考えられている．

2）地理的分布

オーストラリア，マレーシアおよびタイに分布することが確認されている．

3）宿主範囲

ウシエビとクルマエビで確認されている．

4）特徴的症状

ウシエビにおける MoV 病では，顕著な病変は見られない．しかし，クルマエビにおける感染実験では，胃上皮細胞基底膜の肥厚と腹部神経索鞘の多層化が認められた．

5）診断法

本ウイルスは日本では未報告であるが，オーストラリアのクルマエビから検出されていることから，日本での今後の調査が必要である．調査に当たっては，本ウイルスは GAV とともに検出されるので，GAV の調査も不可欠となる．

【推定診断】

①疫学調査

ウシエビに対する病原性はないと考えられる．野外の池で長期間飼育したクルマエビでは，本ウイルスに起因すると考えられる死亡がみられる．

②症状

外観的な症状はない．

③剖検

特徴的な内部所見はない．

【確定診断】

表2-20　MoV検出用リアルタイムPCRプライマーとTaqManプローブ
（Rajendran *et al.*, 2006）

プライマー	配　列	Fluorophore/Quencher
MoVQPF1	5-TGT TAC AAG CAC ACT GCA TCT CA-3′	FAM/MGB
MoVQPR1	5-GCT AGG GCA GAC CAC TTC ACA-3′ .	
MoVPr1	5-CAA TCC ATG ATT GAC ATG AA-3′	

①PCR検査

TaqManプローブを用いたMoV検出用リアルタイムPCRプライマーを表2-20に示す（Rajendran *et al.*, 2006）．6塩基ランダムプライマーを用いて，25℃で10分，42℃で50分，70℃で15分の熱処理をしてcDNAを作製し，95℃で10分の熱処理後，95℃で15秒，60℃で1分を40回繰り返す．定量性の範囲は10-10^9コピーであるが，1～10コピーは検出可能であるが，定量性については再現性が乏しいと結論した（Rajendran *et al.*, 2006）．

②塩基配列の決定

必要に応じて，PCR産物の塩基配列を決定する．

③病理組織学的検査

胃上皮細胞基底膜の肥厚と腹部神経索鞘の多層化がみられる．

【各種診断法とその詳細】

本ウイルスの検出には，RT-nested PCRが開発され，検出限界は2～6コピーとされた（Cowley *et al.*, 2005b）．上記TaqManプローブを用いたリアルタイムPCR法を用いて，MoV注射後のクルマエビにおけるMoVの動態について検討したところ，リンパ様器官に注射後6時間から高濃度（1.2×10^5コピー/μg total RNA）に検出され，24および48時間後には7.1×10^6および4.5×10^7と上昇した．しかし，血リンパや鰓では，リンパ様器官より約100～1,000倍低い値となった（Rajendran *et al.*, 2006）．このような高感度定量検出法は親エビの養成や選別に有効な手法である．

5・11　*Baculovirus penaei* 感染症（Tetrahedral Baculovirosis）

1）病原体と症状

本ウイルス病の原因ウイルスは核多角体病ウイルス属（*Nucleopolyhedrovirus*）の*Baculovirus penaei*，あるいは*Pv*SNPV（国際ウイルス分類命名委員会）と呼ばれている．幼生期やPL期に大きな被害が報告されている．稚エビあるいは成エビでは，成長不良の原因になる（Stuck and Overstreet, 1994）．感染した幼生の腸管が白濁し，糞や肝膵臓，中腸の押しつぶし標本には，特徴的な四面体の包埋体（0.1～20μm）がみられる．感染エビの糞や組織中の包埋体が経口的な感染源となる（Couch, 1974；Lightner *et al.*, 1989）．現在では，少なくとも3つの地理的なタイプが報告されている（Bruce *et al.*, 1993; Durand *et al.*, 1998）．1997年～2000年の3年間でテキサスのメキシコ湾岸から漁獲される主要なクルマエビ類を5,399個体調べたところ，3個体のbrown shrimp（*Farfantepenaeus aztecus*）からBPが検出された（Dorf *et al.*, 2005）．近年，ハワイやアメリカ大陸からバナメイエビの稚エビが大量に東南アジアへ輸出され，養殖用とされているにもかかわらず，東南アジアからのBPの報告はない．日本での本疾病発生の報告はなく，「持続的養殖生産確保法」で特定疾病に指定されている.

2）地理的分布と宿主範囲

発生地域は主に南北アメリカ大陸やハワイなど西半球で，宿主もこの地域に見られるバナメイエビなどのクルマエビ類から報告されている.

3）診断法

不顕性感染がバナメイエビの親エビでみられるので，PCR 法などを用いて，親エビのウイルス保有の有無を検査する必要がある．さらに，産卵時に排出される糞からウイルスが卵へ移行しないように，ウイルスの消毒を徹底することが必要である．天然のバナメイエビの親エビも本ウイルスに重度に感染している場合もある.

【推定診断】

①疫学調査

ゾエア期，ミシス期，初期 PL 期は特に感受性が高いので，感染による死亡はこの時期にみられる．稚エビや成エビでは高い死亡はみられないが，成長不良や生残率の低下の原因となる.

②症状

重篤な感染を起こした PL では，中腸に白濁がみられ，緩慢な動作となる.

③剖検

肝膵臓や中腸の押しつぶし標本で特徴的な四面体の包埋体（0.1 ～ 20 μm）がみられる．糞からも同様に検出できる.

【確定診断】

① PCR 検査

OIE の推奨しているプライマー（2012）を表 2-21 に示す．これらのプライマーを用いて，95℃で 5 分熱処理したのち，95℃で 30 秒，60℃で 30 秒，72℃で 1 分を 35 回繰り返したのち，72℃で 7 分の伸長反応を行う.

②塩基配列の決定

前述のとおり，必要に応じて確認のために，PCR 産物の塩基配列を決定する.

③病理組織学的検査

本ウイルスに感染した肝膵臓と中腸の細胞の核は顕著に肥大している．核内には，複数のエオシン好性の包埋体がみられ，クロマチンは減少して，縁辺に局在する.

【各種診断法とその詳細】

in situ hybridization も開発されており，本法を用いれば生標本での観察や病理組織学的検査で検出できる感染時期より，より早期の時期でも検出できることが証明された（Bruce *et al*., 1994;

表 2-21 OIE で推奨されている BP 検出用 PCR プライマー

プライマー	サイズ	配 列
6581	644 bp	5'-TGT-AGC-AGC-AGA-GAA-GAG-3'
6582		5'-CAC-TAA-GCC-TAT-CTC-CAG-3'

Machado *et al*., 1995）．さらに，PCR 法も開発されている（Bonami *et al*., 1995; Wang *et al*., 1996）．

（伊丹利明）

§6. 血清学的手法によるウイルス抗原の診断および抗体の検出法

6・1　免疫学的手法によるウイルス抗原の検出

感染が成立した場合，すなわちウイルスが魚の体内に侵入し，そこで増殖を始めた場合には，患部あるいは標的臓器に当然ウイルスが存在する．既知のウイルスに対する抗体を準備し，その反応特異性を確認しておけば，抗原抗体反応により病魚の患部あるいは組織内に存在するウイルス抗原を検出することが可能である．また逆に感染発症後の回復期あるいは感染耐過魚の血液中に抗体が産生されていれば，対応する抗原と反応させ，抗体を検出することも可能である．

この抗原と抗体との反応は，特異性が高く診断の精度も高い．最近は魚類病原ウイルスに対するモノクローナル抗体（MAb）も順次作製され，免疫学的診断法（血清学的診断法）の精度も向上している．

ウイルス病の診断に一般に用いらている免疫学的検査法としては，分離したウイルスの同定と血清型別および病魚の患部あるいは臓器中に存在するウイルス抗原の検出法があり，さらに既往症の診断法として血清中に存在する抗体の検出法がある（表 2-22）．

ウイルス抗原の検出法としては，分離したウイルスの血清学的同定あるいは血清型別を行う方法と，病魚の患部あるいは組織内に存在するウイルス抗原を検出して血清学的に病魚を診断する方法とに大別できる．

表 2-22　病魚の診断に一般的に用いられている免疫学的手法を用いた診断法

抗原検出法
分離ウイルスの同定・血清型別（1）
中和試験，蛍光抗体法，酵素抗体法
組織内のウイルス抗原の検出（2）
共同凝集反応，蛍光抗体法，酵素抗体法，ELISA
抗体検出法
血中抗体の検出：中和試験（中和抗体価），ELISA（3）

6・2　分離ウイルスの同定・血清型別

1）中和試験

ウイルス粒子に抗血清を反応させるとウイルスの感染性が阻止される．分離ウイルスはこの方法により同定される．前記 $TCID_{50}$ 法もしくはプラーク法が用いられる．

2）蛍光抗体法

抗体に目印として蛍光色素 fluorescein isothiocyanate（FITC）または tetramethyl rhodamine isothiocyanate（TRITC）をチオカルバミド結合で結合させ，蛍光顕微鏡で観察する方法である．蛍光抗体法には反応の手順によって直接法と間接法の 2 つの方法がある（図 2-49）.

(1) 直接法

目的とする抗原の検出・同定のために，抗体に蛍光色素を結合させ，抗原・抗体結合物中の蛍光色素が発する蛍光を観察する方法である．この方法は反応に関与する因子が少ないので非特異蛍光の介入の余地が少ない.

(2) 間接法

まず目的とする抗原に対応する抗血清（1 次抗体）を，標識せずにそのまま標本と反応させて抗原・抗体結合物を作っておき，次に 1 次抗体に対する蛍光標識抗体（2 次抗体：1 次抗体が由来する動物種の IgG に対する抗体に蛍光色素を結合させたも）を反応させる方法．間接法の長所としては，特定の動物（例：ウサギ）で免疫した抗血清（一次抗体）を用意すれば，いろんな抗原に対しても標識抗体は 1 種類（FITC 標識抗ウサギ IgG）で足りること，抗原の検出については抗原に対する 1 次血清は希釈して用いるのでごく少量ですむこと，感度は直接法と同程度もしくはそれ以上であることなどがあげられる．一方，直接法よりも反応因子が多いためそれだけ非特異蛍光の介入が問題となる．その原因は 1 次抗体側にあることが多いので，吸収を行うことが必要となってくる.

直接法の場合は，FITC 標識抗ウイルスウサギ血清もしくは MAb を自ら作成する必要がある場合が多い.（報告例：大部分のウイルス，図 2-50　カラー口絵）

3) 酵素抗体染色法（IP 染色）

前述の蛍光抗体法の蛍光色素の代わりに酵素を標識し，その酵素と基質を反応させ，基質の発色で酵素の存在を観察する方法である（図 2-51, 図 2-52　カラー口絵）．蛍光抗体法同様，直接法と間接法で実施できる．酵素抗体法で用いられている標識酵素としてはペルオキシダーゼやアルカリフォス

図 2-49　蛍光抗体法の原理

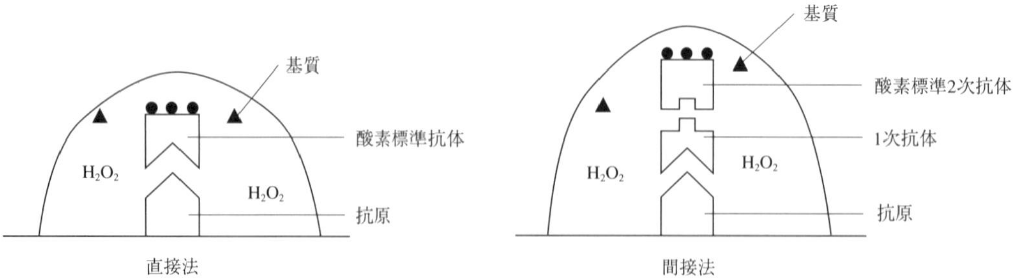

図 2-51　酵素抗体法の原理

ファターゼ，酸フォスファターゼ，β-D- ガラクトシダーゼ，グルコースオキシダーゼなどがあるが，一般にはペルオキシダーゼが広く用いられている．基質としてはオルトフェニレンジアミンやジアミノベンチジンテトラハイドロクロライド（DAB），ナフトール，ナフチルピロニンなどが知られている．現在，オルトフェニレンジアミンが広く用いられている（報告例：IPNV，IHNV，VHSV，HRV など）．

6・3　患部あるいは組織内に存在するウイルス抗原の検出法

感染が成立し発症した場合，病魚の患部あるいは標的臓器には当然原因ウイルスが存在する．既知のウイルスに対する特異反応抗体を準備すれば，抗原抗体反応により病魚の患部あるいは組織内に存在するウイルス抗原を検出することができる．この目的に，現在，共同凝集反応，蛍光抗体法，酵素抗体法，ELISA などが用いられている．

1）共同凝集反応（Coaglutination test）・逆受身凝集反応

Staphylococcus aureus のある種の株（Cowan Ⅰ型）の細胞含有特異タンパク Protein A が，抗体タンパク IgG の Fab 部分である反応特異部分を遊離のまま，Fc 部分を非特異的に吸着する性質を応用したものである．図 2-53 に示すように，安定化 staphylococci に抗体を結合させ，この抗体感作 staphylococci を診断液として対応する抗原の検索を行う方法である．

抗原は可溶性抗原でもウイルス粒子でもよく，抗原と抗血清感作スタフィロコッカスの両者の反応で凝集塊を生成することから共同凝集反応と呼ばれている．また本来の載せガラス凝集反応のように抗原である菌体が凝集するのではなく，抗血清を感作したスタフィロコッカスの凝集をもって判定することから，逆受身凝集反応とも呼ばれている．特殊な器具を必要としないため，現場での診断が可能（報告例：IPNV，IHNV，図 2-54）．

2）蛍光抗体法

病魚患部のスタンプ標本，凍結切片あるいは組織標本を用い，前記の蛍光抗体法と同様蛍光標識抗体を用いてウイルス抗原の検出を行う方法. 本法の特徴としてウイルス抗原の所在場所を特定できる.

3）酵素抗体染色法

多くの場合，魚の組織はペルオキシダーゼをもち，無処理の対照も染まってしまう．そのため酵素

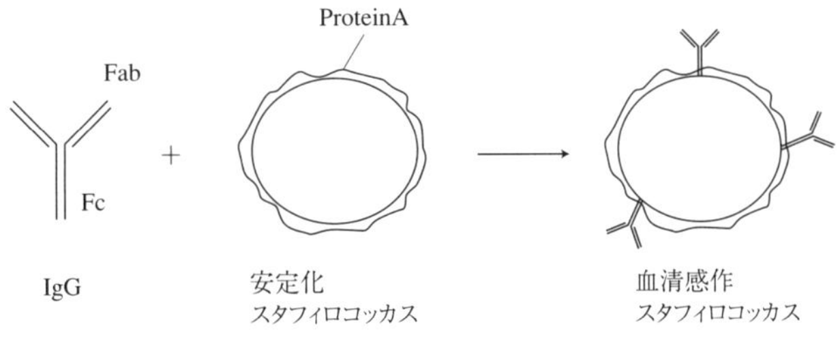

図 2-53　Protein A への IgG の結合

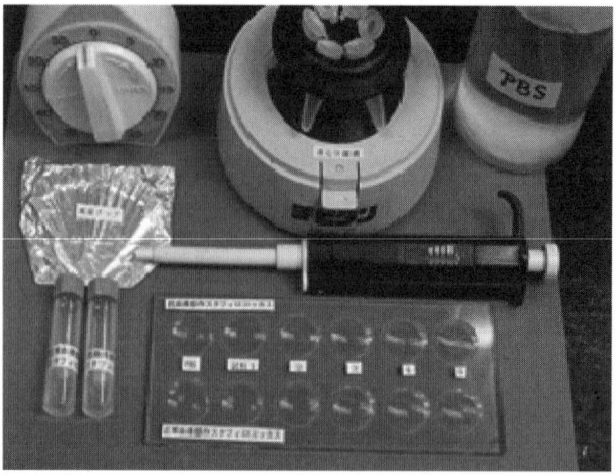

図 2-54　共同凝集反応に用いる器具

抗体染色法を行う場合，あらかじめ過酸化水素などにより組織内に存在するペルオキシダーゼ（内因性ペルオキシダーゼ）を除去してから実施する必要がある．原理および方法は，前記の酵素抗体染色法と同様である．本法もウイルス抗原の所在場所を特定できる．

4）ELISA 法

酵素抗体法の一種で，試験管あるいはマイクロプレートの中で反応を行い，液層の発色度を測定することから Enzime Linked Immuno-Sorbent Assay と呼ばれ，ELISA と略称されれている．通常 96 well の ELISA 用マイクロプレートを用いる．抗原を検出する場合，まず目的抗原に対する抗血清をプレートに固定し，ついで検体を加えて抗原抗体反応により抗原を捕捉する．さらにプレートに固定した血清を作製した動物と異なる種の動物で作製した抗血清を 2 次血清として反応させる．このように 2 種の動物の抗体を用いて，抗原を挟み込むことからサンドイッチ法とも呼ばれている．さらに 3 次血清として 2 次血清に使用した動物の IgG に対する血清に酵素を標識したものを反応させる（この場合，2 次血清に酵素を標識しておくと 3 次血清は不要）．基質を加え液層の発色度を比色し抗原を検出する（図 2-55　カラー口絵）．定量化も可能である．

6・4　抗体検出による既往症の診断

ウイルスの侵入を受けると魚体はこれを非自己と認識し抗体を産生する．魚類の場合も温血動物とほぼ同様の機構により，回復期あるいは感染耐過魚の血清中に抗体（魚類の場合 IgM）が産生されている．対応する抗原が存在すると体内だけでなく試験管内でも反応する．目的とするウイルス由来抗原を準備し，血清と反応させて抗体が存在するかどうか，さらにはその抗体量を測定して既往症を診断することができる．

従来，既知のウイルスに対する中和抗体を検出し，中和抗体価を測定する方法が用いられてきたが，最近は ELISA による抗体の検出法が普及してきている．

1）中和抗体価の測定

病魚から得た血清を段階希釈し，100 $TCID_{50}$ のウイルス液と反応させる．この反応液を接種したwell の中で 50％に中和が見られる（CPE の出現が見られない）最大希釈倍数を求め，この値を中和抗体価とする．血清の希釈に試験管を用いる試験管法と，マイクロプレートを用いるマイクロタイター法がある．現在は専らマイクロタイター法が用いられている．100 PFU のウイルスを用い，50％プラーク減少を示す最大希釈倍率を求める方法も用いられている．

2）ELISA による抗体の検出

既往症の診断や抗体の検出に用いる場合には，まず ELISA 用プレートに抗原を固定し，5％スキ

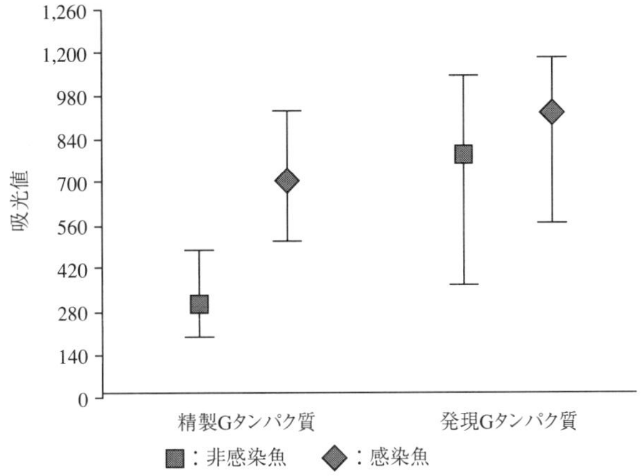

図 2-56　IHNV G タンパク質の精製度と ELISA 吸光値

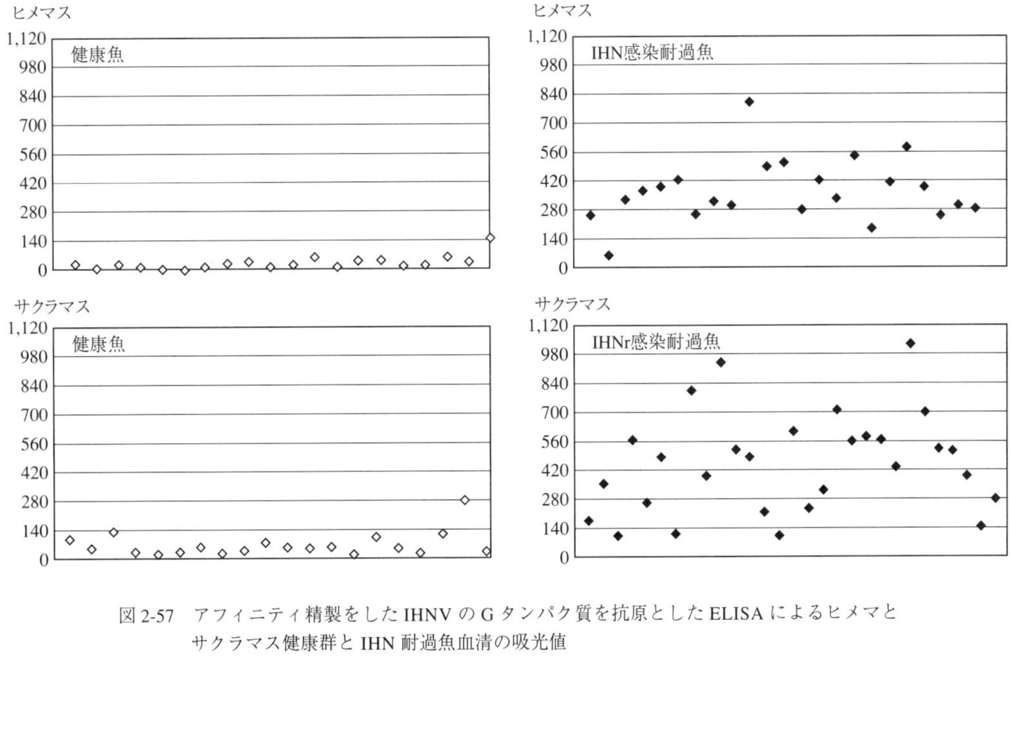

図 2-57　アフィニティ精製をした IHNV の G タンパク質を抗原とした ELISA によるヒメマスとサクラマス健康群と IHN 耐過魚血清の吸光値

ムミルクでプレートの隙間をコーティングする．次いで被検魚の血清を反応させ，最後に供試魚のIgMに対する血清を反応させる．後は前記のELISA法と同様に基質を加えて発色させ，抗体の有無および反応陽性となった血清のベースラインに達するまでの最大希釈倍数を測定する．本法にも，必ず陽性対照および陰性対照の供試魚を準備し，吸光値のベースラインを十分検討しておく必要がある．魚類血清を5％スキムミルクで処理することによりIgMの非特異的反応が大幅に減少する．

魚類は水中で生活するために水中に存在する細菌などを認識している．特に，大腸菌発現タンパク質を抗原とする場合，精製が不十分な場合は健康魚の血清も感染耐過魚と同様に反応する（図2-56）．ヒスタグをつけて発現させ，アフィニティークロマトを通して精製したGタンパク質を抗原とすると，健康群と感染耐過群は明確に区別できるようになる（図2-57；Yoshimizu *et al*., 2001）．

（吉水　守）

§7. 分子生物学的手法によるウイルス遺伝子の検出法

現在，培養不可能なウイルスがいくつか知られているが，これらウイルスの検出を行う場合，前記免疫学的手法を用いても少数のウイルスを検出することは不可能である．遺伝子操作技術の向上により，ウイルス核酸の塩基配列が解明され，特定の目的遺伝子のみを増幅検出することが可能となり，魚類ウイルスでも遺伝子診断が可能となってきた．

7・1　PCR（Polymerase Chain Reaction）法

ウイルス遺伝子（核酸）を抽出し，DNAポリメラーゼ（RNAウイルスの場合は一度逆転写反応を行いcDNAを作成）による鋳型特異的なDNA合成反応を繰り返すことによって，2種のプライマーに挟まれた特定の遺伝子領域をin vitroで数十万倍に増幅させる方法が開発された．魚類のウイルス病に関しても，このPCR法を用いて，感染細胞あるいは病魚の患部もしくは標的臓器に存在するウイルス遺伝子を抽出し，増幅して検出する方法が検討され，Arakawaら（1990）によりIHNV遺伝子の検出法が開発された．本プライマーはHIRRV遺伝子も増幅するためYoshinakaら（1997）によりIHNV特異遺伝子検出法が報告されている．耐熱性ポリメラーゼの開発により自動化が可能となり，広く普及している．極少量の核酸からでも増幅が可能で，高い特異性を有することから，ウイルスキャリアー魚の検査や培養不可能なウイルスの検出に応用されている．前述のごとく，IHNVとIPNVやOMVと*H. salmonis*の同時検出PCR法も開発されている（図2-58）．

現在，遺伝子量を測定できる定量PCR（Real Time PCR）も開発され（Higuchi *et al*., 1993），KHVのウイルス量の測定に使用され，他のウイルスでも用いられている．

7・2　LAMP法による特異遺伝子の検出

PCR法を改良し，一定温度で病魚の患部あるいは標的臓器から抽出したウイルス遺伝子（核酸）を増幅し，沈殿物の生成あるいは発色により判定する方法で（Notomi *et al*., 2000），サーマルサイクラーやアガロースゲルを必要とせず，ほぼ同等の感度で診断が可能である（図2-59）．魚類ウイルスではKHV検出キットが最初に市販された．

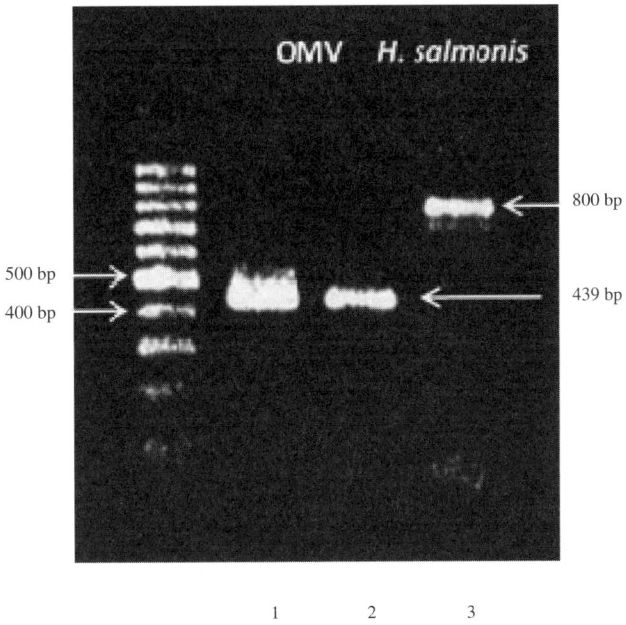

図2-58　OMVと*H. salmonis*同時検出用PCRの結果
レーン1：OMV OO7812，2：OMV感染細胞，3：*H. salmonis*

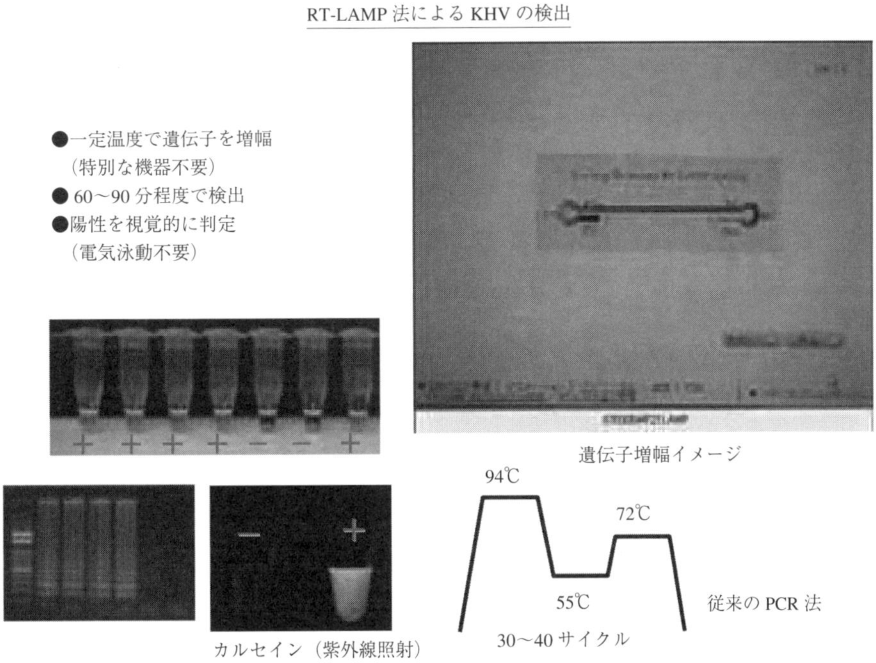

図2-59　LAMP法の説明と判定方法
（栄研化学(株) 提供）

7・3　DNA プローブ法

目的の核酸に相補的な塩基配列を有するオリゴヌクレオチドを合成し，これにビオチンなどを標識したプローブを用いてウイルス遺伝子を検出する方法．一般には，ビオチン化プローブに蛍光標識あるいは酵素標識アビジンを反応させ，前記蛍光抗体法あるいは酵素抗体法と同様に反応させて，特異蛍光あるいは発色を観察する．本法を用いて，組織あるいは細胞中に存在する目的の核酸とハイブリダイズさせ，核酸を直接検出する方法を，特に *in situ* hybridization と呼んでいる（図 2-60　カラー口絵）．本法は特異性が高く，また組織標本作製後は手順も簡単で迅速である．ウイルスの同定にも応用可能）．

7・4　DNA チップ法

ガラスなどの基板の上に多種類の DNA 断片や合成オリゴヌクレオチドを貼り付け，遺伝子の働き具合（発現）を一度に測定したり，特定の遺伝子がゲノムに存在するかどうか，変異を起こしていないかどうかなどを調べる目的に使用されている．もちろん，目的ウイルスの DNA 断片を貼り付けておき，検体との反応からウイルス遺伝子の存在を判定できる．複数のウイルスが存在すると同時にその存在が確認できる（図 2-61）．

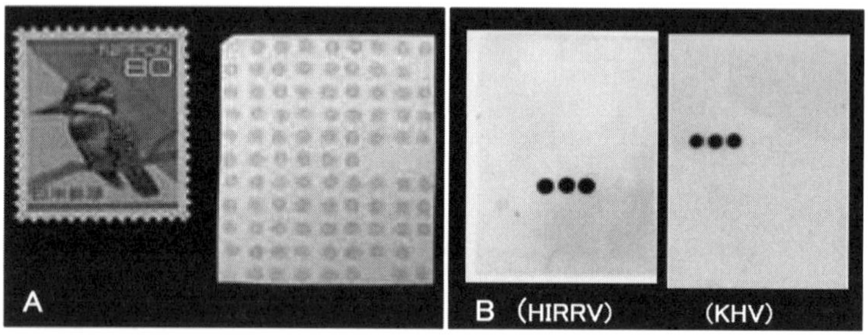

図 2-61　15 種類の主要な魚介類の病原ウイルスの DNA が貼り付けられた DNA チップ（A）とその検出例（B：左が HIRRV，右が KHV）　（増養殖研究所病理部提供）

7・5　わが国で問題となっているウイルス病に応用されている診断法

上記の手法を組み合わせ，現在使用されているあるいは使用可能な診断法を表 2-23 に示した．それぞれの手法に要するおおよその時間とその検出感度は表 2-24 のとおりである．診断の目的に応じ，検査法を選ぶ必要があるが，基本的には培養可能なウイルスは培養法に血清学的手法あるいは遺伝子検出法を組み合わせるべきであり，培養できないものあるいは結果を急ぐ場合には，下記の表から最適な手法を選ぶ必要がある．対象ウイルスの感染価が高い場合はどの方法を用いてもよく，労力と時間とコストがかからない手法を用いるべきである．

病魚では患部に多量のウイルスが存在し，ウイルス抗原もウイルス遺伝子も多量に存在する．養殖業者が相談に来られた場合には，なるべく早くかつ正確に推定診断を行う必要がある．感

表 2-23　わが国で問題になっているウイルス病の診断法

病名	原因ウイルス	電顕観察	分離培養	抗原検出			核酸		抗体検出
				FAT	IP	ELISA	PCR	プローブ	
伝染性膵臓壊死症	IPNV	○	○	○	○	○	○	○	○
伝染性造血器壊死症	IHNV	○	○	○	○	○	○	○	○
サケ科魚ヘルペスウイルス病	OMV	○	○	○	○	○	○	○	○
ウイルス性赤血球壊死症	ENV	○	−	−	−	−	−	−	−
赤血球封入体症候群（EIBS）	EIBSV	○	−	○	−	−	○	−	−
コイのポックス	CyHV	○	○	○	○	−	−	−	−
コイヘルペスウイルス病	KHV	○	○	○	−	−	○	○	○
ウナギの血管内皮壊死症	JEEV	○	○	−	−	−	○	−	−
ウイルス性腹水症	YTAV	○	○	−	−	−	○	−	−
リンホシスチス病	LCDV	○	○	○	○	−	○	○	○
ラブドウイルス病	HIRRV	○	○	○	○	−	○	○	○
ウイルス性表皮増生症	FHV	○	−	○	−	−	−	−	−
マダイイリドウイルス病	RSIV	○	○	○	−	−	○	○	−
ウイルス性神経壊死症	SJNNV	○	○	○	○	○	○	○	○

表 2-24　検査に要する時間と検出感度

方　法	所要時間	検出感度（$TCID_{50}$/ml）
分離・培養法	3 〜 7 日	1
培養法 + 免疫学的手法	2 〜 5 日	1
培養法 + PCR	2 〜 5 日	1
共同凝集反応	1 時間	10^6 〜
蛍光抗体法・直接法	45 分	10^5 〜
間接法	90 分	10^5 〜
酵素抗体法・直接法	45 分	10^5 〜
間接法	90 分	10^5 〜
ELISA	2 時間	10^5 〜
PCR（RT-PCR）	6 〜 8 時間	10^3 〜
DNA チップ法	6 〜 8 時間	10^4 〜

度が低くても早く確実に診断できる方法を用いるべきである．また，原因は 1 種類とはかぎらないので，特定の病原体のみを検出して病名を決めてしまうのは危険である．DNA チップの早期の実用化が期待される．

（吉水　守）

§ 8.　孵化場および種苗生産施設におけるウイルス病の防疫対策

魚類は哺乳類と異なり，抗体の主体は IgM である．IgM は卵内からも検出され，受精後の臍嚢内容物からも検出される．しかし仔魚からは検出されなくなり，いわゆる母子免疫は成立しない．にもかかわらず，魚類は稚仔魚期に免疫応答が成立するまでにかなりの時間を要する．サケ科魚類の場合，液性免疫応答が見られるのは 0.3〜0.5 g 前後とされ，カレイ類のマツカワでは約 15 g（6 カ月齢以降）であった．現在，ワクチン開発が精力的に進められているが，ワクチンが利用できるようになっても，この期間およびワクチン投与後，免疫応答が成立するまでの期間は，予防・防疫対策を実施する必要がある．ブリのように種苗の大部分を天然種苗に依存する魚種では難しいものの，陸上施設での種苗生産ではこの期間，可能な限りの防疫対策を講じることにより，病気の発生は最小限に抑えることができるようになった（Yoshimizu, 2003, 2009）．

稚仔魚期のワクチン投与までの予防手段について，サケ・マス類および異体類のウイルス病を対象に，施設の衛生管理，飼育用水の殺菌，親魚の選別，稚仔魚のウイルス検査，有用細菌による細菌叢の安定化，天然生薬の利用，飼育水温の調節，飼育排水の殺菌，耐病系の選抜などを例に紹介する（吉水・笠井, 2005）．

8・1　施設の衛生管理

作業者の手指，長靴の消毒をはじめ，陸上施設では飼育器具類および飼育水槽の消毒が重要であり，消毒には市販の消毒薬の中から，残留による魚毒性の少ないものを選び，適切な使用を心がける必要がある（Ahne *et al*., 1989）．第3章 §6．に記載のように消毒済み区域への立ち入りに際しては専用の着衣へ着替える．このような作業従事者への衛生教育も重要である．さらに，消毒剤の反復使用の可否，低温下での活性なども考慮する必要がある．海水のオゾン処理，あるいは電気分解産物であるオキシダントもしくは次亜塩素酸を消毒剤として使用することは，一石二鳥の効果があり，オキシダントによる卵消毒がヨード剤による消毒よりも効果的であるとの結果も得られている（渡辺・吉水，1998）．

8・2 飼育用水の殺菌

飼育用水の殺菌に関しては紫外線，オゾンあるいは電気分解による殺菌が一般的である．魚類病原微生物の紫外線感受性を図2-62に示した．紫外線を用いる場合，病原体の紫外線感受性値を基にその10倍程度の線量を照射する必要がある．魚類ウイルスはその紫外線感受性から，IHNVやHIRRV，OMV，LCDVを含む高感受性グループと，IPNVやCSV，JF-NNV, BF-NNVなどを含む低感受性グループに分けられる．ウイルスの不活化に高感受性グループには $10^4 \mu$W・sec/cm^2，低感受性グループには $10^6 \mu$W・sec/cm^2 程度の照射が必要である．水深は紫外線の透過率を考慮してなるべく浅くとり，影になる部分は殺菌されないために，水中の大型粒子を除去する必要がある．

海水をオゾン処理するとオキシダントが生成され，これが殺菌効果を示す．もちろん，魚にも毒性を示すことから，まずオゾン処理水槽で殺菌後，活性炭槽を過し残留オキシダントを除去して飼育水とする必要がある．魚類病原細菌およびウイルスを99.9％以上殺菌あるいは不活化させるオキシダント濃度と処理時間は0.1 mg/*l* で1～2分程度であり，安全率を考慮して通常0.5 mg/*l* で5分間処理されている（笠井・吉水, 2001a）．

後述の海水電解装置を用いた殺菌（笠井・吉水, 2001a）や中空糸濾過膜を用いた濾過除菌やホットプレートを用いた加熱殺菌あるいはヨードを滴下する方法も有効であるが，電解殺菌以外は経済的な面や魚毒性などで問題があり，一部を除いて実用化には至っていないのが現状である（吉水, 1991）．

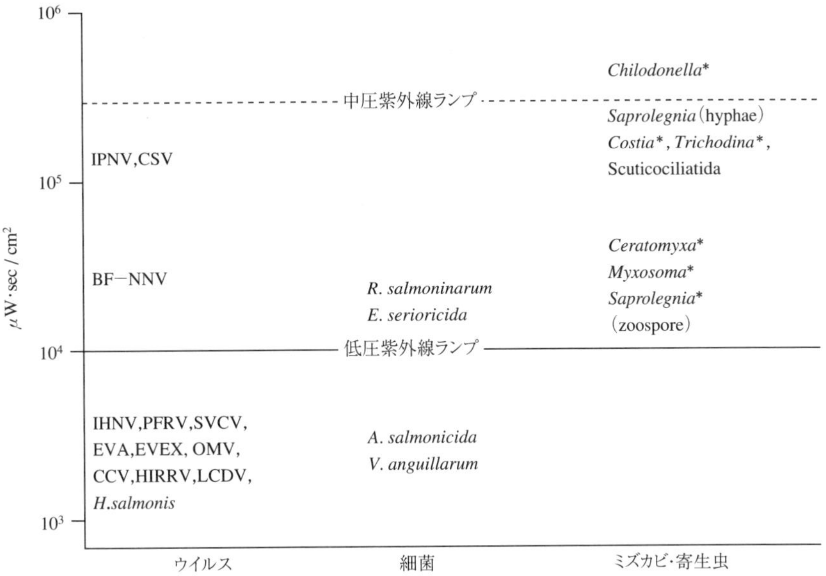

図 2-62　魚類病原微生物の紫外線感受性
(*, **, ***：吉水・笠井, 2002)

8・3　親魚の選別

採卵用親魚の健康状態の把握とその管理は，種苗生産の成否を左右すると言っても過言ではない．魚類の場合，一般に感染耐過してキャリアーになった個体では，成熟期に生殖産物，特に卵巣腔液あるいは精液に病原体が出現する（Yoshimizu *et al*., 1993）．催熟畜養中に病原体を出す個体が存在すると，群全体に水平感染が起こり，当然生み出された卵あるいは精子は病原体に汚染され，卵表面に病原体が存在すると孵化した仔魚は感染してしまう．このリスクを避けるために，採卵用親魚候補個体の検査を実施し，催熟中の水平感染を防止する必要がある（吉水・野村 , 1989）.

サケ・マス類では，受精後発眼期に至るまでに約 1 カ月を要するために，採卵時に卵巣腔液を採取し培養法によりウイルス検査を行い，ウイルス保有状況を把握している．北日本のヒラメおよびマツカワなどの異体類では，親魚候補個体は全て個体標識され，ウイルス性神経壊死症対策として，図 2-63 に示したように天然海域での捕獲後，施設への搬入時に抗体検査を実施し，高リスク個体を排除している．さらに，成熟 3 カ月前に再度検査を行い，親魚候補個体を選別している．抗体検査は，ウイルスの組換え外被タンパク質を抗原としたサンドイッチ ELISA により実施している．採卵時に卵および精子を対象に，RT-PCR を用いてウイルス遺伝子の有無を検査し，万が一，陽性個体があれば受精卵を廃棄している．上記の飼育用水の殺菌と親魚の検査により，マツカワおよびヒラメではウイルス性神経壊死症の発生は見られなくなり，北海道では昨年 100 万尾の種苗を放流することが出るようになった（Watanabe *et al*., 1998, 2000）.

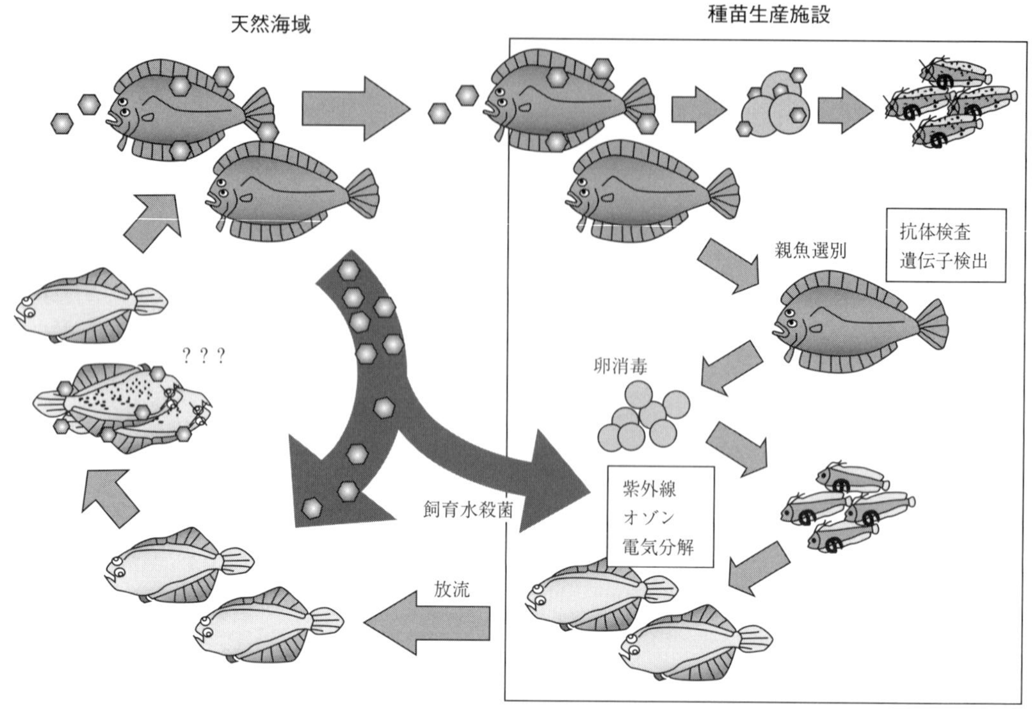

図 2-63　健苗を作出するための親魚選別法と飼育用水の殺菌法

8・4　受精卵の消毒

サケ・マス類の IHN を教訓に，上記卵表面に付着している病原体を殺し，病原体フリーの孵化・飼育用水で卵管理をする方法が世界的な標準法となっている（図 2-64）（Yoshimizu, 2003, 2009）．その結果，稚仔魚期の病気の発生は激減し，ニジマス養殖は産業として成立するようになった．IHN ウイルスが精子に吸着する現象が報告されて以来（Mulcahy and Pascho, 1984），垂直感染が避けられないとの論議が起こったものの，精子とともに卵内に侵入したウイルスは，受精胚に感染しウイルス抗原が認められる程度まで増殖するが，胚は 8 細胞期までに死亡し，ウイルスは卵内容物により不活化されることが実験的にも確かめられた（Yoshimizu *et al*., 1989）．死卵の除去と正常発生胚の消毒，特に胚の安定期である発眼期にポピドンヨード剤（50 ppm, 15 分）での消毒が有効であることが確かめられ，世界的に広く用いられている．他の魚種でも，この卵消毒が導入されているが，魚種により卵径・卵膜の厚み，消毒剤感受性が異なり，それぞれの魚種に適した消毒法が開発されている．マツカワではモルラ期に上記オキシダント海水（0.5 mg/*l*, 5 分間）で消毒し効果を上げている（渡辺・吉水 , 1998）．

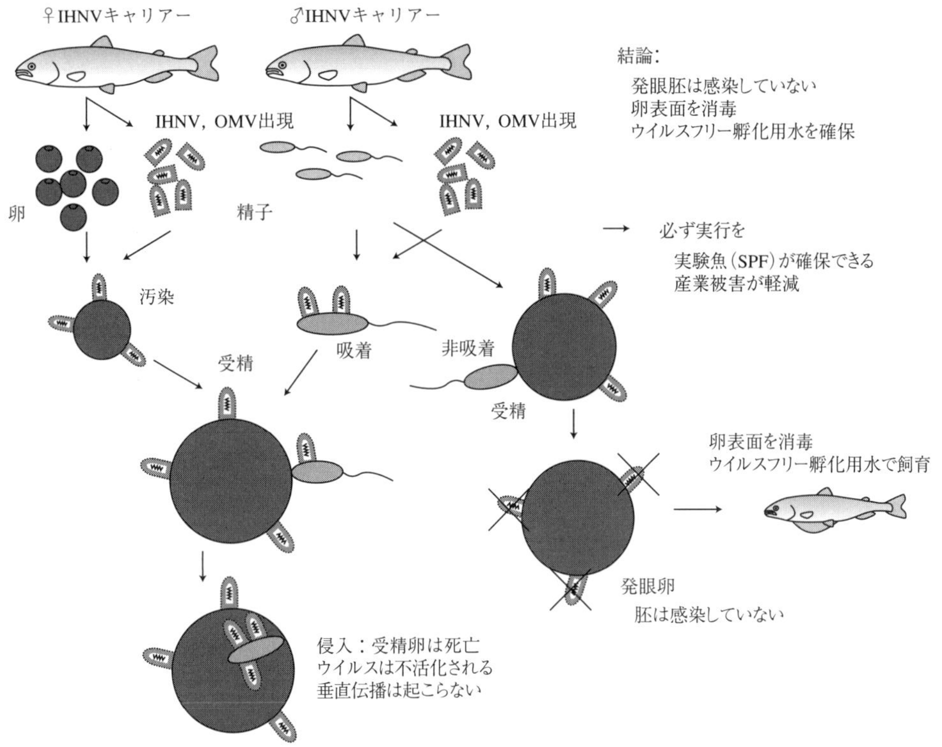

図2-64　サケ科魚類をモデルとした垂直感染防止法

8・5　稚仔魚のウイルス検査

孵化仔魚は親魚ごとに水槽に収容し隔離飼育を行う．当然，飼育器具は各水槽専用とし，定期的に消毒を行う．異常遊泳個体あるいは発症個体を見つけた場合は，速やかに検査する．さらに，発症の有無にかかわらず上記の方法を用いて定期的に検査する．ウイルス性神経壊死症およびウイルス性腹水症には RT-PCR が，ウイルス性表皮増生症およびリンホシスチス病には蛍光抗体法が，ヒラメラブドウイルス病，レオウイルス感染症には培養法が適している．無症状の場合は培養併用 PCR 法が適している．採血が可能なサイズになれば，抗体検査を行うのが感染履歴の把握には適している．

8・6　有用細菌による細菌叢の安定化

受精卵をヨード剤あるいはオキシダント海水で消毒後，紫外線あるいはオゾンで殺菌した飼育用水を用いて孵化仔魚を飼育すると，いわゆる病原体フリー（specific pathogen free, SPF）魚が得られる．しかし，一部で放流時に細菌感染症に罹りやすいとか，環境適応が悪いとの指摘があり，飼育魚の細菌叢を正常細菌叢に近づける必要がある．サケ・マス類の場合，正常細菌叢の形成時期は免疫応答成立時とほぼ一致し，それまでは環境中の細菌叢の影響を受けている（吉水・絵面，1999）．そのため，なるべく早く正常細菌叢に近づける必要があり，この場合，病原性がなく且つ抗ウイルス物質や免疫賦活物質を産生する細菌を投与した方が，より効果的と考えられる（図2-65）．

図 2-65　有用細菌の利用

サケ・マス類やヒラメ・マツカワでは，抗ウイルス物質産生腸内細菌の経口投与によるウイルス病の制御効果が認められている．淡水養殖サケ・マス類の腸内細菌は Aeromonas 属のため，その中から抗 IHNV・OMV 活性のあるものを選び，培養液を飼料（ペレット）に 10％の割合で添加して与える（Yoshimizu and Kimura, 1994）．一方，海産稚仔魚の場合は，生物餌料のワムシやアルテミア卵をまず消毒し，孵化後，抗ウイルス物質産生細菌を添加するとワムシやアルテミアの細菌叢を制御することができる．海産魚の腸内細菌は Vibrio 属なので，この中から抗 IHNV・OMV・NNV 活性のあるものを選ぶ．抗ウイルス物質産生 *Vibrio* が優勢となった生物餌料を給餌すると，稚仔魚の腸内細菌叢も添加細菌が優勢となり，腸管内容物に抗ウイルス活性が認められる．これらは糞と一緒に飼育水槽中に放出され，飼育水槽の換水率が低いため，抗ウイルス物質は水槽内に蓄積される．投与菌による障害はなく，上記の防疫対策の効果と相まって，ウイルス性表皮増生症およびウイルス性神経壊死症の発生は見られなくなっている（吉水・絵面, 1999）．

8・7　飼育水温の調節

サケ・マス類の IHN や EIBS，VHS および HIRRV 感染症は，水温が 20℃ あるいは 15℃ を超えると自然終息することが知られている．HIRRV では実験感染試験でも 15℃ では死亡が見られなかったことから（大迫ら，1988），以後飼育水温を 18℃ に設定するよう指導がなされ，それ以降，わが国では発症報告はなくなっている．

8・8　飼育排水の殺菌

飼育排水はその量が多く，前述の紫外線あるいはオゾンでの殺菌はコスト的に困難である．しかし，魚病対策はもちろん環境対策からも効果的な排水の殺菌法の開発が急がれている（吉水, 1991）．海水を電気分解すると，次亜塩素酸が発生する．この次亜塩素酸は，魚類病原微生物に対し 0.1～0.5 ppm 濃度 1 分の処理で良好な殺菌・不活化効果を示す．これに必要な装置は，チタン電極間に海水を通すのみの簡単な構造でよく，小型で安価であり，毎時 200～500 トンの飼育排水の生菌数を

図2-66　排水処理に殺菌を組み合わせた装置

99.9％以上減少させることが可能となっている（吉水・笠井, 2004a）．排水中に含まれる塩素の環境影響評価を行い，適切な運転条件を設定すれば，排水処理が可能である（図2-66）．飼育排水のCOD（化学的酸素要求量），SS（浮遊物質量），TOC（有機態炭素量），全リン量，全窒素量およびアンモニア態窒素量の減少が認められ，殺菌率も99％以上となっている．

8・9　ワクチン開発の現状

第5章で詳述されているワクチンは，投与方法により浸漬ワクチン，経口ワクチンおよび注射ワクチンに大別される．従来は細菌性疾病に対する浸漬および経口ワクチンが主であったが，マダイイリドウイルス病やレンサ球菌症に対する注射ワクチンが開発され，高い予防効果が得られている．注射は最も有効な投与方法であるが，対象魚数万尾に接種するのは容易な作業ではない．そこで，現在，ブリ属およびヒラメを対象としたワクチン注射装置が開発されている（吉水・笠井, 2004b）．また，注射時の麻酔により，効きすぎで魚が死亡したり，逆に麻酔がかからないなどの事故が起こる．本装置には電気麻酔装置を組み込むことも可能である．

水圏に生息する生き物は多種多様であり，魚類のみならず，甲殻類をはじめ軟体動物，藻類さらにはプランクトンまでも研究の対象に入れれば，多くの未知のウイルスが存在すると考えられる．上述のように，現在までは産業的に被害の大きい魚類ウイルスを対象に研究が展開されてきたが，非病原ウイルスやウイルスの生態学的な研究が今後の課題である．

増養殖現場でも，施設の形態や規模の違いで，採られる対策が異なる．また海面などをそのまま利用する場合は，病原微生物に感受性の高い時期に隔離飼育を行うか，ワクチンを利用する以外に現実的な対処法がないのが実情である．したがって，今後新たな病原微生物に水産業が脅かされないためにも，国内未侵入の疾病に対する防疫体制を整えるとともに，国内でも未侵入の地域に対しては同様の対策を講じる必要がある．

（吉水　守）

文　献

A

Ahne, W., J. R. Winton, and T. Kimura (1989): Prevention of infectious diseases in aquaculture, *J. Veter. Med. B/ Zentralblatt fuer Veterinaer-medizin Reihe*, 36, 561-567.

Alday de Graindorge, V. and T. W. Flegel (1999): Diagnosis of shrimp diseases with emphasis on the black tiger prawn *monodon*. Interactive CD ROM, Multimedia Asia, Bangkok.

Alvarez-Borrego, J. and M. C. Chavez-Sanchez (2001): Detection of IHHN virus in shrimp tissue by digital color correlation, *Aquaculture*, 194, 1-9.

Amend, D.F., W.T. Yasutake and R.W. Mead (1969): A hematopoietic virus disease of rainbow trout and sockeye salmon, *Trans. Amer. Fish. Soc.*, 98, 769-804.

Andrade, T. P. D., and D. V. Lightner (2009): Development of a method for the detection of infectious myonecrosis virus by reverse-transcription loop-mediated isothermal amplification and nucleic acid lateral flow hybrid assay, *J. Fish Diseases* 32, 911-924.

Andrade, T. P. D., T. Srisuvan, K. F. J.Tang and D.V.Lightner (2007): Real-time reverse transcription polymerase chain reaction assay using TaqMan probe for detection and quantification of infectious myonecrosis virus (IMNV), *Aquaculture*, 264, 9-15.

Anil T. M., K. M. Shankar and C. V. Mohan (2002): Monoclonal antibodies developed for sensitive detection and comparison of white spot syndrome virus isolates in India, *Dis. Aquat. Org.*, 51, 67-75.

Aoki, T., I. Hirono, K. Kurokawa, H. Fukuda, R. Nahary, A. Eldar, A. J. Davison, T. B. Waltzek, H. Bercovier and R. P. Hedrick (2007): Genome sequences of three koi herpesvirus isolates representing the expanding distribution of an emerging disease threatening koi and common carp worldwide, *J. Virol.*, 81, 5058-5065.

Aoki, T., T. Takano, S. Unajak, M. Takagi, Y. R. Kim, S. B. Park, H. Kondo, I. Hirono, T. Saito-Taki, J. Hikima and T. S. Jung (2011): Generation of monoclonal antibodies specific for ORF68 of koi herpesvirus, *Comp. Immunol. Microbiol. Infect. Dis.*, 34, 209-216.

Appy, R.G., M.D.B. Burt and T. J. Morris (1976): Viral nature of piscine erythrocytic necrosis (PEN) in the blood of Atlantic cod (Gadus morhu), *J. Fish. Res. Board. Can.*, 33, 1380-1385.

Arakawa, C.K., Deering R. R. and Higman K. H. (1990): Polymerase chai reaction on a nucleoprotein gene sequence of infectious hematopoietic necrosis virus, *Dis. Aquat. Org.*, 8, 165-170.

Arunrut, N., P. Prombun, V. Saksmerprome, T. W. Flegel and W. Kiatpathomchai (2011): Rapid and sensitive detection of infectious hypodermal and hematopoietic necrosis virus by loop-mediated isothermal amplification combined with a lateral flow dipstick, *J. Virol. Methods*, 171, 21-25.

Arcier, J. M., F. Herman, D. V. Lightner, R. M. Redman, J. Mari, and J. R. Bonami (1999): A viral disease associated with mortalities in hatchery-reared postlarvae of the giant freshwater prawn *Macrobrachium rosenbergii*, *Dis. Aquat. Org.*, 38, 177-181.

Aso, Y., J. A. Wani., D. A. S. Klenner and M. Yoshimizu (2001): Detection and identification of Oncorhynchus masou virus (OMV) by polymerase chain reaction (PCR), *Bull. Fac. Fish. Sci. Hokkaido Univ.*, 52, 111-116.

B

Belcher, C. R. and P. R. Young (1998): Colourimetric PCR-based detection of monodon baculovirus in whole Penaeus monodon postlarvae, *J. Virol. Methods*, 74, 21-29.

Bonami, J. R. and D. V. Lightner (1991): Unclassified viruses of Crustacea. In "Atlas of Invertebrate Viruses" (ed. Adams, J. R. and Bonami, J. R.). CRC Press. Boca Raton. FL. pp. 597-622.

Bonami, J. R. and J. Sri Widada (2011): Viral diseases of the giant fresh water prawn *Macrobrachium rosenbergii*: A review, *J. Invertebr. Pathol.*, 106, 131-142.

Bonami, J. R., B. Trumper, J. Mari, M. Brehelin and D. V. Lightner (1990): Purification and characterization of the infectious hypodermal and haematopoietic necrosis virus of penaeid shrimps, *J. Gen. Virol.*, 71, 2657-2664.

Bonami, J. R., J. Mari, B. T. Poulos and D. V. Lightner (1995a): Characterization of hepatopancreatic parvo-like virus, a second unusual parvovirus pathogenic for penaeid shrimps, *J. Gen. Virol.*, 76, 813-817.

Bonami, J. R., L. D. Bruce, B. T. Poulos, J. Mari and D. V. Lightner (1995b): Partial characterization and cloning of the genome of PvSNPV (=BP-type virus) pathogenic for *Penaeus vannamei*, *Dis. Aquat. Org.*, 23, 59-66.

Bonami, J. R., Z. Shi, D. Qian and J. S. Widada (2005): White tail disease of the giant freshwater prawn, *Macrobrachium rosenbergii*: Separation of the associated virions and characterization of MrNV as a new type of nodavirus, *J. Fish Dis.*, 28, 23-31.

Boonsanongchokying, C., W. Sang-oum, P. Sithigomgul, S. Sriurairatana and T. W. Flegel (2006): Production of monoclonal antibodies to polyhedrin of Monodon Baculovirus (MBV) from shrimp, *ScienceAsia*, 32, 371-376.

Boonyaratpalin, S., K. Supamattaya, J. Kasornchandra, S. Direkbusaracom, U. Ekpanithanpong and C. Chantanachooklin (1993): Non-occluded baculo-like virus, the causative agent of yellow head disease in the black tiger shrimp (*Penaeus monodon*), *Gyobyo Kenkyu*, 28, 103-109.

Borsa, M., C. H. Seibert, R. D. Rosa, P. H. Stoco, E. Cargnin-Ferreira, A. M. L. Pereira, E. C. Grisard, C. R. Zanetti and A. R. Pinto (2011): Detection of infectious myonecrosis virus in penaeid shrimps using immunoassays: Usefulness of monoclonal antibodies directed to the viral major capsid protein , *Arch. Virol.*, 156, 9-16.

Brock, J. A. and K. Main (1994): A guide to the common

problems and diseases of cultured *Penaeus vannamei*, World Aquaculture Society, Baton Rouge, LA.

Bruce, L. D., R. M. Redman, D. V. Lightner and J. R. Bonami (1993) : Application of gene probes to detect a penaeid shrimp baculovirus in fixed tissue using in situ hybridization, *Dis. Aquat. Org*., 17, 215-221.

Bruce, L. D., D. V. Lightner, R. M. Redman and K. C. Stuck (1994) : Comparison of traditional and molecular detection methods for *Baculovirus penaei* infections in larval *Penaeus vannamei*, *J. Aquat. Anim. Health*, 6, 355-359.

C

Carpenter, N. and J. A. Brock (1992) : Growth and survival of virus-infected and SPF *Penaeus vannamei* on a shrimp farm in Hawaii. In "Diseases of cultured penaeid shrimp in Asia and the United States" (ed. Fulks, W. and Main, K. L.) Oceanic Institute. Honolulu. HI, pp. 285-293.

Catap, E. S., C. R. Lavilla-Pitogo, Y. Maeno and R. D. Traviña (2003) : Occurrence, histopathology and experimental transmission of hepatopancreatic parvovirus infection in *Penaeus monodon* postlarvae, *Dis. Aquat. Org*., 57, 11-17.

Chaivisuthangkura, P., T. Tejangkura, S. Rukpratanporn, S. Longyant, W. Sithigorngul, and P. Sithigorngul (2006) : Polyclonal antibodies specific for VP1 and VP3 capsid proteins of Taura syndrome virus (TSV) produced via gene cloning and expression, *Dis.Aquat, Org*., 69, 249-253.

Chaivisuthangkura, P., C. Srisuk, S. Rukpratanporn, S. Longyant, P. Sridulyakul and P. Sithigorngul (2009) : Rapid and sensitive detection of *Penaeus monodon* nucleopolyhedrovirus by loop-mediated isothermal amplification, *J. Virol. Methods*, 162, 188-193.

Chaivisuthangkura, P., S. Longyant, W. Hajimasalaeh, P. Sridulyakul, S. Rukpratanporn and P. Sithigorngul (2010a) : Improved sensitivity of Taura syndrome virus immunodetection with a monoclonal antibody against the recombinant VP2 capsid protein, *J. Virol. Methods*, 163, 433-439.

Chaivisuthangkura, P., S. Longyant, S. Rukpratanporn, C. Srisuk, P. Sridulyakul and P. Sithigorngul (2010b) : Enhanced white spot syndrome virus (WSSV) detection sensitivity using monoclonal antibody specific to heterologously expressed VP19 envelope protein, *Aquaculture*, 299, 15-20.

Chang, P. S., C. F. Lo, G. H. Kou, C. C. Lu and S. N. Chen (1993) : Purification and amplification of DNA from *Penaeus monodon*-type baculovirus (MBV), *J. Invertebr. Pathol*., 62, 116-120.

Chantanachookin, C., S. Boonyaratanapalin, J. Kasornchandra, S. Direkbusarakom, U. Ekpanithanpong, K. Supamataya, S. Siurairatana and T. W. Flegel (1993) : Histology and ultrastructure reveal a new granulosis-like virus in *Penaeus monodon* affected by "yellow-head" disease, *Dis. Aquat. Org*., 17, 145-157.

Chayaburakul, K., G. Nash, P. Pratanpipat, S. Sriurairatana and B. Withyachumnarnkul (2004) : Multiple pathogens found in growth-retarded black tiger shrimp *Penaeus monodon* cultivated in Thailand, *Dis. Aquat. Org*., 60, 89-96.

Chayaburakul, K., B. Withyachumnarnkul, S. Sriurairattana, D. V. Lightner and K. T. Nelson (2005) : Different responses to infectious hypodermal and hematopoietic necrosis virus (IHHNV) in *Penaeus monodon* and *P. vannamei*, *Dis. Aquat. Org*., 67, 191-200.

Cheng, Q.-Y., X.-L. Meng, J.-P. Xu, W. Lu and J. Wang (2007) : Development of lateral-flow immunoassay for WSSV with polyclonal antibodies raised against recombinant VP (19+28) fusion protein, *Virologica Sinica*, 22, 61-67.

Chong, Y. C. and H. Loh, (1984) : Hepatopancreas chlamydial and parvoviral infections of farmed marine prawns in Singapore, *Singap. Vet. J*., 9, 51-56.

Christian, P., E. Carstens, L. Domier, J. Johnson, K. Johnson, N. Nakashima, P. Scotti and F. van der Wilk (2005) : Family Dicistroviridae. In "Virus Taxonomy 8th Report" (ed. Fauquet, C. M., M. A. Mayo, J. Maniloff, U. Desselberger and L. A. Ball). Elesevier. USA. pp. 783-788.

Côté, I., S. Navarro, K. F. J. Tang, B. Noble and D. V. Lightner (2008) : Taura syndrome virus from Venezuela is a new genetic variant, *Aquaculture*, 284, 62-67.

Couch, J. A. (1974) An enzootic nuclear polyhedrosis virus of pink shrimp : ultrastructure, prevalence, and enhancement, *J. Invertebr. Pathol*., 24, 311-331.

Cowley, J. A., C. M. Dimmock, C. Wongteerasupaya, V. Boonsaeng, S. Panyim and P. J. Walker (1999) : Yellow head virus from Thailand and gill-associated virus from Australia are closely related but distinct prawn viruses, *Dis. Aquat. Org*., 36, 153-157.

Cowley, J. A., C. M. Dimmock, K. M. Spann and P. J. Walker (2000) : Detection of Australian gill-associated virus (GAV) and lymphoid organ virus (LOV) of *Penaeus monodon* by RT-nested PCR, *Dis. Aquat. Org*., 39, 159-167.

Cowley, J. A., L. C. Cadogan, C. Wongteerasupaya, R. A. J. Hodgson, V. Boonsaeng and P. J. Walker (2004) : Multiplex RT-nested PCR differentiation of gill-associated virus (Australia) from yellow head virus (Thailand) of *Penaeus monodon*, *J. Virol. Methods*, 117, 49-59.

Cowley, J. A., R. J. McCulloch, K. M. Spann, L. C. Cadogan and P. J. Walker (2005a) : Preliminary molecular and biological characterization of Mourilyan virus (MoV) a new bunya-related virus of penaeid prawns. In "Diseases in Asian *Aquaculture* vol. V, Fish Health Section" (ed. Walker, P. J., R. Lester and M. B. Bondad-Reantaso). Asian Fisheries Society. Manila. pp. 113-124.

Cowley, J. A., R. J. McCulloch, K. V. Rajendran, L. C. Cadogan, K. M. Spann and P. J. Walker (2005b) : RT-nested PCR detection of Mourilyan virus in Australian *Penaeus monodon* and its tissue distribution in healthy and moribund prawns , *Dis. Aquat. Org*., 66, 91-104.

D

Dai, H., H. Gao, X. Zhao, L. Dai, X. Zhang, N. Xiao, R. Zhao and S. M. Hemmingsen (2003): Construction and characterization of a novel recombinant single-chain variable fragment antibody against white spot syndrome virus from shrimp, *J. Immunol. Methods*, 279, 267-275.

Dannevig, B. H., K. Falk and E. Namork (1995): Isolation of the causal virus of infectious salmon anaemia (ISA) in a long-term cell line from Atlantic salmon head kidney, *J. General Virology*, 76, 1353-1359.

Dhar, A. K., M. M. Roux and K. R. Klimpel (2001): Detection and quantification of infectious hypodermal and hematopoietic necrosis virus and white spot virus in shrimp using real-time quantitative PCR and SYBR Green chemistry, *J. Clin. Microbiol.*, 39, 2835-2845.

Dhar, A. K., M. M. Roux and K. R. Klimpel (2002): Quantitative assay for measuring the Taura syndrome virus and yellow head virus load in shrimp by real-time RT-PCR using SYBR Green chemistry, *J. Virol. Methods.*, 104, 69-82.

Dorf, B. A., C. Hons and P. Varner (2005): A three-year survey of penaeid shrimp and callinectid crabs from Texas coastal waters for signs of disease caused by white spot syndrome virus or Taura syndrome virus, *J. Aquat. Anim. Health*, 17, 373-379.

Durand, S. V. and D. V. Lightner (2002): Quantitative real time PCR for the measurement of white spot syndrome virus in shrimp, *J. Fish Dis.*, 25, 381-389.

Durand, S., D. V. Lightner and J. R. Bonami (1998): Differentiation of BP-type baculovirus strains using in situ hybridization, *Dis. Aquat. Org.*, 32, 237-239.

Durand, S. V., R. M. Redman, L. L. Mohney, K. Tang-Nelson, J. R. Bonami and D. V. Lightner (2003): Qualitative and quantitative studies on the relative virus load of tails and heads of shrimp acutely infected with WSSV, *Aquaculture*, 216, 9-18.

E

江草周三監修，若林久嗣・室賀清邦編（2004）：魚介類の感染症・寄生虫病．恒星社厚生閣．424p.

F

Fauquet, C. M., M. A. Mayo, J. Maniloff, U. Desselberger and L. A. Ball (2005): Virus Taxonomy. Classification and Nomenclature of Viruses. Eighth Report of the International Committee on Taxonomy of Viruses. Elsevier Academic Press. 1259pp.

Fegan, D. F., T. W. Flegel, S. Sriurairatana and M. Waiakrutra (1991): The occurrence, development and histopathology of monodon baculovirus in *Penaeus monodon* in Southern Thailand, *Aquaculture*, 96, 205-217.

Fijan, N. N., T. J. Wellborn and J. P. Naftel (1970): An acute virasl disease of channel catfish, *Tech. Paper, Bureau Sport Fish. Wildlife*, 43, 11.

Fijan, N., Z. Petrinec, D. Sulimanovic and L. O. Zwillenberg (1971): Isolation of the viral causative agent from the acute form of infectious dropsy of carp, *Veterinarski Arhiv*, 41, 125-138.

Flegel, T. W. (2006): Detection of major penaeid shrimp viruses in Asia, a historical perspective with emphasis on Thailand, *Aquaculture*, 258, 1-33.

Flegel, T. W., D. F. Fegan and S. Sriurairatana (1995): Environmental control of infectious shrimp diseases in Thailand. In " Diseases in Asian *Aquaculture* vol. II, Fish Health Section," (ed. Shariff, M., Subasinghe, R. P. and Arthur, J. R.) Asian Fisheries Society. Manila. pp. 65-79.

Flegel, T. W., S. Boonyaratpalin and B. Withyachumnarnkul (1997a): Progress in research on yellow-head virus and white-spot virus in Thailand. In "Diseases in Asian *Aquaculture* vol. III, Fish Health Section" (ed. Flegel, T. W. and MacRae, I.) Asian Fisheries Soc, Manila, pp. 285-296.

Flegel, T. W., S. Sriurairatana, D. J. Morrison and N. Waiyakrutha (1997b): *Penaeus monodon* captured broodstock surveyed for yellow-head virus and other pathogens by electron microscopy. In "Shrimp Biotechnology in Thailand" (ed. Flegel, T. W., Menasveta, P. and Paisarnrat, S.) National Center for Genetic Engineering and Biotechnology. Bangkok. pp. 37-43.

Flegel, T. W., V. Thamavit, T. Pasharawipas and V. Alday-Sanz (1999): Statistical correlation between severity of hepatopancreatic parvovirus infection and stunting of farmed black tiger shrimp (*Penaeus monodon*), *Aquaculture*, 174, 197-206.

Flegel, T. W., L. Nielsen, V. Thamavit, S. Kongtim and T. Pasharawipas (2004): Presence of multiple viruses in non-diseased, cultivated shrimp at harvest, *Aquaculture*, 240, 55-68.

Fryer, J. L. and C. N. Lannan (1994): Three decades of fish cell culture: A current listing of cell lines derived from fishes, *J. Tis. Cul. Meth.*, 16, 87-94.

Fryer, J. L., A. Yusha and K. S. Pilcher (1965): The *in vitro* cultivation of tissue and cells of Pacific salmon and steelhead trout, *Ann. N. Y. Acad. Sci.*, 126, 566-586.

G

Gangnonngiw, W., N. Kanthong and T. W. Flegel (2010a) Successful propagation of shrimp yellow head virus in immortal mosquito cells, *Dis. Aquat. Org.*, 90, 77-83.

Gangnonngiw, W., K. Laisutisan, S. Sriurairatana, S. Senapin, N. Chuchird, C. Limsuwan, P. Chaivisuthangkura and T. W. Flegel (2010b): Monodon baculovirus (MBV) infects the freshwater prawn *Macrobrachium rosenbergii* cultivated in Thailand, *Virus Res.*, 148, 24-30.

Gilmore, R. D. Jr., and J. C. Leong (1988): The nucleocapsid gene of infectious hematopoietic necrosis virus, a fish rabdovirus, *Virology*, 167, 644-648.

Gonzales, L. M., M. Jashes and A. M. Sandino (1994): A

detection method for infectious pancreatic necrosis virus（IPNV）based on reverse transcription（RT）-polymerase chain reaction（PCR）, *J. Fish Dis.*, 17, 269-282.

H

Haridas, D. V., D. Pillai, B. Manojkumar, C. M. Nair and P. M. Sherief（2010）：Optimisation of reverse transcriptase loop-mediated isothermal amplification assay for rapid detection of *Macrobrachium rosenbergii* noda virus and extra small virus in *Macrobrachium rosenbergii*, *J. Virol. Methods*, 167, 61-67.

Hasson, K. W., Y. Fan, T. Reisinger, J. Venuti and P. W. Varner（2006）：White-spot syndrome virus（WSSV）introduction into the Gulf of Mexico and Texas freshwater systems through imported, frozen bait-shrimp, *Dis. Aquat. Org.*, 71, 91-100.

畑井喜司雄・安永統男・安元　進（1983）：養殖トラフグの不明病，長崎水試研報，9，59-61.

He, L. and H. -S. Xu（2011）：Development of a multiplex loop-mediated isothermal amplification（mLAMP）method for the simultaneous detection of white spot syndrome virus and infectious hypodermal and hematopoietic necrosis virus in penaeid shrimp, *Aquaculture*, 311, 94-99.

Hedrick, R. P., J. M. Groff, T. McDowell and W. H. Wingfield（1990）：An iridovirus infection of the integument of the white sturgeon *Acipenser transmontanus*, *Dis. Aquat. Org.*, 6, 39-40.

Hedrick, R. P., O. Gilad, S. YUN, J. V. Spangenberg, G. D. Marty, R. W. Nordhausen, M. J. Kebus, H. Bercovier and A. Eldar（2000）：A herpesvirus associated with mass mortality of juvenile and adult koi, a strain of common carp, *J. Aquat. Animal Health*, 12, 44-57.

Higuchi, R., C. Fockler, G. Dollinger, and R. Watson（1993）：Kinetic PCR：Real time monitoring of DNA amplification reactions, *Biotechnology*, 11, 1026-1030.

Holt, R. and J. Rohovec（1984）：Anenia of coho salmon in oregon, *Am. Fish. Soc. Fish Health Sect. Nowsl.*, 12, 4.

Hossain, M. S., S. K., Otta, A., Chakraborty, H. Sanath Kumar, I. Karunasagar, and I. Karunasagar（2004）：Detection of WSSV in cultured shrimps, captured brooders, shrimp postlarvae and water samples in Bangladesh by PCR using different primers, *Aquaculture*, 237, 59-71.

Hsieh, C.-Y., Z.-B. Wu, M.-C. Tung, C. Tu, S.-P. Lo, T.-C. Chang, C.-D. Chang and S.-S.Tsai（2006）：In situ hybridization and RT-PCR detection of *Macrobrachium rosenbergii* nodavirus in giant freshwater prawn, *Macrobrachium rosenbergii*（de Man）, in Taiwan, *J. Fish Dis.*, 29, 665-671.

Hsu, Y. L., K. H. Wang, Y. H. Yang, M. C. Tung, C. H. Hu, C. F. Lo, C. H. Wang and T. Hsu（2000）：Diagnosis of *Penaeus monodon*-type baculovirus by PCR and by ELISA of occlusion bodies, *Dis. Aquat. Org.*, 40, 93-99.

Hyatt, A. D., P. M. Hine, J. B. Jones, R. J. Whittington, C. Kearns, T. G. Wise, M. S. Crane and L. M. Williams（1997）：Epizootic mortality in the pilchard *Sardinops sagax neopilchardus* in Australia and New Zealand in 1995. II. Identification of a herpesvirus within the gill epithelium, *Dis. Aquat. Org.*, 28, 17-29.

I

Iida, Y., K. Masumura, T. Nakai, M. Sorimachi and H. Masuda（1989）：A viral disease in larvae and juveniles of the Japanese flounder, *Paralichthys olivaceus*, *J. Aquat. Animal Health*, 1, 7-12.

Inouye, K., K. Yoshikoshi and I. Takami（1992）：Isolation of causative virus from cultured tiger puffer（*Takifugu rubripes*）affected by kuchijirosho（snout ulcer disease）, *Fish Pathol.*, 27, 97-102.

井上　潔・安元　進・安永統男・高見生雄（1986）：養殖トラフグの口白症の病原体分離と復元実験，魚病研究，*Fish Pathology*, 21, 129-130.

井上　潔・山野恵祐・前野幸男・中島員洋・松岡　学・和田有二・反町　稔（1992）：養殖マダイのイリドウイルス感染症，魚病研究，27，19-27.

井上　潔・三輪　理・青島秀治・岡　英夫・反町　稔（1994）：養殖ウナギ（Anguilla japonica）の"鰓うっ血症"に関する病理組織学的研究魚病研究，*Fish Pathology*, 29, 35-41.

Intorasoot, S., H. Tanaka, Y. Shoyama and W. Leelamanit（2007）：Characterization and diagnostic use of a recombinant single-chain antibody specific for the gp116 envelop glycoprotein of Yellow head virus, *J. Virol. Methods.*, 143, 186-193.

J

Jaroenram, W., W. Kiatpathomchai and T. W. Flegel（2009）：Rapid and sensitive detection of white spot syndrome virus by loop-mediated isothermal amplification combined with a lateral flow dipstick, *Mol. Cell. Probes*, 23, 65-70.

Jensen, M. H.（1963）：Preparation of fish tissue culture for virus research, *Bull. Off. Int. Epiz.*, 59, 131-134.

Jung, S. J. and T. Miyazaki（1995）：Herpesviral haematopoietic necrosis of goldfish, *Carassius auratus*（L）, *J. Fish Dis.*, 18, 211-220.

K

Kalagayan, H, D. Godin, R. Kanna, G. Hagino, J. Sweeney, J. Wyban and J. Brock（1991）：IHHN virus as an etiological factor in runt-deformity syndrome of juvenile *Penaeus vannamei* cultured in Hawaii, *J. World Aquac. Soc.*, 22, 235-243.

笠井久会・吉水　守（2001a）：海水電解装置による魚類飼育用水と排水の殺菌，アクアネット，4：52-56.

笠井久会·吉水　守（2001b）：ヒラメ胚体由来細胞２株の樹立，北大水産彙報，52，67-70.

Khawsak, P., W. Deesukon, P. Chaivisuthangkura and W. Sukhumsirichart（2008）：Multiplex RT-PCR assay for simultaneous detection of six viruses of penaeid shrimp, *Mol.*

Cell. Probes, 22, 177-187.

Kiatpathomchai, W., V. Boonsaeng, A. Tassanakajon, C. Wongteerasupaya, S. Jitrapakdee and S. Panyim（2001）：A non-stop, single-tube, semi-nested PCR technique for grading the severity of white spot syndrome virus infections in *Penaeus monodon*, *Dis. Aquat. Org.*, 47, 235-239.

Kiatpathomchai, W., S. Jitrapakdee, S. Panyim and V. Boonsaeng（2004）：RT-PCR detection of yellow head virus（YHV）infection in *Penaeus monodon* using dried haemolymph spots, *J. Virol. Methods*, 119, 1-5.

Kiatpathomchai, W., W. Jareonram, S. Jitrapakdee and T. W. Flegel（2007）：Rapid and sensitive detection of Taura syndrome virus by reverse transcription loop-mediated isothermal amplification, *J. Virol. Methods*, 146, 125-128.

Kiatpathomchai, W., W. Jaroenram, N. Arunrut, S. Jitrapakdee and T. W. Flegel（2008）：Shrimp Taura syndrome virus detection by reverse transcription loop-mediated isothermal amplification combined with a lateral flow dipstick, *J. Virol. Methods*, 153, 214-217.

Kimura, T. and M. Yoshimizu（1991）：Viral diseases of fish in Japan, *Annual Rev. Fish Dis.*, 1, 67-82.

Kimura, T., M. Yoshimizu, M. Tanaka and H. Sannohe（1981）：Studies on a new virus（OMV）from *Oncorhynchus masou*-I. Characteristics and pathogenicity, *Fish Patholo*gy, 15, 143-147.

Kimura, T., M. Yoshimizu and S. Gorie（1986）：A new rhabdovirus isolated in Japan from cultured hirame（Japanese flounder）*Paralichthys olivaceus* and *ayu Plecoglossus altivelis*, *Dis. Aquat. Org.*, 1, 204-217.

Kitamura, S., S. J. Jung and M. J. Oh,（2006）：Differentiation of lymphocystis disease virus genotype by multiplex PCR, *J. Microbiol.*, 44, 248-253.

Kono, T., R. Savan, M. Sakai and T. Itami（2004）：Detection of white spot syndrome virus in shrimp by loop-mediated isothermal amplification, *J. Virol. Methods*, 115, 59-65.

小坂善信・吉水　守（1999）：ホタテ貝の閉殻筋着色異常，魚病研究，34，222.

L

La Fauce, K. A., J. Elliman and L. Owens（2007）：Molecular characterization of hepatopancreatic parvovirus（*Pmerg*DNV）from Australian *Penaeus merguiensis*, *Virology*, 362, 397-403.

Leu, J.-H., J.-M. Tsai, H.-C. Wang, A. H.-J. Wang, C.-H. Wang, G.-H. Kou and C.-F. Lo（2005）：The unique stacked rings in the nucleocapsid of the white spot syndrome virus virion are formed by the major structural protein VP664, the largest viral structural protein ever found, *J. Virology*, 79, 140-149.

Liao, I. C., M. S. Su and C. F. Chang（1992）：Diseases of *Penaeus monodon* in Taiwan：a review from 1977 to 1991. In "Diseases of Cultured Penaeid Shrimp in Asia and the United States"（ed. Fulks, W. and Main, K. L.）Oceanic Institute. Honolulu. HI. pp.113-137.

Lien, T-W., H.-C. Hsiung, C.-C. Huang and Y.-L. Song（2002）：Genomic similarity of Taura syndrome virus（TSV）between Taiwan and western hemisphere isolates, *Fish Pathol.*, 37, 71-75.

Lightner, D. V.（1996a）：A handbook of pathology and diagnostic procedures for diseases of penaeid shrimp, World Aquaculture Society. Baton Rouge. LA.

Lightner, D. V.（1996b）：Epizootiology, distribution and the impact on international trade of two penaeid shrimp viruses in the Americas, *Rev. Sci. Tech.*, 15, 579-601.

Lightner, D. V.（2011）：Virus diseases of farmed shrimp in the Western Hemisphere（the Americas）：A review, *J. Invertebr. Pathol.*, 106, 110-130.

Lightner, D. V. and R. M.Redman（1985）：A parvo-like virus disease of penaeid shrimp, *J. Invertebr. Pathol.*, 45, 47-53.

Lightner, D. V., R. M.Redman and T. A. Bell（1983）：Infectious hypodermal and hematopoietic necrosis, a newly recognized virus disease of penaeid shrimp, *J. Invertebr. Pathol.*, 42, 62-70.

Lightner, D. V., R. M. Redman and E. A. A. Ruiz（1989）：*Baculovirus penaei* in *Penaeus stylirostris*（Crustacea：Decapoda）cultured in Mexico：unique cytopathology and a new geographic record, *J. Invertebr. Pathol.*, 53, 137-139.

Lightner, D. V., R. M. Redman, D. W. Moore and M. A. Park（1993）：Development and application of a simple and rapid diagnostic method to studies on hepatopancreatic parvovirus of penaeid shrimp , *Aquaculture.*, 116, 15-23.

Lightner, D. V., C. R. Pantoja, B. T. Poulos, K. F. J. Tang, R. M. Redman, T. Pasos de Andrade, and J. R. Bonami（2004）：Infectious myonecrosis：new disease in Pacific white shrimp, *Glob. Aquac. Advocate*, 7, 85.

Lightner, D. V., B. T. Poulos, K. F. Tang-Nelson, C. R. Pantoja, L. M. Nunan, S. A. Navarro, R. M. Redman and L. L. Mohney（2006）：Application of molecular diagnostic methods to penaeid shrimp diseases：Advances of the past 10 years for control of viral diseases in farmed shrimp, *Developments in Biologicals*, 126, 117-122.

Lin, C. K.（1989）：Prawn culture in Taiwan, What went wrong?, *World Aquac.*, 20, 19-20.

Liu, W., Y. T. Wang, D. S. Tian, Z. C. Yin and J. Kwang,（2002）Detection of white spot syndrome virus（WSSV）of shrimp by means of monoclonal antibodies（MAbs）specific to an envelope protein（28 kDa）, *Dis. Aquat. Org.*, 49, 11-18.

Lo C. F., J. H. Leu, C. H. Chen, S. E. Peng, Y. T. Chen, C. M. Chou, P. Y. Yeh, C. J. Huang, H. Y. Chou, C. H. Wang and G. H. Kou（1996a）：Detection of baculovirus associated with white spot syndrome（WSBV）in penaeid shrimps using polymerase chain reaction, *Dis. Aquat.Org.*, 25, 133-141.

Lo C. F., C. H. Ho, S. E. Peng, C. H. Chen, H. C. Hsu, Y. L. Chiu, C. F. Chang, K. F. Liu, M. S. Su, C. H. Wang and G. H. Kou（1996b）：White spot syndrome baculovirus（WSBV）. detected in cultured and captured shrimp, crab and other arthropods, *Dis. Aquat. Org.*, 27, 215-225.

Lo, C. F., C. H. Ho, C. H. Chen, K. F. Liu, Y. L. Chiu, P. Y. Yeh, S. E. Peng, H. C. Hsu, H. C. Liu, C. F. Chang, M. S. Su, C. H. Wang and G. H. Kou（1997）：Detection and tissue tropism of white spot syndrome baculovirus（WSBV）in captured brooders of *Penaeus monodon* with a special emphasis on reproductive organs, *Dis. Aquat. Org.*, 30, 53-72.

Longyant, S., P. Poyoi, P. Chaivisuthangkura, T. Tejangkura, W. Sithigorngul, P. Sithigorngul and S. Rukpratanporn（2008）：Specific monoclonal antibodies raised against Taura syndrome virus（TSV）capsid protein VP3 detect TSV in single and dual infections with white spot syndrome virus（WSSV）, *Dis. Aquat. Org.*, 79, 75-81.

Lu, C. C., F. J. K. Tang, G. H. Kou and S. N. Chen（1993）：Development of a *Penaeus monodon*-type baculovirus（MBV）DNA probe by polymerase chain reaction and sequence analysis, *J. Fish Dis.*, 16, 551-559.

M

Ma, H., Overstreet, R. M. and J. A. Jovonovich（2008）：Stable yellowhead virus（YHV）RNA detection by qRT-PCR during six-day storage, *Aquaculture*, 278, 10-13.

Machado, C. R., S. S. L. De Bueno and C. F. M. Menck（1995）：Cloning shrimp *Baculovirus penaei* DNA and hybridization comparison with *Autographa californica* nuclear polyhedrosis virus, Revista *Brasileira de Genetica*, 18, 1-6.

Maeda, M., T. Itami, A. Furumoto, O. Hennig, T. Imamura, M. Kondo, I. Hirono, T. Aoki and Y. Takahashi（1998）：Detection of penaeid rod-shaped DNA virus（PRDV）in wild-caught shrimp and other crustaceans, *Fish Pathol.*, 33, 373-380.

Manivannan, S., S. K. Otta, I. Karunasagar and I. Karunasagar（2002）：Multiple viral infection in *Penaeus monodon* shrimp postlarvae in an Indian hatchery, *Dis. Aquat. Org.*, 48, 233-236.

Manjanaik, B., K. R. Umesha, I. Karunasagar and I. Karunasagar（2005）：Detection of hepatopancreatic parvovirus（HPV）in wild shrimp from India by nested polymerase chain reaction（PCR）, *Dis. Aquat. Org.*, 63, 255-259.

Mari, J., D. V. Lightner, B. T. Poulos and J. R. Bonami（1995）：Partial cloning of the genome of an unusual shrimp parvovirus（HPV）：use of gene probes in disease diagnosis, *Dis. Aquat. Org.*, 22, 129-134.

Mari, J., J. R. Bonami and D. V. Lightner（1998）：Taura syndrome of penaeid shrimp：cloning of viral genome fragments and development of specific gene probes, *Dis. Aquat. Org.*, 33, 11-17.

Mayo, M. A.（2002）：A summary of taxonomic changes recently approved by ICTV, *Arch. Virol.*, 147, 1655-1656.

Mayo, M. A.（2005）：Changes to virus taxonomy, *Arch. Virol.*, 150, 189-198.

Mekata, T., R. Sudhakaran, T. Kono, K. Supamattaya, N. T. H. Linh, M. Sakai and T. Itami（2009a）：Real-time quantitative loop-mediated isothermal amplification as a simple method for detecting white spot syndrome virus, *Lett. Applied Microbiolo.*, 48, 25-32.

Mekata, T., R. Sudhakaran, T. Kono, K. U-taynapun, K. Supamattaya, Y. Suzuki, M. Sakai and T. Itami（2009b）：Real-time reverse transcription loop-mediated isothermal amplification for rapid detection of yellow head virus in shrimp, *J. Virol. Methods*, 162, 81-87.

Miller, T. A., Rapp, J., Wastlhuber, U., Hoffmann, R. W. and Enzmann, P. J.（1998）：Rapid and sensitive reverse transcriptase-polymerase chain reaction based detection and differential diagnosis of fish pathogenic rhabdoviruses in organ samples and culture fish cells, *Dis. Aquat. Org.* 34, 13-20.

Mizutani, T., Sayama, Y., Nakanishi, A., Ochiai, H., Sakai, H., Wakabayashi, K., Tanaka, N., Miura, E., Oba, M., Kurane, I., Saijo, M., Morikawa, S. and Ono, S.（2011）：Novel DNA virus isolated from samples showing endothelial cell necrosis in theJapanese eel, *Anguilla japonica. Virology*, 412, 179-183.

Momoyama, K., M. Hiraoka, K. Inouye, T. Kimura, H. Nakano and M. Yasui（1997）：Mass mortalities in the production of juvenile greasyback shrimp, *Metapenaeus ensis*, caused by penaeid acute viremia（PAV）, *Fish Pathol.*, 32, 51-58.

桃山和夫（1981）：クルマエビの伝染性中腸腺壊死症に関する研究－I．発生状況および症状，山口県内海水試報告，No.8，1-11.

桃山和夫（1983）：クルマエビの伝染性中腸腺壊死症に関する研究－III．仮診断法，魚病研究，17，263-268.

桃山和夫（1989a）：消毒剤によるバキュロウイルス性中腸腺壊死症（BMN）ウイルスの不活化効果，魚病研究，24，47-49.

桃山和夫（1989b）：紫外線，日光，熱および乾燥によるによるバキュロウイルス性中腸腺壊死症（BMN）ウイルスの不活化，魚病研究，24，115-118.

Mori, K., T. Nakai, M. Nagahara, K. Muroga, T. Mekuchi and T. Kanno（1991）：A viral disease in hatchery-reared larvae and juveniles of reds-potted grouper，*Fish Pathol*ogy, 26, 209-210.

Mouillesseaux, K. P., K. R. Klimpel and A. K. Dhar（2003）：Improvement in the specificity and sensitivity of detection for the Taura syndrome virus and yellow head virus of penaeid shrimp by increasing the amplicon size in SYBR Green real-time RT-PCR, *J. Virol. Methods.*, 111, 121-127.

Mulcahy, D. and R. J. Pascho（1984）：Adsorption to fish sperm of vertically transmitted fish virus，*Science*, 225, 333-335（1984）.

Muroga, K.（2001）：Viral and bacterial diseases of marine fish and shellfish in Japanese hatcheries，*Aquaculture*, 202, 23-44.

室賀清邦編（1992）：疾病診断マニュアル．日本水産資源保護協会．117pp.

N

中野平二・河邉　博・梅沢　敏・桃山和夫・平岡三登里・井

上 潔・大迫典久（1994）：1993年に西日本で発生した養殖クルマエビの大量死：発生状況および感染実験，魚病研究，29，149-158.

Navarro, S. A., K. F. J. Tang and D. V. Lightner（2009）：An improved Taura syndrome virus（TSV）RT-PCR using newly designed primers, *Aquaculture*, 293, 290-292.

Natividad, K. D. T., M. V. P. Migo, J. D. Albaladejo, J. P. V. Magbanua, N. Nomura and M. Matsumura（2006）：imultaneous PCR detection of two shrimp viruses（WSSV and MBV）in postlarvae of *Penaeus monodon* in the Philippines, *Aquaculture*, 257, 142-149.

Nelson, J. S.（1994）：Fishes of the World, Third Edition, F. John Wiley and Sons, Inc., U.S.A., 600pp.

Nielsen, L., W. Sang-oum, S. Cheevadhanarak and T. W. Flegel（2005）：Taura syndrome virus（TSV）in Thailand and its relationship to TSV in China and the Americas, *Dis. Aquat. Org.*, 63, 101-106.

Nimitphak, T., W. Kiatpathomchai and T. W. Flegel（2008）：Shrimp hepatopancreatic parvovirus detection by combining loop-mediated isothermal amplification with a lateral flow dipstick , *J. Virol. Methods*, 154, 56-60.

Nishizawa, T., K. Mori, T. Nakai, I. Furusawa and K. Muroga（1994）：Polymerase chain reaction（PCR）amplification of RNA of striped jack nervous necrosis virus（SJNNV）, *Dis. Aquat. Org.*, 18, 103-107.

Nishizawa, T., G. Kurath and J. R. Winton（1995）：Nucleotide sequence of the 2 matrix protein gene（M1 and M2）of hirame rhabdovirus（HRV）, a fish rhabdovirus. *Vet. Res.* 26, 408-412.

Nishizawa, T., G. Kurath and J. R. Winton（1997）：Sequence analysis and expression of the M1 and M2 matrix protein genes of hirame rhabdovirus（HIRRV）. *Dis. Aquat. Org.*, 31, 9-17.

Notomi, T., H. Okayama, H. Masubuchi, T. Yonekawa, K. Watanabe, N. Amino and T. Hase（2000）：Loop-mediated isothermal amplification of DNA, *Nucleic Acids Research*, 28, e63, 2000.

Nunan, L. M., B. T. Poulos and D. V. Lightner（1998）：Reverse transcription polymerase chain reaction（RT-PCR）used for the detection of Taura syndrome virus（TSV）in experimentally infected shrimp, *Dis. Aquat. Org.*, 34, 87-91.

Nunan, L. M., K. Tang-Nelson and D. V. Lightner（2004）：Real-time RT-PCR determination of viral copy number in *Penaeus vannamei* experimentally infected with Taura syndrome virus, *Aquaculture*, 229, 1-10.

O

小川和夫・室賀清邦編（2008）：改訂・魚病学概論，恒星社厚生閣，192pp.

Oh, M-J., M. Yoshimizu, T. Kimura and Y. Ezura（1995）：Pathogenicity of the virus isolated from brain of abnormally swimming salmonid, *Fish Pathol.*, 30, 33-38.

OIE（2009）：Sixth edition of 'Manual of diagnostic test for aquatic animals' Office international des epizooties. 383pp.

OIE（2010）：http：//www.oie.int/en/international-standard-setting/aquatic-manual/access-online/.

Okumura, T., F. Nagai, S. Yamamoto, K. Yamano, N. Oseko, K. Inouye, H. Oomura and H. Sawada（2004）：Detection of white spot syndrome virus from stomach tissue homogenate of the kuruma shrimp（*Penaeus japonicus*）by reverse passive latex agglutination, *J. Virol. Methods.*, 119, 11-16.

Ono, S., A. Nagai and N. Sugai（1986）：A histopathological study on juvenile color carp, *Cyprinus carpio*, showing edema, *Fish Pathol.*, 21, 167-175.

小野信一・若林耕治・永井 彰（2007）：養殖ウナギのウイルス性血管内皮壊死症の原因ウイルスの分離，魚病研究，42, 191-200.

大迫典久・吉水 守・木村喬久（1988）：*Rhabdovirus olivaceus*（HRV）人工感染に及ぼす水温の影響，魚病研究，23，125-132.

Oren, G., S Yun, K. B. Andree, M. A. Adkinson, A. Zlotkin, H. Bercovier, A. Elder and R. P. Hedrick（2002）：Intial characteristics of koi herpesvirus and development of a polymerase chain reaction assay to detect the virus in koi, *Cyprinus carpio koi*, *Dis. Aquat. Org.*, 48, 101-108.

Oshima, S., J. I. Hata, N. Hirasawa, T. Ohataka, I. Hirono and S. Yamashita（1998）：Rapid diagnosis of red sea bream Iridovirus infection using the polymerase chain reaction, *Dis. Aquat. Org.*, 32, 87-90.

Owens, L., K. L. Fauce, K. Juntunen, O. Hayakijkosol and C. Zeng（2009）：*Macrobrachium rosenbergii* nodavirus disease（white tail disease）in Australia, *Dis. Aquat. Org.*, 85, 175-180.

P

Pantoja, C. R. and D. V. Lightner（2000）：A non-destructive method based on the polymerase chain reaction for detection of hepatopancreatic parvovirus（HPV）of penaeid shrimp, *Dis. Aquat. Org.*, 39, 177-182.

Panyim, S. and P. J. Walker（1999）：Yellow head virus from Thailand and gill-associated virus from Australia are closely related but distinct prawn viruses, *Dis. Aquat. Org.*, 36, 153-157.

Phromjai, J., W. Sukhumsirichart, C. Pantoja, D. V. Lightner and T. W. Flegel（2001）：Different reactions obtained using the same DNA detection reagents for Thai and Korean hepatopancreatic parvovirus of penaeid shrimp, *Dis. Aquat. Org.*, 46, 153-158.

Phromjai, J., V. Boonsaeng, B. Withyachumnarnkul and T. W. Flegel（2002）：Detection of hepatopancreatic parvovirus in Thai shrimp *Penaeus monodon* by *in situ* hybridization, dot blot hybridization and PCR amplification, *Dis. Aquat. Org.*, 51, 227-232.

Pillai, D., J. R. Bonami and S. J. Widada（2006）：Rapid detection of *Macrobrachium rosenbergii* nodavirus（MrNV）and extra small virus（XSV）, the pathogenic agents of white tail disease of *Macrobrachium rosenbergii* (De Man), by loop-mediated isothermal amplification, *J. Fish Dis.*, 29, 275-283.

Poulos, B. T. and D. V. Lightner (2006): Detection of infectious myonecrosis virus (IMNV) of penaeid shrimp by reverse-transcriptase polymerase chain reaction (RT-PCR), *Dis. Aquat. Org.*, 73, 69-72.

Poulos, B. T., C. R. Pantoja, D. Bradley-Dunlop, J. Aguilar and D. V. Lightner (2001): Development and application of monoclonal antibodies for the detection of white spot syndrome virus of penaeid shrimp, *Dis. Aquat. Org.*, 47, 13-23.

Poulos, B. T., K. F. Tang, C. R. Pantoja, J. R. Bonami and D. V. Lightner (2006): Purification and characterization of infectious myonecrosis virus of penaeid shrimp, *J. Gen. Virol.*, 87, 987-996.

Powell, J. W. B., E. J. Burge, C. L. Browdy and E. F. Shepard (2006): Efficiency and sensitivity determination of Shrimple, an immunochromatographic assay for white spot syndrome virus (WSSV), using quantitative real-time PCR, *Aquaculture*, 257, 167-172.

Primavera, J. H. and E. T. Quinitio (2000): Runt-deformity syndrome in cultured giant tiger prawn *Penaeus monodon*, *J. Crustacean Biol.*, 20, 796–802.

Puthawibool, T., S. Senapin, T. W. Flegel and W. Kiatpathomchai (2010): Rapid and sensitive detection of *Macrobrachium rosenbergii* nodavirus in giant freshwater prawns by reverse transcription loop-mediated isothermal amplification combined with a lateral flow dipstick, *Mol. Cell. Probes*, 24, 244-249.

Q

Qian, D., Z. Shi, S. Zhang, Z. Cao, W. Liu, L. Li, Y. Xie, I. Cambournac and J. R. Bonami (2003): Extra small virus-like particles (XSV) and nodavirus associated with whitish muscle disease in the giant freshwater prawn, *Macrobrachium rosenbergii*, *J. Fish Dis.*, 26, 521-527.

Qian, D., Liu, W., W. Jianxiang and L.Yu (2006): Preparation of monoclonal antibody against *Macrobrachium rosenbergii* nodavirus and application of TAS-ELISA for virus diagnosis in post-larvae hatcheries in east China during 2000-2004, *Aquaculture*, 261, 1144-1150.

Quéré, R., T. Commes, J. Marti, J. R. Bonami and D. Piquemal (2002): White spot syndrome virus and infectious hypodermal and hematopoietic necrosis virus simultaneous diagnosis by miniarray system with colorimetry detection, *J. Virol. Methods.*, 105, 189-196.

R

Rai, P., M. P. Safeena, I. Karunasagar and I. Karunasagar (2011): Complete nucleic acid sequence of *Penaeus stylirostris* densovirus (*Pst*DNV) from India, *Virus Res.*, 158, 37-45.

Rajendran, K. V., J. A. Cowley, R. J. McCulloch and P. J. Walker (2006): A TaqMan real-time RT-PCR for quantifying Mourilyan virus infection levels in penaeid shrimp tissues, *J. Virol. Methods.*, 137, 265-271.

Robles-Sikisaka, R., K. W. Hasson, D. K. Garcia, K. E. Brovont, K. D. Cleveland, K. R. Klimpel and A. K. Dhar (2002): Genetic variation and immunohistochemical differences among geographical isolates of Taura syndrome virus of penaeid shrimp, *J. Gen. Virol.*, 83, 3123-3130.

Romestand, B. and J. R. Bonami (2003): A sandwich enzyme linked immunosorbent assay (S-ELISA) for detection of MrNV in the giant freshwater prawn, *Macrobrachium rosenbergii* (de Man), *J. Fish Dis.*, 26, 71-75.

Ruangsri, J., N. Tanmark, N. Penprapai and K. Supamattaya (2007): Epizootic and pathogenesis of Taura syndrome virus (TSV) in black tiger shrimp (*Penaeus monodon*) cultured in southern Thailand, Songklanakarin Journal of Science and Technology, 29, 1263-1274.

Rukpratanporn, S., W. Sukhumsirichart, P. Chaivisuthangkura, S. Longyant, W. Sithigorngul, P. Menasveta, and P. Sithigorngul (2005): Generation of monoclonal antibodies specific to hepatopancreatic parvovirus (HPV) from *Penaeus monodon*, *Dis. Aquat. Org.*, 65, 85-89.

S

Saiki, R. K., D. H. Gelfand, S. Stoffel, S. J. Scharf, R. Higuchi, G. T. Horn, K. B. Mullis and H. A. Erlich (1988): Primer-directed enzymatic amplification of DNA with a thermostable DNA polymerase, *Science*, 239, 487-491.

Samanman, S., P. Kanatharana, W. Chotigeat, P. Deachamag and P. Thavarungkul (2011): Highly sensitive capacitive biosensor for detecting white spot syndrome virus in shrimp pond water, *J. Virol. Methods.*, 173, 75-84.

Sánchez-Martínez, J. G., G. Aguirre-Guzmán and H. Mejía-Ruíz (2007): White spot syndrome virus in cultured shrimp: A review, *Aquacult. Res.*, 38, 1339-1354.

Sano, T. (1976): Viral diseases of cultured fishes in Japan, *Fish Pathol.*, 10, 221-226.

Sano, T., T. Nishimura, K. Oguma, K. Momoyama and N. Takeno (1981): Baculovirus infection of cultured kuruma shrimp, *Penaeus japonicus* in Japan, *Fish Pathol.*, 15, 185-191.

Sano, T., H. Fukuda and M. Furukawa (1985): *Herpesvirus cyprini*: biological and oncogenic properties, *Fish Pathol.*, 20, 381-388.

Sano, T., H. Fukuda and T. Sano (1990): Isolation and characterization of a new herpesvirus from eel. In "Pathogenicity in Marine Science" Perkins, F. O., and T. C. Cheng (eds). Academic Press. San Diego. U.S.A. pp. 15-31.

Sano, T., T. Nishimura, N. Okamoto, and H. Fukuda (1997): Studies on viral diseases of Japanese fishes - VII. A rhabdovirus isolated from European eel, *Anguilla anguilla*, *Bull. Jap. Soc. Sci. Fish.*, 43, 491-495.

Sahul Hameed, A. S., K. Yoganandhan, J. Sri Widada and J. R. Bonami (2004a): Studies on the occurrence of *Macrobrachium rosenbergii* nodavirus and extra small virus-like particles associated with white tail disease of *M. rosenbergii* in India by RT-PCR detection, *Aquaculture*, 238, 127-133.

Sahul Hameed, A. S., K. Yoganandhan, J. Sri Widada and J. R. Bonami（2004b）：Experimental transmission and tissue tropism of *Macrobrachium rosenbergii* nodavirus（*Mr*NV）and its associated extra small virus（XSV）, *Dis. Aquat. Org.*, 62, 191-196.

Sahul Hameed, A. S., K. Yoganandhan, J. Sri Widada and J. R. Bonami（2004c）：Experimental transmission and tissue tropism of *Macrobrachium rosenbergii* nodavirus（*Mr*NV）and its associated extra small virus（XSV）, *Dis. Aquat. Org.*, 62, 191-196.

Sanches-Barajas, M., A. Linan-Cabellom and A. Mena-Herrera（2009）：Detection of yellow-head disease in intensive freshwater production systems of *Litopenaeus vannamei*. *Aquacult. Internat.*, 17, 101–112.

Sathish, S., C. Selvakkumar, A. S. S. Hameed and R. B. Narayanan（2004）：18-kDa protein as a marker to detect WSSV infection in shrimps, *Aquaculture*, 238, 39-50.

Savan, R., T. Kono, T. Itami and M. Sakai（2005）：Loop-mediated isothernmal amplification：an emerging technology for detection of fish and shellfish pathogens, *J. Fish Dis.*, 28, 573-581.

Sellars, M. J., S. J. Keys, J. A. Cowley, R. J. McCulloch and N. P. Preston（2006）：Association of Mourilyan virus with mortalities in farm pond-reared *Penaeus*（*Marsupenaeus*）*japonicus* transferred to maturation tank systems, *Aquaculture*, 252, 242-247.

Senapin, S., K. Phewsaiya, M. Briggs and T. W. Flegel（2007）：Outbreaks of infectious myonecrosis virus（IMNV）in Indonesia confirmed by genome sequencing and use of an alternative RT-PCR detection method, *Aquaculture*, 266, 32-38.

Shekhar, M. S., I. S. Azad and K. P. Jithendran（2006）：RT-PCR and sequence analysis of *Macrobrachium rosenbergii* nodavirus：Indian isolate, *Aquaculture*, 252, 128-132.

Sithigorngul, W., S. Rukpratanporn, N. Sittidilokratna, N. Pecharaburanin, S. Longyant, P. Chaivisuthangkura and P. Sithigorngul（2007）：A convenient immunochromatographic test strip for rapid diagnosis of yellow head virus infection in shrimp, *J. Virol. Methods.*, 140, 193-199.

Soowannayan, C., P. Sithigorngul and T. W.Flegel（2002）：Use of a specific monoclonal antibody to determine tissue tropism of yellow head virus（YHV）of *Penaeus monodon* by *in situ* immunocytochemistry, *Fish. Sci.*, 68（Supplement 1）, 805-809.

Soowannayan, C., T. W. Flegel, P. Sithigorngul, J. Slater, A. Hyatt, S. Cramerri, T. Wise, M. S. J. Crane, J. A. Cowley and P. J. Walker（2003）：Detection and differentiation of yellow head complex viruses using monoclonal antibodies, *Dis. Aquat. Org.*, 57, 193-200.

反町　稔・江草周三（1982）：養殖ウナギから分離されたウイルスの性状と分布，養殖研報，3，97-105.

反町　稔・原　武史（1985）：腹水症を呈するブリ稚魚から分離されたウイルスについて，魚病研究，19，231-238.

Spann, K. M., J. E. Vickers and R. J. G. Lester（1995）：Lymphoid organ virus of *Penaeus monodon* from Australia, *Dis. Aquat. Org.*, 23, 127-134.

Spann, K. M., J. A. Cowley, P. J. Walker and R. J. G. Lester（1997）：A yellow-head-like virus from *Penaeus monodon* cultured in Australia, *Dis. Aquat. Org.*, 31, 169-179.

Spann, K. M., R. A. Donaldson, J. A. Cowley and P. J. Walker（2000）：Differences in susceptibility of some Penaeid Prawn Species to gill-associated Virus（GAV）infection, *Dis. Aquat. Org.*, 42, 221-225.

Sritunyalucksana, K., J. Srisala, K. McColl, L. Nielsen and T. W. Flegel（2006）：Comparison of PCR testing methods for white spot syndrome virus（WSSV）infections in penaeid shrimp, *Aquaculture*, 255, 95-104.

Sri Widada, J., S. Durand, I. Cambournac, D. Qian, Z. Shi, E. Dejonghe, V. Richard and J. R. Bonami（2003）：Genome-based detection methods of *Macrobrachium rosenbergii* nodavirus, a pathogen of the giant freshwater prawn, *Macrobrachium rosenb orgii*：Dot-blot, in situ hybridization and RT-PCR, *J. Fish Dis.*, 26, 583-590.

Sri Widada, J., V. Richard, Z. Shi, D. Qian and J. R. Bonami（2004）：Dot-blot hybridization and RT-PCR detection of extra small virus（XSV）associated with white tail disease of prawn *Macrobrachium rosenbergii*, *Dis. Aquat. Org.*, 58, 83-87.

Stuck, K. C. and R. M. Overstreet（1994）：Effect of *Baculovirus penaei* on growth and survival of experimentally infected postlarvae of the Pacific white shrimp, *Penaeus vannamei*, *J. Invertebr. Pathol.*, 64, 18-25.

Sudhakaran, R., V. P. Ishaq Ahmed, P. Haribabu, S. C. Mukherjee, J. Sri Widada, J. R. Bonami and A. S. Sahul Hameed（2007a）：Experimental vertical transmission of *Macrobrachium rosenbergii* nodavirus（*Mr*NV）and extra small virus（XSV）from brooders to progeny in *Macrobrachium rosenbergii* and Artemia, *J. Fish Dis.*, 30, 27-35.

Sudhakaran, R., V.Parameswaran and A.S.Sahul Hameed（2007b）：*In vitro* replication of *Macrobrachium rosenbergii* nodavirus and extra small virus in C6/36 mosquito cell line, *J. Virol. Methods.*, 146, 112-118.

Sudhakaran, R., S.Syed Musthaq, S. Rajesh Kumar, M. Sarathi and A. S. Sahul Hameed（2008a）：Cloning and sequencing of capsid protein of Indian isolate of extra small virus from *Macrobrachium rosenbergii*, *Virus Res.*, 131, 283-287.

Sudhakaran, R., T. Mekata, T. Kono, K. Supamattaya, N. T. H. Linn, M. Sakai and T. Itami（2008b）：Rapid detection and quantification of infectious hypodermal and hematopoietic necrosis virus in whiteleg shrimp *Penaeus vannamei* using real-time loop-mediated isothermal amplification, *Fish Pathol.*, 43, 4, 170-173.

Sukhumsirichart, W., C. Wongteerasupaya, V. Boonsaeng, S. Panyim, S. Sriurairatana, B. Withyachumnarnkul and T. W. Flegel (1999) : Characterization and PCR detection of hepatopancreatic parvovirus (HPV) from *Penaeus monodon* in Thailand, *Dis. Aquat. Org.*, 38, 1-10.

Sukhumsirichart, W., W. Kiatpathomchai, C. Wongteerasupaya, B. Withyachumnarnkul, T. W. Flegel, V. Boonseang and S. Panyim (2002) : Detection of hepatopancreatic parvovirus (HPV) infection in *Penaeus monodon* using PCR-ELISA, *Mol. Cell. Probes*, 16, 409-413.

Sukhumsirichart, W., P. Attasart, V. Boonsaeng and S. Panyim (2006) : Complete nucleotide sequence and genomic organization of hepatopancreatic parvovirus (HPV) of *Penaeus monodon*, *Virology*, 346, 266-277.

Sun, Z.-F., C.-Q. Hu, C.-H. Ren and Q. Shen (2006) : Sensitive and rapid detection of infectious hypodermal and hematopoietic necrosis virus (IHHNV) in shrimps by loop-mediated isothermal amplification, *J. Virol. Methods.*, 131, 41-46.

Surachetpong, W., B. T. Poulos, K. F. J. Tang and D. V. Lightner (2005) : Improvement of PCR method for the detection of monodon baculovirus (MBV) in penaeid shrimp, *Aquaculture*, 249, 69-75.

Suzuki, S., N. Hosono and R. Kusuda (1997) : Detection of aquatic biranvirus gene from marine fish using a combination of reverse transcription and nested PCR, *J. Marine Biotech.*, 5, 205-209.

Suzuki, Y., T. Suzuki, T. Kono, T. Mekata, M. Sakai and T. Itami (2011) : The concentration of white spot disease virus for its detection in sea water using a combined ferric colloid adsorption- and foam separation-based method, *J. Virol. Methods.*, 173, 227–232.

T

Takahashi, Y., T. Itami, M. Kondo, M. Maeda, S. Tomonaga, K. Supamattaya and S. Boonyaratpalin (1994) : Electron microscopic evidence of bacilliform virus infection in kuruma prawn (*Penaeus japonicus*), *Fish Pathol.*, 29, 121-125.

Takahashi, Y., M. Maeda, T. Itami, M. Kondo, N. Suzuki, J. Kasornchandra S. Boonyaratpalin, K. Supamattaya K. Kawai, R. Kusuda, I. Hirono and T. Aoki (1996) : Polymerase chain reaction (PCR) amplification of Bacilliform virus (RV-PJ) DNA in *Penaeus japonicus* Bate and systemic ectodermal and mesodermal baculovirus (SEMBV) DNA in *Penaeus monodon* Fabricius, *J. Fish Dis.*, 19, 399-403.

Takahashi, Y., K. Fukuda, M. Kondo, A. Chongthaleong, K. Nishi, M. Nishimura, K. Ogata, I. Shinya, K. Takise, Y. Fujishima and M. Matsumaura (2003) : Detection and prevention of WSSV infection in cultured shrimp, Asian *Aquaculture* Magazine, 25-27 November/December 2003.

高見生雄・粉川愉記・西澤豊彦・吉水　守（2007）：口白症感染耐過トラフグ血清を用いた口白症関連タンパク質の検出，魚病研究，42，29-34.

Tang, K. F. J. and D. V. Lightner (2000) : Quantification of white spot syndrome virus DNA through a competitive polymerase chain reaction, *Aquaculture*, 189, 11-21.

Tang, K. F. J. and D. V. Lightner (2001) : Detection and quantification of infectious hypodermal and hematopoietic necrosis virus in penaeid shrimp by real-time PCR, *Dis. Aquat. Org.*, 44, 79-85.

Tang, K. F. J. and D. V. Lightner (2005) : Phylogenetic analysis of Taura syndrome virus isolates collected between 1993 and 2004 and virulence comparison between two isolates representing different genetic variants, *Virus Res.*, 112, 69-76.

Tang, K. F. J. and D. V. Lightner (2006) : Infectious hypodermal and hematopoietic necrosis virus (IHHNV)-related sequences in the genome of the black tiger prawn *Penaeus monodon* from Africa and Australia, *Virus Res.*, 118, 185-191.

Tang, K. F. J., and D. V. Lightner (2011) : Duplex real-time PCR for detection and quantification of monodon baculovirus (MBV) and hepatopancreatic parvovirus (HPV) in *Penaeus monodon*, *Dis. Aquat. Org.*, 93, 191-198.

Tang, K. F. J., J. Wang and D. V. Lightner (2004) : Quantitation of Taura syndrome virus by real-time RT-PCR with a TaqMan assay, *J. Virol. Methods*, 115, 109-114.

Tang, K. F. J., C. R. Pantoja, B. T. Poulos, R. M. Redman and D. V. Lightner (2005) : *In situ* hybridization demonstrates that *Litopenaeus vannamei*, *L. stylirostris* and *Penaeus monodon* are susceptible to experimental infection with infectious myonecrosis virus (IMNV), *Dis. Aquat. Org.*, 63, 261-265.

Tang, K. F. J., C. R. Pantoja, R. M. Redman and D. V. Lightner (2007) : Development of in situ hybridization and RT-PCR assay for the detection of a nodavirus (*Pv*NV) that causes muscle necrosis in *Penaeus vannamei*, *Dis. Aquat. Org.*, 75, 183-190.

Teng, P.-H., C.-L. Chen, C.-N. Wu, S.-Y. Wu, B.-R. Ou, and P.-Y. Lee (2006a) : Rapid and sensitive detection of Taura syndrome virus using nucleic acid-based amplification, *Dis. Aquat. Org.*, 73, 13-22.

Teng, P.-H., P.-Y. Lee, F.-C. Lee, H.-W. Chien, M.-S. Chen, P.-F. Sung, C. Su and B.-R. Ou (2006b) : Detection of infectious hypodermal and hematopoietic necrosis virus (IHHNV) in *Litopenaeus vannamei* by ramification amplification assay, *Dis. Aquat. Org.*, 73, 103-111.

Teng, P.-H., C.-L. Chen, P.-F. Sung, F.-C. Lee, B.-R. Ou and P.-Y. Lee (2007) : Specific detection of reverse transcription-loop-mediated isothermal amplification amplicons for Taura syndrome virus by colorimetric dot-blot hybridization, *J. Virol. Methods*, 146, 317-326.

Thakur, P. C., F. Corsin, J. F. Turnbull, K. M. Shankar, N. V. Hao, P. A. Padiyar, M. Madhusudhan, K. L. Morgan and C. V. Mohan (2002) : Estimation of prevalence of white spot syndrome virus (WSSV) by polymerase chain reaction in *Penaeus monodon* postlarvae at time of stocking in shrimp farms of Karnataka, India : a population-based study, *Dis. Aquat. Org.*, 49, 235-243.

Tripathy, S., P. K. Sahoo, J. Kumari, B. K. Mishra, N. Sarangi and S. Ayyappan (2006) : Multiplex RT-PCR detection and sequence comparison of viruses MrNV and XSV associated with white tail disease, *Macrobrachium rosenbergii Aquaculture*, 258, 134-139.

Tsai, J.-M., L.-J. Shiau, H.-H. Lee, P. W. Y. Chan and C.-Y. Lin (2002) : Simultaneous detection of white spot syndrome virus (WSSV) and Taura syndrome virus (TSV) by multiplex reverse transcription polymerase chain reaction (RT-PCR) in pacific white shrimp *Penaeus vannamei.*, *Dis. Aquat. Org.*, 50, 9-12.

Tsai, J.-M., H.-C. J.-H. Wang, A. Leu, H.-J. Wang, Y. Zhuang, P. J. Walker, G.-H. Kou and C.-F. Lo (2006) : Identification of the nucleocapsid, tegument, and envelope proteins of the shrimp white spot syndrome virus virion, *J. Virology*, 80, 3021-3029.

Tu, C., H. T. Huang, S. H. Chuang, J. P. Hsu, S. T. Kuo, N. J. Li, T. L. Hsu, M. C. Li and S. Y. Lin (1999) : Taura syndrome in Pacific white shrimp *Penaeus vannamei* cultured in Taiwan, *Dis. Aquat. Org.*, 38, 159-161.

Tung, C. W., C. S. Wang and S. N. Chen (1999) : Histological and electron microscopic study on *Macrobrachium* muscle virus (MMV) infection in the giant freshwater prawn, *Macrobrachium rosenbergii* (de Man), cultured in Taiwan, *J. Fish Dis.*, 22, 319-323.

U

Umesha, R. K., A. Uma, S. K. Otta, I. Karunasagar and I. Karunasagar (2003) : Detection by PCR of hepatopancreatic parvovirus (HPV) and other viruses in hatchery-reared *Penaeus monodon* postlarvae, *Dis. Aquat. Org.*, 57, 141-145.

Umesha, R. K., B. K. M. Dass, B. Manja Naik, M. N. Venugopal, I. Karunasagar and I. Karunasagar (2006) : High prevalence of dual and triple viral infections in black tiger shrimp ponds in India, *Aquaculture*, 258, 91-96.

V

van Hulten, M. C., J. Witteveldt, M. Snippe and J. M. Vlak (2001) : White spot syndrome virus envelope protein VP28 is involved in the systemic infection of shrimp, *Virology*, 285, 228-233.

Vaseeharan, B., R. Jayakumar and P. Ramasamy (2003) : PCR-based detection of white spot syndrome virus in cultured and captured crustaceans in India, *Lett. Appl. Microbiol.*, 37, 443-447.

Vickers, J. E., R. J. G. Lester, P. B. Spradebrow and J. M. Pemberton (1992) : Detection of *Penaeus monodon*-type baculovirus (MBV) in digestive glands of postlarval prawns using polymerase chain reaction. In Diseases in Asian Aquaculture Ⅰ. Fish Health Section (ed. M. Shariff, R. P, Subasinghe and J. R. Arthur). Asian Fisheries Society. Manila. pp. 127-133.

Vlak, J. M., J. R. Bonami, T. W. Flegel, G. H. Kou, D. V. Lightner, C. F. Lo, P. C. Loh and P. W. Walker (2005) : Family *Nimaviridae*. In "Virus Taxonomy 8th Report" (ed. Fauquet, C. M., M. A. Mayo, J. Maniloff, U. Desselberger and L. A.Ball). Elesevier. USA. pp. 187-192.

W

Wada S. (2011) : Manual of diagnosis of atypical cellular gill disease. Japan Fisheries Resources Association.

Wada, S., O. Kurata, K. Hatai, H. Ishii, K. Kasuya, and Y. Watanabe (2008) : Proliferative branchitis associated with pathogenic, atypical gill epithelial cells in cultured ayu, *Plecoglossus altivelis*, *Fish Patholo*gy, 43, 89-91.

若林久嗣編(1992):基本マニュアル，日本水産資源保護協会，181pp.

若林久嗣・室賀清邦編(2004):魚介類の感染症・寄生虫病，恒星社厚生閣．424pp.

Walker, P. J., J. R. Bonami, V. Boonseng, P. S. Chang, J. A. Cowley, L. Enjuanes, T. W. Flegel, D. V. Lightner, P. C. Loh, E. J. Snijder and K. Tang (2005) : Family Roniviridae. In "Virus Taxonomy 8th Report" (ed. Fauquet, C. M., M. A. Mayo, J. Maniloff, U. Desselberger and L. A. Ball). Elesevier. USA. pp. 975-979.

Walker, P. J., J. A. Cowley, K. M. Spann, R. A. J. Hodgson, M. R. Hall and B. Withyachumanarnkul (2001) : Yellow head complex viruses : transmission cycles and topographical distribution in the Asia-Pacific region. In "The New Wave, Proceedings of the Special Session on Sustainable Shrimp Culture" (ed. Browdy C. L. and D. E. Jory), World *Aquaculture* Society. Baton Rouge. LA. pp. 292-302.

Walker, P. J., T. Phan, R. A. J. Hodgson, J. A. Cowley, T. W. Flegel, V. Boonsaeng and B. Withayachumnarnkul (2002) : Yellow head-complex viruses occur commonly in healthy P. *monodon* in Asia and Australia. In "Abstracts for World Aquaculture, World Aquaculture Society" (ed. Anon). Beijing. China. 773pp.

Wang, S. Y., C. Hong and J. M. Lotz (1996) : Development of a PCR procedure for the detection of Baculovirus penaei in shrimp, *Dis. Aquat. Org.*, 25, 123-131.

Wang, Y. G., K. L. Lee, M. Najiah, M. Shariff and M. D. Hassan (2000) : A new bacterial white spot syndrome (BWSS) in cultured tiger shrimp *Penaeus monodon* and its comparison with white spot syndrome (WSS) caused by virus, *Dis. Aquat. Org.*, 41, 9-18.

Wang, X., W. Zhan and J. Xing (2006) : Development of dot-immunogold filtration assay to detect white spot syndrome virus of shrimp, *J. Virol. Methods.*, 132, 212-215.

Wang, C. S., J. S. Chang, H. H. Shih and S. N. Chen (2007) : RT-PCR amplification and sequence analysis of extra small virus associated with white tail disease of *Macrobrachium rosenbergii* (de Man) cultured in Taiwan, *J. Fish Dis.*, 30, 127-132.

Wang, C. S., J. S. Chang, C. M. Wen, H. H. Shih and S. N. Chen (2008) : *Macrobrachium rosenbergii* nodavirus infection in *M. rosenbergii* (de Man) with white tail disease cultured in Taiwan, *J. Fish Dis.*, 31, 415-422.

渡辺研一・吉水 守 (1998) : 海水のオゾン処理により生成されるオキシダントを用いた飼育器具類および受精卵の消毒, 魚病研究, 33, 145-146.

Watanabe, K., K. Suzuki, T. Nishizawa, K. Suzuki, M. Yoshimizu and Y. Ezura (1998) : Control strategy for viral nervous necrosis of barfin flounder, *Fish Pathol.*, 33, 445-446.

Watanabe, K., T. Nishizawa and M. Yoshimizu (2000) : Selection of brood stock candidates of barfin flounder using an ELISA system with recombinant protein of barfin flounder nervous necrosis virus, *Dis. aquat. Org.*, 41, 219-223.

Wijegoonawardane, P. K. M., J. A. Cowley and P. J. Walker (2010) : A consensus real-time RT-PCR for detection of all genotypic variants of yellow head virus of penaeid shrimp, *J. Virol. Methods*, 167, 5-9.

Winton , J. R., C. N. Lannan, J. L. Fryer, and T. Kimura (1981) : Isolation of a new reovirus from chum salmon in Japan, *Fish Pathol*ogy, 15, 155-162.

Wolf, K. (1962) : Experimental propagation of lymphocystis disease of fishes, *Virology*, 18, 249-256.

Wolf, K. (1988) : Fish virus and fish viral disease. Cornell University. 476pp.

Wolf, K. and M. C. Quimby (1962) : Established eurythermic line of fish cell *in vitro*, *Science*, 135, 1065-1066.

Wolf, K., C. E. Dunbar and S. F. Snieszko (1960) : Infectious pancreatic necrosis of trout. I. Tissue-culture study, *Prog. Fish-Cult.*, 22, 64-68.

Wongteerasupaya, C., S. Sriurairatana, J. E. Vickers, A. Anutara, V. Boonsaeng, S. Panyim, A. Tassanakajon, B. Withyachumnarnkul and T. W. Flegel (1995) : Yellow-head virus of *Penaeus monodon* is an RNA virus, *Dis. Aquat. Org.*, 22, 45-50.

Wongteerasupaya, C., V. Boonsaeng, S. Panyim, A. Tassanakajon, B. Withyachumanarnkul and T. W. Flegel (1997) : Detection of yellow-head virus (YHV) of *Penaeus monodon* by RT-PCR amplification, *Dis. Aquat. Org.*, 31, 181-186.

X

Xie, X., L. Xu and F. Yang (2006) : Proteomic analysis of the major envelope and nucleocapsid proteins of white spot syndrome virus, *J. Virology*, 80, 10615-10623.

Xie, Z., Y. Pang, X. Deng, X. Tang, J. Liu, Z. Lu and M. I. Khan (2007) : A multiplex RT-PCR for simultaneous differentiation of three viral pathogens of penaeid shrimp, *Dis. Aquat. Org.*, 76, 77-80.

Y

Yan, D. C., K. F. J. Tang and D. V. Lightner (2010) : A real-time PCR for the detection of hepatopancreatic parvovirus (HPV) of penaeid shrimp, *J. Fish Dis.*, 33, 507-511.

Yang, F., J. He, X. Lin, Q. Li, D. Pan, X. Zhang and X. Xu (2001) : Complete genome sequence of the shrimp white spot bacilliform virus, *J. Virology*, 75, 11811-11820.

Yi, G. H., Z. M. Wang, Y. P. Qi, L. G. Yao, J. Qian and L. B. Hu (2004) : Vp28 of shrimp white spot syndrome virus is involved in the attachment and penetration into shrimp cells, *J. Biochem. Mol. Biol.*, 37, 726-734.

Yoganandhan, K., S. S. Musthaq, R. B. Narayanan and A. S. Sahul Hameed (2004) : Production of polyclonal antiserum against recombinant VP28 protein and its application for the detection of white spot syndrome virus in crustaceans, *J. Fish Dis.*, 27, 517-522.

Yoganandhan, K., M. Learivibhas, S. Sriwongpuk and C. Limsuwan (2006) : White tail disease of the giant freshwater prawn *Macrobrachium rosenbergii* in Thailand, *Dis. Aquat. Org.*, 69, 255-258.

Yoganandhan, K., J. Sri, Widada, J. R. Bonami and A. S. Sahul Hameed (2005) : Simultaneous detection of *Macrobrachium rosenbergii* nodavirus and extra small virus by a single tube, one-step multiplex RT-PCR assay, *J. Fish Dis.*, 28, 65-69.

Yoshimizu, M. (2003) : Biosecurity in *Aquaculture* Production System : Exclusion of Pathogens and Other Undesirables, Baton Rouge. USA. pp. 35-41.

Yoshimizu, M. (2009) : Control strategy for viral diseases of salmonid fish, flounders and shrimp at hatchery and seeds production facility in Japan, *Fish Pathol.*, 44, 9-13.

Yoshimizu, M. and T. Kimura (1994) : Production of anti-infectious hematopoietic necrosis virus (IHNV) substances by intestinal bacteria. In『Third Asian Fisheries Forum』Chou, L. M., A. D. Munro, T. J. Lam, T. W. Chen, I. K. K. Cheong, J. K. Ding, K. K. Hooi, H. W. Khoo, V. P. E. Phang, K. F. Shim and C. H. Tan (eds.), Asian Fisheries Society, Manila, Philippines. pp. 310-313.

Yoshimizu, M. and H. Kasai (2011) : Chapter 7 Oncogenic viruses and Oncorhynchus masou virus, In『Fish Diseases and Disorders』Vol. 3, 2nd Edition : Viral, Bacterial and Fungal Infections (eds. P. T. K. Woo and D. D. Bruno). CAB International. pp. 276-301.

Yoshmizu, M., M. Kamei, S. Dirakubusarakom and T. Kimura (one part) (1988) : Fish cell lines : Susceptibility to salmonid viruses. In『Invertebate and Fish Tissue Culture』Kuroda, Y., E. Kurstak and K. Maramorosch (eds.). *Jap. Sci. Soc. Press*, Tokyo/Springer-Verlag, Berlin. pp. 207-210.

Yoshimizu, M., M. Sami and T. Kimura (1989) : Survivability of infectious haematopoietic necrosis virus in fertilized eggs of masu salmon and chum salmon, *J. Aquat. Anim. Health*, 1, 1-17.

Yoshimizu, M., T. Nomura, Y. Ezura and T. Kimura (1993) : Surveillance and control of infectious hematopoietic necrosis virus (IHNV) and *Oncorhynchus masou* virus (OMV) of wild salmonid fish returning to northern part of Japan 1976 to 1991, *Fish.Res.*, 17, 163-173.

Yoshimizu, M., Y. Hori, Y. Yoshinaka, T. Kimura and Jo-Ann

Leong (one part) (2001) : Evaluation of methods used to detect the prevalence of infectious haematopoietic necrosis (IHN) virus in the surveillance and monitoring of fish health for risk assessment. In Risk Analysis in Aquatic Animal Health. World Organisation for Animal Health. OIE. Paris. pp. 276-281.

吉水 守 (1986) : 動物培養細胞および癌細胞の凍結保存 - 魚類培養細胞, 凍結保存―動物・植物・微生物 (酒井 昭編). 朝倉書店. pp.94-96.

吉水 守 (1990) : 魚類培養細胞の凍結保存法, 海洋生物のジーンバンク―系統保存・凍結保存, 海洋, 22, 154-158.

吉水 守 (共著) (1991) : 海水殺菌装置評価基準, マリノフォーラム 21, 220pp.

吉水 守 (1996) : 魚類のウイルス, ウイルス, 46, 49-52 (1996).

吉水 守 (1997) : 魚類由来培養細胞のウイルス感受性, 日水誌, 63, 245-246.

吉水 守・野村哲一 (1989) : サケ・マス採卵親魚の病原微生物検査法, 魚と卵, 158 : 49-59.

吉水 守・絵面良男 (1999) : 抗ウイルス物質産生細菌による魚類ウイルス病の制御, Microbes Environ., 14 : 269-275.

吉水 守・笠井久会 (2002) : 種苗生産施設における用水および排水の殺菌, 工業用水, 523, 13-26.

吉水 守・笠井久会 (2004a) : 魚介類の飼育排水の処理について―環境に対する微生物負荷の軽減と病原体の拡散防止, アクアネット, 4, 26-30.

吉水 守・笠井久会 (2004b) : 水産用ワクチン注射装置の開発, 養殖, 41, 82-83.

吉水 守・笠井久会 (2005) : 魚類ウイルス病の防疫対策の現状と課題, 化学と生物, 43, 48-58.

吉水 守・木村喬久・西澤豊彦 (2000) : 日本国内で保管されている魚類由来株化細胞, 動物細胞工学ハンドブック (日本動物細胞工学会編). 朝倉書店. pp. 319-334.

Yuan, L., X. Zhang, M. Chang, C. Jia, S. M. Hemmingsen and H. Dai (2007) : A new fluorescent quantitative PCR-based in vitro neutralization assay for white spot syndrome virus, *J. Virol. Methods*, 146, 96-103.

Yuasa, K., M. Sano, J. Kurita, T. Ito and T. Iida (2005) : Improvement of a PCR method with the Sph I-5 primer set for the detection of koi herpesvirus (KHV), *Fish Pathol*., 40, 37-39.

Yue, Z.-Q., H. Liu, W.-J. Wang, Z.-W. Lei, C.-Z. Liang and Y.-L. Jiang (2006) : Development of real-time polymerase chain reaction assay with TaqMan probe for the quantitative detection of infectious hypodermal and hematopoietic necrosis virus from shrimp, *J. AOAC International*, 89, 240-244.

Z

Zhang, H., J. Wang, J. Yuan, L. Li, J. Zhang, J. R. Bonami and Z. Shi (2006) : Quantitative relationship of two viruses (*Mr*NV and XSV) in white-tail disease of *Macrobrachium rosenbergii*, *Dis. Aquat. Org*., 71, 11-17.

第 3 章　水産用抗菌剤・消毒剤

§1. 水産用化学療法剤

水産動物に使用されている水産用医薬品は薬事法に基づく製造販売の承認を受けた医薬品で，動物医薬品の一種である．水産用医薬品には水産動物の疾病の治療および予防に使用される抗生物質，合成抗菌剤，駆虫剤，ビタミン剤類，消毒剤およびワクチンがあり，水産動物の沈静化に用いる麻酔剤がある．これら水産用医薬品のうち抗生物質および合成抗菌剤として 18 成分の化学療法剤が承認されている（農林水産省消費・安全局畜水産安全管理課, 2012）．これら 18 成分の内訳は，動物用抗菌薬ハンドブック 1994（日本抗生物質学術協議会, 1994）の区分に従うと，抗生物質としてはペニシリン系 3 成分，マクロライド系 3 成分，リンコマイシン系 1 成分，テトラサイクリン系 2 成分，その他の抗細菌性抗生物質 2 成分，合成抗菌薬としてはサルファ剤 2 成分，フラン誘導体 1 成分，キノロン系（ピリドンカルボン酸系）1 成分，ピリミジン系 1 成分，その他の抗細菌性物質 2 成分である．水産動物に使用が承認されているこれらの化学療法剤のうち，ペニシリン系，マクロライド系，ピリミジン系およびその他の抗細菌性物質各 1 成分を除く 14 成分について抗菌スペクトル，感受性分布，薬物動態，臨床成績，安全性および用途などをまとめた．また，化学療法剤は養殖水産動物だけでなく観賞魚の治療にも用いられているが，観賞魚は養殖水産動物と飼養形態が大きく異なるので本節では取り上げない．

水産用化学療法剤 14 成分の用途および使用方法は「水産用の医薬品の使用について」（農林水産省消費・安全局畜水産安全管理課, 2012），「動物用医薬品医療機器要覧」（日本動物用医薬品協会, 2010）および動物用医薬品データベース（農林水産省動物医薬品検査所, 2012）を利用して，そしてこれら薬剤の特徴はこれまでの創薬研究で得られた試験成績に基づいてそれぞれまとめた．したがって，後者に関する記述内容は当該薬剤の開発会社が作成した，あるいは承継会社が保有する資料に依存することが多く，それには学会などで報告されていないデータも多数含まれている．さらに 1960 年代に実施された試験成績もあり，当時から現在までの間に創薬技術に多くの開発・改良・改善が加えられている．これらの点をご理解の上，本節をご利用頂きたい．

付記

魚病病原細菌名は最新の呼び方に統一した．前述のように本節の記述にあたっては 1960 年代の資料も使用した．それぞれの資料は報告時の最新情報を用いて記述されているものの，移籍，昇格，降格，その他の理由で細菌名が変わった魚類病原菌が数種ある．そこで，例えば原著で使用された

Streptococcus sp.，*α-Streptococcus* sp. および *Enterococcus seriolicida* は本節では *Lactococcus garvieae* を，同様に *Pasteurella piscicida* は *Photobacterium damselae* subsp. *piscicida* を，*Chondrococcus columnaris* および *Flexibacter columnaris* は *Flavobacterium columnare* をそれぞれ用いた．

また，前述の 14 成分のうち，トビシリン，エンボン酸スピラマイシンおよび塩酸ドキシサイクリンは，2012 年現在水産用医薬品として認可されているものの，市場にはなく，入手するのが困難な状況にある．しかし，これら 3 成分の用途や使用方法ならびに特徴に関する知見は水産用化学療法剤の理解に有用と考え，本節で取り上げた．これらの点をご留意頂きたい．

1・1　ペニシリン系

分子内にβ-ラクタム環をもつβ-ラクタム系抗生物質にはペニシリン系やセファロスポリン系などがあり，ヒト医療に広範囲に使用されている．最初に実用化されたペニシリンは安全性の高い優れた性状を有し，多くの誘導体研究がなされ，抗菌域の拡大，抗菌活性の増強，吸収性の改善がみられている．これらのペニシリン系抗生物質は化学構造や抗菌スペクトルなどの特性からグラム陽性菌用，耐性ブドウ球菌用，広域および抗緑膿菌性などに分類される．グラム陽性菌用ペニシリンに分類されるベンジルペニシリン（ペニシリン G）のプロドラッグであるトビシリン，および広域ペニシリンであるアンピシリンおよびアモキシシリンが水産用医薬品として承認されている．本節ではトビシリンおよびアンピシリンに焦点を当てる．なお，アモキシシリンはスズキ目魚類の類結節症（北尾ら，1989）に使用が認められている．

1）作用機序

ペニシリン G およびアンピシリンなどβ-ラクタム系抗生物質は，細菌の形と堅さを保つ細胞壁の主成分ムレインの生合成の最終段階を抑えて抗菌力を示す．細胞壁ムレインの生合成が抑えられると，細菌は堅い保護膜がなくなるので，高い内部浸透圧のため膨れ上がり破裂して殺菌される（Wise and Park，1965；横田，1987）．細胞壁の合成を阻害する抗生物質は細胞壁をもつ細菌細胞に作用するが，細胞壁をもたない動物細胞には作用しないので，すぐれた選択毒性を示すと考えられている．

2）トビシリン

トビシリンはベンジルペニシリン（ペニシリン G）のカリウム塩と 3-hydroxybenzyl isobutyrate をエステル縮合させることによって合成された．トビシリン自体は抗菌活性を示さないが，生体内の吸収部位でエステラーゼなどの酵素により加水分解を受け，親化合物であるペニシリン G を遊離して活性を発揮するプロドラッグである．ペニシリンはすべての抗菌薬の中で最初に発見されたもので，ペニシリン G はペニシリナーゼによって分解されやすいという弱点はあるが，肺炎球菌やレンサ球菌，梅毒トレポネーマに対して今でも最も優れた抗菌力を有しており（松村，1999），獣医領域ではウシの乳房炎や肺炎などに用いられている．ペニシリン G のプロドラッグである本剤は，ヒトおよび家畜・家禽の細菌感染症には用いられず，スズキ目魚類のレンサ球菌症のみに使用が認められている．

（1）一般名，化学名，分子式・分子量，構造式

一般名：トビシリン（tobicillin）

化学名：(+)-3-isobutyryloxymethylphenyl(2S, 5R, 6R)-3, 3-dimethyl-7-oxo-6-(2-phenylacetamido)-4-thia-1-azabicyclo[3.2.0]hepatane-2-carboxylate

分子式：$C_{27}H_{30}N_2O_6S$　　分子量：510.61

構造式：

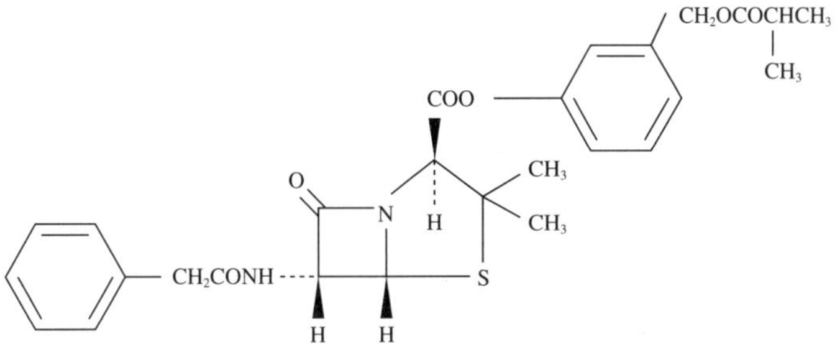

(2) 抗菌スペクトル

トビシリン自体は抗菌活性を示さず，加水分解を受けるとペニシリンGを生成し，ペニシリンGとして抗菌活性を発揮する．このため，トビシリンの魚病細菌に対する抗菌活性は，ペニシリンGカリウムを用いて測定されている．表3-1に示すようにペニシリンGは *L. garvieae* および *P. damselae* subsp. *piscicida* に対して強い抗菌力を示す（井上，2004，インターベット社内資料）．

表3-1　ペニシリンG（トビシリンの親化合物）の抗菌スペクトル

菌　株	MIC（μg/ml）
Lactococcus garvieae EH8632	0.78
Lactococcus garvieae NUF545	0.78
Lactococcus garvieae TRM-2	0.78
Lactococcus garvieae HY89038r	0.78
Photobacterium damselae subsp. *piscicida* SP93-184[*1]	＞100
Photobacterium damselae subsp. *piscicida* P90052[*1]	＞100
Photobacterium damselae subsp. *piscicida* NG8325	0.10
Photobacterium damselae subsp. *piscicida* H82084	0.10
Vibrio anguillarum A-80081[*1]	＞100
Vibrio anguillarum PT-8341[*1]	＞100
Vibrio anguillarum H-83061	100
Vibrio anguillarum SHA8325	50
Edwardsiella tarda U-81015	3.13
Edwardsiella tarda U-81017	1.56
Edwardsiella tarda MOS9233	6.25

[*1] アンピシリン耐性株　　（井上，2004，インターベット社内資料）

(3) 野外分離株の感受性分布

1992～1996年にブリ *Seriola quinqueradiata* から分離された *L. garvieae* 156株に対するペニシリンGの最小発育阻止濃度（MIC）は0.39～0.78 μg/ml である．また，MIC_{90} は0.78 μg/ml で，年度間の変動は認められない（Ooshima *et al.*, 1997）．

(4) 薬物動態

Ooshimaら（1997）は体重約200 gのブリ（水温24.5〜25.0℃）にトビシリンを100 mg/kg，1回混餌投与し，血中ペニシリンG濃度を微生物学的定量法で測定している．血中濃度は投与後3時間目に最高濃度（C_{max}；5.11 μg/ml）を示し，以後，徐々に低下して10時間後に0.98 μg/mlとなる．また，投与後10時間の血中濃度時間曲線下面積（area under the concentration time curve; AUC）は35.2 μg・h/mlで，ペニシリンGを同量投与した成績（5.2 μg・h/ml）の約7倍である．

ブリにトビシリンの100万単位（860 mg)/kgを1回混餌投与したときのC_{max}は脳で投与後3時間目，血液，肝臓，腎臓，脾臓および筋肉で投与後6時間目に観察され，脾臓が最も高く9.78 μg/gで，腎臓（8.42 μg/g），肝臓（4.58 μg/g），血液（2.41 μg/ml），筋肉（0.25 μg/g），脳（0.18 μg/g）の順に低くなる（インターベット社内資料）．

体重1,120 gのブリ（水温18.5〜22.9℃）にトビシリンの40万単位（344 mg)/kgを餌料に混合して5日間投与し，血液，肝臓，腎臓および筋肉中のペニシリンGをHPLC法で測定したところ，最終投与後2日目以降はこれらの被験臓器組織で検出限界値（0.05 μg/ml or g）未満になる（井上，2004，インターベット社内資料）．

(5) 臨床成績

ブリのレンサ球菌症を対象にトビシリンを餌料に混合あるいは展着させ，自由摂餌で5日間連続経口投与する臨床試験が行われている．試験規模は海面養殖生簀1基を1症例として46症例，総尾数445,044尾であった．効果判定は投薬5日前から投薬終了後5日目までの群ごとの日間死亡数を指標とし，投薬3日目から投薬終了後5日目までの死亡数から得られる直線回帰式をもとに有効性を判定している．5万単位（43 mg)/kg，10万単位（86 mg)/kgおよび20万単位（172 mg)/kgの有効率はそれぞれ，60.0，84.6および81.8％で，本剤の用量は10万単位/kgが適当と判断されている．試験期間中に分離された*L. garvieae* 299株に対するペニシリンGのMICは0.20〜1.56 μg/mlであった（井上, 2004，インターベット社内資料）．

(6) 安全性・副作用

トビシリンの20万単位（172 mg)/kgおよび100万単位（860 mg)/kgを平均体重550gのブリに5日間連続自由摂餌によって投与し，安全性を調べている．各群に死亡例はなく，一般状態（体色，遊泳状態および摂餌活動）に異常を観察せず, 血液学的検査, 血液生化学的検査および病理学的検査（剖検および肝臓・脾臓重量測定）においても，本剤によると特定できる所見を認めない．また，臨床試験時に本剤によると考えられる副作用は観察されていない（インターベット社内資料）．

(7) 用途および使用方法

効能効果はペニシリンG感受性菌に起因する下記疾病による魚類の死亡率の低下で，用法用量・投薬期間および使用禁止期間・休薬期間は表3-2の通り（農林水産省消費・安全局畜水産安全管理課，

表3-2　トビシリンの対象魚種，適応症，用法用量・投薬期間および使用禁止期間

対象魚種	適応症	用法	用量（単位/kg）	投薬期間（日数）	使用禁止期間（日数）
スズキ目*1	レンサ球菌症	経口	10万	5	4

*1 スズキ目魚類：ブリ，マダイ，マアジ，カンパチ，スズキ，シマアジ，ヒラマサ，クロマグロ，ブリヒラ，ヒラアジ，クロダイ，チダイ，ヘダイ，イシガキダイ，フエフキダイ，コショウダイ，ニザダイ，スギ，オオニベ，ニベ，キジハタ，クエ，アラ，イサキ，マサバ，ゴマサバ，メジナ，ティラピア，その他のスズキ目魚類．なお，対象水産動物は薬事法上の分類に従ったもので，分類学上のものと異なる場合もあり得る．

2012；日本動物用医薬品協会, 2010；農林水産省動物医薬品検査所, 2012).

3) アンピシリン

アンピシリンは，ペニシリンGや耐性ブドウ球菌用半合成ペニシリンに引き続いて開発された広域ペニシリンで，ペニシリンGが有効なグラム陽性菌およびグラム陰性球菌に対する抗菌スペクトルをさらに広げ，グラム陰性桿菌の一部（*Escherichia coli*，インドール陰性 *Proteus*，*Haemophillus influenzae* など）にも抗菌作用を示す（五島・西田, 1987）. ヒト医療においては気管支炎・肺炎などの呼吸器感染症や膀胱炎などの尿路感染症などに使用される．家畜および家禽においてはウシおよびブタの肺炎，気管支炎，細菌性下痢症，ニワトリのブドウ球菌症などに対して注射剤や散剤として用いられている．水産用としては，スズキ目魚類の類結節症に使用されている．

(1) 一般名，化学名，分子式・分子量，構造式

一般名：アンピシリン（ampicillin hydrate）

化学名：(2S, 5R, 6R)-6-[(2R)-2-Amino-2-phenylacetylamino]-3, 3-dimethyl-7-oxo-4-thia-1-azabicyclo[3.2.0]heptane-2-carboxylic acid trihydrate

分子式：$C_{16}H_{19}N_3O_4S \cdot 3H_20$　　分子量：403.45

構造式：

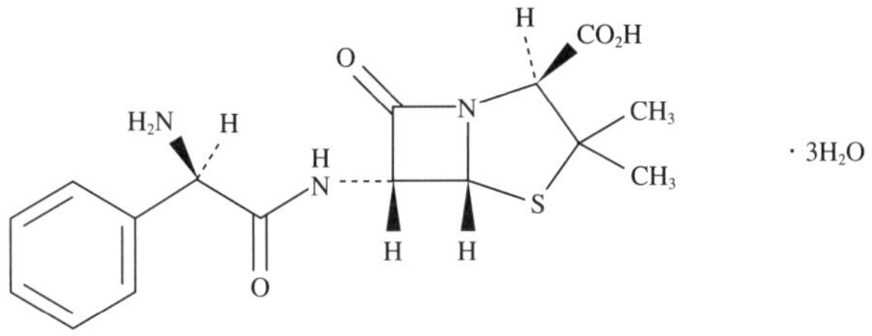

(2) 抗菌スペクトル

アンピシリンは表3-3に示すように魚類の細菌感染症の起因菌の多数を占める *Aeromonas* および *Vibrio* などのグラム陰性菌に対し，*A. salmonicida* を除いてほとんど抗菌力を示さない．しかし，ブリの類結節症起因菌 *P. damselae* subsp. *piscicida* に対する MIC は 0.0156～0.0313 μg/ml と強い抗菌力を示す（インターベット社内資料).

(3) 野外分離株の感受性分布

楠田・井上（1976）は1970～1972年にブリから分離した *P. damselae* subsp. *piscicida* 4株に対するアンピシリンの MIC を 0.04～0.08 μg/ml と報告している．

(4) 薬物動態

アンピシリンを 100 mg/kg，1回強制経口投与したブリ（平均体重 190 g，飼育水温 27.5～29.2℃）の血清中濃度（微生物学的定量法で測定）は投与後1時間目に C_{max}7.1 μg/ml を示し，投与後24時間目に検出限界値（0.062 μg/ml）未満となる（楠田・井上, 1977a).

飼料に混合して 40 mg/kg，5日間投与したブリ（平均体重 781g，飼育水温 22.4～22.7℃）体内のアンピシリン濃度（微生物学的定量法で測定）は投与後1時間目に最も高くなり，血清＝脾臓（9.4 μg/ml or g）＞腎臓（8.6 μg/g）＞肝臓＝胃＝小腸（8.0 μg/g）＞筋肉（0.20 μg/g）の順である．また，アンピシリンは肝臓に最も長期に残存し, 96時間後に検出限界値（0.004 μg/ml or g）未満となる（楠田・井上, 1977a).

表3-3　アンピシリンの抗菌スペクトル

菌　株	MIC（μg/ml）
Photobacterium damselae subsp. *piscicida*	0.0156
Photobacterium damselae subsp. *piscicida* K-1	0.0313
Photobacterium damselae subsp. *piscicida* W-1	0.0313
Vibrio anguillarum PB-15	50
Vibrio anguillarum NCMB-6	50
Vibrio anguillarum NCMB-828	＞100
Vibrio anguillarum NCMB-829	＞100
Aeromonas salmonicida Ar-18	3.13
Aeromonas salmonicida Ar-32	1.0
Aeromonas salmonicida Ar-3	1.56
Aeromonas salmonicida Ar-イ-a-1	50
Aeromonas hydrophila Ar-5	＞100
Aeromonas hydrophila Ar-6	＞100
Aeromonas hydrophila Y-62	＞100
Aeromonas hydrophila Ar-1	＞100
Aeromonas hydrophila Ar-2	＞100
Pseudomonas anguilliseptica TE-1	6.25
Pseudomonas anguilliseptica TE-2	1.56
Pseudomonas fluorescens	＞100

（インターベット社内資料）

アンピシリンを準オレゴンペレットに混入させて40 mg/kg，5日間投与したブリ（平均体重153 g，飼育水温23.2～25.4℃）の体内濃度を微生物学的定量法で測定したところ，T_{max}は血液，肝臓および筋肉が投与終了後1時間目，腎臓が3時間目で，C_{max}は肝臓（0.981μg/g）＞腎臓（0.753μg/g）＞血液（0.358μg/g）＞筋肉（0.197μg/ml）の順である．また，血液および筋肉は24時間目に，肝臓および腎臓は48時間目にそれぞれ検出限界値未満になる．血液，筋肉，肝臓および腎臓の検出限界値はそれぞれ0.002，0.005，0.005および0.008μg/ml or gである（畑井ら, 1978）．

(5) 臨床成績

類結節症の発生が認められた生簀2基にそれぞれ飼養する平均体重240 gのブリ3,500尾にアンピシリンを餌料に混合して12 mg/kg，5日間投与したところ，2群とも投薬開始後1日目に本症による死亡数の減少がみられ，投薬開始日の死亡数が62尾あった群でも投与終了後4日目には死亡が観察されなくなる（楠田・井上, 1977b）．

また，ブリ類結節症に対するアンピシリンの用量設定試験（1群1,000～3,000尾）において，2.5，5，10および20 mg/kgを5日間混餌投与した場合の投薬期間を含む14ないし15日間の累積死亡率はそれぞれ1.63，1.13，0.84および0.87％で，無投与群の13日間のそれが3.9％であることから，5 mg/kg以上が有効用量と判定されている（インターベット社内資料）．

(6) 安全性・副作用

アンピシリンを100 mg/kg，5日間混餌投与した平均体重85gのブリは，投薬期間中の一般状態の観察ならびに投薬最終日および投薬終了後5，10日目の剖検で異常所見を認めない（楠田・井上, 1977a）．

(7) 用途および使用方法

効能効果はアンピシリン感受性菌に起因する下記疾病による魚類の死亡率の低下で，用法用量・投薬期間および使用禁止期間・休薬期間は表3-4の通り．

表3-4　アンピシリンの対象魚種，適応症，用法用量・投薬期間および使用禁止期間

対象魚種	適応症	用法	用量〔mg(力価)/kg〕	投薬期間（日数）	使用禁止期間（日数）
スズキ目	類結節症	経口	5～20	5	5

1・2　マクロライド系

マクロライドとは巨大なラクトン環構造を有する化合物の総称で，そのサイズは極めて多様である．このようなマクロライド系抗生物質は，14員環，16員環次いで15員環などが開発され，主としてグラム陽性菌，グラム陰性球菌，マイコプラズマ，ウレアプラズマ，クラミジア，リケッチア，L型菌，嫌気性菌およびレジオネラに対して抗菌力を有する（中山, 1997）．

水産用医薬品として，現在はエリスロマイシン，スピラマイシン，およびジョサマイシン（竹丸・楠田, 1988b；Takemaru and Kusuda, 1988）がスズキ目魚類のレンサ球菌症に承認されている．また，キタサマイシンおよびオレアンドマイシンも過去に承認されていたことがある（日本抗生物質学術協議会，1994）．エリスロマイシンおよびオレアンドマイシンは14員環で，キタサマイシン，スピラマイシンおよびジョサマイサインは16員環である．本項ではエリスロマイシンおよびスピラマイシンについて言及する．

1）作用機序

マクロライド系抗生物質の作用機序は細菌リボゾームの50Sサブユニットに作用し，ペプチド転移反応を阻止してタンパク合成を阻害することが主である，と考えられている（Fernandez-Munoz *et al*., 1971；宮崎, 2000；Gaynor and Mankin, 2005）．

2）エリスロマイシン

エリスロマイシンは最初にヒト医療に臨床応用された14員環マクロライド系抗生物質である．エリスロマイシンはヒトおよび家畜・家禽の細菌感染症の治療薬として広く用いられており，魚病領域への応用研究は米国においてサケ科魚類の細菌性腎臓病を対象に行われ，経口投与で有効と報告されている（Wolf and Dumber, 1959；Moffitt, 1992；Peters and Moffitt, 1996）．日本ではスズキ目魚類のレンサ球菌症の治療に使用されている．

(1) 一般名，化学名，分子式・分子量，構造式

一般名：エリスロマイシン（erythromycin）

化学名：(2R, 3S, 4S, 5R, 6R, 10R, 11R, 12S, 13R)-5-(3, 4, 6-Trideoxy-3-dimethylamino-β-D-*xylo*-hexopyranosyloxy)-3-(2, 6-dideoxy- 3-*C*-methyl-3-*O*-methyl-α-L-*ribo*-hexopyranosyloxy)-6, 11, 12-trihydroxy-2, 4, 6, 8, 10, 12-hexamethyl-9-oxopentadecan-13-olide

分子式：$C_{37}H_{67}NO_{13}$　　分子量：733.93

構造式：

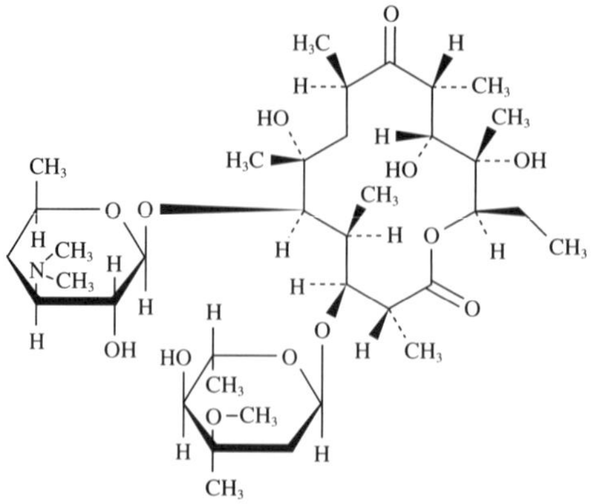

（2）抗菌スペクトル

エリスロマイシンの*L. garviae*および*N.seriolae*などグラム陽性菌に対するMICは表3-5に示すように0.05～0.1 μg/mlで抗菌力が強い．また，グラム陰性の各種魚病細菌に対しても0.39～25 μg/mlのMICを示し，抗菌スペクトルは広い（片江, 1982）．

（3）野外分離株の感受性分布

1974～1981年に各地の養殖ブリから分離された*L. garvieae* 113株はエリスロマイシンに高い感受性を示し, そのMICは0.05～0.2 μg/mlで, 分離年度による感受性の違いはほとんど認められない（片江, 1982）．

（4）薬物動態

エリスロマイシンを餌料に添加し，網生簀飼育（水温25.6～26.8℃）のブリ（体重約300 g）に50 mg/kg 1回, ならびに網生簀飼育（水温25.8～29.4℃）のブリ（体重約450 g）および流水飼育（水温27.0～27.5℃）のブリ（体重約120 g）に同量をそれぞれ1日1回10日間連続投与して，体内濃度を微生物学的定量法で測定した．1回投与時の被験臓器組織における最高濃度到達時間（T_{max}）は1～3時間で，C_{max}は血液が2.49 μg/ml，肝臓，腎臓および脾臓はその約4倍で，筋肉は血液にほぼ等しい．飼育形態の異なる2カ所で実施した10日間連続投与時の体内濃度の推移は1回投与のそれと類似し，特定の臓器組織への蓄積傾向は認められない．半減期（$T_{1/2}$）は血液で最も短く（5.00および7.78時間），腎臓で最も長く（14.32および15.89時間），そして投与終了後144および168時間目に各被験臓器組織で検出限界値（0.03～0.08 μg/ml or g）未満になる（片江ら, 1980）．

（5）臨床成績

レンサ球菌症を自然発症した2年魚のブリ（18,900尾）にエリスロマイシンを餌料に混合して50 mg/kg，5日間投与した試験では，投薬前4日間の日間平均死亡数は約64尾であったが，投薬により死亡数は減少し，最終投薬日から20日間の観察期間中にレンサ球菌症の症状を呈する死亡魚はほとんど認められない．また，25 mg/kg，5日間投与でも同様な成績が得られたことなどから，エリスロマイシンの使用法は25～50 mg/kg，5～7日間の混餌投与が適当と判断されている．なお，試験期間中に分離された*L. garvieae* 10株に対するエリスロマイシンのMICは0.1～0.2 μg/mlであった（塩満ら, 1980）．

表3-5 エリスロマイシンの抗菌スペクトル

菌　株	MIC（μg/ml）
Lactococcus garviae KG-1	0.1
Lactococcus garviae KG-2	0.1
Lactococcus garviae YT-3	0.1
Nocardia seriolae N-3	0.05
Nocardia seriolae N-5	0.05
Nocardia seriolae S-1	0.05
Photobacterium damselae subsp. *piscicida* AI-3	3.13
Photobacterium damselae subsp. *piscicida* K-1	1.56
Photobacterium damselae subsp. *piscicida* KO-1	3.13
Vibrio anguillarum A-8	12.5
Vibrio anguillarum K-3	25
Vibrio anguillarum Km-30	12.5
Edwardsiella tarda 1	25
Edwardsiella tarda BL-1	12.5
Aeromonas salmonicida H-2	3.13
Aeromonas salmonicida Ka	3.13
Aeromonas salmonicida Ku	1.56
Aeromonas hydrophila 6721	3.13
Aeromonas hydrophila G-T-3	1.56
Aeromonas hydrophila Y-62	12.5
Flavobacterium columnare K-1	0.39
Flavobacterium columnare K-2	0.39
Pseudomonas anguilliseptica S-1	3.13
Pseudomonas anguilliseptica T-2	6.25

（片江，1982）

北尾ら（1987）は *Streptococcus iniae* に起因する養殖ニジマス *Oncorhynchus mykiss* のレンサ球菌症の自然発症例（4,000尾ずつ2症例）に対するエリスロマイシンの治療効果を報告している．エリスロマイシンは50 mg/kg，5日間投与で顕著な治療効果が認められ，試験期間中の分離株に対するMICは0.05μg/mlであった．

(6) 安全性・副作用

ブリに10日間混餌投与した成績によると，エリスロマイシン100 mg/kg群では全く異常を認めず，200 mg/kgでは摂餌量の減少を認めるものの，休薬後3日目に回復する（片江, 1982）．また，25～50 mg/kgを4～7日間混餌投与した臨床試験時の観察ではエリスロマイシン投薬に起因する異常を認めない（塩満ら, 1980）．

(7) 用途および使用方法

効能効果はエリスロマイシン感受性菌に起因する下記疾病による魚類の死亡率の低下で,用法用量・投薬期間および使用禁止期間・休薬期間は表3-6の通り．

表3-6　アンピシリンの対象魚種，適応症，用法用量・投薬期間および使用禁止期間

対象魚種	適応症	用法	用量〔mg(力価)/kg〕	投薬期間（日数）	使用禁止期間（日数）
スズキ目	レンサ球菌症	経口	25～50	5	30

3）エンボン酸スピラマイシン

スピラマイシンは16員環マクロライド系抗生物質である．日本ではアセチルスピラマイシンがヒト医療において浅在性化膿性疾患などに用いられている（八木澤, 2000）．現在，獣医領域では用いられておらず，水産用としてエンボン酸スピラマイシンがスズキ目魚類のレンサ球菌症に承認されている．

（1）一般名，化学名，分子式・分子量，構造式

一般名：エンボン酸スピラマイシン（spiramycin embonate）

化学名：スピラマイシンⅠ，Ⅱ，Ⅲの混合物で記載を省略する．

分子式：スピラマイシンⅠ：$C_{43}H_{74}N_2O_{14}$

構造式：塩の部分は省略する．

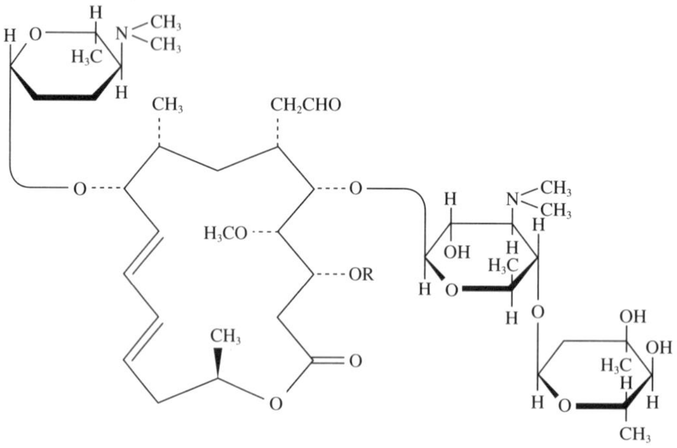

Spiramycin Ⅰ：R＝H
Spiramycin Ⅱ：R＝$COCH_3$
Spiramycin Ⅲ：R＝$COCH_2CH_3$

（2）抗菌スペクトル

魚病細菌に対するエンボン酸スピラマイシンの抗菌活性を表3-7に示す．*L. garvieae* に対するMICは1.56μg/mlで抗菌力は強い．一方，*P. damselae* subsp. *piscicida*，*V. anguillarum*，*A. salmonicida* および *A. hydrophila* に対するMICは40～320μg/mlである（菅, 1982）．

（3）野外分離株の感受性分布

1975～1978年にブリ病魚から分離された *L. garvieae* 16株に対するエンボン酸スピラマイシンのMIC域は0.78～3.12μg/mlで，耐性を認めない（窪田ら, 1980）．

（4）薬物動態

40 mg/kg，1回強制経口投与したブリ（平均体重1.6kg，水温18℃）の血中エンボン酸スピラマイシン濃度（微生物学的定量法で測定）は24時間目が24.8μg/mlと最も高く，投与後7日目には2.5μg/mlになる．肝臓，腎臓，脾臓および筋肉中のC_{max}も投与後24時間目に観察され，それぞれ，106.5，35.0，40.5および14.5μg/ml or gである（窪田ら, 1980）．

80 mg/kg，10日間混餌投与したブリ（平均体重150g，水温24～29℃）の体内エンボン酸スピラマイシン濃度は血液，肝臓，腎臓，脾臓および筋肉で14日目にそれぞれ検出限界値（0.16～0.3μg/ml or g）未満となる（窪田ら, 1980）．

表3-7　エンボン酸スピラマイシンの抗菌スペクトル

菌　株	由　来	MIC（μg/ml）
Lactococcus garviae SK-3	ブリ	1.56
Lactococcus garviae SN-5	ブリ	1.56
Lactococcus garviae SE-5	ブリ	1.56
Lactococcus garviae ST-13	ブリ	1.56
Photobacterium damselae subsp. *piscicida*	ブリ	160
Photobacterium damselae subsp. *piscicida*	ブリ	160
Vibrio anguillarum	アユ	160
Aeromonas salmonicida	アマゴ	80
Aeromonas hydrophila	コイ	80
Aeromonas hydrophila	ウナギ	320
Aeromonas hydrophila	ウナギ	40

（菅，1982を一部改変）

(5) 臨床成績

窪田・宮崎（1980）はブリのレンサ球菌症に対する本剤の治療効果を産業規模で検討している．それらの試験成績の一部を表3-8に示す．レンサ球菌症による死亡数は25，30，35および40 mg/kg投薬群で投薬開始後5～7日目に減少し，投薬終了後17日間に増加せず，本症の再発もなかったことから，これらの用量はブリのレンサ球菌症に有効と結論している．また，臨床試験の実施時期に隣接するブリ養殖場の瀕死魚より分離した *L. garvieae* に対するエンボン酸スピラマイシンのMICは3.12μg/mlである．

表3-8　ブリのレンサ球菌症に対するエンボン酸スピラマイシンの効果

投薬量（mg/kg）	供試魚数（尾数）	投薬期間（日数）	10,000尾当たりの累積死亡数		
			投薬前（10日間）	投薬中（9日間）	投薬後（17日間）*1
0	44,400		411.3	390.3	50.0
25	28,500	10	222.1	68.1	8.2
30	37,400	10	450.0	80.0	28.1
35	14,500	10	253.1	104.8	34.5
40	111,800	10	432.4	262.2	29.6

*1　無投薬対照群は2日間　　（窪田・宮崎，1980を一部改変）

(6) 安全性・副作用

エンボン酸スピラマイシンを200，400，800 mg/kg，1回強制経口投与した平均体重1.6kgのブリにおいて，本剤による異常を解剖学的および組織学的に認めない．血液生化学的には800 mg/kgにおいて低色素性の傾向が見られた．また，マイワシミンチに混合した自由摂餌による400 mg/kg，10日間連続投与はブリ（平均体重600 g）の摂餌，増体重および行動に影響を与えない．同様の投薬法で40および80 mg/kg，10日間投与した平均体重400 gのブリにおける体重の推移は対照群と差を認めない（窪田ら，1980）．

(7) 用途および使用方法

効能効果はスピラマイシン感受性菌に起因する下記疾病による魚類の死亡率の低下で，用法用量・投薬期間および使用禁止期間・休薬期間は表 3-9 の通り．

表 3-9 エンボン酸スピラマイシンの対象魚種，適応症，用法用量・投薬期間および使用禁止期間

対象魚種	適応症	用法	用量〔mg(力価)/kg〕	投薬期間（日数）	使用禁止期間（日数）
スズキ目	レンサ球菌症	経口	25～40	7～10	30

1・3 リンコマイシン系

リンコマイシン系抗生物質にはリンコマイシンとクリンダマイシンがある．リンコマイシンは主にグラム陽性菌であるブドウ球菌，肺炎球菌，溶血レンサ球菌，ジフテリア菌，破傷風菌，ガス壊疽菌などに強い抗菌力を示し，その抗菌スペクトルはエリスロマイシンなどのマクロライド系抗生物質と類似している（Lewis *et al.*, 1963；中沢, 1965）．したがって，リンコマイシンはヒト医療においては，ブドウ球菌，レンサ球菌，および肺炎球菌などを有効菌種とする細菌感染症に用いられている．また，獣医領域では豚赤痢や豚マイコプラズマ性肺炎，ニワトリの壊死性腸炎，イヌの呼吸器感染症を適応としている．水産用医薬品としては塩酸リンコマイシンがスズキ目魚類のレンサ球菌症に使用されている．

1）作用機序

マクロライド系抗生物質に似た作用機序を有し，細菌の 50S サブユニットに作用し，ペプチド転移反応を阻止してタンパク合成を阻害する（Chang and Weisblum, 1967）．

2）塩酸リンコマイシン

(1) 一般名，化学名，分子式・分子量，構造式

一般名：塩酸リンコマイシン（lincomycin hydrochloride hydrate）

化学名：Methyl 6, 8-dideoxy-6-[(2S, 4R)-1-methyl-4-propylpyrrolidine-2-carboxamido]-1-thio-D-*erythro*-α-D-*galacto*-octopyranoside monohydrochloride monohydrate

分子式：$C_{18}H_{34}N_2O_6S \cdot HCl \cdot H_2O$　　分子量：461.01

構造式：

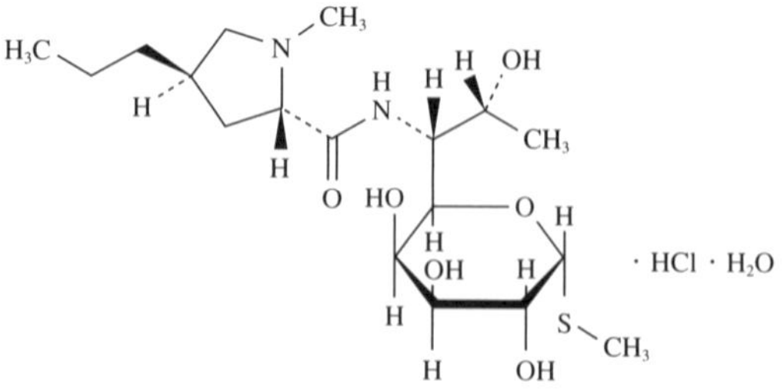

(2) 抗菌スペクトル

リンコマイシンは，表3-10に示すように感受性を調べた4菌種のうちグラム陽性の*S. iniae*に最も強い抗菌力（0.05～0.1 μg/ml）を示す．また，表3-10には示さないものの，*L. garvieae* 24株および*V. anguillarum* 15株に対するリンコマイシンのMICは，それぞれ0.39～0.78 μg/mlおよび100～＞200 μg/mlである．このようにリンコマイシンはグラム陽性の魚病細菌であるレンサ球菌に強い抗菌力を示すものの，グラム陰性の魚病細菌に対しては*P. damselae* subsp. *piscicida*に3.13～12.5 μg/mlのMICを示す以外は強い抗菌力をもたない（住化エンビロサイエンス社内資料）．

表3-10　リンコマイシンの抗菌スペクトル

菌　株	MIC（μg/ml）
Streptococcus iniae 80179	0.05
Streptococcus iniae 81238	0.1
Streptococcus iniae 84655	0.1
Streptococcus iniae 84055	0.05
Photobacterium damselae subsp. *piscicida* HT8416	12.5
Photobacterium damselae subsp. *piscicida* HT8430	3.13
Photobacterium damselae subsp. *piscicida* HT8435	12.5
Photobacterium damselae subsp. *piscicida* HT8438	12.5
Photobacterium damselae subsp. *piscicida* HT8442	6.25
Photobacterium damselae subsp. *piscicida* HT8443	12.5
Edwardsiella tarda ET84011	200
Edwardsiella tarda ET84019	＞200
Edwardsiella tarda ET84022	＞200
Aeromonas salmonicida OT8413	100
Aeromonas salmonicida OT2426	200
Aeromonas salmonicida OT2427	100
Aeromonas salmonicida OT2428	＞200
Aeromonas salmonicida OT8430	200

（住化エンビロサイエンス社内資料）

(3) 野外分離株の感受性分布

1974～1981年にブリから分離された*L. garvieae* 561株に対するリンコマイシンのMICは0.05～0.8 μg/mlで，MIC_{50}およびMIC_{90}はそれぞれ0.15および0.27 μg/mlである（Aoki *et al.*, 1983b）．また，楠田・鬼崎（1985）は，1974～1982年にブリから分離した*L. garvieae* 301株に対するリンコマイシンのMICは0.0125～0.1 μg/mlで，いずれの年次においてもMICのピークは0.05 μg/mlと報告している．

(4) 薬物動態

平均体重265gのブリ（水温21.4～22.0℃）にリンコマイシン12.5および25 mg/kgを1回強制経口投与して，体内濃度を微生物学的定量法で測定している．12.5 mg/kg投与時のC_{max}は胆汁が10.862 μg/mlで最も高く，次いで肝臓（5.438 μg/g），血液（2.059 μg/ml），腎臓（1.283 μg/g），脾臓（0.961 μg/g），筋肉（0.11 μg/g）の順で，血液および肝臓が1時間目，腎臓，脾臓および胆汁が3時間目，筋肉が6時間目にそれぞれ観察される．また，25 mg/kg投与のC_{max}は12.5 mg/kg投与のそれと比べて1.5倍（肝臓）～7.1倍（脾臓）高いが，T_{max}はほぼ等しい（住化エンビロサイエンス社内資料）．

(5) 臨床成績

ブリのレンサ球菌症に対する本剤の臨床試験例を表 3-11 に示す．リンコマイシンを 12.5〜75 mg/kg，6〜7 日間投与したところ，投薬前の病勢は様々だが，いずれの用量でも無投薬対照群に比べて投薬後の死亡率は低下する．また，投薬前の死亡率が 4.75 および 4.64％と病勢の激しい例（試験 2）でも，12.5 および 25 mg/kg 投与による顕著な死亡率の低下を認める（住化エンビロサイエンス社内資料）．

表 3-11　ブリのレンサ球菌症に対するリンコマイシンの効果

試験	投薬量 (mg/kg)	投薬期間（日数）	供試尾数	累積死亡率（％）		
				投薬前*[1]	投薬中	投薬後
1	0		1,000	1.50	0.30	1.30
	12.5	7	2,000	2.05	0.20	0.25
	25	7	2,000	1.40	0.15	0.25
	50	7	2,000	0.80	0.10	0.30
	75	7	2,000	0.95	0.30	0.15
2	12.5	7	32,000	4.75	5.62	0.11
	25	7	32,000	4.64	6.13	0.07

*[1]　投薬前，投薬中および投薬後それぞれの期間（日数）：試験 1 が 12，7 および 15 日，試験 2 が 8，6 および 15 日

（住化エンビロサイエンス社内資料）

(6) 用途および使用方法

効能効果はリンコマイシン感受性菌に起因する下記疾病による魚類の死亡率の低下で，用法用量・投薬期間および使用禁止期間・休薬期間は表 3-12 の通り．

表 3-12　塩酸リンコマイシンの対象魚種，適応症，用法用量・投薬期間および使用禁止期間

対象魚種	適応症	用法	用量〔mg(力価)/kg〕	投薬期間（日数）	使用禁止期間（日数）
スズキ目	レンサ球菌症	経口	20〜40	6〜7	10

1・4　テトラサイクリン系

テトラサイクリン，オキシテトラサイクリン，クロルテトラサイクリン，ドキシサイクリンなどのテトラサイクリン系抗生物質はグラム陽性菌およびグラム陰性菌に対して広範な抗菌スペクトルを有す．一般細菌ではブドウ球菌，レジオネラ菌，ブドウ糖非発酵菌に対し，さらにマイコプラズマ，クラミジアおよびリケッチアにも優れた抗菌力を示すことから，医療分野ではこれらの感染症に使用されている（國島・賀来，1999）．また，畜産分野においても感染症の治療に広く用いられている．テトラサイクリン系抗生物質ではオキシテトラサイクリンおよびドキシサイクリンが水産用医薬品として承認されている．

1）作用機序

テトラサイクリン系抗生物質は細菌のリボソームと aminoacyl-tRNA の結合を妨げることによって細菌のタンパク合成を阻害することが知られている（Sarkar and Thach, 1968；Chopra and Roberts, 2001）．

2）塩酸オキシテトラサイクリンおよびアルキルトリメチルアンモニウムカルシウムオキシテトラサイクリン

オキシテトラサイクリンは，ヒト医療においては抜歯創･口腔手術創の二次感染を適応症に，また，深在性皮膚感染症などを適応とする副腎皮質ホルモン配合剤などとして用いられている（日本医薬情報センター, 2011a；医薬品医療機器総合機構, 2012）．獣医領域においてはウシおよびブタの肺炎，細菌性下痢症，ニワトリの呼吸器性マイコプラズマ病などに注射剤や散剤として使われている．水産用としては，塩酸オキシテトラサイクリンおよびアルキルトリメチルアンモニウムカルシウムオキシテトラサイクリンの2種の塩が魚類の細菌感染症に対して使用されている．

（1）一般名，化学名，分子式・分子量，構造式

塩の部分は省略する．

一般名：オキシテトラサイクリン（oxytetracycline）

化学名：4-（Dimethylamino）-1, 4, 4a, 5, 5a, 6, 11, 12a-octahydro-3, 5, 6, 10, 12, 12a-hexahydroxy-6-methyl-1, 11-dioxo-2-naphthacenecarboxamide dihydrate

分子式：$C_{22}H_{24}N_2O_9 \cdot 2H_2O$　　分子量：496.47

構造式：

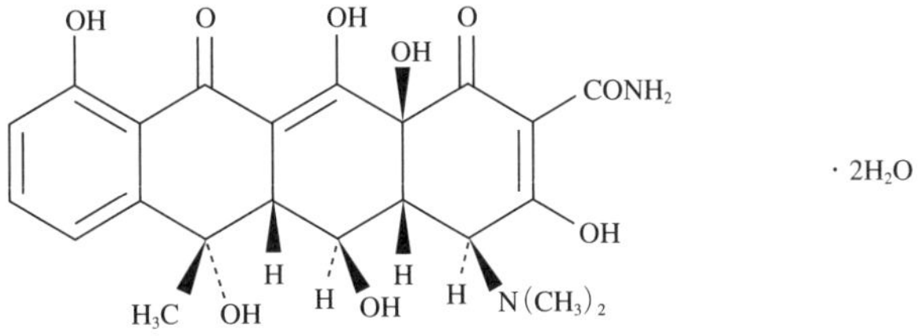

（2）抗菌スペクトル

淡水魚および海水魚由来の魚病細菌に対するオキシテトラサイクリンのMICは表3-13に示すように0.1～1.56 μg/mlと抗菌力が強く，幅広い抗菌スペクトルを示す（中村, 1982，コーキン化学社内資料）．

（3）野外分離株の感受性分布

S. iniae 50株（2003～2005年分離）に対するオキシテトラサイクリンのMICは≦0.125～0.5 μg/ml，MIC_{50}およびMIC_{90}はそれぞれ≦0.125および0.25 μg/mlで，耐性株を認めない（渡辺ら, 2011）．

1982年に長崎県内で分離した魚病細菌の薬剤感受性を畑井ら（1983）が報告している．*L. garvieae* 54株，*V. anguillarum* 22株，*E. tarda* 9株に対するオキシテトラサイクリンのMICはそれぞれ0.78～1.56，0.20～0.39および0.39～0.78 μg/mlで，耐性株を認めない．

*V. anguillarum*110株（1986～1988年ギンザケ由来）および5株（1999～2004年トラフグ由来）に対するオキシテトラサイクリンのMICは，それぞれ0.19および1 μg/mlでいずれも耐性株を認めない（コーキン化学社内資料）．

（4）薬物動態

〔ブリ〕

アルキルトリメチルアンモニウムカルシウムオキシテトラサイクリン（OTC-Q）および塩酸オキシテトラサイクリン（OTC-HCl）を餌料に混合し，それぞれブリに50 mg/kg，2日間投与して，血漿，筋肉，肝臓および腎臓の薬剤濃度を微生物学的定量法で測定した．血漿中濃度はいずれの薬剤も2回

表3-13　オキシテトラサイクリンの抗菌スペクトル

菌　株	MIC（μg/ml）
Lactococcus garviae SK-3	1.56
Lactococcus garviae T-2	1.56
Photobacterium damselae subsp. *piscicida* K-I	0.20
Photobacterium damselae subsp. *piscicida* K-III	0.10
Photobacterium damselae subsp. *piscicida* NH-1	0.39
Photobacterium damselae subsp. *piscicida* M-1	0.39
Vibrio anguillarum K-3	0.39
Vibrio anguillarum Km-37	0.39
Vibrio anguillarum V-7	0.39
Vibrio sp. CH-5	1.56
Vibrio sp. CHO-1	0.20
Edwardsiella tarda E-1	0.39
Edwardsiella tarda YA	0.39
Aeromonas salmonicida Ar-3	0.39
Aeromonas salmonicida Ar-4	0.39
Aeromonas hydrophila Ar-1	0.39
Pseudomonas anguilliseptica TE-1	0.20
Pseudomonas anguilliseptica TE-2	0.78
Pseudomonas putida Ps-21	0.78

（中村，1982，コーキン化学社内資料）

目投与後6時間目に最も高く，OTC-Qが0.15μg/ml，OTC-HClが0.16μg/mlで，24時間目にいずれも0.10μg/ml未満になる．両剤は各部位における薬剤濃度の推移に差を認めず，生物学的同等性があると推察されている（コーキン化学社内資料）．

OTC-Qを50 mg/kg，7日間混餌投与後のブリの体内オキシテトラサイクリン濃度は，血漿が10日目に，肝臓が15日目に，筋肉と腎臓が20日目にそれぞれ検出限界値（0.05μg/ml or g）未満になる（コーキン化学社内資料）．

〔ギンザケ *Oncorhynchus kisutch*〕

塩酸オキシテトラサイクリンを50 mg/kg，1回強制経口投与したギンザケの血清，筋肉，肝臓，腎臓および脾臓におけるC_{max}は，それぞれ0.38，0.27，3.99，0.42および1.26μg/ml or gで，脾臓は投与後3時間目に，肝臓は12時間目に，その他の臓器組織は18あるいは24時間目に観察される（コーキン化学社内資料）．

塩酸オキシテトラサイクリンを飼料に吸着して100 mg/kg，7日間連続投与したギンザケの血清，筋肉，腎臓および脾臓中濃度は投与後21日目に，肝臓は28日目にそれぞれ検出限界値（0.05μg/ml or g）未満になる．なお，これらの体内濃度は微生物学的定量法で測定している（コーキン化学社内資料）．

〔トラフグ *Takifugu rubripes*〕

塩酸オキシテトラサイクリンを餌料に添加して50 mg/kg，1回強制経口投与し，HPLC法で測定したトラフグ（平均体重350g）の体内濃度は，血漿，肝臓，および腎臓が投与了後6時間目に，筋肉が投与後24時間目にそれぞれC_{max}に達し，肝臓（1.29μg/g）＞腎臓（0.53μg/g）＞血漿（0.42μg/

ml)＞筋肉（0.18μg/g）の順に高い（コーキン化学社内資料）.

塩酸オキシテトラサイクリンを飼料に吸着して100 mg/kg，7日間連続投与したトラフグ（平均体重93 g, 水温21.4～22.4℃）の筋肉および肝臓中濃度は, それぞれ投与終了後18および27日目に0.2 μg/g以下に，そして45日目に検出限界値（0.01μg/g）未満になる（コーキン化学社内資料）.

〔クルマエビ *Marsupenaeus japonicus*〕

オキシテトラサイクリン50 mg/kgを1回経口投与した人工海水飼育（水温25±0.6）のクルマエビの血リンパ中濃度は投与後10時間目にC_{max}24.3μg/mlとなり，その後$T_{1/2}$ 33.6時間で消失する（Uno，2004）.

(5) 臨床成績

(i) レンサ球菌症

臨床試験は，アルキルトリメチルアンモニウムカルシウムオキシテトラサイクリンをレンサ球菌症の発生が確認されたブリに自由摂餌で50および100 mg/kg，7日間投与して行なわれている．1症例（1生簀）ごとの供試尾数は1,200～5,800尾で，症例ごとに投薬終了後27日間（一部は28日間）の死亡率を求めた．100 mg/kg（5症例），50 mg/kg（7症例）および対照群（4症例）の死亡率はそれぞれ0.08～0.42%，0.1～1.22%および2.8～6.02%で，治療的効果が投薬群に認められる（コーキン化学社内資料）.

レンサ球菌症に罹病したニジマス（平均体重約100g）に塩酸オキシテトラサイクリンを飼料に添加して50 mg/kg，7日間投与し，その後8日間計15日間観察する臨床試験が行われている．投薬群（20,000尾）の累積死亡率は11.8%で, 無投薬対照群（10,000尾）の19.0%より有意に低い．さらに, 無投薬対照群の日間死亡率の変動は有意性がないものの，投薬群の日間死亡率の減少は有意であったことから，本剤の有効性が確認されている（渡辺ら, 2011）.

(ii) ビブリオ病

ビブリオ病の発生が見られた岩手および宮城県のそれぞれ2地区で養殖中のギンザケ（1地区約4,000～8,000尾飼養）に塩酸オキシテトラサイクリンを50 mg/kg，7日間混餌投与してその臨床効果を検討している．投薬期間中および投薬後の平均死亡率は，岩手が0.2および0.05%，宮城が0.3および0.09%で，試験開始前の岩手および宮城それぞれの死亡率0.5および0.4%と比べて有意に低い（コーキン化学社内資料）.

養殖場2カ所（症例1；1,100尾/群，症例2；1,000尾/群）の海面生簀で飼養中のトラフグに自然発生したビブリオ病を対象に有効性を検討している．塩酸オキシテトラサイクリン50 mg/kg，7日間混餌投与時の投薬期間(7日間)および投薬終了後(8日間)の計15日間の死亡率は症例1が0.8%，症例2が13.1%で, 無投薬対照群の3.1%（症例1）および18.9%（症例2）と比べ有意に低い（コーキン化学社内資料）.

クルマエビのビブリオ病に試作したオキシテトラサイクリン製剤を50および100 mg/kg，4～6日間投与すると，死亡数が顕著に減少する．また，原因菌である*Vibrio* sp.49株に対するオキシテトラサイクリンのMICは＜0.1～12.5μg/mlで，約80%が0.4μg/ml以下，とTakahashiら（1985）が報告している．なお，オキシテトラサイクリン製剤はクルマエビのビブリオ病に現在（2012年）わが国では使用されていない.

(6) 安全性・副作用

アルキルトリメチルアンモニウムカルシウムオキシテトラサイクリンの50，250および500 mg/kg，7日間連続経口投与はブリの増肉係数に影響しない（コーキン化学社内資料）．

塩酸オキシテトラサイクリンを餌料に添加混和して50，100および200 mg/kg，7日間投与したギンザケの投薬期間中における一般状態，摂餌行動，血液学的検査，病理学的検査では投薬によると思われる変化が認められない（コーキン化学社内資料）．また，飼料に添加して100，250および500 mg/kgを7日間連続投与したトラフグ稚魚は，対照と比べ増体重が若干少ないものの，投薬が原因とは断定できず，さらに一般状態に投薬による異常は観察されない（コーキン化学社内資料）．そして，前述のニジマスレンサ球菌症に対する臨床試験において，試験期間を通して投薬群の供試魚の遊泳状態や行動あるいは体色や摂餌行動に異常を認めない（渡辺ら, 2011）．

(7) 用途および使用方法

塩酸オキシテトラサイクリンおよびアルキルトリメチルアンモニウムカルシウムオキシテトラサイクリンの効能効果はオキシテトラサイクリン感受性菌に起因する下記疾病による魚類の死亡率の低下で，適応症の範囲はそれぞれ異なる．対象魚種，適応症，用法用量・投薬期間および使用禁止期間・休薬期間は表3-14，3-15の通り．

表3-14 塩酸オキシテトラサイクリンの対象魚種，適応症，用法用量・投薬期間および使用禁止期間

対象魚種	適応症	用法	用量〔mg(力価)/kg〕	投薬期間（日数）	使用禁止期間（日数）
スズキ目	ビブリオ病	経口	50	＊	30
ニシン目*1（アユを除く）	ビブリオ病 せっそう病 レンサ球菌症	経口	50	＊	30
ニシン目（海水飼育）	ビブリオ病	経口	50	＊	30
ウナギ目*2	パラコロ病	経口	50	＊	30
カレイ目*3	レンサ球菌症	経口	50	＊	40
フグ目*4	ビブリオ病	経口	50	＊	40

*1 ニシン目魚類：ギンザケ，ニジマス，ヤマメ，アマゴ，イワナ，サクラマス，サツキマス，アユ，その他のニシン目魚類
*2 ウナギ目魚類：ウナギ，その他のウナギ目魚類
*3 カレイ目魚類：ヒラメ，ホシガレイ，マコガレイ，マツカワ，その他のカレイ目魚類
*4 フグ目魚類：トラフグ，カワハギ，ウマヅラハギ，その他のフグ目魚類
＊ 期間（日数）は定められていないものの，「8日間以上の連続投与は避け，繰り返し使用しないこと」など，と規定されている

表3-15 アルキルトリメチルアンモニウムカルシウムオキシテトラサイクリンの対象魚種，適応症，用法用量・投薬期間および使用禁止期間

対象魚種	適応症	用法	用量〔mg(力価)/kg〕	投薬期間（日数）	使用禁止期間（日数）
スズキ目	レンサ球菌症 ビブリオ病	経口	50	＊	20
カレイ目	レンサ球菌症	経口	50	＊	40

＊ 8日間以上の投薬は避けること

3) 塩酸ドキシサイクリン

ドキシサイクリンは，オキシテトラサイクリンのC-6位のOH基をHに置換して6-deoxy体に合成したもので，テトラサイクリン耐性ブドウ球菌にも有効である（English，1966）．塩酸ドキシサイクリンはブドウ球菌，レンサ球菌，肺炎球菌，淋菌，炭疽菌，大腸菌，赤痢菌，肺炎桿菌，クラミジアなどに抗菌力が強いことから，ヒトの医療において表在性および深在性皮膚感染症，急性気管支炎，ならびに腎盂腎炎などを適応症とする（日本医薬情報センター，2011b；医薬品医療機器総合機構，2012）．家畜および家禽においては，*Actinobacillus pleuropneumoniae* やマイコプラズマに強い抗菌力を示すことから，ブタの胸膜性肺炎およびニワトリの呼吸器性マイコプラズマ病などに用いられている（平井，1986）．水産用としてはスズキ目魚類のレンサ球菌症に対して使用が認められている．

(1) 一般名，化学名，分子式・分子量，構造式

一般名：塩酸ドキシサイクリン（doxycycline hydrochloride hydrate）

化学名：(4S, 4aR, 5S, 5aR, 6R, 12aS)-4-Dimethylamino-1, 4, 4a, 5, 5a, 6, 11, 12a-octahydro-3, 5, 10, 12, 12a-pentahydroxy-6-methyl-1, 11-dioxonaphthacene-2-carboxamide monohydrochloride hemiethanolate hemihydrates

分子式：$C_{22}H_{24}N_2O_8 \cdot HCl \cdot 1/2C_2H_6O \cdot 1/2H_2O$　　分子量：512.94

構造式：

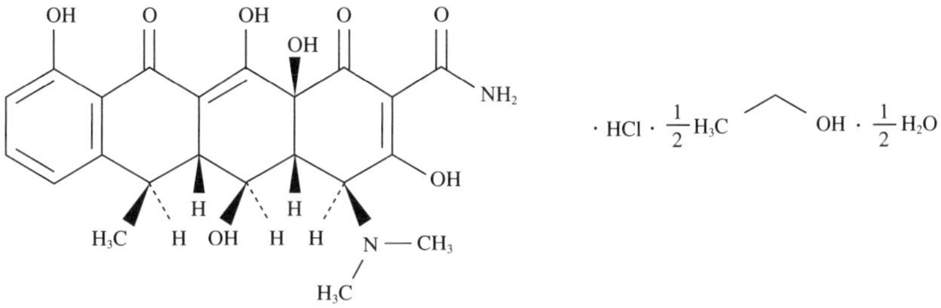

(2) 抗菌スペクトル

海産魚由来の魚病細菌に対するドキシサイクリンのMICは表3-16に示すように0.1～0.78 μg/mlと抗菌スペクトルが広く，ブリ由来の*L. garvieae*に対しても0.39 μg/mlと抗菌力は強い（中村，1982）

表3-16　ドキシサイクリンの抗菌スペクトル

菌　株	MIC（μg/ml）
Lactococcus garviae SK-3	0.39
Lactococcus garviae T-2	0.39
Photobacterium damselae subsp. *piscicida* K-I	0.10
Photobacterium damselae subsp. *piscicida* K-III	0.39
Photobacterium damselae subsp. *piscicida* NH-I	0.78
Photobacterium damselae subsp. *piscicida* M-I	0.39
Vibrio anguillarum K-3	0.39
Vibrio anguillarum Km-37	0.20
Vibrio anguillarum V-7	0.39
Vibrio sp. CH-5	0.39
Vibrio sp. CHO-1	0.20
Pseudomonas putida Ps-21	0.78

（中村，1982）

(3) 野外分離株の感受性分布

1974～1976年にブリから分離された*L. garvieae* 54株に対するドキシサイクリンのMIC域は0.1～0.78μg/ml, 1981年分離の40株に対するMICはすべて0.2μg/mlで, いずれも耐性株を認めない(中村, 1982).

(4) 薬物動態

塩酸ドキシサイクリンをブリに20 mg/kg, 1回強制経口投与したときのC_{max}は腎臓(7.87μg/g)が最も高く, 次いで血漿(7.62μg/ml), 肝臓(6.55μg/g), 筋肉(0.91μg/g)の順で, 血漿および腎臓では投与後1時間目に, 肝臓および筋肉では3時間目にそれぞれ観察される. 50 mg/kg投与のC_{max}も腎臓が最も高く(8.28μg/g), 次いで肝臓(8.18μg/g), 血漿(6.71μg/ml), 筋肉(1.12μg/g)の順で, いずれも1時間目に認められる(中村, 1982).

100 mg/kgを自由摂餌で7日間投与したブリ(平均体重305g, 水温16.2～19.6℃)の体内ドキシサイクリン濃度は, 血漿が10日目, 筋肉は12日目, 肝臓および腎臓は15日目に検出限界(0.05μg/ml or g)未満になる(中村, 1982).

(5) 臨床成績

飼養中の病魚から*L. garvieae*が分離されたブリに塩酸ドキシサイクリンを餌料に展着させて20および50 mg/kg, 7日間投与した3例の臨床試験における試験期間中(投薬期間およびその後の観察期間)の死亡率は次の通り.

試験1：各群の供試尾数は2,500～2,800尾で, 試験期間は16日間. 50, 20 mg/kgおよび無投薬対照群の死亡率はそれぞれ0.24, 1.46および3.0%.

試験2：各群の供試尾数は6,000～6,550尾で, 試験期間は31日間. 50, 20 mg/kgおよび無投薬対照群の死亡率はそれぞれ1.85, 2.36および5.30%.

試験3：各群の供試尾数6,000尾で, 試験期間は37日間. 20 mg/kgおよび無投薬対照群の死亡率はそれぞれ0.3および2.4%.

これらの試験成績から本剤の20～50 mg/kg投与はブリのレンサ球菌症に対し統計学的に有効と判定している(中村, 1982).

(6) 安全性・副作用

塩酸ドキシサイクリンを200, 400および800 mg/kg, 7日間投与した平均体重58gのブリは, 投薬期間中および投薬終了後とも投薬による影響が観察されない(中村, 1982).

(7) 用途および使用方法

効能効果はドキシサイクリン感受性菌に起因する下記疾病による魚類の死亡率の低下で用法用量・投薬期間および使用禁止期間・休薬期間は表3-17の通り.

表3-17 塩酸ドキシサイクリンの対象魚種, 適応症, 用法用量・投薬期間および使用禁止期間

対象魚種	適応症	用法	用量〔mg(力価)/kg〕	投薬期間(日数)	使用禁止期間(日数)
スズキ目	レンサ球菌症	経口	20～50	3～7	20

1・5　その他の抗細菌性抗生物質：ビコザマイシン，ホスホマイシン

水産用医薬品として承認されているビコザマイシンおよびホスホマイシンはそれぞれ極めて特異なあるいは簡単な化学構造を有し，既知の他のどの系統にも属さない抗生物質である．

1）作用機序

（1）ビコザマイシン

ビコザマイシンは細菌の表層に作用し，隔壁の合成を阻害する．細菌はフィラメント状になり，多数の bleb（ブレブ）を形成し，それらが破裂して溶菌する，と考えられている（Someya *et al.*, 1979）．そして，ビコザマイシンは特異的な作用点（rho 因子）を有するタンパク合成阻害薬であることが明らかにされている（Carrano *et al.*, 1998；Kohn and Widger, 2005）．

（2）ホスホマイシン

細胞質膜の能動輸送系によって効率的に菌体に取り込まれるホスホマイシンは UDP-GlcNAc-pyruvate transferase 反応を阻害して細胞壁のペプチドグリカンの生合成系を初期段階で阻害する（Hendlin *et al.*, 1969；中川, 1992）．因みに代表的な細胞壁合成阻害剤のβ- ラクタム剤は合成の最終段階を阻害する．このようにホスホマイシンは，他の薬剤と作用機序あるいは作用段階が異なるため，交叉耐性がないと考えられている．

2）安息香酸ビコザマイシン

ビコザマイシンは *Streptomyces sapporonensis* が産生する抗生物質で，グラム陰性菌に有効である（Miyoshi *et al.*, 1972；Nishida *et al.*, 1972）．ビコザマイシンはヒトの医療には使用されていない動物専用の抗生物質で，獣医領域においては大腸菌，サルモネラ，*Actinobacillus pleuropneumoniae* および *Pasteurella multocida* を有効菌種として，ウシおよびブタの細菌性下痢症（岡野, 1986）や細菌性肺炎に用いられている．水産養殖においては，経口投与により高い血中濃度が得られる安息香酸ビコザマイシンがスズキ目魚類の類結節症の治療薬として使用されている．安息香酸ビコザマイシンはビゴザマイシンの経口吸収性を高めたモノアシル基誘導体で，それ自体は抗菌活性を示さないが，生体内でエステラーゼなどの酵素によって加水分解を受けてビコザマイシンに変換され，抗菌活性を示すプロドラッグである．

（1）一般名，化学名，分子式・分子量，構造式

一般名：安息香酸ビコザマイシン（Bicozamycin benzoate）

化学名：（1S, 6R）-1-［（1S, 2S）-3-benzoyloxy-1, 2-dihydroxy-2-methylpropyl］-6-hydroxy-5-methylene-2-oxa-7, 9-diazabicyclo［4.2.2］decane-8, 10-dione

分子式：$C_{19}H_{22}N_2O_8$　　分子量：406.39

構造式：

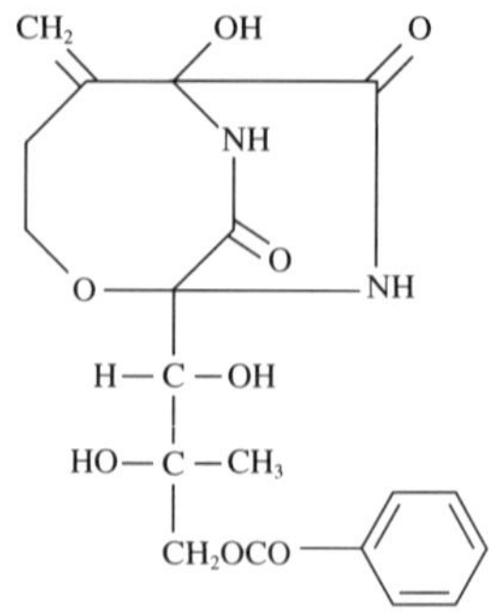

(2) 抗菌スペクトル

安息香酸ビコザマイシン自体は抗菌活性を示さないので，魚病細菌に対する抗菌活性は，活性体であるビコザマイシンを用いて調べられている．表3-18に示すように，ビコザマイシンは *P. damselae* subsp. *piscicida* や *V. anguillarum* などのグラム陰性菌に活性を示すものの，グラム陽性の *L. garvieae* には抗菌活性を示さない．また，供試した魚病病原菌に対する安息香酸ビコザマイシンのMICはいずれも＞800μg/mlで抗菌活性を示さない（インターベット社内資料）．

表3-18　ビコザマイシン（安息香酸ビコザマイシンの親化合物）の抗菌スペクトル

菌　株	MIC（μg/ml）
Lactococcus garviae SH-6	＞800
Lactococcus garviae NA8717	＞800
Lactococcus garviae EH87if	＞800
Lactococcus garviae EH8632	＞800
Photobacterium damselae subsp. *piscicida* P-3	1.56
Photobacterium damselae subsp. *piscicida* P-4	1.56
Photobacterium damselae subsp. *piscicida* P-91	3.13
Photobacterium damselae subsp. *piscicida* P-92	3.13
Vibrio anguillarum V-if	6.25
Vibrio anguillarum V-11	6.25
Vibrio anguillarum V-32	6.25
Vibrio anguillarum V-33	6.25
Edwardsiella tarda E-1	12.5
Edwardsiella tarda E-4	25
Edwardsiella tarda E-6	25
Edwardsiella tarda E-27	25
Aeromonas salmonicida A-1	6.25
Aeromonas salmonicida A-2	50
Aeromonas salmonicida A-4	25
Aeromonas salmonicida A-8	12.5

（インターベット社内資料）

(3) 野外分離株の感受性分布

1987～1991年に養殖ブリから分離した *P. damselae* subsp. *piscicida* 263株に対するビコザマイシンのMICは1.56～6.25μg/mlに分布し，耐性株を認めず，他剤と交叉耐性を示さない（Kitao *et al.*,

1992).

(4) 薬物動態

Nakano ら (1993) は，安息香酸ビコザマイシンをビコザマイシン換算で 20 mg/kg，1 回経口投与したブリのビコザマイシン体内濃度を HPLC 法 (Ise *et al.*, 1993) で測定している (試験 1：平均体重 203g，水温 28 ± 1℃．試験 2：平均体重 380g，水温 21 ± 1℃)．血液中の C_{max} は 3.6 μg/ml で，投与後 1 日目に観察された (試験 1)．腎臓と脾臓における C_{max} はそれぞれ 3.8 および 2.2 μg/g で，T_{max} はそれぞれ 30 および 48 時間である (試験 2)．

安息香酸ビコザマイシンを餌料に混合し，ビコザマイシン換算で 20 mg/kg，5 日間ブリに自由摂餌させた 2 回の試験において，ビコザマイシンは筋肉に最も長く残存し最終投与後 23 および 25 日目に，血液では 18 および 21 日目に，肝臓では 14 および 18 日目に，腎臓では 21 日目にそれぞれ検出限界値 (0.05 μg/g) 未満になる．また，ブリ組織における安息香酸ビコザマイシンの加水分解には血漿のセリン系酵素の関与が示唆されている (インターベット社内資料)．

(5) 臨床成績

類結節症が発生したブリの海面養殖生簀 1 基を 1 症例として，安息香酸ビコザマイシンを餌料に混合あるいは展着させ，自由摂餌で 2.5，5，10，20 および 40 mg/kg (ビコザマイシン換算) 5 日間連続投与する臨床試験が行われている．効果判定は投薬期間中と投薬終了後のそれぞれ 5 日間の累積死亡率を求め，その比 (期間中／終了後) が 2 以上の場合を有効と判定した．有効率 (投与症例数に対する有効症例数の割合) は，5 mg/kg (6 症例) が 50%，2.5，10，20 および 40 mg/kg (それぞれ 1，10，8 および 1 症例) が 100% で，本剤の有効投与量は 10 mg/kg が適当と判断されている．また，試験期間中に分離された *P. damselae* subsp. *piscicida* 141 株に対するビコザマイシンの MIC は 3.13 〜 6.25 μg/ml であった (インターベット社内資料)．

(6) 安全性・副作用

養殖生簀で飼養されているブリに安息香酸ビコザマイシンをビコザマイシン換算で 20 および 100 mg/kg，5 日間連続経口投与して，毎日一般状態を観察し，投薬前日，投薬終了後 1 および 14 日目 (試験終了日) に血液学的検査，血液生化学的検査および病理学的検査を行った．20 mg/kg 投与では異常所見を認めず，100 mg/kg 投与で一時的かつ投薬終了後に回復する摂餌・遊泳状態の異常を認めるものの，血液学的検査，血液生化学的検査および病理学的検査では異常所見を認めない．また，前述の臨床試験において本剤の影響と考えられる副作用は認められない (インターベット社内資料)．

(7) 用途および使用方法

効能効果はビコザマイシン感受性菌に起因する下記疾病による魚類の死亡率の低下で，用法用量・投薬期間および使用禁止期間・休薬期間は表 3-19 の通り．

表 3-19　安息香酸ビコザマイシンの対象魚種，適応症，用法用量・投薬期間および使用禁止期間

対象魚種	適応症	用法	用量〔mg(力価)/kg〕	投薬期間 (日数)	使用禁止期間 (日数)
スズキ目	類結節症	経口	10	5	27

3) ホスホマイシンカルシウム

ホスホマイシンは，グラム陽性菌およびグラム陰性菌に殺菌的に作用し，緑膿菌，セラチア，大腸菌，ブドウ球菌，ブロテウスなどに抗菌力を示すことから，ヒト医療の様々な領域において内服，注射および耳科用で用いられている（Hendlin *et al.*, 1969；日本医薬情報センター, 2011c；医薬品医療機器総合機構, 2012）．また，獣医領域においてはウシの大腸菌性下痢およびサルモネラ症（武田, 1988）ならびにウシのパスツレラ性肺炎を適応症としている．水産用医薬品としては，スズキ目魚類の類結節症にホスホマイシンカルシウムが用いられている．

(1) 一般名，化学名，分子式・分子量，構造式

一般名：ホスホマイシンカルシウム（fosfomycin calcium hydrate）

化学名：Monocalcium (2R, 3S)-3-methyloxiran-2-ylphosphonate monohydrate

分子式：$C_3H_5CaO_4P \cdot H_2O$　　分子量：194.14

構造式：

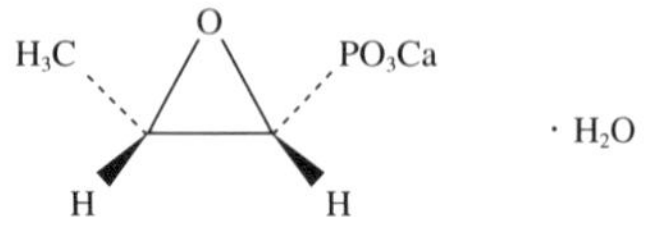

(2) 抗菌スペクトル

ホスホマイシンは*L. garvieae*には抗菌力を示さないものの，*P. damselae* subsp. *piscicida*および*E. tarda*ならびに淡水魚由来の*V. anguillarum*に比較的高い抗菌力を，*A. salmonicida*および*A. hydrophila*にもそれとほぼ同等の抗菌力を示す（Meiji Seikaファルマ社内資料）．

表3-20　ホスホマイシンの抗菌スペクトル

菌　種	株　数	MIC（μg/ml）	
		最　小	最　大
Lactococcus garvieae	7	100	＞100
Streptococcus iniae	4	6.25	＞100
Photobacterium damselae subsp. *piscicida*	20	1.56	6.25
Vibrio anguillarum	9	1.56	12.5
Edwardsiella tarda	6	0.39	6.25
Aeromonas salmonicida	1	1.56	1.56
Aeromonas hydrophila	1	1.56	1.56

（Meiji Seikaファルマ社内資料）

(3) 野外分離株の感受性分布

1989～1992年に各県のブリから分離された*P. damselae* subsp. *piscicida* 68株に対するホスホマイシンのMICは1.56～3.13μg/mlに分布し，耐性株はなく，これら供試株にはアンピシリン，オキソリン酸およびフロルフェニコール耐性株が存在する（Sano *et al.*, 1994）．

(4) 薬物動態

モイストペレットによる混餌投与により，ホスホマイシンとして40 mg/kgを1回自由摂餌させたブリ（平均体重40g，水温23.0～23.2℃）の体内濃度を微生物学的定量法で測定したところ，血清，肝臓および腎臓におけるT_{max}はいずれも12時間で，C_{max}はそれぞれ4.57，0.42および3.05μg/ml or g である．また，筋肉のホスホマイシン濃度は投与後96時間目まで0.2μg/g を超えない．血清および腎臓における $T_{1/2}$ はそれぞれ24.1および12.4時間で，AUC（0～72時間）は163.2μg・h/ml である（Meiji Seika ファルマ社内資料）．

ホスホマイシンとして80 mg/kg を6日間混餌投与（試験1：平均体重1.09kg，水温18.9～23.4℃．試験2：平均体重197.5g，水温19.3～23.7℃）したブリの血漿，筋肉，肝臓および腎臓のホスホマイシン濃度を微生物学的定量法で測定している．最終投薬後6日目に筋肉および肝臓は検出限界値（0.05μg/ml or g）未満になる．また，最終投薬後6日目に血漿は1.0および0.2μg/ml，腎臓は0.31および0.06μg/g を認めるものの，13日目にいずれも検出限界値（0.05μg/ml or g）未満になる（Meiji Seika ファルマ社内資料）．

(5) 臨床成績

死亡したブリから *P. damselae* subsp. *piscicida* が分離され，日間死亡率が0.2～0.3％以上になった時点からホスホマイシンを40 mg/kg, 6日間混餌投与する臨床試験が行なわれている．効果判定は，投薬終了後の平均日間死亡率が投薬期間中のそれより小さく，かつ0.1％以下まで減少した場合を有効とした．4回の試験結果は表3-21の通りでいずれも有効と判定される．また，試験期間中に分離された *P. damselae* subsp. *piscicida* 131株に対するホスホマイシンのMICは1.56～3.13μg/ml であった（Meiji Seika ファルマ社内資料）．

表3-21　ホスホマイシン40 mg/kg・6日間混餌投与のブリ類結節症に対する臨床効果

試験 No.	供試尾数	平均日間死亡率（％）		
		投薬開始時	投薬期間中	投薬終了後
1	14,500	0.71	0.50	0.04（5）*1
2	12,900	2.74	1.20	0.04（5）
3	12,300	0.46	0.58	0.05（4）
4	13,100	0.31	0.70	0.08（6）

*1　カッコ内は観察日数　（Meiji Seika ファルマ社内資料）

(6) 安全性・副作用

餌料に添加してホスホマイシンをブリに400 mg/kg，6日間連続投与し，投薬終了後10日目まで観察した摂餌行動，体色および遊泳状態は異常なく，体重および臓器重量も無投与対照群と差を認めない（Meiji Seika ファルマ社内資料）．

(7) 用途および使用方法

効能効果はホスホマイシン感受性菌に起因する下記疾病による魚類の死亡率の低下で，用法用量・投薬期間および使用禁止期間・休薬期間は表3-22の通り．

表3-22　ホスホマイシンカルシウムの対象魚種，適応症，用法用量・投薬期間および使用禁止期間

対象魚種	適応症	用法	用量〔mg(力価)/kg〕	投薬期間（日数）	使用禁止期間（日数）
スズキ目	類結節症	経口	40	6	15

1・6　サルファ剤

サルファ剤は4-アミノベンゼンスルホンアミド（スルファニルアミド）骨格を有する代表的合成抗菌薬で，その歴史は1935年にプロントジルに抗菌作用が見出されたことに始まり，古くから用いられている．サルファ剤は一般にグラム陽性菌，ある種のグラム陰性菌およびクラミジアを阻止する．すなわち，レンサ球菌，肺炎球菌，ある種のブドウ球菌，ナイセリア，ヘモフィルス，放線菌およびクラミジアに有効である．ヒトの医療においては，近年のピリドンカルボン酸系，ペニシリン系，セフェム系抗菌薬などの開発により，第一次選択薬になることはない（平松・那須，1997）．

水産用医薬品としてはスルファモノメトキシン，そのナトリウム塩，およびスルフイソゾールナトリウムが様々な細菌感染症に対して使用されている．特に，スルファモノメトキシンとそのナトリウム塩はノカルジア症に，またスルフイソゾールナトリウムはノカルジア症と冷水病にそれぞれ使用が認められている．他の系統の薬剤はこれら2種の細菌感染症を適応症としていない．なお，観賞魚の治療薬として用いられているスルファジメトキシンは本項では言及しない．

1）作用機序

サルファ剤は細菌の葉酸合成経路における鍵となる酵素dihydropteroate synthetase（DHPS）を阻害する．同経路で生合成されるテトラヒドロ葉酸（tetrahydrofolie acid, THF）の合成が阻害されると細菌の増殖は抑制される（Brown, 1962；McCullough and Maren, 1973；鎌滝・八木澤，2001）．

2）スルファモノメトキシンおよびスルファモノメトキシンナトリウム

わが国の水産用化学療法剤研究の黎明期（1970年以前）に持続型サルファ剤として開発されたスルファモノメトキシンおよびそのナトリウム塩は，養殖魚の細菌感染症の治療に経口剤として，またナトリウム塩は薬浴剤としても使用されている．さらに，スルファモノメトキシンとオルメトプリムの配合剤がウナギ目魚類のパラコロ病（金井, 2002）とアユのビブリオ病に使用が認められている．

（1）一般名，化学名，分子式・分子量，構造式

ナトリウム塩は記載を省略．

一般名：スルファモノメトキシン（sulfamonomethoxine hydrate）

化学名：4-Amino-*N*-(6-methoxypyrimidin-4-yl)benzensulfonamide monohydrade

分子式：$C_{11}H_{12}N_4O_3S \cdot H_2O$　　分子量：298.32

構造式：

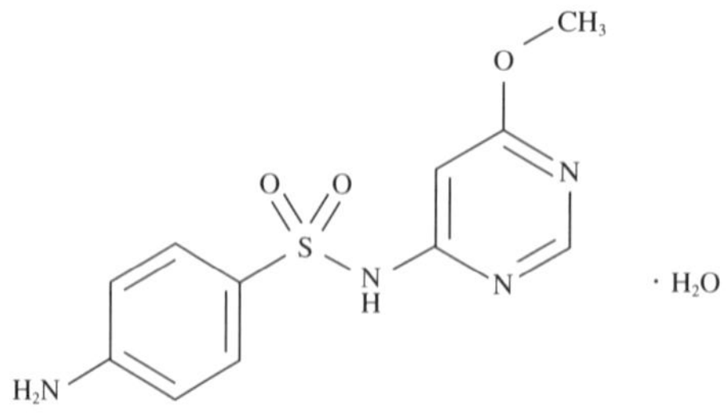

（2）抗菌スペクトル

Vibrio anguillarum HOSHINA，*Aeromonas hydrophila* Y-62，および *Aeromonas salmonicida* に

対するスルファモノメトキシンのMICはそれぞれ0.63, 2.5および0.63 μg/mlである（Meiji Seikaファルマ社内資料）.

Kataeら（1979）は実験室株である *V. anguillarum* K-3および *A. salmonicida* H-2に対するスルファモノメトキシンのMICはそれぞれ0.78および6.25 μg/mlと報告している.

(3) 野外分離株の感受性分布

畑井ら（1983）は1982年に長崎県内で分離した魚病細菌の薬剤感受性を報告している．それによると，ブリ由来 *V. anguillarum* 22株に対するスルファモノメトキシンのMICは1.56〜3.13 μg/mlで耐性株を認めない．また，Kataeら（1979）の報告によると，サケ科魚由来の *A. salmonicida* 21株に対するスルファモノメトキシンのMICは3.13〜6.25 μg/mlが19株，＞100 μg/mlが2株である.

(4) 薬物動態

〔ブリ〕

スルファモノメトキシンを400 mg/kg, 1回強制経口投与した平均体重357gのブリ（水温22℃飼育）の筋肉，肝臓，腎臓および胆汁中のスルファモノメトキシンはそれぞれ投与後3，1，3，および6時間目に C_{max} を示し，濃度は43.4，107，104，および83.8 μg/ml or gである．アセチル体は各臓器組織で認められ，その $T_{1/2}$ は肝臓（43時間）および胆汁（82時間）で長い．また，血清中濃度の実測値から1-コンパートメントモデルを用いて算出したスルファモノメトキシンの C_{max} および T_{max} はそれぞれ123 μg/mlおよび1.6時間，AUCは932 μg・h/ml，$T_{1/2}$ は4.5時間である．なお，スルファモノメトキシンおよびそのアセチル体はHPLC法で測定している（Ueno *et al.*, 1994）.

〔ニジマス〕

原ら（1967）は平均体重78gのニジマス（水温9.8〜15.0℃）にスルファモノメトキシンナトリウムを飼料に混合して250 mg/kg，1回経口投与し，体内のスルファモノメトキシン濃度をBratton and Marshallの変法で測定している．C_{max} は血漿3.4 mg/dl, 肝臓7.4 mg％, 腎臓5.6 mg％, 筋肉3.2 mg％で, T_{max} はいずれも12時間, そして投与後72時間目に血漿0.2 mg/dl, 肝臓1.2 mg％, 腎臓0.8 mg％, 筋肉0.3 mg％まで減衰する.

Unoら（1993a）はスルファモノメトキシンを300 mg/kg，1回強制経口投与した210〜270gのニジマス（水温15℃飼育）の体内濃度をHPLC法で測定している．C_{max} は胆汁（85.8 μg/ml）で最も高く，血清（39.6 μg/ml），肝臓（22.6 μg/g），腎臓（21.7 μg/g），筋肉（20.6 μg/g）の順に低くなり, T_{max} は1〜3日目である．血清中濃度の実測値から算出した $T_{1/2}$ は32.6時間, AUCは3081 μg・h/mlである．また，代謝物であるN4-アセチル体の $T_{1/2}$ は親化合物より長い.

(5) 臨床成績

本剤の開発時に実施された実験的感染魚を用いた治療試験および臨床試験の成績を例示する.

(ⅰ) ビブリオ病

スルファモノメトキシンを50，100，150，200 mg/kg経口投与直後のブリ幼魚（平均体重59g）に *V. anguillarum* E.O株を接種し，小割網生簀に収容して生死を観察したところ，無投薬群の生存率は10％で，50〜200 mg/kg投与群の生存率は65〜90％である（Meiji Seikaファルマ社内資料）.

(ⅱ) せっそう病

A. salmonicida を接種した0年魚のニジマスにスルファモノメトキシンを粉末餌料とともに10〜160 mg/kg，1日1回10日間投与し，投薬終了後さらに10日間観察する繰り返し2回の治療試験が

行われている．生存率は無投与群が0～12%，10 mg/kg は4～22%，20 および 40 mg/kg 投与は 22～100%, 80 および 160 mg/kg 投与は 76～100%で，有効用量は 100 mg/kg 前後，と結論している（Meiji Seika ファルマ社内資料）.

（ⅲ）ノカルジア症

Nocardia seriolae を実験感染させたブリに対して，スルファモノメトキシンとして 25 および 50 mg/kg を 1 日 1 回，5 日間連続混餌投与したところ，試験期間中（20 日間）のノカルジア症による累積死亡率は，25 mg/kg 群，50 mg/kg 群および無投薬対照群でそれぞれ 27.6%，20.7%および 96.6%となり，25 mg/kg 群および 50 mg/kg 群の死亡率は無投薬対照群より有意に低下した.

また，ノカルジア症の発生を確認したブリの養殖施設において，スルファモノメトキシンとして 25 および 50 mg/kg を 1 日 1 回，5 日間連続混餌投与したところ，臨床試験期間中（20 日間）のノカルジア症による累積死亡率は，25 mg/kg 群，50 mg/kg 群および無投薬対照群でそれぞれ 2.1%，1.5%および 7.3%となり，25 mg/kg 群および 50 mg/kg 群の死亡率は無投薬対照群より有意に低下した（Meiji Seika ファルマ社内資料）.

（6）安全性・副作用

スルファモノメトキシンの強制経口投与による LD_{50} はニジマスでは 10g/kg 以上，コイでは 15g/kg 以上と毒性は極めて低い．300 mg/kg 程度以上の連続投与では摂餌低下や貧血などがみられることがある（Meiji Seika ファルマ社内資料）.

松島ら（1971）の報告によると，スルファモノメトキシンを 500 および 1,000 mg/kg，1 日 1 回 2 日間混餌投与したブリ（平均体重 130g）に異常は観察されない.

（7）用途および使用方法

効能効果はスルファモノメトキシン感受性菌に起因する下記疾病による魚類の死亡率の低下で，対象魚種，適応症，用法用量・投薬期間および使用禁止期間・休薬期間は表 3-23 の通り.

表 3-23　スルファモノメトキシンおよびスルファモノメトキシンナトリウムの対象魚種，適応症，用法用量・投薬期間および使用禁止期間

対象魚種	適応症	用法	用量（mg/kg）	投薬期間（日数）	使用禁止期間（日数）
スズキ目	ビブリオ病 ノカルジア症	経口	100～200 25～50	＊	15
ウナギ目	鰭赤病	経口	150～200	＊	30
ニシン目 （アユを除く）	ビブリオ病 せっそう病	経口	100～150	＊	30
		薬浴*1	5～10*2	＊	15
アユ	ビブリオ病	経口	100	＊	15

*1　スルファモノメトキシンナトリウムによる薬浴：1%食塩水で 10 分間
*2　mg/ml
＊　8 日間以上の投薬は避けること

3）スルフイソゾールナトリウム

スルフイソゾールは広い抗菌スペクトラムを有するサルファ剤で，魚類の摂餌性に与える影響が少ないことから魚病専用薬としてわが国で開発された．当初はスルフイソゾールとスルフイソゾールナトリウムが，現在は後者のみが水産用医薬品として用いられている．このようにスルフイソゾールは

ヒト医療や家畜・家禽には用いられていない水産専用のサルファ剤で，類結節症，ノカルジア症，ビブリオ病，カラムナリス病に使用され，さらにアユ *Plecoglossus altivelis* およびニジマスの冷水病治療に唯一承認されている．

(1) 一般名，化学名，分子式・分子量，構造式

一般名：スルフイソゾールナトリウム（sulfisozole-Na）

化学名：3-sulfanilamids isoxazole sodium salt

分子式：$C_9H_8O_3N_3S \cdot Na$　　分子量：261.24

構造式：

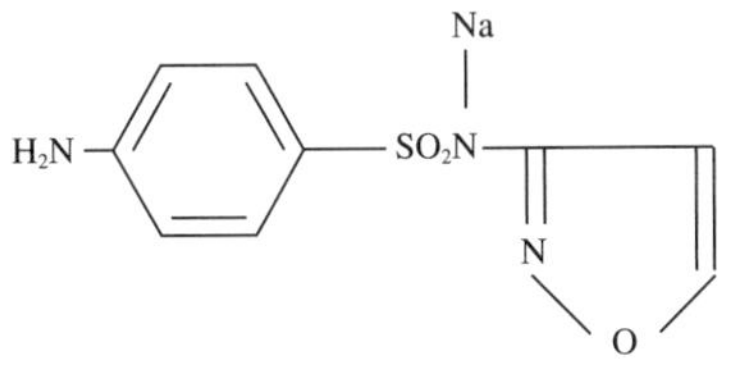

(2) 抗菌スペクトル

N. seriolae，*P. damselae* subsp. *piscicida*，*V. anguillarum*，*A. salmonicida*，*A. hydrophila*，*F. columnare* および *P. anguilliseptica* に対するスルフイソゾールの MIC（平板希釈法）は表 3-24 に示すように 0.4〜25 μg/ml で，抗菌スペクトルは広い（日本水産資源保護協会, 1981a）．

表 3-24　スルフイソゾールの抗菌スペクトル

菌　種	MIC（μg/ml）	
	平板希釈法	液体希釈法
Nocardia seriolae	0.8	NT
Photobacterium damselae subsp. *piscicida*	6.3〜25	4.7〜9.4
Vibrio anguillarum	3.1	37.5
Aeromonas salmonicida	1.9〜3.9	37.5
Aeromonas hydrophila	3.1〜12.5	37.5〜75
Flavobacterium columnare	0.4	NT
Pseudomonas anguilliseptica	25	37.5

（日本水産資源保護協会，1981a）

(3) 野外分離株の感受性分布

1987〜1999 年に全国の冷水病罹患アユから分離された *Flavobacterium psychrophilum* 78 株に対するスルフイソゾールナトリウムの MIC は 1.56〜12.5 μg/ml に分布し，そのピークは 3.13 μg/ml である（インターベット社内資料）．

2004〜2007 年に全国の冷水病罹病ニジマスから分離された *F. psychrophilum* 50 株に対するスルフイソゾールナトリウムの MIC は 0.25〜64 μg/ml に分布（MIC_{50}：2 μg/ml，MIC_{90}：16 μg/ml）する．また，MIC が 8 μg/ml 以上の株が 7 株（14%）存在する（豊田, 2011）．

(4) 薬物動態

〔ブリ〕

スルフイソゾールを 200 mg/kg，3 日間経口投与したブリ（平均体重 400g，水温 25℃）の体内濃度を Bratton-Marshall 変法改良法で測定した結果，第 1 回目投与後の血液，脾臓，肝臓および筋肉

の T_{max} はいずれも 5 時間で，C_{max} はそれぞれ 57.8，7.4，9.8 および 12.6 μg/ml or g である．第 3 回目投与後 8 時間目に観察される血中 C_{max} は 84.3 μg/ml で，連続投与による C_{max} の上昇傾向が認められる（日本水産資源保護協会，1981a）．

スルフイソゾールを 200 mg/kg，5 日間経口投与した体重約 550g のブリ体内濃度は，肝臓で 72 時間目，血液，腎臓および脾臓で 96 時間目，筋肉で 120 時間目に検出限界値（約 0.1 μg/ml or g）未満になる（水温 19～20℃）（日本水産資源保護協会，1981a）．

〔アユ〕

スルフイソゾールを 200 mg/kg，7 日間経口投与したアユ（体重 57g，水温 17.5～19.5℃）では，最終投与後 24 時間目の肝臓，腎臓および筋肉中濃度はそれぞれ，13.6，2.3 および 18.4 μg/ml or g で，肝臓および腎臓が投薬終了後 5 日目に，筋肉が 6 日目に検出限界値未満になる（日本水産資源保護協会, 1981a）．

〔ニジマス〕

スルフイソゾールナトリウムを配合飼料に混合し，200 mg/kg 1 回強制経口投与したニジマス（体重約 70g，水温 18～20℃）の血中濃度を Bratton-Marshall 変法で測定した．投与後 1，2，4，6，9，12 および 24 時間目の血中濃度はそれぞれ 10.2，50.8，75.8，116.0，166.7，210.5 および 241.8 μg/ml で，時間経過とともに上昇する（豊田, 2011）．

(5) 臨床成績

(i) 類結節症

類結節症の発生が確認された飼養中のブリにスルフイソゾールを投与して 2 回の臨床試験を実施したところ，表 3-25 に示すように投薬前から投薬中までの 5 日間の死亡数（a）と投薬中から投薬後までの 5 日間の死亡数（b）の比（a/b）は症例 1 が 44.2，症例 2 が 11.2 で，表 3-25 に示した投薬法による死亡数の低減が認められている（日本水産資源保護協会, 1981a，掲載の数値から算出）．

表 3-25　ブリの類結節症に対するスルフイソゾールの効果

症例	投薬量（mg/kg）×投薬日数	死亡数		死亡数の比（a/b）
		投薬前～投薬中（a）*1	投薬中～投薬後（b）*2	
1	200×6	2477	56	44.2
2	100×2，200×5	146	13	11.2

*1 投薬前日から投薬 4 日目までの 5 日間

*2 投薬 5 日目から投薬終了後 3 日目（症例 1）あるいは投薬終了後 2 日目（症例 2）までの 5 日間

(ii) 冷水病

沢田・杉本（1994）は，冷水病の自然発病が見られた琵琶湖産アユ（平均体重 0.66g，1 群 270～278 尾）にスルフイソゾールを 100 および 200 mg/kg，5 日間混餌投与して 11 日間死亡数を計数するとともに冷水病菌の分離を行った．投薬群は投薬開始 3 日後から死亡数が減少し，死亡率は 100 mg/kg が 36.3%，200 mg/kg が 32.6%で，無投与対照群の 69.6%と比べて明らかに低い．また，死亡魚からの冷水病菌の分離率は 80.6～91.7%である．

死亡魚から PCR 法で *F. psychrophilum* を検出した 2 施設において，ニジマス冷水病に対する本剤の臨床試験を実施している．投薬量は 100 および 200 mg/kg，投薬期間は 7 日間で，投薬終了後 8 日間を観察期間とし，計 15 日間供試魚の一般状態を調べ，死亡魚を計数している．算出した試験期間中の累積死亡率は次の通りである.

施設 1：累積死亡率は 100 mg/kg 投薬群（供試尾数 48,900 尾）が 3.3％で，無投薬対照群（供試尾数 51, 800 尾）の 2.7％より有意に低い.

施設 2：100 および 200 mg/kg 投薬群の累積死亡率はそれぞれ 4.2 および 4.1％で，ともに無投薬対照群の 7.7％より有意に低い．なお，供試尾数はいずれも 7,000 尾である.

これらの成績から，スルフイソゾールナトリウム 100 および 200 mg/kg，7 日間投与はニジマスの冷水病に有効と判断している（豊田, 2011）.

(6) 安全性・副作用

ブリ稚魚（体重 71〜74g）にスルフイソゾールを 1,000 および 2,000 mg/kg 14 日間混餌投与すると，増体重は無投薬群より低いものの，投薬終了後に回復する．また，体重 184g のブリにスルフイソゾールを 200 mg/kg，14 日間投与したところ，増体重と摂餌状況は無投与群と差がなく，剖検でも著変を認めない（日本水産資源保護協会，1981a）.

前述のアユ冷水病の産業規模の臨床試験において，スルフイソゾールナトリウムの投与に起因すると思われる臨床的な副作用は観察されず，200 mg/kg までの用量の安全性に問題はないと考えられる（インターベット社内資料）.

また，ニジマス冷水病の臨床試験において，供試魚の一般状態は試験期間を通してスルフイソゾールナトリウム投与による異常を認めない（豊田, 2011）.

(7) 用途および使用方法

効能効果はスルフイソゾール感受性菌に起因する下記疾病による魚類の死亡率の低下で，対象魚種，適応症，用法用量・投薬期間および使用禁止期間・休薬期間は表 3-26 の通り.

表 3-26　スルフイソゾールナトリウムの対象魚種，適応症，用法用量・投薬期間および使用禁止期間

対象魚種	適応症	用法	用量 (mg/kg)	投薬期間（日数）	使用禁止期間（日数）
ブリ	ビブリオ病 類結節症 ノカルジア症	経口	100〜200 25〜50	＊	10
ニジマス	ビブリオ病 冷水病	経口	100〜200	＊	15
コイ	カラムナリス病	経口	100〜200	＊	10
アユ	ビブリオ病 冷水病	経口	100〜200	＊	15

＊　8 日間以上の投薬は避けること

1・7　フラン誘導体

ニトロフラントイン，フラゾリドン，およびニトロフラゾンなど多数のフラン誘導体が過去に化学療法剤として開発されてきた（日本水産資源保護協会, 1981b；岡部, 1992；Stehly and Plakas, 1993；日本抗生物質学術協議会, 1994）．しかし，フラン誘導体はわが国ではヒト医療や獣医領域では利用されなくなり，ニフルスチレン酸ナトリウムのみが食用動物に利用できる水産用医薬品として製造承認を受けている.

1）作用機序

ニトロフラン誘導体はDNAに作用し，合成阻害を起こすことが知られている（McCalla *et al.*, 1971）．また，ニトロフラン誘導体は誘導酵素の合成を，翻訳の開始を阻止することで，選択的に阻害する（Herrlich and Schweiger, 1976）．

2）ニフルスチレン酸ナトリウム

ニフルスチレン酸ナトリウムは養殖魚の細菌性疾病に経口投与（柏木ら, 1977a, b）でも，薬浴（杉本ら，1981；岩田ら，1988）でも治療効果のある水産専用のニトロフラン誘導体として開発された．現在，ニフルスチレン酸ナトリウムの用法は薬浴のみであり，その適応は養殖魚ではヒラメの滑走細菌症である．本書では言及しないが，観賞魚ではコイ，フナ，キンギョのエロモナス感染症およびカラムナリス病，淡水性熱帯魚のカラムナリス病に適応される．

（1）一般名，化学名，分子式・分子量，構造式

一般名：ニフルスチレン酸ナトリウム（sodium nifurstyrenate）

化学名：5-nitro-（2-p-carboxystyryl）furan monosodium salt

分子式：$C_{13}H_8O_5N \cdot Na$　　分子量：281.057

構造式：

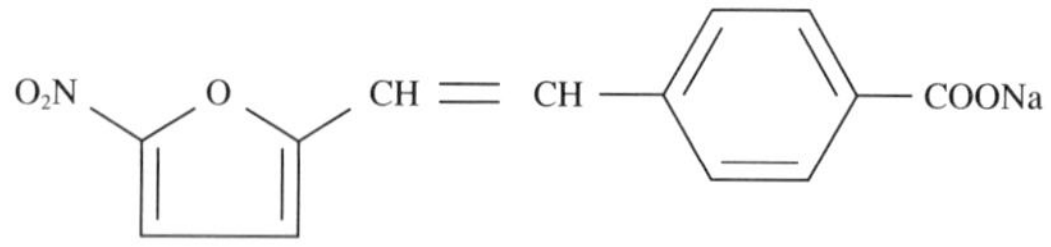

（2）抗菌スペクトル

グラム陽性およびグラム陰性の魚病細菌に対するニフルスチレン酸ナトリウムのMICは0.0075～0.62 μg/mlで，抗菌スペクトルが広く，特に*F. columnare*に対するMICは0.0075および0.015 μg/mlで，強い抗菌力を示す（柏木ら, 1977a；表3-27；上野製薬社内資料）．

表3-27　ニフルスチレン酸ナトリウムの抗菌スペクトル

菌　株	MIC（μg/ml）
Lactococcus garviae K-1	0.62
Lactococcus garviae M-1	0.31
Photobacterium damselae subsp. *piscicida* SU	0.31
Vibrio anguillarum K-3	0.062
Vibrio anguillarum KM-37	0.12
Vibrio anguillarum TUF	0.015
Aeromonas salmonicida ATCC14174	0.062
Aeromonas hydrophila EFDL	0.12
Aeromonas hydrophila UT-62	0.031
Aeromonas hydrophila CA	0.12
Aeromonas hydrophila Y-62	0.062
Aeromonas hydrophila IAM1018	0.25
Flavobacterium columnare EK-28	0.0075
Flavobacterium columnare LP-8	0.015

（柏木ら，1977a，上野製薬社内資料）

(3) 野外分離株の感受性分布

1979年および1980年にウナギ*Anguilla japonica*から分離した*F. columnare* 14株に対するニフルスチレン酸ナトリウムのMICは0.009〜0.31 μg/mlに分布する（杉本ら，1981）.

そして，1985〜1991年にヒラメ*Paralichthys olivaceus*およびマダイ*Pagrus major*養殖場で滑走細菌症に罹病したヒラメ，マダイおよびクロダイ*Acanthopagrus schlegelii*から分離した*Tenachibaculum maritimum* 38株に対するニフルスチレン酸ナトリウムのMICは≦0.025〜0.1 μg/mlで，耐性株を認めない（上野製薬社内資料）.

(4) 薬物動態

ニフルスチレン酸ナトリウム10 μg/ml溶液に3時間薬浴したヒラメ（平均体重157g，水温25〜26℃）の体内濃度を微生物学的定量法で測定している．T_{max}は血漿が薬浴終了直後，肝臓および腎臓が薬浴終了後6時間目，C_{max}は血漿（0.61 μg/ml）＞腎臓（0.46 μg/g）＞肝臓（0.42 μg/g）の順で，血漿は6時間目に肝臓と腎臓は24時間目に，それぞれ検出限界値（0.06〜0.25 μg/ml or g）未満になる．また，筋肉中のニフルスチレン酸ナトリウム濃度は薬浴後48時間，検出限界値（0.13 μg/g）を超えない（上野製薬社内資料）.

ニフルスチレン酸ナトリウム20 μg/ml溶液で3時間薬浴し，その後，通常の飼育水で飼育したヒラメ（平均体重330g，水温21.0〜23.3℃）の筋肉中ニフルスチレン酸ナトリウム濃度（HPLC法で測定）は，薬浴後0.25日目から7日目まで検出限界値（0.05 μg/g）を超えない（大分県水産試験場，1991）

(5) 臨床成績

福田ら（1993）は滑走細菌症の自然発病を確認したヒラメの稚魚をニフルスチレン酸ナトリウム溶液で薬浴し，薬浴開始7日前から最終薬浴終了後7日目まで17日間の死亡数を計数して，本剤の効果を検討している．薬浴は平均体重65gのヒラメ稚魚2,300尾をニフルスチレン酸ナトリウム10 μg/mlで2時間，および平均体重46gのヒラメ稚魚2,400尾を2 μg/mlで6時間の2つの方法で1日1回，3日間繰り返した．薬浴前にヒラメから分離した滑走細菌10株に対するニフルスチレン酸ナトリウムのMICは≦0.024〜0.049 μg/mlであった．2つの薬浴方法とも薬浴後に死亡数の低減が認められる．また，死亡数の減少が10 μg/ml－2時間薬浴では薬浴終了後に，2 μg/ml－6時間薬浴では薬浴開始2日目から観察されることから，後者の用法に即効性があると考察している.

(6) 安全性・副作用

2.5，5，10および20 μg/mlのニフルスチレン酸ナトリウム溶液で48時間薬浴した平均体重5.6gのヒラメは薬浴期間中に死亡が観察されない．また，平均体重315gのヒラメを10および20 μg/mlのニフルスチレン酸ナトリウム溶液で48時間薬浴しその後5日間観察した場合も，死亡を認めない（上野製薬社内資料）.

(7) 用途および使用方法

効能効果はニフルスチレン酸ナトリウム感受性菌に起因する下記疾病による魚類の死亡率の低下で，用法用量・投薬期間および使用禁止期間・休薬期間は表3-28の通り.

表 3-28　ニフルスチレン酸ナトリウムの対象魚種，適応症，用法用量・投薬期間および使用禁止期間

対象魚種	適応症	用法	用量 (mg/ml)	薬浴時間(h)×日数	使用禁止期間(日数)
カレイ目魚類の稚魚	滑走細菌症	薬浴	5～10	2×3	2
			2	6×3	

1・8　キノロン系

キノロン薬はβ-ラクタム系抗生物質と並ぶ代表的基本骨格をもつ合成抗菌薬である。キノロン系抗菌薬の歴史は 1962 年に開発されたナリジクス酸に始まる．その後，多くの誘導体が検討され，この系統の薬剤は著しい発展を遂げた．これらの薬剤に共通した構造は 4-oxo-1, 4-dihydroquinolone であり，キノロン薬と総称される．また，ノルフロキサシン（1978 年発表）以降に開発された広い抗菌スペクトルと強い抗菌力を有するキノロン薬をニューキノロンと呼んでいる（清水, 1991a, b）．そして，ニューキノロン薬は魚病起因菌に強い抗菌力を示すことから，魚類の細菌感染症に対して有効と示唆されている（Nakano *et al.*, 1989）．また，魚病起因菌に対する低い MIC 値と良好な体内分布から，本系統の薬剤は魚類の細菌感染症の治療に有用と考えられ，魚類の薬物動態に関する多くの報告がある（Samuelsen, 2006）．

わが国ではナリジクス酸，オキソリン酸，ミロキサシン（Ueno *et al.*, 2001），ピロミド酸（Katae *et al.*, 1979；片江ら, 1979；田代ら, 1979）およびフルメキン（Michel *et al.*, 1980；Takahashi *et al.*, 1990）がこれまでに水産用医薬品として承認されてきた．これらのキノロン薬はいずれも 1973 年以前に発表されたもので，ニューキノロン薬ではない．しかし，現在は，オキソリン酸のみが使用されている．

1）作用機序

キノロン薬の作用点は，細菌の細胞質内に存在し，染色体 DNA の複製に重要な役割を担う DNA ジャイレースと呼ばれる多機能酵素である．キノロン薬はこの酵素を阻害することで核酸の合成を阻害し，抗菌活性を発揮する（Sugino *et al.*, 1977；Gellert *et al.*, 1977；釆, 1991）．

2）オキソリン酸

オキソリン酸はわが国ではヒト医療には使用されていない動物専用薬で，家畜・家禽においてはウシおよびブタの細菌性下痢症（佐藤ら, 1992），ブタのパスツレラ性肺炎，ニワトリのパラチフス症や大腸菌症に使用されている．水産養殖においては，グラム陰性菌による細菌感染症に広く適応され，経口と薬浴の 2 通りの投与法で用いられている．また，結晶粒子を微細化してオキソリン酸の生体吸収を高めた懸濁水性剤もある．

(1) 一般名，化学名，分子式・分子量，構造式

一般名：オキソリン酸（oxolinic acid）

化学名：5-Ethyl-5, 8-dihydro-8-oxo-1, 3-dioxolo[4, 5-*g*]- quinoline-7-carboxylic acid

分子式：$C_{13}H_{11}NO_5$　　分子量：261.23

構造式：

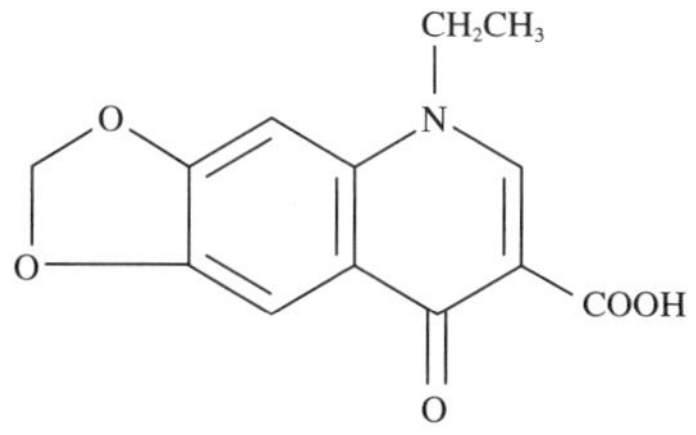

(2) 抗菌スペクトル

グラム陰性の魚病細菌である *P. damselae* subsp. *piscicida*, *V. anguillarum*, *E. tarda*, *A. salmonicida*, *A. hydrophila*, および *F. columnare* 対するオキソリン酸の MIC は表 3-29 に示すように 0.025〜0.39 μg/ml で，強い抗菌力を示す（遠藤ら, 1973，DS ファーマアニマルヘルスおよび松村薬品工業社内資料）.

表 3-29　オキソリン酸の抗菌スペクトル

菌　株	MIC（μg/ml）
Photobacterium damselae subsp. *piscicida* S	0.2
Photobacterium damselae subsp. *piscicida* La	0.1
Vibrio anguillarum PB-3	0.025
Vibrio anguillarum PB-15	0.05
Vibrio anguillarum PB-28	0.05
Vibrio anguillarum PI-6	0.1
Vibrio anguillarum ET-1	0.05
Edwardsiella tarda ET-79041	0.2
Edwardsiella tarda EF-1	0.2
Aeromonas salmonicida Tama	0.025
Aeromonas hydrophila 711	0.1
Aeromonas hydrophila 714	0.1
Aeromonas hydrophila 715	0.025
Aeromonas hydrophila 718	0.05
Aeromonas hydrophila 719	0.1
Aeromonas hydrophila Y-62	0.05
Aeromonas hydrophila 67-P-24	0.1
Flavobacterium columnare EK-28	0.39

（遠藤ら，1973，DS ファーマアニマルヘルスおよび松村薬品工業社内資料）

(3) 野外分離株の感受性分布

1986 年に 8 県下で飼養中のブリから分離した *P. damselae* subsp. *piscicida* 183 株に対するオキソリン酸の MIC は ≦ 0.2〜3.13 μg/ml に分布し，MIC_{90} は 2.66 μg/ml である（Takahashi and Endo, 1987）.

1978，1980 および 1981 年に 9 県下でビブリオ病のアユから分離した *V. anguillarum* 44 株に対するオキソリン酸の MIC は≦ 0.2〜12.5 μg/ml に分布し，MIC_{50} と MIC_{90} はそれぞれ，≦ 0.2 μg/ml および 0.78 μg/ml で，3.13 μg/ml 以上の耐性株が 9% 存在する（DS ファーマアニマルヘルスおよび松村薬品工業社内資料）.

Barnes ら（1991）は *A.salmonicida* 83 株（スコットランド）のキノロン薬感受性を報告している．オキソリン酸の MIC 域および MIC_{90} は，耐性 38 株に対し 1.00～15.00 および 7.50μg/ml，感受性 45 株に対し 0.01～0.75 および 0.40μg/ml である．

（4）薬物動態

（ⅰ）経口投与

〔ブリ〕

粒子径が 1.0μm（微細化・懸濁水性剤）と 6.4μm（標準・散剤）のオキソリン酸をそれぞれ 30 mg/kg, 1 回強制経口投与したブリ（平均体重 570g）の体内濃度を HPLC 法で測定した遠藤ら（1987）の報告がある．T_{max} および $T_{1/2}$ は両製剤間に著差を認めないが，臓器組織の C_{max} は微細化製剤で高い（表 3-30）．AUC は微細化製剤（27.9μg・h/ml）が標準製剤（22.2μg・h/ml）の約 1.3 倍で，結晶の微細化によるオキソリン酸の生体内吸収の向上が確認されている．

表 3-30　30 mg/kg，1 回強制経口投与したブリにおける薬物動態パラメータ

粒子径（μm）	パラメータ	血清	肝臓	腎臓	筋肉
1.0	C_{max}（μg/ml or g）	2.38	3.40	5.37	3.04
	T_{max}（h）	6	2	6	6
6.4	C_{max}（μg/ml or g）	1.39	2.66	2.67	1.71
	T_{max}（h）	6	2	6	8

（飼育水温 14.6～16.6℃）

また，粒子径 1.0μm のオキソリン酸を 30 mg/kg，5 日間混餌投与したブリの血清，肝臓，腎臓および筋肉内濃度はそれぞれ最終投与後 3, 10, 16 および 13 日目に検出限界値（0.01～0.03μg/ml or g）未満になる（飼育水温 16.0～17.5℃）．

〔ニジマス〕

オキソリン酸を 40 mg/kg，1 回強制経口投与した平均体重 130g のニジマス（水温 10℃）の体内濃度を HPLC 法で測定したところ，血液，肝臓，腎臓および筋肉における T_{max} はいずれも投与後 3 日目で，C_{max} はそれぞれ 2.85，8.04，15.82 および 4.73μg/ml or g であり，投与後 18 日目に検出されなくなる（Ueno *et al.*, 1988b）．

（ⅱ）薬浴

〔アユ〕

20μg/ml のオキソリン酸溶液に 6 時間薬浴したアユ（平均体重 51g，水温 16～18℃）の体内濃度を化学的定量法（蛍光法）で測定したところ，血清，肝臓，腎臓，鰓および筋肉における C_{max} は薬浴終了直後から 3 時間目に観察され，それぞれ 3.05，22.02，7.70，3.58 および 4.94μg/ml or g で，薬浴終了後 10 日目に検出限界値（0.05 あるいは 0.1μg/ml or g）未満になる（DS ファーマアニマルヘルスおよび松村薬品工業社内資料）．

（5）臨床成績

（ⅰ）類結節症

Takahashi と Endo（1987）は，類結節症の発生を認めた平均体重 39～91g のブリ総計約 76,000 尾，13 症例を対象に，結晶粒子径の異なる 2 種のオキソリン酸（1.0μm；微細化・懸濁水性剤，6.4μm；

標準・散剤）の5日間混餌投与による治療効果を検討している．投薬開始後21日間の累積死亡率は，微細化30，20および10 mg/kg（各3症例）が2.21〜3.31，1.77〜2.41，4.63〜5.60%，標準30 mg/kg（2症例）が4.47〜8.79%で，無投与対照群（2症例）の16.95〜17.47%より有意に低く，オキソリン酸投与による死亡率の低下を認めている．また，標準30 mg/kgの効果は微細化10と20 mg/kgの中間に位置すると判断されている．なお，試験期間中に分離された *P. damselae* subsp. *piscicida* 183株に対するオキソリン酸のMICは≦0.2〜3.13 μg/mlである．

(ii) ビブリオ病

ビブリオ病に自然感染したアユを30尾ずつ10 μg/mlのオキソリン酸溶液に1，3および5時間薬浴して薬浴後5日間の死亡率を求めたところ，対照群，1，3および5時間薬浴群の死亡率はそれぞれ100，70，50および13.3%で，10 μg/ml溶液による5時間薬浴が治療に適切と判断されている．試験期間中に分離された *V.anguillarum* に対するオキソリン酸のMICは≦0.2〜0.39 μg/mlであった（DSファーマアニマルヘルスおよび松村薬品工業社内資料）．

(iii) せっそう病

Austinら（1983）は，*A. salmonicida* 感染を認めた養殖場（イングランド）のニジマスにオキソリン酸5 mg/kgを10日間混餌投与したところ99%が生存し，無投与対照の生存率は69%であった，と報告している．

(6) 安全性・副作用

(i) 経口投与

微細化オキソリン酸をモイストペレットに添加し，200および100 mg/kgを10日間，平均体重17.3 gのブリ稚魚に投与して安全性を調査したところ，死亡例はなく，一般状態，体重変化ならびに最終終了時および観察期間終了時の剖検所見，血液性状に異常を認めない（DSファーマアニマルヘルスおよび松村薬品工業社内資料）．

BjörklundとBylund（1991b）は，ニジマスにおけるオキソリン酸の経口急性毒性（LD_{50}）は4,000 mg/kg以上と報告している．

(ii) 薬浴

6.3，12.5，25および50 μg/mlのオキソリン酸溶液に72時間薬浴したアユ（約6 g）は，50 μg/mlで全例死亡し，6.3〜25 μg/mlでは全例生存する．また，12.5および25 μg/ml薬浴では体色の変化が一部の供試魚に観察されるので，薬浴による影響が見られない濃度は10 μg/ml程度と判断されている（DSファーマアニマルヘルスおよび松村薬品工業社内資料）．

(7) 用途および使用方法

効能効果はオキソリン酸感受性菌に起因する下記疾病による魚類の死亡率の低下で，対象魚種，適応症，用法用量・投薬期間および使用禁止期間・休薬期間は表3-31の通り．

表 3-31 オキソリン酸，その懸濁水性剤および薬浴剤の対象魚種，適応症，用法用量・投薬期間および使用禁止期間

対象魚種	適応症	用法	用量（mg/kg）	投薬期間（日数）	使用禁止期間（日数）
スズキ目	類結節症	経口[*2]	10～30	5～7	16
			10～20	5	16
ニシン目	せっそう病	経口	5～10	5～7	21
	ビブリオ病	経口	5～20	3～5	21
アユ	ビブリオ病	経口	5～20	3～7	14
コイ目[*1]	エロモナス病	経口	5～10	5～7	28
ウナギ目	鰭赤病	経口	5～20	4～6	25
	赤点病	経口	1～5	3～5	25
	パラコロ病	経口	20	5	25
アユ	ビブリオ病	薬浴	10[*3]	5[*4]	14
ウナギ	パラコロ病	薬浴	5[*3]	6[*4]	25

*1 コイ目魚類：コイ，ドジョウ，ナマズ，フナ，ホンモロコ，その他のコイ目魚類.
*2 下段は懸濁水性剤，*3 μg/ml，*4 薬浴時間（h），薬浴剤を使用する.

1・9 その他の抗細菌性物質：フロルフェニコール

クロラムフェニコール，チアンフェニコールおよびフロルフェニコールなどはクロラムフェニコール系あるいはアムフェニコール系と称されることもある化学療法剤である．クロラムフェニコールはグラム陽性菌，グラム陰性菌，リケッチア，クラミジアなどに作用し，抗菌スペクトルは広く，抗菌力も強い．チアンフェニコールはクロラムフェニコール誘導体であり，フロルフェニコールはチアンフェニコール，クロラムフェニコールのフッ素化誘導体の合成研究から見出されたチアンフェニコールの誘導体である．わが国では，チアンフェニコールおよびフロルフェニコールは畜産および水産養殖分野でのみ使用されている．本項ではフロルフェニコールを取り上げる．

1）作用機序

クロラムフェニコール系の薬剤はリボゾームの50Sサブユニットに作用し，peptidyl transferase 反応を抑制することによって細菌のタンパク合成を阻害する（Nishimura *et al.*, 1966；Cannon *et al.*, 1990）．

2）フロルフェニコール

フロルフェニコールはチアンフェニコールの誘導体で，ヘモフィルス，ナイセリア，腸球菌およびクレブシエラならびにクロラムフェニコール耐性の赤痢菌，サルモネラ，黄色ブドウ球菌および 腸球菌に強い抗菌力を示す（Neu and Fu, 1980）．わが国ではフロルフェニコールはヒト医療には用いられておらず，畜水産分野における細菌性疾病への応用研究が行なわれてきた．畜産分野ではブタの胸膜性肺炎（植田, 1996），ニワトリ大腸菌症およびウシ細菌性肺炎に，水産分野においてスズキ目魚類の類結節症およびレンサ球菌症，ウナギ目魚類のパラコロ病，ニシン目魚類のせっそう病およびビブリオ病に使用されている．

(1) 一般名，化学名，分子式・分子量，構造式

一般名：フロルフェニコール（florfenicol）

化学名：2, 2-Dichloro-N-[αS, βR]- α-(fluoromethyl)- β-hydroxy-*p*-(methylsulfonyl)-phenethyl]acetamide

分子式：$C_{12}H_{14}C_2FNO_4S$　　　分子量：358.21

構造式：

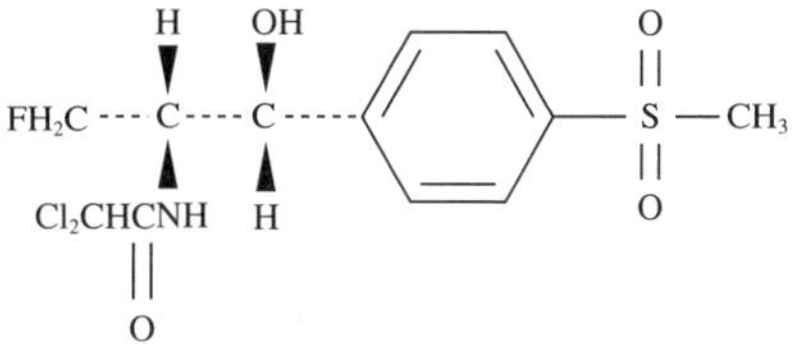

(2) 抗菌スペクトル

フロルフェニコールのMICは，表3-32に示すように*L. garvieae*に対して3.1μg/ml，*P. damselae* subsp. *piscicida*などグラム陰性の魚病細菌に対して0.4～0.8μg/mlで，強い抗菌力を示す（Fukui *et al.*, 1987）

表3-32　フロルフェニコールの抗菌スペクトル

菌　株	MIC（μg/ml）
Lactococcus garviae TS-L	3.1
Lactococcus garviae TS-N	3.1
Photobacterium damselae subsp. *piscicida* TF-53	0.4
Photobacterium damselae subsp. *piscicida* SP-3071	0.4
Vibrio anguillarum NA-8101	0.8
Vibrio anguillarum PT-80102	0.4
Edwardsiella tarda K-3	0.8
Edwardsiella tarda ET-80047	0.8
Aeromonas salmonicida ATCC14174	0.4
Aeromonas salmonicida MK-8001	0.4
Aeromonas hydrophila Y-62	0.4
Aeromonas hydrophila Pd-306	0.4

（Fukui *et al.*, 1987）

(3) 野外分離株の感受性分布

1989年にブリから分離した*L. garvieae*　50株および1987～1992年にサケ科魚から分離した*A.salmonicida*　66株に対する対するフロルフェニコールのMICは，それぞれ1.56～3.13μg/ml（武田薬品工業, 1991）および0.4～1.6μg/ml（武田薬品工業, 1994）に分布する.

病魚から分離された*P. damselae* subsp. *piscicida* 50株（1980～1984年に分離），*V. anguillarum* 35株（1980～1983年）および*E. tarda* 50株（1975～1983年）に対するフロルフェニコールのMICは，それぞれ0.2～0.4μg/ml，0.4～0.8 μg/mlおよび0.4～1.6 μg/mlに分布する.（Fukui *et al.*, 1987）.

また，Kim と Aoki（1993b）は 1989〜1991 年にブリ病魚から分離した *P. damselae* subsp. *piscicida* 175 株に対するフロルフェニコールの MIC は 0.4μg/ml 以下と報告している．

(4) 薬物動態

〔ブリ〕

フロルフェニコールを 10 mg/kg，1 回強制経口投与したブリ当歳魚（飼育水温 23.5〜25℃）の体内濃度は血液，腎臓，脾臓および脳で 1.5 時間目に，肝臓および筋肉で 3 時間目に C_{max} に達する．脾臓が約 8μg/g で最も高く，次いで，腎臓＞筋肉＞血液＞肝臓＞脳の順である（武田薬品工業，1991）．

フロルフェニコールを 10 mg/kg，10 日間，混餌投与したブリ当歳魚（20〜23℃および 27〜29℃の 2 水温でそれぞれ飼養）の血液，肝臓，腎臓，脾臓および筋肉中濃度は最終投薬終了後，高水温では 2 日目に, 低水温では 3 日目にそれぞれ検出限界値（0.025μg/ml or g）未満になる（武田薬品工業，1991）．

〔ニジマス〕

水温 17〜18℃で飼育する平均体重 321g のニジマスにフロルフェニコールを 10 mg/kg，1 回経口投与したところ，肝臓，腎臓，筋肉および血液の T_{max} はいずれも 9 時間で，C_{max} は肝臓が約 10μg/g と最も高く，次いで腎臓＞筋肉＞血液の順である（武田薬品工業, 1994）．

フロルフェニコールを飼料に吸着させてニジマスに 20 mg/kg，7 日間連続投与したところ，筋肉中のフロルフェニコールは最終投薬終了後 7 日目に検出限界値（0.05μg/g）未満になる（武田薬品工業, 1994）．

(5) 臨床成績

(ⅰ) レンサ球菌症

レンサ球菌症による死亡が認められたブリ当歳魚 5,000 尾にフロルフェニコールを 10 mg/kg，5 日間投与したところ，投薬 3 日目以降に死亡数が急減する（武田薬品工業, 1991）．

Streptococcus iniae による死亡を認めた淡水飼育のサンシャインバス（sunshine bass）にフロルフェニコールを 10 mg/kg（実質 8.3 mg/kg）10 日間投与してその後 14 日間観察した．投与群（$n=3$）の累積死亡率 19±10％は無投与群（$n=3$）の累積死亡率 52±13％より有意（$p=0.04$）に低い（Bowker *et al.*, 2010）．

(ⅱ) 類結節症

類結節症が発生したブリ 1,500 尾，3 群にフロルフェニコールを餌料に混合して 5 日間連続投与する臨床試験を 3 回繰り返している．表 3-33 に示すように，投薬開始後（投薬開始 2 日目から投薬終了後 3 日目までの 7 日間）の死亡率はフロルフェニコール投与群が無投与群に比べて有意に低く，フロルフェニコール投与群での死亡率は, 5 mg/kg 群が 10 および 30 mg/kg 群より高い．したがって，フロルフェニコール 10 mg/kg，5 日間投与がブリの類結節症の治療に十分な効果を示す，と結論されている（Yasunaga and Tsukahara, 1988）．

表 3-33　フロルフェニコールのブリ類結節症に対する臨床効果

試験	群	体重 (g)	投薬量 (mg/kg)	投薬前（7日間*1）		投薬開始後（7日間）	
				供試尾数	死亡率	供試尾数	死亡率
1	1	15	5	1500	2.07	1469	6.74[a*2]
	2	15	10	1500	1.47	1478	4.80[b]
	3	15	30	1500	2.60	1461	3.76[b]
2	1	41	10	1336	9.36[a]	1211	4.38[a]
	2	45	30	1375	8.00[a]	1265	4.19[a]
	3	40	0	1391	6.04[b]	1307	15.30[b]
3	1	109	5	1158	12.44[a]	1014	32.84[a]
	2	113	10	1212	11.39[a]	1074	27.28[b]
	3	110	0	1407	8.95[b]	1281	60.97[c]

*1　試験1は1日間
*2　同一試験での異符号間に有意差あり（$p < 0.05$）　（Yasunaga and Tsukahara，1988を一部改変）

（iii）せっそう病

河西・小野（1993）はせっそう病が自然発生したヤマメ *Oncorhynchus masou masou* 4,000尾にフロルフェニコールを飼料に添加して10 mg/kg，5日間の経口投与を7日間隔で2回実施して治療効果を検討している．投薬開始前に分離された *A. salmonicida* のフロルフェニコール感受性（ディスク法）は＋＋＋であった．累積死亡数は投薬開始前7日間が77尾，1回目投薬開始時から2回目投薬終了7日後までの23日間は68尾（累積死亡率4.3％）であったことから，10 mg/kg，5日間投与はヤマメのせっそう病の治療に有効と判断している．

ノルウェーの5養殖場のタイセイヨウサケ（総尾数115, 245尾）に自然発生したせっそう病に対しフロルフェニコールを10 mg/kg，10日間混餌投与し，その後16～28日間観察したところ，治療開始後10日間で *A. salmonicida* に起因する死亡数は急速に減少し，その最終的な死亡率は0.97％（0.09～4.33％）に止まる，と Nordmo ら（1994）は報告している．

(6) 安全性・副作用

フロルフェニコールをマイワシミンチに添加して平均体重130gのブリに10，30および100 mg/kg，10日間連続投与したところ，100 mg/kg群では摂餌の軽度な低下と増体重の低下傾向が認められるが，10および30 mg/kg群では摂餌，増体重および血液検査，組織病理学的検査で異常を認めない（武田薬品工業, 1991）．また，本剤を飼料添加で平均体重230gのニジマスに20および100 mg/kg，7日間連続投与したところ，一般状態，増体重，血液学的検査，剖検および病理学的検査などで異常を認めない（武田薬品工業, 1994）．

(7) 用途および使用方法

効能効果はフロルフェニコール感受性菌に起因する下記疾病による魚類の死亡率の低下で，対象魚種，疾病，用法用量・投薬期間および使用禁止期間・休薬期間は表3-34の通り．

表 3-34　フロルフェニコールの対象魚種，適応症，用法用量・投薬期間および使用禁止期間

対象魚種	適応症	用法	用量 (mg/kg)	投薬期間（日数）	使用禁止期間（日数）
スズキ目	類結節症 レンサ球菌症	経口	10	5	5
ウナギ目	パラコロ病	経口	10	5	7
淡水で飼育するニシン目（アユを除く）	ビブリオ病 せっそう病	経口	10	5	14
アユ	ビブリオ病	経口	10	5	14

1・10　残留薬剤の評価法

食品中に残留する農薬，動物用医薬品（水産用医薬品を含む．以下略）および飼料添加物（以下「農薬等」という）について，一定の量を超えて農薬等が残留する食品の販売などを原則禁止するという制度（ポジティブリスト制度）が 2006 年に施行された．(厚生労働省，2012)．

このように農薬等の残留基準を規制する仕組みは変わったものの，承認を受けた動物用医薬品の一種である水産用医薬品は，その効能・効果の対象魚種，用法・用量，使用禁止期間・休薬期間を今まで通り遵守して使用すれば，問題が生じることはない（農林水産省消費･安全局　畜水産安全管理課，2012)．

すなわち，農薬等は残留基準以下ならその成分が食品中に含まれていてもヒトへの安全性は担保できるとの考えに基づいて極微量の残留が許容されている．ゆえに，ヒト食品中に残留する農薬等はその安全性評価のための様々な試験が実施されている．

そこで，本書で取り上げた水産用化学療法剤に関し，どのような安全性評価がなされ，どのような許容基準値が設定されているかを紹介する．

1）安全性の評価法

(1) 1 日摂取許容量の設定

1 日摂取許容量（acceptable daily intake, ADI）は，ヒトが生涯にわたって摂取しても有害作用を発現しないと考えられる食品中残留化学物質の 1 日当たりの最大摂取量と定義されている．

ADI の設定に必要な基本的試験として反復投与毒性試験，生殖毒性試験，発生毒性試験，遺伝毒性試験，そして化合物の特性に基づく追加試験として，ヒト腸内細菌叢に及ぼす影響試験，薬理作用試験，免疫毒性試験，神経毒性試験，がん原性試験，さらにこれらを補助する特殊試験がある（FAO/WHO, 1998；Cerniglia and Kotarski, 1999；三森, 1999；中島, 2000；VICH, 2009；医薬品非臨床試験ガイドライン研究会, 2010)．このように試験は毒性学的および微生物学的評価に大別される．したがって，抗生物質あるいは合成抗菌剤である水産用化学療法剤の場合は，ADI の設定においてヒト腸内細菌叢への影響を考慮して微生物学的 ADI を求める必要がある．

国際的コンセンサスが得られている VICH（動物用医薬品の承認審査資料の調和に関する国際協力会議）のガイドラインでは，微生物学的 ADI を設定するときに考慮する公衆衛生上の懸念の微生物学的エンドポイントとして定着化バリア（colonization barrier）の崩壊と耐性菌ポピュレーションの

増加を挙げている．なお，定着化バリアとは外来微生物の結腸における定着並びに内因性の潜在性病原菌の過剰増殖を制限する正常腸内菌叢の機能を指す．これら2つの微生物学的エンドポイントを明らかにする試験系は，*in vitro* 試験として MIC 試験，糞便バッチ培養，糞便スラリー，ならびに糞便を接種する半連続，連続およびフェッドーバッチ培養，*in vivo* 試験としてヒト菌叢定着（human flora-associated, HFA）および普通（conventional）実験動物を用いた試験がある（VICH, 2004）．

これらの試験は有害作用をもたらす用量および無毒性量（no-observable adverse effect level, NOAEL）を明らかにするために行われ，NOAEL は ADI の設定に用いられる．

（2）残留基準の設定

残留基準（maximum residue limit；MRL）は，国あるいは地域の規制当局によって許容できるとされている動物用医薬品などの食品中の最大残留濃度で，ADI と適正に使用された場合の食品中残留濃度や分析における測定限界値を考慮して設定される．次に，採用した MRL 案で予想される暴露量を試算し，その量が ADI を超えないなら公衆衛生上許容されるとして，MRL 案を残留基準値とする．なお，暴露量とは使用した動物用医薬品が残留する食品をヒトが摂食することによってヒトに摂取される動物用医薬品量を指す（三森, 1999；FAO/WHO, 1989, 1990；WHO, 1997, 2008；VICH, 2011）．

2）水産用化学療法剤に設定された許容基準値

（1）1日摂取許容量（ADI）

製造承認を受けた水産用化学療法剤のうちフロルフェニコール，オキソリン酸およびホスホマイシン，さらに本節で取り上げなかったチアンフェニコールの食品健康影響評価結果が食品安全委員会から通知されている．

これら4成分のうち最初（2007年8月）に評価結果が通知されたフロルフェニコールの ADI は次のように確立されている．各種の毒性試験において最も低い用量で影響が認められたのはイヌ52週間慢性毒性試験における胆嚢上皮の嚢胞性過形成で，NOAEL 1 mg/kg 体重 /day であり，種差10，個体差10の安全係数100で除して，毒性学的 ADI は 0.01 mg/kg 体重 /day と設定される．次に，MIC 値から VICH の算出式を用いて微生物学的 ADI 0.012 mg/kg 体重 /day が導かれる．この2つの ADI を比較して，より低い毒性学的 ADI 0.01 mg/kg 体重 /day を食品健康影響評価の ADI として採用している．

他の3成分，すなわちチアンフェニコール，オキソリン酸およびホスホマイシンの毒性学的 ADI はそれぞれ，0.05，0.021，および 0.175 mg/kg 体重 /day，微生物学的 ADI はそれぞれ，0.0046，0.031，および 0.019 mg/kg 体重 /day で，食品健康影響評価としての ADI はそれぞれ，0.005，0.021，および 0.019 mg/kg 体重 /day である（食品安全委員会，2007a, b，2008，2010，2011）．

（2）残留基準（MRL）

本節で取り上げた水産用化学療法剤14成分のうちトビシリンを除く13成分の MRL が報告されている．また，水産食品中の MRL はサケ目魚類，ウナギ目魚類，スズキ目魚類，その他の魚類，貝類および甲殻類などを対象に定められている．例えば，スズキ目魚類におけるアンピシリン，エリスロマイシン，リンコマイシン，ドキシサイクリン，ビコザマイシン，ホスホマイシン，スルファモノメトキシン，スルフイソゾール，オキソリン酸およびフロルフェニコール，さらに ADI 値を紹介したチアンフェニコールの MRL は 0.02～0.1 μg/g である（日本食品化学研究振興財団，2012）．（遠藤俊夫）

§2. 薬剤感受性試験

薬剤感受性試験法は，抗菌剤に対する細菌の感受性を調べるための検査法である．感染菌の各種抗菌剤に対して感受性か耐性であるかどうかを調べ，治療に使用する抗菌剤を選ぶ際に広く用いられている．また，得られた各種抗菌剤に対する感受性のデータは，養殖場，県別，国別，あるいは年別を比較する疫学調査にとって重要である．薬剤感受性試験法は，寒天平板希釈法，液体希釈法とディスク法（拡散法）とに大別される．希釈法では，感受性の程度を最小発育阻止濃度（Minimum inhibitory concentration, MIC）で表す（Hawke *et al.*, 2009；動物用抗菌剤研究会 MIC 測定法標準化委員会, 2003；動物用抗菌剤研究会出版委員会, 2004；三橋　進編, 1980；東京大学医科学研究所学友会編, 1988；東京大学医科学研究所学友会編, 1998）．なお，円筒（カップ）平板法は，各種抗菌剤の力価試験に用いられるが，体内に分布する薬剤濃度を測定する際に使用されている（Hawke *et al.*, 2009；動物用抗菌剤研究会 MIC 測定法標準化委員会, 2003；動物用抗菌剤研究会出版委員会, 2004；三橋　進編, 1980；東京大学医科学研究所学友会編, 1988；東京大学医科学研究所学友会編, 1998）．

2・1　寒天平板培養希釈法

動物由来細菌に対する抗菌性物質の最小発育阻止濃度（MIC）測定法に準拠する（動物用抗菌剤研究会 MIC 測定法標準化委員会，2003；動物用抗菌委員会編，2004）．2 倍段階希釈濃度（128，64，32，16，8，4，2，1，0.5，0.25，0.12，0.06 μg/ml）を含む培地に一定量の検疫を接種する．魚病細菌の種類により培養温度および培養時間が異なるが，一定の温度と時間で培養後，増殖を阻止したもっとも低い希釈の濃度を MIC と呼ぶ．

感受性試験に使用する培地は，ミューラーヒントン培地を，増殖用培地は，トリプチケースソイブロースであるが，魚病細菌によっては，表 3-35 に示した培地を用いる．*Flavobacterium columnare* および *Tenacibacterium maritimum* は，サイトファーガ（Cytophaga）寒天培地を，*F. psychrophilum* は，TYE 寒天培地を，*Mycobacterium* sp. および *Nocadia seriolae* は，ADH enrichment 添加 Middlebrook 7H11 寒天培地を，また，*Renibacterium salmpninarum* は，KDM-2 寒天培地を用いる．

菌種によって培養温度も異なる．サケ科魚類の病原菌は，15 から 20℃で培養し，それ以外の病原菌は，20 から 30℃で培養する．各菌の培養温度は，表 3-35 に示した．

薬剤の秤量後，滅菌蒸留水を用いて原液 5,120 μg/ml の濃度に調整する．次いで，滅菌蒸留水で段階的に希釈する．水に不溶性あるいは，難溶性の薬剤については，エタノール，水酸化ナトリウムあるいは NN ジメチルスルフォンアミドの適当量を用いて溶解した後，残りは滅菌蒸留水を加えて原液 5,120 μg/ml の濃度に調整する．原液 5,120 μg/ml を滅菌蒸留水を用いて 1,280，160，20 および 2.5 μg/ml の濃度に調整する．各希釈液を適宜，倍数希釈し，上述の 2 倍段階希釈濃度を調整する．但し，3 連続以上の希釈をおこなわないことを原則とする．

前述した各菌種に定められた薬剤感受性寒天培地を作製し，オートクレーブを用いて高圧滅菌後，培地を55℃前後になるまで温浴槽で保温しておく．段階希釈した薬剤を寒天培地の1/10量シャーレに分注し，次いで，寒天培地を入れ，よく混合する．固まった平板は，孵卵器などで寒天表面を乾燥させる．試験薬剤によっては，熱により分解されやすく，培地の温度には注意を払うことが大切である．

表3-35　魚病細菌の薬剤感受性試験に用いる培地，培養温度，MIC判定時間

菌　種	培　地	培養温度	MIC判定時間
Aeromonas hydrophila	ミューラーヒントン寒天培地	25℃	24時間
Aeromonas salmonicida	ミューラーヒントン寒天培地	20℃	24時間
非定型 *Aeromonas salmonicida*	ミューラーヒントン寒天培地	25℃	24時間
Edwardsiella tarda	ミューラーヒントン寒天培地	25～30℃	24時間
Flavobacterium columnare	Cytophaga寒天培地 ［0.05%（w/v）tryptone, 0.05%（w/v）yeast extract, 0.05%（w/v）sodium acetate, 0.02%（w/v）beef extract, 1.0%（w/v）agar, pH 7.2 - 7.4］	20～25℃	48時間
Flavobacterium psychrophilum	TYE寒天培地 ［0.4%（w/v）tryptone, 0.04%（w/v）yeast extract, 0.05%（w/v）$MgSO_4$・$7H_2O$, 0.05%（w/v）$CaCl_2$・$2H_2O$, 1.0%（w/v）agar, pH 7.2］	15～20℃	96時間
Flavobacterium branchiophilum	Cytophaga寒天培地	15～20℃	96時間
Lactococcus garvieae	ミューラーヒントン寒天培地	25℃	24時間
Mycobacterium sp.	ADH enrichment添加 Middlebrook 7H11寒天培地	25℃	144時間
Nocardia seriolae	ADH enrichment添加 Middlebrook 7H11寒天培地	25℃	96時間
Photobacterium damselae subsp. piscicida	ミューラーヒントン寒天培地 （2% NaCl添加）	25～30℃	24～48時間
Pseudomonas spp. （*P. fluorescens, P. putida,* *P. plecoglossicida, P. anguilliseptica*）	ミューラーヒントン寒天培地	25℃	24時間
Renibacterium salmoninarum	KDM-2寒天培地 ［0.05%（w/v）yeast extract, 0.1%（w/v）L-cystein-HCl, 1.0%（w/v）tryptone, 20%（w/v）bovine serum, 1.5% agar, pH 7.2］	18℃	24時間
Streptococcus iniae	ミューラーヒントン寒天培地	25℃	24時間
Tenacibaculum maritimum	Cytophaga寒天培地 もしくはTCY寒天培地 ［0.1%（w/v）tryptone, 0.1%（w/v）casamino acids, 0.02%（w/v）yeast extract, 3.13%（w/v）NaCl, 0.07%（w/v）KCl, 1.08%（w/v）$MgCl_2$・$6H_2O$, 0.1%（w/v）$CaCl_2$・$2H_2O$, 1.0% agar, pH 7.2］	25～30℃	48時間
Vibrio spp. （*V. anguillarum, V. alginolyticus,* *V. parahaemolyticus, V. damsela*）	ミューラーヒントン寒天培地 （2% NaCl添加）	25℃	24時間

魚病細菌を増殖用培地で一夜培養あるいは振とう培養した菌液で（10^8～10^9CFU/ml）を接種直前に増殖用培地で 10^7CFU/ml となるように希釈し，接種器（ミクロプランター）を用いて段階希釈した薬剤を含む培地にスポットする．対照としてまったく薬剤の含まない寒天培地にもスポットする．次いで，各魚病細菌の培養温度で，MIC 判定時間まで培養する．

菌の発育が完全に阻止された薬剤の最小濃度を MIC とする．但し，数個の発育は，発育阻止とみなす（図 3-1）．

ヒトおよび家畜の病原細菌の MIC を測定する場合，再現性を目的としてブドウ球菌，大腸菌などの精度管理用菌株を使うことが定められているが，魚病細菌の場合，培養温度や培地が異なるため，同じ種類の魚病細菌を使うことを薦める．

下図中の9株のMIC結果

菌株番号	薬剤濃度（μg / ml）											
	0	0.2	0.4	0.8	1.6	3.1	6.3	12.5	25	50	100	200
1	+++	+++	+++	+++	+++	+++	+++	+	−	−	−	−
2	+++	+++	+++	+++	+++	+++	+++	+++	+++	+++	++	−
3	+++	+++	+++	+++	+++	+++	+++	+++	++	−	−	−
4	+++	+++	+++	−	−	−	−	−	−	−	−	−
5	+++	+++	+++	+++	+++	+++	+++	+++	+++	+++	+	−
6	+++	+++	+++	+++	++	−	−	−	−	−	−	−
7	+++	+++	+	−	−	−	−	−	−	−	−	−
8	+++	+++	+++	++	−	−	−	−	−	−	−	−
9	+++	+++	+++	+++	+++	+++	+++	+++	+++	+++	+	−

薬剤なしの寒天平板における菌の増殖量を「+++」とし，その量より中程度を「++」，さらに小程度を「+」とし，まったく菌の増殖が認められないのは「−」とした．

薬剤濃度（段階希釈）

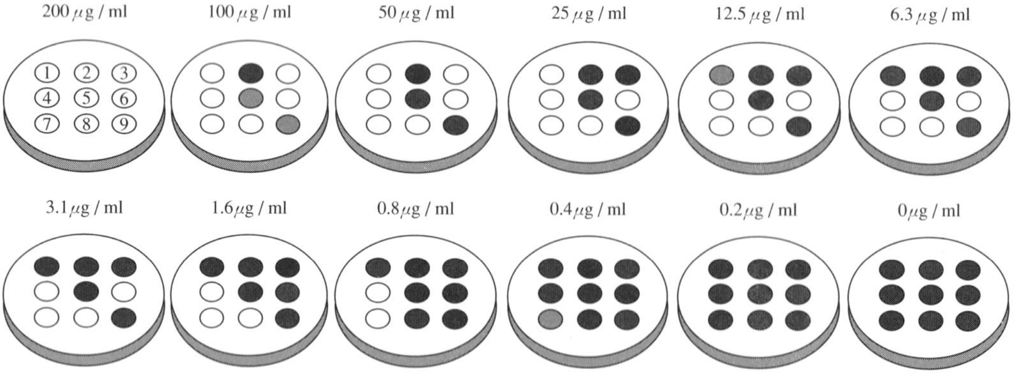

図 3-1　寒天平板培養希釈法による薬剤感受性測定法

2・2　液体培養希釈法

液体培地を用いて薬剤感受性測定を行う方法で，マイクロプレート（96 穴）を用いる微量液体希釈法と試験管を用いて行う大量液体希釈法がある．寒天平板法に比較して手間がかかり，大量の菌株を試験するのに向いていない．しかし，薬剤に熱が加わらない利点があり，また，最小殺菌濃度（Minimal bactericidal concentration, MBC）を求めることができる（図 3-2）．

試験に使用する培地，薬剤希釈溶液の作り方，接種菌量の調整，培養温度および MIC 測定時間は，寒天平板法と同じである．菌の発育が肉眼的に見られない最小濃度を MIC とする．次いで，発育が認められなかった各試験管より薬剤を含有しない液体培地に接種し，至適温度で一定時間培養する．発育が認められなかった最小濃度を MBC と呼ぶ（図 3-2）．

液体培養稀釈法

薬剤濃度（μg / ml）	0	0.19	0.39	0.78	1.56	3.12	6.25	12.5	25	50	100
菌の増殖	+++	+++	+++	+++	++	+	−	−	−	−	−

MIC判定

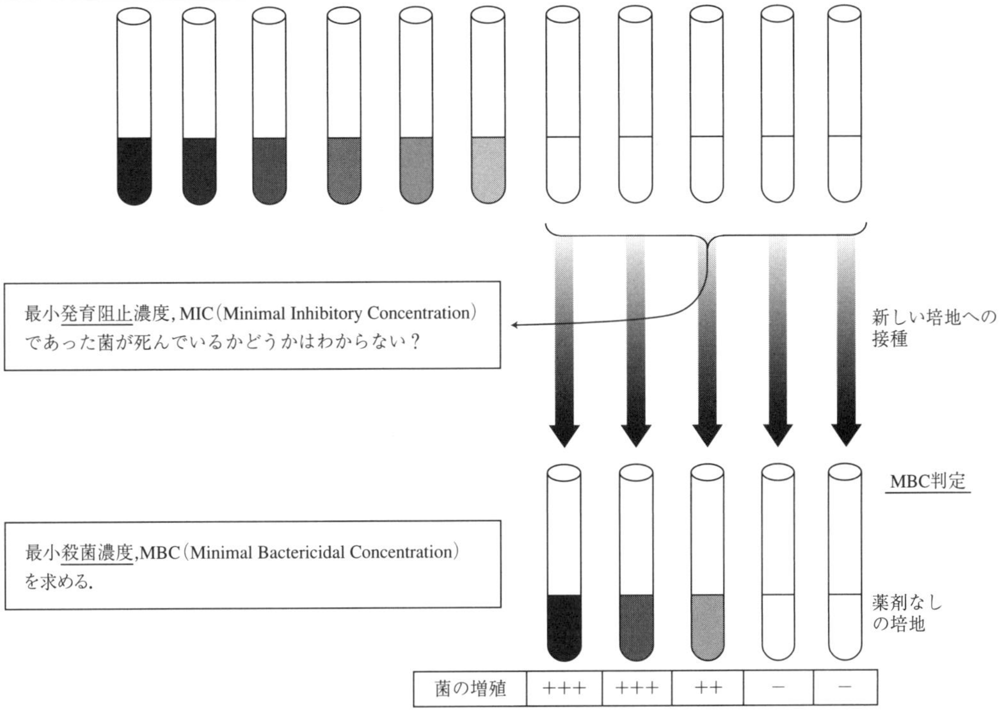

図 3-2　液体培養希釈法による薬剤感受性測定法

2・3　ディスク法（拡散法）

薬剤をしみ込ませた円形濾紙を，細菌を塗抹した寒天平板上に置くと，濾紙周囲に薬剤が拡散する．一定時間培養すると，阻止円ができる．阻止円内は，薬剤により細菌の増殖が阻止された部分で，阻止円の大きさにより有効であるかどうかを判定する（図 3-3）．この拡散法による薬剤感受性試験をディスク法と呼ぶ．薬剤ディスクは，メーカによって大きさが異なるが，直径 8 mm か 6.35 mm で，多くの種類の薬剤ディスクが市販されている．

感受性想定用培地は，寒天平板法と同じ培地を用いるが，寒天の厚さが阻止円の影響を与えるので，3～5 mm の厚さが必要である．接種菌は，寒天平板で増殖したコロニーを滅菌生理食塩水に 10^8CFU 程度に懸濁した鮮度のよい菌液を使うことである．滅菌した綿棒に菌液をしみ込ませ，寒天平板上に一様に塗抹する．その際，トライアングルのガラス棒を用いて満遍なく，塗り広げてもよい．

菌液接種後，15 分以内に薬剤ディスクをピンセットを用いて置く．各魚病細菌の至適培養温度で一定時間培養し，阻止円を測定する．市販されている薬剤感受性ディスクは，ヒトの病原細菌用に開発されたものである．ディスクに含まれている薬剤濃度が魚病細菌に対する薬剤濃度とは異なり，魚病細菌の種類によっては，阻止円が大きくなり，耐性株でも感受性株と誤って判断する場合がある．前もって阻止円の大きさと MIC と比較しておく必要がある．魚病細菌に対する感受性ディスクに含む適当な濃度については，Hawke ら（2003）が既に報告しているので，この濃度を参考にして市販の直径 8 mm の円形濾紙を用いて作製することを薦める（Hawke J.P.（Co-Chairholder）*et al.*, 2003）．

ディスク法は，多くの菌株の種主の薬剤に対する感受性を迅速，且つ簡便に調べられるので，利点がある．日常的に行われている感染菌の薬剤感受性を調べるのに向いている．（青木　宙）

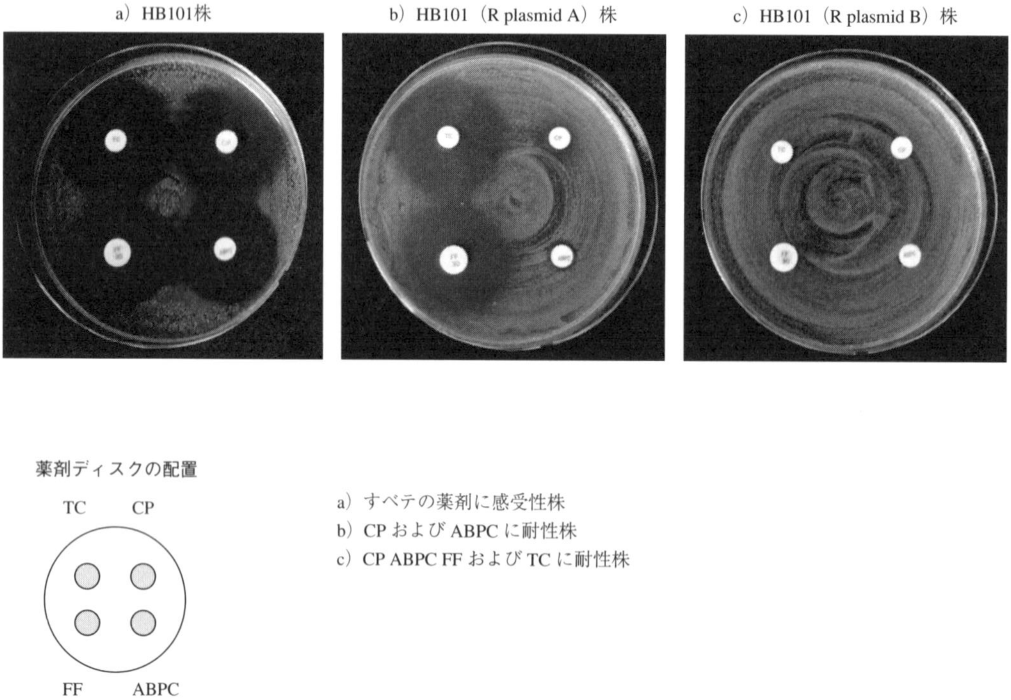

図 3-3　デイスク法による薬剤感受性測定法

§3. 比較薬物動態

薬物は投与部位から体内に吸収されると必ず血中に現れ，血液を通して全身に分布し，代謝，あるいは未変化のまま体外へと排出されるので，血中薬物濃度は体内における薬物の消長の全過程を反映している．したがって，投与後の薬物の血中濃度を経時的に測定することにより，その吸収速度，吸収量，分布，代謝や排泄などにより体内から消失していく速さなどを知ることができる．薬物動態学は，生体内での薬物の吸収や代謝・排泄などの体内動態の時間変化を，線形微分方程式の解法を使って，数学的に表現することを目的に開発された理論である．投与後の体内薬物量を経時的に算出することができるため，血液中の薬物濃度をある期間一定の有効濃度範囲内に維持する必要性のある医学・薬学領域では，重要な学問領域といえる．哺乳類では，薬物の有効性，安全性および残留性を評価するため，薬物動態学的理論を用いて薬物動態を解析し，それらのパラメーターを用いて臨床に利用している．一方，水産用医薬品での薬物体内動態の研究は，組織内濃度の時間変化や残留などの現象面を捉えたものが多く，また実験によって体内動態に影響を及ぼす種々の要因が異なるため，同水準での比較が困難であった．近年になって，薬物動態学的理論を用いた研究が多くなり，1998年にはアメリカ化学学会で初めて国際シンポジウムが開催され，水産分野における薬物動態学の重要性が示唆されるようになってきた．本節では，まず薬物動態学の基礎となるコンパートメントモデル解析，モーメント解析や吸収・排泄に関するパラメーターについて簡単に述べる．ついで，それらのパラメーターを用いて，わが国の主要な水産用医薬品の魚種間での比較薬物動態について述べる．なお，薬物の体内動態を推定するためのデータとしては血中（ここでは血漿または血清を意味する）濃度や尿中排泄量が用いられているが，魚類の場合，尿排泄は水中で行われるため，採取が煩雑であり，血中濃度が使用される．

3・1　薬物動態学的理論

この理論は，モデル解析（通常，コンパートメントモデルと非コンパートメントモデルがあるが，ここでは前者を意味する）とモーメント解析を用いて行なわれる．前者は，薬物挙動の類似する体内組織を1つの組織とみなし，体内組織をいくつかのコンパートメントに分割し，コンパートメント間の薬物動態を微分方程式で表現する方法である．一方，後者は血中薬物濃度を時間的な広がりをもった分布曲線とみなし，その曲線を分布の量，平均および分散などの統計量，すなわちモーメントによって表現する方法である．ここでは，これらの解析法について簡単に紹介するが，詳細については成書を参考にされたい（Notari, 1975；後藤, 1985；北川・花野, 1985；吐山, 1991）.

1）コンパートメントモデル解析

生体内の薬物動態を経時的に検討するためには，循環血流中の血漿または尿中に含まれている薬物の量から，その体内動態を把握する必要がある．このため，生体をある一定容量の箱（コンパートメント）の集まりと考え，この箱の中の薬物濃度は一定とみなして，薬物量の時間的な推移を解析する．

理論的には，この箱の数を必要に応じて，2，3，4 個と増加して解析を行えばよいが，箱の数が増加すればするだけ，サンプリングの増加や解析の方法に困難を生ずる．したがって，実用においては，1－コンパートメントあるいは 2－コンパートメントのモデルで得られたデータを解析している．

(1) 血管内投与

(ⅰ) 1－コンパートメントモデル

動物に薬物が血管内に速やかに投与された場合の 1－コンパートメントモデルを図 3-4 に示した．実際には組織および臓器への移行が比較的少ない薬物がこのモデルによく適合する．そのモデル式は次のよう定義され，コンパートメントからの薬物消失は次に述べる消失速度定数によって定まる．

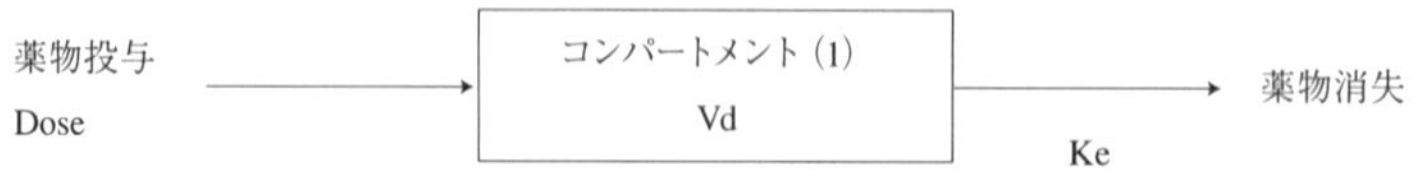

図 3-4　コンパートメントモデル

Dose：投与量，Ke：消失速度定数，Vd：分布容積

$$C = \frac{\mathrm{Dose}}{V} \exp(-\mathrm{Ke}\cdot t)$$

Ct：血中濃度，Dose：投与量，t：時間

消失速度定数（Ke）

ある時間 t における薬物濃度に対する薬物濃度の変化速度の比と定義される．消失速度定数は，あらゆる消失過程（尿，糞，呼気，汗への排泄など）を含んでいるが，この過程を個々の要素に分けるのは困難である．また，消失速度定数は半減期（$T_{1/2}$：薬物の体内量が半分になるのに要する時間をいい，$T_{1/2} = 0.693/\mathrm{Ke}$ から求められる）と逆比例する．後述の 2－コンパートメントモデルの場合，定義としての消失速度定数は Ke であるが，消失相を表す直線の勾配は Ke より β（薬物消失相）であるから，実際には β を消失定数として扱い，見かけ上の消失速度定数と呼ぶ．

分布容積（Vd）

生体を薬物濃度分布に関して 1 つの均一系と見なし，体内薬物量を血中濃度と薬物が分布した容積の積として表わす．一般には，薬物が血中にのみ存在すると分布容積は小さい．Vd が 0.3 *l*/kg 以下の場合，その薬物は循環系からはほとんど出ず，細胞内液中に入ることはあってもすぐにもとの循環系に戻るか，極性がかなり高いことなどが予測される．逆に Vd 値が 2 *l*/kg を超えるような場合には，その薬物は組織固着性が強く，特定の臓器および組織に強い親和性をもつこと，腸肝循環の可能性が考えられる．なお，Vd を算出する場合，用いる近似値によって，Vdarea，Vdext，Vdss（ここでは Vss と表現）などの表現法がある．

(ⅱ) 2－コンパートメントモデル

1－コンパートメントモデルは，薬物消失がすべてのコンパートメントからおこると仮定されているが，薬物によっては血管内投与後の場合でも血中薬物濃度が二相性を示す場合が多い．すなわち，多くの末梢組織は薬物を直接排泄できず，薬物は主に血液を介して尿および糞中に排泄される．これを説明するため，新たに排泄過程に関与しないコンパートメントを加え形式化することができる．これを 2－コンパートメントモデルと呼ぶ．なお，2－コンパートメントモデルを図 3-5 に示した．

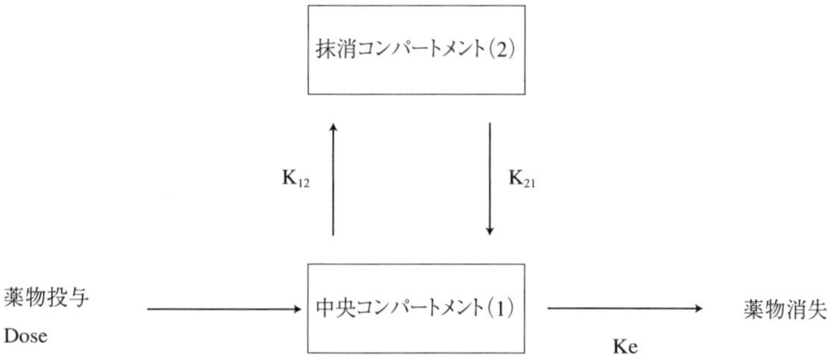

図 3-5　2 − コンパートメントモデル
K_{12}：中央コンパートメントから末梢コンパートメントへの 1 次分布速度定数,
K_{21}：末梢コンパートメントから中央コンパートメントへの 1 次分布速度定数

図 3-6 には血中濃度 − 時間曲線を示した．2 つの異なる曲線から成り，最初の曲線（急勾の直線）は，中央コンパートメントから末梢コンパートメントへの薬物分布（α 相）を示し，2 番目の曲線（緩やかな勾配の曲線）は中央コンパートメントからの薬物消失（β 相）を示す．2 番目の曲線から求められる半減期が，薬物の真の半減期である．この理論曲線は，実測曲線により近くなるのでより現実的なモデルとなる．モデル式は次のように定義されている．

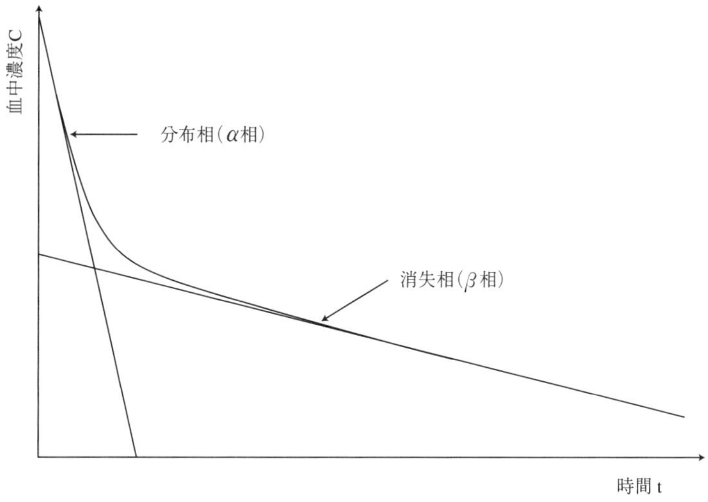

図 3-6　血中薬物濃度 − 時間曲線

$$Ct = \frac{Dose(\alpha - K_{21})}{Vc(\alpha - \beta)} \exp(-\alpha \cdot t) + \frac{Dose(K_{21} - \beta)}{Vc(\alpha - \beta)} \exp(-\beta \cdot t)$$

Vc：中央コンパートメントの分布容積，α，β：速度定数の関数

解剖・生理学的に考えると，中央コンパートメントは血中薬物と容易に平衡に達する臓器を含むコ

ンパートメントであり，ほとんどの薬物においては，肝臓，腎臓，脾臓などは中央コンパートメントとみなすことができる．しかし，実際には生体は多コンパートメントから成り立っており，特に末梢コンパートメントには深部コンパートメントがあり，薬がその部位に蓄積され，なかなか中央コンパートメントに出てこない場合がある．この場合には血中薬物濃度はなかなか0に近づかず，β相の後にγ相やδ相と呼ばれる相が永く続くことになる．しかし，実際的にはほとんどの薬の体内動態は2－コンパートメントモデルに当てはめることができる．

(2) 経口投与

(i) 1－および2－コンパートメントモデル・1次吸収

薬物を経口的に投与した場合には，消化管における薬物の吸収過程を考慮する必要がある．薬物は最初に別のコンパートメント，すなわち吸収コンパートメントに入る．すなわち，吸収された薬物は中央コンパートメント（2－コンパートメントモデルの場合にはさらに末梢コンパートメント）へ分布し，排泄される．1－および2－コンパートメントモデルを図3-7に示した．

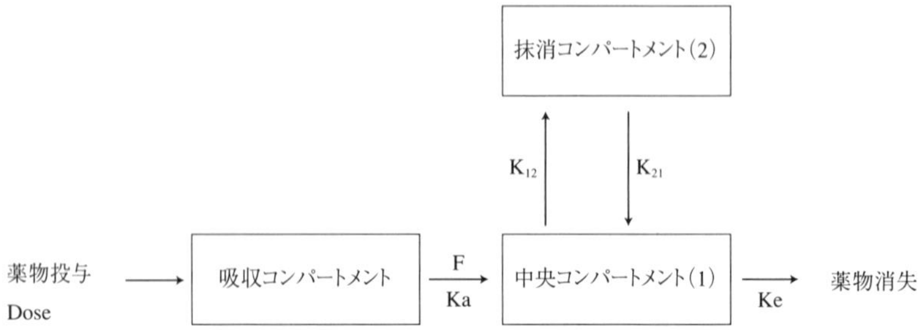

図3-7　吸収過程を含む1－および2－コンパートメントモデル
F：生体利用率，Ke：消失速度定数，Ka：吸収速度定数

モデル式は次のように定義されている．

1－コンパートメント・1次吸収のモデル式：

$$Ct=\frac{Ka\cdot F\cdot Dose}{Vd(Ka-Ke)}\{\exp(-Ke\cdot t)-\exp(-Ka\cdot t)\}$$

2－コンパートメント・1次吸収のモデル式：

$$Ct=\frac{A\cdot Ka}{Ka-\alpha}\exp(-\alpha\cdot t)+\frac{B\cdot Ka}{Ka-\beta}\exp(-\beta\cdot t)-\left(\frac{A\cdot Ka}{Ka-\alpha}+\frac{B\cdot Ka}{Ka-\beta}\right)\exp(-Ka\cdot t)$$

A，B，α，β：速度定数の関数

1－コンパートメントモデルでは，吸収速度定数（Ka）および消失速度定数（Ke）ともに算出できるが，2－コンパートメントモデルでは，吸収・分布・排泄は同時進行であり，特に投与初期においては解析することはできない．経口投与時に生じる複雑な問題は，薬物の溶解速度を考慮しなければならないため，経口投与された薬物の速度論的なデータの解析は非常に困難なものとなる．したがって，実際的にはほとんどの薬物の体内動態は1－コンパートメントモデル・1次吸収（薬物動態学的理論を考える場合，薬物消失はその濃度に依存するという仮定に成り立っている．すなわち，消失は1次吸収過程による）に当てはめることが多い．

2）モーメント解析

薬物を生体に投与した時，すべての薬物分子が同時に投与されるにもかかわらず，血中濃度曲線は広がりをもつ．したがって，血中濃度曲線は時間的な広がりをもった分布曲線であると考えられる．分布をもった量の特徴を記述するには平均，分散などの統計量を用い，これらは総称してモーメントと呼ぶ．モーメントは分布曲線の位置と形を表わす量であり，通常は平均，分散，血中薬物濃度時間曲線下面積の3つを用いて血中濃度曲線の特徴を記述する．血中濃度や尿中排泄量の測定値からモーメントを求めるには数値積分が用いられる．すなわち，台形公式を用いて測定データを直接積分する方法か，測定データをいったん適当な関数にあてはめ，平滑化を行った後，積分する方法である．

（1）血中薬物濃度時間曲線下面積（AUC）

AUCは，area under the concentration-time curveの略であり，図3-8に示すように，血中薬物濃度曲線と濃度（縦）軸および時間（横）軸で囲まれた部分の面積，つまり血中薬物濃度の時間積分を表わす．

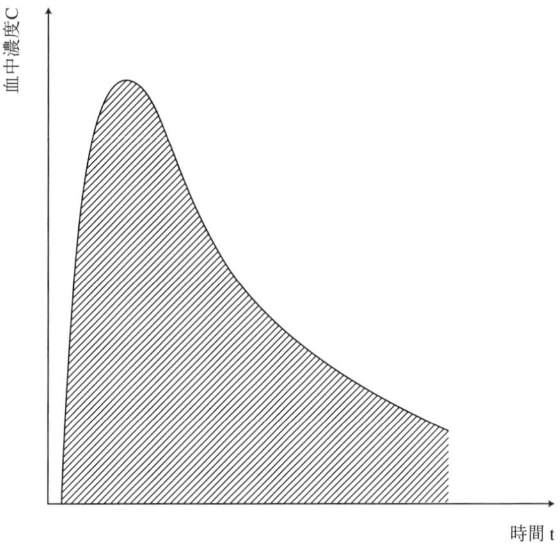

図3-8　血中薬物濃度－時間曲線下面積

このパラメーターは薬物動態学的理論において非常に重要である．AUCは次式で与えられる．なお，AUCは薬物投与量に依存する．

$$AUC = \int_0^\infty Ct\,dt$$

（2）平均滞留時間（MRT）

MRTは，mean residence timeの略であり，薬物分子の平均的な体内滞留時間を表わす．MRTは次式で与えられる．

$$MRT = \int_0^\infty t\,Ct\,dt/AUC$$

(3) 生体利用率（F）

バイオアベイラビリティとも呼ばれ，体循環血中に入った薬物量の投与された薬物量に対する比率であり，投与された部位からの薬物の吸収の割合を示す指標である．通常，経口投与された薬物は消化管より吸収され血液中に出現するが，投与された薬物の全量が吸収され体循環血中に入るとは限らない．一方，血管内投与された薬物は直接血中に入るため，全量が体循環血中に入ることになる．経口投与後の血中薬物濃度－時間曲線下面積

$$F(\%) = \frac{AUC_{po} \times Dose_{iv}}{AUC_{iv} \times Dose_{po}} \times 100$$

po：経口投与，iv：血管内投与

と血管内投与後の血中薬物濃度一時間曲線下面積の比率はFと定義され，投与薬物のうち体循環系に入った薬物の指標となる．Fは次式で与えられる．

100％吸収される薬物の AUC_{po} は同一量を血管内投与したときの AUC_{iv} と等しい．Fは経口投与および血管内投与時のAUCの実測値より求められる．消化管における吸収が100％と考えられる薬物でも，経口投与後のAUCが血管内投与後のAUCに比べてかなり小さい場合がある．その原因は薬物が全身循環系に入る前に腸や肝で代謝されることにある．特に肝での代謝が速い薬物ではこの傾向が強い．それゆえ，上述の式で示されるFが吸収率を表すのは，その化合物が全身循環系に入る前に代謝をまったく受けない薬物についてのみあてはまるものである．代謝を受ける薬物について，Fは吸収率を意味するのではなく，経口投与後，全身循環系に入った薬物量の割合である．また，全身循環系に入る前に腸や肝で代謝されることを初回通過効果（first pass effect）という．

(4) 吸収速度の評価

デコンボリューション（逆重畳積分）はモデルを使うことなく実験データから直接体内挙動に関する情報を知ることができるため，特にモデル化の困難な吸収速度の評価に応用されている（Rescigno and Segre, 1966）．

(i) Nelson-Wagner 法

Wagner と Nelson（1964）は，吸収後体内挙動が1－コンパートメントモデルで表わされるものとして，吸収速度を評価した．この方法はデコンボリューション法の一種であり，重み関数として1－コンパートメントモデル式を用いる．Nelson-Wagner 法は次式で与えられる．ここでは，消化器官中の薬物の吸収が90％以上に達する時間をTDA（time required for drug absorption）として，表わしている．

$$\text{Fraction absorbed} = \frac{At}{A_\infty} = \frac{Ct + Ke\int_0^t Ct\,dt}{Ke\int_0^\infty Ct\,dt}$$

At：t時までの吸収量，A_∞：総吸収量

本式は吸収率の時間経過を表わすものだが，ここでいう吸収率とは総吸収量に対する比であり，薬

物投与量に対するものではない．また，Ke は静注後のデータから求めるのが望ましい．

（ii）Loo-Riegelman 法

吸収後の体内挙動が2－コンパートメントモデルで表わされるとき，吸収速度を評価するのが Loo-Riegelman 法である（Loo and Riegelman, 1968）．重み関数として2－コンパートメントモデル式を採用し，本法によって吸収速度を評価するには，あらかじめ血管内投与後のデータを解析して速度定数を求めておく必要がある．Loo-Riegelman 法は以下の式で与えられる．

$$\text{Fraction absorbed} = \frac{\text{At}}{\text{A}_\infty} = \frac{\text{Ct} + \text{Ke}\int_0^t \text{Ct dt} + \frac{(\text{Xp})\text{t}}{\text{Vc}}}{\text{Ke}\int_0^\infty \text{Ct dt}}$$

（Xp）t：t 時における組織コンパートメントの薬物量

上述したように，モーメントは，測定して得られたデータを直接数値積分することによって求めることができ，モデルを想定する必要がない．モデルとは，近似あるいは単純化を意味し，絶対的なものではない．ある薬物を同じ動物に同じように投与しても，ある個体では1－コンパートメントモデルとなり，またある個体では，2－コンパートメントモデルが最適となる場合がある．モデルが違えばパラメーターのもつ意味も異なり，比較は不可能となる．したがって，モーメント解析法はモデルに依存しない解析法であり，モデルは，体内動態の詳細な理解の解析法であるため，両法は相補的に使用される．

3）血清タンパク結合率（PB）

多くの薬物が血清タンパク，おもにアルブミンと可逆的に結合する．血清タンパクへの結合率は薬物によっても異なるが，動物種によっても異なる．結合型のままでは濾過されず，間質液への移行率や尿中排泄率が低下する．薬物は血清タンパクと結合したままでは不活性型であるから，90％以上の高度結合薬物では薬効の差になって現れる．タンパクとの結合型は薬理学的に不活性であるが，結合・遊離の速度は極めて速やかであるから遊離型が消失すれば直ちに結合型からの遊離によって補給される．そのため，血清タンパクは体内における薬物の貯蔵庫としても働く．

PB は，血清から限外濾過法により，濾過後の非結合型薬物量および濾過前の全薬物量を測定することにより求められる．すなわち，次式より算出される．

$$\text{PB}(\%) = \frac{\text{Cp} - \text{Cf}}{\text{Cp}} \times 100$$

Cp：血中の全薬物量，Cf：血中の非結合型薬物量

3・2　養殖魚の比較薬物動態

高等動物の体内に入り込む物質のうち，その動物の体構成分でも栄養成分でもない物質は生体にとっては異物になるが，異物のうち，低分子の有機化合物で，脂溶性があり，薬理・毒性作用のある

物質は生体異物と呼ばれている．水産分野において，2つのタイプの生体異物がある．1つは水系媒介による工場汚染や農薬などがあり，もう1つは養殖場における生体異物すなわち，水産用医薬品である．養殖魚における水産用医薬品の体内挙動に関する報告は多数ある．投薬方法，水温，供試魚など用いられた実験設定が報告によってかなり異なっているため，同レベルでの直接的な比較が困難である．それゆえ，ここでは薬物動態学的理論によって得られたパラメーターを用いて，魚種間，薬物間の比較動態を述べる．ここでは，経口投与後のモデル解析は投与後，吸収に種々の影響（餌料形態，薬物の溶解率，生体利用率など）を及ぼすので，直接的な比較のできる血管内投与後のモデル解析を用い，さらに，パラメーターは選択したコンパートメントによって異なるため，同一モデル間での比較を行う．ついで，モーメント解析，デコンボリューションによる吸収速度の評価，血清タンパク結合率および薬物の代謝についても解説する．

1）テトラサイクリン系

(1) オキシテトラサシクリン（OTC）

(ⅰ) モデル解析

OTCの血管内投与後の体内動態は，ウナギ*Anguilla japonica*，ニジマス*Oncorhynchus mykiss*（Björglund and Bylund, 1991a, b；Uno *et al.*, 1997b），ブリ*Seriola quinqueradiata*（Ueno *et al.*, 1995），アユ*Plecoglossus altivelis*（Uno, 1996），アフリカナマズ*Clariasgarie pinus*（Grondel *et al.*, 1989）の場合，2－コンパートメントモデルで解析されている．一方，ニジマスでは3－コンパートメントモデルで解析されている（Black *et al.*, 1991；Grondel *et al.*, 1989；Abedini *et al.*, 1998）．ここでは，2－コンパートメントで解析したものについて比較した（表3-36）．

アフリカナマズの分布相の半減期（$T_{1/2\alpha}$）は5.2 hであり，次いでブリ（0.735 h），アユ（0.969 h），ニジマス（0.549～1.528 h），ウナギ（2.08 h）の順に分布速度が遅い．また，定常状態における薬物の分布容積（Vss）は，ウナギ，ブリでは，それぞれ0.45 *l*/kg，0.61 *l*/kgであり，ニジマス，アユではそれぞれ1.17～1.5 *l*/kg，1.17 *l*/kgであった．したがって，ウナギ，ブリがアユ，ニジマスに比べて，各組織への移行および結合が弱い．また，Vssと中央コンパートメントの分布容積（Vc）との比においても同様のことがいえる．それゆえ，ウナギ，ブリではOTCの組織との親和性が低いが，ニジマス，アユでは，比較的高い．コイでは，OTCは骨組織やうろこ，前腎に蓄積しやすいと報告されている（Grondel *et al.*, 1987a）．

ウナギの全身クリアランス（Cl_B，2.98 ml/kg/h）は，ニジマス，ブリ，アユに比べ，非常に小さい．また，消失半減期（$T_{1/2\beta}$）は，ウナギで最も長いが（115 h），ブリでは非常に短い（22.5 h）．したがって，ウナギの場合，他の魚種に比べて非常に薬物の残留が長いといえる．哺乳類は，薬物の排泄において積極的な過程を伴うのに対し，魚類は糸球体やえらでの受動的な拡散によるために消失半減期は長いといわれている．

なお，OTCの経口投与後の体内動態では，ニジマス（Björklund and Bylund, 1991a, b），ブリおよびウナギにおいて，それぞれ1－コンパートメントモデル，サケ*Salmo salar*では2－コンパートメントモデルで解析されている（Abedini *et al.*, 1998）．

表 3-36　オキシテトラサイクリンの血管内投与による pharmacokinetic パラメーター

パラメーター	ウナギ*1	ニジマス*2	ニジマス*3	ブリ*4	アユ*5	アフリカナマズ*6
投薬量（mg/kg）	50	50	20	50	25	60
魚体重（g）	158	163	541	638	54	293
水温（℃）	27	15	16	21	18	25
α（h^{-1}）	0.33	1.263	0.518	0.943	0.175	0.184
β（h^{-1}）	0.006	0.013	0.012	0.031	0.013	0.009
Ke（h^{-1}）	0.02	0.148	0.089	0.094	0.085	0.16
K_{12}（h^{-1}）	0.02	1.018	0.367	0.57	0.532	0.084
K_{21}（h^{-1}）	0.09	0.114	0.073	0.309	0.112	0.092
$T_{1/2\alpha}$（h）	2.08	0.549	1.528	0.735	0.969	5.2
$T_{1/2\beta}$（h）	15	51.7	60.3	22.5	52.1	80.3
AUC（μg·h/ml）	16752	2554	1129	3310	1439	5369
AUC/Dose	335	51	56.4	66	29	89.5
MRT（h）	126	97.5	79.3	54		
Cl_B（ml/kg/h）	2.98	19.6	16.2	15.1	17.4	11.4
Vss（l/kg）	0.45	1.5	1.17	0.609	1.173	
Vc（l/kg）	0.13	0.151	0.198	0.214	0.204	0.7

*1 未発表，*2 Uno *et al*. 1997b，*3 Björklund and Bylund. 1991b，*4 Ueno *et al*. 1995，*5 Uno 1996，*6 Grondel *et al*.1989
α，β：速度定数の関数，K_{12} と K_{21}：一次速度分布定数，$T_{1/2\alpha}$と $_{1/2\beta}$：分布相の半減期と消失相の半減期，AUC：血中薬物濃度曲線下面積，MRT：平均滞留時間，Cl_B：全身クリアランス，Vss：定常状態における分布容積，Vc: 中央コンパートメントの分布容積

（ⅱ）モーメント解析

薬物の体内への取り込みの尺度の指標となる AUC は薬物投与量に依存するため，AUC/Dose 値を算出し，魚種間の比較をした．ウナギが最も高く（AUC/Dose＝335），ついでアフリカナマズ（89.5），ブリ（66），ニジマス（51.7～56.4），アユ（29）の順であった．また，薬物の体内滞留時間を示す MRT は，ウナギでは 126 h と最も長く，以下ニジマス，ブリであった．これらの結果から，ウナギは特に，長期間にわたって薬物を体内で滞留するため，高い AUC が考えられる．血管内投与後の AUC および経口投与後の AUC から算出された F は，ウナギで 0.69％，ニジマスで 0.6％，ブリで 0.6％，アユで 9.3％であり，非常に低い値を示している．この理由として，OTC は，飼料中のタンパク質との結合や mg，Ca などの金属イオンとのキレート形成により不溶性となり，消化管からの吸収が低下（脂質膜への通過が困難）すると考えられる．ニジマスでは，OTC を飼料と混合せずに，水溶液で投薬したため，若干高い F（5.6％）を示した（Björklund and Bylund, 1991a）．サケ，ニジマスの経口投与実験において，メタノールで溶解させた OTC を含むゼラチンのカプセルを投与し，それぞれ，高い F（25％，30％）を得た（Abedini *et al*., 1998）．これは，メタノールが金属イオンをほとんど含まないため，より多くの OTC が吸収されたと考えられる．一方，経口投与後，OTC 濃度が肝臓で非常に高いため，初回通過効果によるとも推定されているが，詳細については不明である．

ブリ，ニジマス，ウナギにおける OTC 経口投与後の体内動態では，1－コンパートメントモデルで解析されているため，Nelson-Wagner 法を用いて，吸収速度（TDA）を評価したその結果，ブリ，ニジマスは 48 h で，ウナギでは 360 h であり，ウナギでは非常に緩慢な吸収をした．このことは AUC，MRT 値からも推察される．

魚類におけるOTCの血清タンパク結合率（PB）はコイ *Cyprinus carpio* で25％（Grondel *et al.*, 1987a），ニジマスで51％（Uno *et al.*, 1997b）と55％（Björklund and Bylund, 1991b），ブリで36％（Ueno *et al.*, 1995）であった．

2）キノロン系

(1) オキソリン酸（OA）

(i) モデル解析

OAの血管内投与後の体内動態では，ウナギ，ニジマス（Björklund and Bylund, 1991a；Hustvedt and Salte, 1991；Kleinow *et al.*, 1994），タイセイヨウサケ *Salmo salar*（Rogstad *et al.*, 1993；Martinsen and Horsherg, 1995），アメリカナマズ *Ictalurus punctatus*（Kleinow *et al.*, 1994）の場合，2－コンパートメントモデルで解析された．一方，ニジマスおよびタイセイヨウサケ（Hustvedt and Salte, 1991），シーバス *Dicentrarchus labrax*（Poher *et al.*, 1997）において，それぞれ3－コンパートメントモデルで解析されている．ここでは2－コンパートメントモデルで解析されている魚種について，比較した（表3-37）．

表3-37　オキソリン酸の血管内投与による pharmacokinetic パラメーター

パラメーター	ウナギ	ニジマス*1	ニジマス*2	ニジマス*3	ニジマス	タイセイヨウサケ*4	タイセイヨウサケ*5	アフリカナマズ*6	アフリカナマズ*6
投薬量(mg/kg)	5	10	10	5	20	4.9	25	5	5
魚体重(g)	165	514	575	798	126	425	240	812	622
水温(℃)	27	16	8.5	14	15	5	10	24	14
$\alpha(h^{-1})$									
$\beta(h^{-1})$									
$Ke(h^{-1})$	0.37	0.057							
$K_{12}(h^{-1})$	1.41	1.821			0.55				
$K_{21}(h^{-1})$	0.33	0.435			0.32				
$T_{1/2\alpha}(h)$	0.39	0.307	0.5	0.6	0.78	0.7	4.7	0.15	0.032
$T_{1/2\beta}(h)$	116	69.7	52.6	69.3	69.3	10	18.2	81.3	40.9
AUC(μg·h/ml)	463	453	212		968	24	89.1		
AUC/Dose	92.6	45.3	21.2		48.4	4.9	3.58		
MRT(h)	140		59		79.2				
Cl_B(ml/kg/h)	10.8	20.2		16.9	20.7		0.28	16.3	8.9
Vss(l/kg)	1.37	1.9	2.9	1.82	1.88		5.4	0.94	0.88
Vc(l/kg)	0.26	0.399	1.5		0.69	0.9			

*1 Björklund and Bylund, 1991a, *2 Hustvedt and Salte, 1991, *3 Kleinow *et al.*, 1994, *4 Rogstad *et al.*, 1993, *5 Martinsen and Horsberg, 1995, *6 Kleinow *et al.*, 1994

ウナギの分布相の半減期（$T_{1/2\alpha}$）は0.39 h，ニジマスでは0.31～0.78 h，タイセイヨウサケでは0.7～4.7 h，ナマズでは0.15～0.03 hであり，ナマズの分布速度が非常に早い．定常状態における薬物の分布容積（V_{SS}）はウナギ，ナマズに比べてサケ科魚類が高く，特にタイセイヨウサケ（5.4 *l*/kg）において顕著であった．また，サケ科魚類では，OAの組織固着性が強く，腸管循環の可能性も示唆される．ニジマスでは，中央コンパートメントの分布容積（Vc）も水温によってかなり影響があると考えられる（16℃で0.4 *l*/kg，8.5℃で1.5 *l*/kg）．

タイヘイヨウサケの全身クリアランス（Cl_B 0.28 ml/kg/h）は非常に小さく，サケ科魚類においてはその差が顕著であった（Cl_B 16.9～20.7 ml/kg/h）．ナマズ間の Cl_B の差は投与量による影響と思われる（24℃で16.3 ml/kg/h，14℃で8.9 ml/kg/h）．消失半減期（$T_{1/2\beta}$）においても，サケ科魚類間で顕著な差が認められた（ニジマス：$T_{1/2\beta}$ 52.6～69.7 h，タイセイヨウサケ：$T_{1/2\beta}$ 18.2～10 h）．また，ウナギの $T_{1/2\beta}$ は116 h であり，消失半減期は非常に長い．

なお，OA の経口投与後の体内動態では，タイセイヨウサケ（Martinsen and Horsberg, 1995；Rogstad *et al.*, 1993），ウナギおよびニジマスについて，それぞれ1－コンパートメントモデルで，ニジマス（Björklund and Bylund, 1991a；Kleinow *et al.*, 1994），アメリカナマズ（Kleinow *et al.*, 1994），タイセイヨウサケ（Hustvedt and Salte, 1991），ターボット *Scophthalmus maximus*（Poher and Blanc, 1998）について，2－コンパートメントモデルで解析された．

（ⅱ）モーメント解析

AUC/Dose 値を比較した．ウナギが最も高く（AUC/Dose＝92.6），以下，ニジマス（21.2～48.4），タイセイヨウサケ（10～18.2）の順であった．また，薬物の体内滞留時間を示すMRT はウナギが最も高く，140 h であった．これらの結果から，OTC の場合と同様にウナギは特に，長期間にわたって薬物を体内で滞留するため，高い AUC が考えられる．

表3-38　魚種間におけるオキソリン酸の生体利用率（F）の比較

魚種	文献	水温（℃）	体重（g）	薬物投与量（mg/kg）	F（%）
ニジマス	Crevedi *et al.*（1987）	14	150-170	20	38.1
	Crevedi *et al.*（1987）	14	150-170	100	14.3
	Bjorklund *et al.*（1991）	16	501	75	13.6
	Kleinow *et al.*（1994）	14	868	5	90.8*1
	未発表	15	126	20	43.3*1
タイセイヨウサケ	Rogstad *et al.*（1993）	5	425	25	40
	Rogstad *et al.*（1993）	5	425	50	25
	Hustvedt *et al.*（1991）	7.5	932	26	19.9
	Martinsen *et al.*（1995）	10	240	25	30.1
アメリカナマズ	Kleinow *et al.*（1994）	24	668	5	56
	Kleinow *et al.*（1994）	14	852	5	91.8
ターボット	Poher *et al.*（1998）	16	500	10	27.9
ウナギ	未発表	27	165	20	34.3

*1 Na型

OA の F は，薬物投与量，飼育水温，薬剤の剤型，魚体重，魚種などによって変動する．そこで，既報の F に，水温，魚体重，薬物投与量を記載して，比較した（表3-38）．ウナギでは34.3%，ニジマスでは平均49%，タイセイヨウサケでは平均29%，ナマズでは74%，ターボットでは27.9%であり，ナマズが他の魚種に比較して，F が高い．ニジマスでは，同一魚種間にかなりの F の差があり，特に，Kleinow ら（1994）は，非常に高い F（90%以上）を報告している．その理由として，用いた OA の剤型の相違（Na 型に比べて，酸型は水に難溶）や低い薬物投与量が原因であると説明している．また，タイセイヨウサケの場合，薬物投与量に反比例して F が減少することが報告されている．上野らはニジマスを用いて，Na 型の使用による F 向上の結果も得ている（43.3%）．難溶性の薬物を微細化することによっても，F が向上する．遠藤ら（1987）は，微細化および未処理の結晶 OA を用いて，マダイおよびブリの F を求めたところ，微細化結晶（直径1.0 μm）のものが未処理のもの（直径6.4 μm）に比べて，前者では約2.4倍，後者では約1.7倍のFの増加を報告した．したがって，難溶性薬物にはF向上として微細化も有効と思われる．Nelson-Wagner法で吸収速度（TDA）を評価したところ，ニジマスでは144 h，ウナギで360 hであり，ウナギではOTC同様，OAにおいても非常に緩慢な吸収をする．ニジマスにおけるPBは，37.1％と27％（Björklund and Bylund，1991a）であった．

（iii）OAの代謝

哺乳類では，OAは腎臓に移行し，尿中に排泄される．オキソリン酸の代謝物は，ラット，ウサギ，イヌでは未変化体および未変化体のメチレンジオキシ環が開環し，側鎖の水酸基がメチル化された7-OHOAならびにそのグルクロン酸抱合体の存在が報告されている（Crew *et al.*, 1971）．ラットの尿中ではその他に7-OHOAの異性体である6-OHOAとそのグルクロン酸抱合体も検出された（藤原ら，1975）．

魚類におけるOAの代謝では，石田（1990）による詳細な研究がある．すなわち，薄層クロマトグラフィを用いて，魚類におけるOAの胆汁中代謝物を調べ，淡水産魚（ニジマス，ウナギ，テラピア *Oreochromis mossambicus*）と海水産魚（マダイ *Pagrus major*, マアジ *Trachurus japonicus*, ブリ，ヒラメ *Paralichthys olivaceus*）との間に代謝物の差異があることを報告した．前者の場合，未変化体，7-OHOAおよび6-OHOAのグルクロン酸抱合体が，後者の場合，7-OHOAおよび6-OHOAのグルクロン酸抱合体が検出されたが，未変化体の抱合体はいずれも検出されなかった．しかしながら，Uenoら（1988a）は，ブリ経口投与後の胆汁のβ－グルクロニダーゼ処理により，未変化体のグルクロン酸抱合体の存在を報告している．OAを経口投与した場合，ニジマス，アマゴ（ビワマス）*Oncorthynchas masou ishikawae*，ブリにおいても腎臓に多く蓄積されることから，魚類でもOAの尿中の排泄は主要な経路といえる（Ueno *et al.*, 1988b）．

一般に，淡水産魚におけるOAの体内残留時間は海水産魚に比べて長い．その原因として環境水，すなわち，浸透圧調節作用の違いと指摘している（石田, 1990）．

（2）ナリジクス酸（NA）

（i）モデル解析

NAにおける血管内投与後の体内動態のモデル解析に関する研究は，ニジマス以外にない（Uno *et al.*, 1996）．表3-39には，2－コンパートメントモデル解析したパラメーターを示した．参考として，ニジマス（15℃）における同キノロン剤であるOAのパラメーター（表3-37参照）と比較した．

分布に関するパラメーターとして，NAは分布相の半減期（$T_{1/2\alpha}$）は1.35 h，定常状態における薬物の分布容積（V_{SS}）は1.01 *l*/kg, 薬物の中央コンパートメントの分布容積（Vc）は0.4 *l*/kgであった．したがって，NAはOA（$T_{1/2\alpha}$ 0.78 h，V_{SS} 1.88 *l*/kg，Vc 0.69 *l*/kg）比べて，薬物の分布速度は早いが，組織への移行および親和性も低い．また，血漿と組織に同程度に濃度分布されている．消失に関するパラメーターとして，全身クリアランス（Cl_B）は54.7 ml/kg/hで，$T_{1/2\beta}$は12.8h，であった．これらの結果から，NAはOA（Cl_B 20.7 ml/kg/h，$T_{1/2\beta}$ 69.3h），に比べて，薬物消失が早く，体内薬物残留性も低いといえる．

なお，NAの経口投与後の体内動態には，ニジマスにおいて1－コンパートメントで解析された．

（ii）モーメント解析

AUC/Dose値は18.3であり，OAに比べ約38％であった．NAのFは89.6％，タンパク結合率は

11％であった．また，Nelson-Wagner 法による TDA は，48h であった（ニジマス：TDA 144h）．以上の結果から，NA は，OA に比べて，AUC はやや低いが，速やかな吸収および消失，非常に高い F をもつ薬物といえる．なお，NA の低いタンパク結合率は，投与後の薬物の分布，排泄に与える影響は少ない．

表 3-39　ナリジクス酸の血管内投与による pharmacokinetic パラメーター

パラメーター	ニジマス*1
投薬量（mg/kg）	20
魚体重（g）	227
水温（℃）	15
C_0	49.8
A（μg/ml）	34.6
B（μg/ml）	15.2
α（h^{-1}）	0.512
β（h^{-1}）	0.0540
Ke（h^{-1}）	0.1424
K_{12}（h^{-1}）	0.2294
K_{21}（h^{-1}）	0.1942
$T_{1/2\alpha}$（h）	1.35
$T_{1/2\beta}$（h）	12.8
AUC（μg·h/ml）	366
AUC/Dose	51
MRT（h）	15.1
Cl_B（ml/kg/h）	54.7
Vss（l/kg）	0.88
Vc（l/kg）	0.402

*1 Uno *et al*. 1996

（ⅲ）NA の代謝

アマゴおよびニジマスにおける NA 経口投与後の組織内濃度を表 3-40 に示した．ニジマスにおける最高濃度到達時間は筋肉，肝臓，腎臓および胆汁でそれぞれ投与後 24，12，12 および 48 時間であった．一方，アマゴでの最高濃度到達時間は筋肉，肝臓および腎臓で投与後 24 時間，胆汁で投与後 12 時間であった．また，最高濃度到達時での組織内濃度序列はニジマスで，（胆汁）＞肝臓＞腎臓＞血清＞筋肉，アマゴで（胆汁）＞腎臓＞肝臓＞筋肉＞血清の順であった．

石田（2000）は，ニジマス胆汁中において，NA の代謝物として未変化体および非抱合型代謝物である 6-OHNA と 7-OHNA ならびにこれらのグルクロン酸抱合体の存在を報告している．一方，NA 経口投与後アマゴおよびニジマス組織の β- グルクロニダーゼ処理により血清，筋肉，肝臓，腎臓および胆汁中に未変化体の抱合体の存在も確認されている（Uno *et al*., 1992）．ラット，マウス，ウサギおよびサルでは，肝臓ミクロゾームとの培養によって 6-OHNA が，またマウス，ウサギ，ネコおよびイヌでは 7-OHNA が NA の代謝物として検出されている（Harvey and Edelson, 1977）．したがって，魚類でも哺乳動物と同様の代謝経路が考えられる．

表 3-40　ナリジクス酸経口投与（40mg/kg）後の組織内濃度

魚種	組織	時間（h）											
		0.5	1	3	6	9	12	24	48	72	120	168	240
ニジマス*3	血清	0.32*1	0.81	1.7	9.82	10.14	12.46	8.92	6.88	3.7	0.61	0.11	0.04
	筋肉 0.10	0.37	0.8	5.87	6.97	10.67	11.37	8.64	5.09	0.56	0.06	0.06	
	肝臓 2.30	2.88	3.08	14.95	13.66	15.64	11.9	10	7.64	1.16	0.27	0.14	
	腎臓 4.35	1.62	3.69	13.25	13.09	15.35	12.43	8.09	5.04	0.93	0.26	0.09	
	胆汁 3.24	1.32	2.86	11.22	16.11	20.81	23.47	37.3	21	12.46	2.28	2.56	
アマゴ*3	血清	0.78	1.18	1.88	5.61	7.9	12.4	14.96	7.76	3.49	0.66	0.13	－*2
	筋肉 0.11	0.49	2.26	6.6	10.14	10.83	19.07	8.47	3.97	0.43	0.25	0.13	
	肝臓 2.68	2.3	4.02	9.13	14.11	12.4	21.12	10.89	6.59	0.94	0.87	0.43	
	腎臓 1.12	1.28	2.64	10.57	13.15	15.14	24.47	12.88	6.08	0.38	0.24	0.31	
	胆汁 19.1	1	8	14.81	22.25	50.94	46.71	34.94	23.25	1.92	10.79	5.33	

*1 μg /ml or g，*2 未検出，*3 Uno *et al*., 1992

（3）ミロキサシン（MLX）

（ｉ）モデル解析

MLX における血管内投与後の体内動態のモデル解析に関する研究は，ウナギ以外にない（Ueno *et*

al., 2001). 表3-41には，2－コンパートメントモデル解析したパラメーターを示した．なお，比較動態学的観点から，ウナギにおける同キノロン剤であるOAのパラメーター（表3-37参照）と比較した．

分布に関するパラメーターとして，MLXは分布相の半減期（$T_{1/2\alpha}$）は0.86 h，定常状態における薬物の分布容積（V_{SS}）は0.81 *l*/kg，薬物の中央コンパートメントの分布容積（Vc）は0.56 *l*/kgであった．このことから，MLXはOA（$T_{1/2\alpha}$ 0.39 h，V_{SS} 1.37 *l*/kg，Vc 0.26 *l*/kg）に比べて，薬物の分布速度はやや遅く，組織への移行および親和性もやや低い．消失に関するパラメーターとして，全身クリアランス（Cl_B）は16.1 ml/kg/hで，$T_{1/2\beta}$は34.7 h，であった．これらの結果から，NAはOA（Cl_B 10.8 ml/kg/h，$T_{1/2\beta}$ 116 h）に比べて，薬物消失が早く，体内薬物残留性も低いといえる．なお，MLXの経口投与後の体内動態には，ウナギにおいて1－コンパートメントで解析された（Ueno *et al.*, 2001）．

表3-41　ミロキサシンの血管内投与による pharmacokinetic パラメーター

パラメーター	ウナギ*1
投薬量（mg/kg）	30
魚体重（g）	170
水温（℃）	27
α（h^{-1}）	0.81
β（h^{-1}）	0.0200
Ke（h^{-1}）	0.03
K_{12}（h^{-1}）	0.41
K_{21}（h^{-1}）	0.39
$T_{1/2\alpha}$（h）	0.86
$T_{1/2\beta}$（h）	34.7
AUC（μg·h/ml）	1860
MRT（h）	70.9
Cl_B（ml/kg/h）	16.1
Vss（l/kg）	0.81
Vc（l/kg）	0.56

*1 Ueno *et al.* 2001

（ii）モーメント解析

AUC/Dose値は62であり，OA（92.6）よりやや低い．MLXのFは87.9％であった．また，Nelson-Wagner法によるTDAは8 hであった．以上のことから，MLXは，OAに比べ，AUCは低いが，非常に高いFを示し，かつ速やかに吸収される残留性の少ない薬物である．

（iii）MLXの代謝

ウナギにおけるMLXの経口投与後の組織内濃度を表3-42に示した．投与後，1時間以内にすべての組織中で検出され，1日以内に最高濃度に達した．また，最高濃度到達時での組織内濃度序列は(胆汁)＞肝臓＞腎臓＞(血清)＞筋肉の順であった．このことから，魚類では，MLXはOAと同様に尿中の排泄が主要経路といえる．なお，胆汁中にも多量のMLX（390 μg/ml）が検出された．

表3-42　ミロキサシン経口投与（60mg/kg）後のウナギ組織内濃度*1

組織	時間（h）												
	1	3	6	9	12	24	48	72	120	192	288	384	480
筋肉	0.48*2	2.67	3.35	4.99	16.3	28.4	18.5	12.5	5.49	2.33	0.83	0.08	0.07
肝臓	3.62	4.91	4.32	4.97	23	24.8	9.19	8.28	3.12	1.2	0.43	－*2	－
腎臓	1.73	20.6	8.43	7.4	22.3	37.3	11.5	11.9	3.61	1.14	0.56	－	－
胆汁	34.7	29	24.8	25	108	390	330	161	213	177	52.6	0.35	0.25

*1 Ueno *et al.*, 2001, *2 μg/ml or g, *3 未検出

哺乳類において，MLXは少なくとも7種の代謝物が報告されている（Yoshitake *et al.*, 1978, 1979）．すなわち，5, 8-dihydro-8-oxo-2H-1, 3-dioxolo-[4, 5-g]quinoline-7-carboxylic acid（M-1），1, 4-dihydro-7-hydroxy-1, 6-dimethoxy-4-oxoquinoline-3-carboxylic acid（M-2），1, 4-dihydro-6, 7-dihydroxy-4-oxoquinoline-3-carboxylic acid（M-3）とMLX, M-1, -2と-3のそれぞれのグルクロン酸抱合体である．魚類（ブリ，ウナギ）においては，未変化体以外に，M-1とそれらの抱合体の存

在が確認され，特に，M-1は胆汁中（292 μg/ml）に多量に検出された（Ueno *et al.*, 1985，2001）.

3）ニトロフラン剤

（1）ニフルスチレン酸ナトリウム（NFS）

（i）モデル解析

魚類におけるNFSの血管内投与後の体内動態に関する研究は，ブリ以外にない（Uno *et al.*, 1996）．表3-43には2－コンパートメントモデル解析で得られたパラメーターを示した．Stehly とPlakas（1993）は，同系のニトロフラン剤であるニトロフラントインを用いて，アメリカナマズの血管内投与後の体内動態を2－または3－コンパートメントモデルで解析した．

分布に関するパラメーターとして，NFSは分布相の半減期（$T_{1/2\alpha}$）は0.61 h，定常状態における薬物の分布容積（Vss）は1.49 *l*/kg，薬物の中央コンパートメントの分布容積（Vc）は0.42 *l*/kgであった．NFSはブリにおけるOTC，スルファモノメトキシン（後述）と同様に分布速度は早いが，組織への移行および親和性はやや高い．消失に関するパラメーターとして，Cl_Bは271 ml/kg/h, $T_{1/2\beta}$は7.66 h, であった．したがって，スルファモノメトキシンと同様に，NFSの消失速度は早く，残留性も低いといえる．

表3-43　ニフルスチレン酸ナトリウムの血管内投与による pharmacokinetic パラメーター

パラメーター	ブリ[*1]
投薬量（mg/kg）	10
魚体重（g）	636
水温（℃）	21
C_0	23.6
A（μg/ml）	22.4
B（μg/ml）	1.17
α（h^{-1}）	1.127
β（h^{-1}）	0.0905
Ke（h^{-1}）	0.7198
K_{12}（h^{-1}）	0.3563
K_{21}（h^{-1}）	0.1417
$T_{1/2\alpha}$（h）	0.61
$T_{1/2\beta}$（h）	7.66
AUC（μg·h/ml）	36.9
MRT（h）	5.54
Cl_B（ml/kg/h）	271
Vss（l/kg）	1.49
Vc（l/kg）	0.424

[*1] Uno *et al*. 1996

なお，ブリにおけるNFSの経口投与後の体内動態は，1－コンパートメントモデルで解析された（Uno *et al.*, 1993b）．

（ii）モーメント解析

AUC/Dose値は3.7であり，OAやOTCに比べて非常に低い．NFSの生体利用率（F）は8.6％であった．また，Nelson-Wagner法によるTDAでは，3 hであった．したがって，NFSは，吸収は早いが非常に低い利用率およびAUCを示す．なお，ブリにおけるタンパク結合率は，69.4％であった．NFSと同系であるニトロフラントインのPBはアメリカナマズで50～62％であった（Stehly and Plakas，1993）．

（iii）NFSの代謝

魚類におけるNFSの代謝の報告はほとんど見当たらない．ここでは組織内濃度を表3-44に示した（Uno *et al.*, 1993）．各組織における最高濃度は筋肉，肝臓，腎臓および胆汁でそれぞれ投与後3，0.5，1および1時間であった．最高濃度序列は腎臓＞（胆汁）＞肝臓＞血清＞筋肉であった．血清，筋肉，肝臓および腎臓のNFSはそれぞれ投与後24，12，96および24時間で検出されなかった．しかし，胆汁中では投与後96時間でも高濃度を維持した．各組織におけるNFSの消失半減期および消失期間を表3-45に示した．NFSは胆汁についで肝臓で長く残留し，消失半減期および消失時間はそれぞれ30時間および投与後4.2日であった．血清，筋肉および腎臓における消失半減期は短く．消失時間も投与後1日以内であった．Stehly と Plakas（1993）は，アメリカナマズにおいて，同系のニトロフラントインは主に腎臓から尿として排泄されると報告した．したがって，尿がNFSの主要な排泄経路といえる．

表3-44　ニフルスチレン酸ナトリウム経口投与（100mg/kg）後のブリ組織内濃度*[1]

組織	時間（h）										
	0.5	1	3	6	9	12	24	36	48	72	96
血清	2.88*[2]	5.92	7.14	1.39	0.21	0.09	−*[3]	−	−	−	−
筋肉	0.06	0.19	0.29	0.18	0.05	−	−	−	−	−	−
肝臓	12.1	10.5	2.44	1.95	0.97	0.35	0.28	0.25	0.23	0.08	−
腎臓	30.1	52.2	15.1	2.36	0.57	0.34	−	−	−	−	−
胆汁	2.6	36.7	12.1	19.8	25	15.7	20.7	34.1	36.4	31.7	26.8

*[1] Uno *et al.*, 1993b，*[2] μg/ml or g，*[3] 未検出

表3-45　ニジマスにおけるニフルスチレン酸ナトリウム経口投与（100mg/kg）後の薬物消失

組織	$T_{1/2}$	Et
血清	1.38*[1]	16.2*[2]
筋肉	2.37	9.46
肝臓	29.7	101
腎臓	1.47	15

[1] 生物学的半減期（h），[2] 消失時間（h）

4）サルファ剤

（1）スルファモノメトキシン（SMM）

（i）モデル解析

SMMの血管内投与後の体内動態は，ウナギ（Ueno, 1998），ニジマスおよびブリ（Uno *et al.*, 1997a）の場合，2－コンパートメントモデルで解析されている．同様の解析がウマにおいても報告された（Carli *et al.*, 1993）．スルファジメトキシン（SDM）では，ロブスター *Hamarus americanus*（Barron *et al.*, 1988）やナマズ（Michel *et al.*, 1990）の場合，2－コンパートメントモデルで解析されている．ここでは2－コンパートメントモデルで解析した魚種について，比較した（表3-46）．

ウナギ（$T_{1/2\alpha}$ 0.25 h）はニジマスやブリに比べて薬物の組織への分布速度が早く，約2倍であった．通常，定常状態における薬物の分布容積（Vss）は0.3-0.8 *l*/kgの範囲にあるが（Davitiyananda and Rasmussen，1974；Rasmussen *et al.*, 1979），3魚種においてもその範囲内である．なお，ウマのVssは0.39*l*/kgであった．一方，$T_{1/2\beta}$やCl_Bは非常に遅い．すなわち，ウナギの薬物消失はニジマス，ブリに比べて非常に緩やかである．ちなみに，ウマの場合，$T_{1/2\alpha}$，$T_{1/2\beta}$は魚類より速やかである．

一般に，魚類においてSMMはSDMに比べて，吸収がよいと報告されている．表3-46に示したように，$T_{1/2\alpha}$，$T_{1/2\beta}$を比較すると，$T_{1/2\alpha}$では両薬物間で差はないが，$T_{1/2\beta}$ではSMMの方が約2倍の値を示した．また，AUC/Doseでは，SDMに比べてSMMが2倍以上であり，高いAUCを示すことから，SMMはSDMに比べて，長い薬効期間があるといえる．

ウナギ（Ueno *et al.*, 1994），ニジマス，ブリ（Uno *et al.*, 1993a, b）における経口投与後の体内動態は，いずれも1－コンパートメントモデルで解析された．ウマ（Carli *et al.*, 1993）でも同様な報告がある．SDMでは，ナマズ（Michel *et al.*, 1990）やロブスター（Barron *et al.*, 1988）の場合，1－

コンパートメントモデルで解析されている．

表 3-46　スルファ剤の血管内投与による pharmacokinetic パラメーター

パラメーター	スルファモノメトキシン				スルファジメトキシン	
	ウナギ*1	ニジマス*2	ブリ*3	ウマ*4	ニジマス*5	ニジマス*6
投薬量（mg/kg）	200	100	100	20	42	100
魚体重（g）	156	171	638	−	180-650	228
水温（℃）	27	15	21	−	13	10(20)*7
α（h^{-1}）	2.74	1.61	1.32	3.3	−	−
β（h^{-1}）	0.008	0.02	0.12	1.9	−	0.35(0.049)
Ke（h^{-1}）	0.025	0.061	0.25	0.45	−	−
K_{12}（h^{-1}）	1.91	0.98	0.55	−	−	−
K_{21}（h^{-1}）	0.82	0.59	0.64	−	−	−
$T_{1/2\alpha}$（h）	0.25	0.43	0.53	0.21	0.38	0.5(0.5)
$T_{1/2\beta}$（h）	86.6	34.7	5.78	3.6	15.9	20.6(14.7)
AUC（μg·h/ml）	59100	5400	1500	965100	−	2508(2543)
MRT（h）	129	34.3	7.45	−	−	−
Cl_B（ml/kg/h）	3.38	18.5	66.7	72	21.8	41.1(39.9)
Vss（l/kg）	0.45	0.83	0.56	0.39	0.421	1.2*8(0.83)
Vc（l/kg）	0.14	0.29	0.27	−	−	−

*1 Ueno *et al.* 1998, *2 Uno *et al.* 1997a, *3 Uno *et al.* 1997a, *4 Carli *et al.*, 1993, *5 Kleinow *et al.*, 1988, *6 van Ginneken *et al.*, 1991, *7 Data from 20℃, *8 Vdarea

(ⅱ) モーメント解析

ウナギ，ニジマス，ブリにおける AUC/Dose，Nelson-Wagner 法による薬物吸収，タンパク結合率，生体利用率を表 3-47 に示した．ウナギは，ニジマス，ブリに比べて，薬物の AUC はかなり高い（AUC/Dose でニジマスの 7 倍，ブリの 30 倍）．ウナギ，ニジマス，ブリの F はそれぞれ 24，19，16% であった．SDM の塩型と酸型を比較した場合，後者の方が低い F を示すことが報告されている（Kleinow *et al.*, 1987；原ら, 1967）．上記 3 魚種ではいずれも酸型を使用しているので，これも低い F を示す理由となる．TDA はウナギがもっとも遅く，それに反してブリは非常に早い．すなわち，ウナギの場合，非常に吸収に時間がかかるが，ブリではその 1/80 で十分である．SMM の PB はニジマスで 6.4%，ブリで 5.8% であった（表 3-47）．なお，ブタでは 60〜65% であった（Shimoda *et al.*, 1983）．SDM の PB は，ニジマス（Kleinow and Lech, 1988）で 17.3%，アメリカナマズ（Michel *et al.*, 1990）では 18.2% であり，イヌ（Baggot *et al.*, 1976）では 80% であった．

表 3-47　吸収関連パラメーター，血清タンパク結合率およびアセチル化率の比較

パラメーター	ウナギ*1	ニジマス*2	ブリ*3
MRT_{iv}（h）	129	34	8
MRT_{po}（h）	232	70.6	7.94
MAT（h）*4	480	120	3
TDA（h）	600	120	12
AUC_{iv}/Dose	276	54	15
AUC_{po}/Dose	71	10.3	2.33
F（%）	24	19	16
PB（%）		6.4	5.8
Ac_{po}（%）	3.8	49	72

*1 Ueno *et al.* 1998, Uno *et al.* 1997a, *2 Uno *et al.* 1993a, *3 Ueno *et al.* 1994, Uno *et al.* 1997a, *4 $MRT_{po} - MRT_{iv}$

(ⅲ) SMM の代謝

哺乳類におけるスルホンアミドの代謝物は N^4-アセチル体とグルクロン酸抱合体の 2 つの型がある．一方，魚類において，コイ（Grondel *et al.*, 1986），ニジマス（van Ginneken *et al.*, 1991）中の N^4-アセチル体の体内動態についての報告がある．また，Ishida（1989）はニジマスの尿や胆汁中か

ら5種のスルホンアミドのアセチル化された代謝物とグルクロン酸抱合された代謝物の存在を確認している．Uno ら（1993a），Ueno（1998）や Ueno ら（1994）もニジマス，ウナギ，ブリを用いて，SMM がアセチル化およびグルクロン酸抱合されることを確認した．さらに，グルクロン酸抱合化よりもアセチル化される代謝物が大部分であり，また，グルクロン酸抱合された N^4-アセチル体の存在も認められた．以上の結果から，魚における SMM の代謝経路は図 3-9 のように推定される．

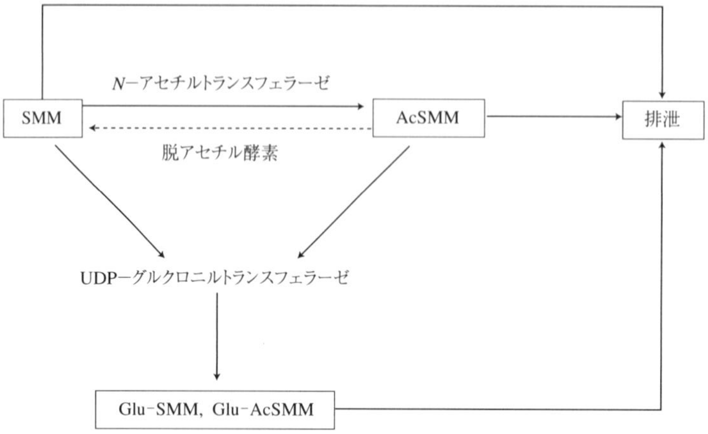

図 3-9　魚類におけるスルファモノメトキシンの代謝経路
AcSMM：N^4-アセチルスルファモノメトキシン，Glu-：グルクロン酸抱合体

アセチル化率の算出は次式のようにして求められる．

$$\text{アセチル化率（\%）} = \text{AUC(AcSMM)} / \text{AUC(SMM)} + \text{AUC(AcSMM)} \times 100$$

AcSMM：N^4-アセチルスルファモノメトキシン，SMM：スルファモノメトキシン

ウナギ，ニジマス，ブリのアセチル化率はそれぞれ 3.8，49，72％であった．アセチル体は N-アセチルトランスフェラーゼによって触媒される．魚種間でのアセチル化率の相違は酵素活性の違いと考えられる．ヒトにおいては 'slow' acetylator と 'fast' acetylator と呼ばれている acetylator の表現型はイソニアジドの毒性と関連しているといわれ，通常 N-アセチル化され，体内で消失する（Gibson and Skett, 1986）．それゆえ，魚類においてもそのような表現型が存在するか興味のあるところである．SMM はアセチル化されることによって抗菌作用を失うが，代謝されたアセチル体は難溶性のため，体内で尿結石を生成し，腎障害を起こす要因となる．また，哺乳類では，アセチル体の脱アセチル化も報告されている．それゆえ，魚体そのものへ影響のみならず，抗菌作用のある未変化体への変換の可能性は，食品衛生上にも問題となると思える．

3・3　モデル解析を用いた血中薬物濃度予測

近年，わが国の水産養殖技術の発展により魚介類の集約的な高密度飼育が可能になり，水産養殖業の著しい発展がある．これに伴い発生する種々の疾病を予防または治療するために数多くの水産用医薬品が用いられている．水産用医薬品の投与は，魚介類の食品衛生面における魚体内残留のみならず

過剰または過少投与による環境汚染，耐性菌の増加など種々の問題が生じてくる．したがって，水産用医薬品の有効性，安全性を考慮した適切な投薬法が必要となる．しかしながら，魚介類の場合，陸上生物と比較すると飼育環境，生理的条件など極端に異なり，体内濃度に影響する要因も多い．

一般に，ヒト・哺乳類に医薬品を使用する場合，それらの有効性，安全性，残留性などモデル解析を利用して病気治療に最適の薬物の効果が発揮され，安全性が確保されるように投薬計画を定め，病状および生理的状態の変化に対応してこれを管理している．

現在わが国では，水産用医薬品の使用基準は薬事法に基づく動物用医薬品の使用に関する省令によって定められ，また，薬物治療法として，通常経口投与法により連続的に行われている．また，それらの適正量は薬物投与量と疾病魚の生残率によって決定される．すなわち，安全性，残留性よりむしろ治癒率（有効性）を考慮した薬物投与量といえる．そこで，薬物動態学的解析の応用例として，得られた種々のパラメーターを用いて，現在わが国で行われている基準投与量で連続経口投与した場合の，3魚種におけるSMMの血中濃度をシミュレートし，評価を試みた．

1－コンパートメント・1次吸収モデルで表わされる薬物を投与間隔 τ で，N回投与したt時間後の血中濃度（CN）は，次式に示した通りである．

$$C_N = \frac{F \cdot Dose \cdot Ka}{Vd(Ka - Ke)} \left\{ \frac{1 - \exp(-N \cdot Ke \cdot \tau)}{1 - \exp(-Ke \cdot \tau)} \exp(-Ke \cdot t) - \frac{1 - \exp(-N \cdot Ka \cdot \tau)}{1 - \exp(-Ke \cdot \tau)} \exp(-Ka \cdot t) \right\}$$

C_N：N回投与t時間後における血中濃度，N：投薬回数，τ：投与間隔

また，投薬後の定常状態平均濃度は，次式で表わされる．

$$Css = \frac{F \cdot Dose}{Vd \cdot Ke \cdot \tau}$$

なお，シミュレーションには山岡らによる非線形最小二乗法の計算プログラムMULTIを用いた（Yamaoka *et al.*, 1981）．

その結果を図3-10に示す．*Aeromonas salmonicida*，*A. hydrophila*，*Vibrio anguillarum* に対するSMMの最小発育阻止濃度（MIC）は1.6～3.2 μg/mlである（田中, 1977）．ウナギ, ニジマスの場合, MIC以上の濃度が維持されているため，十分な薬効が期待されるが，定常状態平均血中濃度（Css）を算出すると，ウナギで540 μg/ml，ニジマスで64 μg/mlになる．有効濃度をMICの10倍［ヒトの場合，5倍（尾崎・池田, 1978）］と仮定しても，いずれも過剰投与であり，特にウナギでその傾向が強い．一方，ブリの場合，C_{SS} は20 μg/mlになり，逆に過少投与になる．さらに，次回投与時にはすでに薬物濃度がMIC以下に減少している．

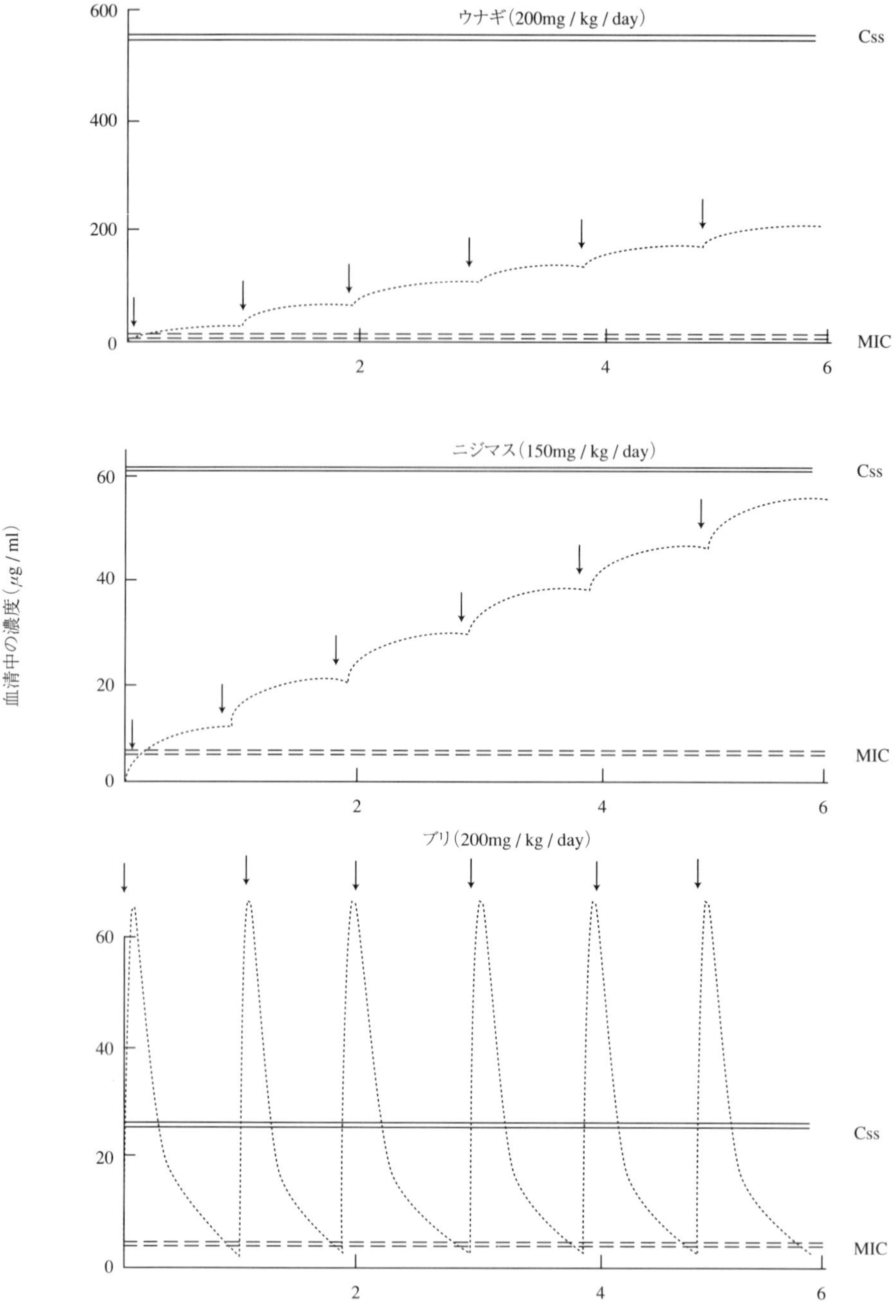

図 3-10 基準投与量で連続投与した場合のSMMの血中濃度シミュレーション
Css：定常状態平均血中濃度，MIC：最小発育阻止濃度，↓：投薬時期

薬物の過剰投与は養殖業者における経済面の負担のみならず，環境汚染や薬物残留の問題となり，また過少投与は耐性菌の増加の問題を引き起こす．したがって，単に，疾病を治療することを主眼とした薬物投与量ではなく，上記の点も考慮した適正投与量を設定する必要がある．今回の結果から現行基準投与量を評価すると次のようになる．すなわち，ウナギの場合，現場での諸条件を

考慮したとしても薬物投与量を1/3～1/4に減少できる可能性がある（実験値から単純計算すると1/6で十分）．ニジマスの場合，初回投与量を多くして，短時間に有効濃度まで引き上げることが望ましい（原ら，1967）．ブリでは，むしろ薬物投与量を半減し，その分投与間隔を短くする必要がある．

以上，SMMの血管内投与および経口投与後の血中濃度から薬物速度論的手法を用いて，現行投薬法を評価した．今後の実用性を考えると，特に水温，薬物の剤型および量，摂餌率などパラメーターに影響を及ぼす付随的要因を検討しなければならない．なお，モデル解析を用いた血中薬物濃度予測と実測値とを比較した場合，ほぼ一致した結果が得られていることから，上述のモデル解析を用いた血中薬物濃度予測法は信頼性あることが実証されている（Ueno *et al.*, 2001）．

3・4　おわりに

一般に，薬物の体内動態は動物種によって著しく異なる．これは肝ミクロゾーム酵素系を中心とした薬物代謝酵素群の差異に起因すると考えられるが（Kobayashi *et al.*, 1987；Oshima *et al.*, 1996），各種家畜種における薬効の差異を明らかにするためには，対象動物における薬物動態的解析が必要である（吐山，1991）．魚類においても種類によってかなりの差異が認められた．これらの差が動物種のように分類学上のものか，上述の付随的条件の差によるかによって，魚種による体内濃度—時間曲線の一般化または一般法則がずいぶん異なってくる．最近の種々の魚類の薬物の体内動態パラメーターを直接的に集めたFDA-PPデータベースに関する構築（Reimschuessel *et al.*, 2005）がある．前述したように，実験設定や設定モデルによってもパラメーターが異なるため，同レベルでの比較が難しいかもしれないが，それを差し引いても非常に参考になるデータと思われる．今後の更なる構築に期待したい．

環境ホルモンといった化学物質の生態系への影響が非常に注目を浴びるようになってきた．養殖場における生体異物の環境へのストレスも，とくに疾病魚の予防・治療のための多用される水産用医薬品の環境への影響も多大なものと推測されるが，いまだわが国において詳細な研究は少ない．KimとCerniglia（2009）も指摘しているように，投薬された薬物の魚体内からの排泄が，代謝物を含めてどのように環境へ影響を与えるかは今後研究されるべき重要な問題であるが，それ以前に環境負荷低減を考慮した適切な薬物投与も必要となるであろう．

（上野隆二）

§4.　薬剤の投与法

薬剤の毒性試験や安全性試験，残留試験などの実験的な投与であっても，養殖魚の治療を目的とした投与であっても，投与した薬剤が吸収され，目的とする体内濃度に達し，それを一定時間維持することが必要で，薬剤の組織に対する刺激性，溶解性，安定性など物理・化学的性状に配慮しながら適切な投与法を選択することが重要である．特に，養殖魚の治療に用いる水産用医薬品として承認を受けた薬剤は，使用基準によって用法と用量が定められており，それを遵守しなければならない．また，薬剤を添加した飼・餌料（本節では，配合飼料を「飼料」，生餌や冷凍魚を餌とする場合は「餌料」と表記する）の調製方法や薬剤添加飼料の給餌方法など治療効果を得るために注意しなければならないことが多い．それだけではなく，安全な養殖魚介類を生産するという観点からも水産用医薬品の適切な投与法について理解をしておくことが重要である．

4・1　魚介類で適用可能な薬剤の投与法と特徴

薬剤の投与法は経口投与（oral administration）と非経口的投与（parenteral administration）に分けられ，それぞれ，長所と短所がある．魚類の場合には，薬剤は群単位で投与されること，水中で生活するという点で家畜とは異なっており，薬剤の使用が直接環境への負荷になり得るという点で投与方法にも注意を要する．

1）経口投与（oral administration）

薬剤を飼・餌料に混ぜて経口的に与える方法で，魚介類の自由摂餌によるものとゾンデを用いて強制的に与える方法がある．前者は簡便な方法であり，養殖魚介類の感染症治療のための抗菌剤投与法として一般的に用いられている．後者は確実に所定量の薬剤を個体ごとに投与することができるので，薬物動態や安全性試験など実験的な薬剤投与方法として用いられる．経口投与による薬剤の吸収は消化管のあらゆるところで行われるが，薬剤によっては消化管内容物の存在やpHなどで薬剤の吸収や作用が影響を受けるため，経口投与を行うことができない．例えば，ペニシリンGは胃酸に対して不安定で消化管からの吸収が安定しないことが知られている．このため，胃酸に対して安定な合成ペニシリンが開発され，経口投与できるようになった経緯がある（榑谷・矢ヶ崎，1985）．また，オキシテトラサイクリンはCaイオンと結合しキレートを作る性質があり，これが消化管からの吸収を妨げることがある（榑谷・矢ヶ崎，1985）．抗菌性物質により感染症の治療を行う時に，総合ビタミン剤などとの併用を行うことがあるようだが，抗菌性物質との相互作用や吸収に及ぼす影響を考慮して使用するべきである．

2）薬浴（bath treatment）

薬剤を溶解した水中に魚介類を一定時間浸漬する方法で，体表の寄生虫や真菌に直接薬剤を作用させるか，鰓からの吸収によって体内の細菌に作用させる．消化管から吸収されにくい薬剤の投与や摂餌しない魚介類に対して有効な方法である．最近普及している注射ワクチンの接種にあたっては，麻酔は必須であり，魚類への麻酔は薬浴による．この方法は，魚を取り上げて薬液槽に移すという作業を伴うため，経口投与法に比べて，作業の手間がかかるとともに魚介類に対するストレスが大きい．このため，大型の魚を薬浴で治療することは困難である．海面の小割生け簀で薬浴を行う場合には，薬浴用のシートを設置して行う方法も考案されている（田端，2004）．薬浴時の水温やエアレーション，薬浴前の餌止めなど魚介類のストレスを軽減するための種々の管理が必要である．また，薬浴後の薬液は活性炭による吸着処理や大量の飼育水による希釈を行ってから排水することが必要である．

水産用医薬品の中で薬浴が用法として認められているのは，魚類・甲殻類の麻酔剤として用いられるオイゲノール，スズキ目魚類およびフグ目魚類の駆虫剤として用いられる過酸化水素，ニジマス，アマゴなどのサケ科魚類や淡水飼育のニシン目魚類に対するスルファモノメトキシンまたはそのナトリウム塩，魚卵消毒に用いるプロノポールおよびポピドンヨード，アユおよびウナギに対するオキソリン酸，ヒラメ・カレイ目魚類に対するニフルスチレン酸ナトリウムがある．また，アユおよびサケ科魚類のビブリオ病不活化ワクチンも薬浴法により投与される．

3）散布法（water treatment）

薬剤を飼育水に溶解させる方法で，薬浴と同様に，体表の寄生虫や真菌に直接薬剤を作用させるか，鰓からの吸収によって体内の細菌に作用させる．また，水中に存在する病原体に直接作用させ，水平感染の感染環を断つことによって疾病の蔓延を防止するということもある．この方法では，魚介類に与えるストレスは薬浴法に比べて著しく少ないが，薬剤が直接環境中に排出されるので公衆衛生上の問題が大きい．以前，水産用医薬品の用法としてコイ，フナおよびウナギに対するメトリホナート（トリクロルホン）の散布法での使用が承認されていたが，現在は散布法での医薬品の使用は認められていない．

4）注射（injection administration）

これまで，注射による薬剤の投与は，群飼育である養殖魚では適用不可能と考えられてきたが，連続注射器の開発（図 3-11）によって，短時間に多数の魚にワクチンを接種できるようになり適用可能になった．注射による薬剤の投与法として，図 3-12 に示すような腹腔内注射（intraperitoneal injection）と筋肉内注射（intramuscular injection）が適用可能である．陸上動物のように静脈あるいは動脈への血管内投与は，魚介類の場合困難である．注射法は，確実に所定量の薬剤を投与することができること，高い初期血漿濃度が得られ，作用の発現が速やかであることや局所刺激性の強い薬剤の投与も可能であるなどの利点がある一方，接種部位組織の損傷や癒着を起こす可能性がある．水産用医薬品では，注射による抗菌剤の投与は認められておらず，ワクチンに限定された投与方法であ

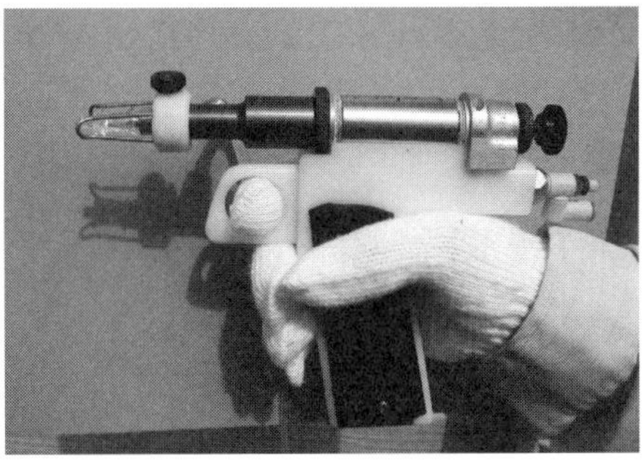

図 3-11　連続注射器

腹腔内投与

筋肉内注射

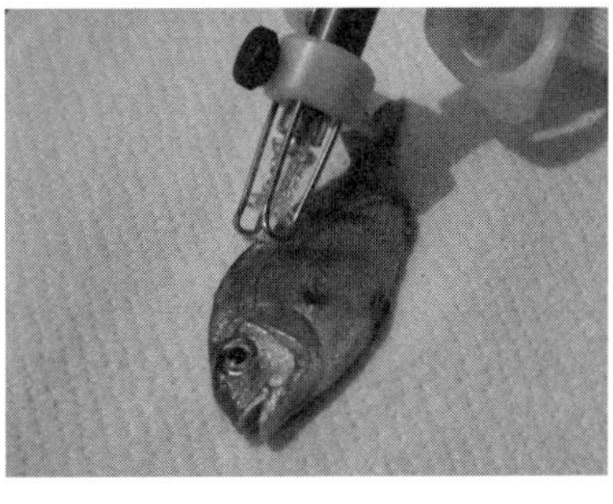

図 3-12　注射によるワクチン接種法

る．注射によるワクチンの投与は，その予防効果が経口投与や浸漬法に比べて高いことが知られている．近年，注射ワクチンの有効性が認められ，急速に普及してきている．しかし，2 年魚など大型の魚では，作業の手間などから実質的に適用不可能である．

注射法によるワクチンの接種は，まず，魚を取り上げ，麻酔をかけた後，1 尾ずつ連続注射器で行う．そのため，薬浴と同様に魚に与えるストレスは大きく，麻酔中に死亡事故を起こすこともある．現在承認を受けている麻酔剤はオイゲノールのみであり，安全に魚に麻酔をかけるためには，麻酔時の水温やエアレーション，麻酔液の濃度や麻酔時間などに注意する必要がある（江郷，2004）．

水産用医薬品では，ブリ属魚類の α 溶血性レンサ球菌症およびビブリオ病不活化ワクチン，マダイおよびブリのイリドウィルス感染症不活化ワクチンの注射による投与が承認されている（詳細はワクチンの項を参照のこと）．

5）その他の投与法

その他，人の BCG 接種に用いられるような経皮接種の方法も研究されている．また，ワクチンを腸溶性カプセルに封入し，経口的に投与する方法なども考案されており，アユの冷水病ワクチンでは効果が高いことが報告されているが，いずれも実用化されていない．

4・2　養殖魚への経口投与

ここでいう経口投与は，飼・餌料に添加した薬剤を自由摂餌によって与えることで，群単位で飼育される養殖魚類およびクルマエビへの薬剤投与法として最も実用的な方法である．水産用医薬品として承認を受けているほとんどの抗生物質や合成抗菌剤および駆虫剤（プラジカンテル）の用法は経口投与である．また，ブリの α 溶血性レンサ球菌症不活化ワクチンの経口投与も承認されている．

1）経口投与の長所と短所

経口投与は，投与される対象魚介類を水中から取り上げたり，移動させるなどのハンドリングを加えることなく投薬できるので，魚介類に与えるストレスは少ない．また，投与時の作業量が他の投与方法に比べて軽減される方法であるといえる．

経口投与の場合，飼・餌料に添加した医薬品が魚介類に摂取される前に環境水中に溶出したり，適当な量の飼・餌料に医薬品を添加しなかったときには残餌が出て，そこから水産用医薬品が環境水中に負荷される可能性がある．環境水への水産用医薬品の負荷は，養殖環境水中に常在する病原体の薬剤耐性や野生生物への影響という観点から，投薬するにあたり十分配慮する必要がある．

感染症に罹病した魚介類は，病状が悪化するほど摂餌量は低下するのが一般的である．また，魚群の中には病状の軽いものと重いものが同居していると考えられるので，経口投与の場合，全ての個体に均一に薬剤を摂取させることができるかどうかは疑問である．承認を受けているほとんどの水産用医薬品の用法が経口投与であることを考えると，高い治療効果を得るためには早期診断・早期治療が重要であるといえる．

2）餌・飼料の形態と薬剤添加

養殖魚介類用の配合飼料には，ドライペレットなどの固形飼料と海水魚のモイストペレットやウナギに用いる粉末飼料がある．淡水養殖魚（ニジマス，コイ *Cyprinus carpio*，ウナギ，アユ，テラピア *Oreochromis niloticus* など）では，ほぼ全てが配合飼料を給餌している．一方，海水養殖魚に対しても配合飼料が急速に普及しつつある．

粉末飼料には，小麦グルテン，α-デンプン，グアガム，カルボキシメチルセルロース（CMC）などの粘結剤が配合されている．モイストペレットは，餌料と粉末飼料を一定の比率で撹拌，混合してチョッパーで造粒することによって給餌を行う．また，ウナギ用の粉末飼料では，加水して十分に撹拌し練り餌で給餌する．粉末飼料を用いる場合には，予め薬剤と混合することができるので薬剤の添加は容易であり，調餌の過程で撹拌を行うため均一な薬剤の添加ができる．さらに，粘結剤が含まれていることから薬剤を添加した餌の散逸を少なくすることが可能である．生餌を丸ごと給餌するような場合でも，粘結剤と水産用医薬品を混合して生餌に付着させて投薬を行うと効果が高い．

現在最も普及している養魚用固形飼料には大きく2つのタイプがある．1つはスチームペレットであり，もう1つはエクストルーダーペレット（EP）である．スチームペレットの吸水率は3～8%であるが，水溶性の薬剤は約3%の水に溶解し，脂溶性の薬剤は油脂に添加してからペレットに吸着させる方法が一般的である．スチームペレットは，加水によりペレット表面が軟化しやすい．EPはスチームペレットに比べて保形性に優れているが，最近普及している高カロリータイプ（粗脂肪含量が高い）のものでは，ペレットへの水や油脂の浸透が悪くなる．高カロリータイプのEPは，1～2%の油脂に薬剤を添加しペレットに吸着させている例が多く，この方法でも十分な治療効果が得られているようである．固形配合飼料への薬剤の添加は，ペレット内部へ薬剤を浸透させるというよりは，ペレット表面に薬剤が付着している状態で魚介類へ投与されているということになろう．したがって，投餌後短時間で魚介類が摂取しなければ，添加した薬剤が溶出し有効量を投与できないことになる．ペレットへ薬剤を添加する際には，使用するペレットの物性に注意し粘結剤でコーティングするなど必要な措置を講じることが必要である．飼料へ薬剤を添加する場合に最も確実な方法は，飼料添加物として水産用医薬品を配合することであろう．しかし，水産用医薬品は飼料添加物としての承認はされておらず，飼料安全法で禁止されている．

餌・飼料に水産用医薬品を添加するときに，均一に添加することが求められる．水産用医薬品が不均一に添加された餌・飼料を投与された場合には，群飼育である養殖魚では，個体によって高濃度の薬剤が投与されたり，必要な量の薬剤が投与されないものがでてくる可能性がある．このことは，予期せぬ副作用の発生や薬剤の残留，また，治療効果が十分に得られないことにつながる．したがって，均一な薬剤の添加を行うための作業手順を定めることが重要である．

餌・飼料の形態によって，その水分含量や消化管内滞留時間に違いがみられる．餌・飼料中の水分含量は薬剤の吸収，排泄に影響を及ぼすことが指摘されている（久保埜，2004）．消化管内滞留時間が及ぼす影響については，十分検討されているとはいえず，今後，検討する必要がある．

3）経口投与時の給餌量と薬剤の吸収

養殖魚へ薬剤を経口投与する場合，薬剤を添加する餌・飼料の量を適切に設定することが重要である．薬剤の投与量は魚体重（用量）で一義的に決まってしまう．予め設定した給餌率の餌に用量と放養量（放養尾数×平均体重）から算出した量の薬剤を添加するので，所定の用量の薬剤を養殖魚に投与するためには，調製した薬剤添加飼料がすべて養殖魚に摂取されなければならない．給餌量を低く設定すると全ての魚に薬剤添加飼料が行きわたらないことや，餌中の薬剤濃度が高くなることによって，薬剤のにおいや味で魚が薬剤添加飼料を忌避することが起こりうる．逆に，給餌率を高く設定すると残餌が出て所定の量の薬剤を投与できない可能性がある．

ニジマスのサルファ剤を用いた実験では，給餌率が低いほど体内濃度の上昇が早く，組織内濃度も高くなる（尾崎・池田, 1978）．これは，消化管からの薬剤の吸収は受動拡散によって起こるため，飼料単位重量あたりの薬剤濃度が高いほど濃度勾配が大きく，吸収量が多くなることによると考えられている．このため，経口投与により治療を行う場合には，魚種や魚群の状態によっても異なるが，発病前に給餌していた量の50～60％程度を目安に給餌量を設定することが推奨されている（江郷, 2004）．また，投薬前に休餌するなど，養殖魚が薬剤添加飼料を全量摂取するよう管理することが必要である．

（舞田正志）

§5. 水産用医薬品と養殖魚の安全性

水産用医薬品による感染症治療は，生産性向上を目的とした過密養殖を行っている現状では，安定的な食糧確保という観点から，不可欠であるといわざるを得ない．その一方で，安全な食品の供給という観点からは，水産用医薬品の残留防止に最大限の注意を払う必要がある．特に，国民の食品の安全性に対する関心が高まりつつある中で，養殖魚介類に対する抗菌性物質残留への懸念は払拭されていない．このような背景から，水産用医薬品の使用にあたっては，残留防止につながる適正な使用と管理が以前にも増して求められるようになっている．

5・1　水産用医薬品の残留とヒトへの健康被害

抗菌性物質の使用によって起こると考えられているヒトへの健康被害は，以下のようなものがあげられている（堀江・中澤, 1988）．

① 残留薬物による直接的な毒性や腸内細菌叢への影響
② アレルギー発現の可能性
③ 薬剤耐性菌の出現

食品に含まれる化学物質の安全評価は，「リスク・アナリシス（リスク解析）」という手法を用いて行われている．リスク・アナリシスは，「リスクアセスメント」，「リスクマネージメント」，「リスクコミュニケーション」の3つの要素から構成されている．リスクアセスメントは，有毒性の確認（毒性があるかないかの定性的評価），用量反応関係（毒性がどのくらいあるのかの定量的評価），暴露評価（濃度の把握や摂取量の推定）などを総合的に評価して（有害作用が発生する確率の推定）判定が行われる（堀江・中澤, 2001）．

化学物質の毒性は，急性毒性試験，亜急性毒性試験，慢性毒性試験などの一般毒性試験と変異原性試験，発ガン性試験，生殖毒性試験，催奇形性試験，免疫毒性試験などの特殊毒性試験によって評価される．承認を受けている医薬品は，全てこれらの毒性試験でヒトに対する安全性が確認されているものである．一般的に化学物質の毒性の強さを示す指標として，半数致死量（LD_{50}）が用いられている．例えば，有毒化学物質のイメージが強いダイオキシンのLD_{50}は，0.0006 mg/kg，フグ毒のテトロドトキシンは0.008 mg/kg，シアン化カリウム（青酸カリ）は3 mg/kg，毒入りギョウザ事件で問題になったメタミドホスのLD_{50}は13～23 mg/kgである．これに対して，水産用医薬品でも使用が認められているスピラマイシンのLD_{50}は4,500 mg/kg以上であり，われわれが日常摂取する食塩やコーヒーなどに含まれるカフェインなどと比較しても，化学物質としての直接的な毒性は通常問題にならないレベルである．

すべての化学物質は有害作用を有しており，それは用量（暴露量）によって左右されると考えられている．用量－反応関係はこの考え方を示したもので，ある一定の用量までは生体は何の反応も示さない（無作用領域）が，ある用量を超えると生体に影響を及ぼし始めるということである．生体反応が生体にとって好ましい作用を示す用量が医薬品の用量ということになり，これを超えると副作用や中毒を起こすことになる．生体になんら影響がない用量の上限を無毒性量（No Observed Adverse Effect Level，NOAEL）といい，動物実験で求められたNOAELにヒトへの適用性を考慮した安全係数（通常，1/100）をかけたものが1日摂取許容量（Acceptable Daily Intake, ADI）である．ヒトの体内に取り込まれた抗生物質や合成抗菌剤は，腸管内で腸内細菌叢に影響を及ぼす可能性がある．そのため，先に述べた毒性試験だけではなく，ヒトの腸内細菌叢への影響についての試験を行い，微生物学的ADIの設定が行われている（Cerniglia and Kotarski, 2005）．各種毒性試験の結果得られた毒性学的ADI（日本トキシコロジー学会教育委員会, 2009）と微生物学的ADIを比較して，値の低い方をその薬物のADIとしている．動物用医薬品の食品中への最大残留基準値（Maximum Residue Limits，MRLs）は, ADIと国民の平均的な食品別摂取量を考慮して設定されたものである．したがって，養殖魚への水産用医薬品の残留がMRLsを下回っていれば，残留薬物による直接的な毒性や腸内細菌叢への影響によるヒトの健康被害が起こる可能性は著しく低いといえる（NOAELおよびADIの詳細は，1・10残留薬剤評価法を参照のこと）．

一方，発ガン物質については，微量であっても発ガン性は存在することから，無毒性量はゼロとされるべきであると考えられてきた．そのため，これまで養殖魚の寄生虫治療に使用されてきたホルマリン，卵消毒に使用されてきたマラカイトグリーン，細菌性疾病に使用されてきたニトロフラン剤など発ガン性があるとされている物質は使用禁止となっている．また, 食品安全委員会での審議の結果，これらの物質にはMRLsを設定することは適切ではないとの判断から，食品中へは残留してはならないとされている．

これまで，養殖魚介類に残留した抗生物質などの直接の毒性による健康被害や過敏症，アナフラキシーの発生例はほとんど報告されていない（堀江・中澤, 1998）．しかし，残留抗生物質によるアレルギーが発生する可能性は完全に否定されているわけではない．また，ヒトの院内感染で問題となっているMRSA（メチシリン耐性黄色ブドウ球菌）やVRE（バンコマイシン耐性腸球菌）の発生が動物用医薬品の使用と関連があるのではないかとの危惧ももたれている．養殖魚介類への水産用医薬品の残留は，使用者の適切な管理によって防止できるリスクである．したがって，残留規制に適合するよう適切に水産用医薬品を使用することが重要である．

5・2 水産用医薬品残留のリスク管理における基礎知識

水産用医薬品の残留リスクをどのように管理するかについては，基本的に「承認を受けている水産用医薬品が使用基準に従って適正に使用されていれば，残留は起こり得ない」という考え方ができる．承認を受けている水産用医薬品は養殖魚に対する安全性，吸収・排泄，残留性に関するデータが既に得られている．それに基づいて「使用基準」が設定されている．使用基準とは，養殖水産動物に対して残留に特に注意が必要な医薬品の種類を指定，使用できる動物の種類，医薬品の用法，用量，それから休薬期間を守るということを法律で義務づけて医薬品の残留を防止するということを目的に，生産者が水産用医薬品を使用するに当たって守らなければならない基準である．水産用医薬品の残留防止にあたっては，特に，使用禁止期間の遵守が重要で，厚生労働省から公表されている輸入時における輸入食品違反事例（http://www.mhlw.go.jp/topics/yunyu/ihan/）から輸入養殖生産物の残留が起こった原因を整理してみると，その60％程度は休薬期間を守らなかったこと，あるいは，使用禁止期間の知識がなかったことによるものである．

1）薬剤の体内消失時間

薬剤を投与したすべての魚の各臓器から薬剤が検出されなくなるまでの時間を体内消失時間という．例えば，これまでスズキ目魚類のレンサ球菌症の治療に用いられるエリスロマイシンの消失時間は，最も長い腎臓と脾臓において168時間とされている（尾崎，1984）．実際に使用基準で決められているエリスロマイシンの休薬期間は30日間で，実験的に求められた体内消失時間の約5倍の長さに設定されている．また，スズキ目魚類の類結節症の治療薬であるアンピシリンの場合は，72時間ですべての臓器で検出限界以下となるが，消失時間よりも長い5日間が休薬期間として決められている．このように，薬剤の体内消失時間よりも長い休薬期間を設定されていることには，リスク管理上重要な意味がある．

2）消失時間と投薬量の関係

エリスロマイシンの場合，使用基準で決められている用量は50 mg/kg･day である．この用量で使用した場合の体内消失時間は168時間であるが，100 mg/kg･day，つまり，用量の倍量を投与したときの体内消失時間は336時間と約2倍になる．薬剤によっては用量の2倍量の投与によって，体内消失時間が3倍近く延長するものもあるが，薬剤の生物学的半減期は，薬剤の投与量によらず一定と考えられるので，このような違いは，薬剤の最高到達濃度に依存するものと考えられる．いずれにしても，投薬量が使用基準に定められた用量以上であったときには，体内消失時間が延長することになる．

3）消失時間と水温の関係

水温と薬剤の体内消失時間との関係については，基本的な魚の生理で考えると，変温動物である魚類の物質代謝の速度は，Q_{10} の法則に従うという原理がある．Q_{10} とは，例えば Q_{10} の値が2であるとき，温度が10℃下がると物質代謝の速度が2分の1になるという生体反応の温度依存性を示す数値である．エリスロマイシンの体内消失時間が167時間というデータは水温27度で測定されたものである．エリスロマイシンを水温17℃のときに投与したらどうなるであろうか．ブリのQ_{10}の値というのは約1.6であるから，理論上は1.6倍長くなるということになる．

4）薬剤の残留に影響を及ぼすその他の要因

ウナギ目魚類の抗菌・抗生物質の使用基準では，飼育水の換水率を1日平均40％以上の条件下におくことが決められている．これは，わが国のウナギ養殖では，飼育水を加温するため，極端に換水率が低く，定められた休薬期間を守っていても薬剤の残留が発見されたことによる．おそらく，換水率が低い場合には，残餌に含まれる薬剤が池底に沈殿し，二次的に薬剤による暴露を受けることに起因するものと考えられる．加温養鰻で，1日平均40％以上の換水率を維持することが難しい時には，水揚げのかなり前から投薬しないことや残留検査を実施してから水揚げを行うなどの配慮が必要であろう．

使用禁止期間を守ると薬剤の残留は起こり得ないと考えられることの根拠は，使用禁止期間が消失時間の3～5倍ぐらいの長さに設定されていることによる．例えば投薬量を間違えて2倍投薬した，あるいは水温が非常に低いときに薬剤を投与したというようなときでも，それによる消失時間の延長というのはおおよそ2倍以内であるから，使用禁止期間を守ってさえいれば，そういう誤りによって消失時間が長くなったとしても，残留を防止するのに十分な期間であるということである．ただし，いくつかの誤りを同時に犯した場合は，使用禁止期間の遵守によって残留防止が十分であるかは必ずしも保証できない．これは用量を間違っていないとか，きちんと水温を記録してあるというようなことで確認ができる体制にあれば，使用禁止期間を守っているということで安全性を保証することが可能になる．

5・3　わが国と海外の残留リスク管理

わが国では，養殖対象魚種が多いこともあって承認を受けている薬剤が他の国に比べて圧倒的に多い．EU，カナダ，アメリカ，ノルウェー，チリでは水産用医薬品の残留基準を最大残留許容量で定めている．一方，わが国では，従来，オキシテトラサイクリンとスピラマイシンで残留基準（それぞれ0.2 ppm）が定められている他は，無残留（Zero residue policy）であることが基準となっていたが，2006年にポジティブリスト制が施行されてからMRLsによる残留規制となった．近年，わが国の養殖魚介類の欧米への輸出が盛んになってきている．いうまでもなく，輸出養殖魚介類の残留は輸出相手国の基準をクリアすることが求められるので，その残留リスク管理が問題になることがある．わが国の水産用医薬品のMRLsは，海外の基準と比べて同等，もしくはより厳しく定められている．欧州連合（EU）は，残留基準をクリアするだけではなく，EU域内へ輸入される水産物に対して，生産段階から加工段階に至るまでの関係事業者が遵守すべき衛生管理の要件をみたした品質管理プログラムの下で適切な管理を行い，ＥＵの定める品質管理基準を満たしていることを求めている*.

ヨーロッパでは，食品の安全のほか環境保護や動物福祉などを考慮した総合的な農業のあり方が検

---

* 平成19年4月12日付け食安発第0412001号厚生労働省医薬食品局食品安全部長通知，18消安第15038号農林水産省消費安全局長通知，18水漁第3077号水産庁長官通知「対EU輸出水産食品の取扱要領」：http://www.maff.go.jp/soshiki/suisan/eu/index.html

討され，適正農業規範（Good Agricultural Practices, GAP）という概念が形成されてきた．GAPは農薬の食品への汚染を防ぐ目的で農薬使用の指針がコーデックス規格として定められたのをはじめとして，狂牛病やダイオキシン問題の発生，病原性大腸菌O-157やサルモネラ菌による汚染などの発生に対応して，世界各国で農業生産過程の管理によって安全な食品を確保する手段としてガイドラインの策定，普及，教育，認証が行われている（高橋・池戸，2006）．ヨーロッパ数カ国の大手流通業者と，これらの国および輸出国の生産者とからなる会員で策定された規格がユーレップGAP（EUREP GAP）である．2004年10月には養殖魚のユーレップGAP制度が発足している．ユーレップGAPの水産用医薬品使用に関する要求事項を表3-48にまとめてあるので参照されたい．

表3-48　ユーレップGAPにおける要求事項（抜粋）

1.4.2　魚類の健康

1.4.2.1　養殖生産者は，完全な養殖履歴，疾病の発生リスト，休薬期間と一致する治療履歴を養殖場における識別単位別に作成できなければならない．

1.4.2.2　養殖生産者は，衛生管理についての知識と養殖場に適した実施規範を示さなければならない．衛生管理の最も重要な要素の詳細について（清掃方法，使用する洗剤，消毒剤，使用期間，使用頻度，無使用期間など）文書化された衛生管理計画があり，履行され，その記録がなされていなければならない．

1.4.2.3　従業員は衛生管理計画を熟知し，適切な履行を保証しなければならない．

1.4.2.4　すべての養殖場は法律で求められているあらゆる疾病の発生については当局に通報しなければならない．

1.4.2.5　養殖場において，すべての従業員は自分たちの会社が関係する，食品安全，動物の健康と福祉への脅威を引き起こす可能性のある緊急事態への対処に関する手順に注意を払わなければならない．これらの不測の事態に対する手順は，適切な用水および飼料の供給の故障という事態をも含んでいなければならない．

1.4.2.6　薬物，抗生物質，化学療法剤およびその他の治療薬の使用はすべて適切に処方され，記録され，また休薬期間や残留に関して適用される法律に従っていなければならない．

1.4.2.7　すべての養殖生産会社は，指定した獣医師あるいは診療所（法律で要求される免許を得ていること）をもたなければならない．獣医師の訪問は少なくとも年1回，一生産サイクルに1回は行わなければならない．

1.4.2.8　獣医師は，処方と健康管理計画への助言を行わなければならない．また，健康管理計画は少なくとも年1回，1世代が1年に満たない場合は，1世代毎に見直し，修正しなければならない．健康管理計画は，疾病防止戦略（飼育管理を含む），その養殖場に実在することが知られ，あるいは疑われる主要疾病，定期的に遭遇する状態に投与される治療，推奨されるワクチン接種手順，推奨される寄生虫駆除，飼料添加または薬浴に対する要求事項などが定義されていなければならない．見直しは，魚の行動，飼養環境，生物学的安全についても扱わなければならない．すべての養殖場は，特定の病原体のスクリーニングおよび改善計画に参画しなければならない．

1.4.2.9　病気が発生した魚群は隔離識別され，必要ならば獣医師の立ち会いの下に，直ちに対応処置を講じなければならない．

1.4.2.10　治療薬の使用は獣医師の処方を受けなければならない．

1.4.2.11　動物用医薬品の休薬期間を熟知し，厳守しなければならない．休薬期間中の魚を飼育している水に曝露される可能性がある魚は同様な休薬期間に従わなければならない．休薬期間が終了する前に，他の養殖場へ魚が販売される場合には，使用した物質名，治療日，休薬期間の満了日などについて文書化された証明書を添付しなければならない．そのような魚は治療されたことが明確に識別されていなければならない．

1.4.2.12　治療効果のある物質（つまり，淡水魚に対する塩など）の治療への使用は，それが有効であることの証拠を保持しなければならない．

1.4.2.13　各ふ化場あるいは育成場は発病魚群を隔離または除去するのに適した設備を備え付けなければならない．

1.4.2.14　水質は，養殖対象魚種の健康に要求されるものでなければならない．養殖場は重工業あるいは人口密集地の排水に汚染される場所に設置されるべきではない．

1.4.2.15　各養殖場はリスク評価における重要な項目に関連する水質モニタリングプログラムを持たなければならない．

1.4.2.16 酸素や温度のデータロガーから得られる電子情報のコピーはすべての魚の運搬時に記録されなければならない．

1.4.2.17 魚の在庫は，平均体重，サイズ，格付けのために，定期的に観測しなければならない．

1.4.2.18 健康診断も人と同じように行い，外見的に奇形の魚は除去すべきである．

1.4.3　医薬品

1.4.3.1　一般原則

1.4.3.1.1 最新の，使用されたすべての医薬品リストが保持されていなければならない．EUで禁止されている医薬品は使用してはならない．

1.4.3.1.2 ホルモン剤および抗生物質は成長促進剤として使用してはならない．

1.4.3.1.3 独立したISO 17025認定（あるいは同等の，GLP適合）分析機関が許可された物質の使用について定期的にサンプル検査を実施しなければならない．これは，国の実施する残留サーベイランスや当局により実施される管理プログラムで代替して差し支えない．

1.4.3.1.4 動物試験証明書，緊急薬または同等品として供与されるものを除いては，生産国の所管当局が魚類に使用することを許可された動物用医薬品だけを使用できる．

1.4.3.1.5 すべての医薬品は，獣医によって，特定の群，特定の目的に限られて供与され，特定の細菌感染症に限定される．

1.4.3.1.6 使用期限を過ぎた医薬品ならびに使用した医薬品の容器は，以後の誤用が起こらないように，立ち会いの獣医師が同意した方法で廃棄しなければならない．

1.4.3.1.7 万一，1.4.3.1.4に適合しない場合は，その特定の魚群に対して行う残留検査結果は，追跡可能でなければならない．

1.4.3.1.8 文書化されたアクションプランは，立ち会いの獣医師の同意を得なければならない．また，生産国における最大残留基準値（MRL）がより高い場合には，これを満たさなければならない．

1.4.3.2　投薬記録

1.4.3.2.1 全ての養殖場は，検証可能にするため，経過，合法的な薬剤の購入および投与記録を保有していなければならない．購入記録には，購入日，購入品の名称，購入量，ロット番号，使用期限，販売店名を記載すること．投与記録には，使用薬剤のロット番号，投与開始日，投与魚群番号，投与魚群の収容尾数，薬剤の総使用量，投与終了日，休薬期間完了日，消費可能になる最短の日，投与した人の氏名等を記載すること．

1.4.3.2.2 投薬中の魚群は，目視可能な方法で識別されていなければならない．その方法は記録に残されていなければならない．

1.4.3.2.3 ワクチン接種を独自に行うか，委託業者に委託するかのいずれにおいても，ワクチン接種者は適正に訓練を受け，また，その者が資格を与えられている（適任者である）ことの記録を残すこと．

1.4.3.3　ワクチンの接種手順

1.4.3.3.1 ワクチン接種過程で使用する全てのポンプ，外面および機器は魚への物理的損傷を起こさない，あるいは，魚に与えるストレスを最小にするのに適した構造でなければならない．

1.4.3.3.2 ワクチン接種の手順書をそなえ，常に，手順書に従わなければならない．

1.4.3.3.3 当局から完全に許可されたワクチン，あるいは，獣医師により合法的に処方されたワクチンのみを使用すること．

5・4　水産用医薬品の残留防止とマネージメントシステム

食品の製造段階ではHACCP（Hazard Analysis Critical Control Point= 危害分析重要管理点）方式による衛生管理が普及してきている．WHOが食品衛生の概念を「生育，生産，製造から最終的に人に消費されるまでのすべての段階における安全性，完全性および健全性を確保するのに必要なあらゆる手段を意味する」と規定しているように，畜水産物の生産段階から衛生管理を導入しようという動きがある．

農産物の生産段階からGAPによって食品としての安全性を確保することがわが国でも推進されているが，養殖生産においても同様の手法によって，生産段階での衛生管理を行うことが必要であろう．養殖魚の生産段階においては，適正養殖規範（Good Aqacultural Practice, GAP）に基づく管理を行うということになる．GAP によるリスク管理で重要なことは，管理すべきリスクを特定したあと，それがどのような経路で養殖魚に蓄積されるのかを理解するとともに，どのような方法でそのリスクを減らすことができるのかを考え，リスクを最小限に抑える手順を決めて，その手順通りに作業を行うことである．その管理の過程においては，管理を行ったことを示す記録を残すとともに，万一の事故発生に備えて，トレーサビリティーを確保しておくことが必要である（舞田, 2011）．

水産用医薬品の残留によって直接的なヒトの健康被害が起こった事例はほとんどないものの，未だに解明されていないリスクがあり得る．アメリカ FDA の Fish and Fishery Products Hazards and Control Guide でも，水産用医薬品の残留は人の健康に対する重要な危害であるとしている．また，消費者の養殖魚に対する不安の中で最も重要な要因は水産用医薬品の使用とその残留にあることなどから，水産用医薬品の残留は養殖魚介類の安全性上管理すべきリスクの 1 つであるといえる．水産用医薬品の使用に関する管理が適切に行われているとは，以下のことが実施されていることを指す．

① 承認された水産用医薬品だけを使用していること
② （使用対象動物を含む）用法・用量を守っていること
③ 使用禁止期間又は休薬期間を守っていること
④ 使用記録が残されていること
⑤ 水産用医薬品を適切に保管すること

これらの事項に関して具体的に行うべきことは，各養殖業者が生産方法や養殖場ごとの事情を考慮して独自に決めてよいわけであるが，第三者が客観的に見て十分に要求事項を満たしていると判断できるものであることが必要である．

水産用医薬品の使用は魚の健康管理と密接な関係があるので，日常の飼育管理の中で病気の発生に関係する観察（死亡魚の数，摂餌状態）や魚の成長（平均体重），飼育尾数に関する情報を常に把握し記録しておくことが必要である．

水産用医薬品の購入，使用にあたっては，購入した水産用医薬品の名称，購入日，購入量，使用日，使用量，在庫量を記載した水産用医薬品管理記録を作成して，適切に管理することが必要である．また，使用した医薬品の名称，投薬した生簀の番号，投薬量，投薬開始日，投薬終了日，休薬期間の終了日を記載した投薬記録を作成することは必須である．これらの記録は，水産用医薬品の適正な使用を証明するために不可欠なものであり，万一，水産用医薬品の残留が発見されたときに検証すべき重要な記録である．ワクチンを使用するときには，これらの記録に加えて，指導機関から発行される「ワクチン使用指導書」を保管しておかなければならない．

生産者が適切に水産用医薬品を使用したはずであるにもかかわらず，水産用医薬品の残留が発見される事例があるとすれば，それは何に起因するのであろうか．例えば，投薬量を計算する時に正しく計算していなかった（放養尾数を正しく把握していなかったことや平均体重が把握されていなかったことに起因する），薬剤を計る時に使用する秤が正しく表示していなかった，投薬すべき生簀と投薬しない生簀を取り違えていた，調餌する時に調餌機の中に水産用医薬品が残っていた（これを交差汚染という），休薬期間の終了日を間違えていたなど，その多くは“こうしたはず”という作業者の思いこみや人為的なミスによって起こるものである．このような思いこみ，勘違いなどの人為的なミスは，水産用医薬品の使用記録には記載しようがないものである．したがって，人為的なミスによって発生した水産用医薬品の残留は，その原因を記録によって検証しようとしても原因の特定は難しい．このようなミスを防ぐために必要なことは，人為的ミスを予め防止するような作業手順を定め，決められた作業手順通りに行うことである．人為的ミスは絶対に起こらないとは言えない．人為的ミスは必ず起こりえるものであると考えて対処することが，品質管理あるいは衛生管理システムの基本的な考え方である．GAP の実践にあたり，投薬作業の手順を標準化することが望ましい．

トレーサビリティー導入の目的はいろいろあるが，リスク管理手法としてトレーサビリティーを導入しようとするときには，問題が発生したときの問題ロットの特定と原因究明が重要な目的になる．そのためには，安全情報としての飼育履歴を追跡可能な状態にしておくことが必要になる．トレーサビリティーの実施にあたっては，ロットの識別が最も重要で，ロットの混合を防止しなければトレーサビリティーの確保はできないといってもよい．養殖生産のロットとは，1 つの飼育単位を指すといってよい．つまり，1 つの生簀が 1 つのロットである．魚の成長の過程で行う分養の際には，どの生簀の魚をどの生簀に移動したかを明確にしておかなければならない．本来は，飼育単位の異なる魚を混合することは，トレーサビリティーを実施するときにはあり得ないことである．しかし，養殖生産において，異なる生簀の魚を 1 つの生簀にまとめることはよくあることで，これを禁止することは養殖生産そのものに影響を及ぼすことになる．そこで，養殖生産段階でのトレーサビリティーでは，ロットの混合を禁止していない．その場合の飼育履歴は，その生簀に収容している魚の飼育履歴を全て併記することとしている．この方法でも，何かの問題が発生したときに，問題ロットの特定と原因究明は可能である．

5・5　水産用医薬品残留リスク管理上の新たな問題

輸入養殖ウナギや養殖エビで検出されたニトロフラン類，養殖カンパチで検出されたロイコマラカイトグリーンは，養殖魚のリスク管理を考える上で新たな問題を提起した．ニトロフラン類とマラカイトグリーンの残留規制には，共通点がある．それは，親化合物（養殖魚に投与される物質）だけではなく，親化合物が養殖魚の体内で化学変化を受け（これを代謝という），生じた化学物質（代謝物）が親化合物と同様の薬理作用を有していることから，残留規制の対象になっているということである．ニトロフラン類については，フラゾリドンを投与した際に生じる 3－アミノ－2－オキサゾリドン（通称 AOZ）の残留が輸入養殖ウナギや養殖エビで検出された．また，養殖カンパチで検出されたロイコマラカイトグリーンは，マラカイトグリーンの代謝物である．ニトロフラン類やマラカイトグリーンは，発ガン性があることが指摘されており（Ali, 1999；食品安全委員会, 2005），水産用医薬品としての使用は禁止されている．したがって，本来，検出されるはずのない物質が検出されたことになる．違法に禁止薬剤を使用した事例もあるかもしれないが，ロイコマラカイトグリーンは養殖カンパチの生産者がマラカイトグリーンを使用していないにもかかわらず起こった残留事故であった．現在，その原因が飼料の汚染によるものであったことが明らかにされている．このほかにも，ニトロフラン代謝物やロイコマラカイトグリーンが残留する可能性がある．それは，稚魚あるいは中間育成種苗が汚染されていた場合である．ウナギの場合，フラゾリドンで薬浴したとき，親化合物であるフラゾリドンは 24 時間以内に検出限界以下となるが，その代謝物である AOZ は薬浴終了後，検出されなくなるまでに 6 カ月間かかる（Krongpong *et al.*, 2008）．ロイコマラカイトグリーンも同様に代謝物の残留期間は非常に長い（Bergwerff *et al.*, 2004）．このことは，生産者が，違法にニトロフラン類やマラカイトグリーンを使用した稚魚を知らずに購入したときには，たとえ生産者がそれらの違法薬剤を使用しなくても検出されることがあり得ることを示唆している．このように，水産用医薬品の残留リスク管理においては，稚魚（中間育成種苗を含む）と飼・餌料がGAPの重要な管理対象であることを示すものであるといえよう．

ある薬剤の代謝物が親化合物と同様の薬理作用，特に発ガン性をもつ場合は，代謝物が残留規制の対象になり得るということ，薬剤の代謝物の残留性に関するデータは非常に限られており，データの得られているAOZやロイコマラカイトグリーンを見る限り代謝物の残留期間は長いことなどから，今後，同様な代謝物の残留が食品衛生上のリスクになるかもしれない．（舞田正志）

§6. 消毒剤と養殖・孵化場の消毒法

6・1　消毒剤

水産養殖は水生生物を人為的環境下で集約的に効率よく飼育，生産する方法であり，養殖事業の進展につれ，魚類をはじめ水生生物に多岐にわたる疾病被害が報告されている（若林・室賀編, 2004）．特に細菌，ウイルス，原虫などの微生物が関与する感染症は，いったん発生するとその被害は甚大となり，養殖場あるいは孵化場に存在するこれら病原体の排除につとめる必要がある．養殖場・孵化場での消毒対象は，飼育対象生物を含め，飼育用水および排水，飼育用施設（小型の水槽から大型生簀まで），種々の飼育用器具類さらには飼育場の建物や輸送車を含めた養殖施設全体に及ぶ．この養殖場あるいは孵化場全体の殺菌は物理的に不可能であり，それぞれのケースごとに，最適な殺菌・消毒法を選択する必要がある（木村・吉水, 1991）．養殖場あるいは孵化場の中で注意を払わなければならないものは，飼育用水，養殖施設，飼育器具そして従事者である（吉水・笠井, 2005）．以下に，飼育用水および排水，種卵および種苗，飼育用器具および施設，飼育従事者の手・長靴について，特に魚類病原微生物を対象に，現在実施されている殺菌・消毒法について述べる．

6・2　飼育用水の殺菌

水の殺菌法としては，上水道水に見られるように世界的に塩素殺菌あるいはオゾン殺菌が用いられている．サケ・マス類の場合，発眼卵を後述のヨード剤で消毒し，脱塩素処理水道水を使用して孵化させ，飼育するとSPF（specific pathogen free）魚が得られる．実験魚としてはSPFが必須条件である．しかしこの場合，脱塩素処理が必要となる．これらの殺菌法のほか，最近では高分子濾過膜を使用した濾過除菌法も普及し，イセエビの種苗生産や餌料藻類クロレラやナンノクロロプシスの濃縮などに用いられている（吉水, 1991）．

大量の水を必要とする養魚用水の低コストでの殺菌処理法としては，淡水では紫外線殺菌法（吉水・笠井, 2002）が，海水では海水電解法（吉水, 2006）が最も目的にかなっている．オゾンを用いた殺菌装置も普及しているが，高価でありその使用方法および脱オゾン方法により現場での評価が異なっている（吉水, 1992）．今回，紫外線，オゾンおよび電気分解による飼育用水の殺菌法を述べるとともに，一部で用いられている濾過除菌装置についても紹介する．

1）紫外線殺菌法

紫外線（波長258 nm）を水に照射することにより，水中に存在する微生物のDNAに傷をつけ殺菌する方法である．水産領域での紫外線による水の殺菌は，古くから出荷前のカキの浄化に用いられ，さらにカキの幼生や稚貝，ハマグリ *Meretrix lusoria* やロブスターの幼生の飼育用水の殺菌にも用いられている． わが国ではニジマス生産地において飼育用水中に存在する伝染性造血器壊死症（IHN）ウイルスの不活化に広く用いられ効を奏している．紫外線照射量は通常μW·sec/cm^{2}として表されるが，これは単位面積当りの紫外線強度μW/cm^{2}に照射時間（秒）を乗じて求められる．10^6μW·sec/cm^{2}が1mJ（ジュール）に相当する．紫外線は水中での透過率が低いため，装置は水深あるいは水層を5cm程度と浅くとり，十分な紫外線量が照射されるように設計する．紫外線の照射にあたっては処理水を石英管あるいは紫外線透過性のよい光透過性フッソ樹脂管に通し，管外から紫外線を照射する外照式タイプと耐圧性石英二重管の紫外線ランプを直接水中に設置する内照式タイプがある（吉水・笠井，2002）．

代表的な魚類病原細菌，ウイルス，ミズカビ，原虫類の紫外線感受性（生菌数を99.9％以上減少させる，ウイルス感染価を99％以上減少させる，菌糸の伸長を阻止するあるいは殺虫に要する紫外線照射量）を2章の図2-61に示した．魚類病原細菌はせっそう病原因菌をはじめ大腸菌を含むグラム陰性菌の場合は2.0～4.0×10^3μW·sec/cm^2, グラム陽性の細菌性腎臓病やレンサ球菌症の原因菌は1.0～2.0×10^4μW·sec/cm^2，ウイルスでは ビルナウイルスおよび レオウイルスで1.0～2.0×10^5μW·sec/cm^2，ラブドウイルス，イリドウイルスおよびヘルペスウイルスでは1.0～3.0 × 10^3μW·sec/cm^2，ミズカビ類の菌糸伸長・遊走糸の殺菌では1.5～2.5×10^5μW·sec/cm^2，スクーチカ繊毛虫をはじめ原虫類の殺虫には2.0～8.0 × 10^5μW·sec/cm^{2}を要する（吉水・笠井, 2002）．

微生物の種類により紫外線感受性は異なるものの，紫外線に強い病原微生物の殺菌には10^6μW·sec/cm^{2}程度の照射能力を有する装置の導入が必要となる．一般的な紫外線殺菌装置の紫外線照射量は10^4μW·sec/cm^{2}程度であり，この紫外線照射量から判断するとグラム陰性の魚類病原細菌とエンベロープを有する魚類病原ウイルスおよびDNAウイルスの殺菌・不活化は可能である（図3-13のラインより下の微生物）（吉水・笠井, 2002）．

最近では 中圧水銀ランプを用いた高出力の流水式紫外線殺菌装置が普及し使用されている．この高出力タイプを使用すると2.0～5.0 × 10^5μW·sec/cm^{2}程度の紫外線照射量が得られ，レンサ球菌症や細菌性腎臓病原因菌の殺菌，さらにIPNVやYAVの不活化, スクーチカ繊毛虫の殺虫も可能になる．なお低コストで大量の水処理が要求される養魚現場では，様々な工夫のもとに紫外線ランプを水面上に釣り下げ10^4μW·sec/cm^{2}程度の紫外線照射を行い，目的とする病原体の殺菌を行っている所も多い（吉水・笠井, 2002）．

2）オゾン殺菌法

オゾン殺菌は主に高圧放電法により発生した酸化力の強いオゾンガスを処理槽に吹き込み，飼育水中に存在する微生物を殺菌する方法である．オゾンは強力な殺菌作用がある反面，人体や魚に対して

も毒性を示す．そのため曝気してオゾンガスを除去し飼育用水として用いる必要がある．特に海水中には種々の微量成分，特に臭素イオンが存在し，これらと反応したオゾンはオキシダントとなり長期間残留して魚毒性を示す．そのため活性炭を通すことにより，オゾンとの反応生成物を取り除き飼育用水として用いる必要がある（吉水, 1992）．

淡水環境での飼育用水の場合，魚類病原ウイルスのIPNVやIHNVは0.1 mg/*l*，30～60秒で99.9％以上不活化される．病原細菌の場合も0.5 mg/*l*，15秒の処理により殺菌される．また原虫類に対しても0.3 mg/*l*で5分間処理することにより感染を防止できる．海水のオゾン殺菌は，オゾンガス気泡の直接作用とともに，この海水をオゾン処理した際に生成されるオキシダントの殺菌作用によるところが大きい．天然海水をオゾン処理し，生成したオキシダントの代表的な魚類病原細菌，ウイルスおよび寄生虫に対する殺菌効果を表3-49に示した．ビブリオ病およびせっそう病原因菌をはじめとする魚類病原細菌の生菌数を99.9％以上減少させるに要するオキシダント量は0.5 mg/*l*で15秒，0.1 mg/*l*では30～60秒，魚類病原ウイルスの感染価を99％以上減少させるに要するオキシダント濃度は，ブリのウイルス性腹水症原因ウイルス（YTAV），サケ科魚類の伝染性膵臓壊死症ウイルス（IPNV）およびサケレオウィルス（CSV）では0.5 mg/*l*で60秒，0.1 mg /*l*でも60秒であり，ヒラメのラブドウイルス（HIRRV），サケ科魚類のヘルペスウイルス（OMV）および伝染性造血器壊死症ウイルス（IHNV）では0.5 mg/*l*で15秒，0.1 mg/*l*では30秒である．繊毛虫のスクーチカを殺すには0.8 mg/*l*で30秒である（吉水, 1992）．

オゾン処理の際に生成されるオキシダント海水の有効利用として，その殺菌効果を利用し消毒液の代わりに使うことも可能である．オゾン処理した海水を活性炭に通す前に一部取り出し，市販の消毒薬と同様に使用することが可能で，酸化による腐食の問題がない網やビーカー，長靴などの飼育用器具機材の消毒に有効である．また受精卵を用いた試験では，マツカワ *Verasper moseri* ではモルラ期に使用すればヨード剤よりも優れた消毒効果が得られ，孵化率にも差はなく，受精卵の消毒にも有効である（吉水, 1992）．

表3-49　海水中での魚類病原微生物のオキシダント感受性

微生物	オゾン濃度(mg/l)	処理時間(秒)	殺菌効果(%)	処理時の菌数(Log.*)
ウイルス性腹水症原因ウイルス：YAV	0.5	60	＞99	4.3
ヒラメラブドウイルス：HIRRV	0.5	15	＞99	5.5
伝染性膵臓壊死症ウイルス：IPNV	0.5	60	＞99	4.0
伝染性造血器壊死症ウイルス：IHNV	0.5	15	＞99	4.0
サケレオウイルス：CSV	0.5	60	＞99	4.0
サケ科魚ヘルペスウイルス：OMV	0.5	15	＞99	3.0
ビブリオ病原因菌（*Vibrio anguillarum*）	0.5	15	＞99.9	5.6
レンサ球菌症原因菌（*Streptococcus* sp.）	0.5	15	＞99.9	5.8
せっそう病原因菌（*Aeromonas salmonicida*）	0.5	15	100	5.1
運動性エロモナス症原因菌（*A. hydrophila*）	0.5	15	＞99.9	4.6
大腸菌（*Escherichia coli*）	0.5	15	＞99.9	6.5
スクーチカ繊毛虫	0.8	30	＞99.9	5.3

*：TCID 50/ml, CFU/ml もしくは虫体数．

3）電気分解殺菌法

海水を電気分解し，海水中に含まれる食塩から生成される次亜塩素酸の殺菌力を利用して海水を殺菌する方法である．水族館の水槽や火力・原子力発電所の冷却水系などで，コケや藻類，貝類などの生物付着を防ぐために海水中に微量の次亜塩素酸を発生させる装置としても用いられている．食塩濃度が1.0％以上であれば，海水と同程度の次亜塩素酸が産生され，殺菌効果が得られる（吉水, 2006）．

病原微生物の次亜塩素酸感受性に関しては，多くの報告がある．紫外線およびオゾン感受性に基づき，感受性の高い細菌とウイルス，低い細菌とウイルスの代表株を1株ずつ，3％食塩水に加え，電解装置の電極間を通過させた時の殺菌・不活化効果を観察すると，時間の経過とともに殺菌率が高くなり，有効塩素量が多くなるにつれて殺菌率も上昇する．細菌については，有効塩素濃度0.07～0.14 mg/*l*で1分間，ウイルスでも0.45 mg/*l*，1分間の処理で99.9％以上の殺菌・不活率が得られている（表3-50）（吉水, 2006）．

表3-50　電解海水の代表的な魚類病原細菌およびウイルスの殺菌・不活化効果

供試菌	流量（m^3/h）	塩素量（ppm）	処理時間（分）	殺菌率（％）
ビブリオ病原因菌 （*V. anguillarum*）	3.5	0.07	1.0 2.5 5.0	＞99.99 ＞99.99 100
せっそう病原因菌 （*A. salmonicida*）	3.5	0.11	1.0 2.5 5.0	99.99 99.99 100
ウイルス性腹水症原因ウイルス （YTAV）	3.5	0.58	1.0 2.5 5.0	＞99.99 ＞99.99 ＞99.99
ヒラメラブドウイルス （HIRRV）	3.5	0.49	1.0 2.5 5.0	＞99.99 ＞99.99 ＞99.99

前述のオキシダント海水同様，電解海水も飼育用器具としてのタモ網，注水ネット，キャンバス地，ホース，ビーカー，バケツおよびゴム長靴などを電解海水に浸すことにより，ホース，ビーカー，バケツおよび長靴では有効塩素濃度0.5 mg/*l*の電解海水に30分間浸漬することにより消毒が可能である．一方，タモ網，注水ネットおよびキャンバス地でも60分間の浸漬で十分である（吉水, 2006）．

4）中空糸濾過膜による除菌法

飼育用水の濾過除菌法として用いられている中空糸濾過膜の濾過性能は，公称値以上のウイルス・細菌などは通ることがなく，それより小さいものもかなり補足される．公称値100nmの穴径を有する中空糸濾過膜は直径55～60 nmのYAVおよびIPNVを99～99.7％補足した．中空糸濾過膜を用いて濾過除菌する場合，膜の穴径よりも大きな粒子は通過しないことが確認されているが，クロレラなどを濃縮する場合，濃縮物に細菌やウイルスも一緒に濃縮されるため，膜の穴径を慎重に検討する必要がある．

5）その他の飼育用水殺菌法

塩素剤あるいは塩素ガスを用いて水を殺菌する方法は飲料水や水槽，プールなどの殺菌に広く使用されている．飼育用水の殺菌としては制約が多く困難な面も多いが，後述の飼育排水の処理としては有効な方法であり，多くの大学，研究所での人為感染試験魚の飼育排水の処理に使用されている．一方ヨード剤やホルマリン，銅イオンなどの利用による殺菌も可能であるが，生物への影響，残留，廃液の放出，人体や環境生物への影響など使用に当たっての留意事項が多い．マイクロセラミックあるいは高分子濾過膜を用いた濾過除菌法も中空糸濾過膜方式の採用により大量の水を処理できるようになってきた．また加熱殺菌法としてプレート型熱交換器を使用して飼育用水の殺菌を行っているところもある．魚類病原細菌を含め水生細菌は衛生細菌に比べ，至適増殖温度や発育温度上限が低いため，衛生細菌に比べると殺菌温度は低くてもよいと考えられる．ウイルスに関してはいくつかの報告があり，ラブドウイルスとヘルペスウイルスでは50℃，2分程度の加熱で十分殺菌できる．しかしビルナウイルスに関しては60℃，30分の加熱処理においても99.9％の殺菌は可能であるが，これらウイルスは感染価が高い（腹水中で $10^{7\text{-}8}$ 感染粒子 /ml）ことから，加熱殺菌の対象にするには難があると考える．

6・3　飼育器具・機材および施設の殺菌・消毒

水産養殖において飼育用水とともに，飼育に用いる器具，機材および飼育施設の微生物管理が，病原体の伝播防止上極めて重要である．飼育水槽，飼育池，生簀などの飼育施設は種苗の搬入前に病原体を殺菌・排除しておく必要があり，日常の使用器具・機材の消毒は防疫上極めて重要となる．

消毒薬は種類が多く，その作用機序も異なり，また病原体によって抵抗性も異なっている．さらに水産養殖環境は魚種ごとに飼育温度や塩分濃度も異なり，病原体ごと，魚種ごとさらには使用時期ごとに適切な消毒薬を選択する必要がある．各種消毒剤の中で魚類に対して比較的毒性の少ないものあるいは除去が容易なものが養殖システムの消毒に用いられている．魚類病原細菌およびウイルスはいずれも市販の消毒薬の公称有効濃度で十分殺菌，不活化されるが，冬期間の低温下での使用や魚の体表粘液など有機物が付着した物の殺菌には一部不適な消毒薬もある．表3-51には低温下における各種消毒薬の魚類病原ウイルス不活化効果を，同様に表3-52には有機物存在下でのウイルス不活化効果を示したが，クレゾール石鹸液およびホルマリンは低温下で，ハロゲン系消毒薬は有機物存在下で著しい効果の低下がみられる．魚類病原細菌に対しても同様の現象がみられ，さらに海水環境下ではハロゲン系消毒薬およびクレゾール石鹸液の殺菌効果の低下も報告されている．

表3-51　各種消毒薬のIHNVおよびIPNV不活化効果に及ぼす温度の影響
（15℃でのウイルス不活化率を100とした時の値で表示．反応時間30秒）

薬　剤	ウイルス不活化率					
	IHNV			IPNV		
	濃度（ppm）	温度		濃度（ppm）	温度	
		0	15		0	15
イソジン	1	80	100	10	98	100
次亜塩素酸ナトリウム	4.5	218	100	0.1	76	100
過マンガン酸カリウム	15.8	105	100	0.1	76	100
塩化ベンザルコニウム	100	95	100	100	75	100
クレゾール石鹸液	100	13	100	1000	58	100
ホルムアルデヒド	70	40	100	NT*	NT	NT

* NT：試験せず

表3-52　各種消毒薬のIHNV不活化効果に及ぼす有機物（ペプトン）濃度の影響（ペプトン濃度0%の不活化率を100としたときの値で表示．反応温度：15℃，反応時間：30秒）

消毒薬	濃度（ppm）	ウイルス不活化率 ペプトン濃度（%）		
		0	0.1	1.0
ホルムアルデヒド	350	100	260	240
クレゾール石鹸液	100	100	138	139
塩化ベンザルコニウム	100	100	105	105
過マンガン酸カリウム	15.8	100	37	61
ポピドンヨード	20	100	41	0
次亜塩素酸ナトリウム	45	100	45	15

1）飼育水槽，飼育池，生簀などの殺菌・消毒

屋外の水槽や飼育池，生簀網などは水を切り，天日でよく乾燥すると同時に高度晒し粉（日本曹達，有効塩素60%）を直接散布するか，もしくは1,000倍液を散布する．屋内の場合も同様であるが，金属性の構造物への散布は不適切であり，代わりに100倍希釈塩化ベンザルコニウム液（オスバンなど；10%液）を散布する．使用後の消毒薬は，塩素の場合は2，3日放置し，オスバン液の場合は排水路に集め地面に吸収させる．その後，ともに大量の水で洗い流す．建物への出入り口には踏み込み槽（深さ10 cm以上）を設置し，オスバンの100倍液，クレゾール石鹸液あるいは塩素（日曹ハイクロン錠，日本曹達，600 ppm）を入れ，長靴などの消毒に使用する．

2）手や長靴，使用衣類の消毒

手指の消毒はまず水道水での手洗い後，塩化ベンザルコニウム液（100倍）あるいはクレゾール石鹸液でよく消毒し，また70%イソプロピルアルコールを噴霧器に入れ使用する．長靴類や胴付き長靴，カッパ類は同様にオスバンあるいはイソプロピルアルコールで消毒し，加温乾燥しておく．消毒液の効果は室温（20℃）で30秒間作用させて評価されているため，30秒程度をめどに行うべきである．

3）活魚輸送車の消毒

種卵および種苗などの輸送車の消毒には，施設への入り口でまず十分水洗し，100倍希釈オスバン液を噴霧する．車の進入感知センサーがついた自動噴霧装置を使用している所もあるが，高圧洗車機を用いてもよい．水槽内は種苗を取り出した後，十分水洗し，次亜塩素酸ナトリウム液（50 ppm）もしくは高度晒し粉（1,000倍液）を用いて洗浄後，再度十分水洗する．この場合の洗浄水には水道水を用いる．

4）使用器具，機器類の消毒

タモ網やブラシ，ザル，タワシ，バケツなどの養魚用器具類は，高度晒し粉（1,000倍液）もしくは塩素系錠を入れた容器に数分間浸漬後，十分水洗いし乾燥させておく．飼料調製用カッターや自動給飼機はよく水洗した後，イソプロピルアルコール（70%）で汚れなどを拭き上げる．

6・4 飼育生物の消毒

飼育生物を消毒する目的の1つは，外部からの病原体の持込みを防止するために種苗として導入するときに消毒することであり，もう1つは発病魚を廃棄する場合である．前者の場合，消毒可能な時期は限られ，卵の時期のみが現在消毒可能である．他には外部寄生虫の駆除を目的としたホルマリン浴がある．

1）卵の消毒

魚類の場合，消毒が可能なのは卵の時期のみであり，受精直後から発眼期の卵が対象となる．サケ・マス類の場合，受精直後卵の消毒も可能であり，病原体除去の目的にはなるべく早い時期に実施した方がより効果的である．現状では物理的変化に強く取扱いが容易な発眼卵を対象に消毒が行われている．1971年に全国湖沼河川養殖研究会養鱒部会でポピドンヨード（水産用イソジン，有効ヨウ素10 mg/ ml）の200倍液（有効ヨウ素50 ppm）10*l*に対し，ニジマス発眼卵5万粒の15分間処理法が申し合われ，現在も継承されている．またミズカビの寄生に対しては同部会でマラカイトグリーン（4 ppm，60分以下，週2回以内）が申し合われた．ただしマラカイトグリーンは公衆衛生上の観点から現在は使用が禁止され，現在はブロノポール製剤（パイセス）が使用されている．またヒラメなどの海産魚でも病原ウイルスの垂直感染防止の目的でポピドンヨードでの消毒を行なっているが，海産魚の場合，卵の性質によっては凝集を防ぐ目的で撹拌する必要がある．

2）外部寄生虫対策

鑑賞魚などの種苗を導入するに際し，飼育水槽内への寄生虫の持ち込みを防止する目的でホルマリン浴（50～100ppm，15～30分）が実施されている．

3）病魚の消毒廃棄法

病魚は飼育池から取り上げた後，適切な消毒をして廃棄する必要がある．表3-52に見られるように魚体への消毒薬の浸透性に関してはクレゾール石鹸液が優れているが，現実的には加熱消毒法を選ぶ必要がある．加熱に際しては中心温度が80℃以上・5分間維持となるように魚体ごとに加熱時間を調節する必要がある．

6・5 飼育排水の殺菌

養魚排水の殺菌には環境に対する負荷軽減と病原体の拡散防止という2つの目的がある．一般に魚介類を飼育すると給餌などにより有機物が付加され，微生物も増殖する．また飼育生物が排泄する糞中には多数の消化管内細菌（腸内細菌）が含まれる．魚類防疫上の病原体対策はもちろん，近年は環境対策からも飼育排水は取り入れた水と同じ有機物レベルでかつ微生物数も同一とすべきとの提言がなされ，排水対策が重要な課題となってきている．試験研究機関では，人為感染試験魚の飼育などで排水中に出た病原体を殺菌する目的で，わが国および米国では塩素剤を，欧州では塩素あるいはオゾンを用いて排水を殺菌している．しかし一般飼育排水の殺菌に関しては処理水量が毎時数百トン以上に及ぶことから，設備面，コスト面で普及が遅れている．

飼育排水の殺菌装置をわが国で最初に導入したのは北海道立水産孵化場である．ここでは砂濾過槽で懸濁物を除去後，紫外線ランプで殺菌する方式を採っている．感染実験室からの排水は別途塩素による殺菌が施されている．事業規模での飼育排水の殺菌装置が（独）さけ・ますセンターの尻別事業場に設置されている．ここでは飼育排水中の残餌および糞を凝集沈殿法で沈殿させたのち，毎時120トン処理できる流水式中圧紫外線殺菌装置2基で殺菌している．紫外線照射量は $1.0 \times 10^4 \mu W \cdot sec/cm^2$ 以上，処理後の殺菌効果は99.9％以上である．オゾンを用いた飼育排水の殺菌装置も網走市水産科学センターや島根県および三重県の栽培漁業センターに導入され，両栽培センターでは凝集沈殿法による排水処理後，オゾン処理を行っている．飼育排水を用いた試験での殺菌率は99.99％ 以上と報告されている．しかしオゾンによる殺菌は規模が小さく，大量の排水処理には技術的な課題も多い．

最近は海水電解装置を用いた飼育排水の殺菌が実用規模で可能になっている．簡単な装置で大量の海水を殺菌できることが利点である．それぞれの装置の価格，維持経費については，紫外線殺菌装置では電気代とランプの交換に費用がかかり，オゾン殺菌装置は維持費に加え装置自体も高価である．海水電解装置はわずかな電気代だけで済み，装置もチタン電極板と電流の制御装置のみであり，三者の中では最も安価である．飼育排水の処理槽出口に塩素センサーを設置し，所定濃度になるように設定して本装置の運転を制御すれば，自動運転での殺菌が可能になる．処理排水中に含まれる塩素の環境影響評価を行い，適切な運転条件を設定する必要がある．欧米では，国立公園内にある施設からの排水に厳しい基準が設けられ，細菌に関しては用水と同等の生菌数にしたのちに排出するよう義務付けられている．日本も同様の基準が設けられると考えられ，排水処理・殺菌に関しては今後こうした現状を考慮に入れて検討する必要がある．

（笠井久会）

§7. 薬剤耐性

抗菌剤に対し殺菌あるいは増殖を抑制される細菌を薬剤感受性菌と言い，抗菌剤に対し殺菌あるいは増殖を抑制されない細菌を薬剤耐性菌と言う．最小発育濃度（minimal inhibitory concentration, MIC）の度数分布により感受性菌と耐性菌とに分けることができる（図3-13）．また，臨床的に血中の薬剤濃度以上の発育阻止濃度を示し，常用薬剤投与による体内薬剤濃度ではその増殖を阻止されない細菌を耐性菌とする．しかし，もともと抗菌剤に対し感受性を示さず，MICも高い値を示す耐性菌を，特に自然耐性菌と呼ぶ．

感受性菌が分裂する際にDNAの複製ミスによる耐性菌への変異や，感受性菌が抗菌剤によりストレスを受け，それに伴って誘導される活性酸素種（reactive oxygen species）が細菌の染色体DNAの一部を破損することにより変異が生じ，薬剤耐性菌が出現する．さらに，感受性菌が外部より薬剤耐性遺伝子を形質転換，形質導入やトランスポゾンにより生じた耐性菌，薬剤耐性プラスミド（Rプラスミド）を他の薬剤耐性株と接合伝達により生じた耐性菌がある．いずれにせよ，これらの耐性菌は，抗菌剤の大量使用により選択され，増加する．

薬剤耐性プラスミドは，細胞質性因子で，環状のDNA構造である（図3-14）．染色体とは別に宿

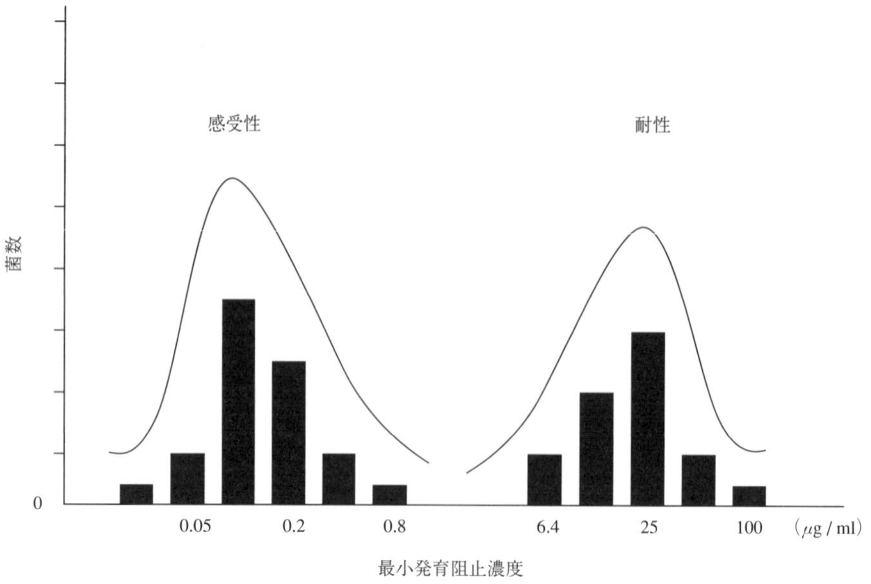

図 3-13　最小発育阻止濃度の度数分布図
多くの場合，二峰性を示し，薬剤感受性群と耐性群に分けられる．

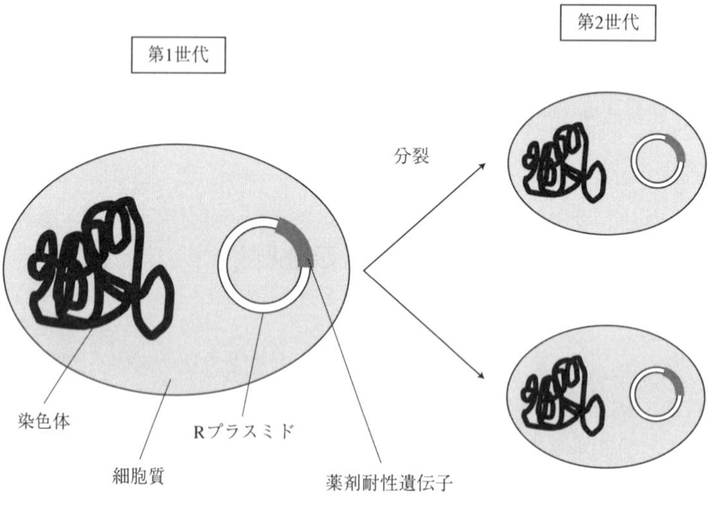

図 3-14　薬剤耐性プラスミド

主菌に耐性形質を与える．宿主細胞内で自立的に増殖可能な遺伝因子で，細胞分裂に際し，子孫の細胞に受け継がれ安定に維持される．R プラスミド（R 因子）は，落合ら（1959）および秋葉ら（1960）により赤痢菌の多剤耐性株よりみつけられ，感受性の大腸菌と混合培養することにより薬剤耐性形質が大腸菌に伝達することが，明らかにされた．この R プラスミドは，グラム陰性桿菌のみならず陽性球菌の耐性株から検出されており，後述する魚類病原菌からもみつかっている（Aoki，1992a，1988）．

伝達性 R プラスミドの分子サイズは，小さいもので 43kbp，大きいものでは 230kbp 以上のものもある．また，伝達性を有するRプラスミドの分子サイズは，伝達性のないものに比較して大きい．遺伝子構造は，複製領域，伝達に関与する遺伝子領域および薬剤耐性領域よりなる．Rプラスミドは，同じ宿主菌内に2つのRプラスミドが安定に共存する場合は，これら2つのRプラスミドは異なるグループとし，いずれかのRプラスミドが脱落し，共存しない場合は，同じグループに属するという不和合性による分類法（incompatibility group）が確立され，IncA-C，F，H，I，J，K，L，M，N，P，S，T，W，Xなどの20種類以上のグループに分類されている（Novick, 1987；Couturier *et al.*, 1988；Austin *et al.*, 1990；Taylor *et al.*, 2004）．薬剤耐性遺伝子として抗菌剤であるβ－ラクタム系薬剤，ホスホマイシン，アミノグリコシド系薬剤，テトラサイクリン系薬剤，クロラムフェニコール，フロルフェニコール，マクロライド系薬剤，リンコマイシン，サルファ剤およびトリメトプリム剤がある（Taylor *et al.*, 2004；Wachino and Arakawa，2012）．最近，伝達性キノロン系薬剤耐性遺伝子がみつかっている．プラスミドにコードされる伝達性のキノロン耐性遺伝子（*qnr*）がコードするQnrタンパク質は，キノロン剤とDNA－DNAジャイレースとのCleavable Complex形成を何らかの形でブロックし，*qnr*保有株にキノロン耐性を付与していると考えられている（Jacoby *et al.*, 2008；Strahilevitz *et al.*, 2009）．さらに，水銀などの2価のイオンの重金属耐性遺伝子もみつかっている（Foster，1983；Silver and Misra，1988）．

7・1　薬剤耐性機序

薬剤感受性菌が薬剤耐性菌へと変化するには，菌自身の変異によるものと外部から薬剤耐性遺伝子を獲得するものとがあることを前述したが，その薬剤耐性の機序は，細菌および薬剤の種類によって異なる（Mazel and Davies, 1999；Schwarz *et al.*, 2006）（表3-53）．薬剤耐性機序は，菌が産生する酵素による薬剤の不活化，薬剤が作用する標的構造の変化および薬剤透過性の変化に大きく分けることができる．これらの耐性形質は，耐性菌の染色体やRプラスミドにコードされている遺伝子に制御されている．耐性が構成的に発現するのと薬剤に触れて耐性が発現する誘導耐性とがある．

1）薬剤不活化酵素の産生

薬剤の加水分解酵素としてβラクタム系薬剤のβラクタム環のCN結合を加水分解で開裂する．βラクタマーゼは，クラスA，B，CおよびDの4種類に分類され，その内のクラスA，CおよびDは，活性中心にセリン残基をもち，基質β－ラクタム環共有結合体を形成し，加水分解反応が起こすセリンペプチアーゼである．クラスAは，ペニシリン系薬を分解するペニシリナーゼで，クラスCは，セフェロスポリン系薬を分解するセファロスポリナーゼである．クラスDは，オキサシリン系薬を特によく分解するオキサシリナーゼである．一方，クラスBに属するβラクタマーゼをメタロペプチアーゼと呼び，活性中心に亜鉛を有する．イミペネムを含む広範囲のβラクタム系薬剤を分解する（Ambler，1980；石井，2007；Wachino and Arakawa，2012）．

修飾酵素は薬剤が保有するOH基，アミノ基および水酸基をアセチル化，リン酸化あるいはアデニル化し，薬剤を不活化し，抗菌活性が消失する．

アセチル化酵素として，クロラムフェニコール アセチルトランスフェラーゼは，クロラムフェニコールの側鎖の1および3位のOH基をアセチル化し，不活化する．不活化酵素は，アミノグリコ

表 3-53　薬剤耐性機序の一覧

耐性機構	薬剤	備考
(1) 薬剤不活化酵素の産生		
a. 分解	β-ラクタム	β-ラクタム環の加水分解, *bla*
	マクロライド	ラクトン環の加水分解, *ere*
	テトラサイクリン	酸化分解, *tet* (F)
	クロラムフェニコール	加水分解, 生産菌
b. 修飾	クロラムフェニコール	アセチル化, *cat*
	アミノグリコシド	アセチル化, *aac*
		リン酸化, *aph*
		アデニリル化, *aad*
	マクロライド	リン酸化
	リンコマイシン	アデニリル化, *aad*
		リン酸化, *aph*
	ホスホマイシン	グルタチオンの結合
(2) 膜透過性の変化		
a. バリアーの変化	β-ラクタム	緑膿菌, OprD, IPMr
	ノルフロキサシン	OmpF の減少, LPS の変化
	シプロフラキシン	
	テトラサイクリン	OmpF ポーリンの変化
	クロラムフェニコール	
	セフォキシキン	
b. 排泄系 (Efflux)	テトラサイクリン	*tet* (B) (L) など
	クロラムフェニコール	緑膿菌, *cmLA*
	マクロライド	ブドウ球菌, *msrA*
	フルオロキノロン	ブドウ球菌, *norA*
	多剤耐性	ブドウ球菌, *qacA*, *emrB*
		緑膿菌, *mexB*
(3) 薬剤が作用する標的の変化		
a. 構造的変異	β-ラクタム	MRSA, 2 (PBP2'), *mecA*
		肺炎球菌, 髄幔炎菌の PBPs
	フルオロキノロン	DNA ジャイレース, *gyrA*, B
	リファンピシン	RNA ポリメラーゼ, *rpoB*
	マクロライド	23S RNA のジメチル化, *erin*
	リンコマイシン	
	テトラサイクリン	30S リボゾームの変化, *tet* (M) (O)
	バンコマイシン	腸球菌, 新しい連結酵素
b. 質的変化	β-ラクタム	腸球菌 PBP-5
	サルファ剤	葉酸合成酵素増量
	トリメトプリム	
(4) 細菌の代謝経路の変化		
	サルファ剤	新しい葉酸合成酵素 (DHPS) の産生
	トリメトプリム	ジヒドロ葉酸リダクターゼの産生
	オルメトプリム	

シド系薬剤であるストレプトマイシンやカナマイシンにおいて構成糖の側鎖 (OH 基, NH_2 基など) がリン酸化, アデニル化, あるいはアセチル化されると, リボソームに結合できなくなり, 抗菌活性を失う. アセチル転移酵素は, NH_2 基を, リン酸転移酵素とアデニル転移酵素は, OH 基を置換するがこれら転移酵素の調節遺伝子や構造遺伝子の変異が, 転移酵素の量的・質的変異をもたらす (吉川・笹川, 2002；井上・岡本, 2002；野口, 2006；Wachino and Arakawa, 2012).

2) 膜透過性の変化

グラム陰性桿菌の外膜にあるポーリン (透過孔) タンパク質の変異により膜透過性が低下し, 薬剤が作用点に到達できなくなり耐性を示す．βラクタム耐性菌において見られる．大腸菌 K-12 株のノルフロキサシンおよびシプロフラキシン耐性変異株の解析から，ポーリンを形成する外膜タンパク質である OmpF の減少や，LPS（リポ多糖体）の変化がキノロン系抗菌剤の膜透過性の低下を引き起こしている．これらの変異株は OmpF ポーリンを介して菌体膜を透過する薬剤として知られているテトラサイクリン，クロラムフェニコール，セフォキシキンに対しても耐性を示した．

もう 1 つの膜透過性の変化として上げられるのが，菌体内に取り入れた薬剤を特異的に排出するポンプの役割を果たす排出タンパク質によるものである．菌体外への排出（汲み出し）機能を有するトランスポーター（ポンプ）は，薬剤の種類において対応する種類が異なる．そのトランスポーターの種類は，グラム陰性桿菌において SMR，MF，MATE，ABC および RND，一方，グラム陽性菌において SMR，MF，および ABC がある．これらのポンプは，細菌の細胞質膜に存在する．グラム陰性菌のテトラサイクリン耐性遺伝子は，構造遺伝子（*tetA*）と調節遺伝子（*tetR*）からなる．薬剤の排出を担う TetA タンパク質は, 400 前後のアミノ酸残基よりなり, MF トランスポーターが機能する（吉川・笹川，2002；井上・岡本，2002；Poole，2005；野口，2006；Li and Nikaido，2009；Nikaido and Pagès，2012）．

3）薬剤が作用する標的構造の変化

作用部位が変異あるいは修飾することにより，抗菌剤の作用点に結合できなくなり，耐性化する．薬剤標的部位の変化による薬剤の親和性の減少による耐性は，多くの菌種からみつかっている．キノロン系薬剤は DNA ジャイレースのサブユニット A のキノロン耐性決定領域（quinolone resistance-determining region）に変異（大腸菌）やトポイソメラーゼ IV の ParC タンパクのキノロン耐性決定領域に変異（ブドウ球菌）でキノロン耐性となる．また，サブユニット B の変化でノボビオシン耐性となる．RNA ポリメラーゼの変化により親和性が減少し，リファンピシン耐性となる．

マクロライド耐性においては，50S リボソームを構成する 23SrRNA の V 領域のアデニンをメチル化により標的部位である rRNA に対するマクロライドの親和性の低下による．アミノグリコシドにおいては，リボソームを構成する RNA やタンパク質の変化で，耐性になる．クロラムフェニコール耐性は，リボソームの 50S の 2 塩基の置換が起こることによる．テトラサイクリン耐性の TetM や TetO タイプにおいては，テトラサイクリンの標的部位である 30S リボソームが変化することにより結合を阻害する．

メチシリン耐性黄色ブドウ球菌のペニシリン結合タンパク質遺伝子の変異によるβラクタム剤に対する耐性が生じる．

バンコマイシン耐性腸球菌においては，バンコマイシンが結合する細胞壁を構成する鎖；ジペプチド－D－アラニル－D－アラニン（D-ala-D-ala）の変異により，耐性となる（吉川・笹川, 2002；井上・岡本, 2002；野口, 2006）．

4）細菌の代謝経路の変化

染色体の変異による耐性とグラム陰性桿菌由来 R プラスミドがコードするサルファ剤耐性遺伝子が，dihydropteroate synthetase（DHPS）を産生することによる耐性がある．トリメトプリムおよびオルメトプリム耐性機構は，dihydrofolfate reductase の産生による（Sköld, 2000, 2001）．

7・2　薬剤耐性遺伝子

細菌の染色体やRプラスミドがコードする薬剤耐性遺伝子は，その遺伝子構造によって分けられている．今日までに報告されている各薬剤の耐性遺伝子は，アミノグリコシド耐性遺伝子（ストレプトマイシン，カナマイシン耐性遺伝子を含む）は48種類，β-ラクタム系耐性遺伝子は25種類，ジヒドロ葉酸リダクターゼ阻害剤耐性遺伝子は23種類，ホスホマイシンは4種類，グリコペプチド系耐性遺伝子は8種類，リンコサミド耐性遺伝子は6種類，マクロライド系耐性遺伝子は11種類，フェニコール耐性遺伝子は25種類，キノロン耐性遺伝子は4種類，スルホンアミド系耐性遺伝子は4種類，テトラサイクリン耐性遺伝子は29種類，合計187種類ある（Liu and Pop，2009）（表3-54）．

ガラスやシリコンなどの基盤上にオリゴDNAを固定したものをオリゴDNAアレイあるいはDNAチップと呼ぶ．標識したDNAあるいはRNAをハイブリダイズさせ，イメージアナライザー（蛍光検出器）とコンピュータ解析により，遺伝子の発現や発現量を調べることを可能とした．1枚のスライドグラスに2万個程度のオリゴDNAをスポットすることにより，多種の遺伝子について遺伝子発

表3-54　マイクロアレイにスポットされた薬剤耐性遺伝子

薬　剤	遺伝子数	プローブ数	耐性遺伝子
アミノグリコシド系	48	166	aac(3)_IIIa; aac(3)_IIIb; aac(3)_IIIc; aac(6)_29a; aac(6)_Iad; aac(6)_Ic; aac(6)_Ig; aac(6)_Ii; aac(6)_Iib; aac(6)_Ij; aac(6)_Ik; aac(6)_Ilmq; aac(6)_Iy; aac(6)_Iz; aac3ia; aac3iia; aac3iv; aac3vi; aac6i; aac6ia; aac6ib; aac6ie; aac6if; aac6iia; aadA2; aadA4; aadd; aadE; ant(AJ278607); aph(2')-Ib; aph(2')-Ic; aph(2')-Id; aph(3')_7a; (Campylobacter jejuni); aph3ia; aph3ib; aph3iiia; aph3iva; aph3via; aph6ia, aph6ib; aph6ic; at2ia; at3ia; str; strU; strV; strW(AJ862840); strW(X89010); strX
β-ラクタム系	25	104	bl1_ec; bl1_fox, bl1_ceps, bl1_mox; bl2_ges; bl2a_1; bl2a_iii; bl2a_pc; bl2b_rob; bl2b_tem, bl2b_tem1; bl2b_tem1, bl2b_tem; bl2be_ctxm; bl2be_per; bl2be_shv2, bl2_le, bl2a_okp; bl2be_shv2, bl2a_okp, bl2_le; bl2c_pse1; bl2d_oxa1; bl2d_oxa10; bl3_imp; bl3_vim; bla(Photobacterium); blaACC-1; blaCTX-M-9 groupf; cam1; meca; mecI; mecr1
ジヒドロ葉酸リダクターゼ阻害剤	23	63	dfr1(Staphylococcus sp.); dfr18; dfr2c; dfr2d; dfr3; dfr3b; dfr6; dfr8; dfr9; dfra1; dfra10; dfra12; dfra14; dfra15; dfra16; dfra17; dfra20; dfra23; dfra5; dfrB; dfrb1; dfrb2; tmpR
ホスホマイシン	4	11	fosA; fosB; fosC; fosD
グリコペプチド系	8	23	vaa; vab; vad; vae; vag; vanC; vanC2; vaz
リンコサミド系	6	19	linF; lmra; lmrB; lnu(C); lua; lub
マクロライド系	11	43	erea; ereB; erma; ermb; ermc; ermML; ermQ; ermt; ermx; mefa; msra
フェニコール系	25	92	cat(Bacillus clausii); cat86; (Bacillus pumilus); cata1; cata14; cata16; cata2; cata3; cata7, cata8; cata8, cata7; cata9; catB; (Clostridium butyricum); catB1; catb2; catb3; catb4; catD; catS; (Streptococcus pyogenes); cml_e1; cml_e3; cml_e8; cmlB; cmlv; cmrA; fexA; flor; (Klebsiella pneumoniae)
キノロン系	4	22	qepA; qra; qrb; qrs
スルホンアミド系	4	51	sul1; sul2; sul3; sulA
テトラサイクリン	29	81	otrb; tet31; tet33; tet34; tet37; tet39; teta; tetb; tetc; tetC1; tetd; tetD2; tete; tetE1; tetg; teth; tetj; tetk; tetl; tetm; tetpa; tetq; tets; tett; tetv; tetw; tetw, teto, tet32, tets, tetm; tetx; tety
合計	187	675	

現や発現量を同時に測定する包括的な遺伝子解析を可能にした．前述した薬剤耐性遺伝子のオリゴDNAをスライドに固定化し，DNAチップを作製し，次いで，分離菌よりDNAを抽出し，ハイブリダイズを行うことにより分離菌の薬剤耐性マーカー（薬剤耐性遺伝子）を迅速に明らかにすることができるようになった．すでに種々の病原細菌の薬剤耐性遺伝子を検出するマイクロアレイが開発されている（Gonzale *et al.*, 2004；Perreten *et al.*, 2005；Frye *et al.*, 2006）．薬剤耐性遺伝子オリゴマイクロアレイを用いて魚類病原菌 *Lactocossus garvieae* のテトラサイクリン耐性遺伝子（*tetS* 遺伝子タイプ）およびエリスロマイシン（*ermB* 遺伝子タイプ）の検出が可能であった（図3-16　カラー口絵）．

7・3　多剤耐性菌の蔓延に関与するトランスポゾンとインテグロン

トランスポゾン（跳ぶ／動く遺伝子）は，細菌の染色体やプラスミド上を転移することのできる遺伝的DNA単位で，転移因子又は可動因子の1つである．両端に塩基対の反復配列（挿入配列：IS：Insetion Sequence）をもち，自らの転移に必要な遺伝子の他に薬剤耐性遺伝子をもつ．細菌のトランスポゾンは多剤耐性遺伝子の進化に大きな役割を果たしている．多くの薬剤耐性遺伝子は，トランスポゾンの挿入配列として保持されており，それによって，染色体からプラスミド，あるいはプラスミドから染色体へと水平伝播が可能である．それにより，多剤耐性化が容易に起こる．また，複数の薬剤耐性遺伝子をもつRプラスミドにより耐性化した菌は，Rプラスミド自体が細菌間で伝達をすることにより，トランスポゾンならびにRプラスミドが重要な多剤耐性菌の蔓延の原因の1つとして考えられている．

インテグロン（可動性遺伝因子）は，薬剤耐性遺伝子を挿入させる場所と挿入させる酵素，インテグラーゼをもち，組込んだ遺伝子カセットを発現させるプロモーターと組換え部位よりなる．薬剤耐性遺伝子を取り込み，多剤耐性化の役割を担っている．1剤のみならず数剤の薬剤耐性遺伝子を挿入し，並列することが可能である．新たな耐性遺伝子を取り込み，複数の耐性遺伝子と供に薬剤耐性遺伝子をカセット化し，細菌の染色体上やプラスミド上を転移し，薬剤耐性遺伝子を拡散させる．

これらトランスポゾンやインテグロンが薬剤耐性領域の構築に大きな役割を担っているものと思われる（Kleckner, 1981；Schwarz *et al.*, 2006；White *et al.*, 2001；Rowe-Magnus and Mazel, 2001, 2002；真下, 2006；Benett, 2008）．

7・4　魚類病原菌の薬剤耐性

世界各国における魚介類の養殖生産量の増加および養殖対象魚種の増加は著しい．一方，細菌感染症は世界各地の養殖場に伝播し，経済的被害は甚大な額に及んでいる．種々の抗菌剤の使用が増すに連れて薬剤耐性菌が出現するようになった（Aoki, 1992a, b）．今日までに魚類病原菌；ウナギ・コイなどの出血性敗血性症（原因菌：*Aeromonas hydrophila*），サケ・マス類のセッソウ病（原因菌：*A. salmonicida*），ナマズの敗血症（原因菌:*Edwardsiella　ictaluri*），ウナギ･ヒラメのエドワジエラ症（原因菌：*E. tarda*），ギンザケ *Oncorhynchus kisutsh*・アユの冷水病〔原因菌：*Flavobacterium psychrophilum*（旧名：*Flexibcater psychrophilum*）〕，ブリのレンサ球菌感染症（原因菌：*Lactococcus garvieae*），ブリの類結節症（原因菌：*Photobaterium damselae* subsp. *piscicida*），ヒラメのレンサ球菌感染症（原因菌：

Streptococcus parauberis），アユ・サケ・マス類のビブリオ病（原因菌：*Vibrio anguillarum*），サケの冷水性ビブリオ病（原因菌：*V. salmonicida*）およびニジマスのレッドマウス病（*Yersinia ruckeri*）において薬剤耐性株が出現している（表3-55）．この節では，わが国のみならず世界各地で出現した魚類病原細菌の薬剤耐性に関する報告を網羅し，各菌の薬剤耐性の特徴を紹介する．

表3-55 これまでに報告された魚類病原細菌の薬剤耐性について

病名	病原菌	魚種
出血性敗血症	*Aeromonas hydrophila*	淡水魚
セッソウ病	*Aeromonas salmonicida*	サケ，マス
ナマズの敗血症	*Edwardsiella ictaluri*	アメリカナマズ，アユ
エドワジエラ症	*Edwardsiella tarda*	ウナギ，ヒラメ，マダイ
冷水病	*Flavobacterium psychrophilum*	サケ，マス
ブリのレンサ球菌症	*Lactococcus garvieae*	ブリ
類結節症	*Photobacterium damselae* subsp. *piscicida*	ブリ，カンパチ
ヒラメのレンサ球菌症	*Streptococcus parauberis*	ヒラメ
ビブリオ病	*Vibrio anguillarum*	サケ，マス，アユ
冷水ビブリオ病	*Vibrio salmonicida*	サケ，マス
レッドマウス病	*Yersinia ruckeri*	マス

7・5 各種魚類病原菌の薬剤耐性について

1）*Aeromonas hydrophila*

A. hyrophila の薬剤耐性株は，わが国の養殖ウナギ（青木・渡辺, 1973a）および養殖コイ（青木, 1974）の腸管と養殖池水から多数検出された．さらに, 養殖アユ（Aoki, 1975）および養殖アマゴ（Aoki *et al.*, 1972）の腸管から多剤耐性株が分離された．これら耐性株の多くは伝達性Rプラスミドによるものであった．検出されたRプラスミドの耐性マーカーは，テトラサイクリン（TC），サルファ剤（SA）の2剤耐性が多く，次いで，クロラムフェニコール（CP），ストレプトマイシン（SM），SAの3剤耐性であった（青木, 1990）．養殖場において *A. hydrophila* による出血性敗血症の治療のために，テトラサイクリン系の薬剤，サルファ剤あるいはクロラムフェニコール（現在は使用できない）が使用されていたものと思われる．

台湾の養殖ウナギより薬剤耐性株が分離され，TC SA，CP SM SA および SM TC SA 耐性をコードする伝達性Rプラスミドが検出されている（Kou and Chung, 1980）．また，東南アジアから輸入した観賞魚より耐性株が分離されている（Shotts *et al.*, 1976a, b；Dixon *et al.*, 1990）．さらに，これらの耐性株より伝達性Rプラスミドが検出されている．次いで，タイの養殖 snakehead から分離された *A. hydrophila* より CP TC SA3 剤耐性および TC 単剤耐性をコードする R プラスミドが検出されている（Aoki *et al.*, 1990；Saitanu *et al.*, 1994）．最近, テラピアから多剤耐性株を多数検出されたが, 伝達性Rプラスミドによるものは，少なかった（Tipmongkoslip *et al.*, 2012）．林ら（1982）は，淡水魚および養殖池水より *A. hydrophila* の耐性株を分離し，伝達性Rプラスミドのみなならず非伝達性Rプラスミドを多く検出している．Hedges ら（1985）は，フランス（河川水より分離，他は由来不明）（Mizon *et al.*, 1978）より分離された株およびアイルランド（由来不明）で分離された *A. hydrophila* より検出されたRプラスミドは，Inc U（Sørum *et al.*, 2003）あるいは Inc C グループ（現在 Inc A/C グループ）（Llanes *et al.*, 1994）に属すことを明らかにしている．

わが国，台湾およびアメリカで分離された*A. hydrophila*より検出されたTC SA耐性のRプラスミは，IncA/Cグループに属し，分子サイズは86Mダルトンであった．これらは，類似の遺伝子構造をしていることが解明されている（Akashi and Aoki, 1986）．TC耐性遺伝子は，*tetD*グループに属し，SA耐性遺伝子は，*sul2*グループに分類されている（Aoki and Takahashi, 1987；青木, 1990；Sørum, 2006）．また，CP SM SA耐性のRプラスミドも由来が異なっても同一の構造を示し，後述する*A. salmonicida*由来の同一耐性マーカーのRプラスミドと遺伝子構造が一致する（Akashi and Aoki, 1986）．CP耐性遺伝子は，CAT II型，SM耐性遺伝子は，*aadA2*グループおよびSA耐性遺伝子は，*sul1*グループに分類されている（青木, 1990；Sørum, 2006）．HayashiとInoue（1988）は，*A. hydrophila*よりアンピシリン（ABP），TC，SA耐性の伝達性Rプラスミドを検出した．このRプラスミドがコードするAPC耐性遺伝子は，オキサシリン分解型のII型に属するペニシリナーゼを産生することを明らかにした．Agersøら（2007）は，デンマークの養殖場のニジマス，海水および海泥より分離された*A. hydrophila*が保持するプラスミドの多くは，*tetE*をコードしていたが，*tet*Aおよび*tetD*をコードするのもあると報告している．

魚類から分離された*A. hydrophila*は，ABP耐性を示し，染色体にコードされている．Sawaiら（1976, 1978）は，既知のものとは異なるペニシリナーゼでオキサシリン加水分解型であることを報告している．

*A. hydrophila*の内在性の多剤耐性は，RNDあるいはABC排出ポンプによる耐性機作であることが報告されている（Seshadri *et al.*, 2006；Hernould *et al.*, 2008）．

最近，キノロン系の薬剤が使用されるようになって，キノロン（QN）耐性株が出現して来ている．前述したが，グラム陰性桿菌のQN耐性は，DNAジャイレース（*gyr*）遺伝子あるいはトポイソネラーゼIVの*parC*の1塩基置換によるものである（Jacoby *et al.*, 2008；Strahilevitz *et al.*, 2009）．*A. hydrophila*のQN耐性株は，*gyrA*の83番目のアスパラギン酸がグルタミン酸に変異している．同属の*A. veronii*のQN耐性株においても*gyrA*の同じ位置が変異している．*A. hydrophila*および*A. veronii*のQN耐性株において*ParC*遺伝子の80番目のセリンがイソロイシンに変異が認められる（Goñi-Urriza *et al.*, 2002；Alcaide *et al.*, 2010；Han *et al.*, 2012a；Lukkana *et al.*, 2012）（表3-56）．

最近，インドにおいて分離された*A. hydrophila*のQN耐性遺伝子（*qnrS2*）をコードする伝達性Rプラスミドがみつけられた（Majumdar *et al.*, 2011）．同様に韓国において分離された*A. hydrophila*より*qnrS2*遺伝子をコードするIncQグループのRプラスミドが検出された（Han *et al.*, 2012a）．さらに，*A. hydrophila*と*A. sobria*より*qnrS2*遺伝子をコードするColEタイプのプラスミドが検出されている（Han *et al.*, 2012b）（表3-57）．

タイのテラピア養殖場の病魚から分離された*A. hydrophila*よりSM耐性遺伝子（*aadA2*）およびTMP耐性遺伝子（*dfrA1*）を連結するクラス1タイプのインテグロンが検出されている（Lukkana *et al.*, 2012）．さらに，タイの養殖テラピアから分離された*A. hydrophila*より検出された伝達性RプラスミドpR148（Tipmongkolsilp *et al.*, 2012）は，APC CP SM TC SA耐性と水銀耐性を示した．このRプラスミドは，IncA/Cグループに属し，全長は165, 906 bpで，147個の遺伝子をコードしていた．ヒト，家畜および魚類の病原体由来のIncA/CグループのRプラスミドと共通する配列が多数認められた（Welch *et al.*, 2007；Fricke *et al.*, 2009；Fernández-Alarcón *et al.*, 2011）．特に，ヒト病原性大腸菌由来のpNDM-1_Dok1と最も高い相同性を示した（del Castillo *et al.*, 2013）．ヒト由

来の *Salmonella enterica*（Typhimurium）ゲノムの一部（GI-VII-6 領域）とも高い相同性を示した．また，pR148 は完全な IV 型分泌装置（T4SS）遺伝子セットを含んでいた．薬剤耐性遺伝子は，*qacH*，bla_{OXA-10}，*aadA1* および *sul1* がクラス 1 インテグロンの中に，*tetA* はトランスポゾン Tn*1721* 中にそれぞれコードされており，さらに *catA2* および，もう 1 つの *sul1* も確認された．これらの薬剤耐性遺伝子を含む領域は，魚類から分離された既知の IncU グループの R プラスミドの一部と完全に一致した（Sørum *et al.*, 2003）．このようにヒトの病原性細菌由来の R プラスミドと高い類似性のある R プラスミドが魚類病原細菌から分離されたことから，環境中において薬剤耐性遺伝子が細菌に取り込まれたか，あるいは細菌間で薬剤耐性遺伝子の交換が行われ，宿主細菌内で R プラスミドが構築されたものと思われる（del Castillo *et al.*, 2013）．

表 3-56 魚類病原細菌由来の遺伝子突然変異によるキノロン耐性

病原細菌	病原遺伝子		突然変異遺伝子		参考文献
	gyr A	*par C*	変異箇所	変異アミノ酸	
Aeromonas hydrophila	+		83	Ser → Ile / Arg	Goñi-Urriza *et al.*, 2002; Alcaide *et al.*, 2010; Han *et al.*, 2012a; Lukkana *et al.*, 2012
	+		87	Asp → Glu	Han *et al.*, 2012a
		+	80	Ser → Ile	Alcaide *et al.*, 2010; Han *et al.*, 2012a; Lukkana *et al.*, 2012
A. salmonicida	+		83	Ser → Ile	Alcaide *et al.*, 2010
	+		67	Ala → Gly	Oppegaard and Sorum, 1994
	+		87	Asp → Asn	Giraud *et al.*, 2004
	+		92	Leu → Met	Alcaide *et al.*, 2010
	+		83	Ser → Arg / Asn	Kim *et al.*, 2011
A. veronii	+		83	Ser → Ile	Alcaide *et al.*, 2010
		+	80	Ser → Ile	Alcaide *et al.*, 2010
Edwardsiella tarda	+		83	Ser → Arg	Shin *et al.*, 2005
Photobacterium damselae subsp. *piscicida*	+		83	Ser → Ile	Kim *et al.*, 2005
Vibrio anguillarum	+		83	Ser → Ile	Rodkhum *et al.*, 2008; Colquhoun *et al.*, 2007
		+	85	Ser → Leu	Rodkhum *et al.*, 2008; Colquhoun *et al.*, 2007
Yersinia ruckeri	+		83	Ser → Arg	Gibello *et al.*, 2004
Flexibacter psychrophilus（*Flavobacterium psychrophilum*）	+		83	Thr → Ala / Ile	Izumi and Aranishi, 2004
	+		87	Asp → Tyr	Izumi and Aranishi, 2004

表 3-57 魚類病原細菌由来の伝達性プラスミドにコードされたキノロン耐性遺伝子

キノロン耐性遺伝子	病原細菌	プラスミドのタイプ	文 献
qnrS2	*Aeromonas hydrophila*	IncQ	Majumder *et al.*, 2011 Han *et al.*, 2012a
	A. salmonicida	ColE	Han *et al.*, 2012b
	A. sobria	ColE	Han *et al.*, 2012a

2）*Aeromonas salmonicida*

1957年にアメリカにおいてbrook troutより分離した*A.salmonicida*株が，NCMB（NCMB833株）に登録されている．この株は，TC SA耐性を示し，同一耐性をコードする伝達性Rプラスミドが検出されている（Aoki *et al.*, 1971）．1950年代にアメリカにおいて，せっそう病の治療のためにオキシテトラサイクリンが使用されており，養殖場において*A. salmonicida*の耐性株が出現していたものと思われ，耐性菌感染症の初めての症例である．また，1971年にわが国で分離された*A. salmonicida*からCP SM SAの3剤耐性をコードする伝達性Rプラスミドが検出された（Aoki *et al.*, 1971）．さらに，フランスにおいても*A. salmonicida*よりCP SA耐性，TC SA耐性およびCP TC SA耐性をコードする伝達性Rプラスミドが検出されている（Poppoff M.and Davaine Y.，1971）．わが国おいて*A. salmonicida*の薬剤耐性株は，アマゴの養殖場において多数検出されているが（Aoki *et al.*, 1972），野生魚から分離した*A. salmonicida*のほとんどの株は，薬剤に対し耐性を示さなかった（Aoki *et al.*, 1983a）．

わが国で検出されたRプラスミドの1つであるpAr32（Inc Uグループ）は，29MDaの分子サイズ（Aoki *et al.*, 1979）で，クラスIのインテグロンをコードしており，CP SM SAの3剤耐性遺伝子カセットを取り込んでいた．*A. salmonicida*由来のCP SM SAの3剤耐性をコードする伝達性Rプラスミド（pAr32およびpJA8102-1）は，少なくとも3つの異なった機能領域を有し，伝達領域，薬剤耐性領域および複製領域よりなっていることを明らかした（Aoki *et al.*, 1986b）．これらの薬剤耐性遺伝子は，CP耐性遺伝子は*catII*，SM耐性遺伝子は*aadA2*，SA耐性遺伝子は*sulI*グループに分類されている（Sørum *et al.*, 2003）．また，Sørumら（2003）は，非定型の*A. salmonicida*からTC，トリメトプリム（TMP），SAの3剤耐性の伝達性RプラスミドpRAS1を検出した．pRAS1は，5kbの分子サイズで，Inc Uグループに属し，TMP耐性遺伝子の*dfrA16*タイプを取り込んだクラスIのインテグロンをコードしていた．このI型インテグロンは，ノルウエー，スイス，フランス，日本，スコットランドおよびアメリカより分離された*A. salmonicida*由来のRプラスミドに広く分布している（L'Abee-Lund and Sørum，2000, 2001；Sørum *et al.*, 2003）．さらに，*A. salmonicida*よりIncA/Cグループの伝達性Rプラスミドも検出されている（McIntosh *et al.*, 2008）．

さらに，ノルウエーから分離された*A. salmonicida*より検出されたRプラスミド（pRAS2）は，2つの異なったストレプトマイシン遺伝子（*strA-strB*）をもつインテグロン5393とそれに隣接してSA耐性遺伝子とTC耐性遺伝子をコードしていた（L'Abee-Lund and Sørum，2000）．

テトラサイクリン耐性をコードする11.4KBの分子サイズの非伝達性Rプラスミド（pJA8102-2）をもつ*A. salmonicida*が，わが国おいて分離されている（Aoki and Takahashi，1986）．TC耐性遺伝子は，*Salmonella*由来のRプラスミド，pSC101がコードするものと同一で，*tetC*グループに属すことが解明されている．次いで，ノルウエーの海泥から分離された*A. salmonicida*よりTC耐性をコードするRプラスミドが検出され，受容菌への伝達頻度が高いことが報告されている（Sandaa and Enger，1994）．次いで，Adamsら（1998）スコットランドから分離された*A. salmonicida*よりTC耐性をコードする伝達性Rプラスミドを検出し，TC耐性遺伝子は*tetA*グループに属することを明らかにしている．Agersøら（2007）は，デンマークの養殖ニジマスおよびカナダのサケやカワマスより分離した*A. salmonicida*から*tetE*グループのTC耐性遺伝子をコードするRプラスミドを検出している．

ドイツから分離されたA. salmonicidaの薬剤耐性株について従来，Rプラスミドの伝達性を調べる際に大腸菌を受容株として用いているが，*Yersinia ruckeri*を受容株として用い，*A. salmonicida*由来のRプラスミドが*Y. ruckeri*に伝達することを明らかにしている．検出されたRプラスミドの多くは，CP，SM，TCおよびリンコマイシン（LCM）の4剤耐性であった．LCM耐性遺伝子はグラム陽性菌に広く分布しており，今回グラム陰性菌より検出されたケースは稀である（Klein *et al.*, 1996）.

ノルウエー，フランスおよびイギリスのタイセイヨウサケより分離された*A. salmonicida*よりQN耐性株がみつかっている．QN耐性株によってDNAジャイレース遺伝子の配列に変異の位置が異なっている．サブユニットAの67番目のアラニンがグリシンに（Oppengaatd and Sørum, 1994），83番目のセリンがアルギニンあるいはアスパラギン（Kim *et al.*, 2011）におよび87番目のアスパラギン酸がアスパラギン（Giraud *et al.*, 2004）に置換が認められるものと，さらに，サブユニットAの83番目のセリンがイソロイシンに，92番目のロイシンがメチオニン（Alcaide *et al.*, 2010）に置換があるのが報告されている（表3-56）．最近，Hanら（2012b）により*qnrS2*遺伝子をコードするColEタイプのプラスミドが本菌より検出されている（表3-57）.

上述した*A. salmonicida*は，*A. salmonicida* subsp. *salmonicida*に分類されうるが，この種とは異なる*A. salmonicida* subsp. *achromogenes*のアモキシリン（AMX）耐性株がスコットランド地方から分離された．これらAMX耐性株より3種類の異なるβラクタマーゼをみつけられている（Hayes *et al.*, 1994）.

*A. salmonicida*の37から38.5KDaの外膜タンパク質の変異により，低いレベルの多剤耐性化を起こることを明らかにしている（Griffiths *et al.*, 1989）．また，37KDaの外膜の変異によりオキシテトラサイクリンとオキソリン酸の交差耐性が起こることを報告している（Barnes *et al.*, 1990）．さらに，37KDaの外膜の変異によりQN，β－ラクタム剤およびTC耐性レベルが上昇すること，43KDaの外膜の変異によりこれら薬剤耐性のレベルが低下することが，明らかにされている（Barnes *et al.*, 1992）．これらの外膜タンパク質が薬剤の吸収と排泄に関与しているものと思われる．

3）*Edwardsiella ictaluri*

*E. ictaluri*を起因とするエドワジエラ敗血症は，アメリカナマズ（channel catfish, *Ictalurus punctatus*）およびベトナムのナマズ（catfish, *Pangasiandon hypohthalmus*）において見られる．この菌は，グラム陰性桿菌に対し有効である抗菌剤（但し，コリスチンやサルファ剤を除く）に対して高い感受性があることが明らかにされている（Waltman and Shotts, 1986a）．さらに，StockとWiedemann（2001）は，アメリカナマズより分離された41株について71種類の抗菌剤に対する感受性を調べ，耐性株はほとんどなかったとしている．また，McGinnisら（2003）は，特に，フロルフェニコールに対して高い感受性があると述べている．しかし1990年当初，アメリカナマズより多剤耐性株が分離され，TC，SM，TMP，SAをコードする伝達性Rプラスミドを検出されている（Starliper *et al.*, 1993）．次いで，2007年に*E. ictaluri*の耐性株より150Kbの分子サイズの伝達性Rプラスミドが検出されている．このRプラスミドは，IncA/Cタイプに属し，ABP，CM，フロルフェニコール（FF），SM，TC，SA，TMPの7剤耐性示し，これらの耐性遺伝子の内，FF耐性遺伝子は*floR*に，ABP耐性遺伝子$bla_{CMY\text{-}2}$に分類されいる（Welch *et al.*, 2009）.

ベトナムの養殖ナマズよりSM，TC，SA，TMPおよびQNの1剤から5剤耐性を示す株が多く検出された（Dung *et al.*, 2008）．これらの耐性株よりTC，TMPの2剤耐性およびSM，TC，SA，TMPの4剤耐性の伝達性Rプラスミドが検出されている．検出されたRプラスミドの分子サイズは，約140kbで，IncKタイプで，*strA-strB*，*tetA sul 2*および*dhfr1*をコードしていた．さらに，*dhfr1*を巻き込んだI型のインテグロンが検出されている（Dung *et al.*, 2009）．

一方，Rプラスミドの分子サイズとは異なる分子サイズの小さいクリプティックなプラスミド（4.4kb, 5.2kb）が*E. ictaluri*より検出されている（Speyerer and Boyle, 1987）．また，若干分子サイズ（4.9kb, 5.7kb）の異なるプラスミドを検出している（Lobb and Rhoades, 1987）．これら検出されたクリプティックなプラスミドの機能については，解明されていない．しかし，LobbとRhoades（1987）は，クリプティックなプラスミドを指標として，ナマズから分離された*E. ictaluri*であることを判別するのに役立つと述べている．他の魚種から分離された*E. ictaluri*から検出されるクリプティックなプラスミドと分子サイズが異なるのもあるし，相同性のあるプラスミドを有するものもある（Reid and Boyle, 1989；Lobb *et al.*, 1993）．

4）*Edwardsiella tarda*

*E. tarda*は，淡水魚であるウナギおよびテラピアなど，海産魚のマダイおよびヒラメなどに対し病原性がある．薬剤耐性株は，わが国および台湾のウナギより分離されている（Aoki *et al.*, 1977a）．さらに，わが国と韓国のヒラメより分離されている（森井ら, 2007；Yu *et al.*, 2012）．StockとWiedemann（2001）は，アメリカナマズ，アメリカの魚（魚種不明），わが国のマダイおよびヒラメより分離された17株に，さらに，ヒト由来14株を含めた株の71種類の抗菌剤に対する感受性を調べている．耐性株が認められたが，それらが，魚由来株かどうかは，不明である．WaltmanとShotts（1986b）は，台湾と米国の魚類，動物およびヒトより分離された*E. tarda*の各種薬剤に対する感受性を調べているが，グラム陰性桿菌に有効である薬剤に対し，SAを除き感受性があることを示唆した．台湾より分離された株が，米国由来の株に比べ，SA耐性出現率が高かったことを述べている．

養殖ウナギより分離された*E. tarda*の薬剤耐性株よりIncA/C属の，TC，SA2剤耐性およびCM，カナマイシン（KM），SM，TC，SAの5剤耐性の伝達性Rプラスミドが1976年に初めて検出された（Aoki *et al.*, 1977a）．わが国および台湾より分離された耐性株から検出されたTC，SAの2剤耐性とCM，TC，SAの3剤耐性Rプラスミドは，類似の遺伝子構造を示した．これらのRプラスミドの分子サイズは，約81kbであった（Aoki *et al.*, 1986a）．これらRプラスミドがコードするTC耐性遺伝子は，tetDタイプに分類された（Aoki and Takahashi, 1987）．

森井ら（2007）は，ウナギから分離された*E. tarda*由来Rプラスミドとヒラメから分離されたものとコードする耐性マーカーが異なること，さらに，RプラスミドDNAの制限酵素による消化パターンが異なることより，遺伝子構造が類似しないことを明らかにしている．

Yuら（2012）は，韓国のヒラメより分離した*E. tarda*から検出したKM，SM，TCの3剤耐性の伝達性Rプラスミド（pCK41）の全ゲノム解析を行っている．全長72,832bpで，84のopen reading frameを有し，複製領域，接合領域および病原性アイランド，さらに，薬剤耐性遺伝子*kanR*，*tetA*，*aadA2*より構成されていることを解明した．

ヒラメより分離した*E. tarda*からQN耐性株がみつかっている．ジャイレース（gyr）A遺伝子の

83 番目がセリンからアルギニンに変異していた（Shin *et al.*, 2005）. さらに，Kim ら（2010）は，*E. tarda* のキノロン耐性決定領域である *gyrB*（2,415bp），*parC*（2,277bp）および *parE*（1,896bp）の塩基配列を決定した．QN の濃度を徐々に上昇させ，得られた QN 耐性変異株における各遺伝子のアミノ酸の配列の変異は，*gyrA* はアスパラギン酸からグリシンに，*gyrB* はセリンからロイシンに，*parC* はセリンからイソロイシンに置換が認められた．しかし，*parE* はフェニルアラニンの変異が認められなかった（表 3-56）.

CM, TC, SA 耐性をコードする R プラスミドを保有する *E. tarda* を感染させたウナギに魚体重(1kg) 当たりオルメトプリムとサルファモノメトキシン（1：3）の合剤 25 mg を 5 日間投与したところ，治療が可能であった. また, 魚体重(1kg)当たりオキソリン酸 12.5 mg あるいはミロキサシンを 6.2 mg/ を 5 日間投与することにより，治療が可能であった．感染菌の薬剤感受性を調べることにより，有効な薬剤を用いれば，薬剤耐性菌感染症の治療が可能であることを明らかにした報告である（Aoki *et al.*, 1989）.

5）*Lactococcus garvieae*

ブリのレンサ球菌感染症の治療は，主としてマクロライド系抗生物質（MLs）やリンコマイシン（LCM）が用いられ，これらの薬剤による治療は可能であった（Aoki *et al.*, 1983b）．しかし，1986 年なると MLs，CM，LCM 耐性あるいは MLs，TC，LCM 耐性菌が出現し，治療が困難になってきた．これらの耐性株から MLs，CM，LCM 耐性あるいは MLs，TC，LCM 耐性をコードする伝達性 R プラスミドが検出された．2006 年においても MLs，TC，LCM の 3 剤耐性の R プラスミドをコードする耐性株が養殖場で蔓延していた．しかし，クロラムフェニコールが魚類の細菌感染症の治療剤として使用されなくなってから，MLs，CM，LCM 耐性株は分離されなくなった（Kawanishi *et al.*, 2004，Maki *et al.*, 2008）．MLs，TC，LCM 耐性をコードする R プラスミドは，分離年や分離場所が異なっても同一構造であった．さらに，MLs 耐性遺伝子は ermB グループに，TC 耐性遺伝子は，tetS グループに属した（Maki *et al.*, 2008）．さらに, Maki ら（2009）は, この R プラスミド（pKL0018）のゲノムサイズは，20,034kb で，2 つの *ermB* と 1 つの *tetS* を有することを明らかにしている．さらに，*L. garvieae* 由来 R プラスミド（pKL0018）の薬剤耐性領域は，ドライソーセイジより分離された *Enterococcus facealis* より検出された R プラスミドのものと 96％以上の相同性が有ることを解明している．さらに，Guglielmetti ら（2009）は，DSM6783（Kusuda *et al.*, 1991；American Type Culture Collection に登録した株 ATCC49156）から TC 耐性（*tetS*）をコードする伝達性 R プラスミドを検出している．

最近, トルコやイランにおいてニジマスより *L. garvieae* によるレンサ球菌症が報告されている（Diler *et al.*, 2002，Raissy and Ansari，2011）．イランにおいてニジマスのレンサ球菌感染症の治療のために EM が使用されており，分離株より EM，TC，LIM などに耐性の株が出現してきている．なお，ニジマスから分離されたレンサ球菌が *L. garvieae* に分類されており，今後，起因菌の分類について再検討が必要と思われる．

6）*Phtobacterium damselae* subsp. *piscicida*

1980 年にわが国のブリ養殖場において *P. damselae* subsp. *piscicida* の薬剤耐性株は，初めて出現した．これらの耐性株よりCM，KM，TCおよびSA耐性の伝達性Rプラスミドが検出された（Aoki and Kitao, 1985）．1981年から1983年にかけて分離された本菌から検出されたRプラスミドは，分離年や分離地域が異なってもほぼ同一の構造を示した（Takashima *et al.*, 1985）．

次いで，1984から1988年にかけても多剤耐性株がブリ養殖場より多数分離された（楠田ら，1988，1990）．1989年から1992年に分離された本菌からCM，KM，TC，SA耐性をコードするRプラスミドのみならず，1991年にはFF耐性をコードするCM，FF，KM，TC，SA耐性のRプラスミドが検出された．フロルフェニコールがブリ養殖場で使用されてから僅か2年でFF耐性菌が出現したことになる（Kim *et al.*, 1993c）．1989年以降，本菌の薬剤耐性マーカーは，AP，CM，FF，KM，QN，TC，SAの組み合わせであった．また，本菌から検出されたRプラスミドは，遺伝子構造は類似していた（Kim and Aoki, 1993a）．

さらに，これらRプラスミドがコードする薬剤耐性遺伝子の解析を行った．CM耐性遺伝子は，Rプラスミドが検出された本菌の分離年により異なり，CATIあるいはCATIIに属した（Kim and Aoki, 1993b）．SUおよびFM耐性遺伝子は，SulIIタイプ（Kim and Aoki, 1996a）およびfloRタイプ（Kim and Aoki, 1996b）に属した．さらに，TC耐性とKM耐性遺伝子の薬剤耐性領域においてトランスポゾン様構造をした*tetA*と*aphA7*よりなる*IS26*を検出している（Kim and Aoki, 1994）．

Moriiら（2003）は，長崎県と熊本県のブリ養殖場から分離した本菌より伝達性Rプラスミドを検出した．検出したRプラスミドがコードするCM耐性遺伝子は，CATIIタイプに属すことを明らかにしている．次いで，本菌より検出されたABP，CM，KM，SA耐性遺伝子をコードするRプラスミドのABP耐性遺伝子を解析し，*β*-ラクタマーゼ，クラスAタイプに属すこと解明した（Morii *et al.*, 2004）．さらに，1991年に分離された本菌由来Rプラスミドがコードする CMおよびEM耐性遺伝子を解析し，それぞれfloRタイプとermMタイプに属し，既知の遺伝子とは異なることを報告している（Morii and Ishikawa, 2012）．

アメリカにおいてもHawkeら(2003)は，ルイジナ州のハイブリッド　ストライプド　バス(hybrid striped bass)から分離した本菌よりTC，SA，TMPの3剤耐性の伝達性Rプラスミドを検出している．このRプラスミドの分子サイズは，131,520bpで，わが国で検出されたCM，KM，TC，SAの4剤耐性のRプラスミドの大きさは，150,057bpであった．これらのRプラスミドの接合領域，自己伝達領域，複製領域，薬剤耐性領域，分配領域の配列は類似した．分配領域にIncA/Cグループの配列が認められ，さらに，多剤耐性領域は，IncJグループのR391の配列と一致した（Kim *et al.*, 2008）．

本菌のQN耐性株は，*gyrA*の83番目のセリンがイソロイシンに置換していた(Kim *et al.*, 2005)(表3-56)．

Kijima-Tanakaら（2007）は，本菌をpulsed-field gel electrophoresis（PFGE）を用いて菌のPFGEタイプ，プラスミドおよび薬剤耐性マーカーを検出することができるとしている．

P. damselae subsp. *piscicida*は，ヨーロッパで流行している株と，わが国およびアメリカで流行している株とは種が異なることを明記した（Daly and Aoki，2011）．1993年にフランスおよびイタリアで分離された本菌は一部の株はSA耐性を示したが，他の薬剤には感受性を示した．1990年，1991年および1993年にわが国で分離した本菌の薬剤感受性パターンとは異なった（Bakopoulos *et al.*, 1995）．スペインの養殖されているSenegalese soleより2000年から2005年にかけて分離した本菌およびgilthead seabreamより1996年から2005年にかけて分離された本菌は，TCおよびQNに耐

性を示すものが多数認められている（Martínez-Manzanares *et al.*, 2008）．さらに，イタリアの養殖ボラおよびスズキより分離された本菌4株のアモキシリン，フルメキン，オキソリン酸（ON）およびオキシテトラサイクリン（OTC）に対する感受性を調べているが，OTCに対して4株中1株のみが耐性を示したが，全ての株が，残りの薬剤に対しては感受性を示した（Laganà, 2011）．ヨーロッパにおいては，多くの分離株に対する薬剤感受性試験が行われていないのが現状である．

7）*Streptococcus parauberis*

養殖ヒラメにおいて*S. parauberis*によるレンサ球菌感染症が発症し，その治療を目的としてTCやマクロライド系の抗菌剤が使用されている．それに伴ってTCおよびMLs耐性株が養殖場で増加してきている．これら耐性株がコードする耐性遺伝子は，*tetS*および*ermB*であるとしている（Park *et al.*, 2009）．Mengら（2009）は，これらの耐性株より伝達性Rプラスミドを検出し，検出されたRプラスミドは，*tetS*および*ermB*をコードしていた．*L. gariviae*から検出されたRプラスミドと相同性が高いものと思われる．

8）*Vibrio anguillarum*

1973年に全国各地のアユの養殖場において*V. anguillaum*の多剤耐性菌感染症が発症し，多大なる経済的被害をもたらした．これらの耐性株は，CM，SM，TC，ナリジキシン酸（NA），ニトロフラン（NF）およびSAの4剤から6剤の耐性をコードしていた．またこれら多剤耐性株よりTC単剤耐性，CM，SM，SAの3剤耐性およびCM，SM，TC，SAの4剤耐性をコードする伝達性Rプラスミドが検出された．中でも4剤耐性を示すRプラスミドが多かった（Aoki *et al.*, 1974）．Rプラスミドによる多剤耐性菌感染症は，浸漬法のワクチンが開発される1990年当初まで各地のアユの養殖場で見られた．これら多剤耐性菌より検出された伝達性Rプラスミドは，ABP，CM，SM，TC，SAおよびTMPの組み合わせの耐性マーカーを示した（Aoki *et al.*, 1981, 1984, 1985；Zho *et al.*, 1992）．1973年から1977年に検出された伝達性Rプラスミドは，IncA/Cグループで，分子サイズは，185kbであったこのRプラスミドがコードするCAT遺伝子は，CatI，IIおよびIII型とは異なり新しい型（*CatIV*型）であった（Zhao and Aoki, 1992a）．すでに, Masuyoshiら（1988）は，この遺伝子が産生する不活化酵素（chloramphenicol acetyltransferase）を解析したところ，既知のものとは異なることを報告している．TC耐性遺伝子は, *tetB*グループの耐性遺伝子をコードしていた．一方，1980年から1983年にかけて検出されたRプラスミドの分子サイズは，200kbで，CAT遺伝子は，catII型であった．しかし，TC耐性遺伝子は，既知のtetA，B，CおよびDグループとは異なり，新しいtet型（tetG型）であった（Aoki *et al.*, 1987, 1992a；Zho and Aoki, 1992a, b）であった．アユの養殖場で養殖場で分離された*V. anguillarum*より検出されたRプラスミドは，1970年代と1980年代でその構造が明らかに異なった（Aoki, 1988；Mitoma *et al.*, 1984）．

海外においては，1991年以前にノルウエーの養殖場のタイセイヨウサケおよび他の種類のサケなどから分離された225株の*V. anguillarum*は，TC，OA，FF，エンロフロキサシン，SAとTRMの合剤に対し感受性を示した．NFに対し中程度の耐性であったが，供試薬剤に対し高度耐性を示す株は認められなかった（Myhr *et al.*, 1991）．1993年以前にスペインにおいて魚介類および環境水から分離された*V. anguillarum*および類縁菌46株は，ABP，SMに耐性を示す株が多かったが，他の薬剤，

CM，OTC，SA-TMP，NF に対しては，ほとんどの株は感受性を示した（Pazos *et al.*, 1993）．また，種々の分子サイズのプラスミドが検出されているが，薬剤耐性をコードするプラスミドはみつかっていない．1995 年にデンマークおよびヨーロッパで分離された *V. anguillarum* に対する 20 種類の抗菌剤の活性を調べている．グラム陰性桿菌に対し抗菌力があるネオマイシン，NF，フルメキン，OA は全ての菌株に対して抗菌活性が認められた．CM，SM，TC，NA，リファンピシン，ノボビオシン，SA，TMP および SA-TMP 合剤に対してほとんどの株は，感受性を示した．幾つかの耐性株よりプラスミドが検出されたが，伝達性 R プラスミドは，検出されなかった（Pedersen *et al.*, 1995）．

ノルウエーのタイセイヨウタラより分離された *V. anguillarum* の QN 耐性株は，*gyrA* 遺伝子の 83 番面目のセリンがイソロイシンに置換されていた．また，*parC* 遺伝子の 87 番目のセリンがロイシンに置換されていた（Colquhhoum *et al.*, 2007）（表 3-56）．さらに，Rodkhum ら（2008）は，わが国で養殖アユより分離された *V. anguillarum* の QN 耐性株は，*gyrA* 遺伝子の 83 番目のセリンがイソロイシンに置換されていた．菌株によっては，*gyrA* 遺伝子の変異と同時に parC 遺伝子の 85 番目のセリンがロイシンに置換されていた（表 3-56）（Rodknum *et al.*, 2008）．

9）*Vibrio salmonicida*

V. salmonicida は，タイセイヨウサケ，タラなどの冷水性ビブリオ病の原因菌である．わが国では，未報告である．Husevåg ら（1991）は，ノルウエーの養殖場が設置されている 200〜250 m の底泥から *V. salmonicida* の TC 耐性株を多数検出しているが，R プラスミドによるものかどうかを確認していない．しかし他の病原菌に薬剤耐性遺伝子が移る危険性を懸念している．Sørum ら（1990）はノルウェー北部地方で分離された *V. salmonicida* は，2.8，3.4，21，61Mda の大きさのプラスミドを 2 個以上有していることを明らかにしているが，これらのプラスミドの機能については解明されていない．次いで Sørum ら（1992）は，*V. salmonicida* の耐性株から R プラスミドを検出した．この R プラスミドの分子サイズは，170Mda で，tetE 型耐性遺伝子をコードしていた．

10）*Yersinia ruckeri*

Y. ruckeri はニジマスの red mouth disease の原因菌で，アメリカ，ヨーロッパにおいてこの菌の感染症は見られる．わが国では，未報告である．アメリカでサケ科魚より分離された 50 株の内 2 株より TC，SA の 2 剤耐性の 39Mda の分子サイズの伝達性 R プラスミドが検出された（De Grandis and Stevenson，1985）．1987 年以前にイタリア北部地方の養殖場よりマスから分離された本菌 37 株は，グラム陰性桿菌に有効である薬剤に対し感受性を示し，耐性株は認められなかった（Ceschia *et al.*, 1987）．本菌は，βラクタム剤（ベジルペニシリン，オキサシリン）に対し感受性が少し低い自然耐性であることが，明らかにされている（Stock *et al.*, 2002）．本菌が産生するβ—ラクタマーゼは，AmpC グループに属することも明らかにされている．（Schiefer *et al.*, 2005，Mammeri *et al.*, 2006）さらに，本菌より IncA/C グループに属する分子サイズ；158,038bp の伝達性 R プラスミド（pYR1）が検出され，strA-strB，*tet*B，sul2 および dhfr 耐性遺伝子をコードしていた．*A. hydrophila* 由来の IncA/C グループの R プラスミド（pRA1）と類似する領域が多く，先祖が共有することが推定されている（Fricke *et al.*, 2009）．

本菌の QN 耐性株は，*gyrA* の 83 番目のセリンがアルギニンに置換が認められた（Gibello *et al.*,

2004）（表 3-56）.

11）*Flavobacterium psychrophilum*

デンマークの 4 カ所のニジマス養殖場から分離された *F. psychrophilum* の 89 株は，各種薬剤に対して感受性を示した（Schmidt *et al.*, 2000）．カナダの各地の養殖場から 16 年間に渡って分離された *F. psychrophilum* に対する 10 種類の抗菌剤の MIC 試験を行った．しかし，各抗菌剤の MIC 試験において抗菌剤の濃度が適当でないため，データから耐性か感受性かを判断するのが困難である．SA，OMP（TMP）に対して耐性株が存在するものと思われる（Hesami *et al.*, 2010）．

わが国および米国で 1999 年以前に分離された *F. psychrophilum*，27 株のうち，14 株は，NA および OX 耐性を示した．これら QN 耐性の 12 株は，*gyrA* の 83 番目のスレオニンからアラニンに置換され，1 株がスレオニンからイソロイシンに置換が認められた．残り 1 株は，87 番目の Asp が tyr に置換していた（Izumi and Aranishi, 2004）（表 3-56）．

Izumi と Aranishi（2004）および Kim ら（2010）は，*F. psychrophilum* のプラスミドのプロファイルを調べているが，クリプティックなプラスミドのみで薬剤耐性に関与するプラスミドは検出されなかったとしている．

12）*Pseudomonas fluorescens*

アメリカナマズより分離された *P. fluorescens*（G. L. Bullock より供与）の耐性株と受容菌 *Pseudomonas aeruginosa* との混合培養を行い，伝達性 R プラスミドを検出してた（Aoki *et al.*, 1977b）．検出された R プラスミドは，CP，TC，SA あるいは CP，TC，SM，SA 耐性をコードしていた．さらに，スペインの養殖ニジマスから分離された *P. fluorescens* は，ticarcillim と β－ラクタマーゼの合剤，NA，SA，TMP，SA-TMP 合剤，CM，リファンピンの 1 剤から 5 剤の組み合わせの耐性を示した（Gutierrez and Barros, 1998）．R プラスミドによる耐性かどうかは，検討されていない．

13）*Renibacterium salmoninarum*

本菌は，細菌性腎臓病の原因菌である．ニジマスから分離された *R. salmoninarum* に対し，クリンダマイシン，エリスロマイシン，キタサマイシン，ペニシリン G およびスピラマイシンが有効であった（Austin, 1985）．Bardin ら（1991）は，TC および EM が本菌に対し，抗菌活性が強いこと，また，グラム陰性桿菌に有効であるニトロフラン誘導体，キノロン系薬剤およびサルファ剤は，本菌に対して抗菌活性がないことを明らかにしている（Bandin *et al.*, 1991）．Toranzo ら（1983）は，本菌（Lea-1-74 株）のクリプティックなプラスミドの存在を調べているが，まったくプラスミドは検出されなかったが，TC およびポリミキシンに対して耐性であることを報告している．Bell ら（1988）は，*in vitro* でエリスロマイシンの存在下で継代培養を行い，6 継代培養すると高度 EM 耐性が出現することを明らかにしている．さらに，Rhodes（2008）はマスノスケから分離した本菌は，マクロライド系薬剤（EM，アジスロマイシン）に対し感受性がなかったことを明らかにしている．この耐性機作は，23rRNA の変異でもなく，L4 か L22 遺伝子の変異でもない，既知のものとは異なる耐性機作であることを述べている．

7・6　養殖場における薬剤耐性菌の増加

魚類にオキシテトラサイクリン，オキソリン酸あるいはジョサマイシンの薬剤を継続的に経口投与することにより，投与薬剤に対する耐性菌が魚類の腸管内において出現し，増加することが明らかにされている（竹丸・楠田, 1988a；Sugita *et al.*, 1988, 1989；Austin and Al-Zahrani, 1988；DePaola, 1995；Kerry *et al.*, 1997）.

養殖ウナギ（青木・渡辺, 1973a），養殖コイ（青木, 1974），養殖アユ（青木ら, 1980）および養殖ブリの腸管（Aoki *et al.*, 1973）から耐性菌が多く検出されている．検出された耐性菌は，魚種によって耐性菌の種類は異なるが，魚類病原菌，腸内細菌群やグラム陰性桿菌が含まれる．さらに，魚類病原菌および腸内細菌群の耐性株より，伝達性Rプラスミドが多く検出されている（Watanabe *et al.*, 1971, 1972）．養殖ニジマスの腸管から薬剤耐性菌が検出されたが，伝達性Rプラスミドによる耐性菌は少なかった（青木・渡辺, 1973b）.

ウナギ養殖場およびコイ養殖場のように循環式あるいは止水式の養殖場の池水中の細菌からRプラスミドによる多剤耐性菌が多く出現している（青木・渡辺, 1973a；青木, 1974）．さらに，養殖アユの腸管のCMおよびTC耐性菌の出現率は高かった．一方，河川で採捕された野生アユの腸管からはこれらの耐性菌は検出されなかった（青木ら, 1980）．Rプラスミドによる耐性菌の出現率は，薬剤を多く使用されている魚の腸管や池水で高く，薬剤を使用していない養殖場では低いことは言うまでもない.

魚類病原菌由来のRプラスミドは，*P. fluorescens*およびレンサ球菌由来のRプラスミドを除いて大腸菌に伝達可能で，安定に存在する．また，Rプラスミドを保持する*V. anguillarum*から*V. parahemolyticus*および*V. cholerae*に伝達が可能で，Rプラスミドを 受け取ったこれらの菌においてこれらのRプラスミドは安定に存在することが明らかにされている（Hayashi *et al.*, 1982, Nakajima *et al.*, 1983）.

濾過滅菌したウナギ養殖池水中でRプラスミドを有する大腸菌およびE*nterobcter cloacae*耐性株から薬剤感受性株の*A. hydrohphila*へのRプラスミドへの伝達は可能であった（青木, 1975）．一方，Rプラスミドを有する*A. hydrohphila*から薬剤感受性株の大腸菌へのRプラスミドへの伝達は認められなかった．さらに，Rプラスミドを有する大腸菌耐性株から*A. hydrohphila*へのRプラスミドへの伝達はコイの腸管内では，哺乳動物の腸管内と同様に起こりにくいことが実験的に証明されている（青木, 1975）.

7・7　薬剤耐性遺伝子の伝播

抗生物質を含む抗菌剤が使用される以前から，薬剤耐性菌は存在していた．薬剤耐性遺伝子の起源は，抗生物質を産生する放線菌などとされている．放線菌などは，自分が産生した抗生物質から自分自身を守るために抗生物質に対する耐性機能耐性遺伝子を有している．これらの放線菌は，土壌や海泥に広く分布している（Martínez, 2008）．さらに，ヒト，家畜，魚類および農作物の細菌感染症の治療のために抗菌剤が使用され，薬剤耐性菌が増加し，広く水圏環境（河川水，海水，底泥）に拡散するようになってきている（Aoki, 1992a, b；Schmidt *et al.*, 2000；Goñi-Urriza *et al.*, 2002；Cabello, 2006；Henriques *et al.*, 2006；Sørum, 2006；野中・鈴木, 2007）.

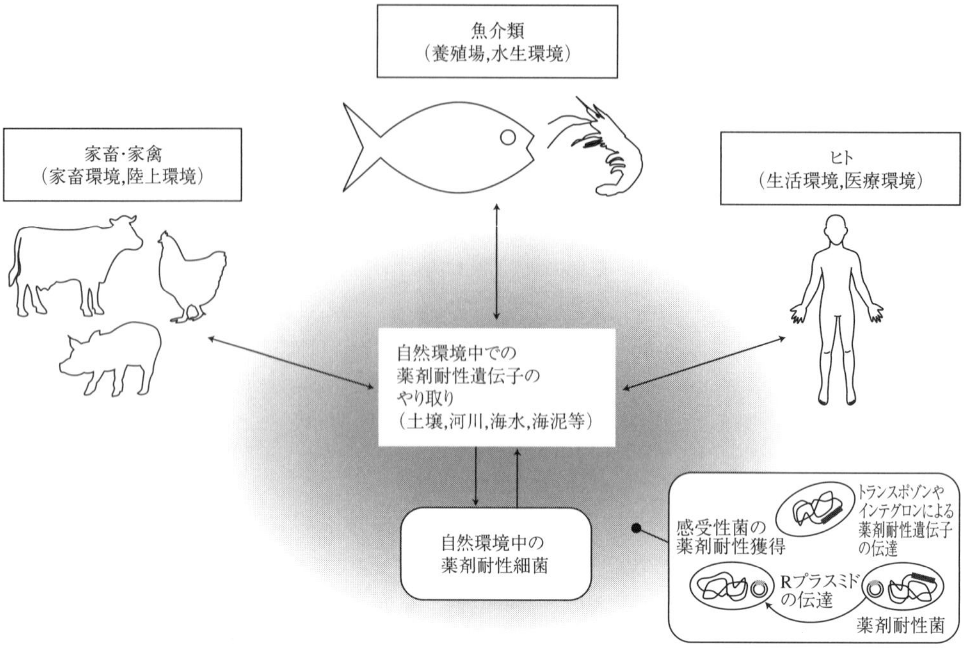

図 3-15　自然環境における薬剤耐性遺伝子の伝播

前述したように魚類病原細菌由来のほとんどのRプラスミドは，IncA/CおよびIncUグループに属する．最近，Rプラスミドの構造解析が進むに連れてヒトや家畜動物由来のRプラスミドもIncA/CおよびIncUグループに属するものが，多く検出されている（Sørum *et al.,* 2003；Welch *et al.,* 2007；Fricke *et al.,* 2009；Fernández-Alarcón *et al.,* 2011）．既知のものとは異なる薬剤耐性遺伝子が，魚類病原菌由来のRプラスミドから検出されるケースは稀で，多くの薬剤耐性遺伝子は，ヒトあるいは動物の病原菌やフローラの染色体あるいはこれらの細菌が保持するRプラスミドがコードする薬剤耐性遺伝子と類似している．これらの薬剤耐性遺伝子が再配列や反転し，多剤耐性カセット配列を形成している．さらに，これらの薬剤耐性遺伝子はインテグロンの挿入配列として保持されている．薬剤耐性遺伝子は，時には多剤耐性カセットを形成し，自然界に生息する放線菌などを含む細菌，ヒトおよび家畜の病原細菌や腸内フローラおよび魚類病原細菌間において，トランスポゾン，Rプラスミドなどの働きにより遺伝子交換がなされているものと思われる（Kruse and Sørum, 1994；Rowe-Magnus and Mazel, 2001；Rowe-Magnus *et al.,* 2002；Fluit and Schmitz, 2004；真下, 2006；Sørum, 2006；Bennett, 2008）（図 3-15）．さらに，魚介類は食品として世界各国に輸出・輸入され，それに付随して薬剤耐性菌（薬剤耐性遺伝子）も拡散しているものと思われる．（青木　宙）

文　献

A

Abedini, S., F. Namdari and F. C. P. Law（1998）：Comparative pharmacokinetics and bioavailability of oxytetracycline in rainbow trout and chinook salmon, *Aquaculture*, 162, 23-32.

Adams, C.A., B. Austin, P. G. Meaden and D. McIntosh（1998）：Molecular characterization of plasmid-mediated oxytetracycline resistance in *Aeromonas salmonicida*, *Appl. Environment. Microbiol.*, 64, 4194-4201.

Agersø, Y., M. S. Bruun, I. Dalsgaard and J. L. Larsen（2007）：The tetracycline resistance gene *tet*（E）is frequently occurring and present on large horizontally transferrable plasmids in *Aeromonas* spp. from fish farms, *Aquaculture.*, 266（1-4）, 47-52.

Akashi, A. and T. Aoki（1986）：Characterization of transferable R plasmids from *Aeromonas hydrophila, Bull. Jap. Soc. Sci. Fish.*, 52, 649-655.

秋葉朝一郎・小山恒太郎・一色義人・木村貞夫・福島敏雄（1960）：多剤耐性赤痢菌の発生機序に関する研究，日本医事新報，1866, 46-50.

Alcaide, E., M. D. Blasco and C. Esteve（2010）：Mechanisms of quinolone resistance in *Aeromonas* species isolated from humans, water and eels, *Res. Microbiol.*, 161, 40-45.

Ali B.H.（1999）：Pharmacological, therapeutic and toxicological properties of furazolidone：some recent research, *Vet. Res. Commun.* 23, 343–360.

Ambler, R. P.（1980）：The structure of beta-lactamases, *Philos. Trans. Roy. Soc. Lond. B. Biol. Sci.*, 289, 321-331.

Aoki, T.（1975）：Effects of chemotherapeutics on bacterial ecology in the water of ponds and the intestinal tracts of cultured fish, ayu（*Plecoglossus altivelis*）, *Japan J. Microbiol.*, 19, 7-12.

Aoki, T（1988）：Drug-resistant plasmids from fish pathogens, *Microbiol. Sci.*, 5, 219-223.

Aoki, T.（1992a）：Present and future problems concerning the development of resistance in aquaculture. In "Chemotherapy in aquaculture：from theory to reality" Office International des Epizooties. Paris, France. pp.254-262.

Aoki, T.（1992b）：Chemotherapy and drug resistance in fish farms in Japan. In "Diseases in Asian Aquaculture"（ed. by I. M. Shariff, R. P. Subasinghe and J. R. Arthur）, Fish Health Section, Asian Fisheries Society, Manila. Philippines. pp.519-529.

Aoki, T. and T. Kitao（1985）：Detection of transferable R plasmids in strains of the fish-pathogenic bacterium, *Pasteurella piscicida, J. Fish. Dis.*, 8, 345-350.

Aoki, T. and A. Takahashi（1986）：Tetracycline-resistant gene of a non-transferable R plasmid from fish-patogenic bacteria *Aeromonas salmonicida, Bull. Japan. Soc. Sci. Fish.*, 52, 1913-1917.

Aoki, T. and A. Takahashi（1987）：Class D tetracycline resistance determinants of R plasmids from the fish pathogens *Aeromonas hydrophila, Edwardsiella tarda,* and *Pasteurella piscicida, Antimicrob Agents Chemother*, 31, 1278-1280.

Aoki, T., S. Egusa, T. Kimura and T. Watanabe（1971）：Detection of R factors in naturally occurring *Aeromonas salmonicida* strains, *Appl. Microbiol.*, 22, 716-717.

Aoki, T., S. Egusa, C. Yada and T. Watanabe（1972）：Studies of drug resistance and R factors in bacteria from pond-cultured salmonids. I. Amago（*Oncorhynchus rhodurus macrostomus*）and Yamame（*Oncorhynchus masou ishikawae*）, *Japan J. Microbiol.*, 16, 233-238.

Aoki, T., S. Egusa and T. Watanabe（1973）：Detection of R+ bacteria in a cultured marine fish, yellow tail（*Seriola quinqueradiata*）, *Japan J. Microbiol.*, 17, 7-12.

Aoki, T., S. Egusa and T. Arai（1974）：Detection of R factors in naturally occurring *Vibrio anguillarum* strains, *Antimicrob Agents Chemother*, 6, 534-538.

Aoki, T., T. Arai and S. Egusa（1977a）：Detection of R plasmid in naturally occurring fish-pathogenic bacteria, *Edwardsiella tards, Microbiol. Immunol.*, 21, 77-83.

Aoki, T., T. Kitao and T. Arai（1977b）：R plasmid in fish pathogens. In："Plasmids – Medical and theoretical aspects"（ed. by S. Mitsuhashi, L. Rosival and V. Krčméry）, Avicenum-Czechoslovak Medical Press（Prague）Springer-verlag, Berlin, Heidelberg. New York. pp.39-45.

Aoki, T., T. Kitao, T. Ando and T. Arai（1979）：Incompatibility grouping of R plasmids detected in fish pathogenic bacteria, *Aeromonas salmonicida*. In "Microbial drug resistance"（ed. by S. Mitsuhashi）. University Park Press, Baltimore. MD, USA. pp.219-222.

Aoki T., T. Kitao and K. Kawano（1981）：Changes in drug resistance of *Vibrio anguillarum* in cultured ayu, *Plecoglossus altivelis* Termminck and Schlegel, in Japan, *J. Fish. Dis.*, 4, 223-230.

Aoki, T., T. Kitao, M. Iemura, Y. Mitoma and T. Nomura（1983a）：The susceptibility of *Aeromonas salmonicida* strains isolated cultured and wild salmonids to various chemotherapeutics, *Bull. Japan. Soc. Sci. Fish.*, 49, 17-22.

Aoki, T., S. Takeshita and T. Kitao（1983b）：Antibacterial action of chemotherapeutic agents against non-hemolytic *Streptococcus* sp. isolated from cultured marine fish, yellowtail *Seriola quinqueradiata, Bull. Jap. Soc. Sci. Fish.*, 49（11）, 1673-1677.

Aoki, T., T. Kitao, S. Watanabe and S. Takeshita（1984）：Drug resistance and R plasmids in *Vibrio anguillarum* isolated in cultured ayu（*Plecoglossus altivelis*）, *Microbiol. Immunol.*, 28, 1-9.

Aoki, T., T. Kanazawa and T. Kitao（1985）：Epidemiological surveillance of drug-resistant strains of *Vibrio anguillarum* strains, *Fish. Pathol.*, 20, 119-208.

Aoki, T., A. Akashi and T. Sakaguchi（1986a）：Phylogenetic relationships of transferable R plasmids from *Edwardsiella tarda, Bull. Jap. Soc. Sci. Fish.*, 52, 1173-1179.

Aoki, T., Y. Mitoma and J. H.Crosa（1986b）：The characterization of a conjugative R-plasmid isolated from *Aeromonas salmonicida, Plasmid*, 16, 213-218.

Aoki, T., T. Satoh and T. Kitao（1987）：New tetracycline resistance determinant on R plasmids from *Vibrio anguillarum, Antimicrob, Agents Chemother.*, 31, 1446-1449.

Aoki, T., T. Kitao and M. Fukudome（1989）：Chemotherapy against infection with multiple drug resistant strains of *Edwardsiella tarda* in cultured eels, *Fish. Pathol.*, 24, 161-168.

Aoki, T., T. Ueda, K. Takami, T. Kitao, K. Saitanu, A.

Chongthaleong and P. Punyaraabandhu (1990): Drug-resistant *Aeromonas hydrophila* in Thailand. The 2nd Asian Fisheries Forum. Asian Fisheries Society. pp. 693-696.

青木 宙 (1974): コイの養殖池水および腸管より分離された薬剤耐性菌の研究, *Bull. Jap. Soc. Sci. Fish.*, 40, 247-254.

青木 宙 (1975): 魚病の腸管内および養殖池水中でのR因子の伝達, 魚病研究, 9, 167-173.

青木 宙 (1990): 魚類病原菌の薬剤の耐性および病原性に関与するプラスミド. 医学細菌学5巻 (三輪谷俊夫監修, 中野昌康, 竹田美文編). 菜根出版. pp. 265-291.

青木 宙・渡辺 力 (1973a): ウナギの養殖池水および腸管より分離された薬剤耐性菌の研究, 日水誌, 39, 121-130.

青木 宙・渡辺 力 (1973b): 養殖サケ科魚類由来細菌の薬剤耐性とR因子の研究, II. ニジマス (*Salmo gairdneri f. iridens*), 魚病研究, 8, 83-89.

青木 宙・城 泰彦・江草周三 (1980): アユ養殖場における薬剤耐性菌増加について, 魚病研究, 15, 1-6.

Austin, B. (1985): Evaluation of antimicrobial compounds for the control of bacterial kidney disease in rainbow trout, *Salmo gairdneri* Richardson, *J. Fish. Dis.*, 8, 209-220.

Austin, S. and K. Nordstrom (1990): Partition-mediated incompatibility of bacterial plasmids, *Cell*, 60, 351-354.

Austin, B., J. Rayment and D.J. Alderman (1983): Control of furunculosis by oxolinic acid, *Aquaculture*, 31, 101-108.

Austin, B. and A. M. J. Al-Zahrani (1988): The effect of antimicrobial compounds on the gastrointestinal microflora of rainbow trout, *Salmo gairdneri* Richardson, *J. Fish. Biol.*, 33, 1-14.

B

Baggot, J. D., T. M. Ludden and T. E. Powers (1976): The bioavailability, disposition kinetics and dosage of sulphadimethoxine in dogs. *Can. J. Comp. Med.*, 40, 310-317.

Bakopoulos, V., A. Adams and R. H. Richards (1995): Some biochemical properties and antibiotic sensitivities of *Pasteurella piscicida* isolated in Greece and comparison with strains from Japan, France and Italy, *J. Fish. Dis.*, 18, 1-17.

Bandín, I., Y. Santos, A. E. Toranzo and J. L. Barja (1991): MICs and MBCs of chemotherapeutic agents against *Renibacterium salmoninarum, Antimicrob, Agents Chemother.*, 35, 1011-1013.

Barnes, A. C., C. S. Lewin, T. S. Hastings and S. G. Amyes (1990): Cross resistance between oxytetracycline and oxolinic acid in *Aeromonas salmonicida* associated with alterations in outer membrane proteins, *FEMS Microbiol. Lett.*, 72, 337-339.

Barnes, A. C., C. S. Lewin, T. S. Hastings and S. G. B. Amyes (1991): *In vitro* susceptibility of the fish pathogen *Aeromonas salmonicida* to flumequine, *Antimicrob Agents Chemother*, 35, 2634-2635.

Barnes, A. C., C. S. Lewin, T. S. Hastings and S. G. Amyes (1992): Alterations in outer membrane proteins indentified in a clinical isolate of *Aeromonas salmonicida* subsp. *salmonicida*, *J. Fish. Dis.*, 15, 279-282.

Barron, M. G., C. Gedutis and O. M. James (1988): Pharmacokinetics of sulphadimethoxine in the lobster, *Hamarus americanus*, following intrapericardial administration. *Xenobiotica*, 18, 269-276.

Bell, G. R., G. S. Traxler and C. Dworschak (1988): Development *in vitro* and pathogenicity of an erythromycin-resistant strain of *Renibacterium salmoninarum*, the causative agent of bacterial kidney disease in salmonids, Dis. Aquat. Org., 4, 19-25.

Bennett, P. M. (2008): Plasmid encoded antibiotic resistance: acquisition and transfer of antibiotic resistance genes in bacteria, *British. J. Pharmaco. l*, 153, S347-S357.

Bergwerff, A.A., R.V. Kuiper and P. Scherpenisse (2004): Persistence of residues of malachite green in juvenile eels (*Anguilla anguilla*), *Aquaculture*, 233, 55-63.

Björklund, H. V, and G. Bylund (1991a): Pharmacokinetics and bioavailability of oxolinic acid and oxytetracycline in rainbow trout (*Oncorhynchus mykiss*), *Acta Vet. Scand. Supple.*, 87, 298-299.

Björklund, H. V. and G. Bylund (1991b): Comparative pharmacokinetics and bioavailability of oxytetracycline in rainbow trout (*Oncorhynchus mykiss*), *Xenobiotica*, 21, 1511-1520.

Black, W. D., H. W. Ferguson and M. J. Claxton (1991): Pharmacokinetic and tissue distribution study of oxytetracycline in rainbow trout following bolus intravenous administration, *J. Vet. Pharmacol. Therap.*, 14, 351-358.

Bowker, J.D., V.E. Ostland, D. Carty and M.P. Bowman (2010): Effectiveness of Aquaflor (50% florfenicol) to control mortality associated with *Streptococcus iniae* in freshwater-reared subadult sunshine bass, *J. Aquat. Anim. Health*, 22, 254-265.

Brown, G. M. (1962): The biosynthesis of folic acid. II. Inhibition by sulfonamides, *J. Biol. Chem.*, 237, 536–540.

C

Cabello, F. C. (2006): Heavy use of prophylactic antibiotics in aquaculture: a growing problem for human and animal health and for the environment, *Environ, Microbio.l.*, 8, 1137-1144.

Cannon, M., S. Harford and J. Davies (1990): A comparative study on the inhibitory actions of chloramphenicol, thiamphenicol and some fluorinated derivatives, *J. Antimicrob. Chemother.*, 26, 307-317.

Carli, S., O. S. O. R. Villa, R. Bignazzi and C. Montesissa (1993): Pharmacokinetic profile of sulphamonomethoxine-trimethoprim in horses after intravenous, intramuscular and oral administration, *Res. Vet. Sci.*, 54, 184-186.

Carrano, L., C. Bucci, R.D. Pascalis, A. Lavitola, F. Manna, E.

Corti, C. B. Bruni and P. Alifano（1998）：Effects of bicyclomycin on RNA-and ATP-binding activities of transcription termination factor rho, *Antimicrob. Agents Chemother.* 42, 571-578.

Cerniglia, C.E., and S. Kotarski（1999）：Evaluation of veterinary drug residues in food for their potential to affect human intestinal microflora, *Regulat. Toxico. Pharmaco.*, 29, 238-261.

Cerniglia, C. E. and S. Kotarski（2005）：Approaches in the safety evaluation of veterinary antimicrobial agents in food to determine the effects on the human intestinal microflora, *J. Vet. Pharmacol. Therap*, 28, 3-20.

Ceschia, G., G. Giorgetti, G. Bertoldini and S. Fontebasso（1987）：The *in vitro* sensitivity of *Yersinia ruckeri* to specific antibiotics, *J. Fish. Dis.*, 10, 65-67.

Chang, F. N. and B. Weisblum（1967）：The specificity of lincomycin binding to ribosomes, *Biochemistry*, 6, 836-843.

Chopra, I. and M. Roberts（2001）：Tetracycline antibiotics：Mode of action, applications, molecular biology, and epidemiology of bacterial resistance, *Microbiol. Mol. Biol. Rev.*, 65, 232-260.

Colquhoun, D. J., L. Aarflot and C. F. Melvold（2007）：*gyrA* and *parC* Mutations and associated quinolone resistance in *Vibrio anguillarum* serotype O2b strains isolated from farmed Atlantic cod（*Gadus morhua*）in Norway, *Antimicrob. Agents Chemother.*, 51, 2597-2599.

Couturier, M., F. Bex, P. L. Bergquist and W. K. Maas（1988）：Identification and classification of bacterial plasmids, *Microbiol. Rev.*, 52, 375-395.

Cravedi, J. P., G. Choubert and G. Delous（1987）：Digestibility of chloramphenicol, oxolinic acid and oxytetracycline in rainbow trout influence of these antibiotics on lipid digestibility, *Aquaculture*, 60, 133-141.

Crew, C. M., M. D. Melgar, L. J. Haynes, R. L. Gala and F. J. DiCarlo（1971）：Comparative metabolism of oxolinic acid by the rat, rabbit and dog, *Xenobiotica*, 1, 193-201.

D

Daly, J. and T. Aoki（2011）：Pasteurellosis and other bacterial diseases. In "Vol. 3 Fish Diseases and Disorders, 2nd Edition"（ed. by P.T.K. Woo and D.W. Bruno）. CABI Oxfordshire, UK. pp.632-668.

Davitiyananda, D, and F. Rasmussen（1974）：Half-lives of sulfadoxine and trimethoprim after single intravenous infusion in cows, *Acta Vet. Scand.*, 15, 356-365.

De Grandis, S. A. and R. M. Stevenson（1985）：Antimicrobial susceptibility patterns and R plasmid-mediated resistance of the fish pathogen *Yersinia ruckeri*, *Antimicrob. Agents Chemother.*, 27, 938-942.

DePaola, A.（1995）：Tetracycline resistance by bacteria in response to oxytetracycline-contaminated catfish feed, *J. Aquat. Anim. Health.*, 7, 155-160.

Del Castillo, C. S., J. Hikima, H. B. Jang, S. W. Nho, T. S. Jung, J. Wongtavatchai, H. Kondo, I. Hirono, H. Takeyama and T. Aoki（2013）：Comparative sequence analysis of a multi-drug resistant plasmid from *Aeromonas hydrophila*, *Antimicrob. Agents Chemother.*, 57, 120-129.

Diler, Ö., S. Altun, A. K. Adiloglu, A. Kubilay and B. Isikli（2002）：First occurrence of Streptococcuosis affecting farmed rainbow trout（*Oncorhynchus mykiss*）in Turkey, *Bull. Eur. Ass. Fish. Phathol.*, 22, 21-26.

Dixon, B. A., J. Yamashita and F. Evelyn（1990）：Antibiotic resistance of *Aeromonas* spp. isolated from tropical fish imported from Singapore, *J. Aquat. Anim. Health.*, 2, 295-297.

動物用抗菌剤研究会MIC測定法標準化委員会（2003）：動物由来細菌に対する抗菌性物質の最小発育阻止濃度（MIC）測定法．動物用抗菌剤研究法，25, 49-73.

動物用抗菌剤研究会出版委員会（2004）：薬剤感受性試験法．最新データ動物用抗菌剤マニュアル，p.157-173. 動物用抗菌剤研究会編，（株）インターズー．

Dung, T. T., F. Haesebrouck, N. A. Tuan, P. Sorgeloos, M. Baele and A. Decostere（2008）：Antimicrobial susceptibility pattern of *Edwardsiella ictaluri* isolates from natural outbreaks of bacillary necrosis of *Pangasianodon hypophthalmus* in Vietnam, *Microb. Drug. Resist.*, 14, 311-316.

Dung, T. T., F. Haesebrouck, P. Sorgeloos, N. A. Tuan, F. Pasmans, A. Smet and A. Decostere（2009）：IncK plasmid-mediated tetracycline resistance in *Edwardsiella ictaluri* isolates from diseased freshwater catfish in Vietnam, *Aquaculture*, 295, 157-159.

E

江郷秀世（2004）：Ⅲ水産用医薬品の基礎知識．水産用医薬品の種類．麻酔薬の効果と注意点．水産用医薬品ガイドブック．養殖臨時増刊号．57-63.

遠藤俊夫，荻島健次，早坂治男，金子修司，大島慧（1973）：Oxolinic acidの魚類感染症治療剤としての応用に関する研究－Ⅰ．抗菌活性，治療効果，ならびに魚体内消長，*Bull. Japane. Soc. Sci. Fish.*, 39, 165-171.

遠藤俊夫，小野沢正人，浜口昌巳，楠田理一（1987）：微細化によるオキソリン酸のブリにおけるバイオアベイラビリティーの向上，日水誌，53, 1711-1716.

English, A. R.（1966）：α-6-deoxytetracycline, I. Some biological properties, *Pro. Soc. Exp. Biol. Med.*, 122, 1107-1112.

F

FAO/WHO（1989）：Evaluation of certain veterinary drug residues in food. Thirty-fourth report of the Joint FAO/WHO Expert Committee on Food Additives. Geneva, World Health Organization（WHO Technical Report Series No. 788）.

FAO/WHO（1990）：Evaluation of certain veterinary drug residues in food. Thirty-sixth report of the Joint FAO/WHO Expert Committee on Food Additives. Geneva, World Health

Organization (WHO Technical Report Series No. 799).

FAO/WHO (1998): Evaluation of certain veterinary drug residues in food. Forty-seventh report of the Joint FAO/WHO Expert Committee on Food Additives. Geneva, World Health Organization (WHO Technical Report Series No. 876).

Fernández-Alarcón, C., R. S. Singer and T. J. Johnson (2011): Comparative genomics of multidrug resistance-encoding IncA/C plasmids from commensal and pathogenic *Escherichia coli* from multiple animal sources, *PLoS. One.*, 6, e23415.

Fernandez-Munoz, R., R. E. Monro, R. Torres-Pinedo and D. Vazquez (1971): Substrate- and antibiotic -binding sites at the peptidyl-transferase centre of *Escherichia* coli ribosomes. Studies on the chloramphenicol, lincomycin and erythromycin sites, *Eur. J. Biochem.*, 23, 185-193.

Fluit, A. C., and F. J. Schmitz (2004): Resistance integrons and super-integrons, *Clin MicrobiolInfect*, 10, 272-288.

Foster, T. J. (1983): Plasmid-determined resistnce to antimicrobial drugs and toxic metal ions in bacteria, *Micribiol. Rev.*, 47, 361-409.

Fricke, W. F., T. J. Welch, P. F. McDermott, M. K. Mammel, J. E. LeClerc, D. G. White, T. A. Cebula and J. Ravel (2009): Comparative genomics of the IncA/C multidrug resistance plasmid family, *J. Bacteriol.*, 191, 4750-4707.

Frye, J. G., T. Jesse, F. Long, G. Rondeau, S. Porwollik, M. McClelland, C. R. Jackson, M. Englen and P. J. Fedorka-Cray (2006): DNA microarray detection of antimicrobial resistance genes in diverse bacteria. *Int J. Antimicrob. Agents.*, 27, 138-151.

藤原充雄・大塚峰三・佐藤喜重 (1975): ^{14}C- 標識 oxolinic acid の生体内運命に関する研究 (第 3 報) ラットにおける尿中代謝物について, *Radioisotopes*, 24, 22-28.

福田　穣・柏木　哲・椎原　宏 (1993): 養殖ヒラメの滑走細菌症に対するニフルスチレン酸ナトリウムの治療効果, 大分県水試調研報, 15, 57-61.

Fukui H., Y. Fujihara and T. Kano (1987): *In vitro* and *in vivo* antibacterial activities of florfenicol, a new fluorinated analog of thiamphenicol, against fish pathogens, *Fish. Pathology.*, 22, 201-207.

G

Gaynor, M. and A. S. Mankin (2005): Macrolide antibiotics: Binding site, mechanism of action, resistance, *Front. Medicin. Chem.*, 2, 21-35.

Gellert, M., K. Mizuuchi, M. H. O'Dea, T. Itoh and J. Tomiyama (1977): Nalidixic acid resistance: A second genetic character involved in DNA gyrase activity, *Proc. Natl. Acad. Sci. USA*, 74 (11), 4772-4776.

Gibello, A., M. C. Porrero, M. M. Blanco, A. I. Vela, P. Liébana, M. A. Moreno, J. F. Fernández-Garayzábal and L. Domínguez (2004): Analysis of the *gyrA* gene of clinical *Yersinia ruckeri* isolates with reduced susceptibility to quinolones, *Appl. Environ. Microbiol.*, 70, 599-602.

Gibson, G. G. and P. Skett (1986): Introduction to Drug Metabolism. New York, Chapman and Hall, pp. 281.

Ginneken, Van. J. T. V., J. F. M. Nouws, J. L. Grondel, F. Diessens and M. Degen (1991): Pharmacokinetics of sulphadimidine in carp (*Cyprinus carpio* L.) and rainbow trout (*Salmo gairdneri* Richardson) acclimated at two different temperature levels.. *Vet. Q.*, 13, 88-96.

Giraud, E., G. Blanc, A. Bouju-Albert, F. X. Weill and C. Donnay-Moreno (2004): Mechanisms of quinolone resistance and clonal relationship among *Aeromonas salmonicida* strains isolated from reared fish with furunculosis, *J. Med. Microbiol.*, 53, 895-901.

Goñi-Urriza, M., C. Arpin, M. Capdepuy, V. Dubois, P. Caumette and C. Quentin (2002): Type II topoisomerase quinolone resistance-determining regions of *Aeromonas caviae*, *A. hydrophila*, and *A. sobria* complexes and mutations associated with quinolone resistance. *Antimicro. Agent. Chemother.*, 46, 350-359.

Gonzalez, S. F., M. J. Krug, M. E. Nielsen, Y. Santos and D. R. Call (2004): Simultaneous detection of marine fish pathogens by using multiplex PCR and a DNA microarray, *J. Clin. Microbiol.*, 42, 1414-1419.

五島瑳智子, 西田実 (1987): 1-2. 抗菌域・抗菌力. β－ラクタム系薬 (上田泰, 清水喜八郎編). 南江堂. pp. 18-31.

後藤茂 (1985): 第 2 版臨床薬物速度論序説. 医歯薬出版株式会社. pp. 1-182.

Griffiths, S. G. and W. H. Lynch (1989): Characterization of *Aeromonas salmonicida* mutants with low-level resistance to multiple antibiotics, *Antimicrob. Agents. Chemother.*, 33, 19-26.

Grondel, J. L., J. F. M. Nouws and O. L. M. Haenen (1986): Fish and antibiotics: Pharmacokinetics of sulphadimidine in carp (*Cyprinus carpio*). *Vet. Immunol. Immunopathol.*, 12, 281-286.

Grondel, L., J. F. M. Nouws and W. B. Van Muiswinkeland (1987a): The influence of antibiotics on the immune system: immuno-pharmacokinetic investigations on the primary anti-SRBC response in carp, *Cyprinus carpio* L, after oxytetracycline injection, *J. Fish Dis.*, 10, 35-43.

Grondel, J. L., J. F. M. Nouws, M. De Jong, A. R. Schutte and F. Driessens (1987b): Pharmacokinetics and tissue distribution of oxytetracycline in carp (*Cyprinus carpio*) following different routes of administration, *J. Fish Dis.*, 10, 153-163.

Grondel, J. L., J. F. Nows, A. R. Schutte and F. Driessens (1989): Comparative pharmacokinetics of oxytetracycline in rainbow trout (*Salmo gairdneri*) and African catfish (*Clariasgarie pinus*), *J. Vet. Pharmaco. Therap.*, 12, 157-162.

Guglielmetti, E., J. M. Korhonen, J. Heikkinen, L. Morelli and A. Von Wright (2009): Transfer of plasmid-mediated resistance to tetracycline in pathogenic bacteria from fish and aquaculture environments, *FEMS Microbiol. Lett.*, 293, 28-34.

Gutierrez, M. C. and M. L. Barros (1998): Antibiotic resistance of *Pseudomonas fluorescens* strains isolated from farmed rainbow trout（*Onchorhynchus mykiss*）in Spain, *Bull. Eur. Ass. Fish. Pathol.*, 18, 168-171.

H

Han, J. E., J. H. Kim, C. H. Cheresca Jr, S. P. Shin, J. W. Jun, J. Y. Chai, S. Y. Han and S. C. Park（2012a）：First description of the qnrS-like（*qnrS5*）gene and analysis of quinolone resistance-determining regions in motile *Aeromonas* spp. from diseased fish and water, *Res. Microbiol.*, 163, 73-79.

Han, J. E., J. H. Kim, C. H. Choresca Jr, S. P. Shin, J. W. Jun, J. Y. Chai and S. C. Park（2012b）：First description of ColE-type plasmid in *Aeromonas* spp. carrying quinolone resistance（*qnrS2*）gene, *Lett. Appl. Microbiol.*, 55, 290-294.

原　武史・井上進一・斎藤　実（1967）：サルファ剤のナトリウム塩をニジマスに経口投与した時の組織内濃度について, *Bull. Jap. Soc. Sci. Fish.*, 33, 624-627,

Harvey, J. and J. Edelson（1977）：Species differences in the hepatic microsomal oxidation of nalidixic acid, *Arch. Inst. Pharmacodyn.*, 229, 192-198.

畑井喜司雄・岩橋義人・江草周三（1978）：養殖ハマチにおけるアンピシリンの吸収および排泄, 魚病研究, 13, 73-78.

畑井喜司雄・安元　進・塚原淳一郎・平川栄一・安永統男・市来忠彦（1983）：1982年に長崎県内の養殖魚から分離された各種魚病細菌の薬剤感受性, 長崎県水産試験場研究報告, 9, 13-23.

Hawke, J.P.（Co-Chairholder）*et al.*（2003）：Methods for antimicrobial disk testing of bacteria isolated from aquatic animals, *a report M42-R. NCCLS*, 23, 1-36.

Hawke, J.P.（Co-Chairholder）*et al.*（2009）：Methods for broth dilution susceptibility testing of bacteria isolated from aqauatic animals; Approved guideline, A document M49-A, *CLSI*, 26, 1-47.

吐山豊秋（1991）：家畜薬理学, 養賢堂, pp. 1-362.

林不二雄・荒木康久・原田賢治・井上松久・三橋　進（1982）：淡水魚および池水由来の薬剤耐性菌とその解析, *Bull. Jap. Soc. Sci. Fish.*, 48, 1121-1127.

Hayashi, F., K. Harada, S. Mitsuhashi and M. Inoue（1982）：Conjugation of drug-resistance plasmids from *Vibrio anguillarum* to *Vibrio parahaemolyticus*, *Microbiol. Immunol.*, 2, 479-485.

Hayashi, F. and M. Inoue（1988）：Oxacillin-hydrolyzing penicillinase produced by *Aeromonas hydrophila*, *Nippon Suisan Gakaishi*, 54, 2227.

Hayes, M. V., C. J. Thomson and S. G. B. Amyes（1994）：Three beta-lactamases isolated from *Aeromonas salmonicida*, including a carbapenemase not detactable by conventional methods, *Eur. J. Clin. Microbiol. Infect. Dis.*, 13, 805-811.

Hawke, J. P., R. L. Thune, R. K. Cooper, E. Judice and E. Kelly-Smith（2003）：Molecular and phenotypic characterization of strains of *Photobacterium damselae* subsp. *piscicida* isolated from hybrid striped bass cultured in Louisiana, USA, *J. Aqua. Amin. Health.*, 15, 189-201.

Hedges, R.W., P. Smith and G. Brazil（1985）：Resistance plasmids of aeromonads, *J. Gen. Microbiol.*, 131, 2091-2095.

Hendlin, D., E. O. Stapley, M. Jackson, H. Wallick, A. K. Miller, F. J. Wolf, T. W. Miller, L. Chaiet, F. M. Kahan, E. L. Foltz, H. B. Woodruff, J. M. Mata, S. Hernandez and S. Mochales（1969）：Phosphonomycin, a new antibiotic produced by strains of Streptomyces, *Science*, 166, 122-123.

Henriques, I., A. Moura, A. Alves, M. J. Saavedra and A. Correia（2006）：Analysing diversity among *β*-lactamase encoding genes in aquatic environments, *FEMS Microbiol Ecol.*, 56, 418-249.

Hernould, M., S. Gagné, M. Fournier, C. Quentin and C. Arpin（2008）：Role of the AheABC efflux pump in *Aeromonas hydrophila* intrinsic multidrug resistance, *Antimicrob Agents Chemother*, 52, 1559-1563.

Herrlich, P. and M. Schweiger（1976）：Nitrofurans, a group of synthetic antibiotics, with a new mode of action：Discrimination of specific messenger RNA classes, Proc. *Natl. Acad. Sci. USA*, 73, 3386-3390.

Hesami, S., J. Parkman, J. I. MacInnes, J. T. Gray, C. L. Gyles and J. S. Lumsden（2010）：Antimicrobial susceptibility of *Flavobacterium psychrophilum* isolates from Ontario, *J. Aquat. Anim. Health.*, 22, 39-49.

平井輝生（1986）：3. ドキシサイクリンについて, 家畜抗菌剤研究会報, 7, 31-44.

平松和史, 那須勝（1997）：抗菌薬の使い方：薬剤からみた抗菌薬の使い分け　サルファ剤, 内科, 79, 265-269.

堀江正一・中澤裕之（1998）：残留薬物による公衆衛生上の問題, 食品に残留する動物用医薬品の新知識, 食品化学新聞社, 8-14.

堀江正一・中澤裕之（2001）：化学物質の安全評価法と残留基準値設定プロセス, 食品安全セミナー４　動物用医薬品・飼料添加物, 中央法規, 81-104.

Husevåg, B., B. T. Lunestad, P. J. Johannessen, Ø. Enger and O. B. Samuelsen（1991）：Simultaneous occurrence of *Vibrio salmonicida* and antibiotic-resistant bacteria in sediments at abandoned aquaculture site, *J. Fish. Dis.*, 14, 631-640.

Hustvedt, S. O. and R. Salte（1991）：Distribution and elimination of oxolinic acid in rainbow trout（*Oncorhynchus mykiss*）after a single rapid intravascular injection. *Aquaculture*, 297-303.

I

井上喜久治（2004）：トビシリンについて, 動物用抗菌剤研究会報, 26, 2-10.

井上松久・岡本了一（2002）：11. 細菌の化学療法. 細菌学（竹田美文, 林　英生編）. 朝倉書店. pp. 129-142.

Ise, N., H. Shibatani, M. Oshita, N. Oosaki, M. Ueki and M. Fujisaki（1993）：Determination of bicozamycin and its benzoylester derivative in yellowtail tissues by high performance liquid chromatography, *J. Liquid Chromato.*, 16, 2399-2414.

Ishida, N.（1989）：Metabolites of five sulfa drugs in the bile and urine of rainbow trout. *Nippon Suisan Gakkaishi*, 55, 2163-2166.

石田典子（1990）：淡水魚および海水魚におけるオキソリン酸の組織内濃度の比較，日水誌，56，281-286.

石田典子（2000）：ニジマスにおけるナリジクス酸合成抗菌剤の代謝，養殖研報，16，101-108.

石井良和（2007）：基質特異性拡張型βラクタマーゼ（ESBL）産生菌，モダンメディア，53，98-104.

岩田一夫・那須　司・田原　健（1988）：アユ種苗生産過程に発生したビブリオ病に対するニフルスチレン酸ナトリウムの薬浴効果，魚病研究，23，67-68.

医薬品医療機器総合機構（2012）：医療用医薬品の添付文書情報，http：//www.info.pmda.go.jp/psearch/html/menu_tenpu_base.html.

医薬品非臨床試験ガイドライン研究会（'10.6）（2010）：医薬品非臨床試験ガイドライン解説　2010，薬事日報社.

Izumi，S. and F. Aranishi（2004）：Relationship between *gyrA* mutations and quinolone resistance in *Flavobacterium psychrophilum* isolates, *Appl Environ Microbiol*, 70, 3968-3972.

J

Jacoby，G.，V. Cattoir，D. Hooper，L. Martínez-Martínez，P. Nordmann，A. Pascual，L. Poirel and M. Wang（2008）：qnr Gene nomenclature, *Antimicrob Agents Chemother*, 52, 2297-2299.

K

鎌滝哲也・八木澤守正（2011）：第XII章　化学療法　1　抗感染症薬．NEW 薬理学改訂第 6 版（田中千賀子，加藤隆一編）．南江堂．pp. 516-544.

金井欣也（2002）：スルファモノメトキシン・オルメトプリム合剤のヒラメエドワジエラ症に対する治療効果，長崎大学水産学部研究報告，83，1-4.

河西一彦・小野　淳（1993）：ヤマメのせっそう病に対するフロルフェニコールの臨床試験，東京都水産試験場調査研究要報，No.207，59-62.

柏木　哲・杉本　昇・渡辺和子・大田外之・楠田理一（1977a）：養殖ハマチの連鎖球菌症に対するニフルスチレン酸ナトリウムの化学療法的研究－I．連鎖球菌症原因菌に対する試験管内作用，魚病研究，12，11-14.

柏木　哲・杉本　昇・大田外之・楠田理一（1977b）：養殖ハマチの連鎖球菌症に対するニフルスチレン酸ナトリウムの化学療法的研究－II．人為的感染魚に対する投薬効果，魚病研究，12，157-162.

Katae，H.，K. Kouno，Y. Takase，H. Miyazaki，M. Hashimoto and M. Shimizu（1979）：The evaluation of piromidic acid as an antibiotic in fish：an *in vitro* and *in vivo* study, *J. Fish Dis.*, 2, 321-335.

片江宏巳（1982）：エリスロマイシンのすべて－ブリ連鎖球菌症への応用に関する研究，魚病研究，17，77-85.

片江宏巳・河野　薫・森川　進・田代文男・高橋　誓・松丸　豊・牛山宗弘・宮崎照雄・窪田三郎（1979）：ピロミド酸に関する魚病化学療法的研究－I．魚類における吸収，分布，残留性および安全性，魚病研究，14，79-91.

片江宏巳・河野　薫・清水當尚・楠田理一・谷口道子・塩満捷夫・長谷川仁（1980）：エリスロマイシンに関する魚病化学療法的研究－I．養殖ハマチにおける吸収，分布，排泄および残留性，魚病研究，15，7-16.

Kawanishi，M.，A. Kojima，K. Ishihara，H. Esaki，T. Takahashi，S. Suzuki，I. Hirono，T. Iida，T. Aoki and T. Tamura（2004）：Quality control ranges of minimum inhibitory concentrations for *Lactococcus garvieae* and *Photobacterium damselae* subsp. *piscicida*, *Fish. Phathol.*, 39, 111-114.

Kerry，J.，S. NicGabhainn and P. Smith（1997）：Changes in oxytetracycline resistance of intestinal microflora following oral administration of this agent to Atlantic salmon（*Salmo salar* L.）smolts in a marine environment, *Aquaculture*, 157, 187-195.

Kijima-Tanaka，M.，M. Kawanishi，Y. Fukuda，S. Suzuki and K. Yagyu（2007）：Molecular diversity of *Photobacterium damselae* ssp. *piscicida* from cultured amberjacks（*Seriola* spp.）in Japan by pulsed-field gel electrophoresis and plasmid profiles, *J. Appl. Microbiol.*, 103, 381-389.

Kim，E. H. and T. Aoki（1993a）：Drug resistance and broad geographical distribution of identical R plasmids of *Pasteurella piscicida* isolated from cultured yellowtail in Japan, *Microbiol. Immunol.*, 37, 103-109.

Kim，E. and T. Aoki（1993b）：The structure of the chloramphenicol resistance gene on a transferable R plasmid from the fish pathogen, *Pasteurella piscicida*, *Microbiol. Immunol.*, 37, 705-712.

Kim，E. T. Yoshida and T. Aoki（1993c）：Detection of R plasmid encoded with resistance to florfenicol in *Pasteurella piscicida*, *Gyobyo Kenkyu*, 28, 165-170.

Kim，E. H. and T. Aoki（1994）：The transposon-like structure of IS26-tetracycline, and kanamycin resistance determinant derived from transferable R plasmid of fish pathogen, *Pasteurella piscicida*, *Microbiol. Immunol.*, 38, 31-38.

Kim，E. H. and T. Aoki（1996a）：Sulfonamide resistance gene in a transferable R plasmid of *Pasteurella piscicida*, *Microbiol. Immunol.*, 40, 397-399.

Kim，E. and T. Aoki（1996b）：Sequence analysis of the florfenicol resistance gene encoded in the transferable R-plasmid of a fish pathogen, *Pasteurella piscicida*, *Microbiol. Immunol.*, 40, 665-669.

Kim Y. H. and C. E. Cerniglia（2009）：An overview of the fate and effects of antimicrobials used in aquaculture, *ACS Symp. Ser.*, 1018, 105-120.

Kim，M. J.，I. Hirono and T. Aoki（2005）：Detection of quinolone-resistance genes in *Photobacterium damselae* subsp. *piscicida* strains by targeting-induced local lesions in genomes, *J. Fish. Dis.*, 28, 463-471.

Kim, M. J., I. Hirono, K. Kurokawa, T. Maki, J. Hawke, H. Kondo, M. D. Santos and T. Aoki (2008)：Complete DNA sequence and analysis of the transferable multiple-drug resistance plasmids (R Plasmids) from *Photobacterium damselae* subsp. *piscicida* isolates collected in Japan and the United States, *Antimicrob. Agents Chemother.*, 52, 606-611.

Kim, J. H., D. K. Gomez, T. Nakai and S. C. Park (2010a)：Plasmid profiling of *Flavobacterium psychrophilum* isolates from ayu (*Plecoglossus altivelis altivelis*) and other fish species in Japan, *J. Vet. Sci.*, 11, 85-87.

Kim, M. S., L. J. Jun, S. B. Shin, M. A. Park, S. H. Jung, K Kim, K. H. Moon and H. D. Jeong (2010b)：Mutations in the *gyrB*, *parC*, and *parE* genes of quinolone-resistant isolates and mutants of *Edwardsiella tarda*, *J. Microbiol. Biotechnol.*, 20, 1735-1743.

Kim, J. H., S. Y. Hwang, J. S. Son, J. E. Han, J. W. Jun, S. P. Shin, C. Choresca Jr, Y. J. Choi, Y. H. Park and S. C. Park (2011)：Molecular characterization of tetracycline- and quinolone-resistant *Aeromonas salmonicida* isolated in Korea, *J. Vet. Sci.*, 2, 41-48.

木村喬久・吉水　守 (1991)：水産養殖システムの殺菌，新殺菌工学実用ハンドブック（高野光男・横山理雄監修），サイエンスフォーラム，pp.220-226.

北川晴雄・花野　学 (1985)：薬物代謝・薬物速度論．南江堂．pp. 1-236.

Kitao, T., T. Yoshida, R. Kusuda, T. Matsuoka, S. Nakano, M. Okada and T. Ooshima (1992)：*In vitro* antibacterial activity of bicozamycin against *Pasteurella piscicida*, *Gyobyo Kenkyu*, 27, 109-113.

北尾忠利・岩田一夫・太田開之 (1987)：水産用エリスロマイシン製剤による養殖ニジマスの連鎖球菌症の治療試験，魚病研究，22，25-28.

北尾忠利・中内良介・斉藤雷太・田中一郎 (1989)：アモキシシリンの魚病細菌に対する試験管内抗菌活性，魚病研究，24，83-87.

Kleckner, N. (1981)：Transposable elements in prokaryotes, *Ann. Rev. Genet.*, 15, 341-404.

Klein, B. U., U. Siesenop and K. H. Böhm (1996)：Investigation on transferable antibiotic resistance through R-plasmid between obligate and facultative fish pathogenic bacteria, *Bull. Eur. Ass. Fish. Pathol.*, 16, 138-142.

Kleinow, K. M. and J. J. Lech (1988)：A review of the pharmacokinetics and metabolism of sulfadimethoxine in the rainbow trout (*Salmo gairdneri*). *Vet. Human Toxicol.*, 30, 26-30

Kleinow, K. M., W. L Bellfuss and J. J. Lech (1987)：Pharmacokinetics of sulfadimethoxine in free swimming trout, *Toxicologist*, 7, 20

Kleinow, K. M., H. H. Jarboe and K. E. Shoemaker (1994)：Comparative pharmacokinetics and bioavailability of oxolinic acid in Channel catfish (*lctalurus punctatus*) and rainbow trout (*Oncorhynchus mykiss*), *Can. J. Fish. Aquat. Sci.*, 51, 1205-1211.

Kobayashi, K., Y. Oshima, C. Taguchi and Y. Wang (1987)：Induction of drug-metabolizing enzymes by long-term administration of PCB and duration of their induced activities in carp, *Nippon Suisan Gakkaishi*, 53, 487-491.

Kohn, H. and W. Widger (2005)：The molecular basis for the mode of action of bicyclomycin, *Curr Drug Targets Infect Disord*, 5, 273-295.

Kou, G. H. and H. Y. Chung (1980)：Drug resistant R^+ bacteria in Eel-cultured pond, Report on Fish Disease Research (III), *CAPD Fisheries Series*, No. 3, 1-8.

厚生労働省 (2012)：ポジティブリスト制度についてのパンフレット，http：//www.mhlw.go.jp/topics/bukyoku/iyaku/syoku-anzen/zanryu2/dl/0　60516-1.pdf.

Krongpong, L., Futami, K., Katagiri, K., Endo, M., and Maita, M. (2008)：Application of ELISA-based kit for detecting AOZ and determining its clearance in eel tissues, *Fish. Sci.*, 74, 1055–1061.

Kruse, H. and H. Sørum (1994)：Transfer of multiple drug resistance plasmids between bacteria of diverse origins in natural microenvironments, *Appl. Environ. Microbiol.*, 60, 4015-4021.

久保埜和成 (2004)：II医薬品の上手な使い方．正しい投与法．経口投与．水産用医薬品ガイドブック．養殖臨時増刊号．32-35.

窪田三朗・宮崎照雄 (1980)：スピラマイシンに対する魚病療法学的研究－II　ブリの連鎖球菌症に対する野外治療効果，三重大水産研報，7，167-172.

窪田三朗・宮崎照雄・船橋紀男・落合忍仁・菅　善人 (1980)：スピラマイシンに関する魚病療法学的研究－I　ブリにおける吸収，分布，残留性および安全性，三重大水産研報，7，151-166.

國島広之・賀来満夫 (1999)：各種抗菌薬の特徴と使い方－テトラサイクリン系，*Medicina*, 36 (1), 63-65.

榑谷和夫・矢ヶ崎修 (1985)：化学療法薬，獣医薬理学，文永堂，pp. 229-250.

Kusuda, R., K. Kawai, F. Salati, C. R. Banner and J. L. Fryer (1991)：*Enterococcus seriolicida* sp. nov., a fish pathogen, *Int. J. Syst. Bacteriol.*, 41, 406-409.

楠田理一・井上喜久治 (1976)：養殖ハマチの類結節症に対するアンピシリンの水産薬としての応用に関する研究－I類結節症菌に対する *in vitro* での抗菌力，耐性獲得および耐性消失．*Bull. Japan. Soc. Sci. Fish.*, 42, 969-973.

楠田理一・井上喜久治 (1977a)：養殖ハマチの類結節症に対するアンピシリンの水産薬としての応用に関する研究 II．経口投与によるハマチへの吸収，排泄，残留および安全性．高知大学学術研究報告（農学），26，1-4.

楠田理一・井上喜久治 (1977b)：養殖ハマチの類結節症に対するアンピシリンの水産薬としての応用に関する研究 - III．ハマチ類結節症の人為感染魚ならびに自然感染魚に対す治療効果，魚病研究，12，7-10.

楠田理一・鬼崎　忍 (1985)：ブリ連鎖球菌 *Streptococcus*

sp. に対するマクロライド系抗生物質およびリンコマイシンの試験管内作用，魚病研究，20，453-457.

楠田理一・板岡 睦・川合研児（1988）：1984年および1985年に養殖ブリから分離された *Pasteurella piscicida* の薬剤感受性，*Nippon Suisan Gakkaishi*，54，1521-1526.

楠田理一・杉浦浩義・川合研児（1990）：1986年および1988年に養殖ブリから分離された *Pasteurella piscicida* の薬剤感受性，*Nippon Suisan Gakkaishi*，56，239-242.

L

L'Abée-Lund，T. M. and H. Sørum（2000）：Functional Tn*5393*-like transposon in the R plasmid pRAS2 from the fish pathogen *Aeromonas salmonicida* subspecies *salmonicida* isolated in Norway，*Appl. Environ. Microbiol.*，66，5533-5535.

L'Abée-Lund，T. M. and H. Sørum（2001）：Class 1 integrons mediate antibiotic resistance in the fish pathogen *Aeromonas salmonicida* worldwide，*Microb. Drug. Resist.*，7，263-272.

Laganà，P.，G. Caruso，E. Minutoli，R. Zaccone and S. Delia（2011）：Susceptibility to antibiotics of *Vibrio* spp. and *Photobacterium damsela* ssp. *piscicida* strains isolated from Italian aquculture farms，*New Microbiol.*，4，53-63.

Lewis，C.，H. W. Clapp and J. E. Grady（1963）：*In vitro* and *in vivo* evaluation of lincomycin，a new antibiotic，*Antimicrob Agents Chemother -1962*，pp. 570-582.

Li，X. Z. and H. Nikaido（2009）：Efflux-mediated drug resistance in bacteria：an update，*Drugs*，69，1555-1623.

Liu，B. and M. Pop（2009）：ARDB--Antibiotic Resistance Genes Database，*Nucleic Acids Res.*，37，D443-D447.

Llanes，C.，P. Gabant，M. Couturier and Y. Michel-Briand（1994）：Cloning and characterization of the Inc A/C plasmid RA1 replicon，*J. Bacteriol.*，176，3403-3407.

Lobb，C. J. and M. Rhoades（1987）：Rapid plasmid analysis for identification of *Edwardsiella ictaluri* from infected channel catfish（*Ictalurus punctatus*），*Appl. Environ. Microbiol.*，53，1267-1272.

Lobb，C. J.，S. H. Ghaffari，J. R. Hayman and D. T. Thompsom（1993）：Plasmid and serological differences between *Edwardsiella ictauri* strains，*Appl. Environ. Microbiol.*，59，2830-2836.

Loo，J. C. K. and S. Riegelman（1968）：New method for calculating the intrinsic absorption rater of drug，*J. Pharm. Sci.*，57，918

Lukkana，M，J. Wongtavatchai and R. Chuanchuen（2012）：Class 1 integrons in *Aeromonas hydrophila* isolated from farmed Nile tilapia（*Oreochromis nilotica*），*J. Vet. Med. Sci.*，74，435-440.

M

舞田正志（2011）：安全安心のための養殖管理マニュアル，緑書房，1-159.

Majumdar，T.，B. Das，R. K. Bhadra，B. Dam and S. Mazumder（2011）：Complete nucleotide sequence of a quinolone resistance gene（*qnrS2*）carrying plasmid of *Aeromonas hydrophila* isolated from fish，*Plasmid*，66，79-84.

Maki，T.，I. Hirono，H. Kondo and T. Aoki（2008）：Drug resistance mechanism of the fish-pathogenic bacterium *Lactococcus garvieae*，*J. Fish. Dis.*，31，461-468.

Maki，T.，M. D. Santos，H. Kondo，I. Hirono and T. Aoki（2009）：A transferable 20-kilobase multiple drug resistance-conferring R plasmid（pKL0018）from a fish pathogen（*Lactococcus garvieae*）is highly homologous to a conjugative multiple drug resistance-conferring enterococcal plasmid，*Appl. Environ. Microbiol.*，75，3370-3372.

Mammeri，H.，L. Poirel，H. Nazik and P. Nordmann（2006）：Cloning and functional characterization of the ambler class C β -lactamase of *Yersinia ruckeri*，*FEMS Microbiol. Lett.*，257，57-62.

Martínez，J. L.（2008）：Antibiotics and antibiotic resistance genes in natural environments，*Science*，321，365-367.

Martínez-Manzanares，E.，S. T. Tapia-Paniagua，P. Díaz-Rosales，M. Chabrillón and M. A. Moriñigo（2008）：Susceptibility of *Photobacterium damselae* subsp. *piscicida* strains isolated from Senegalese sole，*Solea senegalensis* Kaup，and gilthead seabream，*Sparus aurata* L.，to several antibacterial agents，*J. Fish. Dis.*，31，73-76.

Martinsen，B. and T. E. Horsberg（1995）：Comparative single-dose pharmacokinetics of four quinolones，oxolinic acid，flumequine，sarafloxacin，and enrofloxacin in Atlantic salmon（*Salmo salar*）held in seawater at 10℃，*Antimicrob. Agents Chemother.*，1059-1064.

真下千穂（2006）：スパーインテグロン：細菌の耐性獲得における新たな戦略，日本細菌学雑誌，61，339-344.

Masuyoshi，S.，T. Okubo，M. Inoue and S. Mitsuhashi（1988）：Purification and some properties of a chloramphenicol acetyltransferase mediated by plasmids from *Vibrio anguillarum*，*J. Biochem.*，104，131-135.

松村理司（1999）：各種抗菌薬の特徴と使い方－ペニシリン系，*Medicina*，36，36-39.

松島又十郎・松原壮六郎・阿井敬雄・井上進一（1971）：ハマチに対するサルファ剤の毒性について，魚病研究，6，112-115.

Mazel，D. and J. Davis（1999）：Antibiotic resistance in microbes，*Cell. Mol. Life Sci.*，56，742-754.

McCalla，D. R.，A. Reuvers and C. Kaiser（1971）：Breakage of bacterial DNA by nitrofuran derivatives，*Cancer Research*，31，2184-2188.

McCullough，J. L.，and T. H. Maren（1973）：Inhibition of dihydropteroate synthetase from *Esherichia coli* by sulfones and sulfonamides，*Antimicrob. Agents Chemother.*，3，665-669.

McGinnis，A.，P. Gaunt，T. Santucci，R. Simmons and R. Endris（2003）：*In vitro* evaluation of the susceptibility of *Edwardsiella ictaluri*，etiological agent of enteric septicemia in channel catfish，*Ictalurus punctatus*

（Rafinesque），to florfenicol, *J. Vet. Diagn. Invest.*, 15, 576-579.

McIntosh, D., M. Cunningham, B. Ji, F. A. Fekete, E. M. Parry, S. E. Cark, Z. B. Zalinger, I. C. Gilg, G. R. Danner, K. A. M. JohnsonBeattie and R. Ritchie（2008）：Transferable, multiple antibiotic and mercury resistance in Atlantic Canadian isolates of *Aeromonas salmonicida* subsp. *salmonicida* is associated with carriage of an IncA/C plasmid similar to the *Salmoella enterica* plasmid pSN254, *J. Antimicrob. Chemother.*, 61, 1221-1228.

Meng, F., K. Kanai and K. Yoshikoshi（2009）：Characterization of drug resistance in *Streptococcus parauberis* isolated from Japanese flounder, *Fish. Pathol.*, 44, 40-46.

Michel, C., J. P. Gerard, B. Fourbet, R. Collas and R. Chevalier（1980）：Use of flumequine against furunculosis of Salmonidae（*Aeromonas salmonicida* infection）, *Bull. Franc. Piscicult.*, 52, 154-162.

Michel, C. M. F., K. S. Squlbb and J. M. O'Connor（1990）：Pharmacokinetics of sulphadimethoxine in channel catfish（*lctalurus punctatus*）, *Xenobiotica*, 20, 1299-1309.

Mitoma, Y., T. Aoki and J. H. Crosa（1984）：Phylogenetic relationships among *Vibrio anguillarum* plasmids, *Plasmid*, 12, 143-148.

三橋　進編（1980）：薬剤感受性測定法—薬剤耐性菌の理論と実際．講談社．pp. 1-39.

三森国敏（1999）：食品中に含まれる化学物質についての安全性評価，食品衛生学雑誌，40, 1-6.

宮崎修一（2000）：マクロライド系抗生物質の新しい展開—抗菌力 一般細菌，臨床と微生物，27, 793-799.

Miyoshi, T., N. Miyairi, H. Aoki, M. Kohsaka, H. Sakai and H. Imanaka（1972）：Bicyclomycin, a new antibiotic. I. Taxonomy, isolation and characterization, *J. Antibiot.*, 25, 569-575.

Mizon, F. M., G. R. Gerbaud, H. Leclerc and Y. A. Chabbert（1978）：Occurrence of R plasmids belonging to incompatibility group incC in *Aeromonas hydrophila* strains isolated from sewage water, *Ann. Microbiol,（Paris）*, 129, 19-26.

Moffitt, C.M.（1992）：Survival of juvenile chinook salmon challenged with *Renibacterium salmoninarum* and administered oral doses of erythromycin thiocyanate for different durations, *J. Aquat. Anim. Health*, 4, 119-125.

Morii, H. and Y. Ishikawa（2012）：Cloning and nucleotide sequences analysis of the chloramphenicol and erythromycin resistance genes on a transferable R plasmid from the fish pathogen *Photobacterium damselae* subsp. *piscicida*, *Bull. Fac. Fish. Nagasaki. Univ.*, 93, 41-50.

Morii, H., N. Hayashi and K. Uramoto（2003）：Cloning and nucleotide sequence analysis of the chloramphenicol resistance gene on conjugative R plasmids from the fish pathogen *Photobacterium damselae* subsp. *piscicida*, *Dis. Aquat. Organ.*, 53, 107-113.

Morii, H., M. S. Bharadwaj and N. Eto（2004）：Cloning and nucleotide sequences analysis of the ampicillin resistance gene on a conjugative R plasmid from the fish pathogen *Photobacterium damselae* subsp. *piscicida*, *J. Aqua. Amin. Health.*, 16, 197-207.

森井秀昭・大場崇徳・孟　飛・金井欣也（2007）：魚類病原菌 *Edwardsiella tarda* の薬剤耐性とその伝達性，長崎大学水産学部研究報告，88, 109-118.

Myhr, E., J. L. Larsen, A. Lillehaug, R. Gudding, M. Heum and T. Håstein（1991）：Characterization of *Vibrio anguillarum* and closely related species isolated from farmed fish in Norway, *Appl. Environ. Microbiol.*, 57, 2750-2757.

N

中川　晋（1992）：第 3 編抗生物質の生物活性　第 2 章細胞壁合成阻害．抗生物質大要（田中信夫，中村昭四郎編）．東京大学出版会．pp.288.

Nakajima, T., M. Suzuki, K. Harada, M. Inoue and S. Mitsuhashi（1983）：Transmission of R plasmids in *Vibrio anguillarum* to *Vibrio cholerae*, *Microbiol. Immunol.*, 27, 195-198.

中島宣雅（2000）：残留動物用医薬品の微生物学的安全性評価．日本獣医師会雑誌，53, 649-654.

中村吉成（1982）：ドキシサイクリンのすべて，魚病研究，17, 67-76.

Nakano, S., T. Aoki and T. Kitao（1989）：*In vitro* antimicrobial activity of pyridonecarboxylic acids against fish pathogens, *J. Aquat Anim. Health*, 1, 43-50.

Nakano, S., M. Okada, T. Ooshima, T. Kitao, and R. Kusuda（1993）：Absorption of bicozamycin and its ester derivative in yellowtail, *Seriola quinqueradiata*, *Suisanzoshoku*, 41, 405-408.

中山一誠（1997）：マクロライド系の役割— 14 員環と他のマクロライド系の比較，医薬ジャーナル，33, 426-432.

中沢昭三（1965）：新しい抗生物質 Lincomycin（Lincocin），薬局，16, 1105-1112.

Neu, H. C. and K. P. Fu（1980）：In vitro activity of chloramphenicol and thiamphenicol analogs, *Antimicrob. Agents Chemother.*, 18, 311-316.

日本動物用医薬品協会（2010）：動物用医薬品医療機器要覧（2010 年版）.

日本医薬情報センター（2011a）：オキシテトラサイクリン塩酸塩．JAPIC「医療用医薬品集」2012, pp.666.

日本医薬情報センター（2011b）：ドキシサイクリン塩酸塩水和物．JAPIC「医療用医薬品集」2012, pp.1685-1687.

日本医薬情報センター（2011c）：ホスホマイシン，JAPIC「医療用医薬品集」2012, pp. 2550-2552.

日本抗生物質学術協議会（1994）：動物用抗菌薬ハンドブック 1994.

日本水産資源保護協会（1981a）：スルフイソゾール．水産用医薬品使用指針 2, pp. 38-55.

日本水産資源保護協会（1981b）：フラゾリドン．水産用医薬品使用指針 2. pp. 57-70.

日本食品化学研究振興財団（2012）：基準値一覧表，http：//m5.ws001.squarestart.ne.jp/zaidan/search.html

日本トキシコロジー学会教育委員会（2009）：リスクアセスメント・リスクマネージメント．新版　トキシコロジー．朝倉書店．pp. 65-82.

Nikaido, H. and J. Pagès.（2012）：Broad-specificity pumps and their role in multidrug resistance of Gram-negative bacteria, *FEMS Microbiol. Rev.*, 36, 340-363.

Nishida M., Y. Mine and T. Matubara（1972）：Bicyclomycin, a new antibiotic. III. *In vitro* and *in vivo* antimicrobial activity, *J. Antibiot.*, 25, 582-593,

Nishimura, T., H. Yamaguchi and N. Tanaka（1966）：Biochemical studies on the activity of thiophenicol, *J. Antibiot.*, 19, 166-171.

野口雅久（2006）：薬剤耐性菌の耐性メカニズムの最近の知見，動物抗菌会報，28，7-12.

野中里佐・鈴木　聡（2007）：透けん環境における薬剤耐性微生物のモニタリング，*Nippon Suisan Gakkaishi*, 73, 317-320.

Nordmo, R., K.J. Varma, I.H. Sutherland and E.S. Brokken（1994）：Florfenicol in Atlantic salmon, *Salmo salar* L.：field evaluation of efficacy against furunculosis in Norway, *J. Fish Dis.*, 17, 239-244.

農林水産省動物医薬品検査所（2012）：動物用医薬品等データベース，http：//www.nval.go.jp/asp/asp_dbDR_idx.asp

農林水産省消費・安全局畜水産安全管理課（2012）：水産用の医薬品の使用について（第25報，平成24年2月29日），農林水産省，pp. 1-26.

Notari, R.E.（1975）：生物薬剤学と薬物速度論序説（鈴木徳治監訳）．診療新社．pp. 1-282.

Novick, R. P.（1987）：Plasmid incompatibility, *Microbiol. Rev.*, 51, 381-395.

O

落合国太郎・山中敏樹・木村勝直・沢田　収（1959）：赤痢菌相互間およびこれと大腸菌との間における薬剤耐性の遺伝に関する研究，日本医事新報，1861，34-46.

岡部隆義（1992）：第3編抗生物質の生物活性　第5章ヌクレオチドおよび核酸の生合成阻害．抗生物質大要（田中信夫，中村昭四郎編）．東京大学出版会．pp.338-339.

岡野圭介（1986）：6. ビコザマイシンについて，家畜抗菌剤研究会報，7，72-89.

大分県水産試験場（1991）：1. ヒラメにおけるニフルスチレン酸ナトリウム（NFS-Na）の吸収と排泄，VI-1 平成3年度魚病対策技術開発研究結果報告書（水産用医薬品に関する研究）．

Ooshima, T., S. Kaneda, N. Ise, M. Okada and H. Takagi（1997）：Studies on tobicillin, a new antibiotic drug for enterococcicosis in yellowtail *Seriola quinqueradiata*, *Fish. Sci.*, 63, 741-745

Oppegaard, H. and H. Sørum（1994）：*gyrA* mutations in quinolone-resistant isolates of the fish pathogen *Aeromonas salmonicida*, *Antimicrob. Agents Chemother.*, 38, 2460-2464.

Oshima, Y., L. Fachrudin, N. Ishida, N. Imada and K. Kobayashi（1996）：Effect of drug-metabolizing enzyme activity induced by PCB on the residence time of oxolinic acid, piromidic acid and nalidixic acid in carp. *Fish. Sci.*, 62, 302-306.

尾崎久雄（1984）：エリスロマイシン，魚類薬理学V　抗生物質4，緑書房，pp. 1-193.

尾崎久男・池田弥生（1978）：サルファ剤．魚類薬理学 I，緑書房．pp. 1-165.

P

Park, Y. K., S. W. Nho, G. W. Shin, S. B. Park, H. B. Jang, I. S. Cha, M. A. Ha, Y. R. Kim, R. S. Dalvi, B. J. Kang and T. S. Jung（2009）：Antibiotic susceptibility and resistance of *Streptococcus iniae* and *Streptococcus parauberis* isolated from olive flounder（*Paralichthys olivaceus*）, *Vet. Microbiol.*, 136, 76-81.

Pazos, F., Y. Santos, B. Magariños, I. Bandín, S. Núñez and A. E. Toranzo（1993）：Phenotypic Characteristics and Virulence of *Vibrio anguillarum*-Related Organisms, *Appl. Environ. Microbiol.*, 59, 2969-2976.

Pedersen, K., T. Tiainen and J. L. Larsen（1995）：Antibiotic resistance of *Vibrio anguillarum*, in relation to serovar and plasmid contents, *Acta. Vet. Scand.*, 36, 55-64.

Perreten, V., L. Vorlet-Fawer, P. Slickers, R. Ehricht, P. Kuhnert and J. Frey（2005）：Microarray-based detection of 90 antibiotic resistance genes of gram-positive bacteria, *J. Clin. Microbiol.*, 43, 2291-2302.

Peters, K.K. and C.M. Moffitt（1996）：Optimal dosage of erythromycin thiocyanate in a new feed additive to control bacterial kidney disease, *J. Aquat. Anim. Health*, 8, 229-240.

Poher, I., G. Blanc and S. Loussouarm（1997）：Pharmacokinetics of oxolinic acid in sea-bass,（*Dicentrarchus labrax* L）, after a single rapid intravascular injection, *J. Vet. Pharmacol. Therap.*, 20, 267-275.

Poher, I. and G. Blanc（1998）. "Pharmacokinetics of a discontinuous absorption process of oxolinic acid in turbot（*Scophthlmus maximus*）after a single oral administration, *Xenobiotica*, 28, 1061-1073.

Poole, K.（2005）：Efflux-mediated antimicrobial resistance, *J Antimicrob Chemother*, 56, 20-51.

Popoff, M. and Y. Davaine（1971）：Transferable resistance factors in *Aeromonas salmonicida*, *Ann. Inst. Pasteur.*（*Paris*）, 121, 337-342.

R

Raissy, M. and M. Ansari（2011）：Antibiotic susceptibility of *Lactococcus garvieae* isolated from rainbow trout（*Oncorhynchus mykiss*）in Iran fish farm, *African J. Biotechnol.*, 10, 1473-1476.

Rasmussen, F., H. Gelsa and P. Nielsen（1979）：Pharmacokinetics of sulfadoxine and trimethoprim in horses, *J. Vet. Pharmac. Ther.*, 2, 245-255.

Reid, W. S. and J. A. Boyle (1989)：Plasmid homologies in *Edwardsiella ictaluri*, *Appl. Environ. Microbiol.*, 55, 3253-3255.

Reimschuessel, R., Stewart, L., Squibb, E., Hirokawa, K., Brady, T., Brooks, D., Shaikh, B. and C. Hodsdon (2005)：Fish Drug Analysis—Phish-Pharm：A Searchable Database of Pharmacokinetics Data in Fish, *AAPS Journal*, 7, 288-327.

Rescigo, A. and G. Segre (1966)：Drugs and tracer kinetics. Waltham, U.S.A., Blaisdell.

Rhodes, L.D, O.T.Nguyen, R.K.Deinhard, T.M.White, L.W.Harrell and M. C. Roberts (2008)：Characterization of *Renibacterium salmoninarum* with reduced susceptibility to macrolide antibiotics by a standardized antibiotic susceptibility test, *Dis. Auat. Org.*, 80, 173-180.

Rodkhum, C., T. Maki, I. Hirono and T. Aoki (2008)：*gyrA* and *parC* associated with quinolone resistance in *Vibrio anguillarum*, *J. Fish. Dis.*, 31, 395-399.

Rogstad, A., O. F. Ellingsen and C. Syvertsen (1993)：Pharmacokinetics and bioavailability of flumequine and oxolinic acid after various route of administration to Atlantic salmon in seawater, *Aquaculture*, 110, 207-220.

Rowe-Magnus, D. A. and D. Mazel (2001)：Integrons：natural tools for bacterial genome evolution, *Curr. Opin. Microbiol.*, 4, 565-569.

Rowe-Magnus, D. A. and D. Mazel (2002)：The role of integrons in antibiotic resistance gene capture, *Int. J. Med. Microbiol.*, 292, 115-125.

Rowe-Magnus, D. A., J. Davies and D. Mazel (2002)：Impact of integrons and transposons in the evolution of resistance and virulence, *Curr. Top Microbial. Immunol.*, 264, 167-188.

S

Saitanu, K., A. Chongthaleong, M. Endo, T. Ueda, K. Takami, T. Aoki and T. Kitao (1994)：Antimicrobiral susceptibilities and detection of transferable R-plasmids from *Aeromonas hydrophila* in Thailand, *Asian. Fish. Sci.*, 7, 41-47.

Samuelsen, O. B. (2006)：Pharmacokinetics of quinolones in fish：a review, *Aquaculture*, 255, 55-75.

Sandaa, R. A. and O. Enger (1994)：Transfer in Marine Sediments of the Naturally Occurring Plasmid pRAS1 Encoding Multiple Antibiotic Resistance, *Appl. Environ. Microbiol.*, 60, 4234-4238.

Sano, M., H. Nakano, T. Kimura and R. Kusuda (1994)：Therapeutic effect of fosfomycin on experimentally induced pseudotuberculosis in yellowtail, *Fish. Pathol.*, 29, 187-192.

Sarkar, S. and R. E. Thach (1968)：Inhibition of formylmethionyl-transfer RNA binding to ribosomes by tetracycline, *Proc. Natl. Acad. Sci. USA*, 60, 1479-1486.

佐藤林治・小西潤一・鎌田久祥・熊谷清孝・佐々木専悦 (1992)：オキソリン酸製剤 (TO-77S) による子豚大腸菌性下痢症の治療ならびに予防試験, 獣医畜産新報, 45, 705-707.

沢田健蔵・杉本善彦 (1994)：冷水病の薬剤治療試験－I, 徳島県水産研究所 (水産試験場), 平成6年度水産試験場事業報告書, http：//www.pref.tokushima.jp/files/00/01/25/08/suiken_jigyou_h6/h06-44.pdf.

Sawai, T., K. Morioka, M. Ogawa and S. Yamagishi (1976)：Inducible oxacillin-hydrolyzing penicillinase in *Aeromonas hydrophila* isolated from fish, *Antimicrob. Agents. Chemother.*, 10, 191-195.

Sawai, T., I. Takahashi, H. Nakagawa and S. Yamagishi (1978)：Immunochemical comparison between an oxacillin-hydrolyzing penicillinase of *Aeromonas hydrophila* and those mediated by R plasmids, *J. Bacteriol.*, 135, 281-282.

Schiefer, A. M., I. Wiegand, K. J. Sherwood, B. Wiedemann and I. Stock (2005)：Biochemical and genetic characterization of the β-lactamases of *Y. aldovae*, *Y. bercovieri*, *Y. frederiksenii* and "*Y. ruckeri*" strains, *Int. J. Antimicrob. Agents.*, 25, 496-500.

Schmidt, A. S., M. S. Bruun, I. Dalsgaard, K. Pedersen and J. L. Larsen (2000)：Occurrence of antimicrobial resistance in fish-pathogenic and environmental bacteria associated with four danish rainbow trout farms, *Appl. Environ. Microbiol.*, 66, 4908-4915.

Schwartz, S., A. Cloeckaert and M. C. Roberts (2006)：Mechanisms and spread of bacterial resistance to antimicrobial agents. In "Antimicrobial Resistance in Bacteria of Animal Origin" (ed. by F. M. Aarestrup). ASM Press. Washington, DC, USA. pp.73-98.

Seshadri, R., S. W. Joseph, A. K. Chopra, J. Sha, J. Shaw, J. Graf, D. Haft, M. Wu, Q. Ren, M. J. Rosovitz, R. Madupu, L. Tallon, M. Kim, S. Jin, H. Vuong, O. C. Stine, A. Ali, A. J. Horneman and J. F. Heidelberg (2006)：Genome sequence of *Aeromonas hydrophila* ATCC 7966T：jack of all trades, *J. Bacteriol.*, 188, 8272-8282.

清水當尚 (1991a)：1. キノロン薬の開発歴. キノロン薬 (上田泰, 清水喜八郎, 紺野昌俊, 松本文夫編). ライフ・サイエンス. pp. 2-14.

清水當尚 (1991b)：I-1 ナリジクス酸の発見からノルフロキサシンまで. ニューキノロン—あすの抗菌剤をめざして (三橋進編). 学会出版センター. pp. 3-7.

Shimoda, M., T. Tsuboi, E. Kokue and T. Hayama (1983)：Dose-dependent pharmacokinetics of intravenous sulfamonomethoxine in pigs. *Jpn. J. Pharmacol.*, 33, 903-905.

Shin, S. B., M. H. Yoo, J. B. Jeong, Y. M. Kim, J. K. Chung, M. D. Huh, J. L. Komisar and H. D. Jeong (2005)：Molecular cloning of the *gyrA* gene and characterization of its mutation in clinical isolates of quinolone-resistant *Edwardsiella tarda*, *Dis. Aquat. Organ.*, 67, 259-266.

塩満捷夫, 楠田理一, 大須賀穂作, 宗清正廣 (1980)：エリスロマイシンに関する魚病化学療法的研究－II. 養殖ハマチの連鎖球菌症に対する野外治療効果, 魚病研究, 15, 17-23.

食品安全委員会 (2005)：マラカイトグリーン及びロイコマ

ラカイトグリーンの 食品健康影響評価について，動物用医薬品評価書..

食品安全委員会（2007a）：フロルフェニコールの食品健康影響評価について，動物用医薬品評価書.

食品安全委員会（2007b）：チアンフェニコールの食品健康影響評価について，動物用医薬品評価書.

食品安全委員会（2008）：オキソリニック酸，農薬・動物用医薬品評価書.

食品安全委員会（2010）：ホスホマイシン，動物用医薬品評価書 ホスホマイシン.

食品安全委員会（2011）：オキソリニック酸，農薬・動物用医薬品評価書（第2版）.

Shotts, E. B., A. L. Kleckner, J. B. Gratzek and J. L. Blue (1976a)：Bacterial flora of aquarium fishes and their shipping waters imported from southeast asia, *J. Fish. Res. Board. Canada.*, 33, 732-735.

Shotts, E. B. Jr., V. L. Vanderwork and L. M. Campbell (1976b)：Occurrence of R factors associated with *Aeromonas hydrophila* isolates from aquarium fish waters, *J. Fish. Res. Board. Canada.*, 33, 736-740.

Silver, S. and T. K. Misra (1988) Plasmid-mediated heavy metal resistances, *Annu. Rev. Microbiol.*, 42, 717-743.

Sköld, O. (2000)：Sulfonamide resistance：mechanisms and trends, *Drug. Resist. Update.*, 3, 155-160.

Sköld, O. (2001)：Resistance to trimethoprim and sulfonamides, *Vet. Res.*, 32, 261-273.

Someya, A., K. Tanaka and N. Tanaka (1979)：Morphological changes of *Escherichia coli* induced by bicyclomycin, *Antimicrob Agents Chemother*, 16, 84-88

Sørum, H. (2006)：Antimicrobial drug resistance in fish pathogens. In "Antimicrobial Resistance in Bacteria of Animal Origin" (ed. by F. M. Aarestrup). ASM press. Washington, D.C., pp.213-238.

Sørum, H., A. B. Hvaal, M. Heum, F. L. Daae and R. Wiik (1990)：Plasmid profiling of *Vibrio salmonicida* for epidemiological studies of cold-water vibriosis in Atlantic salmon (*Salmo salar*) and cod (*Gadus morhua*), *Appl. Environ. Microbiol.*, 56, 1033-1037.

Sørum H., M. C. Roberts and J. H. Crosa (1992)：Identification and cloning of a tetracycline resistance gene from the fish pathogen *Vibrio salmonicida*, *Antimicrob. Agents Chemother.*, 36, 611-615.

Sørum H., T. M. L'Abée-Lund, A. Solberg, and A. Wold (2003)：Integron-containing IncU R plasmids pRAS1 and pAr-32 from the fish pathogen *Aeromonas salmonicida*, *Antimicrob Agents Chemother*, 47, 1285-1290.

Speyerer, P. D. and J. A. Boyle (1987)：The plasmid profiles of *Edwardsiella ictaluri*, *J. Fish. Dis.*, 10, 461-469.

Starliper, C. E., R. K. Cooper, E. B. Shotts and P. W. Taylor (1993)：Plasmid-mediated romet resistance of *Edwardsiella ictaluri*, *J. Aquat. Anim. Health.*, 5, 1-8.

Stehly, G. R, and S. M. Plakas (1993)：Pharmacokinetics, tissue distribution, and metabolism of nitrofurantoin in the channel catfish (*Ictalurus punctatus*), *Aquaculture*, 113, 1-10

Stock, I and B. Wiedemann (2001)：Natural antibiotic susceptibilities of *Edwardsiella tarda*, *E. ictaluri*, and *E. hoshinae*, *Antimicrob Agents Chemother*, 45, 2245-2255.

Stock, I., B. Henrichfreise and B. Wiedemann (2002)：Natural antibiotic susceptibility and biochemical profiles of *Yersinia enterocolitica*-like strains：*Y. bercovieri*, *Y. mollaretii*, *Y. aldovae* and '*Y. ruckeri*'. *J. Med. Microbiol.*, 51, 56-69.

Strahilevitz, J., G. A. Jacoby, C. David, D. C. Hooper and A. Robicsek (2009)：Plasmid-mediated quinolone resistance：a multifaceted threat, *Clinical. Mirobiol. Rev.*, 22, 664-689.

菅　善人（1982）：スピラマイシンのすべて，魚病研究，17, 87-99.

杉本　昇・柏木　哲・松田敏生（1981）：養殖ウナギのカラムナリス病に対する化学療法剤の薬浴効果，*Bull. Japan. Soc. Sci. Fish.*, 47, 1141-1148.

Sugino, A., C. L. Peebles, K. N. Kreuzer and N. R. Cozzarelli (1977)：Mechanism of action of nalidixic acid：Purification of Escherichia coli nalA gene product and its relationship to DNA gyrase and a novel nicking-closing enzyme, *Proc. Natl. Acad. Sci. USA*, 74, 4767-4771.

Sugita, H., M. Fukumoto, H. Koyoma and Y. Deguchi (1988)：Changes in the fecal microflora of goldfish *Carussius aurutus* with the oral administration of oxytetracycline, *Nippon Suisan Gakkaishi*, 54, 2181-2187.

Sugita, H., C. Miyajima, M. Fukumoto, H. Koyama and Y. Deguchi (1989)：Effect of oxolinic acid on fecal microflora of goldfish (*Carussius aurutus*), *Aquaculture*, 80, 163-174.

T

田端拓郎（2004）：Ⅱ医薬品の上手な使い方．正しい投与法．薬浴．水産用医薬品ガイドブック．養殖臨時増刊号．36-38.

Takashima, N., T. Aoki and T. Kitao (1985)：Epidemiological surveillance of drug-resistanct strains of *Pasteurella piscicida*, *Fish. Pathol.*, 20, 209-217.

高橋梯二・池戸重信（2006）：適正農業規範GAPによる食品の社会的品質の確保，食品の安全と品質確保，農山漁村文化協会，229-242.

Takahashi, Y. and T. Endo (1987)：Evaluation of the efficacy of an ultrafine preparation of oxolinic acid in the treatment of pseudotuberculosis in yellowtail, *Nippon Suisan Gakkaishi*, 53, 2157-2162.

Takahashi, Y., T. Itami, A. Nakagawa, H. Nishimura and T. Abe (1985)：Therapeutic effects of oxytetracycline trial tablets against vibriosis in cultured kuruma prawns *Penaeus japonicus* Bate, *Bull. Japan. Soc. Sci. Fish.*, 51, 1639-1643.

Takahashi, Y., T. Itami, A. Nakagawa, T. Abe and Y. Suga (1990)：Therapeutic effect of flumequine against pseudotuberculosis in cultured yellowtail, *Nippon Suisan*

Gakkaishi, 56, 223-227.

武田植人（1988）：4. ホスホマイシンについて，家畜抗菌剤研究会報，9，38-39.

武田薬品工業株式会社アグロ事業部・技術普及室（1991）：水産用フロルフェニコール製剤「アクアフェン」について，獣医界，No.132，1-11.

武田薬品工業株式会社アグロ事業部・アニマルヘルス営業部（1994）：水産用フロルフェニコール2%液剤「アクアフェンL」について，獣医界，No.138，107-114.

竹丸　巌・楠田理一（1988a）：ブリ腸内フローラに及ぼすジョサマイシン投薬の影響，*Nippon Suisan Gakkaishi*，54，837-840.

竹丸　巌・楠田理一（1988b）：*Steptococcus* sp. および各種魚病細菌に対するジョサマイシンの試験管内抗菌作用，*Nippon Suisan Gakkaishi*，54，1527-1531.

Takemaru，I. and R. Kusuda（1988）：Chemotherapeutic effect of josamycin against natural Strptococcal infection in cultured yellowtail，*Nippon Suisan Gakkaishi*，54，1849.

田中二良（1977）：水産薬詳解．ソフトサイエンス社．p. 222

田代文男・森川　進・本西　晃・三城　勇・木村紀彦・井上　潔・野村哲一・牛山宗弘・城　泰彦・林不二雄・国峰一声（1979）：ピロミド酸に関する魚病化学療法的研究－Ⅱ．サケ科魚類およびウナギの細菌感染症に対する野外治療効果，魚病研究，14，93-101.

Taylor，D. E.，A. Gibreel，T. D. Lawley and D. M. Tracz（2004）：Antibiotic resistance plasmids. In "Plasmid Biology"（ed. by B. E. Funnell and G. J. Phillips）. ASM Press. Washington，DC，USA. pp. 473-491.

Tipmongkolsilp，N.，C. S. del Castillo，J. Hikima，T. S. Jung，H. Kondo，I. Hirono and T. Aoki（2012）：Multipule drug-resistant strains of *Aeromonas hydrophila* isolated from tilapia farms in Thailand，*Fish. Pathol.*，47，56-63.

東京大学医科学研究所学友会編（1988）：微生物学実習提要，抗菌作用の測定法．pp. 106-112.

東京大学医科学研究所学友会編（1998）：微生物学実習提要抗生物質耐性の測定．pp. 83-90.

Toranzo，A. E.，J. L. Barja，R. R. Colwell and F. M. Hetrick（1983）：Characterization of plasmids in bacterial fish pathogen，*Infect. Immun.*，39，184-192.

豊田雅典（2011）：スルフイソゾール（効能追加），動物用抗菌剤研究会報，33，60-66.

U

植田祐二（1996）：フロルフェニコールについて，動物用抗菌剤研究会報，16，11-22.

釆孟（1991）：3. キノロン薬の作用機序，キノロン薬（上田　泰，清水喜八郎，紺野昌俊，松本文夫編）．ライフ・サイエンス．pp. 26-35.

Uno, K.（1996）：Pharmacokinetic study of oxytetracycline in healthy and vibriosis-infected ayu（*Plecoglossus altivelis*）. *Aquaculture*, 143, 33-42.

Uno, K.（2004）：Pharmacokinetics of oxolinic acid and oxytertracycline in kuruma shrimp, *Penaeus japonicus*, *Aquaculture*, 230, 1-11.

Uno, K., T. Aoki and R. Ueno（1992）：Pharmacokinetics of nalidixic acid in cultured rainbow trout and amago salmon, *Aquaculture*, 102, 297-307.

Uno, K., T. Aoki and R. Ueno（1993a）：Pharmacokinetics of sulphamonomethoxine and sulphadimethoxine following oral administration to cultured rainbow trout（*Oncorhynchus mykiss*）, *Aquaculture*, 115, 209-219.

Uno, K., T. Aoki and R. Ueno（1993b）：Pharmacokinetics of sodium nifurstyrenate in cultured yellowtail after oral administration, *Aquaculture*, 116, 331-339.

Uno, K., T. Aoki, R. Ueno and I. Maeda（1996）：Pharmacokinetics of nalidixic acid and sodium nifurstyrenate in cultured fish following bolus intravascular administration, *Fish. Pathology.*, 31, 191-196.

Uno, K., T. Aoki, R. Ueno and I. Maeda（1997a）：Pharmacokinetics and metabolism of sulphamonomethoxine in rainbow trout（*Oncorhynchus mykiss*）and yellowtail（*Seriola quinqueradiata*）following bolus intravascular administration, *Aquaculture*, 153, 1-8.

Uno, K., T. Aoki, R. Ueno and I. Maeda（1997b）：Pharmacokinetics of oxytetracycline in rainbow trout *Oncorhynchus mykiss* following bolus intravenous administration, *Fish. Sci.*, 63, 90-93.

Ueno, R.（1998）：Pharmacokinetics and bioavailability of sulphamonomethoxine in cultured eel, *Fish. Pathol.*, 33, 297-301.

Ueno, R., M. Okumura and Y. Horiguchi（1985）：Metabolites of miloxacin in cultured yellowtail and their antibacterial activity, *Bull. Fac. Fish. Mie Univ.*, 12, 175-180.

Ueno, R., Y. Horiguchi and S. S. Kubota（1988a）：Levels of oxolinic acid in cultured yellowtail after oral administration, *Nippon Suisan Gakkaishi*, 54, 479-484.

Ueno, R., M. Okumura, Y. Horiguchi and S. S. Kubota（1988b）：Levels of oxolinic acid in cultured rainbow trout and amago salmon after oral administration, *Nippon Suisan Gakkaishi*, 54, 485-489.

Ueno, R., K. Uno and T. Aoki（1994）：Pharmacokinetics of sulphamonomethoxine in cultured yellowtail after oral administration, *Food Res. Int.*, 27, 33-37.

Ueno, R., K. Uno and T. Aoki（1995）：Pharmacokinetics and bioavailability of oxytetracycline in cultured yellowtail *Seriola quinqueradiata, Disease in Asian Aquaculture*, 2, 523-531.

Ueno, R., Y. Okada and T. Tatsuno（2001）：Pharmacokinetics and metabolism of miloxacin in cultured eel, *Aquaculture*, 193, 11-24.

V

VICH（2004）：VICH harmonized tripartite guideline GL36. Studies to evaluate the safety of residues of veterinary drugs in human food：General approach to establish a microbiological ADI. International cooperation on harmonisation of technical requirements for registration of veterinary medical product.

VICH（2009）：VICH harmonized tripartite guideline GL33. Studies to evaluate the safety of residues of veterinary drugs in human food：General approach to testing. International cooperation on harmonisation of technical requirements for registration of veterinary medical product.

VICH（2011）：VICH harmonized tripartite guideline GL48.Studies to evaluate the metabolism and residue kinetics of veterinary drugs in food-producing animals：Marker residue depletion studies to establish product withdrawal periods. International cooperation on harmonisation of technical requirements for registration of veterinary medical product.

W

Wachino, J. and Y. Arakawa（2012）：Exogenously acquired 16S rRNA methytransferases found in aminoglycoside-resistant pathogenic Gram-negative bacteria：An update, *Drug resist updates*, 15, 133-148.

Wagner, J. G, and E. Nelson（1964）：Kinetic analysis of blood levels and urinary excretion in the absorptive phase after single doses of drug, *J. Pharm. Sci.*, 53, 1392-1403.

若林久嗣・室賀清邦編（2004）：魚介類の感染症・寄生虫病．恒星社厚生閣．pp. 424.

Waltman, W. D. and E. B. Shotts（1986a）：Antimicrobial susceptibility of *Edwardsiella ictaluri*, *J. Wildlife. Dis.*, 22, 137-177.

Waltman, W. D. and E. B. Shotts（1986b）：Antimicrobial susceptibility of *Edwardsiella tarda* from the United States and Taiwan, *Vet. Microbiol.*, 12, 277-282.

渡辺直久・岡村由起子・久保埜和成・豊田雅典・沼田厚子・本木弘昭（2011）：オキシテトラサイクリン（効能追加），動物用抗菌剤研究会報，33，55-59.

Watanabe, T., T. Aoki, Y. Ogata and S. Egusa（1971）：R factors related to fish culturing, *Ann. N. Y. Acad. Sci.*, 182, 383-410.

Watanabe, T., T. Aoki, C. Yada, Y. Ogata, K. Sugawara, T. Saito and S. Egusa（1972）：Fish culturing and R factors. In "Bacterial plasmid and antibiotic resistance"（ed. by V. Krčméry, L. Rosival and T. Watanabe）, Avicenum-Czechoslovak Medical Press. Springer-verlag, Berlin, Heidelberg. New York. pp.131-141.

Welch, D.G., J. Evenhuis, D. G. White, P. F. McDermott, H. Harbottle, R. A. Miller, M. Griffin and D. Wise（2009）：IncA/C plasmid-mediated florfenicol resistance in the catfish pathogen *Edwardsiella ictaluri*, *Animicrob Agents Chemother*, 53, 845-846.

Welch, T. J., W. F. Fricke, P. F. McDermott, D. G. White, M. L. Rosso, D. A. Rasko, M. K. Mammel, M. Eppinger, M. J. Rosovitz, D. Wagner, L. Rahalison, J. E. Leclerc, J. M. Hinshaw, L. E. Lindler, T. A. Cebula, E. Carniel and J. Ravel（2007）：Multiple antimicrobial resistance in plague：an emerging public health risk, *PLoS One*, 2, e309.

White, P. A., C. J. McIver and W. D. Rawlinson（2001）：Integrons and gene cassettes in the enterobacteriaceae, *Antimicrob Agents Chemother*, 45, 2658-2661.

WHO（1997）：Food consumption and exposure assessment of chemicals. Report of a FAO/WHO Consultation, Geneva, Switzerland, 10-14 February 1997, Geneva, Switzerland, World Health Organization（WHO/FSF/FOS/97.5）.

WHO（2008）：Dietary exposure assessment of chemicals in food. Report of a Joint FAO/WHO Consultation, 2-6 May 2005, Annapolis. Maryland. USA. World Health Organization.

Wise Jr., E.M. and J. T. Park（1965）：Penicillin：its basic site of action as an inhibitor of a peptide cross-linking reaction in cell wall mucopeptide synthesis, *Proc. Natl. Acad. Sci. USA*, 54, 75-81.

Wolf, K. and C.E. Dumbar（1959）：Test of 34 therapeutic agents for control of kidney disease in trout, *Trans. Amer. Fish. Soc.*, 88, 117-124.

Y

八木澤守正（2000）：マクロライド系抗生物質の新しい展開—開発の歴史，臨床と微生物，27，783-792.

Yamaoka, K., Y. Tanigawara, T. Nakagawa and T. Uno（1981）：A pharmacokinetic analysis program（MULTI）for microcomputer, *J. Pharm. Dynam.*, 4, 879-885.

Yasunaga, N. and J. Tsukahara（1988）：Dose titration study of florfenicol as a therapeutic agent in naturally occurring pseudotuberculosis, *Fish Pathology*, 23, 7-12.

横田　健（1987）：3．作用機序．β-ラクタム系薬（上田泰，清水喜八郎編）．南江堂．pp. 4-17.

吉川昌之介・笹川千尋（2002）：5 章 化学療法．医科細菌学改訂第 3 版（吉川昌之介，笹川千尋編）．南江堂出版．pp. 99-133.

吉水　守（共著）（1991）：海水殺菌装置評価基準．マリノフォーラム 21．新技術評価作成委員会．220p.

吉水　守（1992）：魚類養殖・栽培漁業でのオゾンの利用，オゾン年鑑 93-94 年度版．リアライズ社．pp. 401-440.

吉水　守（2006）：魚介類の疾病対策および食品衛生のための海水電解殺菌装置の開発，日水誌，72，831-834.

吉水 守・笠井久会（2002）：種苗生産施設における用水および排水の殺菌，工業用水，523，13-26.

吉水 守・笠井久会（2005）：魚類ウイルス病の防疫対策の現状と課題，化学と生物，43，48-58.

Yoshitake, A., K. Kawahara, F. Shono, A. Itazawa, T. Komatsu and K. Yamamori（1978）：Absorption, distribution and excretion of ^{14}C-AB-206 in animals, *Chemotherapy*, 26, 77-82.

Yoshitake, A., K. Kawahara and F. Shono（1979）：Metabolism of ^{14}C-miloxacin in rat metabolites in urine, bile and faces, *Radioisotopes*, 28, 21-25.

Yu J. E., M. Y. Cho, J. W. Kim and H. Y. Kang（2012）：Large antibiotic-resistance plasmid of *Edwardsiella tarda* contributes to virulence in fish, *Microb. Pathog.*, 52, 259-566.

Z

Zhao, J. and T. Aoki (1992a): Cloning and nucleotide sequence analysis of a chloramphenicol acetyltransferase gene from *Vibrio anguillarum*, *Micobiol. Immunol.*, 36, 695-705.

Zhao, J. and T. Aoki (1992b): Nucleotide sequence analysis of the class G tetracycline resistance determinant from *Vibrio anguillarum*, *Microbiol. Immunol.*, 36, 1051-1060.

Zhao, J., E.H. Kim, T. Kobayashi and T. Aoki (1992): Drug resistance of *Vibrio anguillarum* isolated in ayu from 1989 to 1991, *Nippon Suisan Gakkaishi*, 18, 1523-1527.

第4章　魚介類の生体防御機構

§1. 魚類の自然免疫（魚類の非特異的防御機構）

1・1　概　説

魚類の生息の場は水中であり，陸水や沿岸水には多くの細菌，カビ，原虫などの微生物が多数存在する．また，魚類の腸内にも多くの微生物が生存している．これら環境や腸内の微生物は絶えず魚体内への侵入を試みているものの，魚が正常な状態では生体の非特異的生体防御機構により侵入・体内での増殖が阻止されていると考えられる．非特異的生体防御のうち，最初の防壁は腸管，鰓を含んだ体表での防御であり，次に体液性防御，さらに細胞性防御が働く．それぞれの防御にはいろいろな因子が存在し，それらの因子がもつ生理・生物学的活性により微生物の侵入・体内での増殖を阻止して，生体が病気なることを防いでいる（図4-1）．

粘液中の生体防御因子
↓
皮膚の物理的障壁・細菌叢による防御
↓
体液中の非特異的防御因子　　　　肥満細胞活性化
↓
好中球の集合と貪食
↓
マクロファージの集合と貪食
↓
（特異的防御へ）

図4-1　非特異的防御の流れ

1・2　体表での防御

1）粘液・鱗・表皮

魚類粘液の本体はムコ多糖類であり，上皮に分布する粘液細胞から分泌される．粘液の本来の役割は，水の抵抗性を低下させる，体表に付着した異物を洗い流す，物理的な接触による傷害を小さくすることなどであるが，後2者はその役割自体が生体防御として働いている．ラクトフェリンを投与することによりマダイの白点病が発生しなかったとの報告がある（角田・黒倉，1995）．これはラクトフェリンにより粘液細胞の数，活性ともに上昇し，粘液が多量に分泌され，そのために体表についた白点虫の仔虫が洗い流されたためと考えられる．また，細菌病であるカラムナリス病，真菌病であるミズカビ病や原虫病であるテトラヒメナ病では，アルコール綿（間野ら, 1996），網（Yuasa and Hatai, 1995）や酢酸（Ponpornpisit *et al.*, 2000）で体表に傷を付けなければ実験感染は容易には成立しない．

体表に分泌される物質は粘液だけではなく，生体防御に役立つ種々な生理活性物質が分泌され，粘液中に含まれている．それらは補体，レクチン，リゾチーム，C 反応性タンパク（CRP），プロテアーゼ，そして多くの抗菌ペプチドなどであり，抗体も含まれている（Ellis, 2001；Molle *et al.*, 2008）．魚類の体表から分離された抗菌ペプチドには Paradaxin，Pleurocidin，Grammistins，および Histone H2A などがあり，魚類病原細菌に対する溶菌活性あるいは溶血活性をもっている（Adermann *et al.*, 1998；Park *et al.*, 1998；Shiomi *et al.*, 2000；Fernandes *et al.*, 2002）．これらの生理活性物質がどこから分泌されているかは不明な点が多いが，レクチンは上皮の棍棒状細胞より分泌されることが報告されている（Suzuki and Kaneko, 1986）．これらの生理活性については後述する．

2）腸内細菌

動物の腸内には多くの細菌が生息していることはよく知られた事実である．魚類においても腸内細菌叢が成立していることがわかっている．川から海に下るサケ科魚では，淡水で生活している場合には淡水型の，海水に降下した場合には海水型の腸内細菌叢に変わる（吉水，1986）．また，魚類は仔稚魚期には餌の細菌叢の影響を強く受け，徐々に固有の細菌叢に変化していくものと考えられている（飯田ら，1984）．哺乳類の研究で，腸内細菌叢がしっかりしている場合には，腸管感染をする病原菌が外部から入ってきても腸内に定着できず，体外へ排出されることが報告されており（小澤，1978），腸内細菌の乱れが病気への引き金になるといわれている．ウナギ *Anguilla japonica* に低温ストレスを与えると，その後に経口的に与えた *Aeromonas hydrophila* が長期にわたり腸管から分離されることが報告されている（山本・若林，1983）．魚類においても腸内細菌叢が生体防御の一部を担っていると考えられる．近年では，哺乳類の腸内細菌叢の中から分離された有用細菌種を利用し，これを対象魚の腸内に定着させることで，魚類病原細菌に対する予防効果があることが報告されている（Nayak, 2010）．

1・3　体液性因子による防御

1）補　体

補体は発見当初，正常血清中に存在し，抗原抗体複合体に反応し，その活性を助けるものとして認識されたため「補体」と名付けられた．しかし，その後，抗原抗体複合体だけではなく，ある種の細菌細胞壁などにも非特異的に反応することが明らかとなり，生体防御における重要性が認識されるようになってきた．さらに，補体の活性化後には白血球に対して働きかける様々な活性が生じることから，補体は体液性防御から細胞性防御への重要な情報の伝達役を担っている．

（1）構成成分

補体の構成成分はタンパクで，その主成分は C1 から C9 までの 9 つであるが，これら以外に活性化に関与する因子（B 因子，D 因子など），活性化の抑制に関与する因子（C4b 結合タンパク，I 因子，H 因子など），細胞表面上に存在する補体関連因子（貪食細胞表面上にある CR1，CR3 など）も含めると30種類以上のタンパクによって補体系は成り立っている（Nonaka and Smith, 2000）．主成分であるC1からC9は硬骨魚類ではすべての成分が存在し，コイ *Cyprinus carpio* ではすでにすべて単離され，分子量も決定されている（Nonaka and Kimura, 2006）．コイではさらにB因子およびD因子も分子量が決定されている（Nonaka and Kimura, 2006）．ニジマス *Oncorhynchus mykiss* ではC3, C5が分離されおり，C5からC9で構成される膜侵襲性複合体（Membrane-attack complex, MAC）の形成も明らかなことから，ニジマスでもC1からC9までは存在すると考えられる（矢野, 1995）．哺乳類では種を越えて，補体構成因子にはある程度の適合性が認められるが，魚類では同一種か近縁種（例えばサケ科魚）にのみ適合性があり，少々種が離れると適合性は認められなくなる（Sakai, 1981；松山ら, 1988）．

補体構成成分は易熱性であり，哺乳類では種にかかわらず56℃，30分の熱処理（「非働化」と呼ばれる）で活性が失われる．それに対して魚類の非働化は，温水魚で45～50℃，20分間，冷水魚で40～45℃，20分間で，生息水温の影響を受ける（Sakai, 1981）．

哺乳類の補体成分は遺伝的に多型を示すが，魚類においてもC3をコードする遺伝子が複数あり，それらのアイソフォームが同時に発現していることが報告されている（Jensen ane Koch, 1992；Sarrias *et al.*, 1998；Nakao *et al.*, 2000）．さらに，それらの異なるC3アイソフォームは異なる活性を示すことが特徴で，コイではそれぞれのC3アイソフォームにより溶血活性が異なる（Nakao *et al.*, 2000）．また，魚類ではB因子とC2が十分に分化しておらず，2つの機能を持ち合わせた1つのB/C2分子であると考えられており，コイでは複数のB/C2アイソフォーム（3つのB/C2-Aと1つのB/C2）が存在する（Kuroda *et al.*, 1996；Sunyer *et al.*, 1998；Nakao *et al.*, 1998, 2002）．

軟骨魚類では特にNurse sharkについて詳しく調べられており，構成成分はC1n，C2n，C3n，C4n，C8nおよびC9nからなり，MACの形成も報告されている（Jensen *et al.*, 1981）．

(2) 活性化経路

補体の活性化経路は，これまでよく知られている古典経路（主経路，第一経路：Classical pathway）と代替経路（副経路，第二経路：Alternative pathway）に加えて，最近，第三の経路としてレクチン経路（Lectin pathway）の存在が明らかとなってきた．補体の活性化はカスケード反応であり，1つの成分が活性化すると，その活性化成分が酵素となり次の成分を分解・活性化する．哺乳類で知られている活性化経路を簡単に説明すると以下のようになる（Nonaka and Smith, 2000；Nakao *et al.*, 2011）（図4-2）．

古典経路では抗原抗体複合体によりC1が活性化し（C1は3つのフラグメントC1q，C1r，C1sからなり，最終的にC1sがトリプシン型プロテアーゼになる），活性化C1によりC4がC4aとC4bに分解される．標的細胞上に結合したC4bにC2が結合し，活性化C1によりC4b2aとなる．C4b2aはC3転換酵素でありC3をC3aとC3bとに分解し，C3bがC4b2aに結合してC3b4b2aを形成する．C3b4b2aはC5転換酵素であり，その活性によりC5がC5aおよびC5bに分解され，C5bが標的細胞の脂質膜に結合する．ここからは酵素反応ではなく，C5bを核としてC6，C7，C8およびC9の分子集合反応が順番に進行し，MACを形成する．この一連の経路の副産物であるC3a，C4aおよびC5aはアナフィラトキシンと呼ばれ，これらの詳細については後述する．

C3は通常でもわずかにC3aとC3bとに加水分解を受け，そのC3bにB因子が結合し（C3bB），D因子によりC3bBbが形成されている．このC3bBbはC3転換酵素であり，C3をC3aとC3bとに

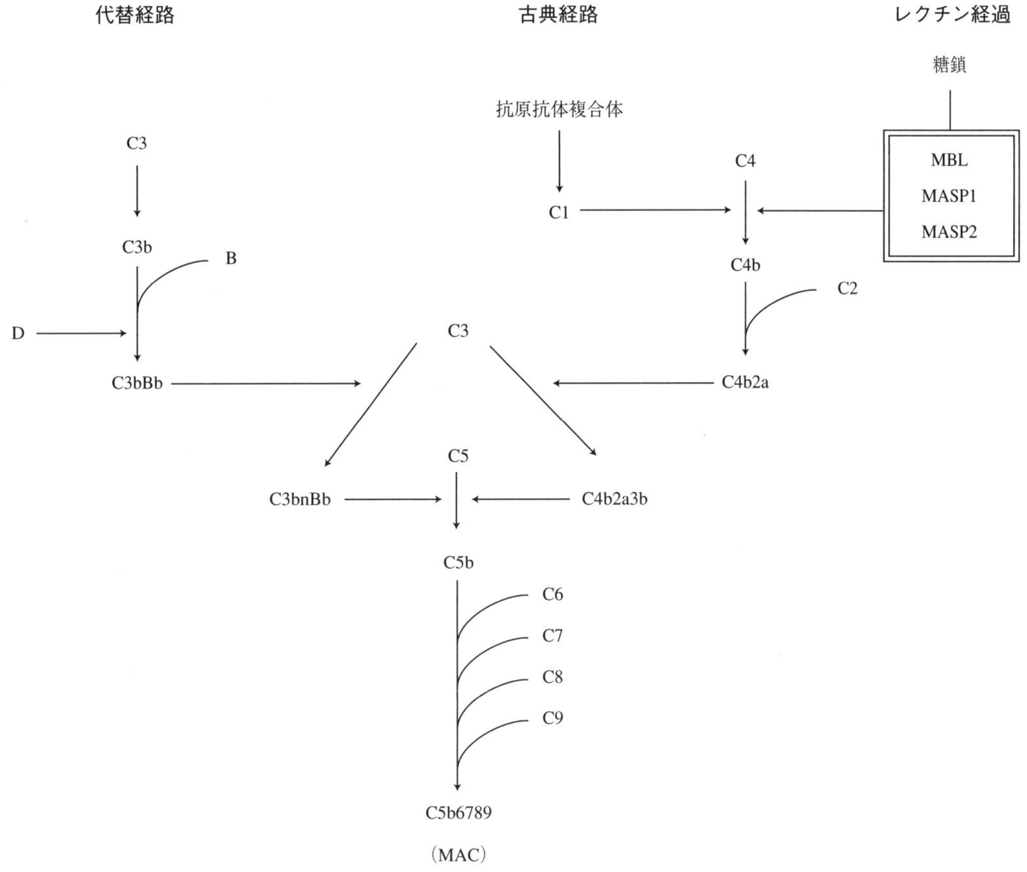

図4-2　哺乳類における補体活性化経路

分解する．ここまでは体液中で常時発生しており，C3bは液中では不安定なため活性がすぐに失われる．しかし，C3bが標的異物に結合するとC3bは活性を失わず，B因子と結合し，D因子の作用により異物表面でC3bBbを形成する．この反応が代替経路活性化の始まりであり，この標的異物，すなわち代替経路活性化物質としてはグラム陰性菌のLPS，イヌリン，ザイモサン，トリプシン，コブラ毒，ウサギ赤血球などが知られている．異物表面のC3bBbはC3転換酵素であるが，それにプロパージンが結合すると，安定したC3転換酵素となり，本格的にC3を分解する．そして新たに形成されたC3bが異物表面上のC3bBbに結合し，標的細胞上でC3bnBbを作る（nは複数のC3bが結合していることを表す）．このC3bnBbはC5転換酵素活性をもち，これ以後は古典経路と同じ反応でMACを形成する．

最近，その詳細が明らかになりつつあるレクチン経路では，マンノース結合レクチン（Monnose-Binding Lectin, MBL）が標的細胞上のマンノースを認識し結合することから補体が活性化される．このMBLにはMASP（MBL-associated serine protease)-1 および -2が結合しており，この複合体が古典経路でのC1と同じ役割を果たし，これ以後の活性化は古典経路と同じ経路をたどる．またMBL同様に，フィコリン（ficolin, FCN）もMASPと結合して複合体を形成することが，魚類以外の高等脊椎動物およびホヤで見つかっていることから，魚類でも存在する可能性が高いと考えられる

（Kenjo *et al.*, 2001；Fujita *et al.*, 2004）.

魚類においても古典経路および代替経路が存在することは以前より証明されていたが，レクチン経路については，最近MBL（Gercken and Renwrantz, 1994）およびMASP（Endo *et al.*, 1998）の存在が魚類でも明らかになり，レクチン経路も存在するものと考えられている．しかし，上述したように魚類ではC2とB因子が同一分子である可能性が高いため，古典経路とレクチン経路ではC2がC4bに結合する部分から，代替経路ではC3bにB因子が結合する部分からは共通の反応系になるものと考えられる．魚類のレクチン経路では代替経路と同じ活性化をたどる可能性も否定できない（Nonaka and Smith, 2000；Nakao *et al.*, 2011）（図4-3）．

（3）活性化に伴って生じる生物学的活性

（ⅰ）溶血・殺菌活性

3つの活性化経路いずれを経ても，最終的にはC5b6789の膜侵襲性複合体（MAC）が標的細胞に形成される．MACは細胞膜を貫通し，穴を形成するために標的細胞は浸透圧により破壊される．標的細胞が赤血球の場合には溶血として，細菌の場合には殺菌・溶菌反応として現れる．グラム陰性菌の溶菌はリゾチームの存在で強い作用となるが，それはMACにより膜に貫通経路が形成された後，リゾチームの作用点が露出するためと考えられる．通常，補体の活性値を測定する場合，この溶血反応を利用し，古典経路による溶血をCH50として，また代替経路による溶血をACH50として表して

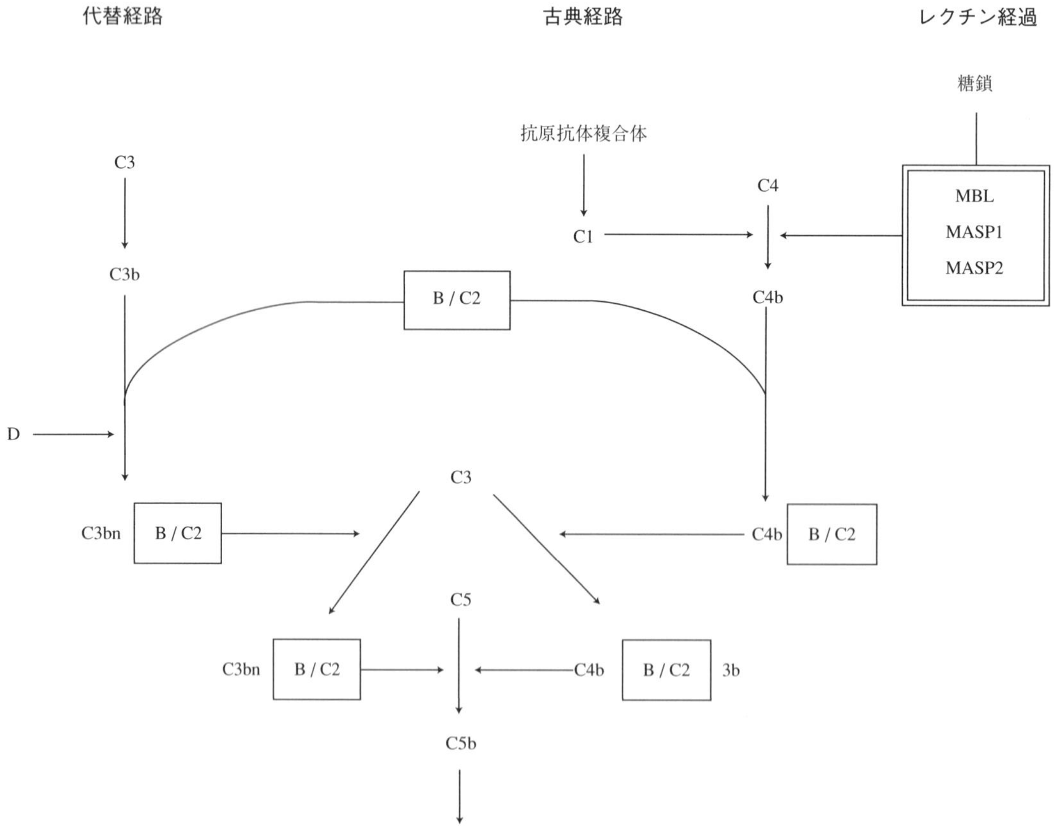

図4-3　魚類における補体活性化経路
（C5が活性化されてからは哺乳類と同じ経路をたどる）

いる（Yano, 1992）．哺乳類ではCH50値がACH50値より高いが，魚類ではACH50値がCH50値より遙かに高い（矢野ら, 1988; 矢野, 1995）．魚類においては古典経路よりも代替経路による活性化が強く，魚類の生体防御において代替経路による補体活性化の重要性は高いと考えられる．コイでは代替経路の必須因子であるD因子を取り除くと，代替経路ばかりではなく古典経路も活性化しなくなるという（矢野, 1995）．このことからも魚類の代替経路の重要性がうかがい知れる．また，活性化経路の項でも述べたように魚類ではC2とB因子が同一分子である可能性があることから，古典経路の活性化がスムーズに進まないのかも知れない．

魚類の正常血清が殺菌活性を示し，その殺菌活性は血清中の補体が主体であるという多くの報告がある．これは細菌表面でMACが形成されるためであり，実際に魚類の補体でもMACが形成されることが証明されている（Jenkins *et al.*, 1991）．

溶血・殺菌活性が季節により変動することが知られている．特にニジマスでは産卵期に急激に殺菌活性が低下し，ほとんど殺菌活性が消失してしまう（Iida *et al.*, 1989）．成熟しない三倍体ニジマスでは一年を通じて高い殺菌活性を維持することから，成熟が何らかの形で補体の殺菌活性を低下させているものと考えられる（山本・飯田, 1995）．

（ⅱ）オプソニン活性

補体が活性化するといくつかの補体成分のフラグメントが標的異物細胞上に結合し，オプソニンとして働く．オプソニンとは細菌や異物などの被貪食粒子の表面に結合することにより，貪食細胞による貪食作用を受けやすくする血清因子の総称で，貪食細胞は各オプソニンに対するレセプターを細胞表面にもっている．補体成分フラグメントではC4b，C3b，iC3b（C3bが異物細胞上でC3b inactivatorにより不活化されたもの），C3d（C3bがさらに分解してできるフラグメント）がオプソニンの作用を有する．C4bのオプソニン活性はそれほど強くなく，補体のオプソニン作用はC3が主体である．多くの研究が魚類の正常血清（補体）がオプソニン作用を示すことを報告している（Moritomo *et al.*, 1988；Matsuyama *et al.*, 1992；Jenkins and Ourth, 1993）．また，魚類の貪食細胞がそのオプソニンレセプターを発現していることも報告されている（Matsuyama *et al.*, 1992）．

（ⅲ）貪食細胞遊走活性

オプソニン活性は異物細胞表面に結合した補体成分フラグメントによるが，貪食細胞遊走活性は液相に遊離した補体成分フラグメントによって示される．哺乳類ではC3a，C5a，C5b67にその活性があることが報告されている．魚類においても補体の活性化により貪食細胞遊走活性が生じることは確認されており（Griffin, 1984；Suzuki, 1986；Iida and Wakabayashi, 1988），コイのC5aにその活性があることが報告されている（Kato *et al.*, 2004）．

（ⅳ）アナフィラトキシン活性

活性化後の補体成分フラグメントのうち，C4a，C3aおよびC5aにアナフィラトキシン活性がある．しかし，C5aの活性が他と比べてかなり強く，補体のアナフィラトキシン活性はC5aによると考えても差し支えない．アナフィラトキシンとしての最大の役割は組織にある肥満細胞の脱顆粒を引き起こすことにある．魚類においても後述するように魚類肥満細胞の脱顆粒が補体により誘導されることから（Matsuyama and Iida, 2000），魚類の補体も活性化後にアナフィラトキシン（C5aと考えられる）を生じることは確実である．事実，これらのアナフィラトキシンは，コイ（C3a，C4aおよびC5a）とニジマス（C3aおよびC5a）から検出されている（Kato *et al.*, 2004；Li *et al.*, 2004；Sunyer *et al.*, 2005).

（v）白血球増員活性

正常血清とザイモサンまたは細菌を反応させ，その上清をウナギに接種すると末梢血中の白血球，特に好中球数が増加する（Iida and Wakabayashi, 1988）．これは造血組織の腎臓に蓄えられていた好中球が末梢血中に放出されたことによるもので，哺乳類では補体成分フラグメントC3eがその活性を示すことが知られており（Ghebrehiwet and Muller-Eberhard, 1979），魚類においても同様のフラグメントが生じているものと考えられる．

2）リゾチーム

細菌細胞壁に存在する*N*-アセチルムラミン酸と*N*-アセチルグルコサミン間の$\beta 1 \rightarrow 4$結合を加水分解する酵素で，脊椎動物，節足動物，貝類，植物およびファージなどに広く存在する（Jollès and Jollès, 1984；Callewaert and Michiels, 2010）．一般にリゾチームはその酵素活性の特性から，ペプチドグリカン層が露出しているグラム陽性菌に対して直接効果を発揮し，グラム陰性菌に対しては直接の効果はなく，グラム陰性菌が補体などによりある程度破壊を受けた場合に効果を発揮する．

魚類のリゾチームには2種類のタイプがあり，1つはニワトリ型（C型）で，もう一方がガチョウ型（G型）である（Hikima *et al.*, 2002；Callewaert and Michiels, 2010）．C型リゾチームは脊椎動物や節足動物に広く存在し（Callewaert and Michiels, 2010），特に鶏卵に含まれる卵白リゾチームはこのタイプに属し，標準的なリゾチームとして利用されている．魚類のC型リゾチームは，これまでにニジマスやヒラメ *Paralichthys olivaceus* など多くの魚種から同定されている（Dautigny *et al.*, 1991；Hikima *et al.*, 1997, 2000；Jiménez-Cantizano *et al.*, 2008；Fernández-Trujillo *et al.*, 2008；Ye *et al.*, 2010）．G型リゾチームは発見当初，鳥類からのみ検出されていたが（Périn and Jollés, 1976；Nakano and Graf, 1991），ヒラメから発見（Hikima *et al.*, 2001）されたことをきっかけに多くの魚種から同定され（Yin *et al.*, 2003；Zheng *et al.*, 2007；Kyomuhendo *et al.*, 2007；Larsen *et al.*, 2009；Whang *et al.*, 2011），現在では哺乳類からも同定されている（Irwin and Gong, 2003）．

魚類のリゾチームの溶菌活性は，一般的に体表粘液，血清，腎臓（頭腎および体腎），肝臓，鰓，そして卵から検出されており（Yano, 1996；Saurabh and Sahoo, 2008），リゾチーム遺伝子の発現組織も類似した組織で確認されている（Hikima *et al.*, 2002；Callewaert and Michiels, 2010）．病原細菌感染後にリゾチームの遺伝子の発現は誘導されることが知られており，C型およびG型ともに頭腎や脾臓で発現量が増加する（Hikima *et al.*, 1997；Jiménez-Cantizano *et al.*, 2008；Ye *et al.*, 2010）．また，魚類のG型リゾチームの発現は，他の組織でも増加することが確認されており，ヒラメでは腸管や心臓（Hikima *et al.*, 2001），ソウギョ *Ctenopharyngodon idellus* では肝臓や鰓で発現の増加が確認されている（Ye *et al.*, 2010）．また細菌感染やLPSなどによるG型リゾチーム遺伝子の発現誘導は，C型よりも高いことが報告されている（Larsen *et al.*, 2009；Zhao *et al.*, 2011）．

魚類のリゾチームはグラム陽性菌ばかりではなく，グラム陰性に対しても溶菌までは至らないが殺菌効果を発揮すると報告されている（Yousif *et al.*, 1994a）．特に，アユの体表粘液リゾチームではアユに対する病原菌である *Vibiro anguillarum* に対しては効果を示さないが，病気の発生が知られていない *A. hydrophila* や *Pasteurella piscicida*（*Photobacterium damselae* subsp. *piscicida*）に対しては効果が認められている（伊丹ら, 1992）．魚類の生息環境は水中であり，水中の細菌数はかなり多く，絶えず体表から細菌が体内に侵入する危険に晒されている．このような状況を考えると，魚類のリゾチームは非特異的生体防御において重要な役割を果たしていると考えられる．さらに，細菌感染に伴い血清リゾチーム活性が上昇することからも魚類リゾチームの重要性がうかがい知れる（Siwicki and Studnicka, 1987）．

魚類リゾチーム活性は季節, 性差により変動が見られることがある（Fletcher *et al.*, 1977）．さらに，ストレスの影響を受け，特に強いストレスではリゾチーム活性の明らかな低下が見られる（Tort *et al.*, 1996）．

昆虫細胞を用いて作製した2種類のヒラメ組換え体リゾチーム（C型およびG型）を用いた実験では，ヒラメの病原菌である *Edwardsiella tarda* に対する溶菌活性はほとんど見られないが，病原菌ではない *V. anguillarum* や *P. piscicida*（*Photobacterium damselae* subsp. *piscicida*）に対する溶菌活性が確認されており，宿主特異性とリゾチームの抗菌活性に何らかの関係があることが示唆されている（Hikima *et al.*, 2001；Minagawa *et al.*, 2001）．一方, ニワトリのC型リゾチームは魚病細菌（*E. tarda* など）に対し溶菌活性を示した（Hikima *et al.*, 2001；Minagawa *et al.*, 2001），そこで Yazawa ら（2006）は，ニワトリリゾチーム遺伝子を導入した発現トランスジェニックゼブラフィッシュ *Danio rerio* を作製した．ニワトリリゾチーム発現トランスジェニックゼブラフィッシュは野生型ゼブラフィッシュに比べて *E. tarda* あるいは *Flavobacterium columnare* に対する感受性が低くなっており，ニワトリリゾチーム遺伝子を発現させることにより耐病性が高まることを明らかにした（Yazawa *et al.*, 2006）．

3）トランスフェリン

トランスフェリンは血清中に存在する鉄結合性タンパクで，1分子で2原子の鉄をキレートする．トランスフェリンの役割は，吸収した鉄を捉え，ヘモグロビンを作る際に必要な鉄を造血組織に運ぶことであり, そのため, 体内でフリーに存在する鉄は非常に少ない．鉄は細菌にとっても必須であり, トランスフェリンにより血液中のフリーの鉄量が非常に少ないために，通常の細菌は鉄を吸収できないことから増殖できず, そのうちに死滅することになる．このように積極的に細菌を殺すのではなく, 増殖を阻止することにより結果的に細菌を死滅させる作用を静菌作用と呼び，トランスフェリンは静菌作用を示す代表的な例である．

魚類においてもトランスフェリンは普遍的に存在している（Jamieson, 1990）．ウナギに予め鉄を接種しておくと，*E. tarda* や *V. anguillarum* の見かけの毒力が上昇する（Iida and Wakabayashi, 1990；Nakai *et al.*, 1987）．これはトランスフェリンの鉄キレート能力を越え体内のフリーの鉄量が増えたためと考えられ，このことからもトランスフェリンが非特異的生体防御に役立っていることが理解される．トランスフェリンは発現型が多型であり，サケ科魚を中心にその発現型と耐病性との関係が検討されている（Suzumoto *et al.*, 1977；Winter *et al.*, 1980；Withler and Evelyn, 1990）．細菌性腎臓病ではある程度の関係が見いだされているが，特定の発現型がすべての病気に対して耐性を示すわけではなく，トランスフェリンの発現型と耐病性の関係は不明な点が多く残されている．

種々の魚類トランスフェリン遺伝子構造が明らかにされて（Hirono *et al.*, 1995；Tange *et al.* 1997；Lee *et al.*, 1998），哺乳類のトランスフェリンと同様に1分子のトランスフェリンは類似の構造を有する2つの領域から構成されていることが明らかとなっている（Mikawa *et al.*, 1996）．しかし,上述の発現タイプ，すなわち遺伝子型と耐病性の関係は明らかにはされていない．トランスフェリンについての分子生物学的解析により，キンギョ *Carassius auratus auratus* のトランスフェリンがプロテアーゼにより分断されるとそれらがマクロファージなどの貪食細胞を活性化することが明らかにされた（Stafford and Belosevic, 2003）．さらに，組換えトランスフェリンはキンギョおよびマウスのマクロファージの一酸化窒素産生を誘導することも報告されている（Stafford *et al.*, 2004）．

4）レクチン

レクチンは生物に一般的に存在し，血球を凝集するタンパクとして認識され，その後，その凝集は糖との結合により起こることが明らかとなった．レクチンは少なくとも 2 カ所の糖結合部位をもち，その結合は単糖で阻害を受けることから，レクチンの糖結合性の特異性は高い．

魚類においても体表粘液，血液，組織，卵にレクチン活性が認められる（Yano, 1996）．卵のレクチンは卵の正常な受精や発生に役立っているとともに（Krajhanzl, 1990），特定の細菌を凝集することから，卵での生体防御に役立っている可能性がある（Yousif *et al.*, 1994b）．同様に体表レクチンでも細菌を凝集するとの報告がある（Kamiya *et al.*, 1988）．さらに，細菌感染に伴い体表レクチン活性が上昇するとの情報もあることから（鈴木，1995），体表レクチンが細菌感染に対して何らかの役割をもっているものと考えられる．補体の項で述べた MBL が魚類血液中に存在することが証明されており（Gercken and Renwrantz, 1994），補体活性化経路（レクチン経路）にとって重要なレクチンであり，生体防御に役立っていることは言うまでもない．また，ヒトの MBL はオプソニンとしての働きも示すことが知られている（Matsushita and Fujita, 2001）．魚類においてもコイ，キンギョ，ゼブラフィッシュ，ニジマス，そして円口類のヤツメウナギから MBL 遺伝子が同定されており，その異物への結合能も保存されていることから，魚類のレクチン経路に機能し，非特的生体防御因子として重要な役割を担っていると考えられている（Vitved *et al.*, 2000；Nikolakopoulou and Zarkadis, 2006；Takahashi *et al.*, 2006）．

その他のレクチンとして，ガレクチンがよく知られている．ガレクチンとは，βガラクシドに結合する S-type レクチンファミリーに属するレクチンで，細胞の接着や成長･分化の調節に関与している．魚類ではアナゴ *Conger myriaster*，ウナギ，ニジマスおよびゼブラフィッシュなどからガレクチン遺伝子あるいはタンパク質が分離・同定されており，体表，鰓，腎臓や脾臓など多くの組織に存在している（Muramoto and Kamiya, 1992；Inagawa *et al.*, 2001；Tasumi *et al.*, 2004；Vasta *et al.*, 2004）．ガレクチンは，B および T 細胞の分化やマクロファージの活性化など，広く生体防御に関与しているが（Vasta *et al.*, 2004），魚類においては未だ不明な点が多い．

5）インターフェロン

インターフェロン（IFN）はウイルスの増殖を非特異的に抑制する因子として発見され，哺乳類ではI型，II 型および III 型に分類されている．I 型には，IFN-α，IFN-β，IFN-ω，IFN-ε，IFN-κ，IFN-ζ（マウスのみ），IFN-τ（ウシのみ）および IFN-δ（ブタのみ）が含まれ，II 型は IFN-γ，そして III 型は IFN-λのことを示している（Pestka *et al.*, 2004；Ank *et al.*, 2006）．魚類においては，ウイルス感染によりインターフェロンを産生することは以前より確認されており（佐野・長倉，1982），さらにγ型（II 型）も魚類での産生が報告されている（Graham and Secombes, 1990）．

魚類の遺伝子ハンティングによりゼブラフィッシュI型IFN遺伝子の発見（Altmann *et al.*, 2003）を皮切りに多くの魚種からI型IFN遺伝子が同定され，現在ではII型IFN遺伝子についても多くの魚種でその存在が明らかとなっている（Robertsen, 2006）．しかしIII型IFNについては，両生類での報告（Qi *et al.*, 2010）があるにもかかわらず，魚類での報告は未だない．I型IFN遺伝子の構造上の特徴として，哺乳類I型IFN遺伝子にはイントロンが全くないのに対して，魚類I型IFN遺伝子は4つのイントロンで分断されている（Zou *et al.*, 2007）．

一般にIFNはウイルスや細菌，あるいはそれらの構成成分の刺激によって産生され，I型IFNは白血球および繊維芽細胞で主に産生され，II型IFNはT細胞やNK細胞で産生される．また，産生されたI型IFNはIFN受容体を介して，JAK-STATシグナル伝達経路を活性化し，MxやISG15などのIFN誘導性遺伝子の発現を誘導して，抗ウイルス作用を促進する（Pestka *et al.*, 2004；Robertsen, 2006）．一方，II型IFNもJAK-STAT経路を介するが，マクロファージを活性化し，NO産生を高め，抗原提示を促進する（Robertsen, 2006）．魚類のI型IFNも哺乳類と同様，MxやISG15などの遺伝子発現を増強することで抗ウイルス活性を示すことが示されている（Verrier *et al.*, 2011）．また，コイのII型IFNは，組換え体タンパク質を用いた実験で，貪食細胞における炎症性サイトカイン遺伝子の発現を高め，NO産生を誘導することが報告されている（Arts *et al.*, 2010）．

哺乳類におけるI型IFN遺伝子の発現は，ウイルスの核酸（一本鎖RNA，二本鎖RNAあるいは二本鎖DNA）によって強く誘導され，その発現誘導機構にはToll様受容体（TLR）やRIG-I（retinoic acid-inducible gene I）様受容体（RLR）が重要な働きを担っている（Takeuchi and Akira, 2010）．細胞外のウイルス核酸はエンドソーム内に取り込まれて，TLR3，TLR7，TLR8およびTLR9によって認識された後にI型IFN遺伝子の発現が誘導される（Kawai and Akira, 2011）［TLRファミリーの詳細については1・4の5）を参照］．一方，細胞内に侵入したウイルスの核酸は，RLRであるRIG-I，MDA5（Melanoma differentiation associated gene 5）およびLGP2（Laboratory of genetics and physiology 2）によって認識され，アダプターであるIPS-1（IFN-β promoter stimulator-1，MAVSとも言う）を介して，I型IFNの産生を強く促すことが知られている（Loo and Gale, 2011）．魚類でも同様のTLRやRLRなどの受容体がゼブラフィッシュ，フグ *Takifugu rubripes*，ヒラメ，サケ科魚類などで報告されており，アダプターであるIPS-1も同定されていることから，魚類のウイルス核酸によるI型IFN発現誘導は哺乳類と類似した機構によって制御されていると考えられている（Aoki *et al.*, 2013；Takano *et al.*, 2010；Zou *et al.*, 2009）．実際，VHSV感染したヒラメ胚細胞株（HINAE細胞）において，MDA5，LGP2，TLR3はI型IFN遺伝子やI型IFN誘導性遺伝子群（MxやISG15など）の発現を強く誘導することで，抗ウイルス状態へ促すことが報告されている（Ohtani *et al.*, 2010，2011，2012；Hwang *et al.*,2012）．さらに，IPS-1についても同様に，ヒラメとゼブラフィッシュなどで抗ウイルス作用を誘導することが示されている（Biacchesi *et al.*, 2009；Simora *et al.*, 2010）（図4-4参照）．また，ヒラメのTLR9がI型IFN遺伝子の発現を誘導するかどうかは不明だが，二本鎖DNAの存在下で炎症性サイトカインの発現を促すことがわかっている（Takano *et al.*, 2007）．さらに，哺乳類のI型IFN遺伝子の発現誘導は他の炎症性サイトカインなどによっても誘導されることが知られているが（Pestka *et al.*, 2004），魚類においては未知な点が多い．他のサイトカインの詳細については「§2. 魚類の獲得免疫」の項に記載されているので参考にされたい．

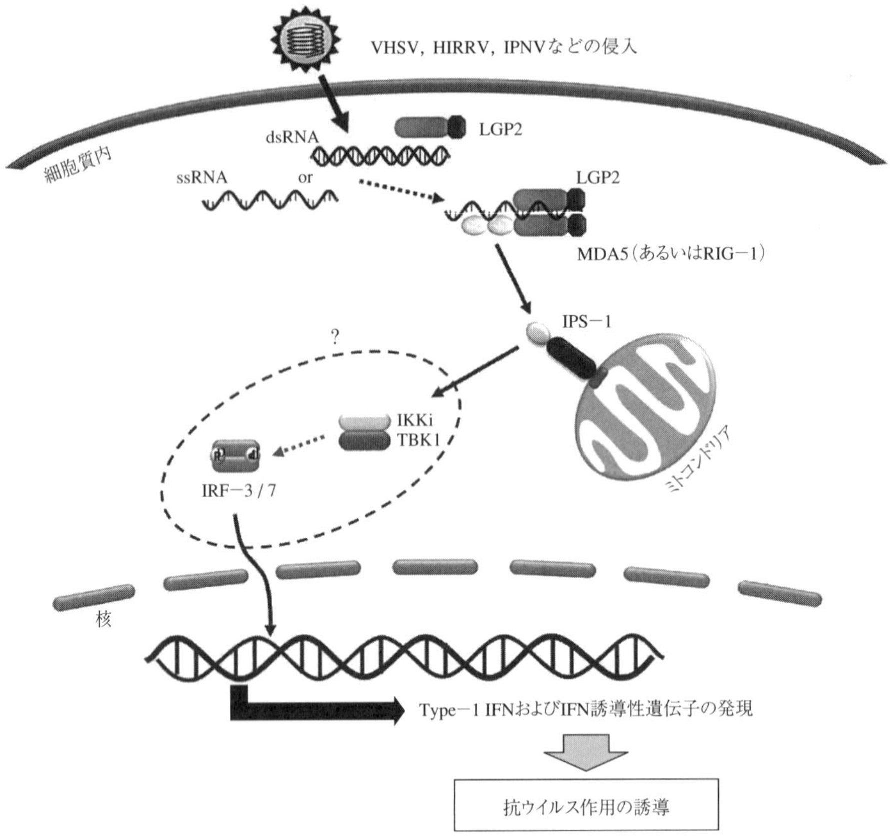

図 4-4　魚類における I 型 IFN 遺伝子の発現誘導機構と抗ウイルス作用.
細胞室内に存在するウイルス核酸は LGP2, MDA5（あるいは RIG-I）などの RLR 分子によって認識され, アダプター分子である IPS-1 を介して, I 型 IFN 遺伝子の発現が誘導されることで, 抗ウイルス作用を引き起こすと考えられる.

6）その他

C 反応性タンパク（CRP）は肺炎球菌の莢膜の C 多糖体と結合する血清タンパクで，炎症時にその量が増加する．多くの魚種で CRP が分離されており（Yano, 1996），さらに，哺乳類と同様に人工的に炎症を起こした場合に増量することも報告されている（Ramos and Smith, 1978）．哺乳類の CRP は補体の古典経路を活性化することが知られているが，魚類においても補体を活性化することが報告されており（Nakanishi *et al.*, 1991），魚類 CRP の生物活性は哺乳類のそれと共通すると考えられる．

α_2−マクログロブリン（A2M）は，ニジマス，コイ，ヨーロッパヘダイ *Sparus aurata*，ゼブラフィッシュなど多くの魚種から同定されている（Mutsuro *et al.*, 2000；Samonte *et al.*, 2002；Funkenstein *et al.*, 2005；Onara *et al.*, 2008）．A2M が *Aeromonas salmonicida* のタンパク分解酵素活性を阻害すると報告されており，この物質の活性がせっそう病に対する感受性に関係する可能性が指摘されている（Ellis, 1987；Freedman, 1991）．また，魚類の血清中に含まれる A2M は，寄生虫の溶血活性を阻害することが示唆されており（Zuo and Woo, 1997），魚類の A2M 遺伝子の発現量は，*Trypanoplasma borreli* や *Ichthyophthirius multifiliis*（白点虫）の感染により上昇する（Onara *et al.*, 2008）．

1・4　細胞性因子による防御

1）白血球

魚類白血球の分類も基本的に哺乳類のそれと変わりはなく，リンパ球，顆粒球，単球，栓球（哺乳類での血小板に相当する血液凝固に関与する細胞）に分類される．リンパ球は特異的生体防御（獲得免疫）に直接関与するTリンパ球とBリンパ球，さらには哺乳類のナチュラルキラー（NK）細胞に相当すると考えられているNCC（Nonspecific Cytotoxic Cell）に分けられる（Secombes, 1996）．顆粒球は細胞質内顆粒の染色性により好中球，好酸球，好塩基球に分けられる．魚類では一般的に好酸球，好塩基球ともに稀である．単球は組織に到達するとマクロファージに分化する．これら白血球のうち貪食活性を有する細胞は好中球，単球（マクロファージ）およびB細胞であり（Secombes, 1996；Li *et al.*, 2006），好酸球および栓球も魚種によっては異物を貪食するが，栓球は異物を殺菌・消化するとは考えられていない．また，哺乳類において樹状細胞（Dendritic cells, DC）は貪食活性を有し，抗原提示細胞としての重要性が確認されているが，魚類においてはDC様の細胞が存在することが確認されているものの，未だ不明な点が多い（Pettersen *et al.*, 2008; Wittamer *et al.*, 2011）．上述した貪食能を有するB細胞のことを，貪食B細胞ともいい，魚類や両生類で発見されている（Li *et al.*, 2006）．好中球，単球／マクロファージ，NCCが特に非特異的生体防御において重要な役割を果たしている．これらに加えて，組織常在性の好酸性顆粒球（血液中の好酸球とは由来が異なり，魚類の肥満細胞と考えられる）も非特異的生体防御に働いている（Reite and Evensen, 2006）．寄生虫感染の際に血液中の好酸球が増加するといわれているが，好酸球の役割については不明である．

（1）好中球

好中球は血液中では顆粒球，単球のうちで最も多く存在する細胞で，活発な遊走，貪食活性を示し，貪食した異物を殺菌・消化する．哺乳類の好中球は核が分葉し多核球となっているのに対し，魚類の好中球は，サケ科魚では多核であるが，多くの魚種で多核になっておらず，せいぜい馬蹄形である．一般的にペルオキシダーゼ染色陽性，PAS染色陽性，スダンブラックB染色陽性，エステラーゼ染色陰性である．好中球は微生物の侵入部位へ最初に遊走してくる細胞であり（Suzuki and Iida, 1992），この好中球の遊走には魚類肥満細胞が深く係わっているが，詳しくは「(4) 魚類肥満細胞と炎症反応の惹起」の項で述べる．病気，特に細菌感染症になったり，菌体を接種すると，血液中の好中球数が著しく増加することが知られている（長村・若林, 1983）．それと時を同じくして造血組織である腎臓中の好中球数が減少する（朴・若林, 1989）．これは微生物が侵入すると腎臓に蓄えられた好中球が血流中に動員されることを示している．この血中への好中球の動員には先に述べたように補体活性化後に生じるフラグメントC3eが関与していることが示されており（Iida and Wakabayashi, 1988），C3e以外の因子も関与していると考えられるが，この点は詳しく調べられてはいない．異物の侵入により腎臓から血流に出てくる好中球は細胞質内のグリコーゲン含量が増加しており（Nagamura and Wakabayashi, 1985），このような好中球は貪食活性や活性酸素産生量が，通常の好中球よりも高いことが示されている（Nagamura and Wakabayashi, 1985；Park and Wakabayashi, 1992）．さらに，血中から炎症部へ遊出した好中球は活性酸素産生量に変化はないが，貪食活性がより高められていることも報告されている（Matsuyama and Iida, 1999a）．このように，異物が体内に侵入してくると，何らかのシグナルが腎臓に届き，そこにある好中球が活性を高め，血流中に出てゆき，更に活性を高めて炎症部へ浸出し，効果的に異物を処理しているものと考えられる．

(2) 単球／マクロファージ

単球／マクロファージは好中球に遅れて炎症部へと浸潤してくる．好中球と同様に活発に遊走，貪食をし，殺菌・消化をする．単球／マクロファージは比較的大きな単核をもち，ペルオキシダーゼ染色，PAS染色，スダンブラックB染色はすべて陰性で，エステラーゼ染色は陽性である．炎症部へ浸潤してきたマクロファージは組織や好中球の残骸，好中球の処理しきれない異物を貪食する．炎症部へ浸出してきた好中球の寿命は短く，通常は炎症部で死ぬが，マクロファージの寿命は長く，異物を貪食後も一部は炎症部から腎臓に戻ると考えられている．炎症が起きていない状態でもマクロファージは心臓，鰓，腎臓，脾臓，腸や腹腔内に常在性のマクロファージとして存在している（Nakamura and Shimozawa, 1994；Zapata *et al.*, 1996）．しかし，哺乳類でクッパー細胞と呼ばれる肝臓マクロファージは魚類では一部の魚種を除いて存在しない．炎症部位に血管を通して現れるマクロファージは単球が分化したものであるが，常在性のマクロファージの由来については単球であるのか，またはそれとは違った由来があるのかは現在のところ不明である．腹腔内常在性マクロファージは腹腔内で分裂しているとの意見もある（Watanabe *et al.*, 1997）．

腎臓や脾臓では特にメラノマクロファージセンター（MMC）と呼ばれるマクロファージが集積した部位が存在する（Zapata *et al.*, 1996）．このMMCでは血流にのってきた異物をこし取る役目を担い，メラニン（黒色素）を貪食し蓄積することから，組織切片ではメラニンを取り込んだ細胞の集団として観察される．ここからMMCという名前が付けられている．したがって年を経た魚ほど，MMCの存在は際だってくる．メラニン以外にもヘモグロビンからの代謝物ヘモシデリンなども取り込む．各組織で異物（自身の老廃物も含む）を取り込んだマクロファージはこのMMCに集積し，異物はMMCに閉じこめられる．MMCでも異物は殺菌・消化されるが，抗原提示細胞としては働いてはいないと考えられている．

(3) NCCと非特異的細胞障害活性

NK細胞は哺乳類で，非特異的にウイルス感染細胞やガン細胞に接着し攻撃する細胞としてよく知られている．魚類ではNCCがNK細胞に相当する細胞として考えられており，ニジマス，アメリカナマズ *Ictalurus punctatus*，テラピア *Oreochromis niloticus* およびゼブラフィッシュではNCCが存在する（Evans and Jaso-Friedmann, 1992；Ghoneum *et al.*, 1988；Moss *et al.*, 2009）．NCCは小リンパ球に分類され，血液中ばかりではなく造血組織や腸管にも分布している（McMillan and Secombes, 1997）．ニジマスのNCCは，ニジマスの個体によってIPN感染RTG-2細胞に対する活性が異なることが報告されており（Yoshinaga *et al.*, 1994），NCC活性とウイルス耐病性との関連は興味のあるところである．NCCはすべての魚種に存在するわけではなく，コイ *Cyprinus carpio*，ギンブナ *Carassius auratus langsdorfii* にはNCCはなく，好中球に非特異的細胞障害活性が認められている（Kurata *et al.*, 1995, 1996）．また，ヨーロピアンシーバスでは腹腔内の好酸性顆粒球に同様の活性が見られる（Cammarata *et al.*, 2000）．ブリ *Seriola quinqueradiata* やマダイ *Pagrus major* の白血球にも非特異的細胞障害活性は認められるが，その担当細胞は特定されていない（私信）．いずれの細胞も細胞障害活性を示すためにはターゲット細胞に接着しなければならない．コイの好中球では，ターゲット細胞として利用される哺乳類の株化細胞の種類により，細胞障害活性に違いが認められることから，何らかの認識機構をもっていると考えられている（岡本・倉田, 1995）．

コイ好中球もターゲット細胞に接着し細胞障害を与えており，カタラーゼの添加でその効果が低下することから，コイ好中球の細胞障害活性には過酸化水素が重要であると考えられる（Kurata *et al.*, 1995）．コイ好中球も異物を貪食する際にNADPH酸化酵素により活性酸素を産生し殺菌に利用している［本節4）－(1)を参照］．過酸化水素もその過程で産生されており，コイ好中球の非特異的細胞障害活性にはNADPH酸化酵素が関与している可能性もある．さらに，コイ好中球の細胞障害活性は飼育温度の影響を受ける（岡本・倉田, 1995）．すなわち，10℃で飼育されていたコイから分離された好中球の活性は10℃で一番高く，25℃で飼育されていた場合は25℃が一番高いと報告されている．

（4）魚類肥満細胞と炎症反応の惹起

哺乳類の肥満細胞はよく知られているようにアレルギーや炎症反応に関与する細胞で，いろいろな組織に分布している．細胞組織学的には好塩基性で異染色性（メタクロマジー）を示し，細胞質内に顆粒をもち種々の炎症を引き起こす物質が含まれており，ヒスタミンの蓄積はよく知られている（Reite, 1998）．魚類に肥満細胞が存在するかは以前より議論の的となってきた．組織常在性の好酸性顆粒球（EGC）が哺乳類の肥満細胞に相当するといわれてきたが，染色性が異なること，メタクロマジーを示さないこと，ヒスタミンを含まないことなどから，疑問の声もあった．しかし，EGCは腹腔，腎臓，脳，心臓，鰓などに分布し，体表や腸管のように外部に接する場所では特に多く分布しており（Ellis, 1977），寄生虫の感染によってその数はさらに増加すること，異物接種のような刺激に反応して脱顆粒すること，好中球の炎症部への遊走の前に脱顆粒すること，サケ科魚類やパイクなど一部の魚種では固定法や染色法の違いによってメタクロマジーを示すこと，哺乳類肥満細胞の脱顆粒を誘発する薬剤コンパウンド48/80に感受性を有することなどからEGCは魚類肥満細胞と考えられるようになってきた（Reite, 1998）（図4-5　カラー口絵）．EGCの脱顆粒はコンパウンド48/80以外にも，*in vivo*ではカプサイシン，ザイモサンやホルマリン死菌などでも観察されるが，*in vitro*ではこれら単独では脱顆粒を起こすことはできない（Matsuyama and Iida, 1999a, b）．カプサイシンは神経刺激剤であり，その結果，神経からサブスタンスPを分泌させる．このサブスタンスPは*in vivo*，*in vitro*ともにEGCを脱顆粒させる．すなわち，神経の刺激や外傷などによりサブスタンスPが分泌されるとEGCが脱顆粒することを示している．また，*in vitro*でEGC浮遊液にザイモサンと正常血清を同時に加えるとEGCの脱顆粒が起こるが，前もってザイモサンと正常血清と反応させた場合には，EGCを加えても脱顆粒が起こらないことが観察されている（Matsuyama and Iida, 2000）．これは正常血清中に含まれる補体がザイモサンにより活性化され，生じた補体成分フラグメントC5a（アナフィラトキシン：この活性は数分で失活する）により脱顆粒が引き起こされることを示している．微生物などが体内に侵入すると体液中に含まれる補体と反応し，その結果，EGCの脱顆粒が誘発されると考えられる．EGCの脱顆粒に伴いEGCからいろいろな生理活性物質が出される．すなわち，血管透過性を上昇させる因子（Matsuyama and Iida, 2001），血管内皮細胞に細胞接着分子を発現させる因子（Matsuyama and Iida, 2002a），さらに好中球遊走因子（Matsuyama and Iida, 1999b）が放出される．これらの結果から，魚類における炎症反応も以下のように起こると考えられる．微生物の侵入により補体が活性化されたり外傷が生じると，その周辺に常在するEGCが脱顆粒する．その結果，血管透過性が上昇し血漿成分の漏出が起こり，血漿成分に含まれる因子により微生物を殺菌・オプソニン化する．さらに血管内皮細胞上での細胞接着分子の発現により血液中を流れている好中球が接着分子により捉えられ，好中球遊走因子により微生物の侵入部位へと移動し微生物を貪食・

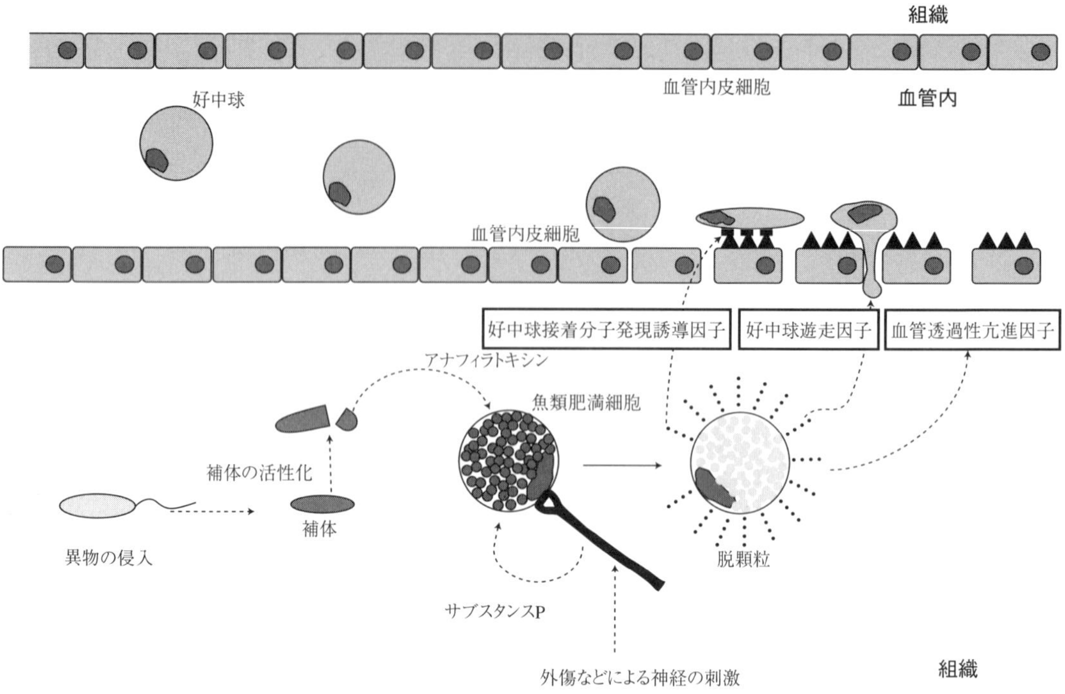

図 4-6　魚類における炎症反応の動態

殺菌する（Matsuyama and Iida, 2002b）（図 4-6）．以上から EGC は魚類肥満細胞と考えて差し支えなく，EGC は魚類の非特異的生体防御反応にとって重要な役割を果たす細胞といえる．

2）遊　走

貪食細胞が微生物を貪食し殺菌するためには，微生物の侵入部位へ遊走していかなければならない．通常，好中球は血液中では血流に乗って，赤血球と同じようにかなりの早さで流れている．しかし，体のいずれかで微生物が侵入すると，その侵入部位付近では好中球は血管内皮細胞に引っかかるように弱く結合し，ゆっくりと移動するようになる．これをローリングと呼び，血管内皮細胞に発現する細胞接着分子セレクチンが重要な働きをしている．更に侵入部位に近づくと好中球に細胞接着分子インテグリンが発現し強固に血管内皮細胞に接着する（Crockett-Torabi, 1998；Ley, 2002）．この細胞接着分子の発現には肥満細胞が関与しているが，魚類においても魚類肥満細胞が脱顆粒することにより血管内皮細胞に接着分子を発現させることは既に述べた．また，アメリカナマズの好中球では刺激により細胞外基質に対する接着が増強することが報告されており（Ainsworth *et al.*, 1996），さらにインテグリン遺伝子（CD18 および CD29）も報告されている（Qian *et al.*, 1999, 2000）．

微生物侵入部位近くの血管内皮細胞に強く付着した好中球は次に侵入部位へと血管から組織へと移動する．この移動には好中球遊走因子が関与している．この遊走因子にはランダムな運動（chemokinesis）を高める因子と，方向性をもった運動（chemotaxis）を高める因子とがある．前者には細菌や寄生虫由来の物質などがあり，後者にはザイモサンや LPS で活性化後の正常血清（補体成分フラグメントが関与すると考えられる）がある．これら以外にもロイコトルエン（Hunt and

Rowley, 1986；Sharp *et al.*, 1992)，ケモカイン（ckemokines)（Kono *et al.*, 2003；Huising *et al.*, 2003)，さらにサイトカイン（TNFα)（Roca *et al.*, 2008）も遊走因子として働いている．特にケモカイン遺伝子は多くの魚種から同定されており，CC（Lally *et al.*, 2003；Khattiya *et al.*, 2004, 2007；Zhang and Chen, 2008；Chen *et al.*, 2010；Borza *et al.*, 2010)，CXC（Baoprasertkul *et al.*, 2004；Liu *et al.*, 2007b；Zhonghua *et al.*, 2008；Oehlers *et al.*, 2010；Tian *et al.*, 2010）およびCX（Nomiyama *et al.*, 2008）が報告されている．実際の炎症ではこれら複数の因子が総合的に働き，好中球を微生物の侵入部位へと導いていると考えられる（Secombes, 1996；Stakauskas *et al.*, 2006)．

マクロファージや好中球以外の顆粒球の遊走も，好中球と同じ機構により誘導されていると考えられるが，好中球の遊走因子が他の細胞にも同様に働くかは不明である．少なくとも魚類肥満細胞に含まれる好中球遊走因子はマクロファージには働かないと考えられる（Matsuyama and Iida, 1999b)．マクロファージ遊走因子としては好中球の破壊液にその活性があることが報告されている（Matsuyama *et al.*, 1999)．このことはマクロファージの炎症部への遊走が好中球に遅れることの合理的な説明になる．すなわち，異物が侵入すると好中球が最初にその部位へ遊走し，そこで異物を貪食，殺菌・消化すると好中球は役目を終え，壊れる．そしてマクロファージ遊走因子が生じるわけである．

3）貪　食

貪食細胞が異物を貪食するには，その異物が貪食細胞表面に付着しなければならない．その付着には異物表面の荷電，疎水性も関係するが，オプソニンの作用が非常に大きい．オプソニンは異物表面に結合し貪食細胞の貪食を効率的に引き出させる生体物質の総称であり，オプソニンとしては補体成分フラグメント（C3 由来)，抗体由来（Fc)，レクチンが重要である（Sunyer and Lambris, 1998；Tosi, 2005)．魚類においてもオプソニンが存在することは多くの報告から明らかである．さらに，貪食細胞側にはオプソニンを認識するレセプターが必要であるが，コイ好中球細胞表面上に C3b レセプターが存在することが既に報告されており（Matsuyama *et al.*, 1992)，さらにアメリカナマズでは，末梢血由来の好中球から Fc 受容体が同定されている（Stafford *et al.*, 2006)．好中球の貪食にはオプソニンの作用が顕著に現れるが，マクロファージでは必ずしもオプソニンを必要とせず，これは魚類においても同様である（Iida　*et al.*, 2001)．

魚類貪食細胞も異物が付着すると，次にその異物を細胞内に取り込み食胞（第一食胞, phagosome）を形成する．この食胞の形成は，後述する殺菌，特に酸素依存性殺菌には必須であり，食胞内で産生された活性酸素が殺菌に十分な濃度に達すると考えられている（Itou *et al.*, 1997)．さらに，食胞の形成を阻害すると活性酸素による殺菌が起こらないことも報告されている（Itou *et al.*, 1997)．次に，貪食細胞の細胞質内顆粒が第一食胞と融合し，第二食胞（phagolysosome）を形成し，顆粒内成分を第二食胞に放出する．顆粒内成分としては後述するように酸素依存性殺菌に関与するミエロペルオキシダーゼや酸素非依存性殺菌因子が含まれており，異物の殺菌・消化に働いていると考えられる（図 4-7)．

1・4 − 1）で述べたように，魚類の B 細胞には貪食能をもつものが存在するが，これは B 細胞とマクロファージが進化的に同じ前駆細胞から分化しているため，魚類や両生類の B 細胞では前駆細胞の機能が保持されたままになっていると考えられる．この貪食 B 細胞はニジマスで発見され，膜

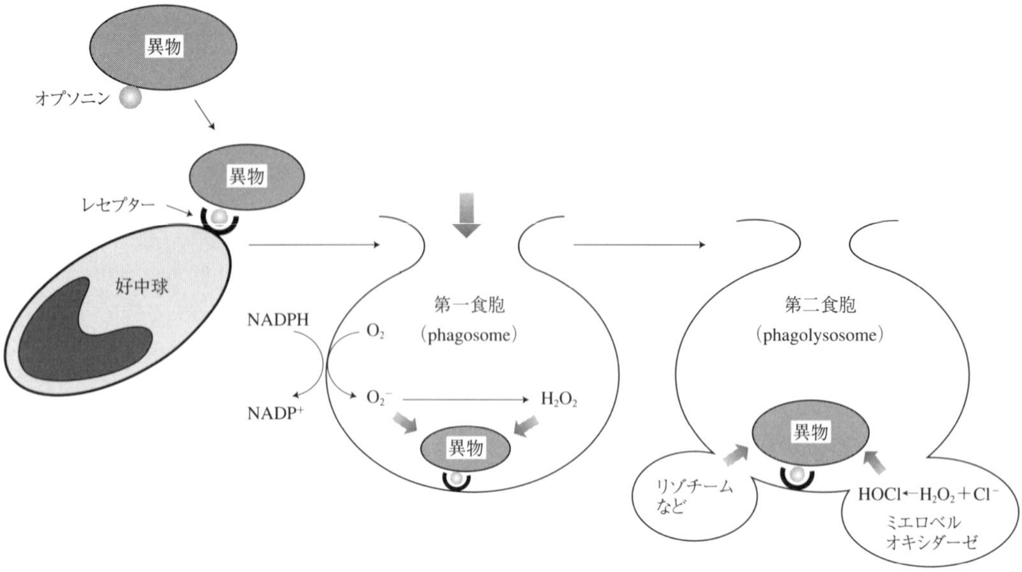

図 4-7　好中球の貪食・殺菌作用

型の免疫グロブリン（IgM あるいは IgT）を発現しており，哺乳類の B-1 細胞に近い祖先型の細胞ではないかと考えられている（Li *et al.*, 2006）.

4）殺　菌

貪食細胞（好中球，単球／マクロファージ）が微生物を貪食した後，それらを殺菌・消化しなければならないが，それには酸素に依存する殺菌と依存しない殺菌とがある．現在までのところ，酸素依存性殺菌については研究がかなり進んできているが，酸素非依存性殺菌については，実際に殺菌に関与していることはわかっているものの，その詳細については依然不明な点が多い．

（1）酸素依存性殺菌

ヒトの好中球が異物を貪食する際に，急激な酸素消費の上昇が認められる．これを Respiratory burst（呼吸性バースト）と呼び，ミトコンドリア呼吸阻害剤であるシアン化カリウムで抑制されないことから，ミトコンドリア以外による酸素の消費であることが示されてきた．Respiratory burst に伴って，活性酸素種［Reactive oxygen species（ROS）には，一重項酸素（$^1O_2$），スーパーオキシド（O_2^-），過酸化水素水（H_2O_2），ヒドロキシラジカル（HO·）の 4 つがある］の 1 つであるスーパーオキシドが同時に産生され，消費された酸素と産生されたスーパーオキシドが量的に一致することから，消費された酸素はすべて ROS に変換されること，さらに，その変換には複数の因子から構成される NADPH 酸化酵素によることが明らかにされてきた（Abo *et al.*, 1991；Segal and Abo, 1993）（図 4-8）.

魚類の貪食細胞においても，ROS を産生することは以前から化学発光を測定することで示されていた（Scott and Klesius, 1981）．その後，魚類貪食細胞（好中球，マクロファージ）でも Respiratory burst を示すこと，それがミトコンドリア呼吸阻害剤に耐性であること，その他哺乳類の NADPH 酸化酵素と同じ特徴をもつことが示され（Secombes and Fletcher, 1992；Iida and Wakabayashi,

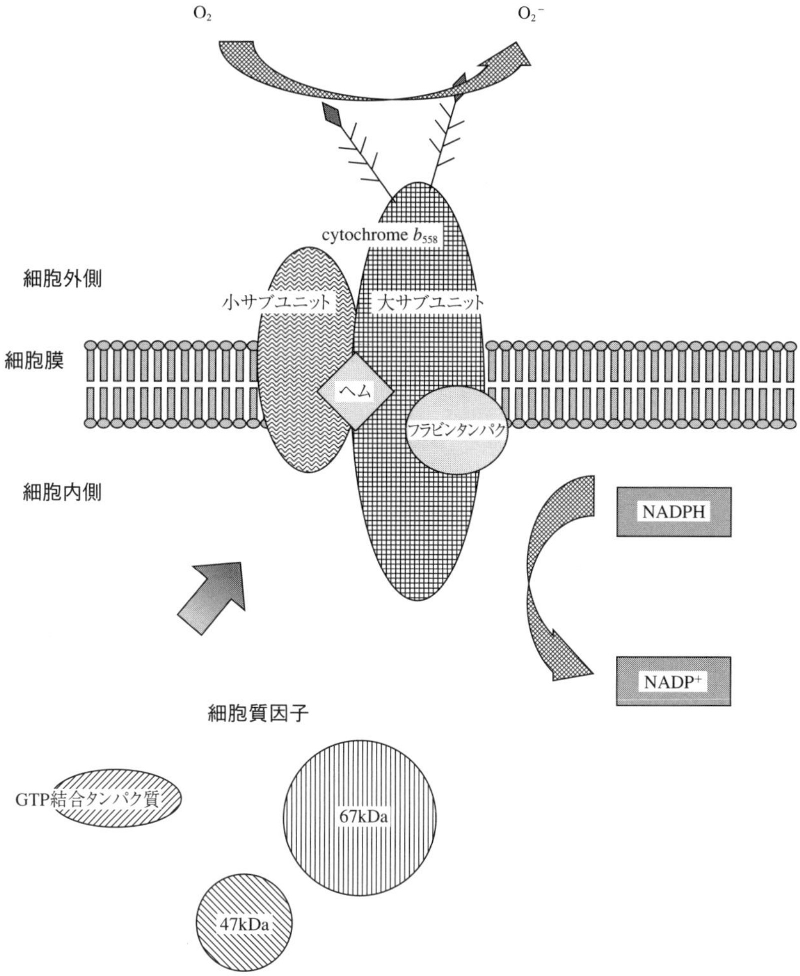

図 4-8　NADPH 酸化酵素の模式図

NADPH酸化酸素

$$2O_2 + NADPH \longrightarrow 2O_2^- + NADP^+ + H^+$$

自発的不均化反応，または，SODによる
酸素反応

$$2O_2^- + 2H^+ \longrightarrow H_2O_2 + O_2$$

図 4-9　Respiratory burst 時における活性酸素産生の化学式

1995)，魚類の貪食細胞に NADPH 酸化酵素が存在することが確実となってきた．NADPH 酸化酵素により ROS が産生される場合，図 4-9 に示すように，消費された酸素はすべてスーパーオキシドに変換され，産生されたスーパーオキシドは不均化反応またはスーパーオキシドディスムターゼ（SOD）によって過酸化水素に変換される．このときの量的な比（酸素消費量：スーパーオキシド産生量：過

表 4-1　Respiratory burst 時における各種魚類好中球の酸素代謝動態

魚　種	*n*	酸素消費量	スーパーオキシド産生量
マダイ	6	5.5 ± 0.7	5.9 ± 1.0
ブリ	5	13.1 ± 1.3	13.9 ± 1.8
スズキ	5	47.3 ± 5.7	42.9 ± 5.6
メジナ	3	94.1 ± 19.3	58.8 ± 13.3
イシダイ	3	58.7 ± 17.7	62.0 ± 14.3

各魚種における平均値 ± 標準誤差（nmol/10^7 細胞 / 分）を示す.
メジナのみ 1：1 の比率になっていない．現在のところ，原因は不明.

酸化水素産生量）が 2：2：1 となる．この量比はウナギおよびテラピア好中球でも当てはまることが示されており（Itou *et al.*, 1996；Shiibashi *et al.*, 1999a），さらに数種の魚類好中球におけるこの関係においても，大まかな数字ではあるが酸素消費量：スーパーオキシド産生量が 1：1 となっている（表 4-1）．魚種の違いにより，産生される活性酸素の量が大きく異なるが，それがすぐに殺菌活性の高低に繋がるかは今後検討する必要がある．さらに，ヒト好中球 NADPH 酸化酵素の構成因子の 1 つであるシトクローム b558 大サブユニットの C 末端のアミノ酸配列を基にペプチドを合成し，その合成ペプチドにのみ反応する抗体を作製し，その抗体によるウエスタンブロットにより数種の魚種好中球に同様の配列が存在することが示されていることから（Itou *et al.*, 1998；Shiibashi *et al.*, 1999a），魚類好中球においても NADPH 酸化酵素が存在することは明らかである．更に，予め電気穿孔法でテラピア好中球に小さな穴を開け，上記の合成ペプチドを反応系に加えると Respiratory burst 時の ROS 産生量が抑制される（Shiibashi *et al.*, 1999a）．魚類においても NADPH 酸化酵素の構成因子として細胞内因子が存在すると仮定するとこの現象は説明しやすい．すなわち，反応系に加えられた合成ペプチドがまず細胞内因子と結合するため，細胞内因子とシトクローム b558 大サブユニット C 末端の結合が阻害され ROS 産生が抑制されたと考えられる．哺乳類の NADPH 酸化酵素系は，シトクローム b558（大サブユニット：gp91phox および小サブユニット：p22phox）に加えて 3 種類の細胞内因子（p40phox，p47phoxp および 67phox）により構成されるが，最近の研究により，魚類においてもこれら 5 つの因子が存在することが示されたことから（Inoue *et al.*, 2004；Mayumi *et al.*, 2008），魚類においても間違いなく細胞内因子が存在し，活性化経路も哺乳類と同様と考えられる．また，NADPH と NADH が ROS 産生の電子供与体としての活性を有するが，その活性を示す濃度の違いから実際の生体内では NADPH が電子供与体として働いている可能性が高いことも示されており（Shiibashi and Iida，2001），魚類貪食細胞の活性酸素産生系は，真の意味で NADPH 酸化酵素によるといえる.

Respiratory burst で産生される ROS は，スーパーオキシドであり，それが過酸化水素に変換される．第一食胞が細胞内の顆粒と融合し第二食胞が形成されると，好中球の場合には顆粒内に含まれるミエロペルオキシダーゼが食胞内に放出され，その酵素活性により，過酸化水素と塩素イオンから次亜塩素酸が生成される．マクロファージにはミエロペルオキシダーゼがないため，次亜塩素酸は産生されない．魚類好中球でも次亜塩素酸が生成されていることはルミノール依存性化学発光を利用して示されている（Iida and Wakabayashi，1995; Shiibashi *et al.*, 1999b）．ミエロペルオキシダーゼ阻害剤のアジ化ナトリウムを加えると好中球の殺菌活性が低下し，過酸化水素の消去剤であるカタラーゼを加えても殺菌活性が低下するが，スーパーオキシドの消去剤である SOD を加えても殺菌活性に変化が見られないことから（Shiibashi　*et al.*, 1999b），貪食細胞の酸素依存性殺菌には次亜塩素酸および過酸化水素が働き，スーパーオキシドは殺菌には関与せず，ROS 産生系のスターターとしての役割を果たしているにすぎないのかもしれない．なお，ミエロペルオキシダーゼをほとんどもたないウナギ好中球では次亜塩素酸は産生されず，酸素依存性殺菌には当然のことながら過酸化水素が重要であり（Itou *et al.*, 1997），その他の報告（Sharp and Secombes, 1993；Hardie *et al.*, 1996）からも，ROS のうち，過酸化水素が殺菌に重要であると考えられる．

ROS 以外にも，特にマクロファージでは活性窒素種が産生される（Wang *et al.*, 1995）．まずは一酸化窒素が産生され，その後にヒドロキシラジカル，二酸化窒素，亜硝酸イオンや過酸化窒素などが生成されてくる．これらの活性窒素種が殺菌にどの程度利用されているかは不明な点が多いが，少なくとも一酸化窒素が魚病細菌を殺菌することが示されていることから（Acosta *et al.*, 2003）魚類の生体防御に役立っていることは間違いないと思われる．

(2) 酸素非依存性殺菌活性

好中球やマクロファージ細胞質内にある顆粒には種々の物質が存在している．活性酸素依存性殺菌に関与するミエロペルオキシダーゼもその1つであるが，活性酸素とは独立に殺菌に関与する因子が多く含まれている．リゾチーム，ラクトフェリン，塩基性タンパク，各種の分解酵素やデフェンシンである．しかし，これらの分子が魚類貪食細胞に実際に存在するかは不明である．活性酸素を完全に消去しても殺菌活性は完全には消失しないことから，魚類貪食細胞にも酸素非依存性殺菌因子が存在することは確実であろう（Itou *et al.*, 1997；Shiibashi *et al.*, 1999b）．テラピア好中球を低出力の超音波で破壊しても，その上清に殺菌活性は認められないが，高出力で破壊すると殺菌活性が生じる（未発表）．低出力では好中球を破壊するものの細胞内の顆粒は破壊されず，高出力にすることにより顆粒も壊され内容物が溶出し，そのために殺菌活性が生じたと考えることができる．好中球を破壊しているため活性酸素は産生されておらず，ここで示された殺菌は顆粒内に存在する酸素非依存性殺菌因子によるものであろう．これらの酸素非依存性殺菌因子については今後の研究の進展が待たれる．

5) 非特異的病原体認識受容体 Toll 様レセプター

魚類を含む動物の自然免疫システムで鍵を握るのが，侵入してきた病原微生物の特徴的な分子構造（pathogen-associated molecular patterns, PAMPs）を感知し，化学的な構造を認識する受容体である．受容体が認識する PAMPs は非常に多岐に渡るが，獲得免疫における免疫グロブリンや T 細胞レセプターのような多様な構造を認識するものではない．真正細菌のグラム陰性菌の細胞表面にはリポ多糖，グラム陽性菌由来のペプチドグリカンおよびリポタンパク質が存在し，ゲノムには非メチル化 CpG 配列などの共通した構成成分が存在する．PAMPs を認識する受容体はこれらの微生物に共通した構成成分の構造を感知し，自然免疫システムを活性化させる．魚類を含む動物の微生物認識分子として，ショウジョウバエ Toll のホモログ遺伝子 Toll 様レセプター（TLR）が知られている．これまでに同定された哺乳類および魚類の TLR を表4-2にまとめた．ヒトでは10種類（TLR1〜10）の TLR が，マウスではこれら10種類に加えて TLR11〜13 の TLR 遺伝子がみつけられている．魚類ではフグならびにゼブラフィッシュのゲノム情報を用いた探索を中心に多くの魚種において見つかっており，それらの中には魚類特異的と思われる TLR も含まれている（Roach *et al.*, 2005；Takano *et al.*, 2010；Aoki *et al.*, 2013）．魚類に特異的に存在すると思われる TLR 分子には，分泌型 TLR5，TLR14（ゼブラフィッシュの TLR18 と同じ），TLR 19，TLR 20，TLR 21，TLR 22 および TLR 23 があり，フグ，

表 4-2　魚類および哺乳類の TLR ファミリーの比較

サブファミリー	TLRs	同定		PAMPs		魚種
		魚類	哺乳類	魚類	哺乳類	
TLR1 サブファミリー	TLR1	●	●	N/A	トリアシルリポタンパク質	フグ，ヒラメ，チャイロマルハタ，ニジマス，ゼブラフィッシュ
	TLR2	●	●	ペプチドグリカン，リポテイコ酸，Pam_3CSK_4	リポタンパク質，ペプチドグリカン，リポテイコ酸，ザイモサン，Pam_3CSK_4	アメリカナマズ，Chionodraco hamatus**，コイ，ヒラメ，フグ，チャイロマルハタ，Trematomus bernacchii**，ゼブラフィッシュ
	TLR6	－	●	N/A	リポテイコ酸，ジアシルリポタンパク質	N/A
	TLR10	－	●	N/A	N/A	N/A
	TLR14（TLR18*）	●	－	N/A	N/A	タイセイヨウタラ，ヒラメ，フグ，ゼブラフィッシュ
	TLR16	●	－	N/A	N/A	タイセイヨウタラ
TLR3 サブファミリー	TLR3	●	●	dsRNA, poly I:C	dsRNA, poly I:C	タイセイヨウタラ，アメリカナマズ，コイ，ソウギョ，ヒラメ，フグ，ラージイエロークローカー，ニジマス，レア・ミノー，ゼブラフィッシュ
TLR4 サブファミリー	TLR4	○	●	N/A	LPS	ソウギョ，レア・ミノー，ゼブラフィッシュ
TLR5 サブファミリー	TLR5M	●	●	フラジェリン	フラジェリン	ヒラメ，フグ，ニジマス，ゼブラフィッシュ
	TLR5S	●	－	フラジェリン	N/A	タイセイヨウサケ，アメリカナマズ，ヒラメ，フグ，ニジマス
TLR7 サブファミリー	TLR7	●	●	N/A	ssRNA，イミダゾキノリン	タイセイヨウタラ，コイ，ソウギョ，ヒラメ，フグ，ニジマス，ゼブラフィッシュ
	TLR8	●	●	N/A	ssRNA，イミダゾキノリン	タイセイヨウタラ，タイセイヨウサケ，ヒラメ，フグ，ニジマス，ゼブラフィッシュ
	TLR9	●	●	CpG － ODN	CpG － ODN	タイセイヨウタラ，タイセイヨウサケ，コイ，ヨーロッパヘダイ，ラージイエロークローカー，ヒラメ，フグ，ニジマス，ゼブラフィッシュ
TLR11 サブファミリー	TLR11	－	●	N/A	プロフィリン	N/A
	TLR12	－	●	N/A	N/A	N/A
	TLR13	－	●	N/A	N/A	N/A
	TLR19	●		N/A	N/A	ゼブラフィッシュ
	TLR20	●		N/A	N/A	アメリカナマズ，ゼブラフィッシュ
	TLR21	●	－	N/A	N/A	タイセイヨウタラ，アメリカナマズ，ヒラメ，フグ，ゼブラフィッシュ
	TLR22	●	－	dsRNA, poly I:C	N/A	タイセイヨウタラ，ソウギョ，ラージイエロークローカー，ヒラメ，フグ，チャイロマルハタ，ニジマス，ゼブラフィッシュ
	TLR23	●	－	N/A	N/A	フグ，ミドリフグ

N/A（Not applicable）．PAMPs は，魚類および哺乳類において未解明．
*TLR18 はゼブラフィッシュのみで同定されている．TLR14 に同定し直されている．
○は，コイ科の魚種で TLR4 が同定されているが，哺乳類とは異なり LPS を認識しないことを示す．●は同定さていることを示す．
**南極に生息する魚種．

ヒラメ，ニジマスあるいはゼブラフィッシュなどから報告されている（Hwang *et al.*, 2011a, b；Takano *et al.*, 2010；Aoki *et al.*, 2013）．これらのうち，ニジマスよりクローン化された分泌型 TLR5 は，哺乳類の膜型 TLR5 と同様に細菌フラジェリンを認識結合し，細胞に情報伝達することが明らかにされており（Tsujita *et al.*, 2004），ヒラメやフグでも分泌型および膜型 TLR5 の存在が確認されている（Hwang *et al.*, 2010；Oshiumi *et al.*, 2003, Tsujita *et al.*, 2004）．しかし，他の TLR14，TLR19～23 の機能などについては明らかにされていない．また，哺乳類には存在するが魚類ではみつかっていない TLR として TLR6，TLR10，TLR11，TLR12 がある．ヒトでは TLR6 と TLR1 とがゲノム上でタンデムに存在している．しかし，フグゲノム中では TLR1 はみつかっているが，近傍に TLR6 は存在していないことがシンテニー解析により明らかにされている（Oshiumi *et al.*, 2003）．TLR6 は TLR1 とアミノ酸配列など類似の構造を有しており，進化的にも近いことが明らかにされている．魚類においてもみつかっている TLR1 は, 哺乳類の TLR1 と TLR6 の祖先遺伝子であると考えられるが, 詳細は明らかではない．さらに，ゼブラフィッシュなどのコイ科の魚において，TLR4 遺伝子が確認されているが，哺乳類の TLR4 とは異なり LPS を認識しないことがわかっている（Sepulcre *et al.*, 2009）．また，ゼブラフィッシュゲノムとフグゲノムとのシンテニー解析により，フグゲノム配列中には TLR4 がみつかっておらず，同じ硬骨魚類でも種が異なると，ゲノム上に存在する TLR 遺伝子の存在も異なることから，魚類における PAMPs の認識機構にも多様性が存在することがうかがえる（Roach *et al.*, 2005）．ヒラメの TLR 遺伝子の近傍領域を QTL 解析法で調べていくと，興味深いことにヒラメ TLR2 遺伝子領域がリンホシスチス病に対する耐病性に関与すると考えられている遺伝子領域と一致する（Hwang *et al.*, 2011a）．

1・5　非特異的生体防御に与えるストレスの影響

いくつかの病気の発生にストレスが関与しているといわれている．水温や塩分濃度など病原体の発育に好適な条件も考えられるが，一般にストレスによって魚類の生体防御活性が低下するためと考えられている．ストレスによる生体防御活性の変化については今までも多くの報告があり，例えば，非特異的活性についていえば，ストレスによる血中リゾチーム活性の低下（Tort *et al.*, 1996），補体活性の低下（Yin *et al.*, 1995）や NK 活性の低下（Ghoneum *et al.*, 1988）が報告されている一方で，好中球の貪食活性の上昇（Peters *et al.*, 1991），血中顆粒球数の増加（Cooper *et al.*, 1989）も報告されている．このように一概にストレスが一方的に非特異的生体防御活性を低下させるとは限らず，ストレスの強度によって異なると考えられる．ストレスが負荷されると結果的に間腎細胞からコルチゾールが分泌され，ストレスによる種々の活性の変化はこのコルチゾールによる影響と考えられている（Sumper, 1997）．闘争心の強いテラピアを同じ水槽で飼育すると水槽内に序列が形成される．劣位魚の血中コルチゾール濃度は有意に上昇し，炎症部位への好中球の遊走が低下し，炎症部へ遊走してきた好中球の貪食活性および活性酸素産生量は低下している．それに対して優位魚ではコルチゾール濃度は変化せず，炎症性好中球の活性酸素産生能は高まる傾向にある（Kurogi and Iida, 1999）．コルチゾールを腹腔内に接種し，強制的に血中コルチゾール濃度を上昇させると，劣位魚にみられるように好中球の種々の活性が低下し，*in vitro* で好中球をコルチゾールで感作すると，コルチゾールの濃度依存的に遊走能，貪食能，活性素産生能が低下する（Kurogi and Iida，2002a）．さらにコルチゾールは魚類肥満細胞の脱顆粒を *in vitro* および *in vivo* で抑制し，肥満細胞そのものの数も減少させる（Matsuyama *et al.*, 2000）．魚類肥満細胞の脱顆粒が炎症を惹起させるのに重要であることは既に述べた．さらに微生物が侵入してから肥満細胞の脱顆粒，好中球，続いてのマクロファージの集積まで，すなわち炎症過程についても述べたが，ストレスによるコルチゾールの分泌により，肥満細胞の脱顆粒が抑制され，そのため好中球の集積が効果的に起こらず，それでも炎症部位へ遊走してきた好中球は生体防御活性が低下している．ストレス時には，このように侵入してきた微生物が生き残ることができるような状況が整っているといえる．

1・6　魚類の非特異的防御機構と魚類病原細菌の病原性

非特異的生体防御機構の何れかの防壁により，微生物が生体内での増殖の足場を築くことが阻止されてしまう場合には，その微生物は病原体とは成り得ない．非特異的生体防御が正常に働いている場合でも，その防御をエスケープし増殖することができる微生物が病原体であり，先に述べたようにストレスなどで非特異的生体防御活性が低下している場合には，さらに感染が容易に成立する．

ブリのレンサ球菌症原因菌の *Lactococcus garvieae* や魚類レンサ球菌症原因菌 *Streptococcus iniae*，赤点病原因菌 *Pseudomonas anguilliceptica* は細胞表面に莢膜をもち，それが病原性に深く係わっているといわれている（Yoshida *et al.*, 1996a, b；Nakai, 1985）．莢膜があると細菌表面の疎水性が上がり，そのために貪食細胞との付着が阻害され，貪食されにくくなる．それに加えて，莢膜により非特異的なオプソニン（補体由来やレクチンなど）作用を阻害しているため，貪食細胞による貪食をより受けにくくしている（Yoshida *et al.*, 1997）．しかし，*L. garvieae* はいったん貪食されると比較的速やかに殺菌されるようであり，言い換えれば，貪食細胞の殺菌活性が低下すると，*L. garvieae* 感染症は重篤になる可能性がある．実際に海水の溶存酸素量が低下するとブリの *L. garvieae* の実験的感染が容易に成立することが報告されており（福田ら, 1997），その時，ブリの好中球の貪食活性は低下しないものの，殺菌活性が低下することを観察している（未発表）．

ウナギのパラコロ病や魚類のエドワジエラ症の原因菌である *E. tarda* には，病原性からみて強毒株と弱毒（または無毒）株がある（朴ら, 1983）．この両者の間には細菌の鉄獲得に重要な働きをするシデロフォアの産生に差が認められる（Igarashi *et al.*, 2002）．すなわち，血清中に含まれるトランスフェリンの静菌作用に対する抵抗性に差があることになる．ウナギに鉄を接種すると，*E. tarda* の見かけの病原性が高まる（Iida and Wakabayashi, 1990）．これは生体内で過剰な鉄が生じたためトランスフェリンの静菌作用が弱められたためと考えられる．また，*E. tarda* は病原性に係わらず，オプソニン作用を受けない（Iida and Wakabayashi, 1993）．さらに *E. tarda* は以前より貪食細胞内での生存が指摘されており（宮崎・江草, 1976；飯田ら, 1993；Rashid *et al.*, 1997），貪食細胞内での生存が病原性発揮には必須であると考えられる．実際，強毒性の *E. tarda* は，ヒラメのマクロファージに貪食された後，respiratory burst されずに貪食細胞内で生存し続ける（Ishibe *et al.*, 2008）．これは，貪食された強毒性 *E. tarda* が respiratory burst の引き金に成り得ないためと考えられる（Srinivasa Rao *et al.*, 2001）．また，強毒性 *E. tarda* にさらされたヒラメ末梢血マクロファージは，弱毒性株に比べて，より早く NO を産生し，腫瘍壊死因子（TNF α ：tumor necrosis factor α）も圧倒的に高く産生する（Ishibe *et al.*, 2009）．コルチゾールを接種したテラピアでは好中球の活性（遊走活性，貪食活性，活性酸素産生量）が低下し，このようなテラピアでは *E. tarda* の感染が成立しやすいことを観察している（Kurogi and Iida，2002b）．これは好中球の活性低下が *E. tarda* 感染症を助長することを示している．

1・7　まとめ

偏性病原体は生体の非特異的生体防御を難なくすり抜けてしまうため，病気を防ぐためには特異的生体防御（獲得免疫）に頼らざるを得ない．それに対して条件的病原体は，非特異的生体防御活性の低下をねらって生体内へと侵入し，感染を成立させる．魚類のもつ非特異的生体防御機構ならびにその活性を変化させる条件（ストレスや免疫賦活剤など）をよく理解することにより，条件性病原体による被害を少なくすることは，今後の持続可能な養殖，安全な養殖には必須なことであろう．そのためにも，今後とも魚類の非特異的生体防御機構の残された不明な点を明らかにしていく必要がある．

（飯田貴次・廣野育生・引間順一）

§2. 魚類の獲得免疫

2・1　魚類の免疫機構の特徴

現存の魚類は，円口類，軟骨魚類および硬骨魚類に分けられる．しかし，同じ魚類といっても円口類と軟骨魚類や硬骨魚類は免疫システムやその発達の度合いが大きく異なる．すなわち，円口類においてはリンパ器官の分化は明瞭ではなく，最近円口類独特の獲得免疫系が存在することが判明したが，哺乳類と相同な獲得免疫系は円口類にはない．一方，軟骨魚類や硬骨魚類では，胸腺や脾臓など独立したリンパ器官が存在し，哺乳類と相同な免疫システムを有し，免疫グロブリン（Ig），主要組織適合遺伝子複合体（MHC），T 細胞レセプター（TCR）などの特異的な抗原認識に関わる分子が機能的・

表 4-3　魚類と高等脊椎動物における免疫システムの比較

	免疫グロブリン（Ig）	MHC	TCR	胸腺 脾臓	骨髄 リンパ節	遺伝子 再構成	クラス スイッチ	胚中心
円口類								
メクラウナギ	（VLRA, VLRB）							
ヤツメウナギ	（VLRA, VLRB, VLRC）							
軟骨魚類								
Nurse shark	IgM，胎児型 IgM（IgW, IgNAR）			+		+		
Horned shark	+		+	+		+		
ドチザメ	+	+		+		+		
硬骨魚類								
ゼブラフィッシュ	IgM, IgD,（IgZ/T）	+	+	+		+		
ニジマス	IgM, IgD,（IgZ/T）	+	+	+		+		
トラフグ	IgM, IgD,（IgZ/T）	+	+	+		+		
両生類	IgM,（IgY，IgX）	+	+	+	+	+	+	
鳥類	IgM,（IgY）, IgA	+	+	+	+	+	+	+
哺乳類	IgM, IgD, IgG, IgE, IgA	+	+	+	+	+	+	+

（　）内は，哺乳類にない Ig サブクラス

構造的に哺乳類とほぼ同じレベルで分化を遂げている（表 4-3）．2 番目の特徴は，魚類のレベルでは骨髄やリンパ節は存在せずリンパ器官においても胚中心が存在しないなど組織学的に未分化な場合が多い．3 番目の特徴は，免疫関連分子についても一般に哺乳類に比べて分化が進んでいない．例えば，硬骨魚類の主な免疫グロブリンは IgM であり，哺乳類の IgG，IgA，IgE などに相当する Ig は認められていない．また，サイトカインについても，IL-1 についてみれば IL-1βが存在しているが，IL-1 α や IL-1 レセプターアンタゴニストの存在は報告されていない．但し，後述するように軟骨魚類では IgW や IgNAR が存在し，硬骨魚類では IgD に加えてごく最近 IgZ/T などの新規の免疫グロブリンが見つかっている．しかも，コイ科やサケ科魚類では IgM や IL-1βに幾つかのアイソタイプが存在しており，魚類においてはアイソタイプのレベルでの多様化が起こっている．このように，哺乳類の系譜に繋がる分子について見れば魚類は限られた分子しか有していないように見えるが哺乳類にはない分子をもっており，しかも，限られた分子の中でも複数のアイソタイプを生み出すことにより機能的多様化を図っている．4 番目の特徴は，魚類は変温動物であり免疫応答が生息水温に著しく影響されることである．

2・2　リンパ器官と免疫関連細胞

1）リンパ器官

前述のように，魚類は骨髄やリンパ節を欠き，リンパ器官においても組織学的に未分化な場合が多い．特に，円口類のレベルでは独立したリンパ器官は存在せず，中枢および末梢リンパ器官の分化も認められない（表 4-4）．例えば，メクラウナギ（ヌタウナギ）*Eptatretus* spp. では前腎中の中心塊や腸の粘膜下組織（原始脾臓と呼ばれる）が造血組織と考えられている（藤井，1991）．ヤツメウナギ *Lethenteron* spp. でも同様なことがいえるが，リンパ組織がより発達し原始胸腺と呼ばれる組織も存在する．但し，高等脊椎動物の胸腺と相同な器官とすることは疑問視されている（友永，1992a）．ヤツメウナギ幼生では，腸内縦隆起（原始脾臓ともいう）や後方腎が，成体では脂肪柱（原始骨髄ともいう）がリンパ造血器官と考えられている（藤井，1991）．ごく最近ヤツメウナギの鰓弁に thymoids

表 4-4　魚類における造血・リンパ器官と免疫関連細胞

	円口類		軟骨魚類		硬骨魚類	
	メクラウナギ	ヤツメウナギ	ギンザメ	サメ・エイ	チョウザメ	真骨類
胸腺	○	○?	●	●	●	●
脾臓	○	○	●	●	●	●
骨髄	○	○	○	○	○	○
	原始脾臓（腸粘膜）	腸内縦隆起（原始脾臓）		ライディヒ器官	腎臓	頭腎
	中心塊（前腎）	脂肪柱（原始骨髄）		エピゴナル器官	心臓	体腎
		後方腎	頭蓋内リンパ組織		頭蓋内リンパ組織	
リンパ節	○	○	○	○	○	○
腸管関連リンパ組織	○	○	●	●	●	●?
リンパ球	●	●	●	●	●	●
形質細胞	○	○?	●	●	●	●
マクロファージ	●	●	●	●	●	●
顆粒球	●	●	●	●	●	●

と呼ばれる胸腺様の構造の存在が報告された（Bajoghli *et al.*, 2011）．Thymoidsにおいてのみ，後述するVLRA，T細胞に特異的なシトシン・ディアミナーゼ（CDA1），胸腺の微小環境のマーカーとなっているフォークヘッド・ボックスNI（FOXN1）をコードする遺伝子の発現が見られ，しかもVLRAの再編成がおこなわれているという．軟骨魚類では，よく発達した胸腺や脾臓が存在し，食道壁にあるライディヒ器官や生殖線の近くに存在するエピゴナル器官および消化管粘膜下の腸関連リンパ組織（GALT）に造血機能が認められている（友永，1992a）．なお，後述するように軟骨魚類においては胸腺における皮質と髄質，脾臓における白髄と赤髄の分化が認められるが，硬骨魚類においては，むしろ組織学的に未分化な場合が多い．このように，リンパ系組織の発達の程度や後述する免疫グロブリンの特徴から，軟骨魚類の免疫システムの方が硬骨魚類よりも高等脊椎動物に似ているといえる．以下に硬骨魚類のリンパ器官について概説する．

（1）胸　腺

魚類の胸腺は哺乳類と同様に免疫系の中枢器官としての役割を果たしていることは幼稚魚期における胸腺摘除実験などから示唆されている（Nakanishi, 1991）．硬骨魚類の胸腺は皮質と髄質に分けられるが哺乳類ほどその境界は明瞭ではない．加齢や性成熟に伴い退縮・変性することがアユやメダカにおいて報告されている．

（2）脾　臓

軟骨魚類の脾臓は明瞭な被膜に覆われ，赤髄と白髄も明瞭に区別されるが，硬骨魚類の脾臓の被膜は薄く組織も脆弱である（友永, 1992a）．魚類の脾臓は哺乳類と同様に，主に赤血球の造血・貯留の器官となっている．

（3）腎　臓

硬骨魚類の腎臓，特に頭腎において細尿管の間隙に間質リンパ組織が発達し，活発な造血が行われる．多くの硬骨魚類では脾臓や腎臓，特に頭腎が主要な抗体産生器官として知られているが，コイやカサゴにおいては，頭腎だけでなく体腎も重要な抗体産生器官である．骨髄やリンパ節を欠く魚類において，頭腎が骨髄やリンパ節と相同な器官と考える研究者も多い．確かに，頭腎は脾臓とともに抗原の捕捉器官として重要な役割を果たしている．しかし，全ての血球に分化する能力を有する造血幹細胞（HSC）は，頭腎ではなくHSCのニッチェとなる尿細管が分布する体腎に多いことが最近明らかにされた（Kobayashi *et al.*, 2006, 2008b）．このことから，骨髄と相同な器官は頭腎ではなく体腎ということになる．

（4）腸管関連リンパ組織

腸管粘膜固有層内の腸管関連リンパ組織（GALT）は軟骨魚類においてよく発達しているが，硬骨魚類は軟骨魚類に比べると一般に発達が悪い傾向がある（友永, 1992a）．硬骨魚類のGALTには，哺乳類で見られるようなパイエル板のような構造は認められず，上皮細胞間リンパ球（IEL）が粘膜固有層に散在しているのみである（McMillan and Secombes, 1997；Rombout *et al.*, 1993）．腸のIELの大半はT細胞で，脾臓と同様にTCRβの転写物は高度に多様化していことがニジマスにおいて報告されている（Bernard *et al.*, 2006）．哺乳類や鳥類のIELは，多様性がなく限られたレパトアを形成していることが知られており，魚類と高等脊椎動物ではかなり異なるようである．後述の免疫グロブリンの項で述べるように，魚類の腸管免疫においてはIgMよりもIgTの方が重要な役割を果たすようである．哺乳類の腸管においては，固有層で作られたIgA抗体（二量体IgA）は，小腸や大腸粘膜の腺窩上皮細胞より分泌され，上皮細胞基底側で細胞表面に発現するポリ Ig レセプター（pIgR）と呼ばれる分子と結合し，粘液中に分泌されることが知られている．魚類においても pIgR の存在が幾つかの魚種で知られており（Zhang *et al.*, 2011），pIgR と腸管 Ig の相互作用に関わる J 鎖は魚類では見つかっていないが，pIgR を介した腸管 Ig の輸送機構が存在していると思われる．

(5) 鰓関連リンパ組織

鰓にも多数の T 細胞が存在することがこれまでにも知られていたが，最近 2 つに分かれた鰓弁の基部に細胞の集塊が見出され，MHC class II，TCR α および CD3 ε 陽性の細胞が存在することが明らかとなった（Haugarvoll *et al.*, 2008；Koppang *et al.*, 2010）．外部環境と直接接する鰓において，どのような機能を有しているかについては極めて興味深い．

2) 免疫関連細胞

(1) リンパ球

円口類のメクラウナギやヤツメウナギにおいてもリンパ球様の細胞が存在することが報告されているが，高等脊椎動物のリンパ球との異同は長らく不明であった．しかし，最近ウミヤツメ幼生の腸内縦隆起に由来するリンパ球様の細胞から cDNA ライブラリーを構築し 8,000 個以上の EST クローンについて解析したところ，哺乳類リンパ球の分化制御，細胞内シグナル伝達，増殖や移動および抗原の処理や運搬に関わる遺伝子が保存されていることが明らかになった（Mayer *et al.*, 2002）．TCR, Ig，MHC の存在が報告されていない円口類におけるこれらの遺伝子の役割は当初全く見当が付かなかった．しかし，後述するように，円口類にも哺乳類の T，B 細胞様の役割を果たす 2 種類のリンパ球が存在することが明らかになったことから（Guo *et al.*, 2009），これらの分子 / 遺伝子が哺乳類のリンパ球におけるのと同様な機能を果たしていることが考えられる．

T リンパ球の細胞表面マーカーとして，T 細胞レセプター（TCR），CD3，CD8，CD4 などが知られているが，魚類の T リンパ球細胞表面におけるこれら分子の発現についてはこれまで確認されていなかった．ごく最近，ギンブナの CD4 および CD8 に対するモノクローナル抗体（MAb）が作製され，これらの MAb を用いて，CD8 陽性 T リンパ球が特異的細胞障害活性を示し細胞障害性 T 細胞（CTL）に相当すること，並びに CD4 陽性 T リンパ球が抗原特異的に増殖しヘルパー活性を示すことが証明された（Toda *et al.*, 2009, 2011）．なお，アメリカナマズにおいて *in vitro* における混合白血球培養（Mixed leukocyte culture）により，TCR α および β 遺伝子の発現や細胞障害活性において異なる 4 種類の細胞障害性クローンが得られている．また，ヘルパー T 細胞に相当すると思われる TCR α および β 陽性で細胞障害活性をもたず，アロ抗原特異的な T 細胞クローンも得られている（Stuge *et al.*, 2000）．

B 細胞は，魚類においても哺乳類のように細胞の表面に表面免疫グロブリン（sIg）を有する．血清中の IgM に対する MAb を用いることにより，B 細胞が同定できることから，これまで多くの魚種において B 細胞に対する MAb が作製されている．最近，魚類の B 細胞の機能について驚くべき発見がなされた．マクロファージや好中球，栓球だけでなく，魚類では B 細胞も貪食活性を示すというものである（Li *et al.*, 2006）．また，抗体や補体は B 細胞の貪食においてオプソニン活性を示すとともに，外来抗原の取り込みに伴って "phagoslysosome" の形成や細胞内殺菌が起きることも明らかにされた．ちなみに，このような B 細胞の貪食は両生類の Xenopus においても認められ，魚類だけの現象だけではないようである．奇しくも理化学研究所の河本氏らのグループが時期を同じくして，T 細胞と B 細胞がそれぞれの系列に分枝した後もミエロイド系（食細胞系）の特性を保持している，すなわち B 細胞をつくる能力を失った T 細胞の前駆細胞からもマクロファージが分化することを示した（Wada *et al.*, 2008）．このことは，哺乳類のリンパ球の分化はミエロイド系を軸にして進み，魚類では成熟 B 細胞においてもミエロイド系の機能を保持していることを示している．なお，最近ミドリフグ *Tetraodon nigroviridis* において $CD4^+CD25^+Foxp^+$ の制御性 T 細胞の存在を示唆する報告（Wen *et al.*, 2011）やゼブラフィッシュにおいて樹状細胞の存在を示唆する報告（Lugo-Villarino *et al.*, 2010）がなされているが，これらの細胞の種類や機能については今後詳細に検討する必要がある．

(2) NK 細胞

アメリカナマズ *Ictalurus punctatus* やニジマスなどにおいては，NCC（Nonspecific cytotoxic cells）と呼ばれる非特異的な細胞障害活性を有する細胞の存在が報告されている（Evans and Jaso-Friedmann, 1992）．Evans ら（1992）は標的細胞の認識や結合に関与するレセプターとして 34-kDa の Type III 膜タンパクに属する細胞表面タンパク（NCCRP-1 と呼ばれる）を同定している．このタンパクは，アマリカナマズの NCC だけでなく，ヒト，マウス，ラットを含む哺乳類の NK 細胞の表面にも存在することが示されている（Harris *et al.*, 1992）．しかし，NCC は哺乳類の NK 細胞に相当すると考えられたことがあるが，前述の混合リンパ球培養によって NK 細胞用クローンが得られ（Shen *et al.*, 2004），NCCRP-1 に結合し NCC の同定に用いられているモノクローナル抗体（5C6）とも反応しないことから，アメリカナマズには非特異的な細胞障害活性を有する細胞が 2 種類存在することになる．アメリカナマズでは，NCC は末梢血中の無顆粒の小型リンパ球に属するとされているが，ギンブナやコイでは末梢血中にこの種の細胞は認められず，好中球に NK 活性が認められている（Kurata *et al.*, 1995）．なお，アメリカナマズの好中球には NK 活性が認められない．単球，マクロファージおよび顆粒球については，本書の「§1．魚類の自然免疫」を参照されたい．

2・3　特異的抗原認識に関与する分子

1）免疫グロブリン

軟骨および硬骨魚類の主要な Ig は，哺乳類においては個体発生および免疫応答の初期に出現する IgM である．硬骨魚類において IgD の存在も報告されている．一方，軟骨魚類においては，IgM の他に NAR（L 鎖を伴わない 2 量体）や IgW（Alternative splicing により 2 つの分泌型が存在，肺魚にも存在することが判明）と呼ばれる免疫グロブリンが存在することが報告されている（Flajnik , 2003）（表 4-2）．また，硬骨魚類の IgM は 4 量体であるが，軟骨魚類においては単量体から 5 量体まで存在する．硬骨魚類の IgM の H 鎖，L 鎖に複数のアイソタイプが存在することが報告されている．H 鎖については，アメリカナマズやコイで 3 つあるいはそれ以上のアイソタイプが見いだされている．L 鎖については，アメリカナマズやニジマスでは 2 つ，ネコザメ *Heterodontus japonicus* およびコイではタイプ I，II，III など複数のアイソタイプが報告されている．したがって，免疫グロブリンサブクラスの分化は軟骨魚類や硬骨魚類のレベルで既に起こっていることになる．

軟骨魚類においては哺乳類と異なった様式で抗体の多様性を生み出している．すなわち，数百に及ぶ定常部（C セグメント）が存在し，しかも，各々が可変部（H 鎖においては V-D-J あるいは V-D-

D-J セグメント，L 鎖においては V-J セグメント）と密接にリンクしており，哺乳類で認められているV, D, J 領域遺伝子間の組換えによる多様性発現はサメではあまり重要な意味をもたない.

特筆すべきことは，脊椎動物では最後となる新規な免疫グロブリンが最近魚類で発見されたことである．ゼブラフィッシュにおいて IgZ と呼ばれる新規な単量体の免疫グロブリンが見いだされた（Danilova *et al.*, 2005）．IgZ 遺伝子（D ζ -J ζ -C ζ）は，TCR α/ δ 遺伝子座における TCR δ 遺伝子のように，igh 遺伝子座の VH と Dμ-Jμ-Cμ-C δに挟まれるように存在し，分泌型と膜型の 2 種類が存在する．IgM が出現する前の個体発生の初期より出現し，成魚においては胸腺，頭腎，体腎で発現している.

時期を同じくして，ニジマスにおいても同様な分子が見出され，Teleost の頭文字 T をとって IgT と命名された（Hansen, 2005）．ゼブラフィッシュにおいて発見された IgZ とは，組織における発現が若干異なるが構造的に極めてよく似ており，オーソログの関係にあると思われる．興味深いことに，IgZ, IgT いずれにおいてもクラススイッチに関わるサイトが見つかっておらず，しかも IgZ（T）は IgM とは独立した D, J 遺伝子を有しており異なった染色体上（遺伝子座）に存在していることがわかっている．こうしたことから，魚類の B 細胞は，TCR α/β あるいは TCR γ / δ いずれかを細胞表面上にもつ T 細胞のように 2 種類の細胞からなっている.

IgZ（T）はゼブラフィッシュやニジマス以外に，コイ，タイセイヨウサケ *Salmo salar*，フグ，イトヨ *Gasterosteus aculeatus* など 9 種類の硬骨魚に存在し，遺伝子の構成やドメインの数は魚種により異なるが殆どの魚種で複数のアイソタイプが存在することがわかっている（Zhang *et al.*, 2011）．興味深いことに，コイにおいては，IgT2 は IgT1 よりも腸や鰓の粘膜に多いことが知られており（Ryo *et al.*, 2010），寄生虫感染の際には IgM よりも IgT の方が粘膜組織で強く発現する（Zhang *et al.*, 2010）．特に，腸に寄生する *Ceratomyxa shasta* 感染においては，IgM に対する応答は認められないのに対し IgT に対する抗体価の上昇や IgT 陽性細胞の増加が認められる．また，哺乳類における IgA のように，腸内細菌は IgT によって被われていることも報告されている．このようなことから，IgM は全身免疫系に働き，IgT は局所免疫に働くことが示唆されている．なお，IgT 陽性細胞も貪食活性を示し，細菌抗原に対する応答においても関与することが知られている（Zhang *et al.*, 2011）.

2）主要組織適合性複合体（MHC）

魚類の MHC については，これまでに 30 種以上の硬骨魚および軟骨魚から，クラス I α 鎖，クラス II α 鎖，β 鎖および β2m をコードする遺伝子が単離されている．なお，円口類や無脊椎動物からは今のところその存在は報告されていない．これら魚類の MHC 遺伝子の構造は高等脊椎動物のそれと基本的に同じで，抗原ペプチドと相互作用する部位，β2m や糖鎖との結合部位などのアミノ酸がよく保存されている.

ヒト MHC（HLA）は，第 6 染色体の短腕部に存在し 230 個以上の遺伝子がクラス I，クラス II およびクラス III の 3 つの亜領域に分かれて存在する．魚類の中でも軟骨魚類においては，両生類以上の高等脊椎動物と同様にクラス I，クラス II および補体成分の C4 や Bf が連鎖しているが，硬骨魚類の場合クラス I，クラス II およびクラス III 領域における連鎖がみられず複合体を形成していない（野中・松尾, 2000）．すなわち，メダカ *Oryzias latipes*，ゼブラフィッシュ，フグ，ニジマスなどにおいては，クラス I，クラス II はそれぞれ別々の染色体上に位置しており，メダカでは C3，C4，Bf は互いの間でも，またMHCとも連鎖していないことが報告されている．一方，哺乳類ではMHC Iの抗原処理（LMP2，LMP7，MECL-1）や運搬（TAP2）に関わる遺伝子はクラスII領域に存在するが，硬骨魚類においては，TAP1以外のこれらの遺伝子は鳥類や両生類と同様にクラスI領域に存在する．こうしたことから，MHC Iの抗原処理に関わる遺伝子はもともとクラスI領域に存在していたものが，哺乳類においては転座によりクラスII領域に移動したと考えられている．

軟骨魚類や硬骨魚類のクラスI遺伝子の解析において，哺乳類と同等あるいはそれ以上の多型性に富むこと，MHCクラスI遺伝子の多様性は "Exon shuffling" による対立遺伝子および遺伝子座間における著しい組換えにより生じていることなどが明らかとなっている．また，ニジマスにおいては古典的MHCクラスⅠ（MHC Ia）遺伝子座の数は1つで，第18番染色体の長腕基部に，一方，非古典的MHCクラスⅠ（MHC Ib）遺伝子は5種類存在し，第14番染色体の短腕基部付近に存在することが示されている（Shiina *et al.*, 2005）．

ドチザメやニジマスにおいてMHCクラスIa分子がアロ抗原として認識されることが，皮膚移植実験や移入赤血球の拒絶により明らかとなっている．また，MHCクラスI対立遺伝子を共有するホモ接合体クローンニジマスとウイルス感染細胞株を用いた実験においてMHCクラスI拘束性の細胞障害活性が認められている（中西ら, 2003）．

これまで魚類においてMHCの多型は，抗病性育種，サケ科魚類における系群判別および湖における種分化の解析などに利用されてきた．最近興味深いことに，サケ科魚類やトゲウオにおいて仲間相互の識別，雌雄間におけるパートナーの選択，摂餌行動や攻撃行動などにMHCが関与していることが報告されている（乙竹ら, 2003）．

3）T細胞レセプター

Tリンパ球は，その表面にTCRを有することにより特徴づけられる．1995年にニジマスよりTCR α鎖およびβ鎖遺伝子が単離されて以来（Partula *et al.*, 1995），これまでに多くの硬骨魚骨魚からγ，δ鎖様遺伝子も含むTCRが単離されている（Charlemagne *et al.*, 1998）（表4-5）．ほぼ時を同じくして軟骨魚類からもα鎖，β鎖，γ鎖およびδ鎖様遺伝子が単離されている（Rast and Litman, 1994）．これまでに幾つかのグループがTCRに対する抗体の作製を試みているが，未だ成功するに至っておらず，細胞表面におけるTCR分子の発現は確認されていない．

TCR α鎖，β鎖，γ鎖およびδ鎖様遺伝子の構造や遺伝子座に関する詳しい情報は，ヒラメとミドリフグから得られている．哺乳類や鳥類においては，TCR δ遺伝子座はTCR α遺伝子座の中に位置していることが報告されているが，ミドリフグにおいてはTCR α遺伝子座の後に，TCR δ遺伝子座が並列して存在している．さらに，ヒラメにおいてはTCR αのC領域は1つであるが，β鎖，γ鎖およびδ鎖のC領域はそれぞれ2種類存在することが知られている（Nam *et al.*, 2003）．興味深いことに，TCRC δ 1遺伝子座は哺乳類のようにTCR α遺伝子座の中に位置しているが，TCRC δ 2遺伝子座はTCR γ鎖遺伝子座にあり，2つのTCR γ鎖遺伝子が2つのTCRC δ 2遺伝子に挟まれるような形で存在している．すなわち，ヒラメにおいてはTCR α/ δ遺伝子座に加えてTCR γ/δ遺伝子座も存在している．このような魚類におけるTCRの多様な遺伝子構成は，前述のIgZ/Tの遺伝子構成とともに抗原レセプターの進化を考える上で大変興味深い．

表 4-5　魚類における T 細胞マーカー遺伝子の単離状況

	TCR				CD3		CD4		CD8		学　名
	α	β	γ	δ	ε	γ/δ	ζ		α	β	
ニジマス	●	●	●		●		●	●[*1]	●	●	*Oncorhynchus mykiss*
タイセイヨウサケ	●	●							●	●	*Salmo salar*
ブラウンマス									●	●	*Salmo trutta*
トラフグ	●	●	●	●	●	●	●	●[*1]	●	●	*Takifugu rubripes*
ミドリフグ	●			●							*Tetradon nigroviridis*
ヒラメ	●	●	●	●	●	●			●		*Paralichthys olivaceus*
アメリカナマズ	●	●									*Ictalurus punctatus*
ゼブラフィッシュ	●	●	●	●							*Danio rerio*
ギンブナ		●	●						●[*2]		*Carassius auratus langsdorfii*
コイ	●[*2]		●								*Cyprinus carpio*
タイセイヨウタラ	●	●									*Gadus morhua*
Damselfish	●	●									*Stegastes partitus*
チョウザメ					●						*Acipenser ruthenus*
ガンギエイ	●	●	●	●							*Raja eglanteria*
Horned shark		●									*Heterodontus francisci*
アフリカツメガエル	●	●	●			●					*Xenopus laevis*
イベリアトゲイモリ						●					*Pleurodeles walti*
アホロートル	●	●									
ニワトリ	●	●	●	●	●	●	●	●	●	●	*Gallus gallus*

[*1] 2 種類の isoform 存在
[*2] 幾つかの isoform 存在

4）リンパ球サブセットマーカー

フグ，ゼブラフィッシュなどにおけるゲノムデータの充実およびヒラメなどにおける EST 解析により，前述の TCR に加えて，CD3，CD4，CD8 遺伝子が単離されている（Fischer *et al.*, 2006）（表 4·4）．トラフグやヒラメにおいては CD3 ε，CD3 γ/δ が単離されているが，両生類と同様に CD3 ζ は存在せず，CD3 γ と CD3 δ の分化も認められていない．ヘルパー T 細胞のマーカーである CD4 については多くの魚種で単離されているが，いずれの種においても，哺乳類と同様に細胞外ドメインとしてそれぞれ 2 個の V ドメインと C ドメインをもつ CD4 と 1 個の V ドメインと 1 個または 2 個の C ドメインをもつ魚類特有の CD4（CD4rel）が存在する．細胞障害性 T 細胞のマーカーの CD8 α 鎖および β 鎖遺伝子についても多くの魚種で単離され，複数のアイソフォームが存在する（Somamoto *et al.*, 2005）．前述のように，CD4，CD8 α に対しては MAb が作製されており，細胞表面における発現が確認されている（Toda *et al.*, 2009，2011；Takizawa *et al.*, 2011）．また，CD3 ε に対する抗ウサギ血清がタイセイヨウサケにおいて作製され T 細胞の同定に用いられている（Koppang *et al.*, 2010）．CD4 分子によく似た構造を有し，哺乳類では制御性 T 細胞（Treg）に発現する LAG-3 がニジマスやギンブナで単離されているが，同じく Treg の代表的なマーカーとなっている CD25（IL-2 レセプター α 鎖）が未だ見つかっていない．

5）可変性リンパ球レセプター

円口類には哺乳類と相同な獲得免疫は発達していないと述べたが，ヤツメウナギにおいては，感作により血中に特異的な凝集因子が出現し，二次同種移植片をより速やかに拒絶する能力を有している．しかし，独立した器官としての胸腺や脾臓の分化は認められず，特異的抗原認識に関与する分子は見つかっていなかった．ところが，ごく最近体細胞における遺伝子再編成により多様性を有する新規なレセプターが見つかった（Pancer *et al.*, 2004）．Variable lymphocyte receptor（VLR）と呼ばれるもので，極めて多様性に富むロイシン・リッチ・リピート（LRR）を N 末 LRR と C 末 LRR が挟むような構造を有している．ゲノム中には，生殖型 VLR 遺伝子（germline VLR gene）の前後に膨大な数の LRR カセットが存在し，鳥類の免疫グロブリンの多様性発現における遺伝子変換のような形で，これらの LRR カセットを生殖型 VLR 遺伝子に挿入することにより多様性を生み出している．個々のリンパ球がそれぞれ特異的な 1 種類の成熟型 VLR を発現し，しかも感作によって発現が増強する．興味深いことに，VLRA, VLRB と 2 種類あり，VLRB は分泌型で抗原刺激に応じて分泌され凝集活性を示すが，VLRA は分泌されず膜上に発現している．また，VLRA を発現するリンパ球は，T 細胞マイトジェンに反応して Il-17 や MIF を産生する（Guo *et al.*, 2009）．このように，VLRA と VLRB 陽性細胞の関係は，正に哺乳類の T 細胞と B 細胞の関係に極めてよく似ている．さらに，ヤツメウナギにおいて最近非分泌型の 3 番目の VLR（VLRC）が見出されたが詳細な特性は不明である（Kasamatsu *et al.*, 2010）．

有顎動物における抗原レセプターには免疫グロブリン様ドメインが存在するが，円口類の VLR は LRR ドメインをもつのが特徴である．Toll 様受容体において LRR が抗原の認識に関与していることを考えると，抗原認識において獲得免疫を有する動物群は免疫グロブリン様ドメインを使い，円口類や自然免疫に依存している動物群は LRR を使うという構図が見えてくる．

2・4　免疫応答の制御に関与する分子

1）サイトカインおよびそのレセプター

これまで魚類と哺乳類とは系統的にかけ離れていることから，サイトカインをはじめとする免疫関連分子において両者間の相同性は極めて低く，従来の哺乳類のシークエンスに基づいて設計したプライマーを用いた PCR 法では魚類よりホモログ遺伝子を単離することは難しかった．この方法により単離されたのはニジマスの IL-1 ぐらいで他の多くは，EST 解析（特にヒラメ），Subtraction Suppressive Hybridization（SSH）法によるものである．ところが，フグやゼブラフィッシュにおけるゲノム解析の急速な進展に支えられて，ゲノムデータを利用して多くの魚種からサイトカインやケモカイン遺伝子が単離されるようになった（表 4-6）．フグやゼブラフィッシュにおいて IL-1β, IL-2, IL-4/13, IL-6, IL-8, IL-10, IL-11, IL-12, IL-15, IL-16, IL-17, IL-18, IL-20, IL-21, IL-22, IL-24, IL-26, TNFα, IFN-α/β, IFN-γ, TGF-β, および多くの CC および CXC ケモカインが単離またはその存在が示唆されている（Kaiser *et al.*, 2004；Laing *et al.*, 2004）．特に，哺乳類とのホモロジーが極めて低いために同定が難しかった分子については，シンテニー解析により明らかになったものがあり，これらには IL-2, IFN-γ, IL-4/13, IL-21, IL-22, IL-26 などがある．

魚類のサイトカインは哺乳類とほぼ同じ程度に分化を遂げているが，依然として未分化の状態で止まっているものもある．例えば IL-1 については，現在のところ魚類では IL-1α や IL-1 レセプターアンタゴニストはなく，IL-1β に相当するものしか見つかっていない（Huising *et al.*, 2004）．TNF についても同様に，LTα（TNβF）や LTβ はなく TNFα しか見いだされていない．一方，コイ科やサケ科魚類の IL-1β や TNFα には 2 つないし 3 つのアイソタイプが存在し，アイソタイプのレベルでの機能的多様化が進んでいると考えられる．なお，ごく最近フグおよびゼブラフィッシュにおいて，哺乳類と似た遺伝子構成を示すTNF遺伝子座が存在し新規なTNF遺伝子，TNF-Nが存在することが報告されているが，哺乳類のTNFα，LTα，LTβのいずれとも極めて低い相同性を示し，帰属については不明である．

魚類のサイトカイン発見の時代はようやく峠を越えつつあり，今後は機能解析のための組換えサイトカインやこれらに対する抗体の作製の段階に突入しつつある．これまでに，魚類においてはIL-1β，TNFα，IL-8，IFN-γについて一部の魚種で組換え体が作製され機能解析が進められている．

2・5　細胞性免疫

同種移植片拒絶反応，アロ抗原やウイルス感染細胞に対する細胞傷害活性は，Tリンパ球の機能を中心とする細胞性免疫の代表的な反応であり厳格な遺伝的支配を受けている．その背景には自己非自己の認識という免疫学の根本的な命題が潜んでいる．

1）移植免疫

(1) 同種移植片拒絶反応（宿主対移植片反応）

魚類以上の脊椎動物は，異種はもちろん同種移植片も拒絶することができる．表4-7に示したように，円口類や軟骨魚類においては同種移植片の拒絶に1カ月以上を要し，いわゆる慢性的拒絶を示す．一方，硬骨魚類，中でも最も分化の進んだグループと考えられている真骨類においては2週間以内の急性の拒絶を示す．いずれのグループにおいても免疫記憶が形成され，同じ供与者からの皮膚や鱗を

表4-6　魚類におけるサイトカイン

	IL-1β	IL-1R	IL-2	IL-2R	IL-6	IL-6R
ヤツメウナギ						
ドチザメ	●					
ニジマス	●2	●II	●	●γc		
タイセイヨウサケ		●I				
コイ	●3	●				
ゼブラフィシュ	○	○				○
トラフグ	○	○	●	○	●	○
ヒラメ		●II				●
アメリカナマズ						

	IL-15R	IL-16	IL-17 & IL-17R	IL-18	IL-20	IL-21
ドチザメ						
ニジマス	●	○		●		●
タイセイヨウサケ						
コイ						
ゼブラフィシュ		○	○			
トラフグ				●	●	●
ヒラメ						
アメリカナマズ						

●は論文として報告がなされている．○はゲノムデータベースに存在が確認されている．数字はアイソタイプの数

再移植（二次移植）した場合には一次移植よりも速やかに拒絶される．移植片拒絶のメカニズムについても哺乳類とほぼ同様と推定され，T リンパ球が主要な役割を演じている．移植部位には移植後数日以内にリンパ球が浸潤することが観察されており（Tatner and Manning, 1983），地中海スズキにおいて，T リンパ球に対するモノクローナル抗体（DLT15）に反応する細胞群が，自己移植片には殆ど認められないが同種移植片には著しく浸潤してくる（Abelli *et al.*, 1999）．マウスでは新生児の時に胸腺を摘除した場合には胸腺に依存した免疫応答（胸腺依存性の抗体産生能および細胞性免疫）を全く示さないが，いったん胸腺が分化し胸腺由来の T 細胞が他の器官に分布した後では胸腺を摘除しても免疫応答は抑制されない．カサゴの成魚では，胸腺摘除 1 カ月後にヒツジ赤血球（SRBC，胸腺依存性抗原）で免疫すると摘除群においては抗体産生は有意に低下した（Nakanishi, 1991）．これは哺乳類とは異なる知見であり，魚類では成体においても胸腺が機能していることを示唆している．しかし，カサゴ成魚の胸腺摘除は哺乳類におけるのと同様に移植免疫になんら影響を及ぼさず（Nakanishi, 1991），同様なことはニジマスやメダカにおいても報告されている．一方，移植片拒絶能力の発達が胸腺における成熟小リンパ球の出現と密接に関連していることがニジマスにおいて観察されており（Tatner and Manning, 1983），2 カ月齢のニジマス稚魚の胸腺を摘除すると移植片の拒絶が若干遅れることが報告されている．また，産仔後 44 日齢のカサゴ稚魚の胸腺を摘除後，眼球の移植を行ったところニジマスの実験とほぼ同様な結果が得られたが，羊赤血球に対する抗体産生は著しく低下した（Nakanishi, 1991）．このように，魚類では移植免疫に対する胸腺の支配は抗体産生応答に比べ，個体発生のより早い時期に完了すると考えられる．

遺伝子の存在

IL-8	IL-8R	IL-10	IL-11	IL-12 P35	IL-12 P40	IL-13R	IL-15
●							
●							
●	●	●	●	●		●	●
	● 2	●					
○	○	○		○*	○		○
●	○	●		●	●		●
●	●	○	○	○*			

IL-22/26	IL-24	TNF α	TNFR	IFN α&β	IFN γ	TGFβ	CC-Chemokines
							●
		● 2			● I	●	18
				●	● I		
		● 2				●	
○		○*	●	●	● I, II	○	○
○	○	○	○	●	● I	○	○
		●	●		○*	●	
		●		●	● I, II		

表 4-7　魚類における同種移植片生着期間の比較

魚種	移植片の種類	平均生着日数		水温（℃）
		初回移植	再移植	
円口類				
メクラウナギ（*Eptatretusstoutii*）	皮膚	72	28	18.5
ヤツメウナギ（*Petromyzonmarinus*）	皮膚	38	18	18〜21
軟骨魚類				
アカエイ（*Dasyatisamericana*）	皮膚	31 ＜	12 ＞	18〜28
ネコザメ（*Heterodontusfrancisci*）	皮膚	41	17	22
硬骨魚類				
（原始的な硬骨魚）				
ヘラチョウザメ（*Polyodonspathula*）	皮膚	42〜68	12	18〜26（初回）
アロワナ（*Osteoglossumbicirrhosum*）	鱗	18	5.1	25
（真骨類）				
キンギョ（*Carassiusauratus*）	鱗	7.2	4.7	25
テラピア（*Tilapiamossambica*）	鱗	5.2	4.2	30
米国産メダカの一種（*Fundulusheteroclitus*）	鱗	3.4	2.0	28

下記の文献より一部改変して引用.
Hildemann（1970）, Manning and Nakanishi（1996）.

（2）移植片対宿主反応

移植片対宿主反応（Graft-versus Host Reaction, GVHR）は，上述の宿主対移植片反応とは全く逆の反応で，骨髄移植などにおいて移植片が生着した後，移植片中の T 細胞が宿主を非自己として認識し宿主を攻撃する現象であり，アロ抗原反応性細胞傷害性 T 細胞が主要な役割を果たしている. GVHR 誘導のための前提条件として，Graft 中に宿主を認識して増殖し，キラー活性を示す T 細胞が含まれ，かつ宿主は Graft を拒絶できない状態となっていることが必要である. そこで筆者らは，天然雌生発生によりクローナルな繁殖を行っている 3 倍体ギンブナにキンギョをかけあわせて 4 倍体雑種を作製し，3 倍体ギンブナをドナーに，4 倍体雑種をレシピエントとして用い，魚類において GVHR が存在することを明らかにした（Nakanishi and Ototake, 1999）. ちなみに両者は，3 倍体は 4 倍体の移植組織に対して急性拒絶を示すが，その逆は生着するという関係にある. その結果，本実験系において哺乳類などにおいて報告されている典型的な移植片対宿主病（GVHD）の症状が認められた. すなわち，細胞移入後約 2 週目頃より立鱗を呈するとともに，脾臓の肥大が認められるようになり，肝臓は緑色を呈する. その後，腹部の皮膚を中心に出血，壊死が認められ，ついには死亡に至る. ドナーを予め感作しない場合には GVHR は起こらず，1 回ないし 2 回レシピエントの鱗を移植して感作する必要がある. しかも，CD8 α 陽性 T 細胞をドナー細胞から除くと GVHD が起きないことから，GVHD の誘導には CD8 α 陽性 T 細胞の存在が必須である（Shibasaki *et al.*, 2010）. 組織学的には皮膚，肝臓，リンパ器官への単核球の著しい浸潤や増生が認められ，これらのドナー細胞のレシピエントにおける動態を3倍体と4倍体のDNA量の差およびCD4，CD8αに対するMAbを用いてフローサイトメーターを用いて解析すると，移入1〜2週後のレシピエントの体腎ではドナー由来のCD4およびCD8α陽性T細胞の割合が80％以上を占めるに至った（Shibasaki *et al.*, 2010）．また，CD4陽性T細胞がまず増加し，続いてCD8α陽性T細胞が増加することがわかった．なお，ホモ接合体2倍体クローンアマゴおよびこれに野生型のアマゴを掛け合わせた3倍体を作成し，ギンブナ－キンギョの系を用いた場合と同様にGVHRが誘導されることを見出している（Qin *et al.*, 2002）．

（3）*in vitro* 細胞媒介性細胞傷害反応

アメリカナマズにおいて，末梢白血球がアロ抗原において異なる長期培養細胞（Yoshida *et al.*, 1995）やウイルス感染細胞を傷害すること（Hogan *et al.*, 1996）および混合リンパ球反応により *in vitro* で感作した末梢リンパ球が長期培養細胞を傷害すること（Stuge *et al.*, 1997）が報告されている．しかし，これらの傷害活性はドナー個体の感作をしなくても誘導されアロ抗原特異的ではないことから，細胞傷害性T細胞ではなくNK細胞と考えられている．Stugeら（2000）は混合リンパ球培養において繰り返しアロ抗原で感作するとともに成長因子を含んだ培養上清を加え，限界希釈法によりクローン化することにより5種類の長期培養細胞クローンを得ている．すなわち，I）TCR $\alpha\beta$＋アロ抗原特異的細胞傷害性細胞，II）TCR$\alpha\beta^+$ 非特異的細胞傷害性細胞，III）細胞傷害性は示さないがアロ抗原特異的 TCR$\alpha\beta^+$ 細胞，IV）TCR$\alpha\beta^-$ およびV）TCR$\alpha\beta^-$アロ抗原特異的細胞傷害性細胞の5つの特性を示すグループのクローンが得られている．この内，グループIは哺乳類のCTL，グループIIIはヘルパーT細胞，グループIVはNK細胞に相当すると考えられている．グループIIの細胞はCD4遺伝子を発現することが報告され，グループVの細胞は$\gamma\delta$ T細胞の可能性が示唆されているが（Zhou *et al.*, 2001），詳細については不明である．

一方，系統が異なる3種類のクローンギンブナ（奥尻島産OB1；諏訪湖産S3N；霞ヶ浦産K1）の鰭を用いてそれぞれ細胞株（CFO-2；CFS；CFK）を樹立し，これらの細胞株を標的としてアロ抗原特異的細胞傷害反応が証明されている（Hasegawa *et al.*, 1998）．すなわち，CFS細胞で感作したドナー（K1）由来のリンパ球は，自分と同じクローンに属するCFK細胞（同系細胞）や他のクローンに属するCFO-2細胞を殺さないが，感作に用いたCFS細胞を有意に傷害することを見出した．また，Fischerら（1998）は，同じくクローンギンブナを用い，赤血球を標的にしたアロ抗原特異的細胞傷害反応の誘導に成功している．これは，鳥類や両生類と同様に魚類の赤血球が有核であり標的となるMHCクラスI分子を細胞表面に発現していることを利用したものである．杣本ら（Somamoto *et al.*, 2000）は，上述のクローンギンブナとウイルス感染させた同系細胞株を用いて，ウイルス抗原特異的細胞傷害反応を示した．また，傷害活性が高まるに伴いウイルス力価が低下し，ウイルスが排除された頃に抗体価が上昇することを示し，液性免疫よりも細胞性免疫がウイルスの感染防御において重要な役割を演じていることを魚類において初めて明らかにした（Somamoto *et al.*, 2002）．

これまでアロ抗原あるいはウイルス抗原特異的細胞傷害反応に関わる細胞として，細胞表面IgM（sIgM）陰性で，かつTCRα，βおよびCD8α遺伝子（mRNA）を発現する細胞であることが，アメリカナマズ，ニジマスおよびギンブナにおいて報告されている（表4-8）．しかし，CD8α^+T細胞を分離し細胞レベルで抗原特異的細胞傷害活性を調べた報告がなかった．そこで，筆者らのグループでは，ギンブナCD4およびCD8αに対するモノクローナル抗体を用いて，魚類における抗原特異的な細胞傷害活性を示す細胞の同定を試みた．OB1系統ギンブナを，異系細胞株（CFS）を用いて感作した後，腎臓白血球から mAb を用いて，CD4$^+$，CD8α^+，sIgM$^+$細胞あるいは陰性細胞（CD8α^- CD4$^-$ sIgM$^-$細胞）を分離しエフェクター細胞とした．ターゲット細胞として CFO，CFS および CFK（それぞれ OB1，S3N，および K1 クローン系統由来細胞株）を用いた．その結果，CD8α + T 細胞は CFS に対して特異的に強い細胞傷害活性を示したが，CD4$^+$T 細胞，CD8α^-CD4$^-$sIgM$^-$細胞および未感作の細胞は示さなかった（Toda *et al.*, 2009）．このことから，魚類の CD8α^+T 細胞は，哺乳類の CTL と同様な機序で抗原特異的に細胞傷害活性を示すことが明らかとなった．なお，sIgM$^+$細胞も細胞傷害活性を示したが非特異的であった．このことから，sIgM$^+$細胞による細胞傷害活性は細胞表面に Fc レセプターをもつナチュラルキラー（NK）細胞によるものと考えられる．

（4）細胞免疫性アレルギー（Ⅳ型）

遅延型過敏症反応（DTH 反応）とも呼ばれ，ツベルクリン反応が典型である．これまで，円口類のヤツメウナギ（ツベルクリン抗原；Finstad and Good, 1966）や原始的な硬骨魚であるアミア（Ascaris sp. 抗原；Papermaster *et al.*, 1964），および硬骨魚のニジマスにおいてその存在が報告されている．ニジマスでは，前もって結核菌の死菌を含んだコンプリート・フロインド・アジュバント（CFA）で感作後，2 週間目に同一抗原を皮下に注射すると，48 時間後には単核球の浸潤を伴う皮膚の肥厚が観察される（Bartos and Sommer, 1981）．但し，結核菌と同属の *M. salmoniphilum* でテストした場合に弱いながらも交差反応が認められることから，特異性がやや低いようである．また，寄生虫（*Cryptobia*）で感作したニジマスの頭腎細胞を用いてマクロファージの遊走阻止も観察されている（Thomas *et al.*, 1990）．以上のように魚類のレベルにおいても DTH 反応が存在すると考えられるが，上に述べたニジマスの実験では可溶性抗原に対しては反応しないことや，アメリカナマズにおいてはウイルスおよび細菌抗原に対して DTH 反応を示さないという報告もあり，今後詳しく検討する必要がある．

表 4-8　魚類における抗原特異的細胞傷害活性を示す細胞の同定

効果細胞	標的細胞	T 細胞マーカー	魚　種	文　献
アロ抗原特異的細胞傷害性 T 細胞クローン	アロ抗原が異なる B 細胞クローン	TCR$\alpha\beta$	アメリカナマズ	Stuge *et al.*, 2000
感作末梢白血球	IPNV ウイルス感染細胞株（CFS）	—	ギンブナ	Somamoto *et al.*, 2000
アロ抗原特異的細胞傷害性 T 細胞クローン	アロ抗原が異なる B 細胞クローン	TCR$\alpha\beta$	アメリカナマズ	Zhou *et al.*, 2001
感作末梢白血球及び腎臓感作末梢白血球	CHNV ウイルス感染細胞株（CFS）	—	ギンブナ	Somamoto *et al.*, 2002
末梢白血球由来 sIg$^-$リンパ球	アロ抗原が異なる赤血球または RTG-2 細胞	TCRα, CD8α	ニジマス	Fischer *et al.*, 2003
混合リンパ球培養により誘導した細胞傷害性細胞	アロ抗原が異なる細胞株（CFS）	TCRβ, CD8α	ギンブナ	Somamoto *et al.*, 2004
腎臓白血球由来 sIg$^-$リンパ球	CHNV ウイルス感染細胞株（CFS）	TCRβ, CD8α	ギンブナ	Somamoto *et al.*, 2006
CD8α陽性 T 細胞	アロ抗原が異なる細胞株（CFS）	TCRβ, CD8α	ギンブナ	Toda *et al.*, 2009
混合リンパ球培養により誘導した細胞傷害性細胞	CHNV ウイルス感染細胞株（CFS）	TCRβ, CD8α	ギンブナ	Somamoto *et al.*, 2009

2・6　液性免疫応答

魚種によって異なるが，抗体産生細胞は抗原接種2〜5日後に出現し，抗体はやや遅れ5〜7日後に血液中に証明される場合が多い．カサゴやギンブナに羊赤血球（SRBC）を抗原として腹腔内に注射した場合，抗体産生細胞は，頭腎や脾臓において抗原接種後3日目に出現し7日目にピークに達する．一方，血液中の抗体はそれよりやや遅れて出現し，2週目にピークに達する（中西, 1982；Nakanishi, 1987）．数カ月後に同じ抗原を接種すると，ピークに達するまでの期間が短縮されるとともに，ピーク時の抗体価も一段と高くなり，典型的な二次反応（既往反応）が認められる．このように，魚類の抗体産生応答のカイネチックスは哺乳類とほぼ同様と考えられる．但し，魚類の血液中の免疫グロブリンはIgMと最近発見されたIgT/Zのみであり，IgGなどへの切り替え（クラススイッチ）が認められない点は哺乳類と異なる．

2・7　免疫系の発生・発達

1）リンパ器官の発達

主要なリンパ器官の形成の順序については，多くの魚種では高等脊椎動物と同様に，胸腺が最初に出現する器官で，次いで腎臓，そして最後に脾臓である．例えば，ニジマスでは14℃で飼育したとき胸腺の原基は孵化5日前に既に存在しており，脾臓が出現するのは孵化後3日目である（Tatner, 1996）．但し，これらの順序は魚種により多少異なり，カサゴやマダイでは胸腺よりも先に腎臓の原基が出現している．しかし，小リンパ球の出現はいずれの魚種でも胸腺が最初である（Nakanishi, 1991）．リンパ器官の発達の目安として重要なことは，器官の出現時期よりもその器官における成熟リンパ球の出現時期である．ニジマスでは各器官における成熟リンパ球の出現時期は胸腺，頭腎，脾臓それぞれ，孵化後3，5，6日目である．一方，カサゴにおいてはリンパ器官の発達は遅く，産仔後（孵化後約3日目で生み出される）3週目に胸腺において小リンパ球が認められ，頭腎や脾臓ではそれぞれ4，6週目にやっと出現する（表4-9）．

高等脊椎動物においては，胸腺はリンパ球の成熟にとって必須の器官であり，未だ成熟リンパ球が末梢に分布していない新生児の時期に胸腺を適除すると，Tリンパ球が主要な役割を果たす細胞性免疫機能や胸腺に依存した抗体産生が完全に抑制される．このように，胸腺は免疫系の統御や成熟に欠かせない器官であり，骨髄とともに中枢リンパ器官と呼ばれている．魚類においては，仔稚魚期に完全に胸腺を摘除することは難しく実験例は少ないが，胸腺摘除により胸腺依存性の抗体産生が低下し，腎臓や脾臓の小リンパ球が激減することが知られている（Nakanishi, 1986a, 1991）．したがって，魚類においても，胸腺は高等脊椎動物と同様な役割を果たしていると推察される．ヒト胸腺の容積は思春期に最大に達し，その後加齢とともに退縮することが知られている．魚類の胸腺の体重に対する割合は孵化後1〜2カ月頃に最大に達し，その後徐々に減少する．加齢による胸腺の退縮傾向は認められるが，寿命の長い魚種では成体になっても認められる場合がある．但し，アユなどの年魚では秋になるとその存在すら見いだすことが難しくなるぐらい退縮する．産仔後のカサゴでは胸腺は著しく退縮しているが，その後また回復することから（Nakanishi, 1986b），加齢の影響と言うよりも性成熟が影響しているのかもしれない．

表 4-9 魚類における免疫機能の発達

魚 種	リンパ球の出現時期	Ig 陽性細胞の出現	移植片の拒絶	抗体産生		
コイ (22℃)	孵化 3 日後（胸腺） 孵化 6 日後（腎臓） 孵化 8 日後（脾臓）	孵化 1 カ月後（脾臓）	孵化 16 日後（亜急性）	孵化 4 週後	*A. salmonicida* HGG SRBC	+(免疫記憶) −(トレランス) −(トレランス)
				孵化 2 カ月後	*A. salmonicida* HGG	+ +
ニジマス (14℃)	孵化 3 日後（胸腺）*1 孵化 4〜5 日後（腎臓） 孵化 6〜14 日後（脾臓）	孵化 4 日後（腎臓） 孵化 1 カ月後（脾臓）	孵化 5 日後（生着） 孵化 14 日後（慢性） 孵化 21 日後（亜急性）	孵化 3 週後	*A. salmonicida* HGG	+(記憶なし) −(トレランス)
				孵化 2 カ月後	*A. salmonicida*	+(免疫記憶)
ゼブラフィッシュ (28℃)	受精後 3 日目（胸腺） 受精後 1〜2 週目（腎臓） 受精後 1 カ月以上(脾臓)	受精後 2 週間目(腎臓)		受精 4 週目 受精 6 週目	*A. hydrophila* HGG	+ +
カサゴ (23℃)	孵化 3 週後（胸腺） 孵化 4 週後（腎臓） 孵化 6 週後（脾臓）		孵化1.5 カ月後(急性)	孵化 1 カ月後 孵化 1.5 カ月後 孵化 2 カ月後	SRBC SRBC SRBC	−(記憶なし) − +

Aeromonas salmonicida：せっそう病原因菌，*Aeromonas hydrophila*：淡水魚の病原菌，HGG：ヒトガンマグロブリン，SRBC：羊赤血球，*1 8 日前に出現するという報告もある

2）細胞性免疫機能の発達

魚類の細胞性免疫機能の発達は専ら移植片拒絶反応により検討されている（Tatner, 1996）．移植片拒絶能力は個体発生のかなり早い時期から備わっており，ニジマスにおいては孵化後約 2 週齢（14℃飼育）より同種の皮膚移植片を拒絶することが報告されている（表 4-8）．但し，拒絶に要する期間は長く，孵化後 26 日齢になると成魚と同じ早さ（14〜20 日）で拒絶することができるようになる．一方，孵化後 5 日齢では拒絶反応は起こらず，移植片へのリンパ球の浸潤も認められない．移植片拒絶能力は，前述のリンパ器官の発達とよく一致しており，胸腺，腎臓および末梢におけるリンパ球の存在に依存している．コイにおいても同様に，孵化後 16 日齢で移植片を拒絶することができ，しかも，免疫記憶も形成されることが報告されている．興味深いことに，3〜12 カ月齢のカサゴの移植鱗の拒絶期間を比較すると，若い個体ほど早く拒絶する傾向が認められる（Nakanishi, 1986c）．

3）液性免疫機構の発達

抗体産生能は，移植片拒絶能よりも遅れて成熟する．孵化後 2 週齢のニジマスは，胸腺依存性抗原であるヒトガンマグロブリン（HGG）や胸腺非依存性抗原であるせっそう病原因菌（*Aeromonas salmonicida*）のいずれにも応答できない（Tatner, 1996）．3 週齢になると HGG には応答できないが，せっそう病菌に対して抗体産生を行うことができる．しかし，この時期には未だ免疫記憶を形成する能力はない．2 カ月齢になると，胸腺依存性，非依存性両抗原に対して免疫記憶を伴った抗体産生が可能となる（表 4-9）．同様なことは，コイにおいても知られており，抗体産生能は，抗原が胸腺に依存性であるか非依存性であるかによって，その成熟時期が異なる．2 カ月齢で抗体産生が可能になるとはいえ，抗体価や持続期間は成魚に比べて劣り，成魚に匹敵する抗体産生能を示すのは，カサゴにおいては 5〜6 カ月齢以降である．また，抗体産生能は，年齢ではなく，体重によって決まることが知られており，たとえ年齢を経ていても一定の体重に満たない場合（矮小な個体など）抗体産生はできない（Nakanishi, 1986c）．抗体産生能は，移植免疫と同様にリンパ器官における小リンパ球の存在と一致しており，抗体産生が可能となる 2 カ月齢のカサゴ稚魚においては，主要な抗体産生器官である頭腎や体腎における小リンパ球数が著しく増加する．

仔稚魚期にワクチンを投与する際注意しなければならないことは，免疫学的寛容（トレランス）の誘導である．これは免疫システムが未だ完成していない時期に抗原を投与すると，反応できないばかりでなく自己，非自己の区別ができなくなり，免疫応答能が成熟した後でもその抗原に対して反応できなくなる現象である．胸腺依存性抗原を注射投与した場合にしばしば認められ，浸漬投与による場合には起こらないとされている．

2・8　免疫応答の調節

1）水温の影響

魚類は変温動物であり，こうした応答は水温に著しく影響される．生理的温度範囲内では温度の上昇とともに拒絶期間も短くなる．一方，低水温では拒絶反応は抑制され，海産魚のカサゴを用いた実験では，水温23℃で移植6日後に拒絶されるが10℃では拒絶完了までに2カ月を要する．また，メダカでは7℃以下の低温下では拒絶は起こらず，6カ月以上生着している（Kikuchi *et al.*, 1983）．液性免疫応答も著しく水温に影響され，温水魚では10℃で抗体産生が完全に抑制される（中西, 1983）（図4-10）．抑制のメカニズムについては，抗原の処理やBリンパ球の機能は低水温でも抑制されず，Tリンパ球の細胞膜の流動性の変化やTリンパ球由来の成長因子の合成が低水温により抑制されることが最近の研究から示唆されている（Vallejo *et al.*, 1992）．しかし，移植片拒絶反応と抗体産生応答では低水温の影響は少し異なるようである．つまり，10℃の低水温ではカサゴの抗体産生は完全に抑制されるが，移植片の拒絶は遅れるものの進行する（中西，1985）．このように，抗体産生においては移植免疫に比べ抑制温度の閾値が高い．これがTリンパ球亜群の温度感受性の差に基づくものかどうかについては現在のところ不明である．

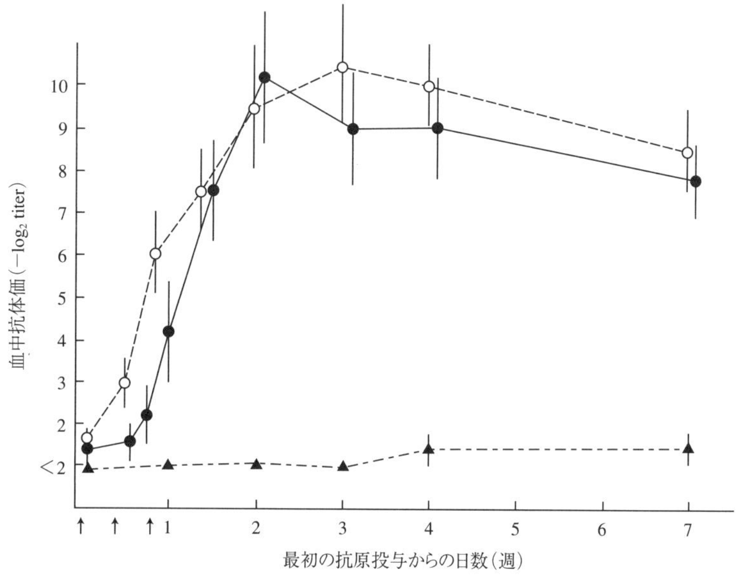

図4-10　カサゴのヒツジ赤血球に対する抗体産生に及ぼす水温の影響
▲－－－▲：10℃，● —— ●：23℃，○－－－○：30℃
矢印は抗原の投与を示す

2）季節変化

抗体産生に季節変化が認められることが，ヒラメ，カサゴおよびニジマスにおいて報告されている．水温の影響によるものではないことが，カサゴやニジマスにおいて確かめられており，周年を通じ飼育水温を一定に保っても，抗体価はカサゴでは夏に高く冬に低い（Nakanishi, 1986a）．また，ニジマスでは冬に低く春に高いという季節変化を示す．カサゴにおいては，成熟雌魚，特に産仔後において抗体産生の著しい抑制が認められることから，性成熟に伴うホルモンの影響も考えられる．しかし，これだけでは夏に高く冬に低いという現象は説明できないように思われ，光周期の関与も示唆されている．最近，季節変化だけでなく，日周変化も存在することが鱗移植片拒絶反応において報告されており，夜間の方が昼間よりも早く拒絶されるという．

3）免疫応答の抑制

魚に急性のストレスを与えると抗体産生細胞の数が減少し，ビブリオ病に対する感受性が高まることが，マスノスケにおいて知られている．アメリカナマズにおいても，ストレスによりリンパ球の減少やマイトジェン刺激に対して細胞が反応できなくなることが報告されている．このように，ストレスにより魚類においても免疫応答は抑制されるが，その詳しいメカニズムについては不明である．また，高密度飼育するとIPNウイルスに対する免疫応答が低下することが報告され，フェロモン様の物質の関与が示唆されている．魚類の免疫応答は，種々の物質においても抑制されることが知られている．特に，水中で生活する魚類は常にこれらの物質に曝されているため敏感であり，低濃度の重金属や汚染物質によっても免疫応答が抑制されることが報告されている．

哺乳類と同様に放射線照射により魚類の免疫応答も抑制される．カサゴに20グレイ（Gy）の照射を行うと抗体産生は完全に抑制されるが，移植片の拒絶期間は2～3倍延長するのみである（Nakanishi, 1986）．移植片拒絶反応を完全に抑制するためには40Gy以上の照射を行う必要がある．しかし，この場合移植片は生着しているが，魚は約2週間以内に死亡する．ゼブラフィッシュにおいても同様な報告がなされており，造血系の細胞の死滅には40Gy以上の照射が必要で照射後2週間以内に死亡すること，および亜致死量は20Gyであることが報告されている（Traver *et al.*, 2004）．キンギョやギンブナの亜致死量はそれぞれ30Gy，25Gy（Kobayashi *et al.*, 2008a）で魚種によって若干異なるが，哺乳類（マウスは9Gy）に比べて魚類は放射線に対してより高い抵抗性を示すといえる．一般に，照射後時間が経過するにつれて放射線障害からの回復が認められる．メダカでは照射後25日以内に回復するとされているが（Kikuchi and Egami, 1983），カサゴでは照射後3カ月経過しても抑制の影響は残り魚種による相違も考えられる（Nakanishi, 1986a）．

（中西照幸）

§3. 甲殻類の生体防御機構

節足動物門の中で，ほとんどの種が水中生活を営む甲殻類は，一般に5綱に分類される（大塚・駒井，2008）．このうち，軟甲綱の十脚甲殻類には，産業上の重要種が多い．これには根鰓亜目のクルマエビ *Marsupenaeus japonicus*，コウライエビ *Fenneropenaeus chinensis*，ウシエビ *Penaeus monodon*，ホワイトレッグシュリンプ *Litopenaeus vannamei* などのクルマエビ科のエビ類や，抱卵

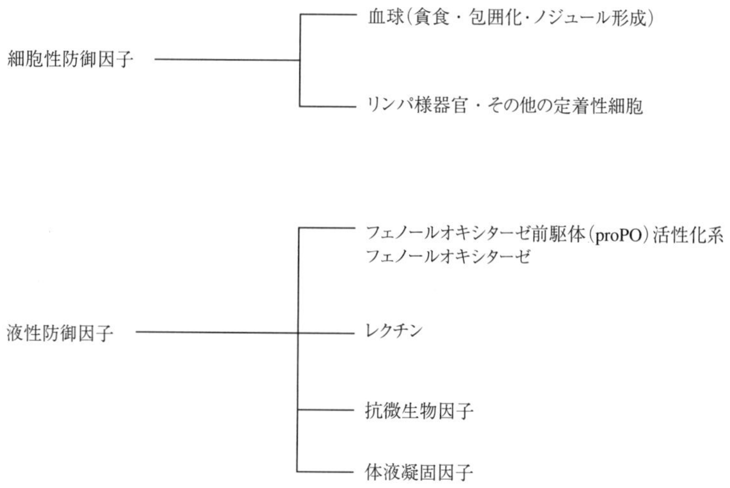

図 4-11　エビ類を中心とした甲殻類の生体防御機構

亜目コエビ下目のオニテナガエビ *Macrobrachium rosenbergi*，ザリガニ下目のアメリカザリガニ *Procambarus ciarkii*，アメリカンロブスター *Homarus americans* やイセエビ下目のイセエビ *Penulirus japonicus*，異尾下目のタラバガニ *Paralithodes camtschaticus* および短尾下目のズワイガニ *Chionoecetes opilio*，ケガニ *Erimacrus isenbeckii*，ガザミ *Portunus trituberculatus* などのカニ類が含まれる（林, 1996）.

従来，甲殻類の生体防御機構に関する研究は，主として比較生物学的見地から，欧米を中心に，ザリガニ類やロブスターなどでなされてきたが，近年エビの養殖産業が発展した背景もあって，十脚甲殻類の中でも，とくに根鰓亜目のクルマエビ科のエビ類を対象とした研究が急速に進歩してきた.

甲殻類をはじめとする無脊椎動物は，脊椎動物のもつ T リンパ球，B リンパ球および免疫グロブリンによる獲得免疫機構をもたず，血球や定着性細胞による細胞性因子とフェノールオキシターゼ前駆体活性化系やレクチンなどによる液性因子によって生体を防御している（図 4-11）. しかし，最近ウイルスに感染耐過したエビが再感染に抵抗性を示し，そのエビの血リンパ中に当該ウイルスに対する中和活性が存在することや，ウイルスの組換えタンパク質の投与によって，ウイルス抵抗性が認められるなど，エビ類が獲得免疫に類似の応答を示すことが報告されている（Venegas *et al.,* 2000；Witteveldt *et al.,* 2004a, b；Namikoshi *et al.,* 2004；Satoh *et al.,* 2010）.

3・1　細胞性防御因子

細胞性の防御因子としては，血球と定着性細胞があげられる．血球は侵入した異物を貪食，包囲化およびノジュール形成によって処理し，鰓や触角腺に存在する足細胞やリンパ様器官などの定着性細胞は，飲作用や捕捉作用によって生体を防御している.

1）血　球

(1) 血球の種類

甲殻類の血球の分類については，主として十脚甲殻類を対象に研究がなされ，顆粒の有無やその大きさによって，3 種類に分けられているが，その名称は研究者や対象種によって若干異なる．すなわち，その 1 つは顆粒を全くもたないかあるいは少数しかもたない血球であり，それについては透明細胞（hyaline cell，hyaline hemocyte）または未分化血球（undifferentiated hemocyte）と呼ばれている（Hose and Martin，1989；Tsing *et al.*，1989；Hose *et al.*，1990；近藤ら，1992；Lanz *et al.*，1993；Sequeira *et al.*，1995；Rodriguez *et al.*，1995；Parazzolo and Barracco，1997；Kondo *et al.*，1998a；Le Moullac *et al.*，1998；Sung *et al.*，1999，2000）．小型の顆粒をもつ血球は半顆粒細胞（semi-granular cell，semigranular cell，semigranulocyte）（近藤ら，1992；Lanz *et al.*，1993；Sequeira *et al.*，1995；Rodriguez *et al.*，1995；Le Moullac *et al.*，1998；Sung *et al.*，1999；2000）または小顆粒血球（small granular hemocyte，small granule hemocyte）と称されている（Hose and Martin, 1989；Tsing *et al.*，1989；Hose *et al.*，1990；Parazzolo and Barracco, 1997；Kondo *et al.*，1998a）．また，後述の顆粒細胞よりも顆粒の少ないものを半顆粒細胞と呼んでいる報告もある（近藤ら，1992；Sung *et al.*，1999, 2000）．大きな顆粒をもつ血球や豊富な顆粒をもつものについては，顆粒細胞（granular cell, granulocyte），大顆粒細胞（large granular cell, large granule cell）または大顆粒血球（large granular hemocyte, large granule hemocyte）と呼ばれている（Hose and Martin, 1989；Tsing *et al.*，1989；Hose *et al.*，1990；近藤ら，1992；Lanz *et al.*，1993；Sequeira *et al.*，1995；Rodriguez *et al.*，1995；Parazzolo and Barracco, 1997；Kondo *et al.*，1998a；Le Moullac *et al.*，1998；Sung *et al.*，1999, 2000）（図 4-12）．なお，細胞質に高電子密度の沈着物を有する血球を，顆粒の数や大きさにかかわらず，透明細胞としている場合もある（Martin and Hose, 1992）．

甲殻類の血球を 3 種類に分類することは，Bauchau（1981）がその著書の中で，チュウゴクモクズガニ *Eriocheir sinensis* の血球を透明細胞（hyaline cell），半顆粒球（semi-granulocyte）および顆粒球（granulocyte）の 3 種に分け，既報の血球をこの基準にあてはめて分類して以来，多くの研究者によって無条件に採用されてきた．最近，筆者らは上記の Bauchau（1981）の分類基準に基づく分類法に疑問をもち，メイ・グリュンワルド染色性の違いと顆粒の大きさから十脚甲殻類数種を用いて血球の再（細）分類を試みた（Kondo *et al.*，2000；近藤・高橋，2012）．その結果，十脚甲殻類は血球組成から少なくとも次の 5 型に大別された．すなわち，クルマエビやガザミなどの 8 種類の血球をもつⅠ型，イセエビやアメリカンロブスターなどの 4 種類の血球をもつⅡ型，アメリカザリガニ，サワガニ *Potamon dehaani*，モクズガニ *Eriocheir japonicus* などの 3 種類の血球をもつⅢ型，テナガエビ類やヌマエビ類のような 2 種類の血球をもつⅣ型およびⅣ型とは異なる 2 種類の血球をもつオオシロピンノ *Pinnotheres sinensis* が属するⅤ型に分類された．さらに，甲殻類では体外に取り出すと形態学的に不安定な血球種があり，採血に用いる抗凝固剤の種類によって得られる血球形態や組成が異なることが知られている（Martin *et al.*，1991；近藤ら，2012）．クルマエビにおいても近藤ら（1992）が透明細胞と呼んだ血球は脱顆粒した血球であり，半顆粒細胞は顆粒細胞と同一種の血球であった．また，Kondo ら（1998a）がクルマエビの透明細胞とした沈着物を有する血球は，豊富な顆粒を有することが明らかとなった（近藤ら，2012）．甲殻類の血球分類については，さらに検討の余地が残されている．

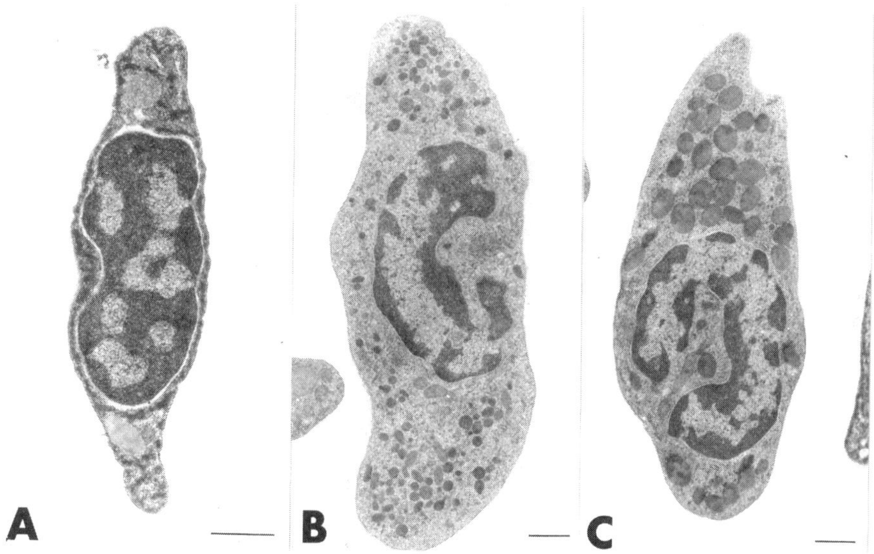

図4-12　クルマエビの血球（A，透明細胞；B，小顆粒細胞；C，大顆粒細胞）．
透過型電子顕微鏡像．スケールバー＝1 μm．
Kondo *et al.*（1998a）より改変．

(2) 血球の機能　—貪食作用—

血球の重要な生体防御上の役割の1つとして，侵入する異物に対する貪食作用（phagocytosis）があげられる．前述のように，血球の分類法に問題がある可能性もあり，同じ十脚甲殻類であっても種が異なると，同じ名称で呼ばれている血球であるにも関わらず，機能が異なることが知られている．例えば，イシエビの1種である *Sicyonia ingentis* の血球の貪食活性は，透明細胞にはみられないが小顆粒細胞と大顆粒細胞には認められる（Hose and Martin, 1989）．クルマエビでは，顆粒細胞の貪食活性が最も高く，次いで半顆粒細胞が高く，透明細胞の活性は低い（近藤ら, 1992）．また，オニテナガエビでは，透明細胞はラテックスビーズを貪食し，他の血球は活性を示さず，顆粒球と半顆粒球はザイモサン粒子を貪食するが，透明細胞は活性を示さない（Sung *et al.*, 2000）．一方，ヨーロッパの淡水ザリガニ *Pacifastacus leniusculus* の血球は，主として透明細胞に貪食活性がみられ，半顆粒細胞の活性は低く，顆粒細胞には全く活性がない（Söderhäll *et al.*, 1986）．また，イソワタリガニ *Carcinus maenus* では，透明細胞にのみ貪食活性が認められている（Smith and Söderhäll, 1983；Söderhäll *et al.*, 1986）．

血球の貪食活性を促進する外因性の物質としては，グラム陽性菌の細胞壁に含まれるペプチドグリカン（PG），グラム陰性菌の外膜表層物質のリポ多糖（LPS）および菌類や海藻由来のβ-1, 3- グルカンなどが知られている．グラム陽性菌の *Bifidobacterium thermophilum* 由来のPGをクルマエビに0.2 mg/kg体重/日, 7日間経口投与すると, ラテックスビーズに対する顆粒球の貪食活性が高まる（Itami *et al.*, 1998）．グラム陰性菌の *Pantoea agglomerans* 由来のLPSをクルマエビに20, 40および100 μg/kg体重/日，7日間経口投与すると，顆粒球の貪食活性が高まるが，とくに20 μg投与区の活性が高い（Takahashi *et al.*, 2000）．また，LPSはアメリカンロブスターに対しても血球の貪食活性を高める（Goldenberg *et al.*, 1984）．一方，スエヒロタケ *Schizophyllan commune* 由来のβ-1, 3- グルカンをクルマエビに 50 mg/kg 体重 / 日，10 日間投与すると貪食活性が高まる（Itami *et al.*, 1995）．β-1, 3- グルカンはエビ類だけではなく淡水産ザリガニ *Astacus astacus* やイソワタリガニの血球をも活性化する（Smith and Söderhäll, 1983）．また，ワカメ *Undaria pinatifida* の胞子葉および茎から抽出したβ-1, 3-グルカンを主成分とする物質は，クルマエビ血球の貪食活性を促進する（高橋ら，2001）．

脊椎動物においては好中球などの食細胞が異物を貪食すると活性酸素群を産生し，これによる処理ののち，顆粒内の水解酵素によって消化することが知られている（和合, 1994）．イソワタリガニ（Bell and Smith, 1993），ウシエビ（Song and Hsieh, 1994 ; Bodhipaksha and Weeks-Perkins, 1994），クルマエビ（Bachère *et al.*, 1995），ホワイトレッグシュリンプ（Munoz *et al.*, 2000）の血球に活性酸素産生能の存在が明らかになったことから，甲殻類においても血球が貪食した異物の処理方法は，脊椎動物と同様であると考えられる．また，淡水産ザリガニの血球に，細胞傷害活性（cytotoxic activity）も見い出されている（Söderhäll *et al.*, 1985）．

(3) 血球の機能 ―包囲化作用とノジュール形成―

血球が貪食できないほど大きな異物が侵入した場合には，多くの血球が異物を取り囲むとともに，線維芽細胞などの組織の細胞をも動員して被のう化し，生体内で異物を隔離する．このような血球の働きを包囲化作用（encapsulation）と呼んでいる（Ratcliffe *et al.*, 1985）．血球の包囲化作用は，生体内に真菌が侵入した時や，抗酸菌感染症において認められている（Persson *et al.*, 1987 ; Hose and Martin, 1989 ; Krol *et al.*, 1989）．この包囲化作用を促進する物質として 76kDa のタンパク質がザリガニ *P. leniusculus* の血球抽出液から精製された（Johansson and Söderhäll, 1988）．この物質は一本鎖のポリペプチドで，半顆粒細胞による包囲化作用を促進する因子である（Kobayashi *et al.*, 1990 ; 小林・Söderhäll, 1992）とともに，半顆粒細胞と顆粒細胞の異物に対する付着活性（Johansson and Söderhäll,

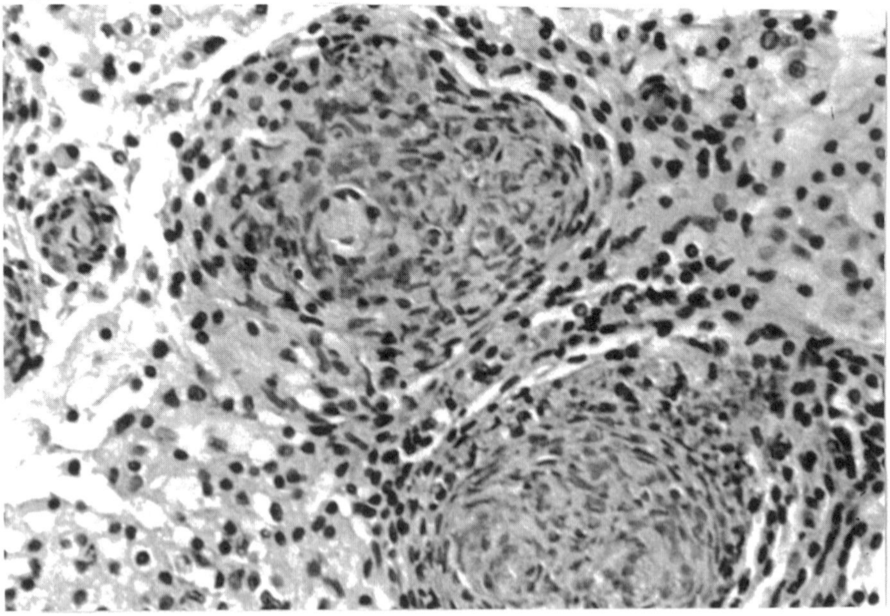

図 4-13　侵入した細菌に対するクルマエビ血球のノジュール形成像．
高橋ら（2001）．

1988）と脱顆粒活性（Johansson and Söderhäll, 1989）を促進する．また，ザリガニの透明細胞，半顆粒細胞および顆粒細胞の3つのタイプの血球の表面に，このタンパク質のレセプターが存在し，本物質がレセプターに結合すると，細胞内の酵素反応が活性化することから，この76kDaのタンパク質は細胞間の情報伝達に重要な役割をはたしていると考えられている（Johansson and Söderhäll, 1993）.

血球が貪食できないほど多数の異物が侵入してきた場合には，血球が層状をなして異物の周囲に集合し，ノジュール（小節）という細胞塊を形成し（図4-13），周辺組織から異物を隔離するとともに，ノジュールが最終的にメラニン化される（Ratcliffe *et al.*, 1985）．このようなノジュール形成（nodule formation）は，甲殻類の生体内に多くの細菌が侵入した場合などにしばしば観察され（White and Ratcliffe, 1982），*Vibrio penaeicida* に感染したクルマエビのリンパ様器官においては，中心部の細菌集落を囲んでメラニン沈着層が存在し，さらにその周囲を血球が同心円状をなして細胞塊を形成する（江草ら, 1988）.

2）定着性細胞

すべての生細胞は，細胞外の環境から種々の物質を細胞内へ取り込んで細胞活動を営んでいる．細胞が物質を取り込む働きをエンドサイトーシス（endocytosis）と呼び，このうち可溶性か，または極めて小さな微粒子状の物質の取り込みを飲作用（pinocytosis），大型の固形物の取り込みを貪食作用（phagocytosis）と称している．十脚甲殻類において，タンパク質やウイルス粒子を除去する飲作用能をもった定着性細胞としては鰓に存在する足細胞（podocyte）が知られている（Johnson, 1987）．これは，腎細胞（nephrocyte）の1種で，第2触角基部に開口する触角腺（antennal gland）にも存在する十脚甲殻類の排出器官である（森, 1992）．貪食作用を示す定着性細胞としては，クルマエビ科やテナガエビ科のエビ類の心臓筋線維鞘に貪食性貯蔵細胞（phagocytic reserve cell）が付着して存在する（Johnson, 1987）．クルマエビの本細胞においては，小型のライソゾームが多数観察されている（図4-14）（Kondo *et al.*, 1998a）．また，心臓から前方に伸びる動脈から分岐した細動脈が肝膵臓の構成単位である盲嚢間に分岐しており，その管壁には定着性食細胞（fixed phagocyte）が見い出されている．この細胞の異物隔離作用は，単なる貪食作用だけではなく，細胞周囲の網状あるいはふるい様の顆粒層の中に異物を捕捉・保持する方法にもよる（Johnson, 1987 ; 森, 1992）．また，クルマエビ，コウライエビ，ブルーシュリンプ *Litopenaens stylirostris* などのクルマエビ科のエビ類には上述の食細胞を含む細動脈が肝膵臓に認められていないが，中腸腺（肝膵臓）の斜め下前方の位置にリンパ様器官と称される臓器が存在する（Oka, 1969 ; Nakamura, 1987 ; Bell and Lightner, 1988）．本器官については，過去において造血機能をもった造血小節であるとされたこともあったが（Martin *et al.*, 1987, 1989 ; 森, 1992），Kondoら（1994, 1998a）によって異物を捕捉する組織であることが明らかになった．本器官は，心臓から前方に伸びる1対の血管からそれぞれ分岐した動脈性細管がこの位置で著しく分岐したものであり，前述の肝膵臓にみられる定着性食細胞を含む細動脈と相同であると考えられる．クルマエビのリンパ様器官に認められる食細胞は多数の小胞を有し，哺乳類の細網性樹状細胞に類似した細胞質突起が発達している（図4-15）．クルマエビに炭素粒子やラテックスビーズを注入すると，この食細胞が異物を活発に貪食し（図4-16），貪食した細胞では細胞質突起がほとんどみられず，細胞間の線維物質も消失し，これらの細胞塊の周囲を線維物質が取り巻いて小節を形成し，動脈性細管から遊離する（Kondo *et al.*, 1994）.

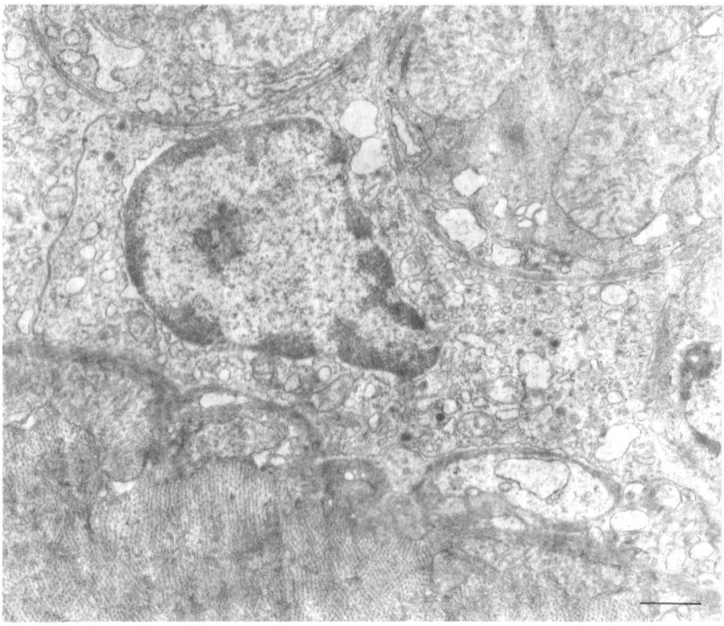

図 4-14　クルマエビ心臓に定着している食細胞．Kondo *et al*.（1998a）より改変．
透過型電子顕微鏡像．スケールバー＝1μm．

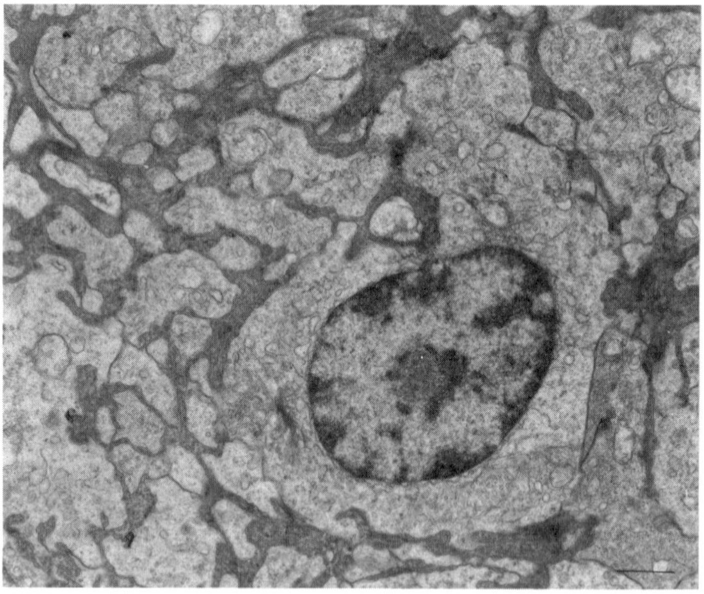

図 4-15　クルマエビのリンパ様器官に存在する食細胞．Kondo *et al*.（1998a）より改変．
透過型電子顕微鏡像．スケールバー＝1μm．

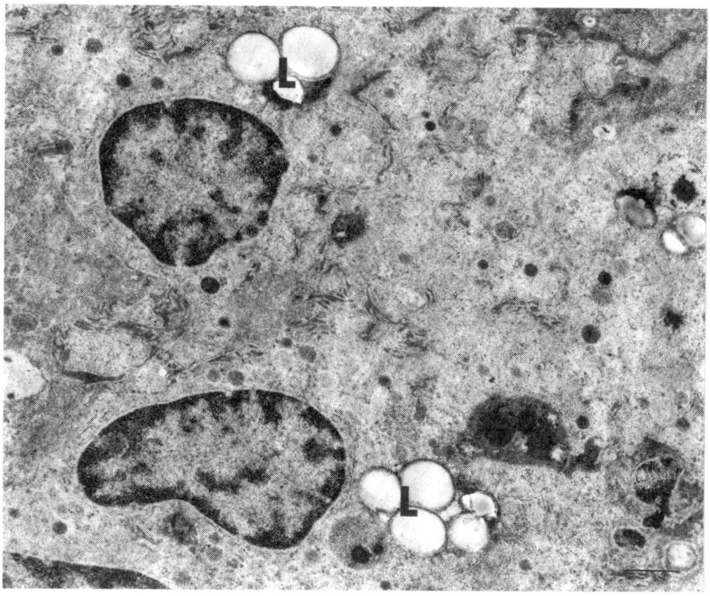

図 4-16　ラテックスビーズ（L，直径 1μm）を貪食したクルマエビリンパ様器官の食細胞．透過型電子顕微鏡．スケールバー＝1μm．

3・2　液性防御因子

甲殻類をはじめとする無脊椎動物は，免疫グロブリンのような抗原特異的な液性因子による防御機構をもたないとされている．しかし，フェノール酸化酵素前駆体（proPO）活性化系，レクチンおよび殺菌素などの液性因子が存在し，生体を防御している．

1）フェノール酸化酵素前駆体

proPO 活性化系は，フェノール酸化酵素前駆体カスケードとも呼ばれ，甲殻類や昆虫類の重要な生体防御機構である．甲殻類での proPO 活性化系の研究は，Söderhäll とその共同研究者らによって，主にザリガニ *P. leniusculus* を用いて行われており，近年クルマエビ類においても研究が進んできた（Sritunyalucksana and Söderhäll, 1999 ; Vargas-Albores and Yepiz-Plascencia, 2000）．proPO 活性化の反応を担う因子の多くが血球内に存在し，生体内に細菌や真菌などの微生物が侵入した場合，微生物がもつリポ多糖（LPS），β-1, 3- グルカンおよびペプチドグリカンなどに反応して血球内に存在する proPO とそれを活性化するためのセリンプロテアーゼ前駆体（prophenoloxidase activating enzyme, ppA）が細胞外へ放出されると考えられている（Söderhäll and Cerenius, 1998）．放出された ppA は LPS や β-1, 3- グルカンの存在下で活性型 ppA となり，これが proPO を活性型フェノール酸化酵素（PO）へと変換される．PO は体液中に存在するチロシンやドーパなどのフェノール系の物質を酸化して，中間産物のキノン類を経て，最終的にメラニンが生成される（Söderhäll, 1982）．中間産物は真菌に対して抗微生物作用を有するとともに，メラニンが異物を包み込んで周辺組織からこれらを隔離することによって生体を防御する（Söderhäll and Ajaxon, 1982 ; 和合, 1994）．ザリガニでは proPO の特性がタンパク質および遺伝子レベルで解析されており，イエローレッグシュリンプ *Farfantepenaens californiensis*，ウシエビ，クルマエビなどでも研究が進められている（Gollas-Galvan *et al.*, 1999 ;

Sritunyalucksana *et al.*, 1999 ; Adachi *et al.*, 1999）．LPS やβ-1, 3- グルカンなどによる ppA と proPO の活性化には，数種類のパターン認識タンパク質が重要な役割を果たしていると考えられている．特に，β-1, 3- グルカンを認識するタンパク質（β-1, 3-glucan binding protein，BGBP）についての研究が進んでおり，ザリガニの血漿中に存在する BGBP は，β-1, 3- グルカンの存在下で ppA と proPO の活性化を増幅するのみならず，オプソニンとしての機能も有している（Duvic and Söderhäll，1990a ; Thornqvist *et al.*, 1994）．BGBP とβ-1, 3- グルカンの複合体は血球に結合して血球の伸展や脱顆粒を引き起こすが，BGBP のみではこれらの反応は認められない（Barracco *et al.*, 1991）．また，この複合体は，BGBP の RGD 配列部で血球表面のインテグリンβサブユニット様の受容体と結合すると考えられている（Duvic and Söderhäll, 1990b ; Holmblad *et al.*, 1997）．クルマエビ類の血漿中にも BGBP の存在が確認されており，ザリガニのそれと同様に proPO 系を活性化する（Vargas-Albores *et al.*, 1996 ; Yepiz-Plascencia *et al.*, 1998）．

proPO が血球，とくに顆粒をもった血球中に存在することは多くの報告で一致する．しかし，proPO の存在部位については様々であり，*S. ingentis* では PO 活性が顆粒に，*P. interruptus*，*L. grandis* およびアメリカンロブスターでは多数の顆粒と細胞質に陽性像が観察されている（Hose *et al.*, 1987, 1990）．また，ザリガニ類では，顆粒，小胞，細胞質基質と様々である（Unestam and Nylund，1972；Johansson and Söderhäll, 1985；Lanz *et al.*, 1993）．クルマエビでも Sequeira ら（1995）は顆粒が陽性であるとしているが，Tsing ら（1989）および Kondo ら（1998a）は PO 活性を細胞質基質に認めている．クルマエビにおいて，PO 活性が細胞質基質に認められることは，細菌に感染した組織に菌集塊を取り巻く血球層からなるメラニン塊を形成する（江草ら, 1988）などの方法で生体を守るのに有利である．

proPO 系の活性化に付随して，ザリガニの血球（半顆粒細胞と顆粒細胞）から脱顆粒反応により，分泌顆粒に含まれる前述の 76kDa タンパク質が細胞外に放出される．このタンパク質は，ペルオキシターゼ活性を有していることから（Johansson *et al.*, 1995），ペロキシネクチン（peroxinectin）とも呼ばれている．ザリガニのペロキシネクチンは細胞外へ放出されたのちに活性化され，血球の付着活性，血球の脱顆粒反応促進，異物に対する血球の貪食促進（オプソニン活性）や包囲化を引き起こすといった多様な活性をもっている（Johansson and Söderhäll, 1988, 1989；Kobayashi *et al.*, 1990；Thornqvist *et al.*, 1994）．*Farfantepenaeus paulensis* の血球抽出液中にも，顆粒球の脱顆粒と伸展を引き起こす因子の存在が知られており（Parazzolo and Barracco, 1997），ウシエビからもペロキシネクチンが同定された（Sritunyalucksana and Söderhäll, 1990）．ザリガニの半顆粒細胞と顆粒細胞の表面に存在する細胞外スーパーオキサイドディスムターゼ（extracellular or cell-surface superoxide dismutase, EC-SOD）はペロキシネクチンの受容体と考えられ（Johansson *et al.*, 1999），ペロキシネクチン，BGBP および EC-SOD のいずれもがインテグリン結合配列を有していることから，血球への結合方法には以下のようなモデルが提唱されている（Sritunyalucksana and Söderhäll, 1999）．すなわち，ペロキシネクチンと BGBP が単独でインテグリン様受容体と EC-SOD に結合するか，あるいはペロキシネクチンと BGBP が最初に受容体と EC-SOD と結合し，次いでこれらがインテグリンに結合するというものである．また，ペロキシネクチンはペルオキシターゼ活性を有し，オプソニンとしても働くことから，SOD によって生じた H_2O_2 からペロキシネクチンにより次亜ハロゲン酸が産生され，結果としてこれらの毒性物質がペロキシネクチンを介して血球に結合した微生物に対して抗微生物活性を示すと考えられる（Sritunyalucksana and Söderhäll, 1999）．このように，proPO 活性化系を中心とした液性因子と血球による細胞性因子は，相互に連携しながら緻密な生体防御機構を構築している．

2）レクチン

甲殻類の血清中には脊椎動物と同様に，異物に対する血球の貪食活性を促進する液性因子が存在する．このような血清中の促進因子をオプソニン（opsonin）といい，この因子によって貪食作用が促進される現象をオプソニン化（opsonization）またはオプソニン効果（opsonic effect）と称する．

甲殻類の血清または血漿にオプソニン効果がみられることは，ザリガニの1種 *Parachaeraps bicarinatus*，アメリカンロブスター，*Sicyonia ingentis* およびクルマエビなどで認められており（McKay and Jenkin, 1970；Steenbergen *et al.*, 1978；Goldenberg *et al.*, 1984；Hose and Martin, 1989；近藤ら, 1992），イソワタリガニではβ-1, 3- グルカンで活性化された血清にのみ確認されている（Söderhäll *et al.*, 1986）．また，甲殻類の血清中にレクチンが存在することは，多くの十脚甲殻類，シャコ類の一種 *Squilla mantis*，数種のフジツボ類などで報告されている．その機能や生理的意義などについては細菌凝集，オプソニン効果，被嚢形成のほかに，フジツボ類では生体鉱化作用（biomineralization）が知られているが，機能が調べられていないものが多い（Marques and Barracco, 2000）．

近藤ら（1992）は，クルマエビの血清から分子量が330kDaで，*N*- アセチルグルコサミンに親和性をもつレクチンを精製し，それを用いてヒツジ赤血球に対するクルマエビ血球の貪食活性を調べている（表4-10）．レクチン存在下では，主として顆粒球と半顆粒球がヒツジ赤血球を高率に貪食するのにたいして，レクチンの非存在下ではいずれの種類の血球もほとんど貪食作用を示さない．このことから，エビ類の血清中に存在するレクチンは，血球の異物認識に関与し，オプソニンとしての役割を果たしているものと考えられる．また，クルマエビの血清中には二価金属イオンを要求し，ウシ，ウマ，ブタ，ヒツジおよびウサギ赤血球を凝集するレクチンと，二価金属イオンを必要とせず，ヒツジおよびウサギ赤血球のみを凝集するものなど，多様なレクチンが存在することが示唆されている（Kondo *et al.*, 1998b）．

表4-10　クルマエビ血球のヒツジ赤血球に対する貪食活性に及ぼすレクチンのオプソニン効果

処理方法	貪食率（%）#		
	透明細胞	半顆粒球	顆粒球
固定ヒツジ赤血球（$SRBC^f$）	3.5 ± 1.1	6.5 ± 1.8	9.3 ± 2.6
$SRBC^f$ ＋クルマエビ血清レクチン（L）	15.3 ± 3.2**	48.5 ± 3.5**	65.8 ± 5.2**
$SRBC^f$ ＋クルマエビ血清	14.1 ± 2.6**	49.5 ± 3.6**	68.6 ± 2.3**
$SRBC^f$ ＋ L ＋ GluNAc*	3.2 ± 1.5	5.3 ± 2.2	6.4 ± 2.5
$SRBC^f$ ＋クルマエビ血清＋ GluNAc	2.4 ± 1.3	4.3 ± 2.4	5.2 ± 3.3

*　*N*- アセチルグルコサミン　　近藤ら（1992）より改変
**　無処理の固定ヒツジ赤血球（$SRBC^f$）との間に有意差（$p < 0.05$）．
\#　平均値±標準誤差（n=5）．

3）体液凝固因子

甲殻類の血液（血リンパ）は魚類やその他の脊椎動物よりも凝固しやすい．ほとんどの種が水中で生活している甲殻類にとって，損傷により失血を凝固によってすばやく止めることは生命を守る上で不可欠であり，侵入した病原体を体液凝固という形でゲル内に封じ込めて殺滅することは生体防御上重要である．

無脊椎動物の血液凝固に関する研究は，節足動物門鋏角亜門のカブトガニ類で集中的に調べられており，凝固関連因子の全てが血球（顆粒細胞）の大顆粒に含まれることが知られている．カブトガニの生体内にLPSやβ-1, 3-グルカンをもった微生物が侵入すると，血球が脱顆粒してゲル化タンパク質（コアギュローゲン）を含む凝固関連因子を放出する．このコアギュローゲンはLPSやβ-1, 3-グルカンで活性化された各種因子（C因子，B因子およびG因子）の作用を受けて生じた凝固酵素によってコアギュリンに転換しゲル化する．また，この体液凝固のカスケードの過程において，血球の小型顆粒内に局在するタキプレシンなどの抗菌性物質が脱顆粒に伴ってゲル化タンパク質とともに放出されるので，ゲル内に封じ込められた微生物は生存できない（牟田・岩永, 1992；Iwanaga *et al.*, 1994）．

一方，甲殻類では，凝固タンパク質（clottable protein）が血漿中に存在することが，ザリガニ*P. leniusculus*，ウシエビ，ウチワエビ*Ibacus ciliates*，イセエビの一種*Panulirus interruptus*で報告されている（Doolittle and Fuller, 1972；Doolittle and Riley, 1990；Kopacek *et al.*, 1993；Yeh *et al.*, 1998；Komatu and Ando, 1998）．これらの甲殻類の凝固タンパク質は分子量約380〜400kDaでホモ2量体の糖タンパク質であり，N端末のアミノ酸組成が類似している．また，各サブユニットには遊離のリジン残基とグルタミン残基の両方を有し，Ca^{2+}の共存下で血球由来のトランスグルタミナーゼにより，リジン残基とグルタミン残基間に架橋反応が起きて，凝固タンパク質の不溶化にともなって凝固が起こる（牟田・岩永, 1992；Sritunyalucksana and Söderhäll, 1999）．トランスグルタミナーゼの存在は，イセエビでは透明細胞と半顆粒細胞に検出されている（Aono and Mori, 1996）．また，十脚甲殻類の血球に存在する細胞性コアギュローゲンはセリンプロテアーゼの1種である凝固酵素前駆体によってゲル化するが，この前駆体は微生物がもつβ-1, 3-グルカンなどで活性化され，体液凝固を引き起こしながら異物を封じ込めるとともに，β-1, 3-グルカンによって活性化されたproPO系が生体防御反応に重要な役割を果たすと考えられている（森, 1992）．

4）抗微生物因子

甲殻類の組織や血清中には殺菌活性を示す物質が存在することが知られている．アメリカンロブスターの肝膵臓には*Pseudomonas perolens*に対する殺菌活性が，またイセエビの血清中にはVibrio属およびPseudomonas属細菌に対する殺菌活性が検出されている（森, 1992；Ueda *et al.*, 1991）．アメリカンロブスターに*P. perolens*のホルマリン死菌を接種すると，接種2日後から12日後にかけて高い殺菌活性が認められ（森, 1992），ウシエビに*V. alginolyticus*の死菌体を注射法と浸漬法によって投与すると，投与2日後をピークにして5日後まで，殺菌活性が検出されている（Adams, 1991）．イソワタリガニの血球中にもグラム陰性および陽性細菌に対する抗菌活性が検出されており，3種類の関連分子が単離されている（Chisholm and Smith, 1992；Schnapp *et al.*, 1996）．

ホワイトレッグシュリンプからも抗微生物ペプチドが精製され，ペネイディン（penaeidin, Pen）と命名された．ペネイディンには3種類（Pen-1，-2，-3）が知られており，いずれも血球の細胞内小器官を豊富に含む画分から精製されることから，血球がペネイディンを産生・貯蔵し，刺激による血球の脱顆粒によって，細胞外に放出されると考えられている（Bachère *et al.*, 2000）．また，クルマエビの血球から抗リポ多糖因子（anti-lipopolysaccharide factor, ALF）と相同性の高い遺伝子がクローニングされ，このタンパク質の活性部位に対応したペプチドを合成して生物活性を調べたところ，リポ多糖との結合作用および抗菌作用が認められたことが報告されている（Nagoshi *et al.*, 2006）.

3・3　獲得免疫様応答

甲殻類には，脊椎動物のもつTリンパ球，Bリンパ球および免疫グロブリンの関与する獲得免疫の機構が存在しないが，ウイルスおよびその組換えタンパク質の投与によって，クルマエビやウシエビが獲得免疫様の応答を示すことが報告されている．white spot virus（WSV）の自然感染および人為感染後の耐過したクルマエビがWSVによる攻撃に高い抵抗性を示し，そのエビの血リンパ中にWSVに対する中和活性が認められた（Venegas *et al.*, 2000）．さらに，この抵抗性は液性の中和活性物質と関連しており，WSVを接種3〜4週間後に発現し，その後1カ月間持続することが報告されている（Wu *et al.*, 2002）．また，WSVのエンベロープタンパク質のうち，VP19とVP28の組換えタンパク質を筋肉内注射したウシエビにおいて，VP19単独では注射2，25日後に，VP28単独またはVP19とVP28の混合では注射2日後にWSVに対する抵抗性がみられ（Witteveldt *et al.*, 2004a），VP19およびVP28の経口投与においても，投与3，7日後に高い抵抗性が認められている（Witteveldt *et al.*, 2004b）．クルマエビにおいても，WSVの組換えタンパク質の注射によって，抵抗性が賦与された（Namikoshi *et al.*, 2004）ほか，エビの体重g当たりの1日量としてrVP26またはrVP28の10μgを15日間経口投与したときの攻撃後における有効率が，それぞれ73および59%であったことが報告されている（Satoh *et al.*, 2010）.

このように，甲殻類に獲得免疫に類似した応答がみられることが明らかにされているが，その機構の詳細については不明である.

3・4　生体防御機能の制御による感染症の予防

甲殻類の生体内に細菌や真菌類が侵入すると，それらの微生物がもつLPS，ペプチドグリカンおよびβ-1, 3-グルカンなどの物質によって，種々の生体防御能が活性化されるが，甲殻類がもつこの反応系を活用し，生体防御上の機能を制御することによって，感染症を予防する方法が試みられている.

たとえば，酵母由来のβ-グルカンを0.5および1.0 mg/ml懸濁した液にウシエビのポストラーバを3時間浸漬すると，*Vibrio vulnificus*の攻撃に対して，18日後まで感染防御効果が認められた（Sung *et al.*, 1994）．スエヒロタケ由来のシゾフィラン（β-1, 3-グルカン）をクルマエビに50または100 mg/kg（体重）経口投与すると，血球の貪食活性が上昇するとともに，*V. penaeicida*の人為感染に対する防御効果が高まる（Itami *et al.*, 1995）．また，*V. harveyi*の加熱死菌および酵母由来のβ-1, 3-グルカンの各々か，または両物質を1日間投与すると，血漿と血球抽出液の*V. harveyi*に対する殺菌活性や血球のフェノールオキシターゼ（PO）活性が上昇するが，とくに加熱死菌とβ-1，3-グルカンを併用した場合の，飼料への添加率がそれぞれ10，0.2%および15，0.3%において，投与48時間後に著しく高い活性が認められる（Devaraja *et al.*, 1998）．グラム陽性菌の*Bifidobacterium*

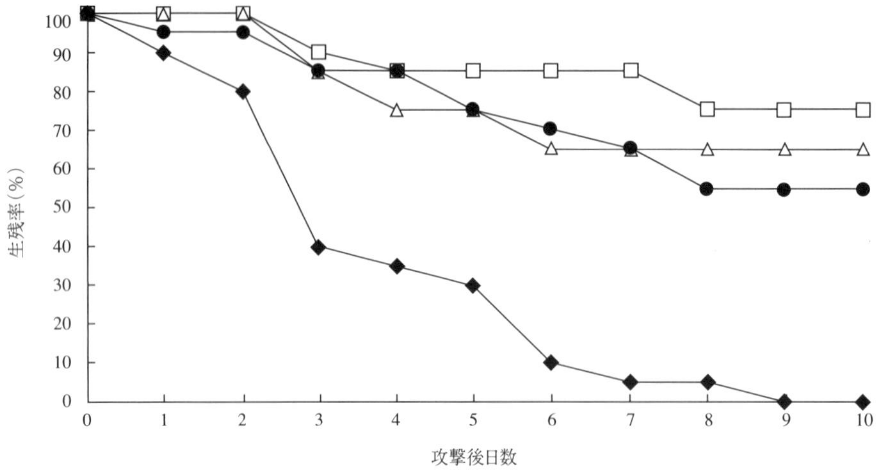

図 4-17　*Pantoea agglomerans* 由来リポ多糖の 20（□），40（▲），100（●）μg/kg 経口投与区および無投与区（◆）の white spot virus による攻撃後の生残率の推移．Takahashi *et al*.（2000）より改変．

thermophilum 由来のペプチドグリカンをクルマエビに 0.2 mg/kg（体重）経口投与すると，顆粒球の貪食活性が高まるとともに，*V. penaeicida* および WSV による攻撃に対して抵抗性が高まった（Itami *et al.*, 1998）．また，グラム陰性菌の *Pantoea agglomerans* 由来の低分子 LPS をクルマエビに 20，40 および 100μg/kg（体重）7 日間投与すると，顆粒球の貪食活性および PO 活性が高まるが，その効果は 20μg 投与区において顕著であり，この LPS の同量を与えたクルマエビを WSV によって攻撃すると，0，20，40 および 100μg 投与区の攻撃 10 日後の生残率が，それぞれ 0，75.0，64.7 および 52.9%であった（Takahashi *et al.*, 2000）（図 4-17）．

このように，グラム陰性菌，陽性菌，酵母，真菌類および菌類などに由来する生体防御能を高める物質を甲殻類に与えることによって，感染症を予防するための研究が盛んに行われ，その一部は実用化されている．しかし，これらの物質は投与量と投与方法が適切でないと，十分な効果が発揮されないことが明らかにされていることから，物質ごとに適正な投与量および投与期間などを解明した上で用いる必要がある（高橋ら, 2001）．

3・5　分子レベルから見た甲殻類の生体防御機構

近年の遺伝子工学の発展により，哺乳類のみならず魚類においてもゲノム解読プロジェクトが行われて，多くの遺伝子配列情報が得られている．しかし，クルマエビ類を中心とした甲殻類の研究分野においてはゲノムの複雑さからか（Koyama *et al.*, 2010；Huang *et al.*, 2011），ゲノム解読に関する研究論文は報告されていない．ゲノム解読とは異なるが発現している遺伝子配列のみを明らかにする手法である expressed sequence tag（EST）解析による，mRNA 情報の収集が進められている．塩基配列情報を GenBank 登録されている配列は dbEST（http://www.ncbi.nlm.nih.gov/dbEST/）にまとめられているが（表 4-11），最近はクルマエビ類 EST の登録数に顕著な増加が見られていない．これは，クルマエビ類の配列収集が実施されていないのではなく，次世代シーケンサーの出現により，EST 配列が一度に数千万から数億の単位で得られるようになり，全ての配列情報を GenBank などの公開されるデータベースに登録されなくなってきているためである．EST配列情報から免疫関連遺伝子のmRNA全長あるいはタンパク質コード領域を明らかにし，構造解析や発現解析が進められている．遺伝子の発現解析においては従来のPCRによる手法から，大規模EST配列情報を基盤に，マイクロアレイを作製し，数千個の遺伝子を同時に発現解析するアプローチによる研究成果も増加してきている（Aoki *et al.*, 2011）．また，最近の総説でクルマエビ類の免疫関連遺伝子についての論文が発表されているので参考にしていただきたい（Tassanakajon *et al.*, 2012）．

表4-11　dbESTにて公開されているクルマエビ類のEST

種　名	登録配列数
Litopenaeus vannamei	161,248
Fenneropenaeus chinensis	10,446
Penaeus monodon	39,397
Marsupenaeus japonicus	3,156
Litopenaeus setiferus	1,042

この節では，先の節で紹介されているクルマエビ類の免疫関連因子について，分子レベルでの研究を紹介するとともに，最近のクルマエビ類の免疫に関する知見についても紹介する．

1）フェノール酸化酵素前駆体

クルマエビproPOをRNA干渉法によりノックダウンすることにより，クルマエビが死に至ることから，proPOの存在がクルマエビの生存に必須因子であることが明らかにされた（Fagutao *et al.*, 2009）．さらに，proPOをノックダウンすることにより，血球の減少と血中細菌数の増加が見られることから，proPOの造血への関与と侵入細菌の排除に重要な役割がある可能性が示唆されている．proPO活性化に関連する酵素も複数同定されており，活性化メカニズムの詳細や活性化酵素群の機能についても解明されつつある（Amparyup *et al.*, 2012）．

2）体液凝固因子

クルマエビ類の血液凝固に関してはRNA干渉法による遺伝子機能抑制による研究において，分子レベルで解明されている（Maningas *et al.*, 2012）．クルマエビにおいて凝固タンパク質およびトランスグルミタミナーゼのノックダウンがそれぞれ行われ，いずれもクルマエビにおいては唯一の凝固因子であり，凝固活性化酵素であることが明らかにされた（Maningas *et al.*, 2008）．さらに，これら分子をノックダウン後に，*Vibrio penaeicida* およびWSVによる感染実験が行われ，血液凝固系が細菌のみならずウイルス感染に対する生体防御に重要であることも明らかにされた．

トランスグルタミナーゼをノックダウンすると複数の免疫関連遺伝子の発現が抑制されることから，メカニズムは明らかではないがトランスグルタミナーゼの存在は免疫関連遺伝子発現に重要な要素であることが示唆されている（Fagutao *et al.*, 2012）．

3）抗微生物因子

抗微生物ペプチドとして *Litopenaeus vannamei* から精製され，ペネイディンは，クルマエビ類に広く存在すると考えられているが，クルマエビのEST解析においては，*Litopenaeus vannamei* やウシエビからクローン化されているものと高い同一性を示すものはなく，クルマエビに特徴的な構造を有するペネイディンの存在を確認している．

抗菌タンパク質として知られているリゾチームは、クルマエビ類には少なくともc型とi型が存在することが遺伝子レベルでの研究で明らかにされている（Hikima *et al.*, 2003；de-la-Re-Vega *et al.*,

2006；Supungule *et al.*, 2010)．組換えタンパク質により研究で，クルマエビ類のリゾチームの抗菌スペクトルは幅広く，グラム陽性菌ならびに陰性菌に対して溶菌活性を示すことが知られている．クルマエビのc型リゾチームをRNA干渉法により機能解析が行われ，c型リゾチームは常に体内からの細菌排除に働いていることが明らかにされた(Kaizu *et al.*, 2011)．さらに，クルマエビにおいては，c型リゾチームは生存に必須の分子であることも明らかにされている（Kaizu *et al.*, 2011)．

甲殻類のリゾチームには無脊椎動物型リゾチームの存在が知られており，それらの構造が明らかにされている．さらに，組換えタンパク質による抗菌活性も明らかにされている（Tassanakajon *et al.*, 2012)．未発表ではあるが，無脊椎動物型リゾチームをRNA干渉により抑制しても病原細菌あるいはウイルスに対する感受性に変化はなく，無脊椎動物型リゾチームは生体防御因子としての機能ではなく，別の生理機能があると考えられる．

グラム陰性菌の細胞表面に存在するLPSに結合し，殺菌的な作用を示す抗微生物ペプチド抗LPS因子がクルマエビ類に存在することも遺伝子レベルで明らかにされている（Somboonwiwat *et al.*, 2005；Nagoshi *et al.*, 2006；Tharntada *et al.*, 2008)．本分子はクルマエビ類の病原ウイルスでWSSVに対して抗ウイルス作用を有することが明らかにされている（Tharntada *et al.*, 2009)．

甲殻類に広く存在が知られているCrustin（クラスチン）には複数のタイプが存在することが明らかにされており，抗菌スペクトルはタイプによって異なることが明らかにされている（Amparyup *et al.*, 2008 ; Tassanakajon *et al.*, 2012)．未発表ではあるが，クラスチンをRNA干渉で抑制すると病原微生物感染に対する感受性が高くなることから，生体防御因子として重要であると考えられる．

抗菌タンパク質として遺伝子やcDNAがクローン化され，次いで，組換えタンパク質による抗菌活性が調べられ，多数の抗菌タンパク質がクルマエビ類には存在することがわかってきた．さらに，RNA干渉による機能の抑制により，生存に必須であるもの，機能を抑制すると病原微生物感染に対して弱くなるもの，機能を抑制しても病原微生物感染に対する感受性は変わらないものがあることがわかってきている．

4) マイクロアレイによる遺伝子発現解析

ESTの配列データを基にcDNAマイクロアレイが作製され，大規模な遺伝子発現解析も実施されるようになってきている（表4-12)．マイクロアレイ解析によりクルマエビ類の生体防御関連因子を

表4-12　クルマエビ類のマイクロアレイ解析による遺伝子発現解析

種　名	研　究	文　献
Penaeus monodon	WSV感染による血球の遺伝子発現変化の解析	Wongpanya *et al.*, 2007
	環境変化（温度，酸素濃度）による遺伝子発現変化の解析	de la Vega *et al.*, 2007
	YHV感染による血球の遺伝子発現変化の解析	Pongsomboon *et al.*, 2008a
	WSSV，YHVおよび *Vibrio hayveyi* 感染による血球の遺伝子発現変化の解析	Pongsomboon *et al.*, 2011
Marsupenaeus japonicus	ペプチドグリカン投与による遺伝子発現変化の解析	Fagutao *et al.*, 2008
Fenneropenaeus chinensis	WSV感染および不活化 *Vibrio anguillarum* 接種による遺伝子発現変化の解析	Wang *et al.*, 2008
	WSV感染によ遺伝子発現変化の解析	Wang *et al.*, 2006
Litopenaeus vannamei	各種組織間での遺伝子発現比較とWSV感染による遺伝子発現比較解析	Robalino *et al.*, 2007
	YHVとTSV感染による肝膵臓遺伝子発現比較解析	Veloso *et al.*, 2011
Litopenaeus stylirostris	WSV感染によ遺伝子発現変化の解析	Dhar *et al.*, 2003

含む種々の遺伝子発現解析が網羅的に行われ，クルマエビ類の生体防御機構が分子レベルで解明され始めている．また，これらマイクロアレイの多くにはEST解析により相同な配列が見つからなかった，すなわち機能未知遺伝子もスポットされており，病源微生物感染応答や免疫賦活剤により遺伝子発現が活性化される機能未知遺伝子の存在が明らかにされ，クルマエビ類あるいは甲殻類特有の生体防御因子の存在が示唆されている．具体例として，前述の「3・4　生体防御機能の制御による感染症の予防」の項に実施例があげられているペプチドグリカンをクルマエビに投与後，一定時間後に遺伝子発現が誘導あるいは抑制されるものが種々存在することが明らかにされた（Fagutao *et al.*, 2008）．本研究ではペプチドグリカン投与により遺伝子発現が誘導される機能未知遺伝子も同定されている．このような機能未知遺伝子のクルマエビ類における機能解明が注目されている．

5）RNA 干渉法による遺伝子機能解析

遺伝子産物の機能解析には種々の方法があるが，その中でも遺伝子機能を欠失させた場合に生体にどのような変化が起こるのかを調べる遺伝子ノックアウト法がマウスを用いた哺乳類の遺伝子機能解析では定法となっている．しかし，クルマエビ類では遺伝子ノックアウトを実施することは今のところ不可能であるが，遺伝子サイレンシング法（機能抑制）がクルマエビ類でも利用可能になった．遺伝子サイレンシング法は，特定の遺伝子から転写されたmRNAを特異的に分解消失させる方法でRNA干渉（RNA interference, RNAi）という．最近，RNAiによる遺伝子サイレンシングの技術を用いたクルマエビ類の生体防御関連遺伝子の機能解析が行われ始めている（表4-13）．これらの研究により，生体内でフェノールオキシターゼや血球凝集因子は生体防御に実際に重要であることがクルマエビ類としては初めて明らかにされた．これまで，*in vitro*での研究では血球凝集因子であるclottable proteinや，血液凝集活性か酵素であるトランスグルタミナーゼの研究が行われていたが，これらが実際に生体内で作用している唯一の血液凝集因子であるかどうかは不明であった．しかし，RNAi技術により，血球凝集因子clottable proteinはクルマエビ血中の唯一の凝集因子であることや，血液凝集にはトランスグルタミナーゼが不可欠であることが明らかにされた（Maningas *et al.*,

表4-13　RNAiによるクルマエビ類の生体防御関連因子の機能解析に関する研究

遺伝子名	生物種*	明らかにされた機能	文献
alpha2-macroglobulin	Pm	α2マクログロブリンは血液の凝固因子と共同して細菌の体内拡散を防いでいる	Chaikeeratisak *et al.*, 2012
c-type lysozyme	Mj	生存に必須で体内に侵入して来た細菌の排除に重要	Kaizu *et al.*, 2011
prophenol oxidase	Pm	*Vibrio harveyi* に対する生体防御に重要，生存に不可欠	Amparyup *et al.*, 2009, Fagutao *et al.*, 2009
caspase-3	Lv	WSV感染による死亡率の減少（アポトーシスの抑制）	Rijiravanich *et al.*, 2008
Rab7	Pm	WSVおよびYHVの細胞内複製に必要な因子	Ongvarrasopone *et al.*, 2008
transglutaminase	Mj	*Vibrio penaeicida* およびWSVに対する生体防御に重要	Maningas *et al.*, 2008
clotting protein	Mj	*Vibrio penaeicida* およびWSVに対する生体防御に重要	Maningas *et al.*, 2008
lymphoid cell-expressed receptor	Pm	YHVのレセプター	Assavalapsakul *et al.*, 2006

* Pm：*Penaeus monodon*，Lv：*Litopenaeus vannamaei*，Mj：*Marsupenaeus japonicus*

2008）．また，RNAiを用いた研究により細胞内でのWSVのレセプターならびにイエローヘッドウイルスの細胞表面レセプターの同定が行われた．今後は，RNAi技術を駆使し，クルマエビ類の生体防御関連因子ホモログや機能未知遺伝子の機能が明らかにされて行くものと思われる．

（高橋幸則・近藤昌和・廣野育生）

文　献

A

Abelli, L., R.Baldassini , L.Mastrolia and G.Scapigliati（1999）：Immunodetection of lymphocyte subpopulations involved in allograft rejection in a teleost, *Dicentrarchus labrax*（L.）, *Cellular. Immunol.*, 191, 152-160.

Abo, A., E. Pick, A. Hall, N. Totty, C. G. Teahan and A. W. Segal（1991）：Activation of the NADPH oxidase involves the small GTP-binding protein p21rac1, *Nature*, 353, 668-670.

Acosta, F., F. Real, C. M. Ruiz de Galarreta, R. Díaz, D. Padilla and A. E. Ellis（2003）：Toxicity of nitric oxide and peroxynitrite to *Photobacterium damselae* subsp. *piscicida*, *Fish Shellfish Immunol.*, 15, 241-248.

Adachi, K., T. Hirata, K. Nagai, S. Fujisawa, M. Kinoshita and M. Sakaguchi（1999）：Purification and characterization of prophenoloxidase from kuruma prawn *Penaeus japonicus*, *Fish. Sci.*, 65, 919-925.

Adams, A.（1991）：Response of penaeid shrimp to exposure to *Vibrio* species, *Fish Shellfish Immunol.*, 1, 59-70.

Adermann, K., M. Raida, Y. Paul, S. Abu-Raya, E. Bloch-Shilderman, P. Lazarovici, J. Hochman and H. Wellhöner（1998）：Isolation, characterization and synthesis of a novel paradaxin isoform, *FEBS Lett.*, 435, 173-177.

Ainsworth, A. J., Q. Ye, L. Xue and P. Hebert（1996）：Channel catfish, *Ictalurus puntatus* Rafinesque, neutrophil adhesion to selected extracellular matrix proteins, lipopolysaccharide, and catfish serum, *Dev. Comp. Immunol.*, 20, 105-114.

Altmann, S. M., M. T. Mellon, D. L. Distel and C. H. Kim（2003）：Molecular and functional analysis of an interferon gene from the zebrafish, *Danio rerio*. *J. Virol.*, 77, 1992-2002.

Amparyup, P., H.Kondo, I.Hirono , T.Aoki and A.Tassanakajon（2008）：Molecular cloning, genomic organization and recombinant expression of a crustin-like antimicrobial peptide from black tiger shrimp *Penaeus monodon*, *Mol Immunol.*, 45, 1085-1093.

Amparyup ,P.,W. Charoensapsri and A.Tassanakajon （2009）：Two prophenoloxidases are important for the survival of *Vibrio harveyi* challenged shrimp *Penaeus monodon*, *Dev. Comp. Immunol.*, 33, 247-256.

Amparyup, P., W.Charoensapsri and A.Tassanakajon （2013）：Prophenoloxidase system and its role in shrimp immune responses against major pathogens, *Fish Shellfish Immunol.*, 34, 990-1001.

Ank, N., H. West and S. R. Paludan（2006）：IFN-λ：novel antiviral cytokines, *J. Interferon Cytokine Res.*, 26, 373-379.

Aoki, T., H. C. Wang, S. Unajak, M.D.Santos, H.Kondo and I. Hirono（2011）：Microarray analyses of shrimp immune responses, *Mar. Biotechnol.*, 13, 629-638.

Aoki, T., J. Hikima, S. D. Hwang and T. S. Jung（2013）：Innate immunity of finfish: Primordial conservation and function of viral RNA sensors in teleosts, *Fish Shellfish Immunol.*, In press [doi:pii: S1050-4648（13）00066-1].

Aono, H. and K. Mori（1996）：Interaction between hemocytes and plasma is necessary for hemolymph coagulation in the spiny lobster *Panulirus japonicus*, *Comp. Biochem. Physiol.*, 113, 301-305.

Arts, J.A., F.H.Cornelissen , T.Cijsouw , T.Hermsen , H.F.Savelkoul and R.J.Stet（2007）：Molecular cloning and expression of a Toll receptor in the giant tiger shrimp, *Penaeus monodon*, *Fish Shellfish Immunol.*, 23, 504-513.

Arts, J.A., E.J. Tijhaar, M. Chadzinska, H. F. Savelkoul and B. M. Verburg-van Kemenade（2010）：Functional analysis of carp interferon-γ：evolutionary conservation of classical phagocyte activation, *Fish Shellfish Immunol.*, 229, 793-802.

Assavalapsakul, W., D.R.Smith and S.Panyim （2006）：Identification and characterization of a *Penaeus monodon* lymphoid cell-expressed receptor for the yellow head virus, *J. Virol.*, 80, 262-269.

B

Bachère, E., E. Mialhe and J. Rodriguez（1995）：Identification of defence effectors in the hemolymph of crustaceans with particular reference to the shrimp *Penaeus japonicus*（Bate）：Prospects and applications, *Fish Shellfish Immunol.*, 5, 597-612.

Bachère, E., D. Destoumieux and P. Bulet（2000）：Penaeidins, antimicrobial peptides of shrimp：A comparison with other effectors of innate immunity, *Aquaculture*, 191, 71-88.

Bajoghli, B., P.Guo, N.Aghaallaei, M.Hirano , C.Strohmeier , N.McCurley , D.E.Bockman, M.Schorpp and M.D.Cooper（2011）：Boehm T. A thymus candidate in lampreys, *Nature*. 470, 90-94.

Bangrak, P., P.Graidist ,W. Chotigeat and A.Phongdara（2004）：Molecular cloning and expression of a mammalian homologue of a translationally controlled tumor protein（TCTP）gene from *Penaeus monodon* shrimp, *J. Biotechnol.*, 108, 219-226.

Baoprasertkul, P., E. Peatman, L. Chen, C. He, H. Kucuktas, P. Li, M. Simmons and Z. Liu (2004) : Sequence analysis and expression of a CXC chemokine in resistant and susceptible catfish after infection of *Edwardsiella ictaluri, Dev. Comp. Immunol.*, 28, 769-780.

Barracco, M. A., B, Duvic and K. Söderhäll (1991) : The β-1,3-gulcanbinding protein from the crayfish *Pacifastacus leniusculus,* when reacted with a β-1, 3-glucan, induces spreading and degranulation of crayfish granular cells, *Cell Tissue Res.*, 266, 491-497.

Bartos, J.M., and C.V. Sommer (1981) : *In vivo* cell-mediated immune response to *M. tuberculosis* and *M. salmoniphilum* in rainbow trout *Salmo gairdneri, Dev. Comp. Immunol.* 5, 75-83.

Bauchau, A. G. (1981) : Crustaceans, In "Invertebrate Blood Cells 2" (ed. by N. A. Ratcliffe and A. F. Rowley), Academic Press, London, pp.385-420.

Bell, K. L. and V. J. Smith (1993) : *In vitro* superoxide production by hyaline cells of the shore crab, *Carcinus maenas* (L), *Dev. Com. Immunol.*, 17, 211-219.

Bell, T. A. and D. V. Lightner (1988) : Lymphoid organ, In "A handbook of normal penaeid shrimp histology" World Aquaculture Society, Allen press, Kansas, pp.70-73.

Bernard, D., A.Six , L.Rigottier-Gois , S.Messiaen , S.Chilmonczyk, E.Quillet , P.Boudinot and A.Benmansour (2006) : Phenotypic and functional similarity of gut intraepithelial and systemic T cells in a teleost fish, *J .Immunol.*, 176, 3942-3949.

Biacchesi, S., M. LeBerre, A. Lamoureux, Y. Louise, E. Lauret, P. Boudinot and M. Brémont (2009) : Mitochondrial antiviral signaling protein plays a major role in induction of the fish innate immune response against RNA and DNA viruses, *J. Virol.*, 83, 7815-7827.

Bly, J.E. and L.W. Clem (1992) : Temperature and teleost immune functions, *Fish Shellfish Immunol.*, 2, 159-171.

Bodhipaksha, N. and B. A. Weeks-Perkins (1994) : The effects of methyl parathion on phagocytosis and respiratory burst activity of tiger shrimp (*Penaeus monodon*) phagocytes. In "Modulators of fish immune responses Vol. 1" (ed. by J. S. Stolen and T. C. Fletcher). SOS Publications, Fair Haven, pp. 11-22.

Borza, T, C. Stone, M. L. Rise, S. Bowman and S. C. Johnson (2010) : Atlantic cod (*Gadus morhua*) CC chemokines : Diversity and expression analysis, *Dev. Comp. Immunol.* 34, 904-913.

C

Caipang, C. M. A., N. Verjan, E. L. Ooi, H. Kondo, I. Hirono, T. Aoki, H. Kiyono and Y. Yuki (2008) : Enhanced survival of shrimp, *Penaeus* (*Marsupenaeus*) *japonicus* from white spot syndrome disease after oral administration of recombinant VP28 expressed in *Brevibacillus brevis, Fish Shellfish Immunol.*, 25, 315-320.

Cammarata, M., M. Vazzana, M. Cervello, V. Arizza and N. Parrinello (2000) : Spontaneous cytotoxic activity of eosinophilic granule cells separated from the normal peritoneal cavity of *Dicentrarchus labrax, Fish Shellfish Immunol.*, 10, 143-154.

Callewaert, L. and C. W. Michiels (2010) : Lysozymes in the animal kingdom, *J. Biosci.*, 35, 127-160.

Chaikeeratisak, V., K. Somboonwiwat and A. Tassanakajon (2012) : Shrimp alpha-2-macroglobulin prevents the bacterial escape by inhibiting fibrinolysis of blood clots. *PLoS One.* 7 : e47384.

Charlemagne, J., J.S.Fellah, A.De Guerra , F. Kerfourn and S. Partula (1998) : T-cell receptors in ectothermic vertebrates, *Immunol. Rev.*, 166, 87-102.

Chen, S. L., Y. Liu, X. L. Dong and L. Meng (2010) : Cloning, characterization, and expression analysis of a CC chemokine gene from turbot (*Scophthalmus maximus*), *Fish Physiol. Biochem.*, 36, 147-155.

Chisholm, J. R. S. and V. J. Smith (1992) : Antibacterial activity in the haemocytes of the shore crab, *Carcinus maenas, J. Mar. Biol. Ass. U. K.*, 72, 529-542.

Cooper, E. L., G. Peters, I. I. Ahmed, M. Faisal and M. Ghoneum (1989) : Aggression in tilapia affects immunocompetent leucocytes, *Aggressive Behav.*, 15, 13-22.

Crockett-Torabi, E (1998) : Selectins and mechanisms of signal transduction, *J. Leukoc. Biol.*, 63, 1-14.

Cuthbertson ,B.J.,L.J. Deterding , J.G.Williams , K.B.Tomer,K. Etienne, P.J.Blackshear , E.E.Büllesbach and P.S.Gross (2008) : Diversity in penaeidin antimicrobial peptide form and function, *Dev. Comp. Immunol.*, 32,167-181.

D

Daggeldt A., Bengten E. and L. Pilstrom (1993) : A cluster type organization of the loci of the immunoglobulin light chain in Atlantic cod (*Gadus morhua* L.) and rainbow trout (*Onchynchus mykiss* Walbaum) indicated by nucleotide sequenes of cDNAs and hybridization analysis, *Immunogenetics*, 38, 199-209.

Danilova, N., J. Bussmann, K. Jekosch and L. A. Steiner (2005) : The immunoglobulin heavy-chain locus in zebrafish : identification and expression of a previously unknown isotype, immunoglobulin Z, *Nature Immunology*, 6, 295-302.

Dautigny, A., E. M. Prager, D. Pham-Dinh, J. Jollès, F. Pakdel, B. Grinde and P. Jollès (1991) : cDNA and amino acid sequences of rainbow trout (*Oncorhynchus mykiss*) lysozymes and their implications for the evolution of lysozyme and lactalbumin, *J. Mol. Evol.*, 32, 187-198.

de-la-Re-Vega, E., A. García-Galaz, M. E. Díaz-Cinco and R. R. Sotelo-Mundo (2006) : White shrimp (*Litopenaeus vannamei*) recombinant lysozyme has antibacterial activity against Gram negative bacteria : *Vibrio alginolyticus, Vibrio parahemolyticus* and *Vibrio cholera, Fish Shellfish Immunol.*, 20, 405-408.

de la Vega, E., M. R. Hall, K. J. Wilson, A. Reverter, R. G. Woods and B. M. Degnan (2007) : Stress-induced gene expression profiling in the black tiger shrimp *Penaeus monodon, Physiol. Genomics*, 31, 126-138.

de la Vega, E., N.A.O'Leary, J. E. Shockey, J. Robalino, C. Payne C.L. Browdy, G. W. Warr and P. S. Gross (2008) : Anti-lipopolysaccharide factor in *Litopenaeus vannamei* (LvALF) : a broad spectrum antimicrobial peptide essential for shrimp immunity against bacterial and fungal infection, *Mol Immunol.*, 45, 1916-1925.

Devaraja, T. N., S. K. Otta, G. Shubha, P. Tauro and I. Karunasagar (1998) : Immunostimulation of shrimp through oral administration of Vibrio bacterin and yeast glucan. In "Advances in shrimp biotechnology" (ed. by T. W. Flegel). National Center for Genetic Engineering and Biotechnology, Thailand, pp.167-170.

Dhar, A.K., A.Dettori, M.M.Roux , K.R.Klimpel and B.Read (2003) : Identification of differentially expressed genes in shrimp (*Penaeus stylirostris*) infected with white spot syndrome virus by cDNA microarrays, *Arch. Virol.*, 148, 2381-2396.

Doolittle, R. F. and G. M. Fuller (1972) : Sodium dodecyl sulfate-polyacrylamide gel electrophoresis studies on lobster fibrinogen and fibrin, *Biochem. Biophys. Acta.*, 263, 805-809.

Doolittle, R. F. and M. Riley (1990) : The amino-terminal sequence of lobster fibrinogen reveals common ancestry with vitellogenins, *Biochem. Biophys. Res. Commun.*, 167, 16-19.

Duvic, B. and K.Söderhäll (1990a) : Purification and characterization of a β-1,3-glucan binding protein from plasma of crayfish *Pacifastacus leniusculus, J. Biol. Chem.*, 265, 9327-9332.

Duvic, B. and K. Söderhäll (1990b) : Purification and characterization of a β-1,3-glucan-binding protein membrane receptor from blood cells of the crayfish *Pacifastacus leniusculus, Eur. J. Biochem.*, 207, 223-228.

E

江草周三・高橋幸則・伊丹利明・桃山和夫 (1988) : クルマエビのビブリオ病の病理組織学的研究, 魚病研究, 23, 59-65.

Ellis, A. E. (1977) : The leucocyte of fish, A review, *J. Fish Biol.*, 11, 453-491.

Ellis, A. E. (1987) : Inhibition of the *Aeromonas salmonicida* extracellular protease by α2-macroglobulin in the serum of rainbow trout, *Microb. Pathogen.*, 3, 167-177.

Ellis, A. E. (2001) : Innate host defense mechanisms of fish against viruses and bacteria, *Dev. Comp. Immunol.*, 25, 827-839.

Endo, Y., M. Takahashi, M. Nakao, H. Saiga, H. Sekine, M. Matsushita, M. Nonaka and T. Fujita (1998) : Two lineages of mannose-binding lectin-associated serin protease (MASP) in vertebrates, *J. Immunol.*, 161, 4924-4930.

Evans, D. L. and L. Jaso-Friedmann (1992) : Nonspecific cytotoxic cells of effectors of immunity of fish, *Ann. Rev. Fish Dis.*, 2, 109-121.

F

Fagutao, F.F., M.Yasuike , C.M.Caipang , H,Kondo , I.Hirono , Y. Takahashi and T. Aoki (2008) : Gene expression profile of haemocytes of kuruma shrimp, *Marsupenaeus, japonicus* following peptidoglycan stimulation, *Mar. Biotechnol*, 10. 731-740.

Fagutao, F.F., T.Koyama , A.Kaizu , T.Saito-Taki , H.Kondo ,T. Aoki and I.Hirono (2009) : Increased bacterial load in shrimp hemolymph in the absence of prophenoloxidase, *FEBS J.*. 276, 5298-5306.

Fagutao, F.F., M.B.Maningas , H.Kondo , T.Aoki and I.Hirono (2012) Transglutaminase regulates immune-related genes in shrimp, *Fish Shellfish Immunol.*, 32,711-715.

Fernandes, J. M., Kemp, G. D., M. G. Molle and V. J. Smith (2002) : Anti-microbial properties of histone H2A from skin secretions of rainbow trout, *Oncorhynchus mykiss, Biochem. J.*, 368, 611-620.

Fernández-Trujillo, M. A., J. Porta, M. Manchado, J. J. Borrego, M. C. Alvarez and J. Béjar (2008) : C-Lysozyme from Senegalese sole (Solea senegalensis) : cDNA cloning and expression pattern, *Fish Shellfish Immunol.*, 25, 697-700.

Finstad, J., and R.A. Good (1964) : Phylogenetic studies of adaptive immune responses in the lower vertebrates. *In* "Phylogeny of Immunity." (eds. by R.T. Smith, P.A. Miescher, and R.A. Good), pp.173-186. University of Florida Press, Gainesville,

Fischer, U., M.Ototake and T.Nakanishi (1998) : *In vitro* cell-mediated cytotoxicity against allogeneic erythrocytes in ginbuna crucian carp and goldfish using a non-radioactive assay, *Dev. Comp. Immunol.*, 22, 195-206.

Fischer, U., K.Utke, M.Ototake, J.M. Dijkstra and B.Kollner (2003) : Adaptive cell-mediated cytotoxicity against allogeneic targets by CD8-positive lymphocytes of rainbow trout (Oncorhynchus mykiss), *Dev. Comp. Immunol.*, 27, 323-337.

Fischer, U., K.Utke, T.Somamoto, B.Kollner, M.Ototake and T. Nakanishi (2006) : Cytotoxic activities of fish leucocytes, *Fish Shellfish Immunol.*, 20, 209-26.

Flajnik M. (2003) Comparative analyses of immunoglobulin genes : surprises and portents, *Nature reviews*, vol.2, 688-698.

Fletcher, T. C., A. White and B. A. Baldo (1977) : C-reactive protein-like precipitin and lysozyme in the lumpsucker *Cyclopterus lumpus* L. during the breeding season, *Comp. Biochem. Phsiol.*, 57B, 353-357.

Flajnik, M. (2003) : Comparative analyses of immunoglobulin

genes：surprises and portents, *Nature reviews*, 2, 688-698.

Freedman, S. J.（1991）：The role of alpha2-macroglobulin in furunculosis：a comparison of rainbow trout and brook trout, *Comp. Biochem. Physiol.*, 98B, 549-553.

藤井　保（1991）：円口類の生体防御機構，臨床免疫，23, 625-634.

Fujita, T., Y. Endo and M. Nonaka（2004）：Primitive complement system – recognition and activation, *Mol. Immunol.*, 41, 103-111.

福田　穣・舞田正志・佐藤公一・山本　浩・岡本信明・池田弥（1997）：ブリの腸球菌症実験感染における *Enterococcus seriolicida* 水平感染に及ぼす溶存酸素の影響，魚病研究，32, 43-49.

Funkenstein, B., Y. Rebhan, A. Dyman and G. Radaelli（2005）：α2-Macroglobulin in the marine fish *Sparus aurata, Comp. Biochem. Physiol. A Mol. Integr. Physiol.*, 141, 440-449.

G

Gercken, J. and L. Renwrantz（1994）：A new mannan-binding lectin from the serum of the eel（*Anguilla anguilla* L.）：isolation, characterization and compariosn with the fucose-specific serum lectin, *Comp. Biochem. Physiol.*, 108B, 449-461.

Ghaffari, S. and C.J. Lobb（1993）：Structure and genomic organization of immunoglobulin light chain in the channel catfish. An unusual genomic organizational pattern of segmental genes, *J. Immunol.*, 151, 6900-6912.

Ghebrehiwet, B. and H. J. Muller-Eberhard（1979）：C3e：An acidic fragment of human C3 with leukocytosis-inducing activity, *J. Immunol.*, 123, 616-621.

Ghoneum, M., M. Faisal, G. Peters. I. I. Ahmed and E. L. Cooper（1988）：Supression of natural cytotoxic cell activity of social aggressiveness in tilapia, *Dev. Comp. Immunol.*, 12, 595-602.

Goldenberg, P. Z., E. Huebner and A. H. Greenberg（1984）：Activation of lobster hemocytes for phagocytosis, *J. Invertebr. Pathol.*, 43, 77-88.

Gollas-Galvan, T., J. Hernandez-Lopez and F. Vargas-Albores（1999）：Prophenoloxidase from brown shrimp（*Penaeus californiensis*）hemocytes, *Comp. Biochem. Physiol.*, 122B, 77-82.

Graham, S. and C. J. Secombes（1990）：Do fish lymphocytes screte interferon-γ?, *J. Fish Biol.*, 36, 563-573.

Greenberg, A. S., D. Avila, M.Hughes, A. Hughes, E.C.Mckinney and M.F.Flajnik（1995）：A new antigen receptor gene family that undergoes rearrangement and extensive somatic diversification in sharks, *Nature*, 374, 168-173.

Griffin, B. R.（1984）：Random and directed migration of trout（*Salmo gairdneri*）leukoctes：activation by antibody, complement and normal serum components, *Dev. Comp. Immunol.*, 8, 589-597.

Gross, P. S, T. C. Bartlett, C. L. Browdy, R. W. Chapman and G. W. Warr（2001）：Immune gene discovery by expressed sequence tag analysis of hemocytes and hepatopancreas in the Pacific white shrimp, *Litopenaeus vannamei*, and the Atlantic white shrimp, L. setiferus, *Dev. Comp. Immunol.*, 25, 565-577.

Gueguen, Y., J.Garnier, L.Robert , M.P.Lefranc , I.Mougenot , J.de Lorgeril , M.Janech , P.S.Gross , G.W.Warr, B.Cuthbertson , M.A.Barracco , P.Bulet , A.Aumelas, Y.Yang , D.Bo ,J. Xiang , A.Tassanakajon , D.Piquemal and E. Bachère（2006）：PenBase, the shrimp antimicrobial peptide penaeidin database：sequence-based classification and recommended nomenclature, *Dev. Comp. Immunol.*, 30, 283-288.

Guo, P., M.Hirano, B.R.Herrin, J. Li , C.Yu, A.Sadlonova and M. D.Cooper（2009）：Dual nature of the adaptive immune system in lampreys, *Nature*, 459, 796-801.

H

Hansen, J.D., E.D.Landis and R.B.Phillips（2005）：Discovery of a unique Ig heavy-chain isotype（IgT）in rainbow trout：Implications for a distinctive B cell developmental pathway in teleost fish, *Proc. Natl. Acad. Sci. USA*, 102, 6919-6924.

Hardie, L. J., A. E. Ellis and C. J. Secombes（1996）：*In vitro* activation of rainbow trout macrophages stimulates inhibition of *Renibacterium salmoninarum* growth concomitant with augmented generation of respiratory burst products, *Dis. Aquat. Org.*, 25, 175-183.

Harris, D.T., R. Kapur, C. Frye, A. Acevedo, T. Camenisch, L. Jaso-Friedmann and D.L. Evans（1992）：A species-conserved NK cell antigen receptor is a novel vimentin-like molecules, *Dev. Comp. Immunol.*, 16, 395-403.

Hasegawa, S., C.Nakayasu , T.Yoshitomi, T.Nakanishi and N. Okamoto（1998）：Specific cell-mediated cytotoxicity against an allogeneic target cell line in isogeneic ginbuna crucian carp, *Fish & Shellfish Immunol.*, 8, 303-13.

Haugarvoll, E., I. Bjerkås I., B. F. Nowak, I. Hordvik and E. O. Koppang（2008）：Identification and characterization of a novel intraepithelial lymphoid tissue in the gills of Atlantic salmon, *J. Anat.*, 213, 202–209.

林　健一（1996）：分類と分布．エビ・カニ類の増養殖（橘高二郎・隆島史夫・金澤昭夫 編），恒星社厚生閣．pp.1-32.

Hikima, J., I. Hirono and T. Aoki（1997）：Characterization and expression of c-type lysozyme cDNA from Japanese flounder（*Paralichthys olivaceus*）, *Mol. Mar. Biol. Biotechnol.*, 6, 339-344.

Hikima, J., I. Hirono and T. Aoki（2000）：Molecular cloning and novel repeated sequences of a c-type lysozyme gene in Japanese flounder（*Paralichthys olivaceus*）, *Mar. Biotechnol.（NY）*, 2, 241-247.

Hikima, J., S. Minagawa, I. Hirono and T. Aoki（2001）：Molecular cloning, expression and evolution of the Japanese flounder goose-type lysozyme gene, and the lytic activity of its recombinant protein, *Biochim. Biophys. Acta*, 1520, 35-44.

Hikima, J., I. Hirono and T. Aoki（2002）：The lysozyme gene in fish. Shimizu N., Aoki T., Hirono I. and Takashima F. (Eds) *Apuatic Genomics –Steps Toward a Great Future.* Elsevier Science B.V., pp. 301-309.

Hikima, S., J.Hikima , J.Rojtinnakorn , I.Hirono and T. Aoki (2003) : Characterization and function of kuruma shrimp lysozyme possessing lytic activity against *Vibrio* species, *Gene*, 316, 187-195.

Hildemann, W. H. (1970) : Transplantation immunity in fishes: Agnatha, Chondrichthyes and Osteichthyes, *Transplant Proc.*, 2, 253-259.

Hinds, K.R. and G.W. Litman (1986) : Major reorganization of immunoglobulin VH segmental elements during the vertebrate evolution, *Nature*, 320, 546-549.

Hirono, I., T. Uchiyama, and T. Aoki (1995) : Cloning, nucleotide sequence analysis, and characterization of cDNA for medaka (*Oryzias latipes*) transferrin, *J. Mar. Biotechnol.*, 2, 193-198.

Hogan, R.J., T.B.Stuge , L.W. Clem , N.W. Miller and V.G. Chinchar (1996) : Anti-viral cytotoxic cells in the channel catfish (*Ictalurus punctatus*), *Dev. Comp. Immunol.*, 20, 115-27.

Holmblad, T., P.-O. Thornqvist, K. Söderhäll and M. W. Johansson (1997) : Identification and cloning of integrin βsubunit from hemocytes of the freshwater crayfish *Pacifastacus leniusculus, J. Exp. Zool.*, 277, 255-261.

Hose, J. E. and G. G. Martin (1989) : Defense functions of granulocytes in the ridgeback prawn *Sicyonia ingentis, J. Invertebr. Pathol.*, 53, 335-346.

Hose, J. E., G. Martin, V. A. Nguyen, J. Lucus and T. Rosenstein (1987) : Cytochemical features of shrimp hemocytes, *Biol. Bull.*, 173, 178-187.

Hose, J. E., G. G. Martin and A. S. Gerard (1990) : A decapd hemocyte classification scheme integrating morphology, cytochemistry, and function, *Biol. Bull.*, 178, 33-45.

Huang, S. W., Y. Y. Lin, E. M. You, T. T. Liu, H. Y. Shu, K. M . Wu, S. F. Tsai, C. F. Lo, G. H. Kou, G. C. Ma, M. Chen, D. Wu, T. Aoki, I. Hirono and H. T. Yu (2011) : Fosmid library end sequencing reveals a rarely known genome structure of marine shrimp Penaeus monodon, *BMC Genomics*, 12, 242.

Huising, M. O., E. Stolte, G. Flik, H. F. Savelkoul and B. M. Verburg-van Kemenade (2003) : CXC chemokines and leukocyte chemotaxis in common carp (*Cyprinus carpio* L.). *Dev. Comp. Immunol.*, 27, 875-888.

Huising, M.O., R.J.Stet, H.F.Savelkoul and B.M.Verburg-van Kemenade (2004) : The molecular evolution of the interleukin-1 family of cytokines; IL-18 in teleost fish, *Dev. Comp. Immunol.*, 28, 395-413.

Hunt, T. C. and A. F. Rowley (1986) : Leukotriene B4 induces enhanced migration of fish leucocytes *in vitro, Immunology*, 59, 563-568.

Hwang, S. D., T. Asahi, H. Kondo, I. Hirono and T. Aoki (2010): Molecular cloning and expression study on Toll-like receptor 5 paralogs in Japanese flounder, *Paralichthys olivaceus*, *Fish Shellfish Immunol.*, 29, 630-638.

Hwang, S. D., K. Fuji, T. Takano, T. Sakamoto, H. Kondo, I. Hirono and T. Aoki (2011a) : Linkage mapping of toll-like receptors (TLRs) in Japanese flounder, *Paralichthys olivaceus, Mar. Biotechnol.* (NY), 13, 1086-1091.

Hwang, S. D., H. Kondo, I. Hirono and T. Aoki (2011b) : Molecular cloning and characterization of Toll-like receptor 14 in Japanese flounder, *Paralichthys olivaceus*, *Fish Shellfish Immunol.*, 30, 425-429.

Hwang, S. D., M. Ohtani, J. Hikima, T. S. Jung, H. Kondo, I. Hirono and T. Aoki (2012) : Molecular cloning and characterization of Toll-like receptor 3 in Japanese flounder, *Paralichthys olivaceus*, *Dev. Comp. Immunol.*, 37, 87-96.

I

Igarashi, A., T. Iida and J. H. Crosa (2002) : Iron-acquisition ability of *Edwardsiella tarda* with involvement in its virulence, *Fish Pathol.*, 37, 53-57.

Iida, T. and H. Wakabayashi (1988) : Chemotactic and leukocytosis-inducing activities of eel complement, *Fish Pathol.*, 23, 55-58.

Iida, T. and H. Wakabayashi (1990) : Relationship between iron acquisition ability and virulence of *Edwardsiella tarda*, etiological agent of paracolo disease in Japanese eel, *Anguilla japonica*. In "The Second Asian Fisheries" (Hirano, R. and I. Hanyu, eds). Asian Fisheries Society. Manila Philippines. pp. 667-670.

Iida, T. and H. Wakabayashi (1993) : Resistance of *Edwardsiella tarda* to opsonophagocyotosis of eel neutrophils, *Gyobyo Kenkyu*, 28, 191-192.

Iida, T. and H. Wakabayashi (1995) : Respiratory burst of Japanese eel neutrophils, *Fish Pathol.*, 30, 257-261.

Iida, T., K. Takahashi and H. Wakabayashi (1989) : Decrease in the bactericidal activity of normal serum during the spawning period of rainbow trout, *Nippon Suisan Gakkaishi*, 55, 463-465.

Iida, T., H. Manoppo and T. Matsuyama (2001) : Phagocytosis of tilapia inflammatory macropages isolated from swim bladder. *Proceedings of the PSPS - DGHE International Symposium on Fisheries Science in Tropical Area*. 261-264.

飯田貴次・山本　淳・若林久嗣 (1984)：餌付けに伴うウナギ稚魚の腸内フローラの変化，魚病研究，19，201-204.

飯田貴次・三浦　薫・若林久嗣・小林正典 (1993)：アクリジン・オレンジ染色によるウナギ好中球内殺菌活性の測定，魚病研究，28，49-50.

Inagawa, H., A. Kuroda, T. Nishizawa, T. Honda, M. Ototake, U. Yokomizo, T. Nakanishi and G. Soma (2001) : Cloning and characterisation of tandem-repeat type galectin in rainbow trout (*Oncorhynchus mykiss*), *Fish Shellfish Immunol.*, 11, 217-231.

Inoue, Y., Y. Suenaga, Y. Yoshiura, T. Moritomo, M. Ototake and T. Nakanishi (2004) : Molecular cloning and sequencing of Japanese pufferfish (*Takifugu rubripes*) NADPH oxidase cDNAs, *Dev. Comp. Immunol.*, 28, 911-925.

Irwin, D. M. and Z. Gong (2003): Molecular evolution of vertebrate goose-type lysozyme genes, *J. Mol. Evol.*, 56, 234-242.

Ishibe, K., K. Osatomi, K. Hara, K. Kanai, K. Yamaguchi and T. Oda (2008): Comparison of the responses of peritoneal macrophages from Japanese flounder (*Paralichthys olivaceus*) against high virulent and low virulent strains of *Edwardsiella tarda*, *Fish Shellfish Immunol.*, 24, 243-251.

Ishibe, K., T. Yamanishi, Y. Wang, K. Osatomi, K. Hara, K. Kanai, K. Yamaguchi and T. Oda (2009): Comparative analysis of the production of nitric oxide (NO) and tumor necrosis factor-α (TNF-α) from macrophages exposed to high virulent and low virulent strains of *Edwardsiella tarda*, *Fish Shellfish Immunol.*, 27, 386-389.

Itami, T., Y. Takahashi, E. Tsuchihira, H. Igusa and M. Kondo (1995): Enhancement of desease resistance of kuruma prawn *Penaeus japonicus* and increase in phagocytic activity of prawn hemocytes after oral administration of β-1, 3-glucan (schizophyllan). In: "Proceedings of third asian fisheries forum" (ed. by L. M. Chou *et al.*). Asian Fisheries Society. Philippines. pp. 375-378.

Itami, T., M. Asano, K. Tokushige, K. Kubota, A. Nakagawa, N. Takeno, H. Nishimura, M. Maeda, M. Kondo and Y. Takahashi (1998): Enhancement of desease resistance of kuruma shrimp, *Penaeus japonicus*, after oral administration of peptidoglycan derived from *Bifidobacterium thermophilum*, *Aquaculture*, 164, 277-288.

伊丹利明・竹原　淳・長野義将・末綱邦男・満谷　淳・武居薫・高橋幸則 (1992): アユ体表粘液由来のリゾチームの精製, 日水誌, 58, 1937-1944.

Itou, T., T. Iida and H. Kawatsu (1996): Kinetics of oxygen metabolism during respiratory burst in Japanese eel neutrophils, *Dev. Comp. Immunol.*, 20, 323-330.

Itou, T., T. Iida and H. Kawatsu (1997): The importance of hydrogen peroxide in phagocytic bactericidal activity by Japanese eel neutrophils, *Fish Pathol.*, 32, 121-125.

Itou, T., T. Iida and H. Kawatsu (1998): Evidence for the existence of cytochrome *b*558 in fish neutrophils by polyclonal anti-peptide antibody, *Dev. Comp. Immunol.*, 22, 433-437.

Iwanaga, S., T. Muta, T. Shigenaga, Y. Miura, N. Seki, T. Saito and S. Kawabata (1994): Role of hemocyte-derived granular components in invertebrate defense, *Ann. N. Y. Acad. Sci.*, 712, 102-116.

J

Jamieson, A. (1990): A survey of transferrins in 87 teleostean species, *Anim. Genet.*, 21, 295-301.

Jenkins, J. A. and D. D. Ourth (1993): Opsonic effect of the alternative complement pathwasy of channnel catfish peripheral blood phagocytes, *Vet. Immunol. Immunopathol.*, 39, 447-459.

Jenkins, J. A., R. Rosell, D. D. Ourth and L. B. Coons (1991): Electron microscopy of bctericidal effects produced by the alternative complement pathway of channel catfish, *J. Aquat. Anim. Health*, 3, 16-22.

Jensen, J. A., E. Festa, D. S. Smith and M. Cayer (1981): The complement system of the nurse shark: hemolytic and comparative characteristics, *Science*, 214, 566-569.

Jensen, J. B. and C. Koch (1992): Genetic polymorphism of the rainbow trout (*Oncorhynchus mykiss*) complement component C3, *Fish Shellfish Immunol.*, 1, 237-242.

Jiménez-Vega, F., G.Yepiz-Plascencia , S_derh_ll K and F.Vargas-Albores (2004): A single WAP domain-containing protein from *Litopenaeus vannamei* hemocytes, *Biochem. Biophys. Res. Commun.*, 314, 681-687.

Jiménez-Cantizano, R. M., C. Infante, B. Martin-Antonio, M. Ponce, I. Hachero, J. I. Navas and M. Manchado (2008): Molecular characterization, phylogeny, and expression of c-type and g-type lysozymes in brill (*Scophthalmus rhombus*), *Fish Shellfish Immunol.*, 25, 57-65.

Johansson, M. W. and K. Söderhäll (1985): Exocytosis of the prophenoloxidase activating system from crayfish haemocytes, *J. Comp. Physiol.*, 156B, 175-181.

Johansson, M. W. and K. Söderhäll (1988): Isolation and purification of a cell adhesion factor from crayfish blood cells, *J. Cell. Biol.*, 106, 1795-1803.

Johansson, M. W. and K. Söderhäll (1989): A cell adhesion factor from crayfish hemocytes has degranulating activity towards crayfish granular cells, *Insect Biochem.*, 19, 183-190.

Johansson, M. W. and K. Söderhäll (1993): Intracellular signaling in arthropod blood cells: Involvement of protein kinase C and protein tyrosine phosphorylation in the response to the 76-kDa protein or the β-1,3-glucan-binding protein in crayfish, *Dev. Comp. Immunol.*, 17, 495-500.

Johansson, M. W., M. Lind, T. Holmblad, P.-O. Thornqvist and K. Söderhäll (1995): Peroxinectin, a novel cell adhesion protein from crayfish blood, *Biochem. Biophys. Res. Commun.*, 216, 1079-1087.

Johansson, M. W., T. Holmblad, P.-O. Thornqvist, M. Cammarata , N. Parrinello and K. Söderhäll (1999): A cell-surface superoxide dismutase is a binding protein for peroxinectin, a cell-adhesive peroxidase in crayfish, *J. Cell Sci.*, 112, 917-925.

Johnson, P. T. (1987): A review of fixed phagocytic and pinocytotic cells of decapods crustaceans, with remarks of hemocytes, *Dev. Comp. Immunol.*, 11, 679-704.

Jollès, P. and J. Jollès (1984): What's new in lysozyme research? Always a model system, today as yesterday, *Mol. Cell. Biochem.*, 63, 165-189.

K

Kaiser, P., L.Rothwell, S.Avery and S.Balu (2004) Evolution of the interleukins, *Dev. Comp. Immunol.*, 28, 375-94.

角田　出・黒倉　寿（1995）：マダイ白点虫感染に対するラクトフェリンの防御効果，魚病研究，30，289-290.

Kaizu, A., F.F.Fagutao, H.Kondo, T. Aoki and I.Hirono（2011）：Functional analysis of C-type lysozyme in penaeid shrimp, *J. Biol. Chem.*, 286, 44344-44349.

Kamiya, H., K. Muramoto and R. Goto（1988）：Purification and properties of agglutinins from conger eel, *Conger myriaster*（Brevoort）, skin mucus, *Dev. Comp. Immunol.*, 12, 309-318.

Kasamatsu, J., Y. Sutoh, K. Fugo, N. Otsuka, K. Iwabuchi and M. Kasahara（2010）：Identification of a third variable lymphocyte receptor in the lamprey, *Proc. Natl. Acad Sci. U S A*, 107, 14304-8.

Kawai, T. and S. Akira（2011）：Toll-like receptors and their crosstalk with other innate receptors in infection and immunity, *Immunity*, 34, 637-650.

Kato, Y., M. Nakao, M. Shimizu, H. Wariishi and T. Yano（2004）：Purification and functional assessment of C3a, C4a and C5a of the common carp（*Cyprinus carpio*）complement, *Dev. Comp. Immunol.*, 28, 901-910.

Kenjo, A., M. Takahashi, M. Matsushita, Y. Endo, M. Nakata, Y. Mizuochi and T. Fujita（2001）：Cloning and characterization of novel ficolins from the solitary ascidian, *Halocynthia roretzi, J. Biol. Chem.*, 276, 19959-19965.

Khattiya, R., T. Ohira, I. Hirono and T. Aoki（2004）：Identification of a novel Japanese flounder（*Paralichthys olivaceus*）CC chemokine gene and an analysis of its function, *Immunogenetics*, 55, 763-769.

Khattiya, R., H. Kondo, I. Hirono and T. Aoki（2007）：Cloning, expression and functional analysis of a novel-chemokine gene of Japanese flounder, *Paralichthys olivaceus*, containing two additional cysteines and an extra fourth exon, *Fish Shellfish Immunol.*, 22, 651-662.

Kikuchi, S. and N. Egami（1983）：Effects of gamma-irradiation on the rejection of transplanted scale melanophores in the teleost, *Oryzias latipes, Develop. Comp. Immunol.*, 7, 51-58.

Kobayashi, I., M. Sekiya, T. Moritomo, M. Ototake and T. Nakanishi（2006）Demonstration of hematopoietic stem cells in ginbuna carp（*Carassius auratus langsdorfii*）kidney, *Dev. Comp. Immunol.*, 30, 1034-1046.

Kobayashi, I., S. Kuniyoshi, K. Saito, T. Moritomo, T. Takahashi, and T. Nakanishi（2008a）Long-term hematopoietic reconstitution by transplantation of kidney hematopoietic stem cells in lethally irradiated clonal ginbuna crucian carp（*Carassius auratus langsdorfii*）, *Dev. Comp. Immunol.*, 32：957-965.

Kobayashi, I., T. Moritomo, K. Araki, F. Takizawa, and T. Nakanishi（2008b）：Characterization and localization of side population（SP）cells in zebrafish kidney hematopoietic tissue, *Blood*, 111, 1131-1137.

Kobayashi, M., M. W. Johansson and K. Söderhäll（1990）：The 76kD cell-adhesion factor from crayfish hemocytes promotes encapsulation *in vitro, Cell Tissue Res.*, 260, 13-18.

小林睦夫・K. Söderhäll（1992）：甲殻類（Ⅱ）－ザリガニの細胞性防御反応を中心に，“無脊椎動物の生体防御”（名取俊二・野本亀久雄・古田恵美子・村松　繁・（財）水産無脊椎動物研究所　編）. 学会出版センター. pp.199-212.

Kokubu, F., R. Litman, M.J. Shamblott, K. Hinds and G.W. Litman（1988）：Diverse organization of immunoglobulin VH gene loci in a primitive vertebrate, *EMBO J.*, 7, 3413-3422.

Komatu, M. and S. Ando（1998）：A very-high-density lipoprotein with clotting ability from hemolymph of sand crayfish, *Ibacus ciliates, Biosci. Biotechnol. Biochem.*, 62, 459-463.

Kono, T., R. Kusuda, E. Kawahara and M. Sakai（2003）：The analysis of immune responses of a novel CC-chemokine gene from Japanese flounder *Paralichthys olivaceus, Vaccine*, 21, 446-457.

Kondo, M., T. Itami, Y. Takahashi, R Fujii and S. Tomonaga（1994）：Structure and function of the lymphoid organ in the kuruma prawn, *Dev. Comp. Immunol.*, 18 Supplement 1, S109.

Kondo, M., T. Itami, Y. Takahashi, R. Fujii and S. Tomonaga（1998a）：Ultrastructural and cytochemical characteristic of phagocytes in kuruma prawn, *Fish Pathol.*, 33, 421-427.

Kondo, M., T. Itami and Y. Takahashi（1998b）：Preliminary characterization of lectins in the hemolymph of kuruma prawn, *Fish Pathol.*, 33, 429-435.

Kondo, M., A. Yamamoto, Y. Takahashi, R. Fujii, and S. Tomonaga（2000）：Hemocyte types in kuruma prawn, *Dev. Comp. Immunol.*, 24 Supplement 1, S72.

近藤昌和・高橋幸則（2012）：コノハエビとオオシロピンノの血球の形態学的特徴，水大校研報，60，137-143.

近藤昌和・松山博子・矢野友紀（1992）：クルマエビ血球の貪食作用に及ぼすレクチンのオプソニン効果，魚病研究，27，217-222.

近藤昌和・友永　進・高橋幸則（2012）：クルマエビの細胞内沈着物を有する顆粒球，水産増殖，60，151-152.

Kopacek, P., L. Grubhoffer and K. Söderhäll（1993）：Isolation and characterization of a hemagglutinin with affinity for lipopolysaccharides from plasma of the crayfish *Pacifastacus leniusculus, Dev. Comp. Immunol.*, 17, 407-418.

Koppang, E.O., U.Fischer, L.Moore, M.A.Tranulis, J.M.Dijkstra, B.Köllner, L.Aune, E. Jirillo and I. Hordvik（2010）：Salmonid T cells assemble in the thymus, spleen and in novel interbranchial lymphoid tissue, *J. Anat.*, 217, 728-39.

Koyama, T., S. Asakawa, T. Katagiri, A. Shimizu, F. F. Fagutao, R. Mavichak, M. D. Santos, K. Fuji, T. Sakamoto, T. Kitakado, H. Kondo, N. Shimizu, T. Aoki and I. Hirono（2010）：Hyper-expansion of large DNA segments in the genome of kuruma shrimp, Marsupenaeus japonicas, *BMC Genomics*, 11, 141.

Krajhanzl, A.（1990）：Egg lectins of invertebrates and lower vertebtates：Properties and biological function, *Adv. Lectin Res.*, 3, 83-131.

Krol, R. M., W. E. Hawkins, W. K. Vogelbein and R. M. Overstreet

(1989)：Histopathology and ultrastructure of the hemocytic response to an acid-fast bacterial infection in cultured *Penaeus vannamei, J. Aquat. Anim. Health*, 1, 37-42.

Kurata, O., N. Okamato and Y. Ikeda (1995)：Neutrophilic granulocytes in carp, *Cyprinus carpio*, possess a spontaneous cytotoxic activity, *Dev. Comp. Immunol.*, 19, 315-325.

Kurata, O., S. Hasekawa, N. Okamoto, T. Nakanishi and Y. Ikeda (1996)：Spontaneous cytotoxic activity of neutrophilic granulocytes in ginbuna crucian carp and channel catfish, *Fish Pathol.*, 31, 51-52.

Kuroda, N., H. Wada, K. Naruse, A. Simada, A. Shima, M. Sakai and M. Nonaka (1996)：Molecular cloning and linkage analysis of the Japanese medaka fish complement Bf/C2 gene, *Immunogenetics*, 44, 459-467.

Kurogi, J. and T. Iida (1999)：Social stress suppresses defense activities of neutrophils in tilapia, *Fish Pathol.*, 34, 15-18.

Kurogi, J. and T. Iida (2002a)：Inhibitory effect of cortisol on the defense activities of tilapia neutrophils *in vitro, Fish Pathol.*, 37, 13-16.

Kurogi, J. and T. Iida (2002b)：Impaired neutrophil defense activities and increased susceptibility to edwardsiellosis by cortisol implantation in tilapia, *Fish Pathol.*, 37, 17-21.

Kyomuhendo, P., B. Myrnes and I. W. Nilsen (2007)：A cold-active salmon goose-type lysozyme with high heat tolerance, *Cell. Mol. Life Sci.*, 64, 2841-2847.

L

Lai, C.Y., W.Cheng and C.M.Kuo (2005)：Molecular cloning and characterisation of prophenoloxidase from haemocytes of the white shrimp, *Litopenaeus vannamei, Fish Shellfish Immunol.*, 18,417-430.

Laing, K.J. and C.J.Secombes (2004)：Chemokines, *Dev. Comp. Immunol.*, 28, 443-60.

Lally, J., F. Al-Anouti, N. Bols and B. Dixon (2003)：The functional characterisation of CK-1, a putative CC chemokine from rainbow trout (*Oncorhynchus mykiss*), *Fish Shellfish Immunol.*, 15, 411-424.

Lanz, H. V. Tsutsumi and H. Arechiga (1993)：Morphogical and biochemical characterization of *Procambarus clarki* blood cells, *Dev. Comp. Immunol.*, 17, 389-397.

Larsen, A. N., T. Solstad, G. Svineng, M. Seppola and T. Ø. Jørgensen (2009)：Molecular characterisation of a goose-type lysozyme gene in Atlantic cod (*Gadus morhua* L.), *Fish Shellfish Immunol.*, 26, 122-132.

Lee, J. Y., T. Tada, I. Hirono, and T. Aoki (1998)：Molecular cloning and evolution of transferrin cDNAs in salmonids, *Mol. Mar. Biol. Biotechnol.*, 7, 287-293.

Le Moullac, G., C. Soyez, D. Saulnier, D. Ansquer, J. C. Avarre and P. Levy (1998)：Effect of hypoxic stress on the immune response and the resistance to vibriosis of the shrimp *Penaeus stylirostris, Fish Shellfish Immunol.*, 8, 621-629.

Leu, J.H., C.C.Chang, J.L.Wu , C.W.Hsu , I.Hirono ,T. Aoki , H.F.Juan , C.F.Lo , G.H.Kou and H.C.Huang (2007)：Comparative analysis of differentially expressed genes in normal and white spot syndrome virus infected *Penaeus monodon, BMC Genomics*, 8, 120.

Ley, K. (2002)：Integration of inflammatory signals by rolling neutrophils, *Immunol. Rev.*, 186, 8-18.

Li, J., R. Peters, S. LaPatra, M. Vazzana and J. O. Sunyer (2004)：Anaphylatoxin-like molecules generated during complement activation induce a dramatic enhancement of particle uptake in rainbow trout phagocytes, *Dev. Comp. Immunol.*, 28, 1005-1021.

Li, J., D. R. Barreda, Y. A. Zhang, H. Boshra, A. E. Gelman, S. Lapatra, L. Tort and J. O. Sunyer (2006)：B lymphocytes from early vertebrates have potent phagocytic and microbicidal abilities, *Nat. Immunol.*, 7, 1116-1124.

Lin, C. Y., K. Y. Hu, S. H. Ho and Y. L. Song (2006)：Cloning and characterization of a shrimp clip domain serine protease homolog (c-SPH) as a cell adhesion molecule, *Dev. Comp. Immunol.*, 30, 1132-1144.

Lin, Y. C., B. Vaseeharan and J. C. Chen (2008)：Identification and phylogenetic analysis on lipopolysaccharide and β-1,3-glucan binding protein (LGBP) of kuruma shrimp *Marsupenaeus japonicus, Dev. Comp. Immunol.*, 32,1260-1269.

Liu ,F., Y.Liu , F.Li ,B. Dong and J.Xiang (2005)：Molecular cloning and expression profile of putative antilipopolysaccharide factor in Chinese shrimp (*Fenneropenaeus chinensis*), *Mar. Biotechnol.*, 7, 600-608.

Liu, Y.C., F.H.Li,B. Dong , B.Wang , W.Luan , X.J.Zhang , L.S.Zhang and J.H.Xiang (2007a)：Molecular cloning, characterization and expression analysis of a putative C-type lectin (Fclectin) gene in Chinese shrimp *Fenneropenaeus chinensis, Mol. Immunol.*, 44, 598-607.

Liu, Y., S. L. Chen, L. Meng and Y. X. Zhang (2007b)：Cloning, characterization and expression analysis of a novel CXC chemokine from turbot (*Scophthalmus maximus*), *Fish Shellfish Immunol.*, 23, 711-720.

Lobb, C.J. and M.O.J. Olson (1988)：Iimmunoglobulin heavy H chain isotypes in a teleost fish, *J. Immunol.* ,141, 1236-1245.

Loo, Y. M. and M. Jr. Gale (2011)：Immune signaling by RIG-I-like receptors, *Immunity*, 34, 680-692.

Loongyai, W., J. C. Avarre, M.Cerutti , E.Lubzens and W.Chotigeat (2007)：Isolation and functional characterization of a new shrimp ovarian peritrophin with antimicrobial activity from *Fenneropenaeus merguiensis, Mar. Biotechnol.*, 9, 624-637.

Lugo-Villarino ,G., K.M.Balla,D.L. Stachura , K.Bañuelos , M. B.Werneck and D. Traver (2010)：Identification of dendritic antigen-presenting cells in the zebrafish, *Proc. Natl. Acad. Sci. USA*, 107, 15850-15855.

M

Ma, T.H., S.H.Tiu , J.G.He and S.M.Chan（2007）：Molecular cloning of a C-type lectin（LvLT）from the shrimp *Litopenaeus vannamei*：early gene down-regulation after WSSV infection, *Fish Shellfish Immunol.*, 23, 430-437.

Maningas, M. B. B., H. Kondo, I. Hirono, T. Taki and T. Aoki（2008）：Essential function of transglutaminase and clotting protein in shrimp immunity, *Mol. Immunol.*, 45, 1269-1275.

Maningas, M.B., H.Kondo and I.Hirono（2013）：Molecular mechanisms of the shrimp clotting system, *Fish Shellfish Immunol.*, 34, 968-972.

Manninng D. S. and J. C. Leong（1990）：Expression in *Escherichia coli* of the large genomic segment of infectious pancreatic necrosis virus, *Virology*, 179, 16-25.

Manning, M. J. and T. Nakanishi（1996）：The specific immune system: Cellular defenses. In: The Fish Immune System（eds. by Iwama, G.K. and Nakanishi, T.）. Academic Press. London. pp.159-205.

間野伸宏・乾　亨哉・荒井大介・廣瀬一美・出口吉昭（1996）：*Cytophaga columnaris* に対するウナギ皮膚の免疫応答, 魚病研究, 31, 65-70.

Marques, M. R. F. and M. A. Barracco（2000）：Lectins, as non-self-recognition factors, in crustaceans, *Aquaculture*, 191, 23-44.

Martin, G. G., J. E. Hose and J. J. Kim（1987）：Structure of hematopoietic nodules in the ridgeback prawn, *Sicyonia ingentis*：Light and electron microscopic observations. *J. Morphol.*, 192, 193-204.

Martin, G. G., J. E. Hose and C. J. Corzine（1989）：Morphological comparison of major arteries in the ridgeback prawn, *Sicyonia ingentis, J. Morphol.*, 200, 175-183.

Martin, G. G., J. E. Hose, S. Omori, C. Chong, T. Hoodbhoy and N. McKrell（1991）：Localizaiton and roles of coagulogen and transgultaminase in hemolymph coagulation in decapod crustaceans, *Comp. Biochem. Physiol.*, 100B, 517-522.

Martin, G. G. and J. E. Hose（1992）：Vascular erements and blood（hemolympk）. In："Microscopic Anatomy of Invertebrates Vol.10 Decapod Crustacea"（ed. by F. W. Harrison and A. G. Humes）. Wiley-Liss. NY. pp. 117-146.

Matsushita, M. and T. Fujita（2001）：Ficolins and the lectin complement pathway, *Immunol. Rev.*, 180, 78-85.

Matsuyama, H., T. Yano, T. Yamakawa and M. Nakao（1992）：Opsonic effect of the third complement conponent（C3）of carp（*Cyprinus carpio*）on phagocytosis by neutrophils, *Fish Shellfish Immunol.*, 2, 69-78.

松山博子・中尾実樹・矢野友紀（1988）：魚類の抗体および補体の種間適合性, 日水誌, 54, 1993-1996.

Matsuyama, T. and T. Iida（1999a）：Comparison of inflammatory and peripheral blood neutrophils of carp and tilapia in defense activities, *Fish Pathol.*, 34, 45-46.

Matsuyama, T. and T. Iida（1999b）：Degranulation of eosinophilic granular cells with possible involvement in neutrophil migration to site of inflammation in tilapia, *Dev. Comp. Immunol.*, 23, 451-457.

Matsuyama, T. and T. Iida（2000）：*In vitro* degranulation of tilapia eosinophilic granular cells and its effect on neutrophil migration, *Fish Pathol*, 35, 125-129.

Matsuyama, T. and T. Iida（2001）：Influence of tilapia mast cell lysate on vascular permeability, *Fish Shellfish Immunol.*, 11, 549-556.

Matsuyama, T. and T. Iida（2002a）：Tilapia mast cell lysates enhance neutrophil adhesion to cultured vascular endothelial cells, *Fish Shellfish Immunol.*, 13, 243-250.

Matsuyama, T. and T. Iida（2002b）：Physiological functions of tilapia mast cells in inflammatory responses. Proceedings of International Commemorative Symposium, *Fish. Sci.*, 68, *Suppl. II*, 1131-1134.

Matsuyama, T., T. Iida and M. Endo（1999）：Isolation of inflammatory macrophages from swim bladder of tilapia, *Fish Pathol.*, 34, 83-84.

Matsuyama, T., J. Kurogi and T. Iida（2000）：Inhibitory effect of cortisol on eosinophilic granular cell activity in tilapia, *Fish Pathol.*, 35, 61-65.

Mavichak, R., H.Kondo , I.Hirono , T.Aoki , H.Kiyono and Y.Yuki（2009）：Protection of Pacific white shrimp, *Litopenaeus vannamei* against white spot virus following administration of N-terminus truncated recombinant VP28 protein expressed in Gram-positive bacteria, *Brevibacillus choshinensis, Aquacul. Sci.*, 57. 83-90.

Mavichak, R., T.Takano , H.Kondo , I.Hirono , S.Wada , K.Hatai , H.Inagawa , Y.Takahashi , T.Yoshimura , H.Kiyono , Y.Yuki and T.Aoki （2010）：The effect of liposome-coated recombinant protein VP28 against white spot syndrome virus in kuruma shrimp, *Marsupenaeus japonicus, J. Fish. Dis.*, 33. 69-74.

Mayer, W.E., T.Uinuk-Ool , H.Tichy , L.A.Gartland , J.Klein and M.D.Cooper（2002）：Isolation and characterization of lymphocyte-like cells from a lamprey, *Proc. Natl. Acad. Sci. U S A*, 99, 14350-14355.

Mayumi, M., Y. Takeda, M. Hoshiko, K. Serada, M. Murata, T. Moritomo, F. Takizawa, I. Kobayashi, K. Araki, T. Nakanishi and H. Sumimoto（2008）：Characterization of teleost phagocyte NADPH oxidase：molecular cloning and expression analysis of carp（*Cyprinus carpio*）phagocyte NADPH oxidase, *Mol. Immunol.*, 45, 1720-1731.

McKay, D. and C. R. Jenkin（1970）：Immunity in the invertebrate. The role of serum factors in phagocytosis of erythrocytes of the freshwater crayfish（*Parachaeraps bicarinatus*）, *Aust. J. Exp. Biol. Med. Sci.*, 48, 139-150.

McMillan, D. N. and D. C. Secombes（1997）：Isolation of rainbow trout（*Oncorhynchus mykiss*）intestinal intraepithelial lymphocytes（IEL）and measurement of their cytotoxic activity, *Fish Shellfish Immunol.*, 7, 527-541.

Mekata, T., Y.Kono , T.Yoshida , M.Sakai and T.Itami （2008）：Identification of cDNA encoding Toll receptor, MjToll gene from kuruma shrimp, *Marsupenaeus japonicus, Fish*

Shellfish Immunol., 24,122-133.

Mikawa, N., I, Hirono and T. Aoki（1996）：Structure of medaka transferrin gene and its 5'-flankingzegion, *Mol. mar. Bio. Biotecnol.*, 5, 225-229.

Minagawa, S., J. Hikima, I. Hirono, T. Aoki and H. Mori（2001）：Expression of Japanese flounder c-type lysozyme cDNA in insect cells, *Dev. Comp. Immunol.*, 25, 439-445.

宮崎照雄・江草周三（1976）：*Edwardsiella tarda* 感染症の病理組織学的研究－I，自然感染―化膿性造血組織炎型，魚病研究，11，33-43.

Molle, V., S. Campagna, Y. Bessin, N. Ebran, N. Saint and G. Molle（2008）：First evidence of the pore-forming properties of a keratin from skin mucus of rainbow trout（*Oncorhynchus mykiss*, formerly *Salmo gairdneri*）, *Biochem. J.*, 411, 33-40.

森　勝義（1992）：甲殻類（I）."無脊椎動物の生体防御"（名取俊二・野本亀久雄・古田恵美子・村松　繁・(財)水産無脊椎動物研究所　編）. 学会出版センター. pp. 183-198.

Moritomo, T., T. Iida and H. Wakabayashi（1988）：Chemiluninescence of neutrophils isolated from peripheral blood of eel, *Fish Pathol.*, 23, 49-53.

Morvan C., D. Troutaud and P. Deschaux（1998）：Differential effects of temperature on specific and nonspecific immune defences in fish, *J. Exp. Biol.*, 201, 165-168

Moss, L. D., M. M. Monette, L. Jaso-Friedmann, J. H. Leary 3rd, S. T. Dougan, T. Krunkosky and D. L. Evans（2009）：Identification of phagocytic cells, NK-like cytotoxic cell activity and the production of cellular exudates in the coelomic cavity of adult zebrafish, *Dev. Comp. Immunol.*, 33, 1077-1087.

Muramoto, K. and H. Kamiya（1992）：The amino-acid sequence of a lectin from conger eel, *Conger myriaster*, skin mucus, *Biochim. Biophys. Acta.*, 1116, 129-136.

Munoz, M., R. Cedeno, J. Rodriguez, W. P. W. van der Knoop, E. Mialhe and E. Bachére（2000）：Measurement of reactive oxygen intermediate production in hemocytes of the penaeid shrimp, *Penaeus vannamei, Aquaculture*, 191, 89-107.

牟田達史・岩永貞昭（1992）：生体防御としての体液凝固. 無脊椎動物の生体防御（名取俊二・野本亀久雄・古田恵美子・村松　繁・(財) 水産無脊椎動物研究編）. 学会出版センター．pp.81-110.

Mutsuro, J., M. Nakao, K. Fujiki and T. Yano（2000）：Multiple forms of alpha2-macroglobulin from a bony fish, the common carp（*Cyprinus carpio*）：striking sequence diversity in functional sites, *Immunogenetics*, 51, 847-855.

N

Nagamura, Y. and H. Wakabayashi（1985）：Changes in glycogen content of neutrophils in eel, *Anguilla japonica*, by bacterial infection, *Fish Pathol.*, 20, 389-394.

長村吉晃・若林久嗣（1983）：ウナギ好中球の PAS 反応について，魚病研究，17，369-280.

Nagoshi ,H., H.Inagawa , K.Morii , H.Harada ,C. Kohchi , T. Nishizawa , Y.Taniguchi , M.Uenobe, T.Honda , M.Kondoh , Y.Takahashi and G.Soma （2006）：Cloning and characterization of a LPS-regulatory gene having an LPS binding domain in kuruma prawn *Marsupenaeus japonicus, Mol. Immunol.*, 43, 2061-2069.

Nakai, T.（1985）：Resistance of *Pseudomonas anguilliseptica* to bactericidal action of fish serum, *Bull. Japan. Soc. Sci. Fish.*, 51, 1431-1436.

Nakai, T., T. Kanno, E. R. Cruz and K. Muroga（1987）：The effect of iron comounds on the virulence of *Vibrio anguillarum* in Japanese eels and ayu, *Fish Pathol.*, 22, 185-189.

Nakamura, H. and A. Shimozawa（1994）：Phagocytotic cells in the fish heart, *Arch. Histol. Cytol.*, 57, 415-425.

Nakamura, K.（1987）：Lymphoid organ and its developmental property of larval prawn *Penaeus japonicus, Mem. Fac. Fish. Kagoshima. Univ.*, 36, 215-220.

Nakanishi, T.（1986a）：Effects of X-irradiation and thymectomy on the immune response of the marine teleost, *Sebastiscus marmoratus, Develop. Comp. Immunol.*, 10, 519-527.

Nakanishi, T.（1986b）：Seasonal changes in the humoral immune response and the lymphoid tissues of the marine teleost, *Sebastiscus marmoratus, Vet. Immunol. Immunopathol.*, 12, 213-221.

Nakanishi, T.（1986c）：Ontogenetic development of the immune response in the marine teleost *Sebastiscus marmoratus, Bull. Jap. Soc. Sci. Fish.*, 52, 473-477.

Nakanishi, T.（1987）：Kinetics of transfer of immunity by immune leukocytes and PFC response to HRBC in isogeneic ginbuna crucian carp, *J. Fish Biology*. 30, 723-729.

Nakanishi, T.（1991）：Ontogeny of the immune system in the rock fish, *Sebastiscus marmoratus*：Histogenesis of lymphoid organs and the effects of thymectomy, *Environmental Biology of Fishes*, 30, 135-145.

Nakanishi, T. and M. Ototake（1999）：The graft-versus-host reaction（GVHR）in the ginbuna crucian carp, *Carassius auratus langsdorfii, Dev. Comp. Immunol.*, 23, 15-26.

Nakanishi, Y., H. Kodama, T. Murai, T. Mikami and H. Izawa（1991）：Activation of rainbow trout complement by C-reactive protein, *Am. J. Vet. Res.*, 52, 397-401.

中西照幸（1982）：カサゴ *Sebastiscus marmoratus* の免疫応答－Iヒツジ赤血球に対する抗体及び溶血プラーク形成細胞の応答について，養殖研報，3, 81-89.

中西照幸（1983）カサゴ *Sebastiscus marmoratus* の免疫応答－II ヒツジ赤血球に対する抗体産生及び溶血プラーク形成細胞の応答に及ぼす水温の影響について, 養殖研報, 4, 121-129.

中西照幸（1985）：カサゴ *Sebastiscus marmoratus* の免疫応答－III 鱗移植免疫における水温の影響及び眼球の移植実験について，養殖研報，8, 43-50.

中西照幸・J.M. Dijkstra・桐生郁也・乙竹充（2003）：主要組織適合遺伝子複合体（MHC）魚類の免疫系，恒星社厚生閣，p.112-125.

Nakano, T. and T. Graf（1991）：Goose-type lysozyme gene of the chicken：sequence, genomic organization and expression reveals major differences to chicken-type lysozyme gene, *Biochim. Biophys. Acta.*, 1090, 273-276.

Nakao, M., Y. Fushitani, K. Fujiki, M. Nonaka and T. Yano（1998）：Two diverged complement factor B/C2-like cDNA sequences from a teleost, the common carp（*Cyprinus carpio*）, *J. Immunol.*, 161, 4811-4818.

Nakao, M., J. Mutsuro, R. Obo, K. Fujiki, M. Nonaka and T. Yano（2000）：Molecular cloning and protein analysis of divergent forms of the complement component C3 from a bony fish, the common carp（*Cyprnus carpio*）：presence of variants lacking the catalytic histidine, *Eur. J. Immunol.*, 30, 858-866.

Nakao, M., M. Matsumoto, M. Nakazawa, K. Fujiki and T. Yano（2002）：Diversity of complement factor B/C2 in the common carp（*Cyprinus carpio*）：three isotypes of B/C2-A expressed in different tissues, *Dev. Comp. Immunol.*, 26, 533-541.

Nakao, M., M. Tsujikura, S. Ichiki, T. K. Vo and T. Somamoto（2011）：The complement system in teleost fish：Progress of post-homolog-hunting researches, *Dev. Comp. Immunol.*, 35, 1296-1308.

Nam, B.H., I.Hirono and T.Aoki（2003）：The four TCR genes of teleost fish：the cDNA and genomic DNA analysis of Japanese flounder（*Paralichthys olivaceus*）TCR alpha-, beta-, gamma-, and delta-chains, *J. Immunol.*, 170, 3081-3090.

Namikoshi, A.,J.-L. Wu, T. Yamashita, T. Nishizawa, T. N ishioka, M. Arimoto and K. Muroga（2004）：Vaccination trials with *Penaeus japonicus* to induce resistance to white spot syndrome virus, *Aquaculture*, 229, 23-35.

Nayak, S. K.（2010）：Probiotics and immunity：a fish perspective, *Fish Shellfish Immunol.*, 29, 2-14.

Nikolakopoulou, K. and I. K. Zarkadis（2006）：Molecular cloning and characterisation of two homologues of mannose-binding lectin in rainbow trout, *Fish Shellfish Immunol.*, 21, 305-314.

Nomiyama, H, K. Hieshima, N. Osada, Y. Kato-Unoki, K. Otsuka-Ono, S. Takegawa, T. Izawa, A. Yoshizawa, Y. Kikuchi, S. Tanase, R. Miura, J. Kusuda, M. Nakao and O. Yoshie（2008）：Extensive expansion and diversification of the chemokine gene family in zebrafish：identification of a novel chemokine subfamily CX, *BMC Genomics*, 9, 222.

Nonaka, M. and S. L. Smith（2000）：Complement system of bony and cartilaginous fish, *Fish Shellfish Immunol.*, 10, 213-228.

Nonaka M. and A. Kimura（2006）：Genomic view of the evolution of the complement system, *Immunogenetics*, 58, 701-713.

野中　勝・松尾　恵（2000）：硬骨魚類ゲノムにたどるMHCの進化の道筋, 蛋白質核酸酵素, 45, 2918-2923.

O

Oehlers, S. H., M. V. Flores, C. J. Hall, R. O'Toole, S. Swift, K. E. Crosier and P. S. Crosier（2010）：Expression of zebrafish cxcl8（interleukin-8）and its receptors during development and in response to immune stimulation, *Dev. Comp. Immunol.*, 34, 352-359.

Ohtani, M., J. Hikima, H. Kondo, I. Hirono, T. S. Jung and T. Aoki（2010）：Evolutional conservation of molecular structure and antiviral function of a viral RNA receptor, LGP2, in Japanese flounder, *Paralichthys olivaceus*, *J. Immunol.*, 185, 7507-7517.

Ohtani, M., J. Hikima, H. Kondo, I. Hirono, T. S. Jung and T. Aoki（2011）：Characterization and antiviral function of a cytosolic sensor gene, MDA5, in Japanese flounder, *Paralichthys olivaceus*, *Dev. Comp. Immunol.*, 35, 554-562.

Ohtani, M., J. Hikima, S. D. Hwang, T. Morita, Y. Suzuki, G. Kato, H. Kondo, I. Hirono, T. S. Jung and T. Aoki（2012）：Transcriptional regulation of type I interferon gene expression by interferon regulatory factor-3 in Japanese flounder, *Paralichthys olivaceus*, *Dev. Comp. Immunol.*, 36, 697-706.

Oka, M.（1969）：Studies on *Penaeus orientolis* Kishinouye-Ⅶ Structure of the newly found lymphoid organ, *Bull. Japan. Soc. Sci. Fish.*, 35, 245-250.

岡本信明・倉田　修（1995）：NK細胞の特性. 水産動物の生体防御（森　勝義・神谷久男編）. 恒星社厚生閣. pp. 37-45.

Onara, D. F., M. Forlenza, S. F. Gonzalez, K. Ł. Rakus, A. Pilarczyk, I. Irnazarow and G. F. Wiegertjes（2008）：Differential transcription of multiple forms of alpha-2-macroglobulin in carp（*Cyprinus carpio*）infected with parasites, *Dev. Comp. Immunol.*, 32, 339-347.

Ongvarrasopone, C., M.Chanasakulniyom , K.Sritunyalucksana and S.Panyim （2008）：Suppression of PmRab7 by dsRNA inhibits WSSV or YHV infection in shrimp, *Mar. Biotechnol.*, 10, 374-381.

Oshiumi, H., T. Tsujiţa, K. Shida, M. Matsumoto, K. Ikeo and T. Seya（2003）：Prediction of the prototype of the human Toll-like recepter gene family from the pufferfish, *Fugu rubripes*, genome, *Immunogenetics*, 54, 791-800.

大塚　攻・駒井智幸（2008）：甲殻亜門分類. 節足動物の多様性と系統（石川良輔編）. 裳華房. pp. 421-422.

乙竹　充・J.M. Dijkstra・桐生郁也・吉浦康寿・藤原篤志・U. Fischer・中西照幸（2003）：ニジマスMHC遺伝子の多様性及び機能の解析, 水産育種, 32, 67-74.

小澤　敦（1978）：病原微生物と腸内常在性細菌叢の関係, 最近医学, 33, 2009-2013.

P

Pancer, Z., C.T.Amemiya , G.R.Ehrhardt, J.Ceitlin , G.L.Gartland and M.D.Cooper（2004）：Somatic diversification of variable lymphocyte receptors in the agnathan sea lamprey, Nature, 430, 174-180.

Papermaster, B.W., R.M.Condie, J.Finstad and R.A.Good（1964）：Evolution of the immune response I. The phylogenetic development of adaptive immunologic responsiveness in vertebrates, *J. Exp. Med.*, 119, 105-130.

Parazzolo, L. M. and M. A. Barracco（1997）：The prophenoloxidase activating system of the shrimp *Penaeus paulensis* and associated factors, *Dev. Comp. Immunol.*, 21, 385-395.

Park, I. Y., C. B. Park, M. S. Kim, S. C. Kim and I. Parasin（1998）：An antimicrobial peptide derived from histone H2A in the catfish, *Parasilurus asotus, FEBS Lett.*, 437, 258-262.

朴　守一・若林久嗣・渡辺佳一郎（1983）：養鰻池に分布する *Edwardsiella tarda* の血清型と病原性，魚病研究，18，85-89.

Park S.-W. and H. Wakabayashi（1992）：Comparison of pronephric and peripheral blood neutrophils of eel, *Anguilla japonica*, in phagocytic activity, *Fish Pathol.*, 27, 149-152.

朴　性佑・若林久嗣（1989）：異物接種に伴うニホンウナギ腎臓中の好中球の動態，魚病研究，24，233-239.

Partula, S., A.de Guerra, J. S. Fellah and J.Charlemagne（1995）：Structure and diversity of the T cell antigen receptor beta-chain in a teleost fish, *J. Immunol.*, 155, 699-706.

Partula, S., A.de Guerra, J. S.Fellah, and J.Charlemagne（1996）：Structure and diversity of the TCR alpha-chain in a teleost fish, *J. Immunol.*, 157, 207-212.

Périn, J. P. and P. Jollés（1976）：Enzymatic properties of a new type of lysozyme isolated from *Asterias rubens*：comparison with the *Nephthys hombergii*（annelid）and hen lysozymes, *Biochimie*, 58, 657-662.

Persson, M., A. Vey and K. Söderhäll（1987）：Encapsulation of foreign particles *in vitro* by separated blood cells from crayfish, *Astacus leptodactylus, Cell Tissue Res.*, 274, 409-415.

Pestka, S., C. D. Krause and M. R. Walter（2004）：Interferons, interferon-like cytokines, and their receptors, *Immunol. Rev.*, 202, 8-32.

Peters, G., A. Nubgen, A. Raabe and A. Mock（1991）：Social stress induces stractural and functional alterations of phagocytes in rainbow trout（*Oncorhynchus mykiss*）, *Fish Shellfish Immunol.*, 1, 17-31.

Pettersen, E. F., H. C. Ingerslev, V. Stavang, M. Egenberg and H. I. Wergeland（2008）：A highly phagocytic cell line TO from Atlantic salmon is CD83 positive and M-CSFR negative, indicating a dendritic-like cell type, *Fish Shellfish Immunol.*, 25, 809-819.

Pilstrom L. and E. Bengten（1996）：Immunoglobulin in fish-genes, expression and structure, *Fish Shellfish Immunol.*, 6, 243-262.

Pongsomboon, S., S.Tang , S.Boonda,T. Aoki, I. Hirono, M. Yasuike and A. Tassanakajon（2008a）：Differentially expressed genes in *Penaeus monodon* hemocytes following infection with yellow head virus, *BMB Rep.*, 41,670-677.

Pongsomboon, S., R.Wongpanya, S. Tang, A. Chalorsrikul and A. Tassanakajon（2008b）：Abundantly expressed transcripts in the lymphoid organ of the black tiger shrimp, *Penaeus monodon*, and their implication in immune function, *Fish Shellfish Immunol.*, 25,485-493.

Pongsomboon, S., S. Tang, S. Boonda, T. Aoki, I. Hirono and A. Tassanakajon（2011）：A cDNA microarray approach for analyzing transcriptional changes in *Penaeus monodon* after infection by pathogens, *Fish Shellfish Immunol.*, 30, 439-446.

Ponpornpisit, A., M. Endo and H. Murata（2000）：Experimental infections of a ciliate *Tetrahymena pyriformis* on ornamental fishes, *Fish. Sci.*, 66, 1026-1031.

Q

Qi, Z., P. Nie, C. J. Secombes and J. Zou（2010）：Intron-containing type I and type III IFN coexist in amphibians：refuting the concept that a retroposition event gave rise to type I IFNs, *J. Immunol.*, 184, 5038-5046.

Qian, Y., A. J. Ainsworth and M. Noya（1999）：Identification of beta 2（CD18）molecule in a teleost species, *Ictalurus punctatus* Rafinesque, *Dev. Comp. Immunol.*, 23, 571-583.

Qian, Y., M. Noya and A. J. Ainsworth（2000）：Molecular characterization and leukocyte distribution of a teleost beta1 integrin molecule, *Vet. Immunol. Immunopathol.*, 76, 61-74.

Qin,Q. W., M.Ototake , H. Nagoya and T. Nakanishi（2002）Graft-versus-host reaction（GVHR）in clonal amago salmon, *Oncorhunchus rhodurus, Vet. Immunol. Immunopathol.*, 89, 83-89.

Qiu, L., S.Jiang , J.Huang , W.Wang , D.Zhang , Q.Wu and K.Yang（2008）：Molecular cloning and mRNA expression of cathepsin C gene in black tiger shrimp（*Penaeus monodon*）, *Comp. Biochem. Physiol. A. Mol. Integr. Physiol.*, 150, 320-325.

R

Ramos, F. and A. C. Smith（1978）：The C-reactive protein（CRP）test for the detection of early disease in fishes, *Aquaculture*, 14, 261-266.

Rashid, M. M., T. Nakai, K. Muroga and T. Miyazaki（1997）：Pathogenesis of experimental edwardsiellosis in Japanese flounder *Paralichthys olivaceus, Fish. Sci.*, 63, 384-387.

Rast, J. P. and G. W. Litman（1994）：T-cell receptor gene homologs are present in the most primitive jawed vertebrates, *Proc. Natl. Acad. Sci. U S A*, 91, 9248-9252.

Rast J.P., M.K. Anderson, T. Ota, R.T. Litman, M. Margittai, M.J. Shamblott and G.W. Litman（1994）：Immunoglobulin light chain class multiplicity and alternative organizational forms in early vertebrate phylogeny, *Immunogenetics*, 40, 83-99.

Rast, J. P., R. N.Haire, R. T.Litman, S. Pross and G. W.Litman（1995）：Identification and characterization of T-cell antigen receptor-related genes in phylogenetically diverse vertebrate species, *Immunogenetics,* 42, 204-212.

Rast, J. P., M. K.Anderson, S. J.Strong, C. Luer, R. T. Litman and G. W.Litman (1997): alpha, beta, gamma, and delta T cell antigen receptor genes arose early in vertebrate phylogeny, *Immunity*, 6, 1-11.

Ratcliffe, N. A., A. F. Rowley, S. N. Fitzgerald and C. P. Rhodes (1985): Invertebrate immunity: Basic concepts and recent advances, *Int. Rev. Cytol.*, 97, 183-350.

Rattanachai, A., I.Hirono, T.Ohira, Y.Takahashi, and T.Aoki (2004a): Cloning of kuruma prawn *Marsupenaeus japonicus* crustin-like peptide cDNA and analysis of its expression, *Fish. Sci.*, 70, 765-771.

Rattanachai, A., I.Hirono, T.Ohira, Y.Takahashi and T.Aoki (2004b): Molecular cloning and expression analysis of α 2-macroglobulin in the kuruma shrimp, *Marsupenaeus japonicas*, *Fish Shellfish Immunol.*, 16, 599-611.

Rattanachai ,A., I.Hirono, T.Ohira, Y.Takahashi and T.Aoki (2005): Peptidoglycan inducible expression of a serine proteinase homologue from kuruma shrimp (*Marsupenaeus japonicus*), *Fish Shellfish Immunol.*, 18, 39-48.

Reite, O. B. (1998): Mast cells/eosinophilic granule cells of teleostean fish: a review focusing on staining properties and functional resposes, *Fish Shellfish Immunol.*, 8, 489-513.

Reite, O. B. and O. Evensen (2006): Inflammatory cells of teleostean fish: a review focusing on mast cells/eosinophilic granule cells and rodlet cells, *Fish Shellfish Immunol.*, 20, 192-208.

Rhodes, L. D., C. K. Rathbone, S. C. Corbett, LW, Harrells and M. S. Strom (2004): Efficacy of cellular vaccine and genetic adjuvant against bacterial kidney disease in Chinook salmon (*Oncoryhnchus tshawytscha*), *Fish Shellfish Immunol.*, 16, 461-474.

Rijiravanich, A., C.L.Browdy ,and B.Withyachumnarnkul (2008): Knocking down caspase-3 by RNAi reduces mortality in Pacific white shrimp *Penaeus* (*Litopenaeus*) *vannamei* challenged with a low dose of white-spot syndrome virus, *Fish Shellfish Immunol.*, 24, 308-313.

Roach, J. C., G. Glusman, L. Rowen, A. Kaur, M. K. Purcell, K. D. Smith, L. E. Hood and A. Aderem (2005): The evolution of vertebrate Toll-like receptors, *Proc. Natl. Acad. Sci. U. S. A.*, 102, 9577-9582.

Robalino. J., J.S.Almeida, D.McKillen, J.Colglazier, H.F. 3rd Trent, Y.A.Chen, M.E.Peck, C.L.Browdy, R.W.Chapman, G.W.Warr and P.S.Gross (2007): Insights into the immune transcriptome of the shrimp *Litopenaeus vannamei*: tissue-specific expression profiles and transcriptomic responses to immune challenge, *Physiol. Genomics*, 29, 44-56.

Robertsen, B. (2006): The interferon system of teleost fish, *Fish Shellfish Immunol.*, 20, 172-191.

Roca, F. J., I. Mulero, A. López-Muñoz, M. P. Sepulcre, S. A. Renshaw, J. Meseguer and V. Mulero (2008): Evolution of the inflammatory response in vertebrates: fish TNF-α is a powerful activator of endothelial cells but hardly activates phagocytes, *J. Immunol.*, 181, 5071-5081.

Rodriguez, J., V. Boulo, E. Mialhe and E. Bachére (1995): Characterization of shrimp haemocytes and plasma components by monoclonal antibodies, *J. Cell. Sci.*, 108, 1043-1050.

Rojtinnakorn, J., I.Hirono, T.Itami, Y.Takahashi and T.Aoki (2002): Gene expression in haemocytes of kuruma shrimp, *Penaeus japonicus*, in response to infection with WSSV by EST approach, *Fish Shellfish Immunol.*, 13, 69-83.

Rombout, J.H., L.Abelli, S.Picchietti, G. Scapigliati and V.Kiron (2010): Teleost intestinal immunology, *Fish Shellfish Immunol.*, 31, 616-626.

Ryo, S., R.H.Wijdeven, A.Tyagi, T.Hermsen, T.Kono, I. Karunasagar, J.H.Rombout, M.Sakai, B.M. Verburg-van Kemenade and R.Savan (2010) Common carp have two subclasses of bonyfish specific antibody IgZ showing differential expression in response to infection, *Dev. Comp. Immunol.* 34, 1183-1190.

Roux, M.M., A.Pain, K.R.Klimpel and A.K.Dhar (2002): The lipopolysaccharide and β-1,3-glucan binding protein gene is upregulated in white spot virus-infected shrimp (*Penaeus stylirostris*), *J. Virol.*, 76, 7140-7149.

S

Sakai, D. K. (1981): Heat inactivation of complements and immune hemolysis reactions in rainbow trout, masu salmon, coho salmon, goldfish and tilapia, *Bull. Japan. Soc. Sci. Fish.*, 47, 565-571.

Samonte, I. E., A. Sato, W. E. Mayer, S. Shintani and J. Klein (2002): Linkage relationships of genes coding for alpha2-macroglobulin, C3 and C4 in the zebrafish: implications for the evolution of the complement and *Mhc* systems, *Scand. J. Immunol.*, 56, 344-352.

佐野徳夫・長倉義智（1982）：日本産魚類のウイルス病に関する研究－Ⅷ．IHNV 感染により RTG-2 細胞が産生するインターフェロン，魚病研究，17，179-185.

Sarrias, M. R., I. Zarkadis, J. O. Sunyer and J. D. Lambris (1998): Cloning of three trout C3 isoforms: structural, functional and phylogenetic analysis, *Mol. Immunol.*, 35, 370.

Satoh, J., T. Nishizawa and M. Yoshimizu (2010): Protection against white spot syndrome virus (WSSV) infection in kuruma shrimp orally vaccinated with WSSV rVP26 and rVP28, *Dis. Aquat. Organ.*, 82, 89-96.

Saurabh, A. and P. K. Sahoo (2008): Lysozyme: an important defence molecule of fish innate immune system, *Aquac. Res.*, 39, 223-239.

Schnapp, D., G. D. Kemp and V. J. Smith (1996): Purification and characterization of a proline- rich antibacterial peptide, with sequence similarity to bactenectine-7, from the haemocytes of the shore crab, *Carcinus maenas, Eur. J. Biochem.*, 240, 532-539.

Schluter, S., R.M. Bernstein and J.J. Marchalonis (1997): Molecular origins and evolution of immunoglobulin heavy-chain genes of jawed vertebrates, *Immunology today*, 18, 543-549.

Scott, A. L. and P. H. Klesius (1981) : Chemiluminescense : a novel analysis of phagocytosis in fish, *Dev. Biol. Standard.*, 49, 243-254.

Secombes, C. J. (1996) : The nonspecific immune system : cellular defenses. In "THE FISH IMMUNE SYSTEM, Organism, Pathogen, and Environment" (G. Iwama and T. Nakanishi eds.), Academic Press, San Diego, California, pp. 63-103.

Secombes, C. J. and T. C. Fletcher (1992) : The role of phagocytes in the protective mechanisms of fish, *Ann. Rev. Fish Dis.*, 2, 53-71.

Segal, A. W. and A. Abo (1993) : The biochemical basis of the NADPH oxidase of phagocytes, *Trends Biochem. Sci.*, 18, 43-47.

Sepulcre, M. P., F. Alcaraz-Pérez, A. López-Muñoz, F. J. Roca, J. Meseguer, M. L. Cayuela, *et al.* (2009) : Evolution of lipopolysaccharide (LPS) recognition and signaling: fish TLR4 does not recognize LPS and negatively regulates NF-κB activation, *J. Immunol.*, 182, 1836-1845.

Sequeira, T., M. Vilanova, A. Lobo- Da-Cunha, L. Baldaia and M. Arala-Chaves (1995) : Flow cytometric analysis of molt-related changes in hemocyte type in male and female *Penaeus japonicus, Biol. Bull.*, 189, 376-380.

Sharp, G. J., T. R. Pettitt, A. F. Rowley and C. J. Secombes (1992) : Lipoxin-induced migration of fish leukocytes, *J. Leukoc. Biol.*, 51, 140-145.

Sharp, G. J. E. and C. J. Secombes (1993) : The role of reactive oxygen species in the killing of the bacterial fish pathogen *Aeromonas salmonicida* by rainbow trout macrophages, *Fish Shellfish Immunol.*, 3, 119-129.

Shen, L., T.B.Stuge, E.Bengtén , M.Wilson , V.G.Chinchar, J.P.Naftel , J.M.Bernanke , L.W.Clem and N.W.Miller (2004) : Identification and characterization of clonal NK-like cells from channel catfish (*Ictalurus punctatus*), *Dev. Comp. Immunol.*, 28, 139-52.

Shibasaki Y., H. Toda, I. Kobayashi, T. Moritomo and T. Nakanishi (2010) : Kinetics of $CD4^+$ and $CD8\alpha^+$ T-cell subsets in Graft-Versus-Host Reaction (GVHR) in ginbuna crucian carp *Carassius auratus langsdorfii, Dev. Comp. Immunol.*, 34, 1075-1081.

Shiibashi, T. and T. Iida (2001) : NADPH and NADH as electron donors for the superoxide-generating enzyme in tilapia (*Oreochromis niloticus*) neutrophils, *Dev. Comp. Immunol.*, 25, 461-465.

Shiibashi, T., T. Iida and T. Itou (1999a) : Analysis of localization and function of the COOH-terminal corresponding site of cytochrome b588 in fish neutrophils, *Dev. Comp. Immunol.*, 23, 213-219.

Shiibashi, T., K. Tamaki and T. Iida (1999b) : Oxygen-dependent bactericidal activity of tilapia neutrophils, *Suisanzoshoku*, 47, 545-550.

Shiina, T., J.M.Dijkstra , S.Shimizu, A.Watanabe , K.Yanagiya , I.Kiryu , A.Fujiwara , C.Nishida-Umehara , Y.Kaba , I.Hirono , Y.Yoshiura , T.Aoki , H.Inoko , J.K.Kulski and M.Ototake (2005) : Interchromosomal duplication of major histocompatibility complex class I regions in rainbow trout (*Oncorhynchus mykiss*), a species with a presumably recent tetraploid ancestry, *Immunogenetics*, 56, 878-93.

Shiomi, K., T. Igarashi, H. Yokota, Y. Nagashima and M. Ishida (2000) : Isolation and structures of grammistins, peptide toxins from the skin secretion of the soapfish *Grammistes sexlineatus, Toxicon*, 38, 91-103.

Simora, R. M., M. Ohtani, J. Hikima, H. Kondo, I. Hirono, T. S. Jung and T. Aoki (2010) : Molecular cloning and antiviral activity of IFN-β promoter stimulator-1 (IPS-1) gene in Japanese flounder, *Paralichthys olivaceus, Fish Shellfish Immunol.*, 29, 979-986.

Siwicki, A. and M. Studnicka (1987) : The phagocytic ability of neutrophils and serum lysozyme activity in experimentally infected carp, *Cyprinus carpio* L., *J. Fish Biol.*, 31 (Suppl. A), 57-60.

Smith, V. J. and K. Söderhäll (1983) : β-1,3-glucan activation of crustacean hemocytes *in vitro* and *in vivo, Biol. Bull.*, 164, 299-314.

Söderhäll, K. (1982) : Phenoloxidase activating system and melanization-a recognition mechanism of arthropods A review, *Dev. Comp. Immunol.*, 6, 601-611.

Söderhäll, K. and R. Ajaxon (1982) : Effect of quinones and melanin on mycelial growth of *Aphanomyces* spp. and extracellular protease of *Aphanomyces astaci*, a paracite on crayfish, *J. Invertebr. Pathol.*, 39, 105-109.

Söderhäll, K., A. Wingren, M. W. Johansson and K. Bertheussen (1985) : The cytoxic reaction of hemocytes from the freshwater crayfish, *Astacus astacus. Cellular Immunol.*, 94, 326-332.

Söderhäll, K., V. J. Smith and M. W. Johansson (1986) : Exocytosis and uptake of bacteria by isolated haemocyte populations of two crustaceans : Evidence for cellular co-operation in the defence reactions of arthropods, *Cell Tissue Res.*, 245, 43-49.

Söderhäll, K. and L. Cerenius (1998) : Role of the prophenoloxidase activating system in invertebrate immunity, *Curr. Opin. Immunol.*, 10, 23-28.

Somamoto, T., T. Nakanishi and N. Okamoto (2000) : Specific cell-mediated cytotoxicity against a virus-infected syngeneic cell line in isogeneic ginbuna crucian carp, *Dev. Comp. Immunol.*, 24, 633-40.

Somamoto, T., T.Nakanishi and N.Okamoto (2002) : Role of specific cell-mediated cytotoxicity in protecting fish from viral infections, *Virology*, 297, 120-127.

Somamoto, T., A. Sato, T.Nakanishi, M.Ototake and N.Okamoto (2004) : Specific cytotoxic activity generated by mixed leucocyte culture in ginbuna crucian carp, *Fish Shellfish Immunol.*, 17, 187-191.

Somamoto, T., Y. Yoshiura, T. Nakanishi and M. Ototake (2005) Molecular cloning and characterization of two types of CD8α from ginbuna crucian carp, *Carassius auratus langsdorfii, Dev. Comp. Immunol.*, 29, 693-702.

Somamoto, T., Y.Yoshiura, A.Sato, M.Nakao, T.Nakanishi, N. Okamoto, *et al.* (2006)：Expression profiles of TCRbeta and CD8alpha mRNA correlate with virus-specific cell-mediated cytotoxic activity in ginbuna crucian carp, *Virology*, 348, 370-377.

Somamoto, T., N.Okamoto, T.Nakanishi, M.Ototake and M.Nakao (2009)：*In vitro* generation of viral-antigen dependent cytotoxic T-cells from ginbuna crucian carp, *Carassius auratus langsdorfii, Virology*, 389, 26-33.

Somboonwiwat, K., M. Marcos, A. Tassanakajon, S. Klinbunga, A. Aumelas, B. Romestand, Y. Gueguen, H. Boze, G. Moulin and E. Bachre (2005)：Recombinant expression and anti-microbial activity of anti-lipopolysaccharide factor (ALF) from the black tiger shrimp *Penaeus monodon, Dev. Comp. Immunol.*, 29, 841-851.

Somboonwiwat, K., P.Supungul, V.Rimphanitchayakit, T.Aoki, I.Hirono and A.Tassanakajon (2006)：Differentially Expressed Genes in Hemocytes of *Vibrio harveyi*-challenged Shrimp *Penaeus monodon, J. Biochem. Mol. Biol.*, 39, 26-36.

Song, Y.-L. and T.-T. Hsieh (1994)：Immunostimulation of tiger shrimp (*Penaeus monodon*) hemocytes for generation of microbicidal substances：Analysis of reactive oxygen species, *Dev. Comp. Immunol.*, 18, 201-209.

Sotelo-Mundo, R. R., M. A. Islas-Osuna, E. de-la-Re-Vega, J.Hern_ndez-L_pez, F. Vargas-Albores and G. Yepiz-Plascencia (2003)：cDNA cloning of the lysozyme of the white shrimp *Penaeus vannamei, Fish Shellfish Immunol.*, 15, 325-331.

Srinivasa Rao, P. S., T. M. Lim and K. Y. Leung (2001)：Opsonized virulent *Edwardsiella tarda* strains are able to adhere to and survive and replicate within fish phagocytes but fail to stimulate reactive oxygen intermediates, *Infect. Immun.*, 69, 5689-5697.

Sritunyalucksana, K., L. Cerenius and K. Söderhäll (1999)：Molecular cloning and characterization of prophenoloxidase in the black tiger shrimp, *Penaeus monodon, Dev. Comp. Immunol.*, 23, 179-186.

Sritunyalucksana, K. and K. Söderhäll (1999)：The proPO and clotting system in crustaceans, *Aquaculture*, 191, 53-69.

Sritunyalucksana, K., K.Wongsuebsantati , M.W.Johansson and K.Söderhäll (2001)：Peroxinectin, a cell adhesive protein associated with the proPO system from the black tiger shrimp, *Penaeus monodon, Dev. Comp. Immunol.*, 25, 353-363.

Sritunyalucksana ,K., S.Y.Lee and K.Söderhäll (2002)：A β-1,3-glucan binding protein from the black tiger shrimp, *Penaeus monodon, Dev. Comp. Immunol.*, 26, 237-245.

Stafford, J. L. and M. Belosevic (2003)：Transferrin and the innate immune response of fish：identification of a novel mechanism of macrophage activation, *Dev. Comp. Immunol.*, 27, 539-554.

Stafford, J. L., E. C. Wilson and M. Belosevic (2004)：Recombinant transferrin induces nitric oxide response in goldfish and murine macrophages, *Fish Shellfish Immunol.*, 17, 171-185.

Stafford, J. L., M. Wilson, D. Nayak, S. M. Quiniou, L. W. Clem, N. W. Miller, and E. Bengtén (2006)：Identification and characterization of a FcR homolog in an ectothermic vertebrate, the channel catfish (*Ictalurus punctatus*), *J. Immunol.*, 177, 2505-2517.

Stakauskas, R., D. Steinhagen, G. Guzys, L. Mironova, W. Leibold, and H. J. Schuberth (2006)：Quantitative and qualitative assessment of serum- and inflammatory mediator-induced migration of carp (*Cyprinus carpio*) head kidney neutrophils *in vitro, Fish Shellfish Immunol.*, 21, 187-198.

Steenbergen, J. F., S. M. Steenbergen and H. C. Schapiro (1978)：Effects of temperature on phagocytosis in *Homarus americanus, Aquaculture*, 14, 23-30.

Stuge, T.B., S.H.Yoshida, V.G.Chinchar, N.W.Miller and L. W.Clem (1997)：Cytotoxic activity generated from channel catfish peripheral blood leukocytes in mixed leukocyte cultures, *Cell Immunol.*, 177, 154-161.

Stuge, T.B., M.R. Wilson, H.Zhou, K.S.Barker , E.Bengten, V.G.Chinchar, N.W.Miller and L.W.Clem (2000)：Development and analysis of various clonal alloantigen-dependent cytotoxic cell lines from channel catfish, *J. Immunol.*, 164, 2971-2977.

Sumper, J. R. (1997)：The endocrinology of stress. In "Fish Stress and Health in Aquaculture" (G. K. Iwama, A. D. Pichering, J. P. Sumper and C. B. Schreck eds.), Cambridge Unversity Press, Cambridge, pp. 95-118.

Sun, Y.D.,L.D. Fu , Y.P.Jia , X.J.Du , Q.Wang , Y.H.Wang , X.F.Zhao, X.Q.Yu and J.X.Wang (2008)：A hepatopancreas-specific C-type lectin from the Chinese shrimp *Fenneropenaeus chinensis* exhibits antimicrobial activity, *Mol. Immunol.*, 45, 348-361.

Sung, H. H., G. H. Kou and Y. L. Song (1994)：Vibriosis resistance induced by glucan treatment in tiger shrimp (*Penaeus monodon*), *Fish Pathol.*, 29, 11-17.

Sung, H. H., P. Y. Wu and Y. L. Song (1999)：Characterization of monoclonal antibodies to hemocyte subpopulations of tiger shrimp (*Penaeus monodon*)：Immunochemical differentiation of three major hemocyte type, *Fish Shellfish Immunol.*, 9, 167-179.

Sung, H. H., P. A. Kou and W. Y. Kao (2000)：Effect of lipopolysaccharide on *in vitro* phagocytosis by hemocytes from giant freshwater prawn (*Macrobrachium rosenbergii*), *Fish Pathol.*, 35, 109-116.

Sunyer, J. O. and J. D. Lambris (1998)：Evolution and diversity of the complement system of poikilothermic vertebrates, *Immunol. Rev.*, 166, 39-57.

Sunyer, J. O., I. Zarkadis, M. R. Sarrias, J. D. Hansen and J. D. Lambris (1998)：Cloning, structure and function of two rainbow trout Bf molecules, *J. Immunol.*, 161, 4106-4114.

Sunyer, J. O., H. Boshra and J. Li (2005): Evolution of anaphylatoxins, their diversity and novel roles in innate immunity: insights from the study of fish complement, *Vet. Immunol. Immunopathol.*, 108, 77-89.

Supungul, P., S.Klinbunga , R.Pichyangkura , S.Jitrapakdee , I.Hirono , T.Aoki and A.Tassanakajon (2002): Identification of immune-related genes in hemocytes of black tiger shrimp (*Penaeus monodon*), *Mar. Biotechnol.*, 4, 487-494.

Supungul, P., S.Tang , C.Maneeruttanarungroj , V. Rimphanitchayakit ,I. Hirono , T..Aoki and A.Tassanakajon (2008): Cloning, expression and antimicrobial activity of crustinPm1, a major isoform of crustin, from the black tiger shrimp *Penaeus monodon, Dev. Comp. Immunol.*, 32, 61-70.

Supungul, P., V.Rimphanitchayakit , T.Aoki , I.Hirono , A. Tassanakajon (2010) Molecular characterization and expression analysis of a c-type and two novel muramidase-deficient i-type lysozymes from *Penaeus monodon, Fish Shellfish Immunol.*, 28, 490-498.

Suzuki, Y. (1986): Neutrophil chemotactic factor in eel blood plasma, *Bull. Japan. Soc. Sci. Fish.*, 52, 811-816.

鈴木　譲（1995）：魚類の体表における防御反応，水産動物の生体防御（森　勝義・神谷久男編），恒星社厚生閣．pp. 9-17.

Suzuki, Y. and T. Kaneko (1986): Demonstration of the mucous hemagglutinin in the club cells of eel skin, *Dev. Comp. Immunol.*, 10, 509-518.

Suzuki, Y. and T. Iida (1992): Fish granulocytes in the process of inflammation, *Ann. Rev. Fish Dis.*, 2, 149-160.

Suzumoto, B. K., C. B. Schreck and J. D. McIntyre (1977): Relative resistances of three transferrin genotypes of coho salmon (*Oncorhynchus kisutch*) and their hematological resposes to bacterial kideny disease, *J. Fish. Res. Board. Can.*, 34, 1-8.

T

Takahashi, Y., M. Kondo, T. Itami, T. Honda, H. Inagawa, T. Nishizawa, G. Soma and Y. Yokomizo (2000): Enhancement of desease resistance against penaeid acute viraemia and induction of virus-inactivating activity in haemolymph of kuruma shrimp, *Penaeus japonicus*, by oral administration of *Pantoea agglomerans* lipopolysaccharide (LPS), *Fish Shellfish Immunol.*, 10, 555-558.

Takahashi, M., D. Iwaki, A. Matsushita, M. Nakata, M. Matsushita, Y. Endo and T. Fujita (2006): Cloning and characterization of mannose-binding lectin from lamprey (Agnathans), *J. Immunol.*, 176, 4861-4868.

高橋幸則・伊丹利明・近藤昌和（1995）：甲殻類の生体防御機構，魚病研究，30，141-150.

高橋幸則・伊丹利明・近藤昌和（2001）：ヒトと動物の免疫機能と活性化物質．食の科学（鈴木喜隆・高橋幸則編）．成山堂書店．pp. 1-22.

Takami, I., S. R. Kwon, T. Nishizawa and M. Yoshimizu (2010): Protection of Japanese flounder *Paralichtyhs olivaceus* from viral hemorrhagic septicemia (VHS) by poly (I:C) immunization, *Dis. Aquat. Organ.*, 89, 109-115.

Takano, T., H. Kondo, I. Hirono, M. Endo, T. Saito-Taki and T. Aoki (2007): Molecular cloning and characterization of Toll-like receptor 9 in Japanese flounder, *Paralichthys olivaceus, Mol. Immunol.*, 44, 1845-1853.

Takano, T., S. D. Hwang, H. Kondo, I. Hirono, T. Aoki and M. Sano (2010): Evidence of molecular toll-like receptor mechanisms in teleosts, *Fish Pathol.*, 45, 1-16.

Takeuchi, O and S. Akira (2010): Pattern recognition receptors and inflammation, *Cell*, 140, 805-820.

Takizawa, F., J.M.Dijkstra, P.Kotterba, T. Korytář, H.Kock, B. Köllner, B. Jaureguiberry, T.Nakanishi and U.Fischer (2011): The expression of CD8alpha discriminates distinct T cell subsets in teleost fish, *Dev. Comp. Immunol.*, 35, 752-763.

Tange, N., J-Y. Leo, N. Mikawa and T. Aoki (1997): Cloning and characterization of transferrin cDNA and rapid detection of transferrin gene POH morphism in rainbowtract (*Oncorhynchus mykss*), *Mol. Mor. Biol. Biotechnol.*, 351-356.

Tassanakajon, A., S.Klinbunga, N.Paunglarp, V.Rimphanitchayakit, A.Udomkit, S.Jitrapakdee, K.Sritunyalucksana, A.Phongdara, S.Pongsomboon, P. Supungul, S.Tang, K.Kuphanumart, R.Pichyangkura and C.Lursinsap (2006): *Penaeus monodon* gene discovery project: the generation of an EST collection and establishment of a database, *Gene*, 384,104-112.

Tassanakajon ,A., K.Somboonwiwat , P.Supungul and S.Tang (2013): Discovery of immune molecules and their crucial functions in shrimp immunity, *Fish Shellfish Immunol.*, 34, 954-967.

Tasumi, S., W. J. Yang, T. Usami, S. Tsutsui, T. Ohira, I. Kawazoe, M. N. Wilder, K. Aida and Y. Suzuki (2004): Characteristics and primary structure of a galectin in the skin mucus of the Japanese eel, *Anguilla japonica, Dev. Comp. Immunol.*, 28, 325-335.

Tatner, M.F. (1996): Natural changes in the immune system of fish. In: The Fish Immune System (eds. by Iwama, G.K. and Nakanishi, T.). Academic Press, London. p. 255-287.

Tatner, M.F. and M.J. Manning (1983): The ontogeny of cellular immunity in the rainbow trout, Salmo gairdneri Richardson, in relation to the stage of development of the lymphoid organs, *Dev. Comp. Immunol.*, 7, 69-75.

Tharntada, S., K.Somboonwiwat , V.Rimphanitchayakit and A.Tassanakajon (2008): Anti-lipopolysaccharide factors from the black tiger shrimp, *Penaeus monodon*, are encoded by two genomic loci, *Fish Shellfish Immunol.*, 24, 46-54.

Tharntada, S., S. Ponprateep, K. Somboonwiwat, H. Liu, I. Söderhäll, K. Söderhäll and A. Tassanakajon (2009): Role of anti-lipopolysaccharide factor from the black tiger shrimp,

Penaeus monodon, in protection from white spot syndrome virus infection, *J. Gen. Virol*., 90, 1491-1498.

Thomas, P.T., and P.T.K. Woo（1990）：*In vivo* and *in vitro* cell-mediated immune response of rainbow trout, *Oncorhynchus mykiss*（Walbaum), against *Cryptobia salmositica* Katz, 1951 *Sarcomastigophora: Kinetoplastida, J. Fish Dis*., 13, 423-433.

Thornqvist, P.-O., M. W. Johansson and K. Söderhäll（1994）：Opsonic activity of cell adhesion proteins and β-1,3-glucan-binding proteins from two crustaceans, *Dev. Comp. Immunol*., 18, 3-12.

Tian, C., Y. Chen, J. Ao and X. Chen（2010）：Molecular characterization and bioactivity of a CXCL13 chemokine in large yellow croaker *Pseudosciaena crocea, Fish Shellfish Immunol*., 28, 445-452.

Toda H., Y. Shibasaki, T. Koike, M. Ohtani, F. Takizawa, M. Ototake, T. Moritomo and T. Nakanishi（2009）Allo-antigen specific killing is mediated by CD8 positive T cells in fish, *Dev. Comp. Immunol*., 33, 646-652.

Toda H., Y. Saito, T. Koike, F. Takizawa, K. Araki, T. Yabu, T. Somamoto, H. Suetake, Y. Suzuki, M. Ototake, T. Moritomo and T. Nakanishi（2011）：Conservation of characteristics and functions of CD4 positive lymphocytes in a teleost fish, *Dev. Comp. Immunol*., 35, 650-660.

友永 進（1992a）：免疫応答の場の系統発生，細胞，24，4-8.

友永 進（1992b）：下等脊椎動物の免疫系：その微細構造，電子顕微鏡，27，43-48.

Traver ,D., A.Winzeler, H.M.Stern, E.A.Mayhall , D.M.Langenau , J.L.Kutok , A.T.Look and L.I.Zon（2004）：Effects of lethal irradiation in zebrafish and rescue by hematopoietic cell transplantation, *Blood*, 104, 1298-1305.

Tort, L., J. O. Sunyer, E. Gomez and A. Molinero（1996）：Crowding stress induces changes in serum haemolytic and agglutinating activity in the gilthead sea bream *Sparus aurata, Vet. Immunol. Immunopathol*., 51, 179-188.

Tosi, M. F.（2005）：Innate immune responses to infection, *J. Allergy Clin. Immunol*., 116, 241-249.

Tsing, A., J.-M. Arcier and M. Brehélin（1989）：Hemocytes of penaeid and palaemonid shrimps：Morphology, cytochemistry, and hemograms, *J. Invertebr. Pathol*., 53, 64-77.

Tsujita, T., H. Tsukada, M. Nakao, H. Oshiumi, M. Matsumoto and T. Seya（2004）：Sensing bacterial flagellin by membrane and soluble orthologs of Toll-like receptor 5 in rainbow trout（*Onchorhynchus mikiss*), *J. Biol. Chem*., 279, 48588-48597.

U

Ueda, R., H. Sugita and Y. Deguchi（1991）：Natural occurring agglutinin in the hemolymph of Japanese coastal crustacean, *Nippon Suisan Gakkaishi*, 57, 69-78.

Unestam, T. and J.-E. Nylund（1972）：Blood reactions *in vitro* crayfish against a fungal parasite, *Aphanomyces astaci, J. Invertebr. Pathol*., 19, 94-106.

V

Vargas-Albores, F., F. Jimenez-Vega and K. Söderhäll（1996）：A plasma protein isolated from brown shrimp（*Penaeus californiensis*）which enhances the activation of prophenoloxidase system by β-1,3-glucan, *Dev. Comp. Immunol*., 20, 299-306.

Vargas-Albores, F. and G. Yepiz-Plascencia（2000）：Beta glucan binding protein and its role in shrimp imunne response, *Aquaculture*, 191, 13-21.

Vasta, G. R., H. Ahmed, S. Du and D. Henrikson（2004）：Galectins in teleost fish：Zebrafish（*Danio rerio*）as a model species to address their biological roles in development and innate immunity, *Glycoconj. J*., 21, 503-521.

Vallejo A.N., N.W.Miller and L.W.Clem （1992）：Cellular pathway（s）of antigen processing in fish APC：effect of varying in vitro temperatures on antigen catabolism, *Dev. Comp. Immunol*., 16, 367-81.

Venegas, C. A., L. Nonaka, K. Mushiake, T. Nishizawa and K. Muroga（2000）：Quasi-immune response of *Penaeus japonicus* to penaeid rod-shaped DNA virus（PRDV), *Dis. Aquat. Org*., 42, 83-89.

Veloso, A., G. W. Warr, C. L. Browdy and R. W. Chapman（2011）：The transcriptomic response to viral infection of two strains of shrimp（*Litopenaeus vannamei*), *Dev .Comp. Immunol*., 35, 241-246.

Verrier, E. R., C. Langevin, A. Benmansour and P. Boudinot（2011）：Early antiviral response and virus-induced genes in fish, *Dev. Comp. Immunol*., 35, 1204-1214.

Vitved, L., U. Holmskov, C. Koch, B. Teisner, S. Hansen, J. Salomonsen and K. Skjødt（2000）：The homologue of mannose-binding lectin in the carp family Cyprinidae is expressed at high level in spleen, and the deduced primary structure predicts affinity for galactose, *Immunogenetics*, 51, 955-964.

W

Wada, H., K.Masuda , R.Satoh , K.Kakugawa , T.Ikawa , Y.Katsura and H.Kawamoto （2008）：Adult T-cell progenitors retain myeloid potential, *Nature*. 452, 768-772.

和合治久（1994）：動物免疫学入門，朝倉書店，pp. 96-157.

Wang, B., F.Li , B.Dong , X.Zhang , C.Zhang and J.Xiang （2006）：Discovery of the genes in response to white spot syndrome virus（WSSV）infection in *Fenneropenaeus chinensis* through cDNA microarray, *Mar. Biotechnol*., 8, 491-500.

Wang, B., F. Li, W. Luan, Y. Xie, C. Zhang, Z. Luo, L. Gui, H. Yan and J. Xiang（2008）：Comparison of gene expression profiles of *Fenneropenaeus chinensis* challenged with WSSV and *Vibrio*, *Mar. Biotechnol*., 10, 664-675.

Wang, R., N. F. Neumann, Q. Shen and M. Belosevic（1995）：Establishment and characterization of a macrophage cell line from the goldfish, *Fish Shellfish Immunol*., 5, 329-346.

Watanabe, T., T. Shoho, H. Ohta, N. Kubo, M. Kono and K. Furukawa（1997）：Long-term cell culture of resident peritoneal macrophages from red sea bream *Pagrus major, Fish. Sci.*, 63, 862-866.

Wen, Y., W.Fang , L.X.Xiang , R.L.Pan and J.Z.Shao （2011）：Identification of Treg-like cells in Tetraodon：insight into the origin of regulatory T subsets during early vertebrate evolution, *Cell. Mol. Life Sci.*, 68, 2615-2626.

Whang, I., Y. Lee, S. Lee, M. J. Oh, S. J. Jung, C. Y. Choi, W. S. Lee, H. S. Kim, S. J. Kim and J. Lee（2011）：Characterization and expression analysis of a goose-type lysozyme from the rock bream *Oplegnathus fasciatus*, and antimicrobial activity of its recombinant protein, *Fish Shellfish Immunol.*, 30, 532-542.

White, K. N. and N. A. Ratcliffe（1982）：The segregation and elimination of radio- and fluorescent-labelled marine bacteria from the hemolymph of the shore crab, *Carcinus maenas, J. Mar. Biol. Ass. U. K.*, 62, 819-833.

Wilson, M., E. Bengten, N.W. Miller, L.W. Clem, L.D. Pasquier and G.W. Warr（1997）：A novel chimeric Ig heavy chain from a teleost fish shares similarities to IgD, *Proc. Natl. Acad. Sci. USA*, 94, 4593-4597.

Winter, G. W., C. B. Schreck and J. D. McIntyre（1980）：Resistance of different stocks and transferrin genotypes of coho salmon, *Oncorhunchus kisutch*, and steelhead trout, *Salmo gairdneri*, to bacterial kidney sisease and vibriosis, *Fish. Bull.*, 77, 795-802.

Withler, R. E. and T. P. T. Evelyn（1990）：Genetic variation in resistance to bacterial kideny disease within and between two strains of coho salmon from British Columbia, *Trans. Am. Fish. Soc.*, 119, 1003-1009.

Wittamer, V., J. Y. Bertrand, P. W. Gutschow and D. Traver（2011）：Characterization of the mononuclear phagocyte system in zebrafish, *Blood*, 117, 7126-7135.

Witteveldt,J.,J.M.Vlak and van M.C.Hulten（2004a）：Protection of *Penaeus monodon* against white spot syndrome virus using a WSSV subunit vaccine, *Fish Shellfish lmmunol.*, 16, 571-579.

Witteveldt,J., C.C.Cifuentes, J.M.Vlak and Van M.C.Hulten（2004b）：Protection of *Penaeus monodon* against white spot syndrome virus by oral vaccination, *J.Virol.*, 78, 2057-2061.

Wongpanya ,R., Y.Yasuike , T.Aoki , I.Hirono and A.Tassanakajon（2007）：Analysis of gene expression in haemocyte of shrimp *Penaeus monodon* challenged with white spot syndrom virus by cDNA microarray, *Sci. Asia*, 33, 165-174.

Wu, J.-L., T. Nishioka, K. Mori, T. Nishizawa and K. Muroga（2002）：A time-course study on the resistance of *Penaeus japonicus* induced by artifical infection with white spot syndrome virus, *Fish Shellfish Lmmunol.*, 13,391-403.

Wu, W. and X. Zhang（2007）：Characterization of a Rab GTPase up-regulated in the shrimp *Peneaus japonicus* by virus infection, *Fish Shellfish Immunol.*, 23, 438-445.

Y

山本　淳・若林久嗣（1983）：ウナギの腸内フローラに及ぼす水温低下の影響，魚病研究，18，117-124.

山本　淳・飯田貴次（1995）：全雌三倍体ニジマス血清の殺菌活性，魚病研究，30，123-124.

Yang, L.S., Z.X.Yin, J.X.Liao, X.D.Huang, C.J.Guo, S.P.Weng, S.M. Chan, X.Q.Yu, and J.g.He（2007）：A Toll receptor in shrimp, *Mol. Immunol.*, 44,1999-2008.

Yano, T.（1992）：Aaasys of hemolytic complement activity. In "Techniques in Fish Immunology-2"（J. S. Stolen, T. C. Fletcher, D. P. Anderson, S. L. Kaattari and A. F. Rowley eds.）, SOS Publications, Fair Haven, N.J., pp. 131-141.

Yano, T.（1996）：The nonspecific immune system：humoral defense. In "THE FISH IMMUNE SYSTEM, Organism, Pathogen, and Environment"（G. Iwama and T. Nakanishi eds.）, Academic Press, San Diego, California, pp. 105-157.

矢野友紀（1995）：魚類の補体，魚病研究，30，151-158.

矢野友紀・畑山幸宏・松山博子・中尾実樹（1988）：主要養殖魚の補体代替経路活性の測定法について，日水誌，54，1049-1054.

Yazawa, R., I. Hirono and T. Aoki（2006）Transgenic zebrafish expressing chicken lysozyme show resistance against bacterial diseases, *Transgenic Res.*, 15, 385-391.

Ye, X., L. Zhang, Y. Tian, A. Tan, J. Bai and S. Li（2010）：Identification and expression analysis of the g-type and c-type lysozymes in grass carp *Ctenopharyngodon idellus, Dev. Comp. Immunol.*, 34, 501-509.

Yeh, M. S., Y. L. Chen and I. H. Tsai（1998）：The hemolymph clottable proteins of tiger shrimp, *Penaeus monodon*, and elated species, *Comp. Biochemi. Physiol.*, 121B, 169-176.

Yepiz-Plascencia, G. M., F. Vargas-Albores, F. Jimenez-Vega, L. M. Ruiz-Verdugo and G. Romo-Figueroa（1998）：Shrimp plasma HDL and β-glucan binding protein（BGBP）：Comparison of biochemical characteristics, *Comp. Biochem. Physiol.*, 121B, 309-314.

Yin, Z., T. J. Lam and Y. M. Sin（1995）：The effects of crowding stress on the non-specific immune response in fancy carp（*Cyprinus carpio* L.）, *Fish Shellfish Immunol.*, 5, 519-529.

Yin, Z. X., J. G. He, W. X. Deng and S. M. Chan（2003）：Molecular cloning, expression of orange-spotted grouper goose-type lysozyme cDNA, and lytic activity of its recombinant protein, *Dis. Aquat. Organ.*, 55, 117-123.

Yoshida, S.H., T.B.Stuge, N.W.Miller and L.W.Clem（1995）：Phylogeny of lymphocyte heterogeneity：cytotoxic activity of channel catfish peripheral blood leukocytes directed against allogeneic targets, *Dev. Comp. Immunol.*, 19, 71-77.

Yoshida, T., T. Eshima, Y. Wada, Y. Yamada, E. Kakizaki, M. Sakai, T. Kitao and V. Inglis（1996a）：Phenotypic variation associated with an anti-phagocytic factor in the bacterial fish pathogen *Enterococcus seriolicida, Dis. Aquat. Org.*, 25, 81-86.

Yoshida, T., Y. Yamada, M. Sakai, V. Inglis, X. J. Xie, S. C. Chen and R. Kruger（1996b）：The association of the cell capsule with anti-opsonophagocytosis in β-hemolytic *Streptococcus* spp. isolated from rainbow trout, *Oncorhunchus mykiss, J. Aquat. Anim. Health*, 8, 181-186.

Yoshida, T., M. Endo, M. Sakai and V. Inglis（1997）：A cell capsule with possible involvement in resistance to opsonophagocytosis in *Enterococcus seriolicida* from yellowtail, *Seriola quinqueradiata, Dis. Aquat. Org.*, 29, 233-235.

吉水　守（1986）：魚類の消化管内細菌（好気性細菌）．水産増養殖と微生物（河合　章編）．恒星社厚生閣．pp. 9-24.

Yoshinaga, K., N. Okamaoto, O. Kurata and Y. Ikeda（1994）：Individual variations of natural killer activity of rainbow trout lecocytes against IPN virus-infected and uninfected RTG-2 cells, *Fish Pathol.*, 29, 1-4.

Yousif, A. N., L. J. Albright and T. P. T. Evelyn（1994a）：*In vitro* evidence for the antibacterial role of lysozyme in salmonid eggs, *Dis. Aquat. Org.*, 19, 15-19.

Yousif, A. N., L. J. Albright and T. P. T. Evelyn（1994b）：Purification and characterization of a galactose-specific lectin from the eggs of coho salmon *Oncorhynchus kisutch* and its interaction with bacterial fish pathogens, *Dis. Aquat. Org.*, 20, 127-136.

Yuasa, K. and K. Hatai（1995）：Relationship between pathogenicity of *Saprolegnia* spp. isolates to rainbow trout and their biological characteristics, *Fish Pathol.*, 30, 101-106.

Z

Zapata, A. G., A. Chiba and A. Varas（1996）：Cells and Tissues of the immune system of fish. In "THE FISH IMMUNE SYSTEM, Organism, Pathogen, and Environment"（G. Iwama and T. Nakanishi eds.）, Academic Press. San Diego. California. pp. 1-62.

Zhang, J., F. Li, Z. Wang and J. Xiang（2007）：Cloning and recombinant expression of a crustin-like gene from Chinese shrimp, *Fenneropenaeus chinensis, J. Biotechnol.*, 127, 605-614.

Zhang, Q., F. Li, B. Wang, J. Zhang, Y. Liu, Q. Zhou and J. Xiang（2007a）：The mitochondrial manganese superoxide dismutase gene in Chinese shrimp *Fenneropenaeus chinensis*：cloning, distribution and expression, *Dev. Comp. ,Immunol.*, 31. 429-440.

Zhang, Q., F.Li , J.Zhang , B.Wang , H.Gao , B.Huang , H.Jiang and J.Xiang（2007b）：Molecular cloning, expression of a peroxiredoxin gene in Chinese shrimp *Fenneropenaeus chinensis* and the antioxidant activity of its recombinant protein, *Mol. Immunol.*, 44, 3501-3509.

Zhang, J. and X. Chen（2008）：Molecular characterization of a novel CC chemokine in large yellow croaker（*Pseudosciaena crocea*）and its involvement in modulation of MHC class I antigen processing and presentation pathway, *Mol. Immunol.*, 45, 2076-2086.

Zhang, Y.A., I.Salinas, J.Li, D.Parra, S.Bjork Z.Xu, S.E.LaPatra, J.Bartholomew and J.O.Sunyer（2010）：IgT, a primitive immunoglobulin class specialized in mucosal immunity, *Nat. Immunol.*, 11, 827-835.

Zhang Y.A., I.Salinas and J.Oriol Sunyer（2011）：Recent findings on the structure and function of teleost IgT, *Fish Shellfish Immunol.*, 31, 627-634.

Zhao, L., J. S. Sun and L. Sun（2011）：The g-type lysozyme of *Scophthalmus maximus* has a broad substrate spectrum and is involved in the immune response against bacterial infection, *Fish Shellfish Immunol.*, 30, 630-637.

Zheng, W., C. Tian and X. Chen（2007）：Molecular characterization of goose-type lysozyme homologue of large yellow croaker and its involvement in immune response induced by trivalent bacterial vaccine as an acute-phase protein, *Immunol. Lett.*, 113, 107-116.

Zhonghua, C., G. Chunpin, Z. Yong, X. Kezhi and Z. Yaou（2008）：Cloning and bioactivity analysis of a CXC ligand in black seabream *Acanthopagrus schlegeli*：the evolutionary clues of ELR+CXC chemokines, *BMC Immunol.*, 9, 66.

Zhou, H., T.B.Stuge, N.W. Miller, E.Bengten, J.P.Naftel, J.M.Bernanke, *et al.*（2001）：Heterogeneity of channel catfish CTL with respect to target recognition and cytotoxic mechanisms employed, *J. Immunol.*, 167, 1325-1332.

Zou, J., M. Chang, P. Nie and C. J. Secombes（2009）：Origin and evolution of the RIG-I like RNA helicase gene family, *BMC Evol. Biol.*, 9, 85.

Zou, J., C. Tafalla, J. Truckle and C. J. Secombes（2007）：Identification of a second group of type I IFNs in fish sheds light on IFN evolution in vertebrates, *J. Immunol.*, 179, 3859-3871.

Zuo, X. and P. T. Woo（1997）：Natural anti-proteases in rainbow trout, *Oncorhynchus mykiss* and brook charr, *Salvelinus fontinalis* and the *in vitro* neutralization of fish α 2-macroglobulin by the metalloprotease from the pathogenic haemoflagellate, *Cryptobia salmositica, Parasitology*, 114, 375-381.

第5章　ワクチンおよび免疫賦活剤

§1. ワクチンについて

ワクチンは，ヒトや動物の微生物および寄生虫の感染症の予防を目的として，微生物またはその由来物質の免疫原性を残して作製された物質をいう．ワクチンを動物に経口的あるいは非経口的に投与し，動物に病原体また類縁病原体に対する免疫を獲得させる．ワクチンは，1978年にE. Jennerによって牛痘ウイルスをヒトに接種することにより，ヒトの天然痘を予防できることを発見したことに始まる．ワクチンの語源は，ラテン語のVaccina（牛痘）に由来する．

魚類においてもウイルス感染症および細菌感染症の予防のために開発され，使用されている．

ワクチンの製造過程の違いにより，不活化ワクチン，トキソイドワクチン，弱毒ワクチン（生ワクチン），組換え体ワクチン（サブユニットワクチン）およびDNAワクチンの5つに大別できる．微生物をホルマリン，フェノール，クロロホルム，熱，放射線などで処理し，死菌または不活化したものを不活化ワクチンと呼ぶ．不活化ワクチンは，水産用ワクチンとして広く用いられている．トキソイドワクチンは，外毒素の免疫原性を失うことなく，ホルマリンを用いて無毒化したもので，ヒト用のワクチンとしてのみ開発されている．弱毒ワクチンは，微生物を培地中で継代培養を行うか，物理的あるいは化学的に処理し，免疫原性のみを残した弱毒変異株で，最近は，遺伝子工学手法を用いて弱毒化したものもある．組換え体ワクチンは，病原微生物のエピトープ（有効抗原）遺伝子を大腸菌，枯草菌，酵母のような無害な微生物あるいは培養細胞に導入し，エピトープの組換えタンパク質を作製し，動物に投与する．DNAワクチンは，最近開発されたもので，微生物のエピトープ遺伝子を宿主発現ベクターに組み込んだ組換え体プラスミドを直接動物に接種し，感染防御能を賦与するワクチンである．

水産用ワクチン（抗原）の投与法には，注射法，経口法および浸漬法がある．以下，§1. において注射法，§2. において経口法および§3. において浸漬法について述べる．さらに，水産用ワクチンとして有効であることが報告されている弱毒ワクチン（生ワクチン），組換え体ワクチンおよびDNAワクチンについては，§4.，§5. および§6. でそれぞれ紹介する．また，現在わが国で市販されているワクチンについては，§7. で述べる．

（青木　宙）

§2. 注射ワクチン

2・1 主な注射ワクチンの研究の歴史

魚類のワクチン研究の歴史は古く，Anderson 著の Fish Immunology（1974）によると，1942 年までさかのぼることができる．しかし，当初から注射ワクチンは，1 尾ずつ魚に注射することが実用的ではないと考えられていたために，魚類の免疫応答の研究にのみ用いられていた．実用化に向けての魚類のワクチンは，経口ワクチンを中心に研究が進められてきた．さらに，1970 年代後半に，浸漬ワクチンが開発されてから，浸漬ワクチンの研究が中心となり，サケ科魚類のビブリオ病やレッドマウス病のワクチンが市販されるに至った．しかし，その他の主要な疾病のワクチンは，浸漬法や経口法では十分な効果が得られなかったために開発が頓挫していた．1980 年代になって，ヨーロッパでもタイセイヨウサケ *Salmo salar* や seabream の養殖が行われるようになり，さらにワクチンの必要性が指摘されるようになった．特に，せっそう病による被害は甚大であったので，この感染症の予防を目的として注射ワクチンが開発された．その後，オイルアジュバントを用いた注射ワクチンが開発され，このワクチンが世界中で最も広く使われるようになった．このように，現在，魚類のワクチンは注射法がもっとも一般的であり，その他の投与法は特定の感染症のみに使用されているのに過ぎない．さらに，新しいワクチンである DNA ワクチンも注射法を想定している．本節では，この注射ワクチンで得られる免疫応答について解説し，さらに，現在世界中で広く使用されているオイルアジュバントワクチンの利点と問題点について解説する．

2・2 注射ワクチンで刺激される免疫応答

注射法は，その他のワクチン投与法と比較して最も強い免疫刺激が得られる方法である．一般に，抗原を魚類に注射すると，7〜14 日ぐらいで（生息水温や魚種によっても異なる）血液中に特異抗体が出現する．それに前後して，食細胞を中心とする細胞性免疫応答も活性化し，抗体と協力して抗原の排除を行う．この一度できた抗体に対して免疫記憶が働き，2 回目の抗原の侵入に対して，1 回目よりも素早く，より強力に抗体を中心とする免疫系が反応する．

注射ワクチンにとって重要なのは，このようにして産生された抗体を中心とする免疫機構が，防御能に結びつくかどうかである．ビブリオ病やレッドマウス病の注射ワクチン（主にホルマリン処理や熱処理ワクチン）は，非常に優れた有効性を示し，長時間にわたってその効果が持続することが確認されている．これは，防御能に関与する重要な抗原が，これらの菌体表面上に存在するリポポリサッカライドであることが報告されている（Aoki *et al.*, 1984）．同様に，加熱処理やホルマリン処理菌体を，注射ワクチンとして利用した場合，明確にワクチンの効果が確認される疾病として，運動性エロモナス感染症，レンサ球菌症，腸球菌症が報告されている（Kurunasagar *et al.*, 1991；Sakai *et al.*, 1989；Ooyama *et al.*, 1999）．

一方，注射ワクチンを投与した場合，免疫応答（多くの場合，血液中の抗体価）が認められるが，その応答が防御能に結びついていない場合もある. エドワジエラ敗血症, 類結節症, 細菌性腎臓病, せっそう病の注射ワクチンがそれに相当する. これらの疾病の原因菌（*Edwardsiella tarda, E. ictaluri, Photobacterium damsela piscicida, Renibacterium salmoninarum, Aeromonas salmonicida*）は, いずれも魚体の細胞内（特に食細胞）に入り込み, その中で生存するタイプの感染（細胞内寄生細菌）を行うことが指摘されている. このような感染のプロセスをたどる感染症の場合, 極めて強力な免疫応答が引き起こされない（細胞内に寄生している細菌を殺すことができるような細胞性免疫応答）と, 防御能を与えることができない. さらに, ある種（*R. salmoninarum* など）の菌体には, 免疫系を抑制する物質が含まれていることもあり, これらの存在は, ワクチンの効果を, 抑制することが知られている. そのために, これらの菌で, 防御能を与えるような強い抗原性をもった菌体物質の検討が行われた. 現在, この抗原の検討で最も多くの報告がされているのは, *A. salmonicida* である. これまでに, 菌体外生成物［プロテアーゼ, GCTA/LPS（glycerophospholipid-cholesterol acyltransferase complexed with LPS)］や細胞表面の物質［A-layer, LPS, IROMP（iron-regulated outer membrane proteins)］など, さらにはL-formsや遺伝子改変した生ワクチンについて検討されている（Austin and Austin, 1999）. これらの中で, 最も高い防御免疫を刺激できるのは生ワクチンである. Vaughanら（1993）は, *A. salmonicida* の葉酸合成に関与する遺伝子を破壊し, 自然環境（魚体内を含む）では生育できない菌株を作り出した. この菌株を, ワクチンとして生きたままで魚体に注射したところ, その後の感染実験ですぐれた防御能を示したことを報告している. 同様な試みが, *E. ictaluri* についても試みられ, 高い防御能を得ている（Thune *et al.*, 1999）. では, 生ワクチンで与えられる免疫応答は, 死菌と比べて何処が違うのか. この点については, 現時点では十分に解明されていない. おそらく, 特異的免疫機構の中でも, 抗体に依存している液性免疫応答よりも, 細胞性免疫応答を介した免疫応答が生ワクチンによって刺激されていると考えられるが, この特異的な細胞性免疫応答を測定する実験系が開発されていないために, 今後の解明を待たなければならない.

2・3　混合ワクチンについて

現在市販されている注射ワクチンの多くは, 複数のワクチンを混合させた混合ワクチンである. ワクチンメーカーであるPHARMAQのホームページには, 5種の病原体の抗原を混ぜ合わせたワクチンが3種類（せっそう病, ビブリオ病, 冷水性ビブリオ病, 冬の潰瘍病, IPNもしくはISA）も発売されている. 同様に, Intervetのホームページにも, 数種の混合ワクチンの紹介がされている. 我が国においても混合の注射ワクチンが市販されている（「§7. 市販ワクチン」を参照）. 複数の病原体の抗原を混ぜて接種した場合, 動物においては, アレルギー反応がでやすくなるなどの副作用の問題が指摘されているが, 魚類ではまだ十分に検討されていないのが現状である.

2・4　注射ワクチンの効果を高めるための方法—特にオイルアジュバントワクチンについて

ワクチンの効果を高めるために, アジュバントという免疫補助物質が使われることがある. このアジュバントには様々な物質が報告されているが, 大別すると, 抗原をオイルに包んでエマルジョン化

〔乳化〕し，これを魚に注射するオイルアジュバントと，免疫活性を増強させる免疫増強剤がある．そのうち，免疫賦活剤のアジュバント効果については，免疫賦活剤の章で説明するので，ここでは，主にオイルアジュバントについて解説する．

オイルアジュバントで，最も使用されているのはフロイント完全アジュバント（FCA）である．これは，鉱物油と表面活性剤に，結核菌の死菌を混ぜた物である．結核菌は，免疫賦活剤としての作用があり，この結核菌の死菌が入っていないものを，フロイント不完全アジュバント（FIA）と言う．フロイントのアジュバントワクチンを体内に注射すると，アジュバントは時間をかけて体内で溶けていき，それに従ってオイルに包まれている抗原の刺激が行われる．したがって，体内からアジュバントが消えてなくなるまで，絶えず抗原で刺激され続けることになる．これは，ワクチンの追加免疫（ブースター）を，何回も行うのと同じ効果があると考えられている．

魚類においても，この FCA を用いていくつかの研究が行われている．古くからオイルアジュバントを用いて研究されているのはせっそう病のワクチンである．Krantz ら（1964）は，鉱物油をアジュバントとして用いて，ホルマリン死菌を brook trout に注射し，アジュバントなしの死菌接種に比べて，高い血中凝集抗体価を検出し，さらに優れた防御能を獲得したことを報告している．FCA をアジュバントとして用いた場合でも，同様な研究結果が得られている（Paterson and Fryer, 1974；Cisar and Fryer, 1974；Udey and Fryer, 1978）．さらに，1980 年代にはいっても，いくつかの例外があるものの（Palmer and Smith, 1980；Adams *et al.*, 1988），せっそう病のオイルアジュバントワクチンの有効性は確認されている．しかし，FCA をはじめとするこれまで研究されたオイルアジュバントは，注射部位におけるダメージや結節を形成するために，実用化されなかった．しかし，1990 年代にはいって，鉱物油よりもより傷害が軽いオイルアジュバントが開発され，このオイルアジュバントを用いたせっそう病やビブリオ病のワクチンがヨーロッパやアメリカで発売されるようになった．その後，同じオイルアジュバントを使って，sea bass のパスツレラ症のワクチンが市販され，さらに，同じ病原菌で引き起こされるブリの類結節症に対しても，優れた有効性を示すことが明らかとなっている（Gravningen *et al.*, 1998, 2008）．さらに，同様の毒性の低いオイルアジュバントが，その他の研究者によっても検討されており（Rahman *et al.*, 2000），現在，このオイルアジュバントを用いたワクチンは，世界で最もよく使われている．

2・5　注射ワクチンで与えられるストレス

これまで，述べてきたように注射法は，現在魚類で最も使用されている．しかし，魚をいったん水から取り出して，さらに麻酔をして魚の腹腔内にワクチンを投与するために，魚にとってワクチン投与は，大きなストレスとなる．注射ワクチンを投与後数時間で，血中のコーチゾルの値が増加することが観察されている（Espelid *et al.*, 1996）．ストレス応答ホルモンであるコーチゾルは，免疫系を抑制することはよく知られている（Anderson *et al.*, 1982）．したがって，注射ワクチン投与後の魚の健康管理には十分に注意を払う必要がある．

このように，注射によって魚に与えるストレスは大きいが，さらにオイルアジュバントワクチンの場合に，魚により大きな負担を与えることが報告されている．Midtyng ら（1996）は，太平洋サケに，せっそう病のオイルアジュバント投与後 6 カ月後に，アジュバント接種部位その影響（腹腔内の軽度な癒着など）を観察している．Gravningen ら（2008）も，ブリの類結節症のアジュバントワクチンの影響を検討した．その結果，ワクチン接種直後には，接種部位に小結節や癒着が観察されるものの，ほとんどの個体は数週間で消失することを報告している．これは，用いられたオイルアジュバントの違いや，魚の生息水温によると考えられる．さらに，オイルアジュバント接種魚で成長が劣るとの報告もある（Lillehaug, 1991；Midtlyng and Lillehaug, 1998；Ronsholdt and McLean, 1999）．Ronsholdt and McLean（1999）は，ニジマス *Oncorhynchus mykiss* を用いて，ワクチン接種後4週間目までアジュバントワクチン接種魚の成長はわずかに遅れるが，その後はコントロール魚と変化がなかったことを報告している．同様な結果は，ブリを用いた実験で Gravningen ら（2008）により観察されている．

2・6　ワクチンの効果を左右する環境要因

魚類は変温動物であり，免疫応答も温度によって大きく左右される．一般に，生息水温が高いほど，早くそして強力な免疫応答が得られることが知られている．したがって，ワクチンの効果も水温によって大きく影響する．魚の生理学的要因もまたワクチンの効果に大きく影響する．特に，サケ科魚類においては，淡水から海水に適応するために，スモルト化が起こる．この時期に体内のコーチゾルの値が高くなり，免疫系が抑制されて，感染症に対する感受性が高くなる（Pickering, 1997）．Eggset ら（1999）は，スモルト化の前後にせっそう病のオイルアジュバントを接種してスモルト化の影響を観察した．その結果，スモルト化とほぼ同時にワクチンを接種した場合，スモルト化のプロセスが2週間遅れることを観察している．ワクチン効果は，スモルト化の前後のワクチン接種では，変化を認められなかった．

その他にも，魚類の免疫応答に影響を与える要因として，餌，汚染物質などがあげられる（Anderson, 1996）．したがって，ワクチン接種時期の魚の健康管理には十分に配慮しなければならない．

2・7　まとめ

注射ワクチンは，現在もっともよく用いられているワクチン投与法である．しかし，この節で述べたように，魚に大きなストレスを与え，さらに多くの作業量を必要とする．注射ワクチンを投与するのに自動注射器が導入されて，少しは改善されたが，それでも数万尾の魚にワクチンを接種するのは大変な作業である．しかし，多くの感染症の場合，注射法（それもオイルアジュバント）を用いなければ，十分にワクチンの効果が期待できないのが現状である．将来，注射法で得られるのと同じ効果をもつ，よりストレスの少ないワクチン投与法の開発が必要である．そのためには，さらに魚類の免疫応答と個々の感染症の感染メカニズムについて解明していく必要があると思われる．

（酒井正博）

§3. 経口ワクチン

3・1 経口ワクチンとは

経口ワクチンは，ワクチンを餌に混ぜてワクチン投与を行う方法で，養殖場などの多くの個体を一度にワクチンするのに最適である．さらに，その他の投与法と異なり，すべての魚のサイズにも適応することが可能であり，労力も必要とせずさらに魚に大きなストレスを与えないために，最も優れた魚類のワクチン投与法と考えられてきた．この魚類の経口ワクチンの歴史は古く，1942年にDuffがクロロホルムで不活化した*Aeromonas salmonicida*菌体をcut-throat troutに与え，その後の感染でワクチンの効果が認められたという報告までさかのぼることができる．本節については，現在までに試みられた主要な経口ワクチンの研究について説明し，次に，経口ワクチンで刺激される免疫応答について中心に説明していきたい．

3・2 経口ワクチンの種類

経口ワクチンの研究が行われているのは，細菌性の疾病が中心で，最近になるまでウイルス性や寄生虫感染症についての研究は行われてこなかった．これは，経口ワクチンの研究を行うためには，注射ワクチンに比較して，多量の抗原が必要なために，比較的培養が簡単な細菌性疾病で行われてきたことによると推測される．

Hasteinら（2005）によると，世界で発売されている経口ワクチンは，各種のビブリオ病（*Vibrio anguillarum, V. ordarii, V. alginolyticus, V. vulnificus, V. parahemolyticus*），レッドマウス病，せっそう病，パスツレラ症，ラクトコッカス症，レンサ球菌症の細菌性疾病とVHSおよびIPNのウイルス病である．

これまで経口ワクチンとして，ホルマリンなどで処理した死菌を用いることが多かったが，近年では遺伝子操作によって，抗原遺伝子を発現ベクターに組み込み，より培養しやすい生物で発現させそれを抗原とするサブユニットワクチンを用いる例も報告されている．Allnuttら（2007）は，IPNの抗原タンパク質であるVP2を作る遺伝子を酵母に組み込みこれを大量に発現させ，これを餌にコーティング後，ニジマスに7日間投与し，さらに，1カ月後にブースターとして7日間再びニジマスに投与した．その結果，ワクチン投与されたニジマスは，血清中のIPNに対する抗体価を上昇させ，ウイルスの除去もコントロール魚に比べて顕著であったと報告している（この酵母でIPNの抗原タンパク質を発現させた経口ワクチンは，現在市販されている）．ゴースト化した細菌を用いたワクチンも経口ワクチンとして使用されている．これは，細菌の細胞質を溶解し，細胞内を空っぽにするBGプラスミドに細菌を感染させることによって調整することができる．このワクチンの利点は，どのような遺伝的変異もなしに細菌細胞の構造を残した形で細菌を殺すことができるので，強い免疫を誘発することができるとされている．すでに，魚類でも経口ワクチンへの応用例がある（Kwon *et al.*, 2006, 2007, 2009; Tu *et al.*, 2010）．さらに，最近，抗原遺伝子を食用となる食物に発現させてワクチン投与をする「食物ワクチン」も注目されてきている．すでに，マウスなどではジャガイモで発現させた抗原を食べさせることによって，免疫能が誘発することが確かめられている（Horn *et al.*, 2003 ; Tacket, 2004）．魚類でも，同様な試みとして，ジャガイモで発現させた抗原を経口投与すると，腸管からその抗原を取り込み，結果として血清中の抗体価の上昇が観察されている（Companjen *et al.*, 2006）．

わが国においては，1997年に，ブリの腸球菌症に対する経口ワクチンが開発されている．本ワクチンは，魚体重100gから400gの魚にワクチン10 ml/day/kgを餌に混ぜて5日間投与する．山下ら（1999）によると，本ワクチンの有効性を認めており，その効果は60日以上持続することを明らかにしている．しかし，その後，わが国においても注射ワクチンが実用化されたために，今後，腸球菌症の経口ワクチンは，注射ワクチンにとって替わられるかもしれない．

3・3　経口ワクチン投与魚での抗原の取り込み

粘膜バリアーがあるにもかかわらず，様々な方法（免疫蛍光法，電子顕微鏡など）で，胃から抗原の取り込みが行われることが確認されている．ペルオキシダーゼのような水溶性のタンパク質は，経口投与後，血漿中に移行することが確認されている（McLean and Ash, 1986, 1987）．細菌のような粒子状の物質も無傷で取り込まれるかは十分にわかっていないが，腸管の上皮細胞に取り込まれることが報告されている（Rombout *et al.*, 1989）．

取り込みのプロセスは，速やかに行われる．コイ *Cyprinus carpio* や sea bass では，抗原投与後，30分から1時間で抗原の取り込みが開始する（Rombout *et al.*, 1986 ; Vigneulle and Baudin-Laurencin, 1991）．一方で，経口投与された抗原は，投与終了後の2日から6日目まで腸管に留まり（21日間という報告もある），上皮細胞に取り込まれることも報告されている（Rombout *et al.*, 1985 ; Rombout *et al.*, 1989 ; Vigneulle and Baudin-Laurencin, 1991）．

3・4　経口ワクチン投与魚で誘発する免疫応答

経口ワクチンで，刺激される免疫のメカニズムについては，ほとんどわかっていない．多くの研究者は，経口ワクチンを投与した魚から血清中の凝集抗体価が刺激されないか，刺激されても非常に低い値に留まっていると報告している．この血中の抗体価は，追加免疫で増強することが報告されている（Palm ら, 1998）．さらに，血中抗体価の上昇が確認されなくても，脾臓や腎臓の抗体産生細胞の増加が認められている（Quentel *et al.*, 1994）．

経口ワクチン投与魚は，体表や腸管の粘液中の抗体価を刺激することも知られている．Fletcher と White（1973）は，ビブリオ経口ワクチンを投与したplaiceは，血清中よりも腸管で高い凝集抗体価を得たことを報告している．同様に，Kawai ら（1981）や Ainsworth ら（1995）は，経口ワクチンを投与したアユ *Plecoglossus altivelis* やキャットフィッシュ *Clarias batrachus* で，体表や腸管粘液（Ainsworth *et al.*, 1995）から凝集抗体価を検出している．さらに，Davidson ら（1994）は，経口ワクチンを投与したニジマスの腸管から抗体産生細胞が検出されたと報告している．これらの結果より，経口ワクチンで刺激される抗体は，血液由来ではなく，腸管や体表で産生された局所的なものである可能性が高いと考えられる．

経口ワクチンを投与された魚の細胞性免疫機構の活性化については，ほとんど検討されていない．わずかに，経口ワクチン投与によって，頭腎の食細胞の貪食能の活性化（Quentel *et al*., 1994）やキラー細胞の活性化（Ainsworth *et al*., 1995）が報告されているのみである．今後，経口ワクチンで刺激される免疫応答について，より詳しく検討する必要がある．

3・5　経口ワクチンと他のワクチンとの有効性の比較

経口ワクチンは，ビブリオ病やレッドマウス病で有効性が確認されていることはすでに述べた．Amend と Johnson（1981）は，ビブリオワクチンにおける注射法，浸漬法および経口投与法の有効性を比較した．最も優れた効果を示したのは，注射法で RPS は 100 ともっとも高く，次いで浸清法で RPS：92.3 と高く，経口法は RPS：48.1 と低かった．同様な結果は，Horne ら（1982）も報告している．

一方，ワクチンにおいて有効性の次に重要なのは，その効果の持続である．Kawano ら（1984）は，アユのビブリオワクチンを用いて，ワクチン効果の持続を検討した．その結果，浸清ワクチンは，その有効性が 100 日以上持続したにもかかわらず，経口ワクチンの有効性は 50 日前後までしか持続しなかった．このように，経口ワクチンは，付与される防御免疫応答の強さや持続性において，その他の投与法に劣ると考えられる．

3・6　ワクチンの効果を高める方法

経口ワクチンは，腸管から吸収され，主に腸管内に存在するリンパ球を介して免疫刺激を行う．しかし，胃や腸管内の消化酵素によって菌体が分解され，抗原性が保てなくなる可能性が示唆されている．Johnson と Amend（1983）は，抗原を経口投与するより，肛門から注入した方が，ワクチンの効果が高くなることを報告している．経口ワクチンの効果を高めるためには，抗原性を維持したまま腸管からワクチンを吸収させることが必要である．これまでに，ワクチンを数々の物質でコーティングして経口ワクチンの効果を高める試みが行われている．Wong ら（1992）は，デキストロースからなるビーズで抗原をコーティングして，ビブリオ病経口ワクチンの効果を増加させることに成功した．同様な研究は，アルギン酸やキチンを用いてコーティングした抗原でも試みられており，免疫応答や防御能の増強が報告されている（Joosten *et al*., 1997；Azad *et al*., 1999）．Lin ら（2000）は，魚のオイルと抗原をよく混ぜてエマルジョン化し，それを投与することによって腸管の抗体産生細胞の刺激を観察している．Irie ら（2005）および安本ら（2006a, b）は，リポソームを用いて抗原を封入したワクチンの有効性を，コイのエロモナス感染症や KHV で報告している．

さらに，餌料生物に抗原を取り込ませてから，その生物を投与する方法も報告されている．Kawai ら（1989），Cambell ら（1993）および Joosten ら（1995）は，餌料生物であるミジンコやアルテミアにビブリオワクチンを取り込ませ，その餌を食べさせることによってワクチン投与を試みている．Lin ら（2007）も，ウイルス性神経壊死症ウイルスの抗原を大腸菌で発現させ，これをアルテミアに吸着させた経口ワクチンの有効性を報告している．この手法は，稚魚期に配合飼料が作られていない魚に対する稚魚期のワクチン投与に有効であるかもしれない．

3・7　まとめ

経口ワクチンは，投与法が簡単で，最も水産増養殖で実用的なワクチン投与法と考えられていた．しかし，防御免疫応答は，その他の方法に比較して弱く，また持続性も短い．さらに，抗原が多量に必要となることから経済的にも見合わないことも指摘されている．もし，経口ワクチンで十分な防御能が得られれば，注射法や浸漬法が魚に大きなストレスを与えることを考えると，本法は最適な投与法である．特に，注射のストレスが大きすぎる稚魚期の疾病を予防するためには，経口ワクチンが欠かせないと考えられる．経口ワクチンの今後の利用として，その他のワクチンとの併用も考えられる．経口ワクチンのみでは十分な効果が得られないが，注射ワクチンや浸漬ワクチンと併用することによって，ワクチンの効果がより期待ができるかもしれない．（酒井正博）

§4．浸漬（しんし）ワクチン

4・1　浸漬ワクチンとは

浸漬法は，不活化菌液を飼育水で希釈するなどして作製したワクチン液（浸漬液）の中に，魚を漬ける（浸漬する）ことによってワクチンを投与する手法で，Amend と Fender（1976）によって開発された．魚を生簀や池などから取り上げる必要はあるものの，一度に多数の魚を処理することが可能で，群として管理される養殖魚に適した方法である．ビブリオ病およびレッドマウス病（enteric red mouth disease，わが国では未発生）の浸漬ワクチンには高い有効性が認められ，実用性が高い．ブリの α 溶血性レンサ球菌症（飯田ら，1982）やハタ類の VNN（Kai and Chi, 2008）などに対しても，浸漬ワクチンの有効性が報告されている．表5-1に他の投与法と比較した浸漬法の特徴を示した．魚を取り上げずに飼育水にワクチンを添加する長時間浸漬法（Nakanishi and Ototake, 1997），取り上げた魚にワクチンを吹き付けるスプレー法（Gould *et al.*，1978）やシャワー法，浸漬しながら超音波に暴露する方法（Zhou *et al.*, 2002），浸漬中に多短針により接種するスタンプ法（Nakanishi *et al.*, 2002）も浸漬法の一種と考えられる．

表5-1　ワクチンの各種投与法の特徴

	注射法	浸漬法	経口法
対象疾病	多い	少ない	非常に少ない
有効性	高い	やや高い	低い
アジュバントの種類	多い	少ない	ない
処理速度（労力）	遅い	速い	速い
術者の事故の可能性	有る	ない	ない
魚へのストレス	大きい	小さい	ない
稚仔魚への投与	できない	容易	極初期にはできない
ワクチン必要量	少ない	多い	多い
ワクチン投与量	正確	やや不正確	不正確

Amend と Fender（1976）が最初に開発した方法は，魚を高張液（5.3% NaCl 液など）に浸漬してからワクチン液に浸漬する方法（二液法），あるいはワクチン液そのものを高張にする方法（一液法）であった．高張液を用いるこれらの方法は，一括して高張液浸漬法（hyperosmotic infiltration technique）と呼ばれる．本浸漬法は，魚体内へ取り込まれる抗原量が多い反面，魚が高張処理により受けるストレスも大きい．処理後に他の疾病が誘引される事例も報告され（Harrell, 1979），あまり普及しなかった．その後，サケ科魚類のビブリオ病などで，抗原液の濃度が高い場合には高張処理を省いた直接浸漬法（direct immersion method）によっても高張液浸漬法にほとんど劣らない効果があることが確認され，より簡便に，かつ，魚に過大なストレスを与えずにワクチン処理を行うことが可能となった（Gould *et al*., 1979；Egidius and Andersen, 1979；Antipa *et al*., 1980）．現在，水産用ワクチンの投与方法として，この直接浸漬法が世界中で広く用いられている．わが国初の水産用市販ワクチンであるアユのビブリオ病不活化ワクチンも，この直接浸漬法を採用している．

前述のとおり，浸漬ワクチンの有効性については現在まで数多くの報告がある．そのなかでも，アユおよびサケ科魚類のビブリオ病ワクチン，並びにサケ科魚類のレッドマウス病ワクチンについては安定した高い防御効果が示されており，これら 2 種類の浸漬ワクチンの有効性には疑問の余地がない（Ellis, 1988）．これらの効果は特異的であり，ビブリオ病ワクチンの場合，*V. anguillarum* であってもワクチン株と異なる血清型の菌による感染には効果のないことが知られている（表 5-2；城, 1990）．さらに，免疫の効果が比較的長期間（アユ・サケ科魚類のヒブリオ病ワクチンでは 6 カ月間以上）持続すること，および免疫記憶の存在（Mughal *et al*., 1986）を考え合わせると，特異的な生体防御系（狭義の免疫系）が成立していることが示唆される．すなわち，「ワクチン液から魚体への抗原の取り込み」→「抗原の認識」→「情報の伝達」→「機能細胞（記憶に関する細胞も含む）の活性化」→「生体防御能の高まり」，といった哺乳類で報告されているのと相同な一連の過程が，魚類の浸漬ワクチンの作用機構においても存在すると考えられる．しかし，浸漬ワクチンについてのこれまでの研究のほとんどは有効性に関するものであり，作用機構についての知見は少なく，特に「抗原の認識」と「情報の伝達」については今後の研究にゆだねられている．これは，①ワクチンを浸漬投与しても特異的な血中抗体価の上昇が観察されない（あるいは特異抗体価とワクチンの有効性が相関しない）ことが多く，哺乳類で研究されてきた抗体を中心とした液性免疫機構に関する知見を，そのまま浸漬ワクチンの作用機構にあてはめることができないこと，②細胞性免疫を研究する基礎となる

表 5-2　血清型の違いによるビブリオ病浸漬ワクチンの有効性

ワクチンの種類	供試尾数	総死亡数	ビブリオ病による死亡数	ヒブリオ病による死亡率	有効率
V. anguillarum 血清型 J-O-1	25 尾	1 尾	1 尾	4%	96%
血清型 J-O-2	25 尾	23 尾	23 尾	92%	8%
血清型 J-O-3	25 尾	24 尾	24 尾	96%	4%
V. ordalii	25 尾	16 尾	16 尾	64%	36%
無免疫対照区	25 尾	25 尾	25 尾	100%	−

異なる血清型のワクチンを浸漬投与した供試魚を，2 週間後に J-O-1 型株で攻撃した場合，J-O-1 型ワクチン区が最も高い有効率を示し，次いで J-O-1 型と共通抗原をもつ *V. ordalii* ワクチン区が高い有効率を示した．一方，J-O-2 型ワクチン区と J-O-3 型ワクチン区は全く効果を示さず，ワクチンの有効性は，その血清型に強く依存していた（城，1990 を一部改変）．

免疫担当細胞および分子の分離，同定，分類が魚類では哺乳類ほど進んでいないことが原因と考えられる．この節では，この作用機構のうち浸漬ワクチンに特有な過程である「魚体への抗原の取り込み機構」について，抗原の取り込みに影響を与える「要因」，および抗原が魚体のどこから取り込まれるのかという「取り込み部位」を，また，一連のこの作用機構の最後の段階である「浸漬免疫後の生体防御能の高まり」について論ずる．

なお，浸漬ワクチンに用いられる抗原は，ホルマリンで不活化した培養菌液が一般的であるが，ビブリオ病ワクチンの場合，凍結乾燥した死菌を真水に溶解してアユを浸漬しても同様の効果がある（Kawano *et al*., 1984）．また，*V. anguillarum* のリポ多糖（LPS）にアユを浸漬しても有効性が認められることから，ビブリオ浸漬ワクチンの抗原にはLPSが関与しているものと思われる（Aoki *et al*., 1984）．

4・2　抗原の取り込みに影響を与える要因

浸漬投与された抗原の取り込み量に影響を与える要因として，これまでに①浸漬液の抗原濃度，②浸漬液のpH，③浸漬液の塩濃度（高張処理），④アジュバンドの添加，⑤抗原の物理的性状（粒状性および可溶性），⑥浸漬時間，⑦水温，⑧魚体重，⑨麻酔処理，⑩ハンドリング・ストレスが調べられている（Fender and Amend, 1978；Smith, 1982；Tatner and Horne, 1983, 1985；Tatner, 1987；Thune and Plumb, 1984；Ototake and Nakanishi, 1992a, b；Ototake *et al*., 1992, 1998）．このうち，①，②，④，⑦および⑧については浸漬後の血中あるいは魚体内の抗原濃度を増加させる効果が，一方，⑨，⑩については抗原濃度を減少させる効果が報告されている．③の浸漬液の塩濃度については，可溶性抗原では血中抗原濃度の増加が認められている（Fender and Amend, 1978；Thune and Plumb, 1984；Ototake and Nakanishi, 1992a）が，粒状抗原では抗原濃度の増加は認められていない（Tatner and Horne, 1983；Moore *et al*., 1998）．これは，可溶性抗原と粒状抗原に共通な細胞内を経由する取り込み経路が高張処理による影響を受けないのに対して，可溶性抗原に特有な細胞間隙を経由する取り込みが高張処理により促進されるためと考えられる（Ototake *et al*., 1996；Moore *et al*., 1998）．⑥の浸漬時間については，時間が長いほど血中抗原濃度が増加するという報告（Thune and Plumb, 1984；Tatner, 1987）と時間を長くしても血中抗原濃度は変化しないという報告（Fender and Amend, 1978；Tatner and Horne, 1983）に分かれていた．Mooreら（1998），Ototakeら（1998）は，後述のように抗原として牛血清アルブミン（BSA）を用いて，可溶性抗原でも粒状抗原でも浸漬時間が長いほどより多くの抗原が血中に取り込まれることをニジマスで観察している．⑤抗原の物理的性状については，Smith（1982）はBSAを粒状化することで取り込みが増大すると報告しているが，TatnerとHorne（1983）は逆に菌体を可溶化することにより魚体内濃度が増加すると報告しており，結果は異なっている．

これらの要因のうち，実際のワクチン投与においては，①浸漬液の抗原濃度と⑥浸漬時間が最も重要と考えられる．城（1990）はアユのビブリオ病ワクチンについて，ワクチン濃度を一定にした場合，浸漬時間が長くなるほど有効性が高くなり，浸漬時間が一定の場合にはワクチン濃度が高くなるほど有効性が高くなること，そして，有効である濃度と時間の組合せとして，濃度1 g（湿菌重量）/*l* のワクチンでは40秒，濃度0.1 g/*l* のワクチンでは10分間，濃度0.01g/*l* のワクチンでは1時間，濃度0.001

g/l のワクチンでは 6 時間を報告している．定量的な実験から，Ototake ら（1998）は血中への可溶性抗原の取り込み量は，抗原液の濃度に比例し，浸漬時間の平方根に比例することを，Moore ら（1998）は魚体内に取り込まれる粒状抗原の量は，抗原液の濃度にも浸漬時間にも比例することを報告している．このように，抗原液の濃度（希釈度）と浸漬時間の組合せについては，各養殖場に最適な条件を設定することが可能と考えられる（Ototake *et al.*, 1999）．今後，各条件で投与された浸漬ワクチンの持続期間についても検討する必要がある．

①と⑥に加え，⑦水温と⑧魚体重についても見過ごすことはできない．変温動物である魚の生理機構は，一般に水温とともに低下することが知られており，浸漬免疫もこの例外ではない．サケ科魚類にビブリオ病ワクチンを浸漬投与した場合，14℃に比べて 10℃では防御能の発現が遅れること，さらに 4℃では浸漬後 1 カ月たっても防御能が発現しないことが報告されている（Amend and Johnson, 1981）．また，ニジマスでは浸漬後の血中への抗原の取り込み量は，水温と正の相関を示し，低水温では次第に 0 に近づくことが示されており（Ototake and Nakanishi, 1992b），浸漬ワクチン処理を低水温期に行う際には，水温が至適範囲にあるか注意すべきである．魚体重については，ビブリオ病ワクチン，レッドマウス病ワクチンにおいて，サケ科魚類では浸漬免疫には 1g 以上の魚体重が必要であると報告されている（Johnson *et al.*, 1982）．同様な知見は他魚種でも得られており，浸漬免疫には有効な最小サイズ（閾値）が存在し，さらに浸漬免疫後の防御能の持続期間は体重が大きいほど長い，と考えるのが一般的である（Nakanishi and Ototake, 1997）．しかし，例外としてブルックトラウトの IPN に対する浸漬免疫については，孵化後 2 および 3 週後（体重約 50 mg）に最も高い効果が認められたとの知見も報告されている（Bootland *et al.*, 1990）．

抗原の取り込みに影響を与える「要因」を明らかにすることは，浸漬投与の際の最適条件を求めるために不可欠であり，ワクチンの実用化において重要である．しかしながら，上述したとおり，浸漬投与された抗原を定量的に調べた報告は現在のところまだ限られており，結果も一定していない．さらに，ある魚種について調べられた知見が，必ずしも他の魚種あるいは他の飼育環境に当てはまるとは限らない．Ototake と Nakanishi（1992a）は，海水で飼育されたテラピアおよびサケでは，浸漬後の血中抗原濃度が淡水で飼育されたものに比べると低く，かつ速やかに減少することを見いだしている．

浸漬法におけるアジュバントの効果については，これまでに水酸化アルミニウムコロイド液（Tatner and Horne, 1983）のみが報告されているが，今後この分野の研究の促進も望まれる．浸漬ワクチンではないが，哺乳類の粘膜ワクチン（消化管上皮，鼻腔，咽頭などの粘膜に投与されるワクチン）では，コレラトキシンなどの毒素および各種サイトカインなどがアジュバントとして有効であることが知られている（金・清野, 2001）．

4・3　抗原の取り込み部位

Amend と Fender（1976）が最初に報告したように，ニジマスを抗原液（2% BSA 水溶液）に数分間浸漬すると，浸漬後の血中 BSA 濃度は投与 2 時間後まで急速に増加した後，浸漬 2～24 時間後はほぼ一定濃度を保ち続ける．浸漬処理数時間後まで血中 BSA 濃度が増加し続けること（最高血中濃度は浸漬 4～8 時間後），浸漬処理の数分間以降は外界から魚体への BSA の供給がないこと，および血中のBSAは徐々に腎臓，脾臓に排出されることは，浸漬後数時間にわたって，魚体内のどこからか血中へBSAが流入していることを示唆している．すなわち，ワクチン液に浸漬されている数分間に，浸漬液中の抗原が魚体のどこかの器官あるいは組織に取り込まれた後，蓄えられ，続いて浸漬後数時間にわたりそこから血中へ抗原が供給されると推察される．

浸漬免疫におけるこの抗原の取り込み部位については，浸漬免疫が発見されて以来，活発に論議されてきた．浸漬免疫に関する最初の報告（Amend and Fender, 1976）では，浸漬後の魚の各器官におけるBSA濃度の変化から主要な取り込み部位は側線であると主張されたが，その後，鰓が主な取り込み部位であるとの報告が多く出された（Alexander *et al*., 1981；Bowers and Alexander, 1981；Smith, 1982；Tatner *et al*., 1984；Zapata *et al*., 1987；Kawahara and Kusuda, 1988）．Smith（1982）は浸漬後にラテックス粒子が鰓の細胞に集まることを，Goldesら（1986）は鰓ラメラの上皮細胞が浸漬投与された粒子をもつことを，さらに，Zapataら（1987）は，浸漬投与されたレッドマウス病の原因菌である*Yersinia ruckeri*のO抗原が鰓上皮細胞に取り込まれた後，上皮直下に位置する貪食細胞に受け渡されることを電顕観察によって見出しており，鰓において抗原の取り込みおよび認識が行われていることは間違いないと考えられる．しかし，定量的な知見はほとんどなく，他の器官が抗原の取り込みに関与しているのかどうか，あるいは，全取り込み量のうちどの程度が鰓を経由しているのかについては不明であった．筆者らは，ラジオアイソトープ（RI）あるいは蛍光色素で標識した抗原を用いて浸漬後の抗原の魚体内分布を定性的および定量的に検討し，可溶性抗原は浸漬処理中に主として皮膚（側線部分の皮膚と通常の皮膚は，抗原の取り込みについて差はない），従として鰓に取り込まれ，その後数時間にわたって両器官から血液を介して体腎，頭腎，脾臓および2次血管系（Vogel, 1985）に運ばれる（Ototake *et al*., 1996）との仮説を提案した．また，粒状抗原については，ラテックス粒子懸濁液に魚を浸漬すると，粒子は主として皮膚の微小創傷である「スレ」の部分に付着した後，創傷治癒の過程で遊走性の上皮細胞により取り込まれること（Kiryu and Wakabayashi, 1999；Kiryu *et al*., 2000），および，皮膚および鰓に取り込まれたラテックス粒子の大半はその後長期間皮膚にとどまるものの，一部が腎臓，脾臓などに運ばれること（Moore *et al*., 1998）が示されており，菌体などの粒状抗原も主として皮膚と鰓を介して魚体に取り込まれると考えられる．また，数は少ないものの，浸漬投与された抗原の主要な取り込み部位は腸であるとの報告もいくつかある（Robohm, 1986；Rombout *et al*., 1985；Tatner, 1987）．

4・4　浸漬免疫後の生体防御能の高まり

浸漬免疫後，多くの場合，抗原に対する血中の凝集抗体価の上昇は検出されないか（Croy and Amend, 1977；Itami and Kusuda, 1980；Aoki *et al*., 1984；Kawano *et al*., 1984；Tatner and Horne, 1986；Sakai *et al*., 1987；酒井ら, 1989；Baba *et al*., 1988），検出されても非常に低い（Liewes *et al*., 1982；Sakai *et al*., 1984；Whittington *et al*., 1994）．また，ある程度の抗体価の上昇が検出される場合でも，抗体価と防御能力は一致しない場合が多い（Plum *et al*., 1986；Thuvander *et al*., 1987；Thorburn and Jansson, 1988；Lillehaug *et al*., 1993；Magarino *et al*., 1994）．しかし，これらとは反対に，何人かの研究者は防御能と相関をもつ抗体価の上昇を観察しており，さらに，これらの抗体を免疫していない魚に移入することにより防御力が伝達されることを報告している（Mughal *et al*.,

1986；Gould *et al.*, 1978；Anderson *et al.*, 1979；Muroga *et al.*, 1995）．このように，浸漬免疫後の生体防御能に血中の抗体価がどの程度関与しているのかについてはまだ決着がついていないが，浸漬攻撃に対しては浸漬免疫した魚の方が注射免疫した魚よりも強い防御力をもつ場合があること（Lumsden *et al.*, 1993, 1995），および後述する最近の局所免疫の知見を考慮すると，浸漬免疫の作用機構に血中抗体，すなわち全身性の液性免疫系が主要な役割を演じているとは考えにくい．

一方，粘液中の抗体についての知見は少ないものの，浸漬免疫後，皮膚および鰓粘液中の特異抗体価が上昇することが報告されている（Sakai *et al.*, 1991；伊丹ら, 1992；Lumsden *et al.*, 1993, 1995）．これらの報告において，粘液中の抗体価が血中の抗体価と必ずしも相関関係を示さないことから，この粘液中の抗体は血液から移行したものではなく皮膚および鰓などの局所において産生されていることが推測されてきた（Lobb and Clem, 1981；Rombout *et al.*, 1989；Zilberg and Klesius, 1997）．しかし，哺乳類では粘液などに分泌される分泌抗体（免疫グロブリンA，IgA）分子と血中抗体（IgGおよびIgM）分子とは容易に区別できるが，魚類においては分泌分子と血中分子を見分けることは難しく，局所における抗体産生，すなわち浸漬免疫後の局所液性免疫の関与は証明されていなかった．

dos Santosら（2001）は，地中海スズキ（*Dicentrarchus labrax* L.）に欧州で市販されている類結節症不活化ワクチンを浸漬投与すると，鰓の特異抗体産生細胞（類結節症の原因菌と結合する抗体を産生する細胞）の数が飛躍的に増加し，浸漬8日後には白血球100万個当たり8,800細胞に達することを見出している．浸漬処理後，腎臓や脾臓における特異抗体産生細胞の増加は少なく同200～500細胞にすぎないこと，鰓の同細胞数が多いグループは感染実験においても強い防御力を示したことから，スズキの類結節症浸漬ワクチンの作用機構については，鰓の局所液性免疫が大きな役割を果たしているものと推察される．浸漬免疫後の皮膚や鰓での抗体産生については，その後，ニジマス（Swan *et al.*, 2008），アフリカナマズ*Clariasgarie pinus*（Vervarcke *et al.*, 2005），ヨーロッパウナギ*Anguilla anguilla*（Esteve-Gassent *et al.*, 2003）でも報告されており，鰓や皮膚の局所液性免疫が，浸漬免疫において重要な役割を果たしていると思われる．

極めて知見が少なく断片的であるが，浸漬ワクチン処理後の生体防御能に細胞性免疫の関与を示唆する報告もいくつかある．酒井ら（1989）は，β溶血性レンサ球菌症ワクチンの浸漬投与により血中抗体価の上昇は認められないが，腎臓の白血球の貪食活性が増加したことを報告している．一方，Kitaoら（1991）は，サイクロフォスファミドにより貪食機能を阻害した群でも浸漬ワクチンが有効であったことから，浸漬免疫の作用機構には貪食作用以外の機構も関与していると考察している．また，早川ら（1988）は，ビブリオ病ワクチンを浸漬投与した群は免疫していない群に比べて，攻撃後の皮膚内により多くの遊走細胞が浸潤し，菌数が少なく，皮膚の損傷の進行が遅れることを，また，液性因子の関与を否定するものではないが，間野ら（1996）はカラムナリス病ワクチンを浸漬投与したウナギは，血中抗体価，粘液中抗体価のいずれもが検出されないにもかかわらず，攻撃後皮膚への原因菌の付着が減少し，死亡率が低いと報告している．

4・5　おわりに

近年水産分野でも獣医分野と同様に，複数の疾病に対する注射多価ワクチンが主流になりつつある．しかし，はじめにも述べたが，浸漬免疫は経口免疫と並び，群を対象とする水産養殖に大変適した方法であることから，注射多価ワクチンの次世代のワクチン開発を目指して，浸漬ワクチンの研究を継続する必要があろう．最近，医学および獣医学においても，注射ワクチンに代わる未来のワクチンとして粘膜ワクチンが注目を集めており，この点においても魚体表面すなわち粘膜を投与対象とする浸漬ワクチンは興味深い．

本節では，浸漬ワクチンの作用機構について，最初のステップである「ワクチン液から魚体への抗原の取り込み」と，最後のステップである「浸漬免疫後の生体防御能の高まり」について論じた．両ステップをつなぐ「抗原の認識」および「情報の伝達」については触れなかったが，網羅的な遺伝子発現解析や魚類免疫関連細胞の各種マーカーの充実（Fischer *et al.*, 2006）に伴い，魚類でも「抗原の認識」において鍵となるTリンパ球の知見や，「情報の伝達」の鍵となるサイトカインの知見が集まりつつある．これらの知見から，両者はともに基本的に哺乳類と相同な働きをもつことが推定されている（Laing and Hansen, 2011；Secombes *et al.*, 2011）．

（乙竹　充）

§5. 弱毒ワクチンおよび組換えワクチン

遺伝子工学的技術を用いて研究開発された魚類の弱毒ワクチンおよび組換えワクチンについて以下に述べる．

5・1　弱毒ワクチン

1）弱毒ワクチンとは？

病原微生物が本来もつ病原性を欠損あるいは弱体化させた変異株を抗原として用いるものである．従来は，培地中で数世代にわたって継代培養を繰り返すことで弱毒化させたり，化学薬品処理あるいは放射線照射により弱毒化したりして変異株を作製してきた．近年では，遺伝子工学的手法を用いて，病原性を発揮する遺伝子あるいはその遺伝子を含む領域を変異させたり，欠損させたりすることで弱毒変異株を作製する．このような手法で弱毒化した変異株のことを，弱毒ワクチン（病原遺伝子欠損ワクチンあるいは生ワクチン）と呼ぶ．一般に，細菌はウイルスに比べてゲノムサイズが大きく，複数の感染防御抗原を有することが多い．このためワクチンを作製する場合には，一連の感染防御抗原のみを発現させるよりも，病原性に関わる遺伝子を取り除く方が効率がよいと考えられている（中西・乙竹，2009）．

弱毒ワクチンは，病原性を弱めただけで生きている細菌やウイルスなどであるため，接種することで感染が可能であり，また宿主内での増殖あるいは生存が可能である．さらに，弱毒ワクチン接種後，免疫が長期間持続するためブースターなどの追加免疫が少なくて済む．このように生きた病原微生物としての免疫原性を保持しているため，不活化ワクチン（ホルマリン不活化ワクチンなど）に比べて，病原体に対して効果的に抗体産生や細胞性免疫を賦与することができ，特に細胞傷害活性を誘導することから細胞内寄生細菌やウイルス感染に対して効果があると考えられている（青木，2008）．弱毒ワクチンは2種類の免疫機構を誘導し，その応答は感染を受けた細胞あるいは弱毒ワクチンを異物として貪食した細胞によって異なる（図5-1）．弱毒化した病原微生物株（弱毒ワクチン）により感染

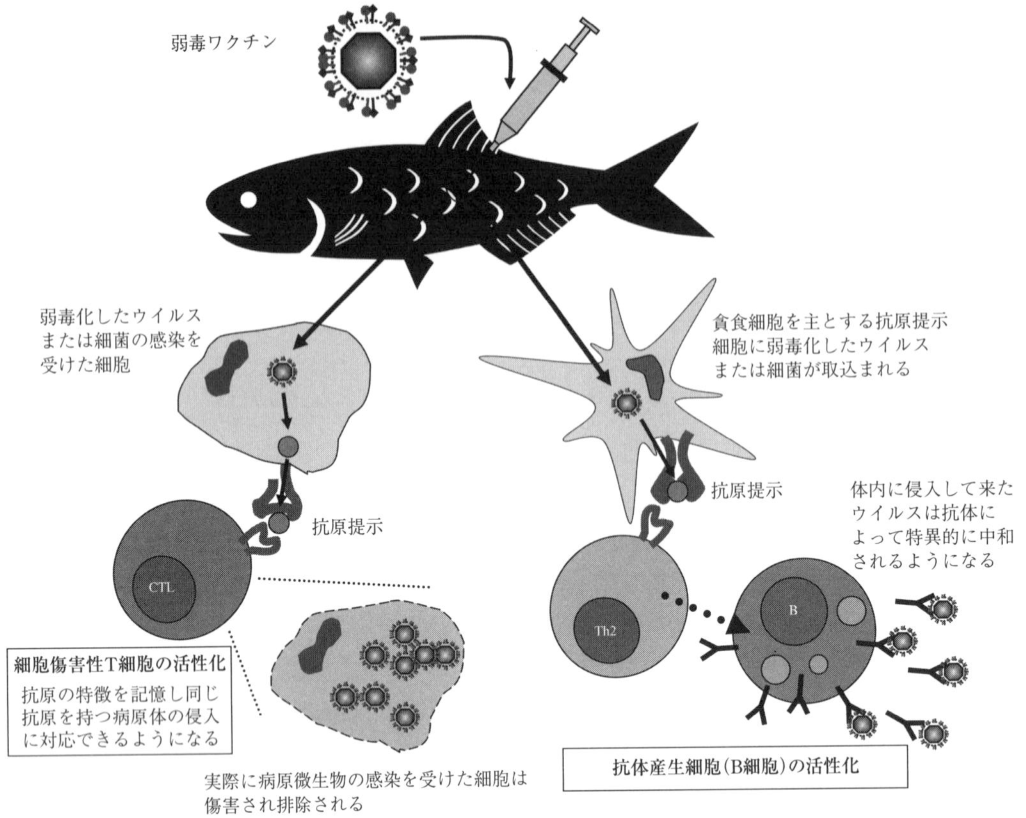

図 5-1　弱毒ワクチンから誘導される免疫応答

を受けた細胞は抗原提示により，細胞傷害性 T 細胞を活性化する（Dijkstra *et al*., 2001b ; Woolard and Kumaraguru，2010）．これにより，感染細胞は細胞傷害活性により排除される．一方，弱毒ワクチンを異物として貪食した細胞は，ヘルパー T 細胞の活性化により，抗体産生細胞（成熟した B 細胞）の分化を促す（Leong, 1993）．これにより宿主内に侵入した病原微生物は，特異的な抗体によって中和される（図 5-1）．

2）特定遺伝子の変異あるいは欠損により弱毒化させたワクチン

魚類病原細菌において，病原性に関与する遺伝子をノックアウトした病原遺伝子欠損型の弱毒ワクチンとして，最も用いられているものに芳香属環の生合成に必須な *aroA* 遺伝子を不活化した弱毒性の *aroA* 遺伝子変異株がある．図 5-2 に示すように，病原性菌株の染色体 DNA に存在する *aroA* 遺伝子にカナマイシン耐性遺伝子を挿入し，これをホモロガスリコンビネーションにより *aroA* 遺伝子欠失型変異株（非病原性菌株）を作製されている．これを宿主に接種することで細胞傷害活性や抗体産生などの免疫能を獲得すると考えられている（図 5-1）．魚類病原細菌では実際に，せっそう病の原因菌 *Aeromonas salmonicida*（Vaughan *et al*., 1993; Marsden *et al*., 1996; Grove *et al*., 2003; Martin *et al*., 2006），出血性敗血症（*A. hydrophila* 感染症）（Moral *et al*., 1998；Vivas *et al*., 2004, 2005），アメリカナマズの敗血症 *E. ictaluri*（Thune *et al*., 1999），レッドマウス病の *Yersinia ruckeri*

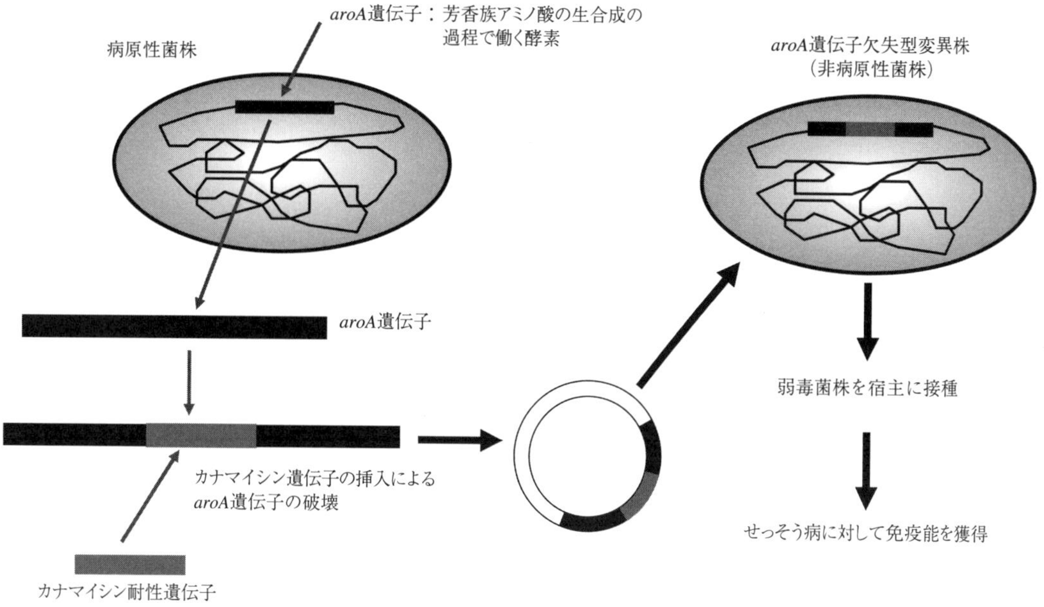

図5-2　*Aeromonas salmonicida* の芳香族依存性（*aroA* 遺伝子欠失）変異株を用いた弱毒ワクチン

（Temprano *et al*., 2005），細菌性類結節症の *Photobacterium damsela* subsp. *piscicida*（Thune *et al*., 2003）の *aroA* 遺伝子変異株が報告されている（表5-3）．上述した *A. salmonicida* の *aroA* 遺伝子欠失型変異株をタイセイヨウサケに接種するとT細胞およびB細胞の増殖が強く誘導されることが知られている（Marsden *et al*., 1996）．また，マイクロアレイを用いた網羅的な解析により，*aroA* 遺伝子欠失型変異株を接種したタイセイヨウサケの鰓，肝臓および頭腎では鉄代謝に関与する分子，抗微生物タンパク質，C型レクチンおよびケモカインなどの遺伝子発現の上昇が確認されている（Martin *et al*., 2006）．

一方，*aroA* 遺伝子変異株以外でも，*Edwardsiella ictaluri* の *purA* 遺伝子変異株（Lawrence *et al*., 1997）および *crp* 遺伝子変異株（Santander *et al*., 2011），*E. tarda* の *esrB* 遺伝子変異株（Lan *et al*., 2007）および栄養要求性変異株（*alr* および *asd* 遺伝子変異株）（Choi and Kim, 2011），*Flavobacterium psychrophilum* の *exbD* 遺伝子変異株（Álvarez *et al*., 2008），*Pseudomonas fluorescens* の *fur* 遺伝子変異株（Wang *et al*., 2009），*Streptococcus iniae* の *pgm* 遺伝子変異株（Buchanan *et al*., 2005）および *simA* 遺伝子変異株（Locke *et al*., 2008）が報告されている（表5-3）．

魚類病原ウイルスの弱毒ワクチンとしては，IHNVやVHSVなどのラブドウイルス属がコードするNV（nonvirion）遺伝子を欠損させることで，ウイルスの病原性を弱めることが知られており，NV遺伝子欠損型IHNV株は，ニジマスを用いた感染実験において特徴的な感染症状を全く示さず，累積死亡率も0%であった（Thoulouze *et al*., 2004）．抗原タンパク質として知られているIHNVのglycoprotein（Gタンパク質）遺伝子をVHSVのGタンパク質遺伝子に置換し，NVタンパク質遺伝子をGFP（green fluorescence protein）遺伝子にそれぞれ置換した組換えウイルス（Biacchesi *et al*., 2000, 2002；Romero *et al*., 2005）が，ニジマスやゼブラフィッシュ *Danio rerio* においてVHSVの

表 5-3　魚類病原微生物感染症の

病原微生物	ワクチンの種類
細菌	
Aeromonas hydrophila	細胞外酵素（exoenzyme）変異株 J-1
	AL09-71 N+R（弱毒株）
	AO1（Plasmid-cured 弱毒株）
Edwardsiella ictaruli	RE-33 弱毒株
E. tarda	Et15VhD[*1]
	6203/pUTatgap[*2]
Flavobacterium psychrophilum	リファンピシン耐性株
Renibacterium salmoninarum	弱毒変異株
	組換え p57 タンパク質（msa）
	弱毒変異株
	Arthrobacter davidanieli の生ワクチン
Vibrio anguillarum	弱毒株（薬剤耐性菌株）
	6203/pUTatgap[*2]
V. haveyi	Et15VhD[*3]
V. vulnificus	NCIMB 2137 弱毒株
ウイルス	
CCV	弱毒ウイルス株（CCV-5, V60）
IHNV	弱毒 IHNV
	弱毒侵襲性大腸菌
KHV	弱毒ウイルス株
	弱毒 CNGV
VHSV	F25 継代培養株（弱毒性，温度耐性）
	PEG 包囲化凍結乾燥ウイルス
リケッチア	
Piscirickettsia salmonis	*Arthrobacter davidanieli* の生ワクチン
寄生虫	
Ichthyophthirius multifiliis	24 カ月継代弱毒化プロトゾア期

[*1] Et15VhD: *V. harveyi* の DegQ（サブユニットワクチン）を発現・分泌す
[*2] 6203/pUTatgap: *E. tarda* の gapA40(GAPDH)を発現・分泌する *V. anguillarum*
[*3] BCG ワクチン：市販の *Mycobacterium bovis* の弱毒株（*M. bovis* Bucillus

感染を防除することが報告されている（Novoa *et al.*, 2006；Romero *et al.*, 2008, 2011）．コイヘルペスウイルス（KHV）では，チミジンキナーゼ遺伝子領域を変異させることで，病原性が少し弱められ，強毒 KHV 株（FL 株）の感染を抑えると報告されている（Costes *et al.*, 2008）（表 5-3）．

3）その他の方法により作製された弱毒ワクチン

遺伝子欠損型以外の弱毒ワクチンとして，継代培養などにより病原性を弱体化させた株，あるいは元々病原性が低い株として報告されているものには，*A. hydrophila* の細胞外酵素（exoenzyme）変異株 J-1（Liu and Bi, 2007），AL09-71 弱毒株（Mu *et al.*, 2011a），*E. ictaluri* の RE-33 弱毒株（Klesius and Shoemaker, 1999；Pridgeon *et al.*, 2010），*F. psychrophilum* のリファンピシン耐性株（LaFrentz *et al.*, 2008），*Vibrio anguillarum* の弱毒薬剤耐性菌株（Norqvist *et al.*, 1989），*V. vulnificus* の NCIMB 2137 弱毒株（Collado *et al.*, 2000），*Renibacterium salmoninarum* の弱毒変異株（Griffiths *et al.*, 1998；Daly *et al.*, 2001）などがある（表 5-4）．弱毒株に異なる抗原を発現分泌させることにより，2 価の弱毒ワクチンとして効果を示した例として，6203/pUTatgap 株および Et15VhD 株が報告されている．6203/pUTatgap 株は，*E. tarda* の *gapA*40 遺伝子（GAPDH）を挿入したプラスミドベクターを *V. anguillarum* 弱毒株，MVAV6203 に形質転換しもので，*E. tarda* の組換え GAPDH を

遺伝子欠損による弱毒ワクチン

対象魚種	文　献
ソードテールフィッシュ（*Xiphophorus helleri*）	Liu and Bi, 2007
アメリカナマズ（*Ictalurus punctatus*）	Mu *et al*., 2011b
インドナマズ（*Clarias batrachus*）	Majumdar *et al*., 2007
アメリカナマズ（*I. punctatus*）	Klesius and Shoemaker, 1999; Pridgeon *et al*., 2010
ターボット（*Scophtalmus maximus*）	Hu *et al*., 2011
	Xiao *et al*., 2011
ニジマス（*Oncorhynchus mykiss*）	LaFrentz *et al*., 2008
タイセイヨウサケ（*Sa. salar*）	Griffiths *et al*., 1998
	Alcorn and Rascho, 2000; Grayson *et al*., 2002
	Daly *et al*., 2001
	Salonius *et al*., 2005
ニジマス（*Salmo gairdneri*）	Norqvist *et al*., 1989
ターボット（*Sc. maximus*）	Xiao *et al*., 2011
ターボット（*Sc. maximus*）	Hu *et al*., 2011
ヨーロッパウナギ（*Anguilla anguilla*）	Collado *et al*., 2000
アメリカナマズ（*I. punctatus*）	Noga and Hartmann, 1981; Vanderheijden *et al*., 1996
ニジマス（*O. mykiss*）	Ristow *et al*., 2000
	Simon and Leong, 2002
コイ（*Cyprinus carpio*）	Perelberg *et al*., 2008
	Perelberg *et al*., 2005
ニジマス（*O. mykiss*）	Bernard *et al*., 1983
	Adelmann *et al*., 2008
ギンザケ（*O. kisutch*）	Salonius *et al*., 2005
アメリカナマズ（*I. punctatus*）	Burkart *et al*., 1990

る *E. tarda* 弱毒株（ATCC15947）.
弱毒株（MVAV6203）.
Calmette and Guérin 株）.

産生する *V. anguillarum* 弱毒ワクチンである．これをターボットに投与することにより，*E. tarda* および *V. anguillarum* の両方に対して効果的に免疫能を獲得したことが報告されている（Xiao *et al*., 2011）．同様に Et15VhD 株は，*V. harveyi* の DegQ（サブユニットワクチンとして有効）を発現・分泌する *E. tarda* 弱毒株（ATCC15947）で，*V. harveyi* および *E. tarda* の感染に効果がある（Hu *et al*., 2011）．一方，遺伝子欠損型以外の弱毒ウイルス株に関する報告には，CCV（Noga and Hartmann, 1981; Vanderheijden *et al*., 1996），KHV（Perelberg *et al*., 2005, 2008），IHNV（Ristow *et al*., 2000），VHSV（Bernard *et al*., 1983）などがあり（表 5-4），これらの弱毒ウイルスワクチンはそれぞれの病原体に対して防御能を示している．また，病原遺伝子を含むプラスミドに突然変異を起こさせることで，その病原性を欠損させた例として，*A. hydrophila* の 21kb 病原性プラスミドに変異をさせた AO1 弱毒株（Majumdar *et al*., 2007）や *V. anguillarum* の pJM1 様プラスミドをもつ MVAV6201（Shao *et al*., 2005）などの報告があるが，有効性は認められていない．

Ichthyophthirius multifiliis を 24 カ月継代し，弱毒化させたプロトゾア期の *I. multifiliis* を腹腔内に接種したアメリカナマズは，*I. multifiliis* に対して感染を阻止した（Burkart *et al*., 1990）．

表 5-4　その他の弱毒株を用いたワクチンの報告例

病原微生物	ワクチンの種類	対象魚種	文　献
細菌			
Aeromonas hydrophila	細胞外酵素（exoenzyme）変異株 J-1	ソードテールフィッシュ（*Xiphophorus helleri*）	Liu and Bi, 2007
Flavobacterium psychrophilum	リファンピシン耐性株	ニジマス（*Oncorhynchus mykiss*）	LaFrentz *et al.*, 2008
Renibacterium salmoninarum	弱毒変異株	タイセイヨウサケ（*Salmo salar*）	Griffiths *et al.*, 1998
	弱毒変異株		Daly *et al.*, 2001
	Arthrobacter davidanieli の生ワクチン		Salonius *et al.*, 2005
	Arthrobacter spp. および *R. salmoninarum* の細胞壁抽出物	マスノスケ（*Oncorhynchus tshawytscha*）	Rhodes *et al.*, 2004
Vibrio anguillarum	弱毒株（弱毒，薬剤耐性菌株）	ニジマス（*Salmo gairdneri*）	Norqvist *et al.*, 1989
V. vulnificus serovar E	莢膜抗原	ヨーロッパウナギ（*Anguilla anguilla*）	Collado *et al.*, 2000
ウイルス			
CCV	生弱毒ウイルス株	ウォーキングキャットフィッシュ（*Clarias batrachus*）	Noga and Hartmann, 1981
IHNV	弱毒 IHNV	ニジマス（*O. mykiss*）	Ristow *et al.*, 2000
	弱毒侵襲性大腸菌		Simon and Leong, 2002
IPNV	A-segment-encoded protein	タイセイヨウサケ（*S. salar*）	Manning and Leong, 1990
KHV	弱毒ウイルス株	コイ（*Cyprinus carpio*）	Perelberg *et al.*, 2008
	弱毒 CNGV		Perelberg *et al.*, 2005
VHSV	F25 継代培養株（弱毒性，温度耐性）	ニジマス（*O. mykiss*）	Bernard *et al.*, 1983
	PEG 包囲化凍結乾燥ウイルス		Adelmann *et al.*, 2008
	Poly（I:C）	ヒラメ（*Paralichthys olivaceus*）	Takami *et al.*, 2010
リケッチア			
Piscirickettsia salmonis	*Arthrobacter davidanieli* の生ワクチン	ギンザケ（*O. kisutch*）	Salonius *et al.*, 2005

5・2　組換えワクチン（サブユニットワクチン）

1）組換えワクチンとは

組換えワクチンとは，遺伝子工学的手法を用いて人工的に作り出した抗原タンパク質のことで，病原微生物のエピトープ（有効抗原）をもつタンパク質をコードする遺伝子を，大腸菌，枯草菌，酵母あるいは動物培養細胞などの他の無害な生物に大量に作らせ，精製したものである．これを宿主に接種することによって免疫能を獲得させる．一方，サブユニットワクチン（あるいはコンポーネントワクチン）と呼ばれるものは，病原微生物がもつワクチン効果を発揮するタンパク質を病原体から抽出・精製したもの，あるいは遺伝子工学的に作り出した抗原タンパク質のことである（青木，2008）．つまりサブユニットワクチンは，広義の意味で組換えワクチンを含む．また，理論的には不活化ワクチンに匹敵する効果があり，組換えワクチンは人工的に作り出した抗原タンパク質のみを主成分とする

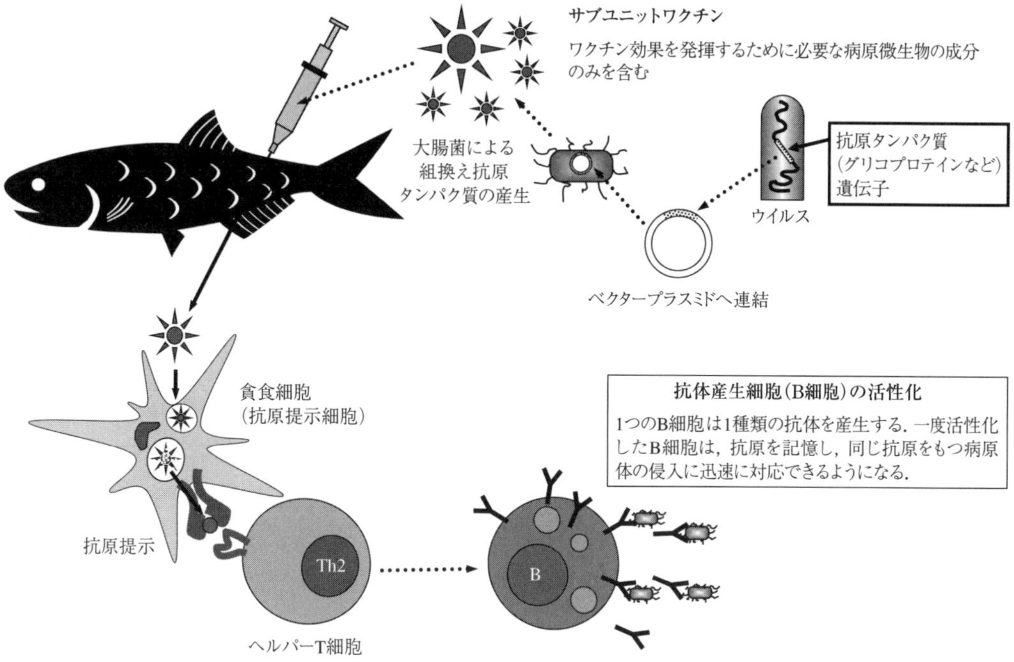

図5-3　サブユニットワクチンから誘導される免疫応答

ため，不要なタンパク質の混入が少なく，不活化ワクチンと比較して安全性に優れており，安価で，大量生産が可能である（鈴木，1996; 青木，2008）．

このワクチンの免疫応答機構は，上述の弱毒ワクチンと異なり，ワクチン自体が生きた微生物ではないため，貪食細胞による抗原提示経路のみが活性化されると考えられている（図5-3）．まず，大腸菌などによって産生された病原微生物由来の組換え抗原タンパク質は，サブユニットワクチンとして宿主に接種されると，マクロファージや樹状細胞などの貪食細胞（抗原提示細胞）に異物として取り込まれ，抗原提示および共刺激によりヘルパーT細胞を活性化する（Leong, 1993; Christie, 1997）．これにより抗体産生細胞の分化が促進され，宿主内に侵入した病原微生物は，産生された特異的な抗体によって中和される（図5-3）．

2）魚類病原ウイルスに対する組換えワクチン（サブユニットワクチン）

魚類の組換えワクチンもいくつかの感染症において，その有効性が示されている（表5-3）．弱毒ワクチンの項で述べたように，ラブドウイルス科（Rhabdoviridae）の感染症に対しては，Gタンパク質（glycoprotein）が有効な抗原として，サブユニットワクチンとしても利用されている．ラブドウイルス科のGタンパク質は，抗原タンパク質として，その構造が重要であることが構造アミノ酸の置換解析などにより詳細に解析されており（Einer-Jensen *et al.*, 1998 ; Rocha *et al.*, 2004），ワクチン効果が高いことが示されている（Winton, 1997）．伝染性造血器壊死症ウイルス（IHNV）の組換えGタンパク質に関する報告例は多く（Leong *et al.*, 1987 ; Engelking and Leong, 1989a, b ; Gilmoreら, 1988 ; Oberg *et al.*, 1991 ; Noonan *et al.*, 1995 ; Cain *et al.*, 1999a, b ; Simon *et al.*, 2001），高い防

表 5-5　魚類病原微生物に対する組換えワクチン

病原微生物名	組換えタンパク質／その他	対象魚病種名（学名）	参考文献
ウイルス			
Atlantic halibut nodavirus (AHNV)	キャプシドタンパク質（recAHNV-C）	タイセイヨウハリバット (*Hippoglossus hippoglossus*)	Sommerset *et al.*, 2005
Striped jack nervous necrosis virus (SJNNV)	キャプシドタンパク質（rT2）	ターボット (*Scophthalmus maximus*), タイセイヨウハリバット (*Hippoglossus hippoglossus*)	Húsgağ *et al.*, 2001
Dragon grouper nervous necrosis virus (DGNNV)	ウイルス様粒子（VLPs）	タマカイ（ジャイアント・グルーパー, *Epinephelus lanceolatus*）	Liu *et al.*, 2006
Infectious hematopoietic necrosis virus (IHNV)	G タンパク質	ニジマス (*Oncorhynchus mykiss*)	Leong *et al.*, 1987; Engelking and Leong, 1989a, b Oberg *et al.*, 1991; Noonan *et al.*, 1995; Cain *et al.*, 1999a, b
	G タンパク質 + *trp*E（融合タンパク質 *trp*E-G）		Gilmore *et al.*, 1988; Xu *et al.*, 1991
	G タンパク質（184 アミノ酸残基）		Simon *et al.*, 2001
Infectious pancreatic necrosis virus (IPNV)	IPNV-VLPs（ウイルス様粒子）	タイセイヨウサケ (*Salmo salar*)	Shivappa *et al.*, 2005
	キャプシドタンパク質（rVP2）+ oil/glcan adjuvant		Christie, 1997
	NC-4, NC-6（IPNV-rVP2 を含む）*1		Ramstad *et al.*, 2007
	VP2	ニジマス (*O. mykiss*)	Leong *et al.*, 1987
	rVP2-SVP（ウイルス様粒子）		Allnutt *et al.*, 2007
	VP2, VP3（ウイルス様粒子）		Min *et al.*, 2012
Red sea bream iridovirus (RSIV)	3 種類のキャプシドタンパク質（18R, 351R, MCP）	マダイ (*Pagrus major*)	Shimmoto *et al.*, 2010
Rock bream iridovirus (RBIV)	主要キャプシドタンパク質（MCP）	イシダイ (*Oplegnathus fasciatus*)	Kim *et al.*, 2008
Viral hemorrhagic septicemia virus (VHSV)	VHSV CTL 様ペプチド（GYVYQGL, GYVYQGS）	ニジマス (*O. mykiss*)	Estepa and Coll, 1993
	G タンパク質		Lorenzen *et al.*, 1993; Lecocq-Xhonneux *et al.*, 1994; Lorenzen and Olsen, 1997; Noonan *et al.*, 1995
	G タンパク質（G4 ペプチドタンパク質）		Estepa *et al.*, 1994; Lorenzo *et al.*, 1995
Yellowtail ascites virus (YAV)	VP2, NS-VP3（polyprotein）	ブリ (*Seriola Quinqueradiata*)	Sato *et al.*, 2000
細菌			
Aeromonas hydrophila	組換え GAPDH 分泌大腸菌（pETGA-pUTaBE）	ターボット (*Sc. maximus*)	Guan *et al.*, 2011a
	Omp-G	ヨーロッパウナギ (*Anguilla anguilla*)	Guan *et al.*, 2011b
	FlgK（Flagellar protein）	アメリカナマズ (*Ictalurus punctatus*)	Yeh and Klesius, 2011
	Omp48	インドゴイ (*Labeo rohita*)	Khushiramani *et al.*, 2012
A. salmonicida（非定型）	At-R*2	キンギョ (*Carassius auratus*)	Maurice *et al.*, 2003
	At-R および At-MTS*3		Maurice *et al.*, 2004

	A-layer タンパク質	スポッテッドウルフフィッシュ (*Anarhichas minor Olafsen*)	Grøntvedt and Espelid, 2004
A. sobria	Omp-G	ヨーロッパウナギ (*An. anguilla*)	Guan *et al.*, 2011b
Edwardsiella tarda	rGAPDH	ヒラメ (*Paralichthys olivaceus*)	Liu *et al.*, 2005
	Esa1		Sun *et al.*, 2010b
	DnaJ（Hsp70）		Dang *et al.*, 2011
	組換え Sia10-DnaK 分泌大腸菌		Hu *et al.*, 2012
	Inv1（invasin）		Li *et al.*, 2012
	DegP		Jiao *et al.*, 2010
	組換え GAPDH 分泌大腸菌（P_{dps}- 制御発現システム）	ターボット (*Sc. maximus*)	Mu *et al.*, 2011a
	OmpA	コイ (*Cyprinus carpio*)	Maiti *et al.*, 2011
	A. hydrophila Omp48	インドゴイ (*L. rohita*)	Khushiramani *et al.*, 2012
Flavobacterium columnare	DnaJ（HSP）（効果無し）	アメリカナマズ（*I. punctatus*）	Olivares-Fuster *et al.*, 2010
Photobacterium damselae subsp. *piscicida*	3種類の組換えタンパク質（HSP60, ENOLASE, GAPDH）	コビア (*Rachycentron canadum L*)	Ho *et al.*, 2011
Streptococcus iniae	組換え Sip11 分泌大腸菌	ヒラメ (*Pa. olivaceus*)	Cheng *et al.*, 2010
	組換え Sia10-DnaK 分泌大腸菌		Hu *et al.*, 2012
Vibrio alginolyticus	OmpW（outer membrane protein）	ラージ・イエロー・クローカー (*Pseudosciaena crocea*)	Qian *et al.*, 2007
V. haveyi	OmpK（outer membrane protein）	チャイロマルハタ (*Epinephelus coioides*)	Ningqiu *et al.*, 2008
	DegQ（Vh）, 組換え DegQ（Vh）分泌大腸菌	ヒラメ（*Pa. olivaceus*）	Zhang *et al.*, 2008
V. vulnificus	組換え epinecidin-1 分泌大腸菌	チャイロマルハタ（*Ep. coioides*）	Pan *et al.*, 2012
リケッチア			
Piscirickettsia salmonis	OspA（outer surface lipoprotein）	ギンザケ（*O. kisutch*）	Kuzyk *et al.*, 2001a, b
	Hsp70, Hsp60, FlgG など*4	タイセイヨウサケ（*S. salar*）	Wilhelm *et al.*, 2006
	ChaPs（57.3kDa エピトープタンパク質）	ギンザケ（*O. kisutch*）	Marshall *et al.*, 2007
寄生虫			
Caligus rogercresseyi（Sea lice）	my32（akirin-2）	タイセイヨウサケ（*S. salar*）	Carpio *et al.*, 2011
Ichthyophthirius multifiliis	48kDa 固定化抗原タンパク質（i-AgI）	キンギョ（*Carassius auratus*）	He *et al.*, 1997

*1 MERCK 社より販売されている Norvax compact. NC-4 は，*Vibrio anguillarum*（serotype 01 and 02），*V. salmonicida* および *Aeromonas salmonicida* subsp. *salmonicida* に対する混合ワクチン．NC-6 は，NC-4 ワクチンに IPNV 由来の rVP2 タンパク質が含まれており，IPN に対しても効果がある．
*2 At-R: A-layer protein の組換えタンパク質.
*3 At-MTS: A-layer protein および Kaposi fibroblast growth factor 由来の protein transduction domain の融合タンパク質.
*4 Hsp10, Hsp16, Hsp60, Hsp70, MltB, Dlt70, TbpB, 31kDa protein, VacB, Omp27 kDa, Mp13kDa, FlgF, FlgG, FlgH および FlgA の組換えタンパク質を作製し，Hsp70, Hsp60, FlgG の組合せで最もワクチン効果があった（RPS 値，95%）.

御効果があることが示されている．また，組換えGタンパク質を接種したニジマスは，I型インターフェロン（IFN）およびIFN-γ遺伝子の発現を誘導し，それに伴うIFN誘導遺伝子群や炎症性サイトカイン遺伝子の発現も促すことが知られている（Verjan *et al.*, 2008）．ウイスル性出血性敗血症ウイルス（VHSV）に対する組換えワクチンには，組換えGタンパク質（Lorenzen *et al.*, 1993; Lecocq-Xhonneux *et al.*, 1994; Lorenzen and Olsen, 1997），CTL様ペプチド（Estepa and Coll, 1993）やVHSV-Gタンパク質のG4ペプチドタンパク質（Estepa *et al.*, 1994 ; Lorenzo *et al.*, 1995）も防御効果を示している．

ビルナウイルス科（Birnaviridae）やベータノダウイルス科（Nodavidiae）の感染症に対してはキャプシドタンパク質（Capsid protein）をサブユニットワクチンとして用いた例が多いが，効果にはばらつきがある（表5-5）．伝染性膵臓壊死症ウイルス（IPNV）のキャプシドタンパク質にはVP1，VP2およびVP3があるが（Dorson, 1988 ; Yao and Vakharia, 1998），このうちVP2の組換えタンパク質を抗原（サブユニットワクチン）として魚に投与することにより，感染防御能を賦与することが可能である（Allnutt *et al.*, 2007 ; Min *et al.*, 2012）．また，組換えキャプシドタンパク質rVP2をグルカン入りのオイルアジュバントに混合してタイセイヨウサケに接種すると，IPNVに対して防御効果があることが示されている（Christie, 1997）．MERCK社から販売されているIPNV-rVP2タンパク質を加えた混合ワクチン，Norvax Compact 6は，高い防御効果を示すことが報告されている（Ramstad *et al.*, 2007）．

ベータノダウイルス科の感染症に対するワクチンとしては，タイセイヨウハリバット（*Hippoglossus hippoglossus*）のウイルス性神経壊死症（AHNV）の組換えキャプシドタンパク質recAHNV-C（Sommerset *et al.*, 2005）あるいはシマアジのウイルス性神経壊死症（SJNNV）の組換えキャプシドタンパク質rT2（Húsgağ *et al.*, 2001）を接種することで感染防御されることが示されている．また，タマカイ（ジャイアントグルーパー，*Epinephelus lanceolatus*）ウイルス性神経壊死症（DGNNV）のウイルス様粒子（VLRs）を魚に接種すると5カ月以上の長い間，DGNNVに対して高い抗体価を保ち続けることが報告されている（Liu *et al.*, 2006）．

二本鎖DNAゲノムとしてもつイリドウイルス科（Iridoviridae）やヘルペスウイルス科（Herpesvididae）においては，マダイのイリドウイルス症に対するワクチンとして組換えキャプシドタンパク質（18R，351R，MCP）が報告されているが，いずれも防御効果が高くはない（Shimmoto *et al.*, 2010）．一方，イシダイ・イリドウイルスの組換え主要キャプシドタンパク質（rMCP）を接種すると1カ月後でも高い防御効果を示している（Kim ら, 2008）．また，アメリカナマズのヘルペスウイルス（CCV）のORF12を欠損させた組換えウイルス粒子rCCV-1が作成されたが，有効な効果は確認されていない（Kunec *et al.*, 2008）．

3）魚類病原細菌に対する組換えワクチン（サブユニットワクチン）

魚類病原細菌のサブユニットワクチンとしては，様々な組換えタンパク質がワクチンとして用いられている（表5-5）．効果的なサブユニットワクチンとして，*A. hydrophila*，*E. tarda*，*V. alginolyticus*，*V. haveyi*などの外膜タンパク質（Guan *et al.*, 2011b ; Khushiramani *et al.*, 2012 ; Maiti *et al.*, 2011 ; Qian *et al.*, 2007 ; Ningqiu *et al.*, 2008），*A. hydrophila*の鞭毛タンパク質FlgK（Yeh and Klesius, 2011），*E. tarda*のglyceraldehyde-3-phosphate dehydrogenase（GAPDH）の組換えタン

パク質（Liu *et al.*, 2005）などで，防御効果があると報告されている．非定型 *A. salmonicida* の自発凝集性に関与する菌体外分子である A-layer タンパク質（あるいは，At-R 組換えタンパク質）をキンギョ（Maurice *et al.*, 2003, 2004）あるいはスポッテッドウルフフィッシュ *Anarhichas minor*（Grøntvedt and Espelid, 2004）に接種すると，個体差はあるにせよ特異的な抗体価が上昇する．さらに，A-layer タンパク質遺伝子をもっている菌株を魚に接種すると A-layer タンパク質特異的な抗体反応が確認されている（Lund *et al.*, 2003）．また，*Renibacterium salmoninarum* 由来の組換え p57 タンパク質をショックアイ･サーモン *Oncorhynchus nerka* に接種すると，抗体価が上昇し，エピトープとして有効であることが示されており（Alcorn and Pascho, 2000），p57 遺伝子（*msa*）を含んだ DNA ワクチンを接種したニジマスにおいて，IL-1β，Cox-2，および TNFα などの炎症性サイトカイン遺伝子の発現を誘導することが知られている（Grayson *et al.*, 2002）．

また，サケ科魚類の *Piscirickettsia salmonis* 感染によるリケッチア性敗血症に対するサブユニットワクチンとして外膜リポプロテイン OspA（Kuzyk *et al.*, 2001a, b）や，熱ショックタンパク質と鞭毛タンパク質の混合サブユニットワクチン（Hsp70, Hsp60 および FlgG）（Wilhelm *et al.*, 2006）が，ギンザケ *Oncorhynchus kisutsh* やタイセイヨウサケにおいて効果が高いことが明らかにされている．さらに，熱ショックタンパク質ファミリーに含まれる 57.3kDa の ChaPs（エピトープタンパク質）も抗原として有効だと報告されている（Marshall *et al.*, 2007）．

少し変わった手法として，サブユニットワクチンを分泌する大腸菌を直接ワクチンとして魚に投与した報告もいくつかある（表 5-5）．*A. hydrophila* の *gapA* 遺伝子（GAPDH 産生遺伝子）を挿入した発現ベクターを大腸菌に形質転換し，組換え GAPDH 産生大腸菌を作製する．これを培養したものをワクチンとしてターボットに接種したところ，80％以上の RPS 値で *A. hydrophila* の感染を防御した（Guan *et al.*, 2011a）．

4）魚類病原寄生虫に対する組換えワクチン（サブユニットワクチン）

魚類の寄生虫である *I. multifiliis* の 48kDa 固定化抗原（immobilization antigen）遺伝子 [Clark ら（2001）によって同定] との組換えタンパク質を接種したキンギョは *I. multifiliis* に対して，防御反応を示した（He *et al.*, 1997）．ウオジラミの一種 *Caligus rogercresseyi* に対して，*my32*（akirin-2 様遺伝子）から作製された組換えタンパク質をサブユニットワクチンとしてタイセイヨウサケに接種すると，体表の虫数が有意に減少することから，効果的に作用すると考えられている（Carpio *et al.*, 2011）．

5・3　今後の展望

これらの種類のワクチン研究における最大のポイントは，宿主の免疫防御能を最大限に引き出す抗原決定基（エピトープ）を如何に探索できるかと，如何に免疫誘導を効率よく活性化できるかである．一本鎖 RNA を染色体ゲノムとしてもつラブドウイルス属などは，比較的，組換えワクチンの効果が高い傾向にあるが，二本鎖 DNA を染色体ゲノムとしてもつイリドウイルスなどに対しては効果が低い傾向がある．また，組換えワクチン単体では純粋な抗原タンパク質のために，免疫誘導に乏しいことがあり，免疫賦活剤などのアジュバントを併用して免疫誘導を促す必要があると考えられる．今後，免疫学的な背景を踏まえた研究開発と，より高い効果を発揮できる弱毒あるいは組換えワクチンの開発が望まれる．また，より使いやすく，高い効果が得られるワクチン開発のためには，ワクチンの接種法や輸送（デリバリー）方法に関する基礎的な研究も必要とされる．（引間順一・青木　宙）

§6. DNA ワクチン

6・1　DNA ワクチンの発見の歴史的経過

Wolff ら（1990, 1992）は，マウスの筋肉中に遺伝子組換えプラスミド　DNA を接種すると，このプラスミドは筋肉中に長期間存在し，組換え遺伝子が発現することを見出した．次いで，Ulmer ら（1993），Wang ら（1993），Robinson（1993），Fynan（1993），Raz ら（1994），Xiang ら（1994）および Barry ら（1995）により，遺伝子（DNA）ワクチンを霊長類に接種すると，免疫反応や感染防御能を誘導することを明らかにした．

一方，魚類の組換え体遺伝子の発現について，クロラムフェニコール　アセチルトランスフェラーゼ（chloramphenicol acetyltansferase，CAT）あるいはβ- ガラクトシダーゼ（β-galactosidase）遺伝子の組換え体プラスミド DNA をコイの筋肉中に接種し，いずれの遺伝子も筋肉中で強く発現したのが最初の報告である（Hansen *et al*., 1991）．次に，Rahman と Maclean（1992）により CAT 遺伝子組換え体プラスミド DNA をテラピアに接種し，CAT 遺伝子の発現により CAT 活性が筋肉中にあること明らかにしている．次いで，ルシフェラーゼ（lucifease）遺伝子組換え体プラスミド DNA をニジマスの筋肉中に注射あるいは組換え体プラスミド DNA を白金粒子に付着させ，遺伝子銃を用いて接種すると，筋肉中で強く発現することが解明された．組換え体プラスミド DNA をこの遺伝子銃を用いて魚類に挿入する方法は，DNA を基本とした新しい世代のワクチンの投与法となることが示唆された（Gómez-Chiarri *et al*., 1996）．また，ルシフェラーゼ遺伝子をサイトメガウイルス初期プロモーターに連結した組換え体プラスミド DNA を作製し，ニジマスの筋肉中に接種したところ，ルシフェラーゼ活性は接種後 115 日後まで認められたことを報告している（Anderson *et al*., 1996b）．

Russell 研究グループは，金魚の筋肉中にβ- ガラクトシダーゼ遺伝子組換え体 DNA を接種し，接種後，4 日目にβ- ガラクトシダーゼ 活性が観察され，4 週目のβ- ガラクトシダーゼに対する平均抗体価は，400，8 週目の平均抗体価は 800 に上昇したことを明らかにしている（Russell *et al*., 1998; Kanellos *et al*., 1999）．次いで，Russell ら（2000）は，組換え遺伝子の接種後，飼育水温の違いにより遺伝子発現量が異なるかどうかを調べた．βガラクトシダーゼ遺伝子（lacZ）との組換え体プラスミド DNA を金魚の筋肉中に接種し，異なった水温（9℃以下，15℃，25℃）で 18 週間飼育した．βガラクトシダーゼの抗体価は，15℃で飼育したのが 25℃および 9℃以下で飼育した魚より高かった．筋原繊維における lacZ の発現は，温度が高い方が接種後の発現は早かった．また，投与飼料量の違いによる抗体価および lacZ の発現量にはほとんど差が認められなかった．

Gómez-Chiarri と Chiaverini（1999）は，サイトメガウイルス（CMV）初期プロモーターの代わりにコイからクローン化されたβ- アクチンのプロモーターを用いてルシフェラーゼ遺伝子との組換えプラスミドDNAを作製し，タイセイヨウサケに接種した．ルシフェラーゼ活性は，β-アクチンのプロモーターに連結したのに比較して従来のサイトメガウイルス初期プロモーターのベクターに連結した方が，高かった．しかし，サイトメガウイルス由来のプロモーターを使用するより真核生物である魚由来遺伝子のプロモーターを使用する方が，ヒトに対して安全であるのではないかと述べている．

次いで，Leeら（2000）は，サイトメガウイルス初期プロモーターあるいはSimian virusの初期プロモーターにレポーター遺伝子であるCAT遺伝子を連結し，組換え体遺伝子DNAを白金粒子に付着させた．このDNAが付着した白金粒子をニジマスの筋肉中に遺伝子銃を用いて打ち込んだ．遺伝子導入90日後においてCAT遺伝子の発現がニジマスの筋肉中で認められたが，血液中では認められなかったことを報告している．さらに，遺伝子銃を用いてCMV初期プロモーターにレポーター遺伝子であるルシフェラーゼあるいは緑色蛍光タンパク質（green fluorescent protein, GFP）遺伝子との組換え体遺伝子DNAをゼブラフィッシュに導入したところ，ルシフェラーゼ活性は導入後，18時間で頂点に達し，8日後でも低い活性が認められた．また，表皮の方が真皮より活性が高かったことを明らかにしている．さらに，GFP遺伝子の発現は，体細胞では認められたが，生殖細胞系では認められなかったことを報告している（Lee *et al*., 2000）．

Leongら（2000）は，CMV初期プロモーターにルシフェラーゼ遺伝子との組換え体遺伝子DNAをニジマスの筋肉中に接種した．接種後，ルシフェラーゼ活性は筋肉においてもっとも高く，筋肉以外の肝臓，心臓，腎臓および胃において少し活性が認められたこと見出している．一方，腸管でのルシフェラーゼ活性が確認できなかったとしている．

また，Dijkstraら（2001）は，ルシフェラーゼ遺伝子とCMVプロモーターとの組換え体遺伝子をグラスナマズの筋肉中に接種し，ルシフェラーゼ活性は2年以上検出できたことを見出している．

6・2　魚類のDNAワクチン

病原微生物がコードする遺伝子（エピトープ遺伝子）を魚体内の組織で発現するベクターに組み込み，この組換えベクターDNAを注射器や遺伝子銃を用いて魚類の筋肉や体表に接種すると病原微生物に対する免疫が誘導される．このワクチン投与法をDNAワクチンと呼ぶ（図5-4）．DNAワクチンを魚類に接種すると生体内の組織でエピトープ遺伝子が発現し，細胞性免役機能，次いで獲得免疫機能が誘導されるので，非常に有効である．DNAワクチンは，有効性が非常に高いこと，少量の接種で有効であること，長期間有効性が持続すること，副作用がないこと，簡単に大量に，安価に作製できること，室温に保存しても有効性が失われないことなどから他のワクチン投与法に比較して優れている．カナダにおいてIHNVのDNAワクチンが既に市販され，養殖場で使用されている（Salonius *et al*., 2007）．しかし，DNAワクチンは，魚に直接組換え体プラスミドDNAを接種し，魚体内でDNAが複製されることから，食の安全性の見地から，カナダ以外の国において使用が認められていない（Myhr and Dalmo, 2005；Schild, 2005；Gillund *et al*., 2008a, b；Gomez-Casado *et al*., 2011）．

今回は，魚類の病原微生物のみならず寄生虫に対するDNAワクチンの有効性が報告（Kurath, 2008；Tonheim *et al*., 2008；Gomez-Casado *et al*., 2011）されているので，それらを含め紹介する．

1）伝染性造血壊死症（Infectious Hematopoietic Necrosis, IHN）

IHN ウイルス（IHNV）の N タンパク質（nucleoprotein, 核タンパク質）あるいは G タンパク質（glycoprotein, 糖タンパク質）遺伝子を大腸菌の trpE fusion タンパク質として作製し，これらを組換えタンパク質をワクチンの抗原としてニジマス稚魚に接種した．免疫魚に対し攻撃試験を行ったところ，組換え G タンパク質を投与した免疫魚は，IHNV に対して防御能が認められた．一方，組換え N タンパク質を投与した免疫魚は，IHNV に対して防御能を示さなかった．G タンパク質は，IHN のワクチンの抗原として有効であることが明らかにされた（Oberg *et al.*, 1991）.

1996 年に，Anderson ら（1996b）は，CMV 初期プロモーターに G タンパク質遺伝子あるいは N タンパク質遺伝子との組換え体遺伝子 DNA をニジマスの筋肉中に接種し，DNA ワクチンとして有効であるかどうかを検討した．6 週間後に攻撃試験を行ったところ，G タンパク質遺伝子との組換え体遺伝子 DNA を接種したニジマスは，IHNV に対し強い抵抗性を示した．一方，N タンパク質遺伝子との組換え体遺伝子 DNA を投与したのは，IHNV に対して防御能を示さなかった．魚類において IHNV の G タンパク質遺伝子を用いた DNA ワクチンが，有効であることが初めて報告された（Anderson *et al.*, 1996b）.

Corbeil ら（1999）は，IHN の DNA ワクチンの抗原性について検討し，IHNV を構成する nuucleoprotin（N），phospohoprotein（P），matrix protein（M），non-virion protein（NV）および G タンパク質の内，G タンパク質のみが，抗原として有効であることを解明した．

CMV 初期プロモーターに IHNV の G タンパク質遺伝子を連結した組換え体遺伝子をエピトープとする DNA ワクチンは，タイセイヨウサケにおいても有効であった．また，DNA ワクチンを接種したタイセイヨウサケの抗血清をニジマスに接種し，攻撃試験を行ったところ，防御能が認められ，受動免疫を実証した（Traxler *et al.*, 1999）．さらに，IHNV の G タンパク質遺伝子 DNA ワクチンは，

図 5-4　病原微生物の抗原遺伝子を利用した DNA ワクチン接種

chinook salmon や sockeye salmon に対しても有効で，IHNV に対する中和抗体の上昇も確認されている（Garver *et al.*, 2005b）.

Gaver ら（2006）は，IHNV の G タンパク質遺伝子に 2 つのストップ　コドンを導入して変異を起こさせ，その変異配列と CMV 初期プロモーターに連結したプラスミド DNA をニジマスの稚魚に接種し，接種後 7 日後に IHNV を感染させたところ，防御能がまったく認められなかった．このことは，IHNV の DNA ワクチンにおいてエピトープ遺伝子である G タンパク質遺伝子が生体防御に重要な役割をしていることを明らかにした.

Corbeil ら（2000a）は，IHNV の G タンパク質の DNA ワクチンの投与法について検討し，筋肉中に接種する方法がもっとも有効であり，遺伝子銃による導入も同等の有効性を示すことを見出した．しかし，腹腔内接種だと有効性があまりよくなく，また，皮膚の乱切法，口内投与では，ほとんど有効性はなかった．何れの投与方法でもニジマスの抗血清の中和抗体価は，口内投与の 1 尾を除き，20 以下と低い値であった.

Garver ら（2005a）は，IHNV の G タンパク質の DNA ワクチンをニジマスに接種後，G タンパク質の発現は，筋肉，腎臓および胸腺において 14 日目に頂点に達し，20 日目には検出できなかった．1 尾当たり 0.1 μg 接種では炎症反応が認められなかったが，50 μg 接種では，強い炎症反応が出現した（Garver *et al.*, 2005a）．Kurath ら（2006）は，IHNV の G タンパク質の DNA ワクチンを接種後，25 カ月経過しても防御能があることを確認し，さらに，ワクチンを接種した部位の損傷はなくなっていることを観察している．しかし，中和抗体は，ワクチン接種後，3 カ月までは認められたが，それ以降の中和抗体価は，20 以下であったことを明らかにしている.

Kim ら（2000）は，IHNV に対する DNA ワクチンが接種魚にもたらす生体防御能のメカニズムについて検討した．ラブドウイルスに属する魚類病原ウイルスは，IHNV 以外にタイワンドジョウラブドウイルス（snakehead rhabdovirus，SHRV），コイの春ウイルス血症（spring viremia of carp virus，SVCV）がある．これらウイルスの G タンパク質遺伝子に CMV 初期プロモーターを連結した DNA ワクチン：pCM-IHNV-G，pCM-SHRV-G および pCM-SVCV-G を作製した．次いで，それぞれの DNA ワクチンをニジマスに接種した．接種 30 日後に各 DNA ワクチン接種した免疫魚に IHN ウイウス（IHNV）感染させたところ，pCM-SHRV-G および pCM-SVCV-G ワクチン投与区においても pCM-IHNV-G 投与区と同様に累積死亡率は低かった．接種 70 日後に同じ IHNV で感染させると pCM-IHNV-G 接種魚以外の pCM-SHRV-G および pCM-SVCV-G 接種魚の累積死亡率は高く，IHNV に対する防御能が低下していた．これら DNA ワクチン：pCM-IHNV-G，pCM-SHRV-G および pCM-SVCV-G を接種したニジマスの腎臓および肝臓において MX 遺伝子の高い発現が認められたことにより，DNA ワクチンの接種後，一定期間はインターフェロンの産生により防御していることが考えられるとしている（Kim *et al.*, 2000）.

Corbeil ら（2000b）は，IHNV-G の DNA ワクチンの 1 尾当たりの接種量は，1～10 ナノグラム（ng）でニジマスの稚魚に対し防御能を与え，さらに，中和抗体を有することを明らかにしている．また，ワクチン魚は，アメリカ IHNV 株のみならず，フランスおよび日本の IHNV 株の感染に耐えうることを報告している.

また，LaPatra ら（2001）は，IHNV-G の DNA ワクチンを 2g のニジマスに接種すると 4 日目で防御能が出現することを明らかにしている．さらに，VHSV の G タンパク質遺伝子に CMV 初期プロモーターを連結したDNA ワクチンを接種したニジマスは，IHNV に対して抵抗を示したが，rabies virus の G タンパク質遺伝子に CMV 初期プロモーターを連結した DNA ワクチンを接種したニジマスは，IHNV に対し抵抗性を示さなかったことを見出している．また，Purcell ら（2004）は，DNA ワクチン投与 7 日後，Mx-1，IL-1β，TGF－β1 および投与後 10 日後に VHSV- 誘導遺伝子（VHSV induced gene，Vig）-8 遺伝子の上昇が認められ，特に Mx-1 遺伝子の上昇は 10 倍以上に達したと述べている．さらに，Purcell ら（2006b）は，IHNV-G の DNA ワクチンの接種により誘導されてくる遺伝子をマイクロアレイ法およびリアルタイム PCR で調べ，特に，インターフェロン産生誘導遺伝子やウイルス防御に関与する遺伝子である IFN-α1，IRF-3，MX-1，Vig-1 および Vig-8 遺伝子の発現が顕著であったことを報告している．

北米で流行している INHV の遺伝子型は U，M および J タイプであるが，U あるいは M タイプの IHNV-G の DNA ワクチンをそれぞれニジマスに接種した．接種後 7 日目にそれぞれのワクチン魚は，遺伝子型が同じ IHNV あるいは異なる遺伝子型の IHNV を感染させても，防御能が認められた．さらに，各ワクチン接種後 28 日目に，同様の攻撃試験を行ったところ，同程度の防御能が認められた．

Alonso ら（2011）は，CMV 初期プロモーター発現ベクターに IHNV の G タンパク質遺伝子，塩化亜鉛により発現誘導されるニジマス由来メタロチオネインプロモーター，次いでアポトーシス（細胞死）を起こす IHNV の細胞外基質（Matrix, M）タンパク質遺伝子（Chiou *et al.*，2000）を連結した組換えプラスミドを作製し，スーサイダル DNA ワクチン（suicidal DNA vaccine）を開発した．接種後，120 日に攻撃試験を行い，IHNV に対して防御能が認められた．さらに，ワクチン魚を塩化亜鉛溶液中に浸漬したところ，接種した組換えプラスミド DNA は，筋肉中より消失していた．DNA ワクチンは組換え DNA を接種するので，食品安全上，問題があることが指摘されているが，このスーサイダルベクターワクチンの開発で免疫後の筋肉から組換え DNA を消失させることが可能となった．今後，このスーサイダルワクチンベクターの組換え遺伝子 DNA を消失するシステム利用した DNA ワクチンの開発が進むものと思われる（図 5-5）．

DNA ワクチンの注射あるいは遺伝子銃による接種法は，時間と労力がいるので，経口投与による方法が検討されている．しかし，ナノ粒子である Poly（D,L-Lactic-Co-Glycolic acid）に IHNV の G タンパク質組換えプラスミド DNA を入れ，ニジマスに経口投与したが，投与後，10 日目および 6 週目でほとんど効果がなく，従来の DNA ワクチンを筋肉中に注射した魚のみ有効であった（Adomako *et al.*, 2012）．今後の研究が待たれる．

2）ウイルス性出血性敗血症（Viral Hemorrhagic Septicemia，VHS）

VHS ウイルス（VHSV）を構成する糖タンパク質遺伝子と核膜（N）タンパク質遺伝子をクローニングし，CMV 初期プロモーター発現ベクターにそれぞれを連結した．G タンパク質遺伝子組換え体プラスミド DNA を 10μg あるいは 50μg をニジマスの筋肉中に接種し，28 日後に攻撃試験を行ったところ，何れの DNA 接種量でも VHSV に対し高い防御能を示した．一方，N タンパク質遺伝子の組換え体プラスミド DNA を接種した魚は VHSV に対し防御能を示さなかった．VHSV の G タンパク質遺伝子を用いた DNA ワクチンは，同じラブドウイルス属の IHNV の DNA ワクチンと同様に有効であることが明らかになった（Lorenzen *et al.*, 1998）．次いで，最小接種量について検討し，1 尾当たり 0.1μg の G タンパク質組換え体プラスミド DNA 量で，防御能をもたらすことを明らかにした．

Boudinotら（1998）は，両VHSVおよびIHNVのGタンパク質遺伝子をCMV初期プロモーターに連結した組換え体DNAをニジマスの筋肉中に注射し，一定期間経過後，攻撃試験を行ったところ，両ワクチンを接種した魚は，両VHSVおよびIHNに対し防御能を示すことを明らかにしている．DNAワクチンを接種したニジマスは，MHC class IIおよびMx遺伝子の発現を誘導し，特異的な防御能遺伝子ばかりでなく非特異的な生体防御能遺伝子が活性化されていることを示唆した．また，ワクチンを接種したニジマスの抗血清を接種したニジマスには，受動免疫が認められ，個々のウイルスに対し防御能を示すことを報告した（Boudinot *et al*., 1998）．

Lorenzenら（2000）は，VHSVのGタンパク質組換え体DNAの投与量が，1尾当たり0.01μgでVHSVに対し防御能を示すこと，また，1尾当たり投与量を1μg接種すると投与後の8日目で防御能が出現し，半年以上VHSVに対し防御能を有することを明らかにした．さらに，平均体重0.5gのニジマス稚魚に1尾当たりDNAワクチンを1μg接種すると7日目に防御能が出現し，71日目でも防御能が確認できたとしている（Lorenzen *et al*., 2001）．

VHSVのGタンパク質遺伝子あるいはNタンパク質遺伝子をCMVプロモーターベクターに組み込んだpCMV-VHISV-GとpCMV-VHISV-N，それぞれ20μgをニジマスの筋肉中の接種し，接種後時間経過による筋肉中に発現するVHSVのGタンパク質あるいはNタンパク質量を観察した．VHSVのGタンパク質は，接種後10日から27日まで強く発現し，13日から38日まで炎症細胞を伴って出現した．一方，筋肉中に発現するVHSVのNタンパク質は，微量で散発的であった．Gタンパク質遺伝子は，VHSVのDNAワクチンのエピトープ遺伝子として関与していることが明らかとなった（Lorenzen *et al*., 2005）．

図5-5　スーサイダルDNAワクチンの構造および作用機序

Byon ら（2005）は，ヒラメから分離されたVHSVよりGタンパク質遺伝子をクローン化し，CMV プロモーターベクターに組み込んだ．G タンパク質遺伝子とCMV 組換えプラスミド（pCM-VHSVG）DNA をヒラメの筋肉中に接種し，1 カ月後に攻撃試験を行ったところ，ワクチン相対生存率（Relative Percentage Survival，RPS）値は93％以上を示し，VHSV に対し高い防御能を示した．DNA ワクチン接種1日および3日後の生体防御関連遺伝子を含む種々の遺伝子の発現を，マイクロアレイ法を用いて調べた．さらに，pCM-VHSVG あるいは組換えN タンパク質をヒラメに接種したところ，pCM-VHSVG 接種魚は高い防御能を示したが，組換えN タンパク質を接種した魚は，低い防御能であった．これら両ワクチンを接種し，攻撃後の遺伝子発現を前述したと同じマイクロアレイ法を用いて調べた（Byon *et al*., 2006）．これらマイクロアレイ法によって検出された発現遺伝子については，「6・3　ワクチンの作用機序」の項で記載する．

Boudinot ら（2004）は，ラブドウイルスのVHSV およびIHNV のG タンパク質遺伝子とCMV 組換えプラスミドDNA をニジマスに接種するとT 細胞の活性化が起こり，これらのウイルスに対し防御能をもたらすことを述べている．

Acosta ら（2005）は，pcDNA-vhsG を14℃飼育のニジマスに接種した．Mx 遺伝子は，接種後7日目に発現し，14 日目に頂点に達し，21 日目に接種前のレベルに到達することを明らかにした．さらに，ニジマスの稚魚およびタイセイヨウサケの稚魚にpcDNA-vhsG あるいはPolyI：C を接種したところ，PolyI：C 接種魚は1 日目にMx 遺伝子の発現が認められたが，pcDNA-vhsG を接種したタイセイヨウサケにおけるMx 遺伝子の発現は6 日後，さらにニジマスにおいては，12 日後と遅かった．さらに，Acosta ら（2006）は，pcDNA-vhsG 遺伝子DNA をニジマスの生殖細胞に入れ，隣接細胞は，インターフェロンI 型を産生することを確認している．

Utke ら（2008）は，ワクチンpRc/CMV-VG を接種したニジマスは，pRc/CMV-VN を接種したのに比べ，細胞性免疫に関与する細胞媒介細胞障害（cell-mediated cytotoxicity）を多く誘導することを明らかにしている．

Chico ら（2009）は，コイのβアクチン遺伝子のプロモーターおよびエンハンサーにVHSV のG タンパク質遺伝子を連結したDNA ワクチンをニジマスに注射し，より防御能効果が増強するかどうかを調べた．エンハンサーを組み込んだDNA ワクチンを接種したニジマスに対し攻撃試験を行ったところ，VHSV に対するRPS 値は，約83％を示し，高い防御能を示した．さらに，注射して3 日目のニジマスの筋肉，頭腎あるいは脾臓におけるIFN γ，IFN α，iNOS，CD4，IgT およびIRF7 遺伝子の発現量はCMV プロモーターのみのベクターDNA を接種したニジマスよりも約2～3 倍高くなることを明らかにしている（Chico *et al*., 2009）．

Fernandez-Alonso ら（2001）は，接種が困難な稚魚へのDNA ワクチン接種法として，稚魚に弱い超音波をかけながらDNA ワクチンを含む溶液に浸漬する方法を開発した．VHSV のG タンパク質組換え体DNA の溶液に浸漬したニジマスの稚魚は，同じ組換え体DNA を筋肉注射した稚魚より若干防御能が低かったが，防御能が認められたことを報告している．

また，CXC ケモカインであるインターロイキン（IL）8 遺伝子を組込んだ発現ベクターをVHSV のDNA ワクチンと一緒にニジマスに接種することにより，炎症性サイトカインであるIL-1βやTNF-α1 遺伝子の発現を誘導し，さらに他種のケモカイン遺伝子（CC ケモカインなど）の発現も助長することが明らかされている（Jimenez *et al*., 2006；Sanchez *et al*., 2007）．一方，VHSV のG タンパク質DNAワクチンのみを注射すると，IL8受容体遺伝子の発現が皮膚でわずかに上昇することが報告されている（Montero *et al*., 2008）．

さらに，VHSVのG遺伝子のワクチン投与を従来の注射法ではなく，浸漬法により投与し，魚の上皮細胞に発現する特異的なプロモーターの開発が進みつつある．今後の研究の発展を待ちたい（Ruiz *et al*., 2008）．また，VHSVのDNAワクチンのみならず全てのDNAワクチンについてワクチンのエピトープ遺伝子との組換えプスミドを *Listeria monocytogenes* に導入し，経口的にDNAワクチンを投与する方法についてもその可能性が検討されている（Dietrich *et al*., 2001）．

2種類のDNAワクチンを同時に投与する2価のワクチンが開発されており，Boudinotら（1998）は，上述したVHSVのDNAワクチンとIHNVのDNAワクチンを混合接種により，両起因ウイルスに対し，ワクチン接種45日後も有効であると述べている．さらに，Einer-Jensenら（2009）は，VHSVのDNAワクチンとIHNVのDNAワクチンを一度に接種することによりワクチン接種80日後も両ウイルスに対し，防御能が認められたことを報告している．

3）ヒラメラブドウイルス病［Hirame Rhabdovirus（HIRRV）Disease］

HIRRウイルス（HIRRV）の糖タンパク質遺伝子をCMV初期プロモーター発現ベクターに組み込み，この組換え遺伝子プラスミド（pCM-HIRRV-G）DNAを約2gのヒラメ稚魚に1尾当たり1μgあるいは10μgを接種し，pCM-HIRRV-Gワクチンの有効性を調べた．DNAワクチン接種21日後にHIRRVの感染実験を行ったところ，高い防御能を示した．また，ワクチン接種後，1日目および7日目にMHC class Iα，IIα，IIβ，TCRα，TCRβ1，TCRβ2およびTCR δ遺伝子の発現量は，非ワクチン魚に比較して高い値を示した（Takano *et al*., 2004）．Seoら（2006）およびYasuikeら（2007）は，HIRRVのGタンパク質あるいは核タンパク質と組換えCMVプラスミド（pCM-HIRRV-N）DNAワクチンを接種し，次いで，攻撃試験を行ったところ，pCM-HIRRV-Gワクチンのみが有効であったと報告している．上述の報告よりHIRRVのGタンパク質遺伝子をエピトープとするDNAワクチンは，ヒラメのHIRRV感染症に対し，予防効果をもたらす．

4）伝染性膵臓壊死症（Infectious Pancreatic Necrosis, IPN）

IPNの原因ウイルス（IPNV）のポリタンパク質（polyprotein）であるVP2遺伝子（GenBank D00701）と組換えCMVプラスミド（pCMV-VP2）DNAをタイセイヨウサケに接種したワクチンは有効であったことが報告されている（Mikalsen *et al*., 2004）．さらに，de las Herasら（2009）によりpCMV-VP2をBF-2培養細胞およびブラウンマスに導入することによりインターフェロンを誘導するMxおよびISG15遺伝子が発現することを確認している．さらに，ブラウンマスに接種後30日目おいて特異抗体が認められたことにより，VP2遺伝子は，IPNのDNAワクチンにとって重要なエピトープであると述べている．また，Cuestaら（2010）は，pIPNV-PP（polyprotein）およびVHSVのGタンパク質組換え体（pCMV-VHSV-G）DNAをニジマスに接種し，各臓器でMxタンパク質遺伝子以外の発現する生体防御に関与する遺伝子の発現量を比較しているが，pIPNV-PPワクチン接種魚は，pCMV-VHSV-Gワクチンの接種魚に比べ，顕著な遺伝子の発現は認められなかった．しかし，IPNVに対する中和抗体価の上昇は高かったことを報告している．

De Las Hearsら（2010）は，pcDNA-VP2のDNAが入ったアルジナートミクロスフェア（aliginate microsphere）のマイクロカプセルを経口投与したニジマスは，15 日目に Mx タンパク質遺伝子の発現と中和抗体の上昇が認められたとしている．さらに，マイクロカプセル投与 15 日目および 30 日目において，攻撃試験の結果，RPS 値が 80％以上と強い防御反応を示したとしている．

5）マダイイリドウイルス病（Red Seabream Iridovirus Disease，RSIVD）

Caipang ら（2006a）は，マダイに病原性のある RSI ウイルス（RSIV）に対する DNA ワクチンの開発を行った．RSIV 由来のメジャーカプシドタンパク質（major capsid protein，MCP）および膜貫通領域（transmembrane domain, TD）569 のそれぞれの遺伝子を CMV 初期プロモーター発現ベクターに組み込んだプラスミド（pCM-RSIV-MCP，pCM-RSIV-TD569）を作製した．pCM-RSIV-MCP, pCM-RSIV-TD569 あるいは両者を混合した DNA，さらに市販のホルマリン不活化ワクチンを 1 尾当たり 25 μl ずつマダイ稚魚に接種した．各 DNA ワクチン接種 30 日後に攻撃試験を行ったところ，単独あるいは両ワクチン接種魚は，ホルマリン不活化ワクチン接種魚と同様に高い防御能を示すことを明らかにした．これら DNA ワクチン接種 7，15 および 30 日後のマダイ稚魚において MHC class I 遺伝子の高発現が認められたとしている．さらに，Caipang ら（2006b）は，ホルマリン不活化ワクチンの溶液には，1ml 当たり 10^7 個の CMP 遺伝子が含まれており，これを接種し，15 日経過したマダイ稚魚の血液，腎臓および脾臓から CMP 遺伝子 DNA を検出している．さらに，ホルマリン不活化ワクチンを DNA 不活化酵素で処理し，さらに，加熱処理によりタンパク質を不活化すると，ワクチンとしての有効性がなくなることを明らかにしている．この事実は，ホルマリン不活化ワクチンに含まれる CMP 遺伝子 DNA が免疫抗原として重要な働きをしていることが考えられる．

6）リンホシスチスウイルス病（Lymphocystis disease，LCD）

ヒラメのリンホシスチス病ウイルス（LCDV）の Major capsid protein（MCP）遺伝子を用いて CMV 初期プロモーター発現ベクターに連結し，得られた組換えプラスミド DNA（pCMV-LCDV-MCP）を改良したエマルジョンオイルの入ったポリ乳酸とポリグリコール共重合体［Poly（DL-lactide-co-glycolide)，PLGA］をマイクロカプセルに取り入れ，このマイクロカプセルをヒラメに経口投与した．攻撃試験の結果, 高い防御能を示した（Tian *et al.*, 2008b）．また, Tian ら（2008a）は，pCMV-LCDV-MCP を改良したエマルジョンオイルの入ったアルギン酸ミクロスフェア（aliginate microsphere）をマイクロカプセルに入れ, ヒラメに経口投与した．LCDV の感染試験を行ったところ，高い防御効果が得られた．また，pCMV-LCDV-MCP の DNA をキトサンミクロスフェア（chitosan microsphere）に入れ，経口投与によりエピトープをヒラメの腸管に運ぶことが可能であると述べている（Tian *et al.*, 2008c）．さらに，pCMV-LCDV-MCP を Poly（lactic-co-glycolic acid）のナノ粒子に入れ, ヒラメに経口投与したところ, マイクロカプセル法と同様に高い防御能が得られた（Tian and Yu, 2011）．

今後，DNA ワクチンの投与が注射法に変わって，マイクロカプセルあるいはナノ粒子に DNA ワクチンを入れた経口投与法が広く用いられるようになるものと思われる．

7）伝染性サケ貧血症（Infetious Salmon Anemia，ISA）

Mikalsen ら（2005）は，伝染性サケ貧血症ウイルス（ISAV）のヘマグルチニン－エステラーゼ

(Hemagglutinin-Esterase, HE) 遺伝子および核タンパク質 (Nucleoprotein, NP) 遺伝子をクローン化し，それぞれの遺伝子をCMV初期プロモーター発現ベクターに組み込んだプラスミドpCMV-ISA-HEあるいはpCMV-ISAV-NPのDNAを作製した．これら組換え体プラスミドDNAをタイセイヨウサケに接種した．接種後54日目にISAVによる攻撃試験を行ったところ，pCMV-ISAV-HE接種魚は，2つの実験水槽でRPS値が異なり，攻撃後，1つの水槽に飼育されたのは，ワクチンとして有効と判断されたが，もう1つの水槽で飼育されたのは，ワクチンとして有効でないと判断された．一方，pCMV-ISAV-NPは，まったく防御効果は認められなかった．pCMV-ISAV-HEあるいはpCMV-ISAV-NPのDNAを接種した魚のISAVに対する抗体は，接種後26日目および54日目において上昇が認められた．pCMV-ISAV-HEがDNAワクチンとして有効であるかどうか，更なる検討が必要と思われる．

8) コイ春ウイルス血症 (Spring Viraemia of Carp, SVC)

コイの春ウイルス血症の原因ウイルス (SVCV) の糖タンパク質遺伝子をCMVイントロンAプロモーターの下流に連結した組換えプラスミドDNAをコイに接種した．接種6週間後にSVCウイルスによる攻撃試験を行ったが，RPS値は48%と，やや低かった (Kanellos *et al*., 2006)．さらに，EmmeneggerとKurath (2008) は，北米で起きた鑑賞錦コイSVCVのGタンパク質遺伝子をCMV初期プロモーター発現ベクターに組み込んだプラスミドpCMV-SVCV-Gを作製した．次いで，この組換え体プラスミドDNAを，コイ1尾当たり10μgを接種し，28日後に攻撃試験を行った．異なった魚体重で異なった時期にDNAワクチンの有効性の実験を4回行った．その結果，それぞれのRPS値は，50，70，88および50%を示した．pCMV-SVCV-GのDNAワクチンはコイの春ウイルス血症に対し，有効であると考えられる．

9) アメリカナマズヘルペスウイルス病 (Channel Catfish Herpesvirus, CCH)

アメリカナマズヘルペスウイルス病の原因ウイルス (CCHV) の外被糖タンパク質 (envelope glycoprotein, EG) 遺伝子 (ORF59) あるいは推定膜タンパク質 (membrane protein, MP) 遺伝子 (ORF6) をCMV初期プロモーター発現ベクターに挿入し，組換えプラスミドpCMV-CCHV-EGとpCMV-CCHV-MPをそれぞれ作製した．次いで，両者の組換えプラスミドDNAを単一あるいは両組換えプラスミドDNAを一緒に接種した．ワクチン接種4〜6週間後にCCHVによる攻撃試験を行ったところ，組換えプラスミドpCMV-CCHV-EGワクチン接種魚の生残率は74%であった．一方，pCMV-CCHV-MPワクチン接種魚の生残率は34%であった．また，両組換えプラスミドの接種魚の生残率は，78%と最も高かった (Nusbaum *et al*., 2002)．これらCCHVのenvelope glycoprotein遺伝子 (ORF59) あるいは推定membrane protein遺伝子 (ORF6)，特にORF59遺伝子は，DNAワクチンのエピトープとして有効であり，生体防御能をもたらすことが判明した．

10) ウイルス性神経壊死症 (Viral Nervous Necrosis, VNN) Nodavirus

Sommersetら (2003) は，タイセイヨウオヒョウに病原性のあるウイルスAtlantic halibut nodavirus (AHNV) の殻 (capsid) タンパク質遺伝子DNAをpCMVに組み込んだpCMV-AHNV-Cを接種し，ワクチンとして有効であるかどうかを調べた．攻撃試験においてAHNVを感染させた免疫オヒョウの稚魚は，接種後 8 日目の初期の段階において少しだけ防御応が認められたが，35 日後の攻撃試験では，まったく防御反応が認められなかった．

一方，ニジマスのラブドウイルス属の VHSV の G タンパク質遺伝子と CMV プロモーター発現ベクターとの DNA ワクチン pCMV-VHSV-G で免疫したオヒョウの稚魚に，AHNV を感染させると，接種後 8 日および 35 日後において防御応が認められた．ラブドウイルスの G タンパク質遺伝子が，非特異的な抗ウイルス活性があるインターフェロン 1 型や Mx 遺伝子を発現誘導することにより AHNV に対して防御反応を示すものと思われる．Sommerset ら（2005）は，AHNV の組換え殻タンパク質は，タイセイヨウオヒョウの AHNV の感染症に対し，サブユニットワクチンとして有効であるが，AHNV の殻タンパク質遺伝子 DNA をエピトープとする pCMV-AHNV-C の DNA ワクチンは有効ではないとしている．

さらに，Liu ら（2006）は，ハタのウイルス性神経壊死症の病原ウイルスである VNNV のウイルス様粒子（カプシドタンパク質）を接種し，抗体価が上昇することを確認し，ワクチンのエピトープ候補として有効であることを示唆している．

11）ホワイトスポット病（White Spot Disease，WSD）

クルマエビ類の WSD の膜タンパク質遺伝子である VP28 遺伝子を CMV 初期プロモーター発現ベクターに挿入し，組換えプラスミド pCMV-WSDV-VP28 を作製した．ウシエビ *Penaeus monodon* 1 尾当たり 50μg の pCMV-WSDV-VP28，DNA を接種し，接種 7 日，14 日，21 日および 31 日後に WSD ウイルスによる攻撃試験を行った．各攻撃試験の RPS 値は，ワクチン接種 7 日目がもっとも高く 90％であった．ワクチン接種後，日数が経過するに従って RPS 値は 76.7％，66.7％および 56.7％と低くなった（Kumar *et al*., 2008a）．クルマエビ類の WSDV による感染症が VP28 のエピトープによる DNA ワクチンが有効であることが明らかにされたが，エビ類がワクチン投与後長期間に渡って防御能が持続するかどうか，再度の実験が必要と思われる．

12）リッケチア症（Riscirickettsiosis）

Piscirickettsia salmonis の染色体 DNA ライブラリーを作製し，それら DNA 断片を pCMV-Bios 発現ベクターに挿入し，組換え体プラスミド DNA をマウスに接種した．*P. salmonis* に対し高い抗体価を示す抗体のうち *Renibacterium salmoninarum* および *Yersinia ruckeri* に反応しなかった抗体に対する抗原を選択した．この抗原遺伝子との組換え体プラスミド pCMV-Bios を作製した．この組換え体プラスミド pCMV-BiosDNA をギンザケに接種し，ワクチン接種 60 日後に *P. salmonis* を用いて攻撃試験を行ったところ，ワクチン魚の生残率は 20％で，非免疫魚は全て死亡した（Miquel *et al*., 2003）．サケのリケッチア感染症における pCMV-Bios の DNA ワクチンの有効性はほとんど認められなかった．今後，DNA ワクチンに適したエピトープの発見を待たねばならない．

13）エロモナス感染症（Infection of *Aeromonas veronii*）

Vazquez-Juarez ら（2005）は，*A. veronii* の 2 つの主外膜タンパク質（major outer membrane）（OMP38 と OMP48）遺伝子を CMV 初期プロモーター発現ベクターに組み込み，組換えプラスミド（pOMP38p, pOMP48p）を作製した．組換えプラスミド DNA20μg を 単一あるいは両方を接種したワクチン魚は，

4週および6週目において高い抗体価を示した．ワクチン魚への *A. veronii* による攻撃試験の結果，RPS値は，pOMP38p免疫魚は，53.8％，pOMP48p免疫魚は60.2％および両プラスミドDNA接種魚は61.6％を示した．エロモナス感染症の予防にOMP38とOMP48のエピトープを用いたDNAワクチンが有効であることが示唆された．

14）エドワジエラ症（Infection of *Edwardsiella tarda*）

Sunグループ（Jiao *et al.*, 2009）は，ヒラメに病原性のある *E. tarda* のecotin precursorとホモログがある遺伝子Eta6とFlic flagellin遺伝子（FliC）をCMV初期プロモーター発現ベクターに挿入し，組換え遺伝子プラスミドを作製した．Eta6あるいはFliC遺伝子をDNAワクチンのエピトープ遺伝子として有効であるかどうかを調べたが，両遺伝子は，ほとんど有効ではなかった．しかし，Eta6にFliC遺伝子を融合した遺伝子をCMV初期プロモーター発現ベクターに組込んだpCE6遺伝子を作製し，pCE6DNAをヒラメに接種し，ワクチン効果を調べたところ，RPS値は，72％を示し，DNAワクチンとして有効であることを明らかにした．

次いで，Sunら（2011b）は，*E. tarda* の外膜タンパク質遺伝子Eta2をCMV初期プロモーター発現ベクターに挿入したpEta2DNAをヒラメに接種し，4週間後と8週間後に攻撃試験を行ったところ，RPS値はそれぞれ67％と68％で，外膜タンパク質遺伝子Eta2はDNAワクチンのエピトープ遺伝子として有効であることを解明した．また，DNAワクチンの接種によりB細胞およびT細胞の免疫応答を誘導することを明らかにした（Sun *et al.*, 2011b）．さらに，Sunら（2011c）は，*E. tarda* のD-15様表面抗原遺伝子（D15-like surface antigen gene）Esa1をCMV初期プロモーター発現ベクターに挿入したpCEsa1DNAをヒラメに接種した．ワクチン接種1カ月後に攻撃試験を行ったところ，RPS値が75％と高く，*E. tarda* 感染症のDNAワクチンとして有効であると述べている．また，DNAワクチン接種後，免疫魚において好中球の活性酸素産生能（respiratory burst activity），酸性ホスファターゼ活性（acid phosphatase activity）および抗菌活性（bacterialcidal activity）が高くなったことを報告している．

15）レンサ球菌感染症（Infection of *Streptococcus iniae*）

ターボットあるいはヒラメに病原性のある *S. iniae* 由来の分泌様抗原（putative secretory antigen）Sia10遺伝子をCMV初期プロモーター発現ベクターに組込んだpCMSia10をターボットに接種し，接種1カ月後に攻撃試験を行ったところ，高い防御能を示した．Sia10遺伝子は，*S. iniae* 感染症に対するDNAワクチンのエピトープとして有効であることが明らかとなった（Sun *et al.*, 2010b）．

16）ビブリオ病（Infection of *Vibrio alginolyicus*, *Vibrio anguillarum*, *Vibrio parahaemolyticus*, and *Vibrio harveyi*）

V. aliginolyticus のflagellin（flaA）遺伝子をpcDNA3.1［CMV初期プロモーター発現ベクター（Invitrogen社）］に挿入した．組換えプラスミドDNAをレッドスナッパー（red snapper）に接種した．ワクチン接種28日後，攻撃試験を行った結果，RPS値は88％であった．エピトープflaA遺伝子よりなる *V. aliginolyticus* のDNAワクチンはレッドスナッパーのビブリオ病に対し有効であることが示唆された（Liang *et al.*, 2011）．

Kumar ら（2007）は，*V. anguillarum* の外膜タンパク質（outer membrane protein，OMP）38 遺伝子をCMV 初期プロモーター発現ベクターに組み込み，この組換えプラスミドDNA をバラマンディ（Asian sea bass）の筋肉中に接種した．攻撃試験の結果，RPS 値は 55.6％を示し，*V. anguillarm* のOMP38 遺伝子はエピトープとして中程度の防御能であるが有効であると述べている．さらに，Kumar ら（2008a）は，この組換えプラスミドDNA をキトサンナノ粒子（chitosan nanoparticle）に取り込ませ，このナノ粒子をバラマンディに経口投与した．次いで，免疫魚に対し攻撃試験を行ったところ，RPS 値は，46％とやや低かったが，防御能を賦与することを報告している．DNA ワクチンをナノ粒子に取り込んで魚に経口投与する方法は，多数の魚を取り扱うことができる点で優れていると思われる．

Yang ら（2009）は，*V. anguillarum* の細胞外亜鉛メタロプロテアーゼ（extracellular zinc metalloprotease，EmpA）遺伝子を 1 塩基変異させた細胞毒性がない変異 EMpA 遺伝子を CMV 初期プロモーター発現ベクターに挿入し，組換えプラスミドDNA を作製した．この組換えプラスミドDNA をヒラメ 1 尾当たり 20μg および 50μg 接種したワクチン魚は，攻撃試験の結果，いずれの接種量においても RPS 値で 71％以上を示し，有効であったと述べている．

Sun ら（2012）は，*Steptococcus iniae* の抗原遺伝子 Sia10 と *V. anguillarum* の抗原遺伝子 OmpU を CMV 初期プロモーター発現ベクターに挿入し，組換えプラスミド pIDSia10 と pIDOmpU をそれぞれ作製した．これら組換えプラスミドDNA を一緒にヒラメに接種した．ワクチン接種 1 カ月および 2 カ月後において，組換えプラスミド pIDSia10 は，*S. iniae* に対し，組換えプラスミド pIDOmpU は *V. anguillarum* に対し，それぞれ防御能をもたらした．2 価の DNA ワクチンとして有望と思われる．

V. parahaemolyticus のセリンプロテアーゼ（serine protease）遺伝子の変異遺伝子を CMV 初期プロモーター発現ベクターに挿入した組換えプラスミドDNA をターボットに接種した．接種 5 週間後には，高い抗体価が認められた．次いで，攻撃試験を行ったところ RPS 値は 96.1％と高い防御能を示したと報告がある（Liu *et al*., 2011）．病魚から分離同定された *V. parahaemolyticus* の多くは，再度，詳細な分類を行うと，他の Vibrio 種に分類されるケースが多く，今回使用した菌株についても詳細な分類を行う必要があるように思われる．

V. harveyi の外膜タンパク質（outer membrane protein，OmpU）の組換えタンパク質あるいは組換えプラスミドDNA をターボットに接種したところ，いずれも高い防御能をもたらした（Wang *et al*., 2011）．さらに，Hu と Sun（2011）は，*V. harveyi* の防御能を有する免疫抗原遺伝子である DegQ，Vhp1 の遺伝子を単独あるいは両遺伝子を組み込んだDNA ワクチンは，単独接種でも有効であったが，両方接種した方がより有効であったと報告している．さらに，このワクチンによる免疫魚は，*V. parahaemolyticus* に対しても防御能があったとしている．同じビブリオ属なので，同一抗原を有する可能性が考えられるが，使用されたこれら *V. harveyi* と *V. parahaemolyticus* の分類に若干の疑念を感じる．

17）ミコバクテリウム症（Infection of *Mycobacterium marinum*）

M. marinum の抗原遺伝子 Ag85A を CMV 初期プロモーター発現ベクターに挿入した組換えプラスミド（pCMV-MM-85）DNA をハイブリッドシマスズキ（hybrid striped bass）の稚魚の筋肉中に 1 尾当たり 5μg，25μg，50μg あるいは腹腔内に 1 尾当たり 25μg を接種した．ワクチン接種 90 日

および120日後攻撃試験を行ったところ，ワクチン25 μg および50 μg を筋肉中に接種した魚は，高い防御能を示した．特に，ワクチン接種120日後は，さらに高い防御能が示した．しかし，残りの5 μg 筋肉中および25 μg 腹腔内に接種したワクチン魚では防御能を示さなかった（Pasnik *et al*., 2005, 2006）．

Kato ら（2010）は，ヒラメのミコバクテリウム感染症に市販の BCG ワクチンを投与することにより，RPS 値は31.0％と低かったが，ワクチン効果が認められたことを述べている．BCG ワクチンを接種することにより，炎症性サイトカインである IL-1 β，IL-6，INF- γ および TNF α 遺伝子の発現量が増加したこと，さらに非特異的なリゾチームの発現量が多く増加したことを報告している．

18）寄生虫 *Crytobia* 感染症（Infection of *Crytobia salmositica*）

Woo（2010）の研究グループは，*C. salmositica* からメタロプロテアーゼ（metalloprotease）遺伝子をクローニングし（Jesudhasan *et al*., 2007b），プラスミドベクター（pEGFP-N）に挿入し，組換えプラスミド（pEGFP-MP）を作製した．次いで，カテプシン L 様システインプロテアーゼ（cathepsin L-like cysteine proteinase）遺伝子をクローン化し（Jesudhasan *et al*., 2007a），プラスミドベクター（pEGFP-N）に組込み，組換えプラスミド（pEGFP-CP）を作製した．両組換えプラスミド DNA およびプラスミドベクター（pEGFP-N）をニジマスおよびタイセイヨウサケの筋肉に接種した．pEGFP-MP ワクチンを接種した魚において接種5～7週後に抗体価の上昇が認められたことを明らかにしている．次いで，7週後に攻撃試験を行ったところ，対象区［cysteine 遺伝子組換え体ベクター DNA あるいはプラスミドベクター（pEGFP-N）接種区］に比較して血液内の寄生虫の減少が認められた．Delayed peak parasitaemia および回復が早かったことを報告している（Tan *et al*., 2008）．

19）寄生虫 *Cryptocaryon irritans* 感染症（Infection of *Cryptocaryon irritans*）

Priya ら（2012）は，海水魚の白点病の原因寄生虫 *C. irritans* 由来の表層膜タンパク質遺伝子をコドン変異により固定化した抗原，表層膜タンパク質（immobilization antigen）（*iAg*）遺伝子との組換えプラスミド pcDNA3.1-optiAG を油水膜で被った DNA ワクチンをハタ grouper の筋肉中に1あるいは2回接種した．ワクチン接種8日後に *C. irritans* を感染させ，ワクチンの有効性について検討した．攻撃試験の結果，RPS 値は，ワクチンを1回のみの接種では40％であったが，2回接種した魚では46％を示した．この DNA ワクチンは，*C. irritans* に対してある程度有効であることが明らかにされた．

以上に述べた魚介類の DNA ワクチンを表5-6に纏めたので参照されたい．

表 5-6　魚介類においてこれまでに報告された DNA ワクチン

病原体名	抗原遺伝子	魚種名	投与法	防御効果
ウイルス				
IHNV	G タンパク質（糖タンパク質）	ニジマス	筋肉内注射	有
	G タンパク質	タイセイヨウサケ	筋肉内注射	有
	G タンパク質	マスノスケ	筋肉内注射	有
	G タンパク質	ベニザケ	筋肉内注射	有
	N タンパク質	ニジマス	筋肉内注射	無
	P タンパク質	ニジマス	筋肉内注射	無
	M タンパク質	ニジマス	筋肉内注射	無
	NV タンパク質	ニジマス	筋肉内注射	無
	G タンパク質（2 つのストップコドン挿入変異型）	ニジマス	筋肉内注射	無
	G タンパク質	ニジマス	遺伝子銃	有
	G タンパク質	ニジマス	腹腔内接種	若干有
	G タンパク質	ニジマス	皮膚の乱切法	無
	G タンパク質	ニジマス	口内投与	無
	SVCV-G タンパク質	ニジマス	筋肉内注射	有
	SHRV-G タンパク質	ニジマス	筋肉内注射	有
	VHSV-G タンパク質	ニジマス	筋肉内注射	有
	RV-G タンパク質	ニジマス	筋肉内注射	無
	G（M 型）タンパク質	ニジマス	筋肉内注射	有
	G タンパク質（スーサイダル）	ニジマス	筋肉内注射	有
	G タンパク質	ニジマス	経口投与（PLGA* カプセル化）	無
VHSV	G タンパク質	ニジマス	筋肉内注射	有
	G タンパク質	ヒラメ	筋肉内注射	有
	G タンパク質	タイセイヨウサケ	筋肉内注射	有
	N タンパク質	ニジマス	筋肉内注射	無
	IHNV-G タンパク質（gIHN）	ニジマス	筋肉内注射	有
	β アクチンプロモーター + G タンパク質	ニジマス	筋肉内注射	有
	G タンパク質	ニジマス（稚魚）	浸漬	若干有
	VHSV + IHNV-G タンパク質（二価のワクチン）	ニジマス	筋肉内注射	有
HIRRV	G タンパク質	ヒラメ	筋肉内注射	有
	N タンパク質	ヒラメ	筋肉内注射	無
IPNV	VP2（ポリタンパク質）	タイセイヨウサケ	筋肉内注射	有
	VP2	ニジマス	経口投与（マイクロカプセル化）	有
RSIV	MCP（主要カプシドタンパク質）	マダイ	筋肉内注射	有
	TD-569（膜貫通領域タンパク質）	マダイ	筋肉内注射	有
	MCP + TD-569（二価のワクチン）	マダイ	筋肉内注射	有
LCDV	MCP	ヒラメ	経口投与（PLGA カプセル化）	有
	MCP	ヒラメ	経口投与（アルギニンマイクロスフィアカプセル化）	有
	MCP	ヒラメ	経口投与（キトサンマイクロスフィアカプセル化）	不明
ISAV	HE（ヘマグルチニン・エステラーゼ）	タイセイヨウサケ	筋肉内注射	有／無
	NP（核タンパク質）			無
SVCV	G タンパク質	コイ	筋肉内注射	中程度有
	G タンパク質	観賞ニシキゴイ	筋肉内注射	有
CCV	EG（外被糖タンパク質：ORF59）	アメリカナマズ	筋肉内注射	有
	MP（膜タンパク質：ORF6）	アメリカナマズ	筋肉内注射	無
	EG + MP（二価のワクチン）	アメリカナマズ	筋肉内注射	有

VNNV (AHNV)	カプシド（殻）タンパク質	タイセイヨウオヒョウ	筋肉内注射	若干有
	VHSV-G タンパク質（ニジマス由来）	タイセイヨウオヒョウ	筋肉内注射	有
WSSV	VP28（膜タンパク質）	ウシエビ	筋肉内注射	有 **
		クルマエビ	筋肉内注射	有 **
リケッチア				
Piscirickettsia salmonis	未同定（リケッチアに対する抗原領域***）	ギンザケ	筋肉内注射	若干有
細菌				
Aeromonas veroni	Omp38（主要外膜タンパク質）	スポッテッドサンドバス	筋肉内注射	有
	Omp48	スポッテッドサンドバス	筋肉内注射	有
	Omp38 + Omp48（二価のワクチン）	スポッテッドサンドバス	筋肉内注射	有
Edwardsiella tarda	Eta6（病原性遺伝子）	ヒラメ	筋肉内注射	無
	FliC flagellin (FliC)（病原性遺伝子）	ヒラメ	筋肉内注射	無
	Eta6 + FliC 融合遺伝子（pCE6）	ヒラメ	筋肉内注射	有
	Eta2（外膜タンパク質）	ヒラメ	筋肉内注射	有
	Esa1（D-15 様表面抗原）	ヒラメ	筋肉内注射	有
Streptococcus iniae	Sia10（分泌様抗原）	ターボット	筋肉内注射	有
Vibrio alginolyticus	flaA (flagellin)	レッドスナッパー	筋肉内注射	有
V. anguillarum	OMP38（外膜タンパク質）	バラマンディ	筋肉内注射	中程度有
	OMP39	バラマンディ	経口投与（キトサンナノ粒子化）	中程度有
	EmpA（細胞外亜鉛メタロプロテアーゼ）	ヒラメ	筋肉内注射	有
	Streptococcus iniae の Sia10 + EmpA（二価のワクチン）	ヒラメ	筋肉内注射	有
V. parahaemolyticus	セリン・プロテアーゼ	ターボット	筋肉内注射	有
	DegQ + Vhp1（pDV：二価のワクチン）	ヒラメ	筋肉内注射	有（？）
V. harveyi	OmpU（外膜タンパク質）	ターボット	筋肉内注射	有
	DegQ（抗原遺伝子）	ヒラメ	筋肉内注射	有
	Vhp1（抗原遺伝子）	ヒラメ	筋肉内注射	有
	DegQ + Vhp1（pDV：二価のワクチン）	ヒラメ	筋肉内注射	有
Mycobacterium marinum	Ag85A（抗原遺伝子）	ハイブリッドシマスズキ	筋肉内注射	有
	Ag86A	ハイブリッドシマスズキ	腹腔内接種	無
寄生虫				
Crytobia salmositica	MP（メタロプロテアーゼ）	ニジマス	筋肉内注射	有
	MP	タイセイヨウサケ	筋肉内注射	有
	CP（カテプシン L 様システインプリテアーゼ）	ニジマス	筋肉内注射	無
	CP	タイセイヨウサケ	筋肉内注射	無
Cryptocaryyon irritans（白点虫）	iAg（表層膜タンパク質：Immobilization antigen）	ハタ	筋肉内注射	中程度有

* PLGA: Poly（D,L-Lactic-Co-Glycolic Acid）.
** 長期間効力は持続しない.
*** *Renibacterium salmoninarum* および *Yersinia ruckeri* と抗原性が拮抗しない領域.

6・3　DNA ワクチンの作用機序

抗原遺伝子を挿入した組換え体プラスミドDNA（DNA ワクチン）を脊椎動物の筋肉に接種するとT 細胞が活性化され，さらに抗体産生が認められ，抗原の種類によっては，宿主が病原微生物に対し，防御反応を示す．これら防御反応にいたる経路は魚類においては，未解明の部分が多い．タイセイヨウタラに接種されたDNA ワクチンの組換え体DNA は，タラの心内膜内皮細胞（endocardial endothelial cell）に血液によって運ばれ，スカベンジャー受容体（scavenger receptor）などを介してエンドサイトーシス（endocytosis）によってEECへ取り込まれているのではないかと推察している（Seternes *et al.*, 2007）．これまでに，ヒラメラブドウイルス（HIRRV）のGタンパク質遺伝子をコードしたDNAワクチンを接種したヒラメでは，MHCクラスI，MHCクラスII，TCRα，TCRβおよびT細胞活性化関連遺伝子の発現が誘導され（Takano *et al.*, 2004; Yasuike *et al.*, 2011a），VHSVのGタンパク質遺伝子DNAワクチンを接種したヒラメでは，IgM，IgD，MHCクラスII，CD8α，CD20 receptor, CD40, Bリンパ球細胞接着分子（B lymphocyte cell adhesion molecule）およびナチュラルキラー細胞／クッパー細胞レセプター（NK/Kupffer cell receptor）遺伝子などの発現が誘導されていることがマイクロアレイの実験で確認されている（Byon *et al.*, 2005, 2006）．また，VHSVのGタンパク質遺伝子DNAワクチンを接種したニジマスでは，脾臓においてIL-1βおよびMHCIIα，脾臓および血液においてMHCIα，INFおよびMx遺伝子の顕著な発現が認められた（Cuesta and Tafalla, 2009）．さらに，RSIVのMCP（主要カプシドタンパク質）遺伝子をコードしたDNAワクチン接種後の抗体価は上昇し，MHCクラスI遺伝子の発現が誘導される（Caipang *et al.*, 2006a, b）．これらの事実から，魚類におけるDNAワクチンの作用機序として，T細胞への抗原提示，機能性T細胞への分化，さらにB細胞の成熟・分化が起こっていることが考えられる（図5-6）．

哺乳類におけるDNAワクチン接種後の宿主内における作用機序については，これまでにいくつか

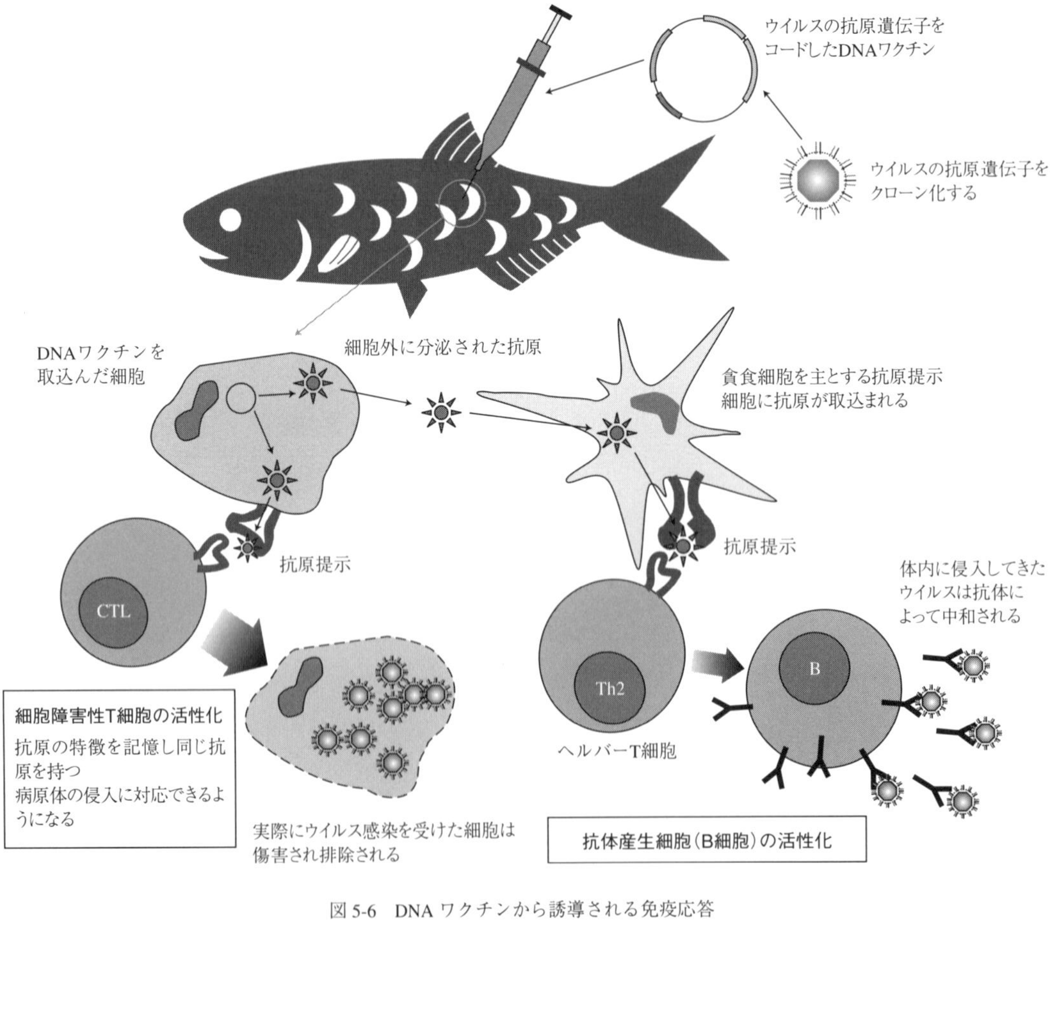

図5-6　DNAワクチンから誘導される免疫応答

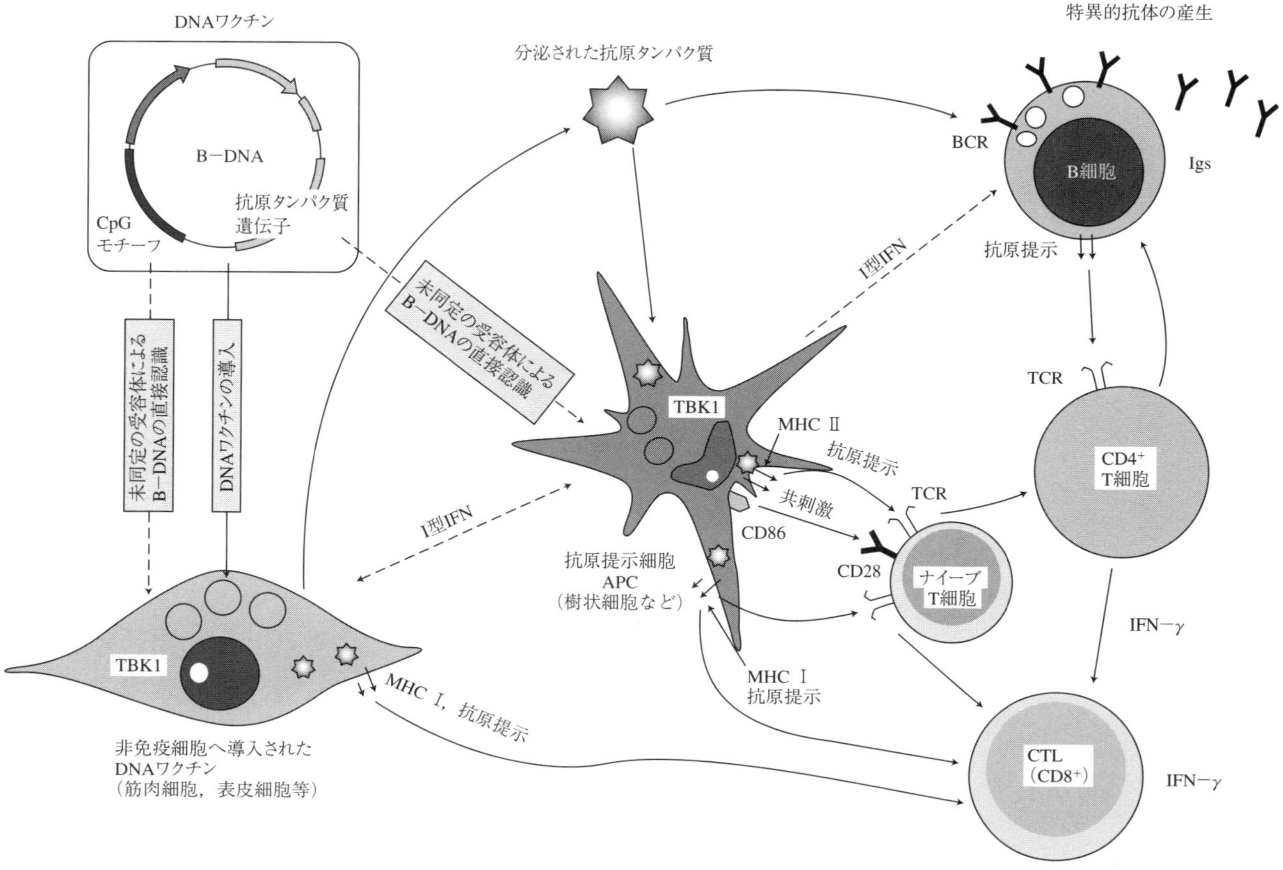

図 5-7　DNA ワクチンの作用機序．産生された抗原タンパク質による獲得免疫の活性化，および DNA ワクチン自体が直接認識されることによる自然免疫の活性化の 2 つの経路が存在する．

の議論がなされてきた．一般的には，接種されたDNA ワクチンがコードしている抗原タンパク質が産生され，これを抗原提示細胞（Antigen presenting cells，APC）が取り込むことにより，T 細胞への抗原提示（MHC クラス II およびTCR）および共刺激（CD86 およびCD28）が起こり，T 細胞およびB 細胞の分化が促進されることで獲得免疫機構が成熟する（図 5-7）．これによりDNA ワクチン効果が高まることが考えられている（Coban *et al.*, 2008；小山ら，2009）．一方，導入されたDNA ワクチンには，DNA 自体が何らかの受容体によって認識され，自然免疫を活性化するアジュバントとしての効果があることが知られている（Ishii *et al.*, 2008；Coban *et al.*, 2008）．この機構において，TANK-binding kinase 1（TBK1）というセリン・スレオニン プロテインキナーゼが重要な働きをしており，DNA ワクチン投与後に獲得免疫を惹起するための T 細胞および B 細胞の分化には，この TBK1 が必須である．TBK1 ノックアウト・マウスの例では，抗原特異的な抗体の産生，ヘルパー T 細胞の誘導，さらに細胞傷害性 T 細胞（CTL）の誘導が見られなくなる（Ishii *et al.*, 2008）．

TBK1 はインターフェロン制御因子（Interferon regulatory factor，IRF）3 および IRF7 をリン酸化する酵素で，リン酸化されたこれらの転写因子により I 型インターフェロン遺伝子の産生を誘導する（Hemmi *et al.*, 2004; Clément *et al.*, 2008; Kawai and Akira，2011）．また，I 型インターフェロン受容体を欠損させたマウスでは，DNA ワクチン効果は著しく低下することから，DNA ワクチン効果には I 型インターフェロンの産生が重要であると考えられている（Ishii *et al.*, 2008）．

自然免疫機構において，二本鎖 DNA を認識する受容体には，TLR9 や ZBP（DAI とも言う）が知られているが，DNA ワクチンの認識には，これらとは異なる受容体が認識していると考えられている（Takeshita and Ishii，2008; Yanai *et al.*, 2009）．TLR 非依存的に TBK1 を介して I 型インターフェロンを強く誘導する DNA として B 型 DNA（右巻き DNA）が知られている．また，病原体および宿主細胞に存在している DNA，さらに DNA ワクチンもこれと同じ型の DNA であることから，ウイルスや細菌の DNA が細胞内へ侵入した場合や，宿主細胞の DNA がダメージにより放出された場合，あるいは DNA ワクチンが細胞内へ導入された場合に，宿主がこの B 型 DNA を認識するものと考えられている（Ishii *et al.*, 2006，2008）．

つまり，接種された DNA ワクチンは，TLR および ZBP に非依存的な受容体（B 型 DNA を認識する未同定の分子）により認識され，TBK1 を介して I 型インターフェロンの産生を促進する．また，DNA ワクチンによる獲得免疫機構の活性化には，樹状細胞などの免疫細胞における自然免疫活性化経路が重要で，CTL などの細胞性免疫機構の誘導には，DNA ワクチンが直接導入された筋肉細胞などの非免疫細胞における TBK1 依存性の自然免疫活性化経路が重要であることから，免疫および非免疫細胞間での相互作用が重要であると考えられている．

魚類においても，上述したような機構が存在するかは未だ不明である．しかし，TBK1 遺伝子はコイ，タイセイヨウタラ，およびゼブラフィッシュでクローン化されており（Chi *et al.*, 2011; Feng *et al.*, 2011; Sun *et al.*, 2011a），ゼブラフィッシュの TBK1 は I 型インターフェロン遺伝子の発現を増強することから（Sun *et al.*, 2011a），魚類の自然免疫機構における TBK1 の重要性は保存されていると考えられる．さらに，上述した HIRRV あるいは VHSV の G タンパク質遺伝子をコードした DNA ワクチン接種後のヒラメにおいて，Mx，ISG15 および ISG56 などの IFN 誘導性遺伝子の発現が上昇することがわかっており（Yasuike *et al.*, 2007，2011b），これらの結果は DNA ワクチン投与により I 型インターフェロンの産生が誘導されたことで引き起された現象であると推察される．（青木　宙）

§7. 市販ワクチン

7・1 水産用ワクチンとは

ワクチンの中で水産動物（2013年6月1日現在，魚類のみ）に用いるものを，水産用ワクチンと呼ぶ．水産用ワクチンは動物用医薬品の一種であり，薬事法に基づく国の承認，ならびに，ワクチンの販売前のメーカーによる自家検定および国の国家検定により，その品質，有効性および安全性が保証されている．わが国では，1988年8月に「あゆのビブリオ病不活化ワクチン」の製造が承認されて以来，現在までに14成分の水産用ワクチンが市販されている．かつて魚病対策は抗菌物質などの抗菌性医薬品（化学的製剤）による細菌性感染症の治療が主体であったが，ワクチン（生物学的製剤）の市販・普及により，魚病対策は治療から予防へと進展している．

抗菌性医薬品に比べてワクチンは，①予防により，突発的な魚病被害が減少することにより，計画的な生産が可能である，②細菌性疾病はもとより，近年問題となっているマダイイリドウイルス病やウイルス性神経壊死症（VNN）のような，抗菌物質が無効なウイルス性疾病にも有効である，③抗菌物質が無効な薬剤耐性菌による感染症の予防が可能である，④生産物に残留しない（ただし，アジュバントを含むワクチンは除く），⑤抗菌性医薬品を使用しない「自然食品」として生産物のブランド化が期待できる，⑥環境中に拡散しても生態系にほとんど影響を与えない，などの点で優れており，安心・安全・安定的な養殖魚の生産に寄与するものと考えられる．さらに，抗菌性薬剤の使用を控えて養殖場から耐性菌をなくしておけば，細菌性疾病が発生した場合には，抗菌物質を「特効薬」として利用することが期待できる．ヒト用も含め，新薬の開発速度は年々遅くなっており，有限な抗菌物質を特効薬としてより長期間利用するためにも，ワクチンを利用して抗菌性薬剤の使用量をなるべく減らしていくことが重要である．

一方で，ワクチンには抗菌性医薬品と比べて欠点もある．第1に，化学的製剤が殺菌作用・静菌作用などにより病原体に直接働くのに対して，ワクチン（生物学的製剤）は投与された動物の体内に作られる免疫により病気を予防するため，投与される動物（養殖魚）が不健康で免疫機能が低下していると，十分な効果が得られない可能性がある．そのため，水産用ワクチンの本来の効果を発揮させるためには，用法・用量（承認を受けた使用方法）に沿った適正な使用はもとより，普段からの養殖魚の適切な飼育管理，衛生管理が必要である．さらに，ワクチンを投与された動物（魚）が免疫を獲得するまでには，ある程度の時間を要する（ワクチンは投与直後には効かない）ことにも注意するべきである．そのため，各疾病の発生時期を予測して，ワクチンを事前に投与しなければならない．第2には，免疫系は非常に特異性（よく似たものを見分ける力）が高い．このため，ワクチンは特定の疾病にのみ有効であり，それ以外の疾病には効果はなく，それ故ワクチンの開発研究は疾病ごとに個別に行わなければならない．フロルフェニコールが，スズキ目魚類の類結節症とレンサ球菌症，ウナギ目魚類のパラコロ病，ニシン目魚類のビブリオ病とせっそう病に有効なように，抗菌性医薬品は単一成分が多くの細菌性疾病に有効であり，この点では，化学的製剤の方が優れている．

このように，魚病対策としてのワクチンと抗菌性医薬品にはそれぞれ一長一短があるので，それぞれの長所を活かして両者を利用すべきである．大きな流れとしては，魚病学に比べはるかに進んでいる医学における現状のように，今後，主要疾病の防除対策にはワクチンが主流になると予想される．そして，主要疾病に対する有効性の高い多価ワクチン（イヌの8種混合ワクチンのように，単価ワクチンを混合して複数の疾病に有効としたワクチン）が開発されれば，1回のワクチン投与により養殖現場から疾病の発生がほぼなくなることも期待できる．実際にワクチン先進国であるノルウェーでは，タイセイヨウサケの主要疾病であるせっそう病，ビブリオ病，冷水性ビブリオ病に対して有効性の高い多価ワクチンが開発され普及した1992年から94年にかけて，疾病の発生が減少して抗菌性薬剤の消費量が激減し，さらに，これ以降の養殖生産量は著しく増大した（乙竹，1999）．ただし，ノルウェーでは養殖生産物の90％以上がサケ科魚類（タイセイヨウサケとニジマス）であり研究対象魚種が極めて限られているのに対して，わが国では多種類の養殖魚で多様な疾病が発生しており，ワクチンの開発研究にはより多くの費用と時間が必要である．

7・2 水産用ワクチンの使用方法

前述のように，水産用ワクチンは魚の生体防御能（免疫機能）を利用して疾病を防除するため，正しく使用しないと所期の効果が得られない．そのため，その使用に当たっては，使用しようとする場所を管轄する都道府県の水産試験場，家畜保健衛生所などの指導機関（以下「指導機関」という）の指導が義務づけられている．まず，養殖業者または漁業協同組合などの水産用ワクチンの使用を希望する者は，使用に先だって指導機関に連絡するとともに，ワクチン購入前に指導機関の指導を受けて，「水産用ワクチン使用指導書」の交付を受ける必要がある．そして，この「指導書」を水産用ワクチンの販売店舗（動物用医薬品販売業者）に提示した場合に限り，必要量を購入することができる．そのうえ，水産用ワクチンの使用時にも，現場で指導機関の指導を受けなければならない．さらに，注射ワクチンについては，術者（注射を打つ養殖業者）が誤って自分自身に注射する事故を防止するなど，注射ワクチンのより的確な投与のために，指導機関により養殖業者などへの接種技術の研修が行われており，魚にワクチン接種を行う者は必ず事前に受講しなければならない．

購入後，各ワクチンの使用は，製品の使用説明書（効能書き）に従って作業を進めることになる．使用説明書中の用法・用量については，ワクチンごとに個別に後述することとし，ここでは各ワクチンに共通な項目が多い「使用上の注意」を，その理由とともに列記する．

①承認されている以外の魚種には使わない（免疫や各病気への感受性，および生理機能は魚種によって異なるため，承認されている以外の魚には効かない，あるいは，強い副作用がある可能性があるため）．

②投与前には魚の健康状態をよく観察し，異常がある場合には投与しない（健康な魚でなければ，本来の効果が誘導されないため）．

③疾病の治療を継続中，あるいは他の薬剤投与後，間がない群には使用しない（抗菌物質，消毒薬などには，魚の免疫機能を低下させるものがあるため）．

④他の薬剤（他のワクチンを含む）を加えて使用しない（化学的薬剤の添加については，③と同理由．ワクチンの添加については，複数のワクチンを混合した場合，抗原の競合・干渉により有効性が低下して，どちらか一方が効かなくなる危険性があるため）．

⑤ワクチンは凍らせないで2～5℃の暗所に保存し，開封したワクチンは一度に使い切る（品質確保のため）．
⑥使用前によく攪拌して均質な状態にする（静置しておくと菌体が沈殿し，不均一になるため）．
⑦誤ってワクチンが作業者の眼，鼻，口に入った場合は，直ちに水洗した後，医師の診断を受ける（術者保護のため）．
⑧使用済みのワクチン液は，原則として下水道に廃棄する（環境保護のため）．
⑨ワクチン投与後，少なくとも1週間程度は安静に努め，移動や選別はなるべく避ける（ワクチン投与後に速やかに免疫応答を誘導するため．ストレス時に上昇するホルモン，コルチゾルは免疫機能を低下させることが知られている）．
⑩経口ワクチン以外のワクチンについて，投与前には24時間以上餌止めをする（ワクチン投与の際のストレスを低減するため．さらに，注射ワクチンについては消化管が餌で満たされていると，注射針が内臓に刺さりやすくなるため）．

これらに加えて，注射ワクチンについては，
⑪事故を防ぐためにゴーグル，マスク，厚手の手袋などを（注射器をもつ反対側の手に）着用すること，
⑫魚体の大きさに応じて指定された長さの注射針を用いること．
⑬注射針の目詰まりや先端の鋭さに注意して数千尾注射するごとに針を交換すること．
⑭使用後の針は専用の容器に入れた後，産業廃棄物として適切に処理すること

が定められている．特に，先端が鈍くなったり，途中で曲がったりした注射針を使い続けると，折れて，先端部が魚体に残ることがある．食品への針の混入は非常に危険であり，養殖生産物全体への信頼を著しく損なうおそれもあるので，このような針は直ちに交換すべきである．

7・3　市販ワクチン各論

わが国では，2013年6月1日現在，14成分25品目の水産用ワクチンが承認・市販されているが，これらはすべて不活化ワクチンである．以下，各成分別に記述する．なお，使用方法，接種上の注意はともに抜粋であり，特に使用上の注意については，7・2で述べた内容は割愛した．また，用法について，注射ワクチンの注射部位は，ブリ属魚類（ブリ，カンパチ，ヒラマサ），マハタ，ヤイトハタ，チャイロマルハタでは，腹鰭を体側に密着させたとき先端部が体側に接する場所から，腹鰭付け根付近までの，腹部正中線上の腹腔内と，定められている．また，ヒラメでは有眼側胸鰭基部から胸鰭中央部にかけての下方の腹腔内，シマアジでは魚体の腹鰭から肛門にいたる下腹部の腹腔内，マダイでは魚体の腹鰭から肛門にいたる下腹部の腹腔内，または魚体の側線よりやや上方，背鰭中央真下の筋肉内と，それぞれ定められている．各ワクチンには使用できる飼育水温が定められている．これは，低水温で使用した場合には病気の予防効果が得られないおそれがあり，高水温で使用した場合には魚に与えるストレスが大きいためである．

1）アユのビブリオ病不活化ワクチン（浸漬単価ワクチン）

本ワクチンは安全性と有効性が立証され，1988年にわが国最初の水産用ワクチン「あゆのビブリ

オ病不活化ワクチン」として製造が承認された（城，1990）.

品目：「アユ・ビブリオ病不活化ワクチン“日生研”」，「ピシバック　VA　アユ」.

効能・効果：アユのビブリオ病（A 型，Kitao ら，1984）の予防.

使用方法（抜粋）：ワクチンを飼育水で 10 倍，または 100 倍に希釈したものを使用ワクチン液とする．10 倍希釈の使用ワクチン液を用いる場合には，1l 当たり総体重 500g 以下のアユ（体重 3g 以上）を，空気または酸素を通気しながら，ワクチン液に 2 分間浸漬する．使用ワクチン液は，10 回まで反復して使用できる．また，100 倍希釈の使用ワクチン液を用いる場合には，1 *l* 当たり総体重 200g 以下のアユ（体重 0.6g 以上）を，通気しながら 10 分間浸漬する．この場合，反復使用はできない.

使用上の注意（抜粋）：水温 13℃以上で使用する.

2）サケ科魚類のビブリオ病不活化ワクチン（浸漬 2 価ワクチン）

本ワクチンは，*V.* sp.（*Vibrio ordalii*，血清型 J-O-1 型）および *V. anguillarum*（血清型 J-O-3 型）をそれぞれ別々に培養後，ホルマリンで不活化し，混合したものである．混合前の単価ワクチンはそれぞれホモ株を用いた感染実験では有効であるが，異なる血清型の株に対しては互いに無効であること，そして，混合後の 2 価ワクチンはどちらの株に対しても有効であることが確認されている（小松，1990）.

品目：「ピシバック　ビブリオ」.

効能・効果：サケ科魚類のビブリオ病（J-O-1 型および 3 型）の予防

使用方法（抜粋）：ワクチンを飼育水で 10 倍に希釈し，これを使用ワクチン液とする．使用ワクチン液 1 *l* 当たり総体重 500 g 以下の魚（体重 1 g 以上のサケ科魚類）を，通気しながら 2 分間浸漬する．なお，使用ワクチン液は 10 回まで反復して使用することができる.

使用上の注意（抜粋）：水温 10～18℃で使用する．ワクチン液への浸漬は直射日光下では行わない.

3）マハタのウイルス性神経壊死症不活化ワクチン（注射単価ワクチン）

本ワクチンは 2012 年に製造承認された.

品目：「オーシャンテクトＶＮＮ」.

効能・効果：マハタのウイルス性神経壊死症（血清型Ｃ型）による死亡率の低減.

使用方法（抜粋）：平均体重 8～128 g のマハタの腹腔内に，1 尾当たり 0.1ml を 1 回注射する.

使用上の注意（抜粋）：水温が約 20～27℃のときに使用する．免疫が付与されるまでに 3 週間程度を要するため，当該期間についてはウイルス性神経壊死症発生海域への移動を避ける.

4）ブリまたはブリ属魚類の α 溶血性レンサ球菌症不活化ワクチン（経口単価ワクチン，注射単価ワクチン）

本ワクチンは 1996 年に製造承認がなされ，1997 年春より市販されるようになった.

品目：経口ワクチン，「ピシバック　レンサ」，「〝京都微研〟マリナレンサ」，「アマリン　レンサ」注射ワクチン，「ポセイドン「レンサ球菌」」，「Mバック　レンサ注」，「マリンジェンナーレンサ 1」

効能・効果：ブリまたはブリ属魚類のα溶血性レンサ球菌症の予防.

使用方法（抜粋）：経口ワクチンは，平均体重約50～500g（品目により異なる）のブリに魚体重1kg当たり，1日量として，ワクチン0.5または10ml（品目により異なる）を餌料に混ぜて，5日間経口投与する．注射ワクチンは，ブリ属魚類（約30～約300g）の腹腔内に連続注射器を用い，0.1mlを1回注射する.

使用上の注意（抜粋）：水温が約20℃未満（品目により異なる）の時には使用しない．経口投与の場合，本剤を混ぜる飼料の量は，飽食量の80％を目安に，速やかに食べきれる量とする．本剤を混ぜる飼料には，(1尾丸ごとの魚そのままのような）本剤が吸着しない飼料を使用しない.

5）ヒラメのβ溶血性レンサ球菌症不活化ワクチン（注射単価ワクチン）

本ワクチンは2004年に製造承認がなされ，2005年よりわが国において市販されるようになった.

品目：「Mバック　イニエ」,「マリンジェンナー　ヒラレン1」

効能・効果：ヒラメのβ溶血性レンサ球菌症の予防.

使用方法（抜粋）：ヒラメ（体重約30～300g）の腹腔内に連続注射器を用い，0.1mlを注射する.

使用上の注意（抜粋）：水温が約14～27℃（品目により異なる）の時に使用する.

6）イリドウイルス病不活化ワクチン（注射単価ワクチン）*

本ワクチンは1998年マダイを適応魚種として製造承認され，その後適応魚種がブリ属魚類（ブリ，カンパチ，ヒラマサ），シマアジ，ヤイトハタ，チャイロマルハタにも拡大された.

品目：「イリド不活化ワクチン「ビケン」

効能・効果1：マダイのマダイイリドウイルス病の予防

使用方法（抜粋）：マダイ（約5～20g）の腹腔内または筋肉内に連続注射器を用いて0.1mlを1回注射する.

使用上の注意（抜粋）：マダイへは麻酔剤の使用を避ける．水温が約20～25℃の時に使用する.

効能・効果2：ブリ属魚類のマダイイリドウイルス病の予防

使用方法（抜粋）：ブリ属魚類（約10～100g）の腹腔内に連続注射器を用い，0.1mlを1回注射する.

使用上の注意（抜粋）：水温が約20～25℃の時に使用する.

効能・効果3：シマアジのマダイイリドウイルス病の予防

使用方法（抜粋）：シマアジ（約10～70g）の腹腔内に連続注射器を用い，0.1mlを1回注射する.

使用上の注意（抜粋）：水温が約20～25℃の時に使用する.

効能・効果4，5：ヤイトハタおよびチャイロマルハタのマダイイリドウイルス病の予防

使用方法（抜粋）：ヤイトハタおよびチャイロマルハタ（約5～50g）の腹腔内に連続注射器を用い，0.1mlを1回注射する.

---

*：2013年1月に，新成分，新品目としてブリのイリドウイルス病（オイルアジュバント加）不活性化ワクチンが新規承認された.

使用上の注意（抜粋）：水温が約 27～32℃の時に使用する．

7）ブリ，ブリ属魚類またはカンパチのα溶血性レンサ球菌症およびビブリオ病不活化ワクチン（注射２価ワクチン）

本ワクチンは 2000 年に製造が承認された．

品目：「ピシバック注ビブリオ＋レンサ」，「"京都微研"マリナコンビ -2」，「マリンジェンナービブレン」

効能・効果：ブリ，ブリ属魚類またはカンパチのα溶血性レンサ球菌症およびビブリオ病（J-0-3 型）の予防．

使用方法（抜粋）：ブリ（約 30 g～2 kg），ブリ属魚類（平均体重 30～300 g）またはカンパチ（平均体重 30～300 g）の腹腔内に連続注射器を用い，0.1 ml を 1 回注射する．

使用上の注意（抜粋）：水温が約 14～25℃の時に使用する（なお，低水温時にワクチン注射した場合，水温が 18～20℃に上昇するまで免疫効果が発現しない）．

8）ブリ属魚類のイリドウイルス病およびα溶血性レンサ球菌症不活化ワクチン（注射 2 価ワクチン）

本ワクチンは 2004 年に製造が承認された．

品目：「イリド・レンサ混合不活化ワクチン『ビケン』」．

効能・効果：ブリ属魚類のマダイイリドウイルス病およびα溶血性レンサ球菌症の予防．

使用方法（抜粋）：ブリ属魚類（約 10 ～約 100 g）の腹腔内に連続注射器を用い，0.1 ml を 1 回注射する．

使用上の注意（抜粋）：水温が約 20～25℃の時に使用する．

9）ブリおよびカンパチのα溶血性レンサ球菌症および類結節症（油性アジュバント加）不活化ワクチン（注射 2 価ワクチン）

本ワクチンは 2005 年に製造が承認された．水産用ワクチンとして，アジュバントが利用された最初のワクチンである．

品目：「ノルバックス類結／レンサ Oil」．

効能・効果：ブリおよびカンパチの類結節症およびα溶血性レンサ球菌症の予防．

使用方法（抜粋）：ブリ（体重約 30 ～約 110 g）またはカンパチ（体重約 20 ～約 210 g）の腹腔内に連続注射器を用いて 0.1 ml を 1 回注射する．

使用上の注意（抜粋）：水温が約 22～24℃の時に使用すること．注射部位への副作用やアジュバントなどの残留が消失するように，本ワクチン使用後，49 週間（343 日間）は食用に供する目的で水揚げを行わない．

10）ヒラメのβ溶血性レンサ球菌症およびストレプトコッカス・パラウベリス感染症不活化ワクチン（注射 2 価ワクチン）

本ワクチンは 2012 年に製造承認された．

品目：「松研Mバック　IP レンサ」.

効能・効果：ヒラメのβ溶血性レンサ球菌症およびストレプトコッカス・パラウベリス感染症の予防.

使用方法（抜粋）：ヒラメ（体重約 30～300 g）の腹腔内に連続注射器を用い，0.1ml を注射する.

使用上の注意（抜粋）：水温が約 14～27℃の時に使用する.

11）ブリ属魚類，またはブリおよびカンパチ，またはブリのイリドウイルス病，ビブリオ病およびα溶血性レンサ球菌症不活化ワクチン（注射３価ワクチン）

本ワクチンは 2005 年に製造が承認された.

品目：「ピシバック　注　3 混」，「イリド・レンサ・ビブリオ混合不活化ワクチン『ビケン』」，「マリンジェンナー　イリド　ビブレン 3 混」.

効能・効果：ブリ属魚類（ブリおよびカンパチ）の類結節症，マダイイリドウイルス病およびα溶血性レンサ球菌症の予防.

使用方法（抜粋）：ブリ属魚類（体重約 10～約 860 g），ブリおよびカンパチ（体重約 10 ～約 100 g）の腹腔内に連続注射器を用いて 0.1 ml を 1 回注射する.

使用上の注意（抜粋）：ブリでは約 18～約 27℃，ブリを除くブリ属魚類では約 20～約 27℃の水温で使用する（なお，水温 25℃以上での注射投与はストレスが大きいため，慎重に行う）（水温は品目により異なる）.

12）ブリおよびカンパチの類結節症，α溶血性レンサ球菌症およびビブリオ病（油性アジュバント加）不活化ワクチン（注射３価ワクチン）

本ワクチンは 2011 年に製造が承認された.

品目：「ノルバックス　PLV3 種 Oil」.

効能・効果：ブリおよびカンパチの類結節症，α溶血性レンサ球菌症および J-O-3 型ビブリオ病の予防.

使用方法（抜粋）：ブリ（体重約 30～約 100 g）またはカンパチ（体重約 30～約 200 g）の腹腔内に連続注射器を用いて 0.1 ml を 1 回注射する.

使用上の注意（抜粋）：低水温で使用した場合には，病気の予防効果が得られないおそれがあるので，水温が約 18～24℃の時に使用する．注射部位への副作用やアジュバントなどの残留が消失するように，本ワクチン使用後，49 週間（343 日間）は食用に供する目的で水揚げを行わない.

13）カンパチのα溶血性レンサ球菌症，ビブリオ病およびストレプトコッカス・ジスガラクチエ感染症不活化ワクチン（注射 3 価ワクチン）

本ワクチンは 2011 年に製造が承認された.

品目：「ピシバック　注　LVS」.

効能・効果：カンパチ（体重約 20 ～約 160g）のα溶血性レンサ球菌症の予防，カンパチ（体重約 20 g～約 1.3kg）の J-O-3 型ビブリオ病の予防，カンパチ（体重約 20 g～約 1.3 kg）のストレプトコッカス・ジスガラクチエ感染症の死亡率の低減.

使用方法（抜粋）：カンパチの腹腔内に連続注射器を用い，本ワクチン 0.1 ml を 1 回注射する．

使用上の注意（抜粋）：約 20～約 27℃の水温で使用する（なお，水温 25℃以上でのワクチン注射はストレスが大きいため，慎重に行う）．ストレプトコッカス・ジスガラクチエ感染症に対し，注射後 3 カ月を超える期間については，十分な効果がないおそれがある．

7・4 おわりに

7・1 のはじめにも述べたが，水産用ワクチンは動物用医薬品の一種であり，薬事法に基づく国の承認，検定などの各種制度により，品質が管理されている．そのため，製造承認，販売承認を取得するためには，畜産の牛や豚と同等の試験が要求される．一方で，わが国の水産養殖は，畜産と比較すると対象となる生物の種類がはるかに多く，しかも，一部の魚種を除いて生産規模が小さい．このためワクチンの開発には，いかに開発コストを下げるかが重要である．すなわち，水産用ワクチンの開発研究では，各疾病別のワクチン開発研究に加えて，以下に示す水産用ワクチン全体の研究コストを下げるための研究も重要である．

①ワクチンの評価方法の開発：ワクチンの有効性の評価方法として，現在ビブリオ病注射ワクチンでは抗体価による評価法が有効であるが，それ以外のものについては，攻撃試験により死亡率を比較するしか手段がない．攻撃試験には，排水の消毒が可能な飼育施設，少なくとも 100 尾程度の実験魚，さらに 1 カ月間を越える時間が必要であり，開発者には大きな負担である．抗体価だけでなく細胞性免疫や局所免疫機能の検査法を含めた，*in vivo* および *in vitro* のより簡便な検査法の確立が望まれる．

②ワクチンの検定における代替魚種の開発：現状ではメーカーによる自家検定，国家検定ともに，一部の例外を除き，すべての試験は適応魚種を使わなければならない．このため，ブリのワクチンを市販するためには，原則としてブリを用いて検定しなければならず，海水が使える飼育施設，適当な大きさの実験魚が必須となる．実験魚の確保は，特に種苗を天然に頼っている魚種では検定時期を制限する第 1 の要因となっている．さらに，天然魚では罹病歴が不明であるため，データの偏りなどが生ずる可能性がある．実験動物として安価に周年試験に使える代替魚種を確立することが望まれる．

①については，1990 年代から，遺伝子の全塩基配列を解読することを目標としたゲノムプロジェクトが様々な生物種を対象に実施され，網羅的な遺伝子解析が水産動物でも可能となった．ヒラメでは，ウイルス性疾病や細菌性疾病について，ワクチン投与後，あるいはワクチン投与後の感染試験における遺伝子の発現様式が，DNA マイクロアレイ法により網羅的に調べられており，ワクチンの投与後に特異的に発現量が変化する遺伝子群が見つけられている（Byon *et al*., 2006；Matsuyama *et al*., 2007；Yasuike *et al*., 2007, 2011a）．今後，これらの遺伝子あるいは遺伝子群を利用した，より簡便，そして安価な，ワクチン有効性試験方法の確立が期待される．また，②については，メダカが実験動物として使用できないか，研究が進められている（Furusawa *et al*., 2006）．さらに，養殖では天然種苗に頼っているブリについて，水産総合研究センターなどでは人工種苗の生産が可能となり，最近ワクチンの試験に用いられるようになった（Nakajima *et al*., 2012）．任意の時期に採卵できるよ

うに，採卵時期の制御も研究されており（Hamada and Mushiake, 2006），今後の展開が期待される．

なお，ワクチンや抗菌剤など，現在承認されている水産用医薬品の一覧は農林水産省消費・安全局のwebサイト（http://www.maff.go.jp/j/syouan/suisan/suisan_yobo/index.html）に，各ワクチンの取扱説明書は農林水産省動物医薬品検査所の動物用医薬品データベース（http://www.nval.go.jp/asp/asp_dbDR_idx.asp）に，それぞれ公開されており，前者は年に1度，後者は随時更新されている．

（乙竹　充）

§8. 免疫賦活剤

魚類の免疫賦活剤は，ワクチンのアジュバントとして古くから研究されてきた．しかし，一般に注目されるようになったのは，Olivierら（1985）が，フロイント完全アジュバントの単独接種で，せっそう病やビブリオ病に対して高い防御能を示すことを明らかにしてからである．その後，哺乳類で報告されている免疫賦活作用のある多くの物質が魚類や甲殻類で同様の効果があることが確認された．現在では，レバミゾールなどの合成化合物，イーストグルカンなどの菌体成分，チキンなどの多糖体，動植物由来の成分，DNAの成分であるヌクレオチドやその塩基配列（CpG），ビタミンなどの栄養素，ラクトフェリンやリゾチームなどの生体防御因子およびホルモンなどで免疫賦活作用が報告されている（Sakai, 1999）．このように免疫賦活剤と言っても様々な物質があり，その作用，有効性および持続性などが個々に異なる．本章では，代表的な免疫賦活剤の種類とその特性について述べ，さらにその使用上の留意点について述べる．

8・1　免疫賦活剤とは

免疫賦活剤は，「免疫機構を活性化させる働きがある物質」の総称である．広い意味で，ビタミンCなどの栄養素やリゾチームのような生体内に存在し生体防御として働く様々な物質が含まれる．免疫賦活剤はその使用法から自然免疫機能の増強とワクチンによって誘導された特異的な免疫機能の向上（アジュバント作用）の2種類に大別される．現在までに，わが国で研究されてきた多くの賦活剤は，自然免疫機能を高めることによって病気を防ぐことに重点が置かれてきた．しかし，最近，いくつかのワクチンが開発され，今後，これらのワクチンの効果を高める目的で，アジュバントとして賦活剤の存在が重要となってくると思われる．

8・2　免疫賦活剤によって増強される免疫機能

1）食細胞系

免疫賦活剤を投与して，最も機能が亢進するのは食細胞である．食細胞の機能は，主に遊走能，貪食能および殺菌能に分けることができる．これらの機能のうち，免疫賦活剤の投与後，貪食能の活性について多くの研究報告がある．免疫賦活剤を投与された魚の頭腎や腹腔内の食細胞の貪食率（100細胞当たり異物を貪食した細胞数）や貪食指数（1細胞当たりの取り込まれた異物の数）は著しく増加する（イーストグルカン：Chen and Ainsworth, 1992；レバミゾール：Kajita *et al*., 1990；ラクトフェリン：Sakai *et al*., 1993）．免疫賦活剤を含む培地で食細胞を培養後，貪食率や貪食指数が有意に増加することが，試験管内（*in vitro*）の実験においても報告されている（Sakai *et al*., 1996b）．

食細胞の殺菌に関する経路は，主として酸素に依存する系と依存しない系に大別され，さらに，酸素に依存する系は，酸素化合物によるもの（O_2^-，H_2O_2 など）と，窒素化合物によるもの（NO，NO_2，N_2O_3，NO_2^+ など）がある．一方酸素に依存しない系としてリゾチームやデフェンシンなどの殺菌物質がある．これらの中で免疫賦活剤を投与して機能が亢進する系として酸素化合物による殺菌作用がよく研究されている．Sakai ら（1992, 1993）は，キチンやラクトフェリン，Kajita ら（1990）はレバミゾール，Jørgensen ら（1993）は，イーストグルカンを投与することにより食細胞の酸素化合物（スーパーオキシド）による殺菌作用が上昇することを報告している．

食細胞の遊走能についても，Duncan と Klesius（1996）は，イーストグルカンを添加した餌を投与したアメリカナマズで，遊走能が有意に増加することを報告している．さらに，MacArtur ら（1985）は，LPS を接種されたヒラメで食細胞の遊走能が活性化することを観察している．

2）リンパ球

リンパ球もまた免疫賦活剤投与によって活性化することが報告されている．ニジマスのリンパ球の培養液にグリチルリジンを加えることによりマイトージェンの反応が促進し，マクロファージ活性化因子の産生を増加することが明らかにされている（Jang *et al*., 1995）．同様なリンパ球の活性化の事例は，成長ホルモンやホタルイカの抽出液でも報告されている（Sakai *et al*., 1996b；Siwicki *et al*., 1996）．さらに，ビタミンCを大量に投与された魚のリンパ球は，T細胞のマイトージェンであるConA に対する反応性を増強することを見いだしている（Hardie *et al*., 1993）．

3）補体系

補体は，一連の酵素系であり，抗体と協力あるいは単独で異物を破壊することができる．さらに，この補体系の活性化により，食細胞の貪食能も増強することが知られている．免疫賦活剤は，この補体系にも作用しその能力を高めることが明らかにされている．Engstad ら（1992）は，イーストグルカンを注射したタイセイヨウサケで補体価の上昇を報告している．同様な補体型の活性化の例は，ビタミンCを大量に投与されたアメリカナマズやタイセイヨウサケ（Li and Lovell, 1985；Hardie *et al*., 1990, 1991），成長ホルモンを投与されたニジマス（Sakai *et al*., 1996a, b）およびレバミゾールと投与されたニジマス（Kajita *et al*., 1990）においても報告されている．

4）リゾチーム

リゾチームは，血清や体表粘液中に含まれる耐熱性の抗菌作用をもつ物質である．イーストグルカンを投与されたタイセイヨウサケ（Engstad *et al*., 1992），ニジマス（Thompson *et al*., 1995）およびターボットにおいてリゾチームが活性化することが認められている（Baulny *et al*., 1996）．また，スクレオグルカンやシゾフィランを注射されたブリ（Matsuyama *et al*., 1992）においてもリゾチームの活性が上昇している．しかし，キチンやラクトフェリンを投与された魚では，このリゾチーム活性の上昇は確認されていない（Sakai *et al*., 1992；角田ら, 1996）．このリゾチームは，免疫賦活剤としても使用されている．Siwicki ら（1998）は，ニジマスに鶏卵から抽出された塩化リゾチームを注射することによって，食細胞の活性化を確認している．

8・3　免疫賦活剤の作用機構

1）Toll like receptor（TLR）

近年，免疫賦活剤のレセプターとして Toll like receptor（TLR）の重要性が明らかとなってきている．TLR は，膜貫通型の受容体タンパク質で，細胞外領域にロイシンリッチリピート（LRR）領域，細胞内に Toll/ インターロイキン 1 受容体（TIR）相同性領域から構成される．TLR は，細胞外の特定領域において病原微生物を認識し，この情報を細胞内に伝達し，複雑なシグナル伝達経路によって種々の免疫応答関連分子の発現を誘導する．これによって，病原微生物の感染に対する自然免疫応答が速やかに活性化される．現在までに，ヒトにおいては約 10 種類（Aderem and Ulevitch，2000）が報告されているが，魚類においては独自に存在するクラスも含め，ゼブラフィッシュで 19 種類が報告されている（Jault *et al.*，2004）．魚類から分離された TLR も，ドメイン構造は他の脊椎動物の TLR と類似していることが確認されており（Jault *et al.*，2004；Bricknell and Dalmo，2005），病原微生物の認識機構（抗病原微生物免疫応答）においても，TLR が重要な役割を果たすことが認識されている（TLR については「4 章 §1．魚類の自然免疫」および表 4-2）．

TLR は，それぞれのクラスによって微生物由来の認識分子が異なる．認識分子としては，グラム陰性菌の外膜に存在するリポポリサッカライド（LPS：TLR4），グラム陽性菌のペプチドグリカン（PG）やリポペプチド（TLR1, 2），マイコプラズマ由来リポペプチド（TLR2, 6），運動性の細菌の保有する鞭毛成分フラジェリン（TLR5），細菌由来の DNA（CpG DNA, TLR9），ウイルス由来二本鎖 RNA（TLR3），化学合成物質（イミダゾキノリン誘導体：TLR7, 8）などが知られている．また，これらの TLR が認識する分子は，いずれも強い免疫賦活作用を有することから，TLR はアジュバント受容体として呼ぶことも可能である．

さらに近年，TLR ファミリーは I-IFN の誘導能の違いから 2 つのグループに大別されている．

（1）I-IFN 誘導型

I 型インターフェロン（I-IFN）の発現を誘導し，抗ウイルス活性を有する遺伝子の発現を増強し，ウイルスに対する生体防御機構を活性化する（Kaisho and Akira, 2001）．このクラスに属す TLR は，TLR3, 4, 7, 8, 9 などが知られており，クラスごとに細胞内伝達経路に関わるシグナル分子が異なることが知られている（Pietras *et al.*，2006）．TLR4（I-IFNβのみ誘導），TLR3, 7, 8, 9（I-IFNα,βどちらも誘導）は，それぞれのリガンドを認識したのち，細胞内のシグナル伝達分子に情報を送る．TLR3, 4 は細胞内ドメイン TIR と Toll-interleukin1 receptor domain-containing adaptor inducing interferon-β（TRIF）と結合し，さらに種々の interferon regulatory factor（IRF3/7）に情報を伝達し，核内での I-IFN の転写を活性化する．一方，TLR7/8, 9 は，myeloid differentiation primary response gene 88（MyD88）を介しシグナル伝達経路を進め，I-IFN の発現誘導を行う（Pietras *et al.*, 2006）．これによって発現した I-IFN はカスケードに従って抗ウイルス分子の発現を増強し，感染ウイルスに対する生体防御反応が誘起される．

（2）I-IFN 非誘導型

TLR（1, 2,（4）, 5, 6）ファミリーは，MyD88 を介しシグナル伝達経路を進め，NF-kB を活性化することで，炎症反応に関与するサイトカインの発現を誘導する（Kaisho and Akira，2001）．魚類においても，これらのシグナル分子は同定されており（Purcell *et al.*，2006a），シグナル伝達メカニズムが他の脊椎動物の TLR 伝達経路とほぼ同様であることが確認されている．したがって，免疫賦活剤を使用する際は，TLR による免疫応答活性化の経路を踏まえた上で，目的に応じた種類を選択するべきである．

2）サイトカイン

サイトカインは，免疫系の数々の調節に関与するタンパク質で，ヒトでは 100 種類以上が報告されている．魚類でも，ヒトと同じようなサイトカインが存在することがすでに明らかとなっている（酒井, 2007）．このサイトカインを用いて免疫賦活剤の作用を調べる試みがなされている．Sakai ら（2005）は，ペプチドグリカンを注射したコイで，インターロイキン 1β や CXC ケモカインの遺伝子の発現量が上昇することを報告している．Løvell ら（2007）は，グルカンを注射したニジマスで，インターロイキン 1β とインターロイキン 6 遺伝子の発現量の増加を観察している．TLR の説明で述べたように，I-IFN は，抗ウイルス作用を示すサイトカインとして重要である．このタイセイヨウサケの I-IFN のレコンビナントタンパク質は，抗ウイルス作用を示すことすでに報告されている（Robertson *et al.*，2003）．最近，このタイセイヨウサケの I-IFN をジャガイモで発現させ，そのレコンビナントタンパク質が，抗 IPN 作用をもつことが示された（Fukuzawa *et al.*，2010）．この I-IFN を刺激する免疫賦活剤として，イムキモット（Kono *et al.*，2013）や polyI：C（Kitao *et al.*，2009）が報告されている．

8・4　魚類で市販もしくは研究されている免疫賦活剤の種類

現在までに様々な物質が魚類に対して免疫賦活作用があると報告されている（表 5-7）．これらは，菌体・菌由来成分，炭水化物複合体，合成化合物，栄養素，動植物由来成分，生体防御因子，ホルモン類に分けることができる．さらに，DNA や RNA の構成成分であるヌクレオチドも免疫賦活作用があることが報告されている．近年，プロバイオティクスが水産養殖にも応用されているが，それらの菌株の中には，免疫賦活作用をもつものが報告されている．水産養殖におけるプロバイオティクスに関しては Van Hai と Fotedar（2010）および Merrifield ら（2010）が詳細に総説を記載している．

8・5　免疫賦活剤投与による感染予防

今日までに報告されている魚介類の疾病に有効な免疫賦活剤を図 5-8 に示した．免疫賦活剤を用いて予防できる疾病として，各種のビブリオ病，せっそう病，レンサ球菌症などの細菌性疾病の他に，IHN，VHS や Yellow-head baculovirus 感染症のウイルス疾病，さらに白点病の寄生虫感染症が報告されている．しかし，免疫賦活剤の種類によっては，予防できなかった感染症もある．また，同じ免疫賦活剤でも，せっそう病，レンサ球菌症およびビブリオ病の場合は，研究者によって予防効果の有無が異なっている．これは，用いた賦活剤の投与方法（経口もしくは注射），投与量，タイミング，

表5-7　魚類で研究されている主要な免疫賦活剤
（代表的な論文を引用）

合成化合物
レバミゾール（Kajita *et al*., 1990）
FK-565（Kitao and Yoshida, 1986）
MDP（ムラミドペプチド）（Kodama *et al*., 1993）
イムキモット（Kitao *et al*., 2009）
生物由来物質
1）細菌および酵母由来
FCA（Oliver *et al*., 1985）
ペプチドグリカン（Itami *et al*., 1996）
鶏卵の発酵物（EF203）（Yoshida *et al*., 1993）
LPS（Salati *et al*., 1987）
イーストグルカン（Dalmo and Bogward,2008）
2）糖類
キチン（Sakai *et al*., 1992）
キトサン（Siwicki *et al*., 1994）
レンチナン（Yano *et al*., 1989）
シゾフィラン（Matuyama *et al*., 1992）
オリゴ糖（Yoshida *et al*., 1995）
3）動物の抽出物
Ete（ホヤ）（Davis and Hayasaka,1984）
Hde（アワビ）（Sakai *et al*., 1991）
イカの水溶性画分（Siwicki *et al*., 1996）
4）植物の抽出物
キラヤサポニン（Ninomiya *et al*., 1995）
グリチルリジン（枝広ら，1990）
アルギン酸ナトリウム（Fujiki *et al*., 1994）
各種ハーブ成分（Galina *et al*., 2009）
5）ワクチン（自然免疫応答を誘発する目的で）
ビブリオワクチン（Sakai *et al*., 1995a）
アクアビルナウイルス（Yamashita *et al*., 2009）
栄養素（Trichet, 2010）
ビタミンC
ビタミンE
生体成分（生理活性物質）
ラクトフェリン（Sakai *et al*., 1993）
リゾチーム（Siwicki *et al*., 1996）
成長ホルモン（Sakai *et al*., 1996a, b, c）
プロラクチン（Sakai *et al*., 1996c）
サイトカイン類
IL－1 β（Kono *et al*., 2002）
ケモカイン（Kono *et al*., 2003）
タイプ1インターフェロン（Robertsen *et al*., 2003）
核酸
ヌクレオチド（Sakai *et al*., 2001）
DNAのCpGモチーフ（Tassakka and Sakai, 2005）
ポリI：C（Kono *et al*., 2013）

投与期間，あるいは魚種による違いなどによってこのような結果になったと考えられる．

一般に，免疫賦活剤で予防できない疾病の多くは，細胞内寄生細菌（食細胞の中でその殺菌メカニズムを逃れて増殖することができる）である（BKD，*E. ictaluri* 感染症，類結節症など）．免疫賦活剤によって食細胞が活性化し，殺菌に係わると考えられる因子の産生が増加することはすでに述べた．しかしこれらの菌は，もともと食細胞の殺菌作用から逃れられる機構が備わっているために，免疫賦

表 5-8　免疫賦活剤で効果が報告されている主な疾病
（代表的な免疫賦活剤と論文を引用）

細菌性疾病
各種ビブリオ病（グルカン）（Robertsen *et al.*, 1990）
レンサ球菌症（ヌクレオチド）（Li *et al.*, 2004）
ラクトコッカス症（シゾフィラン）（Matsuyama *et al.*, 1992）
せっそう病（グルカン）（Nikl *et al.*, 1991）
レッドマウス病（グルカン）（Robertsen *et al.*, 1990）
運動性エロモナス感染症（グルカン）（Selvaraj *et al.*, 2006）
エドワジエラ症（シゾフィラン）（Park and Jeong, 1996）
カラムナリス病（セレンを多量に含んだイースト）（Suomalainen *et al.*, 2009）
ウイルス性疾病
伝染性造血器壊死症（IHN）（グルカン）（Sealey *et al.*, 2008）
伝染性サケ貧血症（ISA）（ヌクレオチド）（Burrells *et al.*, 2001）
イリドウイルス感染症（アルギン酸ナトリウム）（Chiu *et al.*, 2008）
寄生虫による疾病
白点病（ラクトフェリン）（角田ら，1995）
Lama salmonae 感染症（微胞子虫）（グルカン）（Guselle *et al.*, 2007）
うおじらみ（ヌクレオチド）（Burrells *et al.*, 2001）

活剤で活性化した食細胞により殺されない．したがって，これらの菌を殺すレベルまで食細胞の機能を高めるためには特異的な免疫機構（ワクチンなど）の関与が必要である．

8・6　免疫賦活剤の特性

1）投与量

免疫賦活剤は，その効果が最大限に発揮できる適正な投与量があることが明らかにされている．筆者らは，ニジマスに種々の濃度のレバミゾールを注射し，その後，食細胞の活性化を化学発光能の強度を測定することにより適正な投与量を検討した（Kajita *et al.*, 1990）．その結果，コントロールに比べて，0.1 mg, 0.5 mg/kg のレバミゾールを注射した魚は，有意に食細胞の化学発光能の上昇が見られたが，高濃度である 5 mg/kg 投与魚では，コントロール魚と比較して，変化が認められなかった．Robertsen ら（1994）は，各種濃度のイーストグルカンを含む培養液で食細胞を培養後，食細胞の活性化を NBT 法で検討した．その結果，イーストグルカンの免疫賦活作用は，ある濃度を超えると逆に食細胞の機能を阻害することを報告している．このように，適正量以上の免疫賦活剤を与えた場合，その免疫賦活効果が減少したり，あるいは毒性を示すことがある．

2）投与期間

免疫賦活剤の効果は，投与期間においても大きく左右される．松尾・宮園（1993）は，ニジマスにペプチドグルカンを経口的に長期間投与してその有効性について検討した．28 日間の連続投与では，ビブリオ病に対する抵抗力が飛躍的に増強したが，60 日間の連続投与では，ビブリオ病に対する有効性が十分に確認できなかった．Yoshida ら（1995）はアメリカナマズにグルカンもしくはオリゴサッカライドを長期間投与して同様に有効ではなかった結果を得ている．これらの結果は，免疫賦活剤の長期投与はその効果を損ねる可能性を示唆している．今後他の賦活剤についても同様な実験を行う必要があるが，免疫賦活剤の長期間投与については，十分に考慮する必要がある．

3）投与時期

免疫賦活剤は宿主の生体防御のメカニズムを活性化しそれによって病気に対する抵抗性を増加させることはすでに述べた．通常，魚を含む動物の生理学的状態は，恒常性によって維持されている．もし動物がストレスを与えられた場合に，免疫機能は抑制される．特に，この状態になると微生物による感染が起こりやすくなる．免疫賦活剤はこの抑制された状態時に免疫機能の回復を助長し，感染症の発症を防除する．Kitao と Yoshida（1986）は FK-565 がサイクロフォスファミドやコーチゾルによって抑制された免疫機能を回復させることができることを報告している．同様に，角田・黒倉（1995），角田ら（1996）および Kakuta（1998）は，ラクトフェリン投与魚は，様々なストレスに対して免疫機能を向上させることを明らかにしている．

一方，免疫系が正常な状態で免疫賦活剤を使用した場合，免疫系は正常なレベルを上回る．この状態は動物において異常な生理状態であり，恒常性は増加した免疫系を抑制する方向に働くと考えられる．この場合，免疫賦活剤は十分な効果を期待できない．したがって免疫賦活剤の使用は環境の変化，疾病の流行，ハンドリング，スモルト化などの魚がストレスを被る状態と判断される場合にのみ使用を限定すべきであろう．

4）複数の免疫賦活剤の使用

複数の免疫賦活剤を使用した場合，免疫機能は向上するかどうかの研究は，あまり行われていない．ペプチドグルカンやイーストグルカンなどの類似した成分の賦活剤の場合は，併用してもその効果がほとんど見られないと考えられるが，作用が異なる場合では併用の効果が認められる事例もある．Verlhac ら（1996）は，ビタミン C とグルカンを投与してニジマスの白血球の化学発光能の強度を測定した結果，それぞれの単独投与よりも併用の方が高い反応を示したと報告している．Santarem ら（1997）は，イーストグルカンと *V. damsela* の O 抗原を，併用した場合，単独投与よりも，食細胞の殺菌能と活性酸素の産生能が高い値を示すことを報告している．

5）抗生物質と免疫賦活剤との併用

抗生物質と免疫賦活剤との併用について，その免疫機能に関する研究報告はあまり多くない．いくつかの抗生物質は，免疫抑制作用を示すことが知られており，抗生物質投与後の免疫抑制状態を正常な状態にもどすためには，賦活剤が効果的である．Thompson ら（1995）は，オキシテトラサイクリンとグルカンを併用して *V. anguillarum* を感染させ，その発症率を調べた．その結果，それぞれの単独投与よりも併用の方が高い生存率を示し，さらに，リゾチーム活性はオキシテトラサイクリンの単独投与で対照区よりも減少するが，併用することによって増加することを明らかにした．今後，抗生物質と免疫賦活剤の併用についてさらに詳しく検討する必要がある．

6）ワクチンと免疫賦活剤との併用

免疫賦活剤は，本来アジュバントとして開発された物質であるので，抗体産生能を高める働きを有している．Rørstad ら（1993）は，イーストグルカンをアジュバントとしてせっそう病ワクチンとともに投与した場合，そのワクチンの効果が増強することを報告している．同様な事例として，ビブリオワクチンのアジュバントとしてもイーストグルカンは有効であることが明らかにされている

(Baulny *et al*., 1996). ワクチンの効果は増強されなかったが，抗体価の上昇が見られた報告もある (Aakre *et al*., 1994；Ainsworth *et al*., 1994). Kawakami ら（1998）は，種々の免疫賦活剤（ビブリオワクチン，グルカン，キチンおよびフロインド完全アジュバント）を用いて，ブリ類結節症のワクチンのアジュバント効果の研究を行った．そのうち，明らかにワクチンの効果より優れた効果を示したのは，フロインド完全アジュバントのみで，その他の免疫賦活剤については明確な有効性は認められなかった．サイトカインの一種であるインターロイキン 1β（大腸菌で作製した組換えタンパク質）が，優れたアジュバント効果を示すことが Yin と Kawang（2000）によって報告されている．現在までに，このようなアジュバント活性を示す可能性があるサイトカインとして，ＣＣケモカイン，インターフェロン，TNFα などの遺伝子がクローニングされている．今後，これらのサイトカインをアジュバントとして用いた研究が進むものと考えられる．

7）その他の効果

免疫賦活剤は，免疫機能を増加させるがその他の魚や甲殻類に与える効果についてはほとんど知られていない．ビタミン C や E は，免疫賦活作用はあるが，本来は栄養学的に重要な栄養素の 1 つであり様々な作用が知られている．一方，免疫賦活作用がある成長ホルモンやプロラクチンは，成長や浸透圧調節に深く関与している．しかし，グルカン類をはじめとするその他の賦活剤については免疫賦活作用以外明らかにされていない．

免疫賦活剤を投与すると成長が促進されるということが，複数の著者から指摘されている（ペプチドグリカン：Boonyaratpalin *et al*., 1995；グルカン：Sung *et al*., 1994；Mista *et al*., 2006；ヌクレオチド：Adamek *et al*., 1996)．しかし，それを否定する報告も行われている（ラクトフェリン：Yokoyama *et al*., 2006；グルカン：Bagni *et al*., 2005；Whittengton *et al*., 2005)．一方，成長促進作用をもつ成長ホルモンは，魚類の免疫系を活性化することがすでに報告されている (Sakai *et al*., 1996a)．では，その逆はどうなのか．今後，免疫賦活剤の成長促進作用については十分に検討していく必要があると考えられる．

8・7　まとめ

本節で，免疫賦活剤について述べてきた．免疫賦活剤は魚類や甲殻類の食細胞をはじめとする様々な免疫機能を活性化する．しかし，この活性化した免疫機能は，すべての感染症に対する予防にはつながらない．したがって，免疫賦活剤の使用は，感染症の治療ではなく，ストレスなどによって抑制された免疫機能を素早く，正常に引き戻すことを主目的と考えるべきである．この点を十分に考慮すれば，魚介類の微生物感染症を減少させるのに免疫賦活剤は有効であると思われる．　（酒井正博）

文　献

A

Aakre, R., H. I. Wergeland, P. M. Aasjord and C. Endersen (1994): Enhanced antibody response in Atlantic salmon (*Salmo salar* L.) to *Aeromonas salmonicida* cell wall antigens using a bacterin containing β-1, 3-M-glucan as adjuvant, *Fish Shellfish Immunol*., 4, 47-61.

Acosta, F., A. Petrie, K. Lockhart, N. Lorenzen and A. E. Ellis (2005): Kinetics of Mx expression in rainbow trout (*Oncorhynchus mykiss*) and Atlantic salmon (*Salmo salar* L.) parr in response to VHS-DNA vaccination, *Fish Shellfish*

Immunol., 18, 81-89.

Acosta, F., B. Collet, N. Lorenzen and A. E. Ellis（2006）：Expression of the glycoprotein of viral haemorrhagic septicaemia virus（VHSV）on the surface of the fish cell line RTG-P1 induces type I interferon expression in neighbouring cells, *Fish Shellfish Immunol.*, 21, 272-278.

Adamek, Z., J.Hamackova, J. Kouril, R. Vachta and I. Stibranyiova（1996）：Effect of Ascogen probiotics supplementation on farming success in rainbow trout（*Oncorhynchus mykiss*）and wels（*Silurus glais*）under conditions of intensive culture, *Krmiva*（*Zagreb*）, 38, 11-20.

Adams, A., N. Auchinachie, A. Bundy, M. F. Tatner and M. T. Horne（1988）：The potency of adjuvanted injected vaccines in rainbow trout（*Salmo gairdneri* Richardson）and bath vaccines in Atlantic salmon（*Salmo salar* L.）against furunculosis, *Aquaculture*, 69, 15-26.

Adelmann, M., B. Köllner, S. M. Bergmann, U. Fischer, B. Lange, W. Weitschies, P. J. Enzmann and D. Fichtner（2008）：Development of an oral vaccine for immunisation of rainbow trout（*Oncorhynchus mykiss*）against viral haemorrhagic septicaemia, *Vaccine*, 26, 837-844.

Aderem, A. and R.Ulevitch（2000）：Toll-like receptors in the induction of the innate immune response, *Nature*, 406, 782-787.

Adomako, M., S. St-Hilaire, Y. Zheng, J. Eley, R. D. Marcum, W. Sealey, B. C. Donahower, S. Lapatra and P. P. Sheridan（2012）：Oral DNA vaccination of rainbow trout, *Oncorhynchus mykiss*（Walbaum）, against infectious haematopoietic necrosis virus using PLGA [Poly（D,L-Lactic-Co-Glycolic Acid）] nanoparticles, *J. Fish Dis.*, 35, 203-214.

Ainsworth, A. J., C. P. Mao and C. R. Boyle（1994）：Immune responses enhancement in channel catfish, *Ictalurus punctatus*, using β-glucan from *Schizophyllum commune*. In "Modulators of Fish Immune Responses 1 "（ed by J.S. Stolen, T.C. Fletcher）, SOS Publications, Fair Haven, NJ. pp. 67-81.

Ainsworth, A. J., C. D. Rice and L.Xue（1995）：Immune responses of channel catfish, *Ictalurus punctatus*（Rafinesque）, after oral or intraperitoneal vaccination with particulate or soluble *Edwardsiella ictaluri* antigen. *J. Fish Dis.*, 18, 397-409.

Alcorn, S. W. and R. J. Pascho（2000）：Single-dilution enzyme-linked immunosorbent assay for quantification of antigen-specific salmonid antibody, *J. Vet. Diagn. Invest.*, 12, 245-252.

Alexander, J. B., A. Bowers, and S. M. Shamshoon（1981）：Hyperosmotic infiltration of bacteria into trout：Route of entry and the fate of infiltrated bacteria. in "*Developments in biological standardization.*"（ed. by the International Association of Biological Standardization）, *Dev. Biol. Stand.* 49, 441-445.

Allnutt, F.C., R.M.Bowers, C.G.Rowe, V.N.Vakharia, S.E.LaPatra and Dhar, A.K.（2007）：Antigenicity of infectious pancreatic necrosis virus VP2 subviral particles expressed in yeast, *Vaccine*, 25, 4880-4888.

Alonso, M., P. P. Chiou and J. A. Leong（2011）：Development of a suicidal DNA *vaccine* for infectious hematopoietic necrosis virus（IHNV）, *Fish Shellfish Immunol.*, 30, 815-823.

Álvarez, B., J. Álvarez, A. Menéndez and J. A. Guijarro（2008）：A mutant in one of two exbD loci of a TonB system in *Flavobacterium psychrophilum* shows attenuated virulence and confers protection against cold water disease, *Microbiology*, 154, 1144-1151.

Amend, D.F. and D.C.Fender （1976）：Uptake of bovine serum albumin by rainbow trout from hyperosmotic infiltration：a model for vaccinating fish, *Science*, 192, 793-794.

Amend, D.F. and K.A.Johnson（1981）：Current status and future needs of *Vibrio anguillarum vaccines*. In "International Symposium on Fish Biologics：Serodiagnostics and Vaccines"（ed. by D.P. Anderson and W. Hennerssen）*Dev. Biol. Stand.* 49, 403-417.

Anderson, D.P.（1974）：Fish Immunology, T.F.H. Publications. New Jersey. pp.1-239.

Anderson, D.P.（1996）：Environmental factors in fish health：Immunological aspects. In "The fish immune system"（ed. by G. Iwama and T. Nakanishi）. Academic Press. San Diego. pp.289-310.

Anderson, D. P., O. W.Dixon and B.S.Roberson（1979）：Kinetics of the primary immune response in rainbow trout after flush exposure to *Yersinia ruckeri* O-antigen, *Dev. Comp. Immunol.*, 3, 739-744.

Anderson, D.P., B.S.Roberson and O.W.Dixon（1982）：immunosuppression induced by a corticosteroid or an alkylating agent in rainbow trout（*Salmo gairdneri*）administered a *Yersinia ruckeri* bacterin, *Dev. Comp. Immunol., Suppl.*, 2, 197-204.

Anderson, E. D., D. V. Mourich, S. C. Fahrenkrug, S. LaPatra, J. Shepherd and J. A. Leong（1996a）：Genetic immunization of rainbow trout（*Oncorhynchus mykiss*）against infectious hematopoietic necrosis virus. *Mol. Mar. Biol. Biotechnol.*, 5, 114-122.

Anderson, E. D., D. V. Mourich and J. A. Leong（1996b）：Gene expression in rainbow trout（*Oncorhynchus mykiss*）following intramuscular injection of DNA, *Mol. Mar. Biol. Biotechnol.*, 5, 105-113.

Antipa, R., R.Gould R. and D. Amend（1980）：*Vibrio anguillarum* vaccination of sockeye salmon（*Oncorhynchus nerka*）by direct immersion and hyperosmotic immersion, *J. Fish Dis.*, 3, 161-165.

青木　宙（2008）：水産用ワクチンの今後の展望，日本水産資源保護協会月報 1，8-14.

Aoki, T., M. Sakai and S.Takahashi（1984）：Protective immunity in ayu, *Plecoglossus altivelis*, vaccinated by immersion with *Vibrio anguillarum*, *Fish Pathol.*, 19, 181-185.

Austin, B. and Austin, D.A.（1999）：Bacterial fish pathogens. Springer-Verlag. Berlin, pp.1-457.

Azad, I.A., K.N.Shankar, C.V.Mohan and B.Kalita（1999）：

Biofilm *Vaccine* of *Aeromonas hydrophila*- standardization of dose and duration for oral vaccination of carps, *Fish Shellfish Immnol.*, 9, 519-528.

B

Baba, T., J.Imamura, K.Izawa and K.Ikeda (1988) : Immune protection in carp *Cyprinus carpio* L., after immunization with *Aeromonas-hydrophila* crude lipopolysaccharide, *J. Fish Dis.*, 11, 237-244.

Bagni, M., N. Romano, M. G. Finoia, L. Abelli, G. Scapigliati, P. G. Tiscar, M. Sarti and G. Marino (2005) : Short- and long-term effects of a dietary yeast β-glucan (Macrogard) and alginic acid (Ergosan) preparation on immune response in sea bass (*Dicentrarchus labrax*), *Fish Shellfish Immunol.*, 18, 311-325.

Barry, M. A., W. C. Lai and S. A. Johnston (1995) : Protection against mycoplasma infection using expression-library immunization, *Nature*, 377, 632-635.

Baulny, M.O.D., C.Quentel, V.Fournier, F. Lamour, and R.L.Gouvello (1996) : Effect of long-term oral administration of β-glucan as an immunostimulant or an adjuvant on some non-specific parameters of the immune response of turbot *Scophthalmus maximus*, *Dis. Aquat. Org.*, 26, 139-147.

Bernard, J., P. de Kinkelin and M. Bearzotti-Le Berre (1983) : Viral hemorrhagic septicemia of rainbow trout: relation between the G polypeptide and antibody production in protection of the fish after infection with the F25 attenuated variant, *Infect. Immun.*, 39, 7-14.

Biacchesi, S., M. I. Thoulouze, M. Béarzotti, Y. X. Yu and M. Brémont (2000) : Recovery of NV knockout infectious hematopoietic necrosis virus expressing foreign genes, *J. Virol.*, 74, 11247-11253.

Biacchesi, S., M. Béarzotti, E. Bouguyon and M. Brémont (2002) : Heterologous exchanges of the glycoprotein and the matrix protein in a Novirhabdovirus, *J. Virol.*, 76, 2881-2889.

Boonyaratpalin, S., M. Boonyaratpalin, K. Supamattaya and Y. Toride (1995) : Effects of peptidoglucan (PG) on growth, survival, immune responses, and tolerance to stress in black tiger shrimp, *Penaeus monodon*. In "Diseases in Asian Aquaculture 11" (ed by M. Shariff, R.P. Subasighe, J. R. Arthur, J. R.) Fish Health Section, Asian Fisheries Society. Manila, Philippines. pp. 469-477.

Bootland, L.M., P.Dobos and R.M.W.Stevenson (1990) : Fry age and size effects on immersion immunization of brook trout *Salvelinus fontinalis* Mitchell against infectious pancreatic necrosis virus, *J. Fish Dis.*, 13, 113-126.

Boudinot, P., M. Blanco, P. de Kinkelin and A. Benmansour (1998) : Combined DNA immunization with the glycoprotein gene of viral hemorrhagic septicemia virus and infectious hematopoietic necrosis virus induces double-specific protective immunity and nonspecific response in rainbow trout, *Virology*, 249, 297-306.

Boudinot, P., D. Bernard, S. Boubekeur, M. I. Thoulouze, M. Bremont and A. Benmansour (2004) : The glycoprotein of a fish rhabdovirus profiles the virus-specific T-cell repertoire in rainbow trout, *J. Gen. Virol.*, 85, 3099-3108.

Bower, A. and J.B.Alexander (1981) : Hyperosmotic infiltration : immunological demonstration of infiltrating bacteria in brown trout *Salmo trutta* L, *J. Fish Biol.*, 18, 9-13.

Bricknell, I. and R.A.Dalmo (2005) : The use of immunostimulants in fish larval aquaculture, *Fish Shellfish Immunol.*, 19, 457-472.

Buchanan, J. T., J. A. Stannard, X. Lauth, V. E. Ostland, H. C. Powell, M. E. Westerman and V. Nizet (2005) : *Streptococcus iniae* phosphoglucomutase is a virulence factor and a target for vaccine development, *Infect. Immun.*, 73, 6935-6944.

Burkart, M. A., T. G. Clark and H. W. Dickerson (1990) : Immunization of channel catfish, *Ictalurus punctatus* Rafineque, against *Ichthyophthirius multifiliis* (Fouquet): killed versus live vaccines, *J. Fish Dis.*, 13, 401-410.

Burrells, C., P. D. Williams and P. F. Forno (2001) : Dietary nucleotides: a novel supplement in fish feeds: 1. Effects on resistance to disease in salmonids, *Aquaculture*, 199, 159-169.

Byon, J. Y., T. Ohira, I. Hirono and T. Aoki (2005) : Use of a cDNA microarray to study immunity against viral hemorrhagic septicemia (VHS) in Japanese flounder (*Paralichthys olivaceus*) following DNA vaccination, *Fish Shellfish Immunol.*, 18, 135-147.

Byon, J. Y., T. Ohira, I. Hirono and T. Aoki (2006) : Comparative immune responses in Japanese flounder, *Paralichthys olivaceus* after vaccination with viral hemorrhagic septicemia virus (VHSV) recombinant glycoprotein and DNA vaccine using a microarray analysis, *Vaccine*, 24, 921-930.

C

Cain, K. D., S. E. LaPatra, B. Shewmaker, J. Jones, K. M. Byrne and S. S. Ristow (1999a) : Immunogenicity of a recombinant infectious hematopoietic necrosis virus glycoprotein produced in insect cells, *Dis. Aquat. Organ.*, 36, 67-72.

Cain, K. D., K. M. Byrne, A. L. Brassfield, S. E. LaPatra and S. S. Ristow (1999b) : Temperature dependent characteristics of a recombinant infectious hematopoietic necrosis virus glycoprotein produced in insect cells, *Dis. Aquat. Organ.*, 36, 1-10.

Caipang, C. M., I. Hirono and T. Aoki (2006a) : Immunogenicity, retention and protective effects of the protein derivatives of formalin-inactivated red seabream iridovirus (RSIV) vaccine in red seabream, *Pagrus major*, *Fish Shellfish Immunol.*, 20, 597-609.

Caipang, C. M., T. Takano, I. Hirono and T. Aoki (2006b) : Genetic vaccines protect red seabream, *Pagrus major*, upon challenge with red seabream iridovirus (RSIV), *Fish Shellfish Immunol.*, 21, 130-138.

Campbell, R., A.Adams, M.F.Tatner, M. Chair and P. Sorgeloos

(1993)：Uptake of *Vibrio anguillarum* vaccine by *Artemia salina* as a potential oral delivery system to fish fry, *Fish Shellfish Immunol.*, 3, 451-459.

Carpio, Y., L. Basabe, J. Acosta, A. Rodríguez, A. Mendoza, A. Lisperger, E. Zamorano, M. González, M. Rivas, S. Contreras, D. Haussmann, J. Figueroa, V. N. Osorio, G. Asencio, J. Mancilla, G. Ritchie, C. Borroto and M. P. Estrada (2011)：Novel gene isolated from *Caligus rogercresseyi*: a promising target for vaccine development against sea lice, *Vaccine*, 29, 2810-2820.

Chen, D. and A. J. Ainsworth (1992)：Glucan administration potentiates immune defense mechanisms of channel catfish, *Ictalurus punctatus* Rafineque, *J. Fish Dis.*, 15, 295-304.

Cheng, S., Y. H. Hu, X. D. Jiao and L. Sun (2010)：Identification and immunoprotective analysis of a *Streptococcus iniae* subunit vaccine candidate, *Vaccine*, 28, 2636-2641.

Chi, H., Z. Zhang, J. Bøgwald, W. Zhan and R. A. Dalmo (2011)：Cloning, expression analysis and promoter structure of TBK1 (TANK-binding kinase 1) in Atlantic cod (*Gadus morhua* L.), *Fish Shellfish Immunol.*, 30, 1055-1063.

Chico V., M. Ortega-Villaizan, A. Falco, C. Tafalla, L. Perez, J. M. Coll and A. Estepa (2009)：The immunogenicity of viral haemorragic septicaemia rhabdovirus (VHSV) DNA vaccines can depend on plasmid regulatory sequences, *Vaccine*, 27, 1938-1948.

Chiou, P. P., C. H. Kim, P. Ormonde and J. A. Leong (2000)：Infectious hematopoietic necrosis virus matrix protein inhibits host-directed gene expression and induces morphological changes of apoptosis in cell cultures, *J. Virol.*, 74, 7619-7627.

Chiu, S. T., R. T. Tsai, J. P. Hsu, C. H. Liu and W. Cheng (2008)：Dietary sodium alginate administration to enhance the non-specific immune responses, and disease resistance of the juvenile grouper *Epinephelus fuscoguttatus*, *Aquaculture*, 277, 66-72.

Choi, S. H. and K. H. Kim (2011)：Generation of two auxotrophic genes knock-out *Edwardsiella tarda* and assessment of its potential as a combined vaccine in olive flounder (*Paralichthys olivaceus*), *Fish Shellfish Immunol.*, 31, 58-65.

Christie, K. E. (1997)：Immunization with viral antigens: infectious pancreatic necrosis. In "Fish Vaccinology" (ed. by R. Gudding, A. Lillehaug, P. J. Midtlyng and F. Brown). *Dev. Biol Stand.* 90, 191-199.

Cisar, J. O and J. L. Fryer (1974)：Characterization of anti-*Aeromonas salmonicida* antibodies from coho salmon, *Infect. Immun.*, 9, 236-243.

Clark, T. G., Y. Gao, J. Gaertig, X. Wang and G. Cheng (2001)：The I-antigens of *Ichthyophthirius multifiliis* are GPI-anchored proteins, *J. Eukaryot. Microbiol.*, 48, 332-337.

Clément, J. F., S. Meloche and M. J. Servant (2008)：The IKK-related kinases：from innate immunity to oncogenesis, *Cell Res.*, 18, 889-899.

Coban, C., S. Koyama, F. Takeshita, S. Akira and K. J. Ishii (2008)：Molecular and cellular mechanisms of DNA vaccines, *Hum. Vaccine*, 4, 453-456.

Collado, R., B. Fouz, E. Sanjuán and C. Amaro (2000)：Effectiveness of different vaccine formulations against vibriosis caused by *Vibrio vulnificus* serovar E (biotype 2) in European eels *Anguilla Anguilla* , *Dis. Aquat. Organ.*, 43, 91-101.

Companjen, A.R., D.E.Florack, T.Slootweg, J.W.Borst and J. H.Rombout (2006)：Improved uptake of plant-derived LTB-linked proteins in carp gut and induction of specific humoral immune responses upon infeed delivery, *Fish Shellfish Immunol.*, 21, 251-60.

Corbeil, S., S. E. Lapatra, E. D. Anderson, J. Jones, B. Vincent, Y. L. Hsu and G. Kurath (1999)：Evaluation of the protective immunogenicity of the N, P, M, NV and G proteins of infectious hematopoietic necrosis virus in rainbow trout *Oncorhynchus mykiss* using DNA vaccines, *Dis. Aquat. Organ.*, 39, 29-36.

Corbeil, S., G. Kurath and S. E. LaPatra (2000a)：Fish DNA *Vaccine* against infectious hematopoietic necrosis virus：efficacy of various routes of immunization, *Fish Shellfish Immunol.*, 10, 711-723.

Corbeil, S., S. E. LaPatra, E. D. Anderson and G. Kurath (2000b)：Nanogram quantities of a DNA *Vaccine* protect rainbow trout fry against heterologous strains of infectious hematopoietic necrosis virus, *Vaccine*, 18, 2817-2824.

Croy, T.R. and D.F.Amend (1977)：Immunization of sockeye salmon (*Oncorhynchus nerka*) against vibriosis using hyperosmotic infiltration, *Aquaculture*, 12, 317-325.

Costes, B., G. Fournier, B. Michel, C. Delforge, V. S. Raj, B. Dewals, L. Gillet, P. Drion, A. Body, F. Schynts, F. Lieffrig and A. Vanderplasschen (2008)：Cloning of the koi herpesvirus genome as an infectious bacterial artificial chromosome demonstrates that disruption of the thymidine kinase locus induces partial attenuation in *Cyprinus carpio* koi, *J. Virol.*, 82, 4955-4964.

Cuesta, A. and C. Tafalla (2009)：Transcription of immune genes upon challenge with viral hemorrhagic septicemia virus (VHSV) in DNA vaccinated rainbow trout (*Oncorhynchus mykiss*), *Vaccine*, 27, 280-289.

Cuesta, A., E. Chaves-Pozo, A. I. de Las Heras, S. R. Saint-Jean, S. Pérez-Prieto and C. Tafalla (2010)：An active DNA *Vaccine* against infectious pancreatic necrosis virus (IPNV) with a different mode of action than fish rhabdovirus DNA Vaccines, *Vaccine*, 28, 3291-3300.

D

Dalmo, R. A. and J. Bøwald (2008)：β-glucans as conductors of immune symphonies, *Fish Shellfish Immunol.*, 25, 384-96.

Daly, J. G., S. G. Griffiths, A. K. Kew, A. R. Moore and G. Olivier (2001)：Characterization of attenuated *Renibacterium salmoninarum* strains and their use as live vaccines, *Dis.*

Aquat. Organ., 44, 121-126.

Dang, W., M. Zhang and L. Sun（2011）：*Edwardsiella tarda* DnaJ is a virulence-associated molecular chaperone with immunoprotective potential, *Fish Shellfish Immunol.*, 31, 182-188.

Davidson, G. A., A. E. Ellis and C. J. Secombes（1994）：A preliminary investigation into the phenomenon of oral tolerance in rainbow trout（*Oncorhynchus mykiss*, Walbaum, 1792）, *Fish Shellfish Immunol.*, 4, 141-151.

Davis, J. F. and S. S. Hayasaka（1984）：The enhancement of resistance of the American eel, *Anguilla rostrata* Le Sueur, to a pathogenic bacterium *Aeromonas hydrophila*, by an extract of the tunicate *Ecteinascidia turbinate*, *J. Fish Dis.*, 7, 311-316.

de Las Heras, A. I., S. I. Pérez Prieto and S. Rodríguez Saint-Jean（2009）：*In vitro* and *in vivo* immune responses induced by a DNA vaccine encoding the VP2 gene of the infectious pancreatic necrosis virus, *Fish Shellfish Immunol.*, 27, 120-129.

de las Heras, A. I., S. Rodríguez Saint-Jean and S. I. Pérez-Prieto（2010）：Immunogenic and protective effects of an oral DNA vaccine against infectious pancreatic necrosis virus in fish, *Fish Shellfish Immunol.*, 28, 562-570.

Dijkstra, J. M., H. Okamoto, M. Ototake and T. Nakanishi（2001a）：Luciferase expression 2 years after DNA injection in glass catfish（*Kryptopterus bicirrhus*）, *Fish Shellfish Immunol.*, 11, 199-202.

Dijkstra, J. M., U. Fischer, Y. Sawamoto, M. Ototake and T. Nakanishi（2001b）：Exogenous antigens and the stimulation of MHC class I restricted cell-mediated cytotoxicity: possible strategies for fish vaccines, *Fish Shellfish Immunol.*, 11, 437-458.

Dietrich, G., A, Kolb-Mäurer, S. Spreng, M. Schartl, W. Goebel and I. Gentschev（2001）：Gram-positive and gram-negative bacteria as carrier systems for DNA vaccines, *Vaccine*, 19, 2505-2512.

Dorson, M.（1988）：Vaccination against infectious pancreatic necrosis. In "Fish vaccination"（ed. by A. E. Ellis）. Academic Press. London. UK. pp.162-171.

dos Santos, N.M.S., J.J.Taverne-Thiele, A.C.Barnes, W.B.van Muiswinkel, A.E.Ellis and J.H.W.M.Rombout（2001）：The gills a major organ for antibody secreting cell production following direct immersion of sea bass（*Dicentrarchus labrax*, L.）in a *Photobacterium damselae* ssp. *piscicida* bacterin：an ontogenetic study, *Fish Shellfish Immunol.*, 11, 65-74.

Duff, D.C.B.（1942）：The oral immunization of trout against *Bacterium salmonicida*, *J. Immunol.*, 44, 87-94.

Duncan, P.L. and P.H.Klesius（1996）：Dietary immunostimulants enhance nonspecific immune responses in channel catfish but not resistance to *Edwardsiella ictaluri*, *J. Aquat. Anim. Health*, 8, 241-248.

E

枝広知新・浜口昌巳・楠田理一（1990）：ブリ稚魚の連鎖球菌症に対するグリチルリチン投与の影響，水産増殖，38, 239-243.

Eggset, G., A. Mortensen and S. Loken（1999）：Vaccination of Atlamtic salmon（*Salmo salar* L.）before and during smoltification; effects on smoltification and immunological protection, *Aquaculture*, 170, 101-112.

Egidius, E.C. and K.Andersen（1979）：Bath immunization：a practical and non-stressing method of vaccinating sea farmer rainbow trout（*Salmo gairdneri* Richardson）against vibriosis, *J. Fish Dis.*, 2, 406-410.

Einer-Jensen, K., T. N. Krogh, P. Roepstorff and N. Lorenzen（1998）：Characterization of intramolecular disulfide bonds and secondary modifications of the glycoprotein from viral hemorrhagic septicemia virus, a fish rhabdovirus, *J. Virol.*, 72, 10189-10196.

Einer-Jensen, K., L. Delgado, E. Lorenzen, G. Bovo, Ø Evensen, S. Lapatra and N. Lorenzen（2009）：Dual DNA vaccination of rainbow trout（*Oncorhynchus mykiss*）against two different rhabdoviruses, VHSV and IHNV, induces specific divalent protection, *Vaccine*, 27, 1248-1253.

Ellis, A. E.（1988）：Current aspects of fish vaccination, *Dis. Aquat. Org.*, 4, 159-164.

Emmenegger, E. J. and G. Kurath（2008）：DNA vaccine protects ornamental koi（*Cyprinus carpio* koi）against North American spring viremia of carp virus, *Vaccine*, 26, 6415-6521.

Engelking, H. M. and J. C. Leong（1989a）：Glycoprotein from infectious hematopoietic necrosis virus（IHNV）induces protective immunity against five IHNV types, *J. Aquat. Amin. Health*, 1, 291-300.

Engelking, H. M. and J. C. Leong（1989b）：The glycoprotein of infectious hematopoietic necrosis virus elicits neutralizing antibody and protective responses, *Virus Res.*, 13, 213-230.

Engstad, R.E. and B.Robertsen and E. Frivold（1992）：Yeast glucan induces increase in activity of lysozyme and complement-mediated haemolytic activity in Atlantic salmon blood, *Fish Shellfish Immunol.*, 2, 287-297.

Espelid, S., G.B. Løkken, K. Steiro and J. Bøgwald（1996）：Effects of cortisol and stress on the immune system in Atlantic salmon（*Salmo salar* L.）, *Fish Shellfish Immunol.*, 6, 95-110.

Estepa, A. and J. M. Coll（1993）：Enhancement of fish mortality by rhabdovirus infection after immunization with a viral nucleoprotein peptide, *Viral Immunol.*, 6, 237-243.

Estepa, A., M. Thiry and J. M. Coll（1994）：Recombinant protein fragments from haemorrhagic septicaemia rhabdovirus stimulate trout leukocyte anamnestic responses *in vitro, J. Gen. Virol.*, 75, 1329-1338.

Esteve-Gassent, M.D., M.E.Nielsen and C.Amaro（2003）：The kinetics of antibody production in mucus and serum of European eel（*Anguilla anguilla* L.）after vaccination against *Vibrio vulnificus* development of a new method for antibody quantification in skin mucus, *Fish Shellfish Immunol.*, 15, 51-61.

F

Fender, D.C. and D.F.Amend（1978）：Hyperosmotic infiltration：factors influencing the uptake of bovine serum albumin by rainbow trout（*Salmo gairdneri*）, *J. Fish Res. Bd. Can.*, 35, 871-874.

Feng, H., H. Liu, R. Kong, L. Wang, Y. Wang, W. Hu and Q. Guo（2011）：Expression profiles of carp IRF-3/-7 correlate with the up-regulation of RIG-I/MAVS/TRAF3/TBK1, four pivotal molecules in RIG-I signaling pathway, *Fish Shellfish Immunol.*, 30, 1159-1169.

Fernandez-Alonso, M., A. Rocha and J. M. Coll（2001）：DNA vaccination by immersion and ultrasound to trout viral haemorrhagic septicaemia virus, *Vaccine*, 19, 3067-3075.

Fischer, U., K. Utke, T. Somamoto, B. Köllner, M. Ototake and T. Nakanishi（2006）：Cytotoxic activities of fish leucocytes, *Fish Shellfish Immunol.* 20, 209-226.

Fletcher, T. C. and A. White（1973）：Antibody production in the plaice（*Pleuronectes platessa* L.）after oral and parenteral immunization with *Vibrio anguillarum* antigens, *Aquaculture*, 1, 417-428.

Fujiki, K., H. Matsuyama and T. Yano（1994）：Protective effects of sodium alginate against bacterial infection in common carp, *Cyprinus carpio* L., *J. Fish Dis.*, 17, 349-355.

福田　譲・楠田理一（1981）：各種投与法による養殖ハマチ類結節症ワクチンの有効性, 日水誌, 47, 147-150.

Fukuzawa, N., N.Tabayashi, Y.Okinaka, R.Furusawa, K.Furuta, U.Kagaya and T.Matsumura（2010）：Production of biologically active atlantic salmon interferon in transgenic potato and rice plants, *J. Biosci. Bioeng.*, 110, 201-207.

Furusawa, R., Y.Okinaka and T.Nakai（2006）：Betanodavirus infection in the freshwater model fish medaka（*Oryzias latipes*）, *J. Gen. Virology*, 87, 2333-2339.

Fynan, E. F., R. G. Webster, D. H. Fuller, J. R. Haynes, J. C. Santoro and H. L. Robinson（1993）：DNA vaccines：protective immunizations by parenteral, mucosal, and gene-gun inoculations, *Proc. Natl. Acad. Sci. U S A*, 90, 11478-11482.

G

Galina, J., G. Yin, L. Ardó and Z. Jeney（2009）：The use of immunostimulating herbs in fish. An overview of research, *Fish Physiol. Biochem.*, 35, 669-676.

Garver, K. A., C. M. Conway, D.G. Elliott and G. Kurath（2005a）：Analysis of DNA-vaccination fish reveals viral antigen in muscle, kidney and thymus, and transient histopathologic changes, *Mar. Biotechnol.*（*NY*）, 7, 540-553.

Garver, K. A., S. E. LaPatra and G. Kurath（2005b）：Efficacy of an infectious hematopoietic necrosis（IHN）virus DNA vaccine in Chinook *Oncorhynchus tshawytscha* and sockeye *O. nerka salmon*, *Dis. Aquat. Org*an., 64, 13-22.

Garver, K. A., C. M. Conway and G. Kurath（2006）：Introduction of translation stop codons into the viral glycoprotein gene in a fish DNA vaccine eliminates induction of protective immunity, *Mar. Biotechnol.*（*NY*）, 8, 351-356.

Gillund, F., R. Dalmo, T. C. Tonheim, T. Seternes and A. I. Myhr（2008a）：DNA vaccination in Aquaculture – Expert judgments of impacts on environment and fish health, *Aquacult*ure, 284, 25-34.

Gillund, F., K. A. Kjäberg, M. K. von Krauss and A. I. Myhr（2008b）：Do uncertainty analyses reveal uncertainties? Using the introduction of DNA vaccines to aquaculture as a case, *Sci. Total Environ.*, 407, 185-196.

Gilmore Jr., R. D., H. M. Engelking, D. S. Manning and J. C. Leong（1988）：Expression in *Escherichia coli* of an epitope of the glycoprotein of infectious hematopoietic necrosis virus protects against viral challenge, *Bio/Technology*, 6, 295-300.

Goldes, S., A.Ferguson , P-Y.H.W. Daoust and R.D.Moccia（1986）：Phagocytosis of the inert suspended clay kaolin by the gills of rainbow trout *Salmo gairdneri*, *J. Fish Dis.*, 9, 147-152.

Gómez-Chiarri, M. and L. A. Chiaverini（1999）：Evaluation of eukaryotic promoters for the construction of DNA vaccines for aquaculture, *Genet. Anal.*, 15, 121-124.

Gómez-Chiarri, M., S.K. Livingston, C. Muro-Cacho, S. Sanders and R.P. Lenine（1996）：Introduction of foreign genes into the tissue of live fish by direct injection and particle bombardment, *Dis. Aquat. Org.*, 27, 5-12.

Gómez-Casado, E., A. Estepa and J. M. Coll（2011）：A comparative review on European-farmed finfish RNA viruses and their vaccines, *Vaccine*, 29, 2657-2671.

Gould, R.W., P.J.O'Leary, R.L.Garrison, J.S.Rohovec and J.L.Fryer（1978）：Vaccination：a method for the immunization of fish, *Fish Pathol.* 13, 63-68.

Gould, R.W., R.Antipa and D.F.Amend（1979）：Immersion vaccination of sockeye salmon（Oncrhynchus nerka）with two pathogenic strains of *Vibrio anguillarum, J. Fish Res. Board Can.*, 36, 222-225.

Gravningen, K., R.Thorarinsson, L. H.Johansen, B. Nissen, K. S.Rikardsen, E. Greger and M.Vigneulle（1998）：Bivalent vaccines for sea bass（*Dicentrachus labrax*）against vibriosis and pasteurellosis. *J. Appl. Ichiol.*, 14, 158-162.

Gravningen, K., M.Sakai, T.Mishiba and T.Fujimoto（2008）：The efficacy and safety of an oil-based vaccine against *Photobacterium damsela* subsp. *piscicida* in yellowtail（*Seriola quinqueradilata*）：A field study, *Fish Shellfish Immunol.*, 24, 524-528.

Grayson, T. H., L. F. Cooper, A. B. Wrathmell, J. Roper, A. J. Evenden and M. L. Gilpin（2002）：Host responses to Renibacterium salmoninarum and specific components of the pathogen reveal the mechanisms of immune suppression and activation, *Immunology*, 106, 273-283.

Griffiths, S. G., K. J. Melville and K. Salonius（1998）：Reduction of *Renibacterium salmoninarum* culture activity in Atlantic salmon following vaccination with avirulent strains, *Fish Shellfish Immunol*., 8, 607-619.

Grøntvedt, R. N. and S. Espelid（2004）：Vaccination and immune responses against atypical *Aeromonas salmonicida* in spotted wolffish（*Anarhichas minor* Olafsen）juveniles, *Fish Shellfish Immunol*., 16, 271-285.

Grove, S., S. Høie and Ø. Evensen（2003）：Distribution and retention of antigens of *Aeromonas salmonicida* in Atlantic salmon（*Salmo salar* L.）vaccinated with a Delta aroA mutant or formalin-inactivated bacteria in oil-adjuvant, *Fish Shellfish Immunol*., 15, 349-358.

Gudmundsdotter, B.K. and S. Gudmundsdotter（1997）：Evaluation of cross protection by vaccines against atypical and typical furunculosis in Atlantic salmon, *Salmo salar* L, *J. Fish Dis*., 20, 343-350.

Gudmundsdotter, B.K. jonsdottir, H., Steinthorsdottir, V., Magnadottir, B. and S. Gudmundsdotter（1997）：Survival and humoral antibody response of Atlantic salmon, *Salmo salar* L., vaccinated against *Aeromonas salmonicida* ssp. *achromogenes*, *J. Fish Dis*., 20, 351-360.

Guan, L., W. Mu, J. Champeimont, Q. Wang, H. Wu, J. Xiao, W. Lubitz, Y. Zhang and Q. Liu（2011a）：Iron-regulated lysis of recombinant *Escherichia coli* in host releases protective antigen and confers biological containment, *Infect. Immun*., 79, 2608-2618.

Guan, R., J. Xiong, W. Huang and S. Guo（2011b）：Enhancement of protective immunity in European eel（*Anguilla anguilla*）against *Aeromonas hydrophila* and *Aeromonas sobria* by a recombinant *Aeromonas* outer membrane protein, *Acta Biochim. Biophys. Sin.*（*Shanghai*）, 43, 79-88.

Guselle, N.J., R. J. F. Markham and D. J. Speare（2007）：Timing of intraperitoneal administration of *β*-1,3/1,6 glucan to rainbow trout, *Oncorhynchus mykiss*（Walbaum）, affects protection against the microsporidian *Loma salmonae*, *J. Fish Dis*., 30, 111-116.

H

Hamada, K. and K.Mushiake（2006）：Advanced spawning of yellowtail *Seriola quinqueradiata as* early as December by manipulations of both photoperiod and water temperature, *Nippon Suisan Gakkaishi*, 72, 186-192.

Hansen, E., K. Fernandes, G. Goldspink, P. Butterworth, P. K. Umeda and K. C. Chang（1991）：Strong expression of foreign genes following direct injection into fish muscle, *FEBS Lett*., 290, 73-76.

Hardie, L.J., T.C.Fletcher and C.J. Secombes（1990）：The effect of vitamin E on the immune response of Atlantic salmon（*Salmo salar*）, *Aquaculture*., 87, 1-13.

Hardie, L.J., T.C.Fletcher and C.J.Secombes（1991）：The effect of dietary vitamin C on the immune response of Atlantic salmon（*Salmo salar*）, *Aquaculture*, 95, 201-214.

Hardie, L.J., M.J.Marsden, T.C.Fletcher and C.J.Secombes（1993）：*In vitro* addition of vitamin C affects rainbow trout *Oncorhynchus mykiss* leucocytes responses, *Vet. Immunol. Immunopathol*., 40, 73-84.

Harrell, L.W.（1979）：Immunization of fisheries in world mariculture：a review, *Proc. World Maricult. Soc*., 10, 534-544.

Hastein, T., R. Gudding and O.Evensen（2005）：Bacterial vaccines for fish – an update of the current situation worldwide, *Dev. Biol. Stand.* 121, 55-74.

早川　譲・藤巻紀夫・富沢　泰・畑井喜司雄・窪田三朗・沢田健蔵・城　泰彦・磯貝　誠（1988）：アユのビブリオ病ワクチン効果に関する病理組織学的ならびに免疫組織化学的研究，魚病研究，23，85-90.

He, J., Z.Yin, G. Xu, Z. Gong, T. J. Lam and Y. M. Sin（1997）：Protection of goldfish against *Ichthyophthirius multifiliis* by immunization with a recombinant vaccine, *Aquaculture*, 158, 1-10.

Hemmi, H., O. Takeuchi, S. Sato, M. Yamamoto, T. Kaisho, H. Sanjo, T. Kawai, K. Hoshino, K. Takeda and S. Akira（2004）：The roles of two I*κ*B kinase-related kinases in lipopolysaccharide and double stranded RNA signaling and viral infection, *J. Exp. Med*., 199, 1641-1650.

Ho, L. P., J. Han-You Lin, H. C. Liu, H. E. Chen, T. Y. Chen and H. L. Yang（2011）：Identification of antigens for the development of a subunit vaccine against *Photobacterium damselae* ssp. *piscicida, Fish Shellfish Immunol*., 30, 412-419.

Hoel, K., G.H.Olstad and A.Liliehaug（1998）：Adjuvant activities of a *Vibrio salmonicida* bacterin on T-dependent and T-independent antigens in rainbow trout（*Oncorhynchus mykiss*）, *Fish Shellfish Immunol*., 8, 287-293.

Horn, M.E., K.M.Pappu, M.R.Bailey, R.C.Clough, M.Barker, J. M.Jilka, *et al.*（2003）：Advantageous features of plant-based systems for the development of HIV vaccines, *J. Drug Target*., 11, 539-45.

Horne, M.T., M.Tatner, S.McDerment, and C.Agius（1982）：Vaccination of rainbow trout, *Salmo gairdneri* Richardson, at low temperatures and the long-term persistence of protection, *J. Fish Dis*., 5, 343-345.

Hu, Y. H. and L. Sun（2011）：A bivalent *Vibrio harveyi* DNA *Vaccine* induces strong protection in Japanese flounder（*Paralichthys olivaceus*）, *Vaccine*, 29, 4328-4333.

Hu, Y. H., S. Cheng, M. Zhang and L. Sun（2011）：Construction and evaluation of a live vaccine against *Edwardsiella tarda* and *Vibrio harveyi*: laboratory vs. mock field trial, *Vaccine*, 29, 4081-4085.

Hu, Y. H., W. Dang, T. Deng and L. Sun（2012）：*Edwardsiella tarda* DnaK: expression, activity, and the basis for the construction of a bivalent live vaccine against *E. tarda* and *Streptococcus iniae, Fish Shellfish Immunol*., 32, 616-620.

Húsgağ, S., S. Grotmol, B. K. Hjeltnes, O. M. Rødseth and E.

Biering（2001）：Immune response to a recombinant capsid protein of striped jack nervous necrosis virus（SJNNV）in turbot *Scophthalmus maximus* and Atlantic halibut *Hippoglossus hippoglossus*, and evaluation of a vaccine against SJNNV, *Dis. Aquat. Organ*., 45, 33-44.

I

飯田貴次・若林久嗣・江草周三（1982）：ハマチの連鎖球菌症ワクチンについて，魚病研究，16，201-206.

Inglis, V., D.Robertson, K.Miller, K.D.Thompson and R.H.Richards（1996）：Antibiotic protection against recrudescence of latent *Aeromonas salmonicida* during furunculosis vaccination, *J. Fish Dis*., 19, 341-348.

Irie, T., S.Watarai, T.Iwasaki and H. Kodama（2005）：Protection against experimental *Aeromonas salmonicida* infection in carp by oral immunisation with bacterial antigen entrapped liposomes, *Fish Shellfish Immunol*., 18, 235-242.

Ishii, K. J, C. Coban, H. Kato, K. Takahashi, Y. Torii, F. Takeshita, H. Ludwig, G. Sutter, K. Suzuki, H. Hemmi, S. Sato, M. Yamamoto, S. Uematsu, T. Kawai, O. Takeuchi and S. Akira.（2006）：A Toll-like receptor-independent antiviral response induced by double-stranded B-form DNA, *Nat. Immunol*., 7, 40-48.

Ishii, K. J., T. Kawagoe, S. Koyama, K. Matsui, H. Kumar, T. Kawai, S. Uematsu, O. Takeuchi, F. Takeshita, C. Coban and S. Akira（2008）：TANK-binding kinase-1 delineates innate and adaptive immune responses to DNA Vaccines, *Nature*, 451, 725-729.

Itami, T. and R. Kusuda（1980）：Studies on spray vaccination against vibriosis in cultured ayu II. Effects of bentonite and pH on vaccination efficacy, *Bull. Japan. Soc. Sci. Fish*., 46, 533-536.

Itami, T., M. Kondo, M.Uozu, A. Suganuma, T. Abe, A. Nakagawa, N. Suzuki and Y. Takahashi（1996）：Enhancement of resistance against *Enterococcus seriolicida* infection in yellowtail, *Seriola quinqueradiata*（Temminck and Schlegel）, by oral administration of peptidoglucan derived from *Bifidobacterium thermophilum*, *J. Fish Dis*., 19, 185-187.

伊丹利明・高橋幸則・安岡信司・満谷　淳・武居　薫（1992）：噴霧ワクチンを投与したアユの血清と体表粘液中の抗体の ELISA 法による検出，*J. Shimonoseki Univ. Fish*., 40, 183-189.

J

Jang, S.I., M.J.Marsden, Y.G.Kim, M.S. Choi and C.J.Secombes（1995）：The effect of glycyrrhizin on rainbow trout, *Oncorhynchus mykiss*（Walbaum）, leucocyte responses, *J. Fish Dis*., 18, 307-315.

Jault, C., L. Pichon and J.Chluba（2004）：Toll-like receptor gene family and TIR-domain adapters in *Danio rerio, Mol. Immunol*., 40, 759-771.

Jesudhasan P.R. R, C.-W. Tan, N. Hontzeas and P.T.K. Woo（2007a）：A cathepsin L-like cysteine proteinase gene from the protozoan parasite, *Cryptobia salmosotica. Parasitol. Res*., 100, 881-886.

Jesudhasan P.R.R., C.-W. Tan and P.T.K. Woo（2007b）：A metalloproteinase gene from the pathogenic piscine hemoflagellate, *Cryptobia salmosotica, Parasitol. Res*., 100, 899-904.

Jiao, X. D., M. Zhang, Y. H. Hu and L. Sun（2009）：Construction and evaluation of DNA vaccines encoding *Edwardsiella tarda* antigens, *Vaccine*, 27, 5195-5202.

Jiao, X. D., M. Zhang, S. Cheng and L. Sun（2010）：Analysis of *Edwardsiella tarda* DegP, a serine protease and a protective immunogen, *Fish Shellfish Immunol*., 28, 672-677.

Jimenez, N., J. Coll, F. J. Salguero and C. Tafalla（2006）Co-injection of interleukin 8 with the glycoprotein gene from viral haemorrhagic septicemia virus（VHSV）modulates the cytokine response in rainbow trout（*Oncorhynchus mykiss*）, *Vaccine*, 24, 5615-5626.

城　泰彦（1990）：我が国における研究開発（1）アユ．魚類防疫技術書シリーズ8巻「アユとニジマスのビブリオ病ワクチン」．日本水産資源保護協会．pp. 36-54.

Johnson, K.A. and D.F.Amend（1983）：Efficacy of *Vibrio anguillarum* and *Yersinia ruckeri* bacterins applied by oral and anal intubation of salmonids, *J. Fish Dis*., 6, 473-476.

Johnson, K. A., J.K.Flynn and D.F.Amend（1982）：Onset of immunity in salmonid fry vaccinated by direct immersion in *Vibrio anguillarum* and *Yersinia ruckeri* bacterins, *J. Fish Dis*., 5, 197-205.

Joosten, P.H.M., M.Aviles-Trigueros, P.Sorgeloos and J.H.W.H.Rombout（1995）：Oral vaccination of juvenile carp（*Cyprinus carpio*）and gilthead seabream（*Sparus aurata*）with bioencapsulated *Vibrio agnuillarum* bacterin, *Fish Shellfish Immunol*., 5, 289-299.

Joosten, P.H.M., E.Timersma, A.Threels, C.Caumartin-Dhieux and J.H.W.H.Rombout（1997）：Oral vaccination of fish against *Vibrio anguillarum* using alginate microparticles, *Fish Shellfish Immunol*., 7, 471-485.

Jørgensen, J.B., H. Lunde and B. Robertsen（1993）：Peritoneal and head kidney cell response to intraperitoneally injected yeast glucan in Atlantic salmon, *Salmo salar* L, *J. Fish Dis*., 16, 313-325.

K

Kai, Y.H. and S.C.Chi（2008）：Efficacies of inactivated Vaccines against betanodavirus in grouper larvae（*Epinephelus coioides*）by bath immunization, *Vaccine*, 26, 1450-1457.

Kaisho, T. and S.Akira（2001）：Dendritic-cell function in Toll-like receptor- and MyD88-knockout mice, *Trends Immunol*., 22, 78-83.

Kajita, Y., M.Sakai, S.Atsuta and M.Kobayashi（1990）：The immunomodulatory effects of levamisole on rainbow trout, *Oncorhynchus mykiss*, *Fish Pathol*., 25, 93-98.

Kakuta, I.（1998）：Reduction of stress response in carp, *Cyprinus carpio* L., held under deteriorating environmental conditions, by oral administration of bovine lactoferrin, *J. Fish Dis.*, 21, 161-167.

角田 出・黒倉 寿（1995）：マダイの白点虫感染に対するラクトフェリンの防御効果，魚病研究，30，289-290.

角田 出・黒倉 寿・中村浩彦・山内恒治（1996）：ラクトフェリン投与によるマダイ体表粘液の非特異的生体防御活性の増強，水産増殖，44，197-202.

Kanellos, T., I. D. Sylvester, C. R. Howard and P. H. Russell（1999）：DNA is as effective as protein at inducing antibody in fish, *Vaccine*, 17, 965-972.

Kanellos, T., I. D. Sylvester, F. D' Mello, C.R. Howard, A. Mackie, P.F. Dixon, K.-C. Chang, A. Ramstad, P.J. Midtlyng and P. H. Russell（2006）：DNA vaccination can protect *Cyprinus carpio* against spring viraemia of carp virus, *Vaccine*, 24, 4927-4933.

Kato, G., H. Kondo, T. Aoki and I. Hirono（2010）：BCG vaccine confers adaptive immunity against *Mycobacterium* sp. infection in fish, *Dev. Comp. Immunol.*, 34, 133-140.

Kawahara, E. and R. Kusuda（1988）：Location of *Pasteurella piscicida* antigen in tissue of yellowtail *Seriola quinqueradiata* vaccinated by immersion, *Nippon Suissan Gakkaishi*, 54, 1101-1105.

Kawai, K., R. Kusuda and T. Itami（1981）：Mechanisms of protection in ayu vaccinated for vibriosis, *Fish Pathol.*, 15, 257-262.

Kawai, K., S.yamamoto and R.Kusuda（1989）：Plankton-mediated oral delivery of *Vibrio anguillarum* vaccine to juvenile ayu, *Nippon Suisan Gakkaishi*, 55, 35-49.

Kawai, T. and S. Akira（2011）：Toll-like receptors and their crosstalk with other innate receptors in infection and immunity, *Immunity*, 34, 637-650.

Kawakami, H., N.Shinohara, Y.Fukuda, H.Yamashita, H. Kihara and M.Sakai（1997）：The efficacy of lipopolysaccharide mixed chloroform-killed cell（LPS-CKC）bacterin of *Pasteurella piscicida* on yellowtail, *Seriola quinqueradiara*, *Aquaculture*. 154, 95-105.

Kawakami, H., N.Shinohara and M.Sakai（1998）：The non-specific immunostimulation and adjuvant effects of *Vibrio anguillarum* bacterin, M-glucan, chitin or Freund's complete adjuvant in yellowtail *Seriola quinqueradiata* to *Pasteurella piscicida* infection, *Fish Pathol.*, 33, 287-292.

Kawano, K., T. Aoki and T. Kitao（1984）：Duration of protection against vibriosis in ayu *Plecoglossus altivelis* vaccinated by immersion and oral administration with *Vibrio anguillarum*, *Bull. Japan. Soc. Sci. Fish.*, 50, 771-774.

Khushiramani, R. M., B. Maiti, M. Shekar, S. K. Girisha, N. Akash, A. Deepanjali, I. Karunasagar and I. Karunasagar（2012）：Recombinant *Aeromonas hydrophila* outer membrane protein 48（Omp48）induces a protective immune response against *Aeromonas hydrophila* and *Edwardsiella tarda*, *Res. Microbiol.*, 163, 286-291.

Kim, C. H., M. C. Johnson, J. D. Drennan, B. E. Simon, E. Thomann and J. A. Leong（2000）：DNA vaccines encoding viral glycoproteins induce nonspecific immunity and Mx protein synthesis in fish, *J. Virol.*, 74, 7048-7054.

金 鎮卿・清野 宏（2001）：コレラ毒素や大腸菌熱性毒素に応答する腸管免疫システム，蛋白質・核酸・酵素，46，547-555.

Kim, M. S., D. S. Kim and K. H. Kim（2011）：Oral immunization of olive flounder（*Paralichthys olivaceus*）with recombinant live viral hemorrhagic septicemia virus（VHSV）induces protection against VHSV infection, *Fish Shellfish Immunol.*, 31, 212-216.

Kim, T. J., E. J. Jang and J. I. Lee（2008）：Vaccination of rock bream, *Oplegnathus fasciatus*（Temminck & Schlegel）, using a recombinant major capsid protein of fish iridovirus, *J. Fish Dis.*, 31, 547-551.

Kiryu, I. and H.Wakabayashi（1999）：Adherence of suspended particles to the body surface of rainbow trout, *Fish Pathol.*, 34, 177-182.

Kiryu, I., M.Ototake , T.Nakanishi and H.Wakabayashi（2000）：The uptake of fluorescent microspheres into the skin, fins and gills of rainbow trout during immersion, *Fish Pathol.*, 35, 41-48.

Kitao, T. and T. Yoshida（1986）：Effect of an immunopotentiator on *Aeromonas salmonicida* infection in rainbow trout（*Salmo gairdneri*）, *Vet. Immunol. Immunopathol.* 12, 287-291.

Kitao, T., T.Aoki and K.Muroga（1984）：3 New O-Serotypes of *Vibrio anguillarum*, *Bull. Japan. Soc. Sci. Fish.*, 50, 1955-1955.

Kitao. T., T.Eshima and T.Yoshida（1991）：Analysis of protective mechanisms in cultured ayu *Plecoglossus altivelis* Temminck and Schlegel administered vibrio vaccine by the immersion method, *J. Fish Dis.*, 14, 375-382.

Kitao, Y., T. Kono, H. Korenaga, T. Iizasa, K. Nakamura, R. Savan, *et al.*（2009）：Characterization and expression analysis of type I interferon in common carp *Cyprinus carpio* L., *Mol. Immunol.*, 46, 2548-2556.

Klesius, P. H. and C. A. Shoemaker（1999）：Development and use of modified live *Edwardsiella ictaluri* vaccine against enteric septicemia of catfish, *Adv. Vet. Med.*, 41, 523-537.

Kodama, H., Y. Hirota, N. Mukamoto, T. Baba and I. Azuma（1993）：Activation of rainbow trout（*Oncorhynchus mykiss*）phagocytes by muramyl dipeptide, *Dev. Comp. Immunol.*, 17, 129-140.

小松 功（1990）：メーカーにおける開発研究と品質管理（2）ニジマス，魚類防疫技術書シリーズ8巻「アユとニジマスのビブリオ病ワクチン」，日本水産資源保護協会，pp.82-85.

Kono, T., K. Fujiki, M. Nakao, T. Yano, M. Endo and M. Sakai（2002）：The immune responses of common carp, *Cyprinus carpio* L., injected with carp interleukin-1β gene, *J. Interferon Cytokine Res.*, 22, 413-419.

Kono, T., R. Kusuda, E. Kawahara and M. Sakai（2003）：The

analysis of immune responses of a novel CC-chemokine gene from Japanese flounder *Paralichthys olivaceus*, *Vaccine*, 21, 446-457.

Kono, T., H. Takayama, R. Nagamine, H. Korenaga and M. Sakai (2013)：Establishment of a multiplex RT-PCR assay for the rapid detection of fish cytokines, *Vet. Immunol. Immunopath.*, 151, 90-101.

小山正平・河越龍方・審良静男・石井　健（2009）：DNA ワクチンの作用機序, 蛋白質・核酸・酵素, 54（8）, 1096-1100.

Krantz, G.E., J.M.Reddecliff and C.E.heist (1964)：Immune response of trout to *Aeromonas salmonicida*. Part 2. Evaluation of feeding techniques, *Prog, Fish Cult.*, 26, 65-69.

Krishnan, P., P. G. Babu, S. Saravanan, K. V. Rajendran and A. Chaudhari (2009)：DNA constructs expressing long-hairpin RNA (lhRNA) protect *Penaeus monodon* against white spot syndrome virus, *Vaccine*, 27, 3849-3855.

Kumar, S. R., V. Parameswaran, V. P. Ahmed, S. S. Musthaq and A. S. Hameed (2007)：Protective efficiency of DNA vaccination in Asian seabass (*Lates calcarifer*) against *Vibrio anguillarum*, *Fish Shellfish Immunol.*, 23, 316-326.

Kumar, S.R., V.P. I. Ahmed, V. Parameswaran, R. Sudhakaran, V.S. Babu and A. S. S. Hameed (2008a)：Potential use of chitosan nanoparticle for oral delivery of DNA vaccine in Asian sea bass (*Lates calcarifer*) to protect from Vibrio (Listonella) anguillarum, *Fish Shellfish Immunol.*, 25, 47-56.

Kumar, S.R., V.P. I. Ahmed, M. Sarathi, A.N. Basha and A.S.S. Hameed (2008b)：Immunological respomse of *Penaues monodon* to DNA vaccine and its efficacy to protect shrimp against white spot syndrome virus (WSSV), *Fish Shellfish Immunol.*, 24, 467-478.

Kunec, D., L. A. Hanson, S. van Haren, I. F. Nieuwenhuizen and S. C. Burgess (2008)：An overlapping bacterial artificial chromosome system that generates vectorless progeny for channel catfish herpesvirus, *J. Virol.*, 82, 3872-3881.

Kurath, G. (2008)：Biotechnology and DNA Vaccines for aquatic animals, *Rev.Sci. Tech. Off. Int. Epiz.*, 27, 175-196.

Kurath, G., K. A. Garver, S. Corbeil, D. G. Elliott, E. D. Anderson and S. E. LaPatra (2006)：Protective immunity and lack of histopathological damage two years after DNA vaccination against infectious hematopoietic necrosis virus in trout, *Vaccine*, 24, 345-354.

Kurunasagar, I., G. Rosalind and I. Karunasagar (1991)：Immunological response of the Indian major carps to *Aeromonas hydrophila* vaccine, *J. Fish Dis.*, 14, 413-417.

Kuzyk, M. A., J. Burian, D. Machander, D. Dolhaine, S. Cameron, J. C. Thornton and W. W. Kay (2001a)：An efficacious recombinant subunit vaccine against the salmonid rickettsial pathogen *Piscirickettsia salmonis, Vaccine*, 19, 2337-2344.

Kuzyk, M. A., J. Burian, J. C. Thornton and W. W. Kay (2001b)：OspA, a lipoprotein antigen of the obligate intracellular bacterial pathogen *Piscirickettsia salmonis, J. Mol. Microbiol. Biotechnol.*, 3, 83-93.

Kwon, S.R., Y.K.Nam, S.K.Kim and K.H.Kim (2006)：Protection of tilapia (*Oreochromis mosambicus*) from edwardsiellosis by vaccination with *Edwardsiella tarda* ghosts, *Fish Shellfish Immunol.*, 20, 621-626.

Kwon, S.R., E.H.Lee, Y.K.Nam, S.K.Kim and K.H.Kim (2007)：Efficacy of oral immunization with *Edwardsiella tarda* ghosts against edwardsiellosis in olive flounder (*Paralichthys olivaceus*), *Aquaculture*, 269, 84-88.

Kwon, S.R., Y.J.Kang, D.J.Lee, E.H.Lee, Y.K.Nam, S.K.Kim, *et al.* (2009)：Generation of *Vibrio anguillarum* ghost by coexpression of PhiX 174 lysis E gene and staphylococcal nuclease A gene, *Mol Biotechnol.*, 42, 154-159.

L

LaFrentz, B. R., S. E. LaPatra, D. R. Call and K. D. Cain (2008)：Isolation of rifampicin resistant *Flavobacterium psychrophilum* strains and their potential as live attenuated vaccine candidates, *Vaccine*, 26, 5582-5589.

Laing, K.J. and J.D.Hansen (2011)：Fish T cells：recent advances through genomics, *Dev. Comp. Immunol.*, 35, 1282-1295.

Lan, M. Z., X. Peng, M. Y. Xiang, Z. Y. Xia, W. Bo, L. Jie, X. Y. Li and Z. P. Jun (2007)：Construction and characterization of a live, attenuated esrB mutant of *Edwardsiella tarda* and its potential as a vaccine against the haemorrhagic septicaemia in turbot, *Scophthamus maximus* (L.), *Fish Shellfish Immunol.*, 23, 521-530.

LaPatra. S. E., S. Corbeil, G. R. Jones, W. D. Shewmaker, N. Lorenzen, E. D. Anderson and G. Kurath (2001)：Protection of rainbow trout against infectious hematopoietic necrosis virus four days after specific or semi-specific DNA vaccination, *Vaccine*, 19, 4011-4019.

Lawrence, M. L., R. K. Cooper and R. L. Thune (1997)：Attenuation, persistence, and vaccine potential of an *Edwardsiella ictaluri* purA mutant, *Infect. Immun.*, 65, 4642-4651.

Lecocq-Xhonneux, F., M. Thiry, I. Dheur, M. Rossius, N. Vanderheijden, J. Martial and P. de Kinkelin (1994)：A recombinant viral haemorrhagic septicaemia virus glycoprotein expressed in insect cells induces protective immunity in rainbow trout, *J. Gen. Virol.*, 75, 1579-1587.

Lee, J. Y., I. Hirono and T. Aoki (2000)：Stable expression of a foreign gene, delivered by gene gun, in the muscle of rainbow trout *Oncorhynchus mykiss*, *Mar. Biotechnol. (NY)*, 2, 254-258.

Leong, J. A. (1993)：Molecular and biotechnological approaches to fish vaccines, *Curr. Opin. Biotechnol.*, 4, 286-293.

Leong, J. C., R. Barrie, H. M. Engelking, J. Feyereisen-Koener, R. Gilmore, J. Harry, G. Kurath, D. S. Manning, C. L. Mason, L. Obe. rg and J. Wirkkula (1987)：Recombinant viral vaccines in aquaculture. In "Genetics in aquaculture: Proceedings of the sixteenth U.S.-Japan meeting on aquaculture" (ed. by R. S. Svrjcek), *NOAA Technical Report NMFS*, 92, 107-111.

Leong, J. C., T. Crippen, J. Drennan, M. Johnson, D. Jordan, C. Kim, B. Simon, and E. Thomanne（2000）：Development of DNA Vaccines for fish, *Aquacul. Sci.*, 48, 285-290.

Li, M. F., Y. H. Hu, W. J. Zheng, B. G. Sun, C. L. Wang and L. Sun（2012）：Inv1: an *Edwardsiella tarda* invasin and a protective immunogen that is required for host infection, *Fish Shellfish Immunol.*, 32, 586-592.

Li, P., D.H. Lewis, and D.M. Gatlin, 3rd.（2004）：Dietary oligonucleotides from yeast RNA influence immune responses and resistance of hybrid striped bass（*Morone chrysops* x *Morone saxatilis*）to *Streptococcus iniae* infection, *Fish Shellfish Immunol.*, 16, 561-569.

Li, Y. and R.T.Lovell（1985）：Elevated levels of dietary ascorbic acid increase immune responses in channel catfish. *J. Nutr.*, 115, 123-131.

Liang, H. Y., Z. H. Wu, J. C. Jian and Y. C. Huang（2011）：Protection of red snapper（*Lutjanus sanguineus*）against *Vibrio alginolyticus* with a DNA vaccine containing flagellin flaA gene, *Lett. Appl. Microbiol.*, 52, 156-161.

Liewes, E.W., R.H.Van Dam, M.G.Vos-maas and R.Bootsma（1982）：Presence of antigen sensitized leukocytes in carp（*Cyprinus carpio* L.）following bath immunization against *Flexibacter columnaris*, *Vet. Immunol. Immunopadthol.*, 3, 603-609.

Lillehaug, A.（1991）：Vaccination of Atlantic salmon（*Salmo salar* L.）against cold-water vibriosis –duration of protection and effect on growth rate, *Aquaculture*, 92, 99-107.

Lillehaug, A., A.Ramstad, K.Bekken and L.J. Reitan（1993）：Protective immunity in Atlantic salmon（*Salmo salar* L.）vaccinated at different water temperatures, *Fish Shellfish Immunol.*, 3, 143-156.

Lin, C-C., JH-Y.Lin, M-S.Chen, and H-L.Yang（2007）：An oral nervous necrosis virus vaccine that induces protective immunity in larvae of grouper（*Epinephelus coioides*）, *Aquaculture*, 268, 265-273.

Lin, S. H., G. A. Davidson, C. J. Secombes and A. E. Ellis（2000）：Use of a lipid-emulsion carrier for immunization of dab（*Limanda limanda*）by bath and oral routes: an assessment of systemic and mucosal antibody responses, *Aquaculture*, 181, 11-24.

Lobb, C. and W.Clem（1981）：The metabolic relationships of the immunoglobulins in fish serum, cutaneous mucus and bile, *J. Immunol.*, 127, 1525-1529.

Liu, R., J. Chen, K. Li and X. Zhang（2011）：Identification and evaluation as a DNA vaccine candidate of a virulence-associated serine protease from a pathogenic *Vibrio parahaemolyticus* isolate, *Fish Shellfish Immunol.*, 30, 1241-1248.

Liu, W., C. H. Hsu, C. Y. Chang, H. H. Chen and C. S. Lin（2006）：Immune response against grouper nervous necrosis virus by vaccination of virus-like particles, *Vaccine*, 24, 6282-6287.

Liu, Y. and Z. Bi（2007）：Potential use of a transposon Tn916-generated mutant of *Aeromonas hydrophila* J-1 defective in some exoproducts as a live attenuated vaccine, *Prev. Vet. Med.*, 78, 79-84.

Liu, Y., S. Oshima, K. Kurohara, K. Ohnishi and K. Kawai（2005）：Vaccine efficacy of recombinant GAPDH of *Edwardsiella tarda* against Edwardsiellosis, *Microbiol. Immunol.*, 49, 605-612.

Locke, J. B., R. K. Aziz, M. R. Vicknair, V. Nizet and J. T. Buchanan（2008）：*Streptococcus iniae* M-like protein contributes to virulence in fish and is a target for live attenuated vaccine development, *PLoS One*, 3, e2824.

Lorenzen, E., K. Einer-Jensen, LaPatra, S. E. and N. Lorenzen（2000）：DNA vaccination of rainbow trout against viral hemorrhagic septicemia virus：a dose-response and time-course study, *J. Aqut. Anim. Health*, 12, 167-180.

Lorenzen, E., N. Lorenzen, K. Einer-Jensen, B. Brudeseth and Ø. Evensen（2005）：Tume course study of in situ expression of antigens following DNA-vaccination against VHS in rainbow trout（*Oncorhynchus mykiss*, Walbaum）fry, *Fish Shellfish Immunol.*, 19, 27-41.

Lorenzen, N. and N. J. Olesen（1997）：Immunization with viral antigens: viral haemorrhagic septicaemia. In "Fish Vaccinology"（ed. by R. Gudding, A. Lillehaug, P. J. Midtlyng and F. Brown）, *Dve. Biol Stand.* 90, 201-209.

Lorenzen, N., N. J. Olesen, P. E. Jørgensen, M. Etzerodt, T. L. Holtet and H. C. Thøgersen（1993）：Molecular cloning and expression in *Escherichia coli* of the glycoprotein gene of VHS virus, and immunization of rainbow trout with the recombinant protein, *J. Gen. Virol.*, 74, 623-630.

Lorenzen, N., E. Lorenzen, K. Einer-Jensen, T. Wu and H. Davis（1998）：Protective immunity to VHS in rsainbow trout（*Oncorhynchus mykiss*, Walbaum）following DNA vaccination, *Fish Shellfish Immunol.*, 8, 261-270.

Lorenzen, N., E. Lorenzen and K. Einer-Jensen（2001）：Immunity to viral haemorrhagic septicaemia（VHS）following DNA vaccination of rainbow trout at an early life-stage, *Fish Shellfish Immunol.*, 11, 585-591.

Lorenzo, G. A., A. Estepa, S. Chilmonczyk and J. M. Coll（1995）：Different peptides from hemorrhagic septicemia rhabdoviral proteins stimulate leucocyte proliferation with individual fish variation, *Virology*, 212, 348-355.

Løvoll, M., U. Fischer, G.S. Mathisen, J. Bøwald, M. Ototake and R.A. Dalmo（2007）：The C3 subtypes are differentially regulated after immunostimulation in rainbow trout, but head kidney macrophages do not contribute to C3 transcription, *Vet. Immunol. Immunopathol.*, 117, 284-295.

Lumsden, J.S., V.E.Ostland, P.J.Byrne and H.W.Ferguson（1993）：Detection of a distinct gill-surface antibody response following horizontal infection and bath challenge of brook trout *Salvelinus fontinalis* with *Flavobacterium branchiophilum*, the causative agent of bacterial gill disease, *Dis. Aquat. Org.*, 16, 21-27.

Lumsden, J.S., V.E.Ostland, D.D.MacPhee and H.W.Ferguson（1995）：Production of gill-associated and serum antibody by rainbow trout（*Oncorhynchus mykiss*）following immersion immunization with acetone-killed *Flavobacterium branchiophilum* and the relationship to protection from experimental c-Hallenge, *Fish Shellfish Immunol.*, 5, 151-165.

Lund, V., S. Espelid and H. Mikkelsen（2003）：Vaccine efficacy in spotted wolfish *Anarhichas minor*: relationship to molecular variation in A-layer protein of atypical *Aeromonas salmonicida, Dis. Aquat. Organ.*, 56, 31-42.

Lutwyche, P., N.M.Exner, R.E.W.Hancock and T.J.Trust（1995）：A conserved *Aeromonas salmonicida* porin provides protective immunity to rainbow trout, *Infection Immun.*, 63, 3137-3142.

M

MacArthur, J.I., A.W.Thomson and T.C. Fletcher（1985）：Aspects of leucocyte migration in the plaice, *Pleuronectes platessa* L, *J. Fish Biol.* 27, 667-676.

Magarino , J.L.B., Romalde, Y.Santos, J.F.Casal, J.L.Barja and A.E.Toranzo（1994）：Vaccination trials on gilthead seabream（Sparus aurata）against *Pasteurella piscicida, Aquacult*ure, 120, 201-208.

Maiti, B., M. Shetty, M. Shekar, I. Karunasagar and I. Karunasagar（2011）：Recombinant outer membrane protein A（OmpA）of *Edwardsiella tarda*, a potential vaccine candidate for fish, common carp, *Microbiol. Res.*, 167, 1-7.

Majumdar, T., D. Ghosh, S. Datta, C. Sahoo, J. Pal and S. Mazumder（2007）：An attenuated plasmid-cured strain of *Aeromonas hydrophila* elicits protective immunity in *Clarias batrachus* L, *Fish Shellfish Immunol.*, 23, 222-230.

Manninng D. S. and J. C. Leong（1990）：Expression in *Escherichia coli* of the large genomic segment of infectious pancreatic necrosis virus, *Virology*, 179, 16-25.

間野伸宏・乾　享哉・荒井大介・広瀬一美・出口吉昭（1996）：*Cytophaga columnaris* に対するウナギ皮膚の免疫応答, 魚病研究, 31, 65-70.

Marsden, M. J., L. M. Vaughan, T. J. Foster and C. J. Secombes（1996）：A live（delta aroA）*Aeromonas salmonicida* vaccine for furunculosis preferentially stimulates T-cell responses relative to B-cell responses in rainbow trout（*Oncorhynchus mykiss*）, *Infect. Immun.*, 64, 3863-3869.

Marshall, S. H., P. Conejeros, M. Zahr, J. Olivares, F. Gómez, P. Cataldo and V. Henríquez（2007）：Immunological characterization of a bacterial protein isolated from salmonid fish naturally infected with *Piscirickettsia salmonis, Vaccine.* 25, 2095-2102.

Martin, S. A., S. C. Blaney, D. F. Houlihan and C. J. Secombes（2006）：Transcriptome response following administration of a live bacterial vaccine in Atlantic salmon（*Salmo salar*）, *Mol. Immunol.*, 43, 1900-1911.

Martinez-Alonso, S., A. Martinez-Lopez, A. Estepa, A. Cuesta and C. Tafalla（2011）：The introduction of multi-copy CpG motifs into an antiviral DNA vaccine strongly up-regulates its immunogenicity in fish, *Vaccine*, 29, 1289-1296.

松尾　建・宮園　勲（1993）：ペプチドグリカンの長期経口投与がニジマス稚魚の抗病性と成長に及ぼす影響，日本水産学会誌, 59, 1377-1379.

Matsuyama, H., R.E.P.Mangindaan and T.Yano（1992）：Protective effect of schizophyllan and scleoglucan against *Streptococcus* sp. infection in yellowtail（*Seriola quinqueradiata*）, *Aquaculture*, 101, 197-203.

Matsuyama, T., A. Fujiwara, C.Nakayasu, T.Kamaishi, N. Oseko, I. Hirono and T.Aoki（2007）：Gene expression of leucocytes in vaccinated Japanese flounder（*Paralichthys olivaceus*）during the course of experimental infection with *Edwardsiella tarda*, *Fish Shellfish Immunol.*, 22, 598-607.

Maurice, S., M. Dekel, O. Shoseyov and A. Gertler（2003）：Cellulose beads bound to cellulose binding domain-fused recombinant proteins; an adjuvant system for parenteral vaccination of fish, *Vaccine*, 21, 3200-3207.

Maurice, S., A. Nussinovitch, N. Jaffe, O. Shoseyov and A. Gertler（2004）：Oral immunization of *Carassius auratus* with modified recombinant A-layer proteins entrapped in alginate beads, *Vaccine*, 23, 450-459.

McCarthy, D.H., D.F.Amend, K.A.Johnson and J.V.bloom（1983）：*Aeromonas salmonicida*：determination of an antigen associated with protective immunity and evaluation of an experimental bacterin, *J. Fish Dis.*, 6, 155-174.

McLean, E. and R.Ash（1986）：The time course of appearance and net accumulation of horseradish peroxidase（HRP）presented orally to juvenile carp *Cyprinus carpio*（L.）, *Comp. Biochem. Physiol.*, 84（A）, 687-690.

McLean, E. and R. Ash（1987）：The time course of appearance and net accumulation of horseradish peroxidase（HRP）presented orally to rainbow trout *Salmo gairdneri*（Richardson）, *Comp. Biochem. Physiol.*, 88（A）, 507-510.

Merrifield, D.J., A. Dimitrogloi, A. Foey, S.J. Davies, R.T.M. Baker, J. Bogwald, M. Castex and E. Ringo（2010）：The current status and future focus of probiotic and prebiotic applications for salmonids, *Aquaculture*, 302, 1-18.

Midtlyng, P.J., L.J.Reitan and L.Speilberg（1996）：Experimental studies on the efficacy and side-effects of intraperitoneal vaccination of Atlantic salmon（*Salmo salar* L.）against furunculosis, *Fish Shellfish Immunol.*, 6, 335-350.

Midtlyng, P.J. and A.Lillehaung（1998）：Growth of Atlantic salmon *Salmo salar* after intraperitoneal administration of vaccines containing adjuvants, *Dis. Aquat. Org.*, 32, 91-97.

Mikalsen, A. B., H. Sindre, J. Torgersen and E. Rimstad（2005）：Protective effects of a DNA vaccine expressing the infectious salmon anemia virus hemagglutinin-esterase in Atlantic salmon, *Vaccine*, 23, 4895-4905.

Mikalsen, A. B., J. Torgersen, P. Aleström, A. L. Hellemann, E. O. Koppang and E. Rimstad（2004）：Protection of atlantic salmon *Salmo salar* against infectious pancreatic necrosis after DNA vaccination, *Dis. Aquat. Org*an., 60, 11-20.

Min, L., Z. Li-Li, G. Jun-Wei, Q. Xin-Yuan, L. Yi-Jing and L. Di-Qiu (2012): Immunogenicity of *Lactobacillus*-expressing VP2 and VP3 of the infectious pancreatic necrosis virus (IPNV) in rainbow trout, *Fish Shellfish Immunol.*, 32, 196-203.

Miquel, A., I. Müller, P. Ferrer, P. D. Valenzuela and L. O. Burzio (2003): Immunoresponse of Coho salmon immunized with a gene expression library from *Piscirickettsia salmonis*, *Biol. Res.*, 36, 313-323.

Misra, C.K., B.K. Das, S.C. Mukherjee and P. Pattnaik (2006): Effect of long term administration of dietary β-glucan on immunity, growth and survival of *Labeo rohita* fingerlings, *Aquaculture*, 255, 82-94.

Montero, J., A. Estepa, J. Coll and C. Tafalla (2008): Regulation of rainbow trout (*Oncorhynchus mykiss*) interleukin-8 receptor (IL-8R) gene transcription in response to viral hemorrhagic septicemia virus (VHSV), DNA vaciination and chemokines, *Fish Shellfish Immunol.*, 25, 271-280.

Moore, J.D., M.Ototake and T.Nakanishi (1998): Particulate antigen uptake during immersion immunization of fish: The effectiveness of prolonged exposure and the roles of skin and gill, *Fish Shellfish Immunol.*, 8, 393-407.

Moral, C. H., E. F. del Castillo, P. L. Fierro, A. V. Cortés, J. A. Castillo, A. C. Soriano, M. S. Salazar, B. R. Peralta and G. N. Carrasco (1998): Molecular characterization of the *Aeromonas hydrophila aroA* gene and potential use of an auxotrophic *aroA* mutant as a live attenuated vaccine, *Infect. Immun.*, 66, 1813-1821.

Mu, W., L. Guan, Y. Yan, Q. Liu and Y. Zhang (2011a): A novel in vivo inducible expression system in *Edwardsiella tarda* for potential application in bacterial polyvalence vaccine, *Fish Shellfish Immunol.*, 31, 1097-1105.

Mu, X., J. W. Pridgeon and P. H. Klesius (2011b): Transcriptional profiles of multiple genes in the anterior kidney of channel catfish vaccinated with an attenuated *Aeromonas hydrophila, Fish Shellfish Immunol*, 31, 1162-1172.

Mughal, M.S., E.K.Farley-Ewens and M.J.Manning (1986): Effects of direct immersion in antigen on immunological memory in young carp, *Cyprinus carpio*, *Vet. Immunol. Immunopathol.*, 12, 181-192.

Muroga, K., A.Nakajima and T.Nakai (1995): Humoral immunity in ayu, *Plecoglossus altivelis*, immunized with *Vibrio anguillarum* by immersion method, *Dis. Asian Aquacult*ure, **II**, 441-449.

Myhr A. I. and R. A. Dalmo (2005): Introduction of genetic engineering in aquaculture: Ecological and ethical implications for *Science* and governance, *Aquaculture*, 250, 542-554.

N

Nakajima, N., M. Kijima, M. Kawanishi, G. Katou, K. Futami, T. Katagiri, M. Endo and M. Maita (2012): Analysis of immune response in yellowtail upon vaccination with a bivalent *Vaccine* of *Vibrio anguillarum* and *Lactococcus garvieae*, *Fish Pathol.*, 47, 12-19.

Nakanishi, T. and M. Ototake. (1997): Antigen uptake and immune responses after immersion vaccination. In "*Fish vaccinology*" (ed. By Gudding R, Lillehaug A., Midtlyng P.J. and Brown F.), *Dev. Biol. Stand.* 90, 59-68.

中西照幸・乙竹　充 (2009): 水産用ワクチンハンドブック. 恒星社厚生閣. pp. 1-130.

Nakanishi, T., I.Kiryu, and M.Ototake (2002): Development of a new vaccine delivery method for fish: percutaneous administration by immersion with application of a multiple puncture, *Vaccine*, 20, 3764-3769.

Nikl, L., L. J. Albright and T. P. T. Evelyn (1991): Influence of seven immunostimulants on the immune responses of coho salmon to *Aeromonas salmonicida*, *Dis. Aquat. Org.*, 12, 7-12.

Ningqiu, L., B. Junjie, W. Shuqin, F. Xiaozhe, L. Haihua, Y. Xing and S. Cunbin (2008): An outer membrane protein, *OmpK*, is an effective vaccine candidate for *Vibrio harveyi* in Orange-spotted grouper (*Epinephelus coioides*), *Fish Shellfish Immunol.*, 25, 829-833.

Ninomiya, M., H. Hatta, M. Fujiki, M. Kim, T. Yamamoto and R. Kusuda (1995): Enhancement of chemotactic activity of yellowtail (*Seriola quinqueradiata*) leucocytes by oral administration of *Quillaja saponin*, *Fish Shellfish Immunol.*, 5, 325-328.

Noga, E. J. and J. X. Hartmann (1981): Establishment of walking catfish (*Clarias batrachus*) cell lines and development of a channel catfish (*Ictalurus punctatus*) virus vaccine, *Can. J. Fish. Aquat. Sci.*, 38, 925-930.

Noonan, B., P. J. Enzmann and T. J. Trust (1995): Recombinant infectious hematopoietic necrosis virus and viral hemorrhagic septicemia virus glycoprotein epitopes expressed in *Aeromonas salmonicida* induce protective immunity in rainbow trout (*Oncorhynchus mykiss*), *Appl. Environ. Microbiol.*, 61, 3586-3591.

Norqvist, A., A. Hagström and H. Wolf-Watz (1989): Protection of rainbow trout against vibriosis and furunculosis by the use of attenuated strains of *Vibrio anguillarum, Appl. Environ. Microbiol.*, 55, 1400-1405.

Novoa, B., A. Romero, V. Mulero, I. Rodríguez, I. Fernández and A. Figueras (2006): Zebrafish (*Danio rerio*) as a model for the study of vaccination against viral haemorrhagic septicemia virus (VHSV), *Vaccine*, 24, 5806-5816.

Nusbaum, K. E., B. F. Smith, P. DeInnocentes and R. C. Bird (2002): Protective immunity induced by DNA vaccination of channel catfish with early and late transcripts of the channel catfish herpesvirus (IHV-1), *Vet. Immunol. Immunopathol.*, 84, 151-168.

O

Oberg, L. A., J. Wirkkula, D. Mourich and J. C. Leong (1991):

Bacterially expressed nucleoprotein of infectious hematopoietic necrosis virus augments protective immunity induced by the glycoprotein vaccine in fish, *J. Virol*., 65, 4486-4489.

Olivares-Fuster, O., J. S. Terhune, C. A. Shoemaker and C. R. Arias（2010）：Cloning, expression, and immunogenicity of *Flavobacterium columnare* heat shock protein DnaJ, *J. Aquat. Anim. Health*, 22, 78-86.

Olivier, G., T.P.T.Evelyn and R.Lallier（1985）：Immunity to *Aeromonas salmonicida* in coho salmon（*Oncorhynchus kisutch*）induced by modified Freund's complete adjuvant：its non-specific nature and the probable role of macrophages in the phenomenon, *Dev. Comp. Immunol*., 9, 419-432.

Ooyama, T., A.Kera, T.Okada, V.inglis and T.Yoshida（1999）：The protective immune responses of yellowtail *Seriola quinqueradiata* to the bacterial fish pathogen *Lactococcus garvieae*, *Dis. Aquat. Org*., 37, 121-126.

Ototake, M. and T.Nakanishi（1992a）：Kinetics of bovine serum albumin in fish plasma after hyperosmotic infiltration treatment：comparison between marine and freshwater fish, *Aquaculture*, 103, 229-240.

Ototake, M. and T. Nakanishi（1992b）：Effect of water temperature on kinetics of bovine serum albumin in the plasma of rainbow trout *Oncorhynchus mykiss* after bath administration, *Nippon Suisan Gakkaishi*, 58, 1301-1305.

Ototake, M., K.Ikeda and T.Nakanishi（1992）：Comparison of uptake of bovine serum albumin by marine and freshwater fish after hyperosmotic infiltration treatment, *Aquaculture*, 103, 187-194.

Ototake, M., J.D. Moore and T.Nakanishi（1996）：The uptake of bovine serum albumin by the skin of bath immunized rainbow trout *Oncorhynchus mykiss*, *Fish Shellfish Immunol*., 6, 321-333.

Ototake, M., J.D.Moore and T.Nakanishi（1998）：The effectiveness of prolonged exposure on soluble antigen uptake during immersion immunization, *Fish Pathol*., 33, 91-94.

Ototake, M., J.D.Moore and T. Nakanishi（1999）：Prolonged immersion improves the effectiveness of dilute vibrio vaccine for rainbow trout, *Fish Pathol*., 34, 151-154.

乙竹　充（1999）：ワクチン利用で魚病対策はどう変わるか？，クアネット，2，17-21.

P

Palm, J. R. C., M. L. Landolt and R. A. Busch（1998）：Route of vaccine administration: Effects on the specific humoral response in rainbow trout *Oncorhynchus mykiss*, *Dis. Aqu. Org*., 33, 157-166.

Palmer, R. and P.R.Smith（1980）：Studies on vaccination of Atlantic salmon against furunculosis. In "Fish Diseases"（ed by W. Ahne）Springer-Verlag, Berlin, pp. 107-112.

Pan, C. Y., T. C. Huang, Y. D. Wang, Y. C. Yeh, C. F. Hui and J. Y. Chen（2012）：Oral administration of recombinant epinecidin-1 protected grouper（*Epinephelus coioides*）and zebrafish（*Danio rerio*）from *Vibrio vulnificus* infection and enhanced immune-related gene expressions, *Fish Shellfish Immunol*., 32, 947-957.

Park, K. H. and H.D. Jeong（1996）：Enhanced resistance against *Edwardsiella tarda* infection in tilapia（*Oreochromis niloticus*）by administration of protein-bound polysaccharhide, *Aquaculture*, 141, 135-143.

Pasnik, D. J. and S. A. Smith（2005）：Immunogenic and protective effects of a DNA vaccine for *Mycobacterium marinum* in fish, *Vet. Immunol. Immunopathol*., 103, 195-206.

Pasnik, D. J. and S. A. Smith（2006）：Immune and histopathologic responses of DNA-vaccinated hybrid striped bass *Morone saxatilis* x *M. chrysops* after acute *Mycobacterium marinum* infection, *Dis. Aquat. Org*an., 73, 33-41.

Paterson, W.D. and J.L.Fryer（1974）：Immune responses of juvenile coho salmon（*Oncorhynchus kisutch*）to *Aeromonas salmonicida* cells administered intraperitoneally in Freund's complete adjuvant, *J. Fish. Res. Board Can*., 31, 1751-1755.

Paterson, W.D., S.P.Lall and D.Desautels（1981）：Studies on bacterial kidney disease in Atlantic salmon（*Salmo salar*）in Canada, *Fish Pathol*., 15, 588-598.

Peñaranda, M. M., S. E. Lapatra and G. Kurath（2011）：Specificity of DNA vaccines against the U and M genogroups of infectious hematopoietic necrosis virus（IHNV）in rainbow trout（*Oncorhynchus mykiss*）, *Fish Shellfish Immunol*., 31, 43-51.

Perelberg, A., A. Ronen, M. Hutoran, Y. Smith and M. Kotler（2005）：Protection of cultured *Cyprinus carpio* against a lethal viral disease by an attenuated virus vaccine, *Vaccine*, 23, 3396-3403.

Perelberg, A., M. Ilouze, M. Kotler and M. Steinitz（2008）：Antibody response and resistance of *Cyprinus carpio* immunized with cyprinid herpes virus 3（CyHV-3）, *Vaccine*, 26, 3750-3756.

Pickering, A. D.（1997）：Husbandry and stress. In "Fulunculosis：Multidisciplinary Fish Disease Research"（ed. by E.M. bernoth, A.E. Ellis, P.J. Midtlyng, G. Olivier, P. Smith）. Academic Press. London, pp.178-202.

Pietras, E.M., S.K.Saha and G.Cheng（2006）：The interferon response to bacterial and viral infections, *J. Endotoxin Res*., 12, 246-250.

Plumb, J.A., M.L.Wise and W.A.Rogers（1986）：Modulatory effects of temperature on antibody response and specific resistance to challenge of channel catfish *Ictalurus punctatus* immunized against *Edwardsiella ictaluri*, *Vet. Immunol. Immunopathol*., 12, 297-304.

Pridgeon, J. W., C. A. Shoemaker and P. H. Klesius（2010）：Identification and expression profile of multiple genes in the anterior kidney of channel catfish induced by modified live *Edwardsiella ictaluri* vaccination, *Vet. Immunol. Immunopathol*., 134, 184-198.

Priya T.A.J., Y.-H. Lin, Y.-C. Wang, C.-S. Yang, P.-S. Chang and

Y.-L. Song (2012) : Codon changed immobilization antigen (iAg), a potent DNA vaccine in fish against *Cryptocaryon irritans infection*, *Vaccine*, 30, 893-903.

Purcell, M. K., G. Kurath, K. A. Garver, R. P. Herwig and J. R. Winton (2004) : Quantitative expression profiling of immune response genes in rainbow trout following infectious haematopoietic necrosis virus (IHNV) infection or DNA vaccination, *Fish Shellfish Immunol.*, 17, 447-462.

Purcell, M.K., K.D.Smith, A.Aderem, L.Hood, J.R. Winton and J.C.Roach (2006a) : Conservation of Toll-like receptor signaling pathways in teleost fish, *Comp. Biochem, Physiol. Part D*, 1, 77-88.

Purcell, M. K., K. M. Nichols, J. R. Winton, G. Kurath, G. H. Thorgaard, P. Wheeler, J. D. Hansen, R. P. Herwig and L. K. Park (2006b) : Comprehensive gene expression profiling following DNA vaccination of rainbow trout against infectious hematopoietic necrosis virus, *Mol. Immunol.*, 43, 2089-2106.

Q

Qian, R., W. Chu, Z. Mao, C. Zhang, Y. Wei and L. Yu (2007) : Expression, characterization and immunogenicity of a major outer membrane protein from *Vibrio alginolyticus, Acta Biochim. Biophys. Sin. (Shanghai)*, 39, 194-200.

Quentel, C., V.Fournier, M.Ogier de Baulny and F.Lamour (1994) : Protection and antibody response following oral and intraperitoneal vaccination against vibriosis in turbot (*Scophthalmus maximus* L.). 6e Colloque International de Pathologie en *Aquacult*ure Marine. Montpellier. 18pp.

R

Rahman, A. and N. Maclean (1992) : Fish transgene expression by direct injection into fish muscle, *Mol. Mar. Biol. Biotechnol.*, 1, 286-289.

Rahman, M.H., M. Ototake, Y. Iida, Y. Yokomizo and T. Nakanishi (2000) : Efficacy of oil-adjuvant vaccine for coldwater disease in ayu *Plecoglossus altivelis*, *Fish Pathol.*, 35, 199-203.

Ramstad, A., A. B. Romstad, D. H. Knappskog and P. J. Midtlyng (2007) : Field validation of experimental challenge models for IPN vaccines, *J. Fish Dis.*, 30, 723-731.

Raz, E., D. A. Carson, S. E. Parker, T. B. Parr, A. M. Abai, G. Aichinger, S. H. Gromkowski, M. Singh, D. Lew and M. A. Yankauckas (1994) : Intradermal gene immunization : the possible role of DNA uptake in the induction of cellular immunity to viruses, *Proc. Natl. Acad. Sci. U S A*, 91, 9519-9523.

Rhodes, L. D., C. K. Rathbone, S. C. Corbett, L. W. Harrells and M. S. Strom (2004) : Efficacy of cellular vaccine and genetic adjuvant against bacterial kidney disease in Chinook salmon (*Oncoryhnchus tshawytscha*), *Fish Shellfish Immunol.*, 16, 461-474.

Ristow, S. S., S. E. LaPatra, R. Dixon, C. R. Pedrow, W. D. Shewmaker, J. W. Park and G. H. Thorgaard (2000) : Responses of cloned rainbow trout *Oncorhynchus mykiss* to an attenuated strain of infectious hematopoietic necrosis virus, *Dis. Aquat. Organ.*, 42, 163-172.

Robertsen, B., G. Rørstad, R. Engstad and J. Raa (1990) : Enhancement of non-specific disease resistance in Atlantic salmon, *Salmo salar* L., by a glucan from *Saccharomyces cerevisiae* cell walls, *J. Fish Dis.*, 13, 391-400.

Robertsen, B., R.E. Ehgstad and J.B.Jørgensen (1994) : β-glucan as immunostimulants in fish. In "Modulators of Fish Immune Responses 1 " (ed by J.S. Stolen, T. C. Fletcher). SOS Publications. Fair Haven. NJ. pp.83-99.

Robertsen, B., V.Bergan, T.Rokenes, R.Larsen, and A.Albuquerque (2003) : Atlantic salmon interferon genes : cloning, sequence analysis, expression, and biological activity, *J. Interferon Cytokine Res.*, 23, 601-612.

Robinson, H. L., Hunt, L. A. and R. G.Webster (1993) Protection against a lethal influenza virus challenge by immunozation with a haemagglutinin-expressing plasmid DNA, *Vaccine*, 11, 957-960.

Robohm, R.A. (1986) : Evidence that intestine is the principal route of antigen uptake in bath immunized fish, *Dev. Comp. Immunol.*, 10, 145. (abstract).

Rocha, A., S. Ruiz, C. Tafalla and J. M. Coll (2004) : Conformation- and fusion-defective mutations in the hypothetical phospholipid-binding and fusion peptides of viral hemorrhagic septicemia salmonid rhabdovirus protein G, *J. Virol.*, 78, 9115-9122.

Rombout, J.H.W.H., C.H.J.Lamer, M.H.Helfrich, A.Dekker and J.J.Taverne-Thiele (1985) : Uptake and transport of intact macromolecules in the intestinal epithelium of carp (*Cyprinus carpio* L.) and the possible immunological implications, *Cell Tissue Res.*, 239, 519-530.

Rombout, J.H.W.H., L.J.Block, C.H.J.Lamers and E.Egberts (1986) : Immunization of carp (*Cyprinus carpio*) with *Vibrio anguillarum* bacterium : indications for a common mucosal immune system, *Dev. Comp. Immunol.*, 10, 341-351.

Rombout, J.W.H.M., A.A.van den Berg, C.T.G.A.Berg, P.Witte and E.Egberts (1989) : Immunological importance of the second gut segment of carp. III. Systemic and/ or mucosal immune responses after immunization with soluble or particulate antigen, *J. Fish Biol.*, 35, 179-186.

Romero, A., A. Figueras, C. Tafalla, M. I. Thoulouze, M. Bremont and B. Novoa (2005) : Histological, serological and virulence studies on rainbow trout experimentally infected with recombinant infectious hematopoietic necrosis viruses, *Dis. Aquat. Organ.*, 68, 17-28.

Romero, A., A. Figueras, M. I. Thoulouze, M. Bremont and B. Novoa (2008) : Recombinant infectious hematopoietic necrosis viruses induce protection for rainbow trout *Oncorhynchus mykiss, Dis. Aquat. Organ.*, 80, 123-135.

Romero, A., S. Dios, M. Bremont, A. Figueras and B. Novoa (2011) : Interaction of the attenuated recombinant rIHNV-

Gvhsv GFP virus with macrophages from rainbow trout (*Oncorhynchus mykiss*), *Vet. Immunol. Immunopathol.*, 140, 119-129.

Ronsholdt, B. and E.McLean (1999)：The effect of vaccination and vaccine components upon short-term growth and feed conversion efficiency in rainbow trout, *Aquaculture.*, 174, 213-221.

Rørstad, G., P.M.Aasjord and B.Robertsen (1993)：Adjuvant effect of a yeast glucan in vaccines against furunculosis in Atlantic salmon (*Salmo salar* L.), *Fish Shellfish Immunol.*, 3, 179-190.

Ruiz, S., C. Tafalla, A. Cuesta, A. Estepa and J. M. Coll (2008)：*In vitro* search for alternative promoters to the hunan immediate early cytomegalovirus (IE-CMV) to express the G gene of viral haemorrhagic septicemia virus (VHSV) in fish epithelial cells, *Vaccine*, 26, 6620-6629.

Russell, P. H., T. Kanellos, I. D. Sylvester, K. C. Chang and C. R. Howard (1998)：Nucleic acid immunisation with a reporter gene results in antibody production in goldfish (*Carassius auratus* L.), *Fish Shellfish Immunol.*, 8, 121-128.

Russell, P. H., T. Kanellos, M. Negrou, and A. G. Ambali (2000)：Antibody responses of goldfish (*Carassius auratus* L.) to DNA-immunisation at different temperatures and feeding levels, *Vaccine*, 18, 2331-2336.

S

Saeed, M.O. and J.A.Plumb (1986)：Immune response of channel catfish to lipopolysaccharide and whole cell *Edwardsiella ictaluri* vaccines, *Dis. Aquat. Org.*, 2, 21-25.

Sakai, M. (1997)：Efficacy of β-haemolytic streptococcal *Vaccine* in rainbow trout *Oncorhynchus mykiss*. In "Fish Vaccinilogy" (ed. by R. Gudding, R. Lillehaung, P.J. Midtlyng, F. Brown), *Dev. Biol. Stand.*, 90, 454.

Sakai, M. (1999)：Current research status of fish immunostimulants, *Aquaculture*, 172, 63-92.

Sakai, M., R.Kubota, S.Atsuta and M.Kobayashi (1987)：Vaccination of rainbow trout *Salmo gairdneri* against β-haemolytic streptococcal disease, *Nippon Suisan Gakkaishi*, 53, 1373-1376.

Sakai, M., T.Aoki, T.Kitao, J.S.Rohovec and J.L. Fryer (1984)：Comparison of the cellular immune response of fish vaccinated by immersion of *Vibrio anguillarum*, *Nippon Suisan Gakkaishi*, 50, 1187-1192.

Sakai, M., S. Atsuta and M.Kobayashi (1989)：Attempted vaccination of rainbow trout *Oncorhynchus mykiss* against bacterial kidney disease, *Nippon Suisan Gakkaishi*, 55, 2105-2109.

Sakai. M., M. Konishi, S.Azuta and M.Kobayashi (1991a)：The chemiluminescent response of leucocytes from the anterior kidney of rainbow trout *Oncorhynchus mykiss* vaccinated with *Vibrio anguillarum*, Streptococcus sp. or *Renibacterium salmoninarum*, *Nippon Suisan Gakkaishi*, 57, 237-241.

Sakai, M., H. Kamiya, S. Atsuta and M. Kobayashi (1991b)：Immunodulatory effects on rainbow trout, *Oncorhynchus mykiss*. injected with the extract of abalone, *Haliotis discus hannai*. *J. Appl. Ichtyyol.*, 7, 54-59.

Sakai, M., H.Kamiya, S.Ishii, S.Atsuta and M.Kobayashi (1992)：The immunostimulating effects of chitin in rainbow trout, *Oncorhynchus mykiss*. In "Diseases in Asian *Aquacult*ure 1" (ed by M. Shariff, R.P. Subasighe, J.R. Arthur, J.R.) Fish Health Section, Asian Fisheries Society. Manila. Philippines. pp. 413-417.

Sakai, M., T.Otubo, S.Atsuta and M. Kobayashi (1993)：Enhancement of resistance to bacterial infection in rainbow trout, *Oncorhynchus mykiss* (Walbaum) by oral administration of bovine lactoferrin, *J. Fish Dis.*, 16, 239-247.

Sakai, M., S. Atsuta and M. Kobayashi (1995a)：Efficacies of combined vaccine for *Vibrio anguillarum* and *Streptococcus* sp., *Fisheries Sci.*, 61, 359-360.

Sakai, M., M.Kobayashi and T.Yoshida (1995b)：Activation of rainbow trout, *Oncorhynchus mykiss*, phagocytic cells by administration of bovine lactoferrin, *Comp. Biochem. Physiol.*, 110B, 755-759.

Sakai, M., M.Kobayashi and H.Kawauchi (1996a)：*In vitro* activation of fish phagocytic cells by GH, prolactin and somatolactin, *J. Endocriol.*, 151, 113-118.

Sakai, M., M. Kobayashi and H.Kawauchi (1996b)：Mitogenic effects of growth hormone and prolactin on chum salmon *Oncorhynchus keta* leucocytes *in vitro*, *Vet. Immunol. Immunopathol.*, 53, 185-189.

Sakai, M., Y.Kajita, M.Kobayashi and H.Kawauchi (1996c)：Increase in haemolytic activity of serum from rainbow trout *Oncorhynchus mykiss* injected with exogenous growth hormone, *Fish Shellfish Immunol.*, 6, 615-617.

Sakai, M., Y.Kajita, M. Kobayashi and H. Kawauchi (1997)：Immunostimulating effect of growth hormone：*In vivo* administration of growth hormone in rainbow trout enhances resistance to *Vibrio anguillarum* infection, *Vet. Immunol. Immunopathol.*, 57, 147-152.

Sakai, M., K. Taniguchi, K. Mamoto, H, Ogawa and M. Tabata (2001)：Immunostimulant effects of nucleotide isolated from yeast RNA on carp, *Cyprinus carpio* L, *J. Fish Dis.*, 24, 433-438.

Sakai, M., T. Kono and R. Savan (2005)：Identification of expressed genes in carp (*Cyprinus carpio*) head kidney cells after *in vitro* treatment with immunostimulants, *Dev. Biol.*, 121, 45-51.

酒井正博 (2007)：魚類サイトカインの分子および機能に関する研究，日本水産学会誌，73, 421-424.

酒井正博・厚田静男・小林正典 (1989)：ニジマスのβ-溶血性連鎖球菌症に対する浸漬ワクチンの有効性，魚病研究，23, 269-270.

Salati, F., M. Hamaguchi and R. Kusuda (1987)：Immune response of red sea bream to *Edwardsiella tarda* antigens, *Fish Pathol.*, 22, 93-98.

Salonius, K., C. Siderakis, A. M. MacKinnon and S. G. Griffiths

(2005)：Use of *Arthrobacter davidanieli* as a live vaccine against *Renibacterium salmoninarum* and *Piscirickettsia salmonis* in salmonids, *Dev. Biol.*, 121, 189-197.

Salonius, K., N. Simard, R. Harland, J. B. Ulmer (2007)：The road to licensure of a DNA vaccine, *Curr. Opin. Investig Drugs.*, 8, 635-641.

Sanchez, E., J. Coll and C. Tafalla (2007)：Expression of inducible CC chemokines in rainbow trout (*Oncorhynchus mykiss*) in response to a viral haemorragic septicaemia virus (VHSV) DNA vaccine and interleukin 8, *Develop. Comp. Immunol.* 31, 916-926.

Santander, J., A. Mitra and R. Curtiss III (2011)：Phenotype, virulence and immunogenicity of *Edwardsiella ictaluri* cyclic adenosine 3',5'-monophosphate receptor protein (Crp) mutants in catfish host, *Fish Shellfish Immunol.*, 31, 1142-1153.

Santarem, M., B.Novoa and A.Figueras (1997)：Effects of β-glucans on the non-specific immune responses of turbot (*Scophthalmus maximus* L.), *Fish Shellfish Immunol.*, 7, 429-437.

Sato, H., K. Nakajima, Y. Maeno, T. Kamaishi, T. Kamata, H. Mori, K. Kamei, R. Takano, K. Kudo, and S. Hara (2000)：Expression of YAV proteins and vaccination against viral ascites among cultured juvenile yellowtail, *Biosci. Biotechnol. Biochem.*, 64, 1494-1499.

Schild, G. C. (2005)：DNA vaccines – Regulatory perspectives. Progress in Fish Vaccinology, *Dev. Biol.*, 121, 215.

Sealey, W.M., F.T. Barrows, A. Hang, K.A. Johansen, K. Overturf, S.E. LaPatra, *et al.* (2008)：Evaluation of the ability of barley genotypes containing different amounts of β-glucan to alter growth and disease resistance of rainbow trout *Oncorhynchus mykiss, Anim. Feed Sci. Technol.*, 141, 115-28.

Secombes, C.J., T.H.Wang and S. Bird (2011)：The interleukins of fish, *Dev. Comp. Immunol.*, 35, 1336-1345.

Selvaraj, V., K. Sampath and V. Sekar (2006)：Adjuvant and immunostimulatory effects of β-glucan administration in combination with lipopolysaccharide enhances survival and some immune parameters in carp challenged with *Aeromonas hydrophila*, *Vet. Immunol. Immunopathol.*, 114, 15-24.

Seo, J. Y., K. H. Kim, S. G. Kim, M. J. Oh, S. W. Nam, Y. T. Kim and T. J. Choi (2006)：Protection of flounder against hirame rhabdovirus (HIRRV) with a DNA vaccine containing the glycoprotein gene, *Vaccine*, 24, 1009-1015.

Seternes, T., T. C. Tonheim, M. Løvoll, J. Bøgwald and R. A. Dalmo (2007)：Specific endocytosis and degradation of naked DNA in the endocardial cells of cod (*Gadus morhua* L.), *J. Experiment. Biol.* 210, 2091-2103.

Shao, M., Y. Ma, Q. Liu and Y. Zhang (2005)：Secretory expression of recombinant proteins in an attenuated *Vibrio anguillarum* strain for potential use in vaccines, *J. Fish Dis.*, 28, 723-728.

Shimmoto, H., K. Kawai, T. Ikawa and S. Oshima (2010)：Protection of red sea bream *Pagrus major* against red sea bream iridovirus infection by vaccination with a recombinant viral protein, *Microbiol. Immunol.*, 54, 135-142.

Shivappa, R. B., P. E. McAllister, G. H. Edwards, N. Santi, O. Evensen and V. N. Vakharia (2005)：Development of a subunit vaccine for infectious pancreatic necrosis virus using a baculovirus insect/larvae system, *Dev. Biol. Stand.* 121, 165-174.

Simon, B. E. and J. A. Leong (2002)：Gene transfer to fish cells by attenuated invasive *Escherichia coli, Mar. Biotechnol.* (*NY*), 4, 303-309.

Simon, B., J. Nomellini, P. Chiou, W. Bingle, J. Thornton, J. Smit and J. A. Leong (2001)：Recombinant vaccines against infectious hematopoietic necrosis virus: production by the *Caulobacter crescentus* S-layer protein secretion system and evaluation in laboratory trials, *Dis. Aquat. Organ.*, 44, 17-27.

Siwicki, A.K., D. P. Anderson and G. L. Rumsey (1994)：Dietary intake of immunostimulants by rainbow trout affects non-specific immunity and protection against furunculosis, *Vet. Immunol. Immunopathol.*, 41, 125-139.

Siwicki, A.K., T.Miyazaki, I.Komatsu and T.Matsuzato (1996)：*In vitro* influence of heat extract from firefly squid *Watasenia scintillans* on the phagocyte and lymphocyte activities in rainbow trout *Oncorhynchus mykiss*, *Fish Pathol.*, 31, 1-7.

Siwicki, A. K., M. Morand, P. Klein and W. Kiczka (1998)：Treatment of infectious pancreatic necrosis virus (IPNV) disease using dimerized lysozyme (KLP-602), *J. Appl. Ichthyol.*, 14, 229-232.

Smith, P.D. (1982)：Analysis of the hyperosmotic and bath methods for fish vaccination comparison of uptake of particulate and non-particulate antigens, *Dev. Comp. Immunol.*, Suppl. 2, 181-186.

Sommerset, I., E. Lorenzen, N. Lorenzen, H. Bleie and A. H. Nerland (2003)：A DNA vaccine directed against a rainbow trout rhabdovirus induces early protection against a nodavirus challenge in turbot, *Vaccine*, 21, 4661-4667.

Sommerset, I., R. Skern, E. Biering, H. Bleie, I. U. Fiksdal, S. Grove and A. H. Nerland (2005)：Protection against Atlantic halibut nodavirus in turbot is induced by recombinant capsid protein vaccination but not following DNA vaccination, *Fish Shellfish Immunol.*, 18, 13-29.

Sun, Y., C. S. Liu and L. Sun (2010a)：Identification of an *Edwardsiella tarda* surface antigen and analysis of its immunoprotective potential as a purified recombinant subunit vaccine and a surface-anchored subunit vaccine expressed by a fish commensal strain, *Vaccine*, 28, 6603-6608.

Sun, Y., Y. H. Hu, C. S. Liu and L. Sun (2010b)：Construction and analysis of an experimental *Streptococcus iniae* DNA vaccine, *Vaccine*, 28, 3905-3912.

Sun, I., Y-B. Zhang, T-K, Lin, J. Shi, B. Wang and J-F. Gui (2011a)：Fish MITA serves asa modiator for distinct fish IFN gene activation dependent for IRF3 or IRF7, *J.*

Immunal., 187, 2531-2539.
Sun, Y., C. S. Liu and L. Sun (2011b) : Comparative study of the immune effect of an *Edwardsiella tarda* antigen in two forms : subunit vaccine vs DNA vacc ine, *Vaccine*, 29, 2051-2057.
Sun, Y., C. S. Liu and L. Sun (2011c) : Construction and analysis of the immune effect of an *Edwardsiella tarda* DNA vaccine encoding a D15-like surface antigen, *Fish Shellfish Immunol.*, 30, 273-279.
Sun, Y., M. Zhang, C. S. Liu, R. Qiu and L. Sun (2012) : A divalent DNA vaccine based on Sia10 and OmpU induces cross protection against *Streptococcus iniae* and *Vibrio anguillarum* in Japanese flounder, *Fish Shellfish Immunol.*, 32, 1216-1222.
Sung, H.H., G.H. Kou and Y.L. Song (1994) : Vibriosis resistance induced by glucan treatment in tiger shrimp (*Penaeus monodon*), *Fish Pathol.*, 29, 11-17.
Suomalainen, L.R., M. Bandilla and E.T. Valtonen (2009) : Immunostimulants in prevention of columnaris disease of rainbow trout, *Oncorhynchus mykiss* (Walbaum), *J. Fish Dis.*, 32, 723-726.
鈴木 聡(1996):魚類ビルなウイルスの分子生物学とその応用,ウイルス,46, 73-78.
Swan, C.M., N.M.Lindstrom and K.D.Cain (2008) : Identification of a localized mucosal immune response in rainbow trout, *Oncorhynchus mykiss* (Walbaum), following immunization with a protein-hapten antigen, *J. Fish Dis.*, 31, 383–393.

T

Tacket, C.O. (2004) : Plant-derived vaccines against diarrhoeal diseases, *Expert Opin Biol. Ther.*, 4, 719-28.
Takami, I., S.R. Kwon, T. Nishizawa and M. Yoshimizu (2010) : Protection of Japanese flounder *Paralichtyhs olivaceus* from viral hemorrhagic septicemia (VHS) by poly (I:C) immunization, *Dis. Aquat. Organ.*, 89, 109-115.
Takano, T., A. Iwahori, I. Hirono and T. Aoki (2004) : Development of a DNA vaccine against hirame rhabdovirus and analysis of the expression of immune-related genes after vaccination, *Fish Shellfish Immunol.*, 17, 367-374.
Takeshita, F. and K. J. Ishii (2008) : Intracellular DNA sensors in immunity, *Curr. Opin. Immunol.*, 20, 383-388.
Tan, C.-W., P.R.R. Jesudhasan and P.T.K. Woo (2008) : Towards a metalloprotease-DNA vaccine against piscine cryptobiosis caused by *Cryptobia salmosotica, Parasitol. Res.*, 102, 265-275.
Tassakka, A.C.M.A.R. and M. Sakai (2005) : Current research on the immunostimulatory effects of CpG oligodeoxynucleotides in fish, *Aquaculture*, 246, 25-36.
Tatner, M. F. (1987) : The quantitative relationship between vaccine dilution, length of immersion time and antigen uptake, using a radiolabelled *Aeromonas salmonicida* bath in direct immersion experiments with rainbow trout, *Salmo gairdneri*, *Aquaculture*, 62, 173-185.
Tatner, M.F. and M.T. Horne (1983) : Factors influencing the uptake of ^{14}C-labelled *Vibrio anguillarum* vaccine in direct immersion experiments with rainbow trout *Salmo gairdneri* Richardson, *J. Fish Biol.*, 22, 585-591.
Tatner, M.F. and M.T.Horne (1985) : The effects of vaccine dilution, length of immersion time, and booster vaccinations on the protection levels induced by direct immersion vaccination of brown trout, *Salmo trutta*, with *Yersinia ruckeri* (ERM) vaccine, *Aquaculture*, 46, 11-18.
Tatner, M.F. and M.T.Horne (1986) : Correlation of immune assays with protection in rainbow trout, *Salmo gairdneri*, immersed in *Vibrio* bacterins, *J. Appl. Ichthyol.*, 3, 130-139.
Tatner, M.F., C.M.Johnson and M.T. Horne (1984) : The tissue localization of *Aeromonas salmonicida* in rainbow trout, *Salmo gairdneri* Richardson, following three methods, *J. Fish Boil.*, 25, 95-108.
Temprano, A., J. Riaño, J. Yugueros, P. González, L. de Castro, A. Villena, J. M. Luengo and G. Naharro (2005) : Potential use of a *Yersinia ruckeri* O1 auxotrophic aroA mutant as a live attenuated vaccine, *J. Fish Dis.*, 28, 419-427.
Thompson, K.D., A. Cachos and V.Inglis (1995) : Immunomodulating effects of glucans and oxytetracycline in rainbow trout, *Oncorhynchus mykiss*, on serum lysozyme and protection. In "Diseases in Asian *Aquaculture* 11" (ed by M. Shariff, R.P. Subasighe, J.R. Arthur, J.R.) Fish Health Section, Asian Fisheries Society. Manila. Philippines. pp.433-439.
Thorburn, M. A. and E.L.Jansson (1988) : The effects of booster vaccination and fish size on survival and antibody production following vibrio infection of bath-vaccinated rainbow trout *Salmo gairdneri*, *Aquaculture*, 71, 285-291.
Thoulouze, M. I., E. Bouguyon, C. Carpentier and M. Brémont (2004) : Essential role of the NV protein of *Novirhabdovirus* for pathogenicity in rainbow trout, *J. Virol.*, 78, 4098-4107.
Thune, R. L. and J. A. Plumb (1984) : Evaluation of hyperosmotic infiltration for the administration of antigen to channel catfish (*Ictalurus punctatus*), *Aquaculture*, 36, 1-8.
Thune, R. L., D.H.Fernandez and J.R.Battista (1999) : An aroA mutant of *Edwardsilla ictaluri* is safe and efficacious as alive, attenuated vaccine, *J. Aquat. Anim. Heal.*, 11, 358-272.
Thune, R. L., D. H. Fernandez, J. P. Hawke and R. Miller (2003) : Construction of a safe, stable, efficacious vaccine against *Photobacterium damselae* ssp. *piscicida, Dis. Aquat. Organ.*, 57, 51-58.
Thuvander, A., T. Hongslo , E.Jansson and B.Sundquist (1987) : Duration of protective immunity and antibody titters measured by ELISA after vaccination of rainbow trout, *Salmo gairdneri* Richardson, against vibriosis, *J. Fish Dis.*, 10, 479-486.
Tian, J. Y., X. Q. Sun and X. G. Chen (2008a) : Formation and oral administration of alginate microspheres loaded with

pDNA coding for lymphocystis disease virus（LCDV）to Japanese flounder, *Fish Shellfish Immunol.*, 24, 592-599.

Tian, J., X. Sun, X. Chen, J. Yu, L. Qu and L. Wang（2008b）：The formulation and immunisation of oral poly（DL-lactide-co-glycolide）microcapsules containing a plasmid *Vaccine* against lymphocystis disease virus in Japanese flounder（*Paralichthys olivaceus*）, *Int. Immunopharmacol.*, 8, 900-908.

Tian, J., J. Yu and X. Sun（2008c）：Chitosan microspheres as candidate plasmid *Vaccine* carrier for oral immunisation of Japanese flounder（*Paralichthys olivaceus*）, *Vet. Immunol. Immunopathol.*, 126, 220-229.

Tian, J. and J. Yu（2011）：Poly（lactic-co-glycolic acid）nanoparticles as candidate DNA vaccine carrier for oral immunization of Japanese flounder（*Paralichthys olivaceus*）against lymphocystis disease virus, *Fish Shellfish Immunol.*, 30, 109-117.

Tonheim T. C., Bøgwald J. and R. A. Dalmo（2008）：Whant happens to the DNA vaccine in fish? A review of current knowledge, *Fish Shelfish Immunol.*, 25, 1-18.

Traxler, G. S., E. Anderson, S. E. LaPatra, J. Richard, B. Shewmaker and G. Kurath（1999）：Naked DNA vaccination of Atlantic salmon *Salmo salar* against IHNV, *Dis. Aquat. Org*an., 38, 183-190.

Trichet, V. V.（2010）：Nutrition and immunity: an update, *Aquaculture Res.*, 41, 356-372.

Tu, F.P., W.H.Chu, X.Y. Zhuang, and C.P.Lu（2010）：Effect of oral immunization with *Aeromonas hydrophila* ghosts on protection against experimental fish infection, *Lett. Applied Microbiol.*, 50, 13-17.

U

Udey, L.R. and J.L.Fryer（1978）：Immunization of fish with bacterins of *Aeromonas salmonicida*, *Mar. Fish. Rev.*, 40, 12-17.

Ulmer, J. B., J. J. Donnelly, S. E. Parker, G. H. Rhodes, P. L. Felgner, V. J. Dwarki, S. H. Gromkowski, R. R. Deck, C. M. DeWitt and A. Friedman *et al.*（1993）：Heterologous protection against influenza by injection of DNA encoding a viral protein, *Science*, 259, 1745-1749.

Utke, K, H. Kock, H. Schuetze, S. M. Bergmann, N. Lorenzen, K. Einer-Jensen, B. Køllner, R. A. Dalmo, T. Vesely, M. Ototake and U. Fischer（2008）：Cell-mediated immune response in rainbow trout after DNA immunization against the viral hemorrhagic septicemia virus, *Develop. Comp. Immunol.*, 32, 239-252.

V

Van Hai, N. and R. Fotedar（2010）：A review of probiotics in shrimp aquaculture, *J. Appl. Aquacul.*, 22, 251-266.

Vanderheijden, N., P. Alard, C. Lecomte and J. A. Martial（1996）：The attenuated V60 strain of channel catfish virus possesses a deletion in ORF50 coding for a potentially secreted glycoprotein, *Virology*, 218, 422-426.

Vaughan, L. M., P.R.Smith and T.J.Foster（1993）：An aromatic-dependent mutant of the fish pathogen *Aeromonas salmonicida* is attenuated in fish and is effective as a live vaccine against the salmonid disease furunculosis, *Infect. Immun.*, 61, 2172-2181.

Vazquez-Juarez, R. C., M. Gomez-Chiarri, H. Barrera-Saldaña, N. Hernandez-Saavedra, S. Dumas and F. Ascencio（2005）：Evaluation of DNA vaccination of spotted sand bass（*Paralabrax maculatofasciatus*）with two major outer-membrane protein-encoding genes from *Aeromonas veronii*, *Fish Shellfish Immunol.*, 19, 153-163.

Verjan, N., E. L. Ooi, T. Nochi, H. Kondo, I. Hirono, T. Aoki, H. Kiyono and Y. Yuki（2008）：A soluble nonglycosylated recombinant infectious hematopoietic necrosis virus（IHNV）G-protein induces IFNs in rainbow trout（*Oncorhynchus mykiss*）, *Fish Shellfish Immunol.*, 25, 170-180.

Verlhac, V., J.Gabaudan, W. Schüep and R.Hole（1996）：Influence of dietary glucan and vitamin C on non-specific and specific immune responses of rainbow trout（*Oncorhynchus mykiss*）, *Aquaculture*, 143, 123-133.

Vervarcke, S., F.Ollevier, R.Kinget and A.Michoel（2005）：Mucosal response in African catfish after administration of *Vibrio anguillarum* O2 antigens via different routes, *Fish Shellfish Immunol.*, 18, 125-133.

Vigneulle, M. and F.Baudin-Laurencin（1991）：Uptake of *Vibrio anguillarum* bacterin in the intestine of rainbow trout *Oncorhynchus mykiss*, sea bass *Dicentrarchus labrax* and turbot *Scophthamus maximus* after oral administration or anal intubation, *Dis. Aquat. Org.*, 11, 85-92.

Vivas, J., J. Riaño, B. Carracedo, B. E. Razquin, P. López-Fierro, G. Naharro and A. J. Villena（2004）：The auxotrophic aroA mutant of *Aeromonas hydrophila* as a live attenuated vaccine against *A. salmonicida* infections in rainbow trout（*Oncorhynchus mykiss*）, *Fish Shellfish Immunol.*, 16, 193-206.

Vivas, J., B. Razquin, P. López-Fierro and A. J. Villena（2005）：Modulation of the immune response to an *Aeromonas hydrophila aroA* live vaccine in rainbow trout: effect of culture media on the humoral immune response and complement consumption, *Fish Shellfish Immunol.*, 18, 223-233.

Vogel, W.O.P.（1985）：Systemic vascular anastomoses, primary and secondary vessels in fish, and the phylogeny of lymphatics. in "Cardiovascular shunts：phylogenetic, ontogenic and clinical aspects."（ed. by K. Johansen and W. Burggren）. Munksgaard. pp. 143-159.

W

Wang, B., K. E. Ugen, V. Srikantan, M. G. Agadjanyan, K. Dang, Y. Refaeli, A. I. Sato, J. Boyer, W. V. Williams and D. B. Weiner（1993）：Gene inoculation generates immune responses against human immunodeficiency virus type 1,

Proc. Natl. Acad. Sci. U S A, 90, 4156-4160.

Wang, H. R., Y. H. Hu, W. W. Zhang and L. Sun (2009): Construction of an attenuated *Pseudomonas fluorescens* strain and evaluation of its potential as a cross-protective *vaccine*, *Vaccine*, 27, 4047-4055.

Wang, Q., J. Chen, R. Liu and J. Jia (2011): Identification and evaluation of an outer membrane protein OmpU from a pathogenic *Vibrio harveyi* isolate as vaccine candidate in turbot (*Scophthalmus maximus*), *Lett. Appl. Microbiol.*, 53, 22-29.

Whittington, R. J., B. L.Munday, M.Akhlaghi, G. L.Reddacliff and J. Carson (1994): Humoral and peritoneal cell responses of rainbow trout (*Oncorhynchus mykiss*) to ovalbumin, *Vibrio anguillarum* and freund's complete adjuvant following intraperitoneal and bath immunisation, *Fish Shellfish Immunol.*, 4, 475-488.

Whittington, R., C. Lim and C. Klesius (2005): Effect of dietary β-glucan levels on the growth response and efficacy of *Streptococcus iniae* vaccine in Nile tilapia, *Oreochromis niloticus*, *Aquaculture*, 248, 217-25.

Wilhelm, V., A. Miquel, L. O. Burzio, M. Rosemblatt, E. Engel, S. Valenzuela, G. Parada and P. D. Valenzuela (2006): A vaccine against the salmonid pathogen *Piscirickettsia salmonis* based on recombinant proteins, *Vaccine*, 24, 5083-5091.

Winton, J. R. (1997): Immunization with viral antigens: infectious haematopoietic necrosis. In "Fish Vaccinology" (ed. by R. Gudding, A. Lillehaug, P. J. Midtlyng and F. Brown). *Dve. Biol. Stand.*, 90, 211-220.

Wolff, J. A., R. W. Malone, P. Williams, W. Chong, G. Acsadi, A. Jani and P. L. Felgner (1990): Direct gene transfer into mouse muscle *in vivo*, *Science*, 247, 1465-1468.

Wolff, J. A., J. J. Ludtke, G. Acsadi, P. Williams and A. Jani (1992): Long-term persistence of plasmid DNA and foreign gene expression in mouse muscle, *Hum. Mol. Genet.*, 1, 363-369.

Wong, G., Kaattari, S.L. and J.M.Christensen (1992): Effectiveness of an oral enteric coated Vibrio vaccine for use in salmonid fish, *Immunol. Investigation.*, 21, 353-364.

Woo, P. T. (2010): Immunological and therapeutic strategies against salmonid cryptobiosis, *J. Biomed. Biotechnol.*, 2010, 341783.

Woolard, S. N. and U. Kumaraguru (2010): Viral vaccines and CTL response, *J. Biomed. Biotechnol.*, Article ID: 141657.

X

Xiang, Z. Q., S. Spitalnik, M. Tran, W . H. Wunner, J. Cheng and H. C. Ertl (1994): Vaccination with a plasmid vector carrying the rabies virus glycoprotein gene induces protective immunity against rabies virus, *Virology*, 199, 132-140.

Xiao, Y., Q. Liu, H. Chen and Y. Zhang (2011): A stable plasmid system for heterologous antigen expression in attenuated *Vibrio anguillarum, Vaccine*, 29, 6986-6993.

Xu, L., D. V. Mourich, H. M. Engelking, S. Ristow, J. Arnzen and J. C. Leong (1991): Epitope mapping and characterization of the infectious hematopoietic necrosis virus glycoprotein, using fusion proteins synthesized in *Escherichia coli, J. Virol.*, 65, 1611-1615.

Y

Yamashita, H., K Mori and T. Nakai (2009): Protection conferred against viral nervous necrosis by simultaneous inoculation of aquabirnavirus and inactivated betanodavirus in the sevenband grouper, *Epinephelus septemfasciatus* (Thunberg), *J. Fish Dis.*, 32, 201-10.

Yano, T., R.E.P. Mangindaan and H. Matsuyama (1989): Enhancement of the resistance of carp *Cyprinus carpio* to experimental *Edwardsiella tarda* infection, by some β-1, 3-glucans, *Nippon Suisan Gakkaishi*, 55, 1815-1819.

Yanai, H., D. Savitsky, T. Tamura and T. Taniguchi (2009): Regulation of the cytosolic DNA-sensing system in innate immunity: a current view, *Curr. Opin. Immunol.* 21, 17-22.

Yang, H., J. Chen, G. Yang, X. H. Zhang, R. Liu and X. Xue (2009): Protection of Japanese flounder (*Paralichthys olivaceus*) against *Vibrio anguillarum* with a DNA vaccine containing the mutated zinc-metalloprotease gene, *Vaccine*, 27, 2150-2155.

Yao, K. and V. N. Vakharia (1998): Generation of infectious pancreatic necrosis virus from cloned cDNA, *J. Virol.*, 72, 8913-8920.

Yasuike, M., H. Kondo, I. Hirono and T. Aoki (2007): Difference in Japanese flounder, *Paralichthys olivaceus* gene expression profile following hirame rhabdovirus (HIRRV) G and N protein DNA vaccination, *Fish Shellfish Immunol.*, 23, 531-541.

Yasuike, M., H. Kondo, I. Hirono and T. Aoki (2011a): Gene expression profile of HIRRV G and N protein gene vaccinated Japanese flounder, *Paralichthys olivaceus* during HIRRV infection, *Comp. Immunol. Microbiol. Infect. Dis.*, 34, 103-110.

Yasuike, M., H. Kondo, I. Hirono and T. Aoki (2011b): Identification and characterization of Japanese flounder, *Paralichthys olivaceus* interferon-stimulated gene 15 (Jf-ISG15), *Comp. Immunol. Microbiol. Infect. Dis.*, 34, 83-91.

安本信哉・吉村哲郎・宮崎照雄 (2006a): *Aeromonas hydrophila* 抗原導入リボソームワクチンを用いたコイの経口免疫 魚病研究, 41, 45-49.

安本信哉・吉村哲郎・宮崎照雄 (2006b): コイヘルペスウイルス (KHV) 抗原導入リボソームワクチンによる経口免疫効果 魚病研究, 41, 141-145.

山下浩史・鈴川健二・川上秀昌・河野芳巳 (1999): 愛媛県の養殖場におけるα溶血性連鎖球菌症ワクチンの効果, 平成11年度日本魚病学会春季大会講演要旨集. pp. 37.

Yeh, H. Y. and P. H. Klesius (2011): Over-expression, purification and immune responses to *Aeromonas hydrophila* AL09-73 flagellar proteins, *Fish Shellfish Immunol*, 31, 1278-1283.

Yin, Z. and J.Kawang (2000) : Carp interleukin-1β in the role of an immuno-adjuvant, *Fish Shellfish Immunol*., 10, 375-378.

Yokoyama, S., S. Koshio, N. Takakura, K. Oshida, M. Ishikawa, F.J. Gallardo-Cigarroa, *et al.* (2006) : Effect of dietary bovine lactoferrin on growth response, tolerance to air exposure and low salinity stress conditions in orange spotted grouper *Epinephelus coioides*, *Aquaculture*, 255, 507-513.

Yoshida, T., M. Sakai, T. Kitao, M.S. Khlil, S. Araki, R. Saitoh, T. Ineno and V. Inglis (1993) : Immunodulatory effects of the fermented products of chicken egg, EF203, on rainbow trout, *Oncorhynchus mykiss*, *Aquaculture*, 109, 207-214.

Yoshida, T., R.Kruger and V.Inglis (1995) : Augmentation of non-specific protection in African catfish, *Clarias gariepinus* (Burchell), by the long-term oral administration of immunostimulants, *J. Fish Dis*., 18, 195-198.

Z

Zapata, A.G., M.Torroba, F.Alvarez, D.P.Anderson, O.W.Dixon and M.Wisiniewski (1987) : Electron microscopic examination of antigen uptake by salmonid gill cells after bath immunization with a bacterin, *J. Fish Biol*., 31, 209-217.

Zhang, W. W., K. Sun, S. Cheng and L. Sun (2008) : Characterization of DegQVh, a serine protease and a protective immunogen from a pathogenic *Vibrio harveyi* strain, *Appl. Environ. Microbiol*., 74, 6254-6262.

Zhou, Y.C., H.Huang, J.Wang, B.Zhang and Y.Q.Su (2002) : Vaccination of the grouper, Epinephalus awoara, against vibriosis using the ultrasonic technique, *Aquacult*ure, 203, 229-238.

Zilberg, D. and P.H. Klesius (1997) : Quantification of immunoglobulin in the serum and mucus of channel catfish at different ages and following infection with *Edwardsiella ictaluri*, *Vet. Immunol. Immunopathol*., 58, 171-180.

事項索引

さ　行

た 行

な 行

は 行

ま　行

や　行

ら　行

わ　行

アルファベット

病原体索引

A

B

C

D

E

F

G

H

I

J

K

L

M

N

O

P

R

S

T

V

W

X

Y

魚介類の微生物感染症の治療と予防

2013年8月12日　初版1刷発行

定価はカバーに表示

編集者　青木　宙
発行者　片岡一成

発行所　株式会社恒星社厚生閣
〒160-0008　東京都新宿区三栄町8
Tel　03-3359-7371　Fax　03-3359-7375
http://www.kouseisha.com/

印刷・製本：シナノ

ISBN978-4-7699-1281-1 C3062